당신도 이번에 반드시 합격합니다!

100% 상세한 해설

소방설비산업기사

본문 및 10개년 과년도

우석대학교 소방방재학과 교수 공하성

BM (주)도서출판 성안당

도서 A/S 안내

성안당에서 발행하는 모든 도서는 저자와 출판사, 그리고 독자가 함께 만들어 나갑니다.

좋은 책을 펴내기 위해 많은 노력을 기울이고 있습니다. 혹시라도 내용상의 오류나 오탈자 등이 발견되면 "좋은 책은 나라의 보배"로서 우리 모두가 함께 만들어 간다는 마음으로 연락주시기 바랍니다. 수정 보완하여 더 나은 책이 되도록 최선을 다하겠습니다.

성안당은 늘 독자 여러분들의 소중한 의견을 기다리고 있습니다. 좋은 의견을 보내주시는 분께는 성안당 쇼핑몰의 포인트(3,000포인트)를 적립해 드립니다.

잘못 만들어진 책이나 부록 등이 파손된 경우에는 교환해 드립니다.

저자 문의 : http://pf.kakao.com/_TZKbxj
Daum cafe.daum.net/firepass
NAVER cafe.naver.com/fireleader

본서 기획자 e-mail : coh@cyber.co.kr(최옥현)

홈페이지 : http://www.cyber.co.kr 전화 : 031) 950-6300

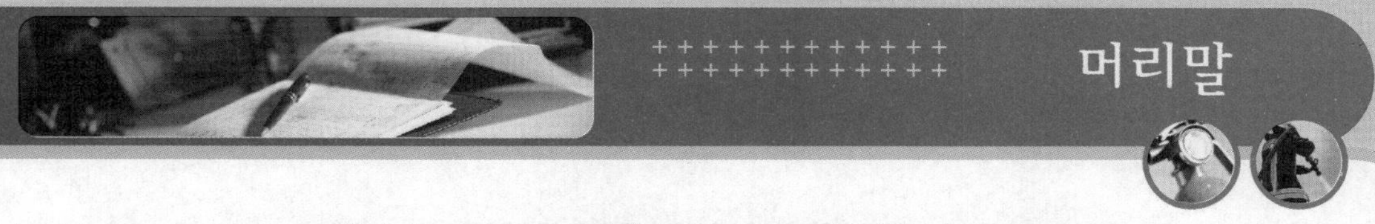

God loves you, and has a wonderful plan for you.

안녕하십니까?

우석대학교 소방방재학과 교수 공하성입니다.

지난 29년간 보내주신 독자 여러분의 아낌없는 찬사에 진심으로 감사드립니다.

앞으로도 변함없는 성원을 부탁드리며, 여러분들의 성원에 힘입어 항상 더 좋은 책으로 거듭나겠습니다.

이 책의 특징은 학원 강의를 듣듯 정말 자세하게 설명해 놓았습니다. 책을 한장 한장 넘길 때마다 확연하게 느낄 것입니다.

또한, 기존 시중에 있는 다른 책들의 잘못 설명된 점들에 대하여 지적해 놓음으로써 여러 권의 책을 가지고 공부하는 독자들에게 혼동의 소지가 없도록 하였습니다.

일반적으로 소방설비산업기사의 기출문제를 분석해보면 문제은행식으로 과년도 문제가 매년 거듭 출제되고 있습니다. 그러므로 과년도 문제만 풀어보아도 충분히 합격할 수가 있습니다.

이 책은 여기에 중점을 두어 국내 최다의 과년도 문제를 실었습니다. 과년도 문제가 응용문제를 풀 수 있는 가장 좋은 문제입니다.

또한, 각 문제마다 아래와 같이 중요도를 표시하였습니다.

별표없는것	출제빈도 10%	★	출제빈도 30%
★★	출제빈도 70%	★★★	출제빈도 90%

이 책에는 일부 잘못된 부분이 있을 수 있으며, 잘못된 부분에 대해서는 발견 즉시 저자의 카페(cafe.daum.net/firepass, cafe.naver.com/fireleader)에 올리도록 하고, 새로운 책이 나올 때마다 늘 수정 · 보완하도록 하겠습니다. 원고 정리를 도와준 이종화 · 안재천 교수님, 김혜원님에게 감사를 드립니다.

끝으로 이 책에 대한 모든 영광을 그 분께 돌려드립니다.

공하성 올림

소방설비산업기사 출제경향분석

(최근 10년간 출제된 과년도 문제 분석)

항목	비율
1. 소방유체역학	14.8%(15점)
2. 소화기구	1.6%(2점)
3. 옥내소화전설비	12.2%(12점)
4. 옥외소화전설비	2.8%(3점)
5. 스프링클러설비	25.6%(25점)
6. 물분무소화설비	1.0%(1점)
7. 포소화설비	12.3%(12점)
8. 이산화탄소 소화설비	10.1%(10점)
9. 할론소화설비	6.6%(6점)
10. 할로겐화합물 및 불활성기체 소화설비	0.2%(1점)
11. 분말소화설비	2.1%(2점)
12. 피난구조설비	0.8%(1점)
13. 소화활동설비	9.7%(9점)
14. 소화용수설비	0.2%(1점)

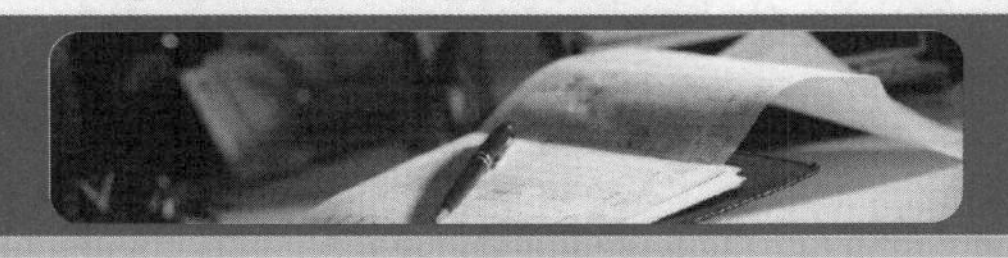

수험자 유의사항

- 일반사항

1. 시험문제를 받는 즉시 응시하고자 하는 종목의 문제지가 맞는지를 확인하여야 합니다.
2. 시험문제지 총면수 · 문제번호 순서 · 인쇄상태 등을 확인하고(**확인 이후 시험문제지 교체불가**), 수험번호 및 성명을 답안지에 기재하여야 합니다.
3. 부정 또는 불공정한 방법(시험문제 내용과 관련된 메모지 사용 등)으로 시험을 치른 자는 부정행위자로 처리되어 당해 시험을 중지 또는 무효로 하고, 3년간 국가기술자격검정의 응시자격이 정지됩니다.
4. 저장용량이 큰 전자계산기 및 유사 전자제품 사용 시에는 반드시 저장된 메모리를 초기화한 후 사용하여야 하며, 시험위원이 초기화 여부를 확인할 시 협조하여야 합니다. 초기화되지 않은 전자계산기 및 유사 전자제품을 사용하여 적발 시에는 부정행위로 간주합니다.
5. 시험 중에는 통신기기 및 전자기기(휴대용 전화기 및 **스마트워치** 등)를 지참하거나 사용할 수 없습니다.
6. **문제 및 답안(지), 채점기준은 공개하지 않습니다.**
7. 복합형 시험의 경우 시험의 전 과정(필답형, 작업형)을 응시하지 않은 경우 채점대상에서 제외합니다.
8. 국가기술자격 시험문제는 일부 또는 전부가 저작권법상 보호되는 저작물이고, 저작권자는 한국산업인력공단입니다. 문제의 일부 또는 전부를 무단 복제, 배포, 출판, 전자출판 하는 등 저작권을 침해하는 일체의 행위를 금합니다.

- 채점사항

1. 수험자 인적사항 및 계산식을 포함한 답안작성은 흑색 필기구만 사용해야 하며, 그 외 연필류, 빨간색, 청색 등 필기구로 작성한 답항은 0점 처리되오니 불이익을 당하지 않도록 유의해 주시기 바랍니다.
2. 답란에는 문제와 관련 없는 불필요한 낙서나 특이한 기록사항 등을 기재하여서는 안 되며, 답안지의 인적사항 기재란 외의 부분에 답안과 관련 없는 **특수한 표시를 하거나 특정인임을 암시하는 경우 답안지 전체를 0점 처리합니다.**
3. 계산문제는 반드시 「계산과정」과 「답」란에 기재하여야 하며, **계산과정이 틀리거나 없는 경우 0점 처리됩니다.**
4. 계산문제는 최종 결과 값(답)에서 소수 셋째자리에서 반올림하여 둘째자리까지 구하여야 하나 개별문제에서 소수처리에 대한 요구사항이 있을 경우 그 요구사항에 따라야 합니다.
5. 답에 단위가 없으면 오답으로 처리됩니다. (단, 문제의 요구사항에 단위가 주어졌을 경우는 생략되어도 무방합니다.)
6. 문제에서 요구한 가지수(항수) 이상을 답란에 표기한 경우에는 답란기재 순으로 요구된 가지수(항수)만 채점하고 한 항에 여러 가지를 기재하더라도 한 가지로 보며 그중 정답과 오답이 함께 기재되어 있을 경우 오답으로 처리됩니다.
7. 답안 정정 시에는 정정하고자 하는 단어에 두 줄(=)을 긋고 다시 기재 가능하며, 수정테이프 등은 사용할 수 없으며, 수정테이프 사용 시 채점대상에서 제외됨을 알려드립니다.

※ 수험자 유의사항 미준수로 인한 채점상의 불이익은 수험자 본인에게 책임이 있습니다.

CONTENTS

차 례

4 소화활동설비 및 소화용수설비

과년도 기출문제

CONTENTS

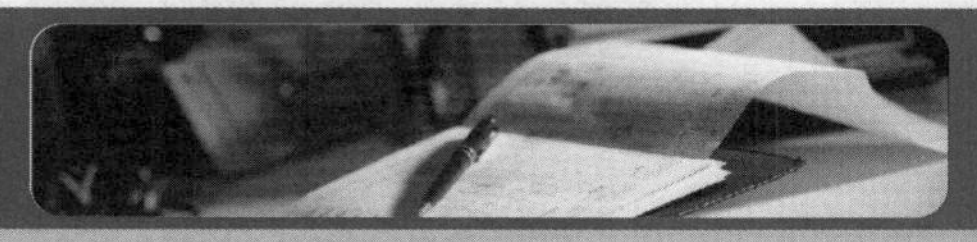

책선정시 유의사항

첫째 **저자의 지명도를 보고 선택할 것**
(저자가 책의 모든 내용을 집필하기 때문)

둘째 **문제에 대한 100% 상세한 해설이 있는지 확인할 것**
(해설이 없을 경우 문제 이해에 어려움이 있음)

셋째 **과년도문제가 많이 수록되어 있는 것을 선택할 것**
(국가기술자격시험은 대부분 과년도문제에서 출제되기 때문)

넷째 **핵심내용을 정리한 요점노트가 있는지 확인할 것**
(요점노트가 있으면 중요사항을 쉽게 구분할 수 있기 때문)

시험안내

소방설비산업기사 실기(기계분야) 시험내용

구 분	내 용
시험 과목	소방기계시설 설계 및 시공실무
출제 문제	9~15문제
합격 기준	60점 이상
시험 시간	2시간 30분
문제 유형	필답형

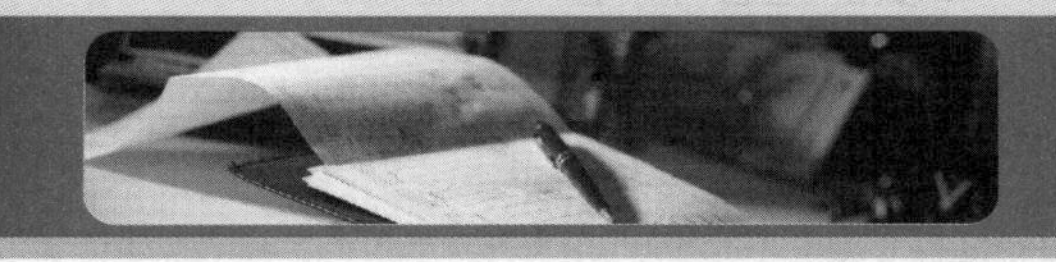

이 책의 특징

9 유체 계측기기

정압 측정	동압(유속) 측정	유량 측정
① 피에조미터 ② 정압관 기억법 조정(조정)	① 피토관 ② 피토－정압관 ③ 시차액주계 ④ 열선 속도계	① 벤츄리미터 ② 위어 ③ 로터미터 ④ 오리피스
	기억법 속토시 열 (속이 따뜻한 토시는 열이 난다.)	기억법 벤위로 오량 (벤치 위로 오양이 보인다.)

반드시 암기해야 할 사항은 기억법을 적용하여 한번에 암기되도록 함

각 문제마다 중요도를 표시하여 ★이 많은 것은 특별히 주의깊게 보도록 하였음

각 문제마다 배점을 표시하여 배점기준을 파악할 수 있도록 하였음

☆☆

문제 08

소화설비에 사용하는 펌프의 운전 중 발생하는 공동현상(Cavitaiton)을 방지하는 대책을 다음 표로 정리하였다. ( ) 안에 크게, 작게, 빠르게 또는 느리게로 구분하여 답하시오.

득점	배점
	3

유효흡입수두(NPSHav)를	(①:)
펌프흡입압력을 유체압력보다	(②:)
펌프의 회전수를	(③:)

해답 ① 크게
② 작게
③ 느리게

해설 **공동현상**의 **방지대책**

유효흡입수두(NPSHav)를	(①: **크게**)
펌프흡입압력을 유체압력보다	(②:
펌프의 회전수를	(③: 느

• 공동현상의 방지대책으로 **흡입수두**는 **작게**, **유효흡입수두**($NPSH_{av}$)는 **크**
주의하라!

특히, 중요한 내용은 별도로 정리하여 쉽게 암기할 수 있도록 하였음

중요

공동현상(Cavitation)

구분	설명
정의	펌프의 흡입측 배관내의 물의 정압이 기존의 증기압보다 낮아져서 기포가 발생되어 물이 흡입되지 않는 현상
발생현상	① 소음과 진동발생 ② 관부식 ③ 임펠러의 손상 ④ 펌프의 성능 저하
발생원인	① 펌프의 흡입수두가 클 때 ② 펌프의 마찰손실이 클 때 ③ 펌프의 임펠러속도가 클 때 ④ 펌프의 설치위치가 수원보다 높을 때 ⑤ 관내의 수온이 높을 때 ⑥ 관내의 물의 정압이 그때의 증기압보다 낮을 때 ⑦ 흡입관의 구경이 작을 때 ⑧ 흡입거리가 길 때 ⑨ 유량이 증가하여 펌프물이 과속으로 흐를 때

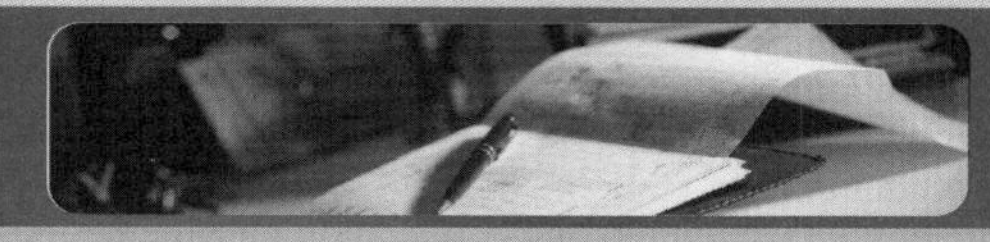

이 책의 공부방법

첫째, 요점노트를 읽고 숙지한다.
(요점노트에서 평균 60% 이상이 출제되기 때문에 항상 휴대하고 다니며 틈날 때마다 눈에 익힌다.)

둘째, 초스피드 기억법을 읽고 숙지한다.
(특히 혼동되면서 중요한 내용들은 기억법을 적용하여 쉽게 암기할 수 있도록 하였으므로 꼭 기억한다.)

셋째, 본 책의 출제문제 수를 파악하고, 시험 때까지 5번 정도 반복하여 공부할 수 있도록 1일 공부 분량을 정한다.
(이때 너무 무리하지 않도록 1주일에 하루 정도는 쉬는 것으로 하여 계획을 짜는 것이 좋겠다.)

넷째, 암기할 사항은 확실하게 암기할 것
(대충 암기할 경우 실제시험에서는 답안을 작성하기 어려움)

다섯째, 시험장에 갈 때에도 책과 요점노트는 반드시 지참한다.
(가능한 한 대중교통을 이용하여 시험장으로 향하는 동안에도 요점노트를 계속 본다.)

여섯째, 시험장에 도착해서는 책을 다시 한번 훑어본다.
(마지막 5분까지 최선을 다하면 반드시 한 번에 합격할 수 있다.)

일곱째, 설치기준은 초스피드 기억법에 있는 설치기준을 암기할 것
(좀 더 쉽게 암기할 수 있도록 구성해 놓았기 때문)

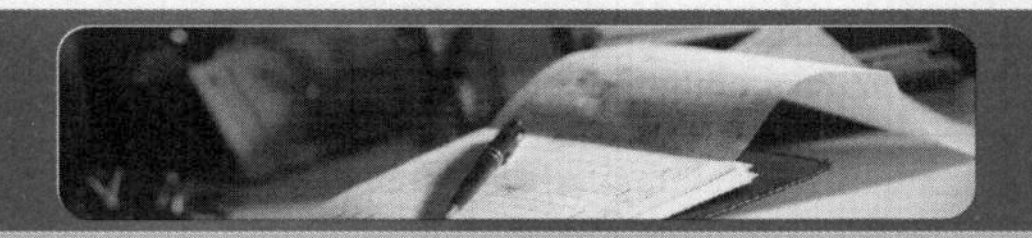

단위환산표

단위환산표(기계분야)

명 칭	기 호	크 기	명 칭	기 호	크 기
테라(tera)	T	10^{12}	피코(pico)	p	10^{-12}
기가(giga)	G	10^{9}	나노(nano)	n	10^{-9}
메가(mega)	M	10^{6}	마이크로(micro)	μ	10^{-6}
킬로(kilo)	k	10^{3}	밀리(milli)	m	10^{-3}
헥토(hecto)	h	10^{2}	센티(centi)	c	10^{-2}
데카(deka)	D	10^{1}	데시(deci)	d	10^{-1}

〈보기〉
- $1\text{km}=10^{3}\text{m}$
- $1\text{mm}=10^{-3}\text{m}$
- $1\text{pF}=10^{-12}\text{F}$
- $1\mu\text{m}=10^{-6}\text{m}$

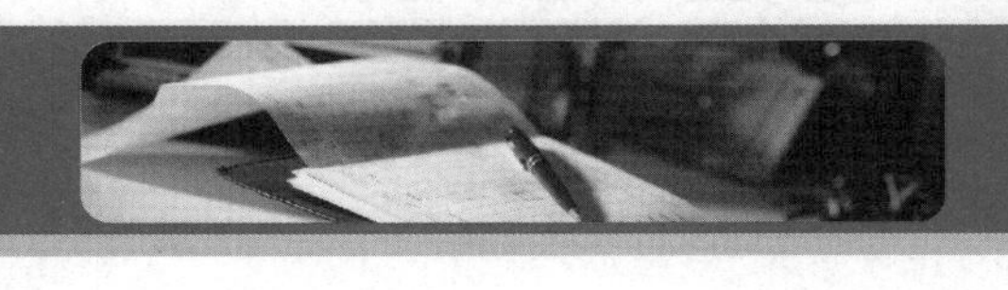

단위읽기표(기계분야)

여러분들이 고민하는 것 중 하나가 단위를 어떻게 읽느냐 하는 것일 듯합니다. 그 방법을 속시원하게 공개해 드립니다.

(알파벳 순)

단 위	단위 읽는 법	단위의 의미 (물리량)
Aq	아쿠아(Aqua)	물의 높이
atm	에이 티 엠(atm osphere)	기압, 압력
bar	바(bar)	압력
barrel	배럴(barrel)	부피
BTU	비티유(British Thermal Unit)	열량
cal	칼로리(calorie)	열량
cal/g	칼로리 퍼 그램(calorie per gram)	융해열, 기화열
cal/g·℃	칼로리 퍼 그램 도씨(calorie per gram degree Celsius)	비열
dyn, dyne	다인(dyne)	힘
g/cm^3	그램 퍼 세제곱센티미터(gram per centimeter cubic)	비중량
gal, gallon	갈론(gallon)	부피
H_2O	에이치 투 오(water)	물의 높이
Hg	에이치 지(mercury)	수은주의 높이
HP	마력(Horse Power)	일률
J/s, J/sec	줄 퍼 세컨드(Joule per second)	일률
K	케이(Kelvin temperature)	켈빈온도
kg/m^2	킬로그램 퍼 제곱미터(kilogram per meter square)	화재하중
kg_f	킬로그램 포스(kilogram force)	중량
kg_f/cm^2	킬로그램 포스 퍼 제곱센티미터 (kilogram force per centimeter square)	압력
L	리터(leter)	부피
lb	파운드(pound)	중량
lb_f/in^2	파운드 포스 퍼 제곱인치 (pound force per inch square)	압력

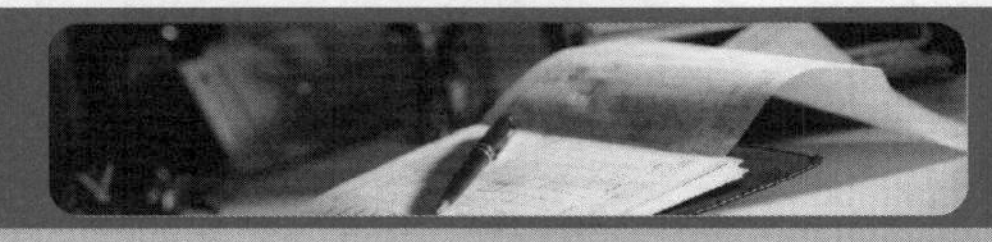

단위읽기표

단 위	단위 읽는 법	단위의 의미 (물리량)
m/min	미터 퍼 미니트(meter per minute)	속도
m/sec^2	미터 퍼 제곱세컨드(meter per second square)	가속도
m^3	세제곱미터(meter cubic)	부피
m^3/min	세제곱미터 퍼 미니트(meter cubic per minute)	유량
m^3/sec	세제곱미터 퍼 세컨드(meter cubic per second)	유량
mol, mole	몰(mole)	물질의 양
m^{-1}	퍼미터(per meter)	감광계수
N	뉴턴(Newton)	힘
N/m^2	뉴턴 퍼 제곱미터(Newton per meter square)	압력
P	푸아즈(Poise)	점도
Pa	파스칼(Pascal)	압력
PS	미터 마력(PferdeStärke)	일률
PSI	피 에스 아이(Pound per Square Inch)	압력
s, sec	세컨드(second)	시간
stokes	스토크스(stokes)	동점도
vol%	볼륨 퍼센트(volume percent)	농도
W	와트(Watt)	동력
W/m^2	와트 퍼 제곱미터(Watt per meter square)	대류열
$W/m^2 \cdot K^3$	와트 퍼 제곱미터 케이 세제곱 (Watt per meter square Kelvin cubic)	스테판-볼츠만 상수
$W/m^2 \cdot ℃$	와트 퍼 제곱미터 도 씨 (Watt per meter square degree Celsius)	열전달률
$W/m \cdot K$	와트 퍼 미터 케이(Watt per meter Kelvin)	열전도율
W/sec	와트 퍼 세컨드(Watt per second)	전도열
℃	도 씨(degree Celsius)	섭씨온도
℉	도 에프(degree Fahrenheit)	화씨온도
°R	도 알(degree Rankine)	랭킨온도

단위읽기표

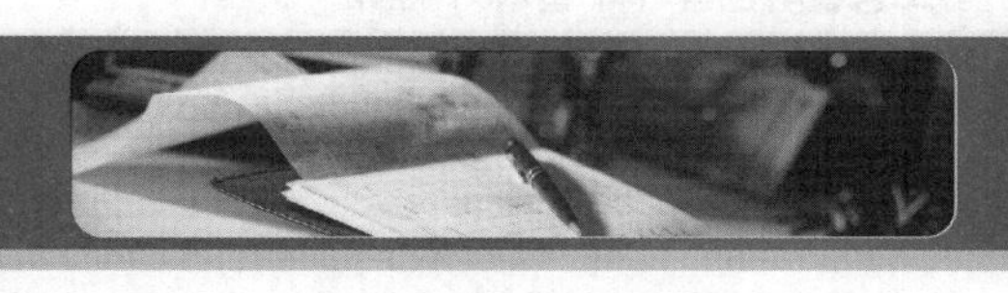

(가나다 순)

단위의 의미 (물리량)	단 위	단위 읽는 법
가속도	m/sec^2	미터 퍼 제곱세컨드(meter per second square)
감광계수	m^{-1}	퍼미터(per meter)
기압, 압력	atm	에이 티 엠(atm osphere)
농도	vol%	볼륨 퍼센트(volume percent)
대류열	W/m^2	와트 퍼 제곱미터(Watt per meter square)
동력	W	와트(Watt)
동점도	stokes	스토크스(stokes)
랭킨온도	°R	도 알(degree Rankine)
물의 높이	Aq	아쿠아(Aqua)
물의 높이	H_2O	에이치 투 오(water)
물질의 양	mol, mole	몰(mole)
부피	barrel	배럴(barrel)
부피	gal, gallon	갈론(gallon)
부피	L	리터(leter)
부피	m^3	세제곱미터(meter cubic)
비열	cal/g·°C	칼로리 퍼 그램 도씨(calorie per gram degree Celsius)
비중량	g/cm^3	그램 퍼 세제곱센티미터(gram per centimeter cubic)
섭씨온도	°C	도 씨(degree Celsius)
속도	m/min	미터 퍼 미니트(meter per minute)
수은주의 높이	Hg	에이치 지(mercury)
스테판-볼츠만 상수	$W/m^2 \cdot K^3$	와트 퍼 제곱미터 케이 세제곱 (Watt per meter square Kelvin cubic)
시간	s, sec	세컨드(second)
압력	bar	바(bar)
압력	kg_f/cm^2	킬로그램 포스 퍼 제곱센티미터 (kilogram force per centimeter square)

단위읽기표

단위의 의미 (물리량)	단 위	단위 읽는 법
압력	lb_f/in^2	파운드 포스 퍼 제곱인치 (pound force per inch square)
압력	N/m^2	뉴턴 퍼 제곱미터(Newton per meter square)
압력	Pa	파스칼(Pascal)
압력	PSI	피 에스 아이(Pound per Square Inch)
열량	BTU	비티유(British Thermal Unit)
열량	cal	칼로리(calorie)
열전달률	$W/m^2 \cdot ℃$	와트 퍼 제곱미터 도 씨 (Watt per meter square degree Celsius)
열전도율	$W/m \cdot K$	와트 퍼 미터 케이(Watt per meter Kelvin)
유량	m^3/min	세제곱미터 퍼 미니트(meter cubic per minute)
유량	m^3/sec	세제곱미터 퍼 세컨드(meter cubic per second)
융해열, 기화열	cal/g	칼로리 퍼 그램(calorie per gram)
일률	HP	마력(Horse Power)
일률	J/s, J/sec	줄 퍼 세컨드(Joule per second)
일률	PS	미터 마력(PferdeStärke)
전도열	W/sec	와트 퍼 세컨드(Watt per second)
점도	P	푸아즈(Poise)
중량	kg_f	킬로그램 포스(kilogram force)
중량	lb	파운드(pound)
켈빈온도	K	케이(Kelvin temperature)
화씨온도	℉	도 에프(degree Fahrenheit)
화재하중	kg/m^2	킬로그램 퍼 제곱미터(kilogram per meter square)
힘	dyn, dyne	다인(dyne)
힘	N	뉴턴(Newton)

시험안내 연락처

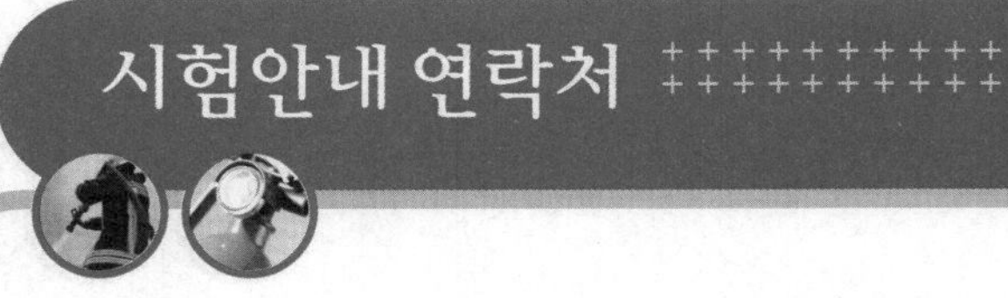

기관명	주 소	전화번호
서울지역본부	02512 서울 동대문구 장안벚꽃로 279(휘경동 49-35)	02-2137-0590
서울서부지사	03302 서울 은평구 진관3로 36(진관동 산100-23)	02-2024-1700
서울남부지사	07225 서울시 영등포구 버드나루로 110(당산동)	02-876-8322
서울강남지사	06193 서울시 강남구 테헤란로 412 T412빌딩 15층(대치동)	02-2161-9100
인천지사	21634 인천시 남동구 남동서로 209(고잔동)	032-820-8600
경인지역본부	16626 경기도 수원시 권선구 호매실로 46-68(탑동)	031-249-1201
경기동부지사	13313 경기 성남시 수정구 성남대로 1217(수진동)	031-750-6200
경기서부지사	14488 경기도 부천시 길주로 463번길 69(춘의동)	032-719-0800
경기남부지사	17561 경기 안성시 공도읍 공도로 51-23	031-615-9000
경기북부지사	11801 경기도 의정부시 바대논길 21 해인프라자 3~5층(고산동)	031-850-9100
강원지사	24408 강원특별자치도 춘천시 동내면 원창 고개길 135(학곡리)	033-248-8500
강원동부지사	25440 강원특별자치도 강릉시 사천면 방동길 60(방동리)	033-650-5700
부산지역본부	46519 부산시 북구 금곡대로 441번길 26(금곡동)	051-330-1910
부산남부지사	48518 부산시 남구 신선로 454-18(용당동)	051-620-1910
경남지사	51519 경남 창원시 성산구 두대로 239(중앙동)	055-212-7200
경남서부지사	52733 경남 진주시 남강로 1689(초전동 260)	055-791-0700
울산지사	44538 울산광역시 중구 종가로 347(교동)	052-220-3277
대구지역본부	42704 대구시 달서구 성서공단로 213(갈산동)	053-580-2300
경북지사	36616 경북 안동시 서후면 학가산 온천길 42(명리)	054-840-3000
경북동부지사	37580 경북 포항시 북구 법원로 140번길 9(장성동)	054-230-3200
경북서부지사	39371 경상북도 구미시 산호대로 253(구미첨단의료 기술타워 2층)	054-713-3000
광주지역본부	61008 광주광역시 북구 첨단벤처로 82(대촌동)	062-970-1700
전북지사	54852 전북 전주시 덕진구 유상로 69(팔복동)	063-210-9200
전북서부지사	54098 전북 군산시 공단대로 197번지 풍산빌딩 2층(수송동)	063-731-5500
전남지사	57948 전남 순천시 순광로 35-2(조례동)	061-720-8500
전남서부지사	58604 전남 목포시 영산로 820(대양동)	061-288-3300
대전지역본부	35000 대전광역시 중구 서문로 25번길 1(문화동)	042-580-9100
충북지사	28456 충북 청주시 흥덕구 1순환로 394번길 81(신봉동)	043-279-9000
충북북부지사	27480 충북 충주시 호암수청2로 14 충주농협 호암행복지점 3~4층(호암동)	043-722-4300
충남지사	31081 충남 천안시 서북구 상고1길 27(신당동)	041-620-7600
세종지사	30128 세종특별자치시 한누리대로 296(나성동)	044-410-8000
제주지사	63220 제주 제주시 복지로 19(도남동)	064-729-0701

※ 청사이전 및 조직변동 시 주소와 전화번호가 변경, 추가될 수 있음

응시자격

기사 : 다음의 어느 하나에 해당하는 사람

1. **산업기사** 등급 이상의 자격을 취득한 후 응시하려는 종목이 속하는 동일 및 유사 직무분야에서 **1년 이상** 실무에 종사한 사람
2. **기능사** 자격을 취득한 후 응시하려는 종목이 속하는 동일 및 유사 직무분야에서 **3년 이상** 실무에 종사한 사람
3. 응시하려는 종목이 속하는 동일 및 유사 직무분야의 다른 종목의 기사 등급 이상의 자격을 취득한 사람
4. 관련학과의 대학졸업자 등 또는 그 졸업예정자
5. **3년제 전문대학** 관련학과 졸업자 등으로서 졸업 후 응시하려는 종목이 속하는 동일 및 유사 직무분야에서 **1년 이상** 실무에 종사한 사람
6. **2년제 전문대학** 관련학과 졸업자 등으로서 졸업 후 응시하려는 종목이 속하는 동일 및 유사 직무분야에서 **2년 이상** 실무에 종사한 사람
7. 동일 및 유사 직무분야의 **기사** 수준 기술훈련과정 이수자 또는 그 이수예정자
8. 동일 및 유사 직무분야의 **산업기사** 수준 기술훈련과정 이수자로서 이수 후 응시하려는 종목이 속하는 동일 및 유사 직무분야에서 **2년 이상** 실무에 종사한 사람
9. 응시하려는 종목이 속하는 동일 및 유사 직무분야에서 **4년 이상** 실무에 종사한 사람
10. 외국에서 동일한 종목에 해당하는 자격을 취득한 사람

산업기사 : 다음의 어느 하나에 해당하는 사람

1. **기능사** 등급 이상의 자격을 취득한 후 응시하려는 종목이 속하는 동일 및 유사 직무분야에 **1년 이상** 실무에 종사한 사람
2. 응시하려는 종목이 속하는 동일 및 유사 직무분야의 다른 종목의 산업기사 등급 이상의 자격을 취득한 사람
3. 관련학과의 **2년제** 또는 **3년제 전문대학**졸업자 등 또는 그 졸업예정자
4. 관련학과의 대학졸업자 등 또는 그 졸업예정자
5. 동일 및 유사 직무분야의 산업기사 수준 기술훈련과정 이수자 또는 그 이수예정자
6. 응시하려는 종목이 속하는 동일 및 유사 직무분야에서 **2년 이상** 실무에 종사한 사람
7. 고용노동부령으로 정하는 기능경기대회 입상자
8. 외국에서 동일한 종목에 해당하는 자격을 취득한 사람

※ 세부사항은 한국산업인력공단 **1644-8000**으로 문의바람

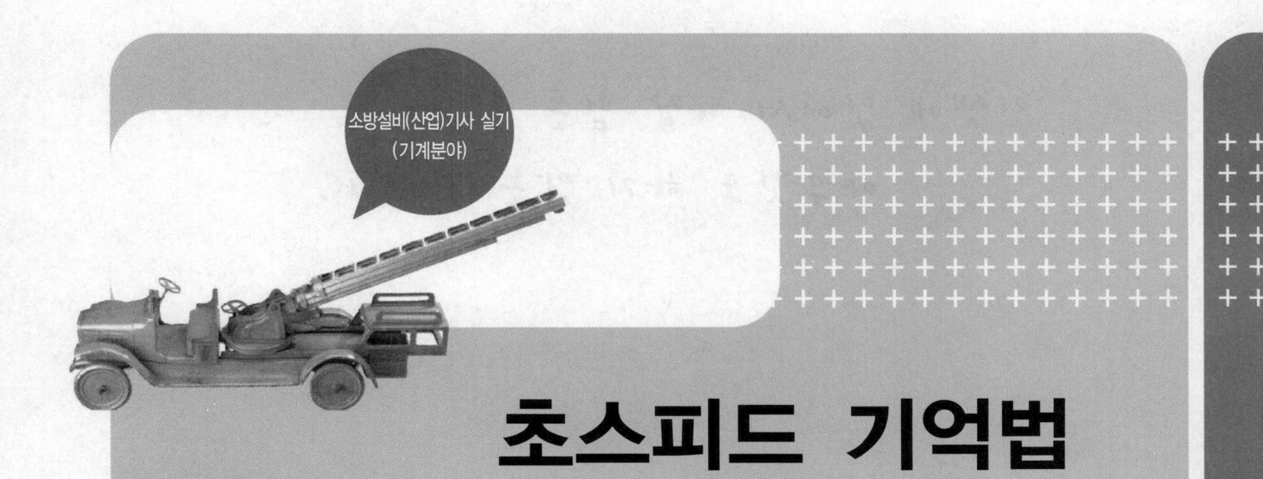

초스피드 기억법

인생에 있어서 가장 힘든 일은

아무것도 하지 않는 것이다.

1 유체의 종류

① 실제 유체 : 점성이 있으며, 압축성인 유체
② 이상 유체 : 점성이 없으며, **비압축성**인 유체
③ 압축성 유체 : **기체**와 같이 체적이 변화하는 유체
④ 비압축성 유체 : **액체**와 같이 체적이 변화하지 않는 유체

● 초스피드 기억법 

실점있압(실점이 있는 사람만 압박해!)
기압(기압)

Key Point

❋ 정상류와 비정상류
(1) 정상류
배관 내의 임의의 점에서 시간에 따라 압력, 속도, 밀도 등이 변하지 않는 것
(2) 비정상류
배관 내의 임의의 점에서 시간에 따라 압력, 속도, 밀도 등이 변하는 것

2 열량

$$Q = r_1 m + m\,C\Delta T + r_2 m$$

여기서, Q : 열량[cal]
r_1 : 융해열[cal/g]
r_2 : 기화열[cal/g]
m : 질량[g]
C : 비열[cal/g · ℃]
ΔT : 온도차[℃]

❋ 비열
1g의 물체를 1℃만큼 온도를 상승시키는 데 필요한 열량(cal)

3 유체의 단위(다 시험에 잘 나온다.)

① $1N = 10^5 dyne$
② $1N = 1kg \cdot m/s^2$
③ $1dyne = 1g \cdot cm/s^2$
④ $1Joule = 1N \cdot m$
⑤ $1kg_f = 9.8N = 9.8kg \cdot m/s^2$
⑥ $1P(poise) = 1g/cm \cdot s = 1dyne \cdot s/cm^2$
⑦ $1cP(centipoise) = 0.01g/cm \cdot s$
⑧ $1stokes(St) = 1cm^2/s$
⑨ $1atm = 760mmHg = 1.0332kg_f/cm^2$
$= 10.332mH_2O(mAq)$
$= 14.7PSI(lb_f/in^2)$
$= 101.325kPa(kN/m^2)$
$= 1013mbar$

Key Point

※ 절대압
완전진공을 기준으로 한 압력
기억법 절진(절전)

※ 게이지압(계기압)
국소대기압을 기준으로 한 압력

※ 비중량
단위체적당 중량

※ 비체적
단위질량당 체적

4 절대압(꼭! 알아야 한다.)

① 절대압=대기압+게이지압(계기압)
② 절대압=대기압−진공압

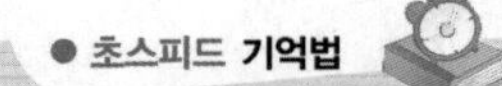

절대계(절대로 개입하지 마라.)
절대−진(절대로 마이너지진이 남지 않는다.)

5 비중량

$$\gamma = \rho g$$

여기서, γ : 비중량[kN/m³]
ρ : 밀도[kg/m³]
g : 중력가속도(9.8m/s²)

① 물의 비중량
$1g_f/cm^3 = 1000kg_f/m^3 = 9.8kN/m^3$
② 물의 밀도
$\rho = 1g/cm^3 = 1000kg/m^3 = 1000N \cdot s^2/m^4$

6 가스계 소화설비와 관련된 식

$$CO_2 = \frac{방출가스량}{방호구역체적 + 방출가스량} \times 100 = \frac{21 - O_2}{21} \times 100$$

여기서, CO_2 : CO_2의 농도[%], 할론농도[%]
O_2 : O_2의 농도[%]

$$방출가스량 = \frac{21 - O_2}{O_2} \times 방호구역체적$$

여기서, O_2 : O_2의 농도[%]

$$PV = \frac{m}{M} RT$$

여기서, P : 기압[atm]
V : 방출가스량[m³]
m : 질량[kg]
M : 분자량(CO_2 : 44, 할론 1301 : 148.95)
R : 0.082atm · m³/kmol · K
T : 절대온도(273+℃)[K]

$$Q = \frac{m_t \, C(t_1 - t_2)}{H}$$

여기서, Q : 액화 CO_2의 증발량〔kg〕
m_t : 배관의 질량〔kg〕
C : 배관의 비열〔kcal/kg · ℃〕
t_1 : 방출전 배관의 온도〔℃〕
t_2 : 방출될 때의 배관의 온도〔℃〕
H : 액화 CO_2의 증발잠열〔kcal/kg〕

이상기체 상태방정식

$$PV = nRT = \frac{m}{M}RT, \ \rho = \frac{PM}{RT}$$

여기서, P : 압력〔atm〕
V : 부피〔m^3〕
n : 몰수$\left(\frac{m}{M}\right)$
R : 0.082atm · m^3/kmol · K
T : 절대온도(273+℃)〔K〕
m : 질량〔kg〕
M : 분자량
ρ : 밀도〔kg/m^3〕

$$PV = WRT, \ \rho = \frac{P}{RT}$$

여기서, P : 압력〔Pa〕
V : 부피〔m^3〕
W : 무게〔N〕
R : $\frac{848}{M}$〔N · m/kg · K〕
T : 절대온도(273+℃)〔K〕
ρ : 밀도〔kg/m^3〕

$$PV = GRT$$

여기서, P : 압력〔Pa〕
V : 부피〔m^3〕
G : 무게〔N〕
$R(N_2)$: 296〔J/N · K〕
T : 절대온도(273+℃)〔K〕

＊ 증발잠열과 동일한 용어
① 증발열
② 기화잠열
③ 기화열

＊ 몰수

$$n = \frac{m}{M}$$

여기서,
n : 몰수
M : 분자량
m : 질량〔kg〕

❋ 유량
관내를 흘러가는 유체의 양을 말하는 것으로 '체적유량', '용량유량'이라고도 부른다.

❋ 베르누이 방정식의 적용 조건
① 정상 흐름
② 비압축성 흐름
③ 비점성 흐름
④ 이상유체
기억법 **베정비이**
(배를 정비해서 이곳을 떠나라!)

7 유량

(1) 유량(flowrate)

$$Q = AV$$

여기서, Q : 유량〔m^3/s〕
A : 단면적〔m^2〕
V : 유속〔m/s〕

(2) 질량유량(mass flowrate)

$$\overline{m} = AV\rho$$

여기서, $\overline{m}$: 질량유량〔kg/s〕
A : 단면적〔m^2〕
V : 유속〔m/s〕
ρ : 밀도〔kg/m^3〕

(3) 중량유량(weight flowrate)

$$G = AV\gamma$$

여기서, G : 중량유량〔N/s〕
A : 단면적〔m^2〕
V : 유속〔m/s〕
γ : 비중량〔N/m^3〕

8 여러 가지 식

(1) 베르누이 방정식

$$\frac{{V_1}^2}{2g} + \frac{p_1}{\gamma} + Z_1 = \frac{{V_2}^2}{2g} + \frac{p_2}{\gamma} + Z_2 + \Delta H$$

↑ (속도수두) ↑ (압력수두) ↑ (위치수두)

여기서, V_1, V_2 : 유속〔m/s〕
p_1, p_2 : 압력〔kPa〕 또는 〔kN/m^2〕
Z_1, Z_2 : 높이〔m〕
g : 중력가속도($9.8m/s^2$)
γ : 비중량〔kN/m^3〕
ΔH : 손실수두〔m〕

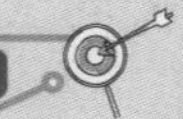

(2) 토리첼리의 식(Torricelli's theorem)

$$V = \sqrt{2gH} \quad \text{또는} \quad V = C_V\sqrt{2gH}$$

여기서, V : 유속[m/s]
C_V : 속도계수
g : 중력가속도(9.8m/s^2)
H : 높이[m]

(3) 보일-샤를의 법칙(Boyle-Charl's law)

$$\frac{P_1 V_1}{T_1} = \frac{P_2 V_2}{T_2}$$

여기서, P_1, P_2 : 기압[atm]
V_1, V_2 : 부피[m^3]
T_1, T_2 : 절대온도[K]

(4) 마찰손실

① 달시-웨버의 식(Darcy-Weisbach formula) : 층류, 난류

$$H = \frac{\Delta p}{\gamma} = \frac{flV^2}{2gD}$$

여기서, H : 마찰손실[m]
Δp : 압력차[kPa] 또는 [kN/m^2]
γ : 비중량(물의 비중량 9.8kN/m^3)
f : 관마찰계수
l : 길이[m]
V : 유속[m/s]
g : 중력가속도(9.8 m/s^2)
D : 내경[m]

② 하젠-윌리암의 식(Hargen-William's formula)

$$\Delta p_m = 6.053 \times 10^4 \times \frac{Q^{1.85}}{C^{1.85} \times D^{4.87}} \times L ≒ 6.174 \times 10^4 \times \frac{Q^{1.85}}{C^{1.85} \times D^{4.87}} \times L$$

여기서, Δp_m : 압력손실[MPa]
C : 조도
D : 관의 내경[mm]
Q : 관의 유량[l/min]
L : 배관의 길이[m]

Key Point

※ 운동량의 원리
운동량의 시간변화율은 그 물체에 작용한 힘과 같다.

$$F = m\frac{du}{dt}$$

여기서,
F : 힘[kg · m/s^2=N]
m : 질량[kg]
du : 운동속도[m/s]
dt : 운동시간[s]

※ 배관의 마찰손실
(1) 주손실
관로에 따른 마찰손실
(2) 부차적 손실
① 관의 급격한 확대 손실
② 관의 급격한 축소 손실
③ 관부속품에 따른 손실

※ 관마찰계수

$$f = \frac{64}{Re}$$

여기서,
f : 관마찰계수
Re : 레이놀즈수

Key Point

※ 조도
배관의 재질이 매끄러우냐 또는 거치냐에 따라 작용하는 계수로서 'Roughness계수', '마찰계수'라고도 부른다.

중요

배관의 조도

조도(C)	배 관
100	• 주철관 • 흑관(건식 스프링클러설비의 경우) • 흑관(준비작동식 스프링클러설비의 경우)
120	• 흑관(일제살수식 스프링클러설비의 경우) • 흑관(습식 스프링클러설비의 경우) • 백관(아연도금강관)
150	• 동관(구리관)

(5) 토출량(방수량)

①

$$Q = 10.99\,CD^2\sqrt{10P}$$

여기서, Q : 토출량〔m³/s〕
C : 노즐의 흐름계수
D : 구경〔m〕
P : 방사압력〔MPa〕

②

$$Q = 0.653\,D^2\sqrt{10P} = 0.6597\,CD^2\sqrt{10P}$$

여기서, Q : 토출량〔l/min〕
C : 노즐의 흐름계수
D : 구경〔mm〕
P : 방사압력(게이지압)〔MPa〕

③

$$Q = K\sqrt{10P}$$

여기서, Q : 토출량〔l/min〕
K : 방출계수
P : 방사압력〔MPa〕

※ 돌연축소관

※ 돌연확대관

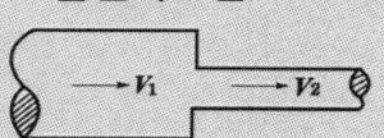

(6) 돌연 축소 · 확대관에서의 손실

① 돌연축소관에서의 손실

$$H = K\frac{{V_2}^2}{2g}$$

여기서, H : 손실수두〔m〕
K : 손실계수
V_2 : 축소관유속〔m/s〕
g : 중력가속도(9.8m/s²)

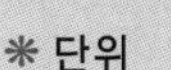

※ 단위
① 1HP=0.746kW
② 1PS=0.735kW

❷ 돌연확대관에서의 손실

$$H = K\frac{(V_1 - V_2)^2}{2g}$$

여기서, H : 손실수두〔m〕
K : 손실계수
V_1 : 축소관유속〔m/s〕
V_2 : 확대관유속〔m/s〕
g : 중력가속도(9.8m/s²)

(7) 펌프의 동력

❶ 일반적인 설비

$$P = \frac{0.163\,QH}{\eta}K$$

여기서, P : 전동력〔kW〕
Q : 유량〔m³/min〕
H : 전양정〔m〕
K : 전달계수
η : 효율

❷ 제연설비(배연설비)

$$P = \frac{P_T Q}{102 \times 60\eta}K$$

여기서, P : 배연기 동력〔kW〕
P_T : 전압(풍압)〔mmAq, mmH_2O〕
Q : 풍량〔m³/min〕
K : 여유율
η : 효율

※ 펌프의 동력
① 전동력
전달계수와 효율을 모두 고려한 동력
② 축동력
전달계수를 고려하지 않은 동력
기억법 축전(축전)
③ 수동력
전달계수와 효율을 고려하지 않은 동력
기억법 효전수(효를 전수해 주세요.)

(8) 압력

❶ 일반적인 압력

$$p = \gamma h, \; p = \frac{F}{A}$$

여기서, p : 압력〔Pa〕
γ : 비중량〔N/m³〕
h : 높이〔m〕
F : 힘〔N〕
A : 단면적〔m²〕

❷ 물속의 압력

$$P = P_0 + \gamma h$$

여기서, P : 물속의 압력〔kPa〕

Key Point

P_0 : 대기압(101.325kPa)
γ : 물의 비중량(9.8kN/m^3)
h : 물의 깊이〔m〕

(9) 플랜지볼트에 작용하는 힘

$$F=\frac{\gamma Q^2 A_1}{2g}\left(\frac{A_1-A_2}{A_1 A_2}\right)^2$$

여기서, F : 플랜지볼트에 작용하는 힘〔kN〕
γ : 비중량(물의 비중량 9.8kN/m^3)
Q : 유량〔m^3/s〕
A_1 : 소방호스의 단면적〔m^2〕
A_2 : 노즐의 단면적〔m^2〕
g : 중력가속도(9.8m/s^2)

(10) 배관(pipe)

※ 스케줄 번호
관의 구경·두께·내부 압력 등의 일정한 표준이 되는 것을 숫자로 나타낸 것

※ 내부작업응력
'최고사용압력'이라고도 부른다.

※ NPSH
'Net Positive Suction Head'의 약자로서 유효흡입양정을 말한다.

① 스케줄 번호(Schedule No)

$$\text{Schedule No}=\frac{\text{내부작업응력}}{\text{재료의 허용응력}}\times 1000$$

② 안전율

$$\text{안전율}=\frac{\text{인장강도(극한강도)}}{\text{재료의 허용응력}}$$

(11) $NPSH_{av}$

① 흡입 $NPSH_{av}$(수조가 펌프보다 낮을 때)

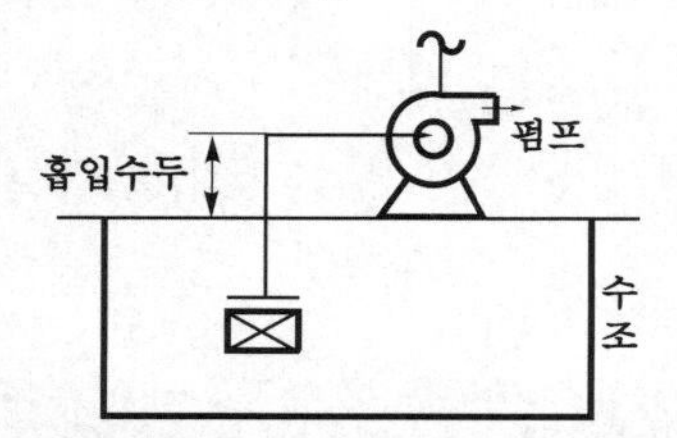

$$NPSH_{av}=H_a-H_v-H_s-H_L$$

여기서, $NPSH_{av}$: 유효흡입양정〔m〕
H_a : 대기압수두〔m〕
H_v : 수증기압수두〔m〕
H_s : 흡입수두〔m〕
H_L : 마찰손실수두〔m〕

Key Point

② 압입 NPSHav(수조가 펌프보다 높을 때)

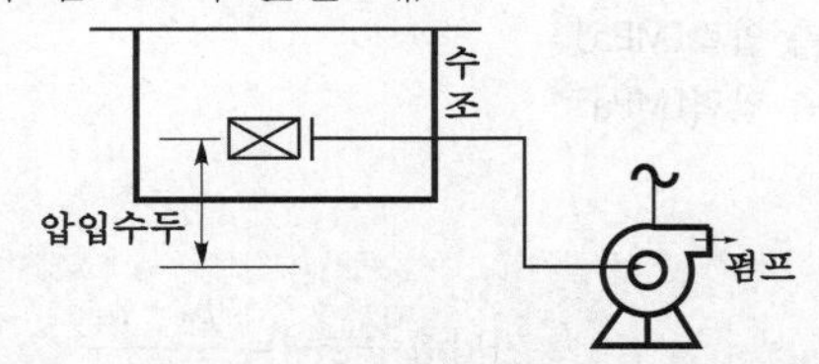

$$\mathrm{NPSH_{av}} = H_a - H_v + H_s - H_L$$

여기서, $\mathrm{NPSH_{av}}$: 유효흡입양정〔m〕
H_a : 대기압수두〔m〕
H_v : 수증기압수두〔m〕
H_s : 압입수두〔m〕
H_L : 마찰손실수두〔m〕

(12) 유량, 양정, 축동력(관경 D_1, D_2는 생략가능)

① **유량** : 유량은 회전수에 비례하고 관경의 세제곱에 비례한다.

$$Q_2 = Q_1 \left(\frac{N_2}{N_1}\right)\left(\frac{D_2}{D_1}\right)^3$$

여기서, Q_2 : 변경 후 유량〔m³/min〕
Q_1 : 변경 전 유량〔m³/min〕
N_2 : 변경 후 회전수〔rpm〕
N_1 : 변경 전 회전수〔rpm〕
D_2 : 변경 후 관경〔mm〕
D_1 : 변경 전 관경〔mm〕

② **양정** : 양정은 회전수의 제곱 및 관경의 제곱에 비례한다.

$$H_2 = H_1 \left(\frac{N_2}{N_1}\right)^2\left(\frac{D_2}{D_1}\right)^2$$

여기서, H_2 : 변경 후 양정〔m〕
H_1 : 변경 전 양정〔m〕

③ **축동력** : 축동력은 회전수의 세제곱 및 관경의 오제곱에 비례한다.

$$P_2 = P_1 \left(\frac{N_2}{N_1}\right)^3\left(\frac{D_2}{D_1}\right)^5$$

여기서, P_2 : 변경 후 축동력〔kW〕
P_1 : 변경 전 축동력〔kW〕

(13) 펌프

① 압축비

$$K = \sqrt[\varepsilon]{\frac{p_2}{p_1}}$$

여기서, K : 압축비

※ 유량, 양정, 축동력

① 유량

$$Q_2 = Q_1 \left(\frac{N_2}{N_1}\right)$$

② 양정

$$H_2 = H_1 \left(\frac{N_2}{N_1}\right)^2$$

③ 축동력

$$P_2 = P_1 \left(\frac{N_2}{N_1}\right)^3$$

여기서,
Q : 유량〔m³/min〕
H : 양정〔m〕
P : 축동력〔kW〕
N : 회전수〔rpm〕

※ 압축열

기체를 급히 압축할 때 발생하는 열

ε : 단수
p_1 : 흡입측 압력〔MPa〕
p_2 : 토출측 압력〔MPa〕

2 가압송수능력

$$\text{가압송수능력} = \frac{p_2 - p_1}{\varepsilon}$$

여기서, p_1 : 흡입측 압력〔MPa〕
p_2 : 토출측 압력〔MPa〕
ε : 단수

※ 단수
'임펠러개수'를 말한다.

※ 누설량
제연구역에 설치된 출입문, 창문 등의 틈새를 통하여 제연구역으로부터 흘러나가는 공기량

(14) 제연설비

1 누설량

$$Q = 0.827A\sqrt{P}$$

여기서, Q : 누설량〔m^3/s〕
A : 누설틈새면적〔m^2〕
P : 차압〔Pa〕

2 누설틈새면적

① 직렬상태

$$A = \frac{1}{\sqrt{\frac{1}{{A_1}^2} + \frac{1}{{A_2}^2} + \cdots}}$$

여기서, A : 전체 누설틈새면적〔m^2〕
A_1, A_2 : 각 실의 누설틈새면적〔m^2〕

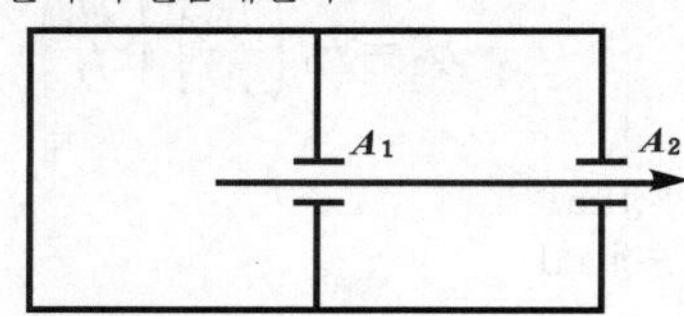

② 병렬상태

$$A = A_1 + A_2 + \cdots$$

여기서, A : 전체 누설틈새면적〔m^2〕
A_1, A_2 : 각 실의 누설틈새면적〔m^2〕

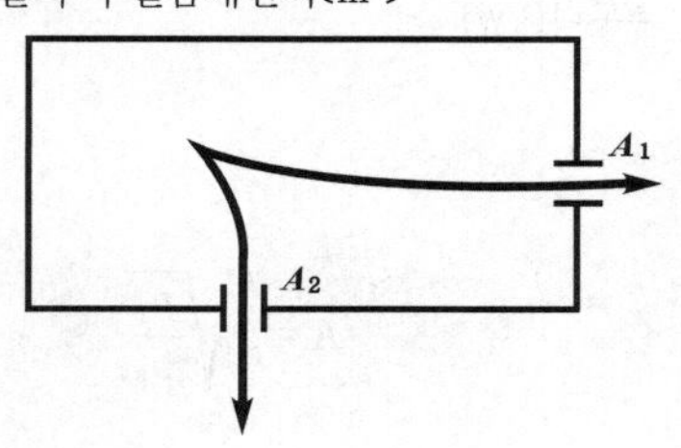

9 유체 계측기기

정압 측정	동압(유속) 측정	유량 측정
① 피에조미터 ② 정압관 기억법 조정(조정)	① 피토관 ② 피토-정압관 ③ 시차액주계 ④ 열선 속도계 기억법 속토시 열 (속이 따뜻한 토시는 열이 난다.)	① 벤츄리미터 ② 위어 ③ 로터미터 ④ 오리피스 기억법 벤위로 오량 (벤치 위로 오양이 보인다.)

Key Point

※ 위어의 종류
① V-notch 위어
② 4각 위어
③ 예봉 위어
④ 광봉 위어

10 펌프의 운전

※ 펌프
전동기로부터 에너지를 받아 액체 또는 기체를 수송하는 장치

(1) 직렬운전

1. 토출량 : Q
2. 양정 : $2H$(토출압 : $2P$)

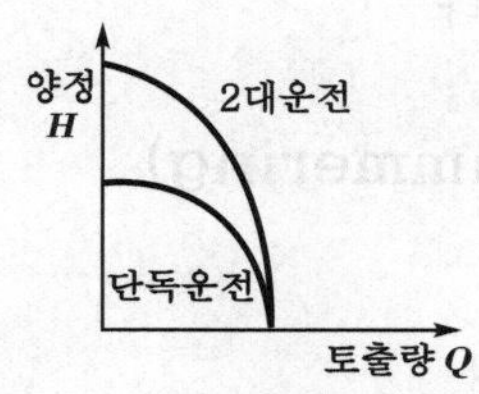

| 직렬운전 |

● 초스피드 기억법

정2직(정이 든 직장)

(2) 병렬운전

1. 토출량 : $2Q$
2. 양정 : H(토출압 : P)

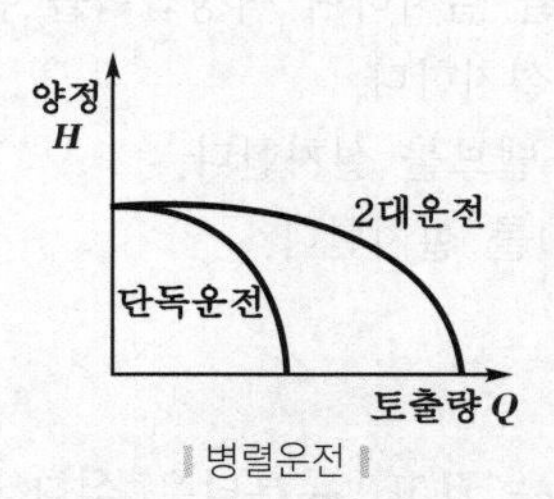

| 병렬운전 |

11 공동현상(정말 잊지 마라.)

※ 공동현상
펌프의 흡입측 배관 내의 물의 정압이 기존의 증기압보다 낮아져서 물이 흡입되지 않는 현상

(1) 공동현상의 발생원인

1. 펌프의 흡입수두가 클 때
2. 펌프의 마찰손실이 클 때
3. 펌프의 임펠러 속도가 클 때
4. 펌프의 설치위치가 수원보다 높을 때
5. 관내의 수온이 높을 때

❻ 관내의 물의 정압이 그때의 증기압보다 낮을 때
❼ 흡입관의 구경이 작을 때
❽ 흡입거리가 길 때
❾ 유량이 증가하여 펌프물이 과속으로 흐를 때

(2) 공동현상의 방지대책

❶ 펌프의 흡입수두를 작게 한다.
❷ 펌프의 마찰손실을 작게 한다.
❸ 펌프의 임펠러 속도(회전수)를 작게 한다.
❹ 펌프의 설치위치를 수원보다 낮게 한다.
❺ 양흡입 펌프를 사용한다(펌프의 흡입측을 가압한다).
❻ 관내의 물의 정압을 그때의 증기압보다 높게 한다.
❼ 흡입관의 구경을 크게 한다.
❽ 펌프를 2대 이상 설치한다.

12 수격작용(water hammering)

※ 수격작용
배관 내를 흐르는 유체의 유속을 급격하게 변화시킴으로 압력이 상승 또는 하강하여 관로의 벽면을 치는 현상

(1) 수격작용의 발생원인

❶ 펌프가 갑자기 정지할 때
❷ 급히 밸브를 개폐할 때
❸ 정상운전시 유체의 압력변동이 생길 때

(2) 수격작용의 방지대책

❶ 관로의 관경을 크게 한다.
❷ 관로 내의 유속을 낮게 한다(관로에서 일부 고압수를 방출한다).
❸ 조압수조(surge tank)를 설치하여 적정압력을 유지한다.
❹ **플라이휠**(flywheel)을 설치한다.
❺ 펌프 송출구 가까이에 밸브를 설치한다.
❻ **에어챔버**(air chamber)를 설치한다.

● **초스피드 기억법**

수방관크 유낮(소방관은 크고, 유부남은 작다.)

13 맥동현상(surging)

※ 맥동현상
유량이 단속적으로 변하여 펌프입출구에 설치된 진공계·압력계가 흔들리고 진동과 소음이 일어나며 펌프의 토출유량이 변하는 현상

(1) 맥동현상의 발생원인

❶ 배관 중에 **수조**가 있을 때
❷ 배관 중에 **기체상태**의 부분이 있을 때
❸ **유량조절밸브**가 배관 중 수조의 위치 **후방**에 있을 때

Key Point

❋ 에어바인딩
펌프 운전시 펌프 내의 공기로 인하여 수두가 감소하여 물이 송액되지 않는 현상

④ 펌프의 특성곡선이 **산모양**이고 운전점이 그 **정상부**일 때

(2) **맥동현상의 방지대책**

① 배관 중에 불필요한 수조를 없앤다.
② 배관 내의 기체를 제거한다.
③ 유량조절밸브를 배관 중 수조의 전방에 설치한다.
④ 운전점을 고려하여 적합한 펌프를 선정한다.
⑤ 풍량 또는 토출량을 줄인다.

14 충전가스(압력원)

질소(N_2)	**분**말소화설비(축압식), **할**론소화설비
이산화탄소(CO_2)	기타설비

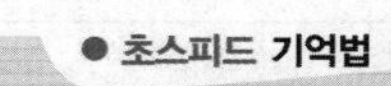

● 초스피드 기억법

질충분할(질소가 충분할 것)

15 각 설비의 주요사항(암기하여 나와야 한다.)

구 분	드렌처설비	스프링클러 설비	소화용수 설비	옥내소화전 설비	옥외소화전 설비	포소화설비 물분무소화설비 연결송수관설비
방수압	0.1MPa 이상	0.1~1.2MPa 이하	0.15MPa 이상	0.17~0.7MPa 이하	0.25~0.7MPa 이하	0.35MPa 이상
방수량	80l/min 이상	80l/min 이상	800l/min 이상 (가압송수장치 설치)	130l/min 이상 (30층 미만 : 최대 **2개**, 30층 이상 : 최대 **5개**)	350l/min 이상 (최대 **2개**)	75l/min 이상 (포워터 스프링클러 헤드)
방수 구경	–	–	–	40mm	65mm	–
노즐 구경	–	–	–	13mm	19mm	–

16 수원의 저수량(참 중요!)

❋ 드렌처설비
건물의 창, 처마 등 외부화재에 의해 연소·파손하기 쉬운 부분에 설치하여 외부 화재의 영향을 막기 위한 설비

(1) **드렌처설비**

$$Q = 1.6N$$

여기서, Q : 수원의 저수량[m^3]
N : 헤드의 설치개수

Key Point

※ 수원
물을 공급하는 곳

※ 폐쇄형 헤드
정상상태에서 방수구를 막고 있는 감열체가 일정온도에서 자동적으로 파괴·용해 또는 이탈됨으로써 분사구가 열려지는 헤드

※ 스프링클러설비
스프링클러헤드를 이용하여 건물 내의 화재를 자동적으로 진화하기 위한 소화설비

(2) 스프링클러설비(폐쇄형)

$$Q=1.6N(30층\ 미만),\ Q=3.2N(30\sim49층\ 이하),\ Q=4.8N(50층\ 이상)$$

여기서, Q : 수원의 저수량[m^3]
N : 폐쇄형 헤드의 기준개수(설치개수가 기준개수보다 작으면 그 설치개수)

중요

폐쇄형 헤드의 기준개수

특정소방대상물		폐쇄형 헤드의 기준개수
지하가 · 지하역사		30
11층 이상		
10층 이하	공장(특수가연물)	
	판매시설(백화점 등), 복합건축물(판매시설이 설치된 복합건축물)	
	근린생활시설, 운수시설	20
	8m 이상	
	8m 미만	10

● **초스피드 기억법** 

8이2(파리)
18아(일제 팔아)

(3) 옥내소화전설비

$$Q=2.6N(30층\ 미만,\ N:최대\ 2개)$$
$$Q=5.2N(30\sim49층\ 이하,\ N:최대\ 5개)$$
$$Q=7.8N(50층\ 이상,\ N:최대\ 5개)$$

여기서, Q : 수원의 저수량[m^3]
N : 가장 많은 층의 소화전 개수

(4) 옥외소화전설비

$$Q=7N$$

여기서, Q : 수원의 저수량[m^3]
N : 옥외소화전 설치개수(최대 **2개**)

17 가압송수장치(펌프방식)(합격이 눈앞에 있소이다.)

(1) 스프링클러설비

$$H=h_1+h_2+\underline{10}$$

여기서, H : 전양정[m]
h_1 : 배관 및 관부속품의 마찰손실수두[m]
h_2 : 실양정(흡입양정+토출양정)[m]

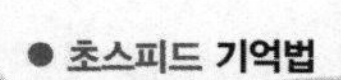

● 초스피드 기억법

스10(서열)

(2) 물분무소화설비

$$H = h_1 + h_2 + h_3$$

여기서, H : 필요한 낙차〔m〕
h_1 : 물분무헤드의 설계압력 환산수두〔m〕
h_2 : 배관 및 관부속품의 마찰손실수두〔m〕
h_3 : 실양정(흡입양정+토출양정)〔m〕

(3) 옥내소화전설비

$$H = h_1 + h_2 + h_3 + 17$$

여기서, H : 전양정〔m〕
h_1 : 소방 호스의 마찰손실수두〔m〕
h_2 : 배관 및 관부속품의 마찰손실수두〔m〕
h_3 : 실양정(흡입양정+토출양정)〔m〕

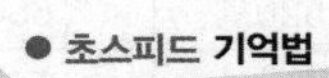

● 초스피드 기억법

내17(내일 칠해)

(4) 옥외소화전설비

$$H = h_1 + h_2 + h_3 + 25$$

여기서, H : 전양정〔m〕
h_1 : 소방 호스의 마찰손실수두〔m〕
h_2 : 배관 및 관부속품의 마찰손실수두〔m〕
h_3 : 실양정(흡입양정+토출양정)〔m〕

● 초스피드 기억법

외25(왜 이래요?)

(5) 포소화설비

$$H = h_1 + h_2 + h_3 + h_4$$

여기서, H : 펌프의 양정〔m〕
h_1 : 방출구의 설계압력 환산수두 또는 노즐선단의 방사압력 환산수두〔m〕

Key Point

※ 물분무소화설비
물을 안개모양(분무) 상태로 살수하여 소화하는 설비

※ 소방호스의 종류
① 고무내장 호스
② 소방용 아마 호스
③ 소방용 젖는 호스

※ 포소화설비
차고, 주차장, 항공기 격납고 등 물로 소화가 불가능한 장소에 설치하는 소화설비로서 물과 포원액을 일정비율로 혼합하여 이것을 발포기를 통해 거품을 형성하게 하여 화재 부위에 도포하는 방식

h_2 : 배관의 마찰손실수두〔m〕

h_3 : 소방 호스의 마찰손실수두〔m〕

h_4 : 낙차〔m〕

18 옥내소화전설비의 배관구경

구 분	가지배관	주배관 중 수직배관
호스릴	25mm 이상	32mm 이상
일반	40mm 이상	50mm 이상
연결송수관 겸용	65mm 이상	100mm 이상

● 초스피드 기억법

가4(가사일)
주5(주5일 근무)

※ 순환배관
체절운전시 수온의 상승 방지

19 헤드수 및 유수량(다 외웠으면 신통하다.)

(1) 옥내소화전설비

배관구경〔mm〕	40	50	65	80	100
유수량〔l/min〕	130	260	390	520	650
옥내소화전수	1개	2개	3개	4개	5개

※ 연결살수설비
실내에 개방형 헤드를 설치하고 화재시 현장에 출동한 소방차에서 실외에 설치되어 있는 송수구에 물을 공급하여 개방형 헤드를 통해 방사하여 화재를 진압하는 설비

(2) 연결살수설비

배관구경〔mm〕	32	40	50	65	80
살수헤드수	1개	2개	3개	4~5개	6~10개

(3) 스프링클러설비

급수관구경〔mm〕	25	32	40	50	65	80	90	100	125	150
폐쇄형 헤드수	2개	3개	5개	10개	30개	60개	80개	100개	160개	161개 이상

※ 유속
유체(물)의 속도

20 유속

설 비		유 속
옥내소화전설비		4m/s 이하
스프링클러설비	가지배관	6m/s 이하
	기타의 배관	10m/s 이하

● 초스피드 기억법

6가스유(육교에 갔어유)

21 펌프의 성능

① 체절운전시 정격토출압력의 140%를 초과하지 아니할 것
② 정격토출량의 150%로 운전시 정격토출압력의 65% 이상이 되어야 한다.

※ 체절운전
펌프의 성능시험을 목적으로 펌프 토출측의 개폐 밸브를 닫은 상태에서 펌프를 운전하는 것

22 옥내소화전함

① 강판(철판) 두께 : 1.5mm 이상
② 합성수지재 두께 : 4mm 이상
③ 문짝의 면적 : $0.5m^2$ 이상

내합4(내가 합한 사과)

23 옥외소화전함의 설치거리

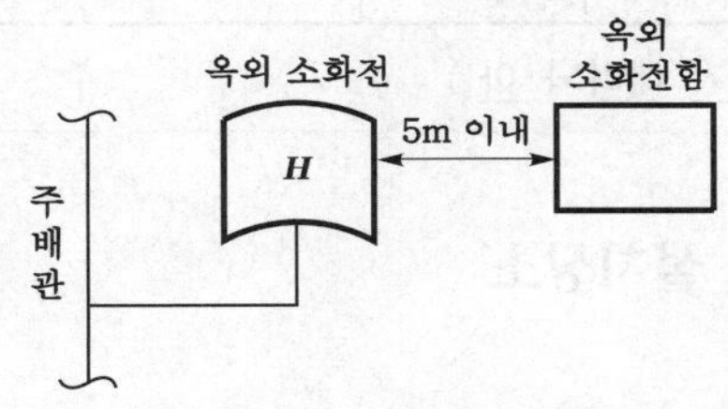

▌옥외소화전~옥외소화전함의 설치거리▐

※ 옥외소화전함 설치기구

옥외소화전 개수	소화전함 개수
10개 이하	5m 이내의 장소에 1개 이상
11~30개 이하	11개 이상의 소화전함 분산설치
31개 이상	소화전 3개마다 1개 이상

24 스프링클러헤드의 배치기준(다 외웠으면 장하다.)

설치장소의 최고 주위온도	표시온도
39℃ 미만	79℃ 미만
39~64℃ 미만	79~121℃ 미만
64~106℃ 미만	121~162℃ 미만
106℃ 이상	162℃ 이상

※ 스프링클러헤드
화재시 가압된 물이 내뿜어져 분산됨으로서 소화기능을 하는 헤드이다. 감열부의 유무에 따라 폐쇄형과 개방형으로 나눈다.

25 헤드의 배치형태

(1) **정방형**(정사각형)

$$S = 2R\cos 45°, \quad L = S$$

여기서, S : 수평헤드간격
R : 수평거리
L : 배관간격

(2) **장방형**(직사각형)

$$S = \sqrt{4R^2 - L^2}, \quad S' = 2R$$

여기서, S : 수평헤드간격
R : 수평거리
L : 배관간격
S' : 대각선헤드간격

중요

수평거리(R)

설치장소	설치기준
무대부 · 특수가연물	수평거리 1.7m 이하
기타구조	수평거리 2.1m 이하
내화구조	수평거리 2.3m 이하
랙크식 창고	수평거리 2.5m 이하
공동주택(아파트) 세대 내의 거실	수평거리 3.2m 이하

기억법 **무기내랙아**(무기 내려놔 아!)

※ 무대부
노래, 춤, 연극 등의 연기를 하기 위해 만들어 놓은 부분

※ 랙크식 창고
바닥에서 반자까지의 높이가 10m를 넘는 것으로 선반 등을 설치하고 승강기 등에 의하여 수납물을 운반하는 장치를 갖춘 창고

26 스프링클러헤드 설치장소

① 위험물 취급장소
② 복도
③ 슈퍼마켓
④ 소매시장
⑤ 특수가연물 취급장소
⑥ 보일러실

● **초스피드 기억법**

위스복슈소 특보(위스키는 복잡한 수소로 만들었다는 특보가 있다.)

27 압력챔버 · 리타딩챔버

압력챔버	리타딩챔버
① 모터펌프를 가동시키기 위하여 설치	① 오작동(오보)방지 ② 안전밸브의 역할 ③ 배관 및 압력스위치의 손상보호

※ 압력챔버
펌프의 게이트밸브(gate valve) 2차측에 연결되어 배관 내의 압력이 감소하면 압력스위치가 작동되어 충압펌프(jockey pump) 또는 주펌프를 작동시킨다. '기동용 수압개폐장치' 또는 '압력탱크'라고도 부른다.

28 스프링클러설비의 비교(잘 구분이 되는가?)

구 분 \ 방 식	습 식	건 식	준비작동식	부압식	일제살수식
1차측	가압수	가압수	가압수	가압수	가압수
2차측	가압수	압축공기	대기압	부압(진공)	대기압
밸브 종류	습식밸브 (자동경보밸브, 알람체크밸브)	건식밸브	준비작동밸브	준비작동밸브	일제개방밸브 (델류즈밸브)
헤드 종류	폐쇄형 헤드	폐쇄형 헤드	폐쇄형 헤드	폐쇄형 헤드	개방형 헤드

Key Point

※ 리타딩챔버
화재가 아닌 배관 내의 압력불균형 때문에 일시적으로 흘러들어온 압력수에 의해 압력스위치가 작동되는 것을 방지하는 부품

29 고가수조 · 압력수조

고가수조에 필요한 설비	압력수조에 필요한 설비
① 수위계	① 수위계
② 배수관	② 배수관
③ 급수관	③ 급수관
④ 맨홀	④ 맨홀
⑤ 오버플로어관	⑤ 급기관
기억법 고오(Go!)	⑥ 압력계
	⑦ 안전장치
	⑧ 자동식 공기압축기
	기억법 기압안자(기아자동차)

※ 오버플로어관
필요 이상의 물이 공급될 경우 이 물을 외부로 배출시키는 관

30 배관의 구경

1. 교차배관 ─┐
2. 청소구(청소용) ─┘ 40mm 이상
3. 수직배수배관 : 50mm 이상

● 초스피드 기억법

교4청(교사는 청소 안 하냐?)
5수(호수)

31 행거의 설치

1. 가지배관 : 3.5m 이내마다 설치
2. 교차배관 ─┐
3. 수평주행배관 ─┘ 4.5m 이내마다 설치
4. 헤드와 행거 사이의 간격 : 8cm 이상

※ 행거
천장 등에 물건을 달아매는 데 사용하는 철재

Key Point

※ 배관의 종류
(1) 주배관
각 층을 수직으로 관통하는 수직배관
(2) 교차배관
직접 또는 수직배관을 통하여 가지배관에 급수하는 배관
(3) 가지배관
스프링클러헤드가 설치되어 있는 배관
(4) 급수배관
수원 및 옥외송수구로부터 스프링클러헤드에 급수하는 배관

※ 습식설비
습식밸브의 1차측 및 2차측 배관 내에 항상 가압수가 충수되어 있다가 화재발생시 열에 의해 헤드가 개방되어 소화하는 방식

※ 교차회로방식과 토너먼트방식
(1) 교차회로방식
하나의 담당구역 내에 2 이상의 감지기회로를 설치하고 2 이상의 감지기회로가 동시에 감지되는 때에 설비가 작동하는 방식
(2) 토너먼트방식
가스계 소화설비에 적용하는 방식으로 용기로부터 노즐까지의 마찰손실을 일정하게 유지하기 위하여 배관을 'H자' 모양으로 하는 방식

※ **시험배관** : 펌프의 성능시험을 하기 위해 설치

● 초스피드 기억법

교4(교사), 행8(해파리)

32 기울기(진짜로 중요하데이~)

❶ $\frac{1}{100}$ 이상 : 연결살수설비의 수평주행배관
❷ $\frac{2}{100}$ 이상 : 물분무소화설비의 배수설비
❸ $\frac{1}{250}$ 이상 : 습식·부압식설비 외 설비의 가지배관
❹ $\frac{1}{500}$ 이상 : 습식·부압식설비 외 설비의 수평주행배관

33 설치높이

0.5~1m 이하	0.8~1.5m 이하	1.5m 이하
① **연**결송수관설비의 송수구·방수구 ② **연**결살수설비의 송수구 ③ **소**화**용**수설비의 채수구	① **제**어밸브(수동식 개방밸브) ② **유**수검지장치 ③ **일**제개방밸브	① **옥내**소화전설비의 방수구 ② **호**스릴함 ③ **소**화기
기억법 연소용 51(**연소용 오일**은 잘 탄다.)	기억법 제유일85(**제**가 **유일**하게 **팔**았어**요**.)	기억법 옥내호소 5(**옥내**에서 **호소**하시**오**.)

34 교차회로방식과 토너먼트방식 적용설비

(1) 교차회로방식 적용설비

❶ **분**말소화설비
❷ **할**론소화설비
❸ **이**산화탄소 소화설비
❹ **준**비작동식 스프링클러설비
❺ **일**제살수식 스프링클러설비
❻ **할**로겐화합물 및 불활성기체 소화설비
❼ 물분무소화설비

● 초스피드 기억법

분할이 준일할

(2) 토너먼트방식 적용설비

❶ 분말소화설비
❷ 이산화탄소 소화설비
❸ 할론소화설비
❹ 할로겐화합물 및 불활성기체 소화설비

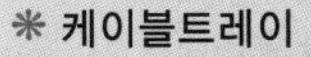

35 물분무소화설비의 수원

특정소방대상물	토출량	최소기준	비 고
컨베이어벨트	1**0**l/min · m^2	–	벨트부분의 바닥면적
절연유 봉입변압기	1**0**l/min · m^2	–	표면적을 합한 면적(바닥면적 제외)
특수가연물	1**0**l/min · m^2	최소 $50m^2$	최대 방수구역의 바닥면적 기준
케이블트레이 · 덕트	1**2**l/min · m^2	–	투영된 바닥면적
차고 · 주차장	2**0**l/min · m^2	최소 $50m^2$	최대 방수구역의 바닥면적 기준
위험물 저장탱크	**37**l/min · m	–	위험물탱크 둘레길이(원주길이) : 위험물규칙 〔별표 6〕 Ⅱ

※ 모두 **20분**간 방수할 수 있는 양 이상으로 하여야 한다.

● 초스피드 **기억법**

컨 0
절 0
특 0
케 2
차 0
위 37

❋ **케이블트레이**
케이블을 수용하기 위한 관로로 사용되며 윗부분이 개방되어 있다.

36 포소화설비의 적응대상

특정소방대상물	설비종류
• 차고 · 주차장 • 항공기격납고 • 공장 · 창고(특수가연물 저장 · 취급)	• 포워터스프링클러설비 • 포헤드설비 • 고정포방출설비 • 압축공기포소화설비
• 완전개방된 **옥상 주차장**(주된 벽이 없고 기둥뿐이거나 주위가 위해방지용 철주 등으로 둘러싸인 부분) • **지상 1층**으로서 지붕이 없는 **차고 · 주차장** • 고가 밑의 **주차장**(주된 벽이 없고 기둥뿐이거나 주위가 위해방지용 철주 등으로 둘러싸인 부분)	• 호스릴포소화설비 • 포소화전설비
• 발전기실 • 엔진펌프실 • 변압기 • 전기케이블실 • 유압설비	• 고정식 압축공기포소화설비(바닥면적 합계 $300m^2$ 미만)

❋ **포워터스프링클러헤드**
포디플렉터가 있다.

❋ **포헤드**
포디플렉터가 없다.

❋ **고정포방출구**
포를 주입시키도록 설계된 탱크 등에 반영구적으로 부착된 포소화설비의 포방출장치

❋ **Ⅰ형 방출구**
고정지붕구조의 탱크에 상부포주입법을 이용하는 것으로서 방출된 포가 액면 아래로 몰입되거나 액면을 뒤섞지 않고 액면상을 덮을 수 있는 통계단 또는 미끄럼판 등의 설비 및 탱크 내의 위험물 증기가 외부로 역류되는 것을 저지할 수 있는 구조·기구를 갖는 포방출구

37 고정포 방출구 방식

$$Q = A \times Q_1 \times T \times S$$

여기서, Q : 포소화약제의 양〔l〕
A : 탱크의 액표면적〔m^2〕
Q_1 : 단위포 소화수용액의 양〔l/m^2 · 분〕
T : 방출시간〔분〕
S : 포소화약제의 사용농도

Key Point

※ Ⅱ형 방출구
고정지붕구조 또는 부상덮개부착 고정지붕구조의 탱크에 상부포주입법을 이용하는 것으로서 방출된 포가 탱크 옆판의 내면을 따라 흘러내려 가면서 액면 아래로 몰입되거나 액면을 뒤섞지 않고 액면 상을 덮을 수 있는 반사판 및 탱크 내의 위험물 증기가 외부로 역류되는 것을 저지할 수 있는 구조·기구를 갖는 포 방출구

※ 특형 방출구
부상지붕구조의 탱크에 상부포주입법을 이용하는 것으로서 부상지붕의 부상 부분 상에 높이 0.9m 이상의 금속제의 칸막이를 탱크 옆판의 내측로부터 1.2m 이상 이격하여 설치하고 탱크 옆판과 칸막이에 의하여 형성된 환상 부분에 포를 주입하는 것이 가능한 구조의 반사판을 갖는 포 방출구

※ 심부화재와 표면화재
(1) 심부화재
목재 또는 섬유류와 같은 고체가연물에서 발생하는 화재형태로서 가연물 내부에서 연소하는 화재
(2) 표면화재
가연성 물질의 표면에서 연소하는 화재

38 고정포 방출구의 종류(위험물 기준 133)

탱크의 종류	포 방출구
고정지붕구조(**콘루프 탱크**)	• Ⅰ형 방출구 • Ⅱ형 방출구 • Ⅲ형 방출구(표면하 주입식 방출구) • Ⅳ형 방출구(반표면하 주입식 방출구)
부상덮개부착 고정지붕구조	• Ⅱ형 방출구
<u>부</u>상지붕구조(**플루팅 루프 탱크**)	• <u>**특**</u>형 방출구

● 초스피드 기억법

부특(보트)

39 CO_2 설비의 가스압력식 기동장치

구 분	기 준
비활성기체 충전압력	6MPa 이상(21℃ 기준)
기동용 가스용기의 용적	5l 이상
기동용 가스용기의 안전장치의 압력	내압시험압력의 0.8~내압시험압력 이하
기동용 가스용기 및 해당 용기에 사용하는 밸브의 견디는 압력	25MPa 이하

40 약제량 및 개구부가산량(꿈에서도 안 외울 생각은 마라!)

<u>저</u>장량[kg] = <u>약</u>제량[kg/m³]×<u>방</u>호구역체적[m³]+<u>개</u>구부면적[m²]
×개구부가<u>산</u>량[kg/m²]

● 초스피드 기억법

저약방개산 (저 약방에서 계산해)

(1) CO_2 소화설비(심부화재)

방호대상물	약제량	개구부가산량 (자동폐쇄장치 미설치시)
전기설비(55m³ 이상), 케이블실	1.3kg/m³	10kg/m²
전기설비(55m³ 미만)	1.6kg/m³	
<u>서</u>고, <u>박</u>물관, <u>목</u>재가공품창고, <u>전</u>자제품창고	2.0kg/m³	
<u>석</u>탄창고, <u>면</u>화류창고, <u>고</u>무류, <u>모</u>피창고, <u>집</u>진설비	2.7kg/m³	

● 초스피드 기억법

서박목전(**선박**이 **목전**에 보인다.)
석면고모집(**석면**은 **고모 집**에 있다.)

(2) 할론 1301

방호대상물	약제량	개구부가산량 (자동폐쇄장치 미설치시)
차고·주차장·전기실·전산실·통신기기실	$0.32kg/m^3$	$2.4kg/m^2$
사류·면화류	$0.52kg/m^3$	$3.9kg/m^2$

(3) 분말소화설비(전역방출방식)

종 별	약제량	개구부가산량 (자동폐쇄장치 미설치시)
제1종	$0.6kg/m^3$	$4.5kg/m^2$
제2·3종	$0.36kg/m^3$	$2.7kg/m^2$
제4종	$0.24kg/m^3$	$1.8kg/m^2$

41 호스릴방식

(1) CO_2 소화설비

약제 종별	약제 저장량	약제 방사량
CO_2	90kg 이상	60kg/min 이상

(2) 할론소화설비

약제 종별	약제량	약제 방사량
할론 1301	45kg 이상	35kg/min
할론 1211	50kg 이상	40kg/min
할론 2402	50kg 이상	45kg/min

(3) 분말소화설비

약제 종별	약제 저장량	약제 방사량
제1종 분말	50kg 이상	45kg/min
제2·3종 분말	30kg 이상	27kg/min
제4종 분말	20kg 이상	18kg/min

Key Point

*** 전역방출방식과 국소방출방식**

(1) 전역방출방식
고정식 분말소화약제 공급장치에 배관 및 분사헤드를 고정 설치하여 밀폐 방호구역 내에 분말소화약제를 방출하는 설비

(2) 국소방출방식
고정식 분말소화약제 공급장치에 배관 및 분사헤드를 설치하여 직접 화점에 분말소화약제를 방출하는 설비로 화재발생 부분에만 집중적으로 소화약제를 방출하도록 설치하는 방식

Key Point

※ 할론설비의 약제량 측정법
① 중량측정법
② 액위측정법
③ 비파괴검사법

※ 충전비
용기의 체적과 소화약제의 중량과의 비

※ 여과망
이물질을 걸러내는 망

※ 호스릴방식
분사 헤드가 배관에 고정되어 있지 않고 소화약제 저장용기에 호스를 연결하여 사람이 직접 화점에 소화약제를 방출하는 이동식 소화설비

42 할론소화설비의 저장용기('안 위워도 되겠지' 하는 용감한 사람이 있다.)

구 분		할론 1211	할론 1301
저장압력		1.1MPa 또는 2.5MPa	2.5MPa 또는 4.2MPa
방출압력		0.2MPa	0.9MPa
충전비	가압식	0.7~1.4 이하	0.9~1.6 이하
	축압식		

43 호스릴방식

❶ 분말 · 포 · CO_2 소화설비 : 수평거리 15m 이하
❷ 할론소화설비 : 수평거리 20m 이하
❸ 옥내소화전설비 : 수평거리 25m 이하

● 초스피드 기억법

호할20(호텔의 할부이자가 영 아니네)

44 분말소화설비의 배관

❶ 전용
❷ 강관 : **아연도금**에 따른 **배관용 탄소강관**
❸ 동관 : 고정압력 또는 최고 사용압력의 **1.5배** 이상의 압력에 견딜 것
❹ 밸브류 : **개폐위치** 또는 **개폐방향**을 표시한 것
❺ 배관의 관부속 및 밸브류 : 배관과 동등 이상의 강도 및 내식성이 있는 것
❻ 주밸브 헤드까지의 배관의 분기 : **토너먼트방식**
❼ 저장용기 등 배관의 굴절부까지의 거리 : 배관 **내경**의 **20배** 이상

45 압력조정장치(압력조정기)의 압력(NFPC 107 4조, NFTC 107 2.1.5/NFPC 108 5조, NFTC 108 2.2.3)

할론소화설비	분말소화설비
2.0MPa 이하	2.5MPa 이하

※ **정압작동장치**의 **목적** : 약제를 적절히 보내기 위해

● 초스피드 기억법

분압25(분압이오.)

46 분말소화설비 가압식과 축압식의 설치기준(NFPC 108 5조, NFTC 108 2.2.4)

구 분 / 사용가스	가압식	축압식
질소(N_2)	40l/kg 이상	10l/kg 이상
이산화탄소(CO_2)	20g/kg+배관청소 필요량 이상	20g/kg+배관청소 필요량 이상

47 약제 방사시간

소화설비		전역방출방식		국소방출방식	
		일반건축물	위험물제조소	일반건축물	위험물제조소
할론소화설비		10초 이내	30초 이내	10초 이내	30초 이내
분말소화설비		30초 이내	30초 이내	30초 이내	30초 이내
CO_2 소화설비	표면화재	1분 이내	60초 이내	30초 이내	30초 이내
	심부화재	7분 이내	60초 이내	30초 이내	30초 이내

48 제연구역의 구획

1. 1제연구역의 면적은 1000m^2 이내로 할 것
2. 거실과 통로는 **각각 제연구획**할 것
3. 통로상의 제연구역은 보행중심선의 길이가 60m를 초과하지 않을 것
4. 1제연구역은 직경 60m 원내에 들어갈 것
5. 1제연구역은 2개 이상의 층에 미치지 않을 것

※ 제연구획에서 제연경계의 폭은 0.6m 이상, 수직거리는 2m 이내이어야 한다.

49 풍속(잊지 마라!)

1. 배출기의 흡**입**측 풍속 : 1**5**m/s 이하
2. 배출기 배출측 풍속 ─ 20m/s 이하
3. 유입 풍도 안의 풍속 ─ 20m/s 이하

※ 연소방지설비 : **지하구**에 설치한다.

● 초스피드 기억법

5입(옷 입어.)

Key Point

※ 가압식
소화약제의 방출원이 되는 압축가스를 압력용기 등의 별도의 용기에 저장했다가 가스의 압력에 의해 방출시키는 방식

※ 표면화재와 심부화재
(1) 표면화재
① 가연성 액체
② 가연성 가스
(2) 심부화재
① 종이
② 목재
③ 석탄
④ 섬유류
⑤ 합성수지류

※ 연소방지설비
지하구의 화재시 지하구의 진입이 곤란하므로 지상에 설치된 송수구를 통하여 소방펌프차로 가압수를 공급하여 설치된 지하구 내의 살수헤드에서 방수가 이루어져 화재를 소화하기 위한 연결살수설비의 일종이다.

※ 지하구
지하의 케이블 통로

50 헤드의 설치간격

1. 살수헤드 : 3.7m 이하
2. 스프링클러헤드 : 2.3m 이하

※ 연결살수설비에서 하나의 송수구역에 설치하는 개방형 헤드수는 10개 이하로 하여야 한다.

● 초스피드 기억법

살37(살상은 칠거지악 중의 하나다.)

※ 연결송수관설비
건물 외부에 설치된 송수구를 통하여 소화용수를 공급하고, 이를 건물 내에 설치된 방수구를 통하여 화재 발생장소에 공급하여 소방관이 소화할 수 있도록 만든 설비

51 연결송수관설비의 설치순서

1. 습식 : 송수구 → 자동배수밸브 → 체크밸브
2. 건식 : 송수구 → 자동배수밸브 → 체크밸브 → 자동배수밸브

● 초스피드 기억법

송자체습(송자는 채식주의자)

※ 방수구의 설치장소
비교적 연소의 우려가 적고 접근이 용이한 계단실과 같은 곳

52 연결송수관설비의 방수구

1. 층마다 설치(**아파트**인 경우 3층부터 설치)
2. 11층 이상에는 **쌍구형**으로 설치(**아파트**인 경우 **단구형** 설치 가능)
3. 방수구는 **개폐기능**을 가진 것으로 설치하고 평상시 닫힌 상태를 유지
4. 방수구의 결합금속구는 구경 65mm로 한다.
5. 방수구는 바닥에서 0.5~1m 이하에 설치한다.

※ 수평거리

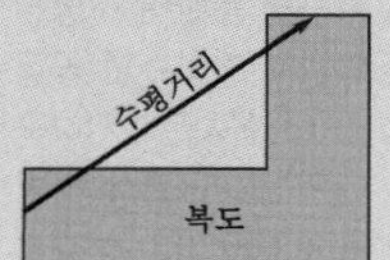

※ 보행거리

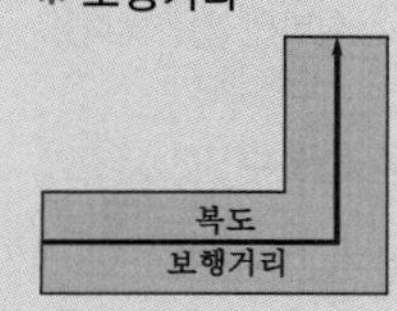

53 수평거리 및 보행거리(다 외웠으면 용타!)

1. 예상제연구역 – 수평거리 10m 이하
2. 분말호스릴 ┐
3. 포호스릴 ├ 수평거리 15m 이하
4. CO_2 호스릴 ┘
5. 할론호스릴 – 수평거리 20m 이하
6. 옥내소화전 방수구 ┐
7. 옥내소화전 호스릴 │
8. 포소화전 방수구 ├ 수평거리 25m 이하
9. 연결송수관 방수구(지하가) │
10. 연결송수관 방수구 ┘

Key Point

(지하층 바닥면적 3000m² 이상)

⑪ 옥외소화전 방수구 – 수평거리 **40m** 이하
⑫ 연결송수관 방수구(사무실) – 수평거리 **50m** 이하
⑬ 소형소화기 – 보행거리 **20m** 이내
⑭ 대형소화기 – 보행거리 **30m** 이내

용어

수평거리와 보행거리
(1) 수평거리 : 직선거리로서 반경을 의미하기도 한다.
(2) 보행거리 : 걸어서 간 거리

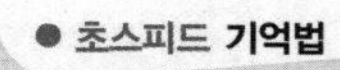

● 초스피드 기억법

호15(호일 오려)
옥호25(오후에 이사 오세요.)

54 터널길이

① 비상콘센트설비
② 무선통신보조설비
③ 제연설비

— 지하가 중 터널로서 길이가 **500m** 이상

④ 연결송수관설비 – 지하가 중 터널로서 길이가 **1000m** 이상

※ 소화활동설비 적용 대상(지하가 터널 2000m)
① 비상콘센트설비
② 무선통신보조설비
③ 제연설비
④ 연결송수관설비

55 수동식 기동장치의 설치기준

(1) **포소화설비의 수동식 기동장치의 설치기준**(NFPC 105 11조, NFTC 105 2.8.1)

① 직접 조작 또는 원격 조작에 의하여 **가압송수장치·수동식 개방밸브** 및 **소화약제 혼합장치**를 기동할 수 있는 것으로 한다.
② 2 이상의 방사구역을 가진 포소화설비에는 **방사구역**을 **선택**할 수 있는 구조로 한다.
③ 기동장치의 조작부는 화재시 쉽게 접근할 수 있는 곳에 설치하되, 바닥으로부터 **0.8~1.5m** 이하의 위치에 설치하고, 유효한 **보호장치**를 설치한다.
④ 기동장치의 조작부 및 호스접결구에는 가까운 곳의 보기 쉬운 곳에 각각 **"기동장치의 조작부"** 및 **"접결구"**라고 표시한 표지를 설치한다.
⑤ **차고** 또는 **주차장**에 설치하는 포소화설비의 수동식 기동장치는 방사구역마다 **1개** 이상 설치한다.

※ 소화약제 혼합장치
① 펌프 프로포셔너 방식
② 라인 프로포셔너 방식
③ 프레져 프로포셔너 방식
④ 프레져사이드 프로포셔너 방식
⑤ 압축공기포 믹싱챔버방식

Key Point

※ 전역방출방식
방호구역마다 설치

※ 국소방출방식
방호대상물마다 설치

(2) **이산화탄소 소화설비의 수동식 기동장치의 설치기준**(NFPC 106 6조, NFTC 106 2.3.1)

① **전역방출방식**에 있어서는 **방호구역**마다, **국소방출방식**에 있어서는 **방호대상물**마다 설치할 것

② 해당 방호구역의 출입구 부분 등 조작을 하는 자가 쉽게 피난할 수 있는 장소에 설치할 것

③ 기동장치의 조작부는 바닥으로부터 높이 **0.8~1.5m 이하**의 위치에 설치하고, 보호판 등에 따른 보호장치를 설치할 것

④ 기동장치에는 인근의 보기 쉬운 곳에 **"이산화탄소 소화설비 수동식 기동장치"**라는 표지를 할 것

⑤ 전기를 사용하는 기동장치에는 **전원표시등**을 설치할 것

⑥ 기동장치의 방출용 스위치는 음향경보장치와 연동하여 조작될 수 있는 것으로 할 것

소방설비산업기사 실기
(기계분야)

Part 1

소방유체역학

출제경향분석

PART 1 소방유체역학

④ 유체의 마찰 및 펌프의 현상
5.0% (5점)

③ 유체의 유동과 계측
5.8% (6점)

15점

① 유체의 일반적 성질
1.5% (2점)

② 유체의 운동과 법칙
2.5% (2점)

CHAPTER 01

유체의 일반적 성질

1 유체의 정의

출제확률 

(2점)

Key Point

1 유 체

외부 또는 내부로부터 어떤 힘이 작용하면 움직이려는 성질을 가진 액체와 기체상태의 물질

2 실제 유체

점성이 있으며, **압축성**인 유체

3 이상 유체

점성이 없으며, **비압축성**인 유체

※ **실제 유체**
유동시 마찰이 존재하는 유체

※ **압축성 유체**
기체와 같이 체적이 변화하는 유체

※ **비압축성 유체**
액체와 같이 체적이 변화하지 않는 유체

2 유체의 단위와 차원

차 원	SI단위[차원]	절대단위[차원]
길이	m[L]	m[L]
시간	s[T]	s[T]
운동량	N · s[FT]	kg · m/s[MLT^{-1}]
힘	N[F]	kg · m/s^2[MLT^{-2}]
속도	m/s[LT^{-1}]	m/s[LT^{-1}]
가속도	m/s^2[LT^{-2}]	m/s^2[LT^{-2}]
질량	N · s^2/m[$FL^{-1}T^2$]	kg[M]
압력	N/m^2[FL^{-2}]	kg/m · s^2[$ML^{-1}T^{-2}$]
밀도	N · s^2/m^4[$FL^{-4}T^2$]	kg/m^3[ML^{-3}]
비중	무차원	무차원
비중량	N/m^3[FL^{-3}]	kg/m^2 · s^2[$ML^{-2}T^{-2}$]
비체적	m^4/N · s^2[$F^{-1}L^4T^{-2}$]	m^3/kg[$M^{-1}L^3$]

※ **무차원**
단위가 없는 것

Key Point

1 온 도

$$℃ = \frac{5}{9}(°F - 32)$$

$$°F = \frac{9}{5}℃ + 32$$

※ 절대온도

① 켈빈온도
K=273+℃

② 랭킨온도
°R=460+°F

2 힘

$1N = 10^5 dyne$, $1N = 1kg \cdot m/s^2$, $1dyne = 1g \cdot cm/s^2$

$1kg_f = 9.8N = 9.8kg \cdot m/s^2$

3 열 량

1kcal=3.968BTU=2.205chu

1BTU=0.252kcal, 1chu=0.4535kcal

※ 일량

$W = JQ$

여기서,
W : 일〔J〕
J : 열의 일당량〔J/cal〕
Q : 열량〔cal〕

4 일

W(일)$=F$(힘)$\times S$(거리), $1Joule = 1N \cdot m = 1kg \cdot m^2/s^2$

9.8N · m=9.8J=2.34cal, 1cal=4.184J

중요 **일**

$$W = FS$$

여기서, W : 일〔Joule〕
F : 힘〔N〕
S : 거리〔m〕

5 일 률

1kW=1000N · m/s

1PS=75kg · m/s=0.735kW

1HP=76kg · m/s=0.746kW

1W=1J/s

6 압 력

$$p = \gamma h\,,\ p = \frac{F}{A}$$

여기서, p : 압력〔Pa〕
γ : 비중량〔N/m^3〕
h : 높이〔m〕
F : 힘〔N〕
A : 단면적〔m^2〕

문제 그림과 같이 물속에 원형의 파이프가 잠겨 있다. 파이프의 중심에 있는 원관이 받는 힘〔N〕은 얼마가 되겠는가? (단, 파이프의 내경은 10cm이고, 물의 비중량은 $9800N/m^3$이며, 대기압은 무시한다.)

득점	배점
	4

○ 계산과정 :
○ 답 :

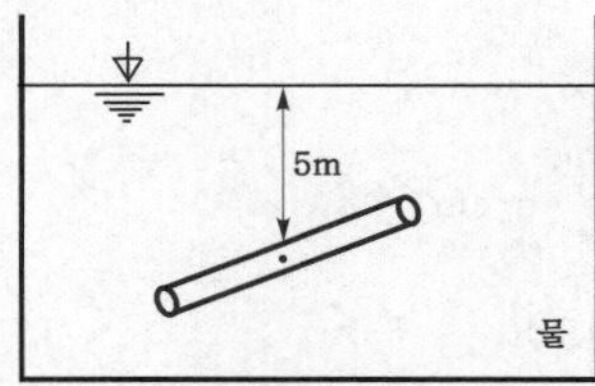

해답 ○ 계산과정 : $9800 \times 5.05\,\text{m} \times \left(\dfrac{\pi \times 0.1^2}{4}\right) = 388.693 \fallingdotseq 388.69\text{N}$
○ 답 : 388.69N

해설 물표면에서 파이프의 표면까지 5m이고, 파이프의 내경이 10cm이므로 물표면에서 파이프의 중심까지는 5.05m가 된다.

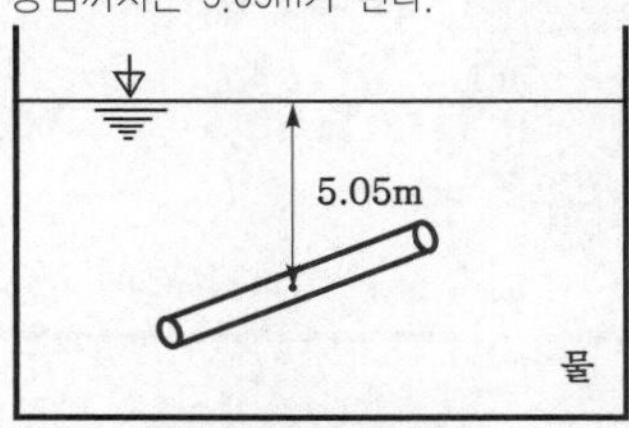

$P = \gamma h\,,\ P = \dfrac{F}{A}$ 에서

파이프의 중심에 있는 원관이 받는 힘 F는
$F = PA = \gamma hA$

$= 9800\text{N/m}^3 \times 5.05\,\text{m} \times \left(\dfrac{\pi \times 0.1^2}{4}\right)\text{m}^2 = 388.693 \fallingdotseq 388.69\text{N}$

표준대기압

$1\text{atm} = 760\text{mmHg} = 1.0332\text{kg}_f/\text{cm}^2$
$= 10.332\text{mH}_2\text{O}(\text{mAq})$
$= 14.7\text{PSI}(\text{lb}_f/\text{in}^2)$
$= 101.325\text{kPa}(\text{kN/m}^2)$
$= 1013\text{mbar}$

Key Point

※ 압력
단위면적당 작용하는 힘

※ 대기
지구를 둘러싸고 있는 공기

※ 대기압
대기에 의해 누르는 압력

※ 물속의 압력

$$P = P_0 + \gamma h$$

여기서,
P : 물속의 압력〔kPa〕
P_0 : 대기압(101.325kPa)
γ : 물의 비중량($9800N/m^3$)
h : 물의 깊이〔m〕

※ 표준대기압
해수면에서의 대기압

※ 국소대기압
한정된 일정한 장소에서의 대기압으로, 지역의 고도와 날씨에 따라 변함

Key Point

※ 절대압
① 절대압 = 대기압 + 게이지압(계기압)
② 절대압 = 대기압 − 진공압

※ 게이지압(계기압)
국소대기압을 기준으로 한 압력

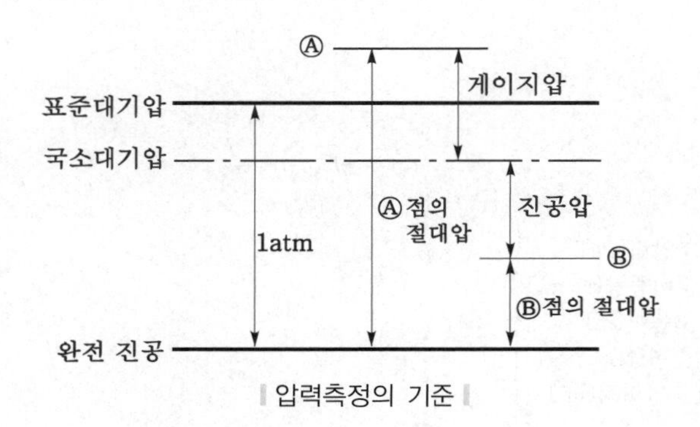

| 압력측정의 기준 |

7 부 피

1gal = 3.785l
1barrel = 42gallon
$1m^3 = 1000l$

※ 25℃의 물의 점도
1cp = 0.01g/cm · s

8 점 도

$1p = 1g/cm \cdot s = 1dyne \cdot s/cm^2$
$1cp = 0.01g/cm \cdot s$
$1stokes = 1cm^2/s$(동점도)

※ 동점성계수
유체의 저항을 측정하기 위한 절대점도의 값

중요 **동점성계수**

$$V = \frac{\mu}{\rho}$$

여기서, V : 동점성계수[cm^2/s]
μ : 점성계수[$g/cm \cdot s$]
ρ : 밀도[g/cm^3]

※ 비중
물 4℃를 기준으로 했을 때의 물체의 무게

9 비 중

$$s = \frac{\rho}{\rho_w} = \frac{\gamma}{\gamma_w}$$

여기서, s : 비중
ρ : 어떤 물질의 밀도[kg/m^3]
ρ_w : 물의 밀도($1000kg/m^3$ 또는 $1000N \cdot s^2/m^4$)
γ : 어떤 물질의 비중량[N/m^3]
γ_w : 물의 비중량($9800N/m^3$)

10 비중량

$$\gamma = \rho g = \frac{W}{V}$$

여기서, γ : 비중량[N/m³]
ρ : 밀도[kg/m³]
g : 중력가속도(9.8m/s²)
W : 중량[N]
V : 체적[m³]

11 비체적

$$V_s = \frac{1}{\rho}$$

여기서, V_s : 비체적[m³/kg]
ρ : 밀도[kg/m³]

12 밀도

$$\rho = \frac{m}{V}$$

여기서, ρ : 밀도[kg/m³]
m : 질량[kg]
V : 부피[m³]

중요 이상기체 상태방정식

$$PV = nRT = \frac{m}{M}RT, \ \rho = \frac{PM}{RT}$$

여기서, P : 압력[atm]
V : 부피[m³]
n : 몰수$\left(\frac{m}{M}\right)$
R : 0.082atm · m³/kmol · K
T : 절대온도(273+℃)[K]
m : 질량[kg]
M : 분자량
ρ : 밀도[kg/m³]

$$PV = mRT, \ \rho = \frac{P}{RT}$$

여기서, P : 압력[kPa]
V : 부피[m³]
m : 질량[kg]
R : $\frac{8.314}{M}$ [kJ/kg · K]

Key Point

※ 비중량
단위체적당 중량

※ 물의 비중량
9800N/m³
=9.8kN/m³

※ 물의 밀도
ρ = 1g/cm³
= 1000kg/m³
= 1000N · s²/m⁴

※ 몰수

$$n = \frac{m}{M}$$

여기서,
n : 몰수
M : 분자량
m : 질량[g]

※ 원자량
① H : 1
② C : 12
③ N : 14
④ O : 16

※ 분자량
① CO_2 : 44
② Halon 1301 : 148.9

Key Point

※ 공기의 기체상수

R_{air} = 287J/kg · K
= 287N · m/kg · K
= 53.3lb$_f$ · ft/lb · R

T : 절대온도(273+℃)〔K〕
ρ : 밀도〔kg/m^3〕

또는

$$PV = WRT$$

여기서, P : 압력〔Pa〕
V : 부피〔m^3〕
W : 무게〔N〕
R : $\frac{848}{M}$〔J/N · K〕
T : 절대온도(273+℃)〔K〕
ρ : 밀도〔kg/m^3〕

$$PV = mRT$$

여기서, P : 압력〔Pa〕
V : 부피〔m^3〕
m : 질량〔kg〕
$R(N_2)$: 296J/kg · K
T : 절대온도(273+℃)〔K〕

또는

$$PV = GRT$$

여기서, P : 압력〔Pa〕
V : 부피〔m^3〕
G : 무게〔N〕
$R(N_2)$: 296J/N · K
T : 절대온도(273+℃)〔K〕

CHAPTER 02

유체의 운동과 법칙

1 연속방정식(continuity equation)

출제확률  2.5% (2점)

Key Point

※ 연속방정식
질량보존 법칙의 일종
① 질량유량

$$m = AV\rho$$

② 중량유량

$$G = AV\gamma$$

③ 유량

$$Q = AV$$

유체의 흐름이 정상류일 때 임의의 한 점에서 속도, 온도, 압력, 밀도 등의 평균값이 시간에 따라 변하지 않으며 그림과 같이 임의의 점 1과 점 2에서의 단면적, 밀도, 속도를 곱한 값은 같다.

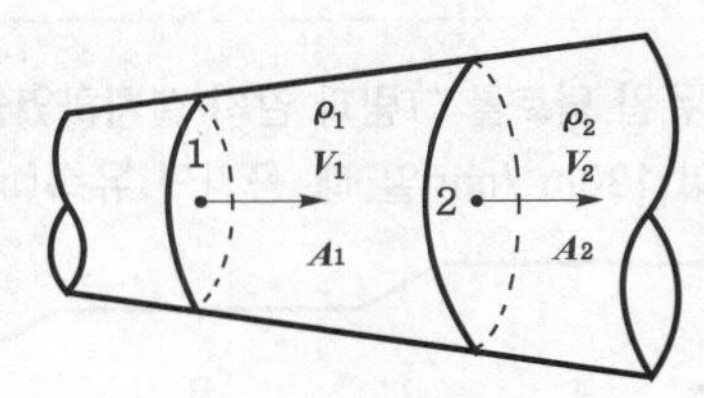

연속방정식

중요

정상류와 비정상류

정상류(steady flow)	비정상류(unsteady flow)
배관 내의 임의의 점에서 시간에 따라 압력, 속도, 밀도 등이 변하지 않는 것	배관 내의 임의의 점에서 시간에 따라 압력, 속도, 밀도 등이 변하는 것

문제 배관 내 유체흐름에서 정상류란 무엇인가?

득점	배점
	3

 배관 내의 임의의 점에서 시간에 따라 압력, 속도, 밀도 등이 변하지 않는 것

1 질량유량(mass flowrate)

$$\overline{m} = A_1 V_1 \rho_1 = A_2 V_2 \rho_2$$

여기서, $\overline{m}$: 질량유량[kg/s]
A_1, A_2 : 단면적[m^2]
V_1, V_2 : 유속[m/s]
ρ_1, ρ_2 : 밀도[kg/m^3]

※ 유속
유체의 속도

2 중량유량(weight flowrate)

$$G = A_1 V_1 \gamma_1 = A_2 V_2 \gamma_2$$

Key Point

✻ 유량
관내를 흘러가는 유체의 양

여기서, G : 중량유량[N/s]
A_1, A_2 : 단면적[m²]
V_1, V_2 : 유속[m/s]
γ_1, γ_2 : 비중량[N/m³]

3 유량(flowrate) = 체적유량

$$Q = A_1 V_1 = A_2 V_2$$

여기서, Q : 유량[m³/s]
A_1, A_2 : 단면적[m²]
V_1, V_2 : 유속[m/s]

★★★
문제 제연설비의 공기유입 덕트를 그림과 같이 설치하였을 때 덕트 A, B, C를 통과하는 공기의 유량이 180m³/min일 때 공기의 유속[m/s]은 얼마인가?

득점	배점
	6

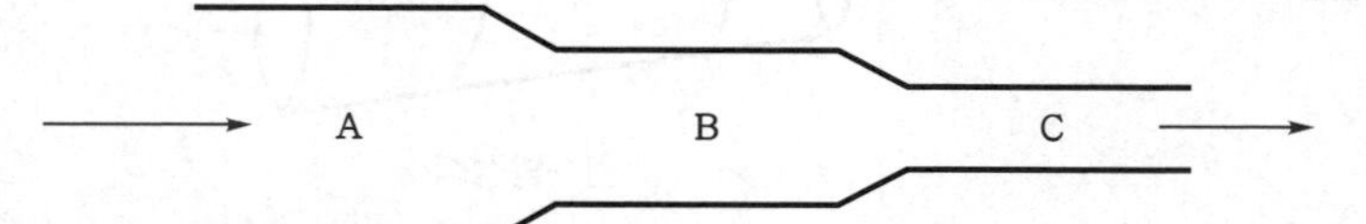

단면적 A=120×70cm²　B=120×60cm²　C=120×50cm²

○A(계산과정 및 답) :
○B(계산과정 및 답) :
○C(계산과정 및 답) :

해답
○A : $\dfrac{180/60}{120\times70\times10^{-4}} = 3.571 \fallingdotseq 3.57\,\mathrm{m/s}$　○답 : 3.57m/s

○B : $\dfrac{180/60}{120\times60\times10^{-4}} = 4.166 \fallingdotseq 4.17\,\mathrm{m/s}$　○답 : 4.17m/s

○C : $\dfrac{180/60}{120\times50\times10^{-4}} = 5\,\mathrm{m/s}$　○답 : 5m/s

해설
$Q = AV$ 에서

A 의 **유속** V_A 는

$$V_A = \frac{Q}{A_A} = \frac{180\,\mathrm{m^3/min}}{120\times70\,\mathrm{cm^2}} = \frac{180\,\mathrm{m^3/60\,s}}{120\times70\times10^{-4}\,\mathrm{m^2}} = 3.571 \fallingdotseq 3.57\,\mathrm{m/s}$$

B 의 **유속** V_B는

$$V_B = \frac{Q}{A_B} = \frac{180\,\mathrm{m^3/min}}{120\times60\,\mathrm{cm^2}} = \frac{180\,\mathrm{m^3/60\,s}}{120\times60\times10^{-4}\,\mathrm{m^2}} = 4.166 \fallingdotseq 4.17\,\mathrm{m/s}$$

C 의 **유속** V_C는

$$V_C = \frac{Q}{A_C} = \frac{180\,\mathrm{m^3/min}}{120\times50\,\mathrm{cm^2}} = \frac{180\,\mathrm{m^3/60\,s}}{120\times50\times10^{-4}\,\mathrm{m^2}} = 5\,\mathrm{m/s}$$

※ **유속** : 유체의 속도

4 비압축성 유체

압력을 받아도 체적 변화를 일으키지 아니하는 유체이다.

$$\frac{V_1}{V_2} = \frac{A_2}{A_1} = \left(\frac{D_2}{D_1}\right)^2$$

여기서, V_1, V_2 : 유속[m/s]
A_1, A_2 : 단면적[m^2]
D_1, D_2 : 직경[m]

Key Point

※ 비압축성 유체
액체와 같이 체적이 변화하지 않는 유체

2 베르누이 방정식과 토리첼리의 식

1 베르누이 방정식(Bernoulli's equation)

다음 [그림]과 같이 유체흐름이 관의 단면 1과 2를 통해 정상적으로 유동하는 이상유체라면 에너지 보존법칙에 의해 다음과 같은 식이 성립된다.

※ 베르누이 방정식 : 같은 유선상에 있는 임의의 두 점 사이에 일어나는 관계이다.

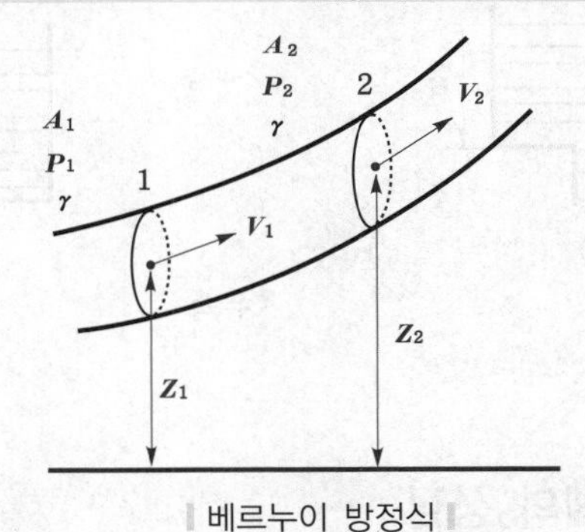

▌베르누이 방정식▐

(1) 이상유체

$$\frac{{V_1}^2}{2g} + \frac{p_1}{\gamma} + Z_1 = \frac{{V_2}^2}{2g} + \frac{p_2}{\gamma} + Z_2 = \text{일정(또는 } H\text{)}$$

↑ (속도수두) ↑ (압력수두) ↑ (위치수두)

여기서, V_1, V_2 : 유속[m/s]
p_1, p_2 : 압력[Pa]
Z_1, Z_2 : 높이[m]
g : 중력가속도(9.8m/s^2)
γ : 비중량[N/m^3]
H : 전수두[m]

※ 베르누이 방정식
수두 각 항의 단위는 m이다.

속도수두	압력수두
동압으로 환산	정압으로 환산

※ 베르누이 방정식의 적용 조건
① 정상흐름
② 비압축성 흐름
③ 비점성 흐름
④ 이상유체

※ 전압
전압 = 동압 + 정압

Key Point

※ 운동량의 원리
운동량의 시간변화율은 그 물체에 작용한 힘과 같다.

$$F = m\frac{du}{dt}$$

여기서,
F : 힘〔kg · m/s²=N〕
m : 질량〔kg〕
du : 운동속도〔m/s〕
dt : 운동시간〔s〕

※ atm
'에이 티 엠'이라고 읽는다.

(2) **비압축성 유체**

$$\frac{{V_1}^2}{2g} + \frac{p_1}{\gamma} + Z_1 = \frac{{V_2}^2}{2g} + \frac{p_2}{\gamma} + Z_2 + \Delta H$$

↑ ↑ ↑
(속도수두) (압력수두) (위치수두)

여기서, V_1, V_2 : 유속〔m/s〕
p_1, p_2 : 압력〔Pa〕
Z_1, Z_2 : 높이〔m〕
g : 중력가속도(9.8m/s²)
γ : 비중량〔N/m³〕
ΔH : 손실수두〔m〕

2 토리첼리의 식(Torricelli's theorem)

$$V = \sqrt{2gH}$$

여기서, V : 유속〔m/s〕
g : 중력가속도(9.8m/s²)
H : 높이〔m〕

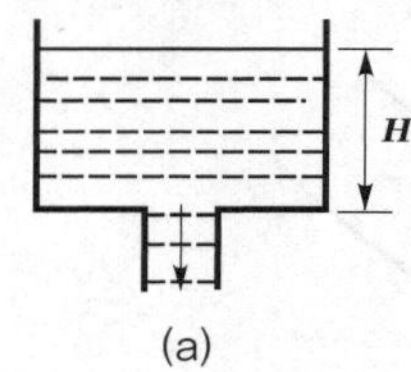

(a)

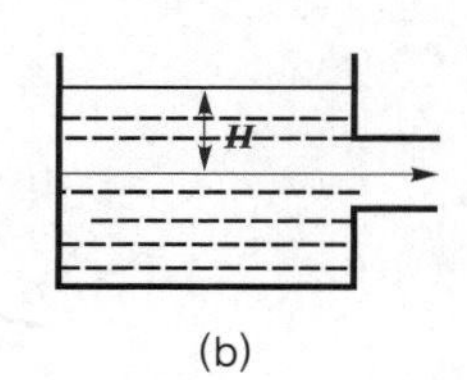

(b)

┃유속┃

3 이상기체의 성질

1 보일의 법칙(Boyle's law)

온도가 일정할 때 기체의 부피는 절대압력에 반비례한다.

$$P_1 V_1 = P_2 V_2$$

여기서, P_1, P_2 : 기압〔atm〕
V_1, V_2 : 부피〔m³〕

Key Point

※ 절대온도
① 켈빈온도
K=273+℃
② 랭킨온도
°R=460+°F

※ 보일-샤를의 법칙
☆ 꼭 기억하세요 ☆

※ 기압
기체의 압력

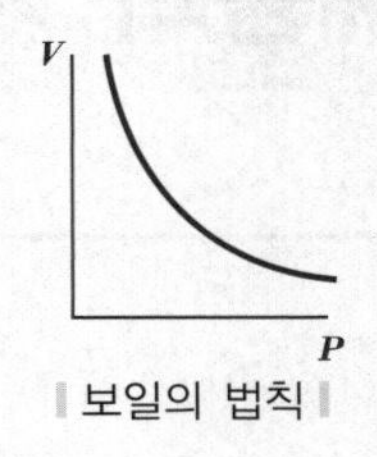

‖ 보일의 법칙 ‖

2 샤를의 법칙(Charl's law)

압력이 일정할 때 기체의 부피는 절대온도에 비례한다.

$$\frac{V_1}{T_1} = \frac{V_2}{T_2}$$

여기서, V_1, V_2 : 부피〔m^3〕
T_1, T_2 : 절대온도〔K〕

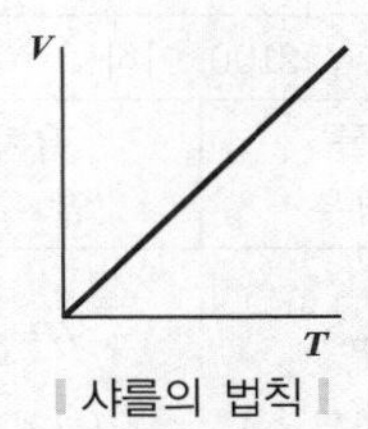

‖ 샤를의 법칙 ‖

3 보일-샤를의 법칙(Boyle-Charl's law)

기체가 차지하는 부피는 압력에 반비례하며, 절대온도에 비례한다.

$$\frac{P_1 V_1}{T_1} = \frac{P_2 V_2}{T_2}$$

여기서, P_1, P_2 : 기압〔atm〕
V_1, V_2 : 부피〔m^3〕
T_1, T_2 : 절대온도〔K〕

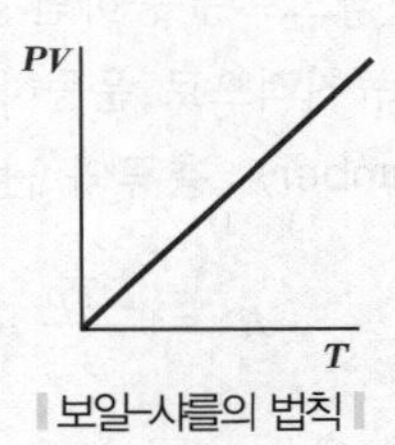

‖ 보일-샤를의 법칙 ‖

CHAPTER 03

유체의 유동과 계측

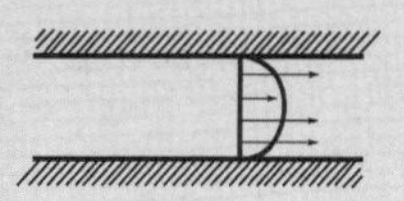

※ 정상유동
시간에 따라 유체의 속도변화가 없는 것

1 점성유동

출제확률 5.8% (6점)

1 층류와 난류

구 분	층 류		난 류
흐름	정상류		비정상류
레이놀드수	2100 이하		4000 이상
손실수두	유체의 속도를 알 수 있는 경우	유체의 속도를 알 수 없는 경우	$H = \frac{2flV^2}{gD}$ 〔m〕 (패닝의 법칙)
	$H == \frac{flV^2}{2gD}$ 〔m〕 (다르시-바이스바하의 식)	$H = \frac{128\mu Ql}{\gamma\pi D^4}$ 〔m〕 (하젠-포아젤의 식)	
전단응력	$\tau = \frac{p_A - p_B}{l} \cdot \frac{r}{2}$ 〔N/m²〕		$\tau = \mu\frac{du}{dy}$ 〔N/m²〕
평균속도	$V = 0.5\, U_{max}$		$V = 0.8\, U_{max}$
전이길이	$L_t = 0.05 Re\, D$ 〔m〕		$L_t = 40 \sim 50\, D$ 〔m〕
관마찰계수	$f = \frac{64}{Re}$		$f = 0.3164 Re^{-0.25}$

※ 전이길이
유체의 흐름이 완전발달된 흐름이 될 때의 길이

※ 전이길이와 같은 의미
① 입구길이
② 조주거리

(1) **층류**(laminar flow) : 규칙적으로 운동하면서 흐르는 유체

(2) **난류**(turbulent flow) : 불규칙적으로 운동하면서 흐르는 유체

(3) **레이놀즈수**(Reynolds number) : **층류**와 **난류**를 **구분**하기 위한 계수

$$Re = \frac{DV\rho}{\mu} = \frac{DV}{\nu}$$

여기서, Re : 레이놀즈수
D : 내경〔m〕
V : 유속〔m/s〕
ρ : 밀도〔kg/m³〕
μ : 점도〔kg/m · s〕
ν : 동점성계수$\left(\frac{\mu}{\rho}\right)$〔m²/s〕

※ 레이놀즈수
원관유동에서 중요한 무차원수
① 층류 : $Re < 2100$
② 천이영역(임계영역) : $2100 < Re < 4000$
③ 난류 : $Re > 4000$

Key Point

※ 25℃의 물의 점도
0.01g/cm · s

용어

임계 레이놀즈수

상임계 레이놀즈수	하임계 레이놀즈수
층류에서 **난류**로 변할 때의 레이놀즈수(4000)	**난류**에서 **층류**로 변할 때의 레이놀즈수(2100)

(4) 관마찰계수

$$f = \frac{64}{Re}$$

여기서, f : 관마찰계수
Re : 레이놀즈수

① 층류 : **레이놀즈수**에만 관계되는 계수
② 천이영역(임계영역) : **레이놀즈수**와 관의 **상대조도**에 관계되는 계수
③ 난류 : 관의 **상대조도**에 **무관**한 계수

(5) 국부속도

$$V = U_{\max}\left[1-\left(\frac{r}{r_0}\right)^2\right]$$

여기서, V : 국부속도〔cm/s〕
$U_{\max}$: 중심속도〔cm/s〕
r_0 : 반경〔cm〕
r : 중심에서의 거리〔cm〕

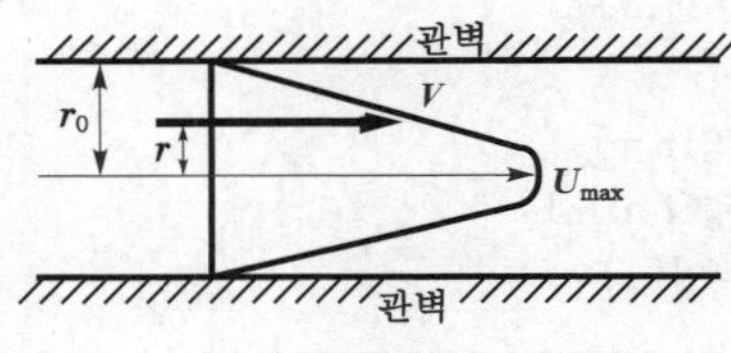

| 국부속도 |

※ 배관의 마찰손실
(1) 주손실
관로에 따른 마찰 손실
(2) 부차적 손실
① 관의 급격한 확대 손실
② 관의 급격한 축소 손실
③ 관부속품에 따른 손실

(6) 마찰손실

① 달시-웨버의 식(Darcy-Weisbach formula) : 층류

$$H = \frac{\Delta p}{\gamma} = \frac{fl V^2}{2gD}$$

여기서, H : 마찰손실(수두)〔m〕
Δp : 압력차〔Pa〕
γ : 비중량(물의 비중량 9800N/m^3)
f : 관마찰계수
l : 길이〔m〕
V : 유속〔m/s〕
g : 중력가속도(9.8m/s^2)
D : 내경〔m〕

※ 달시-웨버의 식
곧고 긴 관에서의 손실수두 계산

Key Point

② 패닝의 법칙(Fanning's law) : 난류

$$H=\frac{2flV^2}{gD}$$

여기서, H : 마찰손실〔m〕, f : 관마찰계수, l : 길이〔m〕, V : 유속〔m/s〕
g : 중력가속도(9.8m/s^2), D : 내경〔m〕

※ 하젠-포아젤의 법칙
일정한 유량의 물이 층류로 원관에 흐를 때의 손실수두계산

③ 하젠-포아젤의 법칙(Hargen-Poiselle's law) : 층류

수평원통관 속의 층류의 흐름에서 **유량, 관경, 점성계수, 길이, 압력강하** 등의 관계식이다.

$$H=\frac{32\mu lV}{D^2\gamma}$$

※ 마찰손실과 같은 의미
수두손실

여기서, H : 마찰손실〔m〕, μ : 점성계수〔kg/m·s〕, l : 길이〔m〕
V : 유속〔m/s〕, D : 내경〔m〕, γ : 비중량(물의 비중량 9800N/m^3)

$$\Delta P=\frac{128\mu Ql}{\pi D^4}$$

여기서, ΔP : 압력차(압력강하)〔kPa〕, μ : 점성계수〔kg/m·s〕
Q : 유량〔m^3/s〕, l : 길이〔m〕, D : 내경〔m〕

※ 하젠-윌리암식의 적용
① 유체종류 : 물
② 비중량 : 9800N/m^3
③ 온도 : 7.2~24℃
④ 유속 : 1.5~5.5m/s

④ 하젠-윌리암의 식(Hargen-William's formula)

$$\Delta p_m=6.053\times10^4\times\frac{Q^{1.85}}{C^{1.85}\times D^{4.87}}\times L \fallingdotseq 6.174\times10^4\times\frac{Q^{1.85}}{C^{1.85}\times D^{4.87}}\times L$$

여기서, Δp_m : 압력손실〔MPa〕
C : 조도
D : 관의 내경〔mm〕
Q : 관의 유량〔l/min〕
L : 배관의 길이〔m〕

중요 **조도**

조도(C)	배 관
100	• 주철관 • 흑관(건식 스프링클러설비의 경우) • 흑관(준비작동식 스프링클러설비의 경우)
120	• 흑관(일제살수식 스프링클러설비의 경우) • 흑관(습식 스프링클러설비의 경우) • 백관(아연도금강관)
150	• 동관(구리관)

※ **관**의 **Roughness계수**(조도) : 배관의 재질이 매끄러운가 또는 거친가에 따라 작용하는 계수

(7) 돌연 축소 · 확대관에서의 손실

① 돌연 축소관에서의 손실

$$H = K\frac{{V_2}^2}{2g}$$

여기서, H : 손실수두〔m〕
K : 손실계수
V_2 : 축소관 유속〔m/s〕
g : 중력가속도(9.8m/s²)

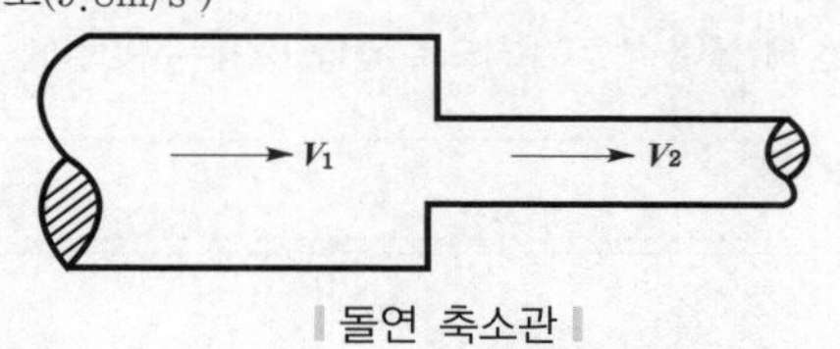

▮돌연 축소관▮

② 돌연 확대관에서의 손실

$$H = K\frac{(V_1 - V_2)^2}{2g}$$

여기서, H : 손실수두〔m〕, K : 손실계수
V_1 : 축소관 유속〔m/s〕, V_2 : 확대관 유속〔m/s〕
g : 중력가속도(9.8m/s²)

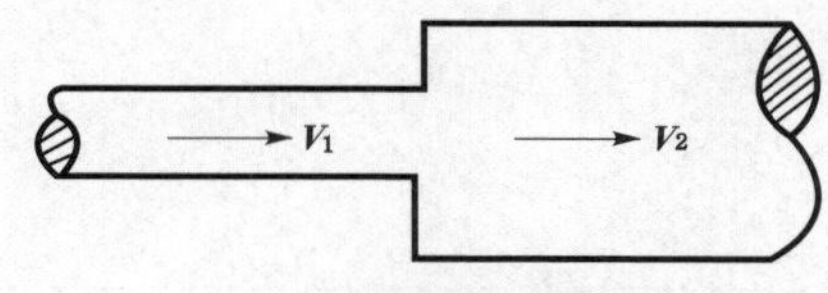

▮돌연 확대관▮

(8) 관의 상당관 길이

$$L_e = \frac{KD}{f}$$

여기서, L_e : 관의 상당관 길이〔m〕
K : 손실계수
D : 내경〔m/s〕
f : 마찰손실계수〔m/s〕

★★
문제 소화노즐은 화재건물로부터 10m 떨어진 거리에 위치하고 있다. 유량이 1000l /min 이라면 적정소방수류가 도달된 최대높이〔m〕는? (단, $V = 0.15\frac{H^2}{Q^{0.3}}$ 의 평균 적용방정식을 사용하며, V는 적정소방수류의 최대연직범위이다.)

득점	배점
	5

○ 계산과정 :
○ 답 :

Key Point

※ 조도
① 흑관(건식) · 주철관 : 100
② 흑관(습식) · 백관(아연도금강관) : 120
③ 동관 : 150

※ 축소, 확대노즐

축소 부분	확대 부분
언제나 아음속이다.	초음속이 가능하다.

※ 배관입구압력
배관출구압력+압력손실

※ 최대 연직범위

$$V = 0.15\frac{H^2}{Q^{0.3}}$$

여기서,
V : 적정 소방수류의 최대 연직범위〔m〕
H : 소화노즐에서 화재건물까지의 거리
Q : 유량〔l/s〕

Key Point

해답 ○ 계산과정 : $0.15 \times \dfrac{(10)^2}{(1000/60)^{0.3}} = 6.449 ≒ 6.45\text{m}$

○ 답 : 6.45m

해설

$$V = 0.15\frac{H^2}{Q^{0.3}}$$

여기서, V : 적정소방수류의 최대연직범위(적정소방수류가 도달된 최대높이)[m]

H : 소화노즐에서 화재건물까지의 거리[m]

Q : 유량[l/s]

적정소방수류가 도달된 **최대높이** V는

$$V = 0.15\frac{H^2}{Q^{0.3}} = 0.15 \times \frac{(10\text{m})^2}{(1000l/\text{min})^{0.3}} = 0.15 \times \frac{(10\text{m})^2}{(1000l/60\text{s})^{0.3}} = 6.449 ≒ 6.45\text{m}$$

※ 시중에 틀린 책들이 참으로 많다. 거듭 주의하라!

유도

관의 상당관 길이

돌연 축소 · 확대관에서의 손실 H는

$H = K\dfrac{V^2}{2g}$ 이고,

달시-웨버의 식에서의 마찰손실 H는

$H = \dfrac{f\,l\,V^2}{2gD}$ 에서

$$K\frac{V^2}{2g} = \frac{f\,l\,V^2}{2gD}$$

$$2gf\,l\,V^2 = 2g\,DKV^2$$

$$l = \frac{KD}{f}, \qquad L_e = \frac{KD}{f}$$

※ 상당관 길이
관부속품과 같은 손실 수두를 갖는 직관의 길이

※ 상당관 길이와 같은 의미
① 상당길이
② 등가길이
③ 직관장 길이

2 유체계측

1 정압 측정

※ 정압관 · 피에조미터
유동하고 있는 유체의 정압 측정

① 정압관(static tube) : 측면에 작은 구멍이 뚫어져 있고, 원통 모양의 선단이 막혀 있다.

‖ 정압관 ‖

② 피에조미터(piezometer) : 매끄러운 표면에 수직으로 작은 구멍이 뚫어져서 액주계와 연결되어 있다.

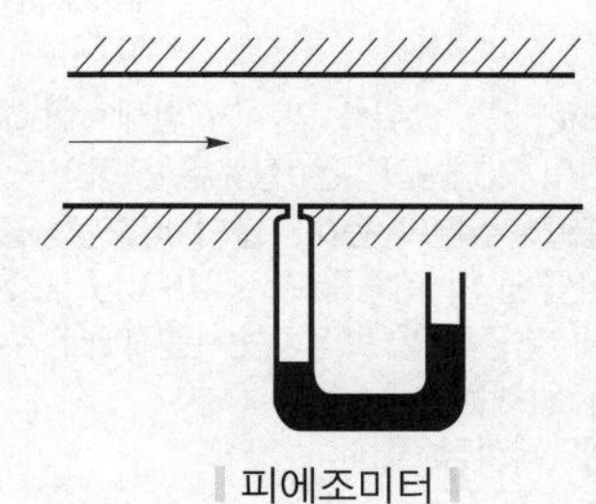

▌피에조미터▐

※ **마노미터**(mano meter) : 유체의 압력차를 측정하여 유량을 계산하는 계기

2 동압(유속) 측정

(1) 시차액주계(differential manometer) : 유속 및 **두 지점의 압력**을 측정하는 장치

$$p_A + \gamma_1 h_1 = p_B + \gamma_2 h_2 + \gamma_3 h_3$$

여기서, p_A : 점 A의 압력〔Pa〕
p_B : 점 B의 압력〔Pa〕
$\gamma_1, \gamma_2, \gamma_3$: 비중량〔N/m^3〕
h_1, h_2, h_3 : 높이〔m〕

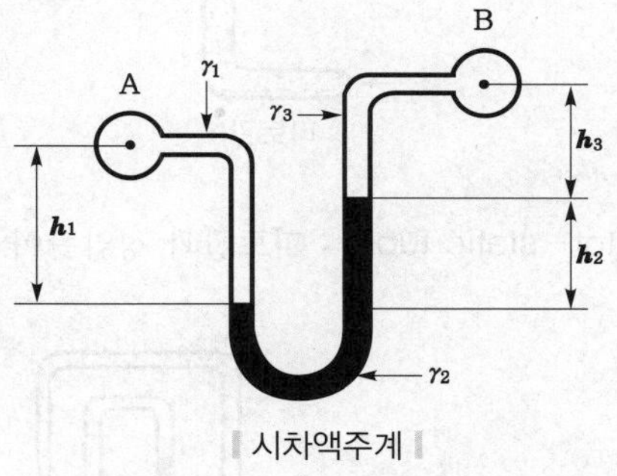

▌시차액주계▐

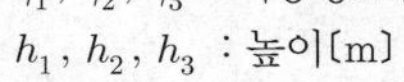

★★★
문제 **펌프의 흡입이론에서 볼 때 물을 흡수할 수 있는 이론최대높이는 몇 m인가? (단, 대기압은 760mmHg, 수은의 비중량은 133.28kN/m^3, 물의 비중량은 9.8kN/m^3 이다.)**

득점	배점
	3

○ 계산과정 :
○ 답 :

해답 ○ 계산과정 : $\dfrac{133.28 \times 0.76}{9.8} = 10.336 ≒ 10.34\text{m}$
○ 답 : 10.34m

해설

$$P = \gamma_1 h_1 = \gamma_2 h_2$$

물의 **수두** h_2는

Key Point

※ 부르동관
금속의 탄성 변형을 기계적으로 확대시켜 유체의 압력을 측정하는 계기

※ 전압
전압 = 동압 + 정압

※ 비중량
① 물 : 9.8kN/m^3
② 수은 : 133.28kN/m^3

※ 동압(유속) 측정
① 시차액주계
② 피토관
③ 피토-정압관
④ 열선속도계

※ 파이프 속의 수압 측정
① 부르동 압력계
② 마노미터
③ 시차압력계

$$h_2 = \frac{\gamma_1 h_1}{\gamma_2} = \frac{133.28\,\mathrm{kN/m^3} \times 0.76\,\mathrm{mHg}}{9.8\,\mathrm{kN/m^3}} = 10.336\,\mathrm{mH_2O}$$

= 10.336m

≒ 10.34m

- 계산시 0.76mHg를 단위를 맞추기 위해 mH_2O로 단위변환을 해주어야 되지 않느냐는 의견이 있다. 이것은 잘못된 생각이다. 이렇게 이해하도록 하자.
수은의 비중량×수은의 높이=물의 비중량×물의 높이이므로 수은의 비중량×수은의 높이를 물의 비중량으로 나누어준 값은 물의 높이가 되는 것이다.
- 수은과 물의 비중량의 보정치는 문제에서 주어진 133.28이란 값에서 보정된 것이다(이제 알겠는가?).
- **비중량** : 단위체적당 중량

(2) 피토관(pitot tube) : 유체의 **국부속도**를 측정하는 장치이다.

$$V = C\sqrt{2gH}$$

여기서, V : 유속[m/s]
C : 측정계수
g : 중력가속도(9.8m/s²)
H : 높이[m]

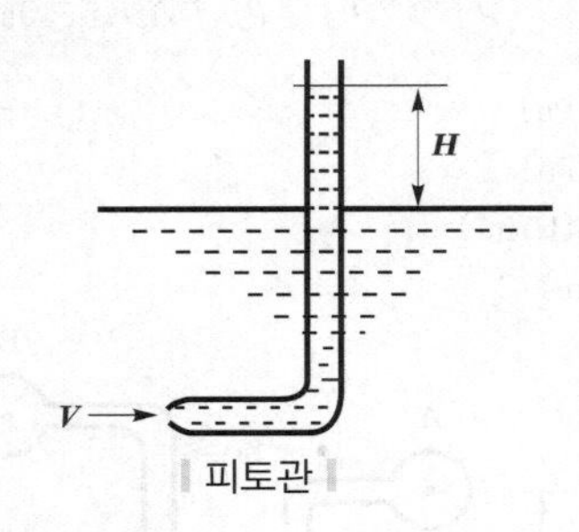

| 피토관 |

(3) 피토－정압관(pitot－static tube) : 피토관과 정압관이 결합되어 **동압**(유속)을 **측정**한다.

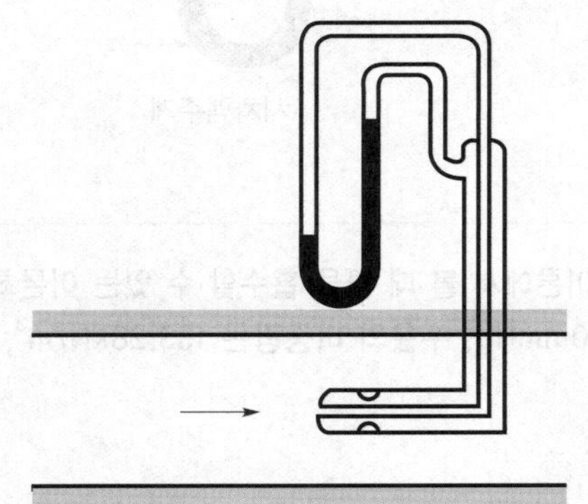

| 피토－정압관 |

(4) 열선속도계(hot－wire anemometer) : **난류유동**과 같이 매우 빠른 유속 측정에 사용한다.

※ **난류**
유체가 매우 불규칙하게 흐르는 것

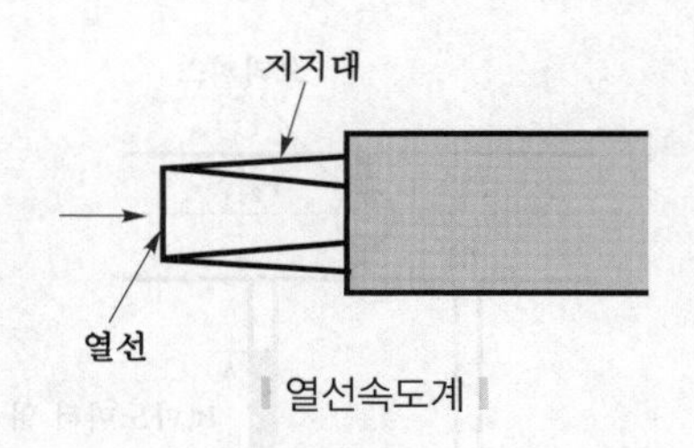

▌열선속도계▐

3 유량 측정

(1) 벤츄리미터(venturi meter) : **고가**이고 유량 · 유속의 손실이 적은 유체의 유량 측정 장치이다.

$$Q = C_v \frac{A_2}{\sqrt{1-m^2}} \sqrt{\frac{2g(\gamma_s - \gamma)}{\gamma} R} = CA_2 \sqrt{\frac{2g(\gamma_s - \gamma)}{\gamma} R}$$

여기서, Q : 유량[m^3/s]
C_v : 속도계수
C : 유량계수(노즐의 흐름계수)$\left(C = \frac{C_v}{\sqrt{1-m^2}}\right)$
A_2 : 출구면적[m^2]
g : 중력가속도($9.8m/s^2$)
γ_s : 비중량(수은의 비중량 $133.28kN/m^3$)
γ : 비중량(물의 비중량 $9.8kN/m^3$)
R : 마노미터 읽음[m]
m : 개구비$\left(\frac{A_2}{A_1} = \left(\frac{D_2}{D_1}\right)^2\right)$
A_1 : 입구면적[m^2]
D_1 : 입구직경[m]
D_2 : 출구직경[m]

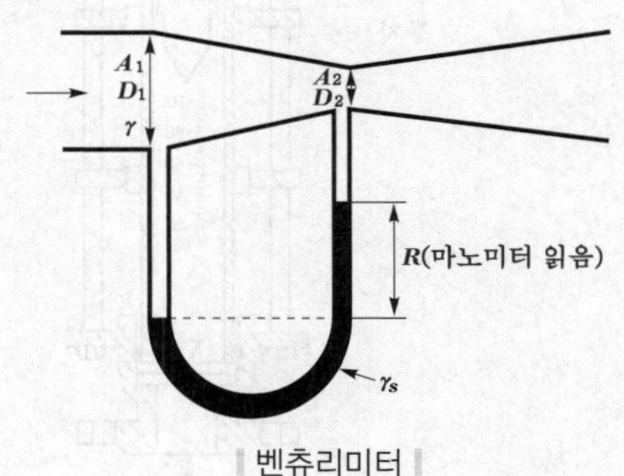

▌벤츄리미터▐

(2) 오리피스(orifice) : **저가**이나 압력손실이 크다.

$$\Delta p = p_2 - p_1 = R(\gamma_s - \gamma)$$

여기서, Δp : U자관 마노미터의 압력차[kPa]
p_2 : 출구압력[kPa]
p_1 : 입구압력[kPa]
R : 마노미터 읽음[m]
γ_s : 비중량(수은의 비중량 $133.28kN/m^3$)
γ : 비중량(물의 비중량 $9.8kN/m^3$)

Key Point

※ 유체
액체와 기체상태의 물질

※ 유량 측정
① 벤츄리미터
② 오리피스
③ 위어
④ 로터미터
⑤ 노즐
⑥ 마노미터

※ 토출량(유량)

$Q = 10.99\, CD^2 \sqrt{10P}$

여기서,
Q : 토출량[m^3/s]
C : 노즐의 흐름계수
D : 구경[m]
P : 방사압력[MPa]

$Q = 0.653 D^2 \sqrt{10P}$

여기서,
Q : 토출량[l/min]
D : 구경[mm]
P : 방사압력[MPa]

$Q = 0.6597\, CD^2 \sqrt{10P}$

여기서,
Q : 토출량[l/min]
C : 노즐의 흐름계수
D : 구경[mm]
P : 방사압력[MPa]

※ 오리피스
두 점간의 압력차를 측정하여 유속 및 유량을 측정하는 기구

Key Point

※ 오리피스의 조건
① 유체의 흐름이 정상류일 것
② 유체에 대한 압축·전도 등의 영향이 적을 것
③ 기포가 없을 것
④ 배관이 수평상태일 것

※ V-notch 위어
① $H^{\frac{5}{2}}$ 에 비례한다.
② 개수로의 소유량 측정에 적합

※ 위어의 종류
① V-notch 위어
② 4각 위어
③ 예봉 위어
④ 광봉 위어

※ 로터미터
측정범위가 넓다.

※ 파이프 속의 유량 측정
① 오리피스
② 노즐
③ 벤츄리미터

※ 파이프 속의 수압 측정
① 부르동 압력계
② 마노미터
③ 시차압력계

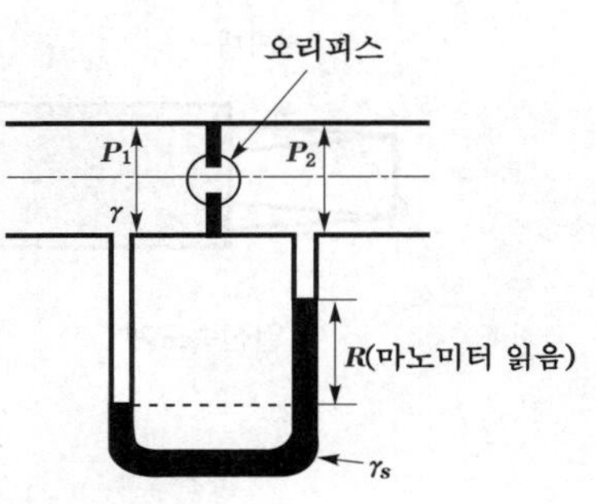

‖ 오리피스 ‖

(3) 위어(weir) : **개수로**의 **유량 측정**에 사용되는 장치이다.

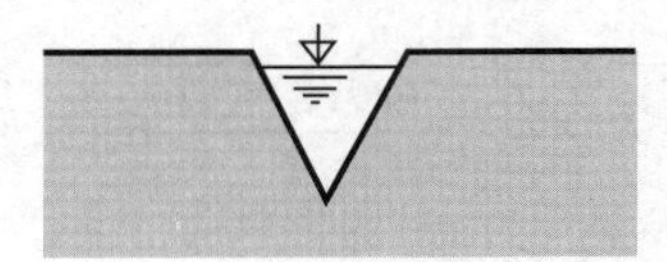

(a) 직각 3각 위어(V-notch 위어)

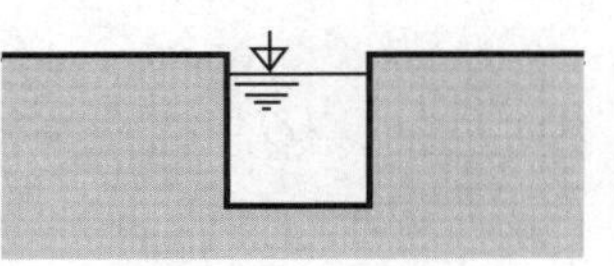

(b) 4각 위어

‖ 위어의 종류 ‖

(4) 로터미터(rotameter) : 유량을 **부자**(float)에 의해서 **직접 눈으로 읽을 수 있는 장치**이다.

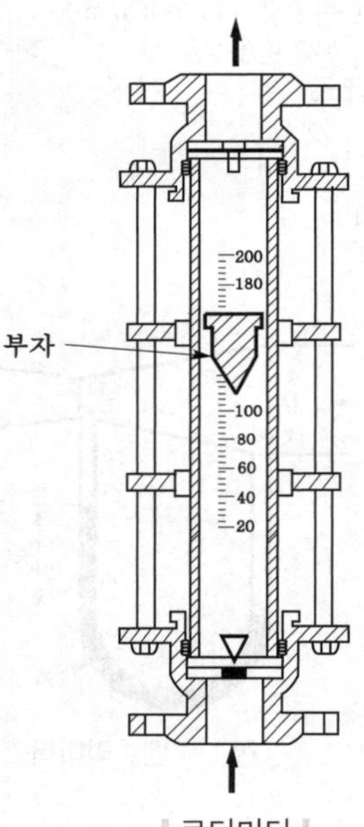

‖ 로터미터 ‖

(5) 노즐(nozzle) : 벤츄리미터와 유사하다.

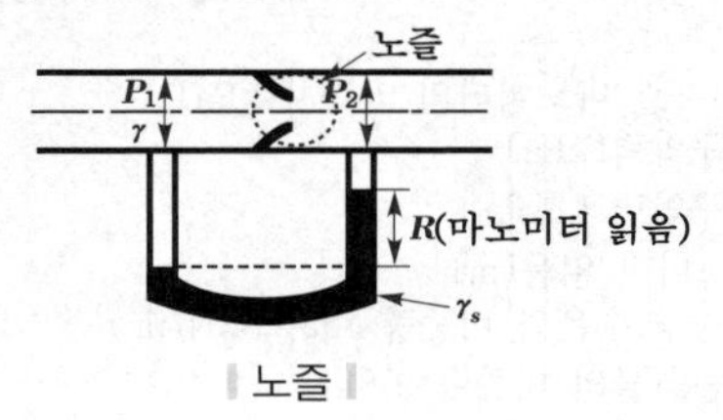

‖ 노즐 ‖

CHAPTER

04 유체의 마찰 및 펌프의 현상

1 유체의 마찰

출제확률 

(5점)

1 배관(pipe)

배관의 **강도**는 스케줄 번호(schedule No)로 표시한다.

$$\text{Schedule No} = \frac{\text{내부작업압력}}{\text{재료의 허용응력}} \times 1000$$

▌스케줄 번호에 따른 관경의 값▐

호칭경	외 경	스케줄 40			스케줄 60			스케줄 80		
mm	mm	구 경	두 께	내 압	구 경	두 께	내 압	구 경	두 께	내 압
10	17.3	15.0	2.3	1MPa	14.5	2.8	2MPa	11.8	3.2	3MPa 이상
15	21.7	18.9	2.8		18.5	3.2		15.2	3.7	
20	27.2	24.3	2.9		23.8	3.4		20.4	3.9	
25	34.0	30.6	3.4		31.1	3.9		26.1	4.5	
32	42.7	39.1	3.6		38.2	4.5		34.2	5.9	
40	48.6	44.9	3.7		44.1	4.5		29.8	5.1	
50	60.5	56.6	3.9		55.6	4.9		51.1	5.5	
65	76.3	71.1	5.2		70.3	6.0		64.1	7.0	
80	89.1	83.6	5.5		82.5	6.6		76.0	7.6	
90	101.6	95.9	5.7		84.6	7.0		87.8	8.1	
100	114.3	108.3	6.0		107.2	7.1		99.7	8.6	
125	139.8	133.2	6.6		131.7	8.1		123.7	9.5	
150	165.2	158.1	7.1		154.9	9.3		147.0	11.0	

2 배관용 관의 종류

종 류	설 명
강관	이음매 없는 관과 용접관이 있으며, 용도에 따라 **배관용, 압력배관용, 수도용, 고온고압용** 등이 있다.
동관	**굴곡성**과 **전기전도성 · 열전도성**이 높고 내식성이 좋다.
황동관	이음매 없는 관으로 대부분 직경이 작으며, 동관과 비슷한 성질을 가지고 있다.
주철관	강관보다 무겁고 강도가 약하나 내식성이 좋고 값이 저렴하다. **수도용, 배수용, 지하매설용** 등으로 많이 사용된다.
합성수지관	주성분이 폴리에틸렌이나 염화비닐로서 가볍고, **내식성, 내산성, 내알칼리성** 및 **전기절연성**이 좋다. 옥외소화전 설비의 지하에 매설되는 배관은 **소방용 합성수지배관**을 설치할 수 있다.

Key Point

※ 스케줄 번호
① 저압배관 : 40 이상
② 고압배관 : 80 이상

※ 안전율
$$\text{안전율} = \frac{\text{인장강도}}{\text{재료의 허용응력}}$$

※ 허용응력
$$\sigma = \frac{pD}{2t}$$

여기서,
σ : 허용응력[MPa]
p : 압력[MPa]
D : 내경[cm]
t : 두께[cm]

3 배관용 강관의 종류

종 류	설 명
SPP(배관용 탄소강관)	1.2MPa 이하, 350℃ 이하
SPPS(압력배관용 탄소강관)	1.2~10MPa 이하, 350℃ 이하
SPPH(고압배관용 탄소강관)	10MPa 이상, 350℃ 이하
SPPW(수도용 아연도금강관)	정수두 100m 이내의 **급수용**, 관경 350A 이내에 적용
STPW(수도용 도장강관)	정수두 100m 이내의 **수송용**, 관경 350A 이상에 적용
SPW(배관용 아크용접강관)	–
SPLT(저온배관용 탄소강관)	0℃ 이하의 저온에 사용
SPHT(고온배관용 탄소강관)	350℃ 이상의 고온에 사용
STHG(고압용기용 이음매 없는 강관)	–
STS(스테인리스강관)	–

중요 **배관용 강관의 표시법**

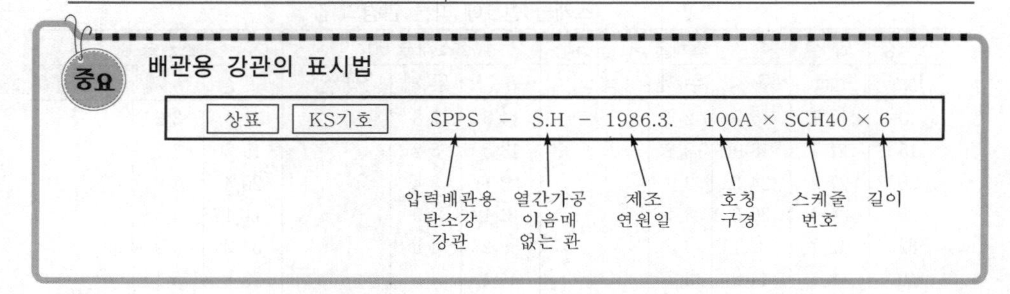

4 밸브의 종류

① OS & Y밸브(Outside Screw & Yoke valve) : 대형밸브로서 유체의 흐름방향을 180°로 변환시킨다.

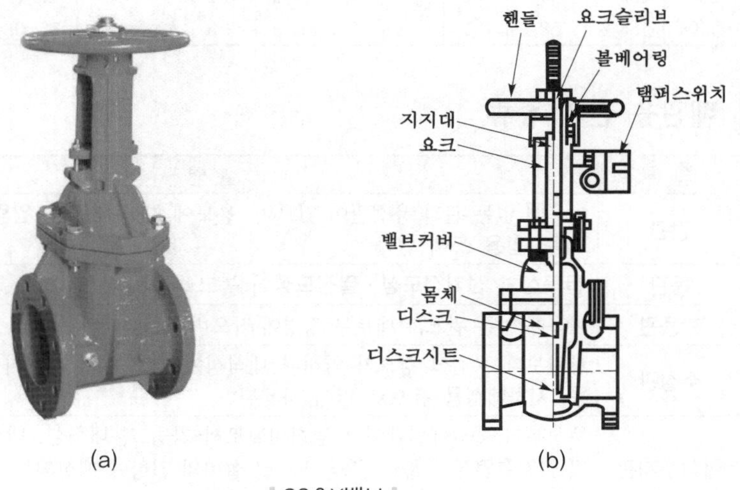

| OS&Y밸브 |

※ 배관용 탄소강관
관의 호칭경이 300A 이하인 것은 양 끝에 나사를 내거나 플레인 엔드로 제조되고, 호칭경 350A 이상인 것은 용접이음에 적합하게 관 끝을 베벨가공한 것이 많다. 나사를 내고 관에는 그 양 끝에 관용테이퍼 나사로 가공한다.

※ SPPW(수도용 아연도금강관)
10MPa 미만에 사용되며 보통 '수도관'이라 부른다.

※ OS & Y밸브
주관로상에 사용하며 밸브디스크가 밸브봉의 나사에 의하여 밸브시트에 직각방향으로 개폐가 이루어지며 일명 '게이트밸브'라고도 부른다.

※ OS & Y밸브와 같은 의미
① 게이트밸브
② 메인밸브
③ 슬루스밸브

② 글로브밸브(glove valve) : 소형밸브로서 유체의 흐름방향을 180°로 변환시킨다.

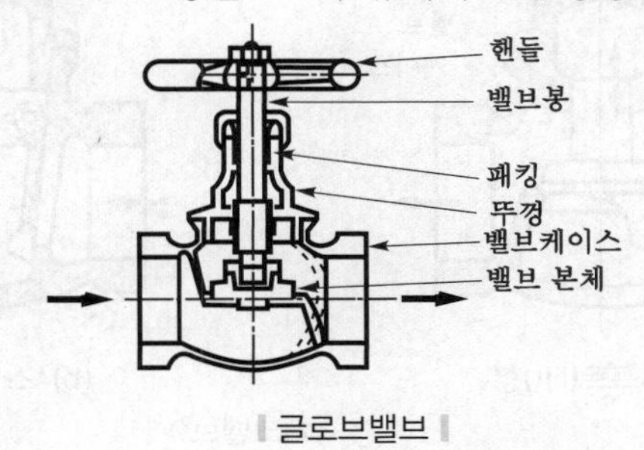

▮ 글로브밸브 ▮

③ 앵글밸브(angle valve) : 유체의 흐름방향을 90°로 변환시킨다.

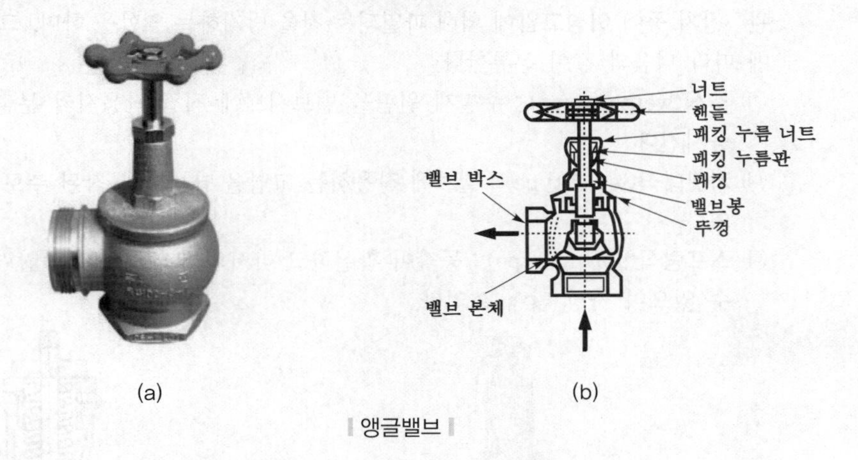

▮ 앵글밸브 ▮

④ 코크밸브(cock valve) : **소형밸브**로서 **레버**가 달려 있으며, 주로 **계기용**으로 사용된다.

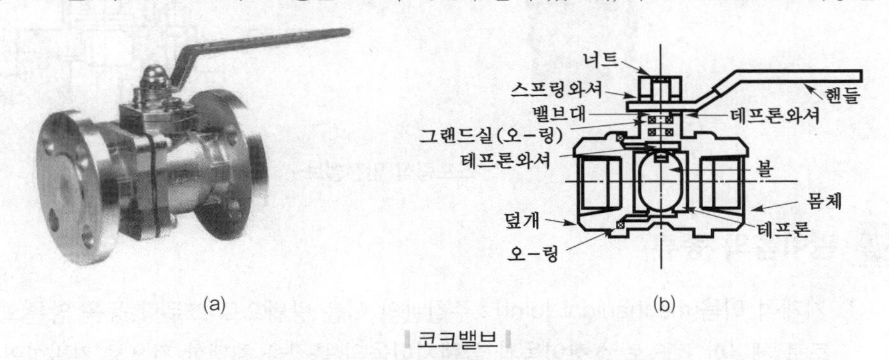

▮ 코크밸브 ▮

⑤ 체크밸브(check valve) : 배관에 설치하는 체크밸브는 **호칭구경, 사용압력, 유수의 방향** 등을 표시하여야 한다.

㈎ 스모렌스키 체크밸브 : **제조회사명**을 밸브의 명칭으로 나타낸 것으로 **주배관용**으로서 바이패스밸브가 있다.

㈏ 웨이퍼체크밸브 : **주배관용**으로서 바이패스밸브가 없다.

㈐ 스윙체크밸브 : **작은 배관용**이다.

Key Point

✻ 스톱밸브
물의 흐름을 차단시킬 수 있는 밸브
① 글로브밸브
② 슬로스밸브
③ 안전밸브

✻ 글로브밸브
유량조절을 목적으로 사용하는 밸브로서 소화전 개폐에 사용할 수 없다.

✻ 앵글밸브
유체의 흐름방향을 90°로 변환시키며, 옥내소화전설비에는 주로 '방수구'의 용도로 쓰인다.

✻ 체크밸브 표시사항
① 호칭구경
② 사용압력
③ 유수방향

✻ 체크밸브
역류방지를 목적으로 한다.
① 리프트형 : 수평설치용으로 주배관상에 많이 사용
② 스윙형 : 수평·수직 설치용으로 작은 배관상에 많이 사용

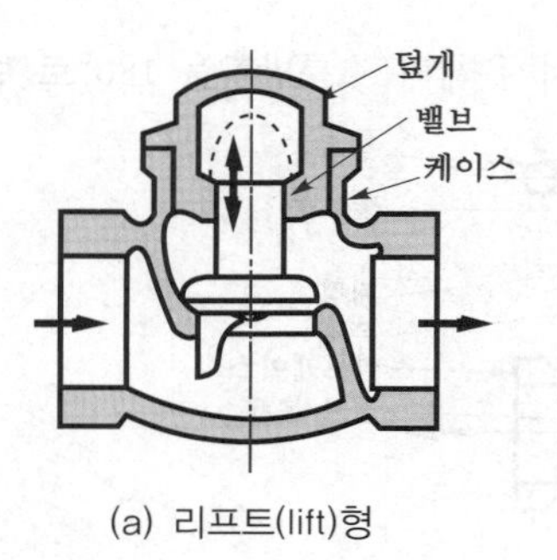

(a) 리프트(lift)형

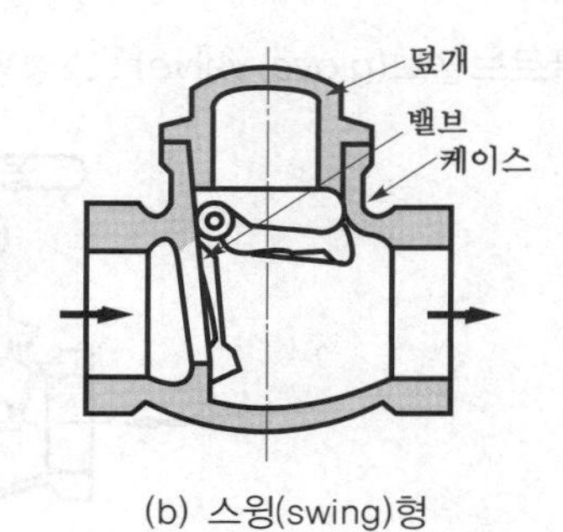

(b) 스윙(swing)형

▌체크밸브▐

※ **안전밸브의 누설 원인**
① 밸브 스프링의 장력감소
② 밸브의 조정압력을 규정치보다 낮게 설정
③ 밸브와 밸브시트 사이에 이물질 침투

⑥ **안전밸브(safety valve)** : 고압유체를 취급하는 배관 등에 설치하여 고압용기나 배관 · 장치 등이 **이상고압**에 의해 파열되는 것을 방지하는 역할을 하며, 그 작동 방법에 따라 다음과 같이 분류한다.

㈎ **추식**(weight type) : 주철제 원판을 밸브시트에 직접 작용시켜 분출압력에 대응시킨다.

㈏ **지렛대식**(lever type) : 밸브에 작용하는 고압을 레버에 부착된 추로 조정할 수 있다.

㈐ **스프링식**(spring type) : 동작이 확실하고 나사의 조임으로 분출압력을 조절할 수 있으며 가장 많이 쓰인다.

※ **안전밸브의 종류**
① 추식
② 지렛대식
③ 스프링식 : 가장 많이 사용
④ 파열판식

(a)

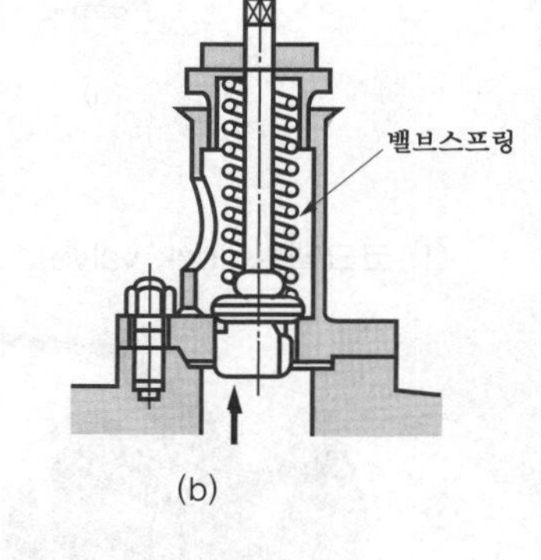

(b)

▌스프링식 안전밸브▐

5 관이음의 종류

① **기계적 이음(mechanical joint)** : 주철관의 이음 방법으로 고무링 등을 압륜으로 볼트로 체결한 것으로 **소켓이음**과 **플랜지이음**의 특징을 채택한 것으로 기밀성이 좋고 이음부가 다소 휘어도 지장이 없으며 작업이 간단하고 **물속**에서도 **작업**이 가능하다.

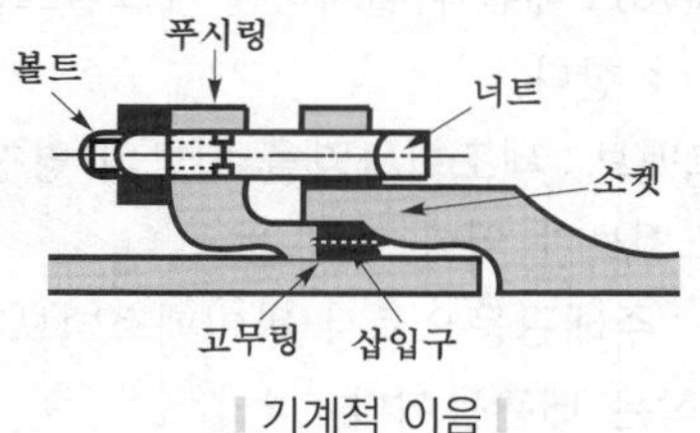

▌기계적 이음▐

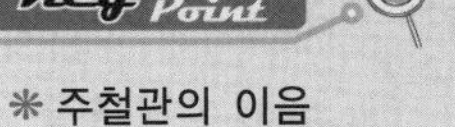

② 플랜지이음(flange joint) : 플랜지를 관 끝에 붙인 것으로 배관 이음 부분에 **가스켓(gasket)**을 삽입하고 볼트로 체결하는 관이음 방법이다.

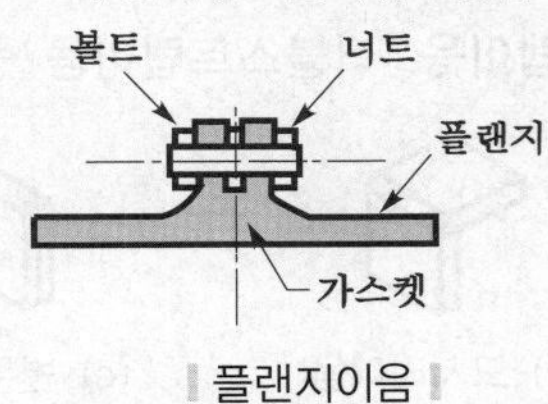

▌플랜지이음▐

③ 소켓이음(socket joint) : 관에 소켓 형태의 이음을 만들어 접속하는 방법이다.

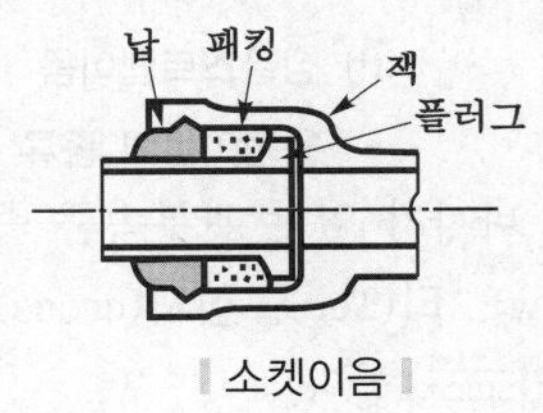

▌소켓이음▐

④ 플레어이음(flare joint) : 관의 끝 부분을 **원뿔모양**으로 넓혀서 접속하는 관이음 방법이다.

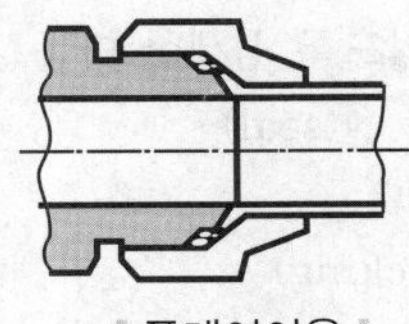

▌플레어이음▐

⑤ 신축이음(expansion joint) : 배관이 열응력 등에 신축하는 것이 원인이 되어 파괴되는 것을 방지하기 위하여 사용하는 이음이다. 종류로는 **슬리브형 이음, 벨로즈형 이음, 루프형 이음, 스위블형 이음, 볼조인트** 등이 있다.

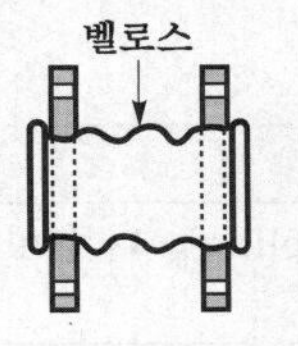

(a) 벨로즈형 이음

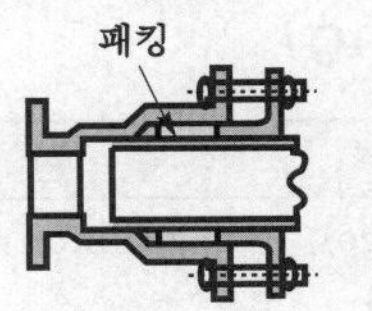

(b) 슬리브형 이음

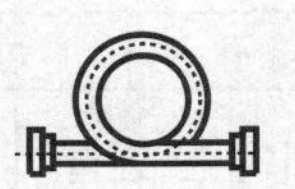

(c) 루프형 이음

▌신축이음의 종류▐

※ **주철관의 이음 방법**
① 기계적 이음
② 소켓이음
③ 플랜지이음

※ **강관의 이음 방법**
① 나사이음
② 용접이음
③ 플랜지이음

※ **플랜지 접합 방법의 사용**
① 두 개의 직관을 이을 때
② 배관 중에 기기를 접속할 때
③ 증설 또는 수리를 용이하게 하기 위해

※ **신축이음의 종류**
① 슬리브형
② 벨로즈형
③ 루프형
④ 스위블형
⑤ 볼조인트

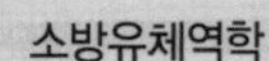

※ 용접이음의 종류
① 맞대기이음
② 모서리이음
③ 변두리이음
④ 겹치기이음
⑤ T이음
⑥ 싱글스트랩이음
⑦ 더블스트랩이음

⑥ 용접이음(welded joint) : 50A 이상의 관이음시 사용하며 전기용접, 가스용접 등에 의하여 접속하는 방법이다. 종류로는 **맞대기이음, 모서리이음, 변두리이음, 겹치기이음, T이음, 싱글스트랩이음, 더블스트랩이음** 등이 있다.

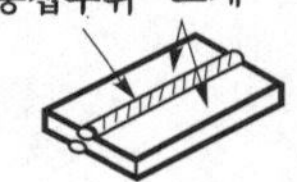

(a) 맞대기이음

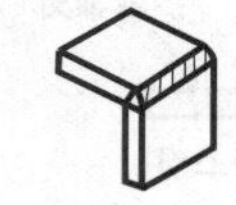
(b) 모서리이음

(c) 변두리이음

(d) 겹치기이음

(e) T이음

(f) 싱글스트랩이음

(g) 더블스트랩이음

| 용접이음의 종류 |

※ 나사이음과 같은 의미
나사식 관이음

⑦ 나사이음(screw joint) : 나사가 있는 관부속품 즉, **소켓**(scoket), **니플**(nipple), **유니온**(union), **엘보**(elbow), **티**(Tee), **십자**(cross) 등을 사용하여 접속하는 방법이다. "**나사식 관이음**"이라고도 한다.

※ 패킹
펌프 임펠러축의 누수를 방지하기 위하여 축 사이에 끼워 넣는 부품

중요 **패킹의 종류**
- **메카니컬실**(mechanical seal): 패킹설치시 펌프케이싱과 샤프트 중앙 부분에 물이 한 방울도 새지 않도록 섬세한 다듬질이 필요하며 일반적으로 산업용, 공업용 펌프에 사용되는 실(seal)
- **오일실**(oil seal)
- **플랜지패킹**(flange packing)
- **글랜드패킹**(gland packing)
- **나사용 패킹**(thread packing)
- **오링**(O-ring)

6 관이음쇠(pipe fitting)

구 분	관이음쇠의 종류
2개의 관 연결	플랜지(flange), 유니온(union), 커플링(coupling), 니플(nipple), 소켓(socket)
관의 방향변경	Y형 관이음쇠(Y-piece), 엘보(elbow), 티(Tee), 십자(cross)
관의 직경변경	리듀셔(reducer), 부싱(bushing)
유로 차단	플러그(plug), 밸브(valve), 캡(cap)
지선 연결	Y형 관이음쇠(Y-piece), 티(Tee), 십자(cross)

※ 티(Tee)
배관 부속품 중 압력손실이 가장 크다.

※ 등가길이
관이음쇠의 동일구경, 동일 유량에 대하여 동일한 마찰손실을 갖는 배관의 길이

편심 리듀셔
배관 흡입측의 공기 고임을 방지하기 위하여 사용한다.

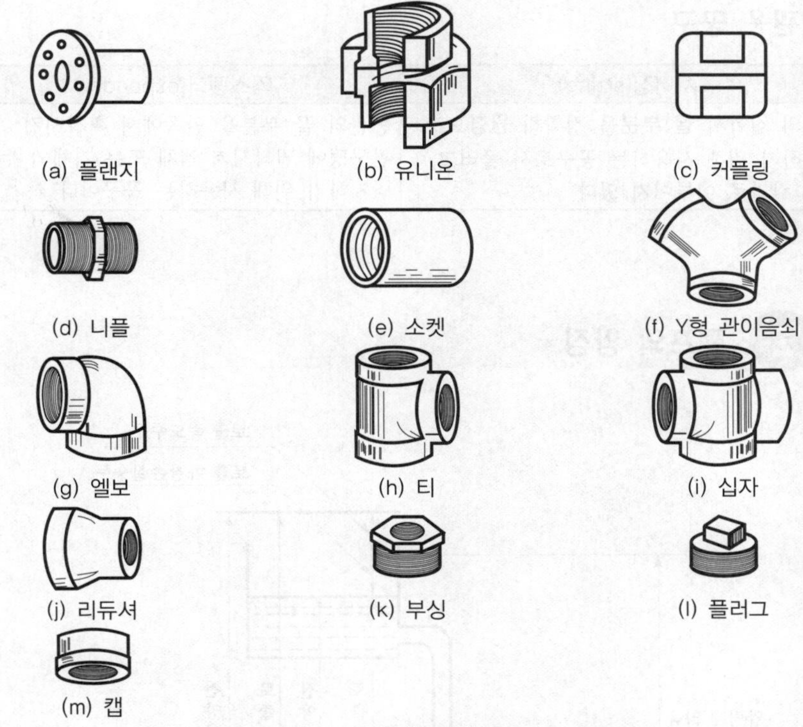

▌관이음쇠의 종류▐

7 보온재(thermal insulator)

외부로부터의 열의 출입을 막기 위한 재료로서 **저온용**인 **유기질 보온재**와 **고온용**인 **무기질 보온재**로 구분한다.

유기질 보온재	무기질 보온재
① 콜크(cork) ② 톱밥 ③ 펠트(felt) ④ 연질섬유판 ⑤ 폴리스틸렌	① 석면 ② 암면 ③ 운모 ④ 규조토 ⑤ 염기성 탄산마그네슘

보온재의 구비조건

- 보온능력이 우수할 것
- 단열효과가 뛰어날 것
- 시공이 용이할 것
- 가벼울 것
- 가격이 저렴할 것

Key Point

※ 관이음쇠와 같은 의미
관부속품

※ 상당관 길이
관부속품과 같은 손실수두를 갖는 직관의 길이

※ 유니온
두 개의 직관을 이을 때, 또는 배관을 증설하거나 분기 또는 수리할 경우 파이프 전체를 회전시키지 않고 너트를 회전하는 것으로 주로 구경 50mm 이하의 배관에 사용하며 너트의 회전으로 분리·접속이 가능한 관 부속품

※ 펠트
섬유를 걸러서 만든 섬유재 시트로서, 종이천 같은 모양을 하고 있다.

※ 암면
배관의 보온 단열재료로 쓰이는 것으로 석회석에 점토를 혼합 용융시킨 것으로 비교적 값이 싸지만 섬유가 거칠고 부스러지기 쉬운 단점이 있으며, 흔히 400℃ 이하의 관, 덕트, 탱크 등의 보온에 쓰이는 재료

※ 규조토
해초류의 일종인 규조가 쌓여서 만들어지는 퇴적물로서, 다공질이어서 흡수성이 뛰어나다.

Key Point

※ 사이징
★ 꼭 기억하세요 ★

※ 경판
압력용기 내의 양단부에 붙어있는 판

※ 공구손료
직접노무비에서 제수당, 상여금 또는 퇴직급여 충당금을 제외한 금액의 3%까지 계상

※ 계기
(1) 압력계
① 펌프의 토출측에 설치
② 정의 게이지 압력 측정
③ 0.05~200MPa의 계기눈금
(2) 진공계
① 펌프의 흡입측에 설치
② 부의 게이지 압력 측정
③ 0~76 cmHg의 계기 눈금
(3) 연성계
① 펌프의 흡입측에 설치
② 정 및 부의 게이지 압력 측정
③ 0.1~2MPa, 0~76 cmHg의 계기눈금

8 배관용 공구

사이징(sizing)	익스팬더(expander)
동관의 접합시 **끝 부분**을 정확히 **원형**으로 **교정**하기 위해 사용하는 공구로서 플러그, 해머 칼라로 이루어져 있다.	동관의 끝 부분을 안쪽에서 확장시킨 후 경판구멍에 밀착시켜 액체 또는 기체의 누설을 방지하기 위해 사용하는 공구이다.

2 펌프의 양정

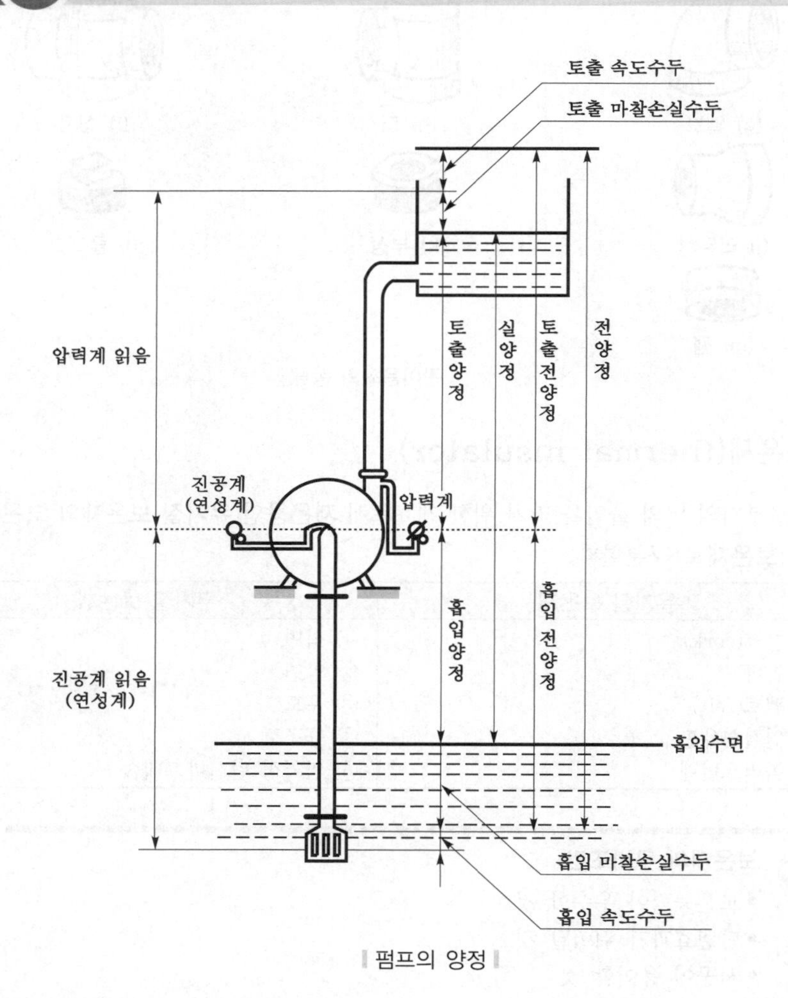

▌펌프의 양정▐

1 흡입양정

수원에서 펌프중심까지의 수직거리

※ NPSH(Net Positive Suction Head) : 흡입양정

(1) 흡입 $NPSH_{av}$(수조가 펌프보다 낮을 때)

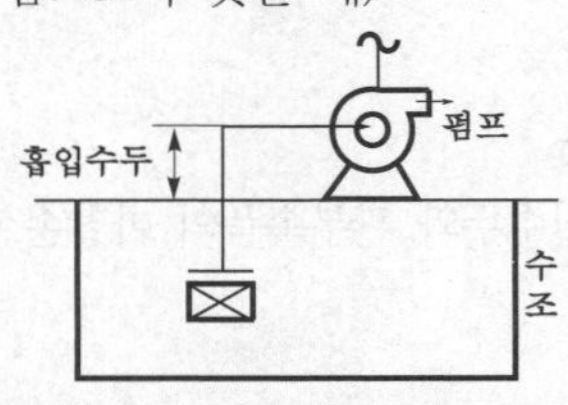

$$NPSH_{av} = H_a - H_v - H_s - H_L$$

여기서, $NPSH_{av}$: 유효흡입양정〔m〕, H_a : 대기압수두〔m〕
H_v : 수증기압수두〔m〕, H_s : 흡입수두〔m〕
H_L : 마찰손실수두〔m〕

(2) 압입 $NPSH_{av}$(수조가 펌프보다 높을 때)

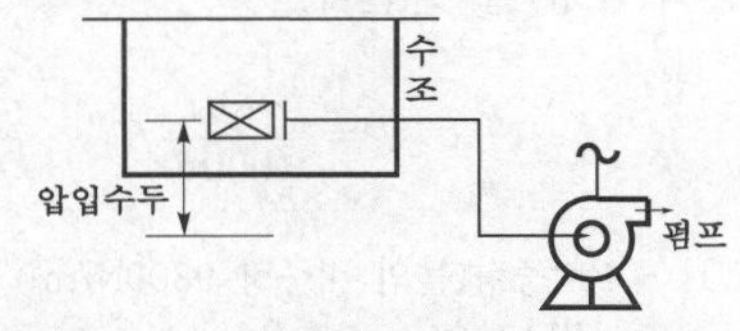

$$NPSH_{av} = H_a - H_v + H_s - H_L$$

여기서, $NPSH_{av}$: 유효흡입양정〔m〕, H_a : 대기압수두〔m〕
H_v : 수증기압수두〔m〕, H_s : 압입수두〔m〕
H_L : 마찰손실수두〔m〕

(3) 공동현상의 발생한계 조건

① $NPSH_{av} \geq NPSH_{re}$: 공동현상을 방지하고 정상적인 흡입운전 가능
② $NPSH_{av} \geq 1.3 \times NPSH_{re}$: 펌프의 설치높이를 정할 때 붙이는 여유

$NPSH_{av}$(Available Net Positive Suction Head) =유효흡입양정	$NPSH_{re}$(Required Net Positive Suction Head) =필요흡입양정
① 흡입전양정에서 포화증기압을 뺀 값 ② 펌프 설치과정에 있어서 펌프 흡입측에 가해지는 수두압에서 흡입액의 온도에 해당되는 포화증기압을 뺀 값 ③ 펌프의 중심으로 유입되는 액체의 절대압력 ④ 펌프 설치과정에서 펌프 그 자체와는 무관하게 흡입측 배관의 설치위치, 액체온도 등에 따라 결정되는 양정 ⑤ 이용가능한 정미 유효흡입양정으로 흡입전양정에서 포화증기압을 뺀 것	① 공동현상을 방지하기 위해 펌프 흡입측 내부에 필요한 최소압력 ② 펌프 제작사에 의해 결정되는 값 ③ 펌프에서 임펠러 입구까지 유입된 액체는 임펠러에서 가압되기 직전에 일시적인 압력강하가 발생되는데 이에 해당하는 양정 ④ 펌프 그 자체가 캐비테이션을 일으키지 않고 정상운전되기 위하여 필요로 하는 흡입양정 ⑤ 필요로 하는 정미 유효흡입양정 ⑥ 펌프의 요구 흡입수두

Key Point

※ 최대 NPSH
대기압수두－유효 $NPSH_{av}$

※ NPSH
(1) 흡입 $NPSH_{av}$
$NPSH_{av} = H_a - H_v - H_s - H_L$
(2) 압입 $NPSH_{av}$
$NPSH_{av} = H_a - H_v + H_s - H_L$
여기서,
$NPSH_{av}$: 유효흡입양정〔m〕
H_a : 대기압수두〔m〕
H_v : 수증기압수두〔m〕
H_s : 흡입수두(압입수두)〔m〕
H_L : 마찰손실수두〔m〕

Key Point

2 토출양정

펌프의 중심에서 송출 높이까지의 수직거리

3 실양정

※ 실양정과 전양정

$\frac{\text{전양정}(H)}{\text{실양정}(H_a)} = 1.2 \sim 1.5$

수원에서 송출 높이까지의 수직거리로서 **흡입양정**과 **토출양정**을 합한 값

4 전양정

실양정에 직관의 마찰손실수두와 관부속품의 마찰손실수두를 합한 값

3 펌프의 동력

※ 펌프의 동력

① 전동력
전달계수와 효율을 모두 고려한 동력

② 축동력
전달계수를 고려하지 않은 동력

③ 수동력
전달계수와 효율을 고려하지 않은 동력

※ 동력
단위시간에 한 일

※ 단위
① 1HP=0.746kW
② 1PS=0.735kW

※ 효율
펌프가 실제로 행한 유효한 일로서, 효율이 높을수록 좋은 펌프이다.

1 전동력 : 수계소화설비에 적용

일반적인 전동기의 동력(용량)을 말한다.

$$P = \frac{\gamma QH}{1000\eta} K$$

여기서, P : 전동력〔kW〕, γ : 비중량(물의 비중량 9800N/m^3), Q : 유량〔m^3/s〕
H : 전양정〔m〕, K : 전달계수, η : 효율

또는,

$$P = \frac{0.163\,QH}{\eta} K$$

여기서, P : 전동력〔kW〕, Q : 유량〔m^3/min〕, H : 전양정〔m〕, K : 전달계수, η : 효율

2 축동력

전달계수(K)를 고려하지 않은 동력이다.

$$P = \frac{\gamma QH}{1000\eta}$$

여기서, P : 축동력〔kW〕, γ : 비중량(물의 비중량 9800N/m^3)
Q : 유량〔m^3/s〕, H : 전양정〔m〕, η : 효율

또는,

$$P = \frac{0.163\,QH}{\eta}$$

여기서, P : 축동력〔kW〕, Q : 유량〔m^3/min〕
H : 전양정〔m〕, η : 효율

Key Point

3 수동력

전달계수(K)와 효율(η)을 고려하지 않은 동력이다.

$$P = \frac{\gamma QH}{1000}$$

여기서, P : 수동력〔kW〕
γ : 비중량(물의 비중량 9800N/m^3)
Q : 유량〔m^3/s〕
H : 전양정〔m〕

또는,

$$P = 0.163\,QH$$

여기서, P : 수동력〔kW〕
Q : 유량〔m^3/min〕
H : 전양정〔m〕

‖ 펌프효율 η의 값 ‖

펌프 구경(mm)	η의 수치
40	0.4~0.45
50~65	0.45~0.55
80	0.55~0.60
100	0.60~0.65
125~150	0.65~0.70

‖ 전달계수 K의 값 ‖

동력 형식	K의 수치
전동기 직결	1.1
전동기 이외의 원동기	1.15~1.2

비교

배출기, 송풍기 동력 : 제연설비에 적용

$$P = \frac{P_T Q}{102 \times 60\eta} K$$

여기서, P : 배연기동력(배출기동력)〔kW〕, P_T : 전압(풍압)〔mmAq, mmH$_2$O〕
Q : 풍량〔m^3/min〕, K : 여유율, η : 효율

중요

유량, 양정, 축동력(관경 D_1, D_2는 생략 가능)

(1) **유량** : 유량은 회전수에 비례하고 관경의 세제곱에 비례한다.

$$Q_2 = Q_1 \left(\frac{N_2}{N_1}\right)\left(\frac{D_2}{D_1}\right)^3 \text{ 또는 } Q_2 = Q_1 \left(\frac{N_2}{N_1}\right)$$

※ 전동기와 원동기
① 전동기
전기를 동력으로 바꾸는 장치로서, 전자유도 작용에 의해 힘을 받아 회전하는 기계이다.
② 원동기
수력, 원자력 등의 자연계에 있는 에너지를 동력으로 바꾸는 장치로서, 종류로는 증기터빈, 내연기관 등이 있다.

※ rpm
분당 회전수

※ 유량
토출량

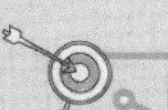

Key Point

※ 유량, 양정, 축동력

(1) 유량

$$Q_2 = Q_1 \left(\frac{N_2}{N_1}\right)$$

(2) 양정

$$H_2 = H_1 \left(\frac{N_2}{N_1}\right)^2$$

(3) 축동력

$$P_2 = P_1 \left(\frac{N_2}{N_1}\right)^3$$

여기서,
Q : 유량〔m³/min〕
H : 양정〔m〕
P : 축동력〔kW〕
N : 회전수〔rpm〕

※ 압축열
기체를 급히 압축할 때 발생되는 열

여기서, Q_2 : 변경 후 유량〔m³/min〕
Q_1 : 변경 전 유량〔m³/min〕
N_2 : 변경 후 회전수〔rpm〕
N_1 : 변경 전 회전수〔rpm〕
D_2 : 변경 후 관경〔mm〕
D_1 : 변경 전 관경〔mm〕

(2) 양정 : 양정은 회전수의 제곱 및 관경의 제곱에 비례한다.

$$H_2 = H_1 \left(\frac{N_2}{N_1}\right)^2 \left(\frac{D_2}{D_1}\right)^2 \text{ 또는 } H_2 = H_1 \left(\frac{N_2}{N_1}\right)^2$$

여기서, H_2 : 변경 후 양정〔m〕
H_1 : 변경 전 양정〔m〕
N_2 : 변경 후 회전수〔rpm〕
N_1 : 변경 전 회전수〔rpm〕
D_2 : 변경 후 관경〔mm〕
D_1 : 변경 전 관경〔mm〕

(3) 축동력 : 축동력은 회전수의 세제곱 및 관경의 오제곱에 비례한다.

$$P_2 = P_1 \left(\frac{N_2}{N_1}\right)^3 \left(\frac{D_2}{D_1}\right)^5 \text{ 또는 } P_2 = P_1 \left(\frac{N_2}{N_1}\right)^3$$

여기서, P_2 : 변경 후 축동력〔kW〕
P_1 : 변경 전 축동력〔kW〕
N_2 : 변경 후 회전수〔rpm〕
N_1 : 변경 전 회전수〔rpm〕
D_2 : 변경 후 관경〔mm〕
D_1 : 변경 전 관경〔mm〕

4 압축비

$$K = \sqrt[\varepsilon]{\frac{p_2}{p_1}}$$

여기서, K : 압축비
ε : 단수
p_1 : 흡입측 압력〔Pa〕
p_2 : 토출측 압력〔Pa〕

5 가압송수능력

$$\text{가압송수능력} = \frac{p_2 - p_1}{\varepsilon}$$

여기서, p_1 : 흡입측 압력〔Pa〕
p_2 : 토출측 압력〔Pa〕
ε : 단수

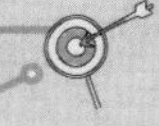

4 펌프의 종류

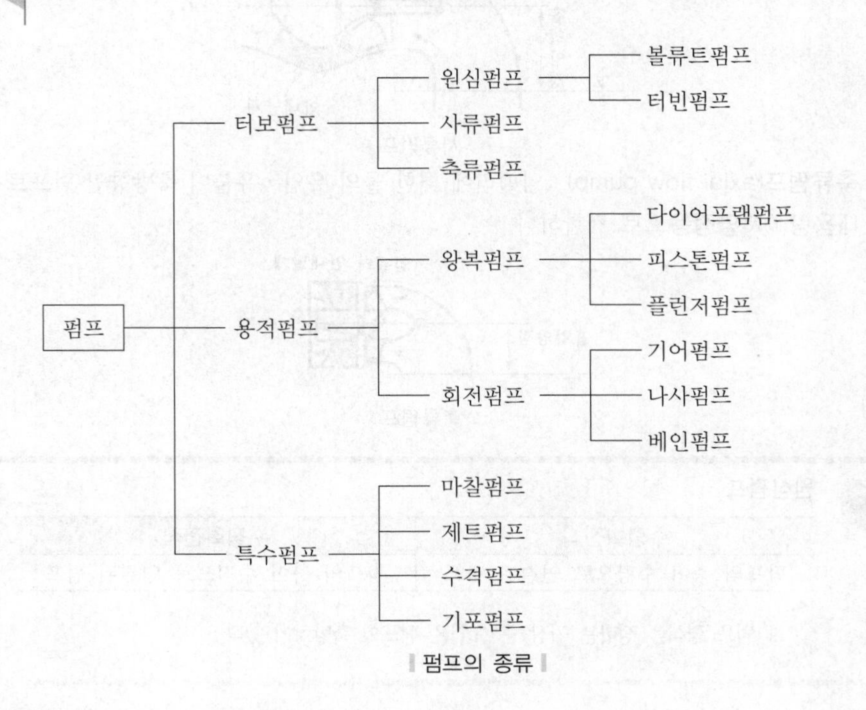

▌펌프의 종류▐

1 터보펌프

① 원심펌프(centrifugal pump)

볼류트펌프(volute pump)	터빈펌프(turbine pump)
저양정과 많은 토출량에 적용, **안내날개**가 없다. 회전방향, 골격, 임펠러 ▌볼류트펌프▐	**고양정**과 적은 토출량에 적용, **안내날개**가 있다. 회전방향, 골격, 임펠러, 안내날개 ▌터빈펌프▐

② 사류펌프(diagonal flow pump) : 원심펌프와 축류펌프의 중간특성을 가지고 있는 펌프이다.

Key Point

※ 펌프
전동기로부터 에너지를 받아 액체 또는 기체를 수송하는 장치

※ 원심펌프
소화용수펌프

※ 볼류트펌프
안내날개(가이드베인)가 없다.

※ 터빈펌프
안내날개(가이드베인)가 있다.

※ 펌프의 비속도값
축류펌프>볼류트펌프>터빈펌프

※ 안내날개와 같은 의미
① 안내깃
② 가이드베인 (guide vane)

※ 안내날개
임펠러의 바깥쪽에 설치되어 있으며, 임펠러에서 얻은 물의 속도에너지를 압력에너지로 변환시키는 역할을 한다.

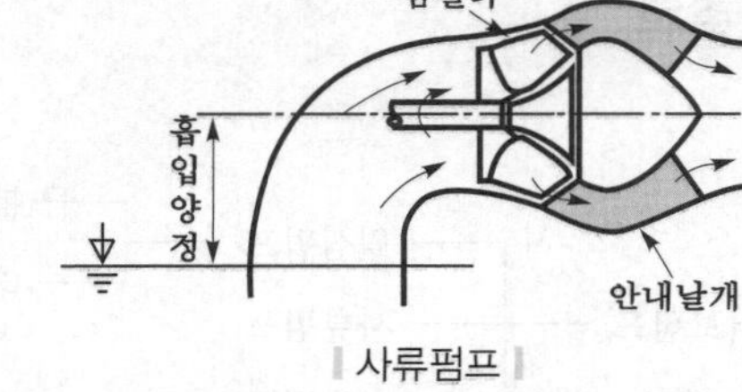

▌사류펌프▐

※ 임펠러
펌프의 주요 부분으로서 곡면으로 된 날개를 여러 개 단 바퀴

③ 축류펌프(axial flow pump) : 임펠러에 대한 물의 유입·유출이 축방향인 펌프로서, **대용량·저양정용**으로 적합하다.

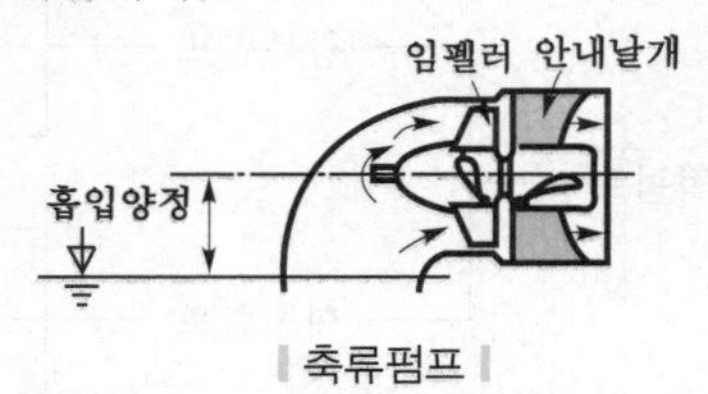

▌축류펌프▐

원심펌프

수평회전식	수직회전식
펌프의 축이 수평으로 연결된 펌프	펌프의 축이 수직으로 연결된 펌프

※ 펌프 형식을 정하는 가장 큰 요인은 펌프의 축방향에 있다.

※ 펌프의 직렬운전
① 토출량 : Q
② 양정 : $2H$

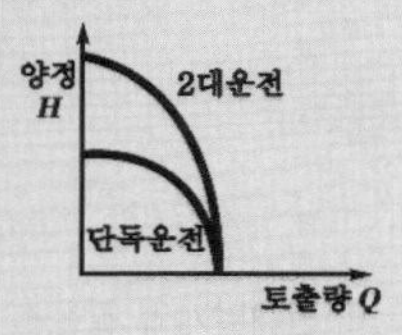

※ 펌프의 병렬운전
① 토출량 : $2Q$
② 양정 : H

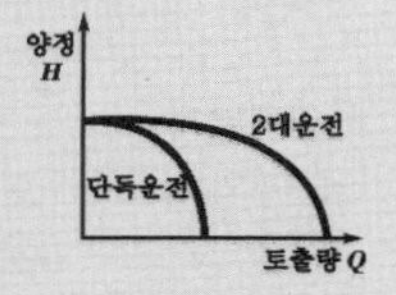

2 용적펌프

① 왕복펌프(reciprocating pump)

㈎ 다이어프램펌프(diaphragm pump) : 다이어프램에 의해 흡입·토출작용을 하는 펌프

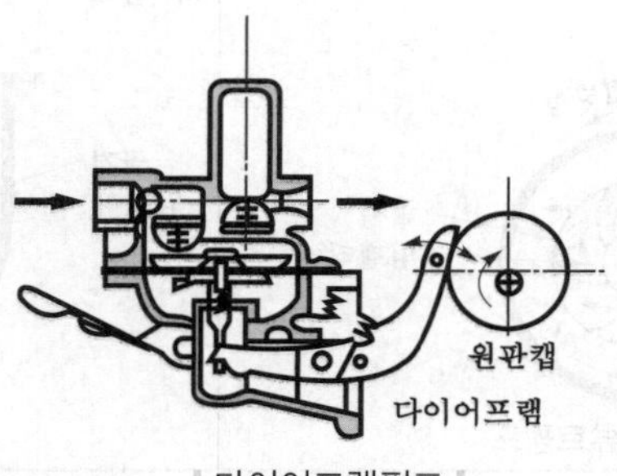

▌다이어프램펌프▐

㈏ 피스톤펌프(piston pump) : 실린더 내에 있는 피스톤의 왕복운동에 의해 흡입·토출작용을 하는 펌프

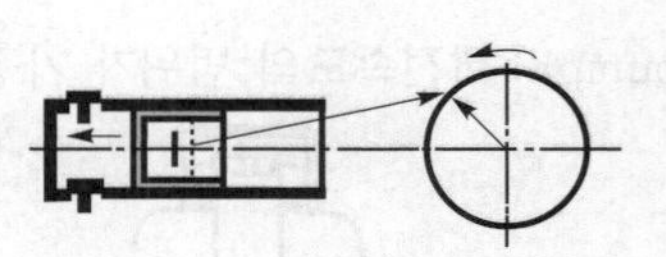

| 피스톤펌프 |

㈐ 플런저펌프(plunger pump) : 실린더 내에 있는 플런저의 왕복운동에 의해 흡입·토출작용을 하는 펌프

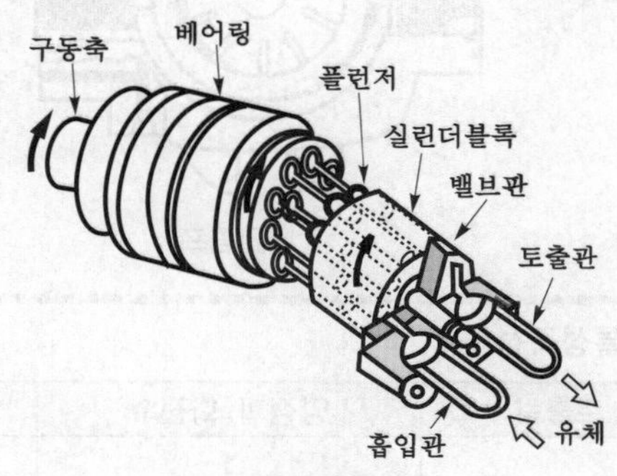

| 플런저펌프 |

② 회전펌프(rotary pump)

㈎ 기어펌프 : 케이싱 내에 있는 기어가 서로 맞물려 회전하며 흡입·토출작용을 하는 펌프

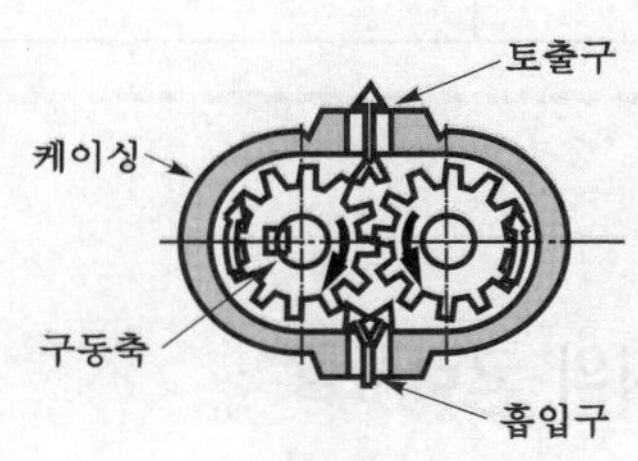

| 기어펌프 |

㈏ 나사펌프(screw pump) : 회전축 둘레에 나사홈을 만들고 원통 속에서 축을 회전하며 흡입·토출작용을 하는 펌프

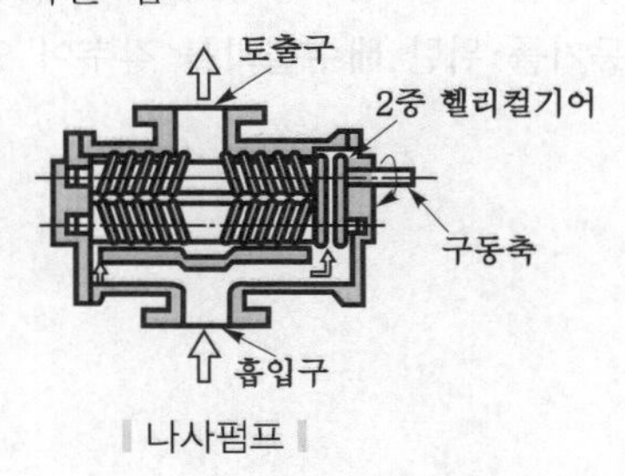

| 나사펌프 |

Key Point

※ 플런저
유체의 압축이나 압력의 전달에 사용하는 부품

※ 기어펌프
경량으로 구조가 간단하며 역류방지용 밸브가 필요없다.

※ 케이싱
펌프에서 기계 내부를 밀폐하기 위해 둘러싼 부분

Key Point

㈐ 베인펌프(vane pump) : **회전속도**의 범위가 가장 넓고, **효율**이 가장 높은 펌프

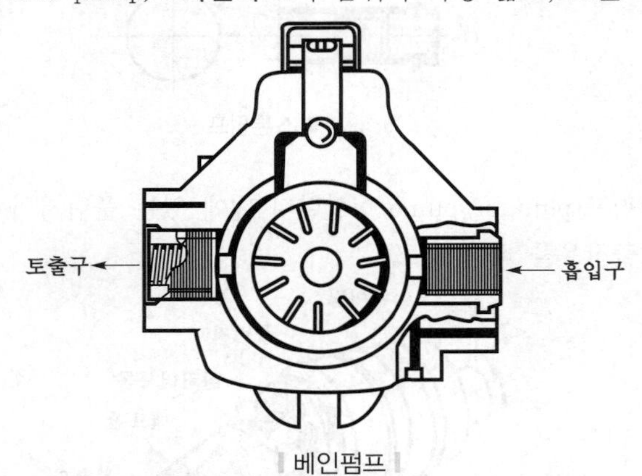

▮베인펌프▮

※ 원심펌프의 종류
① 볼류트펌프
② 터빈펌프

※ 왕복펌프의 종류
① 다이어프램펌프
② 피스톤펌프
③ 플런저펌프

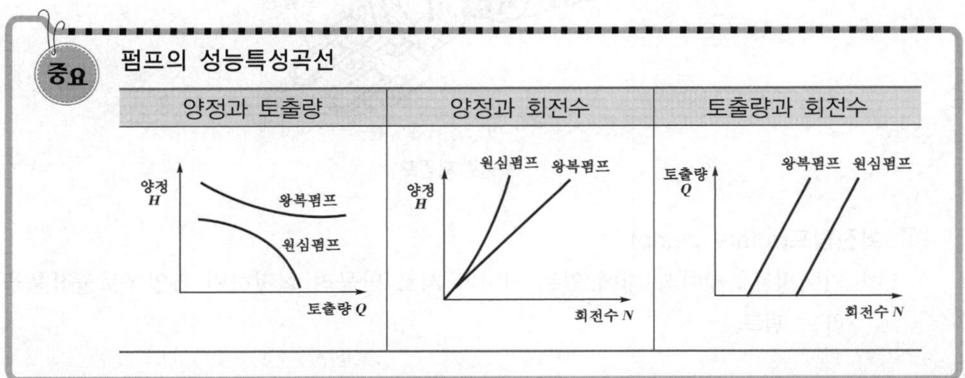

5 펌프설치시의 고려사항

① 실내의 펌프배열은 운전보수에 편리하게 한다.
② 펌프실은 될 수 있는 한 흡수원을 가깝게 두어야 한다.
③ 펌프의 기초중량은 보통 펌프중량의 **3~5배**로 한다.
④ 홍수시의 전동기를 위한 **배수설비**를 갖추어 안전을 고려한다.

Key Point

6 관내에서 발생하는 현상

1 공동현상(cavitation)

개 념	• 펌프의 흡입측 배관 내의 물의 정압이 기존의 증기압보다 낮아져서 기포가 발생되어 물이 흡입되지 않는 현상
발생현상	• 소음과 진동발생 • 관 부식 • **임펠러**의 **손상**(수차의 날개를 해침) • 펌프의 성능저하
발생원인	• 펌프의 흡입수두가 클 때(소화펌프의 흡입고가 클 때) • 펌프의 마찰손실이 클 때 • 펌프의 임펠러속도가 클 때 • 펌프의 설치위치가 수원보다 높을 때 • 관 내의 수온이 높을 때(물의 온도가 높을 때) • 관 내의 물의 정압이 그때의 증기압보다 낮을 때 • 흡입관의 구경이 작을 때 • 흡입거리가 길 때 • 유량이 증가하여 펌프물이 과속으로 흐를 때
방지대책	• 펌프의 흡입수두를 **작게** 한다. • 펌프의 마찰손실을 **작게** 한다. • 펌프의 **임펠러속도**(회전수)를 **작게** 한다. • 펌프의 설치위치를 수원보다 **낮게** 한다. • 양흡입펌프를 사용한다(펌프의 흡입측을 가압). • 관 내의 물의 정압을 그때의 증기압보다 **높게** 한다. • 흡입관의 구경을 **크게** 한다. • 펌프를 **2대** 이상 설치한다.

※ **공동현상**
펌프의 흡입측 배관 내의 물의 정압이 기존의 증기압보다 낮아져서 물이 흡입되지 않는 현상

※ **임펠러**
펌프의 주요 부분으로서 곡면으로 된 날개를 여러 개 단 바퀴

※ **수차**
물에너지를 기계에너지로 바꾸는 회전기계

2 수격작용(water hammering)

개 념	• 배관 속의 물흐름을 급히 차단하였을 때 동압이 정압으로 전환되면서 일어나는 쇼크(shock)현상 • 배관 내를 흐르는 유체의 유속을 급격하게 변화시키므로 압력이 상승 또는 하강하여 **관로**의 **벽면**을 **치는 현상**
발생원인	• 펌프가 갑자기 정지할 때 • 급히 밸브를 개폐할 때 • 정상운전시 유체의 압력변동이 생길 때

※ **수격작용**
흐르는 물을 갑자기 정지시킬 때 수압이 급상승하는 현상

Key Point

방지대책	• 관의 관경(직경)을 크게 한다. • 관 내의 유속을 낮게 한다(관로에서 일부 고압수를 방출). • 조압수조(surge tank)를 관선에 설치한다. • **플라이휠**(fly wheel)을 설치한다. • 펌프 송출구(토출측) 가까이에 밸브를 설치한다. • 에어챔버(Air chamber)를 설치한다.

3 맥동현상(surging)

개 념	• 유량이 단속적으로 변하여 펌프 입출구에 설치된 **진공계·압력계**가 흔들리고 **진동**과 **소음**이 일어나며 펌프의 **토출유량**이 **변하는 현상**
발생원인	• 배관 중에 **수조**가 있을 때 • 배관 중에 **기체상태**의 부분이 있을 때 • **유량조절밸브**가 배관 중 수조의 위치 **후방**에 있을 때 • 펌프의 특성곡선이 **산모양**이고 운전점이 그 **정상부**일 때
방지대책	• 배관 중에 불필요한 수조를 없앤다. • 배관 내의 기체(공기)를 제거한다. • 유량조절밸브를 배관 중 수조의 전방에 설치한다. • 운전점을 고려하여 적합한 펌프를 선정한다. • **풍량** 또는 **토출량**을 줄인다.

4 에어 바인딩(air binding) = 에어 바운드(air bound)

개 념	• 펌프 내에 공기가 차있으면 공기의 밀도는 물의 밀도보다 작으므로 수두를 감소시켜 송액이 되지 않는 현상
발생원인	• 펌프 내에 공기가 차있을 때
방지대책	• 펌프 작동 전 **공기**를 **제거**한다. • **자동공기제거펌프**(self-priming pump)를 사용한다.

7 소방시설 도시기호(소방시설 자체점검사항 등에 관한 고시 〔별표〕)

명 칭	도시기호	비 고
일반배관	————————	−
옥·내외 소화전배관	——— H ———	'Hydrant(소화전)'의 약자
스프링클러배관	——— SP ———	'Sprinkler(스프링클러)'의 약자
물분무배관	——— WS ———	'Water Spray(물분무)'의 약자

※ **조압수조**
배관 내에 적정압력을 유지하기 위하여 설치하는 일종의 물탱크를 말한다.

※ **플라이휠**
펌프의 회전속도를 일정하게 유지하기 위하여 펌프축에 설치하는 장치

※ **에어챔버**
공기가 들어있는 칸으로서, '공기실'이라고도 부른다.

※ ——H——
Hydrant(소화전)의 약자이다.

※ ——SP——
Sprinkler(스프링클러)의 약자이다.

※ ——WS——
Water Spray(물분무)의 약자이다.

Key Point

※ ——F——
Foam(포)의 약자이다.

※ ——D——
Drain(배수)의 약자이다.

명 칭		도시기호	비 고
포소화배관		—— F ——	'Foam(포)'의 약자
배수관		—— D ——	'Drain(배수)'의 약자
전선관	입상		–
	입하		–
	통과		–
플랜지			–
유니온			–
오리피스			–
곡관			–
90° 엘보			–
45° 엘보			–
티			–
크로스			–
맹플랜지			–
캡			–
플러그			–
나사이음			–
루프이음			–
슬리브이음			–
플렉시블튜브			구부러짐이 많은 배관에 사용
플렉시블조인트			진동에 따른 펌프 또는 배관의 충격 흡수
체크밸브			–
가스체크밸브			–
동체크밸브			–
게이트밸브(상시개방)			–

※ 전자밸브와 같은 의미
솔레노이드밸브

※ 추식 안전밸브
주철제 원판을 밸브시트에 직접 작용시켜 분출압력에 대응시킨다.

※ 스프링식 안전밸브
동작이 확실하고 나사의 조임으로 분출압력을 조절할 수 있으며 가장 많이 쓰인다.

명 칭	도시기호	비 고
게이트밸브(상시폐쇄)		−
선택밸브		−
조작밸브(일반)		−
조작밸브(전자석)		−
조작밸브(가스식)		−
추식 안전밸브		−
스프링식 안전밸브		−
솔레노이드밸브	S	−
모터밸브(전동밸브)	M	−
볼밸브		−
릴리프밸브(일반)		−
릴리프밸브 (이산화탄소용)		−
배수밸브		−
자동배수밸브		−
여과망		−
자동밸브	G	−
감압밸브	R	−
공기조절밸브		−

Key Point

명 칭	도시기호	비 고
FOOT밸브		–
앵글밸브		–
경보밸브(습식)		–
경보밸브(건식)		–
경보델류지밸브	D	–
프리액션밸브	P	–
압력계		–
연성계(진공계)		–
유량계	M	–
Y형 스트레이너		–
U형 스트레이너		–
옥내소화전함		–
옥내 소화전·방수용 기구 병설		단구형
		쌍구형
옥외소화전	H	–
포말소화전	F	–
프레져 프로포셔너		–
라인 프로포셔너		–
프레져사이드 프로포셔너		–
기타	P	펌프 프로포셔너방식
원심리듀셔		–
편심리듀셔		–

※ D
Deluge(델류지)의 약자이다.

※ P
Pre-action(프리액션)의 약자이다.

※ Y형 스트레이너
물을 사용하는 배관에 사용

※ U형 스트레이너
기름배관에 사용

※ 편심리듀셔
(1) 사용장소
펌프흡입측과 토출측의 관경이 서로 다를 경우 펌프흡입측에 설치
(2) 사용이유
배관흡입측의 공기고임 방지

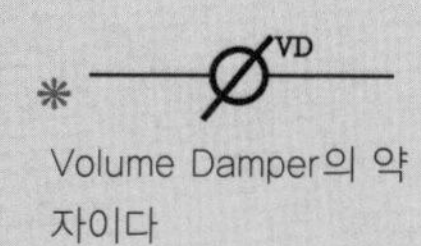

명 칭	도시기호	비 고
수신기		–
제어반		–
풍량조절댐퍼	VD	–
방화댐퍼	FD	–
방연댐퍼	SD	–
배연구		–
배연덕트	SE	–
피난교		–

※ VD
Volume Damper의 약자이다

※ FD
Fire Damper의 약자이다.

※ SD
Smoke Damper의 약자이다.

※ ——SE——
Smoke Ejector의 약자이다.

Part 2

소화설비

출제경향분석

PART 2

소화설비

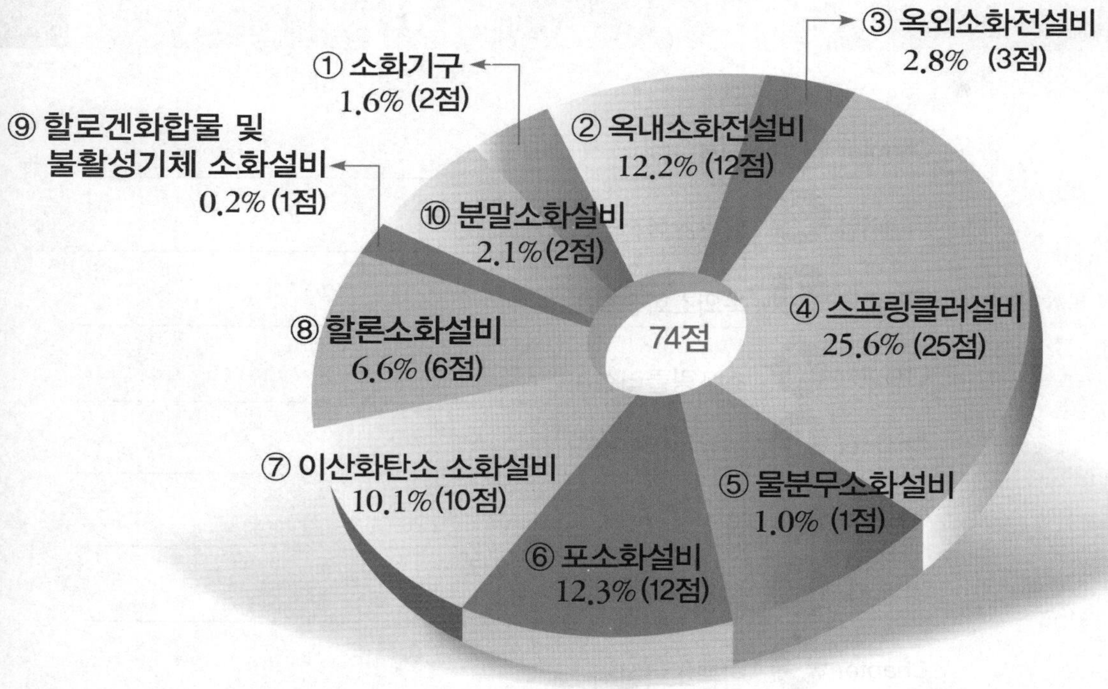

① 소화기구
1.6% (2점)

② 옥내소화전설비
12.2% (12점)

③ 옥외소화전설비
2.8% (3점)

④ 스프링클러설비
25.6% (25점)

⑤ 물분무소화설비
1.0% (1점)

⑥ 포소화설비
12.3% (12점)

⑦ 이산화탄소 소화설비
10.1% (10점)

⑧ 할론소화설비
6.6% (6점)

⑨ 할로겐화합물 및 불활성기체 소화설비
0.2% (1점)

⑩ 분말소화설비
2.1% (2점)

74점

CHAPTER 01

소화기구

1 화재의 종류

Key Point

❋ 표시색
표시색 규정은 없어짐

▮ 화재의 구분 ▮

구분 \ 등급	A급	B급	C급	D급	K급
화재종류	일반화재	유류·가스 화재	전기화재	금속화재	식용유화재
표시색	백색	황색	청색	무색	−
화재 예	• 목재창고화재	• 주유취급소 화재 • 가스저장탱크 화재	• 전기실화재	• 금속나트륨 창고 화재	• 대두유, 올리브유, 카놀라유 등의 식용유화재

• 최근에는 색을 표시하지 않음

1 일반화재

목재 · 종이 · 섬유류 · 합성수지 등의 일반가연물에 따른 화재

2 유류화재

제4류 위험물(특수인화물, **석유류**, 알코올류, 동 · 식물유류)에 따른 화재

구 분	설 명
특수인화물	**디에틸에테르 · 이황화탄소** 등으로서 인화점이 **−20℃** 이하일 것
제1석유류	**아세톤 · 휘발유 · 콜로디온** 등으로서 인화점이 **21℃** 미만인 것
제2석유류	**등유 · 경유** 등으로서 인화점이 **21~70℃** 미만인 것
제3석유류	**중유 · 클레오소트유** 등으로서 인화점이 **70~200℃** 미만인 것
제4석유류	**기어유 · 실린더유** 등으로서 인화점이 **200~250℃** 미만인 것
알코올류	포화1가 알코올(변성알코올 포함)

❋ 특수인화물
① 디에틸에테르
② 이황화탄소

❋ 제1석유류
① 아세톤
② 휘발유
③ 콜로디온

❋ 제2석유류
① 등유
② 경유

❋ 제3석유류
① 중유
② 클레오소트유

❋ 제4석유류
① 기어유
② 실린더유

3 전기화재

전기화재의 발생원인은 다음과 같다.

① 단락(합선)에 따른 발화
② 과부하(과전류)에 따른 발화
③ 절연저항 감소(누전)로 따른 발화
④ 전열기기 과열에 따른 발화

❋ 누전
전기가 도선 이외에 다른 곳으로 유출되는 것

⑤ 전기불꽃에 따른 발화
⑥ 용접불꽃에 따른 발화
⑦ 낙뢰에 따른 발화

4 금속화재

(1) 금속화재를 일으킬 수 있는 위험물

① 제1류 위험물 : 무기과산화물
② 제2류 위험물 : 금속분(알루미늄(Al), 마그네슘(Mg))
③ 제3류 위험물 : 황(P_4), 칼슘(Ca), 칼륨(K), 나트륨(Na)

(2) 금속화재의 특성 및 적응소화제

① 물과 반응하면 주로 **수소**(H_2), **아세틸렌**(C_2H_2) 등 가연성 가스를 발생하는 **금수성 물질**이다.
② 금속화재를 일으키는 분진의 양은 **30~80mg/m³**이다.
③ **알킬알루미늄**에 적당한 소화제는 **팽창질석, 팽창진주암**이다.

5 가스화재

① **가연성 가스** : 폭발하한계가 **10%** 이하 또는 폭발상한계와 하한계의 차이가 **20%** 이상인 것
② **압축가스** : 산소(O_2), 수소(H_2)
③ **용해가스** : **아세틸렌**(C_2H_2)
④ **액화가스** : 액화석유가스(LPG), 액화천연가스(LNG)

※ **LPG**
액화석유가스로서 주성분은 프로판(C_3H_8)과 부탄(C_4H_{10})이다.

※ **LNG**
액화천연가스로서 주성분은 메탄(CH_4)이다.

2 소화의 형태

1 냉각소화

다량의 물로 **점화원**을 냉각하여 소화하는 방법

> ※ 물의 소화효과를 크게 하기 위한 방법 : **무상주수**(분무상 방사)

※ **무상주수**
물을 안개모양으로 분사하는 것

2 질식소화

공기중의 **산소농도**를 **16%**(10~15%) 이하로 희박하게 하여 소화하는 방법

※ **공기중의 산소농도**
약 21%

3 제거소화

가연물을 제거하여 소화하는 방법

Key Point

4 화학소화(부촉매효과)

연쇄반응을 억제하여 소화하는 방법으로 **억제작용**이라고도 한다.

※ **화학소화** : 할로겐화 탄화수소는 원자수의 비율이 클수록 소화효과가 좋다.

5 희석소화

고체 · 기체 · 액체에서 나오는 **분해가스**나 **증기**의 **농도**를 낮추어 연소를 중지시키는 방법

6 유화소화

물을 무상으로 방사하여 유류 표면에 **유화층**의 막을 형성시켜 공기의 접촉을 막아 소화하는 방법

7 피복소화

비중이 공기의 **1.5배** 정도로 무거운 소화약제를 방사하여 가연물의 구석구석까지 침투 · 피복하여 소화하는 방법

중요 주된 소화효과

소화약제	소화효과
• 포 • 분말 • 이산화탄소	질식소화
• 물	냉각소화
• 할론	화학소화(부촉매효과)

3 소화기의 분류

1 소화능력단위에 따른 분류(소화기 형식 4)

① 소형소화기 : **1단위** 이상

② 대형소화기 ─ A급 : **10단위** 이상 / B급 : **20단위** 이상

※ 희석소화
아세톤, 알코올, 에테르, 에스테르, 케톤류

※ 유화소화
중유

※ 피복소화
이산화탄소 소화약제

※ 소화능력단위
소방기구의 소화능력을 나타내는 수치

※ 소화기의 설치거리
① 소형 소화기 : 20m 이내
② 대형 소화기 : 30m 이내

Key Point

※ 소화기 추가설치 개수

(1) 전기설비 $= \frac{\text{해당 바닥면적}}{50m^2}$

(2) 보일러·음식점·의료시설·업무시설 등 $= \frac{\text{해당 바닥면적}}{25m^2}$

※ 축압식 소화기
압력원이 저장용기 내에 있음

※ 가압식 소화기
압력원이 내부 또는 외부의 별도 용기에 있음
① 가스가압식
② 수동펌프식
③ 화학반응식

※ 저장용기
고압의 기체를 저장하는데 사용하는 강철로 만든 원통용기

‖ 대형소화기의 소화약제 충전량(소화기 형식 10) ‖

종 별	충 전 량
공기**포**	20l 이상
분말	20kg 이상
할론	30kg 이상
이산화탄소	50kg 이상
강화액	60l 이상
물	80l 이상

기억법 포 분 할 이 강 물
2 2 3 5 6 8

중요

간이소화용구의 능력단위

간이소화용구		능력단위
마른 모래	삽을 상비한 50l 이상의 것 1포	0.5단위
팽창질석 또는 진주암	삽을 상비한 80l 이상의 것 1포	

2 가압방식에 따른 분류

축압식 소화기	가압식 소화기
소화기의 용기 내부에 소화약제와 함께 압축공기 또는 불연성 가스(N_2, CO_2)를 축압시켜 그 압력에 의해 방출되는 방식으로 소화기 상부에 **압력계**가 **부착**되어 있다.	소화약제의 방출원이 되는 압축가스를 압력용기 등의 별도의 용기에 저장했다가 가스의 압력에 의해 방출시키는 방식으로 **수동펌프식, 화학반응식, 가스가압식**으로 분류된다.

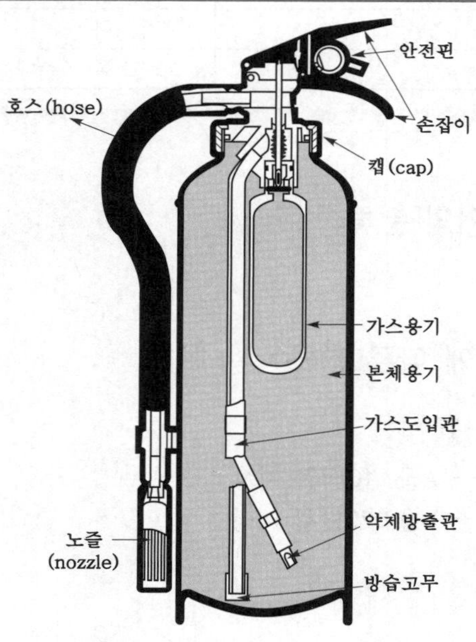

‖ 가압식 소화기의 내부구조(분말) ‖

Key Point

‖ 소화약제별 가압방식 ‖

소화기	방 식
분말	• 축압식 • 가스가압식
강화액	• 축압식 • 가스가압식 • 화학반응식
물	• 축압식 • 가스가압식 • 수동펌프식
할론	• 축압식 • 수동펌프식 • 자기 증기압식
산 · 알칼리	• 파병식 • 전도식
포	• 보통전도식 • 내통밀폐식 • 내통밀봉식
이산화탄소	• 고압가스용기

중요

분말 소화기 : 질식효과

종 별	소화약제	약제의 착색	화학반응식	적응 화재
제1종	중탄산나트륨 ($NaHCO_3$)	백색	$2NaHCO_3 \rightarrow Na_2CO_3 + CO_2 + H_2O$	BC급
제2종	중탄산칼륨 ($KHCO_3$)	담자색 (담회색)	$2KHCO_3 \rightarrow K_2CO_3 + CO_2 + H_2O$	BC급
제3종	인산암모늄 ($NH_4H_2PO_4$)	담홍색	$NH_4H_2PO_4 \rightarrow HPO_3 + NH_3 + H_2O$	ABC급
제4종	중탄산칼륨+요소 ($KHCO_3 + (NH_2)_2CO$)	회(백색)	$2KHCO_3 + (NH_2)_2CO \rightarrow K_2CO_3 + 2NH_3 + 2CO_2$	BC급

※ **비누화 현상(saponification phenomenon)** : 에스테르가 알칼리의 작용으로 가수분해되어 식용유 입자를 둘러싸게 하여 질식소화효과를 나타내게 하는 현상

※ 압력원

소화기	압력원 (충전가스)
① 강화액 ② 산 · 알칼리 ③ 화학포 ④ 분말(가스가압식)	이산화탄소
① 할론 ② 분말(축압식)	질소

※ 소화기의 종류

① 분말소화기
② 강화액소화기
③ 물소화기
④ 할론소화기
⑤ 산 · 알칼리소화기
⑥ 포소화기
⑦ 이산화탄소 소화기

※ 이산화탄소 소화기

고압 · 액상의 상태로 저장한다.

※ 제1종 분말

비누화 현상에 의해 식용류 및 지방질유의 화재에 적합하다.

※ 제3종 분말

차고 · 주차장에 적합하다.

※ 제4종 분말

소화성능이 가장 우수하다.

Key Point

4 소화기의 유지관리

1 소화기의 점검

① 외관점검
② 작동점검
③ 종합점검

※ 작동점검
소방시설 등을 인위적으로 조작하여 화재안전기준에서 정하는 성능이 있는지를 점검하는 것

※ 종합점검
소방시설 등의 작동기능 점검을 포함하여 설비별 주요구성부품의 구조기준이 화재안전기준에 적합한지 여부를 점검하는 것

중요 **소화기의 외관점검내용**(소방시설 자체점검사항 등에 관한 고시 〔별지 6호〕)

(1) 거주자 등이 손쉽게 사용할 수 있는 장소에 설치되어 있는지 여부
(2) 구획된 거실(바닥면적 $33m^2$ 이상)마다 소화기 설치 여부
(3) 소화기 표지 설치 여부
(4) 소화기의 변형 · 손상 또는 부식이 있는지 여부
(5) 지시압력계(녹색범위)의 적정 여부
(6) 수동식 분말소화기 내용연수(10년) 적정 여부

2 특정소방대상물별 소화기구의 능력단위기준(NFTC 101 2.1.1.2)

특정소방대상물	소화기구의 능력단위	건축물의 주요구조부가 **내화구조**이고, 벽 및 반자의 실내에 면하는 부분이 **불연재료 · 준불연재료** 또는 **난연재료**로 된 특정소방대상물의 능력단위
• 위락시설 기억법 위3(위상)	바닥면적 $30m^2$마다 1단위 이상	바닥면적 $60m^2$마다 1단위 이상
• 공연장 • 집회장 • 관람장 및 문화재 • 의료시설 · 장례시설(장례식장) 기억법 5공연장 문의 집관람 (손오공 연장 문의 집관람)	바닥면적 $50m^2$마다 1단위 이상	바닥면적 $100m^2$마다 1단위 이상
• 근린생활시설 • 판매시설 • 숙박시설 • 노유자시설 • 전시장 • 공동주택 • 업무시설 • 방송통신시설 • 공장 · 창고 • 항공기 및 자동차관련시설(주차장) 및 관광휴게시설 기억법 근판숙노전 주업방차창 1항관광(근판숙노전 주업방차장 일본항관광)	바닥면적 $100m^2$마다 1단위 이상	바닥면적 $200m^2$마다 1단위 이상
• 그 밖의 것	바닥면적 $200m^2$마다 1단위 이상	바닥면적 $400m^2$마다 1단위 이상

Key Point

3 소화기의 사용온도(소화기 형식 36)

소화기의 종류	사용온도
• 분말 • 강화액	−20~40℃ 이하
• 그 밖의 소화기	0~40℃ 이하

※ 강화액 소화약제
응고점 : −20℃ 이하

5 소화설비의 설치대상(소방시설법 시행령 〔별표 4〕)

종 류	설치대상
• 소화기구	① 연면적 $33m^2$ 이상 ② 문화재 ③ 가스시설, 전기저장시설 ④ 터널 ⑤ 지하구
• 주거용 주방자동소화장치	① 아파트 등 ② 오피스텔(**전층**)

6 소화기의 형식승인 및 제품검사기술기준

1 A급 화재용 소화기의 소화능력시험〔별표 2〕

① 소화는 최초의 모형에 불을 붙인 다음 **3분** 후에 시작하되, 불을 붙인 순으로 한다. 이 경우 그 모형에 잔염이 있다고 인정될 경우에는 다음 모형에 대한 소화를 계속할 수 없다.
② 소화기를 조작하는 자는 적합한 작업복(안전모, 내열성의 얼굴가리개, 장갑 등)을 착용할 수 있다.
③ 소화는 **무풍상태**와 **사용상태**에서 실시한다.
④ 소화약제의 방사가 완료될 때 잔염이 없어야 하며, 방사완료 후 **2분** 이내에 다시 불타지 아니한 경우 그 모형은 완전히 소화된 것으로 본다.

2 B급 화재용 소화기의 소화능력시험〔별표 3〕

① 소화는 모형에 불을 붙인 다음 **1분** 후에 시작한다.
② 소화기를 조작하는 자는 적합한 작업복(안전모, 내열성의 얼굴가리개, 장갑 등)을 착용할 수 있다.
③ 소화는 **무풍상태**와 **사용상태**에서 실시한다.
④ 소화약제의 방사 완료 후 **1분** 이내에 다시 불타지 아니한 경우 그 모형은 완전히 소화된 것으로 본다.

※ 무풍상태
풍속 0.5m/s 이하인 상태

Key Point

3 합성수지의 노화시험(제5조)

노화시험	설 명
공기가열노화시험	100℃에서 180일 동안 가열노화시킨다. 다만, 100℃에서 견딜 수 없는 재료는 87℃에서 430일동안 시험한다.
소화약제노출시험	소화약제와 접촉된 상태로 87℃에서 210일 동안 방치한다.
내후성시험	카본아크원을 사용하여 자외선에 17분간을 노출하고 물에 3분간 노출하는 것을 1사이클로 하여 720시간 노화시킨다.

❋ 자동차용 소화기
★꼭 기억하세요★

4 자동차용 소화기(제9조)

① 강화액소화기(**안개모양**으로 방사되는 것에 한한다.)
② 할론소화기
③ 이산화탄소 소화기
④ 포소화기
⑤ 분말소화기

❋ 액체계 소화약제 소화기
① 산알칼리소화기
② 강화액소화기
③ 포소화기
④ 물소화기

5 호스의 부착이 제외되는 소화기(제15조)

① 소화약제의 중량이 4kg 이하인 **할로겐화물소화기**
② 소화약제의 중량이 3kg 이하인 **이산화탄소 소화기**
③ 소화약제의 중량이 3l 이하인 **액체계 소화약제 소화기**
④ 소화약제의 중량이 2kg 이하인 **분말소화기**

❋ 노즐
호스의 끝 부분에 설치하는 원통형의 금속제로서 '관창'이라고도 부른다.

6 소화기의 노즐(제16조)

① 내면은 매끈하게 다듬어진 것이어야 한다.
② 개폐식 또는 전환식의 노즐에 있어서는 개폐나 전환의 조작이 원활하게 이루어져야 하고, 방사할 때 소화약제의 누설, 그밖의 장해가 생기지 아니하여야 한다.
③ 개폐식의 노즐에 있어서는 **0.3MPa**의 압력을 **5분**간 가하는 시험을 하는 경우 물이 새지 아니하여야 한다.
④ 개방식의 노즐에 마개를 장치한 것은 다음에 적합하여야 한다. 다만, 소화약제 방출관에 소화약제 역류방지장치가 부착된 경우에는 소화약제 역류방지장치의 부착상태를 확인한 후 이상이 없으면 시험을 생략할 수 있다.
㈎ 사용 상한온도의 온도 중에 **5분**간 담그는 경우 기체가 새지 아니하여야 한다.
㈏ 사용 하한온도에서 **24시간** 보존하는 경우 노즐 마개의 뒤틀림, 이탈 또는 소화약제의 누출 등의 장해가 생기지 아니하여야 한다.

Key Point

※ 여과망
이물질을 걸러내는 망

7 여과망 설치 소화기(제17조)

① 물소화기
② 산알칼리소화기
③ 강화액소화기
④ 포소화기

8 소화기의 방사성능(제19조)

① 방사조작완료 즉시 소화약제를 유효하게 방사할 수 있어야 한다.
② $20_{\pm 2}$℃에서의 방사시간은 **8초** 이상이어야 하고 사용상한온도, $20_{\pm 2}$℃의 온도, 사용하한온도에서 각각 설계값의 **±30%** 이내이어야 한다.
③ 방사거리가 소화에 지장 없을 만큼 길어야 한다.
④ 충전된 소화약제의 용량 또는 중량의 **90%** 이상의 양이 방사되어야 한다.

※ **방사시간**
20℃에서 8초 이상

9 소화기의 표시사항(제38조)

① 종별 및 형식
② 형식승인번호
③ 제조년월 및 제조번호
④ 제조업체명 또는 상호, 수입업체명(수입품에 한함)
⑤ 사용온도범위
⑥ 소화능력단위
⑦ 충전된 소화약제의 주성분 및 중(용)량
⑧ 총중량
⑨ 취급상의 주의사항
⑩ 사용방법

CHAPTER

02 옥내소화전설비

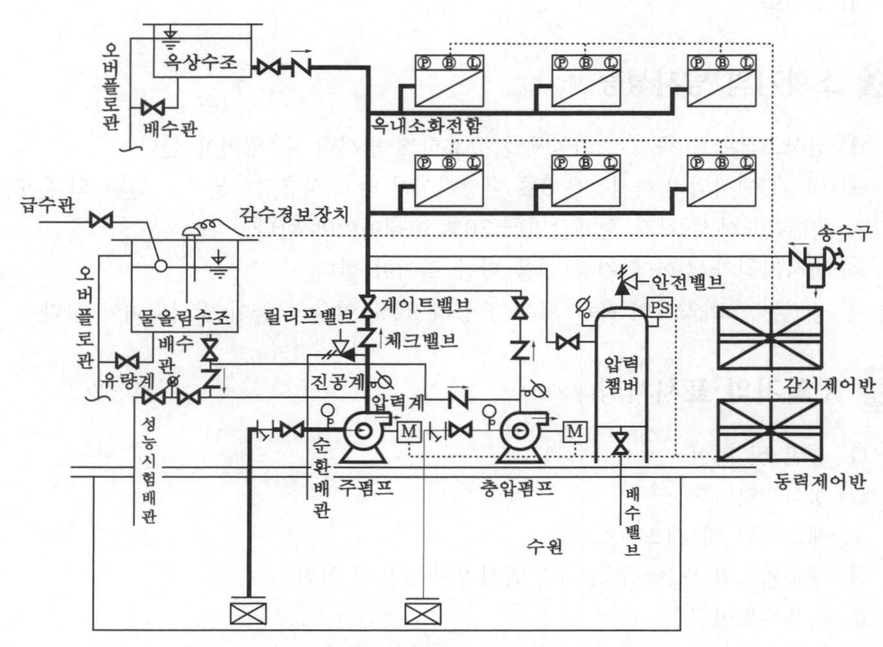

▮ 옥내소화전설비의 계통도 ▮

※ 옥내소화전의 규정방수량

$130l/\text{min} \times 20\text{min} = 2600l = 2.6\text{m}^3$

※ 사용자

① 옥내소화전 : 특정소방대상물의 관계인

② 연결송수관 : 소방대원

※ 자동배수밸브

배관 내에 고인 물을 자동으로 배수시켜 배관의 동파 및 부식방지

※ 옥내소화전설비 토출량

$$Q = N \times 130l/\text{min}$$

여기서,

Q : 토출량[l/min]

N : 가장 많은 층의 소화전 개수(30층 미만 : 최대 2개, 30층 이상 : 최대 5개)

1 주요구성

출제확률 12.2% (12점)

① 수원 ② 가압송수장치 ③ 배관(성능시험배관 포함)

④ 제어반 ⑤ 비상전원 ⑥ 동력장치 ⑦ 옥내소화전함

2 수원(NFPC 102 4조, NFTC 102 2.1)

1 수원의 저수량

$Q = 2.6N$(30층 미만, N : 최대 2개)

$Q = 5.2N$(30~49층 이하, N : 최대 5개)

$Q = 7.8N$(50층 이상, N : 최대 5개)

여기서, Q : 수원의 저수량[m^3]

N : 가장 많은 층의 소화전 개수

2 옥상수원의 저수량

$$Q' = 2.6N \times \frac{1}{3}(30층\ 미만,\ N : 최대\ 2개)$$
$$Q' = 5.2N \times \frac{1}{3}(30\sim49층\ 이하,\ N : 최대\ 5개)$$
$$Q' = 7.8N \times \frac{1}{3}(50층\ 이상,\ N : 최대\ 5개)$$

여기서, Q' : 옥상수원의 저수량[m^3], N : 가장 많은 층의 소화전 개수

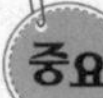

중요 **유효수량의 $\frac{1}{3}$ 이상을 옥상에 설치하지 않아도 되는 경우(30층 이상은 제외)**

- 지하층만 있는 건축물
- 고가수조를 가압송수장치로 설치한 옥내소화전설비
- **수원**이 건축물의 최상층에 설치된 **방수구**보다 높은 위치에 설치된 경우
- 건축물의 높이가 지표면으로부터 10m 이하인 경우
- **주펌프**와 동등 이상의 성능이 있는 별도의 펌프로서 **내연기관**의 기동과 연동하여 작동되거나 **비상전원**을 연결하여 설치한 경우
- **아파트** · **업무시설** · **학교** · **전시장** · **공장** · **창고시설** 또는 **종교시설**로서 동결의 우려가 있는 장소
- **가압수조**를 가압송수장치로 설치한 옥내소화전설비

3 옥내소화전설비의 가압송수장치(NFPC 102 5조, NFTC 102 2.2)

1 고가수조방식

건물의 옥상이나 높은 지점에 수조를 설치하여 필요 부분의 방수구에서 규정 방수압력 및 규정 방수량을 얻는 방식

$$H \geqq h_1 + h_2 + 17$$

여기서, H : 필요한 낙차[m]
h_1 : 소방호스의 마찰손실수두[m]
h_2 : 배관 및 관부속품의 마찰손실수두[m]

※ **고가수조** : 수위계, 배수관, 급수관, 오버플로관, 맨홀 설치

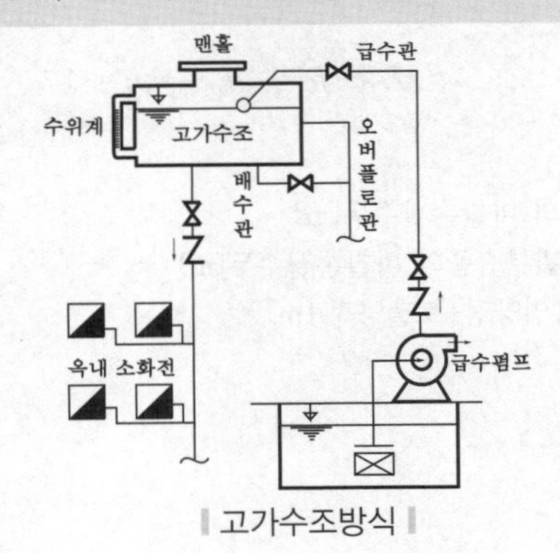

‖ 고가수조방식 ‖

※ 옥내소화전설비
① 규정 방수압력 : 0.17MPa 이상
② 규정 방수량 : 130l/min 이상

※ 펌프의 연결
(1) 직렬연결
① 양수량 : Q
② 양정 : $2H$

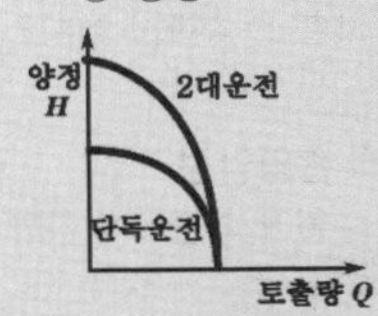

(2) 병렬연결
① 양수량 : $2Q$
② 양정 : H

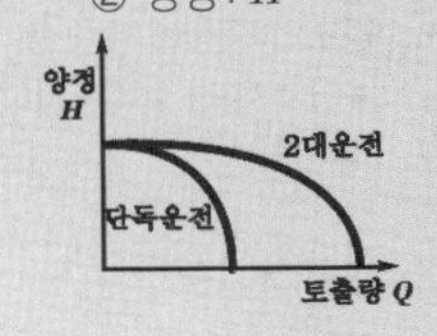

※ 전동기의 용량

$$P = \frac{0.163QH}{\eta}K$$

여기서,
P : 전동력〔kW〕
Q : 유량〔m^3/min〕
H : 전양정〔m〕
K : 전달계수
η : 효율

2 압력수조방식

압력탱크의 $\frac{1}{3}$은 자동식 공기압축기로 압축공기를, $\frac{2}{3}$는 급수펌프로 물을 가압시켜 필요 부분의 방수구에서 규정 방수압력 및 규정 방수량을 얻는 방식

$$P \geqq P_1 + P_2 + P_3 + 0.17$$

여기서, P : 필요한 압력〔MPa〕
P_1 : 소방호스의 마찰손실수두압〔MPa〕
P_2 : 배관 및 관부속품의 마찰손실수두압〔MPa〕
P_3 : 낙차의 환산수두압〔MPa〕

※ **압력수조** : 수위계, 급수관, 급기관, 압력계, 안전장치, 자동식 공기압축기 설치

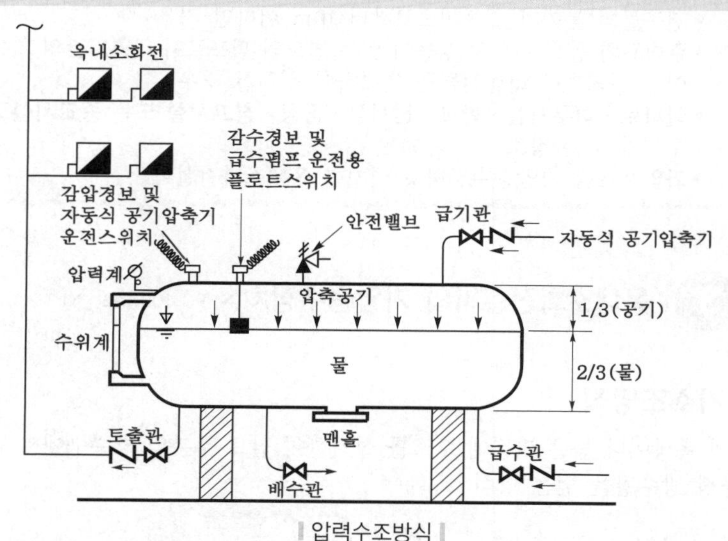

▌압력수조방식▐

※ 펌프
전동기로부터 에너지를 받아 액체 또는 기체를 수송하는 장치

※ 흡입양정
수원에서 펌프 중심까지의 수직거리

※ 토출양정
펌프의 중심에서 송출높이까지의 수직거리

3 펌프방식(지하수조방식)

펌프의 가압에 의하여 필요부분의 방수구에서 규정 방수압력 및 규정 방수량을 얻는 방식

$$H \geqq h_1 + h_2 + h_3 + 17$$

여기서, H : 전양정〔m〕
h_1 : 소방호스의 마찰손실수두〔m〕
h_2 : 배관 및 관부속품의 마찰손실수두〔m〕
h_3 : 실양정(흡입양정+토출양정)〔m〕

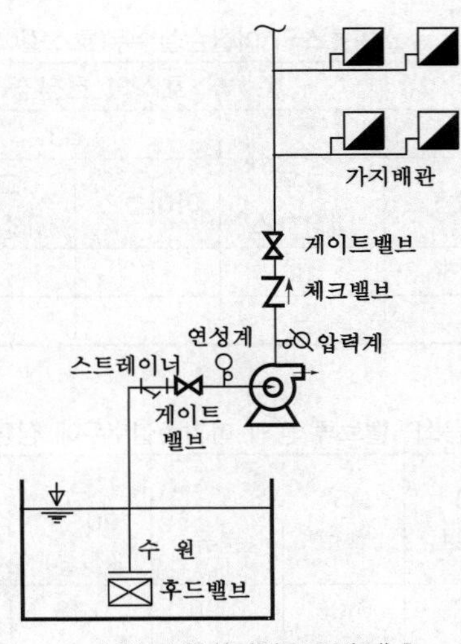

‖ 펌프방식(지하수조방식) ‖

4 가압수조방식

가압수조를 이용한 가압송수장치

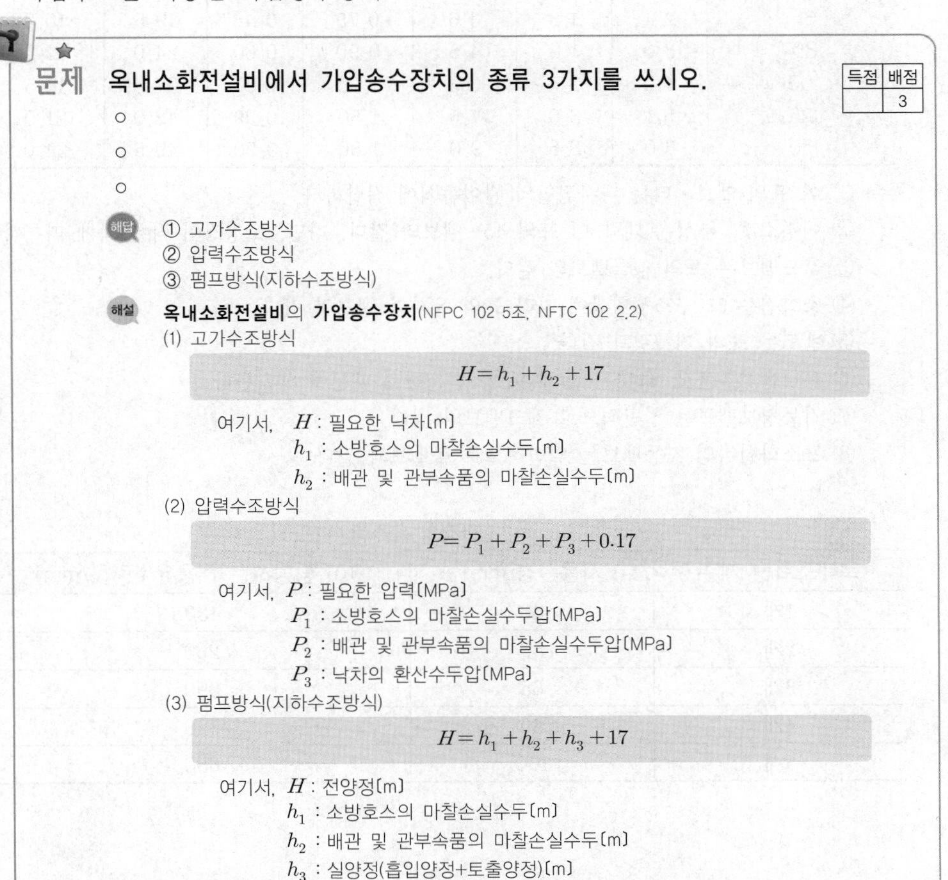

문제 **옥내소화전설비에서 가압송수장치의 종류 3가지를 쓰시오.**

득점	배점
	3

○

○

○

해답 ① 고가수조방식
② 압력수조방식
③ 펌프방식(지하수조방식)

해설 **옥내소화전설비**의 **가압송수장치**(NFPC 102 5조, NFTC 102 2.2)

(1) 고가수조방식

$$H = h_1 + h_2 + 17$$

여기서, H : 필요한 낙차〔m〕
h_1 : 소방호스의 마찰손실수두〔m〕
h_2 : 배관 및 관부속품의 마찰손실수두〔m〕

(2) 압력수조방식

$$P = P_1 + P_2 + P_3 + 0.17$$

여기서, P : 필요한 압력〔MPa〕
P_1 : 소방호스의 마찰손실수두압〔MPa〕
P_2 : 배관 및 관부속품의 마찰손실수두압〔MPa〕
P_3 : 낙차의 환산수두압〔MPa〕

(3) 펌프방식(지하수조방식)

$$H = h_1 + h_2 + h_3 + 17$$

여기서, H : 전양정〔m〕
h_1 : 소방호스의 마찰손실수두〔m〕
h_2 : 배관 및 관부속품의 마찰손실수두〔m〕
h_3 : 실양정(흡입양정+토출양정)〔m〕

Key Point

※ 실양정
수원에서 송출높이까지의 수직거리로서 흡입양정과 토출양정을 합한 값

※ 후드밸브의 점검 요령
① 흡수관을 끌어올리거나 와이어로프 등으로 후드밸브를 작동시켜 이물질의 부착, 막힘 등을 확인한다.
② 물올림장치의 밸브를 닫아 후드밸브를 통해 흡입측 배관의 누수여부를 확인한다.

※ 아마호스
아마사로 직조된 소방호스

※ 고무내장호스
자켓트에 고무 또는 합성수지를 내장한 소방호스

※ 이경소켓
'리듀셔'를 의미한다.

‖ 소방호스의 마찰손실수두(호스길이 100m당) ‖

구경종별 / 유 량 〔l/min〕	호스의 호칭경〔mm〕					
	40		50		65	
	아마호스	고무 내장호스	아마호스	고무 내장호스	아마호스	고무 내장호스
130	26	12	7	3	−	−
350	−	−	−	−	10	4

‖ 관이음쇠 · 밸브류 등의 마찰손실수두에 상당하는 직관길이〔m〕 ‖

종 류 / 호칭경 〔mm〕	90° 엘보	45° 엘보	90° T (분류)	커플링 90° T (직류)	게이트 밸브	볼밸브	앵글밸브
15	0.60	0.36	0.90	0.18	0.12	4.50	2.4
20	0.75	0.45	1.20	0.24	0.15	6.00	3.6
25	0.90	0.54	1.50	0.27	0.18	7.50	4.5
32	1.20	0.72	1.80	0.36	0.24	10.50	5.4
40	1.5	0.9	2.1	0.45	0.30	13.8	6.5
50	2.1	1.2	3.0	0.60	0.39	16.5	8.4
65	2.4	1.3	3.6	0.75	0.48	19.5	10.2
80	3.0	1.8	4.5	0.90	0.60	24.0	12.0
100	4.2	2.4	6.3	1.20	0.81	37.5	16.5
125	5.1	3.0	7.5	1.50	0.99	42.0	21.0
150	6.0	3.6	9.0	1.80	0.20	49.5	24.0

(주) ① 이 표의 엘보 · 티는 나사접합의 관이음쇠에 적합하다.
② 이경소켓, 부싱은 대략 이 표의 45° 엘보와 같다. 다만, 호칭경이 작은 쪽에 따른다.
③ 후드밸브는 표의 앵글밸브와 같다.
④ 소화전은 그 구조 · 형상에 따라 표의 유사한 밸브와 같다.
⑤ 밴드는 표의 커플링과 같다.
⑥ 유니온, 후렌지, 소켓은 손실수두가 근소하기 때문에 생략한다.
⑦ 자동경보밸브는 일반적으로 체크밸브와 같다.
⑧ 포소화설비의 자동밸브는 일반적으로 볼밸브와 같다.

‖ 관경과 유수량 ‖

옥내소화전 개수	사용관경〔mm〕	관이 담당하는 허용유수량〔l/min〕
1개	40	130
2개	50	260
3개	65	390
4개	80	520
5개	100	650

Key Point

▌배관의 마찰손실수두(관길이 100m당)▐

유 량 〔l/min〕	관의 호칭경〔mm〕						
	40	50	65	80	100	125	150
	마찰손실수두〔m〕						
130	13.32	4.15	1.23	0.53	0.14	0.05	0.02
260	47.84	14.90	4.40	1.90	0.52	0.18	0.08
390	–	31.60	9.34	4.02	1.10	0.38	0.17
520	–	–	15.65	6.76	1.86	0.64	0.28
650	–	–	–	10.37	2.84	0.99	0.43
780	–	–	–	–	3.98	1.38	0.60

중요 **전용수조가 있는 경우의 유효수량 산정방법**

(1) 석션피트(suction pit)가 있는 경우

(2) 석션피트(suction pit)가 없는 경우

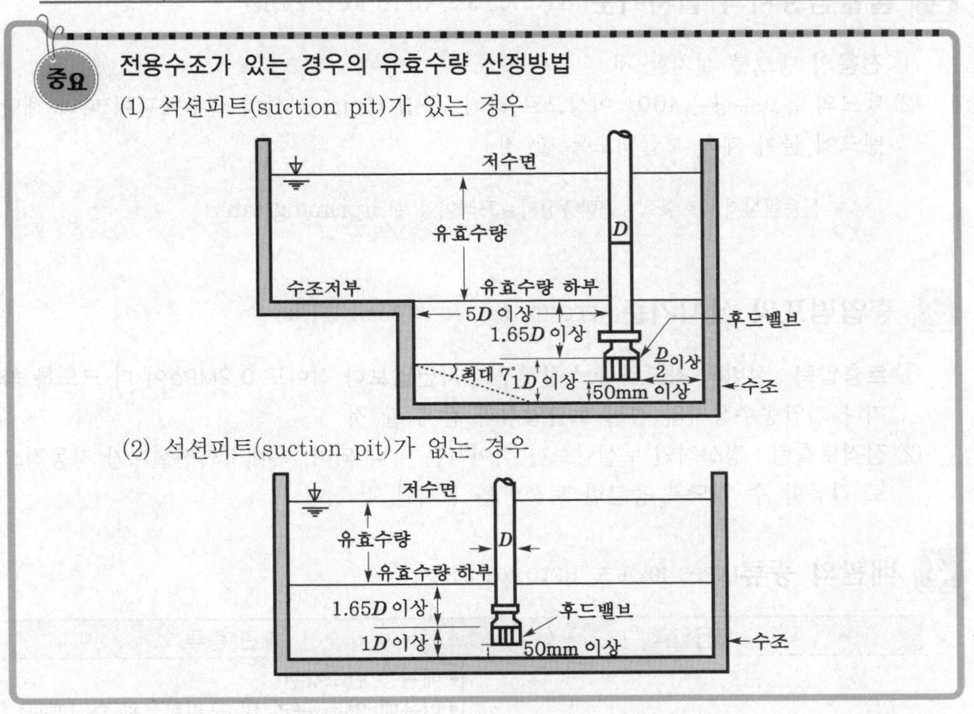

※ **석션피트**
물을 용이하게 흡입하기 위해 수조 아래에 오목하게 만들어 놓은 부분

※ **수조**
'물탱크'를 의미한다.

4 옥내소화전설비의 설치기준

1 펌프에 따른 가압송수장치의 기준(NFPC 102 5조, NFTC 102 2.2.1)

① 쉽게 접근할 수 있고 점검하기에 충분한 공간이 있는 장소로서 화재 및 침수 등의 재해로 인한 피해를 받을 우려가 없는 곳에 설치할 것
② 동결방지조치를 하거나 동결의 우려가 없는 장소에 설치할 것
③ 펌프는 **전용**으로 할 것
④ 펌프의 **토출측**에는 **압력계**를 체크 밸브 이전에 펌프 토출측 플랜지에서 가까운 곳에 설치하고, **흡입측**에는 **연성계** 또는 **진공계**를 설치할 것(단, 수원의 수위가 펌프

※ **가압수조방식**
수조에 있는 소화수를 고압의 공기 또는 불연성기체로 가압시켜 송수하는 장치

※ **가압송수장치**
물에 압력을 가하여 보내기 위한 장치

※ **연성계·진공계의 설치제외**
① 수원의 수위가 펌프의 위치보다 높은 경우
② 수직회전축펌프의 경우

의 위치보다 높거나 **수직회전축펌프**의 경우에는 연성계 또는 진공계를 설치하지 아니할 수 있다.)

⑤ 가압송수장치에는 정격부하운전시 **펌프**의 **성능**을 **시험**하기 위한 **배관**을 설치할 것(단, **충압펌프**는 제외)

⑥ 가압송수장치에는 체절운전시 **수온**의 상승을 **방지**하기 위한 순환배관을 설치할 것(단, **충압펌프**는 제외)

⑦ 기동장치로는 **기동용수압개폐장치** 또는 이와 동등 이상의 성능이 있는 것을 설치할 것

⑧ 압력 챔버를 사용할 경우 그 용적은 **100*l*** 이상의 것으로 할 것

※ 충압펌프
배관 내 압력손실에 따른 주펌프의 빈번한 기동을 방지하기 위하여 충압역할을 하는 펌프

2 물올림장치의 설치기준(NFPC 102 5조, NFTC 102 2.2.1.12)

① **전용**의 탱크를 설치할 것

② 탱크의 유효수량은 **100*l*** 이상으로 하되, 구경 **15mm** 이상의 급수배관에 따라 해당 탱크에 물이 계속 보급되도록 할 것

※ 물올림장치 = 호수조 = 물마중장치 = 프라이밍 탱크(priming tank)

※ 물올림장치
수원의 수위가 펌프보다 낮은 위치에 있을 때 설치하며 펌프와 후드 밸브 사이의 흡입관 내에 항상 물을 충만시켜 펌프가 물을 흡입할 수 있도록 하는 설비

3 충압펌프의 설치기준(NFPC 102 5조, NFTC 102 2.2.1.13)

① **토출압력** : 설비의 최고위 호스접결구의 **자연압**보다 적어도 **0.2MPa**이 더 크도록 하거나 가압송수장치의 정격 토출압력과 같게 할 것

② **정격토출량** : 정상적인 누설량보다 적어서는 아니 되며, 옥내소화전설비가 자동적으로 작동할 수 있도록 충분한 토출량을 유지할 것

※ 물올림장치의 감수원인
① 급수차단
② 자동급수장치의 고장
③ 물올림장치의 배수밸브의 개방

4 배관의 종류(NFPC 102 6조, NFTC 102 2.3.1)

사용압력	배관 종류
1.2 MPa 미만	• 배관용 탄소강관 • 이음매 없는 구리 및 구리합금관(습식배관) • 배관용 스테인리스 강관 또는 일반배관용 스테인리스 강관
1.2 MPa 이상	• 압력배관용 탄소강관 • 배관용 아크용접 탄소강강관

소방용 합성수지배관으로 설치할 수 있는 경우

- 배관을 **지하**에 **매설**하는 경우
- 다른 부분과 **내화구조**로 구획된 **덕트** 또는 **피트**의 내부에 설치하는 경우
- **천장**(상층이 있는 경우 상층바닥의 하단 포함)과 반자를 **불연재료** 또는 **준불연재료**로 설치하고 소화배관 내부에 항상 소화수가 채워진 상태로 설치하는 경우

※ 급수배관은 **전용**으로 할 것

5 펌프 흡입측 배관의 설치기준(NFPC 102 6조, NFTC 102 2.3.4)

① **공기 고임**이 생기지 아니하는 구조로 하고 **여과장치**를 설치할 것
② 수조가 펌프보다 낮게 설치된 경우에는 각 펌프(**충압 펌프** 포함)마다 수조로부터 별도로 설치할 것

비교

펌프 토출측 배관

구 분	가지배관	주배관 중 수직배관
호스릴	25mm 이상	32mm 이상
일반	40mm 이상	50mm 이상
연결송수관 겸용	65mm 이상	100mm 이상

6 펌프의 성능(NFPC 102 5조, NFTC 102 2.2.1.7)

체절운전시 정격토출압력의 **140%**를 초과하지 아니하고, 정격토출량의 **150%**로 운전시 정격토출압력의 **65%** 이상이 될 것

7 펌프 성능시험배관의 적합기준(NFPC 102 6조, NFTC 102 2.3.7)

성능시험배관	유량측정장치
펌프의 토출측에 설치된 **개폐 밸브 이전**에서 분기하여 설치하고, 유량측정장치를 기준으로 **전단 직관부**에 **개폐밸브**를 **후단 직관부**에는 **유량조절밸브**를 설치할 것	성능시험배관의 직관부에 설치하되, 펌프의 정격토출량의 **175%** 이상 측정할 수 있는 성능이 있을 것

8 순환배관(NFPC 102 6조, NFTC 102 2.3.8)

가압송수장치의 체절운전시 **수온**의 **상승**을 **방지**하기 위하여 체크밸브와 펌프 사이에서 분기한 구경 20mm 이상의 배관에 체절압력 이하에서 개방되는 **릴리프 밸브**를 설치할 것

※ 급수배관에 설치되어 급수를 차단할 수 있는 개폐밸브는 개폐표시형으로 하여야 한다. 이 경우 펌프의 흡입측 배관에는 **버터플라이밸브** 외의 개폐표시형 밸브를 설치하여야 한다.

9 송수구의 설치기준(NFPC 102 6조, NFTC 102 2.3.12)

① 송수구는 소방차가 쉽게 접근할 수 있는 잘 보이는 곳에 설치하되 화재층으로부터 지면으로 떨어지는 유리창 등이 송수 및 그 밖의 소화작업에 지장을 주지 아니하는 장소에 설치할 것
② 송수구로부터 주배관에 이르는 연결배관에는 **개폐밸브**를 설치하지 아니할 것(단, **스프링클러설비 · 물분무소화설비 · 포소화설비 · 연결송수관설비**의 배관과 겸용하는 경우는 제외)

Key Point

※ 옥내소화전설비 유속
4m/s 이하

※ 관경에 따른 방수량

방수량	관 경
130l/min	40mm
260l/min	50mm
390l/min	65mm
520l/min	80mm
650l/min	100mm

※ 성능시험배관
펌프 토출측의 개폐 밸브와 펌프 사이에서 분기

※ 유량측정방법
① 압력계에 따른 방법
② 유량계에 따른 방법

※ 순환배관
체절운전시 수온의 상승방지

※ 체절압력
체절운전시 릴리프밸브가 압력수를 방출할 때의 압력계상압력으로 정격 토출압력의 140% 이하

※ 펌프의 흡입측 배관
버터플라이 밸브를 설치할 수 없다.

③ 지면으로부터 높이가 0.5~1m 이하의 위치에 설치할 것
④ 구경 65mm의 **쌍구형** 또는 **단구형**으로 할 것
⑤ 송수구의 가까운 부분에 **자동배수밸브**(또는 직경 5mm의 배수공) 및 **체크밸브**를 설치할 것
⑥ 송수구에는 이물질을 막기 위한 마개를 씌울 것

※ 개폐표시형 밸브의 같은 의미
OS & Y 밸브

※ 송수구
가압수를 보내기 위한 구멍

5 옥내소화전설비의 함 등

1 옥내소화전함의 설치기준(NFPC 102 7조, NFTC 102 2.4.1)(소화전함 성능인증 및 제품검사의 기술기준)

① 함의 재질은 두께 1.5mm 이상의 **강판** 또는 두께 4mm 이상의 **합성수지재**로 한다.
② 함의 재질이 강판인 경우에는 변색 또는 부식되지 아니하여야 하고, 합성수지재인 경우에는 내열성 및 난연성의 것으로서 80℃의 온도에서 24시간 이내에 열로 인한 변형이 생기지 아니하여야 한다.
③ 문짝의 면적은 $0.5m^2$ 이상으로 하여 밸브의 조작, 호스의 수납 등에 충분한 여유를 가질 수 있도록 한다.

※ 옥내소화전함의 재질
① 강판 : 1.5mm 이상
② 합성수지재 : 4mm 이상

중요 **옥내소화전함**과 **옥외소화전함**의 비교

옥내소화전함	옥외소화전함
수평거리 25m 이하	수평거리 40m 이하
호스(40mm×15m×2개)	호스(65mm×20m×2개)
앵글밸브(40mm×1개)	–
노즐(13mm×1개)	노즐(19mm×1개)

※ 호스의 종류
① 아마호스
② 고무내장호스
③ 젖는 호스

※ 방수구
옥내소화전설비의 방수구는 일반적으로 '앵글밸브'를 사용한다.

2 옥내소화전 방수구의 설치기준(NFPC 102 7조, NFTC 102 2.4.2)

① 특정소방대상물의 **층**마다 설치하되, 해당 특정소방대상물의 각 부분으로부터 하나의 옥내소화전 방수구까지의 **수평거리**가 25m 이하가 되도록 한다.
② 바닥으로부터 높이가 1.5m 이하가 되도록 한다.
③ 호스는 구경 40mm(**호스릴**은 25mm) 이상의 것으로서 특정소방대상물의 각 부분에 물이 유효하게 뿌려질 수 있는 길이로 설치한다.

※ 수평거리와 같은 의미
① 최단거리
② 반경

3 표시등의 설치기준(NFPC 102 7조, NFTC 102 2.4.3)(표시등의 성능인증 및 제품검사의 기술기준)

① 옥내소화전설비의 위치를 표시하는 표시등은 함의 **상부**에 설치하되 그 불빛은 부착면으로부터 15° 이하의 각도로도 발산되어야 하며 10m의 어느 곳에서도 쉽게 식별할 수 있는 **적색등**으로 한다.

※ 표시등
① 기동표시등 : 기동시 점등
② 위치표시등 : 평상시 점등

※ 표시등의 식별범위
15° 이하의 각도로도 발산되어야 하며 10m 떨어진 거리에서 식별이 가능할 것

Key Point

② 적색등은 사용전압의 130%인 전압을 **24시간** 연속하여 가하는 경우에도 **단선, 현저한 광속변화, 전류변화** 등의 현상이 발생되지 아니하여야 한다.
③ 가압송수장치의 기동을 표시하는 표시등은 옥내소화전함의 상부 또는 그 직근에 설치하되 **적색등**으로 한다.

6 옥내소화전설비의 설치기준 해설

1 압력계 · 진공계 · 연성계

① 압력계 ┬ 펌프의 **토출측**에 설치
├ 정의 게이지압력 측정
└ 0.05~200MPa의 계기눈금

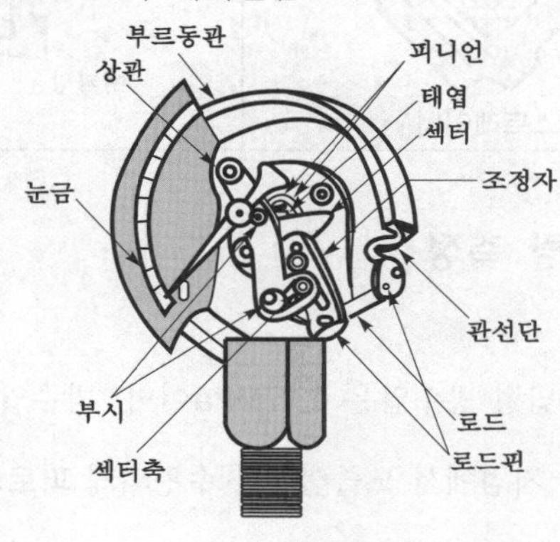

▎부르동압력계▎

② 진공계 ┬ 펌프의 **흡입측**에 설치
├ **부**의 게이지압력 측정
└ 0~76 cmHg의 계기눈금

③ 연성계 ┬ 펌프의 **흡입측**에 설치(단, **정압식**일 때는 펌프 **토출측**에 설치)
├ **정** 및 **부**의 게이지압력 측정
└ 0.1~2MPa, 0~76 cmHg의 계기눈금

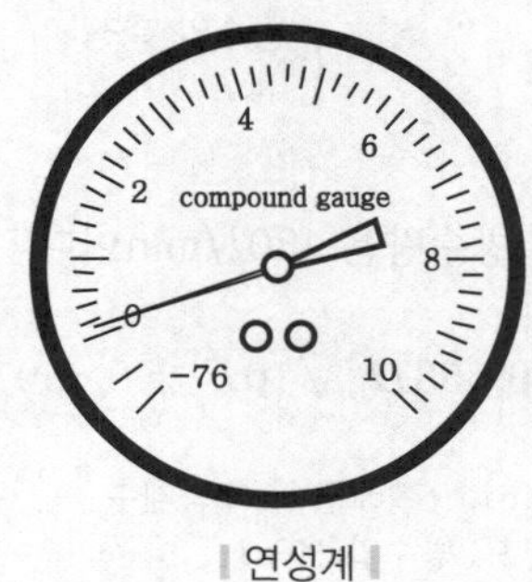

▎연성계▎

※ 부르동압력계
계기압력을 측정하기 위한 가장 대표적인 기구

※ 수조가 펌프보다 높을 때 제외시킬 수 있는 것
① 후드밸브
② 진공계(연성계)
③ 물올림장치

Key Point

※ 여과장치
펌프의 흡입측 배관에 설치하여 펌프 내에 이물질이 침투하는 것을 방지한다.

※ 여과장치와 같은 의미
① 스트레이너
② 여과기

※ Y형 스트레이너
물을 사용하는 배관에 사용

※ U형 스트레이너
기름배관에 사용

※ 노즐
'**관창**'이라고도 부른다.

※ 피토게이지
'**방수압력계**'를 말함

※ 방수량 측정방법
노즐선단에 노즐구경(D)의 $\frac{1}{2}$ 떨어진 지점에서 노즐선단과 수평되게 피토게이지를 설치하여 눈금을 읽은 후
$Q=0.653D^2\sqrt{10P}$
$(0.6597CD^2\sqrt{10P})$
공식에 대입한다.

2 여과장치(스트레이너)

Y형 스트레이너	U형 스트레이너
관 속의 유체에 혼합된 모래, 흙 등의 불순물을 제거하기 위해 밸브, 계기 등의 앞에 설치하며, 주철제의 몸체 속에 여과망이 달린 둥근 통을 45° 경사지게 넣은 것으로 유체는 망의 안쪽에서 바깥쪽으로 흐른다. 주로 **물**을 사용하는 배관에 많이 사용된다.	관 속의 유체에 혼합된 모래, 흙 등의 불순물을 제거하기 위해 밸브, 계기 등의 앞에 설치하며, 주철제의 몸체 속에 여과망이 달린 둥근 통을 **수직**으로 넣은 것으로 유체는 망의 안쪽에서 바깥쪽으로 흐른다. 주로 **기름**배관에 많이 사용되어 **"오일 스트레이너"**라고도 한다.
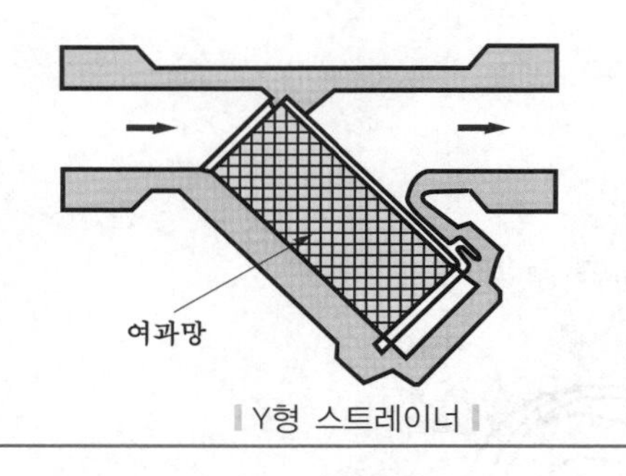 ∥Y형 스트레이너∥	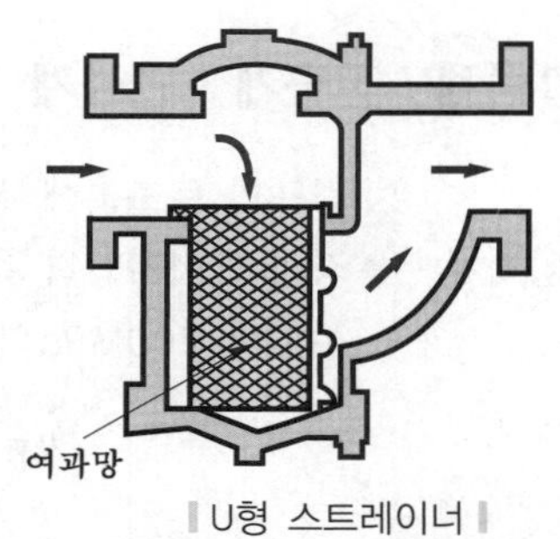 ∥U형 스트레이너∥

3 방수압 및 방수량 측정

① 방수압 측정

옥내소화전설비의 법정 방수압은 0.17MPa이며, 방수압 측정은 노즐선단에 노즐구경(D)의 $\frac{1}{2}$ 떨어진 지점에서 노즐선단과 수평되게 **피토게이지**(pitot gauge)를 설치하여 눈금을 읽는다.

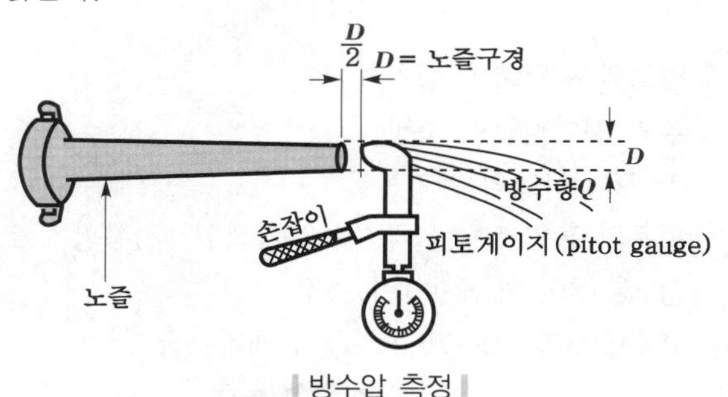

∥방수압 측정∥

② 방수량 측정

옥내소화전설비의 법정 방수량은 130l/min이다.

$$Q=0.653D^2\sqrt{10P}=0.6597CD^2\sqrt{10P}$$

여기서, Q : 방수량[l/min], C : 노즐의 흐름계수
D : 구경[mm], P : 방수압[MPa]

Key Point

또는,

$$Q = K\sqrt{10P}$$

여기서, Q : 방수량[l/min]
K : 방출계수
P : 방수압[MPa]

4 기동방식

자동기동방식	수동기동방식
기동용 수압개폐장치를 이용하는 방식으로 소화를 위해 소화전함 내에 있는 방수구 즉, 앵글밸브를 개방하면 기동용 수압개폐장치 내의 **압력스위치**가 작동하여 제어반에 신호를 보내 펌프를 기동시킨다.	ON, OFF **스위치**를 이용하는 방식으로 소화를 위해 소화전함 내에 있는 방수구 즉, 앵글밸브를 개방한 후 **기동(ON) 스위치**를 누르면 제어반에 신호를 보내 펌프를 기동시킨다.

중요

기동 스위치에 보호판을 부착하여 옥내소화전함 내에 설치할 수 있는 경우(수동기동방식 적용시설)

(1) 학교
(2) 공장
(3) 창고시설
— 동결의 우려가 있는 장소

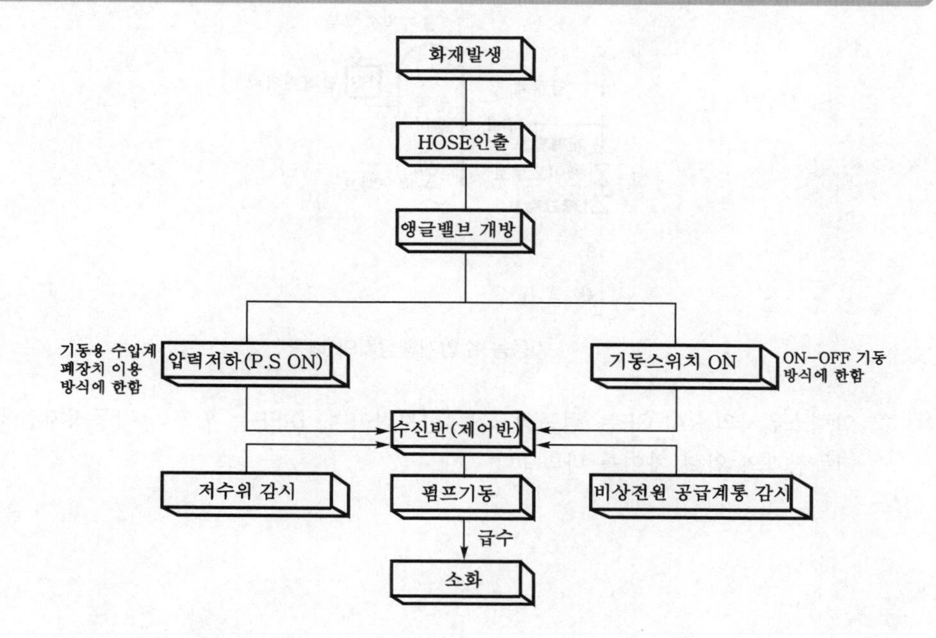

※ 옥내소화전설비의 기동방식
① 자동기동방식
② 수동기동방식

Key Point

※ 압력챔버의 용량
100l 이상

※ 물올림장치의 용량
100l 이상

※ 충압펌프와 같은 의미
보조펌프

※ 압력챔버의 역할
① 배관 내의 압력저하 시 충압펌프 또는 주펌프의 자동기동
② 수격작용방지

※ RANGE
펌프의 작동정지점

※ DIFF
펌프의 작동정지점에서 기동점과의 압력 차이

5 압력챔버

① 압력챔버의 기능은 펌프의 게이트밸브(gate valve) 2차측에 연결되어 배관 내의 압력이 감소하면 압력스위치가 작동되어 충압펌프(jockey pump) 또는 **주펌프**를 **작동**시킨다.

※ 게이트밸브(gate valve) = 메인밸브(main valve) = 주밸브

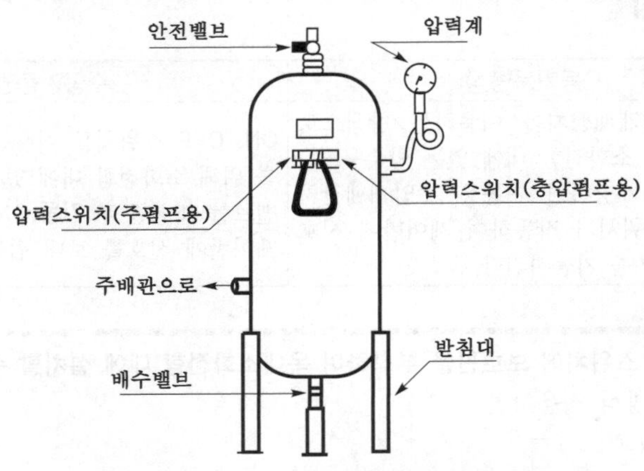

▌기동용 수압개폐장치(압력챔버)▐

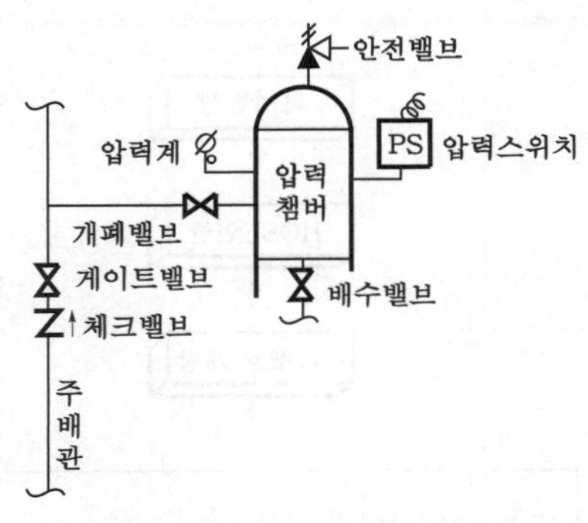

▌기동용 수압개폐장치의 배관▐

② 압력스위치의 RANGE는 펌프의 작동 정지점이며, DIFF는 펌프의 작동정지점에서 기동점과의 압력 차이를 나타낸다.

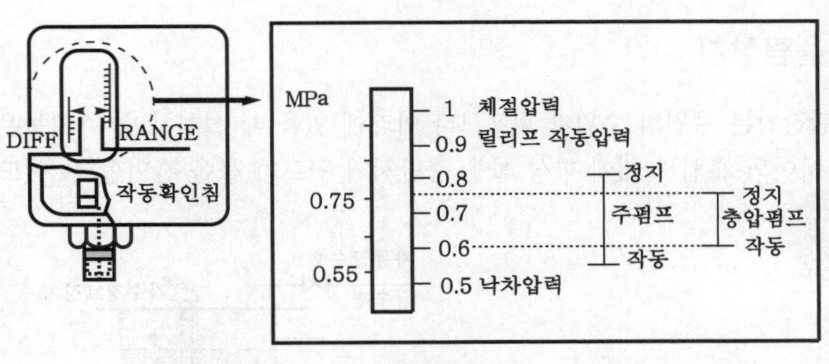

‖ 압력스위치 ‖

6 순환배관

순환배관은 펌프의 토출측 체크밸브 이전에서 분기시켜 20mm 이상의 배관으로 설치하며 배관 상에는 개폐밸브를 설치하여서는 안 되며 체절운전시 체절압력 이하에서 개방되는 **릴리프밸브**(relief valve)를 설치하여야 한다.

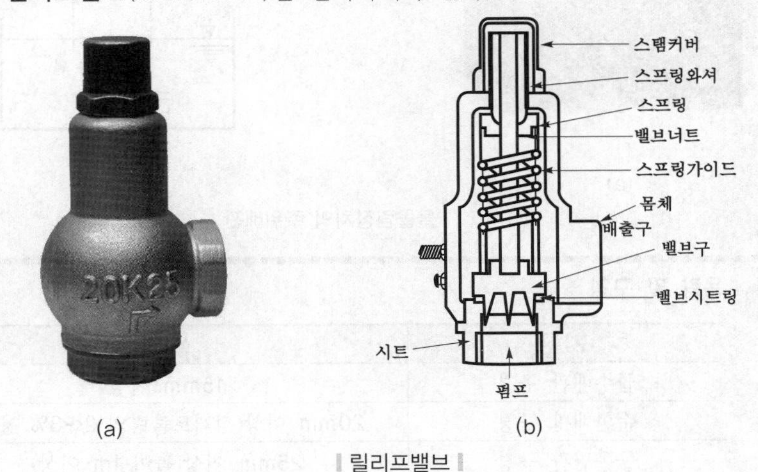

‖ 릴리프밸브 ‖

자동급수밸브
급수관
감수경보장치
오버플로관
볼탭
물올림탱크
배수관
물올림관
릴리프밸브
주배관
순환배관
압력계

‖ 순환배관 ‖

Key Point

✻ 순환배관
체절운전시 수온의 상승 방지

✻ 체절운전
펌프의 성능시험을 목적으로 펌프 토출측의 개폐밸브를 닫은 상태에서 펌프를 운전하는 것

✻ 체절압력
체절운전시 릴리프밸브가 압력수를 방출할 때의 압력계상압력으로 정격토출압력의 140% 이하

✻ 체절양정
펌프의 토출측 밸브가 모두 막힌 상태. 즉, 유량이 0인 상태에서의 양정

7 물올림장치

물올림장치는 수원의 수위가 펌프보다 아래에 있을 때 설치하며, 주기능은 펌프와 후드밸브 사이의 흡입관 내에 항상 물을 충만시켜 펌프가 물을 흡입할 수 있도록 하는 설비이다.

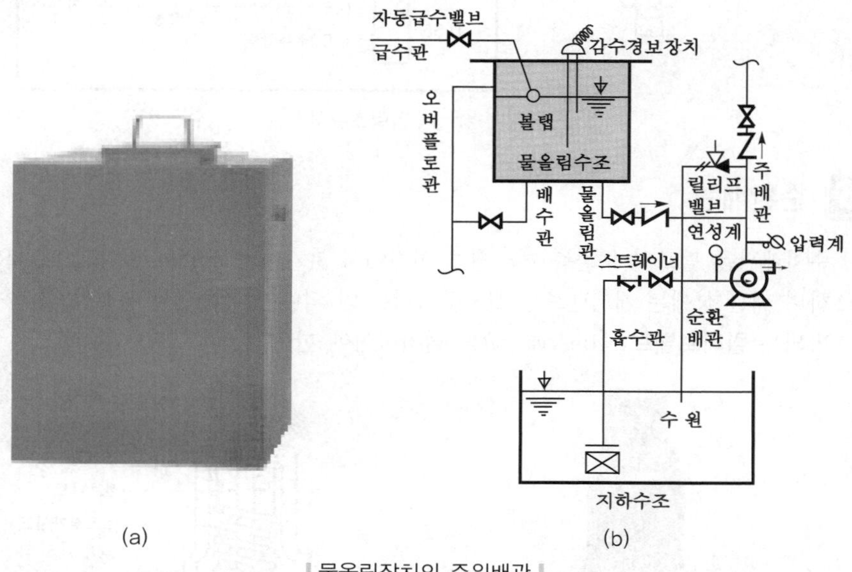

▮물올림장치의 주위배관▮

중요 용량 및 구경

구 분	설 명
급수배관 구경	15mm 이상
순환배관 구경	20mm 이상(정격토출량의 2~3% 용량)
물올림관 구경	25mm 이상(높이 1m 이상)
오버플로관 구경	50mm 이상
물올림장치 용량	100l 이상

8 감압장치

옥내소화전설비의 소방호스 노즐의 방수압력의 허용범위는 **0.17~0.7MPa**이다. 0.7MPa을 초과시에는 **호스접결구**의 **인입측**에 감압장치를 설치하여야 한다.

① 고가수조에 따른 방법(고가수조를 구분하여 설치하는 방법)

✻ 물올림장치와 같은 의미
① 호수조
② 물마중장치
③ 프라이밍탱크 (priming tank)

✻ 물올림장치의 감수경보 원인
① 급수밸브의 차단
② 자동급수장치의 고장
③ 물올림장치의 배수밸브의 개방
④ 후드밸브의 고장

✻ 수조가 펌프보다 높을 때 제외시킬 수 있는 것
① 후드밸브
② 진공계(연성계)
③ 물올림장치

✻ 방수압력 0.7MPa 이하로 제한이유
노즐 조작자의 용이한 소화활동 및 호스의 파손방지

✻ 감압장치의 종류
① 고가수조에 따른 방법
② 배관계통에 따른 방법
③ 중계펌프를 설치하는 방법
④ 감압밸브 또는 오리피스를 설치하는 방법
⑤ 감압기능이 있는 소화전개폐밸브를 설치하는 방법

✻ 호스접결구
호스를 연결하는 구멍으로서 여기서는 '방수구'를 의미한다.

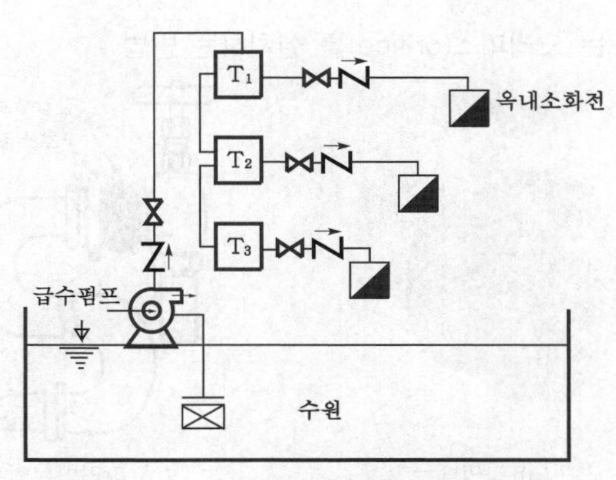

▌고가수조에 따른 방법▐

② 배관계통에 따른 방법(펌프를 구분하여 설치하는 방법)

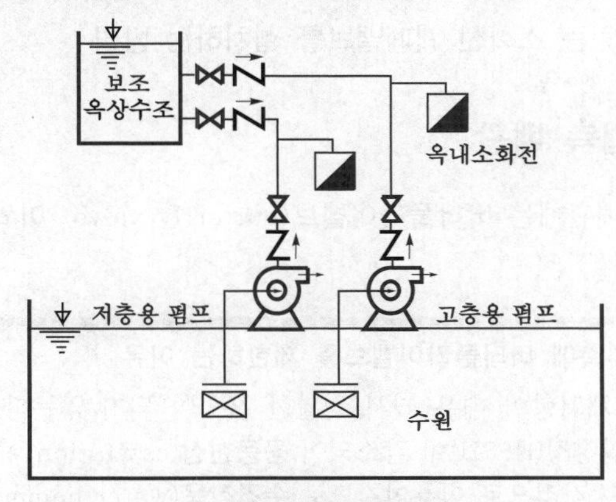

▌배관계통에 따른 방법▐

③ 중계펌프(boosting pump)를 설치하는 방법

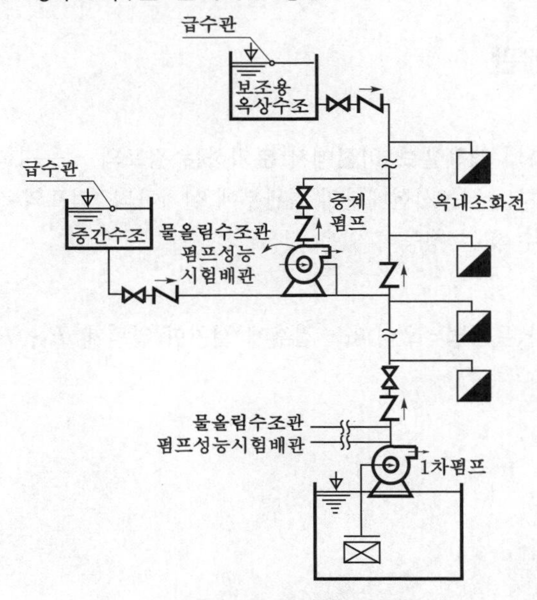

▌중계펌프를 설치하는 방법▐

Key Point

＊ 오리피스
유체의 흐름을 제거시켜 충격을 완화시키는 부품

＊ 버터플라이밸브
원판의 회전에 의해 관로를 개폐하는 밸브로서, '게이트밸브'의 일종이다.

＊ 버터플라이밸브와 같은 의미
① 나비밸브
② 스로틀밸브 (throttle valve)

＊ 개폐표시형 밸브
옥내소화전설비의 주밸브로 사용되는 밸브로서, 육안으로 밸브의 개폐를 직접 확인할 수 있다.
일반적으로 'OS & Y 밸브'라고 부른다.

＊ 성능시험배관
펌프 토출측의 개폐밸브와 펌프 사이에서 분기

＊ 방수량

$$Q = 0.653D^2\sqrt{10P}$$

여기서,
Q : 방수량〔l/min〕
D : 구경〔mm〕
P : 방수압력〔MPa〕

$$Q = 0.6597CD^2\sqrt{10P}$$

여기서,
Q : 토출량〔l/min〕
C : 노즐의 흐름계수
D : 구경〔mm〕
P : 방사압력〔MPa〕

④ 감압밸브 또는 오리피스(orifice)를 설치하는 방법

(a) 감압밸브

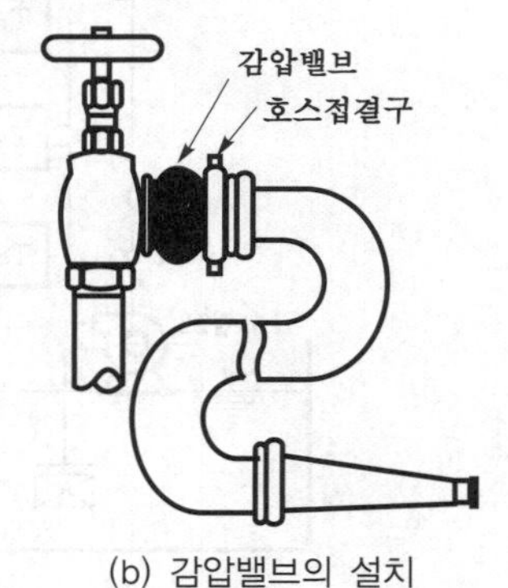

(b) 감압밸브의 설치

▮감압밸브를 설치하는 방법▮

⑤ 감압기능이 있는 소화전 개폐밸브를 설치하는 방법

9 펌프의 흡입측 배관

펌프의 흡입측 배관에는 **버터플라이밸브**(butterfly valve) **이외**의 개폐표시형 밸브를 설치하여야 한다.

중요

펌프 흡입측에 버터플라이밸브를 제한하는 이유

- 물의 **유체저항**이 매우 커서 원활한 흡입이 되지 않는다.
- 유효흡입양정(NPSH)이 감소되어 **공동현상**(cavitation)이 발생할 우려가 있다.
- 개폐가 순간적으로 이루어지므로 **수격작용**(water hammering)이 발생할 우려가 있다.

10 성능시험배관

(1) 성능시험배관

① 펌프 토출측의 **개폐밸브 이전**에서 **분기**하는 펌프의 성능시험을 위한 배관이다.
② 유량측정장치는 성능시험배관의 직관부에 설치하되, 펌프의 정격토출량의 175% 이상 측정할 수 있는 성능이 있을 것

(2) 유량측정방법

① **압력계**에 따른 **방법** : 오리피스 전후에 설치한 압력계 P_1, P_2의 압력차를 이용한 유량측정법

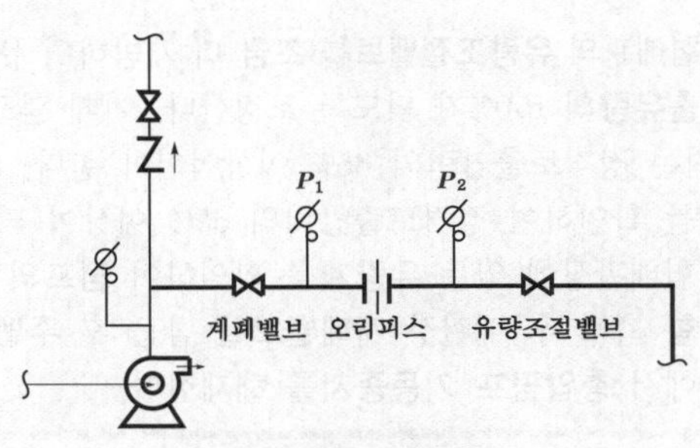

‖ 압력계에 따른 방법 ‖

② **유량계**에 따른 **방법** : 유량계의 **상류측**은 유량계 호칭구경의 **8배** 이상, **하류측**은 유량계 호칭구경의 **5배** 이상되는 직관부를 설치하여야 하며, 배관은 유량계의 호칭구경과 동일한 구경의 배관을 사용한다.

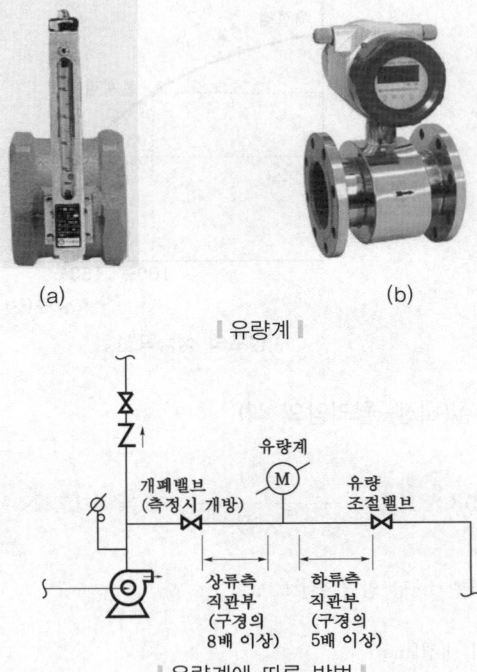

‖ 유량계 ‖

‖ 유량계에 따른 방법 ‖

중요 펌프의 성능시험방법

① **주배관**의 **개폐밸브**를 잠근다.

② 제어반에서 **충압펌프**의 **기동**을 **중지**시킨다.

③ 압력챔버의 **배수밸브**를 열어 **주펌프**가 **기동**되면 잠근다(제어반에서 수동으로 주펌프를 기동시킨다).

④ **성능시험배관상**에 있는 **개폐밸브**를 **개방**한다.

⑤ 성능시험배관의 **유량조절밸브**를 **서서히 개방**하여 유량계를 통과하는 유량이 정격토출유량이 되도록 **조정**한다. 정격토출유량이 되었을 때 펌프 토출측 압력계를 읽어 정격토출압력 이상인지 확인한다.

Key Point

❋ 유량계의 설치목적
주펌프의 분당 토출량을 측정하여 펌프의 성능이 정격토출량의 150%로 운전시 정격토출압력의 65% 이상이 되는지를 확인하기 위함

❋ 유량계
배관을 통해 흐르는 물의 양을 측정하는 기구

❋ 의미가 같은 것
① 압력챔버
=기동용 수압개폐장치
② 충압펌프
=보조펌프

❋ 충압펌프의 설치목적
배관 내의 적은 양의 누수시 기동하여 주펌프의 잦은 기동을 방지한다.

⑥ 성능시험배관의 **유량조절밸브**를 **조금 더 개방**하여 유량계를 통과하는 유량이 **정격토출유량**의 150%가 되도록 조정한다. 이때 펌프 토출측 압력계의 확인된 압력은 정격토출압력의 65% 이상이어야 한다.
⑦ 압력계를 확인하여 정격토출압력의 65% 이상이 되는지 확인한다.
⑧ 성능시험배관상에 있는 **유량계**를 확인하여 **펌프**의 **성능**을 **측정**한다.
⑨ **성능시험** 측정 후 배관상 **개폐밸브**를 잠근 후 **주밸브**를 개방한다.
⑩ 제어반에서 **충압펌프 기동중지**를 **해제**한다.

※ 펌프의 동력

$$P = \frac{0.163\,QH}{E(\eta)}K$$

여기서,
P : 전동력〔kW〕
Q : 정격토출량〔m^3/분〕
H : 전양정〔m〕
K : 동력전달계수
$E(\eta)$: 펌프의 효율

※ 단위
① 1PS = 75kg · m/s = 0.735kW
② 1HP = 76kg · m/s = 0.746kW

11 펌프의 성능 및 압력손실

① **펌프의 성능** : 체절운전시 정격토출압력의 **140%**를 초과하지 아니하고, 정격토출량의 **150%**로 운전시 정격토출압력의 **65%** 이상이어야 한다.

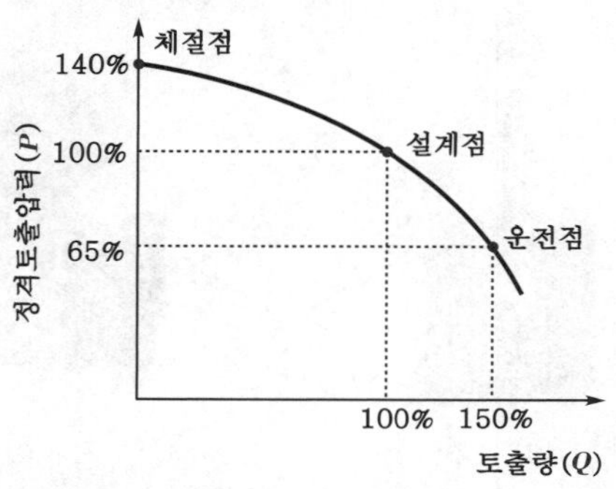

‖ 펌프의 성능곡선 ‖

② 배관의 압력손실(하젠-윌리암의 식)

$$\varDelta p_m = 6.053 \times 10^4 \times \frac{Q^{1.85}}{C^{1.85} \times D^{4.87}} \times L \fallingdotseq 6.174 \times 10^4 \times \frac{Q^{1.85}}{C^{1.85} \times D^{4.87}}$$

여기서, $\varDelta p_m$: 배관 1m당 압력손실〔MPa〕
C : 조도
D : 관의 내경〔mm〕
Q : 관의 유량〔l/min〕

※ 조도(C)
'마찰계수'라고도 하며, 배관의 재질이나 상태에 따라 다르다.

‖ 조도 C의 값 ‖

조도(C)	배 관
100	•주철관 •흑관(건식 스프링클러설비의 경우) •흑관(준비작동식 스프링클러설비의 경우)
120	•흑관(일제살수식 스프링클러설비의 경우) •흑관(습식 스프링클러설비의 경우) •백관(아연도금강관)
150	•동관(구리관)

12 송수구

송수구는 지면으로부터 0.5~1m 이하의 위치에 설치하여야 하며, 송수구의 가까운 부분에 **자동배수밸브** 및 **체크밸브**를 설치하여야 한다.

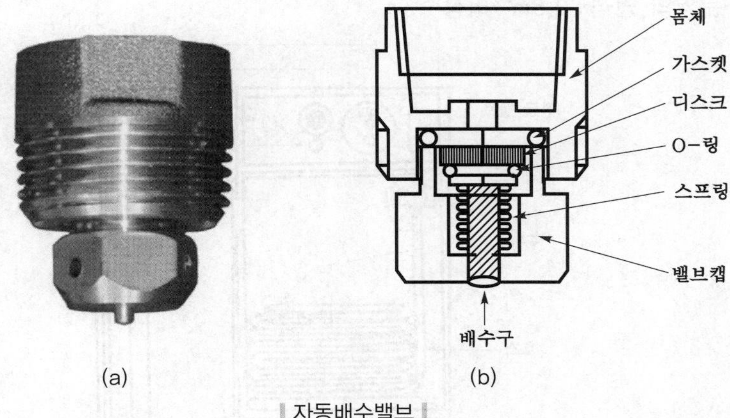

(a) (b)

| 자동배수밸브 |

(a) 리프트형

(b) 스윙형

| 체크밸브 |

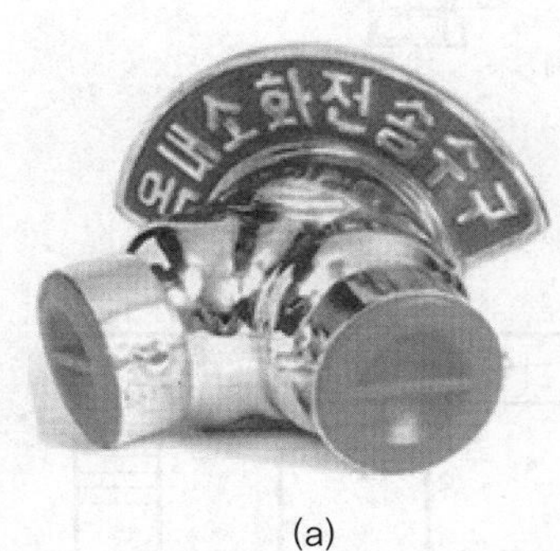

(a) (b)

| 송수구의 설치방법 |

※ 자동배수밸브의 설치목적
배관의 부식 및 동파 방지

※ 체크밸브
역류방지를 목적으로 한다.
① 리프트형 : 수평설치용으로 주배관 상에 많이 사용
② 스윙형 : 수평·수직 설치용으로 작은 배관 상에 많이 사용

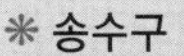

※ 송수구
'쌍구형 송수구'를 설치한다.

Key Point

✻ 옥내소화전함의 두께
① 강판 : 1.5mm 이상
② 합성수지재 : 4mm 이상

✻ 방수구
옥내소화전설비의 방수구는 일반적으로 '앵글밸브'를 사용한다.

✻ 수평거리와 같은 의미
① 최단거리
② 반경

13 옥내소화전함

① 함의 재질 ─┬ 두께 1.5mm 이상의 **강판**
　　　　　　　└ 두께 4mm 이상의 **합성수지재**

② 문짝의 면적 : $0.5m^2$ 이상

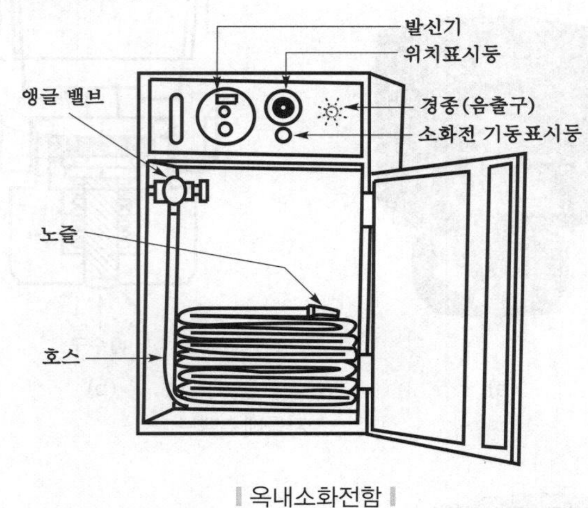

‖ 옥내소화전함 ‖

14 방수구

특정소방대상물의 **층**마다 설치하되, 해당 특정소방대상물의 각 부분으로부터 하나의 옥내소화전 방수구까지의 **수평거리**가 25m(호스릴도 25m) 이하가 되도록 한다.

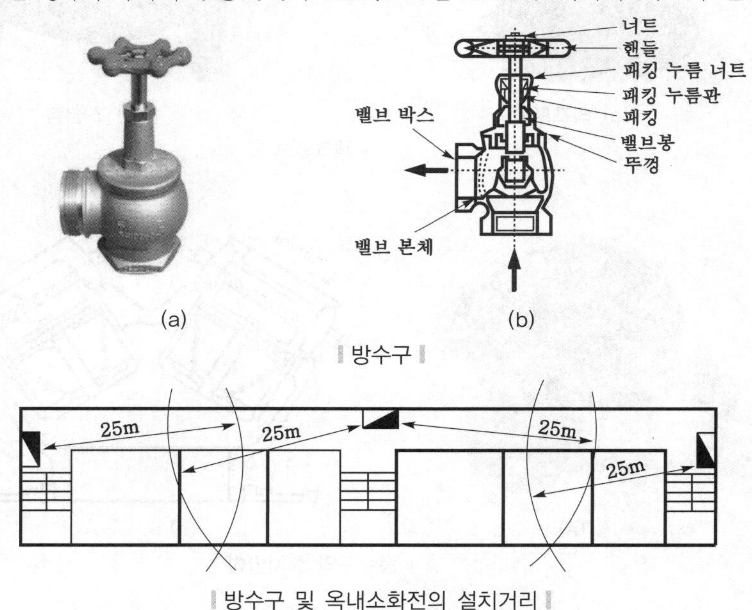

‖ 방수구 ‖

‖ 방수구 및 옥내소화전의 설치거리 ‖

15 표시등

옥내소화전설비의 위치를 표시하는 표시등은 함의 **상부**에 설치하되 그 불빛은 부착면으로부터 15° 이하의 각도로도 발산되어야 하며 10m의 어느 곳에서도 쉽게 식별할 수 있는 **적색등**으로 한다.

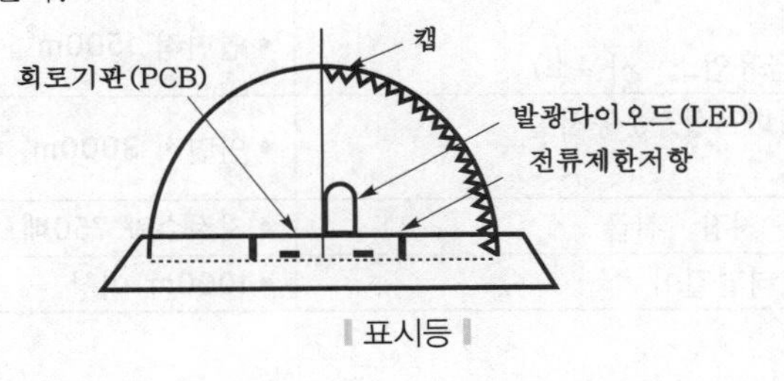

▌표시등▐

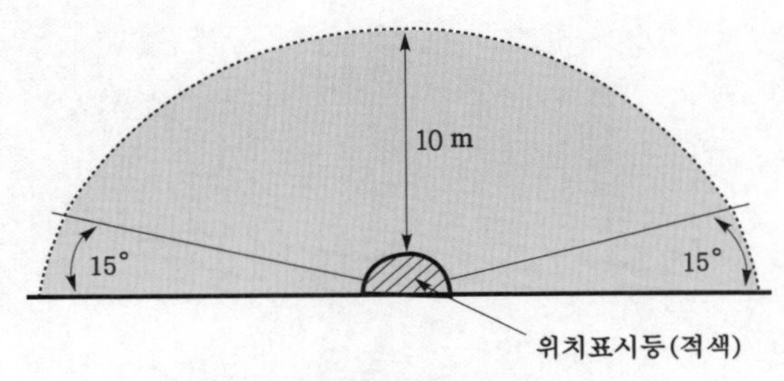

▌표시등의 식별 범위▐

16 상용전원

① **저압수전**인 경우에는 인입개폐기의 직후에서 분기하여 전용 배선으로 하여야 한다.

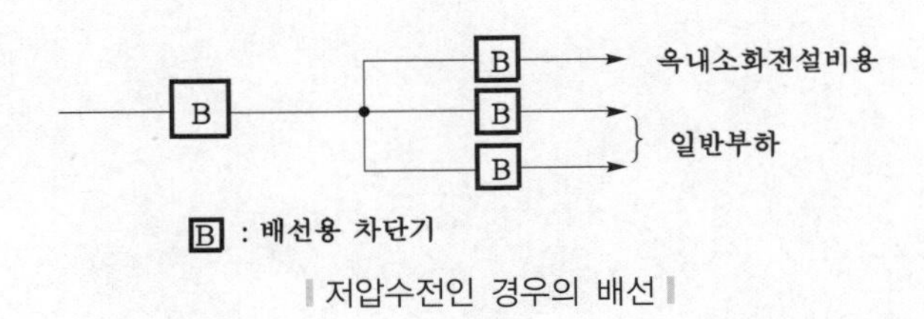

▌저압수전인 경우의 배선▐

② **특고압수전** 또는 **고압수전**인 경우에는 전력용 변압기 2차측의 주차단기 1차측에서 분기하여 전용배선으로 하여야 한다.

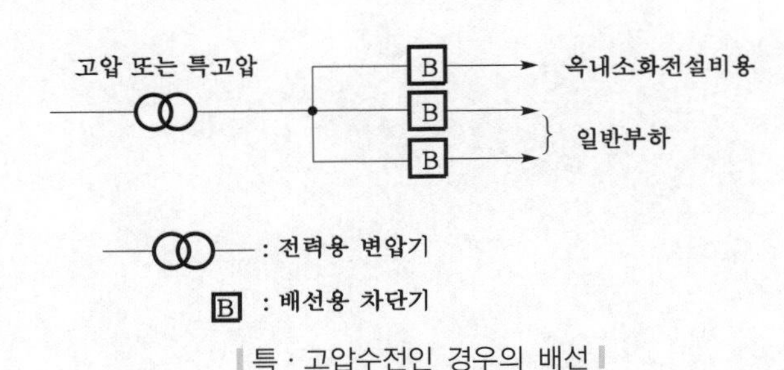

▌특 · 고압수전인 경우의 배선▐

Key Point

✽ 표시등
① 기동 표시등 : 기동시 점등
② 위치 표시등 : 평상시 점등

✽ 표시등의 식별범위
15° 이하의 각도로도 발산되어야 하며 10m 떨어진 거리에서 식별이 가능할 것

✽ 상용전원의 배선
① 저압수전
인입개폐기의 직후에서 분기
② 특·고압 수전
전력용 변압기 2차측의 주차단기 1차측에서 분기

✽ 전압
① 저압(교류)
600V 이하
② 고압(교류)
600V 초과
7000V 이하
③ 특고압
7000V 초과

Key Point

7 옥내소화전설비의 설치대상(소방시설법 시행령 〔별표 4〕)

설치대상	조 건
① 차고 · 주차장	• $200m^2$ 이상
② 근린생활시설 ③ 업무시설(금융업소 · 사무소)	• 연면적 $1500m^2$ 이상
④ 문화 및 집회시설, 운동시설 ⑤ 종교시설	• 연면적 $3000m^2$ 이상
⑥ 특수가연물 저장 · 취급	• 지정수량 750배 이상
⑦ 지하가 중 터널길이	• 1000m 이상

※ 근린생활시설
사람이 생활을 하는 데 필요한 여러 가지 시설

※ 특수가연물
화재가 발생하면 그 확대가 빠른 물품

CHAPTER

03 옥외소화전설비

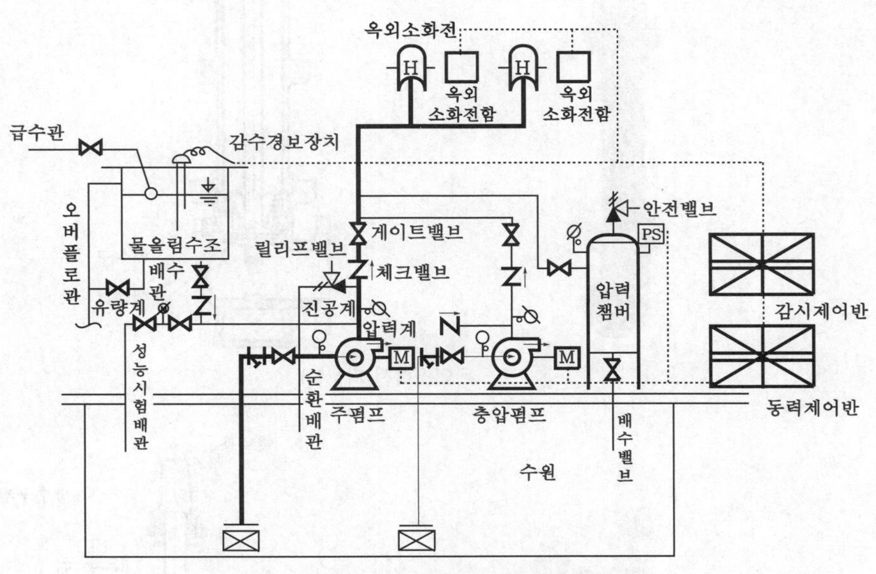

‖ 옥외소화전설비의 계통도 ‖

✻ 오버플로어관
필요 이상의 물이 공급될 경우 이 물을 외부로 배출시키는 관

✻ 수원
물을 공급하는 곳

1 주요구성

출제확률 2.8% (3점)

① 수원
② 가압송수장치
③ 배관
④ 제어반
⑤ 비상전원
⑥ 동력장치
⑦ 옥외소화전함

중요

옥외소화전의 종류

- **설치위치에 따라** : 지상식, 지하식
- **방수구에 따라** : 단구형, 쌍구형

✻ 가압송수장치
물에 압력을 가하여 보내기 위한 장치

✻ 비상전원
상용전원 정전시에 사용하기 위한 전원

✻ 옥외소화전함의 비치기구
① 호스(65mm×20m×2개)
② 노즐(19mm×1개)

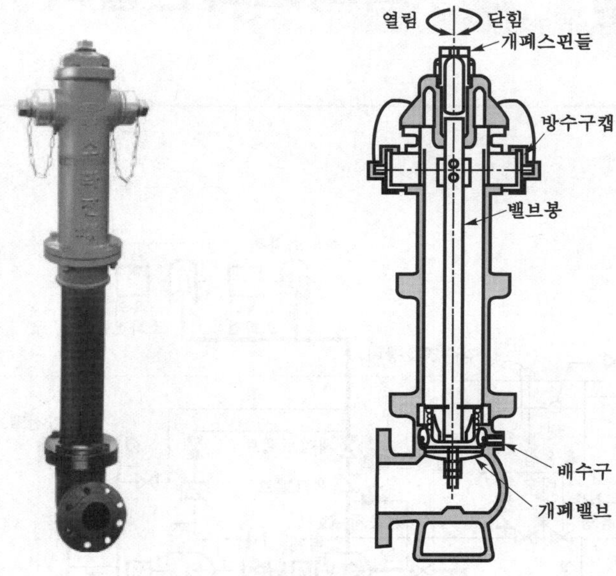

‖ 옥외소화전(지상식) ‖

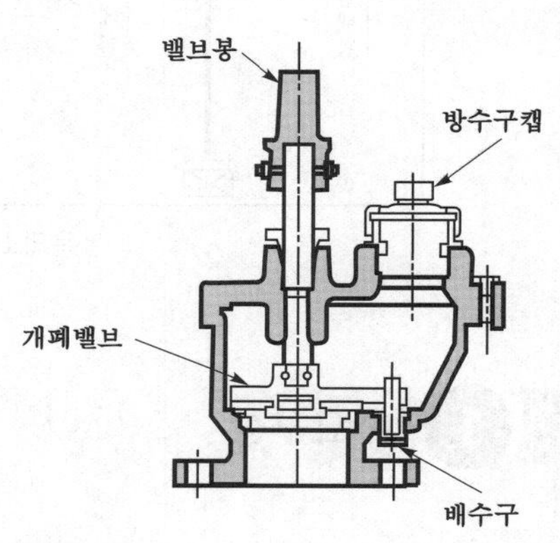

‖ 옥외소화전(지하식) ‖

2 수원(NFPC 109 4조, NFTC 109 2.1)

$$Q = 7N$$

여기서, Q : 수원의 저수량[m^3]

N : 옥외소화전 설치개수(**최대 2개**)

※ **각 소화전의 규정 방수량**

$350l/\text{min} \times 20\text{min} = 7000l = 7m^3$

※ **토출량**

$Q = N \times 350l/\text{min}$

여기서,

Q : 토출량[l/min]

N : 소화전개수(최대 2개)

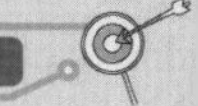

옥내·외소화전설비의 비교

구 분	옥내소화전설비	옥외소화전설비
방수압	0.17MPa 이상	0.25MPa 이상
방수량	130l/min 이상	350l/min 이상
노즐구경	13mm	19mm

3 옥외소화전설비의 가압송수장치(NFPC 109 5조, NFTC 109 2.2)

1 고가수조방식

$$H = h_1 + h_2 + 25$$

여기서, H : 필요한 낙차〔m〕
h_1 : 소방호스의 마찰손실수두〔m〕
h_2 : 배관 및 관부속품의 마찰손실수두〔m〕

2 압력수조방식

$$P = P_1 + P_2 + P_3 + 0.25$$

여기서, P : 필요한 압력〔MPa〕
P_1 : 소방호스의 마찰손실수두압〔MPa〕
P_2 : 배관 및 관부속품의 마찰손실수두압〔MPa〕
P_3 : 낙차의 환산수두압〔MPa〕

3 펌프방식(지하수조방식)

$$H = h_1 + h_2 + h_3 + 25$$

여기서, H : 전양정〔m〕
h_1 : 소방호스의 마찰손실수두〔m〕
h_2 : 배관 및 관부속품의 마찰손실수두〔m〕
h_3 : 실양정(흡입양정+토출양정)〔m〕

4 가압수조방식

① 가압수조를 이용한 가압송수장치
② 수조에 있는 소화수를 고압의 공기 또는 불연성 기체로 가압시켜 송수하는 방식

※ 옥외소화전설비
① 규정방수압력
: 0.25 MPa 이상
② 규정방수량
: 350l/min 이상

※ 펌프의 동력

$$P = \frac{0.163QH}{\eta}K$$

여기서,
P : 전동력〔kW〕
Q : 유량〔m^3/min〕
H : 전양정〔m〕
K : 전달계수
η : 효율

※ 단위
① 1HP=0.746kW
② 1PS=0.735kW

※ 방수량

$$Q = 0.653D^2\sqrt{10P}$$

여기서,
Q : 방수량〔l/min〕
D : 구경〔mm〕
P : 방수압력〔MPa〕

$$Q = 0.6597CD^2\sqrt{10P}$$

여기서,
Q : 토출량〔l/min〕
C : 노즐의 흐름계수
D : 구경〔mm〕
P : 방사압력〔MPa〕

4 옥외소화전설비의 배관 등(NFPC 109 6조, NFTC 109 2.3)

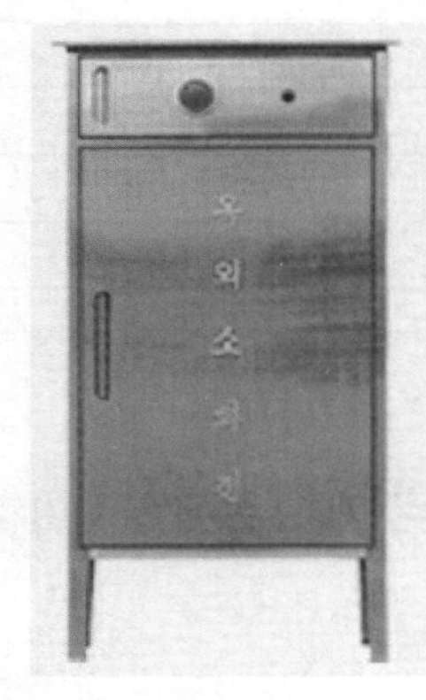

▌옥외소화전함▌

※ 호스접결구
호스를 연결하기 위한 구멍으로서, 여기서는 '방수구'를 의미한다.

① 호스접결구는 특정소방대상물 각 부분으로부터 호스접결구까지의 **수평거리**가 40m 이하가 되도록 설치한다.

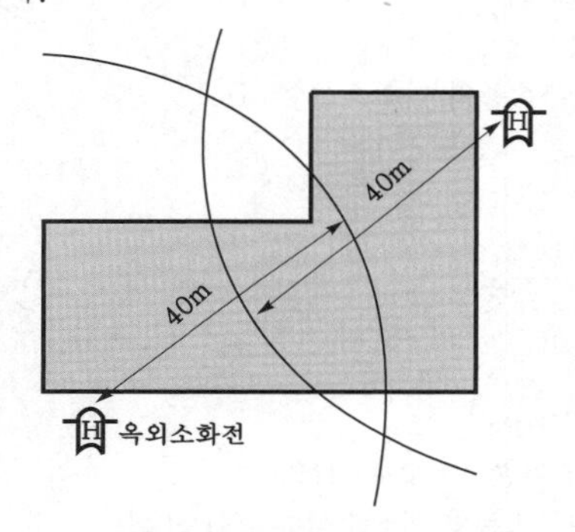

▌옥외소화전의 설치▌

② 호스는 구경 65mm의 것으로 한다.

③ 관창은 **방사형**으로 비치하여야 한다.

※ 관창
소방호스의 끝부분에 연결하여 물을 방수하는 장치로서 '노즐'이라고도 부른다.

※ 방사형
'분무형'이라고도 부른다.

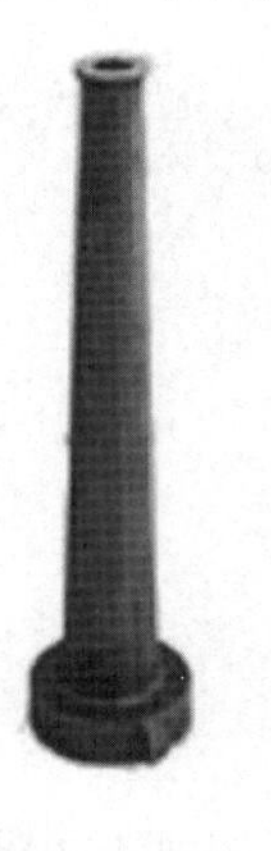

(a) 직사형

(b) 방사형

▌관창(nozzle)▌

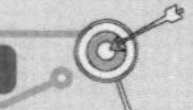

Key Point

▌배관의 종류▐

사용압력	배관종류
1.2MPa 미만	• 배관용 탄소강관
1.2MPa 이상	• 압력배관용 탄소강관 • 이음매 없는 동 및 동합금의 배관용 동관
지하에 **매설**시 **소방용 합성수지배관** 설치가능	

※ **배관**
수격작용을 고려하여 직선으로 설치

5 옥외소화전설비의 소화전함(NFPC 109 7조, NFTC 109 2.4)

※ **옥외소화전의 지하매설배관**
소방용 합성수지배관

1 설치거리

옥외소화전설비에는 옥외소화전으로부터 5m 이내에 소화전함을 설치하여야 한다.

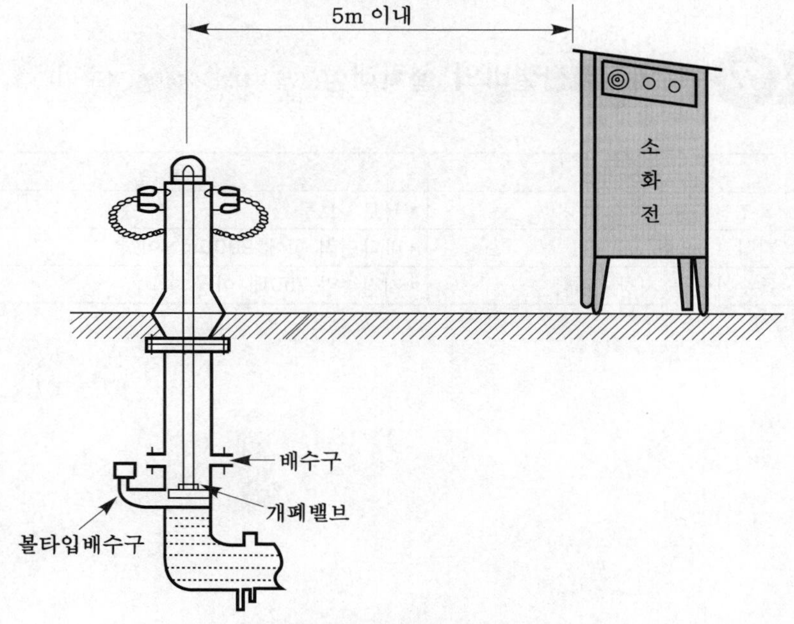

▌옥외소화전함의 설치거리(실체도)▐

※ **호스결합금구**
① 옥내소화전 : 구경 40mm
② 옥외소화전 : 구경 65mm

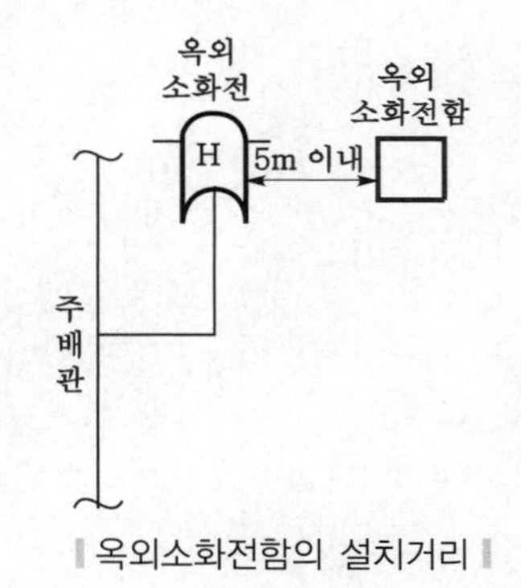

▌옥외소화전함의 설치거리▐

Key Point

2 설치개수

옥외소화전개수	옥외소화전함개수
10개 이하	**5m** 이내의 장소에 1개 이상
11~30개 이하	**11개** 이상 소화전함 분산 설치
31개 이상	소화전 **3개**마다 1개 이상

※ 옥외소화전함 설치기구
① 호스(65mm×20m×2개)
② 노즐(19mm×1개)

※ 옥외소화전함 설치
① 10개 이하 : 5m 이내의 장소에 1개 이상
② 11~30개 이하 : 11개 이상 소화전함 분산설치
③ 31개 이상 : 소화전 3개마다 1개 이상

6 옥외소화전설비 동력장치, 전원 등

옥내소화전설비와 동일하다.

7 옥외소화전설비의 설치대상(소방시설법 시행령 〔별표 4〕)

설치대상	조 건
① 목조건축물	• 국보 · 보물
② 지상 1 · 2층	• 바닥면적 합계 **9000m²** 이상
③ 특수가연물 저장 · 취급	• 지정수량 **750배** 이상

CHAPTER

04 스프링클러설비

1 스프링클러헤드의 종류

출제확률  25.6% (25점)

(1) 감열부의 유무에 따른 분류

① 폐쇄형(closed type) : **감열부**가 **있다.** 퓨즈블링크형, 유리벌브형 등으로 구분한다.

② 개방형(open type) : **감열부**가 **없다.**

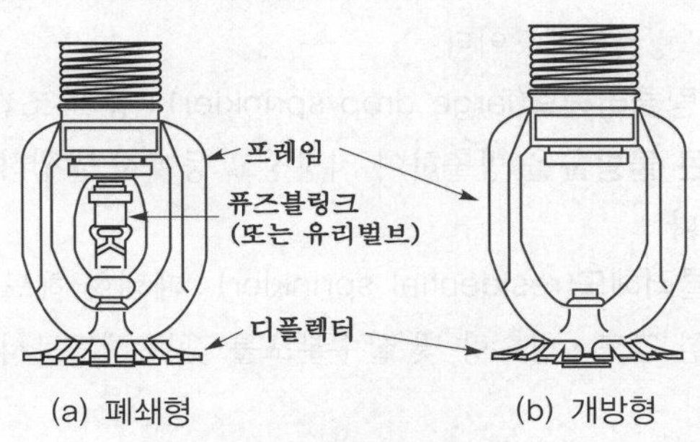

▌감열부에 따른 분류▐

(2) 설치방향에 따른 분류

① 상향형(upright type) : **반자**가 **없는 곳**에 설치하며, 살수방향은 **상향**이다.

② 하향형(pendent type) : **반자**가 **있는 곳**에 설치하며, 살수방향은 **하향**이다.

③ 측벽형(sidewall type) : 실내의 **벽상부**에 설치하며, 폭이 **9m** 이하인 경우에 사용한다.

④ 상하 양용형(conventional type) : **상향형**과 **하향형**을 **겸용**한 것으로 현재는 사용하지 않는다.

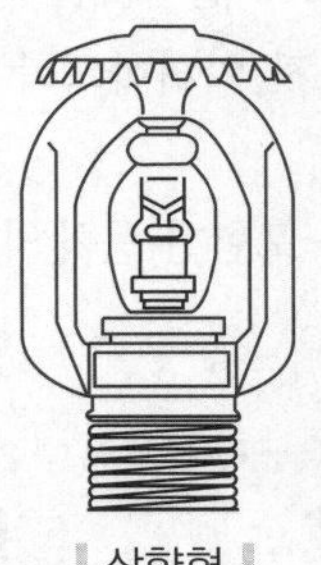
▌상향형▐

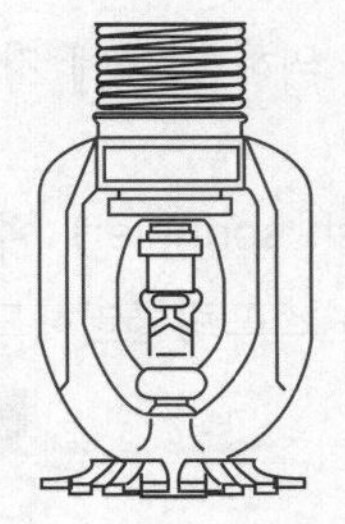
▌하향형▐

▌측벽형▐

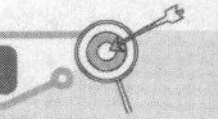

Key Point

✻ 스프링클러설비의 특징
① 초기화재에 효과적이다.
② 소화제가 물이므로 값이 싸서 경제적이다.
③ 감지부의 구조가 기계적이므로 오동작 염려가 적다.
④ 시설의 수명이 반영구적이다.

✻ 스프링클러설비의 대체설비
물분무소화설비

✻ 퓨즈블링크
이용성 금속으로 융착되거나 이용성 물질에 의하여 조립된 것

✻ 퓨즈블링크에 가하는 하중
설계하중의 13배

✻ 유리벌브형의 봉입물질
① 알코올
② 에테르

✻ 디플렉터(반사판)
헤드에서 유출되는 물을 세분시키는 작용을 한다.

Key Point

※ 헤드의 설치방향에 따른 분류
① 상향형
② 하향형
③ 측벽형
④ 상하양용형

비교

설치형태에 따른 분류
① 상향형
② 하향형
③ 측벽형
④ 반매입형
⑤ 은폐형

(3) 설계 및 성능특성에 따른 분류

① **화재조기진압형 스프링클러헤드(early suppression fast-response sprinkler)** : 화재를 **초기**에 **진압**할 수 있도록 정해진 면적에 충분한 물을 방사할 수 있는 빠른 작동능력의 스프링클러헤드이다.

② **라지 드롭 스프링클러헤드(large drop sprinkler)** : 동일 조건의 수(水)압력에서 표준형 헤드보다 **큰 물방울**을 방출하여 저장창고 등에서 발생하는 **대형화재**를 **진압**할 수 있는 헤드이다.

③ **주거형 스프링클러헤드(residential sprinkler)** : 폐쇄형 헤드의 일종으로 **주거지역**의 화재에 적합한 감도·방수량 및 살수분포를 갖는 헤드로서 **간이형 스프링클러헤드**를 포함한다.

‖ 화재조기진압형 ‖

‖ 라지 드롭 ‖

‖ 주거형 ‖

※ 랙크식 창고
바닥에서 반자까지의 높이가 10m를 넘는 것으로 선반 등을 설치하고 승강기 등에 의하여 수납물을 운반하는 장치를 갖춘 창고

④ **랙크형 스프링클러헤드(rack sprinkler)** : **랙크식 창고**에 설치하는 헤드로서 상부에 설치된 헤드의 방출된 물에 의해 작동에 지장이 생기지 아니하도록 **보호판**이 **부착**된 헤드이다.

⑤ **플러쉬 스프링클러헤드(flush sprinkler)** : 부착나사를 포함한 몸체의 일부나 전부가 **천장면 위**에 설치되어 있는 스프링클러헤드이다.

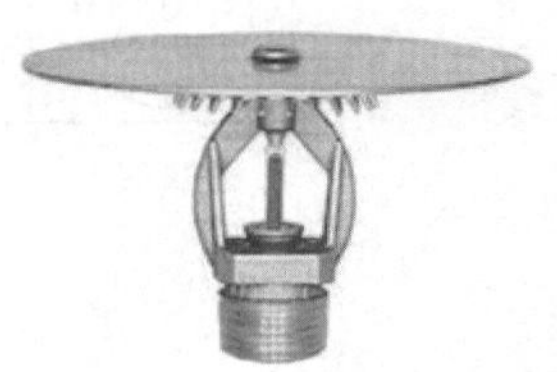

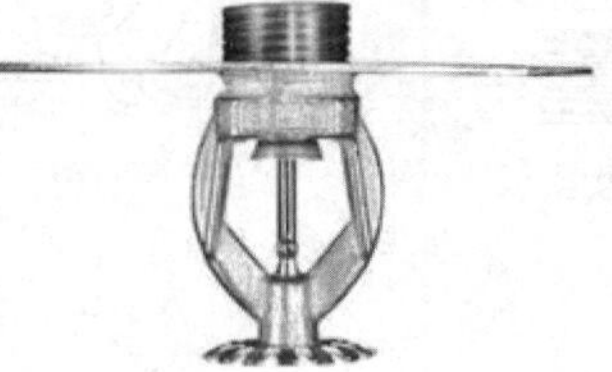

‖ 랙크형 ‖

‖ 플러쉬 ‖

⑥ 리세스드 스프링클러헤드(recessed sprinkler) : 부착나사 이외의 몸체 일부나 전부가 **보호집 안**에 설치되어 있는 스프링클러헤드를 말한다.

⑦ 컨실드 스프링클러헤드(concealed sprinkler) : 리세스드 스프링클러헤드에 **덮개**가 **부착**된 스프링클러헤드이다.

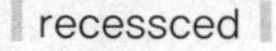

recessced

concealed

⑧ 속동형 스프링클러헤드(quick-response sprinkler) : 화재로 인한 **감응속도**가 일반 스프링클러보다 **빠른** 스프링클러로서 **사람**이 **밀집**한 **지역**이나 인명피해가 우려되는 장소에 가장 빨리 작동되도록 설계된 스프링클러헤드이다.

* **속동형 스프링클러헤드의 사용장소**
  ① 인구밀집지역
  ② 인명피해가 우려되는 장소

⑨ 드라이 펜던트 스프링클러헤드(dry pendent sprinkler) : **동파방지**를 위하여 롱 니플 내에 **질소가스**가 충전되어 있는 헤드이다. 습식과 건식 시스템에 사용되며, 배관 내의 물이 스프링클러 몸체에 들어가지 않도록 설계되어 있다.

속동형

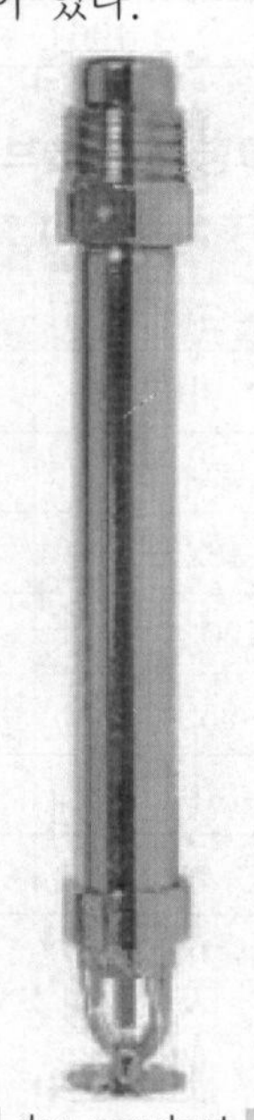

dry pendent

(4) 감열부의 구조 및 재질에 따른 분류

퓨즈블링크형(fusiblelink type)	유리벌브형(glass bulb type)
화재감지속도가 빨라 신속히 작동하며, 파손 시 **재생**이 **가능**하다.	유리관 내에 **액체**를 **밀봉**한 것으로 동작이 정확하며, 녹이 슬 염려가 없어 반영구적이다.

* **글라스벌브(유리벌브)**
  감열체 중 유리구 안에 액체 등을 넣어 봉입할 것

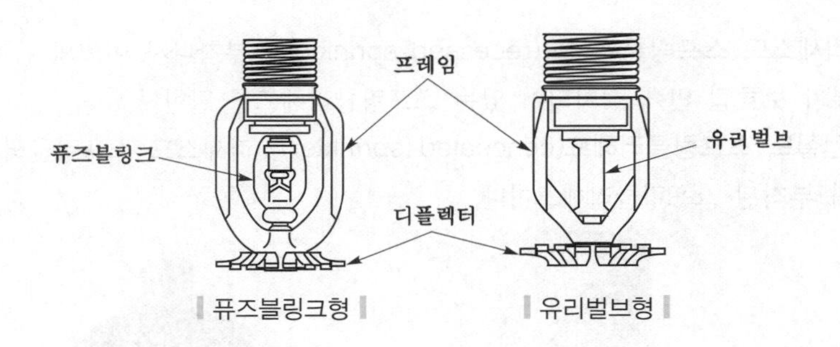

‖퓨즈블링크형‖ ‖유리벌브형‖

2 스프링클러헤드의 선정

※ 최고 주위온도

$$T_A = 0.9T_M - 27.3$$

여기서,
T_A : 최고주위온도[℃]
T_M : 헤드의 표시온도[℃]

※ 헤드의 표시온도
최고온도보다 높은 것을 선택

※ 유리벌브
감열체 중 유리구 안에 액체 등을 넣어 봉입한 것

(1) 폐쇄형(NFPC 103 10조, NFTC 103 2.7.6)

설치장소의 최고 주위온도	표시온도
39℃ 미만	79℃ 미만
39~64℃ 미만	79~121℃ 미만
64~106℃ 미만	121~162℃ 미만
106℃ 이상	162℃ 이상

(2) 퓨즈블링크형 · 유리벌브형(스프링클러헤드 형식 12조의 6)

퓨즈블링크형		유리벌브형	
표시온도(℃)	색	표시온도(℃)	색
77℃ 미만	표시 없음	57℃	오렌지
78~120℃	흰색	68℃	빨강
121~162℃	파랑	79℃	노랑
162~203℃	빨강	93℃	초록
204~259℃	초록	141℃	파랑
260~319℃	오렌지	182℃	연한 자주
320℃ 이상	검정	227℃ 이상	검정

3 스프링클러헤드의 배치

(1) 헤드의 배치기준(NFPC 103 10조, NFTC 103 2.7.3)

‖ 스프링클러헤드의 배치기준 ‖

설치장소	설치기준
무대부 · 특수가연물	수평거리 1.7m 이하
기타구조	수평거리 2.1m 이하
내화구조	수평거리 2.3m 이하
랙크식 창고	수평거리 2.5m 이하
공동주택(아파트) 세대 내의 거실	수평거리 3.2m 이하

① 스프링클러헤드는 특정소방대상물의 천장 · 반자 · 천장과 반자 사이, 덕트 · 선반, 기타 이와 유사한 부분(폭 1.2m 초과)에 설치해야 한다(단, 폭이 9m 이하인 실내에 있어서는 측벽에 설치할 수 있다.).

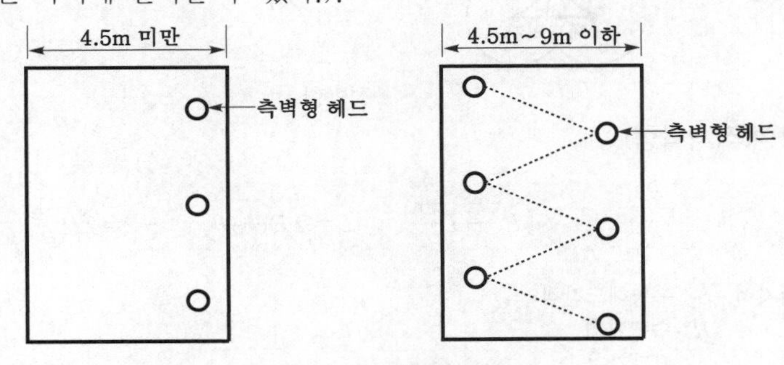

‖ 측벽형 헤드의 설치 ‖

② 무대부 또는 연소할 우려가 있는 개구부에는 **개방형 스프링클러헤드**를 설치해야 한다.

③ 랙크식 창고의 경우 **특수가연물**을 저장 · 취급하는 것은 높이 4m 이하마다, 그밖의 것을 취급하는 것은 6m 이하마다 스프링클러헤드를 설치해야 한다(단, 랙크식 창고의 천장높이가 13.7m 이하로 화재조기 진압용 스프링클러설비를 설치하는 경우에는 천장에만 스프링클러헤드를 설치할 수 있다).

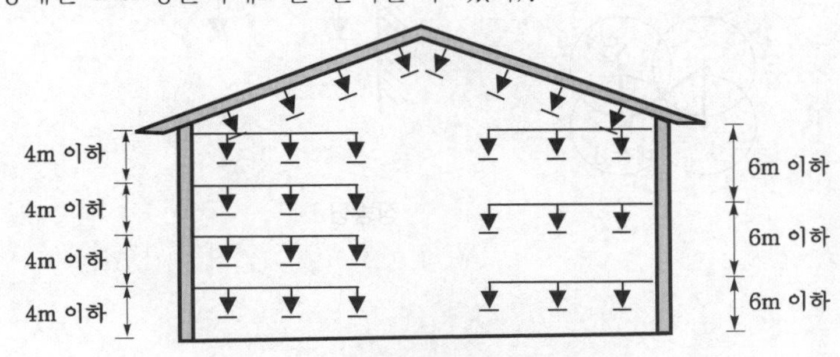

‖ 랙크식 창고의 헤드 설치 ‖

Key Point

＊ 개구부
화재시 쉽게 대피할 수 있는 출입문, 창문 등을 말한다.

＊ 연소할 우려가 있는 개구부
각 방화구획을 관통하는 컨베이어 · 에스컬레이터 또는 이와 유사한 시설의 주위로서 방화구획을 할 수 없는 부분

＊ 랙크식 창고 헤드 설치 높이
① 특수가연물 : 4m 이하
② 기타 : 6m 이하

Key Point

※ 정방형
★꼭 기억하세요★

※ 수평거리와 같은 의미
① 유효반경
② 직선거리

※ 헤드
화재시 가압된 물이 내뿜어져 분산됨으로써 소화기능을 하는 것

(2) 헤드의 배치형태

① 정방형(정사각형)

$$S = 2R\cos 45°, \qquad L = S$$

여기서, S : 수평헤드간격
R : 수평거리
L : 배관간격

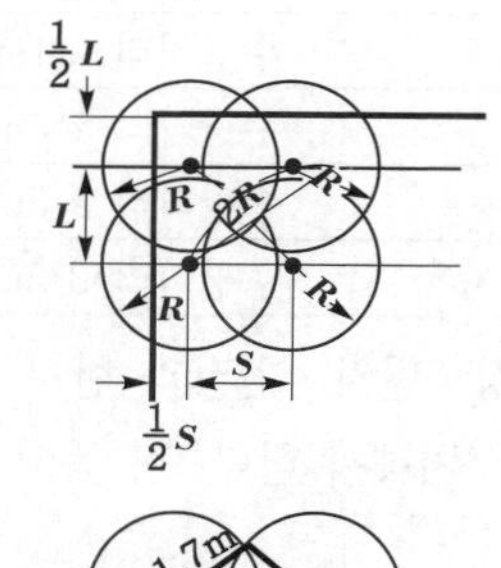

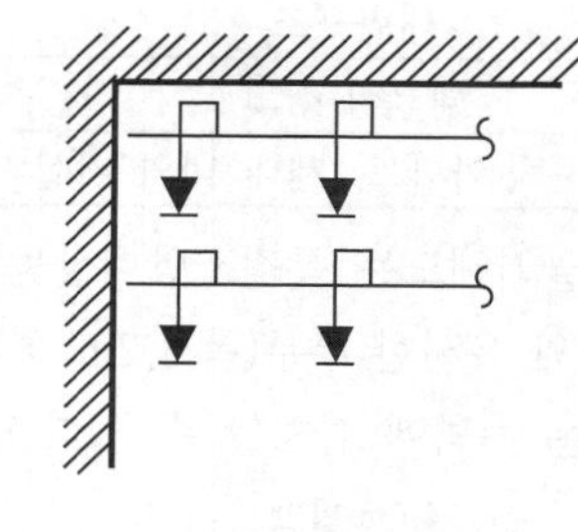

| 정방형 |

② 장방형(직사각형)

$$S = \sqrt{4R^2 - L^2}, \qquad L = 2R\cos\theta, \qquad S' = 2R$$

여기서, S : 수평헤드간격
R : 수평거리
L : 배관간격
S' : 대각선 헤드간격
θ : 각도

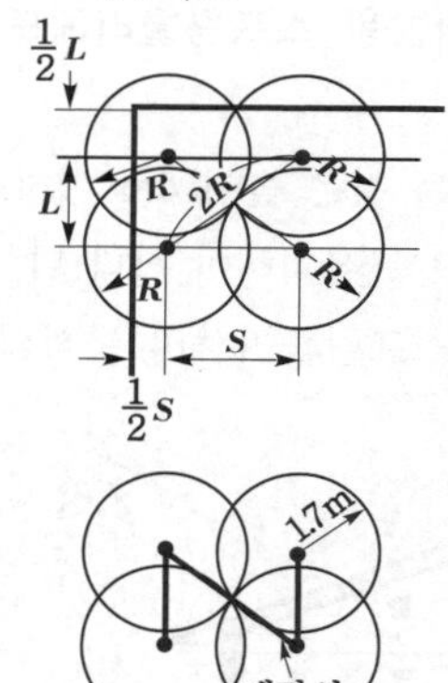

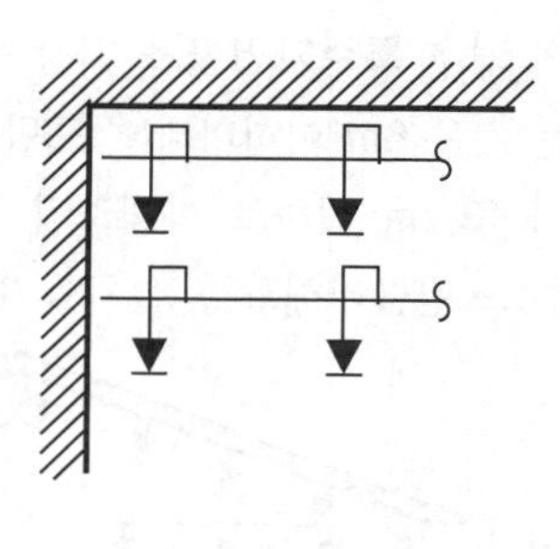

| 장방형 |

Key Point

③ 지그재그형(나란히꼴형)

$$S = 2R\cos 30°, \quad b = 2S\cos 30°, \quad L = \frac{b}{2}$$

여기서, S : 수평헤드간격, R : 수평거리
b : 수직헤드간격, L : 배관간격

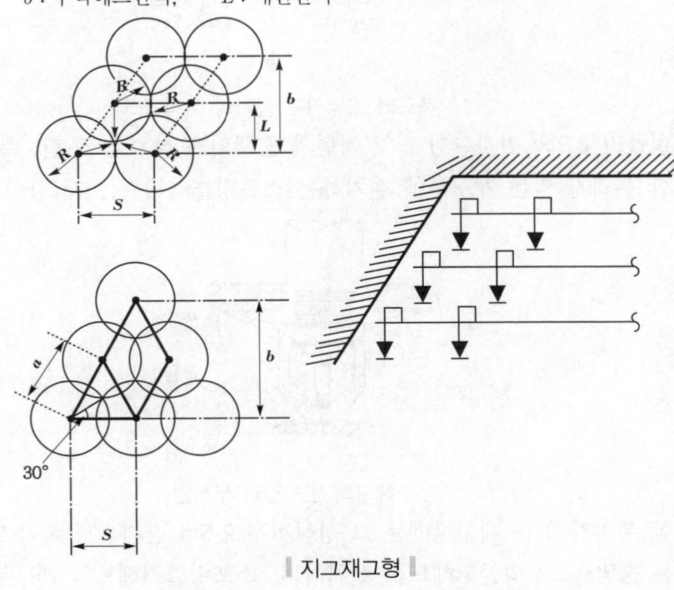

▮ 지그재그형 ▮

(3) 헤드의 설치기준(NFPC 103 10조, NFTC 103 2.7.7)

① 살수가 방해되지 않도록 스프링클러헤드로부터 반경 60cm 이상의 공간을 보유할 것(단, 벽과 스프링클러헤드간의 공간은 10cm 이상)

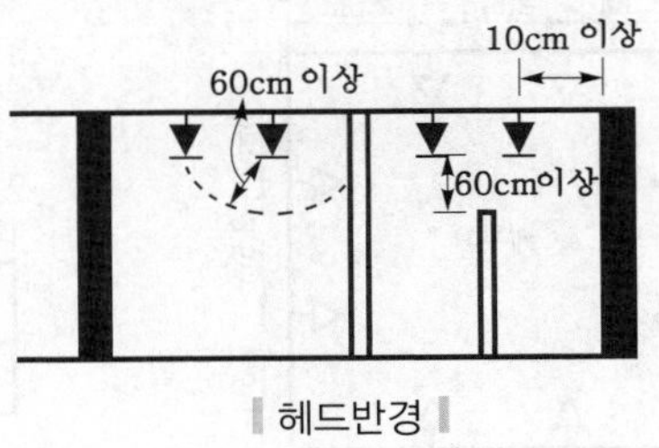

▮ 헤드반경 ▮

② 스프링클러헤드와 그 부착면과의 거리는 30cm 이하로 할 것

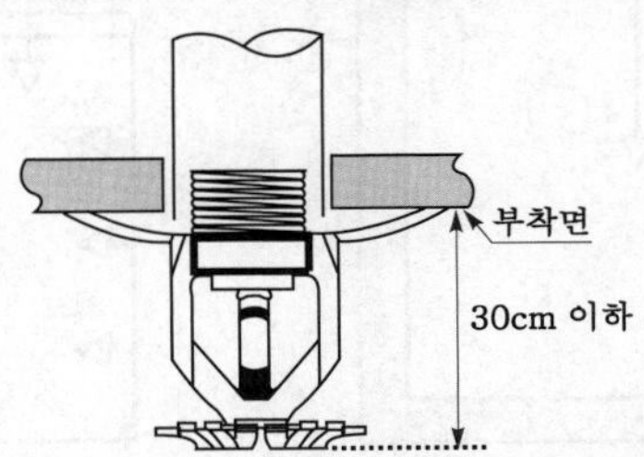

▮ 헤드와 부착면과의 이격거리 ▮

※ 스프링클러헤드
화재시 가압된 물이 내뿜어져 분산됨으로써 소화기능을 하는 헤드이다. 감열부의 유무에 따라 폐쇄형과 개방형으로 나눈다.

※ 불연재료
불에 타지 않는 재료

※ 난연재료
불에 잘 타지 않는 재료

Key Point

※ 행거
천장 등에 물건을 달아 매는 데 사용하는 철재

※ 헤드의 반사판
부착면과 평행되게 설치

※ 반사판
'디플렉터'라고도 한다.

※ 측벽형 헤드
가압된 물이 분사될 때 축심을 중심으로 한 반원상에 균일하게 분사시키는 헤드

※ 개구부
화재시 쉽게 대피할 수 있는 출입문, 창문 등을 말한다.

③ 배관, 행거 및 조명기구 등 살수를 방해하는 것이 있는 경우에는 그로부터 아래에 설치하여 살수에 장애가 없도록 할 것(단, 스프링클러헤드와 장애물과의 이격거리를 장애물 폭의 **3배 이상** 확보한 경우는 제외)

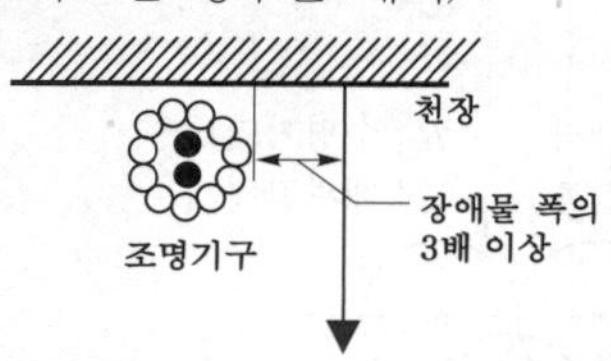

‖ 헤드와 조명기구 등과의 이격거리 ‖

④ 스프링클러헤드의 반사판이 그 부착면과 **평행**되게 설치할 것(단, **측벽형 헤드** 또는 연소할 우려가 있는 개구부에 설치하는 스프링클러헤드는 제외).

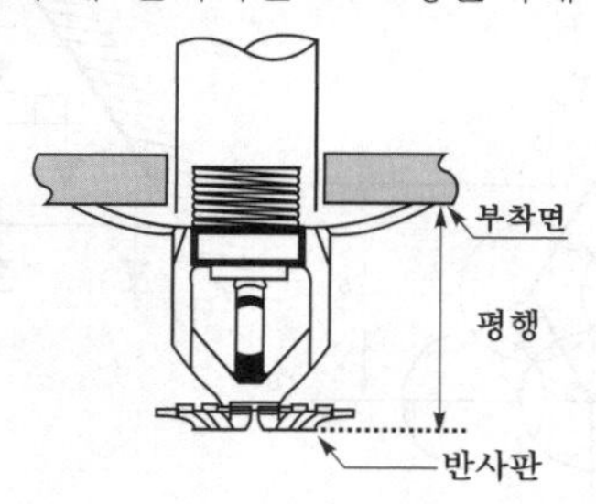

‖ 헤드의 반사판과 부착면 ‖

⑤ 연소할 우려가 있는 개구부에는 그 상하좌우 **2.5m** 간격으로(폭이 2.5m 이하인 경우에는 **중앙**) 스프링클러헤드를 설치하되, 스프링클러헤드와 개구부의 내측면으로부터의 직선거리는 **15cm** 이하가 되도록 할 것. 이 경우 사람이 상시 출입하는 개구부로서 통행에 지장이 있는 때에는 개구부의 상부 또는 측면(개구부의 폭이 **9m** 이하인 경우)에 설치하되, 헤드 상호간의 거리는 **1.2m** 이하로 설치해야 한다.

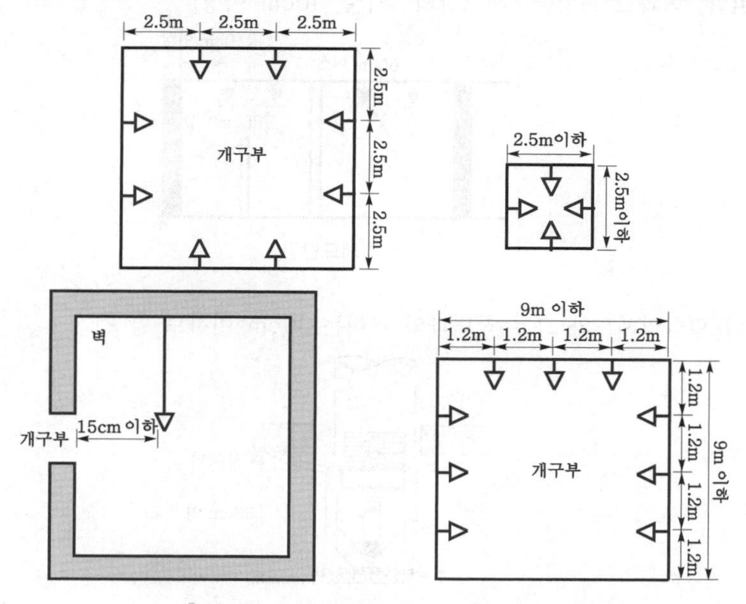

‖ 연소할 우려가 있는 개구부의 헤드설치 ‖

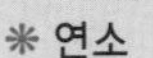

⑥ 천장의 기울기가 $\frac{1}{10}$ 을 초과하는 경우에는 가지관을 천장의 마루와 **평행**되게 **설치**하고, 천장의 최상부에 스프링클러헤드를 설치하는 경우에는 최상부에 설치하는 스프링클러헤드의 반사판을 **수평**으로 설치하고, 천장의 최상부를 중심으로 가지관을 서로 마주 보게 설치하는 경우에는 최상부의 가지관 상호간의 거리가 가지관상의 스프링클러헤드 상호간의 거리의 $\frac{1}{2}$ 이하(최소 1m 이상)가 되게 스프링클러헤드를 설치하고, 가지관의 최상부에 설치하는 스프링클러헤드는 천장의 최상부로부터의 수직거리가 90cm 이하가 되도록 할 것. 톱날지붕, 둥근지붕 기타 이와 유사한 지붕의 경우에도 이에 준한다.

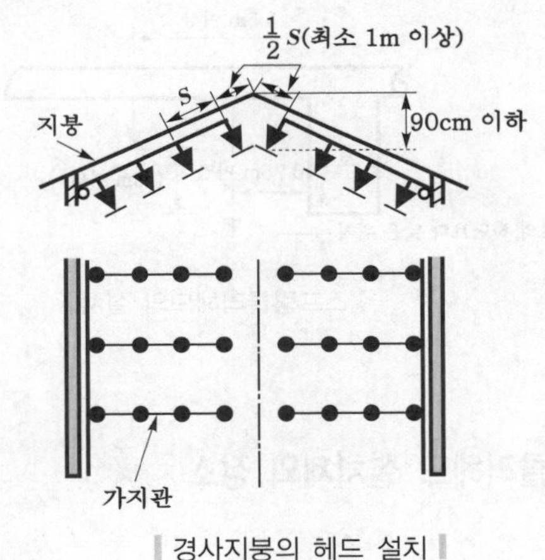

‖ 경사지붕의 헤드 설치 ‖

⑦ **습식** 또는 **부압식** 스프링클러설비 외의 설비에는 **상향식 스프링클러헤드**를 설치할 것

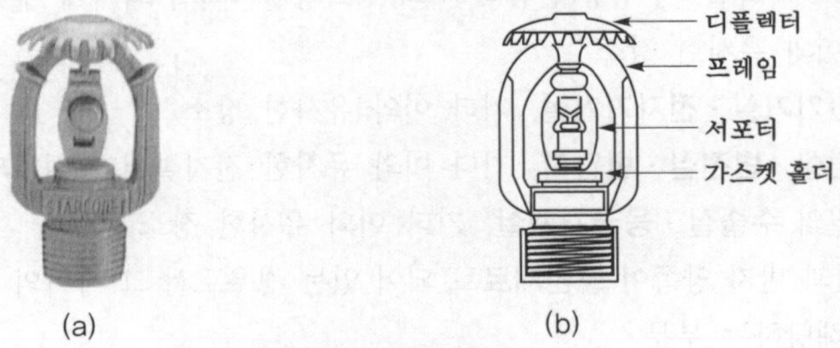

‖ 상향식 스프링클러헤드 ‖

> **중요** 상향식 스프링클러헤드 설치 제외
> - 드라이 펜던트 스프링클러헤드를 사용하는 경우
> - 스프링클러헤드의 설치장소가 동파의 우려가 없는 곳인 경우
> - 개방형 스프링클러헤드를 사용하는 경우

⑧ 특정소방대상물의 보와 가장 가까운 스프링클러헤드는 다음 〔표〕의 기준에 의하여 설치해야 한다. 다만, 천장면에서 보의 하단까지의 길이가 55cm를 초과하고 보

Key Point

※ 연소
가연물이 공기 중에 있는 산소와 반응하여 열과 빛을 동반하며 급격히 산화하는 현상

※ 반사판
스프링클러헤드의 방수구에서 유출되는 물을 세분시키는 작용을 하는 것으로서, '디플렉터(deflector)'라고도 부른다.

※ 습식 스프링클러설비
습식 밸브의 1차측 및 2차측 배관 내에 항상 가압수가 충수되어 있다가 화재발생시 열에 의해 헤드가 개방되어 소화하는 형식

※ 상향식 스프링클러헤드 설치 이유
배관의 부식 및 동파를 방지하기 위함

※ 드라이 팬던트 스프링클러헤드
동파방지를 위하여 롱리플 내에 질소가스를 넣은 헤드

의 중심으로부터 스프링클러헤드까지의 거리가 스프링클러헤드 상호간 거리의 $\frac{1}{2}$ 이하가 되는 경우에는 스프링클러헤드와 그 부착면과의 거리를 55cm 이하로 할 수 있다.

‖ 보와 가장 가까운 헤드의 설치거리 ‖

스프링클러헤드의 반사판 중심과 보의 수평거리	스프링클러헤드의 반사판 높이와 보의 하단높이의 수직거리
0.75m 미만	보의 하단보다 낮을 것
0.75~1.0m 미만	0.1m 미만일 것
1.0~1.5m 미만	0.15m 미만일 것
1.5m 이상	0.3m 미만일 것

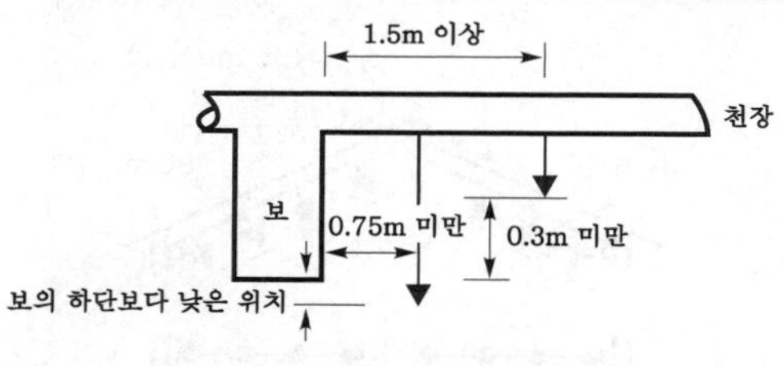

‖ 스프링클러헤드의 설치 ‖

※ 보
건물 또는 구조물의 형틀 부분을 구성하는 것으로서 '들보'라고도 부른다.

4 스프링클러헤드 설치제외 장소(NFPC 103 15조, NFTC 103 2.12.1)

※ 파이프덕트
위생·냉난방 등의 급배기구의 용도로 사용되는 통로

※ 불연재료
불에 타지 않는 재료

① 계단실·경사로·승강기의 승강로·비상용 승강기의 승강장·파이프덕트 및 덕트피트·목욕실·수영장(관람석 제외)·화장실·직접 외기에 개방되어 있는 복도, 기타 이와 유사한 장소
② **통신기기실·전자기기실**, 기타 이와 유사한 장소
③ **발전실·변전실·변압기**, 기타 이와 유사한 전기설비가 설치되어 있는 장소
④ 병원의 **수술실·응급처치실**, 기타 이와 유사한 장소
⑤ 천장과 반자 양쪽이 **불연재료**로 되어 있는 경우로서 그 사이의 거리 및 구조가 다음에 해당하는 부분
㈎ 천장과 반자 사이의 거리가 2m 미만인 부분

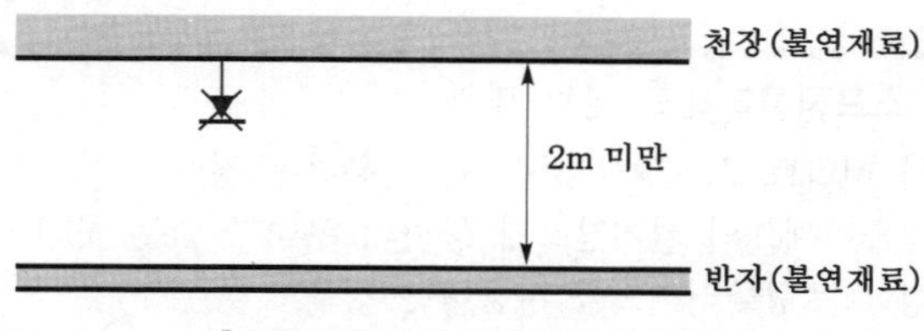

‖ 천장·반자가 불연재료인 경우 ‖

(나) 천장과 반자 사이의 **벽**이 **불연재료**이고 천장과 반자 사이의 거리가 2m 이상으로서 그 사이에 **가연물**이 **존재**하지 **않는 부분**

⑥ 천장 · 반자 중 한쪽이 **불연재료**로 되어 있고, 천장과 반자 사이의 거리가 1m 미만인 부분

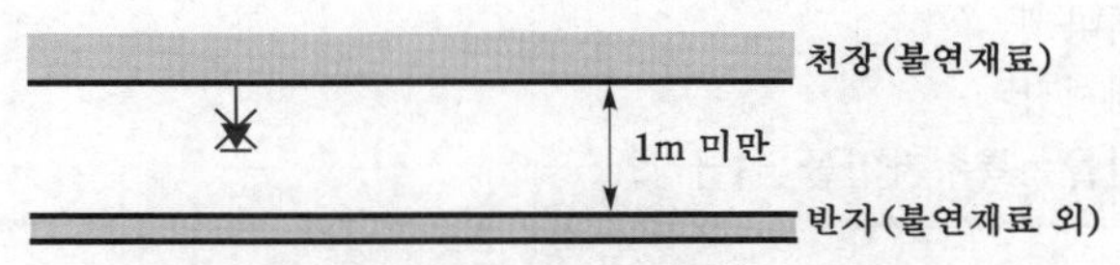

| 천장 · 반자 중 한쪽이 불연재료인 경우 |

⑦ 천장 및 반자가 **불연재료 외**의 것으로 되어 있고, 천장과 반자 사이의 거리가 0.5m 미만인 부분

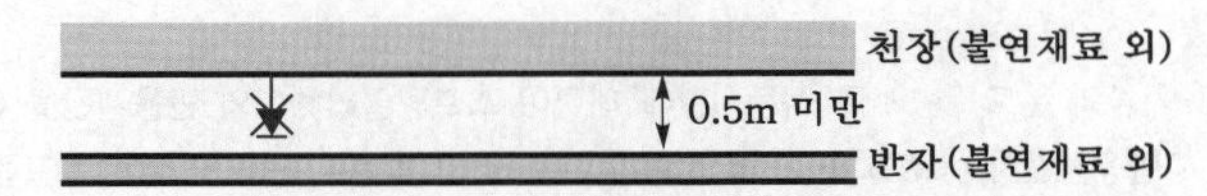

| 천장 · 반자 중 한쪽이 불연재료 외인 경우 |

⑧ **펌프실 · 물탱크실 · 엘리베이터 권상기실** 그 밖의 이와 비슷한 장소

⑨ **현관 · 로비** 등으로서 바닥에서 높이가 20m 이상인 장소

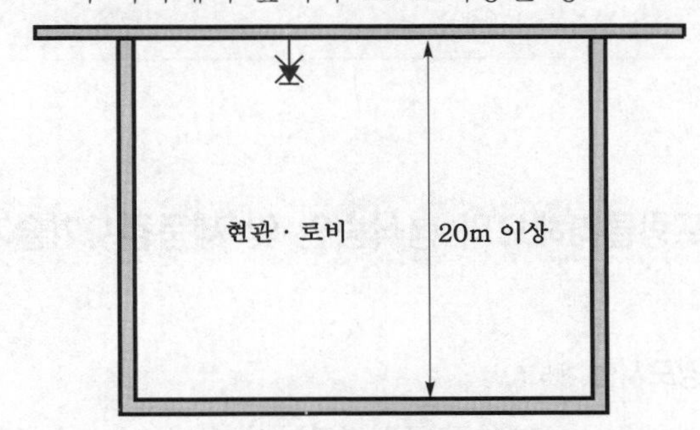

| 현관 · 로비 등의 헤드설치 |

⑩ 영하의 냉장창고의 **냉장실** 또는 냉동창고의 **냉동실**

⑪ 고온의 노가 설치된 장소 또는 물과 격렬하게 반응하는 물품의 저장 또는 취급장소

⑫ 불연재료로 된 특정소방대상물 또는 그 부분으로서 다음에 해당하는 장소

(가) **정수장 · 오물처리장**, 그 밖의 이와 비슷한 장소

(나) **펄프공장**의 작업장 · **음료수공장**의 세정 또는 충전하는 작업장, 그 밖의 이와 비슷한 장소

(다) 불연성의 금속 · 석재 등의 가공공장으로서 가연성물질을 저장 또는 취급하지 않는 장소

(라) 가연성물질이 존재하지 않는 방풍실

⑬ 실내에 설치된 **테니스장 · 게이트볼장 · 정구장** 또는 이와 비슷한 장소로서 실내 바닥 · 벽 · 천장이 **불연재료** 또는 **준불연재료**로 구성되어 있고 가연물이 존재하지 않는 장소로서 **관람석**이 **없는 운동시설**(지하층 제외)

⑭ 공동주택 중 아파트의 대피공간

※ **반자**
천장 밑 또는 지붕 밑에 설치되어 열차단, 소음방지 및 장식용으로 꾸민 부분

※ **로비**
대합실, 현관, 복도, 응접실 등을 겸한 넓은 방

※ **헤드**
화재시 가압된 물이 내뿜어져 분산됨으로써 소화기능을 하는 것

Key Point

중요 **스프링클러헤드 설치장소**

- 보일러실
- 복도
- 슈퍼마켓
- 소매시장
- 위험물 · 특수가연물 취급장소

※ **반응시간 지수**
기류의 온도, 속도 및 작동시간에 대하여 스프링클러헤드의 반응시간을 예상한 지수

문제 **스프링클러설비의 반응시간지수(response time index)에 대하여 설명하시오.**

득점	배점
	5

해답 기류의 온도, 속도 및 작동시간에 대하여 스프링클러헤드의 반응시간을 예상한 지수

해설 **"반응시간지수(RTI)"란** 기류의 온도 · 속도 및 작동시간에 대하여 스프링클러헤드의 반응을 예상한 지수로서 아래 식에 의하여 계산한다. (스프링클러헤드 형식 2)

$$RTI = \tau\sqrt{u}$$

여기서, RTI : 반응시간지수[m · s]$^{0.5}$
τ : 감열체의 시간상수[초]
u : 기류속도[m/s]

5 스프링클러헤드의 형식승인 및 제품검사기술기준

※ **스프링클러헤드의 시험방법**
① 강도시험
② 진동시험
③ 수격시험
④ 부식시험
⑤ 작동시험
⑥ 디플렉터 강도시험
⑦ 장기누수시험
⑧ 내열시험

(1) 폐쇄형 헤드의 강도시험(제5조)

① 헤드의 충격시험은 디플렉터의 중심으로부터 1m 높이에서, 헤드중량에 **15g**을 더한 중량의 원통형 추를 자유낙하시켜 1회의 충격을 가하여도 균열 · 파손이 되지 아니하고 기능에 이상이 생기지 않아야 한다.

② 설계하중의 **2배**인 인장하중을 헤드의 축방향으로 가하는 경우의 프레임의 영구 변형량은 설계하중을 가하는 경우의 프레임 변형량의 **50%** 이하이어야 한다.

※ **퓨즈블링크의 강도**
설계하중의 13배

(2) 퓨즈블링크의 강도(제6조)

폐쇄형 헤드의 퓨즈블링크는 $20_{\pm 1}$℃의 공기 중에서 그 설계하중의 **13배**인 하중을 **10일**간 가하여도 파손되지 않아야 한다.

※ **분해 부분의 강도**
설계하중의 2배

(3) 분해 부분의 강도(제8조)

폐쇄형 헤드의 분해 부분은 설계하중의 **2배**인 하중을 외부로부터 헤드의 중심축 방향으로 가하여도 파괴되지 않아야 한다.

Key Point

(4) 진동시험(제9조)

폐쇄형 헤드는 전진폭 5mm, 25Hz의 진동을 3시간 가한 다음 2.5MPa의 압력을 5분간 가하는 시험에서 물이 새지 않아야 한다.

(5) 수격시험(제10조)

폐쇄형 헤드는 피스톤형 펌프를 사용하여 0.35~3.5MPa까지의 압력변동을 연속하여 4000회 가한 다음 2.5MPa의 압력을 5분간 가하여도 물이 새거나 변형이 되지 않아야 한다.

(6) 표시사항(제12조의 6)

① 종별
② 형식
③ 형식승인번호
④ 제조년도
⑤ 제조번호 또는 로트번호
⑥ 제조업체명 또는 약호
⑦ 표시온도
⑧ 표시온도에 따른 색표시 ─ 폐쇄형 헤드에만 적용
⑨ 최고주위온도
⑩ 취급상의 주의사항
⑪ 품질보증에 관한 사항(보증기간, 보증내용, A/S 방법, 자체검사필증 등)

※ **로트번호**
생산되는 물품에 각각 번호를 부여한 것

6 스프링클러설비의 종류

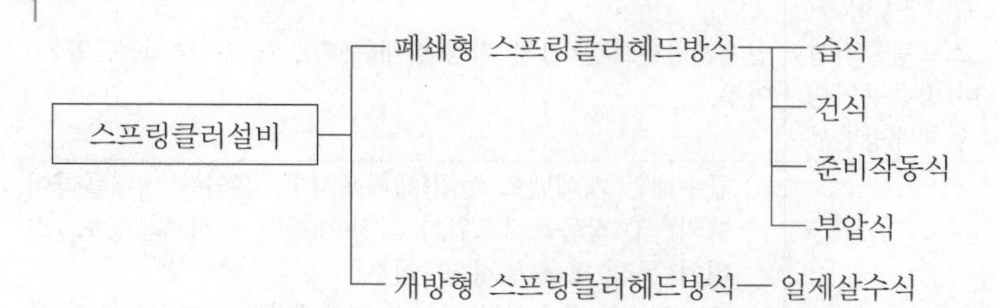

▌스프링클러설비의 비교▐

구분 방식	습 식	건 식	준비작동식	부압식	일제살수식
1차측	가압수	가압수	가압수	가압수	가압수
2차측	가압수	압축공기	대기압	부압(진공)	대기압
밸브종류	습식밸브 (자동경보밸브, 알람체크밸브)	건식밸브	준비작동밸브	준비작동밸브	일제개방밸브 (델류즈밸브)
헤드종류	폐쇄형 헤드	폐쇄형 헤드	폐쇄형 헤드	폐쇄형 헤드	개방형 헤드

※ **폐쇄형 스프링클러헤드**
정상상태에서 방수구를 막고 있는 감열체가 일정온도에서 자동적으로 파괴·용해 또는 이탈됨으로써 분사구가 열려지는 스프링클러헤드

※ **개방형 스프링클러헤드**
감열체 없이 방수구가 항상 열려져 있는 스프링클러헤드

※ **습식과 건식의 비교**

습 식	건 식
구조 간단	구조 복잡
보온 필요	보온 불필요
설치비 저가	설치비 고가
소화활동 시간 빠름	소화활동 시간 지연

Key Point

중요 **스프링클러설비의 점검사항**

(1) 작동점검

구 분		점검항목
수원		① 주된 수원의 유효수량 적정 여부(겸용 설비 포함) ② 보조수원(**옥상**)의 유효수량 적정 여부
수조		① **수위계** 설치 또는 수위 확인 가능 여부 ② "**스프링클러설비용 수조**" 표지 설치 여부 및 설치상태
가압송수장치	펌프방식	① 성능시험배관을 통한 펌프성능시험 적정 여부 ② 펌프 흡입측 **연성계·진공계** 및 **토출측 압력계** 등 부속장치의 변형·손상 유무 ③ 내연기관방식의 펌프 설치 적정(정상기동(기동장치 및 제어반) 여부, 축전지상태, 연료량) 여부 ④ 가압송수장치의 "**스프링클러펌프**" 표지 설치 여부 또는 다른 소화설비와 겸용시 겸용 설비 이름 표시 부착 여부
	고가수조방식	**수위계·배수관·급수관·오버플로관·맨홀** 등 부속장치의 변형·손상 유무
	압력수조방식	**수위계·급수관·급기관·압력계·안전장치·공기압축기** 등 부속장치의 변형·손상 유무
	가압수조방식	**수위계·급수관·배수관·급기관·압력계** 등 부속장치의 변형·손상 유무
폐쇄형 스프링클러설비 방호구역 및 유수검지장치		유수검지장치실 설치 적정(실내 또는 구획, 출입문 크기, 표지) 여부
개방형 스프링클러설비 방수구역 및 일제개방밸브		일제개방밸브실 설치 적정(실내(구획), 높이, 출입문, 표지) 여부
배관		① 급수배관 개폐밸브 설치(개폐표시형, 흡입측 버터플라이 제외) 및 작동표시스위치 적정(제어반 표시 및 경보, 스위치 동작 및 도통시험) 여부 ② 준비작동식 유수검지장치 및 일제개방밸브 2차측 배관 부대설비 설치 적정(개폐표시형 밸브, 수직배수배관, 개폐밸브, 자동배수장치, 압력스위치 설치 및 감시제어반 개방 확인) 여부 ③ 유수검지장치 시험장치 설치 적정(설치위치, 배관구경, 개폐밸브 및 개방형 헤드, 물받이 통 및 배수관) 여부

*** 물올림장치**
수원의 수위가 펌프보다 낮은 위치에 있을 때 설치하며 펌프와 후드 밸브 사이의 흡입관 내에 항상 물을 충만시켜 펌프가 물을 흡입할 수 있도록 하는 설비

*** 가압송수장치**
물에 압력을 가하여 보내기 위한 장치로서 일반적으로 '펌프'가 사용된다.

Key Point

<table>
<tr><th>구 분</th><th colspan="2">점검항목</th></tr>
<tr><td rowspan="3">음향장치 및 기동장치</td><td colspan="2">① 유수검지에 따른 음향장치 작동 가능 여부(습식·건식의 경우)
② 감지기 작동에 따라 음향장치 작동 여부(준비작동식 및 일제개방밸브의 경우)
③ 음향장치(경종 등) 변형·손상 확인 및 정상작동(음량 포함) 여부</td></tr>
<tr><td>펌프 작동</td><td>① 유수검지장치의 발신이나 기동용 수압개폐장치의 작동에 따른 펌프 기동 확인(습식·건식의 경우)
② 화재감지기의 감지나 기동용 수압개폐장치의 작동에 따른 펌프 기동 확인(준비작동식 및 일제개방밸브의 경우)</td></tr>
<tr><td>준비작동식 유수검지장치 또는 일제개방밸브 작동</td><td>① 담당구역 내 화재감지기 동작(수동기동 포함)에 따라 개방 및 작동 여부
② 수동조작함(설치높이, 표시등) 설치 적정 여부</td></tr>
<tr><td>헤드</td><td colspan="2">① 헤드의 변형·손상 유무
② 헤드 설치 위치·장소·상태(고정) 적정 여부
③ 헤드 살수장애 여부</td></tr>
<tr><td>송수구</td><td colspan="2">① 설치장소 적정 여부
② 송수압력범위 표시 표지 설치 여부
③ 송수구 마개 설치 여부</td></tr>
<tr><td>전원</td><td colspan="2">① 자가발전설비인 경우 연료적정량 보유 여부
② 자가발전설비인 경우 「전기사업법」에 따른 정기점검 결과 확인</td></tr>
<tr><td rowspan="2">제어반</td><td>감시제어반</td><td>① 펌프 작동 여부 확인표시등 및 음향경보장치 정상작동 여부
② 펌프별 자동·수동 전환스위치 정상작동 여부
③ 각 확인회로별 도통시험 및 작동시험 정상작동 여부
④ 예비전원 확보 유무 및 시험 적합 여부
⑤ 유수검지장치·일제개방밸브 작동시 표시 및 경보 정상작동 여부
⑥ 일제개방밸브 수동조작스위치 설치 여부</td></tr>
<tr><td>동력제어반</td><td>앞면은 적색으로 하고, "스프링클러설비용 동력제어반" 표지 설치 여부</td></tr>
</table>

〔비고〕 특정소방대상물의 위치·구조·용도 및 소방시설의 상황 등이 이 표의 항목대로 기재하기 곤란하거나 이 표에서 누락된 사항을 기재한다.

※ 기동용 수압개폐장치
소화설비의 배관 내 압력변동을 검지하여 자동적으로 펌프를 기동 및 정지시키는 것으로서 압력챔버 또는 기동용 압력스위치 등을 말한다.

※ 수신반
'감시제어반'을 말한다.

※ 일제개방밸브
'델류지밸브(deluge valve)'라고도 부른다.

Key Point

(2) 종합점검

구 분		점검항목
수원		① 주된 수원의 유효수량 적정 여부(겸용 설비 포함) ② 보조수원(**옥상**)의 유효수량 적정 여부
수조		① 동결방지조치 상태 적정 여부 ② **수위계** 설치 또는 수위 확인 가능 여부 ③ 수조 외측 고정사다리 설치 여부(바닥보다 낮은 경우 제외) ④ 실내 설치시 조명설비 설치 여부 ⑤ **"스프링클러설비용 수조"** 표지 설치 여부 및 설치상태 ⑥ 다른 소화설비와 겸용시 겸용 설비의 이름 표시한 표지 설치 여부 ⑦ 수조-수직배관 접속부분 **"스프링클러설비용 배관"** 표지 설치 여부
가압송수장치	펌프방식	① 동결방지조치 상태 적정 여부 ② 성능시험배관을 통한 펌프성능시험 적정 여부 ③ 다른 소화설비와 겸용인 경우 펌프성능 확보 가능 여부 ④ 펌프 흡입측 **연성계·진공계** 및 **토출측 압력계** 등 부속장치의 변형·손상 유무 ⑤ 기동장치 적정 설치 및 기동압력 설정 적정 여부 ⑥ 물올림장치 설치 적정(전용 여부, 유효수량, 배관구경, 자동급수) 여부 ⑦ 충압펌프 설치 적정(토출압력, 정격토출량) 여부 ⑧ 내연기관방식의 펌프 설치 적정(정상기동(기동장치 및 제어반) 여부, 축전지상태, 연료량) 여부 ⑨ 가압송수장치의 **"스프링클러펌프"** 표지 설치 여부 또는 다른 소화설비와 겸용시 겸용 설비 이름 표시 부착 여부
	고가수조방식	**수위계·배수관·급수관·오버플로관·맨홀** 등 부속장치의 변형·손상 유무
	압력수조방식	① 압력수조의 압력 적정 여부 ② **수위계·급수관·급기관·압력계·안전장치·공기압축기** 등 부속장치의 변형·손상 유무
	가압수조방식	① **가압수조** 및 **가압원** 설치장소의 방화구획 여부 ② **수위계·급수관·배수관·급기관·압력계** 등 부속장치의 변형·손상 유무
폐쇄형 스프링클러설비 방호구역 및 유수검지장치		① 방호구역 적정 여부 ② 유수검지장치 설치 적정(수량, 접근·점검 편의성, 높이) 여부 ③ 유수검지장치실 설치 적정(실내 또는 구획, 출입문 크기, 표지) 여부 ④ **자연낙차**에 의한 유수압력과 유수검지장치의 유수검지압력 적정 여부 ⑤ 조기반응형 헤드 적합 유수검지장치 설치 여부

※ 연성계와 진공계

(1) 연성계
① 펌프의 흡입측에 설치
② 정 및 부의 게이지압력 측정
③ 0.1~2MPa, 0~76cmHg의 계기 눈금

(2) 진공계
① 펌프의 흡입측에 설치
② 부의 게이지압력 측정
③ 0~76cmHg의 계기 눈금

※ 방호구역

화재로부터 보호하기 위한 구역

<table>
<tr><th>구 분</th><th colspan="2">점검항목</th></tr>
<tr><td>개방형
스프링클러설비
방수구역 및
일제개방밸브</td><td colspan="2">① 방수구역 적정 여부
② 방수구역별 일제개방밸브 설치 여부
③ 하나의 방수구역을 담당하는 헤드 개수 적정 여부
④ 일제개방밸브실 설치 적정(실내(구획), 높이, 출입문, 표지) 여부</td></tr>
<tr><td>배관</td><td colspan="2">① 펌프의 흡입측 배관 여과장치의 상태 확인
② 성능시험배관 설치(개폐밸브, 유량조절밸브, 유량측정장치) 적정 여부
③ 순환배관 설치(설치위치·배관구경, 릴리프밸브 개방압력) 적정 여부
④ 동결방지조치 상태 적정 여부
⑤ 급수배관 개폐밸브 설치(개폐표시형, 흡입측 버터플라이 제외) 및 작동표시스위치 적정(제어반 표시 및 경보, 스위치 동작 및 도통시험) 여부
⑥ 준비작동식 유수검지장치 및 일제개방밸브 2차측 배관 부대설비 설치 적정(개폐표시형 밸브, 수직배수배관, 개폐밸브, 자동배수장치, 압력스위치 설치 및 감시제어반 개방 확인) 여부
⑦ 유수검지장치 시험장치 설치 적정(설치위치, 배관구경, 개폐밸브 및 개방형 헤드, 물받이통 및 배수관) 여부
⑧ 주차장에 설치된 스프링클러방식 적정(습식 외의 방식) 여부
⑨ 다른 설비의 배관과의 구분 상태 적정 여부</td></tr>
<tr><td rowspan="3">음향장치 및
기동장치</td><td colspan="2">① 유수검지에 따른 음향장치 작동 가능 여부(습식·건식의 경우)
② 감지기 작동에 따라 음향장치 작동 여부(준비작동식 및 일제개방밸브의 경우)
③ 음향장치 설치 담당구역 및 수평거리 적정 여부
④ 주음향장치 수신기 내부 또는 직근 설치 여부
⑤ 우선경보방식에 따른 경보 적정 여부
⑥ 음향장치(경종 등) 변형·손상 확인 및 정상작동(음량 포함) 여부</td></tr>
<tr><td>펌프 작동</td><td>① 유수검지장치의 발신이나 기동용 수압개폐장치의 작동에 따른 펌프 기동 확인(습식·건식의 경우)
② 화재감지기의 감지나 기동용 수압개폐장치의 작동에 따른 펌프 기동 확인(준비작동식 및 일제개방밸브의 경우)</td></tr>
<tr><td>준비작동식
유수검지장치
또는
일제개방밸브
작동</td><td>① 담당구역 내 화재감지기 동작(수동기동 포함)에 따라 개방 및 작동 여부
② 수동조작함(설치높이, 표시등) 설치 적정 여부</td></tr>
<tr><td>헤드</td><td colspan="2">① 헤드의 변형·손상 유무
② 헤드 설치 위치·장소·상태(고정) 적정 여부
③ 헤드 살수장애 여부
④ 무대부 또는 연소 우려 있는 개구부 개방형 헤드 설치 여부
⑤ 조기반응형 헤드 설치 여부(의무설치장소의 경우)
⑥ 경사진 천장의 경우 스프링클러헤드의 배치상태
⑦ 연소할 우려가 있는 개구부 헤드 설치 적정 여부
⑧ 습식·부압식 스프링클러 외의 설비 상향식 헤드 설치 여부
⑨ 측벽형 헤드 설치 적정 여부
⑩ 감열부에 영향을 받을 우려가 있는 헤드의 차폐판 설치 여부</td></tr>
</table>

Key Point

※ 도통시험
감시제어반 2차측의 압력스위치 회로 등의 배선상태가 정상인지의 여부를 확인하는 시험

※ 유수검지장치의 작동시험
말단시험밸브 또는 유수검지장치의 배수밸브를 개방하여 유수검지장치에 부착되어 있는 압력스위치의 작동 여부를 확인한다.

※ 연소우려가 있는 개구부
각 방화구획을 관통하는 컨베이어·에스컬레이터 또는 이와 유사한 시설의 주위로서 방화구획을 할 수 없는 부분

Key Point

구 분		점검항목
송수구		① 설치장소 적정 여부 ② 연결배관에 개폐밸브를 설치한 경우 개폐상태 확인 및 조작 가능 여부 ③ 송수구 설치**높이** 및 **구경** 적정 여부 ④ 송수압력범위 표시 표지 설치 여부 ⑤ 송수구 설치개수 적정 여부(폐쇄형 스프링클러설비의 경우) ⑥ **자동배수밸브**(또는 배수공)·**체크밸브** 설치 여부 및 설치상태 적정 여부 ⑦ 송수구 **마개** 설치 여부
전원		① 대상물 수전방식에 따른 **상용전원** 적정 여부 ② 비상전원 설치장소 적정 및 관리 여부 ③ 자가발전설비인 경우 **연료적정량** 보유 여부 ④ 자가발전설비인 경우 「전기사업법」에 따른 정기점검 결과 확인
제어반	겸용 감시·동력 제어반 성능 적정 여부(겸용으로 설치된 경우)	
	감시제어반	① 펌프 작동 여부 확인표시등 및 음향경보장치 정상작동 여부 ② 펌프별 자동·수동 전환스위치 정상작동 여부 ③ 펌프별 수동기동 및 수동중단 기능 정상작동 여부 ④ 상용전원 및 비상전원 공급 확인 가능 여부(비상전원 있는 경우) ⑤ 수조·물올림수조 저수위표시등 및 음향경보장치 정상작동 여부 ⑥ 각 확인회로별 도통시험 및 작동시험 정상작동 여부 ⑦ 예비전원 확보 유무 및 시험 적합 여부 ⑧ 감시제어반 전용실 적정 설치 및 관리 여부 ⑨ 기계·기구 또는 시설 등 제어 및 감시설비 외 설치 여부 ⑩ 유수검지장치·일제개방밸브 작동시 표시 및 경보 정상작동 여부 ⑪ 일제개방밸브 수동조작스위치 설치 여부 ⑫ 일제개방밸브 사용설비 화재감지기 회로별 화재표시 적정 여부 ⑬ 감시제어반과 수신기 간 상호 연동 여부(별도로 설치된 경우)
	동력제어반	앞면은 **적색**으로 하고, "**스프링클러설비용 동력제어반**" 표지 설치 여부
	발전기제어반	소방전원보존형 발전기는 이를 식별할 수 있는 표지 설치 여부
헤드 설치 제외		① 헤드 설치 제외 적정 여부(설치 제외된 경우) ② 드렌처설비 설치 적정 여부

〔비고〕 특정소방대상물의 위치·구조·용도 및 소방시설의 상황 등이 이 표의 항목대로 기재하기 곤란하거나 이 표에서 누락된 사항을 기재한다.

＊ 드렌처설비
건물의 창, 처마 등 외부화재에 의해 연소·파손하기 쉬운 부분에 설치하여 외부 화재의 영향을 막기 위한 설비

1) 습식 스프링클러설비

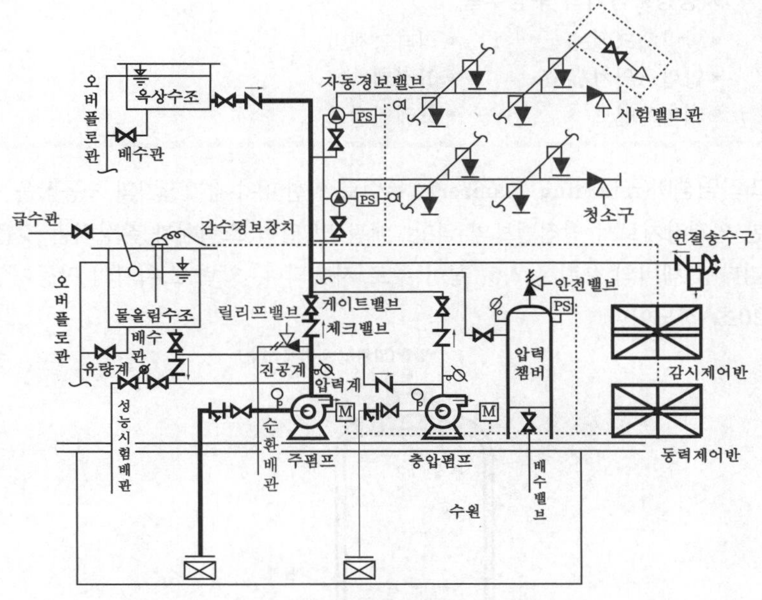

‖ 습식 스프링클러설비의 계통도 ‖

습식 밸브의 **1차측** 및 **2차측** 배관 내에 항상 **가압수**가 충수되어 있다가 화재발생시 열에 의해 헤드가 개방되어 소화한다.

(1) 유수검지장치

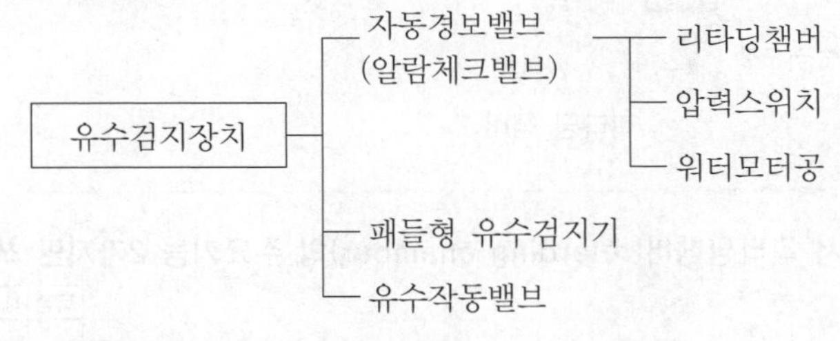

① 자동경보밸브(alarm check valve)

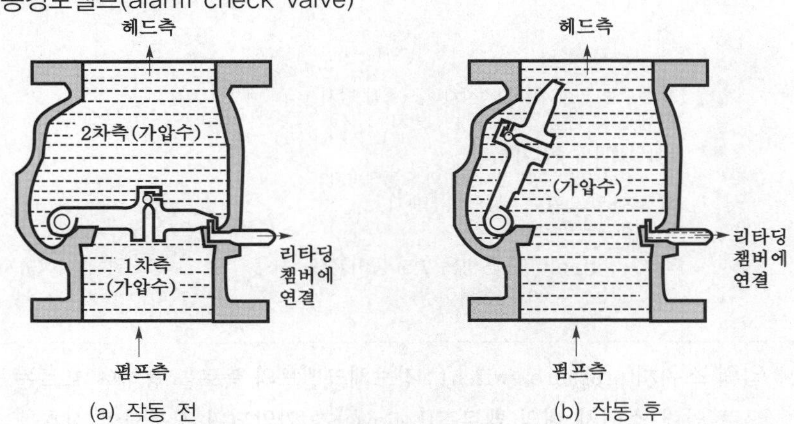

‖ 자동경보밸브 ‖

Key Point

※ 습식 설비의 작동순서
① 화재에 의해 헤드 개방
② 유수검지장치 작동
③ 사이렌 경보 및 감시제어반에 화재표시등 점등 및 밸브 개방신호 표시
④ 압력챔버의 압력스위치 작동
⑤ 동력제어반에 신호
⑥ 가압송수장치 기동
⑦ 소화

※ 습식 설비에 회향식 배관 사용 이유
배관 내의 이물질에 의해 헤드가 막히는 것을 방지한다.

※ 회향식 배관
배관에 하향식 헤드를 설치할 경우 상부분기 방식으로 배관하는 방식

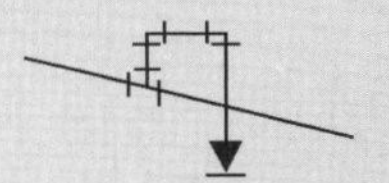

‖ 회향식 배관 ‖

※ 유수검지장치의 작동시험
말단시험밸브 또는 유수검지장치의 배수밸브를 개방하여 유수검지장치에 부착되어 있는 압력스위치의 작동 여부를 확인한다.

※ 가압송수장치의 작동
① 압력탱크(압력스위치)
② 자동경보밸브
③ 유수작동밸브

Key Point

※ 습식 설비의 유수 검지장치
① 자동경보밸브
② 패들형 유수검지기
③ 유수작동밸브

※ 유수경보장치
알람밸브 세트에 반드시 시간지연장치가 설치되어 있어야 한다.

※ 리타딩챔버의 역할
① 오동작 방지
② 안전밸브의 역할
③ 배관 및 압력 스위치의 손상 보호

※ 배관의 동파방지법
① 보온재를 이용한 배관보온법
② 히팅코일을 이용한 가열법
③ 순환펌프를 이용한 물의 유동법
④ 부동액 주입법

※ 압력 스위치
① 미코이트 스위치
② 서키트 스위치

중요 **자동경보장치의 구성부품**

- 알람체크밸브
- 압력스위치
- 게이트밸브
- 리타딩챔버
- 압력계
- 드레인밸브

㈎ **리타딩챔버**(retarding chamber) : 누수로 인한 유수검지장치의 오동작을 방지하기 위한 안전장치로서 안전밸브의 역할, 배관 및 압력 스위치가 손상되는 것을 방지한다. 리타딩 챔버의 용량은 **7.5l** 형이 주로 사용되며, 압력 스위치의 작동지연시간은 약 **20초** 정도이다.

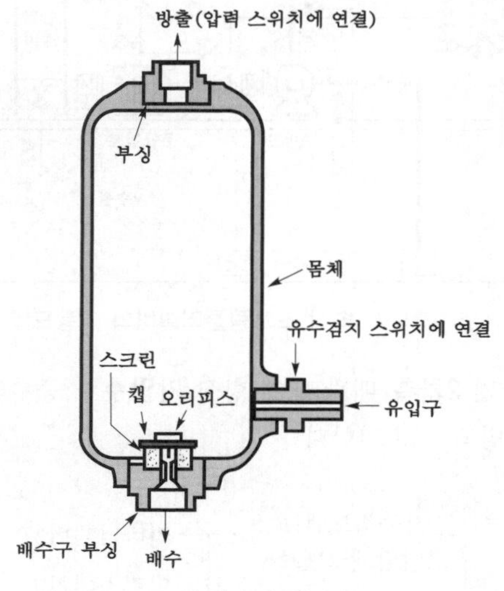

┃ 리타딩 챔버 ┃

문제 스프링클러설비에서 리타딩챔버(retarding chamber)의 주요기능 2가지만 쓰시오.

득점	배점
	4

○

○

해답 ① 누수로 인한 유수검지장치의 오동작 방지
② 배관 및 압력 스위치의 손상방지

해설 **리타딩챔버**의 **주요기능**
(1) 누수로 인한 유수검지장치의 오동작방지
(2) 배관 및 압력 스위치의 손상방지
(3) 안전밸브의 역할

※ 리타딩챔버의 용량은 **7.5l 형**이 주로 사용되며, 압력 스위치의 작동지연시간은 약 **20초** 정도이다.

㈏ **압력 스위치**(pressure switch) : 경보체크밸브의 측로를 통하여 흐르는 물의 압력으로 압력 스위치 내의 **벨로즈**(bellows)가 **가압**되면 작동되어 신호를 보낸다.

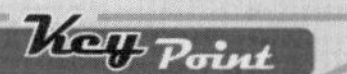

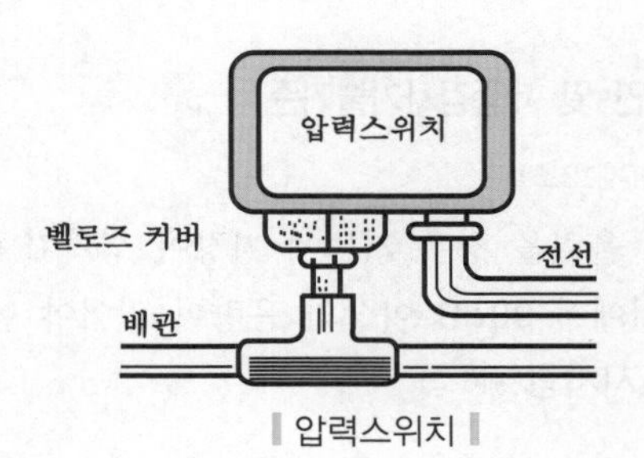

‖ 압력스위치 ‖

㈐ **워터모터공**(water motor gong) : 리타딩 챔버를 통과한 압력수가 노즐을 통해서 방수되고 이 압력에 의하여 수차가 회전하게 되면 타종링이 함께 회전하면서 경보하는 방식으로, 요즘에는 사용하지 않는다.

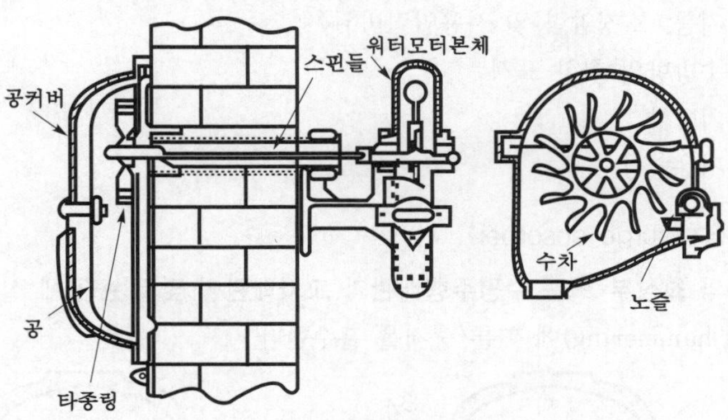

‖ 워터모터공 ‖

> **중요** 비화재시에도 오보가 울릴 경우의 점검사항
> - 리타딩챔버 상단의 압력 스위치 점검
> - 리타딩챔버 상단의 압력 스위치 배선의 누전상태 점검
> - 리타딩챔버 하단의 오리피스 점검

② **패들형 유수검지기** : 배관 내에 패들(paddle)이라는 얇은 판을 설치하여 물의 흐름에 의해 패들이 들어 올려지면 접점이 붙어서 신호를 보낸다.

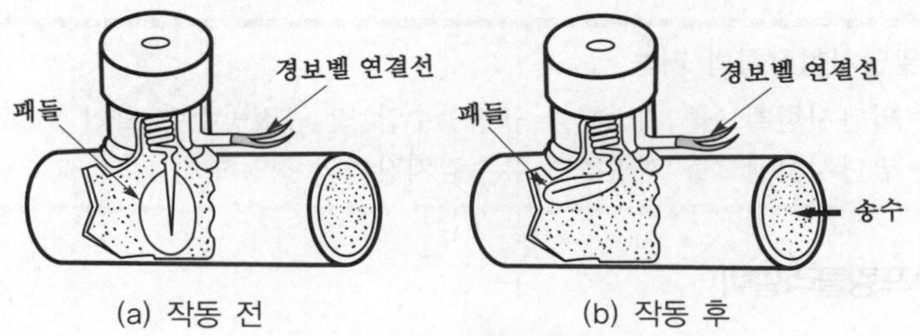

(a) 작동 전 (b) 작동 후

‖ 패들형 유수검지기 ‖

③ **유수작동밸브** : 체크밸브의 구조로서 물의 흐름에 의해 밸브에 부착되어 있는 마이크로 스위치가 작동되어 신호를 보낸다.

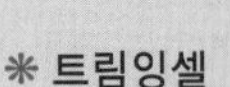

※ 트림잉셀
리타딩챔버의 압력을 워터모터공에 전달하는 역할

※ 누전
도선 이외에 다른 곳으로 전류가 흐르는 것

※ 패들형 유수검지기
경보지연장치가 없다.

※ 마이크로 스위치
물의 흐름 등에 작동되는 스위치로서 '리미트 스위치'의 축소형태라고 할 수 있다.

Key Point

(2) 유수제어밸브의 형식승인 및 제품검사기술기준

① 워터모터공의 기능(제12조)

㈎ 3시간 연속하여 울렸을 경우 기능에 지장이 생기지 아니하여야 한다.

㈏ 3m 떨어진 위치에서 90dB 이상의 음량이 있어야 한다.

② 유수검지장치의 표시사항(제6조)

㈎ 종별 및 형식

㈏ 형식승인번호

㈐ 제조년월 및 제조번호

㈑ 제조업체명 또는 상호

㈒ 안지름, 호칭압력 및 사용압력범위

㈓ 유수방향의 화살 표시

㈔ 설치방향

㈕ 검지유량상수

(3) 수격방지장치(surge absorber)

수직배관의 **최상부** 또는 **수평주행배관**과 **교차배관**이 **맞닿는 곳**에 설치하여 워터해머링(water hammering)에 따른 충격을 흡수한다.

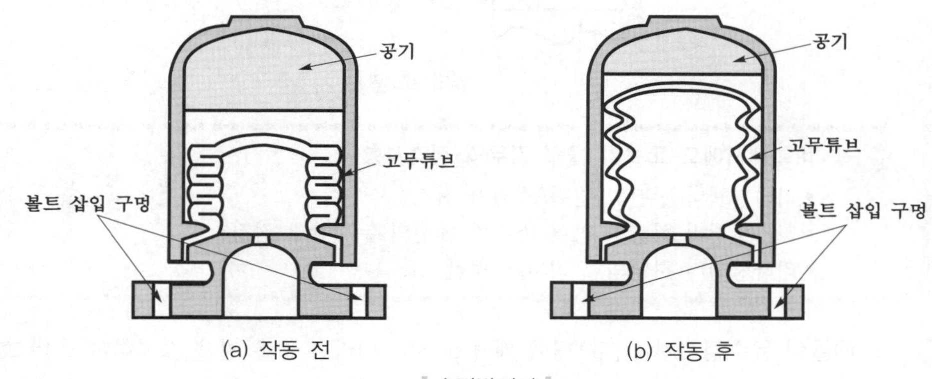

(a) 작동 전 (b) 작동 후

‖ 수격방지기 ‖

중요

말단시험장치의 기능

- 말단시험밸브를 개방하여 규정방수압 및 규정방수량 확인
- 말단시험밸브를 개방하여 유수검지장치의 작동확인

2) 건식 스프링클러설비

건식밸브의 **1차측**에는 **가압수**, **2차측**에는 **공기**가 압축되어 있다가 화재발생시 열에 의해 헤드가 개방되어 소화한다.

※ 유수검지장치
스프링클러헤드 개방시 물흐름을 감지하여 경보를 발하는 장치

※ 수평 주행배관
각 층에서 교차배관까지 물을 공급하는 배관

※ 교차배관
수평주행배관에서 가지배관에 이르는 배관

※ 워터해머링
배관 내를 흐르는 유체의 유속을 급격하게 변화시키므로 압력이 상승 또는 하강하여 관로의 벽면을 치는 현상으로서, '수격작용'이라고도 부른다.

※ 건식설비의 주요 구성요소
① 건식 밸브
② 엑셀레이터
③ 익져스터
④ 자동식 공기압축기
⑤ 에어 레귤레이터
⑥ 로우 알람 스위치

Key Point

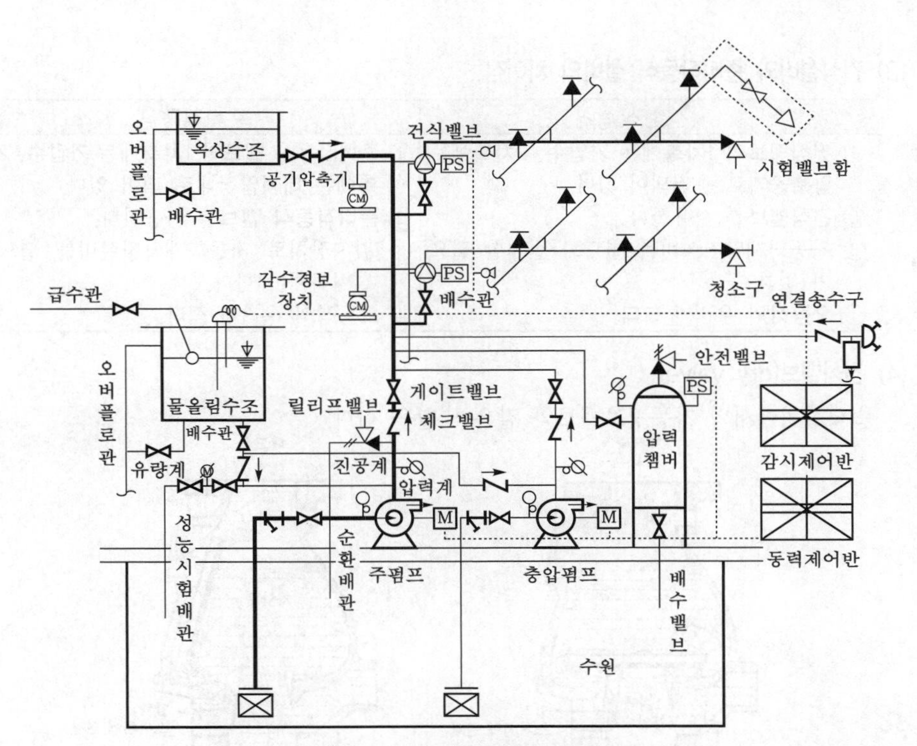

▮건식스프링클러설비의 계통도▮

(1) 습식설비와 건식설비의 차이점

습 식	건 식
① 습식밸브의 **1·2차측** 배관 내에 **가압수**가 상시 충수되어 있다. ② **구조**가 **간단**하다. ③ **설치비**가 **저가**이다. ④ **보온**이 **필요**하다. ⑤ **소화활동시간**이 **빠르다.**	① 건식밸브의 **1차측**에는 **가압수**, **2차측**에는 **압축공기** 또는 **질소**로 충전되어 있다. ② **구조**가 **복잡**하다. ③ **설치비**가 **고가**이다. ④ **보온**이 **불필요**하다. ⑤ **소화활동시간**이 **느리다.**

(2) 습식설비와 준비작동식설비의 차이점

습 식	준비작동식
① 습식밸브의 **1·2차측** 배관 내에 **가압수**가 상시 충수되어 있다. ② **습식밸브**(자동경보밸브, 알람체크밸브)를 사용한다. ③ 자동화재탐지설비를 별도로 설치할 필요가 없다. ④ **오동작**의 우려가 **크다.** ⑤ **구조**가 **간단**하다. ⑥ **설치비**가 **저가**이다. ⑦ **보온**이 **필요**하다	① 준비작동식 밸브의 **1차측**에는 **가압수**, **2차측**에는 **대기압**상태로 되어 있다. ② **준비작동식 밸브**를 사용한다. ③ 감지장치로 자동화재탐지설비를 별도로 설치한다. ④ **오동작**의 우려가 **작다.** ⑤ **구조**가 복잡하다. ⑥ **설치비**가 **고가**이다. ⑦ **보온**이 **불필요**하다.

※ 건식밸브의 기능
① 자동경보기능
② 체크밸브기능

※ 습식설비
습식밸브의 1차측 및 2차측 배관 내에 항상 가압수가 충수되어 있다가 화재발생시 열에 의해 헤드가 개방되어 소화하는 방식

※ 건식설비의 2차측
건식밸브의 2차측에는 대부분 압축공기로 충전되어 있다.

※ 건식설비
건식밸브의 1차측에는 가압수, 2차측에는 공기가 압축되어 있다가 화재발생시 열에 의해 헤드가 개방되어 소화하는 방식

※ 준비작동식 설비
준비작동밸브의 1차측에는 가압수, 2차측에는 대기압상태로 있다가 화재발생시 감지기에 의하여 준비작동밸브를 개방하여 헤드까지 가압수를 송수시켜 놓고 있다가 열에 의해 헤드가 개방되면 소화하는 방식

(3) 건식설비와 준비작동식 설비의 차이점

건 식	준비작동식
① 건식밸브의 **1차측**에는 **가압수**, **2차측**에는 **압축공기**로 충전되어 있다. ② **건식밸브**를 사용한다. ③ 자동화재탐지설비를 별도로 설치할 필요가 없다. ④ **오동작**의 우려가 **크다**.	① 준비작동식 밸브의 **1차측**에는 **가압수**, **2차측**에는 **대기압**상태로 되어 있다. ② **준비작동식 밸브**를 사용한다. ③ 감지장치로 자동화재탐지설비를 별도로 설치하여야 한다. ④ **오동작**의 우려가 **적다**.

(4) 건식밸브(dry valve)

습식설비에서의 자동경보밸브와 같은 역할을 한다.

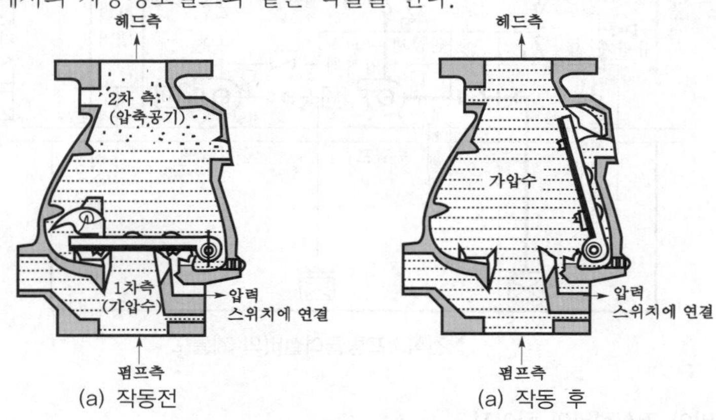

(a) 작동전 (a) 작동 후

▌건식밸브▐

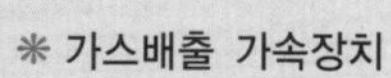

※ 가스배출 가속장치
① 엑셀레이터
② 익져스터

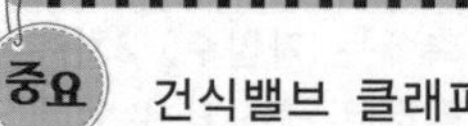

중요 **건식밸브 클래퍼 상부에 일정한 수면을 유지하는 이유**

- 저압의 공기로 클래퍼 상부의 동일압력유지
- 저압의 공기로 클래퍼의 닫힌 상태 유지
- 화재시 클래퍼의 쉬운 개방
- 화재시 신속한 소화활동
- 클래퍼 상부의 기밀유지

※ 엑셀레이터
가속기

※ 익져스터
공기배출기

※ Quick Opening Devices
'긴급개방장치'를 의미하며 엑셀레이터, 익져스터가 여기에 해당된다.

(5) 엑셀레이터(accelerator), 익져스터(exhauster)

건식 스프링클러설비는 2차측 배관에 공기압이 채워져 있어서 헤드 작동 후 공기의 저항으로 소화에 악영향을 미치지 않도록 설치하는 Quick-Opening Devices(QOD)로서, 이것은 건식밸브 개방시 압축공기의 **배출속도**를 **가속**시켜 1차측 배관 내의 가압수를 2차측 헤드까지 신속히 송수할 수 있도록 한다.

Key Point

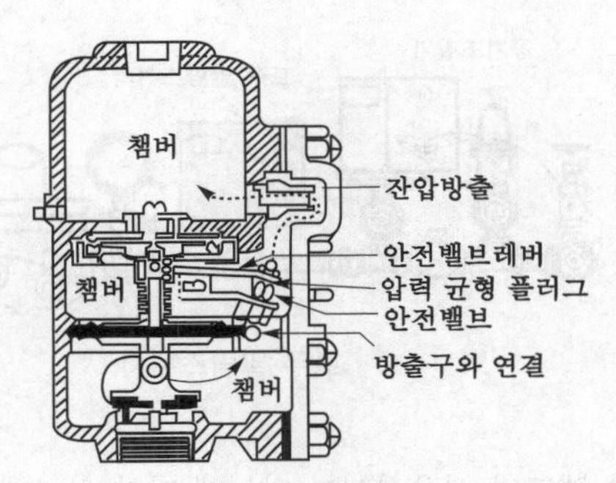

‖ 익져스터 ‖

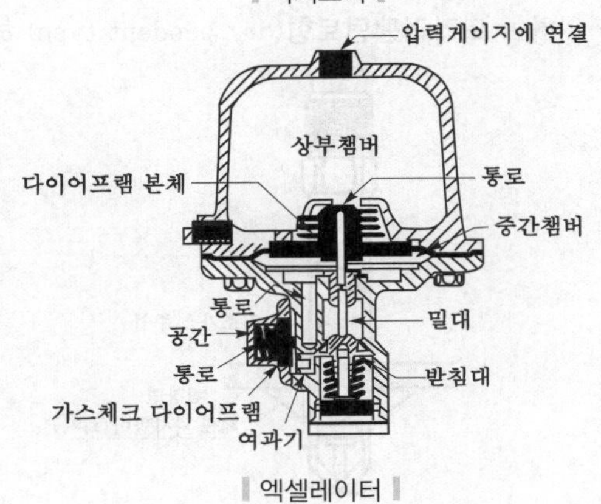

‖ 엑셀레이터 ‖

(6) 자동식 공기압축기(auto type compressor)

건식밸브의 2차측에 압축공기를 채우기 위해 설치한다.

(7) 에어레귤레이터(air regulator)

건식설비에서 자동식 공기압축기가 스프링클러설비 전용이 아닌 일반 컴프레서를 사용하는 경우 **건식밸브**와 **주공기공급관** 사이에 설치한다.

* 에어레귤레이터
공기조절기

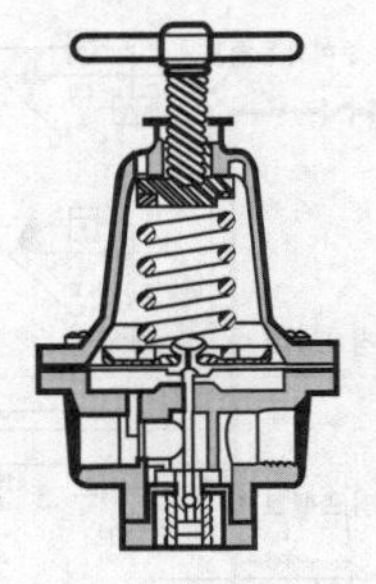

‖ 에어레귤레이터 ‖

(8) 로우 알람스위치(low alarm switch)

공기누설 또는 헤드개방시 경보하는 장치이다.

* 로우알람스위치
'저압경보스위치'라고 도 한다.

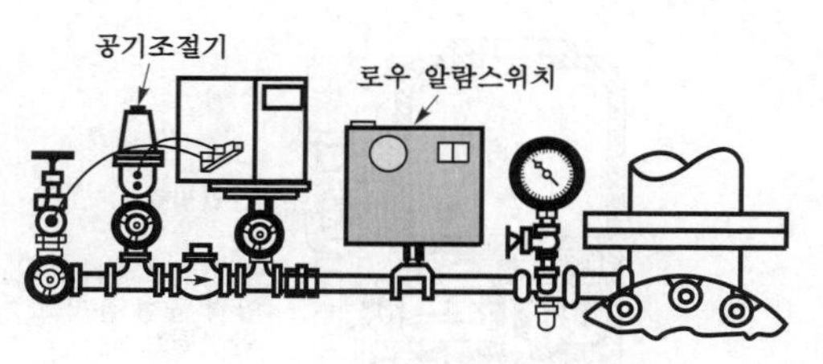

▮ 로우 알람스위치 ▮

※ 드라이팬던트형 헤드
동파방지를 위하여 롱 리플 내에 질소가스가 충전되어 있는 헤드

(9) 스프링클러헤드

건식설비에는 **상향형 헤드**만 사용하여야 하는데 만약 하향형 헤드를 사용해야 하는 경우에는 **동파방지**를 위하여 **드라이팬던트형**(dry pendent type) **헤드**를 사용하여야 한다.

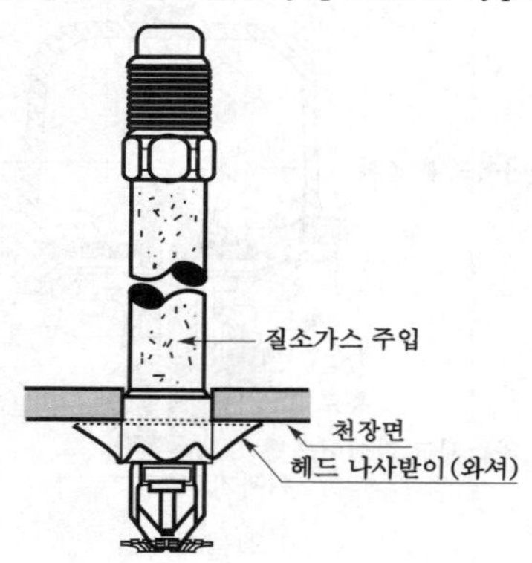

▮ 드라이팬던트형 헤드 ▮

※ 준비작동식
폐쇄형 헤드를 사용하고 경보밸브의 1차측에만 물을 채우고 가압한 상태를 유지하며 2차측에는 대기압상태로 두게 되고, 화재의 발견은 자동화재탐지설비의 감지기의 작동에 의해 이루어지며 감지기의 작동에 따라 밸브를 미리 개방, 2차측의 배관 내에 송수시켜 두었다가 화재의 열에 의해 헤드가 개방되면 살수되게 하는 방식

3) 준비작동식 스프링클러설비

준비작동밸브의 1차측에는 **가압수**, 2차측에는 **대기압** 상태로 있다가 화재발생시 감지기에 의하여 **준비작동밸브**(pre-action valve)를 개방하여 헤드까지 가압수를 송수시켜 놓고 있다가 열에 의해 헤드가 개방되면 소화한다.

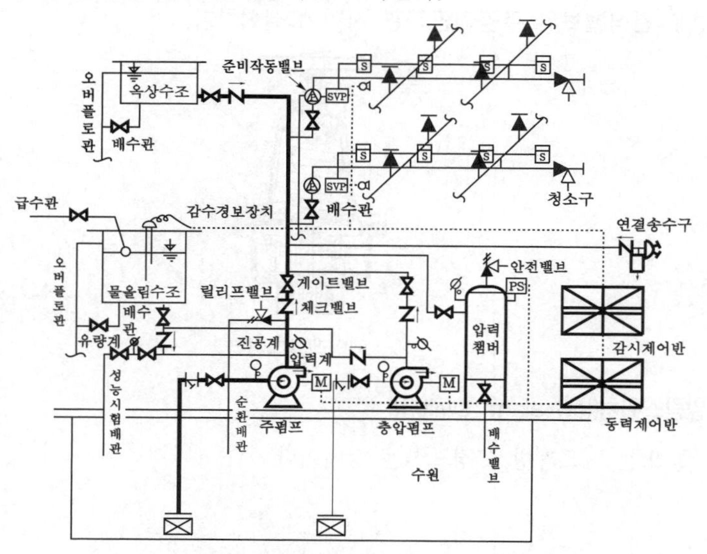

▮ 준비작동식 스프링클러설비의 계통도 ▮

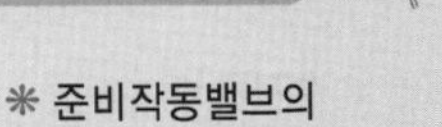

(1) 준비작동밸브(pre-action valve)

준비작동밸브에는 **전기식, 기계식, 뉴메틱식**(공기관식)이 있으며 이 중 전기식이 가장 많이 사용된다.

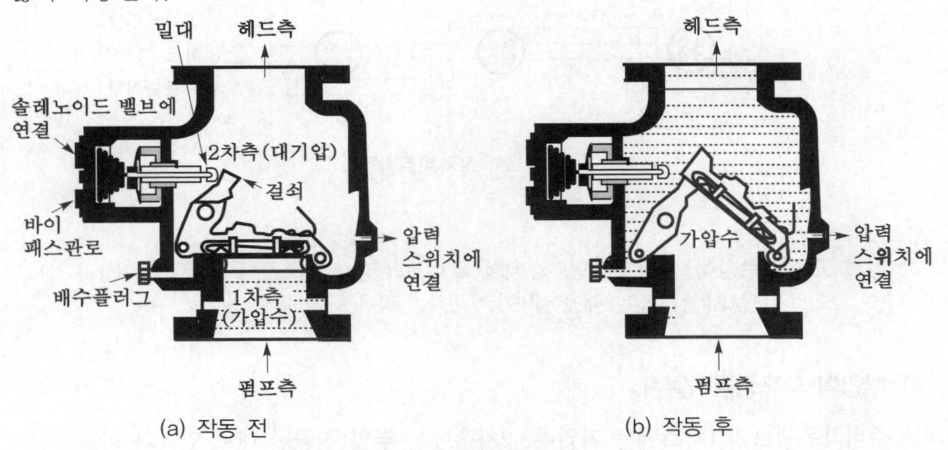

(a) 작동 전 (b) 작동 후

‖ 전기식 준비작동밸브 ‖

(2) 슈퍼비조리판넬(supervisory panel)

슈퍼비조리판넬은 준비작동밸브의 조정장치로서 이것이 작동하지 않으면 준비작동밸브의 작동은 되지 않는다. 여기에는 자체 고장을 알리는 **경보장치**가 설치되어 있으며 화재감지기의 작동에 따라 **준비작동밸브**를 **작동**시키는 기능 외에 **방화댐퍼**의 **폐쇄** 등 관련 설비의 작동기능도 갖고 있다.

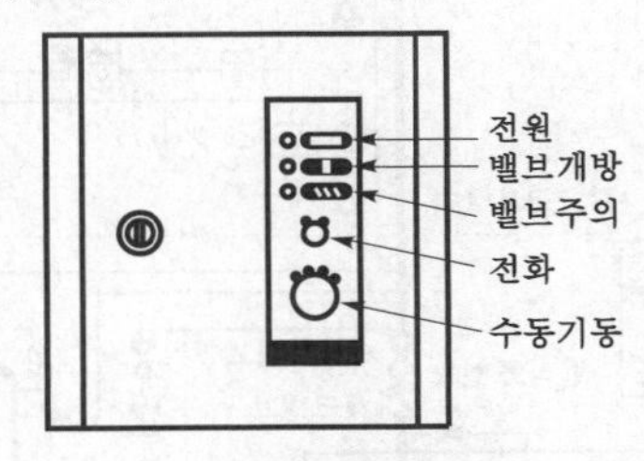

‖ 슈퍼비조리판넬 ‖

(3) 감지기(detector)

준비작동식 설비의 감지기 회로는 **교차회로방식**을 사용하여 준비작동식 밸브(pre-action valve)의 오동작을 방지한다.

(a) 차동식 스포트형 감지기 (b) 정온식 스포트형 감지기

‖ 감지기 ‖

Key Point

✻ 준비작동밸브의 종류
① 전기식
② 기계식
③ 뉴메틱식(공기관식)

✻ 전기식
준비작동밸브의 1차측에는 가압수, 2차측에는 대기압 상태로 있다가 감지기가 화재를 감지하면 감시제어반에 신호를 보내 솔레노이드 밸브를 작동시켜 준비작동밸브를 개방하여 소화하는 방식

✻ 슈퍼비조리판넬
스프링클러설비의 상태를 항상 감시하는 기능을 하는 장치

✻ 방화댐퍼
화재발생시 파이프덕트 등의 중간을 차단시켜서 불 및 연기의 확산을 방지하는 안전장치

✻ 교차회로방식 적용설비
① 분말소화설비
② 할론소화설비
③ 이산화탄소 소화설비
④ 준비작동식 스프링클러설비
⑤ 일제살수식 스프링클러설비
⑥ 할로겐화합물 및 불활성기체 소화설비

Key Point

※ 감지기
화재시에 발생하는 열, 불꽃 또는 연소생성물로 인하여 화재발생을 자동적으로 감지하여 그 자체에 부착된 음향장치로 경보를 발하거나 이를 수신기에 발신하는 것

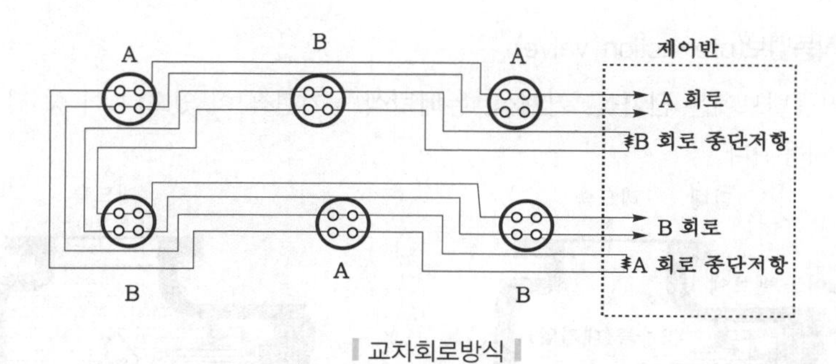

| 교차회로방식 |

※ **교차회로방식** : 하나의 담당구역 내에 2 이상의 감지기회로를 설치하고 2 이상의 감지기회로가 동시에 감지되는 때에 설비가 작동하는 방식

4) 부압식 스프링클러설비

준비작동밸브의 **1차측**에는 **가압수**, 2차측에는 **부압**(진공)상태로 있다가 화재발생시 감지기에 의하여 **준비작동밸브**(pre-action valve)를 개방하여 헤드까지 가압수를 송수시켜 놓고 있다가 열에 의해 헤드가 개방되면 소화한다.

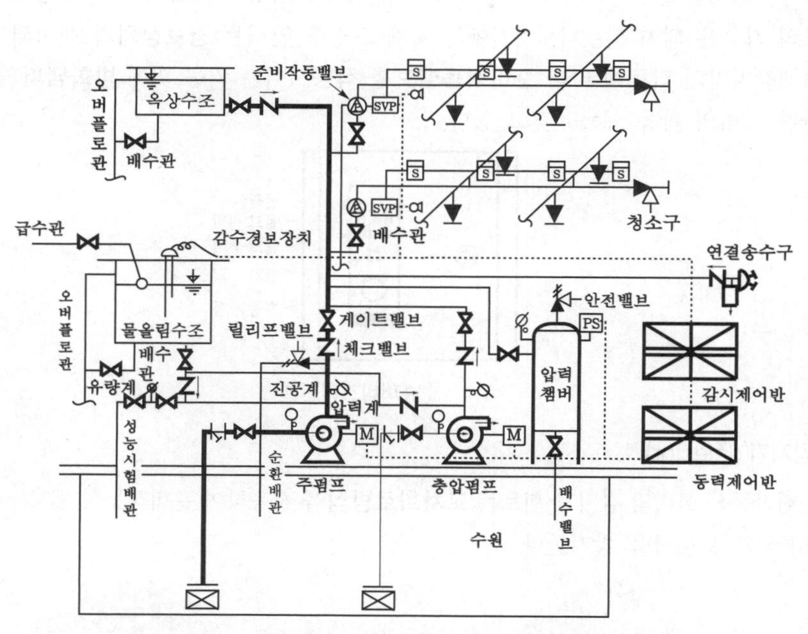

| 부압식 스프링클러설비의 계통도 |

5) 일제살수식 스프링클러설비

(1) 일제개방밸브의 **1차측**에는 **가압수**, **2차측**에는 **대기압** 상태로 있다가 화재발생시 감지기에 의하여 **일제개방밸브**(deluge valve)가 개방되어 소화한다.

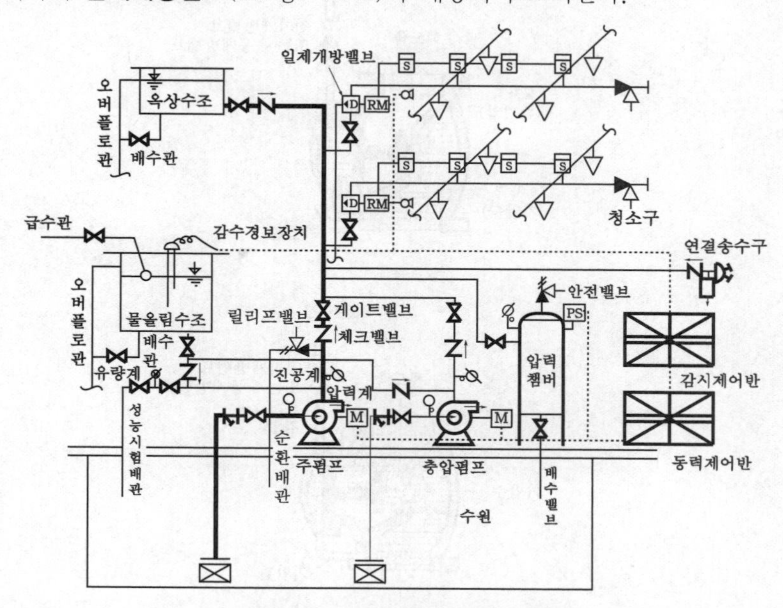

일제살수식 스프링클러설비의 계통도

(2) **일제개방밸브(deluge valve)**

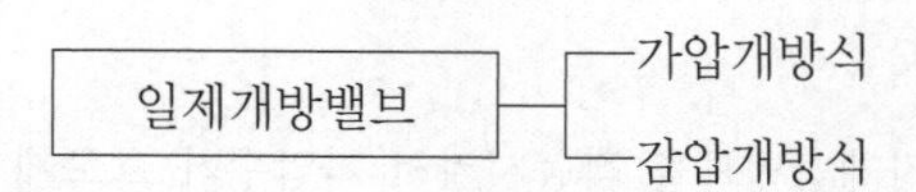

① **가압개방식** : 화재감지기가 화재를 감지해서 **전자개방밸브**(solenoid valve)를 개방시키거나, **수동개방밸브**를 개방하면 가압수가 실린더 실을 **가압**하여 일제개방밸브가 열리는 방식

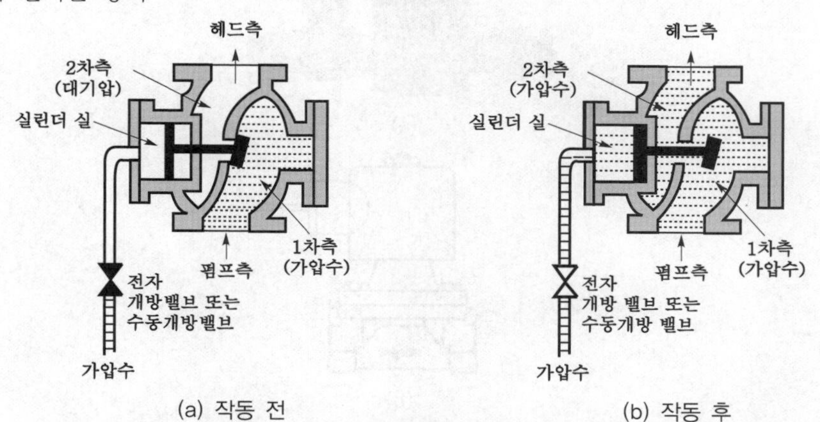

(a) 작동 전

(b) 작동 후

가압개방식 일제개방밸브

Key Point

※ 일제살수식 스프링클러설비
일제개방밸브의 1차측에는 가압수, 2차측에는 대기압 상태로 있다가 화재발생시 감지기에 의하여 일제개방밸브가 개방되어 소화하는 방식

※ 일제개방밸브
델류즈 밸브

※ 일제개방밸브의 개방방식
① 가압개방식
화재감지기가 화재를 감지해서 전자개방밸브를 개방시키거나, 수동개방밸브를 개방하면 가압수가 실린더실을 가압하여 일제개방밸브가 열리는 방식
② 감압개방식
화재감지기가 화재를 감지해서 전자개방밸브를 개방시키거나 수동개방밸브를 개방하면 가압수가 실린더실을 감압하여 일제개방밸브가 열리는 방식

※ 전자개방밸브와 같은 의미
① 전자밸브
② 솔레노이드 밸브

Key Point

※ 일제살수식 설비의 펌프기동방법

① 감지기를 이용한 방식
② 기동용 수압개폐장치를 이용한 방식
③ 감지기와 기동용 수압개폐장치를 겸용한 방식

※ 가압수

화재를 진화하기 위하여 배관 내의 물에 압력을 가한 것

※ 전자개방 밸브

솔레노이드 밸브

① : 개방

② : 폐쇄

② 감압개방식 : 화재감지기가 화재를 감지해서 **전자개방밸브**(solenoid valve)를 개방시키거나, **수동개방밸브**를 개방하면 가압수가 실린더실을 **감압**하여 일제개방밸브가 열리는 방식

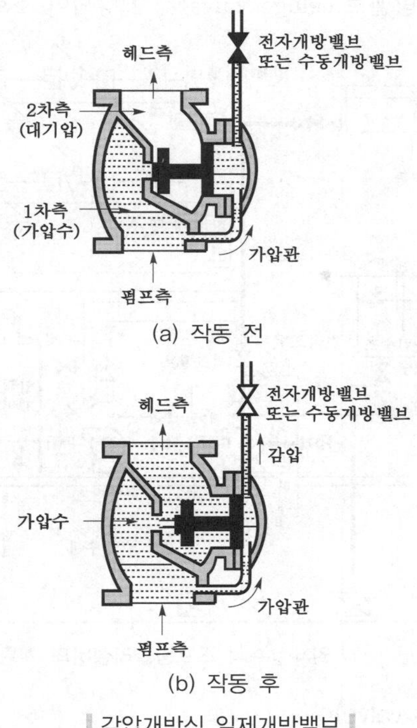

(a) 작동 전

(b) 작동 후

▌감압개방식 일제개방밸브▐

(3) 전자개방밸브(solenoid valve)

화재에 의해 **감지기**가 작동되면 전자개방밸브를 작동시켜서 가압수가 흐르게 된다.

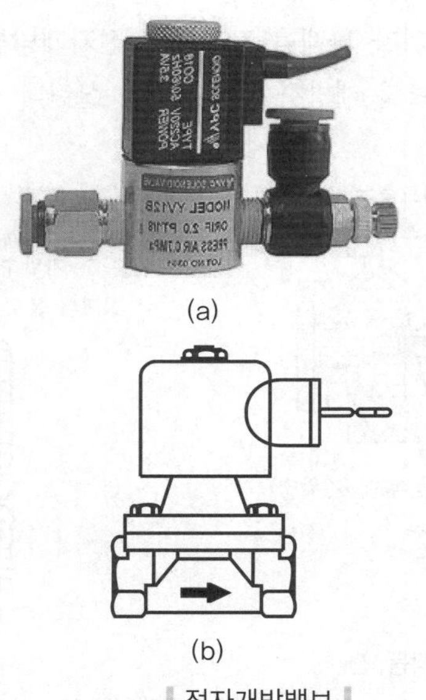

(a)

(b)

▌전자개방밸브▐

Key Point

7 스프링클러설비의 감시 스위치

(1) 탬퍼 스위치(tamper switch)

개폐표시형 밸브(OS & Y valve)에 부착하여 중앙감시반에서 밸브의 **개폐상태**를 **감시**하는 것으로서, 밸브가 정상상태로 개폐되지 않을 경우 중앙감시반에서 경보를 발한다.

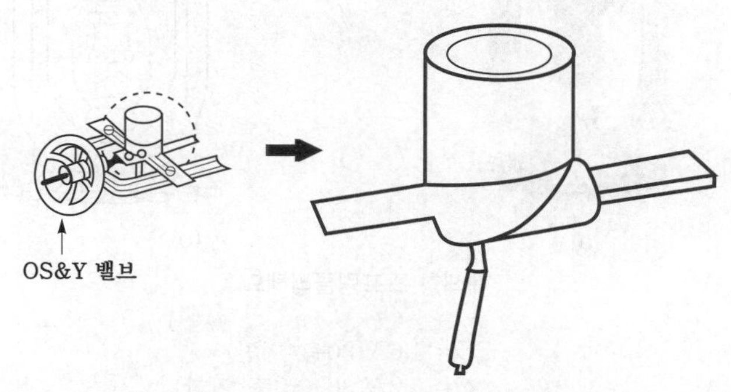

▮ 탬퍼 스위치 ▮

(2) 압력수조 수위 감시 스위치

수조 내의 수위의 변동에 따라 플로트(float)가 움직여서 접촉 스위치를 접촉시켜 **급수 펌프**를 **기동** 또는 **정지**시킨다.

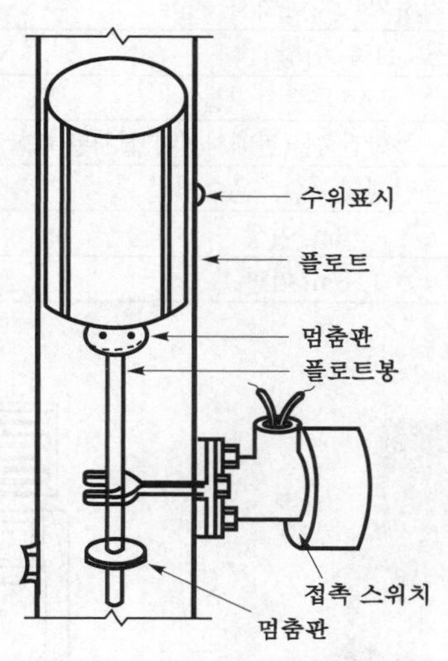

▮ 압력수조 수위감시 스위치 ▮

※ 탬퍼 스위치와 같은 의미
① 주밸브 감시 스위치
② 밸브 모니터링 스위치

※ 개폐표시형 밸브
옥내소화전설비 또는 스프링클러설비의 주밸브로 사용되는 밸브로서, 육안으로 밸브의 개폐를 직접 확인할 수 있다.

※ 수조
'물탱크'를 의미한다.

※ 압력스위치
① 미코이트 스위치
② 서키트 스위치

Key Point

※ 수원
물을 공급하는 곳

※ 폐쇄형 스프링클러 헤드
정상 상태에서 방수구를 막고 있는 감열체가 일정온도에서 자동적으로 파괴·용해 또는 이탈됨으로써 분사구가 열려지는 스프링클러헤드

※ 개방형 스프링클러 헤드
감열체 없이 방수구가 항상 열려져 있는 스프링클러헤드

※ 토출량

$Q = N \times 80 l/\text{min}$

여기서,
Q : 토출량[l/min]
N : 헤드의 기준개수

8 수원의 저수량(NFPC 103 4조, NFTC 103 2.1.1)

(1) 폐쇄형

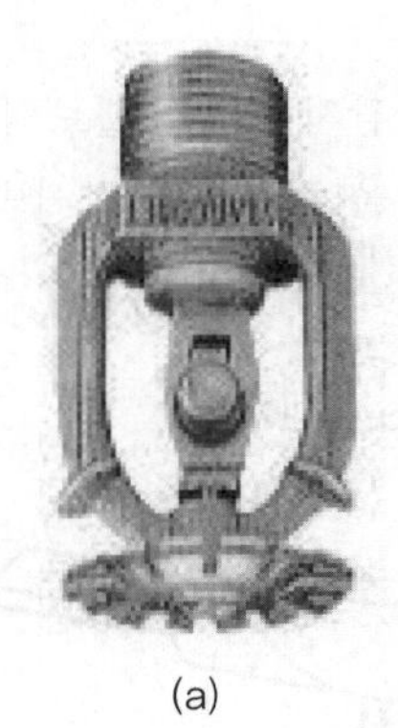

(a)

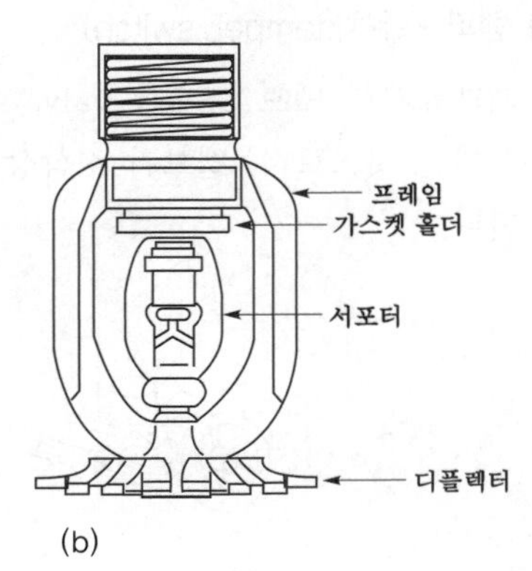

(b)

폐쇄형 스프링클러헤드

$Q = 1.6N$(30층 미만)
$Q = 3.2N$(30~49층 이하)
$Q = 4.8N$(50층 이상)

여기서, Q : 수원의 저수량[m^3]
N : 폐쇄형 헤드의 기준개수(설치개수가 기준개수보다 작으면 그 설치개수)

폐쇄형 헤드의 기준 개수

특정소방대상물		폐쇄형 헤드의 기준개수
지하가·지하역사		30
11층 이상		
10층 이하	공장(특수가연물)	
	판매시설(백화점 등), 복합건축물(판매시설이 설치된 복합건축물)	
	근린생활시설, 운수시설	20
	8m 이상	
	8m 미만	10

(2) 개방형

(a)

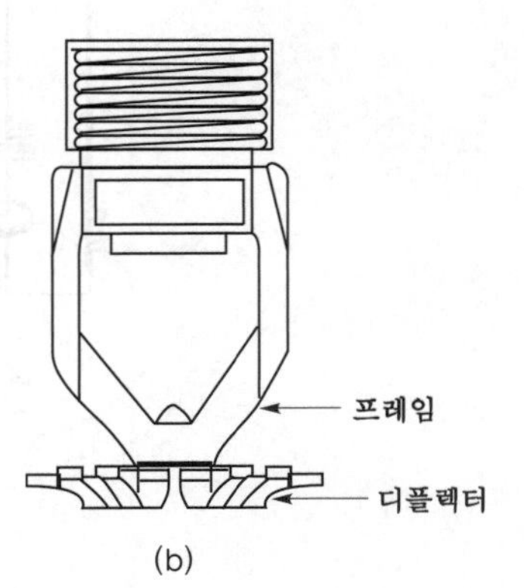

(b)

개방형 스프링클러헤드

① 30개 이하

$$Q = 1.6N$$

여기서, Q : 수원의 저수량[m^3]
N : 개방형 헤드의 설치개수

② 30개 초과

$$Q = K\sqrt{10P} \times N \times 20 \times 10^{-3}$$

여기서, Q : 수원의 저수량[m^3]
K : 유출계수(15A : **80**, 20A : **114**)
P : 방수압력[MPa]
N : 개방형헤드의 설치개수

9 스프링클러설비의 가압송수장치(NFPC 103 5조, NFTC 103 2.2)

(1) 고가수조방식

$$H \geq h_1 + 10$$

여기서, H : 필요한 낙차[m]
h_1 : 배관 및 관부속품의 마찰손실수두[m]

※ **고가수조** : 수위계, 배수관, 급수관, 오버플로관, 맨홀 설치

(2) 압력수조방식

$$P \geq P_1 + P_2 + 0.1$$

여기서, P : 필요한 압력[MPa]
P_1 : 배관 및 관부속품의 마찰손실수두압[MPa]
P_2 : 낙차의 환산수두압[MPa]

※ **압력수조** : 수위계, 급수관, 급기관, 압력계, 안전장치, 자동식 공기압축기 설치

(3) 펌프방식(지하수조방식)

$$H \geq h_1 + h_2 + 10$$

여기서, H : 전양정[m]
h_1 : 배관 및 관부속품의 마찰손실수두[m]
h_2 : 실양정(흡입양정+토출양정)[m]

Key Point

✻ 방수량

$$Q = 0.653D^2\sqrt{10P}$$

여기서,
Q : 방수량[l/min]
D : 내경[mm]
P : 방수압력[MPa]

$$Q = 0.6597CD^2\sqrt{10P}$$

여기서,
Q : 토출량[l/min]
C : 노즐의 흐름계수
D : 구경[mm]
P : 방사압력[MPa]

$$Q = K\sqrt{10P}$$

여기서,
Q : 방수량[l/min]
K : 유출계수
P : 방수압력(절대압)[MPa]

※ 위의 두 가지 식 중 어느 것을 적용해도 된다.

✻ 스프링클러설비
① 방수량 : 80l/min
② 방수압 : 0.1 MPa

✻ 압력수조 내의 공기압력

$$P_o = \frac{V}{V_a}(P + P_a) - P_a$$

P_o : 수조 내의 공기압력[MPa]
V : 수조체적[m^3]
V_a : 수조 내의 공기체적[m^3]
P : 필요한 압력[MPa]
P_a : 대기압[MPa]

Key Point

※ 가압송수장치의 기동
① 압력탱크(압력스위치)
② 자동경보밸브
③ 유수작동밸브

※ 가압송수장치용 내연기관
배터리 전해액의 비중은 1.26~1.28 정도이다.

※ 노즐
소방호스의 끝부분에 연결되어서 물을 방수하기 위한 장치. 일반적으로 '관창'이라고 부른다.

※ 드레인밸브
'배수밸브'라고도 부른다.

10 가압송수장치의 설치기준(NFPC 103 5조, NFTC 103 2.2.1.10, 2.2.1.11)

① 가압송수장치의 정격토출압력은 하나의 헤드 선단에 **0.1~1.2MPa** 이하의 방수압력이 될 수 있게 하여야 한다.

② 가압송수장치의 송수량은 **0.1MPa**의 방수압력 기준으로 **80l/min** 이상의 방수성능을 가진 기준개수의 모든 헤드로부터의 방수량을 충족시킬 수 있는 양 이상의 것으로 하여야 한다.

참고

방수압, 방수량, 방수구경, 노즐구경

구 분	드렌처설비	스프링클러설비	옥내소화전설비	옥외소화전설비
방수압	0.1MPa 이상	0.1~1.2MPa 이하	0.17~0.7MPa 이하	0.25~0.7MPa 이하
방수량	80l/min 이상	80l/min 이상	130l/min 이상	350l/min 이상
방수구경	–	–	40mm	65mm
노즐구경	–	–	13mm	19mm

11 기동용 수압개폐장치의 형식승인 및 제품검사기술기준

(1) 기동용 수압개폐장치의 정의

소화설비의 배관 내 압력변동을 검지하여 자동적으로 펌프를 **기동** 또는 **정지**시키는 것으로서 **압력챔버**, **기동용 압력스위치** 등을 말한다.

(2) 압력챔버의 정의

수격 또는 순간압력변동 등으로부터 안정적으로 압력을 검지할 수 있도록 **동체**와 **경판**으로 구성된 원통형 탱크에 압력스위치를 부착한 기동용 수압개폐장치를 말한다.

(3) 압력챔버의 구조 및 모양(제7조)

① 압력챔버의 구조는 **몸체, 압력 스위치, 안전밸브, 드레인밸브, 유입구** 및 **압력계**로 이루어져야 한다.

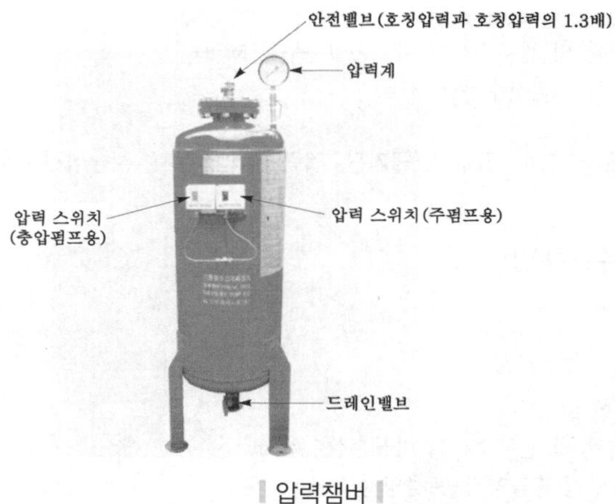

‖ 압력챔버 ‖

② **몸체**의 **동체**의 모양은 원통형으로서 길이방향의 **이음매**가 **1개소** 이하이어야 한다.
③ **몸체**의 **경판**의 모양은 **접시형, 반타원형,** 또는 **온반구형**이어야 하며 **이음매**가 **없어야** 한다.
④ 몸체의 표면은 기능에 나쁜 영향을 미칠 수 있는 홈, 균열 및 주름 등의 결함이 없고 매끈하여야 한다.
⑤ 몸체의 외부 각 부분은 녹슬지 아니하도록 방청가공을 하여야 하며 내부는 부식되거나 녹슬지 아니하도록 **내식가공** 또는 **방청가공**을 하여야 한다. 다만, 내식성이 있는 재료를 사용하는 경우에는 그러하지 아니하다.
⑥ 배관과의 접속부에는 쉽게 접속시킬 수 있는 **관용나사** 또는 **플랜지**를 사용하여야 한다.

문제 소화설비에 사용하는 안전밸브의 구비조건을 3가지만 쓰시오.

득점	배점
	3

○
○
○

해답 ① 설정압력에서 즉시 개방될 것
② 개방 후 설정압력 이하가 되면 즉시 폐쇄될 것
③ 평상시 누설되지 않을 것

※ 안전밸브의 구비조건
① 설정압력에서 즉시 개방될 것
② 개방 후 설정압력 이하가 되면 즉시 폐쇄될 것
③ 평상시 누설되지 않을 것
④ 작동압력이 적정할 것
⑤ 기계적 강도가 클 것
⑥ 설치가 간편하고 유지·보수가 용이할 것

(4) 기능시험(제10조)

압력챔버의 안전밸브는 **호칭압력**과 **호칭압력**의 **1.3배**의 압력범위 내에서 작동되어야 한다.

(5) 기밀시험(제12조)

압력챔버의 용기는 **호칭압력**의 **1.5배**에 해당하는 압력을 공기압 또는 질소압으로 **5분**간 가하는 경우에 누설되지 아니하여야 한다.

(6) 내압시험(제4조)

호칭압력의 **2배**에 해당하는 압력을 수압력으로 **5분**간 가하는 시험에서 물이 새거나 현저한 변형이 생기지 아니하여야 한다.

※ 시험방법
① 기능시험 : 호칭압력과 호칭압력의 1.3배
② 기밀시험 : 호칭압력의 1.5배
③ 내압시험 : 호칭압력의 2배

12 충압펌프의 설치기준(NFPC 103 5조, NFTC 103 2.2.1.14)

① 펌프의 정격토출압력은 그 설비의 최고위 살수장치의 **자연압**보다 적어도 **0.2MPa** 더 크거나 가압송수장치의 정격토출압력과 같게 하여야 한다.
② 펌프의 정격토출량은 정상적인 누설량보다 적어서는 아니되며 스프링클러설비가 자동적으로 작동할 수 있도록 충분한 토출량을 유지하여야 한다.

※ 충압펌프의 정격 토출압력
자연압+0.2MPa 이상

※ 충압펌프의 설치 목적
배관 내의 적은 양의 누수시 기동하여 주펌프의 잦은 기동을 방지한다.

13 폐쇄형 설비의 방호구역 및 유수검지장치(NFPC 103 6조, NFTC 103 2.3.1)

① 하나의 방호구역의 바닥면적은 **3000m²**를 초과하지 않을 것(단, 폐쇄형 스프링클러설비에 격자형 배관방식(2 이상의 수평주행배관 사이를 가지배관으로 연결하는 방

※ 폐쇄형 설비의 방호구역 면적
3000m²

Key Point

식)을 채택하는 때에는 $3700m^2$ 범위 내에서 펌프용량, 배관의 구경 등을 수리학적으로 계산한 결과 헤드의 방수압 및 방수량이 방호구역 범위 내에서 소화목적을 달성하는 데 충분하도록 해야 한다.)

② 하나의 방호구역에는 1개 이상의 **유수검지장치**를 설치하되, 화재시 접근이 쉽고 점검하기 편리한 장소에 설치할 것

③ 하나의 방호구역은 **2개층**에 미치지 않도록 할 것(단, 1개층에 설치되는 스프링클러헤드의 수가 **10개 이하**인 경우와 **복층형 구조**의 **공동주택**에는 **3개층** 이내로 할 수 있다.)

④ 유수검지장치를 실내에 설치하거나 보호용 철망 등으로 구획하여 바닥으로부터 **0.8m 이상 1.5m 이하**의 위치에 설치하되, 그 실 등에는 가로 **0.5m** 이상 세로 1m 이상의 개구부로서 그 개구부에는 출입문을 설치하고 그 출입문 상단에 "**유수검지장치실**"이라고 표시한 표지를 설치할 것(단, 유수검지장치를 기계실(공조용 기계실을 포함) 안에 설치하는 경우에는 별도의 실 또는 보호용 철망을 설치하지 않고 기계실 출입문 상단에 "**유수검지장치실**"이라고 표시한 표지를 설치할 수 있다.)

⑤ 스프링클러헤드에 공급되는 물은 유수검지장치를 지나도록 할 것(단, 송수구를 통하여 공급되는 물은 그렇지 않다.)

⑥ 자연낙차에 따른 압력수가 흐르는 배관상에 설치된 유수검지장치는 화재시 물의 흐름을 검지할 수 있는 최소한의 압력이 얻어질 수 있도록 수조의 하단으로부터 낙차를 두어 설치할 것

⑦ **조기반응형 스프링클러헤드**를 설치하는 경우에는 **습식 유수검지장치** 또는 **부압식 스프링클러설비**를 설치할 것

※ **유수검지장치**
물이 방사되는 것을 감지하는 장치로서 압력 스위치가 사용된다.

14 개방형 설비의 방수구역(NFPC 103 7조, NFTC 103 2.4.1)

① 하나의 방수구역은 **2개층**에 미치지 않아야 한다.
② 방수구역마다 **일제개방밸브**를 설치해야 한다.
③ 하나의 방수구역을 담당하는 헤드의 개수는 **50개** 이하로 할 것(단, 2개 이상의 방수구역으로 나눌 경우에는 **25개** 이상).
④ 표지는 "**일제개방밸브실**"이라고 표시한다.

15 스프링클러 배관

(1) **급수관**(NFPC 103 〔별표 1〕, NFTC 103 2.5.3.3)

‖ 스프링클러헤드수별 급수관의 구경 ‖

구분 \ 급수관의 구경	25mm	32mm	40mm	50mm	65mm	80mm	90mm	100mm	125mm	150mm
폐쇄형 헤드수	2개	3개	5개	10개	30개	60개	80개	100개	160개	161개 이상
개방형 헤드수	1개	2개	5개	8개	15개	27개	40개	55개	90개	91개 이상

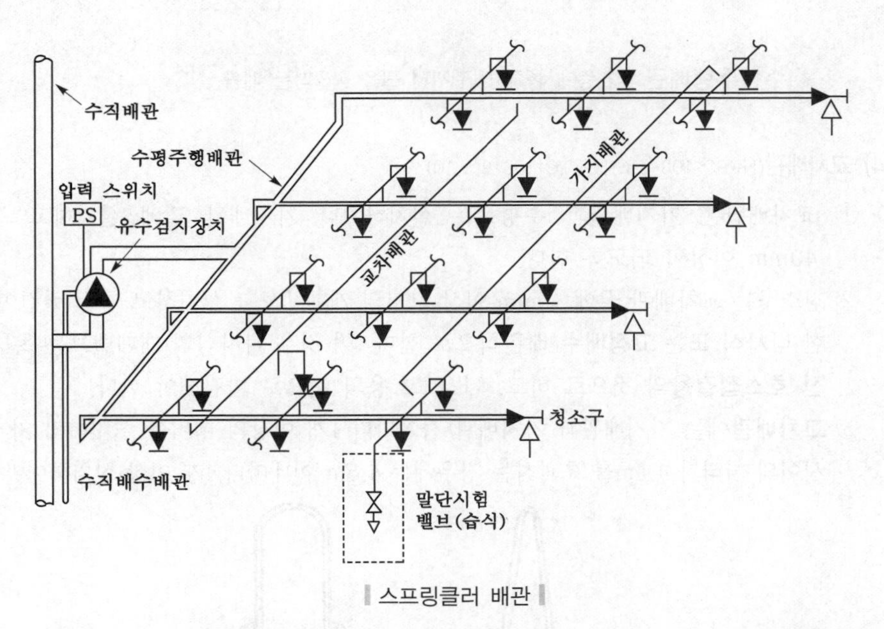

▌스프링클러 배관▐

① **폐쇄형 스프링클러헤드**를 사용하는 설비의 경우로서 1개층에서 하나의 급수배관 또는 밸브 등이 담당하는 구역의 최대면적은 **3000m²**를 초과하지 않을 것
② **개방형 스프링클러헤드**를 설치하는 경우 하나의 방수구역이 담당하는 헤드의 개수가 **30개** 이하일 때는 위의 표에 의하고, 30개를 초과할 때는 수리계산방법에 의할 것

※ **급수관** : 수원 및 옥외송수구로부터 스프링클러헤드에 급수하는 배관

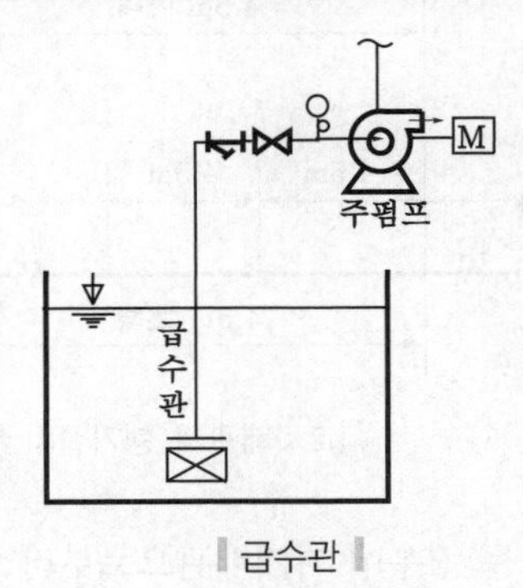

▌급수관▐

(2) 수직배수배관(NFPC 103 8조, NFTC 103 2.5.14)

수직배수배관의 구경은 **50mm** 이상으로 해야 한다.

※ **수직배수배관** : 층마다 물을 배수하는 수직배관

(3) 수평주행배관(NFPC 103 8조, NFTC 103 2.5.13.3)

수평주행배관에는 **4.5m** 이내마다 1개 이상의 행거를 설치할 것

Key Point

※ 수직배관
수직으로 층마다 물을 공급하는 배관

※ 토너먼트방식

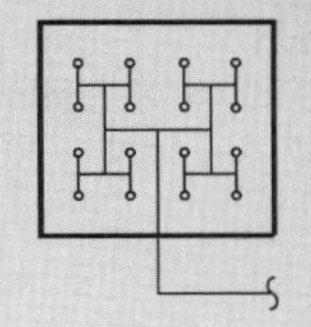

※ 토너먼트방식 적용설비
① 분말소화설비
② 할론소화설비
③ 이산화탄소 소화설비
④ 할로겐화합물 및 불활성기체 소화설비

※ 교차회로방식 적용설비
① 분말소화설비
② 할론소화설비
③ 이산화탄소 소화설비
④ 준비작동식 스프링클러설비
⑤ 일제살수식 스프링클러설비
⑥ 할로겐화합물 및 불활성기체 소화설비

※ 시험배관 설치 목적
펌프(가압송수장치)의 자동기동여부를 확인하기 위해

Key Point

※ **수평주행배관** : 각 층에서 교차배관까지 물을 공급하는 배관

(4) 교차배관(NFPC 103 8조, NFTC 103 2.5.10)

① 교차배관은 가지배관과 수평으로 설치하거나 가지배관 밑에 설치하고 구경은 **40mm** 이상이 되도록 한다.

② 청소구는 교차배관 끝에 40mm 이상 크기의 개폐밸브를 설치하고 호스 접결이 가능한 **나사식** 또는 **고정배수 배관식**으로 한다. 이 경우 나사식의 개폐밸브는 **옥내소화전 호스접결용**의 것으로 하고, 나사보호용의 캡으로 마감해야 한다.

③ **교차배관**에는 가지배관과 가지배관 사이마다 1개 이상의 행거를 설치하되 가지배관 사이의 거리가 4.5m를 초과하는 경우에는 **4.5m** 이내마다 1개 이상 설치하여야 한다.

※ 청소구
교차배관의 말단에 설치하며, 일반적으로 '앵글밸브'가 사용된다.

※ 행거
배관의 지지에 사용되는 기구

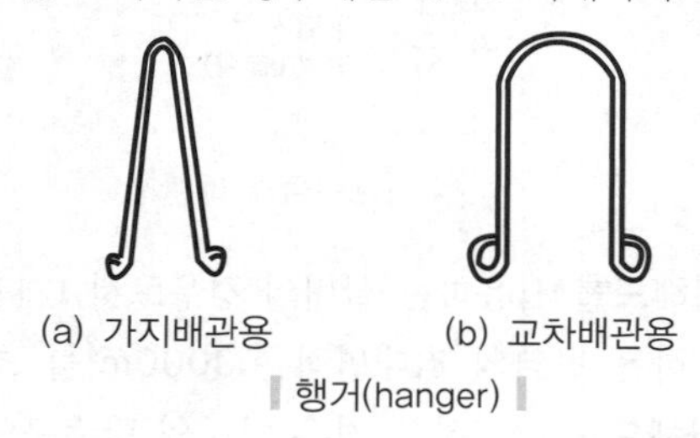

▮ 행거(hanger) ▮

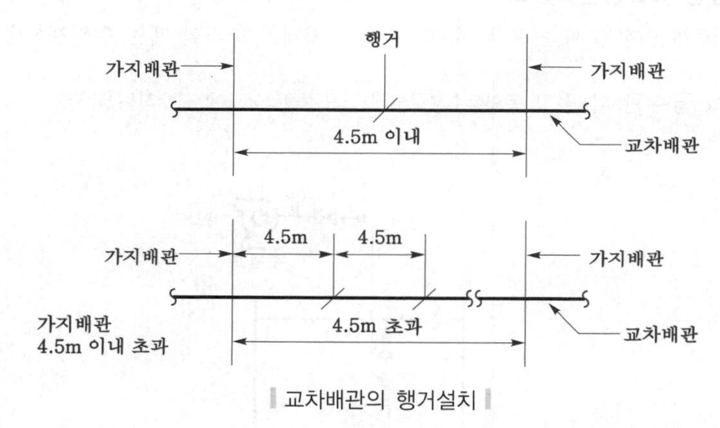

▮ 교차배관의 행거설치 ▮

④ 하향식 헤드를 설치하는 경우에 가지배관으로부터 헤드에 이르는 헤드 접속배관은 **가지관 상부**에서 분기할 것. 다만, 소화설비용 수원의 수질이 먹는 물 관리법에 따른 먹는 물의 수질기준에 적합하고 덮개가 있는 저수조로부터 물을 공급받는 경우에는 **가지배관**의 **측면** 또는 **하부**에서 **분기**할 수 있다.

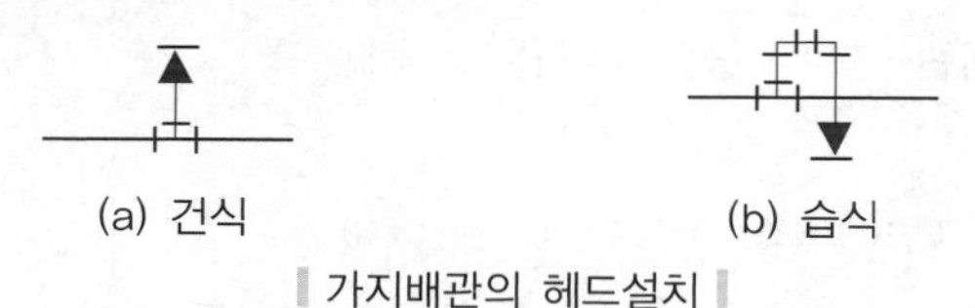

▮ 가지배관의 헤드설치 ▮

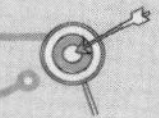

⑤ **가지배관**에는 헤드의 설치지점 사이마다 1개 이상의 행거를 설치하되, 상향식 헤드의 경우에는 그 헤드와 행거 사이에 **8cm** 이상의 간격을 두어야 한다. 다만, 헤드간의 거리가 **3.5m**를 초과하는 경우에는 3.5m 이내마다 1개 이상을 설치한다.

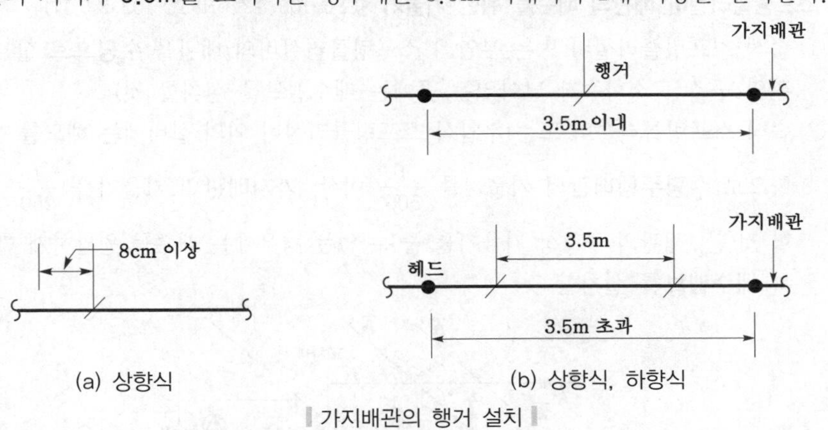

‖ 가지배관의 행거 설치 ‖

※ **교차배관** : 직접 또는 수직배관을 통하여 가지배관에 급수하는 배관

(5) 가지배관(NFPC 103 8조, NFTC 103 2.5.9)

① 가지배관의 배열은 **토너먼트방식**이 아니어야 한다.

토너먼트방식이 아니어야 하는 이유

- 유체의 마찰손실이 너무 크므로 압력손실을 최소화하기 위하여
- 수격작용을 방지하기 위하여

② 교차배관에서 분기되는 지점을 기점으로 한쪽 가지배관에 설치되는 헤드의 개수는 **8개** 이하로 한다.

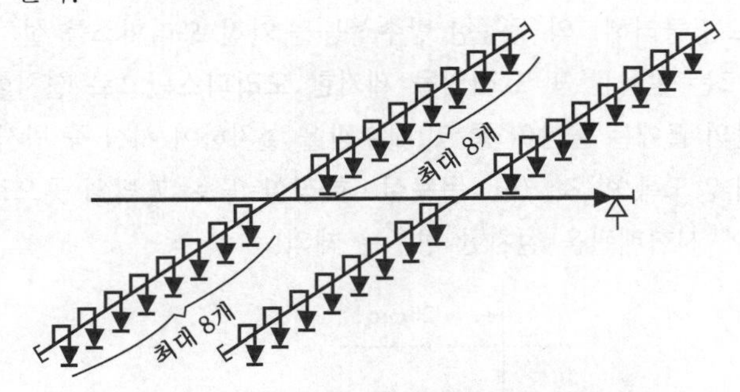

‖ 가지배관의 헤드 개수 ‖

③ 가지배관을 신축배관으로 하는 경우

㈎ 최고사용압력은 **1.4MPa** 이상이어야 한다.

㈏ 최고사용압력의 **1.5배**의 수압에서 변형·누수되지 않아야 한다.

㈐ 진폭 5mm, 진동수를 25회/s로 하여 6시간 작동시킨 경우 또는 0.35~3.5MPa/s까지의 압력변동을 4000회 실시한 경우에도 변형·누수되지 아니하여야 한다.

Key Point

※ 상향식 헤드
반자가 없는 곳에 설치하며, 살수방향은 상향이다.

※ 토너먼트방식 적용설비
① 분말소화설비
② 할론소화설비
③ 이산화탄소 소화설비
④ 할로겐화합물 및 불활성기체 소화설비

※ 가지배관
① 최고 사용압력 : 1.4MPa 이상
② 헤드 개수 : 8개 이하

※ 습식 설비 외의 설비
① 수평주행배관 : $\frac{1}{500}$ 이상
② 가지배관 : $\frac{1}{250}$ 이상

※ **물분무소화설비**

배수설비 : $\frac{2}{100}$ 이상

※ **연결살수설비**

수평주행배관 : $\frac{1}{100}$ 이상

※ **반사판**

스프링클러헤드의 방수구에서 유출되는 물을 세분시키는 작용을 하는 것으로서, '디플렉터(deflector)'라고도 부른다.

※ **프레임**

스프링클러헤드의 나사부분과 디플렉터를 연결하는 이음쇠 부분

※ **가지배관** : 스프링클러헤드가 설치되어 있는 배관

(6) 스프링클러설비 배관의 배수를 위한 기울기(NFPC 103 8조, NFTC 103 2.5.17)

① 습식 스프링클러설비 또는 부압식 스프링클러설비의 배관을 **수평**으로 할 것(단, 배관의 구조상 소화수가 남아있는 곳에는 배수밸브를 설치할 것)

② 습식 스프링클러설비 또는 부압식 스프링클러설비 외의 설비에는 헤드를 향하여 상향으로 **수평주행배관**의 기울기를 $\frac{1}{500}$ 이상, **가지배관**의 기울기를 $\frac{1}{250}$ 이상으로 할 것(단, 배관의 구조상 기울기를 줄 수 없는 경우에는 배수를 원활하게 할 수 있도록 **배수밸브**를 설치할 것)

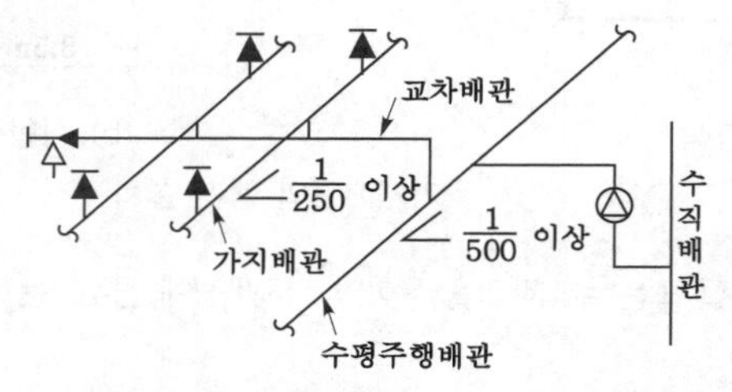

▮습식 설비 외의 설비의 배관 기울기▮

(7) 습식 · 부압식 · 건식 유수검지장치 시험장치의 설치기준(NFPC 103 8조, NFTC 103 2.5.12)

① 습식 스프링클러설비 및 부압식 스프링클러설비에 있어서는 유수검지장치 2차측 배관에 연결하여 설치하고 건식 스프링클러설비인 경우 유수검지장치에서 **가장 먼 거리에 위치한 가지배관의 끝**으로부터 연결하여 설치할 것. 이 경우 유수검지장치 2차측 설비의 내용적이 2840l를 초과하는 건식 스프링클러설비는 시험장치 개폐밸브를 완전 개방 후 **1분** 이내에 물이 방사될 것

② 시험장치 배관의 구경은 25mm 이상으로 하고, 그 끝에 **개폐밸브** 및 **개방형 헤드** 또는 스프링클러헤드와 동등한 방수성능을 가진 오리피스를 설치할 것. 이 경우 개방형 헤드는 **반사판** 및 **프레임을 제거한 오리피스**만으로 설치할 수 있다.

③ 시험배관의 끝에는 **물받이 통** 및 **배수관**을 설치하여 시험 중 방사된 물이 바닥에 흘러내리지 않도록 할 것. (단, **목욕실 · 화장실** 또는 그 밖의 곳으로서 배수처리가 쉬운 장소에 시험배관을 설치한 경우는 제외)

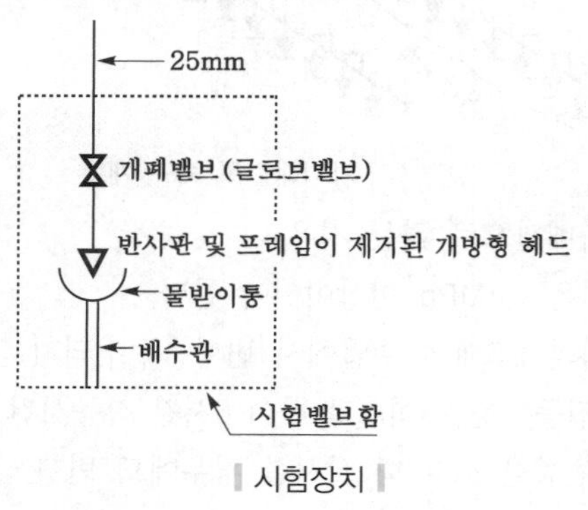

▮시험장치▮

(8) 송수구의 설치기준(NFPC 103 11조)

(a) 외형

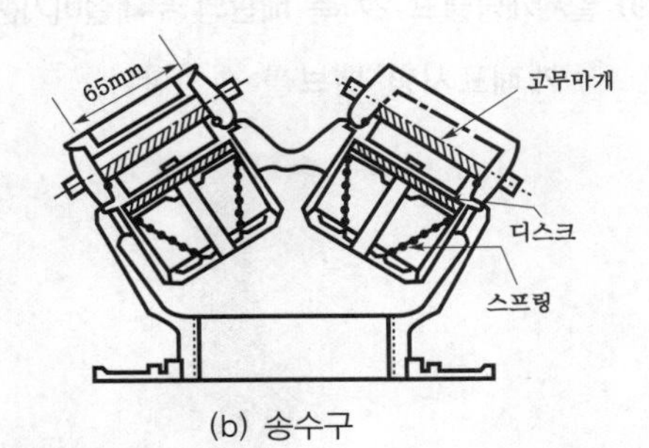

(b) 송수구

‖ 송수구 ‖

① 송수구는 송수 및 그 밖의 소화작업에 지장을 주지 않도록 설치
② 송수구로부터 주배관에 이르는 연결배관에는 **개폐밸브**를 설치하지 않을 것
③ 구경 **65mm**의 **쌍구형**으로 할 것
④ 송수구에는 그 가까운 곳의 보기 쉬운 곳에 **송수압력범위**를 표시한 표지를 할 것
⑤ 폐쇄형 스프링클러헤드를 사용하는 스프링클러설비의 송수구는 하나의 층의 바닥면적이 **3000m²**를 넘을 때마다 1개 이상(**최대 5개**)을 설치
⑥ 지면으로부터 높이가 **0.5~1m 이하**의 위치에 설치
⑦ 송수구의 가까운 부분에 **자동배수밸브**(또는 직경 5mm의 **배수공**) 및 **체크밸브**를 설치
⑧ 송수구에는 이물질을 막기 위한 **마개**를 씌울 것

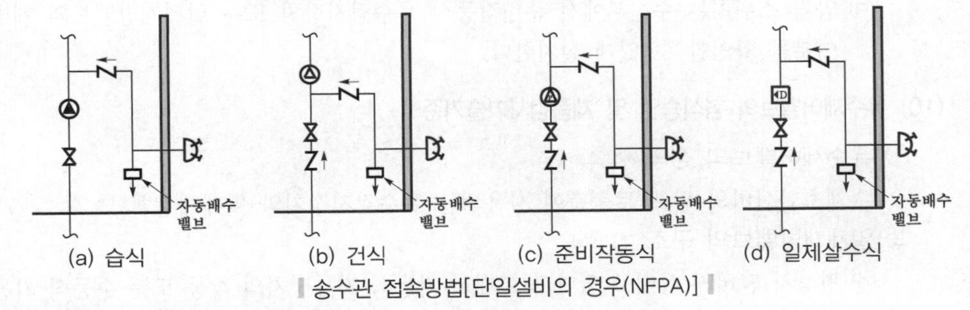

(a) 습식 (b) 건식 (c) 준비작동식 (d) 일제살수식

‖ 송수관 접속방법[단일설비의 경우(NFPA)] ‖

비교

스프링클러설비의 송수구 설치기준(NFTC 103 2.8.1)

① 송수구는 소방차가 쉽게 접근할 수 있는 잘 보이는 장소에 설치하고, 화재층으로부터 지면으로 떨어지는 유리창 등이 송수 및 그 밖의 소화작업에 지장을 주지 않는 장소에 설치할 것
② 송수구로부터 스프링클러설비의 주배관에 이르는 연결배관에 **개폐밸브**를 설치한 때에는 그 **개폐상태**를 **쉽게 확인** 및 조작할 수 있는 **옥외** 또는 **기계실** 등의 장소에 설치할 것
③ 구경 **65mm**의 **쌍구형**으로 할 것
④ 송수구에는 그 가까운 곳의 보기 쉬운 곳에 **송수압력범위**를 **표시**한 표지를 할 것
⑤ **폐쇄형 스프링클러헤드**를 사용하는 스프링클러설비의 송수구는 하나의 층의 바닥면적이 **3000m²**를 넘을 때마다 1개 이상(5개를 넘을 경우에는 **5개**)을 설치할 것
⑥ 지면으로부터 높이가 **0.5~1m** 이하의 위치에 설치할 것
⑦ 송수구의 부근에는 **자동배수밸브**(또는 직경 **5mm**의 **배수공**) 및 **체크밸브**를 설치할 것. 이 경우 자동배수밸브는 배관 안의 물이 잘 빠질 수 있는 위치에 설치하되, 배수로 인하여 다른 물건 또는 장소에 피해를 주지 아니할 것
⑧ **송수구**에는 이물질을 막기 위한 **마개**를 씌울 것

Key Point

＊ 송수구
배관으로 물을 보내기 위한 구멍

＊ 송수구의 설치 이유
① 본격 화재시 소방차에서 물을 공급하기 위하여
② 가압송수장치 등의 고장시 외부에서 물을 공급하기 위하여

＊ 11층 이상의 쌍구형 방수구 적용이유(연결송수관설비)
11층 이상은 소화활동에 대한 외부의 지원 및 피난에 여러 가지 제약이 따르므로 2개의 관창을 사용하여 신속하게 화재를 진압하기 위함이다.

(9) 일제개방밸브 2차측 배관의 부대설비기준(NFPC 103 8조, NFTC 103 2.5.11)

① **개폐표시형 밸브**를 설치한다.

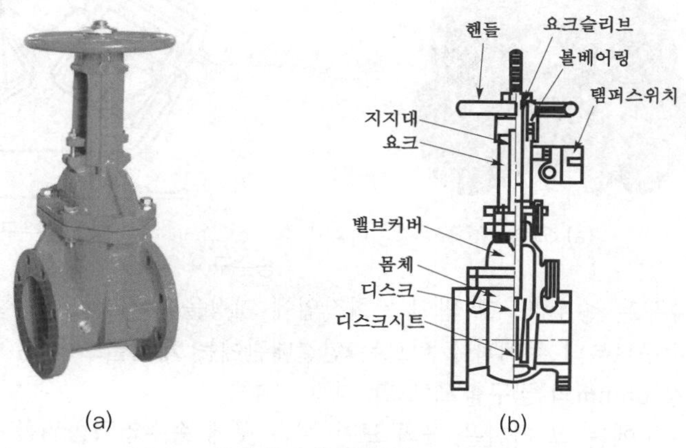

▮ 개폐표시형 밸브 ▮

② 개폐표시형 밸브와 준비작동식 유수검지장치 또는 일제개방밸브 사이의 배관의 구조

㈎ 수직배수배관과 연결하고 동 연결배관상에는 **개폐밸브**를 설치한다.

㈏ **자동배수장치** 및 **압력 스위치**를 설치한다.

㈐ 압력 스위치는 수신부에서 준비작동식 유수검지장치 또는 일제개방밸브의 개방 여부를 확인할 수 있게 설치한다.

(10) 유수제어밸브의 형식승인 및 제품검사기술기준

① 유수제어밸브의 정의(제2조)

수계소화설비의 펌프 토출측에 사용되는 유수검지장치와 일제개방밸브

② 일제개방밸브의 구조(제13조)

㈎ 평상시 닫혀진 상태로 있다가 화재시 자동식 기동장치의 작동 또는 수동식 기동장치의 원격조작에 의하여 열려져야 한다.

㈏ 열려진 다음에도 송수가 중단되는 경우에는 닫혀져야 하고, 다시 송수되는 경우에는 열려져야 한다.

㈐ 퇴적물에 의하여 기능에 지장이 생기지 아니하여야 한다.

㈑ 배관과의 접속부에는 쉽게 접속시킬 수 있는 **관플랜지 · 관용나사** 또는 **그루브조인트**를 사용하여야 한다.

㈒ 유체가 통과하는 부분은 표면이 미끈하게 다듬질되어 있어야 한다.

㈓ 밸브의 본체 및 그 부품은 보수점검 및 교체를 쉽게 할 수 있어야 한다.

㈔ 밸브시트는 기능에 유해한 영향을 미치는 흠이 없는 것이어야 한다.

㈕ 일제개방밸브에 부착하는 압력계는 한국산업규격에 적합한 인증제품이거나 국제적으로 공인된 규격(UL, FM, JIS 등)에 합격한 것이어야 한다.

㈖ 본체주물의 내벽과 클래퍼 또는 부품 사이의 간격은 12.7mm 이상이어야 한다.

㈗ 1차측에 개폐밸브를 갖는 경우에는 분리가능한 구조이어야 하며, 개폐밸브는 「개폐표시형 밸브의 성능인증 및 제품검사기술기준」에 적합하여야 한다.

※ 개폐표시형 밸브
스프링클러설비 또는 옥내소화전설비의 주밸브로 사용되는 밸브로서, 육안으로 밸브의 개폐를 직접 확인할 수 있다.
일반적으로 OS & Y 밸브를 말한다.

※ 자동배수장치
'오토드립(auto drip)'이라고도 한다.

※ 유수제어밸브
수계소화설비의 펌프토출측에 사용되는 유수검지장치와 일제개방밸브

※ 밸브시트
밸브가 앉는 자리

16 드렌처설비(NFPC 103 15조, NFTC 103 2.12.2)

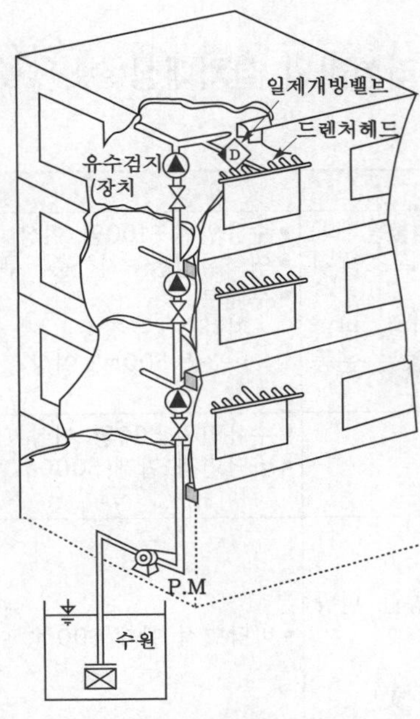

‖ 드렌처설비의 계통도 ‖

① 드렌처헤드는 개구부 위측에 2.5m 이내마다 1개를 설치한다.

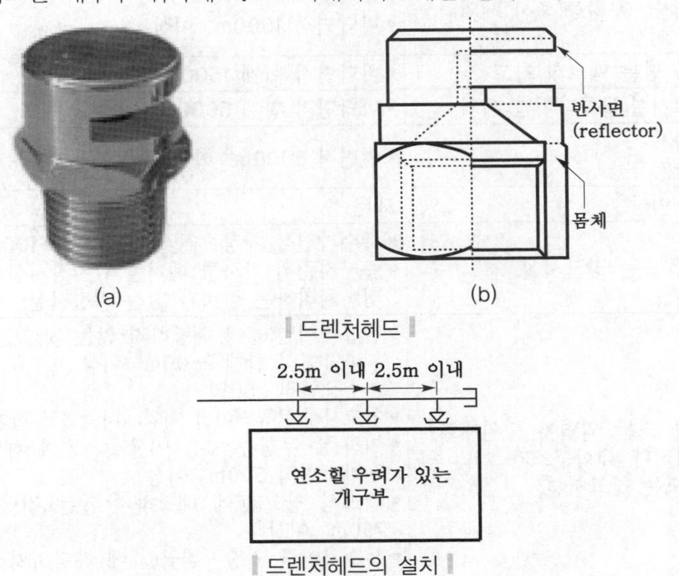

‖ 드렌처헤드 ‖

‖ 드렌처헤드의 설치 ‖

② 제어밸브는 특정소방대상물 층마다에 바닥면으로부터 0.8~1.5m 이하의 위치에 설치한다.

③ 수원의 수량은 드렌처헤드가 가장 많이 설치된 제어밸브의 드렌처헤드 개수에 1.6m^3를 곱하여 얻은 수치 이상이 되도록 할 것

④ 헤드 선단에 방수압력이 0.1MPa 이상, 방수량이 80l/min 이상이 되도록 할 것

Key Point

※ 드렌처설비
건물의 창, 처마 등 외부화재에 의해 연소·파손하기 쉬운 부분에 설치하여 외부 화재의 영향을 막기 위한 설비

※ 개구부
화재시 쉽게 대피할 수 있는 출입문, 창문 등을 말한다.

※ 드렌처헤드의 수원의 양

$$Q = 1.6N$$

여기서,
Q : 수원의 양[m^3]
N : 헤드개수

Key Point

※ 가압송수장치
물에 압력을 가하여 보내기 위한 장치로서 일반적으로 '펌프'가 사용된다.

※ 지하가
지하에 있는 상가를 말한다.

⑤ 수원에 연결하는 가압송수장치는 점검이 쉽고 화재 등의 재해로 인한 피해우려가 없는 장소에 설치할 것

17 스프링클러설비의 설치대상(소방시설법 시행령 〔별표 4〕)

설치대상	조 건
① 문화 및 집회시설(동·식물원 제외) ② 종교시설(주요구조부가 목조인 것 제외) ③ 운동시설[물놀이형 시설, 바닥(불연재료), 관람석 없는 운동시설 제외]	• 수용인원－**100명** 이상 • 영화상영관－지하층·무창층 **500m²**(기타 **1000m²**) • 무대부 －지하층·무창층·4층 이상 **300m²** 이상 －1~3층 **500m²** 이상
④ 판매시설 ⑤ 운수시설 ⑥ 물류터미널	• 수용인원 **500명** 이상 • 바닥면적 합계 **5000m²** 이상
⑦ 조산원, 산후조리원 ⑧ 정신의료기관 ⑨ 종합병원, 병원, 치과병원, 한방병원 및 요양병원 ⑩ 노유자시설 ⑪ 수련시설(숙박 가능한 곳) ⑫ 숙박시설	• 바닥면적 합계 **600m²** 이상
⑬ 지하가(터널 제외)	• 연면적 **1000m²** 이상
⑭ 지하층·무창층(축사 제외) ⑮ 4층 이상	• 바닥면적 **1000m²** 이상
⑯ 10m 넘는 랙크식 창고	• 바닥면적 합계 **1500m²** 이상
⑰ 창고시설(물류터미널 제외)	• 바닥면적 합계 **5000m²** 이상
⑱ 기숙사 ⑲ 복합건축물	• 연면적 **5000m²** 이상
⑳ 6층 이상	모든 층
㉑ 공장 또는 창고시설	• 특수가연물 저장·취급－지정수량 **1000배** 이상 • 중·저준위 방사성 폐기물의 저장시설 중 소화수를 수집·처리하는 설비가 있는 저장시설
㉒ 지붕 또는 외벽이 불연재료가 아니거나 내화구조가 아닌 공장 또는 창고시설	• 물류터미널(⑥에 해당하지 않는 것) －바닥면적 합계 **2500m²** 이상 －수용인원 **250명** • 창고시설(물류터미널 제외)－바닥면적 합계 **2500m²** 이상 • 지하층·무창층·4층 이상(⑭·⑮에 해당하지 않는 것) －바닥면적 **500m²** 이상 • 랙크식 창고(⑯에 해당하지 않는 것)－바닥면적 합계 **750m²** 이상 • 특수가연물 저장·취급(㉑에 해당하지 않는 것)－지정수량 **500배** 이상
㉓ 교정 및 군사시설	• 보호감호소, 교도소, 구치소 및 그 지소, 보호관찰소, 갱생보호시설, 치료감호시설, 소년원 및 소년분류심사원의 수용시설 • 보호시설(외국인보호소는 보호대상자의 생활공간으로 한정) • 유치장
㉔ 발전시설	• 전기저장시설

Key Point

18 간이 스프링클러설비

(1) 수원(NFPC 103A 4조, NFTC 103A 2.1.1)

① 상수도 직결형의 경우에는 **수돗물**

② 수조를 사용하고자 하는 경우에는 적어도 **1개** 이상의 **자동급수장치**를 갖추어야 하며, **2개**의 **간이 헤드**에서 최소 **10분**(**숙박시설** 바닥면적 합계 **300m²** 이상 **600m²** 미만, **근린생활시설** 바닥면적 합계 **1000m²** 이상, **복합건축물** 연면적 1000m² 이상은 **5개** 간이헤드에서 **20분**) 이상 방수할 수 있는 양 이상을 수조에 확보할 것

(2) 가압송수장치(NFPC 103A 5조, NFTC 103A 2.2.1)

방수압력(상수도직결형의 상수도압력)은 가장 먼 가지배관에서 **2개**의 **간이헤드**를 동시에 개방할 경우 각각의 간이헤드 선단 방수압력은 **0.1MPa** 이상, 방수량은 **50 l/min** (주차장에 표준반응형 스프링클러헤드 설치시 **80 l/min**) 이상이어야 한다.

(3) 배관 및 밸브(NFPC 103A 8조, NFTC 103A 2.5.16)

① 상수도 직결형의 경우

수도용 계량기, 급수차단장치, 개폐표시형 밸브, 체크밸브, 압력계, 유수검지장치(압력 스위치 등 포함), 시험밸브(2개)

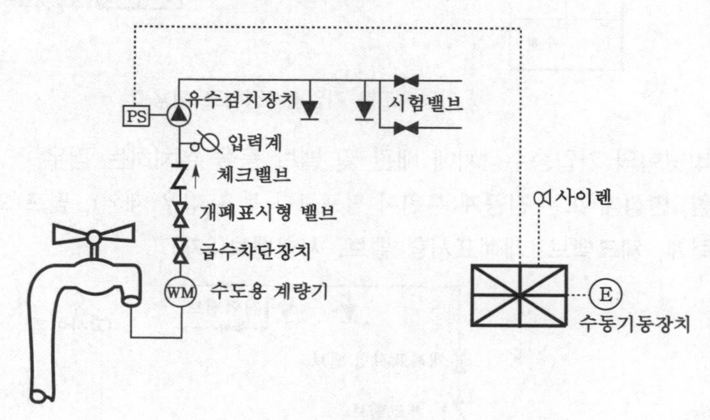

▌상수도직결형▌

※ **간이스프링클러설비 이외의 배관** : 화재시 배관을 차단할 수 있는 **급수차단장치** 설치

② 펌프 등의 가압송수장치를 이용하여 배관 및 밸브 등을 설치하는 경우

수원, **연성계** 또는 **진공계**(수원이 펌프보다 높은 경우 제외), **펌프** 또는 **압력수조**, **압력계**, **체크밸브**, **성능시험배관**, **개폐표시형 밸브**, **유수검지장치**, **시험밸브**

※ 체크밸브
역류방지를 목적으로 한다.
① 리프트형
수평설치용으로 주배관상에 많이 사용
② 스위블형
수평 · 수직 설치용으로 작은 배관상에 많이 사용

※ 수원
물을 공급하는 곳

※ 개폐표시형 밸브
옥내소화전설비 및 스프링클러설비의 주밸브로 사용되는 밸브로서, 육안으로 밸브의 개폐를 직접 확인할 수 있다. 일반적으로 'OS & Y 밸브'라고 부른다.

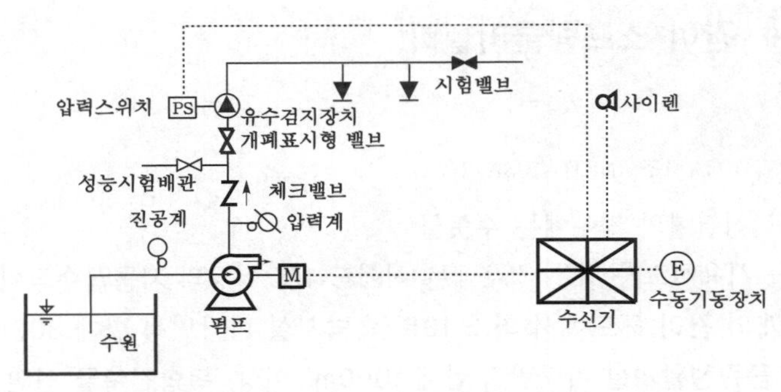

▌펌프 등의 가압송수장치 이용▐

③ 가압수조를 가압송수장치를 이용하여 배관 및 밸브 등을 설치하는 경우
수원, 가압수조, 압력계, 체크밸브, 성능시험배관, 개폐표시형 밸브, 유수검지장치, 시험밸브(2개)

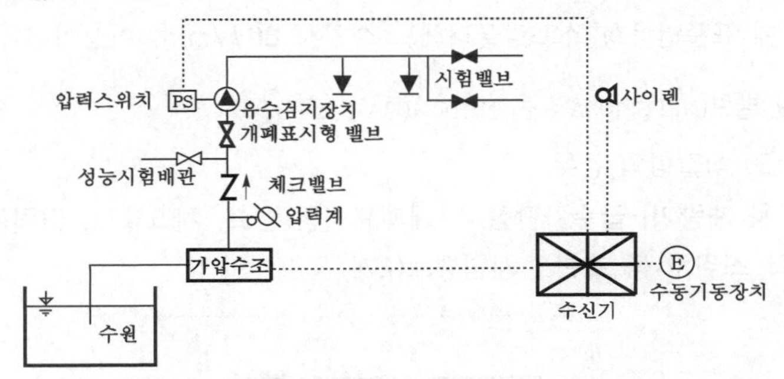

▌가압수조를 가압송수장치로 이용▐

④ 캐비닛형의 가압송수장치에 배관 및 밸브 등을 설치하는 경우
수원, 연성계 또는 **진공계**(수원이 펌프보다 높은 경우 제외), **펌프** 또는 **압력수조, 압력계, 체크밸브, 개폐표시형 밸브, 시험밸브(2개)**

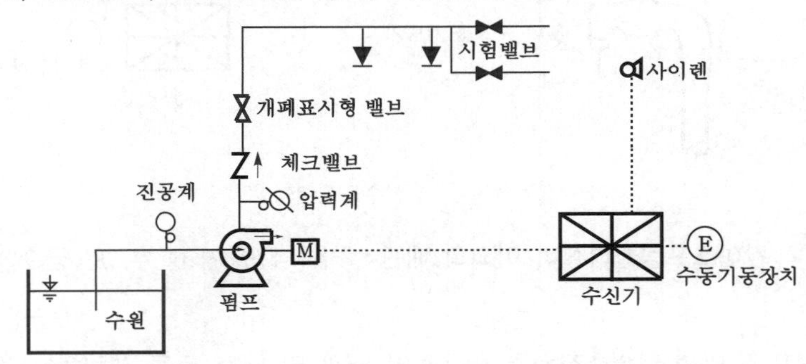

▌캐비닛형의 가압송수장치 이용▐

※ 유수검지장치
스프링클러헤드 개방 시 물흐름을 감지하여 경보를 발하는 장치

※ 압력계
정의 게이지압력을 측정한다.

※ 연성계
정 및 부의 게이지 압력을 측정한다.

※ 진공계
부의 게이지압력을 측정한다.

(4) 간이헤드의 적합기준(NFPC 103A 9조, NFTC 103A 2.6.1)

① **폐쇄형 간이헤드**를 사용할 것

② 간이헤드의 작동온도는 실내의 최대주위천장온도가 **0~38℃** 이하인 경우 공칭작동온도가 **57~77℃**의 것을 사용하고, **39~66℃** 이하인 경우에는 공칭작동온도가 **79~109℃**의 것을 사용할 것

③ **간이헤드**를 설치하는 천장 · 반자 · 천장과 반자사이 · 덕트 · 선반 등의 각 부분으로부터 간이헤드까지의 **수평거리**는 **2.3m** 이하가 되도록 할 것

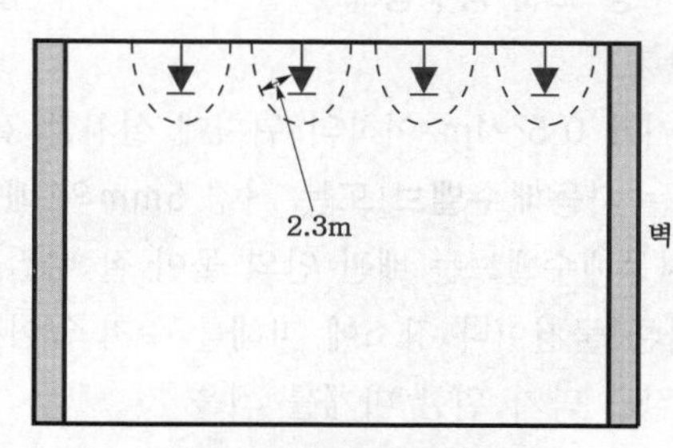

‖ 간이헤드의 설치방법 ‖

(5) 음향장치 · 기동장치의 설치기준(NFPC 103A 10조, NFTC 103A 2.7.1)

① 습식유수검지장치를 사용하는 설비에 있어서는 간이헤드가 개방되면 **유수검지장치**가 **화재신호**를 **발신**하고 그에 따라 **음향장치**가 **경보**되도록 할 것

② 음향장치는 습식유수검지장치의 담당구역마다 설치하되 그 구역의 각 부분으로부터 하나의 음향장치까지의 **수평거리**는 **25m** 이하가 되도록 할 것

③ 음향장치는 **경종** 또는 **사이렌**(전자석 사이렌을 포함한다)으로 하되, 주위의 소음 및 다른 용도의 경보와 구별이 가능한 음색으로 할 것. 경종 또는 사이렌은 **자동화재탐지설비 · 비상벨설비** 또는 **자동식 사이렌설비**의 음향장치와 겸용할 수 있다.

④ 주음향장치는 수신기의 **내부** 또는 그 **직근**에 설치할 것

※ 개폐표시형 밸브
밸브의 개폐 여부를 외부에서 식별이 가능한 밸브

※ 측벽형
가압된 물이 분사될 때 축심을 중심으로 한 반원상에 균일하게 분산시키는 헤드

※ 반자
천장 밑 또는 지붕 밑에 설치되어 열차단, 소음방지 및 장식용으로 꾸민 부분

※ 음향장치
경종, 사이렌 등을 말한다.

Key Point

※ 송수구
물을 배관에 공급하기 위한 구멍

(6) 송수구의 설치기준(NFTC 103A 2.8.1)

① 송수구는 소방차가 쉽게 접근할 수 있는 잘 보이는 장소에 설치하고, 화재층으로부터 지면으로 떨어지는 유리창 등이 송수 및 그 밖의 소화작업에 지장을 주지 않는 장소에 설치할 것

② 송수구로부터 간이스프링클러설비의 주배관에 이르는 연결배관에 개폐밸브를 설치한 때에는 그 개폐상태를 쉽게 확인 및 조작할 수 있는 옥외 또는 기계실 등의 장소에 설치할 것

③ 구경 65mm의 **단구형** 또는 **쌍구형**으로 할 것. 이 경우 송수배관의 안지름은 40mm 이상으로 해야 한다.

④ 지면으로부터 높이가 0.5~1m 이하의 위치에 설치할 것

⑤ 송수구의 부근에는 **자동배수밸브**(또는 직경 5mm의 **배수공**) 및 **체크밸브**를 설치할 것. 이 경우 자동배수밸브는 배관 안의 물이 잘 빠질 수 있는 위치에 설치하되, 배수로 인하여 다른 물건이나 장소에 피해를 주지 않아야 한다.

⑥ 송수구에는 이물질을 막기 위한 마개를 씌울 것

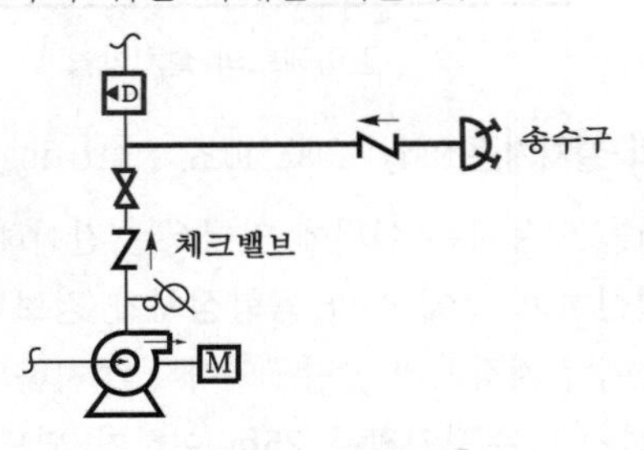

▌송수구의 설치▐

19 화재조기진압용 스프링클러설비

(1) **설치장소의 구조**(NFPC 103B 4조, NFTC 103B 2.1.1)

① 해당층의 높이가 **13.7m** 이하일 것(단, **2층** 이상일 경우에는 해당층의 바닥을 **내화구조**로 하고 다른 부분과 방화구획할 것)

② 천장의 기울기가 $\frac{168}{1000}$ 을 초과하지 않아야 하고, 이를 초과하는 경우에는 반자를 지면과 **수평**으로 설치할 것

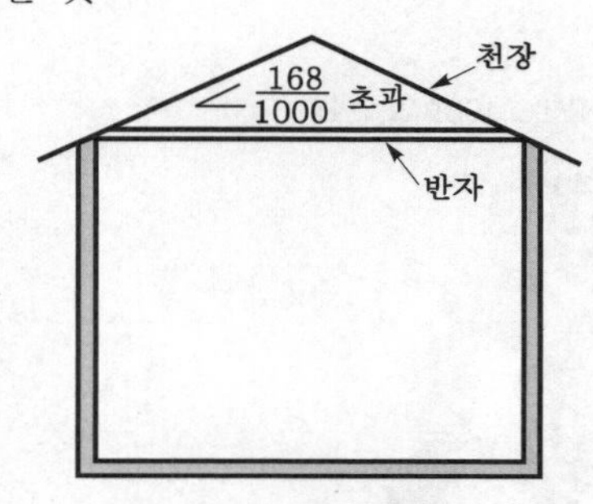

‖ 기울어진 천장의 경우 ‖

③ 천장은 평평해야 하며 철재나 목재 트러스 구조인 경우 철재나 목재의 돌출 부분이 **102mm**를 초과하지 않을 것

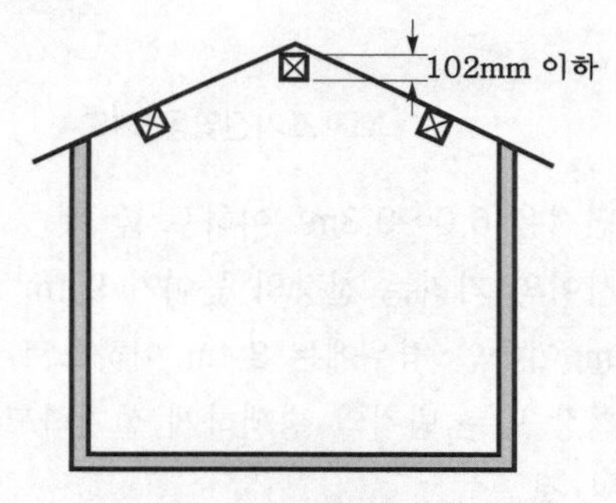

‖ 철재 또는 목재의 돌출치수 ‖

④ 보로 사용되는 목재·콘크리트 및 철재 사이의 간격이 **0.9~2.3m** 이하일 것(단, 보의 간격이 2.3m 이상인 경우에는 스프링클러헤드의 동작을 원활히 하기 위하여 보로 구획된 부분의 천장 및 반자의 넓이가 **28m²** 를 초과하지 않을 것)

⑤ 창고 내의 선반의 형태는 하부로 물이 침투되는 구조로 할 것

Key Point

※ 화재조기진압용 스프링클러설비
화재를 초기에 진압할 수 있도록 정해진 면적에 충분한 물을 방사할 수 있는 빠른 작동 능력의 스프링클러헤드를 사용한 설비

※ 내화구조
화재시 수리하여 재차 사용할 수 있는 구조

※ 목재트러스 구조
2개 이상의 목재를 삼각형으로 조립해서 뼈대를 만든 구조

Key Point

※ 수원
물을 공급하는 곳

※ 스프링클러헤드
화재시 가압된 물이 내뿜어져 분산됨으로써 소화기능을 하는 헤드

※ 반사판
스프링클러 헤드의 방수구에서 유출되는 물을 세분시키는 작용을 하는 것으로, '디플렉터(deflector)'라고도 부른다.

※ 헤드
화재시 가압된 물이 내뿜어져 분산됨으로써 소화기능을 하는 헤드

(2) 수원(NFPC 103B 5조, NFTC 103B 2.2.1)

화재조기진압용 스프링클러설비의 수원은 수리학적으로 가장 먼 가지배관 3개에 각각 4개의 스프링클러헤드가 동시에 개방되었을 때 헤드 선단의 압력이 별도로 정한 값 이상으로 **60분**간 방사할 수 있는 양으로 계산식은 다음과 같다.

$$Q = 12 \times 60 \times K\sqrt{10P}$$

여기서, Q : 방사량[l]

K : 상수[l/min/MPa$^{\frac{1}{2}}$]

P : 압력[MPa]

(3) 헤드(NFPC 103B 10조, NFTC 103B 2.7.1)

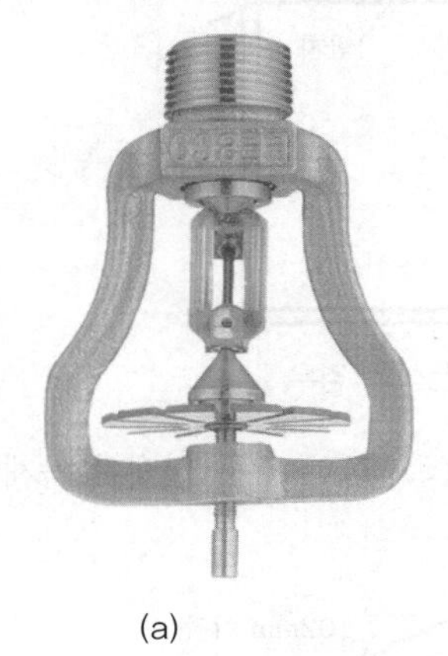

(a)

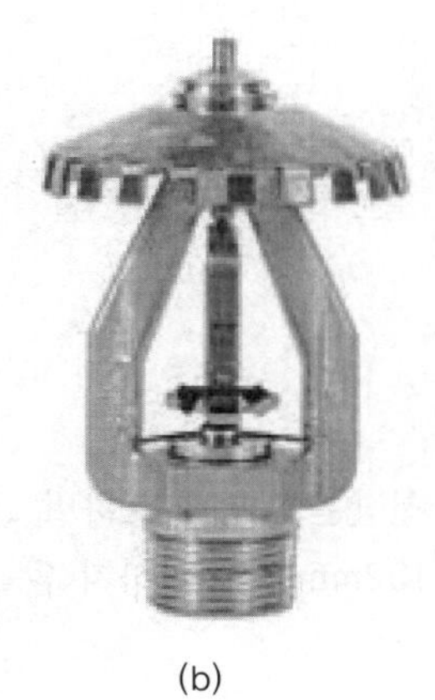

(b)

▍화재조기진압용 헤드▍

① 헤드 하나의 방호면적은 **6.0~9.3m²** 이하로 할 것

② 가지배관의 헤드 사이의 거리는 천장의 높이가 **9.1m** 미만인 경우에는 **2.4~3.7m** 이하로, **9.1~13.7m** 이하인 경우에는 **3.1m** 이하으로 할 것

③ 헤드의 반사판은 천장 또는 반자와 평행하게 설치하고 저장물의 최상부와 **914mm** 이상 확보되도록 할 것

④ 상향식 헤드의 감지부 중앙은 천장 또는 반자와 **101~152mm** 이하이어야 하며 반사판의 위치는 스프링클러 배관의 윗부분에서 최소 **178mm** 상부에 설치되도록 할 것

⑤ 헤드와 벽과의 거리는 헤드 상호간 거리의 $\frac{1}{2}$을 초과하지 않아야 하며 최소 **102mm** 이상일 것

⑥ 헤드의 작동온도는 **74℃** 이하일 것

Key Point

▌장애물의 하단과 헤드반사판 사이의 수직거리▐

장애물과 헤드 사이의 수평거리	장애물의 하단과 헤드의 반사판 사이의 수직거리
0.3m 미만	0mm
0.3~0.5m 미만	40mm
0.5~0.6m 미만	75mm
0.6~0.8m 미만	140mm
0.8~0.9m 미만	200mm
0.9~1.1m 미만	250mm
1.1~1.2m 미만	300mm
1.2~1.4m 미만	380mm
1.4~1.5m 미만	460mm
1.5~1.7m 미만	560mm
1.7~1.8m 미만	660mm
1.8m 이상	790mm

(4) 저장물품의 간격(NFPC 103B 11조, NFTC 103B 2.8.1)

저장물품 사이의 간격은 모든 방향에서 **152mm** 이상의 간격을 유지해야 한다.

(5) 환기구(NFPC 103B 12조, NFTC 103B 2.9.1)

화재조기진압용 스프링클러 설비의 환기구는 다음에 적합해야 한다.

① 공기의 유동으로 인하여 헤드의 작동온도에 영향을 주지 않는 구조일 것

② 화재감지기와 연동하여 동작하는 **자동식 환기장치**를 설치하지 않을 것. 다만, 자동식 환기장치를 설치할 경우에는 최소작동온도가 **180℃** 이상일 것

※ **환기구와 같은 의미**
① 통기구
② 배기구

(6) 설치제외(NFPC 103B 17조, NFTC 103B 2.14.1)

다음에 해당하는 물품의 경우에는 화재조기진압용 스프링클러를 설치해서는 안 된다(단, 물품에 대한 화재시험 등 공인기관의 시험을 받은 것은 제외).

① **제4류 위험물**

② **타이어, 두루마리 종이** 및 **섬유류, 섬유제품** 등 연소시 화염의 속도가 빠르고, 방사된 물이 하부까지에 도달하지 못하는 것

※ **제4류 위험물**
① 특수인화물
② 제1~4석유류
③ 알코올류
④ 동식물유류

※ **방호구역**
화재로부터 보호하기 위한 구역

CHAPTER

05 물분무소화설비

※ 유화효과와 희석효과

(1) 유화효과
유류표면에 유화층의 막을 형성시켜 공기의 접촉을 막는 방법

(2) 희석효과
다량의 물을 방사하여 가연물의 농도를 연소농도 이하로 낮추는 방법

※ 물분무소화설비

① 질식효과
② 냉각효과
③ 유화효과
④ 희석효과

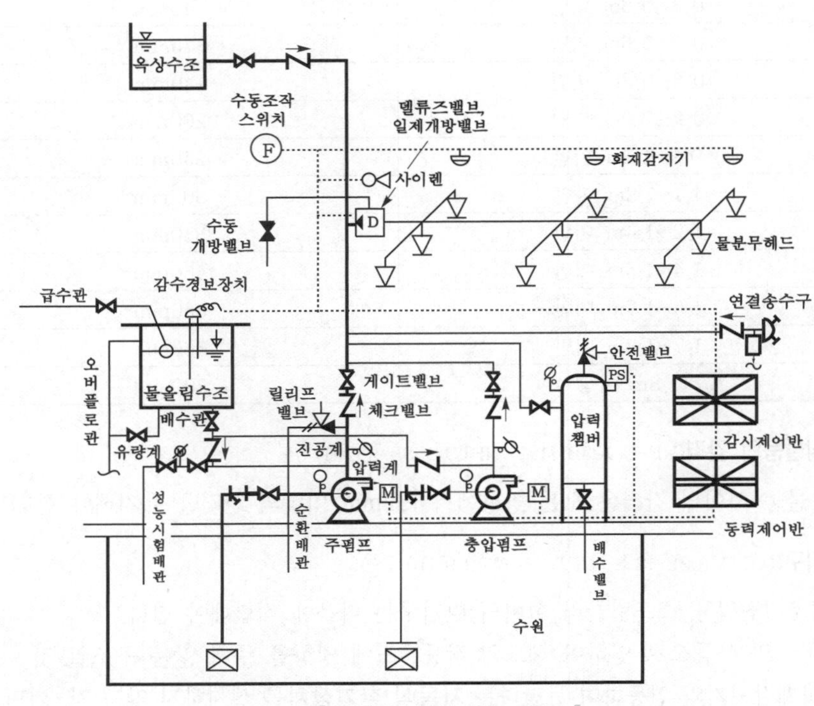

▌물분무소화설비의 계통도▐

 1 주요구성

출제확률 1.0% (1점)

① 수원
② 가압송수장치
③ 배관
④ 제어반
⑤ 비상전원
⑥ 동력장치
⑦ 기동장치
⑧ 제어밸브
⑨ 배수밸브
⑩ 물분무헤드

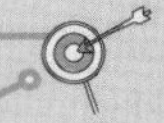

2 수원(NFPC 104 4조, NFTC 104 2.1.1)

‖ 물분무소화설비의 수원 ‖

특정소방대상물	토출량	최소기준	비 고
컨베이어벨트	10l/min · m²	–	벨트부분의 바닥면적
절연유 봉입변압기	10l/min · m²	–	표면적을 합한 면적(바닥면적 제외)
특수가연물	10l/min · m²	최소 50m²	최대 방수구역의 바닥면적 기준
케이블트레이 · 덕트	12l/min · m²	–	투영된 바닥면적
차고 · 주차장	20l/min · m²	최소 50m²	최대 방수구역의 바닥면적 기준
위험물 저장탱크	37l/min · m	–	위험물탱크 둘레길이(원주길이) : 위험물 규칙 〔별표 6〕 Ⅱ

※ 모두 **20분**간 방수할 수 있는 양 이상으로 하여야 한다.

기억법 컨 0
절 0
특 0
케 2
차 0
위 37

3 가압송수장치(NFPC 104 5조, NFTC 104 2.2)

(1) 고가수조방식

$$H \geq h_1 + h_2$$

여기서, H : 필요한 낙차〔m〕
h_1 : 물분무헤드의 설계압력 환산수두〔m〕
h_2 : 배관 및 관부속품의 마찰손실수두〔m〕

※ 고가수조 : 수위계, 배수관, 급수관, 오버플로관, 맨홀 설치

(2) 압력수조방식

$$P \geq P_1 + P_2 + P_3$$

여기서, P : 필요한 압력〔MPa〕
P_1 : 물분무헤드의 설계압력〔MPa〕
P_2 : 배관 및 관부속품의 마찰손실수두압〔MPa〕
P_3 : 낙차의 환산수두압〔MPa〕

※ **압력수조** : 수위계, 급수관, 급기관, 압력계, 안전장치, 자동식 공기압축기, 맨홀 설치

Key Point

※ 물분무가 전기설비에 적합한 이유
분무 상태의 물은 비전도성을 나타내므로

※ 케이블트레이
케이블을 수용하기 위한 관로로 사용되며 윗부분이 개방되어 있다.

※ 케이블덕트
케이블을 수용하기 위한 관로로 사용되며 윗부분이 밀폐되어 있다.

※ 고가수조에만 있는 것
오버플로관

※ 고가수조의 구성요소
① 배수관
② 수위계
③ 급수관
④ 맨홀
⑤ 오버플로관

※ 압력수조의 구성요소
① 배수관
② 수위계
③ 급수관
④ 맨홀
⑤ 급기관
⑥ 안전장치
⑦ 압력계
⑧ 자동식 공기압축기

(3) 펌프방식(지하수조방식)

$$H \geq h_1 + h_2 + h_3$$

여기서, H : 필요한 낙차〔m〕
h_1 : 물분무헤드의 설계압력 환산수두〔m〕
h_2 : 배관 및 관부속품의 마찰손실수두〔m〕
h_3 : 실양정(흡입양정 + 토출양정)〔m〕

(4) 가압수조방식

가압수조를 이용한 가압송수장치

4 기동장치(NFPC 104 8조, NFTC 104 2.5.1)

※ 수동식 개방밸브
바닥에서 0.8~1.5m 이하

(1) 수동식 기동장치

① 직접조작 또는 원격조작에 의하여 각각의 가압송수장치 및 **수동식 개방밸브** 또는 **가압송수장치** 및 **자동개방밸브**를 개방할 수 있도록 설치할 것
② 기동장치의 가까운 곳의 보기 쉬운 곳에 "**기동장치**"라고 표시한 표지를 할 것

(2) 자동식 기동장치

자동식 기동장치는 **화재감지기**의 작동 또는 **폐쇄형 스프링클러헤드**의 개방과 연동하여 경보를 발하고, 가압송수장치 및 자동개방밸브를 기동할 수 있는 것으로 해야 한다. (단, 자동화재탐지설비의 수신기가 설치되어 있는 장소에 상시 사람이 근무하고 있고 화재시 물분무소화설비를 즉시 작동시킬 수 있는 경우에는 제외)

5 제어밸브(NFPC 104 9조, NFTC 104 2.6.1)

※ 배수밸브
'드레인밸브(drain valve)'라고도 부른다.

① 바닥으로부터 **0.8~1.5m** 이하의 위치에 설치한다.
② 가까운 곳의 보기 쉬운 곳에 "**제어밸브**"라고 표시한 표지를 한다.

6 배수밸브(NFPC 104 11조, NFTC 104 2.8.1)

※ OS & Y 밸브
밸브의 개폐상태 여부를 용이하게 육안판별하기 위한 밸브로서, '개폐표시형 밸브'라고도 부른다.

① **차량**이 주차하는 장소의 적당한 곳에 높이 **10cm** 이상의 경계턱으로 배수구를 설치한다.
② 배수구에는 새어나온 기름을 모아 소화할 수 있도록 길이 **40m** 이하마다 집수관·소화피트 등 **기름분리장치**를 설치한다.

Key Point

③ 차량이 주차하는 바닥은 배수구를 향하여 $\frac{2}{100}$ 이상의 기울기를 유지한다.

④ 배수설비는 가압송수장치의 **최대송수능력**의 수량을 유효하게 배수할 수 있는 크기 및 기울기를 유지한다.

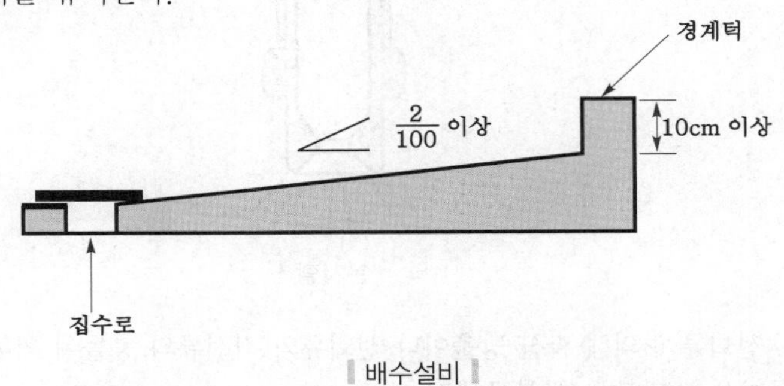

‖ 배수설비 ‖

7 물분무헤드(NFPC 104 10조, NFTC 104 2.7.2)

‖ 물분무헤드의 이격거리 ‖

전 압	거 리
66〔kV〕 이하	70cm 이상
67~77〔kV〕 이하	80cm 이상
78~110〔kV〕 이하	110cm 이상
111~154〔kV〕 이하	150cm 이상
155~181〔kV〕 이하	180cm 이상
182~220〔kV〕 이하	210cm 이상
221~275〔kV〕 이하	260cm 이상

8 물분무헤드의 성능인증 및 제품검사기술기준

물분무헤드의 종류는 다음과 같다.

(1) **충돌형**: 유수와 유수의 충돌에 의해 미세한 물방울을 만드는 물분무헤드

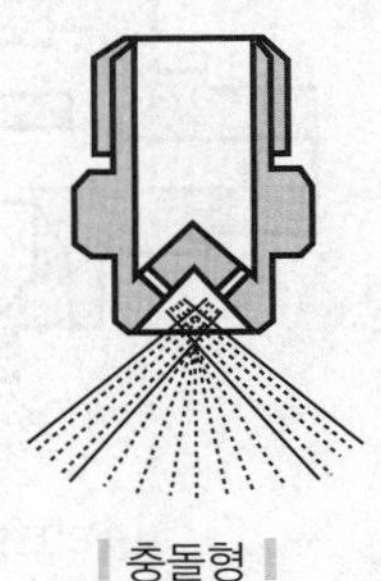

‖ 충돌형 ‖

※ 집수관
새어나온 기름을 거르기 위해서 만든 관

※ 표〔물분무헤드의 이격거리〕
★ 꼭 기억하세요 ★

※ 물분무헤드
물을 미립상태로 방사하여 소화기능을 하는 헤드

※ 물분무헤드의 종류
자동화재 감지장치가 있어야 한다.
① 충돌형
② 분사형
③ 선회류형
④ 슬리트형
⑤ 디플렉터형

※ 물의 방사형태
(1) 봉상주수
옥내소화전의 방수노즐
(2) 적상주수
① 포워터 스프링클러헤드
② 스프링클러헤드
(3) 무상주수
① 포워터 스프레이 헤드
② 물분무헤드

(2) **분사형 :** 소구경의 오리피스로부터 고압으로 분사하여 미세한 물방울을 만드는 물분무헤드

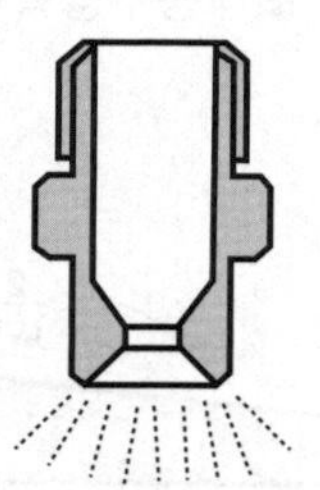

∥ 분사형 ∥

(3) **선회류형 :** 선회류에 의해 확산 방출이나 선회류와 직선류의 충돌에 의해 확산 방출하여 미세한 물방울을 만드는 물분무헤드

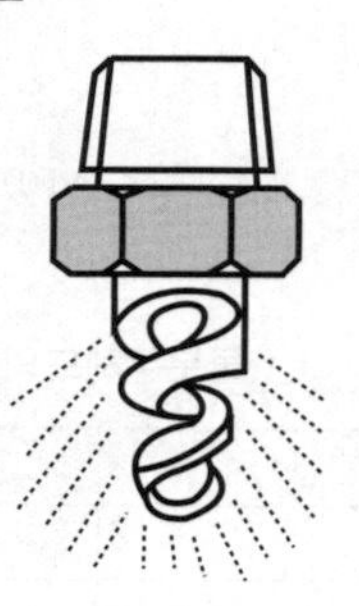

∥ 선회류형 ∥

(4) **디플렉터형 :** 수류를 살수판에 충돌하여 미세한 물방울을 만드는 물분무헤드

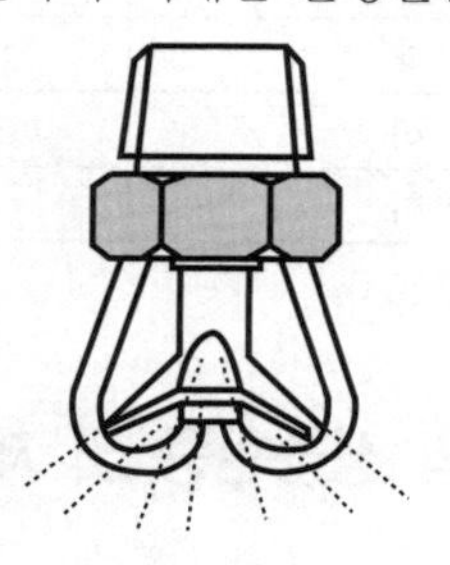

∥ 디플렉터형 ∥

＊ 수막
물을 커텐처럼 길게 늘어뜨려 뿌리는 것

(5) **슬리트형 :** 수류를 슬리트에 의해 방출하여 수막상의 분무를 만드는 물분무헤드

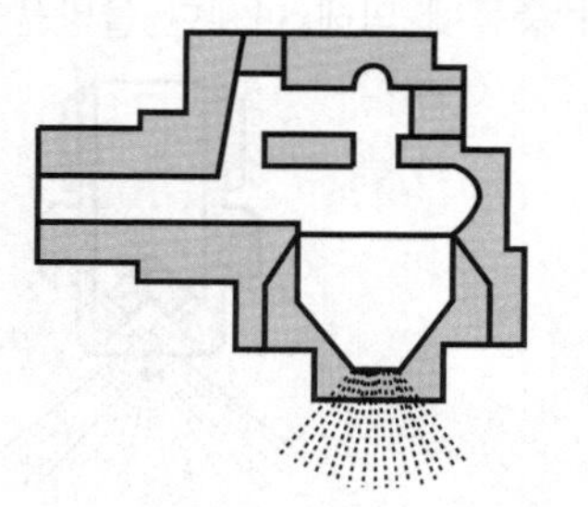

∥ 슬리트형 ∥

Key Point

※ 물분무설비 설치 제외 장소
① 물과 심하게 반응하는 물질 취급장소
② 고온물질 취급장소
③ 표면온도 260℃ 이상

9 물분무소화설비의 설치제외 장소(NFPC 104 15조, NFTC 104 2.12.1)

① **물과 심하게 반응하는 물질** 또는 물과 반응하여 위험한 물질을 생성하는 물질을 저장 또는 취급하는 장소
② **고온물질** 및 증류범위가 넓어 끓어넘치는 위험이 있는 물질을 저장 또는 취급하는 장소
③ 운전시에 표면의 온도가 **260℃** 이상으로 되는 등 직접 분무를 하는 경우 그 부분에 손상을 입힐 우려가 있는 기계장치 등이 있는 장소

10 물분무소화설비의 설치대상(소방시설법 시행령 〔별표 4〕)

설치대상	조 건
① 차고 · 주차장(50세대 미만 연립주택 및 다세대주택 제외)	• 바닥면적 합계 $200m^2$ 이상
② 전기실 · 발전실 · 변전실 ③ 축전지실 · 통신기기실 · 전산실	• 바닥면적 $300m^2$ 이상
④ 주차용 건축물	• 연면적 $800m^2$ 이상
⑤ 기계식 주차장치	• 20대 이상
⑥ 항공기격납고	• **전부**(규모에 관계없이 설치)
⑦ 중 · 저준위 방사성 폐기물의 저장시설(소화수를 수집 · 처리하는 설비 미설치)	• 이산화탄소 소화설비, 할론소화설비, 할로겐화합물 및 불활성기체 소화설비 설치
⑧ 지하가 중 터널	• 예상교통량, 경사도 등 터널의 특성을 고려하여 행정안전부령으로 정하는 터널
⑨ 지정문화재	• 소방청장이 문화재청장과 협의하여 정하는 것 또는 적응소화설비

※항공기격납고
항공기를 수납하여 두는 장소

CHAPTER 06

포소화설비

Key Point

❋ 포소화설비의 특징

① 옥외소화에도 소화효력을 충분히 발휘한다.
② 포화 내화성이 커서 대규모 화재 소화에도 효과가 크다.
③ 재연소가 예상되는 화재에도 적응성이 있다.
④ 인접되는 방호대상물에 연소방지책으로 적합하다.
⑤ 소화제는 인체에 무해하다.

❋ 기계포 소화약제

접착력이 우수하며 일반·유류화재에 적합하다.

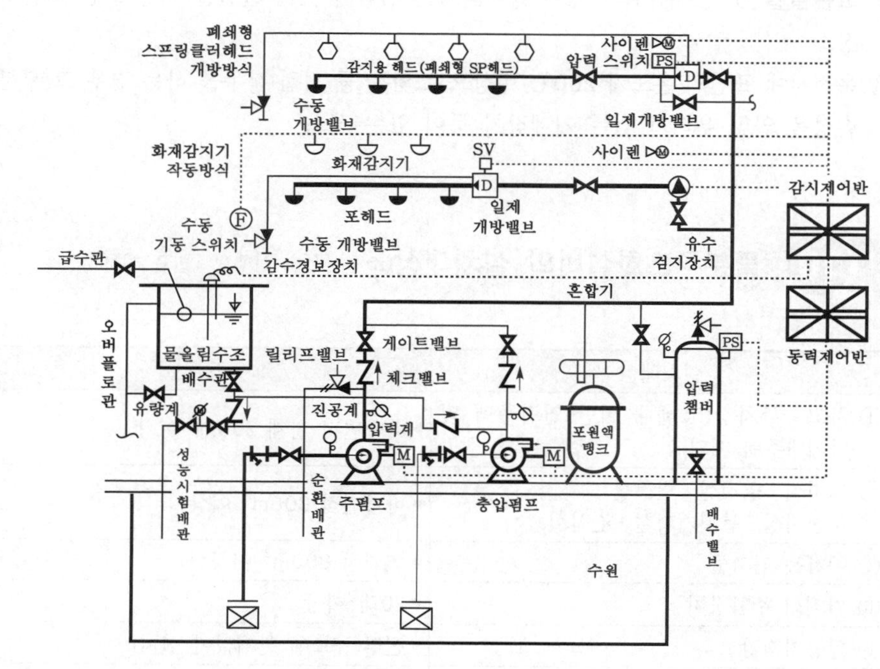

▌포소화설비의 계통도▐

1 주요구성

① 수원
② 가압송액장치
③ 배관
④ 제어반
⑤ 비상전원
⑥ 동력장치
⑦ 기동장치
⑧ 개방밸브
⑨ 포소화약제의 저장탱크
⑩ 포소화약제의 혼합장치
⑪ 포헤드
⑫ 고정포방출구

Key Point

2 종류(NFPC 105 4조, NFTC 105 2.1.1)

‖ 특정소방대상물에 따른 헤드의 종류 ‖

특정소방대상물	설비종류
• 차고 · 주차장 • 항공기격납고 • 공장 · 창고(특수가연물 저장 · 취급)	• 포워터스프링클러설비 • 포헤드설비 • 고정포방출설비 • 압축공기포소화설비
• 완전개방된 **옥상 주차장**(주된 벽이 없고 기둥뿐이거나 주위가 위해방지용 철주 등으로 둘러싸인 부분) • **지상 1층**으로서 지붕이 없는 **차고 · 주차장** • 고가 밑의 **주차장**(주된 벽이 없고 기둥뿐이거나 주위가 위해방지용 철주 등으로 둘러싸인 부분)	• 호스릴포소화설비 • 포소화전설비
• 발전기실 • 엔진펌프실 • 변압기 • 전기케이블실 • 유압설비	• 고정식 압축공기포소화설비(바닥면적 합계 300m² 미만)

※ 포워터 스프링클러 헤드
포디플렉터가 있다.

※ 포헤드
포디플렉터가 없다.

3 가압송수장치(NFPC 105 6조, NFTC 105 2.3)

(1) 고가수조방식

$$H \geq h_1 + h_2 + h_3$$

여기서, H : 필요한 낙차〔m〕
h_1 : 방출구의 설계압력 환산수두 또는 노즐선단의 방사압력 환산수두〔m〕
h_2 : 배관의 마찰손실수두〔m〕
h_3 : 소방호스의 마찰손실수두〔m〕

※ **고가수조** : 수위계, 배수관, 급수관, 오버플로관, 맨홀 설치

※ 고가수조에만 있는 것
오버플로관

(2) 압력수조방식

$$P \geq P_1 + P_2 + P_3 + P_4$$

여기서, P : 필요한 압력〔MPa〕
P_1 : 방출구의 설계압력 환산수두 또는 노즐 선단의 방사압력〔MPa〕
P_2 : 배관의 마찰손실수두압〔MPa〕
P_3 : 소방호스의 마찰손실수두압〔MPa〕
P_4 : 낙차의 환산수두압〔MPa〕

※ 압력수조에만 있는 것
① 급기관
② 압력계
③ 안전장치
④ 자동식 공기압축기

※ 편심리듀셔
배관 흡입측의 공기고임방지

Key Point

※ **압력수조** : 수위계, 급수관, 급기관, 압력계, 안전장치, 자동식 공기압축기, 맨홀 설치

※ 포챔버
지붕식 옥외저장탱크에서 포말(거품)을 방출하는 기구

(3) 펌프방식(지하수조방식)

$$H \geq h_1 + h_2 + h_3 + h_4$$

여기서, H : 펌프의 양정〔m〕
h_1 : 방출구의 설계압력 환산수두 또는 노즐선단의 방사압력 환산수두〔m〕
h_2 : 배관의 마찰손실수두〔m〕
h_3 : 소방호스의 마찰손실수두〔m〕
h_4 : 낙차〔m〕

(4) 감압장치(NFPC 105 6조, NFTC 105 2.3.4)

가압송수장치에는 포헤드 · 고정포방출구 또는 이동식 포노즐의 방사압력이 설계압력 또는 방사압력의 허용범위를 넘지 않도록 감압장치를 설치해야 한다.

※ 표준방사량
① 포소화설비(포워터 스프링클러헤드) : 75 l/min 이상
② 스프링클러설비 : 80 l/min 이상
③ 옥내소화전설비 : 130 l/min 이상
④ 옥외소화전설비 : 350l /min 이상

(5) 표준방사량(NFPC 105 6조, NFTC 105 2.3.5)

구 분	표준방사량
• 포워터 스프링클러헤드	75l/min 이상
• 포헤드 • 고정포 방출구 • 이동식 포노즐 • 압축공기포헤드	각 포헤드 · 고정포 방출구 또는 이동식 포노즐의 설계압력에 의하여 방출되는 소화약제의 양

※ 포헤드의 표준방사량 : 10분

4 배관(NFPC 105 7조, NFTC 105 2.4.3, 2.4.4)

※ 배액밸브
① 설치목적 : 포의 방출종료 후 배관 안의 액을 방출하기 위하여
② 설치장소 : 송액관의 가장 낮은 부분

① 송액관은 포의 방출종료 후 배관 안의 액을 방출하기 위하여 적당한 기울기를 유지하고 그 낮은 부분에 **배액밸브**를 설치해야 한다.

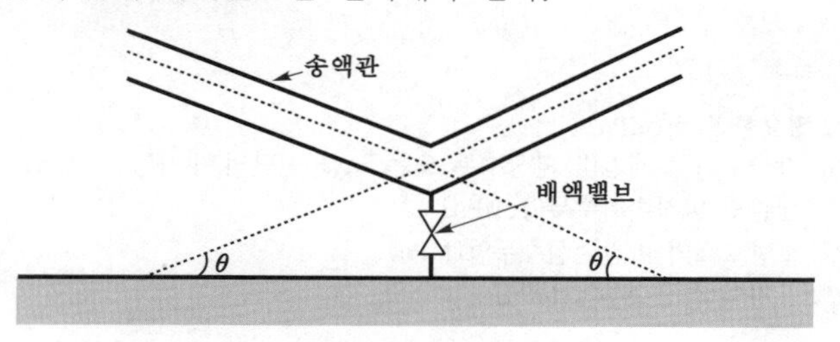

▮ 송액관의 기울기 ▮

★

문제 **포소화설비의 배관방식에서 배액밸브의 설치목적과 설치장소를 간단히 설명하시오.**

득점	배점
	5

○ 설치목적 :
○ 설치장소 :

해답 ○ 설치목적 : 포의 방출종료 후 배관 안의 액을 방출하기 위하여
○ 설치장소 : 송액관의 가장 낮은 부분

해설 송액관은 포의 방출종료 후 배관 안의 액을 방출하기 위하여 적당한 기울기를 유지하고 그 낮은 부분에 **배액밸브**를 설치해야 한다.(NFPC 105 7조, NFTC 105 2.4.3)

※ **배액밸브** : 배관 안의 액을 배출하기 위한 밸브

② 포워터 스프링클러설비 또는 포헤드설비의 가지배관의 배열은 **토너먼트방식**이 **아니어야** 하며, 교차배관에서 분기하는 지점을 기준으로 한쪽 가지배관에 설치하는 헤드의 수는 **8개** 이하로 한다.

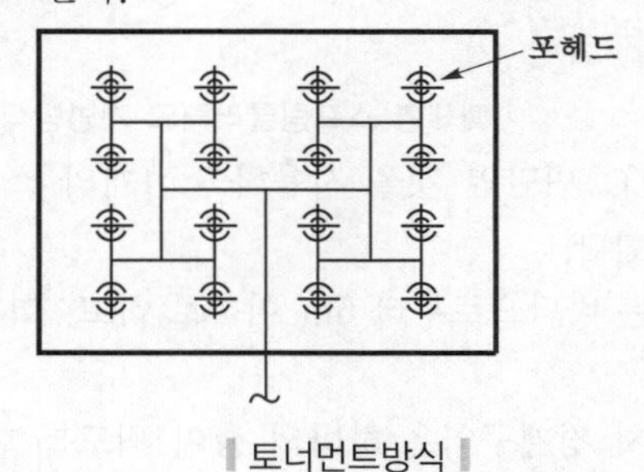

▎토너먼트방식▎

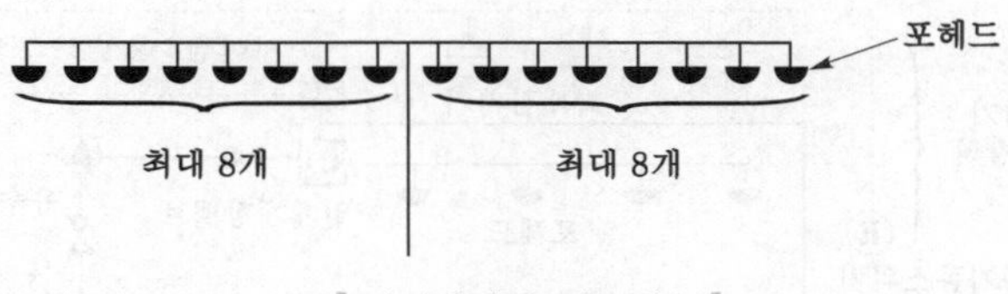

▎가지배관의 헤드개수▎

5 기동장치(NFPC 105 11조, NFTC 105 2.8.1)

(1) 수동식 기동장치의 설치기준

① 직접조작 또는 원격조작에 의하여 **가압송수장치 · 수동식 개방밸브** 및 **소화약제 혼합장치**를 기동할 수 있는 것으로 한다.

② **2 이상**의 방사구역을 가진 포소화설비에는 방사구역을 선택할 수 있는 구조로 한다.

③ 기동장치의 조작부는 화재시 쉽게 접근할 수 있는 곳에 설치하되, 바닥으로부터 **0.8~1.5m** 이하의 위치에 설치하고, 유효한 보호장치를 설치한다.

④ 기동장치의 조작부 및 호스접결구에는 가까운 곳의 보기 쉬운 곳에 각각 '**기동장치의 조작부**' 및 '**접결구**'라고 표시한 표지를 설치한다.

Key Point

※ 토너먼트방식이 아니어야 하는 이유
유체의 마찰손실이 너무 크므로 압력손실을 최소화하기 위하여

※ 토너먼트방식 적용설비
① 분말소화설비
② 할론소화설비
③ 이산화탄소 소화설비
④ 할로겐화합물 및 불활성기체 소화설비

※ 교차회로방식 적용설비
① 분말소화설비
② 할론소화설비
③ 이산화탄소 소화설비
④ 준비작동식 스프링클러설비
⑤ 일제살수식 스프링클러설비
⑥ 할로겐화합물 및 불활성기체 소화설비

※ 가지배관
헤드 8개 이하

※ 수동식 기동장치 설치기준
★꼭 기억하세요★

※ 호스접결구
호스를 연결하기 위한 구멍으로서, '방수구'를 의미한다.

Key Point

⑤ **차고** 또는 **주차장**에 설치하는 포소화설비의 수동식 기동장치는 방사구역마다 **1개** 이상 설치한다.

⑥ **항공기격납고**에 설치하는 포소화설비의 수동식 기동장치는 각 방사구역마다 **2개** 이상을 설치하되, 그 중 1개는 각 방사구역으로부터 가장 가까운 곳 또는 조작에 편리한 장소에 설치하고, 1개는 화재탐지수신기를 설치한 **감시실** 등에 설치한다.

(2) 자동식 기동장치의 설치기준

※ 포소화설비의 개방방식
① 폐쇄형 스프링클러 헤드 개방방식
② 감지기에 따른 개방방식

① 폐쇄형 스프링클러헤드 개방방식

‖ 폐쇄형 스프링클러헤드 개방방식 ‖

※ 표시온도
스프링클러헤드에 표시되어 있는 온도

㈎ 표시온도가 **79℃** 미만인 것을 사용하고, 1개의 스프링클러헤드의 경계면적은 **20m²** 이하로 한다.

㈏ 부착면의 높이는 바닥으로부터 **5m** 이하로 하고, 화재를 유효하게 감지할 수 있도록 한다.

㈐ 하나의 감지장치 경계구역은 **하나**의 **층**이 되도록 한다.

② 감지기 작동방식

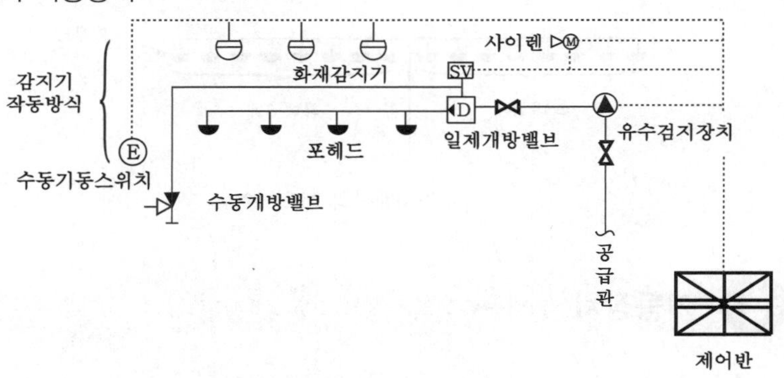

‖ 감지기에 따른 개방방식 ‖

㈎ 화재감지기는 **자동화재탐지설비**의 감지기에 관한 기준에 준하여 설치한다.

㈏ 화재감지기 회로에는 다음의 기준에 따른 발신기를 설치할 것

㉮ 조작이 쉬운 장소에 설치하고, 스위치는 바닥으로부터 0.8m 이상 1.5m 이하의 높이에 설치할 것

㉯ 특정소방대상물의 층마다 설치하되, 해당 특정소방대상물의 각 부분으로부터 수평거리가 25m 이하가 되도록 할 것. 다만, 복도 또는 별도로 구획된 실로서 보행거리가 40m 이상일 경우에는 추가로 설치해야 한다.

Key Point

㉰ 발신기의 위치를 표시하는 표시등은 함의 상부에 설치하되, 그 불빛은 부착면으로부터 15° 이상의 범위 안에서 부착지점으로부터 10m 이내의 어느 곳에서도 쉽게 식별할 수 있는 적색등으로 할 것

※ 동결우려가 있는 장소의 포소화설비의 자동식 기동장치는 **자동화재탐지설비**와 연동되도록 할 것

(3) 기동용 수압개폐장치를 기동장치로 사용하는 경우의 충압펌프 설치기준(NFPC 105 6조, NFTC 105 2.3.1.12)

① 펌프의 정격토출압력은 그 설비의 최고위 일제개방밸브 · 포소화전 또는 호스릴 포방수구의 자연압보다 적어도 **0.2MPa**이 더 크도록 하거나 가압송수장치의 정격토출압력과 같게 할 것

② 펌프의 정격토출량은 정상적인 누설량보다 적어서는 아니되며, 포소화설비가 자동적으로 작동할 수 있도록 충분한 토출량을 유지할 것

6 개방밸브(NFPC 105 10조, NFTC 105 2.7.1)

① 자동개방밸브는 화재감지장치의 작동에 따라 **자동**으로 **개방**되는 것으로 한다.

② 수동식 개방밸브는 화재시 쉽게 접근할 수 있는 곳에 설치한다.

7 포소화약제의 저장탱크(NFPC 105 8조, NFTC 105 2.5.1)

① 화재 등의 재해로 인한 피해를 받을 우려가 없는 장소에 설치한다.

② **기온**의 변동으로 포의 발생에 장애를 주지 않는 장소에 설치한다.

③ 포소화약제가 변질될 우려가 없고 **점검**에 편리한 장소에 설치한다.

④ 가압송수장치 또는 포소화약제 혼합장치의 기동에 의하여 압력이 가해지는 것 또는 상시 가압된 상태로 사용되는 것에 있어서는 **압력계**를 설치한다.

⑤ 포소화약제 저장량의 확인이 쉽도록 **액면계** 또는 **계량봉** 등을 설치한다.

⑥ 가압식이 아닌 저장탱크는 **글라스게이지**를 설치하여 액량을 측정할 수 있는 구조로 한다.

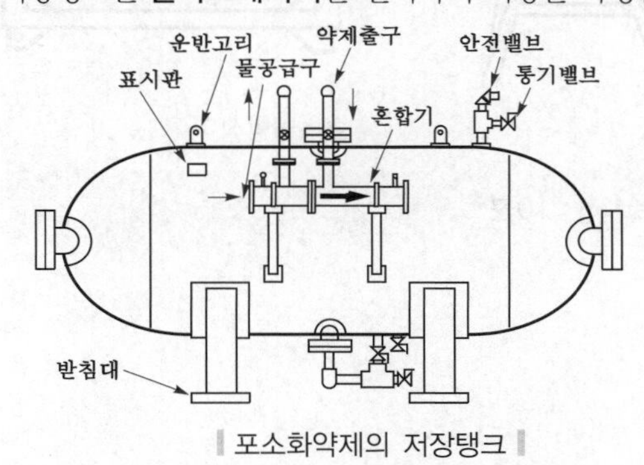

‖ 포소화약제의 저장탱크 ‖

※ 자동화재탐지설비
화재발생을 자동적으로 감지하여 관계인에게 통보할 수 있는 설비

※ 호스릴
호스를 원통형의 호스감개에 감아놓고 호스의 말단을 잡아당기면 호스감개가 회전하면서 호스가 풀리는 것

※ 액면계
포소화약제 저장량의 높이를 외부에서 볼 수 있게 만든 장치

※ 계량봉
포소화약제 저장량을 확인하는 강선으로 된 막대

※ 글라스 게이지
포소화약제의 양을 측정하는 계기

Key Point

8 포소화약제의 저장량(NFPC 105 8조, NFTC 105 2.5.2)

(1) 고정포 방출구방식

① 고정포 방출구

$$Q = A \times Q_1 \times T \times S$$

여기서, Q : 포소화약제의 양〔l〕
A : 탱크의 액표면적〔m^2〕
Q_1 : 단위포 소화수용액의 양〔$l/m^2 \cdot$분〕
T : 방출시간〔분〕
S : 포소화약제의 사용농도

② 보조포소화전(옥외보조포소화전)

$$Q = N \times S \times 8000$$

여기서, Q : 포소화약제의 양〔l〕
N : 호스접결구수(최대 **3개**)
S : 포소화약제의 사용농도

(2) 옥내포소화전방식 또는 호스릴방식

$$Q = N \times S \times 6000 \text{(바닥면적 } 200m^2 \text{ 미만은 } 75\%)$$

여기서, Q : 포소화약제의 양〔l〕
N : 호스접결구수(최대 **5개**)
S : 포소화약제의 사용농도

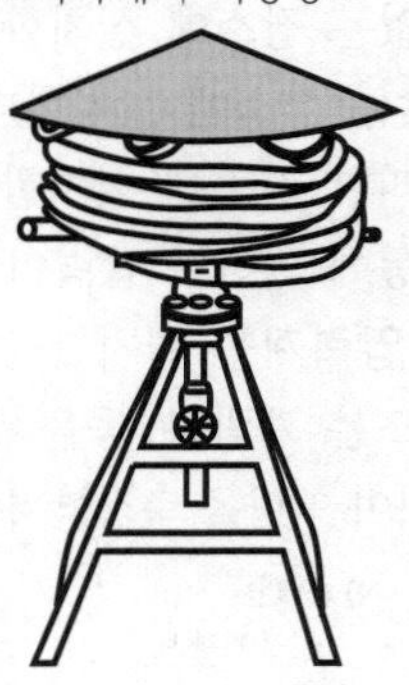

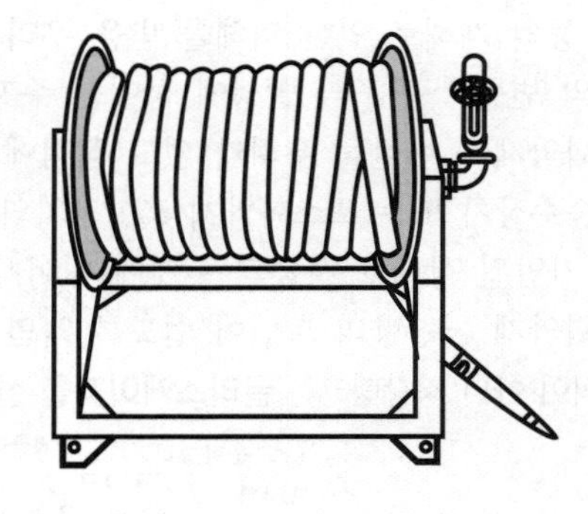

‖ 호스릴방식 ‖

※ 포헤드의 표준방사량 : 10분

※ 배관보정량

$Q = A \times L \times S \times 1000 l/m^3$

Q : 배관보정량〔l〕
A : 배관단면적〔m^2〕
L : 배관길이〔m〕
S : 포소화약제의 농도

※ 내경 75mm 초과시에만 적용

※ 8000을 적용한 이유

포소화전의 방사량이 $400l$/min 이므로 $400l$/min×20min=$8000l$가 된다.

※ 6000을 적용한 이유

호스릴의 방사량이 $300l$/min이므로 $300l$/min×20min=$6000l$ 가 된다.

Key Point

중요 포소화약제

구 분	설 명
단백포	동물성 단백질의 가수분해 생성물에 안정제를 첨가한 것이다.
불화단백포	단백포에 불소계 계면활성제를 첨가한 것이다.
합성계면활성제포	합성물질이므로 변질 우려가 없다.
수성막포	**석유 · 벤젠** 등과 같은 유기용매에 흡착하여 유면 위에 수용성의 얇은 막(경막)을 일으켜서 소화하며, 불소계의 계면활성제를 주성분으로 한다. **AFFF**(Aqueous Film Foaming Form)라고도 부른다.
내알코올포	수용성 액체의 화재에 적합하다.

문제 **포소화설비의 소화약제에는 다음과 같은 종류가 있다. ( ) 안에 알맞은 답을 채우시오.**

득점	배점
	6

- (㈎)는 동물성 단백질의 가수분해 생성물에 안정제를 첨가한 것이다.
- 합성계면활성제포는 합성물질이므로 변질의 우려가 없다.
- (㈏)는 액면상에 수용액의 박막을 만드는 특징이 있으며, 불소계의 계면활성제를 주성분으로 한다.
- (㈐) 수용성 액체의 화재에 적합하다.
- 불화단백포는 단백포에 불소계 계면활성제를 첨가한 것이다.

해답 ㈎ 단백포
㈏ 수성막포
㈐ 내알코올포

참고

저발포용과 고발포용 소화약제

저발포용 소화약제(3%, 6%형)	고발포용 소화약제(1%, 1.5%, 2%형)
① 단백포 소화약제 ② 불화단백포 소화약제 ③ 합성계면활성제포 소화약제 ④ 수성막포 소화약제 ⑤ 내알코올포 소화약제	합성계면활성제포 소화약제

＊ 수성막포
석유 · 벤젠 등과 같은 유기용매에 흡착하여 유면 위에 수용성의 얇은 막(경막)을 일으켜서 소화하며, 불소계의 계면활성제를 주성분으로 한다. AFFF (Aqueous Film Foaming Form)라고도 부른다.

Key Point

9 포소화약제의 혼합장치(NFPC 105 9조, NFTC 105 2.6.1)

※ 포혼합장치 설치 목적
일정한 혼합비를 유지하기 위해서

※ 역지밸브
펌프 프로포셔너의 흡입기의 하류측에 있는 밸브

※ 라인 프로포셔너 방식
급수관의 배관 도중에 포소화약제 흡입기를 설치하여 그 흡입관에서 소화약제를 흡입하여 혼합하는 방식

(1) 펌프 프로포셔너방식(펌프혼합방식)

펌프의 토출관과 흡입관 사이의 배관 도중에 설치한 흡입기에 펌프에서 토출된 물의 일부를 보내고 **농도조정밸브**에서 조정된 포소화약제의 필요량을 포소화약제 탱크에서 펌프 흡입측으로 보내어 이를 혼합하는 방식으로 Pump proportioner type과 Suction proportioner type이 있다.

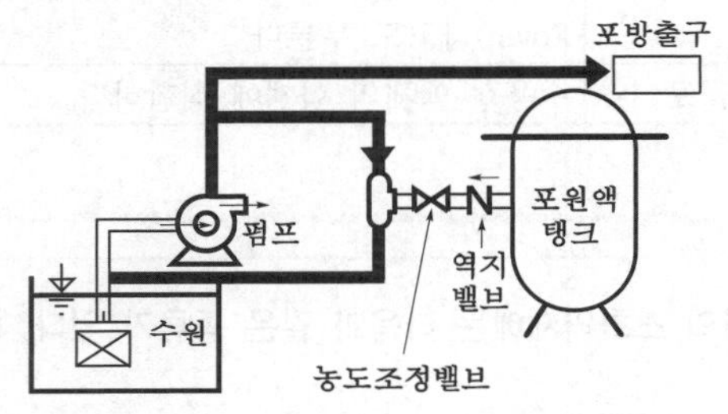

Pump proportioner type

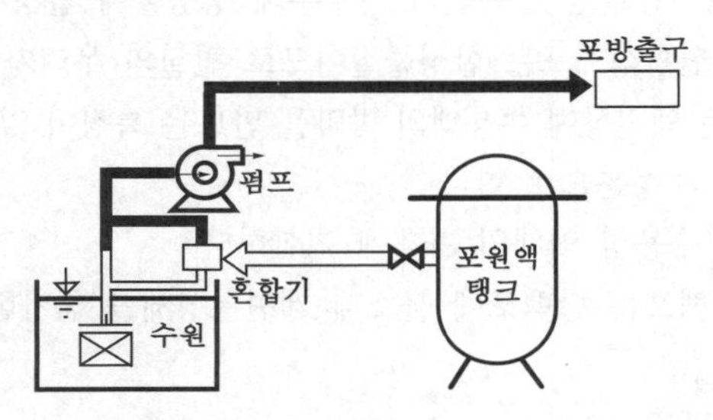

Suction proportioner type

(2) 라인 프로포셔너방식(관로혼합방식)

펌프와 발포기의 중간에 설치된 벤츄리관의 **벤츄리 작용**에 의하여 포소화약제를 흡입·혼합하는 방식

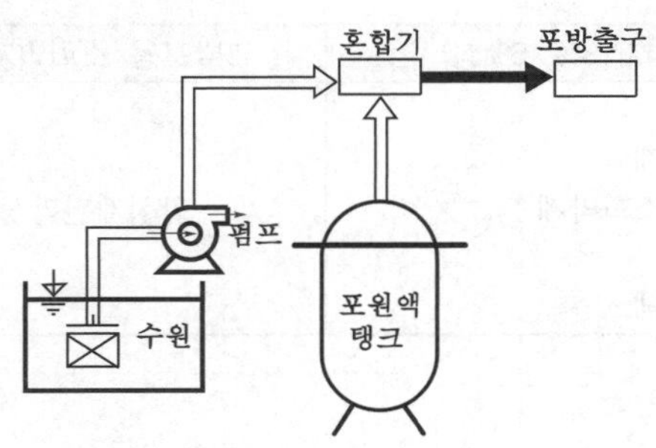

라인 프로포셔너방식

(3) 프레져 프로포셔너방식(차압혼합방식)

펌프와 발포기의 중간에 설치된 벤츄리관의 벤츄리 작용과 **펌프가압수**의 **포소화약제 저장탱크**에 대한 압력에 의하여 포소화약제를 흡입·혼합하는 방식으로 **압송식**과 **압입식**이 있다.

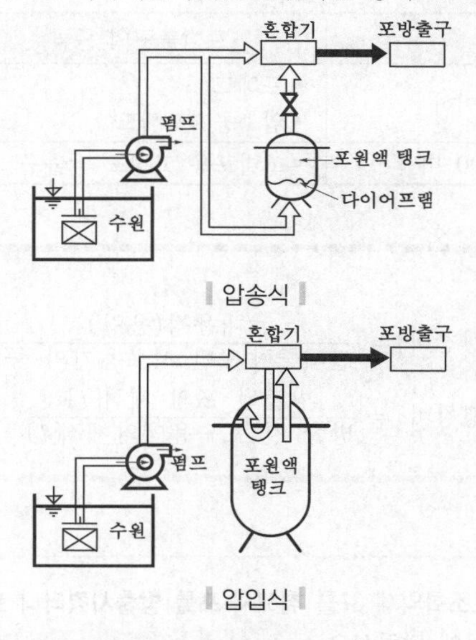

| 압송식 |

| 압입식 |

(4) 프레져사이드 프로포셔너방식(압입혼합방식)

펌프의 토출관에 압입기를 설치하여 포소화약제 압입용 펌프로 포소화약제를 압입시켜 혼합하는 방식

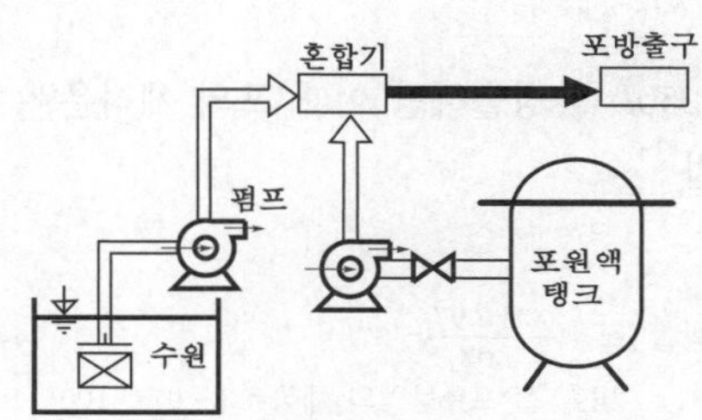

| 프레져사이드 프로포셔너방식 |

(5) 압축공기포 믹싱챔버방식

압축공기 또는 **압축질소**를 일정비율로 포수용액에 **강제 주입** 혼합하는 방식

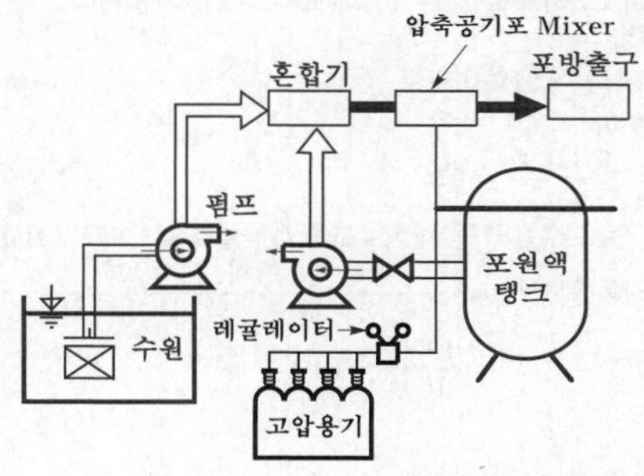

| 압축공기포 믹싱챔버방식 |

Key Point

※ 발포기
포를 발생시키는 장치

※ 벤츄리관
관의 지름을 급격하게 축소한 후 서서히 확대되는 관로의 도중에 설치하여 액체를 가압하면 압력차에 의하여 다른 액체를 흡입시키는 관

※ 프레져 프로포셔너 방식
① 가압송수관 도중에 공기포 소화원액 혼합조(P.P.T)와 혼합기를 접속하여 사용하는 방법
② 격막방식 휨탱크를 쓰는 에어휨 혼합방식
③ 펌프가 물을 가압해서 관로 내로 보내면 비례 혼합기가 수량을 조정원액탱크 내에 수량의 일부를 유입시켜서 혼합하는 방식

※ 프레져사이드 프로포셔너방식
① 소화원액 가압펌프(압입용 펌프)를 별도로 사용하는 방식
② 포말을 탱크로부터 펌프에 의해 강제로 가압송수관로 속으로 밀어 넣는 방식

Key Point

10 포헤드(NFPC 105 12조, NFTC 105 2.9)

▌팽창비율에 따른 포의 종류▐

팽창비	포방출구의 종류	비 고
팽창비 20 이하	• 포헤드 • 압축공기포헤드	저발포
팽창비 80~1000 미만	• 고발포용 고정포 방출구	고발포

※ 포수용액
포원액+물

※ 시료
시험에 사용되는 재료

발포배율식

• $\text{발포배율(팽창비)} = \dfrac{\text{내용적(용량)}}{\text{전체중량} - \text{빈 시료용기의 중량}}$

• $\text{발포배율(팽창비)} = \dfrac{\text{방출된 포의 체적}[l]}{\text{방출 전 포수용액의 체적}[l]}$

★★

문제 **3%형 단백포소화약제 $3l$를 취해서 포를 방출시켰더니 포의 체적이 $1000l$이었다. 다음 각 물음에 답하시오.**

득점	배점
	4

(가) 단백포의 팽창비는?
○ 계산방법 :
○ 답 :

(나) 포수용액 $250l$ 를 방출하면 이때 포의 체적은?
○ 계산방법 :
○ 답 :

해답 (가) ○ 계산방법 : $x = \dfrac{3 \times 0.97}{0.03} = 97l$

방출 전 포수용액의 체적 $= 3 + 97 = 100l$

발포배율(팽창비) $= \dfrac{1000}{100} = 10$배

○ 답 : 10배

(나) ○ 계산방법 : $250 \times 10 = 2500l$

○ 답 : $2500l$

해설 (가) 포원액이 3%이므로 물은 97%(100−3 = 97%)가 된다.

포원액 $3l \rightarrow 3\%$

물 $x[l] \rightarrow 97\%$ 이므로

$3 : 0.03 = x : 0.97$

$x = \dfrac{3 \times 0.97}{0.03} = 97l$

방출 전 포수용액의 체적 = 포원액 + 물 $= 3l + 97l = 100l$

발포배율(팽창비) $= \dfrac{\text{방출된 포의 체적}[l]}{\text{방출 전 포수용액의 체적}[l]}$

$= \dfrac{1000l}{100l} = 10$배

Key Point

(나)
$$발포배율(팽창비) = \frac{방출된\ 포의\ 체적[l]}{방출\ 전\ 포수용액의\ 체적[l]}$$ 에서

방출된 포의 체적[l]=방출 전 포수용액의 체적[l]×발포배율(팽창비)
=250l ×10배= 2500l

① 포워터 스프링클러헤드는 바닥면적 8m^{2}마다 1개 이상 설치한다.

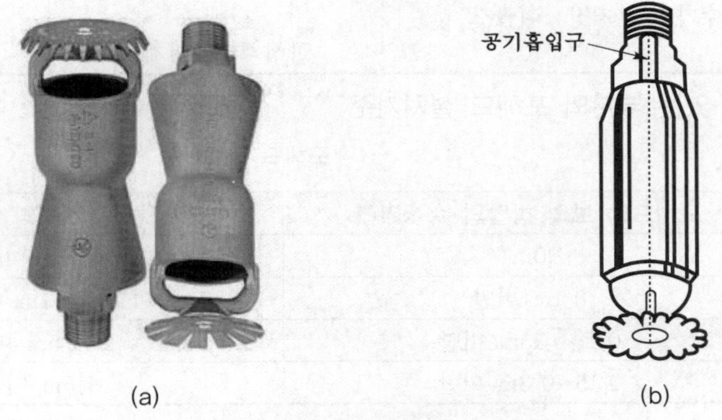

‖ 포워터 스프링클러헤드 ‖

② 포헤드는 바닥면적 9m^2 마다 1개 이상 설치한다.

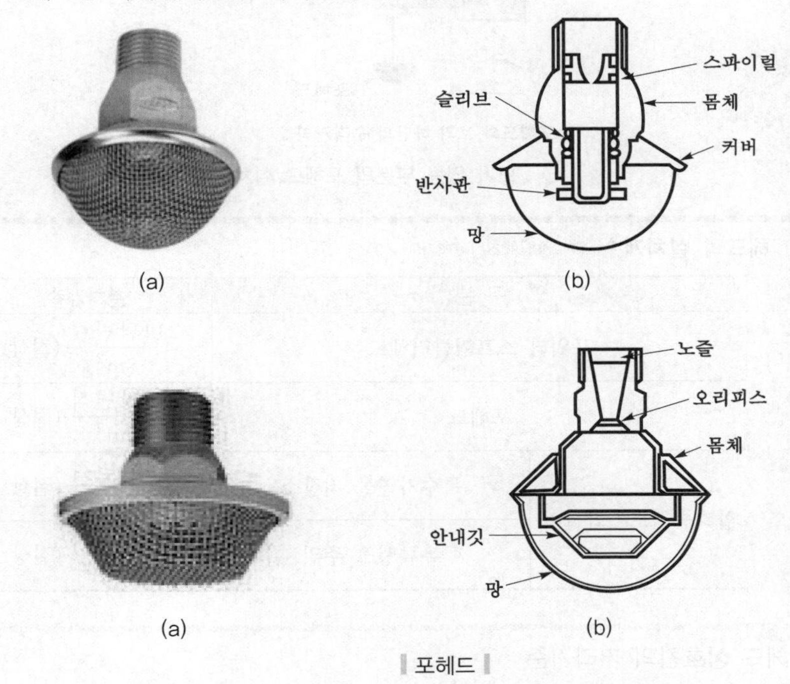

‖ 포헤드 ‖

＊ 포헤드
포워터 스프링클러헤드보다 포헤드가 일반적으로 많이 쓰인다. '포워터 스프레이헤드'라고도 부른다.

Key Point

※ 표〔특정소방대상물별 약제방사량〕
★ 꼭 기억하세요 ★

※ 포헤드
화재시 포소화약제와 물이 혼합되어 거품을 방출함으로써 소화기능을 하는 헤드

※ 수평거리와 같은 의미
① 유효반경
② 직선거리

※ 포헤드의 거리기준
스프링클러설비의 헤드와 동일하다.

▌특정소방대상물별 약제방사량▐

특정소방대상물	포소화약제의 종류	방사량
• 차고 · 주차장 • 항공기격납고	수성막포	$3.7 l/m^2$분
	단백포	$6.5 l/m^2$분
	합성계면활성제포	$8.0 l/m^2$분
• 특수가연물 저장 · 취급소	수성막포 단백포 합성계면활성제포	$6.5 l/m^2$분

③ 보가 있는 부분의 포헤드 설치기준

▌포헤드 설치기준▐

포헤드와 보의 하단의 수직거리	포헤드와 보의 수평거리
0m	0.75m 미만
0.1m 미만	0.75~1m 미만
0.1~0.15m 미만	1~1.5m 미만
0.15~0.3m 미만	1.5m 이상

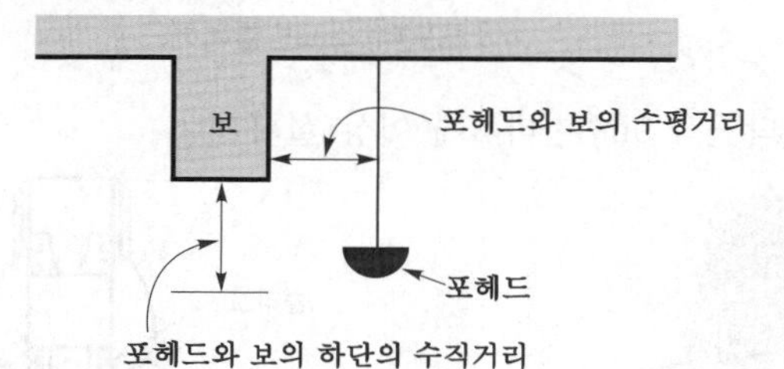

▌보가 있는 부분의 포헤드 설치▐

중요 **헤드의 설치개수**(NFPC 105 12조, NFTC 105 2.9.2)

구 분		설치개수
포워터 스프링클러헤드		$\frac{\text{바닥면적}}{8m^2}$(절상)
포헤드		$\frac{\text{바닥면적}}{9m^2}$(절상)
압축공기포소화설비	특수가연물 저장소	$\frac{\text{바닥면적}}{9.3m^2}$(절상)
	유류탱크 주위	$\frac{\text{바닥면적}}{13.9m^2}$(절상)

④ 포헤드 상호간의 거리기준

㈎ 정방형(정사각형)

$$S = 2R\cos 45°$$
$$L = S$$

Key Point

여기서, S : 포헤드 상호간의 거리〔m〕
R : 유효반경(2.1m)
L : 배관간격〔m〕

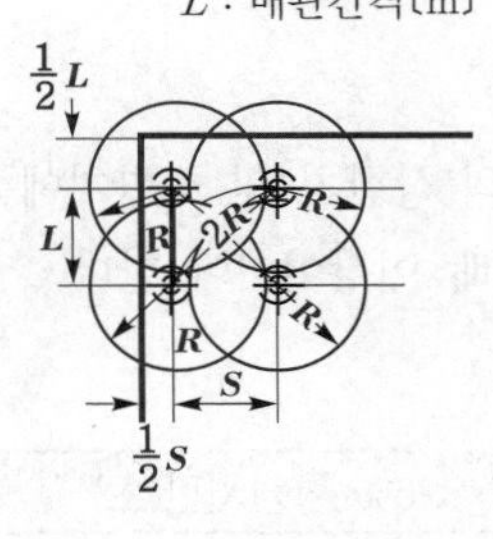

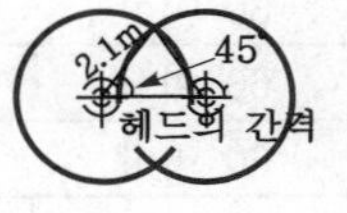

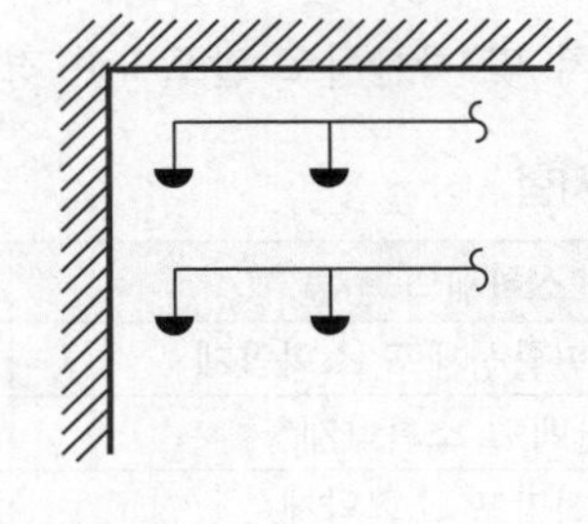

▌정방형(정사각형)▐

(나) 장방형(직사각형)

$$P_t = 2R$$

여기서, P_t : 대각선의 길이〔m〕
R : 유효반경(2.1m)

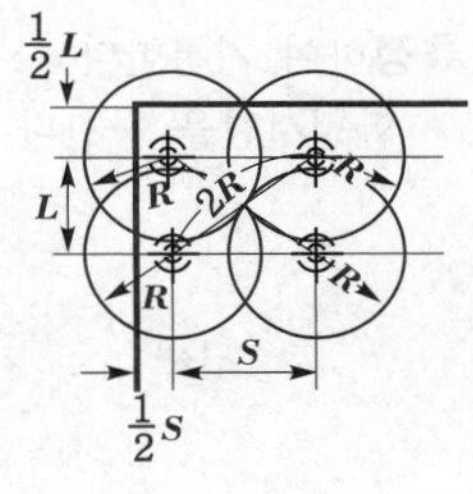

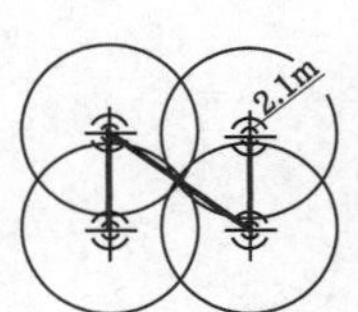

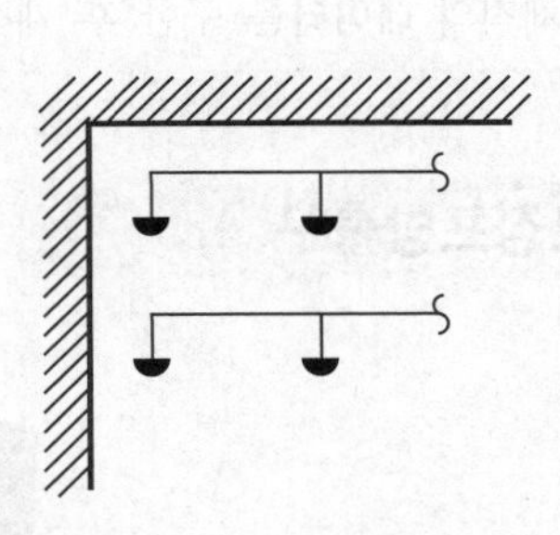

▌장방형(직사각형)▐

※ 포헤드와 벽 및 방호구역의 경계선과는 포헤드 상호간의 거리의 $\frac{1}{2}$ 이하로 할 것

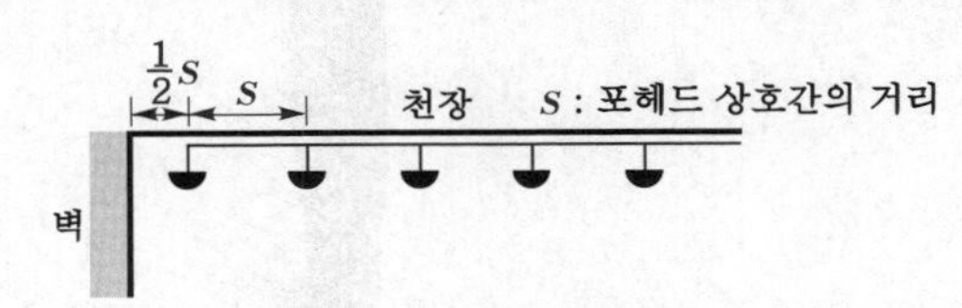

▌포헤드와 벽간의 거리▐

※ 포헤드
① 평면도

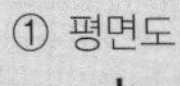

② 입면도

※ 물분무헤드
① 평면도

② 입면도

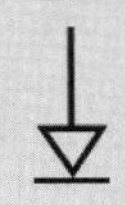

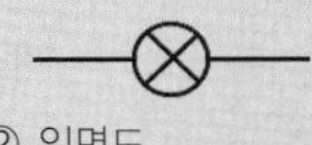

※ 이동식 포소화설비
① 화재시 연기가 현저하게 충만하지 않은 곳에 설치
② 호스와 포방출구만 이동하여 소화하는 설비

Key Point

※ 포슈트
① 콘루프형 탱크에 사용
② 포방출구 형상이 I형인 경우에 사용
③ 포가 안정된 상태로 공급
④ 수직형이므로 토출구가 많다.

11 발포배율시험 및 25% 환원시간시험

(1) 발포배율시험

발포배율은 헤드에 사용하는 포소화약제의 혼합농도의 상한치 및 하한치에 있어서 사용압력의 상한치 및 하한치로 발포시킨 경우 각각 **5배** 이상이어야 한다.

(2) 25% 환원시간시험

포소화제의 종류	25% 환원시간(초)
합성계면활성제포 소화약제	30 이상
단백포 소화약제	60 이상
수성막포 소화약제	60 이상

참고

25% 환원시간

(1) 의미 : 포 중량의 25%가 원래의 포수용액으로 되돌아가는 데 걸리는 시간
(2) 측정방법
- 채집한 포시료의 중량을 4로 나누어 포수용액의 25%에 해당하는 체적을 구한다.
- **시료용기**를 평평한 면에 올려 놓는다.
- 일정 간격으로 용기 바닥에 고여있는 **용액**의 **높이**를 **측정**하여 기록한다.
- 시간과 환원체적의 **데이터**를 구한 후 계산에 의해 25% 환원시간을 구한다.

※ 25% 환원시간
포중량의 25%가 원래의 포수용액으로 되돌아가는 데 걸리는 시간

12 고정포방출구

※ 고정포방출구
포를 주입시키도록 설계된 탱크 등에 반영구적으로 부착된 포소화설비의 포방출장치

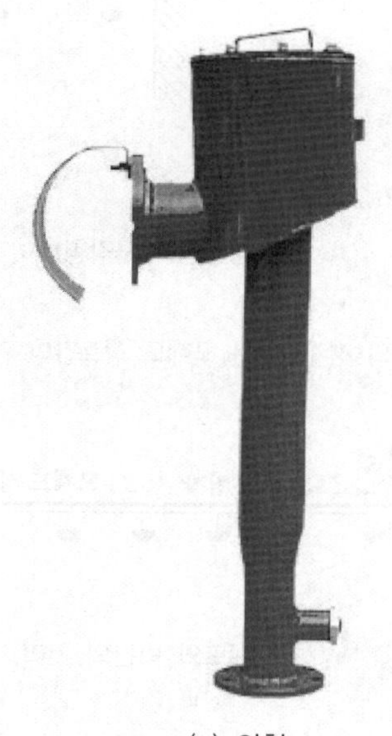

(a) 외형

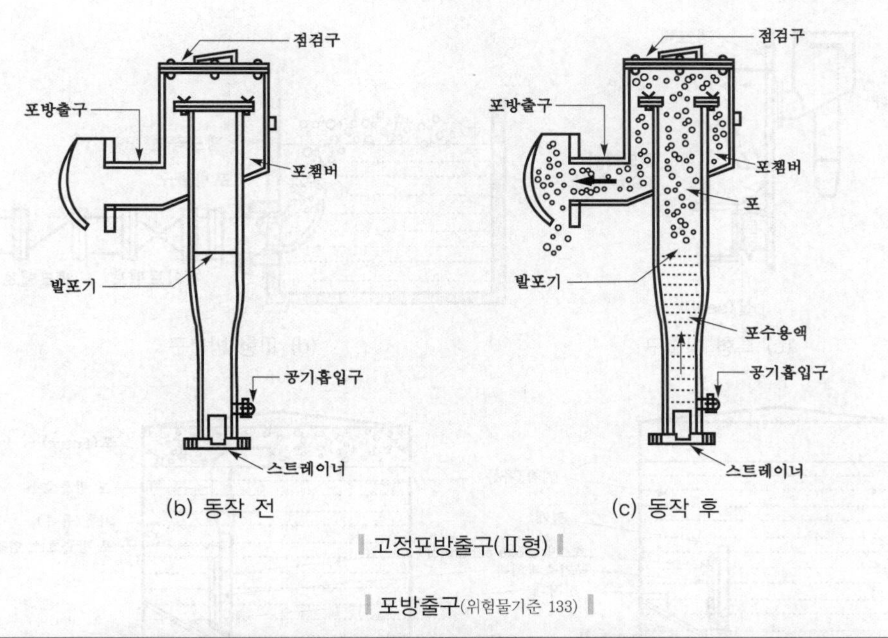

(b) 동작 전　　　　(c) 동작 후

‖ 고정포방출구(Ⅱ형) ‖

‖ 포방출구(위험물기준 133) ‖

탱크의 구조	포 방출구
고정지붕구조(콘루프 탱크)	• Ⅰ형 방출구 • Ⅱ형 방출구 • Ⅲ형 방출구(표면하 주입식 방출구) • Ⅳ형 방출구(반표면하 주입식 방출구)
부상덮개부착 고정지붕구조	• Ⅱ형 방출구
부상지붕구조(플루팅루프 탱크)	• 특형 방출구

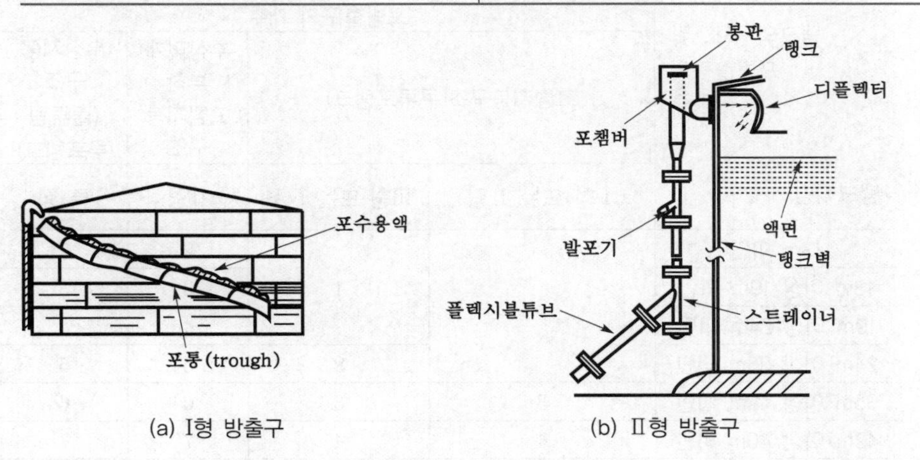

(a) Ⅰ형 방출구　　　　(b) Ⅱ형 방출구

Key Point

※ 점검구
고정포방출구를 점검하기 위한 구멍

※ Ⅰ형 방출구
고정지붕구조의 탱크에 상부포주입법을 이용하는 것으로서 방출된 포가 액면 아래로 몰입되거나 액면을 뒤섞지 않고 액면상을 덮을 수 있는 통계단 또는 미끄럼판 등의 설비 및 탱크 내의 위험물 증기가 외부로 역류되는 것을 저지할 수 있는 구조 · 기구를 갖는 포방출구

※ Ⅱ형 방출구
고정지붕구조 또는 부상덮개부착고정지붕구조의 탱크에 상부포주입법을 이용하는 것으로서 방출된 포가 탱크 옆판의 내면을 따라 흘러내려 가면서 액면 아래로 몰입되거나 액면을 뒤섞지 않고 액면상을 덮을 수 있는 반사판 및 탱크 내의 위험물 증기가 외부로 역류되는 것을 저지할 수 있는 구조 · 기구를 갖는 포방출구

Key Point

※ Ⅲ형 방출구(표면하 주입식 방출구)
고정지붕구조의 탱크에 저부포주입법을 이용하는 것으로서 송포관으로부터 포를 방출하는 포방출구

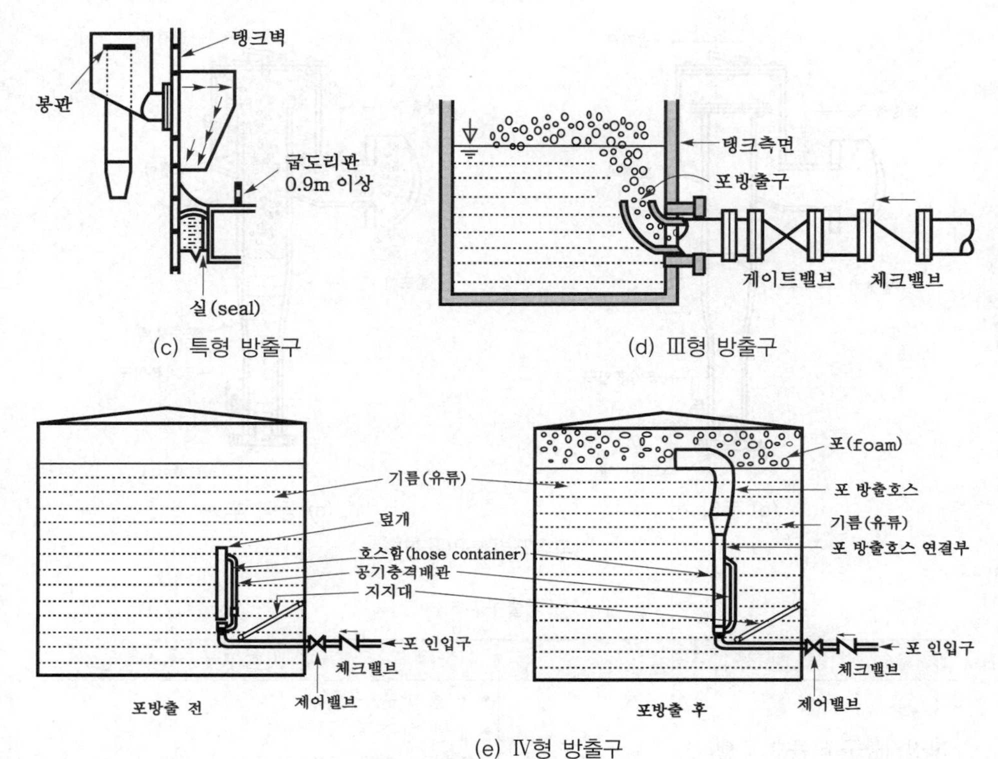

(c) 특형 방출구

(d) Ⅲ형 방출구

(e) Ⅳ형 방출구

(1) **포방출구의 개수**(위험물기준 133)

‖ 고정포 방출구수 ‖

<table>
<tr><td rowspan="3">탱크의 구조 및 포방출구의 종류
탱크직경</td><td colspan="4">포방출구의 개수</td></tr>
<tr><td colspan="2">고정지붕구조(콘루프탱크)</td><td>부상덮개 부착 고정지붕 구조</td><td>부상지붕 구조 (플루팅 루프탱크)</td></tr>
<tr><td>Ⅰ형 또는 Ⅱ형</td><td>Ⅲ형 또는 Ⅳ형</td><td>Ⅱ형</td><td>특 형</td></tr>
<tr><td>13m 미만</td><td rowspan="4">2</td><td rowspan="3">1</td><td>2</td><td>2</td></tr>
<tr><td>13m 이상 19m 미만</td><td>3</td><td>3</td></tr>
<tr><td>19m 이상 24m 미만</td><td>4</td><td>4</td></tr>
<tr><td>24m 이상 35m 미만</td><td>2</td><td>5</td><td>5</td></tr>
<tr><td>35m 이상 42m 미만</td><td>3</td><td>3</td><td>6</td><td>6</td></tr>
<tr><td>42m 이상 46m 미만</td><td>4</td><td>4</td><td>7</td><td>7</td></tr>
<tr><td>46m 이상 53m 미만</td><td>6</td><td>6</td><td>8</td><td>8</td></tr>
</table>

탱크의 구조 및 포방출구의 종류 / 탱크직경	포방출구의 개수			
	고정지붕구조(콘루프탱크)		부상덮개부착 고정지붕구조	부상지붕구조(플루팅루프탱크)
	Ⅰ형 또는 Ⅱ형	Ⅲ형 또는 Ⅳ형	Ⅱ형	특 형
53m 이상 60m 미만	8	8	10	10
60m 이상 67m 미만	왼쪽란에 해당하는 직경의 탱크에는 Ⅰ형 또는 Ⅱ형의 포방출구를 8개 설치하는 것 외에, 오른쪽란에 표시한 직경에 따른 포방출구의 수에서 8을 뺀 수의 Ⅲ형 또는 Ⅳ형의 포방출구를 폭 30m의 환상부분을 제외한 중심부의 액표면에 방출할 수 있도록 추가로 설치할 것	10	/	
67m 이상 73m 미만		12		12
73m 이상 79m 미만		14		
79m 이상 85m 미만		16		14
85m 이상 90m 미만		18		
90m 이상 95m 미만		20		16
95m 이상 99m 미만		22		
99m 이상		24		18

(2) 고정포 방출구의 포수용액량 및 방출률

‖ 고정포방출구의 포수용액량 및 방출률(위험물기준 133) ‖

포방출구의 종류 / 위험물의 구분	Ⅰ형		Ⅱ형		특 형		Ⅲ형		Ⅳ형	
	포수용액량 〔l/m^2〕	방출률 〔$l/m^2 \cdot$ min〕	포수용액량 〔l/m^2〕	방출률 〔$l/m^2 \cdot$ min〕	포수용액량 〔l/m^2〕	방출률 〔$l/m^2 \cdot$ min〕	포수용액량 〔l/m^2〕	방출률 〔$l/m^2 \cdot$ min〕	포수용액량 〔l/m^2〕	방출률 〔$l/m^2 \cdot$ min〕
제4류 위험물 중 인화점이 21℃ 미만인 것	120	4	220	4	240	8	220	4	220	4
제4류 위험물 중 인화점이 21℃ 이상 70℃ 미만인 것	80	4	120	4	160	8	120	4	120	4
제4류 위험물 중 인화점이 70℃ 이상인 것	60	4	100	4	120	8	100	4	100	4

(3) 옥외 탱크저장소의 방유제(위험물규칙 〔별표 6〕)

① 높이 : **0.5~3m** 이하

② 탱크 : **10기**(모든 탱크 용량이 **20만** l 이하, 인화점이 70~200℃ 미만은 **20기**) 이하

③ 면적 : **80000m^2** 이하

Key Point

※ Ⅳ형 방출구(반표면하 주입식 방출구)
고정지붕구조의 탱크에 저부포주입법을 이용하는 것으로서 평상시에는 탱크의 액면하의 저부에 설치된 격납통에 수납되어 있는 특수호스 등이 송포관의 말단에 접속되어 있다가 포를 보내는 것에 의하여 특수호스 등이 전개되어 그 선단이 액면까지 도달한 후 포를 방출하는 포방출구

※ 특형 방출구
부상지붕구조의 탱크에 상부포주입법을 이용하는 것으로서 부상지붕의 부상부분상에 높이 0.9m 이상의 금속제의 칸막이를 탱크옆판의 내측으로부터 1.2m 이상 이격하여 설치하고 탱크옆판과 칸막이에 의하여 형성된 환상 부분에 포를 주입하는 것이 가능한 구조의 반사판을 갖는 포방출구

※ 방유제의 높이
0.5~3m 이하

※ 방유제의 면적
80000m^2 이하

Key Point

④ 용량 ┌ 1기 이상 : **탱크 용량**의 110% 이상
└ 2기 이상 : **최대용량**의 110% 이상

중요 **방유제의 높이**

$$H=\frac{(1.1\,V_m+V)-\frac{\pi}{4}(D_1{}^2+D_2{}^2+\cdots)H_f}{S-\frac{\pi}{4}(D_1{}^2+D_2{}^2+\cdots)}$$

여기서, H : 방유제의 높이〔m〕
V_m : 용량이 최대인 탱크의 용량〔m^3〕
V : 탱크의 기초체적〔m^3〕
D_1, D_2 : 용량이 최대인 탱크 이외의 탱크의 직경〔m〕
H_f : 탱크의 기초높이〔m〕
S : 방유제의 면적〔m^2〕

(4) 옥외 탱크저장소의 방유제와 탱크 측면의 이격거리(위험물규칙 〔별표 6〕)

인화점 200℃ 미만의 위험물에 적용한다.

탱크지름	이격거리
15m 미만	탱크높이의 $\frac{1}{3}$ 이상
15m 이상	탱크높이의 $\frac{1}{2}$ 이상

(5) 차고 · 주차장에 설치하는 호스릴포설비 또는 포소화전설비(NFPC 105 12조, NFTC 105 2.9.3)

① 방사압력 : **0.35MPa** 이상
② 방사량 : **300l/min**(바닥면적 200m^2 이하는 230l/min) 이상
③ 방사거리 : 수평거리 **15m** 이상
④ 호스릴함 또는 호스함의 설치 높이 : **1.5m** 이하

(6) 전역방출방식의 고발포용 고정포방출구(NFPC 105 12조, NFTC 105 2.9.4.1)

① 개구부에 **자동폐쇄장치**를 설치할 것
② 포방출구는 바닥면적 **500m^2** 마다 1개 이상으로 할 것
③ 포방출구는 방호대상물의 **최고 부분**보다 **높은 위치**에 설치할 것
④ 해당방호구역의 관포체적 1m^3 에 대한 포수용액 방출량은 특정소방대상물 및 포의 팽창비에 따라 달라진다.

※ 수평거리
'유효반경'을 의미한다.

※ 방사압력
① 스프링클러설비 : 0.1MPa
② 옥내소화전설비 : 0.17MPa
③ 옥외소화전설비 : 0.25MPa
④ 포소화설비 : 0.35MPa

※ 호스릴
호스를 원통형의 호스감개에 감아놓고 호스의 말단을 잡아당기면 호스감기가 회전하면서 호스가 풀리는 것

※ 관포체적
해당 바닥면으로부터 방호대상물의 높이보다 0.5m 높은 위치까지의 체적

Key Point

* 포수용액
포약제와 물의 혼합물이다.

* 전역방출방식
고정식 포 발생장치로 구성되어 포 수용액이 방호대상물 주위가 막혀진 공간이나 밀폐공간 속으로 방출되도록 된 설비방식

* 국소방출방식
고정된 포 발생장치로 구성되어 화점이나 연소 유출물 위에 직접 포를 방출하도록 설치된 설비방식

‖ 전역방출방식의 방출량 ‖

특정소방대상물	포의 팽창비	포수용액방출량
차고 또는 주차장	팽창비 80~250 미만의 것	$1.11l/m^3 \cdot min$
	팽창비 250~500 미만의 것	$0.28l/m^3 \cdot min$
	팽창비 500~1000 미만의 것	$0.16l/m^3 \cdot min$
특수가연물을 저장 또는 취급하는 특정소방대상물	팽창비 80~250 미만의 것	$1.25l/m^3 \cdot min$
	팽창비 250~500 미만의 것	$0.31l/m^3 \cdot min$
	팽창비 500~1000 미만의 것	$0.18l/m^3 \cdot min$
항공기격납고	팽창비 80~250 미만의 것	$2.00l/m^3 \cdot min$
	팽창비 250~500 미만의 것	$0.50l/m^3 \cdot min$
	팽창비 500~1000 미만의 것	$0.29l/m^3 \cdot min$

(7) 국소방출방식의 고발포용 고정포 방출구(NFPC 105 12조, NFTC 105 2.9.4.2)

① 방호대상물이 서로 인접하여 불이 쉽게 붙을 우려가 있는 경우에는 불이 옮겨붙을 우려가 있는 범위 내의 방호대상물을 하나의 방호대상물로 하여 설치할 것

② 고정포방출구(포발생기가 분리되어 있는 것에 있어서는 해당 포발생기를 포함)는 방호대상물의 구분에 따라 해당 방호대상물의 각 부분에서 각각 해당 방호대상물의 높이의 **3배**(1m 미만의 경우에는 **1m**)의 거리를 수평으로 연장한 선으로 둘러싸인 부분의 방출량은 방호대상물에 따라 달라진다.

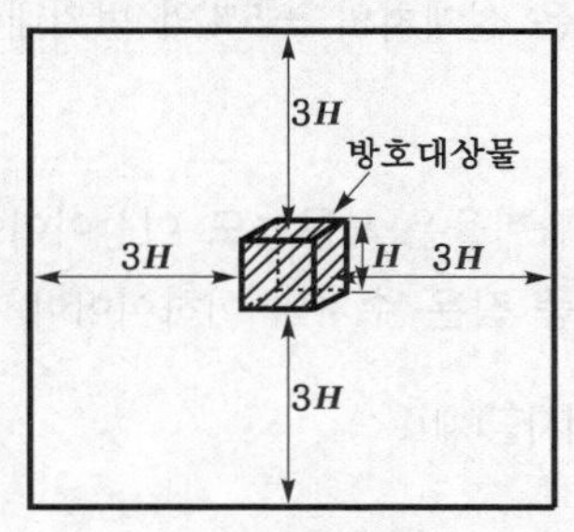

‖ 방호대상면적 ‖

‖ 국소방출방식의 방출량 ‖

방호대상물	방출량
특수가연물	$3l/m^2 \cdot min$
기타	$2l/m^2 \cdot min$

Key Point

※ **물분무설비의 설치대상**
① 차고 · 주차장 : 200m² 이상
② 전기실 : 300m² 이상
③ 주차용 건축물 : 800m² 이상
④ 기계식 주차장치 : 20대 이상
⑤ 항공기격납고

13 포소화설비의 설치대상(소방시설법 시행령 〔별표 4〕)

물분무소화설비와 동일하다.

14 포소화약제혼합장치 등의 성능인증 및 제품검사의 기술기준

(1) 내압시험(제4조)

포소화약제혼합장치 및 압축공기포혼합장치는 최고사용압력의 **2배**의 **수압력**을 가할 경우 물이 생기지 않아야 한다.

(2) 파괴강도시험(제5조)

포소화약제혼합장치 본체 및 압축공기포혼합장치의 공기혼합기는 배관 및 토출구 등을 막고 수압력을 무압력(계기압력 : 0)부터 최고사용압력의 **4배**의 압력까지 매분당 **0.5MPa** 비율로 가하여 **5분**간 유지하는 경우 균열 및 파괴되지 않아야 한다.

(3) 중량(제9조)

포소화약제혼합장치 중량은 설계치의 ±**5%**의 범위내에 있어야 한다.

(4) 기능시험(제10조)

포소화약제혼합장치의 혼합비율은 **사용농도** 이상이어야 하며, 사용농도의 **1.3배**와 사용농도에 **1**을 더한 수치 중 **작은** 수치의 이하이어야 한다.

(5) 포소화약제혼합장치의 표시사항(제11조)

① 종별 및 형식
② 성능인증번호
③ 제조년월 및 제조번호
④ 제조업체명 또는 상호
⑤ 사용압력 및 유량범위
⑥ 사용가능 포소화약제 및 혼합비율
⑦ 설치방법 및 취급상의 주의사항
⑧ 품질보증에 관한 사항

CHAPTER

07 이산화탄소 소화설비

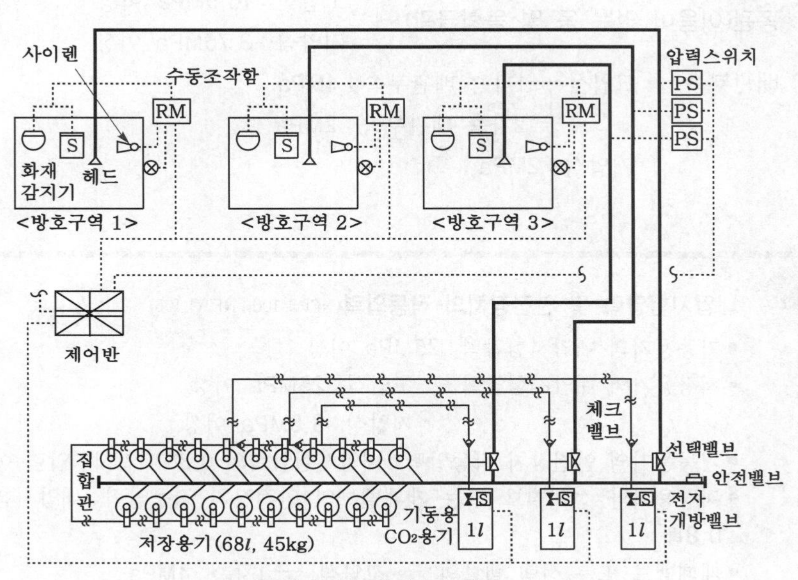

‖ 이산화탄소 소화설비의 계통도 ‖

1 주요구성

출제확률 

(10점)

① 배관　② 제어반　③ 비상전원　④ 기동장치
⑤ 자동폐쇄장치　⑥ 저장용기　⑦ 선택밸브　⑧ 이산화탄소 소화약제
⑨ 감지기　⑩ 분사헤드

중요 이산화탄소 소화설비의 단점

- 방사시 소음이 크다.
- 방사시 동결의 우려가 있다.
- 질식의 우려가 있다.

Key Point

※ CO_2 설비의 특징
① 화재진화 후 깨끗하다.
② 심부화재에 적합하다.
③ 증거보존이 양호하여 화재원인조사가 쉽다.
④ 방사시 소음이 크다.

※ 심부화재
목재 또는 섬유류와 같은 고체가연물에서 발생하는 화재 형태로서 가연물 내부에서 연소하는 화재

※ CO_2 설비의 소화효과
① 질식효과
이산화탄소가 공기중의 산소공급을 차단하여 소화한다.
② 냉각효과
이산화탄소 방사시 기화열을 흡수하여 냉각소화한다.
③ 피복소화
비중이 공기의 1.52배 정도로 무거운 이산화탄소를 방사하여 가연물의 구석구석까지 침투·피복하여 소화한다.

Key Point

2 배관(NFPC 106 8조, NFTC 106 2.5.1)

① 전용

② 강관(압력배관용 탄소강관) ─ 고압식 : **스케줄 80**(호칭구경 20mm 이하 **스케줄 40**) 이상
　　　　　　　　　　　　　└ 저압식 : 스케줄 **40** 이상

③ 동관(이음이 없는 동 및 동합금관) ─ 고압식 : **16.5MPa** 이상
　　　　　　　　　　　　　　　　　└ 저압식 : **3.75MPa** 이상

④ 배관부속 ─ 고압식 ─ 1차측 배관부속 : **4MPa**
　　　　　　　　　　└ 2차측 배관부속 : **2MPa**
　　　　　└ 저압식 : **2MPa**

＊ 스케줄
관의 구경, 두께, 내부 압력 등의 일정한 표준

중요 **내압시험압력 및 안전장치의 작동압력**(NFPC 106, NFTC 106)

- 기동용기의 내압시험압력 : **25MPa** 이상
- 저장용기의 내압시험압력 ─ 고압식 : **25MPa** 이상
　　　　　　　　　　　　└ 저압식 : **3.5MPa** 이상
- 기동용기의 안전장치 작동압력 : 내압시험압력의 0.8~내압시험압력 이하
- 저장용기와 선택밸브 또는 개폐밸브의 안전장치 작동압력 : 내압시험압력의 **0.8배**
- 개폐밸브 또는 선택 밸브의 배관부속 시험압력 ─ 고압식 ─ 1차측 : **4MPa**
　　　　　　　　　　　　　　　　　　　　　　　　└ 2차측 : **2MPa**
　　　　　　　　　　　　　　　　　　　　└ 저압식 ─ 1·2차측 : **2MPa**

‖ 약제 방사시간 ‖

소화설비		전역방출방식		국소방출방식	
		일반건축물	위험물제조소	일반건축물	위험물제조소
할론소화설비		10초 이내	30초 이내	10초 이내	30초 이내
분말소화설비		30초 이내		30초 이내	
CO_2 소화설비	표면화재	1분 이내	60초 이내		
	심부화재	7분 이내			

- **표면화재** : 가연성 액체 · 가연성 가스
- **심부화재** : 종이 · 목재 · 석탄 · 섬유류 · 합성수지류

3 음향경보장치의 설치기준(NFPC 106 13조, NFTC 106 2.10.1)

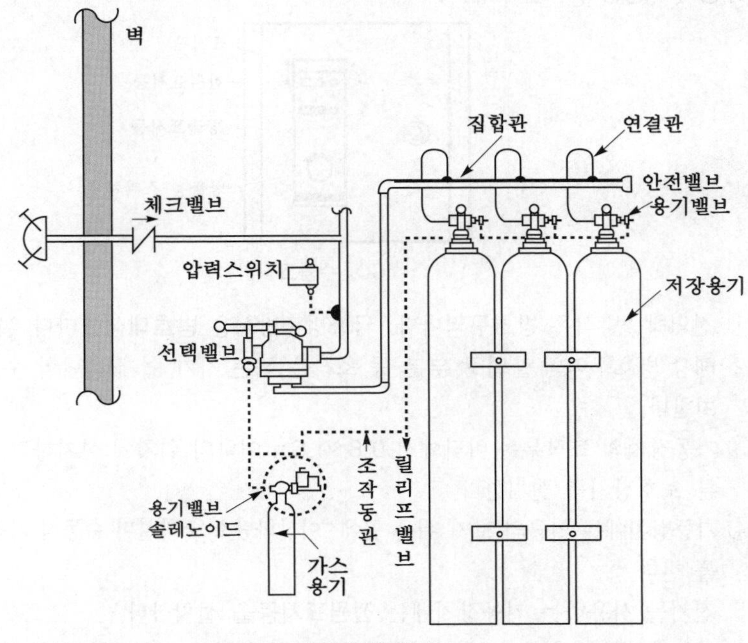

▮ 기동장치 주위 배관 ▮

① 수동식 기동장치를 설치한 것에 있어서는 그 기동장치의 조작과정에서 자동식 기동장치를 설치한 것에 있어서는 **화재감지기**와 연동하여 자동으로 경보를 발하는 것으로 할 것
② 소화약제의 방사개시 후 **1분** 이상까지 경보를 계속할 수 있는 것으로 할 것
③ 방호구역 또는 방호대상물이 있는 구획 안에 있는 자에게 유효하게 **경보**할 수 있는 것으로 할 것

※ 표면화재
가연물의 표면에서 연소하는 화재

※ 심부화재
목재 또는 섬유류와 같은 고체가연물에서 발생하는 화재형태로서 가연물 내부에서 연소하는 화재

※ 체크밸브와 같은 의미
① 역지밸브
② 역류방지밸브
③ 불환밸브

※ 방호구역
화재로부터 보호하기 위한 구역

Key Point

4 기동장치(NFPC 106 6조, NFTC 106 2.3.1)

(1) 수동식 기동장치의 설치기준

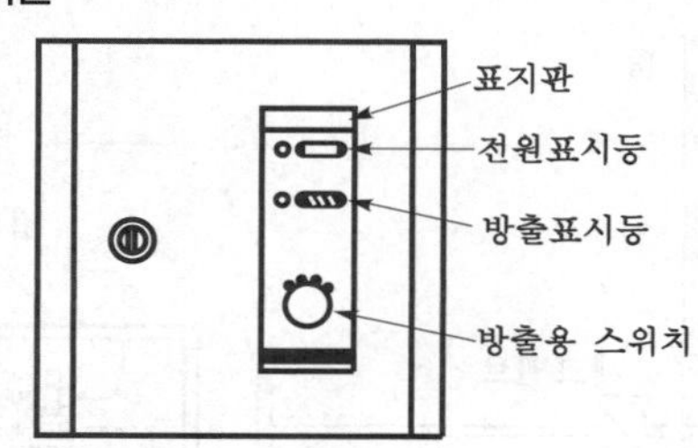

▌CO_2 수동조작함▐

① 전역방출방식은 **방호구역**마다, 국소방출방식은 **방호대상물**마다 설치한다.

② 해당 방호구역의 **출입구 부분** 등 조작을 하는 자가 쉽게 피난할 수 있는 장소에 설치한다.

③ 기동장치의 조작부는 바닥에서 **0.8~1.5m** 이하의 위치에 설치하고, 보호판 등에 따른 보호장치를 설치한다.

④ 기동장치에는 인근의 보기 쉬운 곳에 **"이산화탄소 소화설비 수동식 기동장치"**라는 표지를 한다.

⑤ 전기를 사용하는 기동장치에는 **전원표시등**을 설치한다.

⑥ 기동장치의 방출용 스위치는 **음향경보장치**와 연동하여 조작될 수 있는 것으로 한다.

(2) 자동식 기동장치의 설치기준

① 자동식 기동장치는 수동으로도 기동할 수 있는 구조로 한다.

② 이산화탄소 · 분말 소화설비 전기식 기동장치로서 **7병** 이상의 저장용기를 동시에 개방하는 설비는 **2병** 이상의 저장용기에 **전자개방밸브**를 부착한다.

③ 기계식 기동장치는 저장용기를 쉽게 개방할 수 있는 구조로 한다.

▌이산화탄소 소화설비 가스압력식 기동장치▐

기동용 가스용기의 안전장치의 압력	내압시험압력의 0.8~내압시험압력 이하
용기에 사용하는 밸브의 허용압력	25MPa 이상
기동용 가스용기의 용적	**5l** 이상
비활성기체의 충전압력	**6MPa** 이상(21℃ 기준)

※ 자동식 기동장치는 **화재감지기**의 작동과 연동하여야 한다.

 비교

분말소화설비 가스압력식 기동장치
기동용 가스용기의 용적 : **1l** 이상

※ 기동장치
용기 내에 있는 가스를 외부로 분출시키는 장치

※ 충전비

$$\frac{저장용기의\ 부피[l]}{소화약제\ 저장량[kg]}$$

※ 전자개방밸브
전자밸브 또는 솔레노이드 밸브(solenoid valve)라고도 한다.

※ CO_2저장용기 충전비
① 고압식 : 1.5~1.9 이하
② 저압식 : 1.1~1.4 이하

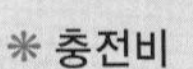

5 자동폐쇄장치의 설치기준(NFPC 106 14조, NFTC 106 2.11.1)

| 자동폐쇄장치(피스톤릴리져 댐퍼) |

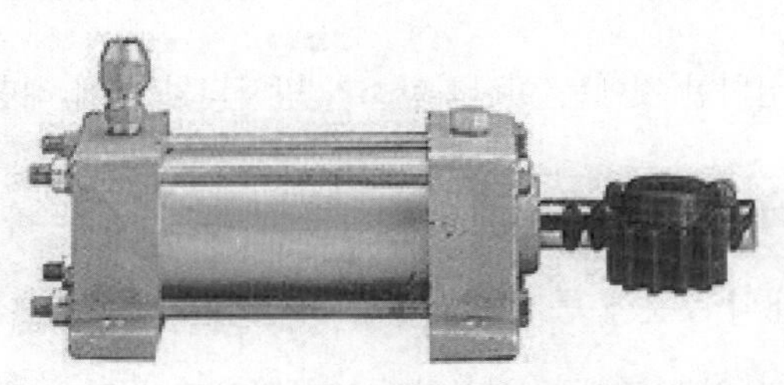

| 피스톤릴리져(piston releaser) |

피스톤릴리져

가스의 방출에 따라 가스의 누설이 발생될 수 있는 급배기 댐퍼나 자동개폐문 등에 설치하여 가스의 방출과 동시에 자동적으로 개구부를 차단시키기 위한 장치

문제 피스톤릴리져란 무엇인지를 설명하시오.

득점	배점
	4

해답 가스의 방출과 동시에 자동적으로 개구부를 차단시키기 위한 장치

해설 **피스톤릴리져와 모터식 댐퍼릴리져**

(1) **피스톤릴리져**(piston releaser)
가스의 방출에 따라 가스의 누설이 발생될 수 있는 급배기댐퍼나 자동개폐문 등에 설치하여 가스의 방출과 동시에 자동적으로 개구부를 차단시키기 위한 장치

| 피스톤릴리져 |

※ 충전비

$$C = \frac{V}{G}$$

여기서,
C : 충전비[l/kg]
V : 내용적[l]
G : 저장량[kg]

※ **모터식 댐퍼릴리져**
해당구역의 화재감지기 또는 선택밸브 2차측의 압력스위치와 연동하여 감지기의 작동과 동시에 또는 가스방출에 의해 압력스위치가 동작되면 댐퍼에 의해 개구부를 폐쇄시키는 장치

(2) **모터식 댐퍼릴리져**(motor type damper releaser)
해당 구역의 화재감지기 또는 선택밸브 2차측의 압력스위치와 연동하여 감지기의 작동과 동시에 또는 가스방출에 의해 압력스위치가 동작되면 댐퍼에 의해 개구부를 폐쇄시키는 장치

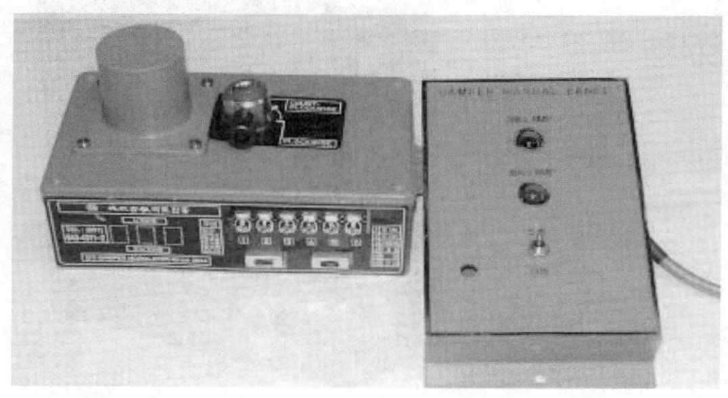

‖ 모터식 댐퍼릴리져 ‖

① 환기장치를 설치한 것에는 이산화탄소가 방사되기 전에 해당 **환기장치**가 정지할 수 있도록 한다.

② 개구부가 있거나 천장으로부터 1m 이상의 아래부분 또는 바닥으로부터 해당층의 높이의 $\frac{2}{3}$ 이내의 부분에 통기구가 있어 이산화탄소의 유출에 의하여 소화효과를 감소시킬 우려가 있는 것에는 이산화탄소가 방사되기 전에 해당 **개구부** 및 **통기구**를 폐쇄할 수 있도록 한다.

③ 자동폐쇄장치는 방호구역 또는 방호대상물이 있는 구획의 밖에서 복구할 수 있는 구조로 하고, 그 위치를 표시하는 표지를 한다.

※ **개구부**
화재시 쉽게 대피할 수 있는 출입문·창문 등을 말한다.

6 저장용기의 적합 장소(NFPC 106 4조, NFTC 106 2.1.1)

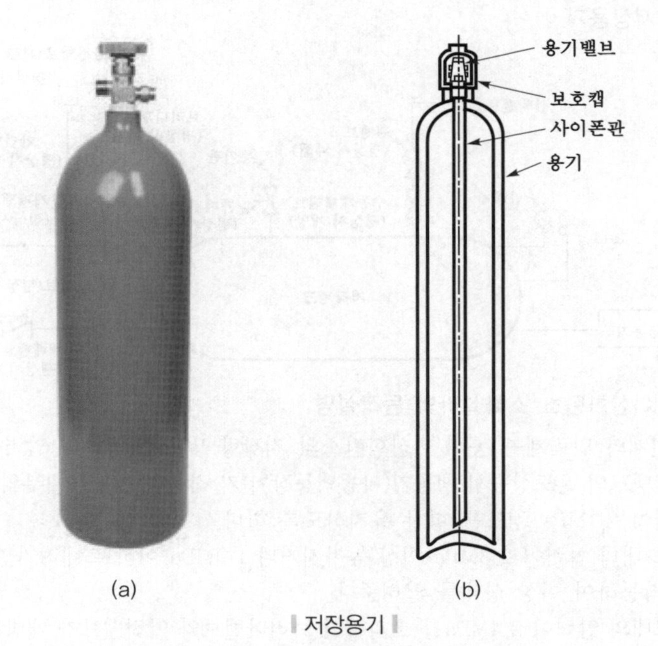

(a) (b)

┃저장용기┃

① **방호구역 외**의 장소에 설치한다(단, 방호구역 내에 설치할 경우 **피난구부근**에 설치).
② 온도가 40℃ 이하이고, 온도변화가 작은 곳에 설치한다.
③ **직사광선** 및 빗물이 침투할 우려가 없는 곳에 설치한다.
④ **방화문**으로 구획된 실에 설치한다.
⑤ 용기의 설치장소에는 해당 용기가 설치된 곳임을 표시하는 표지를 한다.
⑥ 용기 간의 간격은 점검에 지장이 없도록 3cm 이상의 간격을 유지할 것
⑦ 저장용기와 집합관을 연결하는 연결배관에는 **체크밸브**를 설치할 것(단, 저장용기가 하나의 방호구역만을 담당하는 경우는 제외)
⑧ 저장용기의 외면에 **소화약제**의 **종류**와 **양**, **제조연도** 및 **제조자**를 표시할 것

┃저장용기┃

자동냉동장치	2.1MPa, −18℃ 이하	
압력경보장치의 작동	2.3MPa 이상, 1.9MPa 이하	
선택밸브 또는 개폐밸브 사이의 안전장치 작동압력	내압시험압력의 0.8배	
저장용기의 내압시험압력	• 고압식	25MPa 이상
	• 저압식	3.5MPa 이상
안전밸브	내압시험압력의 0.64~0.8배	
봉판	내압시험압력의 0.8~내압시험압력	
충전비	고압식	1.5~1.9 이하
	저압식	1.1~1.4 이하

Key Point

※ 저장용기의 구성 요소
① 자동냉동장치
② 압력경보장치
③ 안전밸브
④ 봉판
⑤ 압력계
⑥ 액면계

※ **방화문**
건축물의 방화구획에 설치하는 문

※ **체크밸브**
역류방지를 목적으로 한다.
① 리프트형 : 수평설치용으로 주배관상에 많이 사용
② 스윙형 : 수평·수직 설치용으로 작은 배관 상에 많이 사용

참고

(1) 저압식 저장용기

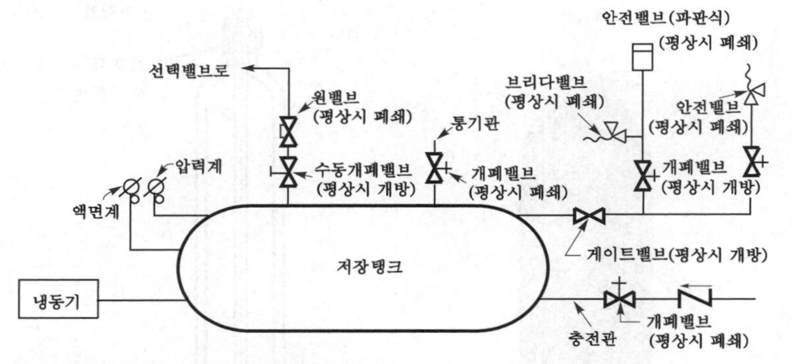

(2) 저압식 이산화탄소 소화설비의 동작설명

① 액면계와 압력계를 통해 이산화탄소의 저장량 및 저장탱크의 압력을 확인한다.

② 저장탱크의 온도상승시 냉동기(자동냉동장치)가 작동하여 탱크내부의 온도가 −18℃, 압력이 2.1MPa 정도를 항상 유지하도록 한다.

③ 탱크 내의 압력이 2.3MPa 이상 높아지거나 1.9MPa 이하로 내려가면 압력경보장치가 작동하여 이상 상태를 알려준다.

④ 탱크내의 압력이 2.4MPa를 초과하면 브리다밸브와 안전밸브가 개방되고 2.5MPa를 초과하면 안전밸브(파판식)가 개방되어 탱크 및 배관 등이 이상 고압에 의해 파열되는 것을 방지한다.

⑤ 화재가 발생하여 기동용 가스의 압력에 의해 원밸브가 개방되면 분사헤드를 통해 이산화탄소가 방사되어 소화하게 된다.

※ **안전밸브**(파판식) : 저장탱크 내에 아주 높은 고압이 유발되면 안전밸브 내의 봉판이 파열되어 이상 고압을 급속히 배출시키는 안전밸브로 스프링식, 추식, 지렛대식 등의 일반 안전밸브보다 훨씬 빨리 이상 고압을 배출시킨다.

※ 액면계
이산화탄소 저장량의 높이를 외부에서 볼 수 있게 만든 장치

※ 브리다밸브
평상시 폐쇄되어 있다가 저장탱크에 고압이 유발되면 안전밸브(파판식)보다 먼저 작동하여 저장탱크를 보호한다.

※ 원밸브
평상시 폐쇄되어 있다가 기동용 가스의 압력에 의해 개방된다.

※ 이산화탄소 소화약제 저장용기의 개방밸브는 **전기식 · 가스압력식** 또는 **기계식**에 의하여 자동으로 개방되고 수동으로도 개방되는 것으로서 안전장치가 부착된 것으로 해야 한다.

저압식 저장용기의 보관온도

−18℃ 이하

Key Point

7 선택밸브(CO_2 저장용기를 공용하는 경우)의 설치기준(NFPC 106 9조, NFTC 106 2.6.1)

① **방호구역** 또는 **방호대상물**마다 설치할 것
② 각 선택밸브에는 그 담당 방호구역 또는 방호대상물을 표시할 것

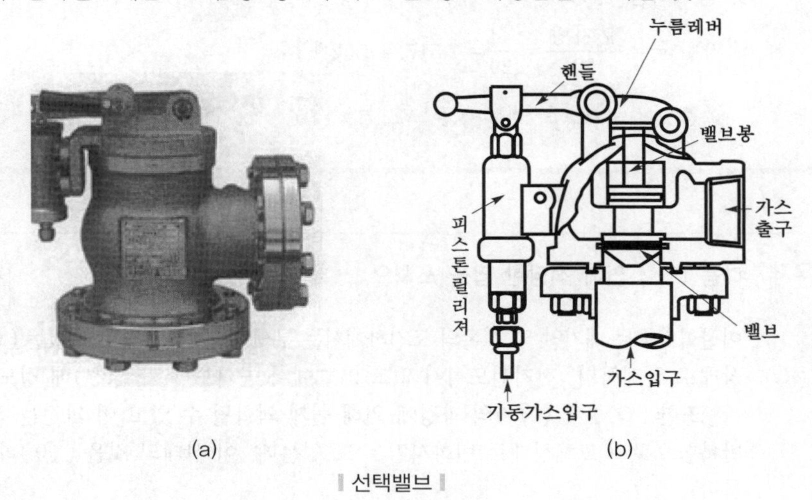

‖ 선택밸브 ‖

※ 방호대상물
화재로부터 방어하기 위한 대상물

※ 이산화탄소의 상태도

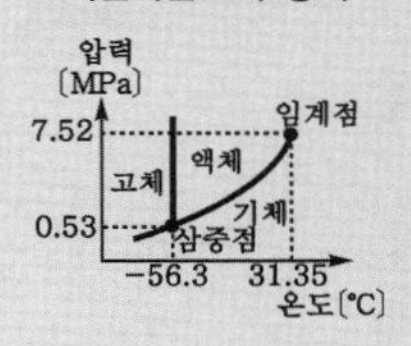

※ 물성
물리적인 성질

8 이산화탄소 소화약제(NFPC 106 5조, NFTC 106 2.2)

중요

1. 이산화탄소 소화약제

구 분	물 성
승화점	−78.5℃
삼중점	−56.3℃
임계온도	31.35℃
임계압력	72.75atm
주된 소화 효과	질식효과

(1) **승화점** : 기체가 액체상태를 거치지 않고 직접 고체상태로 변할 때의 온도
(2) **삼중점** : 고체, 액체, 기체가 공존하는 점
(3) **임계온도** : 아무리 큰 압력을 가해도 액화하지 않는 최저온도
(4) **임계압력** : 임계온도에서 액화하는 데 필요한 압력

2. 드라이아이스

이산화탄소는 대기압 및 실온의 조건하에서는 무색·무취의 부식성이 없는 **기체**의 상태로 존재하며, 전기전도성이 없고 21℃에서 공기보다 약 **1.52배** 정도 무겁다. 또한 **냉각** 및 **압축**의 과정에 의해 쉽게 액화될 수 있고 이 과정을 적절히 반복함으로써 고체상태로 변화시킬 수도 있는데, 이 상태의 것을 **드라이아이스**라고 부른다.

※ **드라이아이스**(dry ice) : 기체의 이산화탄소를 냉각 및 압축하여 액체로 만든 다음 이것을 작은 구멍을 통해 내뿜으면 눈모양의 고체가 되는데 이것을 '**드라이아이스**'라고 한다. 고체탄산, 고체무수탄산이라고도 불린다.

3. 증기비중

$$증기비중 = \frac{분자량}{29} = \frac{44}{29} = 1.517 ≒ 1.52배$$

※ CO_2의 분자량 = 12+16×2 = 44(원자량 C : 12, O : 16)

문제 다음 ( ) 안에 적당한 답을 쓰시오.

득점	배점
	5

이산화탄소는 대기압 및 실온의 조건하에서는 무색, 무취의 부식성이 없는 (①)의 상태로 존재하며, 전기전도성이 없고 21℃에서 공기보다 약 (②)배 정도 무겁다. 또한 (③) 및 (④)의 과정에 의해 쉽게 액화될 수 있고 이 과정을 적절히 반복함으로써 고체상태로 변화시킬 수도 있는데, 이 상태의 것을 (⑤)라고 부른다.

해답
① 기체
② 1.52배
③ 냉각
④ 압축
⑤ 드라이아이스

1 전역방출방식

① 표면화재

CO_2 저장량[kg] = 방호구역 체적[m^3]×약제량[kg/m^3]×보정계수 + 개구부면적[m^2]×개구부가산량($5kg/m^2$)

‖ 표면화재의 약제량 및 개구부가산량 ‖

방호구역체적	약제량	개구부가산량 (자동폐쇄장치 미설치시)	최소저장량
$45m^3$ 미만	$1kg/m^3$	$5kg/m^2$	45kg
45~$150m^3$ 미만	$0.9kg/m^3$		
150~$1450m^3$ 미만	$0.8kg/m^3$		135kg
$1450m^3$ 이상	$0.75kg/m^3$		1125kg

Key Point

✽ CO_2 설비의 방출방식
① 전역방출방식
② 국소방출방식
③ 이동식(호스릴방식)

✽ 전역방출방식
주차장이나 통신기기실에 적합하다.

✽ CO_2 소요량

$$\frac{21-O_2}{21} \times 100[\%]$$

✽ 설계농도

종 류	설계농도
메탄	34%
부탄	
프로판	36%
에탄	40%

Key Point

② 심부화재

$$CO_2 \text{ 저장량[kg]} = \text{방호구역 체적}[m^3] \times \text{약제량}[kg/m^3] + \text{개구부면적}[m^2] \times \text{개구부가산량}(10\ kg/m^2)$$

‖ 심부화재의 약제량 및 개구부가산량 ‖

방호대상물	약제량	개구부가산량 (자동폐쇄장치 미설치시)	설계농도
전기설비($55m^3$ 이상), 케이블실	$1.3kg/m^3$	$10kg/m^2$	50%
전기설비($55m^3$ 미만)	$1.6kg/m^3$		
서고, 박물관, 목재가공품창고, 전자제품창고	$2.0kg/m^3$		65%
석탄창고, 면화류창고, 고무류, 모피창고, 집진설비	$2.7kg/m^3$		75%

2 국소방출방식

‖ 국소방출방식의 CO_2 저장량 ‖

특정소방대상물	고압식	저압식
• 연소면 한정 및 비산우려가 없는 경우 • 윗면 개방용기	방호대상물 표면적 $\times 13kg/m^2 \times 1.4$	방호대상물 표면적 $\times 13kg/m^2 \times 1.1$
• 기타	방호공간체적× $\left(8-6\dfrac{a}{A}\right)\times 1.4$	방호공간 체적× $\left(8-6\dfrac{a}{A}\right)\times 1.1$

여기서, a : 방호대상물 주위에 설치된 벽면적의 합계[m^2]

A : 방호공간의 벽면적의 합계[m^2]

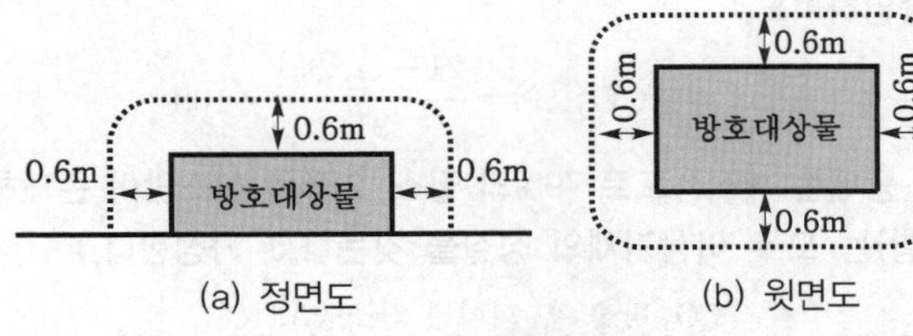

‖ 방호공간 ‖

중요 이산화탄소 소화설비와 관련된 식

$$CO_2 = \frac{\text{방출가스량}}{\text{방호구역체적} + \text{방출가스량}} \times 100 = \frac{21 - O_2}{21} \times 100$$

여기서, CO_2 : CO_2의 농도[%]

O_2 : O_2의 농도[%]

※ 방호공간
방호대상물의 각 부분으로부터 0.6m의 거리에 의하여 둘러싸인 공간

※ 관포체적
해당 바닥면으로부터 방호대상물의 높이보다 0.5m 높은 위치까지의 체적

※ 증발잠열
'기화잠열'이라고도 부른다.

Key Point

$$방출가스량=\frac{21-O_2}{O_2}\times 방호구역체적$$

여기서, O_2 : O_2의 농도〔%〕

$$PV=\frac{m}{M}RT$$

※ 기압
'기체의 압력'을 말한다.

여기서, P : 기압〔atm〕
V : 방출가스량〔m^3〕
m : 질량〔kg〕
M : 분자량(CO_2 : 44)
R : $0.082atm \cdot m^3/kmol \cdot K$
T : 절대온도(273+℃)〔K〕

$$Q=\frac{m_t\,C(t_1-t_2)}{H}$$

여기서 Q : 액화 CO_2의 증발량〔kg〕
m_t : 배관의 질량〔kg〕
C : 배관의 비열〔kcal/kg · ℃〕
t_1 : 방출 전 배관의 온도〔℃〕
t_2 : 방출될 때의 배관의 온도〔℃〕
H : 액화 CO_2의 증발잠열〔kcal/kg〕

문제 이산화탄소를 방출시켜 공기와 혼합시키면 상대적으로 공기 중의 산소는 희석된다. 이 경우 CO_2와 O_2가 갖는 체적농도〔%〕는 이론적으로 다음과 같은 관계를 가짐을 증명하시오.

$$CO_2〔\%〕=\frac{21-O_2〔\%〕}{21}\times 100$$

(단, 공기 중에는 체적농도로 79%의 질소, 21%의 산소만이 존재하고, 이들 기체(CO_2 포함)는 모두 이상기체의 성질을 갖는다고 가정한다.)

득점	배점
	6

해답

$$CO_2\text{의 농도〔\%〕}=\frac{CO_2\text{ 방출 후 희석된 산소농도〔\%〕}}{CO_2\text{ 방출 전 산소농도〔\%〕}}\times 100$$

$$=\frac{CO_2\text{ 방출 전 산소농도〔\%〕}-CO_2\text{ 방출 후 산소농도〔\%〕}}{CO_2\text{ 방출 전 산소농도〔\%〕}}\times 100$$

$$CO_2〔\%〕=\frac{21-O_2〔\%〕}{21}\times 100$$

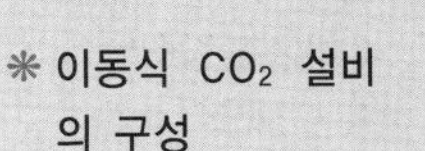

3 호스릴방식(이동식)

하나의 노즐에 대하여 90kg 이상이어야 한다.

* 이동식 CO_2 설비의 구성
  ① 호스릴
  ② 저장용기
  ③ 용기밸브

* 호스릴 소화약제 저장량
  90kg 이상

* 호스릴 분사헤드 방사량
  60kg/min 이상

* 분사헤드의 방사압력
  ① 고압식 : 2.1MPa 이상
  ② 저압식 : 1.05MPa 이상

9 분사헤드(NFPC 106 10조, NFTC 106 2.7)

(a) 혼형(horn type)

(b) 팬던트형(pendant type)

‖ 분사헤드 ‖

1 전역방출방식

① 방출된 소화약제가 방호구역의 전역에 균일하게, 신속하게 확산할 수 있도록 할 것
② 분사헤드의 방출압력은 고압식은 **2.1MPa** 이상, 저압식은 **1.05MPa** 이상으로 할 것

2 국소방출방식

① 소화약제의 방출에 따라 가연물이 비산하지 않는 장소에 설치한다.
② 이산화탄소의 소화약제의 저장량은 **30초** 이내에 방출할 수 있는 것으로 한다.

3 호스릴방식

※ 호스릴방식
분사 헤드가 배관에 고정되어 있지 않고 소화약제 저장용기에 호스를 연결하여 사람이 직접 화점에 소화약제를 방출하는 이동식 소화설비

※ 플렉시블튜브
자유자재로 잘 휘는 튜브

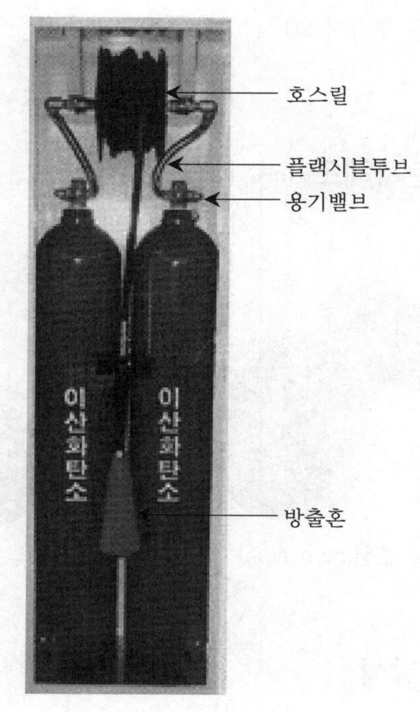

‖ 호스릴방식 ‖

※ 호스접결구
호스를 연결하기 위한 구멍

① 방호대상물의 각 부분으로부터 하나의 호스접결구까지의 수평거리가 15m 이하가 되도록 한다.

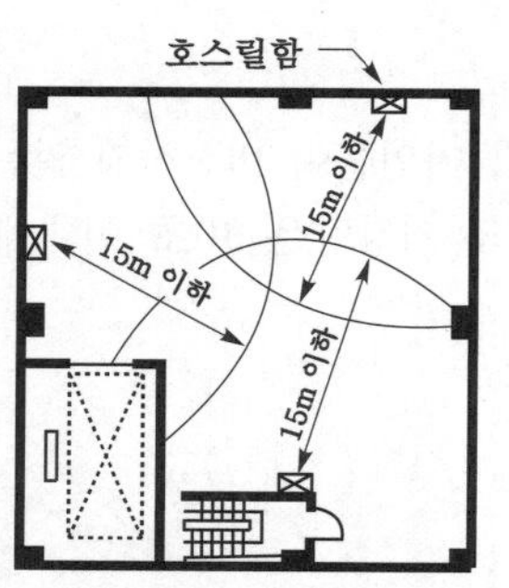

‖ 호스릴함의 설치거리 ‖

② 노즐은 20℃에서 하나의 노즐마다 60kg/min 이상의 소화약제를 방사할 수 있는 것으로 한다.

③ 소화약제 저장용기는 **호스릴**을 설치하는 장소마다 설치한다.

④ 소화약제 저장용기와 개방밸브는 호스의 설치장소에서 **수동**으로 **개폐**할 수 있는 것으로 한다.

⑤ 소화약제 저장용기의 가장 가까운 곳의 보기 쉬운 곳에 **표시등**을 설치하고, 호스릴 이산화탄소 소화설비가 있다는 뜻을 표시한 표지를 할 것

※ 노즐
소방호스의 끝 부분에 연결되어서 가스를 방출하기 위한 장치 일반적으로 '관창'이라고도 부른다.

Key Point

중요 **호스릴 이산화탄소 소화설비의 설치장소(화재시 현저하게 연기가 찰 우려가 없는 장소)**

- 지상 1층 및 피난층에 있는 부분으로서 지상에서 수동 또는 원격조작에 의하여 개방할 수 있는 개구부의 유효면적의 합계가 바닥면적의 15% 이상이 되는 부분
- 전기설비가 설치되어 있는 부분 또는 다량의 화기를 사용하는 부분(해당 설비의 주위 5m 이내의 부분 포함)의 바닥면적이 해당 설비가 설치되어 있는 구획의 바닥면적의 $\frac{1}{5}$ 미만이 되는 부분

※ **활성금속**
나트륨, 칼륨, 칼슘 등을 함유한 것으로 분말 또는 미분상태에서 매우 위험한 폭발을 가져오는 금속

10 분사헤드 설치제외 장소(NFPC 106 11조, NFTC 106 2.8.1)

① **방재실, 제어실** 등 사람이 상시 근무하는 장소
② **니트로셀룰로우스, 셀룰로이드 제품** 등 자기연소성 물질을 저장, 취급하는 장소
③ **나트륨, 칼륨, 칼슘** 등 활성금속 물질을 저장, 취급하는 장소
④ **전시장** 등의 관람을 위하여 다수인이 출입·통행하는 통로 및 전시실 등

11 이산화탄소 소화설비의 설치대상

물분무소화설비와 동일하다.

※ **물분무 설비의 설치대상**
① 차고·주차장 : 200m^2 이상
② 전기실 : 300m^2 이상
③ 주차용 건축물 : 800m^2 이상
④ 기계식 주차장치 : 20대 이상
⑤ 항공기격납고

CHAPTER

08 할론소화설비

※ 방출표시등
실외의 출입구 위에 설치하는 것으로 실내로의 입실을 금지시킨다.

※ 경보사이렌
실내에 설치하는 것으로 실내의 인명을 대피시킨다.

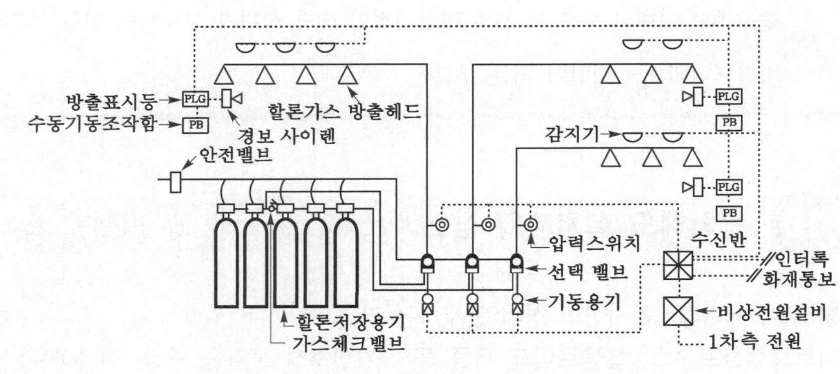

‖ 할론소화설비 계통도 ‖

1 주요구성

① 배관
② 제어반
③ 비상전원
④ 기동장치
⑤ 자동폐쇄장치
⑥ 저장용기
⑦ 선택밸브
⑧ 할론소화약제
⑨ 감지기
⑩ 분사헤드

※ 비상전원
상용전원 정전시에 사용하기 위한 전원

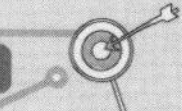

2 배관(NFPC 107 8조, NFTC 107 2.5.1)

(1) 전용

(2) 강관(압력배관용 탄소강관) ─ 고압식 : 스케줄 80 이상 / 저압식 : 스케줄 40 이상

(3) 동관(이음매 없는 동 및 동합금관)

① 고압식 : 16.5MPa 이상

② 저압식 : 3.75MPa 이상

(4) 배관부속 및 밸브류 : 강관 또는 동관과 동등 이상의 강도 및 내식성 유지

3 저장용기(NFPC 107 4조, NFTC 107 2.1)

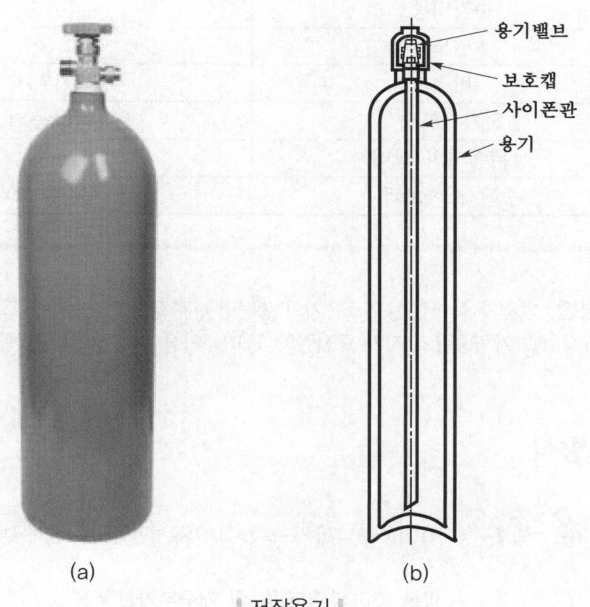

▌저장용기▌

▌저장용기의 설치기준▌

구 분		할론 1301	할론 1211	할론 2402
저장압력		2.5MPa 또는 4.2MPa	1.1MPa 또는 2.5MPa	–
방출압력		0.9MPa	0.2MPa	0.1MPa
충전비	가압식	0.9~1.6 이하	0.7~1.4 이하	0.51~0.67 미만
	축압식			0.67~2.75 이하

Key Point

※ 할론소화설비
배관용 스테인리스강관을 사용할 수 있다.

※ 스케줄
관의 구경, 두께, 내부 압력 등의 일정한 표준

※ 사이폰관
액체를 높은 곳에서 낮은 곳으로 옮기는 경우에 쓰이는 관으로 용기를 기울이지 않고 액체를 옮길 수 있다.

※ 가압용 가스용기
질소가스 충전

※ 축압식 용기의 가스
질소(N_2)

Key Point

※ 저장용기의 질소 가스 충전 이유
할론소화약제를 유효하게 방출시키기 위하여

※ 할론설비의 약제량 측정법
① 중량측정법
② 액위측정법
③ 비파괴검사법

※ 할론농도

$$\frac{방출가스량}{방호구역체적+방출가스량} \times 100$$

※ 사류·면화류
단위체적당 가장 많은 양의 소화약제 필요

① 가압용 가스용기 : 2.5MPa 또는 4.2MPa
② 가압용 저장용기 : 2MPa 이하의 압력조정장치(압력조정기) 설치
③ 저장용기의 소화약제량보다 방출배관의 내용적이 1.5배 이상일 경우 방호구역설비는 **별도독립방식**으로 한다.

4 할론소화약제(NFPC 107 5조, NFTC 107 2.2)

중요 **할론 1301 소화약제**

구 분	물 성
임계압력	39.1atm
임계온도	67℃
증기압	1.4MPa
증기비중	5.13
밀도	1.57
비점	-57.75℃
전기전도성	없음
상온에서의 상태	기체
주된 소화효과	부촉매 효과

※ **중량측정법** : 약제가 들어있는 가스용기의 총중량을 측정한 후 용기에 표시된 중량과 비교하여 기재중량과 계량중량의 차가 충전량의 10% 이상 감소해서는 안 된다.

1 전역방출방식

할론저장량[kg] = 방호구역체적[m^3]×약제량[kg/m^3]+개구부면적[m^2]×개구부가산량[kg/m^2]

‖ 할론 1301의 약제량 및 개구부가산량 ‖

방호대상물	약제량	개구부가산량 (자동폐쇄장치 미설치시)
차고·주차장·전기실·전산실·통신기기실	$0.32kg/m^3$	$2.4kg/m^2$
사류·면화류	$0.52kg/m^3$	$3.9kg/m^2$

Key Point

2 국소방출방식

① 연소면 한정 및 비산우려가 없는 경우와 윗면 개방용기

‖ 약제저장량식 ‖

약제종별	저장량
할론 1301	방호대상물 표면적×6.8kg/m^2×1.25
할론 1211	방호대상물 표면적×7.6kg/m^2×1.1
할론 2402	방호대상물 표면적×8.8kg/m^2×1.1

② 기타

$$Q = V\left(X - Y\frac{a}{A}\right) \times 1.1(\text{할론 1301 : 1.25})$$

여기서, Q : 할론소화약제의 양〔kg〕
V : 방호공간체적〔m^3〕
a : 방호대상물의 주위에 설치된 벽면적의 합계〔m^2〕
A : 방호공간의 벽면적의 합계〔m^2〕
X, Y : 다음 표의 수치

‖ 수치 ‖

약제종별	X의 수치	Y의 수치
할론 1301	4.0	3.0
할론 1211	4.4	3.3
할론 2402	5.2	3.9

※ 방호공간
방호대상물의 각 부분으로서부터 0.6m의 거리에 의하여 둘러싸인 공간

3 호스릴방식(이동식)

‖ 하나의 노즐에 대한 약제량 ‖

약제종별	약제량
할론 1301	45kg
할론 1211	50kg
할론 2402	

※ 호스릴방식
① 할론설비 : 수평거리 20m 이하
② 분말설비 : 수평거리 15m 이하
③ CO_2 설비 : 수평거리 15m 이하
④ 옥내소화전설비 : 수평거리 25m 이하

Key Point

5 분사헤드(NFPC 107 10조, NFTC 107 2.7)

(a)

(b)

▮분사헤드▮

중요 **분사헤드의 오리피스 분구면적**

분사헤드의 오리피스 분구면적

$$= \frac{\text{유량[kg/s]}}{\text{방출률[kg/s·cm}^2\text{]} \times \text{오리피스 구멍개수}}$$

※ 전역방출방식
고정식 할론공급장치에 배관 및 분사헤드를 고정 설치하여 밀폐 방호구역 내에 할론을 방출하는 설비

※ 국소방출방식
고정식 할론공급장치에 배관 및 분사헤드를 설치하여 직접 화점에 할론을 방출하는 설비로 화재 발생 부분에만 집중적으로 소화약제를 방출하도록 설치하는 방식

※ 무상
안개모양

※ 플렉시블튜브
자유자재로 잘 휘는 튜브

1 전역 · 국소방출방식

① 할론 2402의 분사헤드는 **무상**으로 분무되는 것으로 한다.
② 소화약제를 **10초** 이내에 방출할 수 있어야 한다.

2 호스릴방식

▮하나의 노즐에 대한 약제의 방사량▮

약제종별	약제의 방사량
할론 1301	35kg/min
할론 1211	40kg/min
할론 2402	45kg/min

▮호스릴방식▮

① 방호대상물의 각 부분으로부터 하나의 호스접결구까지의 수평거리가 20m 이하가 되도록 한다.

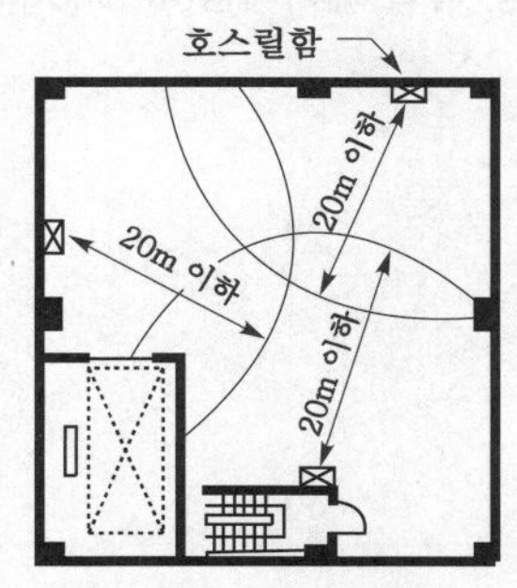

‖ 호스릴함의 설치거리 ‖

② 소화약제 저장용기의 개방밸브는 호스릴의 설치장소에서 **수동**으로 **개폐**할 수 있는 것으로 한다.
③ 소화약제의 저장용기는 **호스릴**을 설치하는 장소마다 설치한다.
④ 소화약제 저장용기의 가장 가까운 곳의 보기 쉬운 곳에 **적색 표시등**을 설치하고 호스릴 할론소화설비가 있다는 뜻을 표시한 표지를 한다.

Key Point

※ 방호대상물
화재로부터 보호하기 위한 건축물

※ 호스접결구
호스를 연결하기 위한 구멍

6 할론소화설비의 설치대상

물분무소화설비와 동일하다.

※ 물분무 설비의 설치대상
① 차고 · 주차장 : 200m² 이상
② 전기실 : 300m² 이상
③ 주차용 건축물 : 800m² 이상
④ 자동차 : 20대 이상
⑤ 항공기격납고

오존층 파괴 메카니즘

$Cl + O_3 \rightarrow ClO + O_2$
$Br + O_3 \rightarrow BrO + O_2$

대기 중에 방출된 CFC나 Halon이 성층권까지 상승하면 성층권의 강력한 자외선에 의해 이들 분자들이 분해되어 **염소**(Cl)나 **브롬**(Br) 원자들이 생성된다.
이렇게 생성된 염소나 브롬은 오존(O_3)과 반응하여 산소(O_2)를 만든다.

$ClO + O \rightarrow Cl + O_2$
$BrO + O \rightarrow Br + O_2$

반응 후 염소나 브롬은 위의 반응을 통하여 재생산되어 다시 다른 오존을 공격한다. 위의 반응에서 염소와 브롬은 촉매 역할을 한다.
대개 1개의 염소원자는 성층권에서 약 10만개의 오존분자를 파괴하는 것으로 알려져 있으며 브롬도 반응속도만 염소보다 빠를 뿐 염소와 유사한 반응을 한다.

문제 할론소화약제의 오존층 파괴 메카니즘(mechanism) 4가지를 쓰시오.

득점	배점
	8

○

○

○

○

해답 ① $Cl+O_3 \rightarrow ClO+O_2$
② $Br+O_3 \rightarrow BrO+O_2$
③ $ClO+O \rightarrow Cl+O_2$
④ $BrO+O \rightarrow Br+O_2$

CHAPTER 09

할로겐화합물 및 불활성기체 소화설비

1 할로겐화합물 및 불활성기체 소화약제의 종류(NFPC 107A 4조, NFTC 107A 2.1.1)

출제확률 0.2% (1점)

소화약제	상품명	화학식
퍼플루오로부탄 (FC-3-1-10)	CEA-410	C_4F_{10}
트리플루오로메탄 (HFC-23)	FE-13	CHF_3
펜타플루오로에탄 (HFC-125)	FE-25	CHF_2CF_3
헵타플루오로프로판 (HFC-227ea)	FM-200	CF_3CHFCF_3
클로로테트라플루오로에탄 (HCFC-124)	FE-241	$CHClFCF_3$
하이드로클로로플루오로카본 혼화제 (HCFC BLEND A)	NAF S-Ⅲ	HCFC-22($CHClF_2$) : 82% HCFC-123($CHCl_2CF_3$) : 4.75% HCFC-124($CHClFCF_3$) : 9.5% $C_{10}H_{16}$: 3.75%
불연성·불활성 기체 혼합가스 (IG-541)	Inergen	N_2 : 52% Ar : 40% CO_2 : 8%

※ 할로겐화합물 및 불활성기체 소화약제의 종류
① 퍼플루오로부탄
② 트리플루오로메탄
③ 펜타플루오로에탄
④ 헵타플루오로프로판
⑤ 클로로테트라플루오로에탄
⑥ 하이드로클로로플루오로카본 혼화제
⑦ 불연성·불활성 기체 혼합가스

2 할로겐화합물 및 불활성기체 소화약제의 명명법

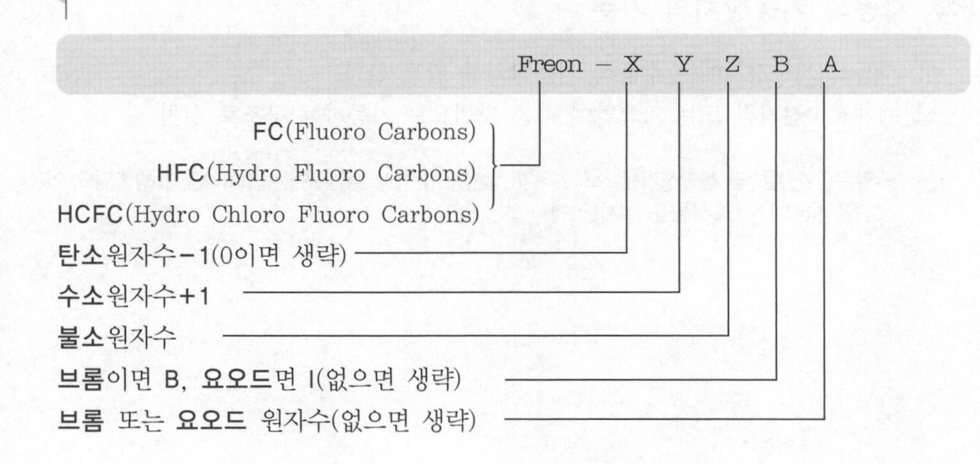

※ 할로겐화합물 및 불활성기체 소화약제
① FC : 불화탄소
② HFC : 불화탄화수소
③ HCFC : 염화불화탄화 수소

※ 할로겐화합물 및 불활성기체 소화약제의 개념
할론(할론 1301, 할론 2402, 할론 1211 제외) 및 불활성기체로서 전기적으로 비전도성이며 휘발성이 있거나 증발 후 잔여물을 남기지 않는 소화약제

Key Point

※ 불활성기체 소화약제
헬륨, 네온, 아르곤 또는 질소 가스 중 하나 이상의 원소를 기본성분으로 하는 소화약제

※ 배관과 배관 등의 접속방법
① 나사접합
② 용접접합
③ 압축접합
④ 플랜지접합

3 배관(NFPC 107A 10조, NFTC 107A 2.7)

① 전용
② 할로겐화합물 및 불활성기체 소화설비의 배관은 배관·배관부속 및 밸브류는 저장용기의 방출내압을 견딜 수 있어야 한다.
③ 배관과 배관, 배관과 배관부속 및 밸브류의 접속은 **나사접합, 용접접합, 압축접합** 또는 **플랜지접합** 등의 방법을 사용해야 한다.
④ 배관의 구경은 해당 방호구역에 **할로겐화합물 소화약제**가 **10초**(**불활성기체** 소화약제는 **AC급 화재 2분, B급 화재 1분**) 이내에 방호구역 각 부분에 최소설계농도의 **95%** 이상에 해당하는 약제량이 방출되도록 해야 한다.

4 기동장치(NFPC 107A 8조, NFTC 107A 2.5.1)

1 수동식 기동장치의 기준

① **방호구역**마다 설치
② 해당 방호구역의 **출입구 부근** 등 조작 및 피난이 용이한 곳에 설치
③ 조작부는 바닥으로부터 0.8~1.5m 이하의 위치에 설치하고, 보호판 등에 따른 보호장치를 설치
④ 기동장치 인근의 보기 쉬운 곳에 "**할로겐화합물 및 불활성기체 소화설비 수동식 기동장치**"라는 표지를 설치
⑤ 기동장치에는 **전원표시등**을 설치
⑥ 방출용 스위치는 **음향경보장치**와 연동하여 조작될 수 있도록 설치
⑦ 50N 이하의 힘을 가하여 기동할 수 있는 구조로 설치할 것

※ 음향장치
경종, 사이렌 등을 말한다.

※ 자동식 기동장치
화재감지기의 작동과 연동하여야 한다.

2 자동식 기동장치의 기준

① 자동식 기동장치에는 **수동식 기동장치**를 함께 설치
② 기계적·전기적 또는 가스압에 따른 방법으로 기동하는 구조로 설치

※ 할로겐화합물 및 불활성기체 소화설비가 설치된 구역의 출입구에는 소화약제가 방출되고 있음을 나타내는 **표시등**을 설치할 것

※ 자동식 기동장치의 기동방법
① 기계적 방법
② 전기적 방법
③ 가스압에 따른 방법

Key Point

5 저장용기 등(NFPC 107A 6조, NFTC 107A 2.3)

(a) NAF S-Ⅲ (b) FM-200

‖ 저장용기 ‖

1 저장용기의 적합 장소

① **방호구역 외**의 장소에 설치할 것
② 온도가 55℃ 이하이고 온도 변화가 작은 곳에 설치할 것
③ 방호구역 내에 설치할 경우에는 피난 및 조작이 용이하도록 **피난구 부근**에 설치할 것
④ **방화문**으로 구획된 실에 설치할 것
⑤ 용기 간의 간격은 점검에 지장이 없도록 3cm 이상의 간격을 유지할 것

2 저장용기의 기준

① 저장용기에는 **약제명** · 저장용기의 **자체중량**과 **총중량** · **충전일시** · **충전압력** 및 **약제의 체적**을 표시할 것
② 동일 집합관에 접속되는 저장용기는 동일한 내용적을 가진 것으로 충전량 및 **충전압력**이 같도록 할 것
③ 저장용기에 충전량 및 충전압력을 확인할 수 있는 장치를 하는 경우에는 해당 소화약제에 적합한 구조로 할 것
④ 저장용기의 **약제량 손실**이 5%를 초과하거나 **압력손실**이 10%를 초과할 경우에는 재충전하거나 저장용기를 교체할 것. 단, 불활성기체 소화약제 저장용기의 경우에는 압력손실이 5%를 초과할 경우 재충전하거나 저장용기를 교체해야 한다.

※ 하나의 방호구역을 담당하는 저장용기의 소화약제의 체적합계보다 소화약제의 방출시 방출경로가 되는 배관(집합관 포함)의 내용적의 비율이 할로겐화합물 및 불활성기체 소화약제 제조업체의 설계기준에서 정한 값 이상일 경우에는 해당 방호구역에 대한 설비는 **별도독립방식**으로 해야 한다.

※ 저장용기의 표시사항
① 약제명
② 약제의 체적
③ 충전일시
④ 충전압력
⑤ 저장용기의 자체중량과 총중량

Key Point

6 선택밸브(NFPC 107A 11조, NFTC 107A 2.8.1)

하나의 특정소방대상물 또는 그 부분에 2 이상의 방호구역이 있어 소화약제의 저장용기를 공용하는 경우에 있어서 방호구역마다 선택밸브를 설치하고 선택밸브에는 각각의 방호구역을 표시해야 한다.

※ 선택밸브
방호구역을 여러 개로 분기하기 위한 밸브로서, 방호구역마다 1개씩 설치된다.

7 소화약제량의 산정(NFPC 107A 7조, NFTC 107A 2.4)

1 할로겐화합물 소화약제

※ 할로겐화합물 소화약제
★꼭 기억하세요★

$$W = \frac{V}{S} \times \left(\frac{C}{100 - C} \right)$$

여기서, W : 소화약제의 무게〔kg〕
V : 방호구역의 체적〔m^3〕
S : 소화약제별 선형상수($K_1 + K_2 t$)
C : 체적에 따른 소화약제의 설계농도〔%〕
t : 방호구역의 최소 예상 온도〔℃〕

소화약제	K_1	K_2
FK-5-1-12	0.0664	0.0002741
FC-3-1-10	0.094104	0.00034455
HCFC BLEND A	0.2413	0.00088
HCFC-124	0.1575	0.0006
HFC-125	0.1825	0.0007
HFC-227ea	0.1269	0.0005
HFC-23	0.3164	0.0012
HFC-236fa	0.1413	0.0006
FIC-13I1	0.1138	0.0005

Key Point

2 불활성기체 소화약제

$$X = 2.303\left(\frac{V_s}{S}\right) \times \log_{10}\left[\frac{100}{100-C}\right] \times V$$

여기서, X : 공간체적에 더해진 소화약제의 부피〔m^3〕

S : 소화약제별 선형상수($K_1 + K_2 t$)

C : 체적에 따른 소화약제의 설계농도〔%〕

V_s : 20℃에서 소화약제의 비체적($K_1 + K_2 \times 20℃$)〔m^3/kg〕

t : 방호구역의 최소예상온도〔℃〕

V : 방호구역의 체적〔m^3〕

소화약제	K_1	K_2
IG-01	0.5685	0.00208
IG-100	0.7997	0.00293
IG-541	0.65799	0.00239
IG-55	0.6598	0.00242

설계농도〔%〕=소화농도〔%〕×안전계수(AC급 1.2, B급 1.3)

할로겐화합물 및 불활성기체 소화약제 최대허용설계농도

소화약제	최대허용 설계농도〔%〕
FK-5-1-12	10
FC-3-1-10	40
HCFC BLEND A	10
HCFC-124	1.0
HFC-125	11.5
HFC-227ea	10.5
HFC-23	50
HFC-236fa	12.5
FIC-13I1	0.3
IG-01	43
IG-100	
IG-541	
IG-55	

※ 방호구역
화재로부터 보호하기 위한 구역

※ 설계농도
화재발생시 소화가 가능한 방호구역의 부피에 대한 소화약제의 비율

3 방호구역이 둘 이상인 경우

방호구역이 둘 이상인 경우에 있어서는 가장 큰 방호구역에 대하여 기준에 의해 산출한 양 이상이 되도록 해야 한다.

Key Point

※ 제3류 위험물
금수성 물질 또는 자연 발화성 물질이다.

※ 제5류 위험물
자기반응성 물질이다.

※ 오리피스
유체를 분출시키는 구멍으로 적은 양의 유량 측정에 사용된다.

8 할로겐화합물 및 불활성기체 소화약제의 설치제외장소(NFPC 107A 5조, NFTC 107A 2.2.1)

① 사람이 상주하는 곳으로 최대허용설계농도를 초과하는 장소
② **제3류 위험물** 및 **제5류 위험물**을 사용하는 장소

9 분사헤드(NFPC 107A 12조, NFTC 107A 2.9.1)

1 분사헤드의 기준

① 분사헤드의 설치 높이는 방호구역의 바닥으로부터 최소 **0.2m** 이상 최대 **3.7m** 이하로 해야 하며 천장높이가 3.7m를 초과할 경우에는 추가로 다른 열의 분사헤드를 설치할 것
② 분사헤드의 개수는 방호구역에 **할로겐화합물 소화약제**가 **10초**(불활성기체 소화약제는 **AC급 화재 2분, B급 화재 1분**) 이내에 **95%** 이상 방출되도록 설치할 것
③ 분사헤드에는 **부식방지조치**를 하여야 하며 **오리피스**의 **크기**, **제조일자**, **제조업체**가 표시되도록 할 것

2 분사헤드의 방출압력

분사헤드의 방출압력은 제조업체의 설계기준에서 정한 값 이상으로 해야 한다.

3 분사헤드의 오리피스 면적

분사헤드의 오리피스의 면적은 분사헤드가 연결되는 배관 구경면적의 **70%** 이하가 되도록 할 것

CHAPTER 10

분말소화설비

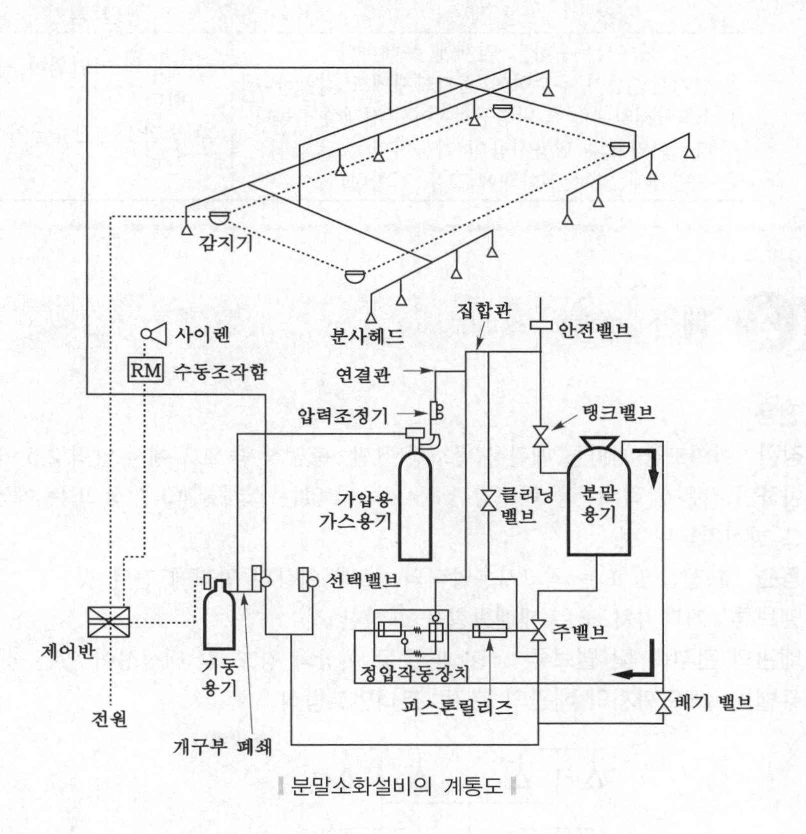

▮분말소화설비의 계통도▮

1 주요구성

① 배관
② 제어반
③ 비상전원
④ 기동장치
⑤ 자동폐쇄장치
⑥ 저장용기
⑦ 가압용 가스용기
⑧ 선택밸브
⑨ 분말소화약제

Key Point

※ 클리닝밸브
소화약제의 방출 후 송출배관 내에 잔존하는 분말약제를 배출시키는 배관청소용으로 사용

※ 배기밸브
약제방출 후 약제 저장용기 내의 잔압을 배출시키기 위한 것

※ 정압작동장치
약제를 적절히 내보내기 위해 다음의 기능이 있다.
① 기동장치가 작동한 뒤에 저장용기의 압력이 설정압력 이상이 될 때 방출밸브를 개방시키는 장치
② 탱크의 압력을 일정하게 해주는 장치
③ 저장용기마다 설치

※ 분말소화설비
알칼리금속화재에 부적합하다.

⑩ 감지기
⑪ 분사헤드

중요 **분말소화설비의 장단점**

장 점	단 점
① 소화성능이 우수하고 인체에 무해하다. ② 전기절연성이 우수하여 전기화재에도 적합하다. ③ 소화약제의 수명이 반영구적이어서 경제성이 높다. ④ 타소화약제와 병용사용이 가능하다. ⑤ 표면화재 및 심부화재에 모두 적합하다.	① 별도의 가압원이 필요하다. ② 소화 후 잔유물이 남는다.

※ 분말설비의 충전용 가스
질소(N_2)

2 배관(NFPC 108 9조, NFTC 108 2.6.1)

① 전용
② **강관** : 아연도금에 따른 배관용 탄소강관(단, 축압식 중 20℃에서 압력 **2.5~4.2MPa** 이하인 것은 압력배관용 탄소강관 중 이음이 없는 스케줄 **40** 이상 또는 아연도금으로 방식처리된 것)
③ **동관** : 고정압력 또는 최고사용압력의 **1.5배** 이상의 압력에 견딜 것
④ **밸브류** : **개폐위치** 또는 **개폐방향**을 표시한 것
⑤ **배관의 관부속 및 밸브류** : 배관과 동등 이상의 강도 및 내식성이 있는 것
⑥ **주밸브~헤드까지의 배관의 분기** : **토너먼트방식**

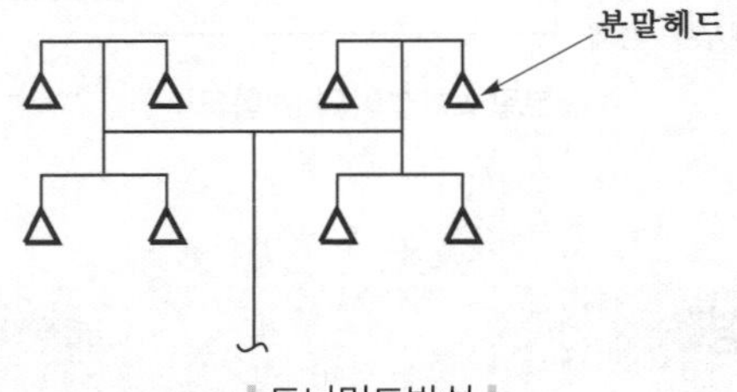

▎토너먼트방식▎

※ 토너먼트방식
가스계 소화설비에 적용하는 방식으로 용기로부터 노즐까지의 마찰손실을 일정하게 유지하기 위한 방식

※ 토너먼트방식 적용설비
① 분말소화설비
② 할론소화설비
③ 이산화탄소 소화설비
④ 할로겐화합물 및 불활성기체 소화설비

⑦ **저장용기 등~배관의 굴절부까지의 거리** : 배관 내경의 **20배** 이상

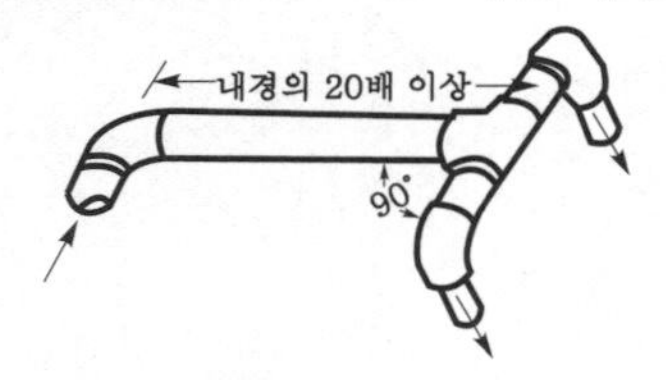

▎배관의 이격거리▎

3 저장용기(NFPC 108 4조, NFTC 108 2.1)

‖ 저장용기의 충전비 ‖

약제 종별	충전비[l/kg]
제1종 분말	0.8
제2 · 3종 분말	1
제4종 분말	1.25

① **안전밸브** ┬ 가압식 : **최고사용압력**의 **1.8배** 이하
　　　　　　└ 축압식 : **내압시험압력**의 **0.8배** 이하

② **충전비** : **0.8** 이상

③ **축압식** : 지시압력계 설치

④ **정압작동장치 설치**

정압작동장치의 종류

- 봉판식
- 기계식
- 스프링식
- 압력스위치식
- 시한릴레이식

⑤ **청소장치 설치**

약제방출 후 배관을 청소하는 이유

배관 내의 잔류약제가 수분을 흡수하여 굳어져서 배관이 막히므로

※ **지시압력계**
분말소화설비의 사용압력의 범위를 표시한다.

※ **정압작동장치**
저장용기의 내부압력이 설정압력이 되었을 때 주밸브를 개방하는 장치

※ **청소장치**
저장용기 및 배관의 잔류 소화약제를 처리하기 위한 장치

4 가압용 가스용기(NFPC 108 5조, NFTC 108 2.2)

① 분말소화약제의 **저장용기**에 접속하여 설치한다.

② 가압용 가스용기를 **3병** 이상 설치시 **2병** 이상의 용기에 **전자개방밸브**(solenoid valve)를 부착한다.

※ **분말소화약제의 주성분**
① 제1종 : 탄산수소나트륨
② 제2종 : 탄산수소칼륨
③ 제3종 : 인산암모늄
④ 제4종 : 탄산수소칼륨+요소

▌전자개방밸브(solenoid valve)▐

※ **압력조정기(압력조정장치)**
분말용기에 도입되는 압력을 감압시키기 위해 사용

③ 2.5MPa 이하의 **압력조정기**를 설치한다.

중요 **압력조정기(압력조정장치)의 조정범위**

할론소화설비	분말소화설비
2.0MPa 이하	2.5MPa 이하

※ **용기유니트의 설치밸브**
① 배기밸브
② 안전밸브
③ 세척밸브(클리닝밸브)

▌분말소화설비 가압식과 축압식의 설치기준▐

구 분 / 사용가스	가압식	축압식
질소(N_2)	40l/kg 이상	10l/kg 이상
이산화탄소(CO_2)	20g/kg+배관청소 필요량 이상	20g/kg+배관청소 필요량 이상
※ 배관청소용 가스는 별도의 용기에 저장한다.		

※ **세척밸브(클리닝밸브)**
소화약제 탱크의 내부를 청소하여 약제를 충전하기 위한 것

5 분말소화약제(NFPC 108 6조, NFTC 108 2.3)

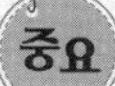

중요 **분말소화약제의 일반적인 성질**

- 겉보기비중이 0.82 이상일 것
- 분말의 미세도는 20~25μm 이하일 것
- **유동성**이 좋을 것
- **흡습률**이 낮을 것
- **고화현상**이 잘 일어나지 않을 것
- **발수성**이 좋을 것

종 류	주성분	착 색	적응 화재	충전비 〔l/kg〕	저장량	순도 (함량)
제1종	탄산수소나트륨 ($NaHCO_3$)	백색	BC급	0.8	50kg	90% 이상

종 류	주성분	착 색	적응 화재	충전비 〔l/kg〕	저장량	순도 (함량)
제2종	탄산수소 칼륨 ($KHCO_3$)	담자색 (담회색)	BC급	1.0	30kg	92% 이상
제3종	인산암모늄 ($NH_4H_2PO_4$)	담홍색	ABC 급	1.0	30kg	75% 이상
제4종	탄산수소칼륨+요소 ($KHCO_3+(NH_2)_2CO$)	회(백)색	BC급	1.25	20kg	-

1 전역방출방식

분말저장량〔kg〕=방호구역체적〔m^3〕×약제량〔kg/m^3〕+개구부면적〔m^2〕×개구부가산량〔kg/m^2〕

☆

문제 위험물을 저정하는 옥내저장소에 전역방출방식의 분말소화설비를 설치하고자 한다. 방호대상이 되는 옥내저장소의 용적은 3000m^3이며, 60분+방화문 또는 60분 방화문이 설치되지 않은 개구부의 면적은 20m^2이고 방호구역 내에 설치되어 있는 불연성 물체의 용적은 500m^3이다. 이때 다음 식을 이용하여 분말약제소요량을 구하시오. (단, C는 0.7로 계산한다.)

득점	배점
	4

$$W = C(V-U) + 2.4A$$

○ 계산과정 :

○ 답 :

○ 계산과정 : $0.7(3000-500)+2.4\times20=1798$kg

○ 답 : 1798kg

$$W = C(V-U) + 2.4A$$

여기서, W : 약제소요량〔kg〕

C: 계수

V: 방호구역용적〔m^3〕

U: 방호구역 내의 불연성 물체의 용적〔m^3〕

A : 개구부면적〔m^2〕

분말약제소요량 W는

$W = C(V-U)+2.4A = 0.7(3000-500)+2.4\times20 = 1798$kg

참고

분말약제 저장량(전역방출방식)

위의 식을 우리가 이미 알고 있는 식으로 표현하면 다음과 같다.

분말저장량〔kg〕 = 방호구역체적〔m^3〕×약제량〔kg/m^3〕+개구부면적〔m^2〕×개구부가산량〔kg/m^2〕

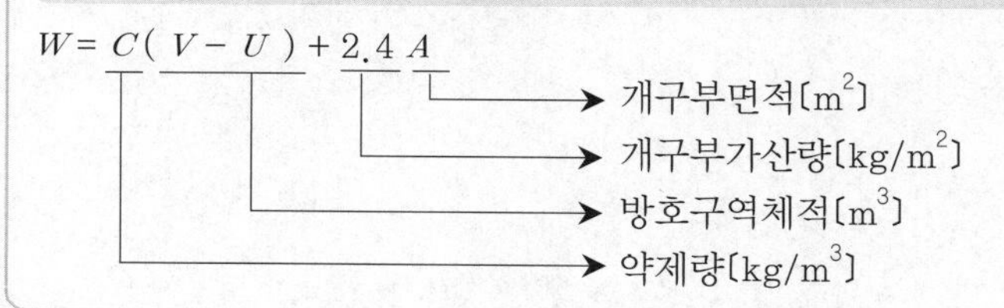

Key Point

※ **제3종 분말**
차고 · 주차장

※ **제1종 분말**
식당

※ **분말소화설비의 방식**
① 전역방출방식
② 국소방출방식
③ 호스릴(이동식)방식

Key Point

❙ 전역방출방식의 약제량 및 개구부가산량 ❙

약제종별	약제량	개구부가산량(자동폐쇄장치 미설치시)
제1종 분말	$0.6kg/m^3$	$4.5kg/m^2$
제2 · 3종 분말	$0.36kg/m^3$	$2.7kg/m^2$
제4종 분말	$0.24kg/m^3$	$1.8kg/m^2$

2 국소방출방식

$$Q = \left(X - Y\frac{a}{A}\right) \times 1.1$$

여기서, Q : 방호공간 $1m^3$에 대한 분말소화약제의 양[kg/m^3]

a : 방호대상물의 주변에 설치된 벽면적의 합계[m^2]

A : 방호공간의 벽면적의 합계[m^2]

X, Y : 다음 표의 수치

※ 방호공간과 관포체적

① 방호공간
방호대상물의 각 부분으로부터 0.6m의 거리에 의하여 둘러싸인 공간

② 관포체적
해당 바닥면으로부터 방호대상물의 높이보다 0.5m 높은 위치까지의 체적

❙ 수치 ❙

약제종별	X의 수치	Y의 수치
제1종 분말	5.2	3.9
제2 · 3종 분말	3.2	2.4
제4종 분말	2.0	1.5

3 호스릴방식

※ 호스릴방식

분사헤드가 배관에 고정되어 있지 않고 소화약제 저장용기에 호스를 연결하여 사람이 직접 화점에 소화약제를 방출하는 이동식 소화설비

❙ 하나의 노즐에 대한 약제량 ❙

약제 종별	저장량
제1종 분말	50kg
제2 · 3종 분말	30kg
제4종 분말	20kg

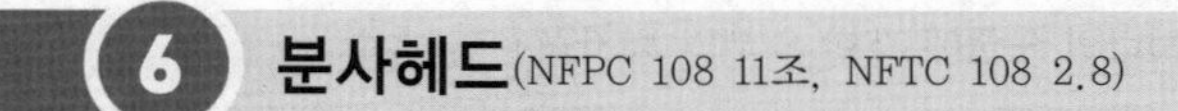

6 분사헤드(NFPC 108 11조, NFTC 108 2.8)

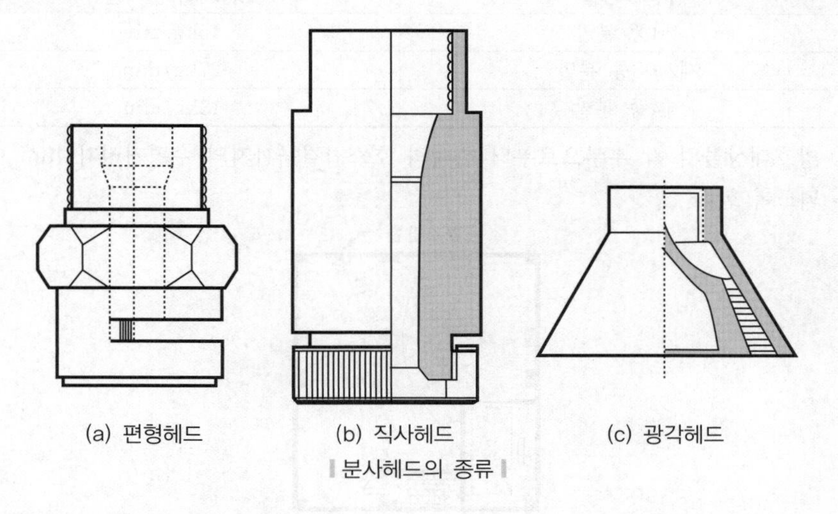

‖분사헤드의 종류‖

✽ 분사헤드의 종류
① 편형헤드
② 직사헤드
③ 광각헤드

1 전역 · 국소방출방식

① **전역방출방식**은 소화약제가 방호구역의 전역에 신속하고 균일하게 확산되도록 한다.
② **국소방출방식**은 소화약제 방출시 가연물이 비산되지 않도록 한다.
③ 소화약제를 **30초** 이내에 방출할 수 있어야 한다.

✽ 국소방출방식
고정식 분말소화약제 공급장치에 배관 및 분사헤드를 설치하여 직접 화점에 분말소화약제를 방출하는 설비로 화재 발생 부분에만 집중적으로 소화약제를 방출하도록 설치하는 방식

2 호스릴방식

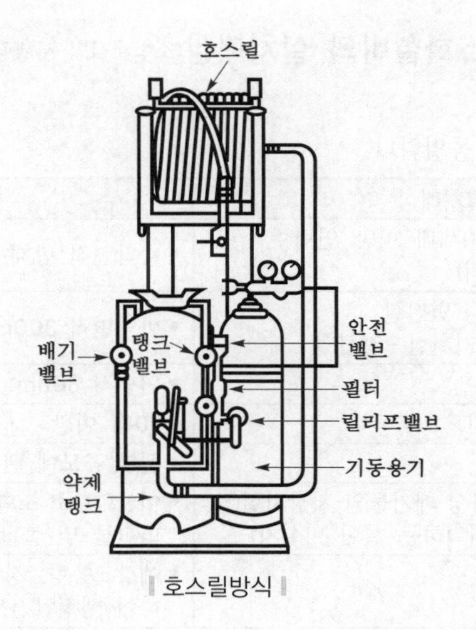

‖호스릴방식‖

✽ 가연물
불에 탈 수 있는 물질

✽ 수원의 저수량
20분 이상(최대 20m^3)

✽ 호스릴방식
① 분말소화설비 : 수평거리 15m 이하
② CO_2 소화설비 : 수평거리 15m 이하
③ 할론소화설비 : 수평거리 20m 이하
④ 옥내소화전소화설비 : 수평거리 25m 이하

▌하나의 노즐에 대한 약제의 방사량▐

약제 종별	약제의 방사량
제1종 분말	45kg/min
제2 · 3종 분말	27kg/min
제4종 분말	18kg/min

① 방호대상물의 각 부분으로부터 하나의 호스접결구까지의 수평거리가 15m 이하가 되도록 한다.

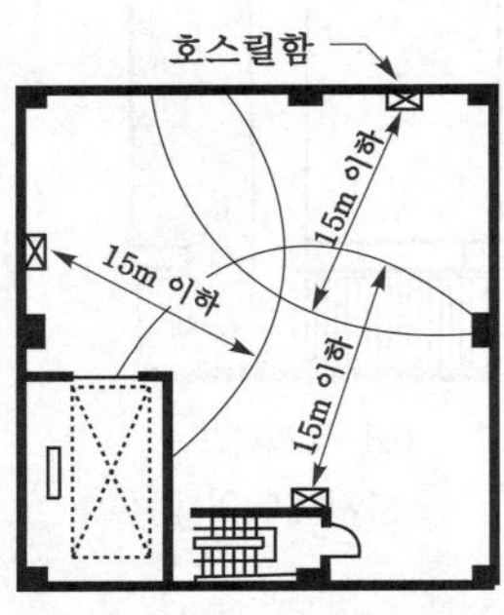

▌호스릴함의 설치거리▐

② 소화약제 저장용기의 개방밸브는 호스릴의 설치장소에서 **수동**으로 **개폐**할 수 있는 것으로 할 것

③ 소화약제의 저장용기는 **호스릴**을 설치하는 장소마다 설치한다.

④ 저장용기의 가장 가까운 곳의 보기 쉬운 곳에 **적색 표시등**을 설치하고, 호스릴방식의 분말소화설비가 있다는 뜻을 표시한 표지를 한다.

※ **물분무 설비의 설치대상**
① 차고 · 주차장 : $200m^2$ 이상
② 전기실 : $300m^2$ 이상
③ 주차용 건축물 : $800m^2$ 이상
④ 자동차 : 20대 이상
⑤ 항공기격납고

7 분말소화설비의 설치대상(소방시설법 시행령 〔별표 4〕)

물분무소화설비와 동일하다.

설치대상	조 건
① 차고 · 주차장(50세대 미만 연립주택 및 다세대주택 제외)	• 바닥면적 합계 $200m^2$ 이상
② 전기실 · 발전실 · 변전실 ③ 축전지실 · 통신기기실 · 전산실	• 바닥면적 $300m^2$ 이상
④ 주차용 건축물	• 연면적 $800m^2$ 이상
⑤ 기계식 주차장치	• 20대 이상
⑥ 항공기격납고	• **전부**(규모에 관계없이 설치)
⑦ 중 · 저준위 방사성 폐기물의 저장시설(소화수를 수집 · 처리하는 설비 미설치)	• 이산화탄소 소화설비, 할론소화설비, 할로겐화합물 및 불활성기체 소화설비 설치
⑧ 지하가 중 터널	• 예상교통량, 경사도 등 터널의 특성을 고려하여 행정안전부령으로 정하는 터널
⑨ 지정문화재	• 소방청장이 문화재청장과 협의하여 정하는 것 또는 적응소화설비

피난구조설비

출제경향분석

PART 3 피난구조설비

CHAPTER

01 피난구조설비

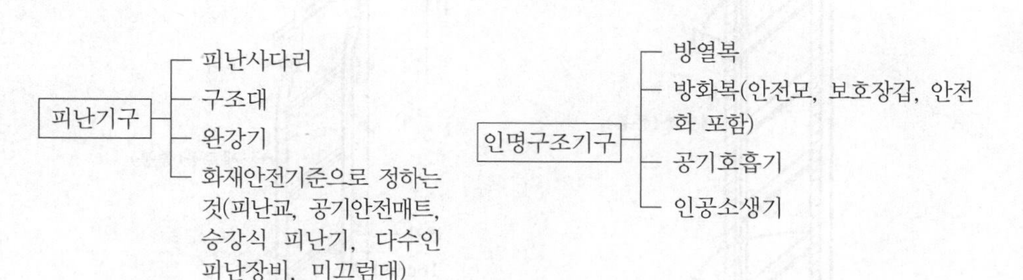

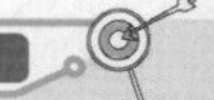

※ 피난기구의 설치 완화조건
① 층별 구조에 의한 감소
② 계단수에 의한 감소
③ 건널복도에 의한 감소

1 피난기구의 종류

| 피난기구의 적응성(NFTC 301 2.1.1) |

층별 / 설치장소별 구분	1층	2층	3층	4층 이상 10층 이하
노유자시설	• 미끄럼대 • 구조대 • 피난교 • 다수인 피난장비 • 승강식 피난기	• 미끄럼대 • 구조대 • 피난교 • 다수인 피난장비 • 승강식 피난기	• 미끄럼대 • 구조대 • 피난교 • 다수인 피난장비 • 승강식 피난기	• 구조대[1] • 피난교 • 다수인 피난장비 • 승강식 피난기
의료시설 · 입원실이 있는 의원 · 접골원 · 조산원	–	–	• 미끄럼대 • 구조대 • 피난교 • 피난용 트랩 • 다수인 피난장비 • 승강식 피난기	• 구조대 • 피난교 • 피난용 트랩 • 다수인 피난장비 • 승강식 피난기
영업장의 위치가 4층 이하인 다중 이용업소	–	• 미끄럼대 • 피난사다리 • 구조대 • 완강기 • 다수인 피난장비 • 승강식 피난기	• 미끄럼대 • 피난사다리 • 구조대 • 완강기 • 다수인 피난장비 • 승강식 피난기	• 미끄럼대 • 피난사다리 • 구조대 • 완강기 • 다수인 피난장비 • 승강식 피난기
그 밖의 것	–	–	• 미끄럼대 • 피난사다리 • 구조대 • 완강기 • 피난교 • 피난용 트랩 • 간이완강기[2] • 공기안전매트[2] • 다수인 피난장비 • 승강식 피난기	• 피난사다리 • 구조대 • 완강기 • 피난교 • 간이완강기[2] • 공기안전매트[2] • 다수인 피난장비 • 승강식 피난기

1) **구조대**의 적응성은 장애인관련시설로서 주된 사용자 중 스스로 피난이 불가한 자가 있는 경우 추가로 설치하는 경우에 한한다.
2) 간이완강기의 적응성은 **숙박시설**의 **3층 이상**에 있는 객실에, **공기안전매트**의 적응성은 **공동주택**에 추가로 설치하는 경우에 한한다.

※ 피난사다리
① 소방대상물에 고정시키거나 매달아 피난용으로 사용하는 금속제 사다리
② 화재시 긴급대피를 위해 사용하는 사다리

1 피난사다리

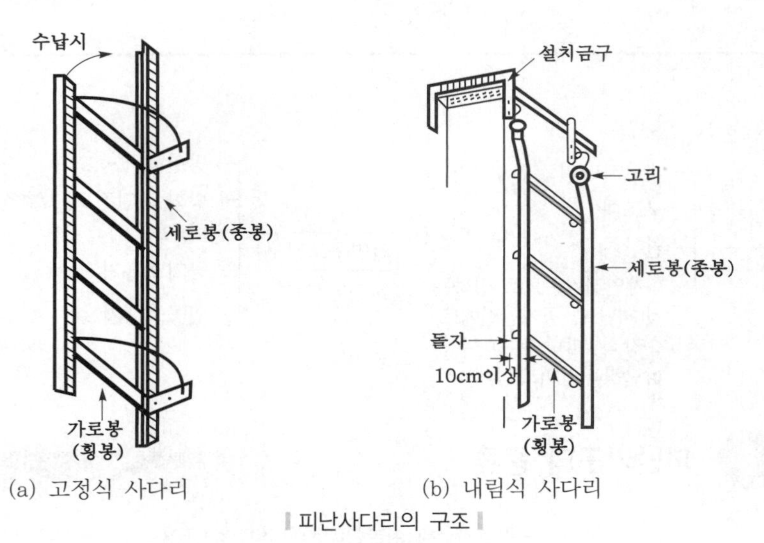

(a) 고정식 사다리 (b) 내림식 사다리

▌피난사다리의 구조▐

- 피난사다리
  - 고정식 사다리
    - 수납식
    - 신축식
    - 접는식(접어개기식)
  - 올림식 사다리
  - 내림식 사다리
    - 체인식
    - 와이어식
    - 접는식(접어개기식)

① 금구는 전면·측면에서 **수직**, 사다리 하단은 **수평**이 되도록 설치한다.
② 피난사다리의 횡봉과 벽 사이는 **10cm** 이상 떨어지도록 한다.
③ 사다리의 각 간격, 종봉과 횡봉이 **직각**이 되도록 설치한다.
④ **4층** 이상에는 금속성 고정사다리를 설치한다.

※ 돌자
사다리의 발판을 쉽게 디딜 수 있도록 벽에서 10cm 이상의 거리를 확보하기 위하여 설치하는 것

※ 피난사다리
특정소방대상물에 고정시키거나 매달아 피난용으로 사용하는 금속제 사다리

※ 올림식 사다리
① 사다리 상부 지점에 안전장치 설치
② 사다리 하부 지점에 미끄럼 방지장치 설치

2 피난사다리의 형식승인 및 제품검사의 기술기준

(1) 일반구조(제3조)

① 안전하고 확실하며 쉽게 사용할 수 있는 구조이어야 한다.
② 피난사다리는 **2개** 이상의 **종봉** 및 **횡봉**으로 구성되어야 한다. 다만, 고정식 사다리인 경우에는 종봉의 수를 1개로 할 수 있다.
③ 피난사다리(종봉이 1개인 고정식사다리는 제외)의 종봉의 간격은 최외각 종봉 사이의 안치수가 **30cm** 이상이어야 한다.
④ 피난사다리의 횡봉은 지름 **14~35mm 이하**의 원통인 단면이거나 또는 이와 비슷한 손으로 잡을 수 있는 형태의 단면이 있는 것이어야 한다.

※ 횡봉과 종봉의 간격
① 횡봉 : 25~35cm 이하
② 종봉 : 30cm 이상

⑤ 피난사다리의 횡봉은 종봉에 동일한 간격으로 부착한 것이어야 하며, 그 간격은 25~35cm 이하이어야 한다.

⑥ 피난사다리 횡봉의 디딤면은 미끄러지지 아니하는 구조이어야 한다.

(2) 올림식 사다리의 구조(제5조)

① **상부지지점**(끝 부분으로부터 60cm 이내의 임의의 부분으로 한다.)에 미끄러지거나 넘어지지 아니하도록 하기 위하여 **안전장치**를 설치하여야 한다.

② **하부지지점**에서는 **미끄러짐을 막는 장치**를 설치하여야 한다.

③ **신축하는 구조**인 것은 사용할 때 자동적으로 작동하는 **축제방지장치**를 설치하여야 한다.

④ **접어지는 구조**인 것은 사용할 때 자동적으로 작동하는 **접힘방지장치**를 설치하여야 한다.

Key Point

※ **신축하는 구조**
축제방지장치 설치

※ **접어지는 구조**
접힙방지장치 설치

‖ 올림식 사다리(접는식) ‖

(3) 내림식 사다리의 구조(제6조)

① 사용시 특정소방대상물로부터 10cm 이상의 거리를 유지하기 위한 유효한 돌자를 횡봉의 위치마다 설치하여야 한다.(단, 그 돌자를 설치하지 아니하여도 사용시 특정소방대상물에서 10cm 이상의 거리를 유지할 수 있는 것은 제외)

② 종봉의 끝 부분에는 **가변식 걸고리** 또는 **걸림장치**가 부착되어 있어야 한다.

③ 걸림장치는 쉽게 이탈하지 아니하는 구조이어야 한다.

(4) 부품의 재료(제7조)

구 분	부품명	재 료
고정식 사다리 및 올림식 사다리	종봉 · 횡봉 · 보강재 및 지지재	• 일반구조용 압연 강재 • 일반구조용 탄소 강관 • 알루미늄 및 알루미늄합금 입출형재
	축제방지장치 및 접힘방지장치	• 리벳용 원형강 • 탄소강단강품
	활차	• 구리 및 구리합금 주물

※ **활차**
"도르래"를 말한다.

※ **고정식 사다리의 종류**
① 수납식
② 신축식
③ 접는식(접어개기식)

Key Point

구 분	부품명	재 료
고정식 사다리 및 올림식 사다리	후크	• 일반구조용 압연 강재
	볼트류	• 마봉강
	핀류	• 리벳용 원형강
내림식 사다리	종봉 및 돌자	• 일반구조용 압연 강재 • 항공기용 와이어로프 • 알루미늄 및 알루미늄합금 입출형재
	횡봉	• 일반구조용 압연 강재 • 마봉강 • 일반구조용 탄소 강관 • 알루미늄 및 알루미늄 합금의 판 및 띠
	결합금구(내림식)	• 일반구조용 압연 강재
	볼트류	• 마봉강
	핀류	• 리벳용 원형강

※ 내림식 사다리의 종류
① 체인식
② 와이어식
③ 접는식(접어개기식)

※ 가하는 하중
① 올림식 사다리 : 압축하중
② 내림식 사다리 : 인장하중

(5) 강도(제8조)

부품명	정하중
종봉	최상부의 횡봉으로부터 최하부 횡봉까지의 부분에 대하여 2m의 간격으로 또는 단수마다 종봉 1개에 대하여 500N(50kg)의 **압축하중(내림식 사다리는 인장하중)**을 가한다. 다만, 종봉에 와이어로프 또는 체인을 사용하는 것은 그 와이어로프 또는 체인에 750N(75kg)의 인장하중을 가하고, 종봉이 3개 이상인 것은 그 내측에 설치된 종봉 하나에 대하여 종봉이 하나인 것은 그 종봉에 대하여 각각 1000N(100kg)의 압축하중을 가한다.
횡봉	횡봉 하나에 대하여 중앙 7cm의 부분에 1000N(100kg)의 **등분포하중**을 가한다.

※ 피난사다리의 중량
① 올림식 사다리 : 350N(35kg) 이하
② 내림식 사다리 : 200N(20kg) 이하

(6) 중량(제9조)

피난사다리의 중량은 **올림식 사다리**인 경우 **350N**(35kg) 이하, **내림식 사다리**인 경우는 **200N**(20kg) 이하이어야 한다.

(7) 피난사다리의 표시사항(제11조)

① 종별 및 형식
② 형식승인번호
③ 제조년월 및 제조번호
④ 제조업체명 또는 상호
⑤ 길이 및 자체중량
⑥ 사용안내문
⑦ 용도
⑧ 품질보증에 관한 사항

3 피난교

2개동의 특정소방대상물 각각의 옥상부분 또는 외벽에 설치된 개구부를 연결하여 상호간에 피난할 수 있는 것으로서 **교각, 교판, 난간** 등으로 구성되어 있다.

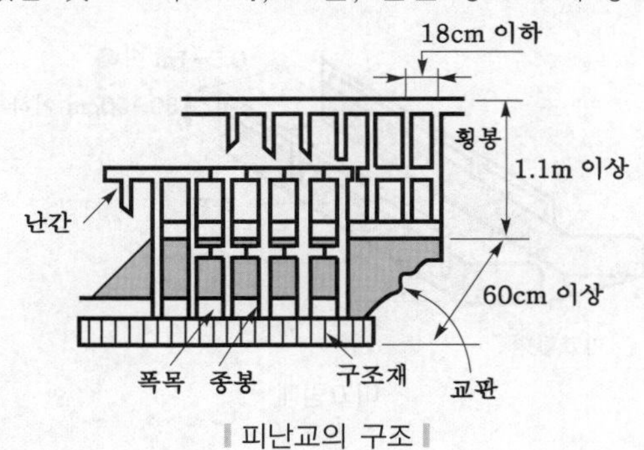

| 피난교의 구조 |

① 피난교의 폭 : 60cm 이상
② 피난교의 적재하중 : 35MPa 이상
③ 난간의 높이 : 1.1m 이상
④ 난간의 간격 : 18cm 이하

Key Point

※ 피난교
인접한 건축물 등에 가교를 설치하여 상호간에 피난할 수 있도록 할 것

4 피난용 트랩

특정소방대상물의 외벽 또는 지하층의 내벽에 설치하는 것으로 매입식과 계단식이 있다.

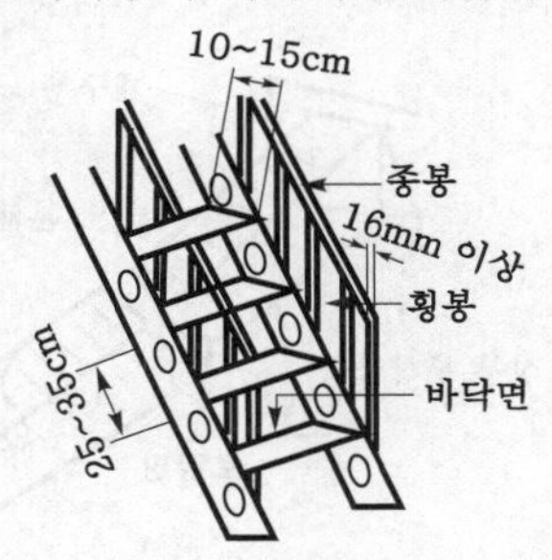

| 피난용 트랩의 구조 |

① 철근의 직경 : 16mm 이상
② 발판의 돌출치수 : 벽으로부터 10~15cm
③ 발디딤 상호 간의 간격 : 25~35cm
④ 적재하중 : 130kg 이상

※ 피난용 트랩
수직계단처럼 생긴 철재로 만든 피난기구

Key Point

※ 미끄럼대의 종류
① 고정식
② 반고정식
③ 수납식

5 미끄럼대

피난자가 앉아서 미끄럼을 타듯이 활강하여 피난하는 기구로서 **고정식 · 반고정식 · 수납식**의 3종류가 있다.

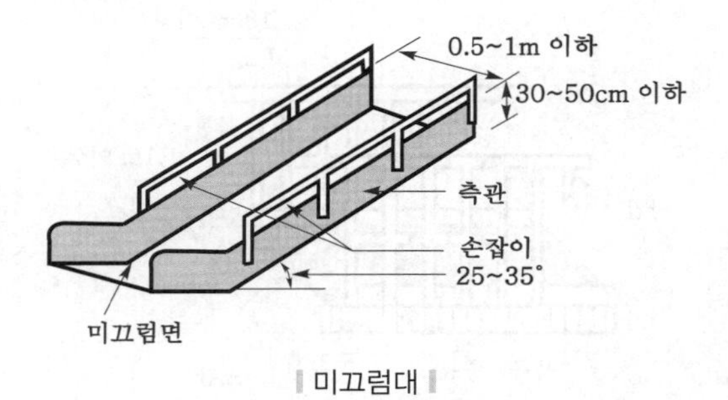

▌미끄럼대▐

① 미끄럼대의 폭 : 0.5~1m 이하
② 측판의 높이 : 30~50cm 이하
③ 경사각도 : 25~35°

※ 구조대
3층 이상에 설치

※ 발코니
건물의 외벽에서 밖으로 설치된 낮은 벽 또는 난간으로 계획된 장소. 베란다 또는 노대라고도 한다.

※ 경사강하방식
① 각대 : 포대에 설치한 로프에 인장력을 지니게 하는 구조
② 환대 : 포대를 구성하는 범포에 인장력을 지니게 하는 구조

6 구조대

피난자가 창 또는 발코니 등에서 지면까지 설치한 포대 속으로 활강하여 피난하는 기구로서 **경사강하방식**과 **수직강하방식**이 있다.

(1) 경사강하방식

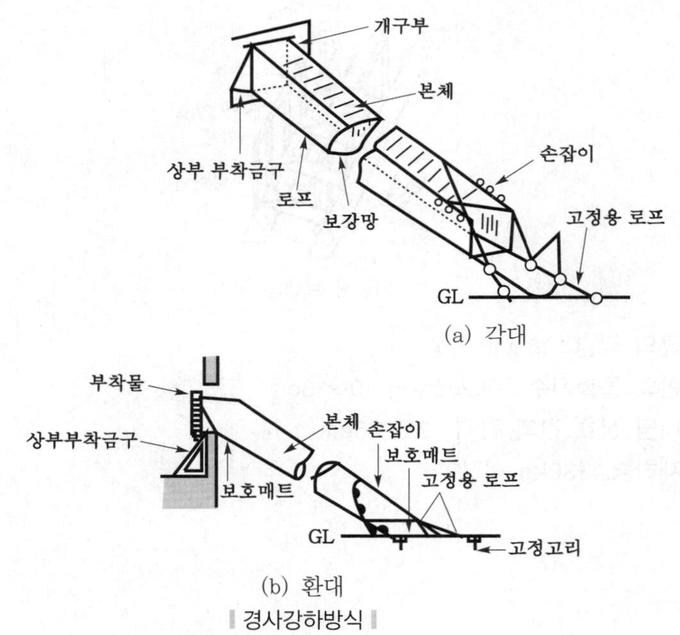

(a) 각대

(b) 환대

▌경사강하방식▐

Key Point

① 상부지지장치 ┬ 설계하중 : 30kg/m
└ 하중의 방향 : 수직에서 30° 위쪽

② 하부지지장치 ┬ 설계하중 : 20kg/m
└ 하중의 방향 : 수직에서 170° 위쪽

③ 보호장치 ┬ 보호망
├ 보호범포(이중포)
└ 보호대

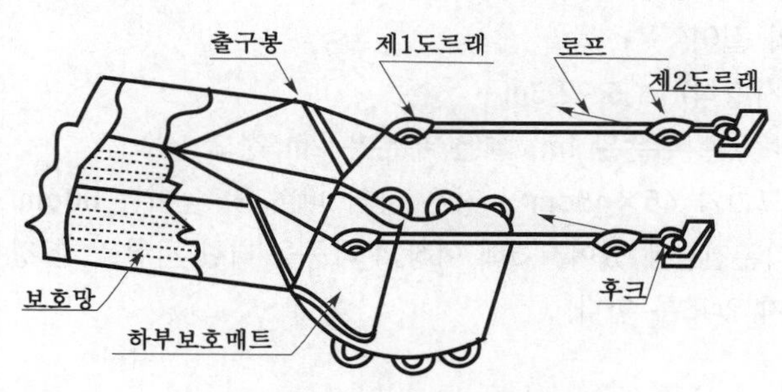

‖ 하부지지장치 및 보호장치 ‖

④ 유도로프 ┬ 로프의 직경 : 4mm 이상
└ 선단의 모래주머니 중량 : 0.3kg 이상

⑤ 재료 : 중량 60MPa 이상

⑥ 수납함

⑦ 본체

※ 유도로프
피난시 붙잡고 내려오는 밧줄

※ 선단
'끝부분'을 의미한다.

※ 수직강하식 구조대
본체에 적당한 간격으로 협축부를 만든 것

(2) 수직강하방식

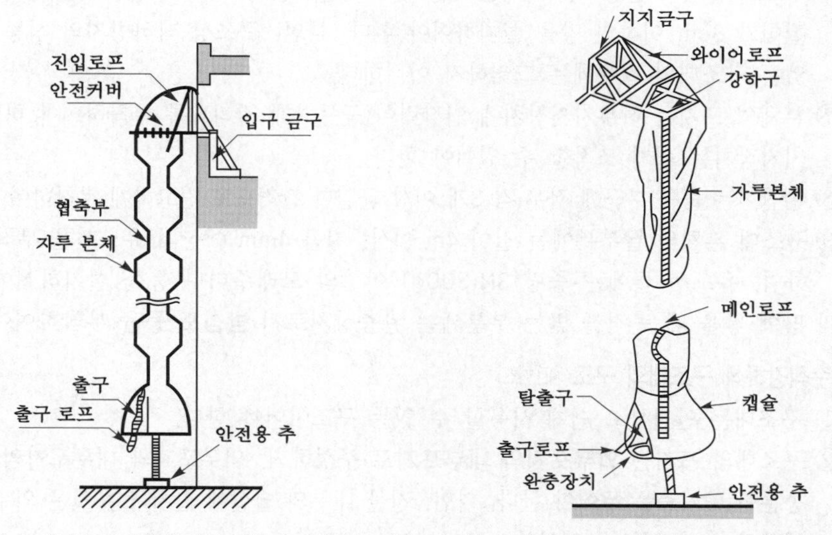

(a) 포대의 협축작용에 따른 마찰로 감속하는 방식 (b) 나선상 또는 시행상간에 의해 감속하는 방식

‖ 수직강하방식 ‖

① 상부지지장치
② 하부캡슐
③ 본체

(3) 구조대의 선정 및 설치방법

① 부대의 길이
- 경사형(사강식) : 수직거리의 약 1.3~1.5배의 길이
- 수직형 : 수직거리에서 1.3~1.5m를 뺀 길이

※ 사강식 구조대의 부대길이
수직거리의 1.3~1.5배

② 부대둘레의 길이
- 경사형(사강식) : 1.5~2.5m
- 수직형 : 좁은 부분은 1m, 넓은 부분은 2m 정도

③ 구조대의 크기가 45×45cm인 경우 창의 너비 및 높이는 60cm 이상으로 한다.
④ 구조대는 기존건물에 있어서 5배 이상의 하중을 더한 시험을 한 경우 이외에는 창틀에 지지하지 않도록 한다.

7 구조대의 형식승인 및 제품검사기술기준

(1) 경사강하식 구조대의 구조(제3조)

① 연속하여 활강할 수 있는 구조로 안전하고 쉽게 사용할 수 있어야 한다.
② 입구틀 및 고정틀의 입구는 지름 60cm 이상의 구체가 통과할 수 있어야 한다.

※ 입구틀 · 고정틀의 입구지름
60cm 이상

③ 포지를 사용할 때에 수직방향으로 현저하게 늘어나지 아니하여야 한다.
④ 포지, 지지틀, 고정틀 그 밖의 부속장치 등은 견고하게 부착되어야 한다.
⑤ 구조대 본체는 강하방향으로 봉합부가 설치되지 않아야 한다.
⑥ 구조대 본체의 활강부는 **낙하방지**를 위해 포를 2중 구조로 하거나 또는 방목의 변의 길이가 8cm 이하인 망을 설치하여야 한다. 다만, 구조상 낙하방지의 성능을 갖고 있는 구조대의 경우에는 그러하지 아니하다.
⑦ 본체의 포지는 하부지지장치에 인장력이 균등하게 걸리도록 부착하여야 하며 하부지지장치는 쉽게 조작할 수 있어야 한다.
⑧ 손잡이는 출구 부근에 좌우 각 3개 이상 균일한 간격으로 견고하게 부착하여야 한다.
⑨ 구조대 본체의 끝부분에는 길이 4m 이상, 지름 4mm 이상의 유도선을 부착하여야 하며, 유도선 끝에는 중량 3N(300g) 이상의 모래주머니 등을 설치하여야 한다.
⑩ 땅에 닿을 때 충격을 받는 부분에는 완충장치로서 **받침포** 등을 부착하여야 한다.

(2) 수직강하식 구조대의 구조(제17조)

① 구조대는 안전하고 쉽게 사용할 수 있는 구조이어야 한다.
② 구조대의 포지는 **외부포지**와 **내부포지**로 구성하되, 외부포지와 내부포지의 사이에 충분한 공기층을 두어야 한다. 다만, 건물 내부의 별실에 설치하는 것은 외부포지를 설치하지 아니할 수 있다.
③ 입구틀 및 고정틀의 입구는 지름 60cm 이상의 구체가 통과할 수 있는 것이어야 한다.
④ 구조대는 연속하여 강하할 수 있는 구조이어야 한다.

⑤ 포지는 사용할 때 **수직방향**으로 현저하게 늘어나지 않아야 한다.
⑥ 포지 · 지지틀 · 고정틀 그 밖의 부속장치 등은 견고하게 부착되어야 한다.

8 완강기

조속기 · 로프 · 벨트 · 후크로 구성되며, 피난자의 체중에 의하여 조속기가 자동적으로 강하속도를 조정하여 강하하는 구조이다.

(1) 구조 및 기능

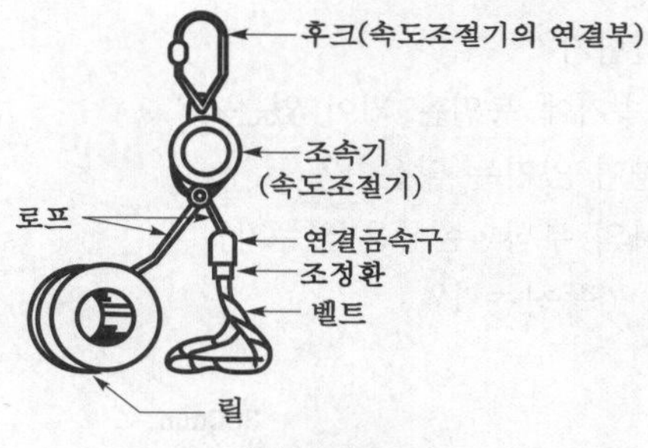

▌완강기의 구조▐

① 조속기(속도조절기)
- 견고하고 **내구성**이 있어야 한다.
- **평상시**에 분해 · 청소 등을 하지 아니하여도 작동할 수 있어야 한다.
- 강하시 발생하는 열에 의하여 기능에 이상이 생기지 아니하여야 한다.
- 속도조절기는 사용 중에 분해 · 손상 · 변형되지 아니하여야 하며, **속도조절기**의 이탈이 생기지 아니하도록 **덮개**를 하여야 한다.
- 강하시 로프가 손상되지 아니하여야 한다.
- 속도조절기의 **풀리**(pulley) 등으로부터 로프가 노출되지 아니하는 구조이어야 한다.

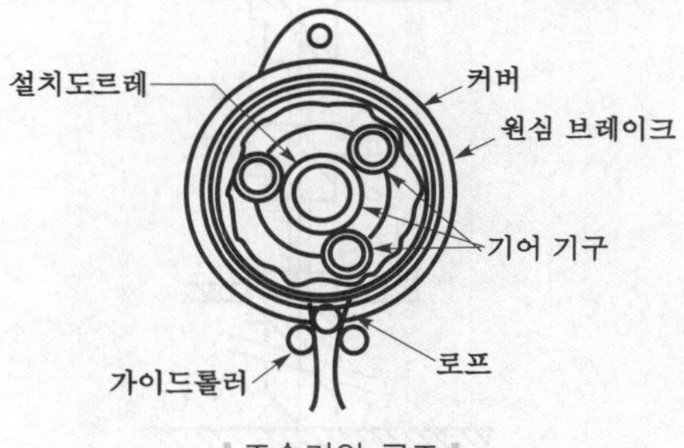

▌조속기의 구조▐

② 로프
- 직경 : 3mm 이상
- 강도시험 : 3900N

③ 벨트
- 너비 : 45mm 이상
- 최소원주길이 : 55~65cm 이하
- 최대원주길이 : 160~180cm 이하
- 강도시험 : 6500N

④ **후크** : 사용 중 꼬이거나 분해 · 이탈되지 않아야 한다.

Key Point

✻ **완강기의 구성부분**
① 조속기(속도조절기)
② 로프
③ 벨트
④ 후크(속도조절기의 연결부)
⑤ 연결금속구

✻ **조속기**
피난자의 체중에 의해 강하속도를 조절하는 것으로서 "속도 조절기"라고 부른다.

✻ **로프**
'밧줄'을 의미한다.

✻ **후크**
연결부

(1) 최대사용자수

$$최대사용자수 = \frac{최대사용하중}{1500N}(절하)$$

(2) 지지대의 강도

지지대의 강도 = 최대사용자수×5000N

(2) 정비시 점검사항

① 로프의 운행은 원활한가?
② 로프의 말단 및 조속기에 봉인은 되어 있는가?
③ 로프에 이물질이 붙어 있지는 않은가?
④ 완강기 전체에 나사의 부식·손상은 없는가?
⑤ 후크는 정상적으로 가동하는가?

※ 완강기
사용자가 교대하여 연속적으로 사용할 수 있는 것

※ 간이완강기
사용자가 교대하여 연속적으로 사용할 수 없는 일회용의 것

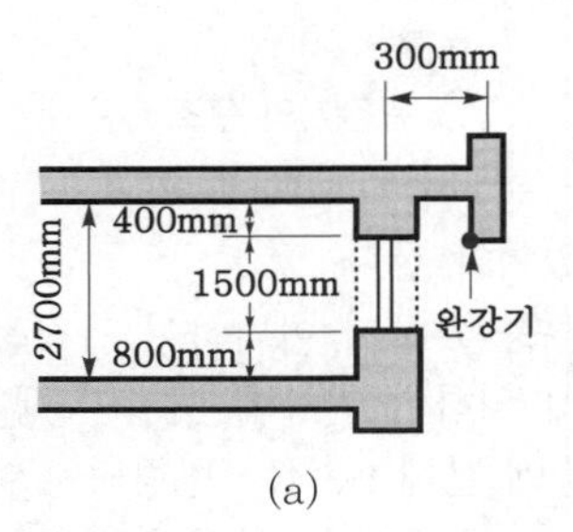

(a)

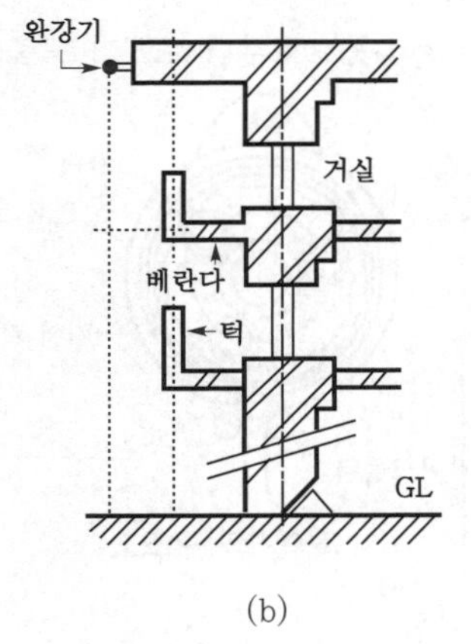

(b)

▌완강기의 설치위치▐

9 완강기의 형식승인 및 제품검사기술기준

(1) 구조 및 성능(제3 · 11조)

① 완강기는 안전하고 쉽게 사용할 수 있어야 하며 사용자가 타인의 도움없이 자기의 몸무게에 의하여 자동적으로 연속하여 교대로 강하할 수 있는 기구이어야 한다.

② 완강기는 **속도조절기 · 속도조절기**의 **연결부**(후크) · **로프 · 연결금속구** 및 **벨트**로 구성되어야 한다.

③ 속도조절기의 적합기준

㈎ 견고하고 내구성이 있어야 한다.

㈏ 평상시에 분해 · 청소 등을 하지 아니하여도 작동할 수 있어야 한다.

㈐ 강하시 발생하는 열에 의하여 기능에 이상이 생기지 아니하여야 한다.

㈑ 속도조절기는 사용 중에 분해 · 손상 · 변형되지 아니하여야 하며, 속도조절기의 이탈이 생기지 아니하도록 덮개를 하여야 한다.

㈒ 강하시 로프가 손상되지 아니하여야 한다.

㈓ 속도조절기의 풀리(pulley) 등으로부터 로프가 노출되지 아니하는 구조이어야 한다.

④ 기능에 이상이 생길 수 있는 모래나 기타의 이물질이 쉽게 들어가지 아니하도록 견고한 덮개로 덮어져 있어야 한다.

⑤ 완강기에 사용하는 로프(와이어 로프)의 적합기준(제3조)

㈎ 와이어 로프는 지름이 3mm 이상 또는 안전계수(와이어 파단하중(N)을 최대사용하중(N)으로 나눈 값) 5 이상이어야 하며, 전체 길이에 걸쳐 균일한 구조이어야 한다.

㈏ 와이어 로프에 외장을 하는 경우에는 전체 길이에 걸쳐 균일하게 외장을 하여야 한다.

⑥ 벨트의 적합기준(제3조)

㈎ 사용할 때 벗겨지거나 풀어지지 아니하고 또한 벨트가 꼬이지 않아야 한다.

㈏ 벨트의 너비는 **45mm** 이상이어야 하고 벨트의 최소원주길이는 **55~65cm** 이하이어야 하며, 최대원주길이는 **160~180cm** 이하이어야 하고 최소원주길이 부분에는 너비 **100mm** 두께 **10mm** 이상의 **충격보호재**를 덧씌워야 한다.

(2) 강하속도(제12조)

주위온도가 −20~50℃인 상태에서 **250N · 750N · 1500N**의 하중, 최대사용자 수에 **750N**을 곱하여 얻은 값의 하중 또는 최대사용하중에 상당하는 하중으로 좌우 교대하여 각각 1회 연속 강하시키는 경우 각각의 강하속도는 **25~150cm/s** 미만이어야 한다.

Key Point

※ 완강기의 구성요소
① 속도조절기(조속기)
② 후크(속도조절기의 연결부)
③ 로프
④ 벨트
⑤ 연결금속구

※ 완강기 벨트
① 너비 : 45mm 이상
② 최대원주길이 : 160~180cm 이하

※ 완강기의 강하속도
25~150cm/s 미만

Key Point

2 피난기구의 설치기준(NFPC 301 5조, NFTC 301 2.1.3)

※ 개구부
화재시 쉽게 대피할 수 있는 출입문, 창문 등을 말한다.

① 피난기구는 **계단 · 피난구** 기타 피난시설로부터 적당한 거리에 있는 안전한 구조로 된 피난 또는 소화활동상 유효한 **개구부**에 고정하여 설치하거나 필요한 때에 신속하고 유효하게 설치할 수 있는 상태에 둘 것

② 피난기구를 설치하는 **개구부**는 서로 **동일직선상**이 **아닌 위치**에 있을 것(단, 피난교 · 피난용 트랩 또는 간이완강기 · 아파트에 설치되는 피난기구 · 기타 피난상 지장이 없는 것은 제외)

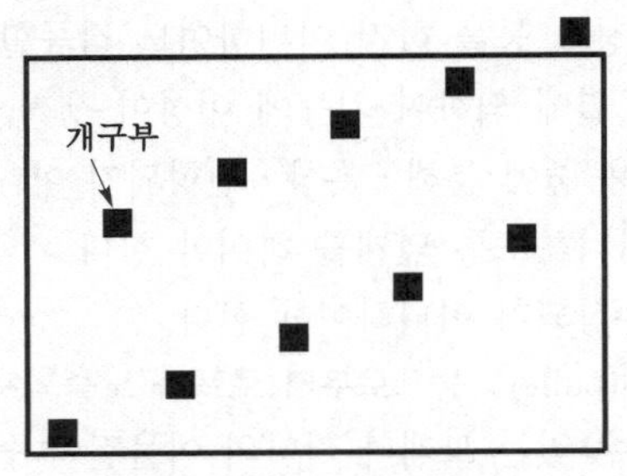

▎동일 직선상이 아닌 위치▎

③ 피난기구는 특정소방대상물의 **기둥 · 바닥 · 보** 기타 구조상 견고한 부분에 **볼트조임 · 매입 · 용접** 기타의 방법으로 견고하게 부착할 것

④ **4층** 이상의 층에 피난사다리를 설치하는 경우에는 **금속성 고정사다리**를 설치하고, 해당 고정사다리에는 쉽게 피난할 수 있는 구조의 **노대**를 설치할 것

⑤ 완강기는 강하 시 로프가 건축물 또는 구조물 등과 접촉하여 손상되지 않도록 하고, 로프의 길이는 부착위치에서 지면 또는 기타 피난상 유효한 착지면까지의 길이로 할 것

⑥ **완강기로프**의 길이는 부착위치에서 지면 기타 피난상 유효한 **착지면**까지의 길이로 할 것

⑦ 미끄럼대는 안전한 강하속도를 유지하도록 하고, 전락방지를 위한 안전조치를 할 것

⑧ 구조대의 길이는 피난상 지장이 없고 안정한 강하속도를 유지할 수 있는 길이로 할 것

3 피난기구 설치의 감소(NFPC 301 7조, NFTC 301 2.3)

1 피난기구의 $\frac{1}{2}$ 감소

① 주요구조부가 **내화구조**로 되어 있을 것
② 직통계단인 피난계단 또는 특별피난계단이 2 이상 설치되어 있을 것

※ 피난기구수의 산정에 있어서 **소수점 이하는 절상**한다.

2 내화구조이고 건널복도가 설치된 층

피난기구의 수에서 건널복도수의 **2배**의 수를 **뺀 수**로 한다.
① **내화구조** 또는 **철골구조**로 되어 있을 것
② 건널복도 양단의 출입구에 자동폐쇄장치를 한 **60분+방화문** 또는 **60분 방화문**(방화셔터 제외)이 설치되어 있을 것
③ **피난·통행** 또는 **운반**의 전용 용도일 것

3 노대가 설치된 거실의 바닥면적

피난기구의 설치개수 산정을 위한 바닥면적에서 제외한다.

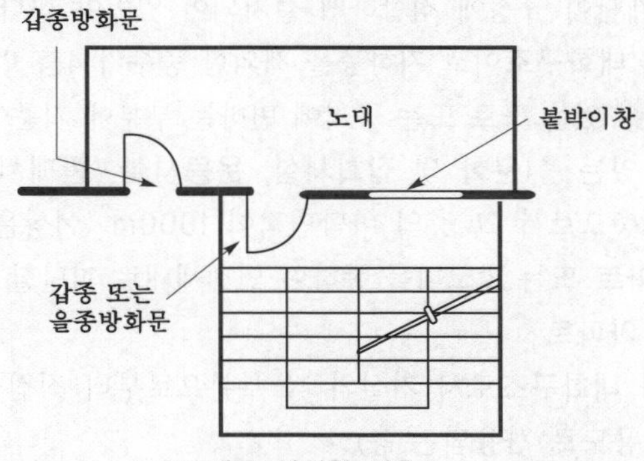

‖노대를 설치한 경우‖

① 노대를 포함한 특정소방대상물의 주요구조부가 **내화구조**이어야 한다.
② 노대가 거실의 외기에 면하는 부분에 피난상 유효하게 설치되어 있어야 한다.
③ 노대가 소방사다리차가 쉽게 통행할 수 있는 도로 또는 공지에 면하여 설치되어 있거나, 거실부분과 방화구획되어 있거나 또는 노대에 지상으로 통하는 계단 그밖의 피난기구가 설치되어 있어야 한다.

Key Point

※ 피난계단
화재발생시 건물 내에서 대피하기 위하여 옥외 또는 옥내에서 피난층까지 연결되어 있는 직통계단

※ 특별피난계단
건물 각 층으로 통하는 문에 방화문이 설치되어 있고 내화구조의 벽체나 연소우려가 없는 창문으로 구획된 피난용 계단

※ 노대
'발코니'를 의미하며, 직접 옥외에 연결되어 있는 공간을 말한다.

4 피난기구의 설치제외(NFPC 301 6조, NFTC 301 2.2.1)

1 기준에 적합한 층

① 주요구조부가 **내화구조**로 되어 있어야 한다.
② 실내의 면하는 부분의 마감이 **불연재료 · 준불연재료** 또는 **난연재료**로 되어 있고 방화구획이 규정에 적합하게 구획되어 있어야 한다.
③ 거실의 각 부분으로부터 직접 **복도**로 쉽게 통할 수 있어야 한다.
④ 복도에 **2 이상**의 **특별피난계단** 또는 **피난계단**이 규정에 적합하게 설치되어 있어야 한다.
⑤ 복도의 어느 부분에서도 **2 이상**의 방향으로 각각 다른 **계단**에 도달할 수 있어야 한다.

※ 불연재료
불에 타지 않는 재료

※ 준불연재료
불연재료에 준하는 성능을 가진 재료

※ 난연재료
불에 잘 타지 않는 재료

2 옥상의 지하층 또는 최상층

① 주요구조부가 **내화구조**로 되어 있어야 한다.
② 옥상의 면적이 1500m^2 이상이어야 한다.
③ 옥상으로 쉽게 통할 수 있는 **창** 또는 **출입구**가 설치되어 있어야 한다.
④ 옥상이 소방사다리차가 쉽게 통행할 수 있는 **도로**(폭 6m 이상) 또는 **공지**에 면하여 설치되어 있거나 옥상으로부터 피난층 또는 지상으로 통하는 2 이상의 피난계단 또는 특별피난계단이 규정에 적합하게 설치되어 있어야 한다.
⑤ 주요구조부가 **내화구조**이고 지하층을 제외한 층수가 **4층 이하**이며 소방사다리차가 쉽게 통행할 수 있는 도로 또는 공지에 면하는 부분에 기준에 적합한 개구부가 2 이상 설치되어 있는 층(**문화** 및 **집회시설, 운동시설 · 판매시설 · 노유자시설**의 용도로 사용되는 층으로서 그 층의 바닥면적이 1000m^2 이상은 제외)
⑥ **편복도형 아파트** 또는 발코니를 통하여 인접세대로 피난할 수 있는 구조로 되어 있는 **계단실형 아파트**
⑦ 주요구조부가 **내화구조**로서 거실의 각 부분으로부터 직접 복도로 피난할 수 있는 **학교**(**강의실** 용도로 사용되는 층)
⑧ **무인공장** 또는 **자동창고**로서 사람의 출입이 금지된 장소

※ 공지
대지 내의 건물에 의해 점유되지 않은 부분

※ 주요구조부
건물의 골격을 이루는 중요한 부분

Key Point

5 피난기구 · 인명구조기구의 점검사항

1 피난기구 · 인명구조기구의 작동점검

구 분	점검항목
피난기구 공통사항	① 피난에 유효한 **개구부 확보**(크기, 높이에 따른 발판, 창문 파괴장치) 및 관리상태 ② 피난기구의 부착위치 및 부착방법 적정 여부 ③ 피난기구(지지대 포함)의 **변형 · 손상** 또는 **부식**이 있는지 여부 ④ 피난기구의 위치표시 표지 및 사용방법 표지 부착 적정 여부
인명구조기구	① 설치장소 적정(화재시 반출 용이성) 여부 ② **"인명구조기구"** 표시 및 사용방법 표지 설치 적정 여부 ③ 인명구조기구의 **변형** 또는 **손상**이 있는지 여부

〔비고〕 특정소방대상물의 위치 · 구조 · 용도 및 소방시설의 상황 등이 이 표의 항목대로 기재하기 곤란하거나 이 표에서 누락된 사항을 기재한다.

2 피난기구 · 인명구조기구의 종합점검

구 분	점검항목
피난기구 공통사항	① 대상물 **용도별 · 층별 · 바닥면적별** 피난기구 종류 및 설치개수 적정 여부 ② 피난에 유효한 **개구부 확보**(크기, 높이에 따른 발판, 창문 파괴장치) 및 관리상태 ③ 개구부 **위치** 적정(동일직선상이 아닌 위치) 여부 ④ 피난기구의 부착위치 및 부착방법 적정 여부 ⑤ 피난기구(지지대 포함)의 **변형 · 손상** 또는 **부식**이 있는지 여부 ⑥ 피난기구의 위치표시 표지 및 사용방법 표지 부착 적정 여부 ⑦ 피난기구의 설치제외 및 설치감소 적합 여부
공기안전매트 · 피난사다리 · (간이)완강기 · 미끄럼대 · 구조대	① 공기안전매트 설치 여부 ② 공기안전매트 설치 공간 확보 여부 ③ 피난사다리(**4층 이상**의 층)의 구조(**금속성** 고정사다리) 및 **노대** 설치 여부 ④ (간이)완강기의 구조(로프 손상 방지) 및 길이 적정 여부 ⑤ 숙박시설의 **객실**마다 완강기(**1개**) 또는 간이완강기(**2개 이상**) 추가 설치 여부 ⑥ 미끄럼대의 **구조** 적정 여부 ⑦ 구조대의 **길이** 적정 여부
다수인 피난장비	① 설치장소 적정(피난 용이, 안전하게 하강, 피난층의 충분한 착지 공간) 여부 ② 보관실 설치 적정(건물 외측 돌출, 빗물 · 먼지 등으로부터 장비 보호) 여부 ③ 보관실 **외측문** 개방 및 **탑승기** 자동전개 여부 ④ 보관실 문 오작동 방지조치 및 문 개방시 경보설비 연동(경보) 여부
승강식 피난기 · 하향식 피난구용 내림식 사다리	① 대피실 출입문 **갑종방화문** 설치 및 표지 부착 여부 ② 대피실 표지(층별 위치표시, 피난기구 사용설명서 및 주의사항) 부착 여부 ③ 대피실 출입문 개방 및 피난기구 작동시 표시등 · 경보장치 작동 적정 여부 및 감시제어반 피난기구 작동 확인 가능 여부 ④ 대피실 **면적** 및 **하강구** 규격 적정 여부 ⑤ 하강구 내측 연결금속구 존재 및 피난기구 전개시 장애발생 여부 ⑥ 대피실 내부 비상조명등 설치 여부

※ 완강기의 작동점검 사항
① 지지대는 변형 · 손상 · 부식이 없고, 결합부 등 견고하게 부착되어 사용에 지장이 없는지 여부
② 피난기구함 적정 비치 및 표지 부착 여부
③ 피난상 유효한 개구부 관리상태

Key Point

구 분	점검항목
인명구조기구	① 설치장소 적정(화재시 반출 용이성) 여부 ② "**인명구조기구**" 표시 및 사용방법 표지 설치 적정 여부 ③ 인명구조기구의 **변형** 또는 **손상**이 있는지 여부 ④ 대상물 용도별·장소별 설치 인명구조기구 종류 및 설치개수 적정 여부

〔비고〕 특정소방대상물의 위치·구조·용도 및 소방시설의 상황 등이 이 표의 항목대로 기재하기 곤란하거나 이 표에서 누락된 사항을 기재한다.

6 피난기구의 설치개수(NFPC 301 5조, NFTC 301 2.1.2)

① **층**마다 설치할 것

시 설	설치기준
① 숙박시설·노유자시설·의료시설	바닥면적 **500m²**마다
② 위락시설·문화 및 집회시설, 운동시설 ③ 판매시설·복합용도의 층	바닥면적 **800m²**마다
④ 기타	바닥면적 **1000m²**마다
⑤ 계단실형 아파트	**각 세대**마다

② 피난기구 외에 **숙박시설**(휴양콘도미니엄 제외)의 경우에는 추가로 객실마다 완강기 또는 둘 이상의 **간이완강기**를 설치할 것

③ 피난기구 외에 **공동주택**의 경우에는 하나의 관리주체가 관리하는 **공동주택** 구역마다 **공기안전매트 1개 이상**을 추가로 설치할 것(단, 옥상으로 피난이 가능하거나 인접세대로 피난할 수 있는 구조인 경우는 제외)

7 인명구조기구의 설치기준(NFPC 302 4조, NFTC 302 2.1.1.1)

* 인명구조기구의 종류
① 방열복
② 방화복
③ 공기호흡기
④ 인공소생기

① 화재시 쉽게 반출 사용할 수 있는 장소에 비치할 것

② 인명구조기구가 설치된 가까운 장소의 보기 쉬운 곳에 "**인명구조기구**"라는 축광식 표지와 그 사용방법을 표시한 표지를 부착할 것

‖ 인명구조기구의 설치대상 ‖

특정소방대상물	인명구조기구의 종류	설치수량
• **7층** 이상인 **관광호텔** 및 **5층** 이상인 **병원**(지하층 포함)	• 방열복 • 방화복(안전모, 보호장갑, 안전화 포함) • 공기호흡기 • 인공소생기	• 각 **2개** 이상 비치할 것. (단, 병원은 인공소생기 설치 제외)
• 문화 및 집회시설 중 수용인원 **100명** 이상의 영화상영관 • **대규모점포** • **지하역사** • **지하상가**	• 공기호흡기	• 층마다 **2개** 이상 비치할 것
• **물분무등소화설비 중 이산화탄소소화설비**를 설치하여야 하는 특정소방대상물	• 공기호흡기	• 이산화탄소소화설비가 설치된 장소의 출입구 외부 인근에 **1대** 이상 비치할 것

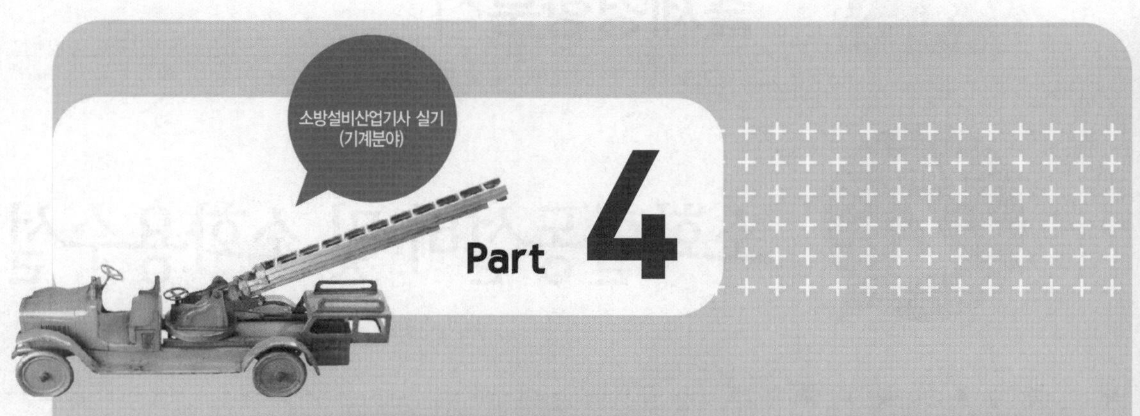

소화활동설비 및 소화용수설비

출제경향분석

소화활동설비 및 소화용수설비

① 제연설비
9.7% (9점)

10점

②~⑥ 연소방지설비~미분무소화설비
0.2% (1점)

CHAPTER

01 제연설비

Key Point

1 제연설비

출제확률 9.7% (9점)

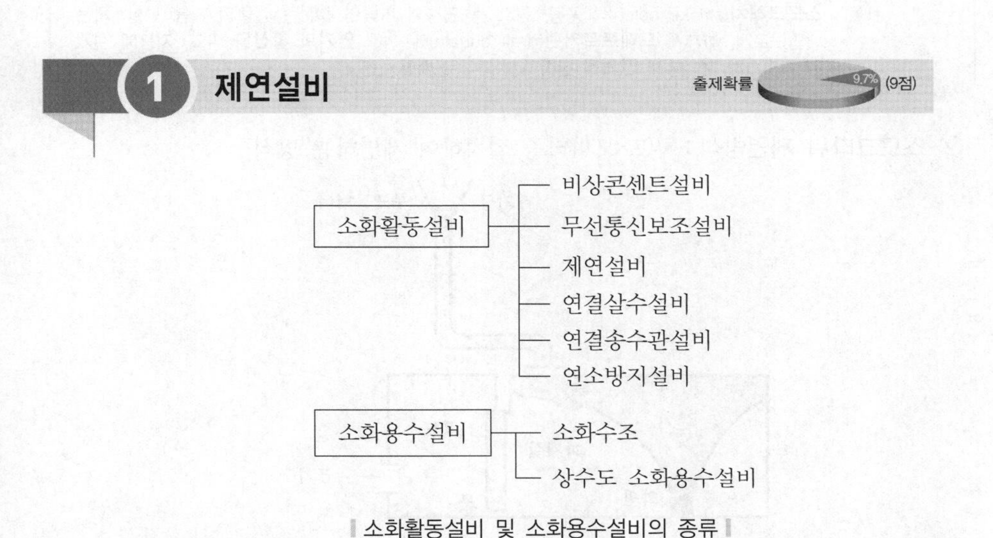

▌소화활동설비 및 소화용수설비의 종류▐

* 제연설비
화재발생시 급기와 배기를 하여 질식 및 피난을 유효하게 하기 위한 안전 설비

* 제연설비의 연기 제어
① 희석(가장 많이 사용)
② 배기
③ 차단

1 제연방식의 종류

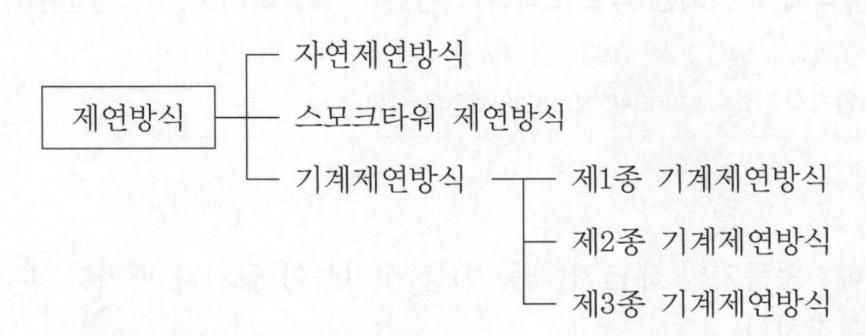

* 스모크타워 제연방식
루프 모니터를 사용하여 제연하는 방식으로 고층빌딩에 적당하다.

(1) 제연방식

① 자연제연방식 : **개구부**(건물에 설치된 창)를 통하여 연기를 자연적으로 배출하는 방식

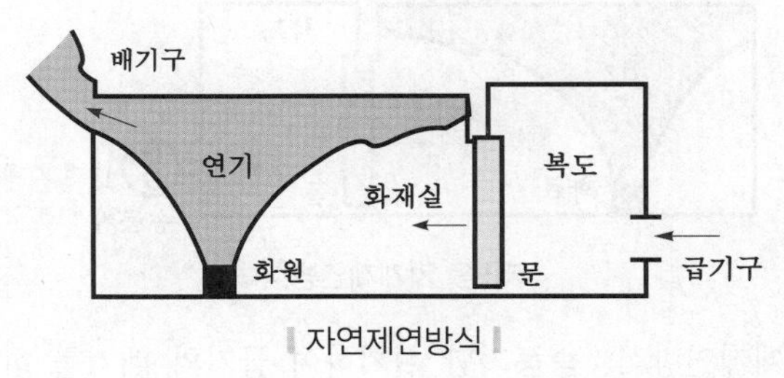

▌자연제연방식▐

※ 스모크해치
공장, 창고 등 단층의 바닥면적이 큰 건물의 지붕에 설치하는 배연구로서 드래프트 커텐과 연동하여 연기를 외부로 배출시킨다.

★ **문제** 스모크해치(smoke hatch)에 대하여 간단히 설명하시오.

득점	배점
	5

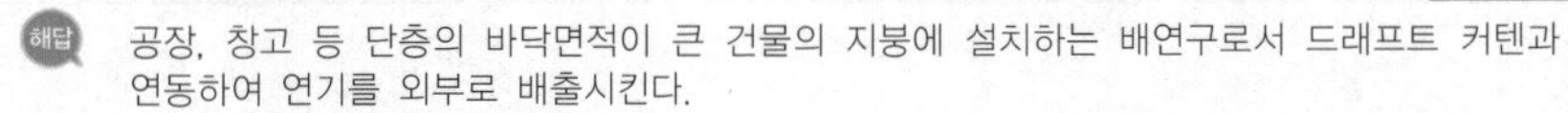

해답 공장, 창고 등 단층의 바닥면적이 큰 건물의 지붕에 설치하는 배연구로서 드래프트 커텐과 연동하여 연기를 외부로 배출시킨다.

해설 **스모크해치**(smoke hatch) : 공장, 창고 등 단층의 바닥면적이 큰 건물의 지붕에 설치하는 배연구로서, 화재시 **드래프트커텐**(draft curtain)에 의해 **연기**의 **확산**을 막고, 지붕에 설치된 스모크해치를 통해 **연기**를 신속하게 외부로 **배출**시킨다.

② 스모크타워 제연방식 : 루프 모니터를 설치하여 제연하는 방식

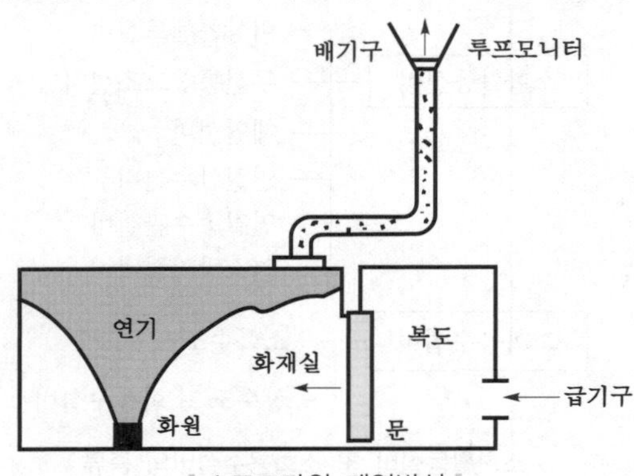

‖ 스모크타워 제연방식 ‖

★★★ **문제** 스모크타워 제연방식에 사용되는 루프모니터를 간단히 설명하시오.

득점	배점
	4

해답 창살이나 넓은 유리창이 달린 지붕 위의 원형 구조물

해설 **스모크타워 제연방식 :** 루프 모니터를 설치하여 제연하는 방식

※ 루프모니터
창살이나 넓은 유리창이 달린 지붕 위의 원형 구조물

③ 기계제연방식

㈎ 제1종 기계제연방식 : **송풍기**와 **배연기**(배풍기)를 설치하여 급기와 배기를 하는 방식으로 장치가 복잡하다.

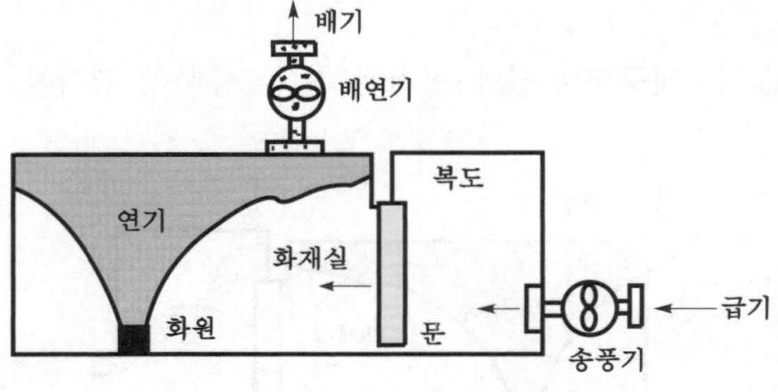

‖ 제1종 기계제연방식 ‖

㈏ 제2종 기계제연방식 : **송풍기**만 설치하여 급기와 배기를 하는 방식으로 역류의 우려가 있다.

※ 기계제연방식
① 제1종 : 송풍기+배연기
② 제2종 : 송풍기
③ 제3종 : 배연기

※ 댐퍼의 종류
① 풍량조절댐퍼

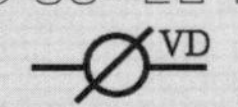

② 방화댐퍼

③ 방연댐퍼

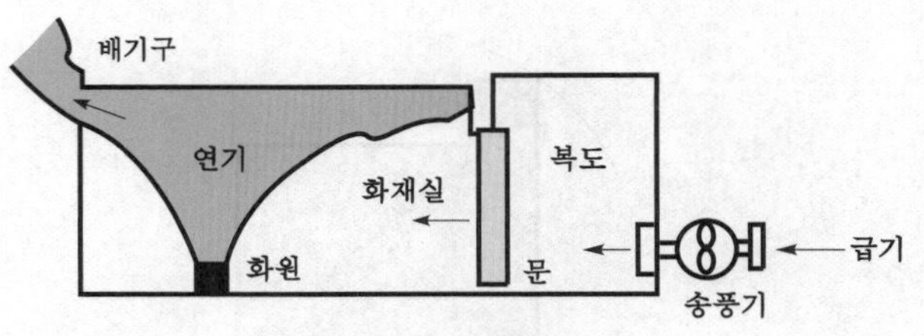

‖ 제2종 기계제연방식 ‖

(다) 제3종 기계제연방식 : **배연기**(배풍기)만 설치하여 급기와 배기를 하는 방식으로 **가장 많이 사용**한다.

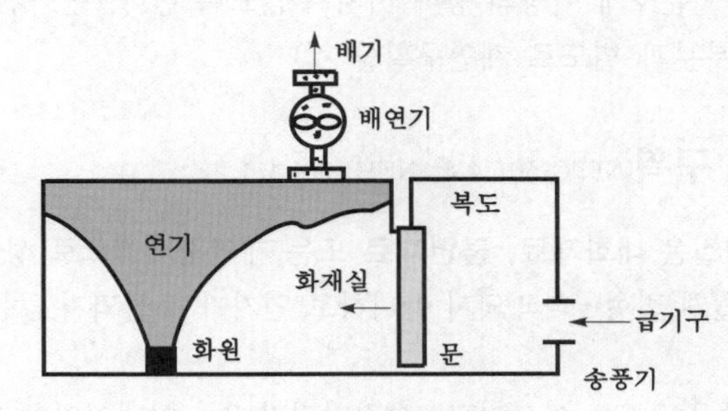

‖ 제3종 기계제연방식 ‖

(2) 제연방법

구 분	설 명
희석(dilution)	외부로부터 신선한 공기를 대량 불어 넣어 연기의 양을 일정농도 이하로 낮추는 것
배기(exhaust)	건물 내의 압력차에 의하여 연기를 외부로 배출시키는 것
차단(confinement)	연기가 일정한 장소 내로 들어오지 못하도록 하는 것

2 제연구역의 기준(NFPC 501 4조, NFTC 501 2.1.1)

① 하나의 제연구역의 면적은 $1000m^2$ 이내로 한다.

② 거실과 통로는 **각각 제연구획**한다.

③ 통로상의 제연구역은 보행중심선의 길이가 60m를 초과하지 않아야 한다.

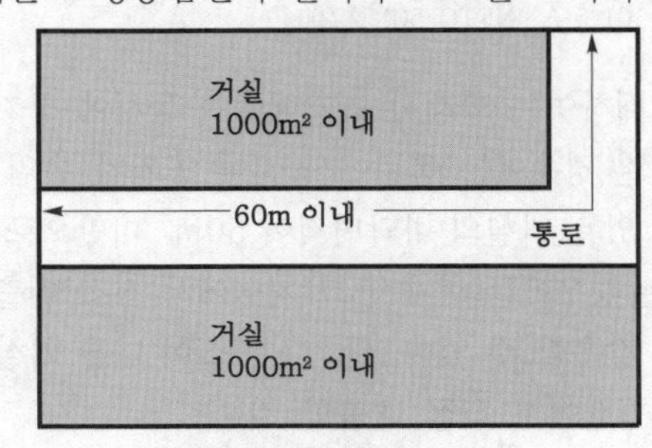

‖ 제연구역의 구획(Ⅰ) ‖

④ 하나의 제연구역은 직경 60m 원내에 들어갈 수 있도록 한다.

Key Point

※ 솔레노이드 댐퍼
솔레노이드에 의해 누르게 핀을 이동시킴으로서 작동되는 것으로 개구부면적이 좁은 곳에 설치

※ 모터댐퍼
모터에 의해 누르게 핀을 이동시킴으로서 작동되는 것으로 개구부면적이 넓은 곳에 설치

※ 기계제연방식
강제제연방식

※ 제연구의 방식
① 회전식
② 낙하식
③ 미닫이식

※ 풍량조절댐퍼
덕트 내의 배출량을 조절하기 위한 댐퍼

※ 방화댐퍼
화재시 발생하는 연기를 연기감지기의 감지 또는 퓨즈메탈의 용융과 함께 작동하여 연소를 방지하는 댐퍼

※ 방연댐퍼
연기를 연기감지기가 감지하였을 때 이와 연동하여 자동으로 폐쇄되는 댐퍼

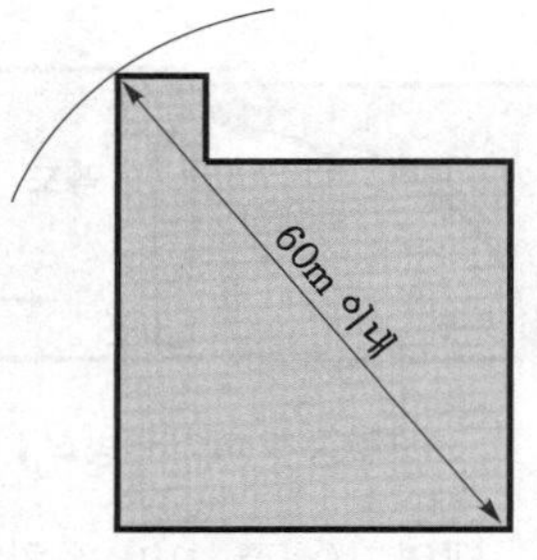

‖ 제연구역의 구획(Ⅱ) ‖

⑤ 하나의 제연구역은 **2개** 이상의 층에 미치지 않도록 한다.(단, 층의 구분이 불분명한 부분은 다른 부분과 별도로 제연구획할 것)

3 제연구역의 구획(NFPC 501 4조, NFTC 501 2.1.2)

① 제연경계의 재질은 **내화재료**, **불연재료** 또는 제연경계벽으로 성능을 인정받은 것으로서 화재시 쉽게 변형·파괴되지 아니하고 연기가 누설되지 않는 기밀성 있는 재료로 할 것

② 제연경계의 폭은 **0.6m** 이상이고, 수직거리가 **2m** 이내이어야 한다.

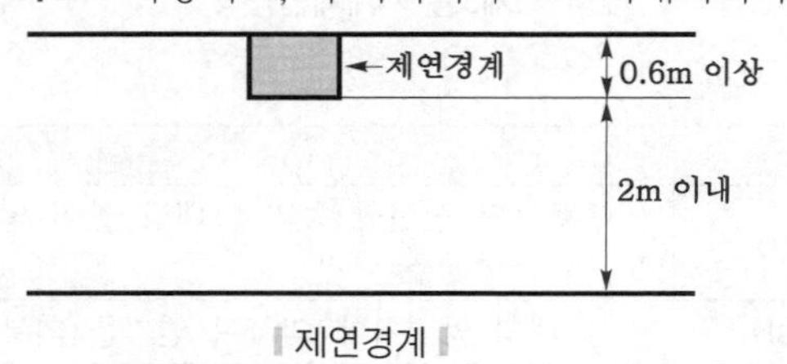

‖ 제연경계 ‖

③ 제연경계벽은 배연시 기류에 의하여 그 하단이 쉽게 흔들리지 않아야 하며, 또한 **가동식**의 경우에는 급속히 하강하여 인명에 위해를 주지 않는 구조일 것

※ 제연구역의 구획은 **보·제연경계벽·벽**으로 하여야 한다.

4 제연방식(NFPC 501 5조, NFTC 501 2.2)

※ 예상제연구역
화재발생이 예상되는 제연구역

※ 경유거실
다른 거실을 거쳐야만 외부로 나갈 수 있는 거실

① 예상제연구역에 대하여는 화재시 연기배출과 동시에 공기유입이 될 수 있게 하고, 배출구역이 거실일 경우에는 통로에 동시에 공기가 유입될 수 있도록 해야 한다.

② 통로와 인접하고 있는 거실의 바닥면적이 **50m²** 미만으로 구획되고 그 거실에 통로가 인접하여 있는 경우에는 화재시 그 거실에서 직접 배출하지 아니하고 인접한 통로의 배출만으로 갈음할 수 있다.(단, 그 거실이 다른 거실의 피난을 위한 **경유거실**인 경우에는 그 거실에서 **직접 배출**할 것)

③ 통로의 주요구조부가 **내화구조**이며 마감이 **불연재료** 또는 **난연재료**로 처리되고 가연성 내용물이 없는 경우에 그 통로는 예상제연구역으로 간주하지 않을 수 있다.

Key Point

5 배출량 및 배출방식(NFPC 501 6조, NFTC 501 2.3)

(1) 통로

예상제연구역이 통로인 경우의 배출량은 **45000m³/hr** 이상으로 할 것

(2) 거실

① 바닥면적 400m² 미만(최저치 5000m³/h 이상)

$$\text{배출량}[m^3/min] = \text{바닥면적}[m^2] \times 1\,m^3/m^2 \cdot min$$

② 바닥면적 400m² 이상

㈎ 직경 40m 이하 : **40000m³/h** 이상

‖ 예상제연구역이 제연경계로 구획된 경우 ‖

수직거리	배출량
2m 이하	40000m³/h 이상
2m 초과 2.5m 이하	45000m³/h 이상
2.5m 초과 3m 이하	50000m³/h 이상
3m 초과	60000m³/h 이상

㈏ 직경 40m 초과 : **45000m³/h** 이상

‖ 예상제연구역이 제연경계로 구획된 경우 ‖

수직거리	배출량
2m 이하	45000m³/h 이상
2m 초과 2.5m 이하	50000m³/h 이상
2.5m 초과 3m 이하	55000m³/h 이상
3m 초과	65000m³/h 이상

※ m³/h = CMH(Cubic Meter per Hour)

6 공동예상제연구역의 배출량 기준(NFPC 501 6조, NFTC 501 2.3.4)

① 공동예상제연구역 안에 설치된 예상제연구역이 각각 벽으로 구획된 경우에는 각 예상제연구역의 **배출량**을 **합한 것 이상**으로 할 것

② 공동예상제연구역 안에 설치된 예상제연구역이 각각 제연경계로 구획된 경우(출입구 부분만을 제연경계로 구획한 경우 제외)에 배출량은 각 예상제연구역의 배출량 중 최대의 것으로 할 것. 이 경우 공동제연예상구역이 **거실**일 때에는 그 바닥면적이

＊ 방화구획 면적
1000m²

＊ 방화댐퍼
철판의 두께 1.5mm 이상

＊ 공동예상제연구역
공동예상제연구역 = 각 배출풍량의 합

＊ 제연구역
제연경계벽에 의하여 구획된 건물 내의 공간으로 제연설비의 일부분인 천장과 바닥을 포함한다.

Key Point

※ 제연경계벽
화재시 발생된 연기를 배출구로 배출시키기 위하여 천장에 설치하는 칸막이 형태의 경계벽

※ 제연구획
건물 내의 천장과 바닥을 포함하여 전면이 제연경계벽으로 둘러싸인 공간

※ 댐퍼
공기의 양을 조절하기 위하여 덕트 전면에 설치된 수동 또는 자동식 장치

1000m^2 이하이며, 직경 40m 원 안에 들어가야 하고, 공동제연예상구역이 **통로**일 때에는 보행 중심선의 길이를 40m 이하로 해야 한다.

※ 수직거리가 구획 부분에 따라 다른 경우는 **수직거리**가 **긴 것**을 기준으로 한다.

7 공기유입방식 및 유입구(NFPC 501 8조, NFTC 501 2.5.2)

(1) 예상제연구역에 설치되는 공기유입구의 적합기준

① 바닥면적 400m^2 **미만**의 거실인 예상제연구역(제연경계에 따른 구획을 제외. 단, 거실과 통로와의 구획은 그렇지 않음)에 대해서는 공기유입구와 배출구 간의 직선거리는 5m 이상 또는 구획된 실의 장변의 $\frac{1}{2}$ 이상으로 할 것. 단, 공연장·집회장·위락시설의 용도로 사용되는 부분의 바닥면적이 200m^{2}를 초과하는 경우의 공기유입구는 ②의 기준에 따른다.

② 바닥면적이 400m^2 **이상**의 거실인 예상제연구역(제연경계에 따른 구획 제외. 단, 거실과 통로와의 구획은 그렇지 않음)에 대해서는 바닥으로부터 1.5m 이하의 높이에 설치하고 그 주변은 공기의 유입에 장애가 없도록 할 것

③ 유입구를 벽 외의 장소에 설치할 경우에는 유입구 상단이 천장 또는 반자와 **바닥 사이의 중간 아랫부분**보다 낮게 되도록 하고, 수직거리가 **가장 짧은 제연경계 하단**보다 **낮게** 되도록 설치할 것

(2) 인접한 제연구역 또는 통로에 유입되는 공기를 예상제연구역에 대한 공기유입으로 하는 경우

① 각 유입구는 **자동폐쇄**될 것

② 해당 구역 내에 설치된 유입풍도가 해당 제연구획 부분을 지나는 곳에 설치된 **댐퍼**는 자동폐쇄될 것

③ 예상제연구역에 공기가 유입되는 순간의 풍속은 5m/s 이하가 되도록 하고, 유입구의 구조는 유입공기를 상향으로 분출하지 않도록 설치해야 한다. 단, 유입구가 바닥에 설치되는 경우에는 상향으로 분출이 가능하며 이때의 풍속은 **1m/s 이하**가 되도록 해야 한다.

④ 공기유입구의 크기는 35cm^2·min/m^3 이상으로 한다.

공기유입구 면적[cm^2] = 바닥면적[m^2] × 1 m^3/m^2·min × 35 cm^2·min/m^3

8 배출구의 설치기준(NFPC 501 7조, NFTC 501 2.4.1)

(1) 바닥면적 400m^2 미만(통로 제외)

① 예상제연구역이 벽으로 구획되어 있는 경우의 배출구는 천장 또는 반자와 바닥 사이의 중간 윗부분에 설치할 것

② 예상제연구역 중 어느 한 부분이 제연경계로 구획되어 있는 경우에는 천장·반자 또는 이에 가까운 벽의 부분에 설치할 것(단, 배출구를 벽에 설치하는 경우에는 배출구의 하단이 해당 예상제연구역에서 제연경계의 폭이 짧은 제연경계의 하단보다 높게 되도록 할 것)

(2) 바닥면적 400m^2 이상(통로 포함)

① 예상제연구역이 벽으로 구획되어 있는 경우의 배출구는 천장·반자 또는 이에 가까운 벽의 부분에 설치할 것(단, 배출구를 벽에 설치한 경우에는 배출구의 하단과 바닥간의 최단거리가 2m 이상)

② 예상제연구역 중 어느 한 부분이 제연경계로 구획되어 있는 경우에는 천장·반자 또는 이에 가까운 벽의 부분에 설치할 것(단, 배출구를 벽 또는 제연경계에 설치하는 경우에는 배출구의 하단이 해당 예상제연구역에서 제연경계의 폭이 가장 짧은 제연경계의 하단보다 높게 되도록 설치)

※ 예상제연구역의 각 부분으로부터 하나의 배출구까지의 수평거리는 10m 이내로 한다.

9 배출기 및 배출풍도(NFPC 501 9조, NFTC 501 2.6)

(1) 배출기의 설치기준

① 배출기와 배출풍도의 접속부분에 사용하는 **캔버스**는 내열성(**석면 제외**)이 있는 것으로 하여야 한다.

② 배출기의 전동기 부분과 배풍기 부분은 **분리**하여 설치하여야 하며, **배풍기 부분**은 **내열처리**하여야 한다.

(2) 배출풍도의 기준

① 배출풍도는 **아연도금강판** 또는 이와 동등 이상의 내식성·내열성이 있는 것으로 한다.

② 배출기 **흡입측** 풍도 안의 풍속은 15m/s 이하로 하고, **배출측** 풍속은 20m/s 이하로 한다.

‖ 배출풍도의 강판두께 ‖

풍도단면의 긴변 또는 직경의 크기	강판두께
450mm 이하	0.5mm 이상
451~750mm 이하	0.6mm 이상
751~1500mm 이하	0.8mm 이상
1501~2250mm 이하	1.0mm 이상
2250mm 초과	1.2mm 이상

Key Point

※ 수평거리와 같은 의미
① 유효반경
② 직선거리

※ 캔버스
덕트와 덕트 사이에 끼워넣는 불연재료로서 진동 등이 직접 덕트에 전달되지 않도록 하기 위한 것

※ 배출풍도의 강판두께
0.5mm 이상

※ 비상전원 용량
20분 이상

※ 풍도
공기가 유동하는 덕트

※ 제연경계벽
화재시 발생된 연기를 배출구로 배출시키기 위하여 천장에 설치하는 칸막이 형태의 경계벽

10 유입풍도 등(NFPC 501 10조, NFTC 501 2.7)

① 유입풍도 안의 풍속은 **20m/s** 이하로 하여야 한다.
② 옥외에 면하는 배출구 및 공기유입구는 비 또는 눈 등이 들어가지 아니하도록 하고, 배출된 연기가 공기유입구로 순환·유입되지 않도록 해야 한다.

> ※ 가동식의 벽, 제연경계벽, 댐퍼 및 배출기의 작동은 **자동화재감지기**와 연동되어야 하며, 예상제연구역 및 제어반에서 **수동기동**이 가능하도록 해야 한다.

11 제연설비의 설치제외(NFPC 501 12조, NFTC 501 2.9.1)

제연설비를 설치하여야 할 특정소방대상물 중 **화장실 · 목욕실 · 주차장 · 발코니**를 설치한 **숙박시설**(가족호텔 및 휴양콘도미니엄)의 객실과 사람이 상주하지 않는 기계실 · 전기실 · 공조실 · **50m^2 미만**의 **창고** 등으로 사용되는 부분에 대하여는 배출구 · 공기유입구의 설치 및 배출량 산정에서 이를 제외한다.

12 제연설비의 점검사항

(1) 제연설비의 작동점검

구 분	점검항목
배출구	배출구 **변형 · 훼손** 여부
유입구	① 공기유입구 설치 위치 적정 여부 ② 공기유입구 **변형 · 훼손** 여부
배출기	① 배출기 회전이 원활하며 회전방향 정상 여부 ② **변형 · 훼손** 등이 없고 **V-벨트** 기능 정상 여부 ③ 본체의 **방청**, **보존상태** 및 **캔버스** 부식 여부
비상전원	① 자가발전설비인 경우 연료적정량 보유 여부 ② 자가발전설비인 경우 「전기사업법」에 따른 정기점검 결과 확인
기동	① 가동식의 **벽 · 제연경계벽 · 댐퍼** 및 **배출기** 정상작동(화재감지기 연동) 여부 ② 예상제연구역 및 제어반에서 가동식의 **벽 · 제연경계벽 · 댐퍼** 및 **배출기** 수동기동 가능 여부 ③ 제어반 각종 **스위치류** 및 **표시장치**(작동표시등 등) 기능의 이상 여부

〔비고〕 특정소방대상물의 위치 · 구조 · 용도 및 소방시설의 상황 등이 이 표의 항목대로 기재하기 곤란하거나 이 표에서 누락된 사항을 기재한다.

※ 댐퍼
공기의 양을 조절하기 위하여 덕트 전면에 설치된 수동 또는 자동식 장치

Key Point

(2) 제연설비의 종합점검

구 분	점검항목
제연구역의 구획	제연구역의 구획 방식 적정 여부 ① 제연경계의 **폭**, **수직거리** 적정 설치 여부 ② 제연경계벽은 가동시 **급속**하게 **하강**되지 **아니**하는 구조
배출구	① 배출구 설치위치(수평거리) 적정 여부 ② 배출구 **변형 · 훼손** 여부
유입구	① 공기유입구 설치위치 적정 여부 ② 공기유입구 **변형 · 훼손** 여부 ③ 옥외에 면하는 **배출구** 및 **공기유입구** 설치 적정 여부
배출기	① 배출기와 배출풍도 사이 **캔버스** 내열성 확보 여부 ② 배출기 회전이 원활하며 회전방향 정상 여부 ③ **변형 · 훼손** 등이 없고 **V-벨트** 기능 정상 여부 ④ 본체의 **방청**, **보존상태** 및 **캔버스** 부식 여부 ⑤ 배풍기 내열성 단열재 단열처리 여부
비상전원	① 비상전원 설치장소 적정 및 관리 여부 ② 자가발전설비인 경우 연료적정량 보유 여부 ③ 자가발전설비인 경우 「전기사업법」에 따른 정기점검 결과 확인
기동	① 가동식의 **벽 · 제연경계벽 · 댐퍼** 및 **배출기** 정상작동(화재감지기 연동) 여부 ② 예상제연구역 및 제어반에서 가동식의 **벽 · 제연경계벽 · 댐퍼** 및 **배출기** 수동기동 가능 여부 ③ 제어반 각종 **스위치류** 및 **표시장치**(작동표시등 등) 기능의 이상 여부

〔비고〕 특정소방대상물의 위치 · 구조 · 용도 및 소방시설의 상황 등이 이 표의 항목대로 기재하기 곤란하거나 이 표에서 누락된 사항을 기재한다.

13 제연설비의 설치대상(소방시설법 시행령 〔별표 4〕)

설치대상	조 건
① 문화 및 집회시설, 운동시설	• 바닥면적 200m² 이상
② 기타	• 1000m² 이상
③ 영화상영관	• 수용인원 100인 이상
④ 지하가 중 터널	• 예상교통량, 경사도 등 터널의 특성을 고려하여 행정안전부령으로 정하는 터널
⑤ 특별피난계단 ⑥ 비상용 승강기의 승강장 ⑦ 피난용 승강기의 승강장	• 전부

※ 제연경계벽
화재시 발생된 연기를 배출구로 배출시키기 위하여 천장에 설치하는 칸막이 형태의 경계벽

※ 댐퍼의 종류
① 풍량조절댐퍼

② 방화댐퍼

③ 방연댐퍼

Key Point

1-1 특별피난계단의 계단실 및 부속실 제연설비

1 제연설비의 적합기준(NFPC 501A 4조, NFTC 501A 2.1.1)

① 제연구역에 옥외의 신선한 공기를 공급하여 제연구역의 기압을 제연구역 이외의 옥내보다 높게 하되 차압을 유지하게 함으로써 옥내로부터 제연구역 내로 연기가 침투하지 못하도록 할 것

② 피난을 위하여 제연구역의 출입문이 일시적으로 개방되는 경우 **방연풍속**을 유지하도록 옥외의 공기를 **제연구역** 내로 **보충공급**하도록 할 것

③ 출입문이 닫히는 경우 제연구역의 과압을 방지할 수 있는 유효한 조치를 하여 **차압**을 유지할 것

※ 제연구역
제연하고자 하는 계단실 및 부속실

2 제연구역의 선정(NFPC 501A 5조, NFTC 501A 2.2.1)

① **계단실** 및 그 **부속실**을 동시에 제연하는 것
② 부속실만을 단독으로 제연하는 것
③ **계단실** 단독제연하는 것
④ **비상용승강기 승강장** 단독제연하는 것

※ 차압
일정한 기압의 차이

3 차압 등(NFPC 501A 6조, NFTC 501A 2.3)

① 제연구역과 옥내와의 사이에 유지하여야 하는 차압은 40Pa(옥내에 **스프링클러설비**가 설치된 경우 12.5Pa) 이상으로 해야 한다.

② 제연설비가 가동되었을 경우 출입문의 개방에 필요한 힘은 110N 이하로 해야 한다.

③ 출입문이 일시적으로 개방되는 경우 개방되지 아니하는 제연구역과 옥내와의 차압은 40Pa의 **70% 미만**이 되어서는 안 된다.

※ 계단실과 부속실을 동시에 제연하는 경우의 차압 : 5Pa 미만

4 급기량(NFPC 501A 7조, NFTC 501A 2.4)

※ 급기량
제연구역에 공급하여야 할 공기

(1) 급기량

$$\text{급기량}[m^3/s] = \text{기본량}(Q) + \text{보충량}(q)$$

※ 기본량
차압을 유지하기 위하여 제연구역에 공급하여야 할 공기량으로 누설량과 같아야 한다.

(2) 기본량과 보충량

기본량	보충량
차압을 유지하기 위하여 제연구역에 공급하여야 할 공기량	방연풍속을 유지하기 위하여 제연구역에 보충하여야 할 공기량

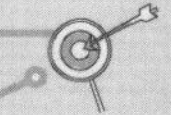

5 누설량(기본량)

$$Q = 0.827A\sqrt{P}$$

여기서, Q : 누설량[m^3/s]
A : 누설틈새면적[m^2]
P : 차압[Pa]

참고

누설틈새면적

직렬상태	병렬상태
$A = \dfrac{1}{\sqrt{\dfrac{1}{{A_1}^2} + \dfrac{1}{{A_2}^2} + \cdots}}$ 여기서, A : 전체 누설틈새면적[m^2] A_1, A_2 : 각실의 누설틈새면적[m^2] (그림: A_1, A_2)	$A = A_1 + A_2 + \cdots$ 여기서, A : 전체 누설틈새면적[m^2] A_1, A_2 : 각 실의 누설틈새면적[m^2] (그림: A_1, A_2)

6 방연풍속의 기준(NFPC 501A 10조, NFTC 501A 2.7.1)

제연구역		방연풍속
계단실 및 그 부속실을 동시에 제연하는 것 또는 계단실만 단독으로 제연하는 것		0.5m/s 이상
부속실만 단독으로 제연하는 것 또는 비상용 승강기의 승강장만 단독으로 제연하는 것	부속실 또는 승강장이 면하는 옥내가 거실인 경우	0.7m/s 이상
	부속실 또는 승강장이 면하는 옥내가 복도로서 그 구조가 방화구조(내화시간이 30분 이상인 구조를 포함한다)인 것	0.5m/s 이상

7 과압방지조치(NFPC 501A 11조, NFTC 501A 2.8.1)

① 과압방지장치는 제연구역의 압력을 자동으로 조절하는 성능이 있는 것으로 할 것
② 제연구역의 보충량을 자동으로 배출하는 성능의 것으로 할 것
③ 과압방지를 위한 과압방지장치는 차압과 방연풍속의 해당조건을 만족할 것

Key Point

※ 누설량
제연구역에 설치된 출입문, 창문 등의 틈새를 통하여 제연구역으로부터 흘러나가는 공기량

※ 누설틈새면적
① 직렬상태

$A = \dfrac{1}{\sqrt{\dfrac{1}{{A_1}^2} + \dfrac{1}{{A_2}^2} + \cdots}}$

② 병렬상태

$A = A_1 + A_2 + \cdots$

여기서,
A : 전체틈새면적[m^2]
A_1, A_2 : 각 실틈새면적[m^2]

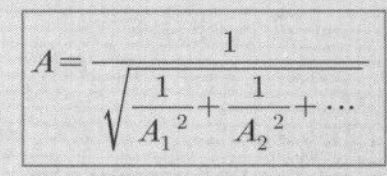

※ 방연풍속
옥내로부터 제연구역내로 연기의 유입을 유효하게 방지할 수 있는 풍속

※ 보충량
방연풍속을 유지하기 위하여 제연구역에 보충하여야 할 공기량

※ 제연구역
제연경계벽에 의하여 구획된 건물 내의 공간으로 제연설비의 일부분인 천장과 바닥을 포함한다.

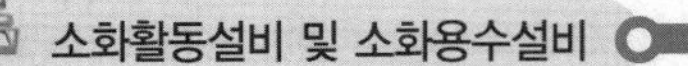

Key Point

※ 제연경계벽
화재시 발생된 연기를 배출구로 배출시키기 위하여 천장에 설치하는 칸막이 형태의 경계벽

※ 플랩댐퍼
과압에 의하여 날개를 자동으로 개방하는 구조의 과압배출장치

※ 자동차압조절형 급기댐퍼
제연구역과 옥내 사이의 차압을 압력센서 등으로 감지하여 제연구역에 공급되는 풍량의 조절로 제연구역의 차압유지 및 과압방지를 자동으로 제어할 수 있는 댐퍼

④ 플랩댐퍼는 성능인증 및 제품검사의 기술기준에 적합한 것을 설치할 것

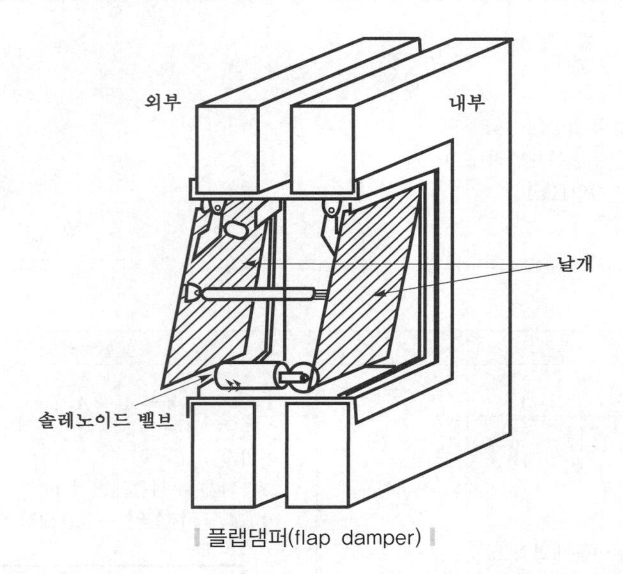

‖ 플랩댐퍼(flap damper) ‖

⑤ 플랩댐퍼에 사용하는 철판은 두께 1.5mm 이상의 **열간압연 연강판** 또는 이와 동등 이상의 내식성 및 내열성이 있는 것으로 할 것

8 누설틈새면적의 기준(NFPC 501A 12조, NFTC 501A 2.9.1)

① 출입문의 틈새면적

$$A = \frac{L}{l} A_d$$

여기서, A : 출입문의 틈새면적[m²]
L : 출입문 틈새의 길이[m](조건 : $L \geq l$)
l : 표준출입문의 틈새길이[m](외여닫이문 : 5.6, 쌍여닫이문 : 9.2, 승강기 출입문 : 8.0)
A_d : 표준출입문의 누설면적[m²]
- 외여닫이문
  - 제연구역 실내쪽으로 개방 : 0.01
  - 제연구역 실외쪽으로 개방 : 0.02
- 쌍여닫이문 : 0.03
- 승강기 출입문 : 0.06

② 창문의 틈새면적

㈎ 여닫이식 창문으로서 창틀에 방수패킹이 없는 경우

$$A = 2.55 \times 10^{-4} L$$

Key Point

㈏ 여닫이식 창문으로서 창틀에 방수패킹이 있는 경우

$$A = 3.61 \times 10^{-5} L$$

㈐ 미닫이식 창문이 설치되어 있는 경우

$$A = 1.00 \times 10^{-4} L$$

여기서, A : 창문의 틈새면적[m^2]
L : 창문틈새의 길이[m]

③ 제연구역으로부터 누설하는 공기가 승강기와 승강로를 경유하여 승강로의 외부로 유출하는 유출면적은 **승강로 상부**의 승강로와 기계실 사이의 개구부 면적을 합한 것을 기준으로 할 것

④ 제연구역을 구성하는 벽체가 벽돌 또는 시멘트블록 등의 조적구조이거나 석고판 등의 조립구조인 경우에는 **불연재료**를 사용하여 틈새를 조정할 것

⑤ 제연설비의 완공시 제연구역의 출입문등은 크기 및 개방방식이 해당 설비의 설계 시와 같아야 한다.

9 유입공기의 배출기준(NFPC 501A 13조, NFTC 501A 2.10.2)

(1) 수직풍도에 따른 배출

옥상으로 직통하는 전용의 배출용 수직풍도를 설치하여 강제로 배출하는 것

자연배출식	기계배출식
굴뚝효과에 의하여 배출하는 것	수직풍도의 상부에 전용의 **배출용 송풍기**를 설치하여 강제로 배출하는 것

(2) 배출구에 따른 배출

건물의 옥내와 면하는 외벽마다 옥외와 통하는 배출구를 설치하여 배출하는 것

(3) 제연설비에 따른 배출

거실제연설비가 설치되어 있고 해당 옥내로부터 옥외로 배출하여야 하는 유입공기의 양을 거실제연설비의 배출량에 합하여 배출하는 경우 유입공기의 배출은 해당 **거실제연설비**에 따른 배출로 갈음할 수 있다.

※ 방수패킹
누수를 방지하기 위하여 창문틀 사이에 끼워 넣는 부품

※ 미닫이
옆으로 밀어 열고 닫는 문

※ 여닫이
앞으로 잡아당기거나 뒤로 밀어 열고 닫는 문

※ 굴뚝효과
건물 내의 연기가 압력차에 의하여 순식간에 상승하여 상층부 또는 외부로 이동하는 현상

※ 배출구
'배연구'라고도 한다.

※ 유입공기
제연구역으로부터 옥내로 유입하는 공기로서, 차압에 의하여 누설하는 것과 출입문의 일시적인 개방에 의하여 유입하는 것을 말한다.

Key Point

10 수직풍도에 따른 배출기준(NFPC 501A 14조, NFTC 501A 2.11.1)

① 수직풍도는 **내화구조**로 할 것

② 수직풍도의 내부면은 두께 0.5 mm 이상의 **아연도금강판**으로 마감하되 강판의 접합부에 대하여는 통기성이 없도록 조치할 것

③ 배출댐퍼의 적합기준

㈎ 배출댐퍼는 두께 1.5mm 이상의 **강판** 또는 이와 동등 이상의 강도가 있는 것으로 설치하여야 하며, **비내식성 재료**의 경우에는 **부식방지 조치**를 할 것

㈏ 평상시 닫힌 구조로 기밀상태를 유지할 것

㈐ 개폐 여부를 해당 장치 및 제어반에서 확인할 수 있는 감지기능을 내장하고 있을 것

㈑ 구동부의 작동상태와 닫혀있을 때의 기밀상태를 수시로 점검할 수 있는 구조일 것

㈒ 풍도의 내부마감상태에 대한 점검 및 댐퍼의 정비가 가능한 **이 · 탈착구조**로 할 것

㈓ 화재층의 옥내에 설치된 화재감지기의 동작에 의하여 해당층의 댐퍼가 개방될 것

㈔ 개방시의 **실제개구부**의 크기는 **수직풍도**의 **내부단면적**과 같도록 할 것

㈕ 댐퍼는 풍도 내의 공기흐름에 지장을 주지 않도록 수직풍도의 내부로 돌출하지 않게 설치할 것

④ 수직풍도의 내부단면적 적합기준

자연배출식(풍도길이 100m 이하)	자연배출식(풍도길이 100m 초과)
$A_p = 0.5Q_N$ 여기서, A_p : 수직풍도의 내부단면적[m²] Q_N : 수직풍도가 담당하는 1개층의 제연구역의 출입문 1개의 면적과 방연풍속을 곱한 값[m³/s]	$A_p = 0.6Q_N$ 여기서, A_p : 수직풍도의 내부단면적[m²] Q_N : 수직풍도가 담당하는 1개층의 제연구역의 출입문 1개의 면적과 방연풍속을 곱한 값[m³/s]

※ **배출댐퍼**
각층의 옥내와 면하는 수직풍도의 관통부에 설치하는 댐퍼

11 배출구에 따른 배출기준(NFPC 501A 15조, NFTC 501A 2.12.1)

① 개폐기의 적합기준

㈎ 빗물과 이물질이 유입하지 않는 구조로 할 것

㈏ 옥외쪽으로만 열리도록 하고 옥외의 풍압에 의하여 자동으로 닫히도록 할 것

② 개폐기의 개구면적

$$A_o = 0.4Q_N$$

여기서, A_o : 개폐기의 개구면적[m²]
Q_N : 1개층의 방연풍량[m³/s]

※ **방연**
연기를 방지하는 것

12 제연구역의 급기기준(NFPC 501A 16조, NFTC 501A 2.13.1)

① 부속실을 제연하는 경우 동일 수직선상의 모든 부속실은 하나의 전용 수직풍도를 통해 동시에 급기할 것
② 계단실 및 부속실을 동시에 제연하는 경우 계단실에 대하여는 그 부속실의 수직풍도를 통해 급기할 수 있다.
③ 계단실만 제연하는 경우 전용수직풍도를 설치하거나 계단실에 급기풍도 또는 급기송풍기를 직접 연결하여 급기하는 방식으로 할 것
④ 하나의 수직풍도마다 **전용**의 **송풍기**로 급기할 것
⑤ 비상용승강기의 승강장을 제연하는 경우에는 **비상용승강기**의 **승강로**를 **급기풍도**로 사용할 것

13 제연구역의 급기구 기준(NFPC 501A 17조, NFTC 501A 2.14.1)

① 급기용 수직풍도와 직접 면하는 벽체 또는 천장에 고정하되, 급기되는 기류흐름이 출입문으로 인하여 차단되거나 방해받지 아니하도록 옥내와 면하는 출입문으로부터 가능한 먼 위치에서 설치할 것
② 계단실과 그 부속실을 동시에 제연하거나 계단실만 제연하는 경우 계단실의 급기구는 **3개층** 이하의 높이마다 설치할 것
③ 급기구의 댐퍼설치기준
㈎ 급기댐퍼는 두께 **1.5mm** 이상의 **강판** 또는 이와 동등 이상의 강도가 있는 것으로 설치하여야 하며, **비내식성 재료**의 경우에는 **부식방지 조치**를 할 것
㈏ 자동차압조절형이 아닌 댐퍼는 **개구율**을 **수동**으로 **조절**할 수 있는 구조로 할 것
㈐ 옥내에 설치된 **화재감지기**에 따라 모든 **제연구역**의 **댐퍼**가 **개방**되도록 할 것

14 급기송풍기의 설치기준(NFPC 501A 19조, NFTC 501A 2.16.1)

① 송풍기의 송풍능력은 송풍기가 담당하는 제연구역에 대한 급기량의 **1.15배** 이상으로 할 것
② 송풍기에는 풍량조절장치를 설치하여 풍량조절을 할 수 있도록 할 것
③ 송풍기에는 풍량을 실측할 수 있는 유효한 조치를 할 것
④ 송풍기는 인접장소의 화재로부터 영향을 받지 않고 접근 및 점검이 용이한 곳에 설치할 것
⑤ 송풍기는 옥내의 **화재감지기**의 동작에 따라 작동하도록 할 것
⑥ 송풍기와 연결되는 **캔버스**는 내열성(석면 제외)이 있는 것으로 할 것

15 외기취입구의 기준(NFPC 501A 20조, NFTC 501A 2.17.1)

① 외기를 옥외로부터 취입하는 경우 취입구는 연기 또는 공해물질 등으로 오염된 공기를 취입하지 않는 위치에 설치할 것
② 취입구는 빗물과 이물질이 유입하지 않는 구조로 할 것

Key Point

✱ 수직풍도
수직으로 설치한 덕트

✱ 송풍기
공기 또는 연기를 불어 넣는 FAN

✱ 댐퍼
공기의 양을 조절하기 위하여 덕트 전면에 설치된 수동 또는 자동식 장치

✱ 급기풍도
공기가 유입되는 덕트

✱ 캔버스
덕트와 덕트 사이에 끼워넣는 석면 등의 불연재료로서 진동 등이 직접 덕트에 전달되지 않도록 하기 위한 것

✱ 외기취입구
옥외로부터 공기를 불어 넣는 구멍

③ 취입구는 취입공기가 옥외의 바람의 속도와 방향에 의하여 영향을 받지 않는 구조로 할 것

④ 옥상에 설치하는 취입구의 적합기준

㈎ 취입구는 배기구 등으로부터 수평거리 5m 이상, 수직거리 1m 이상 낮은 위치에 설치할 것

㈏ 취입구는 옥상의 외곽면으로부터 수평거리 5m 이상, 외곽면의 상단으로부터 하부로 수직거리 1m 이하의 위치에 설치할 것

16 제연구역 및 옥내의 출입문(NFPC 501A 21조, NFTC 501A 2.18.1)

(1) 제연구역의 출입문 적합기준

① 평상시 자동폐쇄장치에 의하여 정상적인 닫힘 상태를 유지할 것(단, 출입문을 개방상태로 유지관리하는 경우에는 **연기감지기** 동작에 의하여 즉시 닫히는 방식으로 설치할 것

② 제연구역의 출입문에 설치하는 자동폐쇄장치는 부속실의 기압에도 불구하고 출입문을 용이하게 닫을 수 있는 충분한 폐쇄력이 있을 것

(2) 옥내의 출입문 적합기준

① **자동폐쇄장치**에 의하여 자동으로 닫히는 구조로 할 것

② 거실쪽으로 열리는 구조의 출입문에 설치하는 자동폐쇄장치는 출입문의 개방시 유입공기의 압력에도 불구하고 출입문을 용이하게 닫을 수 있는 충분한 폐쇄력이 있는 것으로 할 것

※ 수동기동장치의 설치장소
① 배출댐퍼
② 개폐기의 직근
③ 제연구역

※ 개폐장치
개방된 출입문을 원래대로 닫힘 상태를 유지하도록 하는 장치

17 수동기동장치의 설치기준(NFPC 501A 22조, NFTC 501A 2.19.1)

① 전층의 제연구역에 설치된 급기댐퍼의 개방

② 해당층의 배출댐퍼 또는 개폐기의 개방

③ 급기송풍기 및 유입공기의 배출용 송풍기의 작동

④ 개방 · 고정된 모든 출입문의 개폐장치의 작동

CHAPTER 02

연소방지설비

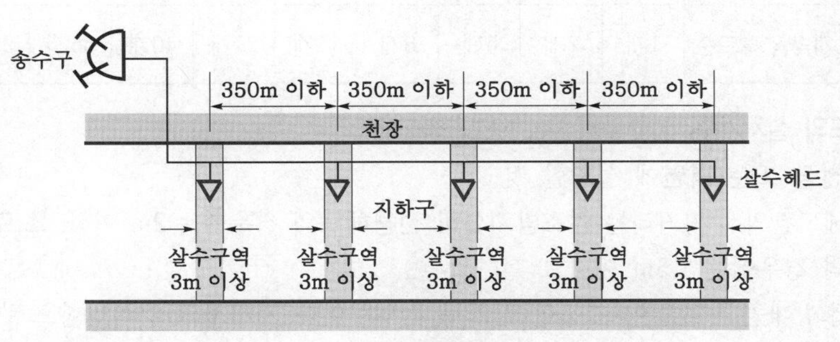

| 연소방지설비의 계통도 |

※ 소화활동설비 적용대상(지하가 터널 2000m)
① 비상콘센트설비
② 무선통신보조설비
③ 제연설비
④ 연결송수관설비

1 주요구성

출제확률

① 송수구
② 배관
③ 헤드

※ 송수구
물을 배관에 공급하기 위한 구멍

2 연소방지설비의 설치기준

1 송수구의 설치기준(NFPC 605 8조, NFTC 605 2.4.3)

① 소방펌프자동차가 쉽게 접근할 수 있는 노출된 장소에 설치하되, 눈에 띄기 쉬운 **보도** 또는 **차도**에 설치할 것
② 송수구는 구경 65mm의 **쌍구형**으로 할 것
③ 송수구로부터 1m 이내에 **살수구역 안내표지**를 설치할 것

2 연소방지설비의 배관구경(NFPC 605 8조, NFTC 605 2.4.1.3.1)

① 연소방지설비 전용헤드를 사용하는 경우

배관의 구경	32mm	40mm	50mm	65mm	80mm
살수헤드수	1개	2개	3개	4개 또는 5개	6개 이상

Key Point

※ 폐쇄형 헤드
정상상태에서 방수구를 막고 있는 감열체가 일정온도에서 자동적으로 파괴·용해 또는 이탈됨으로써 분사구가 열려지는 헤드

※ 개방형 헤드
감열체 없이 방수구가 항상 열려져 있는 헤드

※ 헤드
연소방지설비용 전용헤드 및 스프링클러헤드를 말한다.

② 스프링클러헤드를 사용하는 경우

구 분 \ 배관의 구경	25mm	32mm	40mm	50mm	65mm	80mm	90mm	100mm	125mm	150mm
폐쇄형 헤드수	2개	3개	5개	10개	30개	60개	80개	100개	160개	161개 이상
개방형 헤드수	1개	2개	5개	8개	15개	27개	40개	55개	90개	91개 이상

(3) 헤드의 설치기준(NFPC 605 8조, NFTC 605 2.4.2)

① **천장** 또는 **벽면**에 설치할 것

② 헤드간의 수평거리는 **연소방지설비 전용헤드**의 경우에는 2m 이하, **스프링클러헤드**의 경우에는 1.5m 이하로 할 것

③ 소방대원의 출입이 가능한 **환기구** 작업구마다 지하구의 양쪽방향으로 살수헤드를 설정하되, 한쪽 방향의 살수구역의 길이는 3m 이상으로 할 것(단, 환기구 사이의 간격이 700m를 초과할 경우에는 700m 이내마다 살수구역을 설정하되, 지하구의 구조를 고려하여 방화벽을 설치한 경우 제외)

(4) 연소방지재 시험성적서의 명시사항(NFPC 605 9조, NFTC 605 2.5.1.2)

① 분기구

② 지하구의 인입부 또는 인출부

③ 절연유 순환펌프 등이 설치된 부분

④ 기타 화재발생 위험이 우려되는 부분

3 연소방지설비의 점검사항

1 연소방지설비의 작동점검

구 분	점검항목
배관	급수배관 개폐밸브 적정(개폐표시형) 설치 및 관리상태 적합 여부
방수헤드	① 헤드의 **변형·손상** 유무 ② 헤드 **살수장애** 여부 ③ 헤드 상호간 거리 적정 여부
송수구	① 설치장소 적정 여부 ② 송수구 1m 이내 살수구역 안내표지 설치상태 적정 여부 ③ 설치높이 적정 여부 ④ 송수구 **마개** 설치상태 적정 여부

〔비고〕 특정소방대상물의 위치·구조·용도 및 소방시설의 상황 등이 이 표의 항목대로 기재하기 곤란하거나 이 표에서 누락된 사항을 기재한다.

Key Point

2 연소방지설비의 종합점검

구 분	점검항목
배관	① 급수배관 개폐밸브 적정(개폐표시형) 설치 및 관리상태 적합 여부 ② 다른 설비의 배관과의 구분 상태 적정 여부
방수헤드	① 헤드의 **변형·손상** 유무 ② 헤드 **살수장애** 여부 ③ 헤드 상호간 거리 적정 여부 ④ 살수구역 설정 적정 여부
송수구	① 설치장소 적정 여부 ② 송수구 구경(65mm) 및 형태(**쌍구형**) 적정 여부 ③ 송수구 1m 이내 살수구역 안내표지 설치상태 적정 여부 ④ 설치높이 적정 여부 ⑤ 자동배수밸브 설치상태 적정 여부 ⑥ 연결배관에 개폐밸브를 설치한 경우 개폐상태 확인 및 조작 가능 여부 ⑦ 송수구 **마개** 설치상태 적정 여부
방화벽	① **방화문** 관리상태 및 정상기능 적정 여부 ② 관통부위 내화성 **화재차단제** 마감 여부

〔비고〕 특정소방대상물의 위치·구조·용도 및 소방시설의 상황 등이 이 표의 항목대로 기재하기 곤란하거나 이 표에서 누락된 사항을 기재한다.

※ 자동배수밸브
배관 내에 고인 물을 자동으로 배수시켜 배관의 동파 및 부식방지, 건물 외부의 인접화재에 따른 연소방지와 건물 내의 화재를 방지할 목적으로 만든 구조

CHAPTER 03

연결살수설비

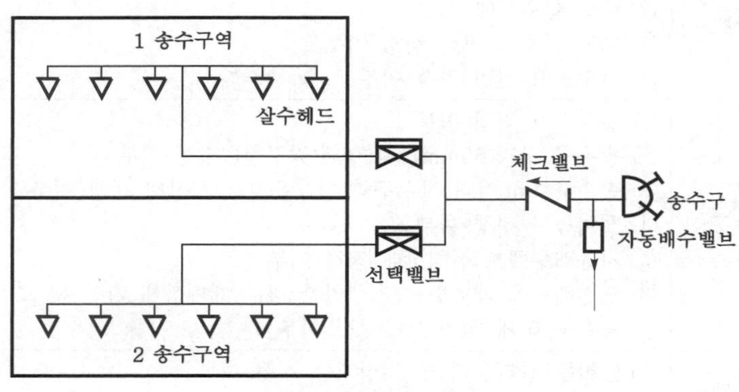

| 연결살수설비의 계통도 |

※ 송수구
가압수를 공급하기 위한 구멍

※ 방수구
송수구를 통해 보내어진 가압수를 방수하기 위한 구멍

※ 송수구의 설치높이
0.5~1m 이하

※ 방호대상물
화재로부터 보호하기 위한 대상물

1 주요구성

① 송수구
② 밸브(선택밸브, 자동배수밸브, 체크밸브)
③ 배관
④ 살수헤드

2 연결살수설비의 설치기준

1 송수구의 기준(NFPC 503 4조, NFTC 503 2.1.1)

| 연결살수설비의 송수구 |

① 소방차가 쉽게 접근할 수 있고 **노출**된 장소에 설치하여야 한다. 이 경우 가연성 가스의 저장·취급시설에 설치하는 연결살수설비의 송수구는 그 방호대상물로부터 20m 이상의 거리를 두거나 방호대상물에 면하는 부분이 높이 1.5m 이상, 폭 2.5m 이상의 철근콘크리트벽으로 가려진 장소에 설치해야 한다.

② 송수구는 구경 65mm의 **쌍구형**으로 설치할 것(단, 하나의 송수구역에 부착하는 살수헤드의 수가 **10개** 이하인 것에 있어서는 **단구형**의 것으로 할 수 있다.)

③ 개방형 헤드를 사용하는 송수구의 호스접결구는 각 송수구역마다 설치할 것(단, 송수구역을 선택할 수 있는 선택밸브가 설치되어 있고 각 송수구역의 주요구조부가 내화구조로 되어 있는 경우 제외).

④ 송수구의 부근에는 **"연결살수설비 송수구"**라고 표시한 표지와 **송수구역 일람표**를 설치할 것

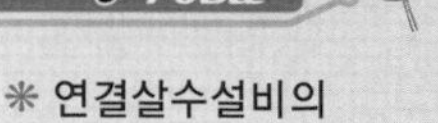

※ 연결살수설비의 송수구
구경 65mm의 쌍구형

※ 선택밸브
방호구역마다 분기되는 밸브로서, 각 방호구역에 1개씩 설치된다.

2 선택밸브의 기준(NFPC 503 4조, NFTC 503 2.1.2)

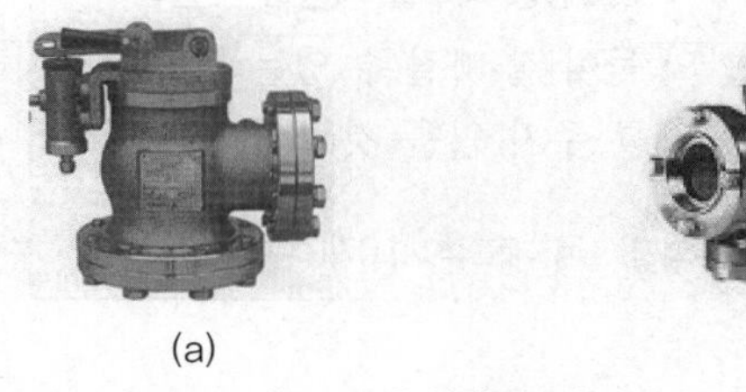

(a) (b)

▮ 선택밸브 ▮

① 화재시 연소의 우려가 없는 장소로서 조작 및 점검이 쉬운 위치에 설치할 것

② 자동개방 밸브에 따른 선택밸브를 사용하는 경우에는 송수구역에 방수하지 아니하고 자동밸브의 작동시험이 가능하도록 할 것

③ 선택밸브의 부근에는 **송수구역 일람표**를 설치할 것

3 자동밸브 및 체크밸브의 기준(NFPC 503 4조, NFTC 503 2.1.3)

① **폐쇄형 헤드**를 사용하는 설비의 경우에는 **송수구·자동배수밸브·체크밸브**의 순으로 설치하여야 한다.

※ 체크밸브와 같은 의미
① 역지밸브
② 역류방지밸브
③ 불환밸브

※ 자동배수밸브
배관 내에 고인 물을 자동으로 배수시켜 배관의 부식 및 동파방지

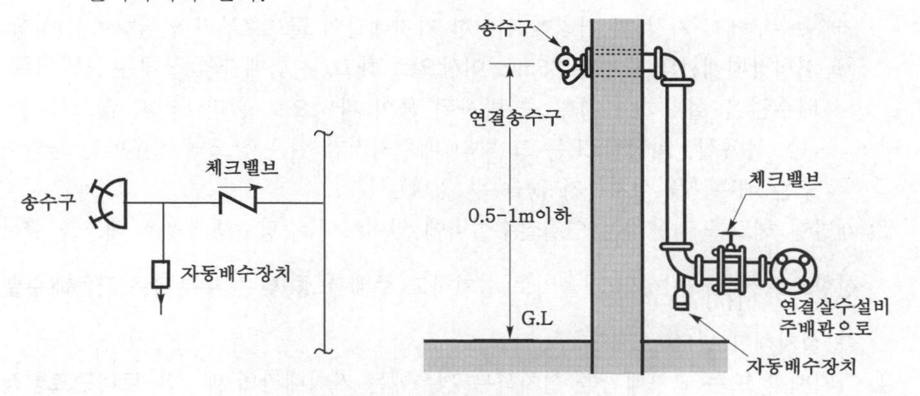

▮ 폐쇄형 헤드를 사용하는 설비 ▮

② **개방형 헤드**를 사용하는 설비의 경우에는 **송수구·자동배수 밸브**의 순으로 설치하여야 한다,

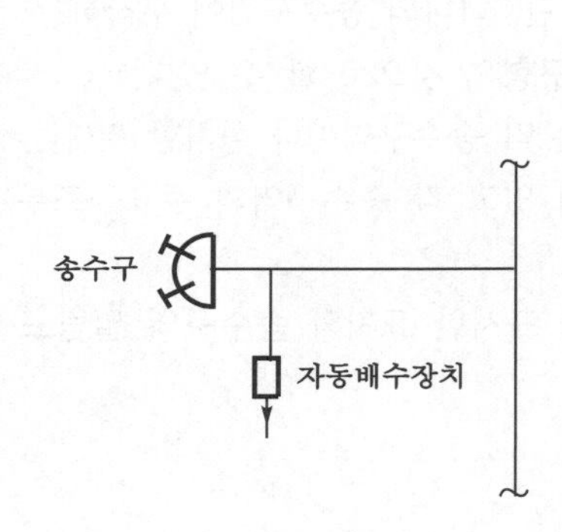

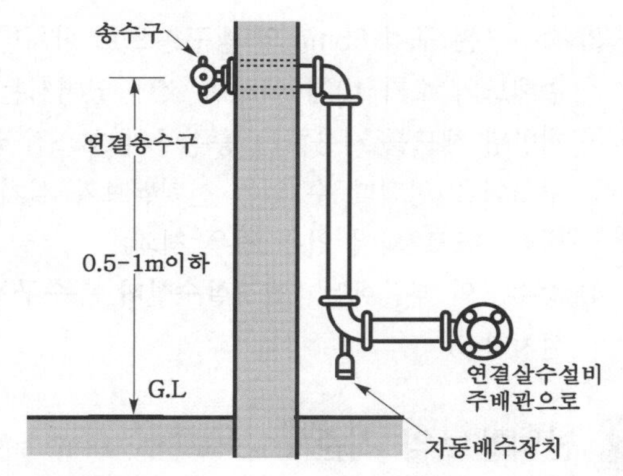

‖ 개방형 헤드를 사용하는 설비 ‖

③ 자동배수밸브는 배관 안의 물이 잘 빠질 수 있는 위치에 설치하되 배수로 인하여 다른 물건 또는 장소에 피해를 주지 않을 것

※ 개방형 헤드의 송수구역당 살수헤드수 : **10개** 이하

4 배관의 기준(NFPC 503 5조, NFTC 503 2.2.3.1)

‖ 연결살수설비 전용헤드 사용시의 구경 ‖

배관의 구경	32mm	40mm	50mm	65mm	80mm
살수헤드 개수	1개	2개	3개	4개 또는 5개	6~10개 이하

① 폐쇄형 헤드를 사용하는 연결살수설비의 주배관은 옥내소화전 설비의 주배관 및 수도배관 또는 옥상에 설치된 수조에 접속하여야 한다. 이 경우 연결살수설비의 주배관과 옥내소화전설비의 주배관·수도배관·옥상에 설치된 수조의 접속 부분에는 체크밸브를 설치하되 점검하기 쉽게 해야 한다.

② 폐쇄형 헤드의 시험배관 설치
㈎ 송수구에서 가장 먼 거리에 위치한 가지배관의 끝으로부터 연결하여 설치할 것
㈏ 시험장치배관의 구경은 25mm 이상으로 하고, 시험배관의 끝에는 **물받이통** 및 **배수관**을 설치하여 시설 중 방사된 물이 바닥으로 흘러내리지 않도록 할 것(단, 목욕실·화장실 또는 그 밖의 배수처리가 쉬운 장소의 경우에는 물받이통 또는 배수관을 설치하지 않을 수 있다).

③ 개방형 헤드를 사용하는 연결살수설비에 있어서의 수평주행배관은 헤드를 향하여 상향으로 $\frac{1}{100}$ 이상의 기울기로 설치하고 주배관 중 낮은 부분에는 **자동배수밸브**를 설치해야 한다.

④ 가지배관 또는 교차배관을 설치하는 경우에는 가지배관의 배열은 **토너먼트방식이 아니어야** 하며 가지배관은 교차배관 또는 주배관에서 분기되는 지점을 기점으로 한쪽 **가지배관**에 설치되는 헤드의 개수는 **8개** 이하로 해야 한다.

※ 연결살수설비의 배관 종류
① 배관용 탄소강관
② 이음매 없는 구리 및 구리합금관(습식에 한함)
③ 배관용 스테인리스 강관
④ 일반배관용 스테인리스강관
⑤ 덕타일 주철관
⑥ 압력배관용 탄소강관
⑦ 배관용 아크용접 탄소강강관
⑧ 소방용 합성수지배관

※ 수평 주행배관
각 층에서 교차배관까지 물을 공급하는 배관

※ 토너먼트방식
가스계 소화설비에 적용하는 방식으로 용기로부터 노즐까지의 마찰손실을 일정하게 유지하기 위한 방식

※ 가지배관의 헤드 개수
8개 이하

Key Point

5 헤드의 기준(NFPC 503 6조, NFTC 503 2.3)

(a)

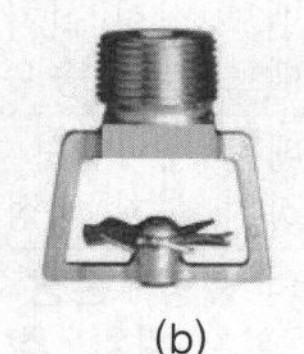

(b)

▌살수헤드▐

① 건축물에 설치하는 헤드의 설치기준

㈎ 천장 또는 반자의 실내에 면하는 부분에 설치해야 한다.

㈏ 천장 또는 반자의 각 부분으로부터 하나의 살수헤드까지의 수평거리가 **연결살수설비 전용헤드**의 경우는 3.7m 이하, **스프링클러헤드**의 경우는 2.3m 이하로 할 것(단, 살수헤드의 부착면과 바닥과의 높이가 2.1m 이하인 부분에 있어서는 살수헤드의 살수분포에 따른 거리로 할 수 있다).

② 가연성 가스의 저장·취급시설에 설치하는 헤드의 설치기준

㈎ 연결살수설비 전용의 **개방형 헤드**를 설치해야 한다.

㈏ 가스저장탱크·가스홀더 및 가스발생기의 주위에 설치하되 헤드 상호간의 거리는 3.7m 이하로 할 것

㈐ 헤드의 살수범위는 가스저장탱크·가스홀더 및 가스발생기의 몸체의 중간 윗부분의 모든 부분이 포함되도록 하여야 하고 살수된 물이 흘러 내리면서 살수범위에 포함되지 아니한 부분에도 모두 적셔질 수 있도록 할 것

3 살수헤드의 설치제외장소(NFPC 503 7조, NFTC 503 2.4.1)

연결살수설비를 설치하여야 할 판매시설(**도매시장·백화점·소매시장·슈퍼마켓** 및 바닥면적 150m² 이상인 지하층에 설치된 것 제외)로서 주요구조부가 **내화구조** 또는 **방화구조**로 되어 있고 바닥면적이 500m² 미만으로 방화구획되어 있는 특정소방대상물 또는 그 부분에는 연결살수설비의 헤드를 설치하지 않을 수 있다.

4 연결살수설비의 점검사항

1 연결살수설비의 작동점검

구 분	점검항목
송수구	① 설치장소 적정 여부 ② 송수구 구경(65mm) 및 형태(**쌍구형**) 적정 여부 ③ 송수구역별 호스접결구 설치 여부(개방형 헤드의 경우) ④ 설치높이 적정 여부 ⑤ **"연결살수설비송수구"** 표지 및 송수구역 일람표 설치 여부 ⑥ 송수구 **마개** 설치 여부 ⑦ 송수구의 **변형** 또는 **손상** 여부 ⑧ 자동배수밸브 설치상태 적정 여부

※ 헤드의 설치간격
① 스프링클러 헤드 : 2.3m 이하
② 살수헤드 : 3.7m 이하

※ 반자
천장밑 또는 지붕밑에 설치되어 열차단, 소음방지 및 장식용으로 꾸민 부분

※ 연소할 우려가 있는 개구부
각 방화구획을 관통하는 컨베이어벨트·에스컬레이터 또는 이와 유사한 시설의 주위로서 방화구획을 할 수 없는 부분

※ 보일러실
연결살수설비의 살수헤드를 설치하여야 한다.

※ 살수 헤드
화재시 직선류 또는 나선류의 물을 충돌·확산시켜 살수함으로써 소화기능을 하는 헤드

※ 송수구
물을 배관으로 공급하기 위한 구멍

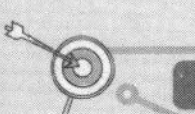

※ 선택밸브
화재가 발생한 방호구역에만 약제가 방출될 수 있도록 하는 밸브

구 분	점검항목
선택밸브	① 선택밸브 적정 설치 및 정상작동 여부 ② 선택밸브 부근 송수구역 **일람표** 설치 여부
배관 등	① 급수배관 개폐밸브 설치 적정(개폐표시형, 흡입측 버터플라이 제외) 여부 ② 시험장치 설치 적정 여부(폐쇄형 헤드의 경우)
헤드	① 헤드의 **변형 · 손상** 유무 ② 헤드 설치 **위치 · 장소 · 상태**(고정) 적정 여부 ③ 헤드 살수장애 여부

〔비고〕 특정소방대상물의 위치 · 구조 · 용도 및 소방시설의 상황 등이 이 표의 항목대로 기재하기 곤란하거나 이 표에서 누락된 사항을 기재한다.

2 연결살수설비의 종합점검

구 분	점검항목
송수구	① 설치장소 적정 여부 ② 송수구 구경(65mm) 및 형태(**쌍구형**) 적정 여부 ③ 송수구역별 호스접결구 설치 여부(개방형 헤드의 경우) ④ 설치높이 적정 여부 ⑤ 송수구에서 주배관상 연결배관 개폐밸브 설치 여부 ⑥ "**연결살수설비송수구**" 표지 및 송수구역 일람표 설치 여부 ⑦ 송수구 **마개** 설치 여부 ⑧ 송수구의 **변형** 또는 **손상** 여부 ⑨ **자동배수밸브** 및 **체크밸브** 설치순서 적정 여부 ⑩ 자동배수밸브 설치상태 적정 여부 ⑪ 1개 송수구역 설치 살수헤드 수량 적정 여부(개방형 헤드의 경우)
선택밸브	① 선택밸브 적정 설치 및 정상작동 여부 ② 선택밸브 부근 송수구역 **일람표** 설치 여부
배관 등	① 급수배관 개폐밸브 설치 적정(개폐표시형, 흡입측 버터플라이 제외) 여부 ② **동결방지조치** 상태 적정 여부(습식의 경우) ③ 주배관과 타 설비 배관 및 수조 접속 적정 여부(폐쇄형 헤드의 경우) ④ 시험장치 설치 적정 여부(폐쇄형 헤드의 경우) ⑤ 다른 설비의 배관과의 구분 상태 적정 여부
헤드	① 헤드의 **변형 · 손상** 유무 ② 헤드 설치 **위치 · 장소 · 상태**(고정) 적정 여부 ③ 헤드 살수장애 여부

〔비고〕 특정소방대상물의 위치 · 구조 · 용도 및 소방시설의 상황 등이 이 표의 항목대로 기재하기 곤란하거나 이 표에서 누락된 사항을 기재한다.

5 연결살수설비의 설치대상(소방시설법 시행령 〔별표 4〕)

설치대상	조 건
① 지하층	• 바닥면적 합계 150m^2(학교 700m^2) 이상
② 판매시설	• 바닥면적 합계 1000m^2 이상
③ 가스 시설	• 30t 이상 탱크 시설
④ 연결통로	• 전부

CHAPTER

04 연결송수관설비

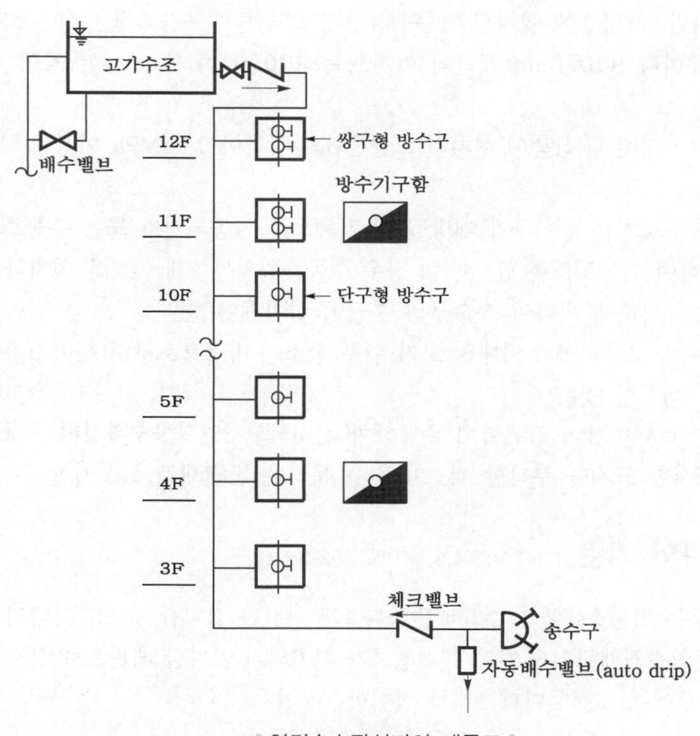

연결송수관설비의 계통도

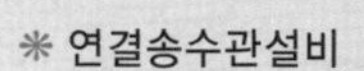

* 연결송수관설비
  화재시 지상에서 소방차로 압력수를 공급하여 건물 내의 소방대원이 소화작업을 할 수 있도록 만든 설비

* 연결송수관설비
  시험용 밸브가 필요 없다.

* 연결송수관설비의 부속장치
  ① 쌍구형 송수구
  ② 자동배수밸브(오토드립)
  ③ 체크밸브

1 주요구성

출제확률  (1점)

① 송수구
② 방수구
③ 방수기구함
④ 배관
⑤ 전원 및 배선

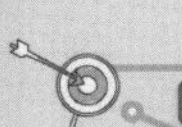

Key Point

※ **가압송수장치**
지표면에서 최상층 방수구의 높이 70m 이상에 설치

※ **노즐선단의 압력**
0.35MPa 이상

※ **수직배관**
층마다 물을 공급하는 배관

※ **자동배수밸브**
배관 내에 고인 물을 자동배수시켜 배관의 동파 및 부식방지

※ **체크밸브**
역류방지를 목적으로 한다.
① 리프트형 : 수평설치용으로 주배관상에 많이 사용
② 스윙형 : 수평·수직 설치용으로 작은 배관상에 많이 사용

2 연결송수관설비의 설치기준

1 가압송수장치의 기준(NFPC 502 8조, NFTC 502 2.5.1)

① 펌프의 토출량 **2400*l*/min**(계단식 아파트는 **1200*l*/min**) 이상이 되는 것으로 할 것. 다만, 해당층에 설치된 방수구가 **3개** 초과(방수구가 5개 이상은 **5개**)인 경우에는 1개마다 **800*l*/min**(계단식 아파트는 **400*l*/min**)를 가산한 양이 되는 것으로 할 것

② 펌프의 양정은 최상층에 설치된 노즐선단의 압력이 **0.35MPa** 이상의 압력이 되도록 할 것

③ 가압송수장치는 방수구가 개방될 때 자동으로 기동되거나 또는 수동스위치의 조작에 의하여 기동되도록 할 것. 이 경우 수동스위치는 2개 이상을 설치하되 그 중 1개는 다음 기준에 의하여 송수구의 부근에 설치해야 한다.

㈎ 송수구로부터 **5m** 이내의 보기 쉬운 장소에 바닥으로부터 높이 **0.8~1.5m** 이하로 설치할 것

㈏ **1.5mm** 이상의 강판함에 수납하여 설치하고 **"연결송수관설비 수동스위치"**라고 표시한 표지를 부착할 것. 이 경우 문짝은 **불연재료**로 설치할 수 있다.

2 송수구의 기준(NFPC 502 4조, NFTC 502 2.1.1)

① 송수구는 연결송수관의 **수직배관**마다 **1개** 이상을 설치할 것(단, 하나의 건축물에 설치된 각 수직배관이 중간에 개폐밸브가 설치되지 아니한 배관으로 상호 연결되어 있는 경우에는 건축물마다 1개씩 설치할 수 있다).

‖ 연결송수관설비의 송수구 ‖

② 송수구의 부근에는 자동배수밸브 및 체크밸브를 다음의 기준에 의하여 설치할 것. 이 경우 자동배수밸브는 배관 안의 물이 잘 빠질 수 있는 위치에 설치하되 배수로 인하여 다른 물건이나 장소에 피해를 주지 않아야 한다.

㈎ **습식**의 경우에는 **송수구 · 자동배수밸브 · 체크밸브**의 순으로 설치할 것

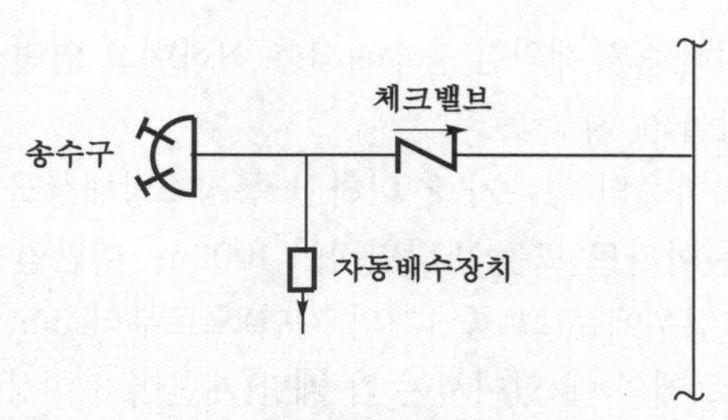

▌연결송수관설비(습식)▐

㈏ **건식**의 경우에는 **송수구 · 자동배수밸브 · 체크밸브 · 자동배수밸브**의 순으로 설치할 것

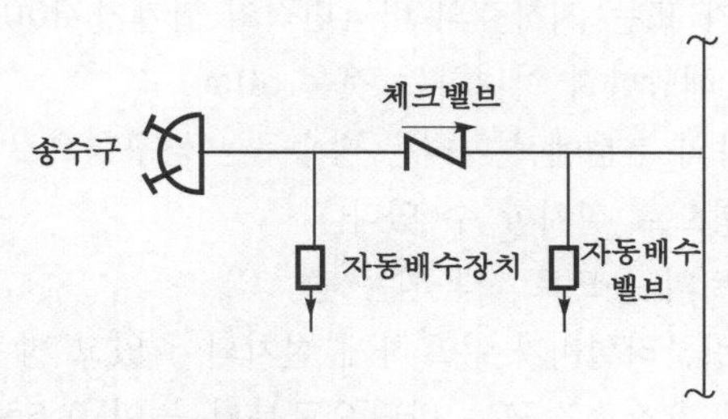

▌연결송수관설비(건식)▐

③ 송수구에는 가까운 곳의 보기 쉬운 곳에 "**연결송수관설비 송수구**"라고 표시한 표지를 설치할 것

3 방수구의 기준(NFPC 502 6조, NFTC 502 2.3.1)

▌연결송수관설비의 방수구▐

① 연결송수관설비의 방수구는 그 특정소방대상물의 **층**마다 설치할 것(단, 다음에 해당하는 층에는 설치하지 않을 수 있다.)

㈎ **아파트**의 **1층** 및 **2층**

㈏ 소방자동차의 접근이 가능하고 소방대원이 소방자동차로부터 각 부분에 쉽게 도달할 수 있는 **피난층**

㈐ 송수구가 부설된 옥내소화전이 설치된 특정소방대상물(집회장 · 관람장 · 판매시설 · 창고시설 또는 지하가 제외)로서 다음에 해당하는 층

※ 방수구
① 아파트인 경우 3층부터 설치
② 11층 이상에는 쌍구형으로 설치

※ 방수구의 설치장소
비교적 연소의 우려가 적고 접근이 용이한 계단실과 같은 곳

㉮ 지하층을 제외한 층수가 **4층** 이하이고 연면적이 **6000m²** 미만인 특정소방대상물의 지상층

㉯ 지하층의 층수가 **2 이하**인 특정소방대상물의 지하층

② 방수구는 아파트 또는 바닥면적이 1000m² 미만인 층에 있어서는 계단(계단이 2 이상 있는 경우에는 그 중 1개의 계단)으로부터 5m 이내에 바닥면적 1000m² 이상인 층(아파트 제외)에 있어서는 각 계단(계단이 3 이상 있는 층의 경우에는 그 중 2개의 계단)으로부터 5m 이내에 설치하되 그 방수구로부터 그 층의 각 부분까지의 수평거리가 다음 기준을 초과하는 경우에는 그 기준 이하가 되도록 방수구를 추가하여 설치할 것

(가) 지하가 또는 지하층의 바닥면적의 합계가 **3000m²** 이상인 것은 **25m**

(나) (가)에 해당하지 아니하는 것은 **50m**

③ **11층 이상**의 부분에 설치하는 방수구는 **쌍구형**으로 할 것(단, 다음에 해당하는 층에는 단구형으로 설치할 수 있다.)

(가) 아파트의 용도로 사용되는 층

(나) 스프링클러설비가 유효하게 설치되어 있고 방수구가 2개소 이상 설치된 층

④ 방수구의 호스접결구는 바닥으로부터 높이 **0.5~1m** 이하의 위치에 설치할 것

⑤ 방수구는 연결송수관설비의 전용방수구 또는 옥내소화전방수구로서 구경 **65mm**의 것으로 설치할 것

⑥ 방수구는 **개폐기능**을 가진 것으로 설치해야 하며, 평상시 닫힌 상태를 유지할 것

※ 11층 이상의 쌍구형 방수구 적용 이유
11층 이상은 소화활동에 대한 외부의 지원 및 피난에 여러 가지 제약이 따르므로 2개의 관창을 사용하여 신속하게 화재를 진압하기 위함

※ 방수구의 구경
65mm

※ 방수기구함
3개층마다 설치

4 방수기구함의 기준(NFPC 502 7조, NFTC 502 2.4.1)

▌방수기구함▐

① 방수기구함은 **피난층**과 **가장 가까운 층**을 기준으로 **3개층**마다 설치하되, 그 층의 방수구마다 보행거리 5m 이내에 설치할 것

② 방수기구함에는 길이 **15m**의 **호스**와 **방사형 관창**을 다음 기준에 따라 비치할 것

※ 보행거리
걸어서 간 거리

(a) 소방호스

(b) 방사형 관창

▮소방호스와 방사형 관창▮

㈎ 호스는 방수구에 연결하였을 때 그 방수구가 담당하는 구역의 각 부분에 유효하게 물이 뿌려질 수 있는 개수 이상을 배치할 것. 이 경우 쌍구형 방수구는 단구형 방수구의 2배 이상의 개수를 설치해야 한다.

㈏ 방사형 관창은 **단구형 방수구**의 경우에는 1개, **쌍구형 방수구**의 경우에는 2개 이상 비치할 것

③ 방수기구함에는 **"방수기구함"**이라고 표시한 축광식 표지를 할 것

※ 방사형
'분무형'이라고도 한다. 직사형보다 물의 입자가 작다.

5 배관의 기준(NFPC 502 5조, NFTC 502 2.2.1)

① 주배관의 구경은 100mm 이상의 것으로 할 것

② 지면으로부터의 높이가 31m 이상인 특정소방대상물 또는 지상 **11층 이상**인 특정소방대상물에 있어서는 **습식설비**로 할 것

※ 관창
호스의 끝부분에 설치하는 원통형의 금속제로서 '노즐'이라고도 부른다.

※ 연결송수관설비의 배관은 주배관의 구경이 100mm 이상인 **옥내소화전설비·스프링클러설비** 또는 **물분무등소화설비**의 배관과 겸용할 수 있다. (단, 30층 이상은 옥내소화전설비만 겸용가능)

※ 습식 설비로 하여야 하는 경우
① 높이 31m 이상
② 지상 11층 이상

3 송수구의 형식승인 및 제품검사기술기준

1 송수구의 구조 · 모양 및 치수(제11조)

① **송수구**의 접합부위는 **암나사**이어야 한다.

② 송수구의 구조는 본체·체크밸브·조임 링·명판 및 보호 캡으로 구성되어야 한다.

③ 송수구의 체크밸브는 50kPa 이하에서 개방되어야 한다.

④ 송수구의 명판에는 보기 쉽도록 그 용도별 뜻을 표시하여야 한다.

⑤ 체크밸브가 열린 때의 **최소유수통과면적**은 접합부 규격별 **호칭직경면적** 이상이어야 한다.

※ 송수구의 접합부위
암나사

Key Point

4 연결송수관설비의 점검사항

※ **연결송수관설비**
옥내소화전함 내에 직경 65mm 방수구를 설치하고 화재시 현장에 출동한 소방차에서 실외에 설치되어 있는 송수구에 물을 공급하고 소방관이 실내로 들어가 옥내소화전함 내의 직경 65mm 방수구에 호스를 연결하여 화재를 진압하는 설비

1 연결송수관설비의 작동점검

구 분	점검항목
송수구	① 설치장소 적정 여부 ② 지면으로부터 설치높이 적정 여부 ③ 급수개폐밸브가 설치된 경우 설치상태 적정 및 정상 기능 여부 ④ 수직배관별 **1개** 이상 송수구 설치 여부 ⑤ "**연결송수관설비송수구**" 표지 및 송수압력범위 표지 적정 설치 여부 ⑥ 송수구 **마개** 설치 여부
방수구	① 방수구 형태 및 구경 적정 여부 ② 위치표시(표시등, 축광식 표지) 적정 여부 ③ 개폐기능 설치 여부 및 상태 적정(닫힌 상태) 여부
방수기구함	① **호스** 및 **관창** 비치 적정 여부 ② "**방수기구함**" 표지 설치상태 적정 여부
가압송수장치	① 펌프 토출량 및 양정 적정 여부 ② 방수구 개방시 자동기동 여부 ③ 수동기동스위치 설치상태 적정 및 수동스위치 조작에 따른 기동 여부 ④ 가압송수장치 "**연결송수관펌프**" 표지 설치 여부 ⑤ 자가발전설비인 경우 연료적정량 보유 여부 ⑥ 자가발전설비인 경우 「전기사업법」에 따른 정기점검 결과 확인

〔비고〕 특정소방대상물의 위치·구조·용도 및 소방시설의 상황 등이 이 표의 항목대로 기재하기 곤란하거나 이 표에서 누락된 사항을 기재한다.

※ **작동점검과 종합점검**
① 작동점검
소방시설 등을 인위적으로 조작하여 화재안전기준에서 정하는 성능이 있는지를 점검하는 것
② 종합점검
소방시설 등의 작동점검을 포함하여 설비별 주요구성부품의 구조기준이 화재안전기준에 적합한지 여부를 점검하는 것

2 연결송수관설비의 종합점검

구 분	점검항목
송수구	① 설치장소 적정 여부 ② 지면으로부터 설치높이 적정 여부 ③ 급수개폐밸브가 설치된 경우 설치상태 적정 및 정상 기능 여부 ④ 수직배관별 **1개** 이상 송수구 설치 여부 ⑤ "**연결송수관설비송수구**" 표지 및 송수압력범위 표지 적정 설치 여부 ⑥ 송수구 **마개** 설치 여부
배관 등	① 겸용 급수배관 적정 여부 ② 다른 설비의 배관과의 구분 상태 적정 여부
방수구	① 설치기준(층, 개수, 위치, 높이) 적정 여부 ② 방수구 형태 및 구경 적정 여부 ③ 위치표시(표시등, 축광식 표지) 적정 여부 ④ 개폐기능 설치 여부 및 상태 적정(닫힌 상태) 여부
방수기구함	① 설치기준(층, 위치) 적정 여부 ② **호스** 및 **관창** 비치 적정 여부 ③ "**방수기구함**" 표지 설치상태 적정 여부

Key Point

구 분	점검항목
가압송수장치	① 가압송수장치 설치장소 기준 적합 여부 ② 펌프 흡입측 **연성계·진공계** 및 **토출측 압력계** 설치 여부 ③ **성능시험배관** 및 **순환배관** 설치 적정 여부 ④ 펌프 토출량 및 양정 적정 여부 ⑤ 방수구 개방시 자동기동 여부 ⑥ 수동기동스위치 설치상태 적정 및 수동스위치 조작에 따른 기동 여부 ⑦ 가압송수장치 "**연결송수관펌프**" 표지 설치 여부 ⑧ 비상전원 설치장소 적정 및 관리 여부 ⑨ 자가발전설비인 경우 연료적정량 보유 여부 ⑩ 자가발전설비인 경우 「전기사업법」에 따른 정기점검 결과 확인

〔비고〕 특정소방대상물의 위치·구조·용도 및 소방시설의 상황 등이 이 표의 항목대로 기재하기 곤란하거나 이 표에서 누락된 사항을 기재한다.

5 연결송수관설비의 설치대상(소방시설법 시행령 〔별표 4〕)

① **5층** 이상으로서 연면적 **6000m²** 이상
② **7층** 이상
③ **지하 3층** 이상이고 바닥면적 **1000m²** 이상
④ 지하가 중 터널길이 **1000m** 이상

※ 연면적
각 바닥면적의 합계를 말하는 것으로, 지하·지상층의 모든 바닥면적을 포함한다.

CHAPTER

05 소화용수설비

✻ **소화용수설비**
부지가 넓은 대규모 건물이나 고층건물의 경우에 설치한다.

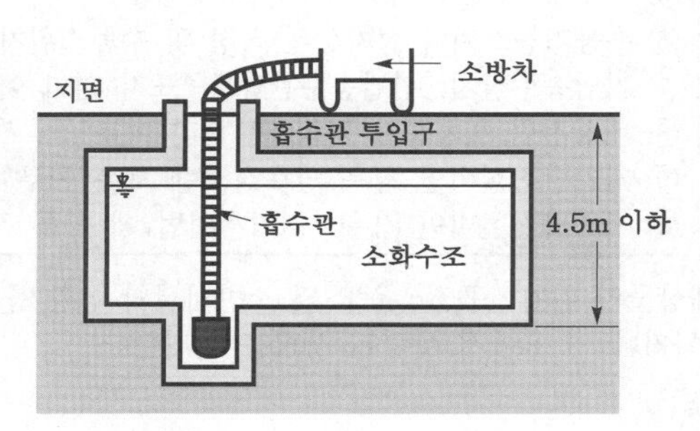

‖ 소화용수설비 ‖

1 주요구성

① 가압송수장치
② 소화수조
③ 저수조
④ 상수도 소화용수설비

2 소화용수설비의 설치기준

✻ **가압송수장치의 설치**
깊이 4.5m 이상

✻ **4.5m 이상에 가압송수장치 설치 이유**
4.5m 이상인 경우 소방차가 소화용수를 흡입하지 못하므로

✻ **소화수조 · 저수조**
수조를 설치하고 여기에 소화에 필요한 물을 항시 채워두는 것

1 가압송수장치의 기준(NFPC 402 5조, NFTC 402 2.2)

① 소화수조 또는 저수조가 지표면으로부터의 깊이(수조내부바닥까지 길이)가 **4.5m** 이상인 지하에 있는 경우에는 아래 〔표〕에 의하여 가압송수장치를 설치해야 한다.

‖ 가압송수장치의 분당 양수량 ‖

저수량	20~40m^3 미만	40~100m^3 미만	100m^3 이상
양수량	1100l/min 이상	2200l/min 이상	3300l/min 이상

② 소화수조가 옥상 또는 옥탑의 부분에 설치된 경우에는 지상에서 설치된 채수구에서의 압력이 **0.15MPa** 이상이 되도록 해야 한다.

Key Point

▮ 채수구 ▮

2 소화수조 · 저수조의 기준(NFPC 402 4조, NFTC 402 2.1)

① 소화수조, 저수조는 채수구 또는 흡수관 투입구는 소방차가 채수구로부터 2m 이내의 지점까지 접근할 수 있는 위치에 설치해야 한다.

② 소화수조 또는 저수조의 저수량은 특정소방대상물의 연면적을 아래 〔표〕에 따른 기준면적으로 나누어 얻은 수(소수점 이하의 수는 1로 본다)에 $20m^3$를 곱한 양 이상이 되도록 해야 한다.

▮ 소화수조 또는 저수조의 저수량 산출 ▮

특정소방대상물의 구분	기준면적[m^2]
지상 1층 및 2층의 바닥면적 합계 $15000m^2$ 이상	7500
기타	12500

③ 소화수조 또는 저수조의 설치기준

㈎ 지하에 설치하는 소화용수설비의 흡수관 투입구는 그 한변이 0.6m 이상이거나 직경이 0.6m 이상인 것으로 하고 소요수량이 **$80m^3$ 미만**인 것에 있어서는 **1개** 이상, **$80m^3$ 이상**인 것에 있어서는 **2개** 이상을 설치해야 하며 **"흡수관 투입구"**라고 표시한 표지를 할 것

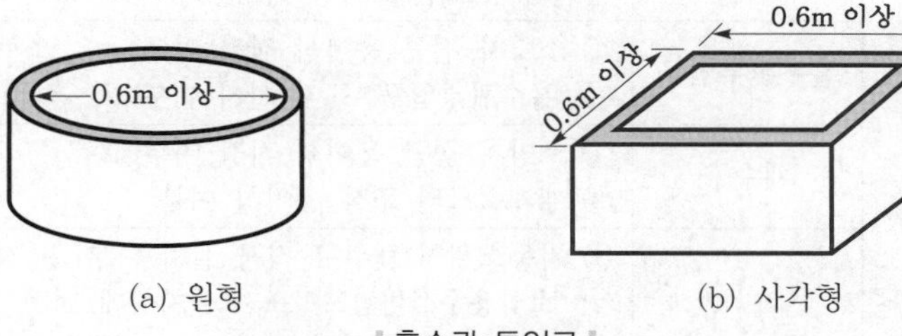

(a) 원형　　(b) 사각형

▮ 흡수관 투입구 ▮

㈏ 소화용수설비에 설치하는 채수구에는 아래 〔표〕에 따른 소방호스 또는 소방용 흡수관에 사용하는 규격 65mm 이상의 **나사식 결합금속구**를 설치할 것

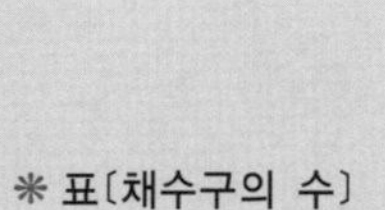

‖ 나사식 결합금속구 ‖

‖ 채수구의 수 ‖

소화수조용량	20~40m³ 미만	40~100m³ 미만	100m³ 이상
채수구의 수	1개	2개	3개

(다) 채수구는 지면으로부터의 높이가 0.5~1m 이하의 위치에 설치하고 "**채수구**"라고 표시한 표지를 할 것

④ 소화용수설비를 설치해야 할 특정소방대상물에 있어서 유수의 양이 0.8m³/min 이상인 유수를 사용할 수 있는 경우에는 소화수조를 설치하지 않을 수 있다.

※ 표〔채수구의 수〕
★ 꼭 기억하세요 ★

※ 채수구
소방차의 소방 호스와 접결되는 흡입구로서 지면에서 0.5~1m 이하에 설치

3 상수도 소화용수설비의 기준(NFPC 401 4조, NFTC 401 2.1.1)

① 호칭지름 75mm 이상의 수도배관에 호칭지름 100mm 이상의 소화전을 접속할 것
② 소화전은 소방차 등의 진압이 쉬운 **도로변** 또는 **공지**에 설치할 것
③ 소화전은 특정소방대상물의 수평투영면의 각 부분으로부터 140m 이하가 되도록 설치할 것

※ 호칭지름
일반적으로 표기하는 배관의 직경

※ 수평투영면
건축물을 수평으로 투영하였을 경우의 면

3 소화용수설비의 점검사항

1 소화용수설비의 작동점검

구 분		점검항목
소화수조 및 저수조	수원	수원의 유효수량 적정 여부
	흡수관투입구	① 소방차 접근 용이성 적정 여부 ② "**흡수관투입구**" 표지 설치 여부
	채수구	① 소방차 접근 용이성 적정 여부 ② 개폐밸브의 조작 용이성 여부
	가압송수장치	① 기동스위치 **채수구** 직근 설치 여부 및 정상작동 여부 ② "**소화용수설비펌프**" 표지 설치상태 적정 여부 ③ 성능시험배관 적정 설치 및 정상작동 여부 ④ 순환배관 설치 적정 여부 ⑤ 내연기관방식의 펌프 설치 적정(제어반 기동, 채수구 원격조작, 기동표시등 설치, 축전지 설비) 여부

※ 수원
물이 공급되는 곳

Key Point

구 분	점검항목
상수도 소화용수설비	① 소화전 위치 적정 여부 ② 소화전 관리상태(변형·손상 등) 및 방수 원활 여부

〔비고〕 특정소방대상물의 위치·구조·용도 및 소방시설의 상황 등이 이 표의 항목대로 기재하기 곤란하거나 이 표에서 누락된 사항을 기재한다.

2 소화용수설비의 종합점검

구 분	점검항목	
소화수조 및 저수조	수원	수원의 유효수량 적정 여부
	흡수관투입구	① 소방차 접근 용이성 적정 여부 ② **크기** 및 **수량** 적정 여부 ③ "**흡수관투입구**" 표지 설치 여부
	채수구	① 소방차 접근 용이성 적정 여부 ② **결합금속구** 구경 적정 여부 ③ **채수구** 수량 적정 여부 ④ 개폐밸브의 조작 용이성 여부
	가압송수장치	① 기동스위치 **채수구** 직근 설치 여부 및 정상작동 여부 ② "**소화용수설비펌프**" 표지 설치상태 적정 여부 ③ 동결방지조치 상태 적정 여부 ④ 토출측 **압력계**, 흡입측 **연성계** 또는 **진공계** 설치 여부 ⑤ 성능시험배관 적정 설치 및 정상작동 여부 ⑥ 순환배관 설치 적정 여부 ⑦ 물올림장치 설치 적정(전용 여부, 유효수량, 배관구경, 자동급수) 여부 ⑧ 내연기관방식의 펌프 설치 적정(제어반 기동, 채수구 원격조작, 기동표시등 설치, 축전지 설비) 여부
상수도 소화용수설비	① 소화전 위치 적정 여부 ② 소화전 관리상태(변형·손상 등) 및 방수 원활 여부	

〔비고〕 특정소방대상물의 위치·구조·용도 및 소방시설의 상황 등이 이 표의 항목대로 기재하기 곤란하거나 이 표에서 누락된 사항을 기재한다.

4 상수도 소화용수설비의 설치대상(소방시설법 시행령 〔별표 4〕)

① 연면적 $5000m^2$ 이상인 것

② 가스 시설로서 지상에 노출된 탱크의 저장용량의 합계가 100t 이상인 것

③ **폐기물재활용시설** 및 **폐기물처분시설**

※ **가스시설**, **지하구**, **지하가** 중 **터널**을 제외한다.

※ 상수도 소화용수설비 설치대상
연면적 $5000m^2$ 이상

※ 지하구
지하에 있는 케이블 통로

※ 지하가
지하에 있는 상가

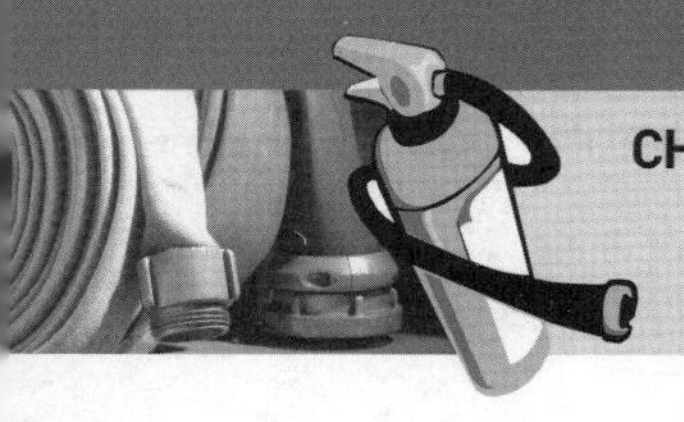

CHAPTER

06 미분무소화설비

※ 미분무소화설비
가압된 물이 헤드 통과 후 미세한 입자로 분무됨으로써 소화성능을 가지는 설비

※ 미분무소화설비의 사용압력

구 분	사용압력
저압	1.2MPa 이하
중압	1.2~3.5MPa 이하
고압	3.5MPa 초과

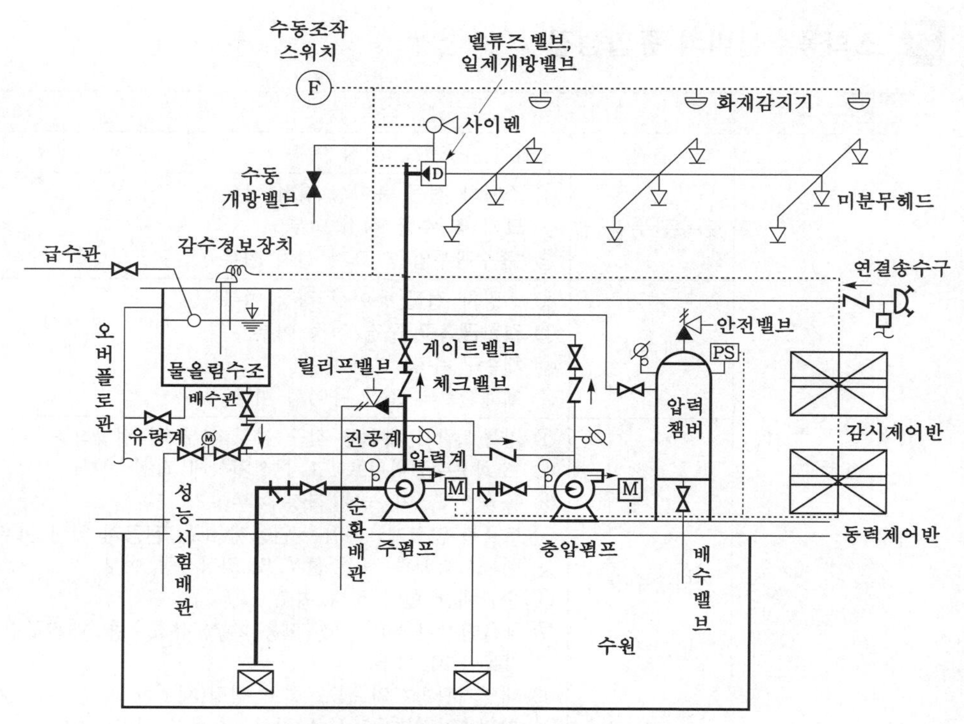

| 미분무소화설비의 계통도 |

1 주요구성

출제확률 1.0% (1점)

① 수원
② 가압송수장치
③ 배관
④ 제어반
⑤ 비상전원
⑥ 동력장치
⑦ 기동장치
⑧ 제어밸브
⑨ 배수밸브
⑩ 미분무헤드

2 수원(NFPC 104A 6조, NFTC 104A 2.3.4)

$$Q = N \times D \times T \times S + V$$

여기서, Q : 수원의 양[m^3]
N : 방호구역(방수구역) 내 헤드의 개수
D : 설계유량[m^3/min]
T : 설계방수시간[min]
S : 안전율(1.2 이상)
V : 배관의 총체적[m^3]

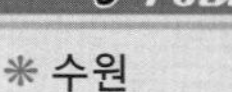

※ **수원**
사용되는 필터 또는 스트레이너의 메쉬는 헤드 오리피스 지름의 80% 이하

3 미분무소화설비용 수조의 설치기준(NFPC 104A 7조, NFTC 104A 2.4.3)

※ **수조의 재료**
① 냉간 압연 스테인리스 강판
② 강대의 STS 304

① **전용**으로 하며 점검에 편리한 곳에 설치할 것
② **동결방지조치**를 하거나 동결의 우려가 없는 장소에 설치할 것
③ 수조의 **외측**에 **수위계**를 설치할 것(단, 구조상 불가피한 경우에는 수조의 맨홀 등을 통하여 수조 내 물의 양을 쉽게 확인할 수 있도록 할 것)
④ 수조의 **상단**이 바닥보다 **높은 때**에는 수조의 **외측**에 **고정식 사다리**를 설치할 것
⑤ 수조가 실내에 설치된 때에는 그 실내에 **조명설비**를 설치할 것
⑥ 수조의 밑부분에는 **청소용 배수밸브** 또는 **배수관**을 설치할 것
⑦ 수조 외측의 보기 쉬운 곳에 "**미분무설비용 수조**"라고 표시한 표지를 할 것
⑧ 미분무펌프의 흡수배관 또는 수직배관과 수조의 접속부분에는 "**미분무설비용 배관**"이라고 표시한 표지를 할 것(단, 수조와 가까운 장소에 미분무펌프가 설치되고 미분무펌프에 표지를 설치한 때는 제외)

4 가압송수장치(NFPC 104A 8조, NFTC 104A 2.5)

(1) 전동기 또는 내연기관에 따른 펌프를 이용하는 가압송수장치의 설치기준

① **쉽게 접근**할 수 있고 점검하기에 충분한 공간이 있는 장소로서 화재 및 침수 등의 재해로 인한 피해를 받을 우려가 없는 곳에 설치할 것
② **동결방지조치**를 하거나 동결의 우려가 없는 장소에 설치할 것
③ 펌프는 **전용**으로 할 것
④ 펌프의 **토출측**에는 **압력계**를 체크밸브 이전에 펌프 토출측 가까운 곳에 설치할 것
⑤ 가압송수장치에는 정격부하 운전시 **펌프**의 **성능**을 **시험**하기 위한 **배관**을 설치할 것
⑥ 가압송수장치의 송수량은 최저설계압력에서 설계유량[l/min] 이상의 방수성능을 가진 기준개수의 **모든 헤드**로부터의 방수량을 충족시킬 수 있는 양 이상의 것으로 할 것

Key Point

⑦ 내연기관을 사용하는 경우에는 제어반에 따라 내연기관의 **자동기동** 및 **수동기동**이 가능하고, 상시 충전되어 있는 **축전지설비**를 갖출 것

⑧ 가압송수장치에는 "**미분무펌프**"라고 표시한 표지를 할 것(단, 호스릴방식의 경우 "**호스릴방식 미분무펌프**"라고 표시한 표지를 할 것)

⑨ 가압송수장치가 기동되는 경우에는 **자동**으로 **정지**되지 **아니하도록** 할 것

(2) 압력수조를 이용하는 가압송수장치의 설치기준

① 압력수조는 **배관용 스테인리스강관**(KS D 3676) 또는 이와 동등 이상의 강도ㆍ내식성, 내열성을 갖는 재료를 사용할 것

② 용접한 압력수조를 사용할 경우 **용접찌꺼기** 등이 남아 있지 아니하여야 하며, **부식**의 우려가 **없는 용접방식**으로 하여야 한다.

③ 쉽게 접근할 수 있고 점검하기에 충분한 공간이 있는 장소로서 **화재** 및 **침수** 등의 재해로 인한 피해를 받을 우려가 없는 곳에 설치할 것

④ **동결방지조치**를 하거나 동결의 우려가 없는 장소에 설치할 것

⑤ 압력수조는 **전용**으로 할 것

⑥ 압력수조에는 **수위계** · **급수관** · **배수관** · **급기관** · **맨홀** · **압력계** · **안전장치** 및 **압력저하방지**를 위한 **자동식 공기압축기**를 설치할 것

⑦ 압력수조의 **토출측**에는 사용압력의 **1.5배** 범위를 **초과**하는 **압력계**를 설치해야 한다.

※ 작동장치의 구조 및 기능

① 화재감지기의 신호에 의하여 자동적으로 밸브를 개방하고 소화수를 배관으로 송출할 것

② 수동으로 작동할 수 있게 하는 장치를 설치할 경우에는 부주의로 인한 작동을 방지하기 위한 보호장치를 강구할 것

(3) 가압수조를 이용하는 가압송수장치의 설치기준

① 가압수조의 압력은 **설계방수량** 및 **방수압**이 설계방수시간 이상 유지되도록 할 것

② 가압수조의 수조는 **최대상용압력 1.5배**의 수압을 가하는 경우 물이 새지 않고 변형이 없을 것

③ 가압수조 및 가압원은 「건축법 시행령」 제46조에 따른 방화구획 된 장소에 설치할 것

④ 가압수조에는 **수위계** · **급수관** · **배수관** · **급기관** · **압력계** · **안전장치** 및 **수조**에 소화수와 압력을 보충할 수 있는 장치를 설치할 것

⑤ 가압수조를 이용한 가압송수장치는 한국소방산업기술원 또는 법 제42조 제1항에 따라 지정된 성능시험기관에서 그 성능을 인정받은 것으로 설치할 것

⑥ 가압수조는 **전용**으로 설치할 것

5 방호구역 및 방수구역(NFPC 104A 9 · 10조, NFTC 104A 2.6, 2.7)

(1) 폐쇄형 미분무소화설비의 방호구역의 적합기준

① 하나의 방호구역의 바닥면적은 **펌프용량**, **배관**의 **구경** 등을 수리학적으로 계산한 결과 헤드의 방수압 및 방수량이 방호구역 범위 내에서 소화목적을 달성할 수 있도록 산정할 것

② 하나의 방호구역은 **2개층**에 미치지 아니하도록 할 것

※ 주차장의 미분무소화설비

습식 외의 방식

Key Point

(2) 개방형 미분무소화설비의 방수구역의 적합기준

① 하나의 방수구역은 **2개층**에 미치지 아니 할 것

② 하나의 방수구역을 담당하는 헤드의 개수는 **최대설계개수 이하**로 할 것(단, **2개 이상**의 방수구역으로 나눌 경우에는 하나의 방수구역을 담당하는 헤드의 개수는 **최대설계개수**의 $\frac{1}{2}$ **이상**으로 할 것)

③ **터널, 지하구, 지하가** 등에 설치할 경우 동시에 방수되어야 하는 방수구역은 화재가 발생된 방수구역 및 접한 방수구역으로 할 것

6 미분무설비 배관의 배수를 위한 기울기 기준(NFPC 104A 11조, NFTC 104A 2.8.12)

▌미분무설비 배관 기울기▐

폐쇄형 미분무소화설비	개방형 미분무소화설비
배관을 수평으로 할 것(단, 배관의 구조상 소화수가 남아 있는 곳에는 배수밸브 설치)	헤드를 향하여 상향으로 **수평주행배관**의 기울기를 $\frac{1}{500}$ 이상, **가지배관**의 기울기를 $\frac{1}{250}$ 이상으로 할 것(단, 배관의 구조상 기울기를 줄 수 없는 경우에는 배수를 원활하게 할 수 있도록 **배수밸브** 설치)
배관은 다른 설비의 배관과 쉽게 구분이 될 수 있는 위치에 설치하거나, 그 배관표면 또는 배관 보온재 표면의 색상은 **적색**으로 소방용 설비의 배관임을 표시해야 한다.	

✻ 미분무소화설비
① 폐쇄형 미분무소화설비
② 개방형 미분무소화설비

7 호스릴방식의 설치기준(NFPC 104A 11조, NFTC 104A 2.8.14)

① **차고** 또는 **주차장 외**의 장소에 설치하되, 방호대상물의 각 부분으로부터 하나의 호스접결구까지의 **수평거리**가 25m 이하가 되도록 할 것

② 소화약제 저장용기의 개방밸브는 호스의 설치장소에서 **수동**으로 개폐할 수 있는 것으로 할 것

③ 소화약제 저장용기의 가장 가까운 곳의 보기 쉬운 곳에 **표시등**을 설치하고 호스릴 미분무소화설비가 있다는 뜻을 표시한 표지를 할 것

Key Point

※ 미분무설비에 사용되는 헤드
조기반응형 헤드

※ 설계도서 작성 공통기준
건축물에서 발생 가능한 상황을 선정하되, 건축물의 특성에 따라 설계도서 유형 중 일반설계도서와 특별설계도서 중 1개 이상 작성

8 폐쇄형 미분무헤드의 최고주위온도(NFPC 104A 13조, NFTC 104A 2.10.4)

$$T_a = 0.9\,T_m - 27.3℃$$

여기서, T_a : 최고주위온도
T_m : 헤드의 표시온도

9 설계도서 작성기준

‖ 설계도서 유형 ‖

설계도서 유형	설 명
일반설계도서	(1) 건물용도, 사용자 중심의 일반적인 화재를 가상한다. (2) 설계도서에는 다음 사항이 필수적으로 명확히 설명되어야 한다. ① 건물사용자 특성 ② **사용자**의 **수**와 **장소** ③ **실 크기** ④ 가구와 실내 내용물 ⑤ 연소 가능한 물질들과 그 특성 및 발화원 ⑥ **환기조건** ⑦ 최초 발화물과 발화물의 위치 ⑧ 설계자가 필요한 경우 기타 설계도서에 필요한 사항을 추가할 수 있다.
특별설계도서 1	① **내부 문**들이 **개방**되어 있는 상황에서 피난로에 화재가 발생하여 급격한 화재연소가 이루어지는 상황을 가상한다. ② 화재시 가능한 **피난방법**의 **수**에 중심을 두고 작성한다.
특별설계도서 2	① **사람**이 **상주**하지 **않는 실**에서 화재가 발생하지만, 잠재적으로 많은 재실자에게 위험이 되는 상황을 가상한다. ② 건축물 내의 재실자가 없는 곳에서 화재가 발생하여 **많은 재실자**가 있는 공간으로 **연소 확대**되는 상황에 중심을 두고 작성한다.
특별설계도서 3	① **많은 사람**들이 있는 **실**에 **인접**한 **벽**이나 덕트 공간 등에서 화재가 발생한 상황을 가상한다. ② **화재감지기**가 **없는 곳**이나 **자동**으로 작동하는 **소화설비**가 **없는 장소**에서 화재가 발생하여 많은 재실자가 있는 곳으로의 연소 확대가 가능한 상황에 중심을 두고 작성한다.
특별설계도서 4	① **많은 거주자**가 있는 **아주 인접한 장소** 중 소방시설의 작동범위에 들어가지 않는 장소에서 아주 천천히 성장하는 화재를 가상한다. ② **작은 화재**에서 시작하지만 큰 **대형화재**를 일으킬 수 있는 화재에 중심을 두고 작성한다.
특별설계도서 5	① 건축물의 일반적인 사용 특성과 관련, **화재하중**이 **가장 큰 장소**에서 발생한 아주 심각한 화재를 가상한다. ② **재실자**가 있는 공간에서 **급격하게 연소 확대**되는 **화재**를 중심으로 작성한다.
특별설계도서 6	① **외부**에서 발생하여 **본 건물**로 **화재**가 **확대**되는 경우를 가상한다. ② **본 건물**에서 **떨어진 장소**에서 화재가 발생하여 본 건물로 화재가 확대되거나 피난로를 막거나 거주가 불가능한 조건을 만드는 화재에 중심을 두고 작성한다.

과년도 기출문제

2023년 소방설비산업기사 실기(기계분야)

** 수험자 유의사항 **

– 일반사항

1. 시험문제를 받는 즉시 응시하고자 하는 종목의 문제지가 맞는지를 확인하여야 합니다.
2. 시험문제지 총면수 · 문제번호 순서 · 인쇄상태 등을 확인하고(**확인 이후 시험문제지 교체불가**), 수험번호 및 성명을 답안지에 기재하여야 합니다.
3. 부정 또는 불공정한 방법(시험문제 내용과 관련된 메모지 사용 등)으로 시험을 치른 자는 부정행위자로 처리되어 당해 시험을 중지 또는 무효로 하고, 3년간 국가기술자격검정의 응시자격이 정지됩니다.
4. 저장용량이 큰 전자계산기 및 유사 전자제품 사용 시에는 반드시 저장된 메모리를 초기화한 후 사용하여야 하며, 시험위원이 초기화 여부를 확인할 시 협조하여야 합니다. 초기화되지 않은 전자계산기 및 유사 전자제품을 사용하여 적발 시에는 부정행위로 간주합니다.
5. 시험 중에는 통신기기 및 전자기기(휴대용 전화기 및 **스마트워치** 등)를 지참하거나 사용할 수 없습니다.
6. **문제 및 답안(지), 채점기준은 공개하지 않습니다.**
7. 복합형 시험의 경우 시험의 전 과정(필답형, 작업형)을 응시하지 않은 경우 채점대상에서 제외합니다.
8. 국가기술자격 시험문제는 일부 또는 전부가 저작권법상 보호되는 저작물이고, 저작권자는 한국산업인력공단입니다. 문제의 일부 또는 전부를 무단 복제, 배포, 출판, 전자출판 하는 등 저작권을 침해하는 일체의 행위를 금합니다.

– 채점사항

1. 수험자 인적사항 및 계산식을 포함한 답안작성은 흑색 필기구만 사용해야 하며, 그 외 연필류, 빨간색, 청색 등 필기구로 작성한 답항은 0점 처리되오니 불이익을 당하지 않도록 유의해 주시기 바랍니다.
2. 답란에는 문제와 관련 없는 불필요한 낙서나 특이한 기록사항 등을 기재하여서는 안 되며, 답안지의 인적사항 기재란 외의 부분에 답안과 관련 없는 **특수한 표시를 하거나 특정인임을 암시하는 경우 답안지 전체를 0점 처리합니다.**
3. 계산문제는 반드시 「계산과정」과 「답」란에 기재하여야 하며, **계산과정이 틀리거나 없는 경우 0점 처리됩니다.**
4. 계산문제는 최종 결과 값(답)에서 소수 셋째자리에서 반올림하여 둘째자리까지 구하여야 하나 개별문제에서 소수 처리에 대한 요구사항이 있을 경우 그 요구사항에 따라야 합니다.
5. 답에 단위가 없으면 오답으로 처리됩니다. (단, 문제의 요구사항에 단위가 주어졌을 경우는 생략되어도 무방합니다.)
6. 문제에서 요구한 가지수(항수) 이상을 답란에 표기한 경우에는 답란기재 순으로 요구된 가지수(항수)만 채점하고 한 항에 여러 가지를 기재하더라도 한 가지로 보며 그중 정답과 오답이 함께 기재되어 있을 경우 오답으로 처리됩니다.
7. 답안 정정 시에는 정정하고자 하는 단어에 두 줄(=)을 긋고 다시 기재 가능하며, 수정테이프 등은 사용할 수 없으며, 수정테이프 사용 시 채점대상에서 제외됨을 알려드립니다.

※ 수험자 유의사항 미준수로 인한 채점상의 불이익은 수험자 본인에게 책임이 있습니다.

2023. 4. 22 시행

▌2023년 산업기사 제1회 필답형 실기시험▌

자격종목	시험시간	형별	수험번호	성명	감독위원 확인
소방설비산업기사(기계분야)	2시간 30분				

※ 다음 물음에 답을 해당 답란에 답하시오.(배점 : 100)

☆☆

문제 01

한 층에 옥내소화전 3개를 설치하고 3개를 동시에 방수했을 때 압력을 측정한 결과 0.5MPa이었다. 이때 노즐구경은 몇 mm인지 구하시오. (단, 하나의 노즐에서 방사하는 유량은 130L/min이다.)

(17.11.문1, 11.11.문16, 08.11.문3)

○ 계산과정 :
○ 답 :

득점	배점
	4

해답 ○ 계산과정 : $Q=3\times130=390\text{L/min}$

$$D=\sqrt{\frac{390}{0.653\times\sqrt{10\times0.5}}}=16.343 \fallingdotseq 16.34\text{mm}$$

○ 답 : 16.34mm

해설 (1) **옥내소화전설비 토출량**(유량)

$$Q=N\times130\text{L/min}$$

여기서, Q : 토출량(유량)〔L/min〕
N : 가장 많은 층의 소화전개수(30층 미만 : **2개**, 30층 이상 : **5개**)

$Q=N\times130\text{L/min}=3\text{개}\times130\text{L/min}=390\text{L/min}$

- 130L/min : 〔단서〕에서 주어진 값
- 문제에서 옥내소화전 3개를 동시에 방수했으므로 N=최대 2개이지만 3개를 적용해야 함. 특히 주의! $Q=N\times130\text{L/min}=2\times130\text{L/min}=260\text{L/min}$ 을 적용하면 틀린다.

(2) **노즐**의 **방수량**에 대한 **식**

노즐의 흐름계수가 주어지지 않은 경우	노즐의 흐름계수가 주어진 경우
$Q=0.653D^2\sqrt{10P}$ 여기서, Q : 방수량〔L/min〕 D : 관의 내경(노즐구경)〔mm〕 P : 동압(게이지압)〔MPa〕	$Q=0.6597CD^2\sqrt{10P}$ 여기서, Q : 방수량〔L/min〕 C : 노즐의 흐름계수(유량계수) D : 관의 내경(노즐구경)〔mm〕 P : 동압(게이지압)〔MPa〕

노즐의 흐름계수가 주어지지 않았으므로

$$Q=0.653D^2\sqrt{10P}$$

$$\frac{Q}{0.653\sqrt{10P}}=D^2$$

좌우를 이항하면

$$D^2=\frac{Q}{0.653\sqrt{10P}}$$

$$\sqrt{D^2}=\sqrt{\frac{Q}{0.653\sqrt{10P}}}$$

$$D=\sqrt{\frac{Q}{0.653\sqrt{10P}}}=\sqrt{\frac{390\text{L/min}}{0.653\times\sqrt{10\times0.5\text{MPa}}}}=16.343 \fallingdotseq 16.34\text{mm}$$

- 390L/min : (1)에서 구한 값
- 0.5MPa : 문제에서 주어진 값

용어

흐름계수(flow coefficeint)	수축계수
① 이론유량은 실제유량보다 크게 나타나는데 이 차이를 보정해 주기 위한 계수 ② 흐름계수=유량계수=유출계수=방출계수=유동계수=송출계수	① 유체가 오리피스 등으로부터 흘러나올 때 단면이 어느 정도 수축되는데 그 수축되는 비율 ② 수축계수=축류계수

☆☆

문제 02

옥내소화전설비의 수원은 산출된 유효수량의 $\frac{1}{3}$ 이상을 옥상에 설치하여야 한다. 설치 예외사항을 3가지만 쓰시오.

(17.11.문3, 13.11.문11, 06.7.문3)

득점	배점
	3

○

○

○

해답 ① 지하층만 있는 건축물
② 건축물의 높이가 지표면으로부터 10m 이하인 경우
③ 가압수조를 가압송수장치로 설치한 옥내소화전설비

해설
- 짧은 것, 암기하기 쉬운 것 위주로 3개만 골라서 써보자.

유효수량의 $\frac{1}{3}$ **이상**을 **옥상**에 설치하지 않아도 되는 경우(30층 이상은 제외)

(1) **지하층**만 있는 건축물
(2) **고가수조**를 가압송수장치로 설치한 옥내소화전설비
(3) 수원이 건축물의 최상층에 설치된 **방수구**보다 높은 위치에 설치된 경우
(4) 건축물의 높이가 지표면으로부터 **10m** 이하인 경우
(5) **주펌프**와 동등 이상의 성능이 있는 별도의 펌프로서 내연기관의 기동과 연동하여 작동되거나 **비상전원**을 연결하여 설치한 경우
(6) **학교ㆍ공장ㆍ창고시설**로서 동결의 우려가 있는 장소
(7) **가압수조**를 가압송수장치로 설치한 옥내소화전설비

☆☆☆

문제 03

스프링클러설비의 배관에 대한 다음 각 물음에 답하시오.

(17.6.문4, 16.6.문12, 16.4.문16, 14.7.문5, 12.4.문8, 09.7.문5)

득점	배점
	6

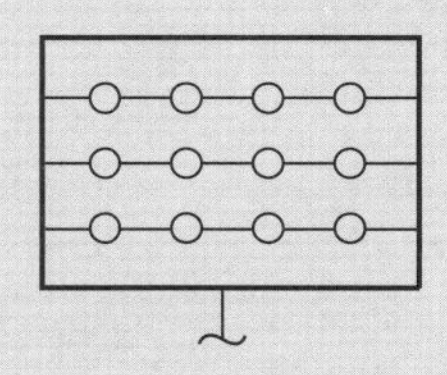

(가) 그림은 어떤 배관방식인지 쓰시오.
(나) 해당 배관방식의 특징 4가지를 쓰시오.
○
○
○
○

해답 (가) 그리드 방식
(나) ○고장수리시에도 소화수 공급가능
○배관 내 충격파 발생시에도 분산가능
○소화설비의 증설·이설시 용이
○소화용수 및 가압송수장치의 분산배치 용이

해설
• 짧은 것 위주로 골라서 작성

스프링클러설비의 **배관방식**

구 분	루프(Loop)방식	그리드(Grid)방식
뜻	2개 이상의 배관에서 헤드에 물을 공급하도록 연결하는 방식	평행한 교차배관에 많은 가지배관을 연결하는 방식
장점	① 한쪽 배관에 **이**상발생시 다른 방향으로 소화수를 공급하기 위해서 ② 유수의 흐름을 분산시켜 **압**력손실을 줄이기 위해서 ③ **고장수리**시에도 **소화수 공급**가능 ④ 배관 내 **충격파** 발생시에도 **분산**가능 ⑤ 소화설비의 **증설·이설**시 **용이** 기억법 이압	① 유수의 흐름이 분산되어 **압력손실**이 적고 **공급압력 차이**를 줄일 수 있으며, **고른 압력분포** 가능 ② **고장수리**시에도 **소화수 공급**가능 ③ 배관 내 **충격파** 발생시에도 **분산**가능 ④ 소화설비의 **증설·이설**시 **용이** ⑤ **소화용수** 및 **가압송수장치**의 **분산배치** 용이
구성	‖ 루프방식 ‖	‖ 그리드방식 ‖

☆☆

문제 04

스프링클러설비의 종류별 특징 및 감열부 유무에 따른 사용헤드의 종류를 쓰시오.

(16.6.문11, 16.4.문6)

득점	배점
	6

설비종류	설비특징	사용헤드
습식	○ ○	
건식	○ ○	
준비작동식	○ ○	

해답

설비종류	설비특징	사용헤드
습식	○습식 밸브의 **1차측** 및 **2차측** 배관 내에 **가압수**가 충수 ○동파 우려가 있는 곳에 설치 불가 ○감지기 필요 없음	폐쇄형
건식	○건식 밸브의 **1차측**에는 **가압수**, **2차측**에는 **공기**압축 ○자동식공기 압축기 필요 ○감지기 필요 없음	폐쇄형
준비작동식	○준비작동식 밸브의 **1차측**에는 **가압수**, **2차측**에는 **대기압**상태 ○감지기 필요	폐쇄형

해설 **스프링클러설비**의 **작동원리**

구 분	1차측 배관	2차측 배관	밸브 종류	특 징		감지기 유무	사용 헤드
				장 점	단 점		
습 식	소화수	소화수	자동경보 밸브	• **구조**가 **간단**하고 **공사비 저렴** • 소화가 신속 • 타방식에 비해 유지·관리 용이	• **동결** 우려 장소 사용**제한** • 헤드 오동작시 수손피해 및 배관부식 촉진	필요 없음	폐쇄형 헤드
건 식	소화수	압축 공기	건식 밸브	• 동결 우려 장소 및 옥외 사용 가능 곤란 ×	• 살수 개시 시간지연 및 복잡한 구조 • 화재 초기 **압축공기**에 의한 화재 촉진 우려 • 일반헤드인 경우 **상향형**으로 시공하여야 함	필요 없음	
준비 작동식	소화수	대기압	준비작동 밸브	• 동결 우려 장소 사용가능 • 헤드 오동작(개방)시 수손피해 우려 없음 • 헤드 개방 전 경보로 조기대처 용이	• 감지장치로 감지기 별도 시공 필요 • 구조 복잡, 시공비 고가 • 2차측 배관 부실시공 우려	필요함	
부압식	소화수	부압	준비작동 밸브	• 배관파손 또는 오동작시 **수손피해 방지**	• 동결 우려 장소 사용제한 • 구조가 다소 복잡	필요함	
일제 살수식	소화수	대기압	일제개방 밸브	• **초기화재**에 신속대처 용이 • 층고가 높은 장소에서도 소화 가능	• 대량살수로 수손피해 우려 • 화재감지장치 별도 필요	필요함	개방형 헤드

☆☆☆

문제 05

물소화설비 설치시 가압송수장치용 펌프가 수조(수원)보다 상부에 있어 물올림수조(priming tank)를 설치하고자 한다. 다음 각 물음에 답하시오. (19.6.문4, 18.11.문03, 17.11.문11, 09.10.문7)

득점	배점
	4

(가) 펌프 흡입측 배관 끝에 설치되는 밸브의 명칭을 쓰시오.
○

(나) 해당 밸브를 설치하는 이유에 대해 설명하시오. (단, 펌프기동과 관련된 사항을 위주로 설명한다.)
○

해답 (가) 후드밸브
(나) 펌프 흡입측 배관의 만수상태를 유지하여 공동현상 방지

해설 (가) 펌프 흡입측 배관순서
플렉시블 조인트－연성계(진공계)－개폐표시형 밸브(게이트밸브)－Y형 스트레이너－후드밸브

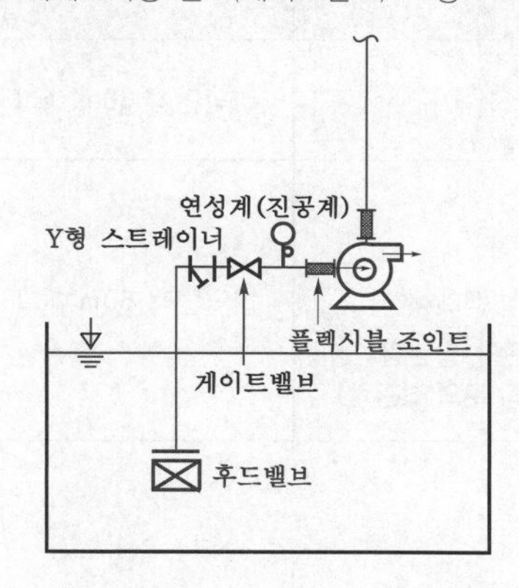

(나)

- 문제 (나)의 [단서]에 따라 펌프기동 관련 내용을 작성해야 하므로 **'만수상태 유지'**, **'공동현상 방지'**, 이 2가지 용도는 꼭 들어가야 정답!

후드밸브의 설치이유

① 펌프흡입측 배관의 **만수상태**를 **유지**하여 펌프기동시 **공동현상 방지**

② **흡입관**을 **만수상태**로 만들어 주기 위한 기능

③ 원심펌프의 흡입관 아래에 설치하여 펌프가 기동할 때 흡입관을 만수상태로 만들어 주기 위한 밸브

용어

공동현상(Cavitation)

펌프의 흡입측 배관 내의 물의 정압이 기존의 증기압보다 낮아져서 기포가 발생되어 물이 흡입되지 않는 현상

☆☆

문제 06

바닥면적이 50m×40m인 판매시설에 분말소화기를 설치할 경우 다음 각 물음에 답하시오. (단, 건축물의 주요구조부가 내화구조이고, 벽 및 반자의 실내에 면하는 부분이 불연재료로 되어 있지 않다. 분말소화기는 2단위 소화기이다.)

(18.4.문8, 13.11.문8, 12.7.문9)

득점	배점
	4

(가) 분말소화기의 소화능력 단위를 구하시오.

○ 계산과정 :

○ 답 :

(나) 분말소화기의 최소설치개수를 구하시오.

○ 계산과정 :

○ 답 :

해답

(가) ○ 계산과정 : $\frac{50 \times 40}{100} = 20$단위

○ 답 : 20단위

(나) ○ 계산과정 : $\frac{20}{2} = 10$개

○ 답 : 10개

해설 **특정소방대상물별 소화기구의 능력단위기준**(NFTC 101 2.1.1.2)

특정소방대상물	소화기구의 능력단위	건축물의 주요구조부가 **내화구조**이고, 벽 및 반자의 실내에 면하는 부분이 **불연재료·준불연재료** 또는 **난연재료**로 된 특정소방대상물의 능력단위
• **위**락시설 기억법 위3(위상)	바닥면적 **3**0m²마다 1단위 이상	바닥면적 **60m²**마다 1단위 이상
• **공연**장 • **집**회장 • **관람**장 및 **문**화재 • **의**료시설 · **장**례시설(장례식장) 기억법 5공연장 문의 집관람 (손오공 연장 문의 집관람)	바닥면적 **5**0m²마다 1단위 이상	바닥면적 **100m²**마다 1단위 이상

• **근**린생활시설 • **판**매시설 → • **숙**박시설 • **노**유자시설 • **전**시장 • 공동**주**택 • **업무시설** • **방**송통신시설 • 공장 · **창**고 • **항**공기 및 자동**차**관련시설(주차장) 및 **관광**휴게시설 기억법 **근판숙노전 주업방차창 1항관광(근판숙노전 주업방차창 일본항관광)**	바닥면적 **100m²**마다 1단위 이상	바닥면적 **200m²**마다 1단위 이상
• 그 밖의 것	바닥면적 **200m²**마다 1단위 이상	바닥면적 **400m²**마다 1단위 이상

(가) 문제에서 **판매시설**로서 **내화구조**이지만 **불연재료**로 되어있지 않으므로 바닥면적 **100m²**마다 1단위 이상이므로

$$\frac{(50\times40)\text{m}^2}{100\text{m}^2}=20\text{단위}$$

- 소화능력단위 : **소수점** 발생하면 **절상**
- **내화구조**, **불연재료**(또는 준불연재료, 난연재료) **두가지 조건**에 **모두 해당되어야** 바닥면적이 **2배**로 완화된다. 이 문제는 **내화구조** 한가지 조건만 만족하므로 2배로 완화되지 않음 주의!

(나) [단서]에서 2단위 소화기이므로 소화기개수 $=\frac{20\text{단위}}{2\text{단위}}=10$개

- 소화기개수 : **소수점** 발생하면 **절상**

☆☆
문제 07

연면적이 32000m²인 건물에 소화수조 또는 저수조 설치시 저수조에 확보하여야 할 저수량[m³]을 구하시오. (단, 지상 1층 및 2층의 바닥면적 합계는 7500m²이다.)

(21.11.문1, 20.10.문8, 14.7.문8, 13.11.문13)

득점	배점
	3

○ 계산과정 :
○ 답 :

해답
○ 계산과정 : $\frac{32000}{12500}=2.56\fallingdotseq3$

$20\times3=60\text{m}^3$

○ 답 : 60m^3

해설 **소화수조** 또는 **저수조**의 **저수량 산출**(NFPC 402 4조, NFTC 402 2.1.2)

특정소방대상물의 구분	기준면적[m²]
지상 1층 및 2층의 바닥면적 합계 15000m² 이상	7500
기타 →	12500

- [단서]에서 지상 1 · 2층의 바닥면적 합계가 7500m²로 15000m² 미만이므로 위 표에서 기타 12500m²에 해당되어 기준면적은 12500m² 적용

소화용수의 양(저수량)

$$Q = \frac{\text{연면적}}{\text{기준면적}}(\text{절상}) \times 20\text{m}^3$$

$$= \frac{32000\text{m}^2}{12500\text{m}^2}(\text{절상}) = 2.5 \fallingdotseq 3$$

$\therefore\ 3 \times 20\text{m}^3 = 60\text{m}^3$

- **절상** : 소수점 이하는 무조건 올리라는 의미

☆☆

문제 08

가로 32m, 세로 32m의 주차장에 포소화설비를 설치할 경우 조건을 참고하여 다음 물음에 답하시오.

(17.6.문12, 16.6.문14, 13.11.문2, 13.7.문12, 11.5.문2, 10.10.문1, 08.7.문13, 03.4.문16)

득점	배점
	10

〔조건〕
① 수성막포를 사용한다.
② 방호구역은 1개이다.
③ 포헤드를 사용하며, 정방형으로 배치한다.

(가) 바닥면적 1m^2당 방사량은 몇 L 이상이어야 하는지 쓰시오.

(나) 포헤드 상호간의 거리〔m〕를 구하시오.
○ 계산과정 :
○ 답 :

(다) 상기 면적에 설치해야 할 포헤드의 수는 최소 몇 개인지 구하시오. (단, 정방형 배치방식으로 산출하시오.)
○ 계산과정 :
○ 답 :

(라) 포헤드는 바닥면적 몇 m^2마다 1개 이상으로 하여 화재를 유효하게 소화할 수 있도록 하여야 하는지 쓰시오.

(마) 포헤드 1개의 바닥면적을 기준으로 한 포헤드의 최소개수를 구하시오.
○ 계산과정 :
○ 답 :

(바) 상기 면적에 설치해야 하는 최종 포헤드개수를 구하시오.

해답 (가) 3.7L

(나) ○ 계산과정 : $2 \times 2.1 \times \cos 45° = 2.969 \fallingdotseq 2.97\text{m}$
○ 답 : 2.97m

(다) ○ 계산과정 : 가로헤드개수 : $\frac{32}{2.97} = 10.7 \fallingdotseq 11$개
세로헤드개수 : $\frac{32}{2.97} = 10.7 \fallingdotseq 11$개
총 헤드개수 : $11 \times 11 = 121$개
○ 답 : 121개

(라) 9m^2

(마) ○ 계산과정 : $\frac{32 \times 32}{9} = 113.7 \fallingdotseq 114$개
○ 답 : 114개

(바) 121개

해설 (가) **특정소방대상물별 약제방사량**

특정소방대상물	포소화약제의 종류	방사량
차고, 주차장, 항공기격납고	수성막포 →	3.7L/m²·min
	단백포	6.5L/m²·min
	합성계면활성제포	8.0L/m²·min
특수가연물 저장·취급소	수성막포, 단백포, 합성계면활성제포	6.5L/m²·min

(나) **정방형**의 포헤드 상호간의 거리 S는

$S = 2R\cos 45° = 2 \times 2.1\text{m} \times \cos 45° = 2.969 ≒ 2.97\text{m}$

- R(유효반경) : NFPC 105 12조 ②항, NFTC 105 2.9.2.5에 의해 **2.1m** 적용, 스프링클러설비와 다름 주의! 이 문제는 포소화설비이므로 R은 무조건 2.1m 적용
- [단서]에 의해 **정방형**으로 계산

중요

포헤드 상호간의 **거리기준**(NFPC 105 12조, NFTC 105 2.9.2.5)

정방형(정사각형)	**장방형**(직사각형)
$S = 2R\cos 45°,\ L = S$ 여기서, S : 포헤드 상호간의 거리[m] R : 유효반경(2.1m) L : 배관간격[m]	$P_t = 2R$ 여기서, P_t : 대각선의 길이[m] R : 유효반경(2.1m)

(다) **헤드개수**(정방형 배치기준)

① **가로**의 **헤드개수**

$$\text{가로헤드개수} = \frac{\text{가로길이}}{\text{포헤드 상호간 거리}} = \frac{32\text{m}}{2.97\text{m}} = 10.7 ≒ 11\text{개}$$

② **세로**의 **헤드개수**

$$\text{세로헤드개수} = \frac{\text{세로길이}}{\text{포헤드 상호간 거리}} = \frac{32\text{m}}{2.97\text{m}} = 10.7 ≒ 11\text{개}$$

③ 총 헤드개수=가로개수×세로개수=11개×11개=121개

- **32m** : 문제에서 주어진 값
- **2.97m** : (나)에서 구한 값

(라) **포소화설비**의 **헤드 설치기준**

헤드 종류	바닥면적(경계면적)
포워터 스프링클러헤드	8m²/개
포헤드 →	9m²/개
폐쇄형 스프링클러헤드(감지용 스프링클러헤드)	20m²/개

(마) **바닥면적 배치기준**

$$\text{헤드개수} = \frac{\text{바닥면적}}{\text{포헤드 1개의 바닥면적}} = \frac{(32 \times 32)\text{m}^2}{9\text{m}^2} = 113.7 ≒ 114\text{개}$$

(바) 〔조건 ③〕에서 포헤드를 **정방형**으로 배치하라고 하였으므로 최종 포헤드개수는 (다)의 **121개**를 선정

- 만약, 〔조건 ③〕의 정방형으로 배치하라는 내용이 없다면 (다) **정방형 배치기준**과 (마) **바닥면적 배치기준** 중 **작은 것**을 선택한다. 그러므로 이때에는 (마)에서 구한 **114개**를 선정해야 정답이다.

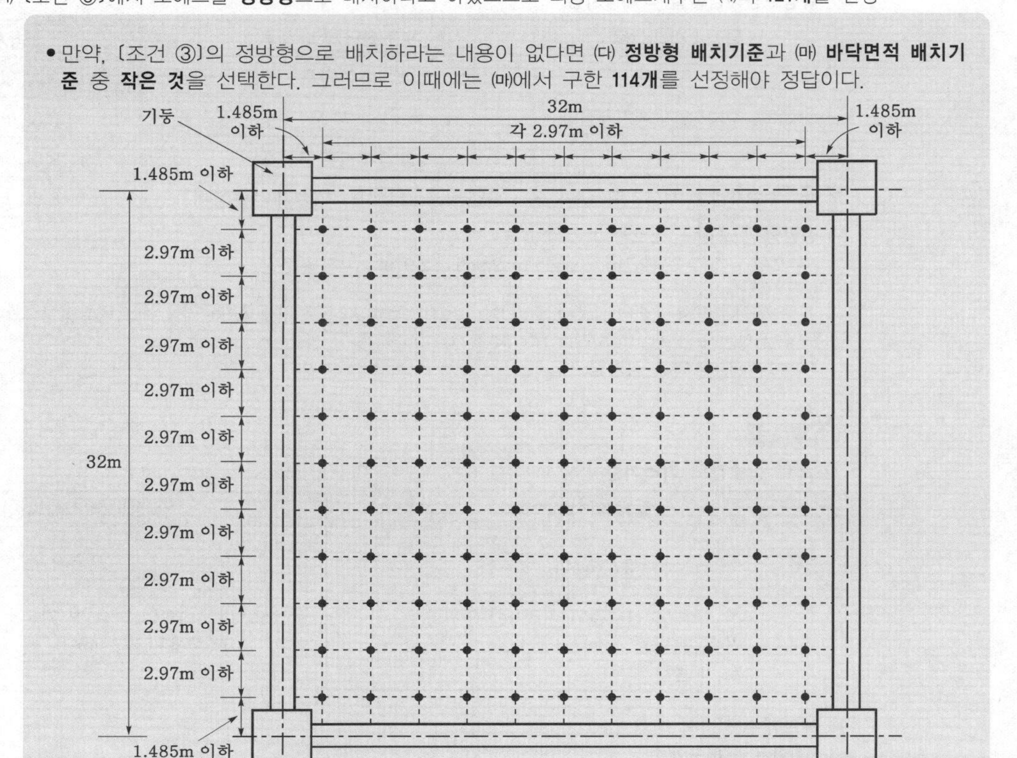

중요

포소화설비 포헤드개수의 **산정**

정방형 배치기준	바닥면적 배치기준
① 포헤드 상호간 거리 $$S=2R\cos 45°$$ 여기서, S : 포헤드 상호간의 거리〔m〕 R : 유효반경(**2.1m**) ② 헤드개수 ㉠ 가로헤드개수$=\dfrac{\text{가로길이}}{\text{포헤드 상호간 거리}}$(절상) ㉡ 세로헤드개수$=\dfrac{\text{세로길이}}{\text{포헤드 상호간 거리}}$(절상) ㉢ 총 헤드개수=가로 헤드개수×세로 헤드개수	헤드개수$=\dfrac{\text{바닥면적}}{\text{포헤드 1개의 바닥면적}(\mathbf{9m^2})}$(절상)

- 일반적으로 두 가지 배치기준 중 **작은 값** 선택

☆☆
문제 09

옥내소화전설비 배관 내 사용압력에 따른 배관의 종류를 쓰시오. (20.5.문7, 16.4.문13)

(가) 1.2MPa 미만(2가지)
○
○

(나) 1.2MPa 이상(2가지)
○
○

득점	배점
	4

해답 (가) ① 배관용 탄소강관
② 이음매 없는 구리 및 구리합금관
(나) ① 압력배관용 탄소강관
② 배관용 아크용접 탄소강강관

해설 **옥내소화전설비**의 **배관**(NFPC 102 6조, NFTC 102 2.3.1)

1.2MPa 미만	1.2MPa 이상
① 배관용 탄소강관 ② 이음매 없는 구리 및 구리합금관(단, 습식의 배관에 한한다.) ③ 배관용 스테인리스강관 또는 일반배관용 스테인리스강관 ④ 덕타일 주철관	① 압력배관용 탄소강관 ② 배관용 아크용접 탄소강강관

중요

소방용 합성수지 배관을 **설치**할 수 있는 경우
(1) 배관을 **지하**에 **매설**하는 경우
(2) 다른 부분과 **내화구조**로 구획된 덕트 또는 피트의 내부에 설치하는 경우
(3) 천장(상층이 있는 경우 상층바닥의 하단 포함)과 반자를 **불연재료** 또는 **준불연재료**로 설치하고 소화배관 내부에 항상 소화수가 채워진 상태로 설치하는 경우

☆
문제 10

임펠러의 회전속도가 1250rpm일 때 토출량은 4000L/min, 양정은 70m, 직경은 100mm인 원심펌프가 있다. 이를 1000rpm으로 회전수를 변환하고 직경을 150mm로 변경하였을 때, 그 토출량〔L/min〕과 양정〔m〕은 각각 얼마가 되는지 구하시오. (20.7.문10, 19.4.문5)

(가) 토출량〔L/min〕
○ 계산과정 :
○ 답 :

(나) 토출양정〔m〕
○ 계산과정 :
○ 답 :

득점	배점
	4

해답

(가) ○ 계산과정 : $4000 \times \frac{1000}{1250} \times \left(\frac{150}{100}\right)^3 = 10800\text{L/min}$

○ 답 : 10800L/min

(나) ○ 계산과정 : $70 \times \left(\frac{1000}{1250}\right)^2 \times \left(\frac{150}{100}\right)^2 = 100.8\text{m}$

○ 답 : 100.8m

해설 **기호**

- Q_1 : 4000L/min
- Q_2 : ?
- D_1 : 100mm
- D_2 : 150mm
- H_1 : 70m
- H_2 : ?
- N_1 : 1250rpm
- N_2 : 1000rpm

(가) **토출량** Q_2는

$$Q_2 = Q_1\left(\frac{N_2}{N_1}\right)\left(\frac{D_2}{D_1}\right)^3$$

$$= 4000\text{L/min} \times \frac{1000\text{rpm}}{1250\text{rpm}} \times \left(\frac{150\text{mm}}{100\text{mm}}\right)^3$$

$$= 10800\text{L/min}$$

(나) **토출양정** H_2는

$$H_2 = H_1\left(\frac{N_2}{N_1}\right)^2\left(\frac{D_2}{D_1}\right)^2$$

$$= 70\text{m} \times \left(\frac{1000\text{rpm}}{1250\text{rpm}}\right)^2 \times \left(\frac{150\text{mm}}{100\text{mm}}\right)^2$$

$$= 100.8\text{m}$$

중요

유량, 양정, 축동력

유량(토출량)	양정(또는 토출압력)	축동력
회전수에 비례하고 **직경**(관경)의 세제곱에 비례한다.	회전수의 제곱 및 **직경**(관경)의 제곱에 비례한다.	회전수의 세제곱 및 **직경**(관경)의 오제곱에 비례한다.
$Q_2 = Q_1\left(\frac{N_2}{N_1}\right)\left(\frac{D_2}{D_1}\right)^3$ 또는 $Q_2 = Q_1\left(\frac{N_2}{N_1}\right)$	$H_2 = H_1\left(\frac{N_2}{N_1}\right)^2\left(\frac{D_2}{D_1}\right)^2$ 또는 $H_2 = H_1\left(\frac{N_2}{N_1}\right)^2$	$P_2 = P_1\left(\frac{N_2}{N_1}\right)^3\left(\frac{D_2}{D_1}\right)^5$ 또는 $P_2 = P_1\left(\frac{N_2}{N_1}\right)^3$
여기서, Q_2 : 변경 후 유량〔L/min〕 Q_1 : 변경 전 유량〔L/min〕 N_2 : 변경 후 회전수〔rpm〕 N_1 : 변경 전 회전수〔rpm〕 D_2 : 변경 후 직경(관경)〔mm〕 D_1 : 변경 전 직경(관경)〔mm〕	여기서, H_2 : 변경 후 양정〔m〕 또는 토출압력〔MPa〕 H_1 : 변경 전 양정〔m〕 또는 토출압력〔MPa〕 N_2 : 변경 후 회전수〔rpm〕 N_1 : 변경 전 회전수〔rpm〕 D_2 : 변경 후 직경(관경)〔mm〕 D_1 : 변경 전 직경(관경)〔mm〕	여기서, P_2 : 변경 후 축동력〔kW〕 P_1 : 변경 전 축동력〔kW〕 N_2 : 변경 후 회전수〔rpm〕 N_1 : 변경 전 회전수〔rpm〕 D_2 : 변경 후 직경(관경)〔mm〕 D_1 : 변경 전 직경(관경)〔mm〕

☆☆☆
문제 11

경유를 저장하는 탱크의 내부 직경 30m인 콘루프탱크(고정지붕구조)에 포소화설비의 Ⅰ형 방출구를 설치하여 방호하려고 할 때 다음 물음에 답하시오. (14.4.문12)

득점	배점
	6

〔조건〕

① 소화약제는 3%용의 단백포를 사용한다.
② 수용액의 분당방출량은 $10\text{L/m}^2\cdot\text{min}$이고, 방사시간은 30분으로 한다.

(가) 탱크의 Ⅰ형 방출구에 의하여 소화하는 데 필요한 수용액량, 수원의 양, 포소화약제원액량은 각각 얼마 이상이어야 하는가? (단위는 $[\text{m}^3]$)
- ○ 수용액량(계산과정 및 답) :
- ○ 수원의 양(계산과정 및 답) :
- ○ 포소화약제원액량(계산과정 및 답) :

(나) 수원을 공급하는 가압송수장치의 분당토출량$[\text{m}^3/\text{min}]$은 얼마 이상이어야 하는가?
- ○ 계산과정 :
- ○ 답 :

해답 (가) ① 수용액량 : ○ 계산과정 : $Q=\frac{\pi}{4}\times30^2\times10\times30\times1=212057.5\text{L}=212.0575\text{m}^3 \fallingdotseq 212.06\text{m}^3$

○ 답 : 212.06m^3

② 수원의 양 : ○ 계산과정 : $Q=\frac{\pi}{4}\times30^2\times10\times30\times0.97=205695.7\text{L}=205.6957\text{m}^3 \fallingdotseq 205.7\text{m}^3$

○ 답 : 205.7m^3

③ 포소화약제원액량 : ○ 계산과정 : $Q=\frac{\pi}{4}\times30^2\times10\times30\times0.03=6361.725\text{L}=6.361725\text{m}^3 \fallingdotseq 6.36\text{m}^3$

○ 답 : 6.36m^3

(나) ○ 계산과정 : $Q=\frac{212.06}{30}=7.068 \fallingdotseq 7.07\text{m}^3/\text{min}$

○ 답 : $7.07\text{m}^3/\text{min}$

해설 (가)

$$Q=A\times Q_1\times T\times S$$

여기서, Q : 수용액 · 수원 · 약제량[L]
A : 탱크의 액표면적$[\text{m}^2]$
Q_1 : 수용액의 분당방출량$[\text{L/m}^2\cdot\text{min}]$
T : 방사시간[분]
S : 농도

① **수용액량** Q는

$Q=A\times Q_1\times T\times S$

$=\frac{\pi}{4}\times(30\text{m})^2\times10\text{L/m}^2\cdot\text{min}\times30\text{min}\times1=212057.5\text{L}=212.0575\text{m}^3 \fallingdotseq 212.06\text{m}^3$

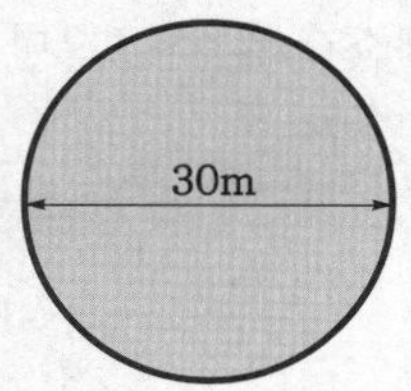

▌콘루프탱크의 구조▐

- 30m : 문제에서 주어진 값
- $10L/m^2 \cdot min$: 〔조건 ②〕에서 주어진 값
- 30min : 〔조건 ②〕에서 주어진 값
- 1 : 수용액량이므로 $S=1$
- **콘루프탱크**는 **플루팅루프탱크**와 달리 굽도리판이 없다.
- **포방출구**(위험물기준 133)

탱크의 종류	포방출구
고정지붕구조(콘루프탱크)	• Ⅰ형 방출구 • Ⅱ형 방출구 • Ⅲ형 방출구(표면하 주입방식) • Ⅳ형 방출구(반표면하 주입방식)
부상덮개부착 고정지붕구조	• Ⅱ형 방출구
부상지붕구조(플루팅루프탱크)	• 특형 방출구

② **수원의 양** Q는

$Q = A \times Q_1 \times T \times S$

$= \frac{\pi}{4} \times (30\text{m})^2 \times 10\text{L/m}^2 \cdot \text{min} \times 30\text{min} \times 0.97 = 205695.7\text{L} = 205.6957\text{m}^3 \fallingdotseq 205.7\text{m}^3$

- 〔조건 ①〕에서 3%용이므로 수원의 농도(S)는 97%(100−3 = 97%)가 된다.

③ **포소화약제원액량** Q는

$Q = A \times Q_1 \times T \times S$

$= \frac{\pi}{4} \times (30\text{m})^2 \times 10\text{L/m}^2 \cdot \text{min} \times 30\text{min} \times 0.03 = 6361.725\text{L} = 6.361725\text{m}^3 \fallingdotseq 6.36\text{m}^3$

- 〔조건 ①〕에서 3%용이므로 약제 **농도**(S)는 **0.03**

(나) 분당토출량 $= \frac{\text{수용액량}[\text{m}^3]}{\text{방사시간}[\text{min}]} = \frac{212.06\text{m}^3}{30\text{min}} = 7.068 \fallingdotseq 7.07\text{m}^3/\text{min}$

※ 가압송수장치의 분당토출량은 **수용액량**을 기준으로 한다는 것을 기억하라!

☆☆☆

문제 12

어떤 사무소 건물의 지하층에 있는 전기실에 전역방출방식의 이산화탄소 소화설비를 설치하려고 한다. 화재안전기술기준과 주어진 조건에 의하여 다음 각 물음에 답하시오.

(18.6.문13, 17.6.문7, 17.4.문6, 14.11.문13, 13.11.문6, 11.7.문7, 09.4.문9, 08.11.15, 06.11.문15)

득점	배점
	8

〔조건〕

① 소화설비는 고압식으로 한다.

② 전기실의 크기 : 가로 5m×세로 8m×높이 3m

③ 개구부 크기 2m×1m 2개소가 설치되었으며 자동폐쇄장치가 없다.

④ 가스용기 1본당 충전량 : 45kg

⑤ 가스저장용기는 공용으로 한다.

⑥ 가스량은 다음 표를 이용하여 산출한다.

방호대상물	약제량	개구부가산량 (자동폐쇄장치 미설치시)	설계농도
전기설비($55m^3$ 이상), 케이블실	$1.3kg/m^3$	$10kg/m^2$	50%
전기설비($55m^3$ 미만)	$1.6kg/m^3$		
서고, 박물관, 목재가공품창고, 전자제품창고	$2.0kg/m^3$		65%
석탄창고, 면화류창고, 고무류, 모피창고, 집진설비	$2.7kg/m^3$		75%

(가) 전기실에 필요한 가스용기의 본수를 구하시오.

○ 계산과정 :

○ 답 :

(나) 강관을 사용하는 경우의 배관은 압력배관용 탄소강관 중 스케줄 몇 이상을 사용하여야 하는가? (단, 배관의 호칭구경 20mm 이하 제외)

○

(다) 분사헤드의 방출압력은 몇 MPa 이상이어야 하는가?

○

(라) 배관의 구경은 이산화탄소의 소요량이 몇 분 이내에 방사될 수 있는 것으로 하여야 하는가?

○

해답 (가) 〈전기실〉

○ 계산과정 : 저장량 $= (5\times8\times3)\times1.3+(2\times1\times2)\times10=196$kg

가스용기본수 $=\dfrac{196}{45}=4.3 ≒ 5$본

○ 답 : 5본

(나) 80 이상

(다) 2.1MPa 이상

(라) 7분

해설 (가) 가스용기본수의 산정

① **전기실**

방호구역체적 = 5m×8m×3m=**120m³**로서 〔조건 ⑥〕에서 방호구역체적이 $55m^3$ 이상으로 **전기설비**에 해당되므로 소화약제의 양은 **1.3kg/m³**이다.

② **심부화재**의 **약제량** 및 **개구부가산량**

방호대상물	약제량	개구부가산량 (자동폐쇄장치 미설치시)	설계농도
전기설비($55m^3$ 이상), 케이블실 →	→ $1.3kg/m^3$ →	$10kg/m^2$	50%
전기설비($55m^3$ 미만)	$1.6kg/m^3$		
서고, **박**물관, **목**재가공품창고, **전**자제품창고	$2.0kg/m^3$		65%
석탄창고, **면**화류창고, **고**무류, **모피창고**, **집**진설비	$2.7kg/m^3$		75%

기억법 **서박목전(선박이 목전에 보인다.)**
석면고모집(석면은 고모 집에 있다.)

③ CO^2 **저장량**〔kg〕= **방**호구역체적〔m³〕× **약**제량〔kg/m³〕+ **개**구부면적〔m²〕× 개구부가**산**량

기억법 **방약+개산**

$=(5m\times8m\times3m)\times1.3kg/m^3+(2m\times1m\times2개소)\times10kg/m^3=$ **196kg**

가스용기본수 $=\dfrac{약제저장량}{충전량}=\dfrac{196kg}{45kg}=4.3 ≒ 5$본(절상)

- 〔조건 ③〕에서 전기실은 자동폐쇄장치가 없으므로 개구부면적 및 개구부가산량 적용
- 〔조건 ⑥〕에서 개구부가산량은 10kg/m² 적용
- 충전량은 〔조건 ④〕에서 **45kg**
- 가스용기본수 산정시 계산결과에서 **소수**가 발생하면 반드시 **절상**

(나)

- 〔조건 ①〕에서 고압식이라고 했으므로 80 이상
- 강관의 **'화재안전성능기준'**과 **'화재안전기술기준'**의 내용이 좀 다르므로 주의. 이 문제는 **'화재안전기술기준'**으로 출제됨

구 분	이산화탄소소화설비의 화재안전성능기준 (NFPC 106 8조)	이산화탄소소화설비의 화재안전기술기준 (NFTC 106 2.5.1.2)
강 관	• 고압식 : 압력배관용 탄소강관 스케줄 **80** 이상 • 저압식 : 압력배관용 탄소강관 스케줄 **40** 이상	• 고압식 : 압력배관용 탄소강관 스케줄 **80**(배관 호칭구경 **20mm** 이하는 스케줄 **40**) 이상 • 저압식 : 압력배관용 탄소강관 스케줄 **40** 이상
동 관	• 고압식 : **16.5MPa** 이상 • 저압식 : **3.75MPa** 이상	• 고압식 : **16.5MPa** 이상 • 저압식 : **3.75MPa** 이상

비교

구 분	할론소화설비의 화재안전성능기준 (NFPC 107 8조)	할론소화설비의 화재안전기술기준 (NFTC 107 2.5.1.2)
강 관	• 고압식 : 압력배관용 탄소강관 스케줄 **80** 이상 • 저압식 : 압력배관용 탄소강관 스케줄 **40** 이상	압력배관용 탄소강관 스케줄 40 이상
동 관	• 고압식 : **16.5MPa** 이상 • 저압식 : **3.75MPa** 이상	• 고압식 : **16.5MPa** 이상 • 저압식 : **3.75MPa** 이상

(다) 이산화탄소 소화설비의 분사헤드의 방사압력 ┬ 고압식 : **2.1MPa** 이상
└ 저압식 : **1.05MPa** 이상

- 〔조건 ①〕에서 소화설비는 **고압식**이므로 방사압력은 **2.1MPa** 이상

(라) **약제방사시간**

소화설비		전역방출방식		국소방출방식	
		일반건축물	위험물제조소	일반건축물	위험물제조소
할론소화설비		10초 이내	30초 이내	10초 이내	30초 이내
분말소화설비		30초 이내		30초 이내	
CO_2 소화설비	표면화재	1분 이내	60초 이내		
	심부화재 →	7분 이내			

- 전기실은 **심부화재**에 해당하므로 **7분** 이내에 방출될 수 있는 것으로 해야 함

☆☆☆

문제 13

그림은 분말소화설비의 헤드배관방식의 미완성 도면이다. 토너먼트 배관방식으로 완성하시오.

(21.7.문4, 18.4.문9, 10.7.문3)

득점	배점
	4

[범례]

—— : 배관, ○ : 헤드, ⊗ : 선택밸브

해답

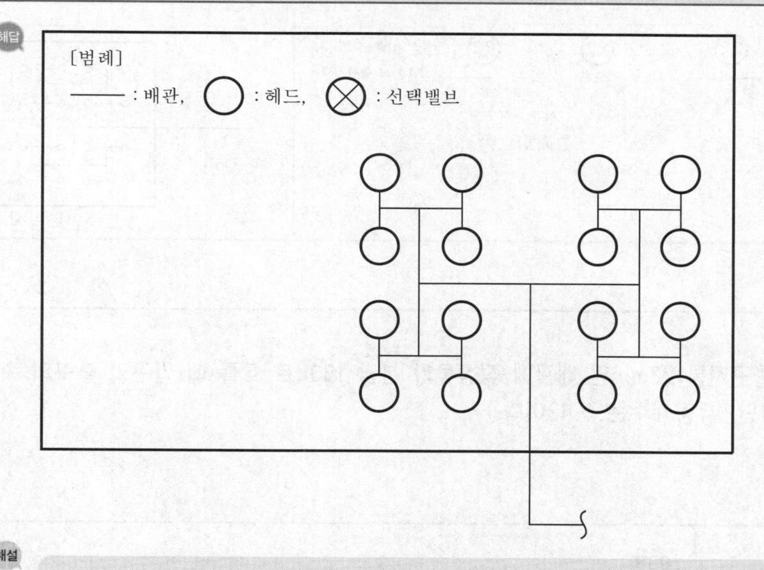

해설

- H자 모양으로 그리면 정답
- 배관형태가 보통 세로로 출제되지만 가로로 출제되는 경우가 종종 있다. 가로로 출제된다면 잠시 세로로 놓고 그리면 실수하지 않고 잘 그릴 수 있다. ㅎㅎ

교차회로방식과 **토너먼트방식**

구 분	교차회로방식	토너먼트방식
뜻	하나의 담당구역 내에 2 이상의 감지기회로를 설치하고 2 이상의 감지기회로가 동시에 감지되는 때에 설비가 작동하는 방식	• 가스계 소화설비에 적용하는 방식으로 용기로부터 노즐까지의 마찰손실을 일정하게 유지하기 위하여 배관을 'H자' 모양으로 하는 방식 • 가스계 소화설비는 용기로부터 노즐까지의 마찰손실이 각각 일정하여야 하므로 헤드의 배관을 토너먼트방식으로 적용한다. 또한, 가스계 소화설비는 토너먼트방식으로 적용하여도 약제가 가스이므로 유체의 **마찰손실** 및 **수격작용**의 우려가 **적다**.
적용 설비	• **분**말소화설비 • **할**론소화설비 • **이**산화탄소 소화설비 • **준**비작동식 스프링클러설비 • **일**제살수식 스프링클러설비 • **할**로겐화합물 및 불활성기체 소화설비 기억법 **분할이 준일할**	• **분**말소화설비 • **이**산화탄소 소화설비 • **할**론소화설비 • **할**로겐화합물 및 불활성기체 소화설비 기억법 **분토할이할**
배선 (배관) 방식	A B A 제어반 A 회로 B 회로 종단저항 B 회로 A 회로 종단저항 B A B ‖ 교차회로방식 ‖	헤드 헤드 ‖ 토너먼트방식 ‖

문제 14

입구지름 32mm, 출구지름 23mm인 배관에 정상류가 분당 180L로 흐를 때 입구와 출구의 속도수두〔m〕는 얼마인가? (단, 유량계수는 0.83이다.)

(14.4.문11)

득점	배점
	5

○ 계산과정 :

○ 답 :

해답

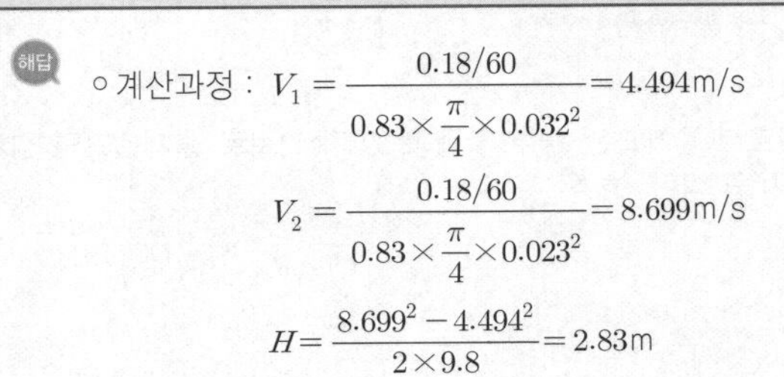

○ 계산과정 : $V_1 = \dfrac{0.18/60}{0.83 \times \dfrac{\pi}{4} \times 0.032^2} = 4.494\text{m/s}$

$V_2 = \dfrac{0.18/60}{0.83 \times \dfrac{\pi}{4} \times 0.023^2} = 8.699\text{m/s}$

$H = \dfrac{8.699^2 - 4.494^2}{2 \times 9.8} = 2.83\text{m}$

○ 답 : 2.83m

해설 **기호**

- D_1 : 32mm=0.032m(1000mm=1m)
- D_2 : 23mm=0.023m(1000mm=1m)
- Q : 180L/min=0.18m³/min
  =0.18m³/60s(1000L=1m³, 1min=60s)
- H : ?
- C : 0.83

(1) **유량**

$$Q = CAV = C\left(\frac{\pi}{4}D^2\right)V$$

여기서, Q : 유량[m³/s], C : 유량계수, A : 단면적[m²]
V : 유속[m/s], D : 내경[m]

유량 V는

$$V = \frac{Q}{CA} = \frac{Q}{C\times\frac{\pi}{4}{D_1}^2} == \frac{0.18\text{m}^3/60\text{s}}{0.83\times\frac{\pi}{4}\times(0.032\text{m})^2} = \frac{0.18\text{m}^3\div 60\text{s}}{0.83\times\frac{\pi}{4}\times(0.032\text{m})^2} = 4.494\text{m/s}$$

- 문제에서 분당 180L=180L/min
- 0.83 : [단서]에서 주어진 값
- C : 유량을 구하는 식으로 **유량계수** 적용. 속도계수를 적용하는 게 아님! 속도계수는 유속을 구하는 식 $V = \underset{\text{속도계수}}{\underline{C}}\sqrt{2gH}$에 적용

$$V_2 = \frac{Q}{CA} = \frac{Q}{C\times\frac{\pi}{4}{D_2}^2} = \frac{0.18\text{m}^3/60\text{s}}{0.83\times\frac{\pi}{4}\times(0.023\text{m})^2} = \frac{0.18\text{m}^3\div 60\text{s}}{0.83\times\frac{\pi}{4}\times 0.023\text{m})^2} = 8.699\text{m/s}$$

(2) **속도수두**

$$H = \frac{V^2}{2g}$$

여기서, H : 속도수두[m], V : 유속[m/s]
g : 중력가속도(9.8m/s²)

속도수두 H는

$$H = \frac{V^2}{2g} = \frac{{V_2}^2 - {V_1}^2}{2g} = \frac{(8.699\text{m/s})^2 - (4.494\text{m/s})^2}{2\times 9.8\text{m/s}^2} = 2.83\text{m}$$

- 8.699m/s : (1)에서 구한 값
- 4.494m/s : (1)에서 구한 값

☆☆

문제 15

그림과 같은 옥내소화전설비를 다음 조건과 화재안전기준에 따라 설치하려고 한다. 다음 각 물음에 답하시오. (20.11.문6, 17.4.문4, 16.6.문9, 15.4.문16, 14.4.문5, 12.4.문1, 09.10.문10, 06.7.문7)

득점	배점
	14

〔조건〕

① 펌프의 후드밸브로부터 8층 옥내소화전함 호스접결구까지의 마찰손실 및 저항손실 수두는 실양정의 25%로 한다.

② 펌프의 전달계수는 1.1이다.

③ 옥내소화전의 개수는 각 층 3개씩이다.

④ 최고층 바닥으로부터 옥내소화전 앵글밸브까지의 수직거리는 1.5m이다.
⑤ 소화호스의 마찰손실수두는 호스 100m당 26m이다.
⑥ 옥내소화전설비의 배관은 연결송수관설비와 겸용한다.
⑦ 소방호스 : 40mm×15m 2개가 서로 연결되어 있다.
⑧ 지하 1층 바닥에서 펌프중심까지 수직거리는 5m이다.
⑨ 후드밸브에서 펌프까지의 수직거리는 3m이다.
⑩ 지하수조는 가로 2m, 세로 3m이다.
⑪ 지하 1층에서 8층까지 한 층의 높이는 3.5m이다.

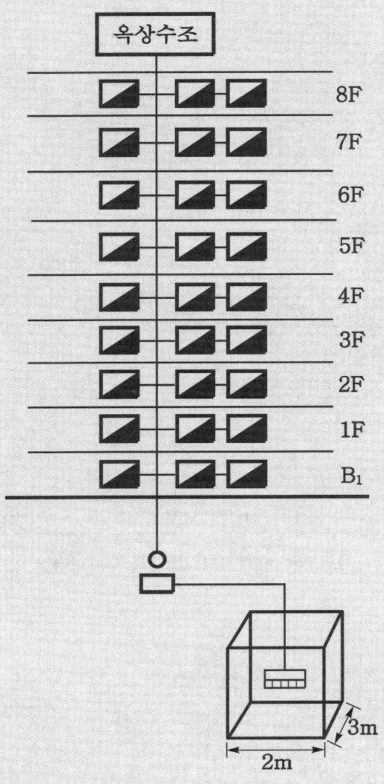

(가) 옥내소화전설비에 필요한 총 수원의 최소 양 〔m^3〕을 구하시오. (단, 옥상수조의 수원의 양은 제외)
○ 계산과정 :
○ 답 :

(나) 옥상수조의 수원의 양〔m^3〕을 구하시오.
○ 계산과정 :
○ 답 :

(다) 펌프의 양정 〔m〕을 구하시오.
○ 계산과정 :
○ 답 :

(라) 최소수원의 높이〔m〕를 구하시오.
○ 계산과정 :
○ 답 :

(마) 펌프의 정격토출량〔L/min〕을 구하시오.
○ 계산과정 :
○ 답 :

(바) 주펌프 전효율〔%〕을 구하시오. (단, 체적효율 0.9, 기계효율 0.8, 수력효율 0.7이다.)
○ 계산과정 :
○ 답 :

(사) 펌프의 동력〔kW〕을 구하시오.
○ 계산과정 :
○ 답 :

(아) 노즐의 직경〔mm〕을 구하시오.
○ 계산과정 :
○ 답 :

해답 (가) ○ 계산과정 : $Q=2.6\times2=5.2\text{m}^3$
○ 답 : 5.2m³

(나) ○ 계산과정 : $Q'=2.6\times2\times\frac{1}{3}=1.733 \fallingdotseq 1.73\text{m}^3$
○ 답 : 1.73m³

(다) ○ 계산과정 : $h_1=15\times2\times\frac{26}{100}=7.8\text{m}$
$h_2=37.5\times0.25=9.375\text{m}$
$h_3=3+5+(3.5\times8)+1.5=37.5\text{m}$
$H=7.8+9.375+37.5+17=71.675 \fallingdotseq 71.68\text{m}$
○ 답 : 71.68m

(라) ○ 계산과정 : $\frac{5.2}{2\times3}=0.866 \fallingdotseq 0.87\text{m}$
○ 답 : 0.87m

(마) ○ 계산과정 : $2\times130=260\text{L/min}$
○ 답 : 260L/min

(바) ○ 계산과정 : $0.9\times0.8\times0.7\times=0.504=50.4\%$
○ 답 : 50.4%

(사) ○ 계산과정 : $\frac{0.163\times0.26\times71.68}{0.504}\times1.1=6.63\text{kW}$
○ 답 : 6.63kW

(아) ○ 계산과정 : $\sqrt{\frac{0.26/60}{\frac{\pi}{4}\times4}}=0.037\text{m}=37\text{mm}$
○ 답 : 100mm

해설 (가) **지하수조의 저수량**

$Q \geq 2.6N$(30층 미만, N : 최대 2개)
$Q \geq 5.2N$(30~49층 이하, N : 최대 5개)
$Q \geq 7.8N$(50층 이상, N : 최대 5개)

여기서, Q : 수원의 저수량〔m³〕
N : 가장 많은 층의 소화전개수

지하수조의 **최소유효저수량** Q는
$Q=2.6N=2.6\times2=5.2\text{m}^3$

- 〔조건 ③〕에서 소화전개수(N)=3개이지만 **최대 2개**

(나) **옥상수조**의 **저수량**

$Q' \geq 2.6N \times \frac{1}{3}$(30층 미만, N : 최대 2개)

$Q' \geq 5.2N \times \frac{1}{3}$(30~49층 이하, N : 최대 5개)

$Q' \geq 7.8N \times \frac{1}{3}$(50층 이상, N : 최대 5개)

여기서, Q' : 옥상수조의 저수량[m^3]
N : 가장 많은 층의 소화전개수

옥상수조의 최소유효저수량 Q'는

$Q' = 2.6N \times \frac{1}{3} = 2.6 \times 2 \times \frac{1}{3} = 1.733 ≒ 1.73m^3$

(다)

$H \geq h_1 + h_2 + h_3 + 17$

여기서, H : 전양정[m]
h_1 : 소방호스의 마찰손실수두[m]
h_2 : 배관 및 관부속품의 마찰손실수두[m]
h_3 : 실양정(흡입양정+토출양정)[m]

$h_1 = 15m \times 2개 \times \frac{26}{100} = \mathbf{7.8m}$

- 15m×2개 : [조건 ⑦]에서 주어진 값
- $\frac{26}{100}$: [조건 ⑤]에서 100m당 26m이므로 $\frac{26}{100}$

$h_2 = h_3 \times 0.25 = 37.5m \times 0.25 = \mathbf{9.375m}$

- 0.25 : [조건 ①]에 의해 실양정의 25%(0.25) 적용

$h_3 = 3m + 5m + (3.5m \times 8층) + 1.5m = \mathbf{37.5m}$

- 3m : [조건 ⑨]에서 주어진 값
- 5m : [조건 ⑧]에서 주어진 값
- 3.5m×8층 : [조건 ⑪]에서 한 층의 높이는 3.5m이고 B1~7F까지 8층 이므로 3.5m×8층
- 1.5m : [조건 ④]에서 주어진 값

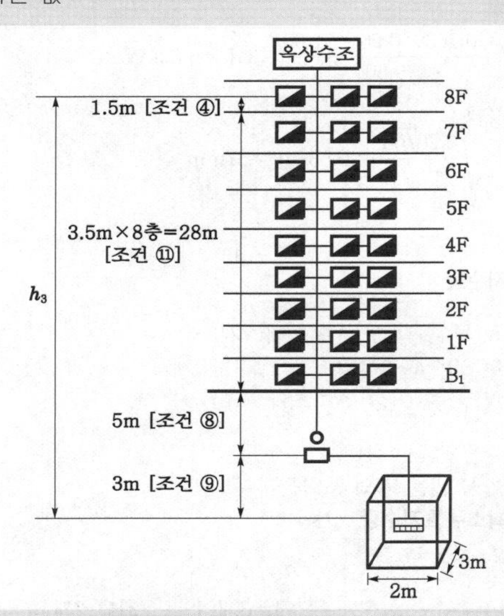

- **실양정**(h_3) : 옥내소화전펌프의 후드밸브~최상층 옥내소화전의 앵글밸브까지의 수직거리

펌프의 **양정** H는

$H = h_1 + h_2 + h_3 + 17 = 7.8m + 9.375m + 37.5m + 17 = 71.675 ≒ 71.68m$

(라) **최소수원**의 **높이**

$$\text{최소수원의 높이[m]} = \frac{\text{수원의 양}[\text{m}^3]}{\text{수조단면적}[\text{m}^2]} = \frac{5.2\text{m}^3}{2\text{m}\times 3\text{m}} = \frac{5.2\text{m}^3}{6\text{m}^2} = 0.866 \fallingdotseq 0.87\text{m}$$

- 수원의 높이는 단위를 보면 쉽게 공식을 만들 수 있다.
- 5.2m^3 : (가)에서 구한 값
- 2m×3m : [조건 ⑩]에서 주어진 값

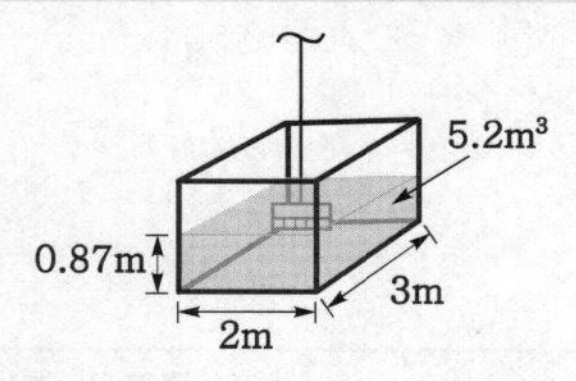

▮수조의 크기▮

(마) **옥내소화전설비**의 **토출량**

$$Q \geq N \times 130$$

여기서, Q : 가압송수장치의 토출량[L/min]
N : 가장 많은 층의 소화전개수(30층 미만 : **최대 2개**, 30층 이상 : **최대 5개**)

펌프의 **최소토출량** Q는

$Q = N \times 130\text{L/min} = 2 \times 130\text{L/min} = 260\text{L/min}$

- 그림에서 8층이므로 **30층 미만** 적용
- [조건 ③] 및 그림에서 옥내소화전은 각 층당 3개이지만 **최대 2개**까지 적용하므로 $N=2$개

(바) **펌프**의 **전효율**

$$\eta_T = \eta_m \times \eta_h \times \eta_v$$

여기서, η_T : 펌프의 전효율
η_m : 기계효율
η_h : 수력효율
η_v : 체적효율

펌프의 **전효율** η_T는

$\eta_T = \eta_m \times \eta_h \times \eta_v = 0.8 \times 0.7 \times 0.9 = 0.504 = 50.4\%$

- 0.8, 0.7, 0.9 : (바) [단서]에서 주어진 값
- 서로 곱하는 것이므로 η_m, η_h, η_v의 위치는 서로 바뀌어도 상관없다.

아하! 그렇구나 **펌프의 효율 및 손실**

(1) **펌프**의 **효율**(η)

$$\eta = \frac{\text{축동력} - \text{동력손실}}{\text{축동력}}$$

(2) **손실**의 **종류**

① **누**수손실
② **수**력손실
③ **기**계손실
④ **원**판마찰손실

기억법 **누수 기원손**(누수를 기원하는 손)

(사) **펌프**의 **동력** P는

$$P=\frac{0.163\,QH}{\eta}K=\frac{0.163\times 260\text{L/min}\times 71.68\text{m}}{0.504}\times 1.1$$

$$=\frac{0.163\times 0.26\text{m}^3/\text{min}\times 71.68\text{m}}{0.504}\times 1.1=6.63\text{kW}$$

- 260L/min : (마)에서 구한 값(260L/min ≒ 0.26m³/min)
- 71.68m : (다)에서 구한 값
- 0.504 : (바)에서 구한 값 50.4%=0.504
- 1.1 : [조건 ②]에서 주어진 값

중요

펌프의 **동력**

펌프의 **수동력**	**펌프**의 **축동력**	**펌프**의 **전동력**
전달계수(K)와 효율(η)을 고려하지 않은 동력	전달계수(K)를 고려하지 않은 동력	일반적 전동기의 동력(용량)
$P=0.163QH$	$P=\frac{0.163\,QH}{\eta}$	$P=\frac{0.163\,QH}{\eta}K$
여기서, P : 축동력[kW] Q : 유량[m³/min] H : 전양정[m]	여기서, P : 축동력[kW] Q : 유량[m³/min] H : 전양정[m] η : 효율	여기서, P : 전동력[kW] Q : 유량[m³/min] H : 전양정[m] K : 전달계수 η : 효율

(아) **유량**

$$Q=AV=\left(\frac{\pi}{4}D^2\right)V$$

여기서, Q : 유량[m³/s]
A : 단면적[m²]
V : 유속[m/s]
D : 직경[m]

$$Q=\left(\frac{\pi}{4}D^2\right)V$$

$$\frac{Q}{V}=\frac{\pi}{4}D^2$$

$$\frac{Q}{\frac{\pi}{4}V}=D^2$$

$$D^2=\frac{Q}{\frac{\pi}{4}V}$$

$$\sqrt{D^2}=\sqrt{\frac{Q}{\frac{\pi}{4}V}}$$

$$D=\sqrt{\frac{Q}{\frac{\pi}{4}V}}=\sqrt{\frac{0.26\text{m}^3/60\text{s}}{\frac{\pi}{4}\times 4\text{m/s}}}=\sqrt{\frac{0.26\text{m}^3\div 60\text{s}}{\frac{x}{4}\times 4\text{m/s}}}\fallingdotseq 0.037\text{m}=37\text{mm}$$ (∴ 100mm 선정)

- Q(**0.26m³/60s**) : 1000L=1m³이고 1min=60s이므로 ㈑에서 구한 값 260L/min=0.26m³/min=0.26m³/60s
- V : **4m/s**(문제에서 옥내소화전설비이므로 아래 표에서 4m/s)

‖ 배관 내의 유속 ‖

설 비		유 속
옥내소화전설비	→	4m/s 이하
스프링클러설비	가지배관	6m/s 이하
	기타배관	10m/s 이하

- 〔조건 ⑥〕에서 연결송수관설비의 배관과 겸용한다고 했으므로 **100mm** 정답

‖ 배관의 최소구경 ‖

구 분	구 경
• 주배관 중 **수직배관** • 펌프 토출측 **주배관**	**50mm 이상**
• **연결송수관**인 방수구가 연결된 경우(연결송수관설비의 배관과 겸용할 경우) →	**100mm 이상**

☆☆☆

문제 16

할론 1301을 사용하는 전역방출방식의 축압식 할론소화설비에 대한 내용 중 다음 물음에 답하시오.

(19.11.문11, 18.4.문2, 12.11.문1, 11.5.문10, 05.7.문11)

득점	배점
	15

〔조건〕

① 용기 1병당 충전량은 50kg이고, 내용적은 68L이다.

② 전기실에 필요한 저장용기수는 4병, 전산실에 필요한 저장용기수는 3병이다.

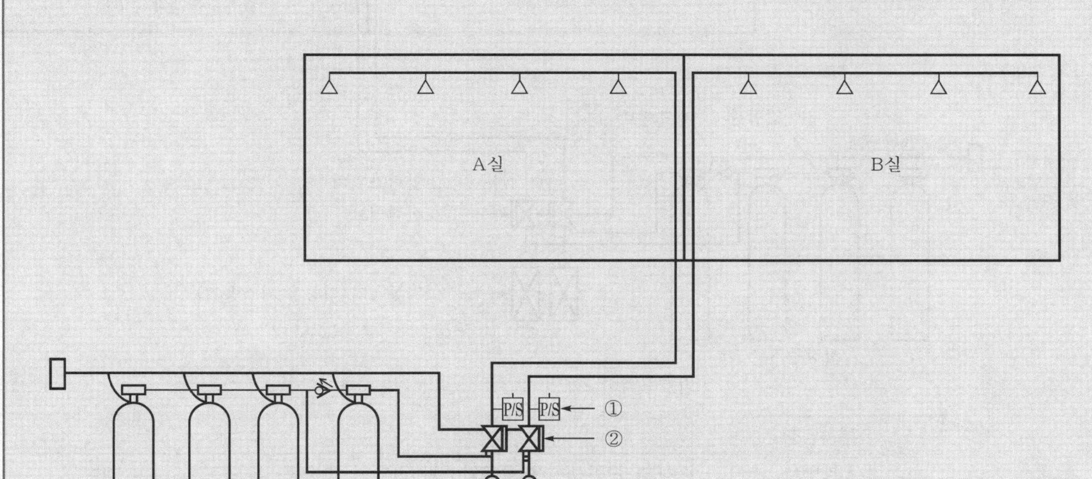

㈎ 기호 ①~③번의 명칭을 쓰시오.

①

②

③

(나) ③번의 충전비는 얼마인지 쓰시오.

　○ 계산과정 :

　○ 답 :

(다) A실은 어느 실인가?

(라) 집합관의 최소저장용기수는 몇 병인가?

(마) 분사헤드의 방출압력은 몇 MPa 이상이어야 하는가?

해답 (가) ① 압력스위치

　② 선택밸브

　③ 기동용기

(나) ○ 계산과정 : $\frac{68}{50}=1.36$

　○ 답 : 1.36

(다) 전기실

(라) 4병

(마) 0.9MPa

해설 (가)

- ③ **'기동용 가스용기'**도 정답!

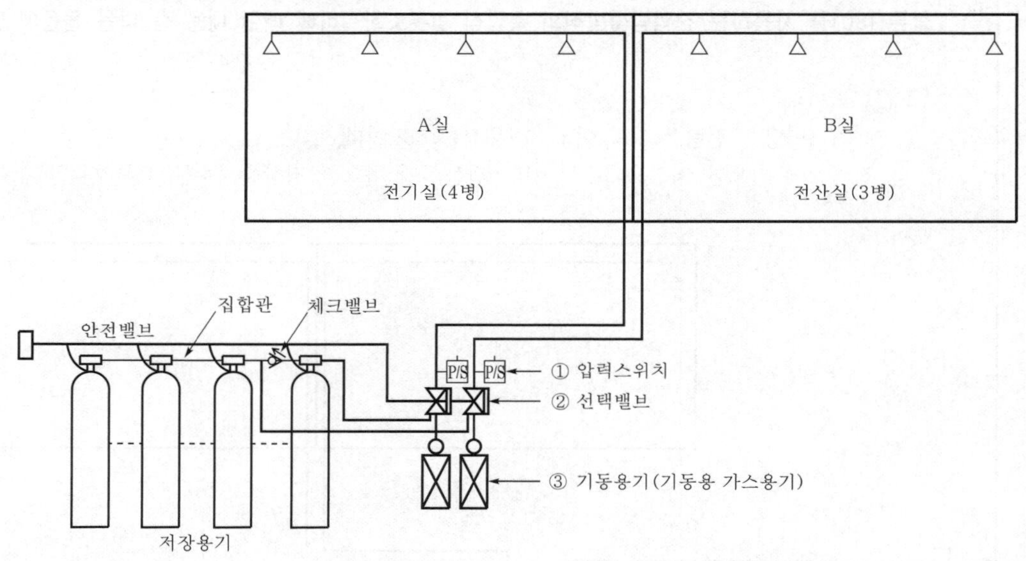

∥ 방호구역이 2개인 할론소화설비 계통도 ∥

부품명칭	설 명
선택밸브	화재가 발생한 **방호구역**에만 약제가 방출될 수 있도록 하는 밸브
집합관	저장용기 윗부분에 설치되는 관으로서 **모든 배관**이 이곳에 **연결**된다.
안전밸브	**평상시 폐쇄**되어 있다가 배관 내에 **고압**이 **유발**되면 **개방**되어 배관 및 설비를 보호한다.
체크밸브	해당 방호구역에 **필요한 약제저장용기**만 개방되도록 단속하는 밸브
저장용기	소화약제를 저장하는 용기
기동용기	**저장용기**를 **개방**시켜주는 **용기**
압력스위치	소화약제 방사 **감지스위치**

(나) 충전비

$$C = \frac{V}{G}$$

여기서, C : 충전비[L/kg]
V : 내용적[L]
G : 저장량(충전량)[kg]

$$C = \frac{V}{G} = \frac{68\text{L}}{50\text{kg}} = 1.36$$

- 68L, 50kg : [조건 ①]에서 주어진 값

(다) 문제 그림에서 A실은 **4병**, B실은 **3병**이 필요하므로 [조건 ②]에 의해 **4병**이 필요한 곳은 **전기실**이다. 그러므로 **A실**은 **전기실**, **B실**은 **전산실**

(라)
- 설치개수
  ① 기동용기
  ② 선택밸브
  ③ 음향경보장치
  ④ 일제개방밸브(델류지밸브)
  ⑤ 밸브개폐장치
  (①~⑤) – 각 방호구역당 **1개**
  ⑥ 안전밸브 – 집합관(실린더룸)당 1개
  ⑦ 집합관의 용기본수 – 각 방호구역 중 가장 많은 용기 기준

집합관의 용기본수는 가장 많은 용기 기준이므로 [조건 ②]에서 **전기실**의 **4병**이 정답!

(마)
- 문제에서 할론 1301이므로 방출압력은 아래 표에서 0.9MPa

저장용기의 **설치기준**

구 분		할론 1301	할론 1211	할론 2402
저장압력		2.5MPa 또는 4.2MPa	1.1MPa 또는 2.5MPa	–
방출압력		0.9MPa	0.2MPa	0.1MPa
저장용기의 충전비	가압식	0.9~1.6 이하	0.7~1.4 이하	0.51~0.67 미만
	축압식			0.67~2.75 이하

성공한 사람이 아니라 가치 있는 사람이 되려고 힘써라.
– 아인슈타인 –

2023. 7. 24 시행

2023년 산업기사 제2회 필답형 실기시험

자격종목	시험시간	형별	수험번호	성명	감독위원 확인
소방설비산업기사(기계분야)	2시간 30분				

※ 다음 물음에 답을 해당 답란에 답하시오.(배점 : 100)

☆☆☆

문제 01

어느 건물의 제연설비를 화재안전성능기준과 다음 조건을 참조하여 설치하려 한다. 물음에 답하시오.

(21.11.문13, 20.7.문16, 20.5.문2, 19.6.문7, 19.4.문15, 15.7.문10, 13.11.문10, 11.7.문11)

득점	배점
	10

유사문제부터 풀어보세요.
실력이 팍!팍! 올라갑니다.

〔조건〕

① 거실면적은 $360m^2$이다.
② 배출기(원심다익형)의 소요전압이 45mmAq, 효율이 65%, 전달계수 1.1이다.
③ 공기유입구의 풍속은 5m/s이다.

(가) 배출기의 최소 배출량〔m^3/h〕을 구하시오
○ 계산과정 :
○ 답 :

(나) 배출기의 배출측 덕트가 사각형이고, 높이가 500mm일 때 폭〔m〕을 구하시오.
○ 계산과정 :
○ 답 :

(다) 배출기의 배출측 덕트가 원형일 경우 안지름〔mm〕을 계산하시오.
○ 계산과정 :
○ 답 :

(라) 배출기의 동력〔kW〕을 계산하시오.
○ 계산과정 :
○ 답 :

(마) 예상제연구역의 각 부분으로부터 하나의 배출구까지의 수평거리는 몇 m 이내인지 쓰시오.
○ 계산과정 :
○ 답 :

(바) 공기유입구의 배출량〔m^3/s〕을 구하시오.
○ 계산과정 :
○ 답 :

해답

(가) ○ 계산과정 : $360 \times 1 \times 60 = 21600m^3/h$
○ 답 : $21600m^3/h$

(나) ○ 계산과정 : $A = \dfrac{21600/3600}{20} = 0.3m^2$

덕트폭 $= \dfrac{0.3}{0.5} = 0.6m$

○ 답 : 0.6m

(다) ○ 계산과정 : $D = \sqrt{\dfrac{4 \times 0.3}{\pi}} = 0.618038m = 618.038mm \fallingdotseq 618.04mm$

○ 답 : 618.04mm

(라) ○ 계산과정 : $P=\dfrac{45\times21600/60}{102\times60\times0.65}\times1.1=4.479 \fallingdotseq 4.48\text{kW}$

○ 답 : 4.48kW

(마) 10m

(바) ○ 계산과정 : $21600/60\times35=12600\text{cm}^2=1.26\text{m}^2$

$1.26\times5=6.3\text{m}^3/\text{s}$

○ 답 : $6.3\text{m}^3/\text{s}$

해설 (가) **배출량**$[\text{m}^3/\text{min}]$= 바닥면적$[\text{m}^2]\times1\text{m}^3/\text{m}^2\cdot\text{min}$ = $360\text{m}^2\times1\text{m}^3/\text{m}^2\cdot\text{min}$ $=360\text{m}^3/\text{min}$

$\text{m}^3/\text{min}\rightarrow\text{m}^3/\text{h}$ 로 변환하면

$360\text{m}^3/\text{min}=360\text{m}^3/\text{min}\times60\text{min/h}=21600\text{m}^3/\text{h}$(최저치를 초과하므로 그대로 적용)

- 360m^2 : [조건 ①]에서 주어진 값
- 바닥면적 400m^2 미만이므로 위 식 적용

중요

거실의 배출량(NFPC 501 6조, NFTC 501 2.3)

(1) **바닥면적 400m^2 미만**(최저치 **$5000\text{m}^3/\text{h}$** 이상)

배출량$[\text{m}^3/\text{min}]$=바닥면적$[\text{m}^2]\times1\text{m}^3/\text{m}^2\cdot\text{min}$

(2) **바닥면적 400m^2 이상**

직경 40m 이하 : **$40000\text{m}^3/\text{h}$** 이상 (예상제연구역이 제연경계로 구획된 경우)		직경 40m 초과 : **$45000\text{m}^3/\text{h}$** 이상 (예상제연구역이 제연경계로 구획된 경우)	
수직거리	배출량	수직거리	배출량
2m 이하	$40000\text{m}^3/\text{h}$ 이상	2m 이하	$45000\text{m}^3/\text{h}$ 이상
2m 초과 2.5m 이하	$45000\text{m}^3/\text{h}$ 이상	2m 초과 2.5m 이하	$50000\text{m}^3/\text{h}$ 이상
2.5m 초과 3m 이하	$50000\text{m}^3/\text{h}$ 이상	2.5m 초과 3m 이하	$55000\text{m}^3/\text{h}$ 이상
3m 초과	$60000\text{m}^3/\text{h}$ 이상	3m 초과	$65000\text{m}^3/\text{h}$ 이상

기억법 **거예4045**

(나) 덕트의 폭을 구하라고 했으므로

$$Q=AV$$

여기서, Q : 풍량$[\text{m}^3/\text{s}]$
A : 단면적$[\text{m}^2]$
V : 풍속[m/s]

$$A=\frac{Q}{V}=\frac{21600\text{m}^3/\text{h}}{20\text{m/s}}=\frac{21600\text{m}^3/3600\text{s}}{20\text{m/s}}=\frac{21600\text{m}^3\div3600\text{s}}{20\text{m/s}}=0.3\text{m}^2$$

- $21600\text{m}^3/\text{h}$: (가)에서 구한 값
- 1h=3600s
- 20m/s : 배출기의 배출량(배출기의 배출측 풍속)이므로 아래 표에서 **20m/s** 적용
- **제연설비**의 **풍속**(NFPC 501 9·10조, NFTC 501 2.6.2.2, 2.7.1)

조 건	풍 속
배출기의 흡입측 풍속	15m/s 이하
배출기의 배출측 풍속, 유입풍도 안의 풍속 →	20m/s 이하

- 흡입측 풍속보다 배출측 풍속을 더 크게해서 **역류**가 발생하지 않도록 한다.

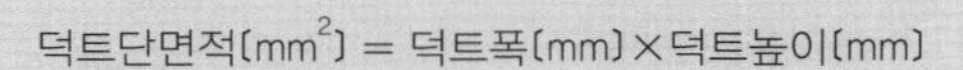

덕트단면적[mm^2] = 덕트폭[mm]×덕트높이[mm]

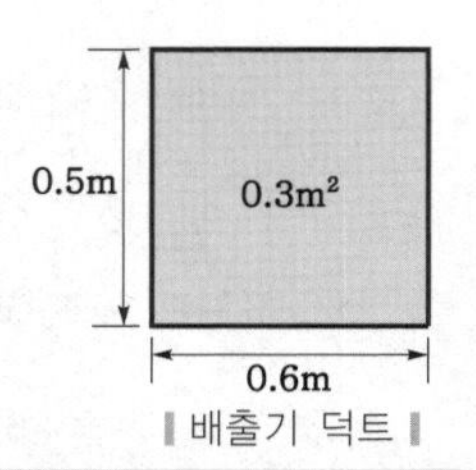

▌배출기 덕트▐

$$덕트폭[mm] = \frac{덕트단면적[mm^2]}{덕트높이[mm]}$$

$$= \frac{0.3m^2}{0.5m} = 0.6m$$

- $0.3m^2$: 바로 위에서 구한 값
- 0.5m : 문제에서 500mm=0.5m(1000mm=1m)

(다) **단면적**

$$A = \frac{\pi D^2}{4}$$

여기서, A : 단면적[m^2]
D : 구경(내경)[m]

$$A = \frac{\pi D^2}{4}$$

$$\frac{\pi D^2}{4} = A$$

$$\pi D^2 = 4A$$

$$D^2 = \frac{4A}{\pi}$$

$$\sqrt{D^2} = \sqrt{\frac{4A}{\pi}}$$

안지름 $D = \sqrt{\frac{4A}{\pi}} = \sqrt{\frac{4 \times 0.3m^2}{\pi}} = 0.618038m = 618.038mm ≒ 618.04mm$

- $0.3m^2$: (나)에서 구한 값
- 0.618038m=618.038mm(1m=1000mm)

(라)

$$P = \frac{P_T Q}{102 \times 60\eta} K$$

여기서, P : 배출기동력(배출송풍기의 전동기동력)[kW], P_T : 전압(풍압, 손실)[mmAq, mmH_2O]
Q : 풍량(배출량)[m^3/min], K : 여유율, η : 효율

배출기의 **동력** P는

$$P = \frac{P_T Q}{102 \times 60\eta} K = \frac{45mmAq \times 21600m^3/h}{102 \times 60 \times 0.65} \times 1.1 = \frac{45mmAq \times 21600m^3/60min}{102 \times 60 \times 0.65} \times 1.1$$

$$= \frac{45mmAq \times 21600m^3 \div 60min}{102 \times 60 \times 0.65} \times 1.1 = 4.479 ≒ 4.48kW$$

- 배연설비(제연설비)에 대한 동력은 반드시 위의 식을 적용하여야 한다. 우리가 알고 있는 일반적인 식 $P = \frac{0.163QH}{\eta}K$를 적용하여 풀면 틀린다.
- 45mmAq : [조건 ②]에서 주어진 값
- 1.1 : [조건 ②]에서 주어진 값
- **$21600m^3/h$** : (가)에서 구한 값
- $\eta(0.65)$: [조건 ②]에서 65%=0.65

(마) **제연설비**의 **화재안전성능기준, 화재안전기술기준**

① 하나의 제연구역의 면적은 **$1000m^2$** 이내로 할 것

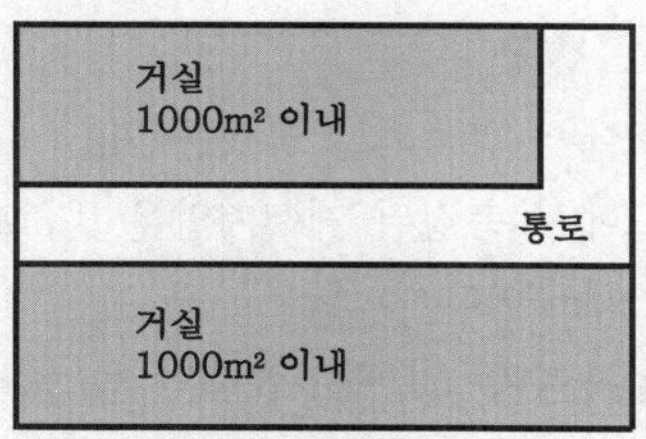

‖ 제연구역의 면적 ‖

② 예상제연구역의 각 부분으로부터 하나의 배출구까지의 수평거리는 **10m** 이내로 할 것 질문 (마)

(바)

공기유입구 크기 또는 급기구 단면적 = 배출량$[m^3/min] \times 35cm^2 \cdot min/m^3$

$$= 21600m^3/h \times 35cm^2 \cdot min/m^3$$
$$= 21600m^3/60min \times 35cm^2 \cdot min/m^3$$
$$= 12600cm^2 = 1.26m^2$$

- $21600m^3/h$: (가)에서 구한 값
- $35cm^2 \cdot min/m^3$: NFPC 501 8조 ⑥항, NFTC 501 2.5.6에 명시

  〈공기유입방식 및 유입구(NFPC 501 8조 ⑥항, NFTC 501 2.5.6)**〉**

  ⑥ 예상제연구역에 대한 공기유입구의 크기는 해당 예상제연구역 배출량 $1m^3/min$에 대하여 **$35cm^2$ 이상**으로 해야 한다.
- 1h=60min이므로 $21600m^3/h = 21600m^3/60min$
- 1m=100cm, $1m^2 = 10000cm^2$이므로 $12600cm^2 = 1.26m^2$

공기유입구 배출량$[m^3/s]$=공기유입구 크기$[m^2]$×공기유입구풍속[m/s]

$$= 1.26m^2 \times 5m/s$$
$$= 6.3m^3/s$$

- 공기유입구 배출량은 단위를 보면 공식을 쉽게 만들 수 있다.
- $1.26m^2$: 바로 위에서 구한 값
- 5m/s : [조건 ③]에서 주어진 값

☆☆

문제 02

그림은 포소화설비가 설치된 주차장의 도면이다. (20.7.문6)

득점	배점
	4

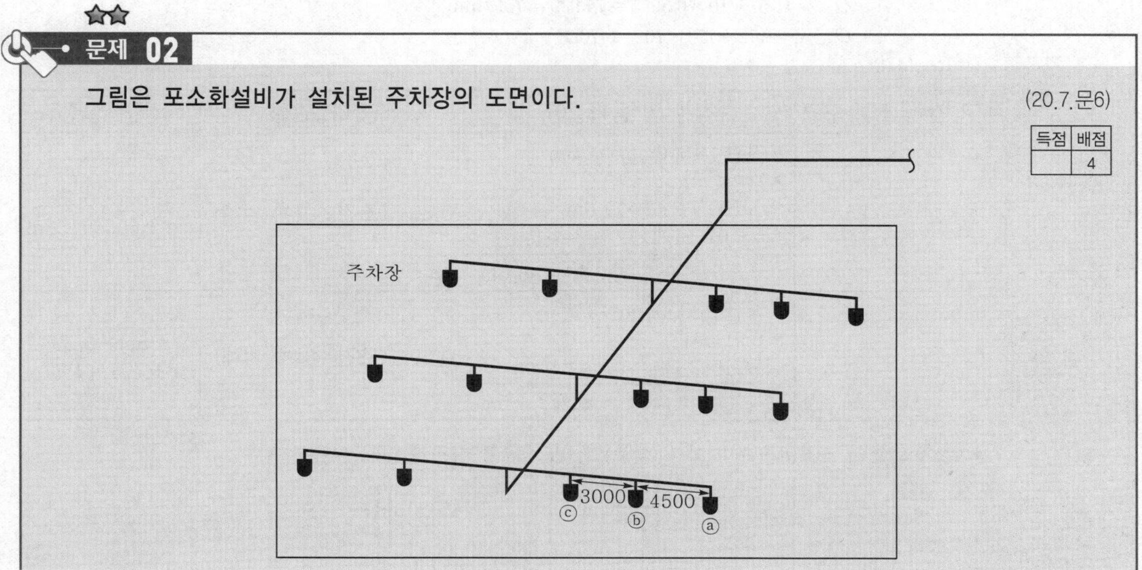

〔조건〕

① 기호 ⓐ 말단 포헤드에서 방출되는 유량은 72L/min이다.

② 기호 ⓐ 말단 포헤드에서 측정된 게이지압은 0.3MPa이다.

③ 물의 비중량은 $9.8kN/m^3$이다.

④ 구간별 직관 1m당 손실수두 및 관부속품의 등가길이

구 간	구 경	1m당 손실수두	관부속품	등가길이
ⓐ~ⓑ	25A	0.394	90도 엘보	0.6m
			(직류)티	0.27m
ⓑ~ⓒ	25A	0.394	(분류)티	1.5m
			리듀서	0.3m

⑤ 기타 주어지지 않은 조건은 무시한다.

(가) ⓑ의 게이지압력〔MPa〕을 구하시오. (단, 소수점 5째자리에서 반올림하여 소수점 4째자리까지 나타내시오.)

○ 계산과정 :

○ 답 :

(나) ⓑ~ⓒ의 포수용액 양〔L〕을 구하시오.

○ 계산과정 :

○ 답 :

해답 (가) ○ 계산과정 : 마찰손실수두 $=(4.5+0.6+1.5)\times0.394=2.6004 \fallingdotseq 2.6m$

$P=9.8\times2.6=25.48kN/m^2=25.48kPa=0.02548MPa$

게이지압력 $=0.02548+0.3=0.32548 \fallingdotseq 0.3255MPa$

○ 답 : 0.3255MPa

(나) ○ 계산과정 : $K=\dfrac{72}{\sqrt{10\times0.3}}=41.569 \fallingdotseq 41.57$

$Q_{ⓑ}=41.57\sqrt{10\times0.3255}=74.999 \fallingdotseq 75L/min$

$Q_{ⓑ\sim ⓒ}=(72+75)\times10=1470L$

○ 답 : 1470L

해설

구 간	호칭 구경	직관 및 등가길이	m당 마찰손실	마찰손실수두
ⓐ~ⓑ	25A	• 직관 : 4500mm=4.5m • 관이음쇠 엘보(90°) : 1개×0.6m=0.6m (분류)티 : 1개×1.5m=1.5m	0.394(〔조건 ④〕에 의해)	6.6m×0.394 =2.600≒2.6m
		소계 : 6.6m		
ⓑ~ⓒ	25A	• 직관 : 3000mm=3m • 관이음쇠 (분류)티 : 1개×1.5m=1.5m	0.394(〔조건 ④〕에 의해)	4.5m×0.394 =1.773≒1.77m
		소계 : 4.5m		

• 포소화약제의 흐름방향에 따라 티(분류)와 티(직류)를 다음과 같이 분류한다.

‖ 티(분류) ‖ ‖ 티(직류) ‖

(가) ⓑ(호칭구경 25A)

① 직관 : 4500mm=4.5m(1000mm=1m)

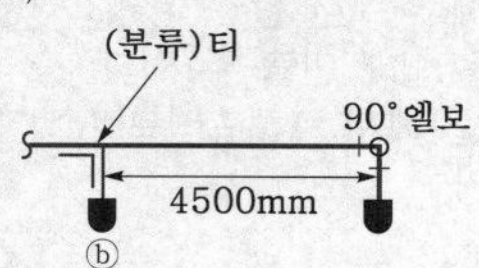

② ┌ 엘보(90°) : 1개×0.6m
 └ 티(분류) : 1개×1.5m

- 배관길이를 구할 때 단위가 주어지지 않으면 mm로 본다. 그러므로 4500mm=4.5m(1000mm=1m)
- **포헤드**는 스프링클러설비의 **개방형 헤드**와 같은 형태로 약제가 방사되면 모든 포헤드에서 약제가 나온다. 포헤드는 폐쇄형 헤드가 없다. 그러나 기호 ⓑ 헤드 기준으로 볼 때는 약제가 분류(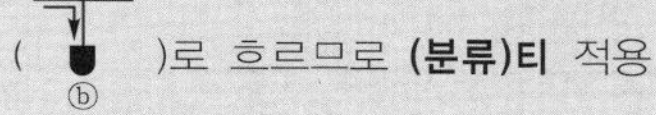)로 흐르므로 **(분류)티** 적용

마찰손실수두=(직관+관이음쇠)×1m당 손실수두
=(4.5m+0.6m+1.5m)×0.394=2.6004≒2.6m

압력

$$P=\gamma h$$

여기서, P : 압력[Pa], γ : 비중량[N/m^3], h : 높이[m]

$P=\gamma h=9.8\text{kN/m}^3\times2.6\text{m}=25.48\text{kN/m}^2=25.48\text{kPa}=0.02548\text{MPa}$

- [조건 ③]에서 비중량이 주어졌으므로 비중량이 적용된 $P=\gamma h$를 반드시 적용해야 함

ⓑ게이지압=ⓐ~ⓑ구간 마찰손실압+ⓐ게이지압
=0.02548MPa+0.3MPa=0.32548 ≒ 0.3255MPa

- 9.8kN/m^3 : [조건 ③]에서 주어진 값
- 2.6m : 바로 위에서 구한 값
- 0.3MPa : [조건 ②]에서 주어진 값
- [단서]에 의해 5째자리에서 반올림하여 4째자리까지 구함

(나)

$$Q=K\sqrt{10P}$$

여기서, Q : 방수량[L/min]
K : 방출계수
P : 방수압[MPa]

방출계수 K는

$$K=\frac{Q_{ⓑ}}{\sqrt{10P}}=\frac{72\text{L/min}}{\sqrt{10\times0.3\text{MPa}}}=41.569\fallingdotseq41.57$$

- 72L/min : [조건 ①]에서 주어진 값
- 0.3MPa : [조건 ②]에서 주어진 값

$Q_{ⓑ}=K\sqrt{10P}=41.57\sqrt{10\times0.3255\text{MPa}}=74.999\fallingdotseq75\text{L/min}$

- 41.57 : 바로 위에서 구한 값
- 0.3255MPa : (가)에서 구한 값

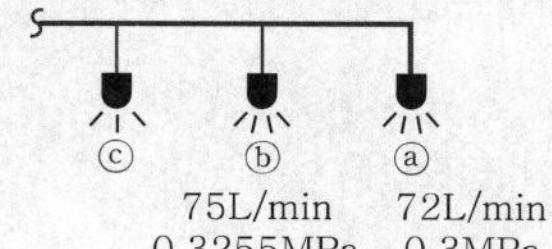

$Q_{ⓑ\sim ⓒ}$ = (ⓐ헤드방수량+ⓑ헤드방수량)×방사시간=(72+75)L/min×10min=1470L

- 72L/min : [조건 ①]에서 주어진 값
- 75L/min : 바로 위에서 구한 값
- 단위를 보면 공식을 쉽게 만들 수 있다.
- 10min : [조건 ①, ②]에서 포헤드이므로 아래 표에서 방사시간은 10min

중요

표준방사량(NFPC 105 6 · 8조, NFTC 105 2.3.5, 2.5.2.3)

구 분	표준방사량	방사시간(방출시간)
• 포워터 스프링클러헤드	75L/min 이상	10분 (10min)
• 포헤드 • 고정포방출구 • 이동식 포노즐 • 압축공기포헤드	각 포헤드 · 고정포방출구 또는 이동식 포노즐, 압축공기포헤드의 설계압력에 의하여 방출되는 소화약제의 양	

중요

방수량(포수용액량) 구하는 식

$Q=0.653D^2\sqrt{10P}$ $=0.6597CD^2\sqrt{10P}$	$Q=10.99CD^2\sqrt{10P}$	$Q=K\sqrt{10P}$
여기서, Q : 방수량[L/min] C : 노즐의 흐름계수(유량계수) D : 내경[mm] P : 방수압력[MPa]	여기서, Q : 토출량[m^3/s] C : 노즐의 흐름계수(유량계수) D : 구경[m] P : 방사압력[MPa]	여기서, Q : 방수량[L/min] K : 방출계수 P : 방수압력[MPa]

※ 문제의 조건에 따라 편리한 식을 적용하면 된다. 일반적으로는 다음의 표와 같이 설비에 따라 적용한다.

일반적인 적용설비	옥내소화전설비	• 스프링클러설비 • 포소화설비
적용공식	• $Q=0.653D^2\sqrt{10P}=0.6597CD^2\sqrt{10P}$ • $Q=10.99CD^2\sqrt{10P}$	• $Q=K\sqrt{10P}$

☆☆☆

문제 03

체적 $250m^3$ 특정소방대상물에 이산화탄소 소화설비가 오작동하여 약제량이 45kg인 약제용기 5병이 방출되었다. 이때, 해당 특정소방대상물에 필요한 CO_2의 양을 체적[m^3]으로 구하시오. (단, 온도는 20℃이고, CO_2의 분자량 44g/mol, 기체상수 R=8.3143kJ/kmol · K이고 표준대기압 상태이다.)

○ 계산과정 :

○ 답 :

득점	배점
	5

해답 ○ 계산과정 : $m=45\times5=225\text{kg}$

$$V=\frac{225\times8.3143\times(273+20)}{101.325\times44}=122.943 ≒ 122.94\text{m}^3$$

○ 답 : $122.94m^3$

해설 질량 m=1병당 저장량×병수=45kg×5병=225kg

- 45kg, 5병 : 문제에서 주어진 값
- 체적 $250m^3$는 적용할 필요없음 속지말라!

이산화탄소의 질량

$$PV = \frac{m}{M}RT$$

여기서, P : 압력〔kPa 또는 kN/m²〕
V : 방출가스량〔m³〕
m : 질량〔kg〕
M : 분자량(44g/mol 또는 44kg/kmol)
R : 기체상수(8.3143kJ/kmol · K)
T : 절대온도(273+℃) $T = 273 + 20℃ = 293\text{K}$

$$\therefore \ V = \frac{mRT}{PM} = \frac{225\text{kg} \times 8.3143\text{kPa} \cdot \text{m}^3/\text{kmol} \cdot \text{K} \times (273+20)\text{K}}{101.325\text{kPa} \times 44\text{kg/kmol}} = 122.943 ≒ 122.94\text{m}^3$$

- 225kg : 바로 위에서 구한 값
- 8.3143kJ/kmol · K=8.3143kPa · m³/kmol · K(1kJ=1kPa · m³)
- $\text{J} = \text{N} \cdot \text{m}$
  $\text{Pa} = \text{N/m}^2$ 이므로
  $\text{J} = \text{Pa} \cdot \text{m}^3$ 이 됨
  $\text{J} = \text{Pa} \cdot \text{m}^3 = \text{N/m}^2 \times \text{m}^3 = \text{N} \cdot \text{m}$
- 기체상수의 단위가 kJ/kmol · K=kN · m/kmol · K이므로 압력의 단위는 kPa=kN/m²을 적용해야 한다. 기체상수단위에 따라 압력의 단위가 다르므로 주의! 기체상수의 단위가 **atm · m³/kmol · K**라면 압력의 단위는 **atm** 적용

‖ 이상기체상수 적용시 기체상수의 단위에 따른 압력의 단위 ‖

기체상수의 단위	kJ/kmol · K	atm · m³/kmol · K
압력의 단위	kPa	atm

- 20℃ : 〔단서〕에서 주어진 값
- 101.325kPa : 〔단서〕에 의해 **표준대기압** 적용
- 44kg/kmol : CO²의 분자량 문제에서 44g/mol=44kg/kmol(이 문제에서는 단위 일치를 위해 kg/mol 적용)

☆☆
문제 04

각 층의 평면구조가 모두 같은 지하층이 없는 지상 10층의 판매시설이 있다. 이 건물의 전층에 걸쳐 습식 스프링클러설비 및 옥내소화전설비를 하나의 수조 및 소화펌프와 연결하여 적법하게 설치하되 각 층마다 습식 스프링클러헤드는 50개, 옥내소화전은 6개씩 있다. 다음 각 물음에 답하시오. (단, 방화문과 방화벽은 설치하지 않았다.) (20.11.문10, 17.6.문2, 12.11.문12, 10.7.문7, 05.7.문2)

득점	배점
	4

(가) 수원의 저수량〔m³〕을 구하시오. (단, 옥상수조 포함)
○ 계산과정 :
○ 답 :

(나) 펌프의 정격토출량〔L/min〕을 구하시오.
○ 계산과정 :
○ 답 :

해답 (가) ○ 계산과정 :
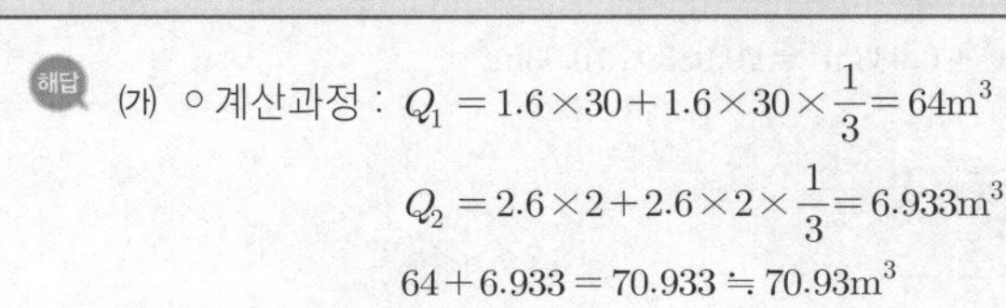
$Q_1 = 1.6 \times 30 + 1.6 \times 30 \times \frac{1}{3} = 64\text{m}^3$

$Q_2 = 2.6 \times 2 + 2.6 \times 2 \times \frac{1}{3} = 6.933\text{m}^3$

$64 + 6.933 = 70.933 ≒ 70.93\text{m}^3$

○ 답 : 70.93m³

(나) ○ 계산과정 : $Q_1 = 30 \times 80 = 2400\text{L/min}$

$Q_2 = 2 \times 130 = 260\text{L/min}$

$2400 + 260 = 2660\text{L/min}$

○ 답 : 2660L/min

 (가) **스프링클러설비**

특정소방대상물		폐쇄형 헤드의 기준개수
지하가 · 지하역사		30
11층 이상		
10층 이하	공장(특수가연물)	
	판매시설(백화점 등), 복합건축물(판매시설이 설치된 것) →	
	근린생활시설, 운수시설	20
	8m 이상	
	8m 미만	10

지하수조의 **저수량(폐쇄형 헤드)**

$Q = 1.6N$(30층 미만), $Q = 3.2N$(30~49층 이하), $Q = 4.8N$(50층 이상)

여기서, Q : 수원의 저수량[m^3]

N : 폐쇄형 헤드의 기준개수(설치개수가 기준개수보다 적으면 그 설치개수)

옥상수조의 **저수량(폐쇄형 헤드)**

$Q = 1.6N \times \frac{1}{3}$(30층 미만), $Q = 3.2N \times \frac{1}{3}$(30~49층 이하), $Q = 4.8N \times \frac{1}{3}$(50층 이상)

$Q_1 = 1.6N + 1.6N \times \frac{1}{3} = 1.6 \times 30\text{개} + 1.6 \times 30\text{개} \times \frac{1}{3} = 64\text{m}^3$

- 문제에서 10층이므로 **30층 미만** 적용
- 문제에서 10층 이하 **판매시설**이므로 **30개** 적용
- 이 문제에서 **옥상수조**를 **포함**하라고 했으므로 **옥상수조 수원**의 양도 반드시 포함!

옥내소화전설비의 **수원저수량**

$Q = 2.6N$(30층 미만, N : 최대 2개), $Q = 5.2N$(30~49층 이하, N : 최대 5개), $Q = 7.8N$(50층 이상, N : 최대 5개)

여기서, Q : 수원의 저수량[m^3], N : 가장 많은 층의 소화전개수

옥상수원의 **저수량**

$Q = 2.6N \times \frac{1}{3}$(30층 미만, N : 최대 2개), $Q = 5.2N \times \frac{1}{3}$(30~49층 이하, N : 최대 5개)

$Q = 7.8N \times \frac{1}{3}$(50층 이상, N : 최대 5개)

여기서, Q : 수원의 저수량[m^3], N : 가장 많은 층의 소화전개수

$Q_2 = 2.6N + 2.6N \times \frac{1}{3} = 2.6 \times 2\text{개} + 2.6 \times 2\text{개} \times \frac{1}{3} = 6.933\text{m}^3$

$\therefore$ 전체 수원의 저수량 $= Q_1 + Q_2 = 64\text{m}^3 + 6.933\text{m}^3 = 70.933 \fallingdotseq 70.93\text{m}^3$

주의

하나의 펌프에 2개의 설비가 함께 연결된 경우

구 분	적 용
펌프의 전양정	두 설비의 전양정 중 **큰 값**
펌프의 토출압력	두 설비의 토출압력 중 **큰 값**
펌프의 유량(토출량, 송수량)	두 설비의 유량(토출량)을 **더한 값**
수원의 저수량 ──→	두 설비의 저수량을 **더한 값**

(나) **스프링클러설비**

펌프의 **토출량** Q는 $Q = N \times 80\text{L/min} = 30 \times 80\text{L/min} = 2400\text{L/min}$

- N : 폐쇄형 헤드의 기준개수로서 문제에서 10층 이하이고, **판매시설**이므로 기준개수 **30개**

옥내소화전설비

$$Q = N \times 130\text{L/min}$$

여기서, Q : 펌프의 토출량(송출량)〔L/min〕
N : 가장 많은 층의 소화전개수(30층 미만 : 최대 2개, 30층 이상 : 최대 5개)

펌프의 **토출량** Q는 $Q = N \times 130\text{L/min} = 2 \times 130\text{L/min} = 260\text{L/min}$

- N(**2개**) : 문제에서 6개이지만 최대 2개 적용

∴ 전체 펌프의 토출량=스프링클러설비용+옥내소화전설비용=2400L/min+260L/min=**2660L/min**

주의

하나의 펌프에 2개의 설비가 함께 연결된 경우

구 분	적 용
펌프의 전양정	두 설비의 전양정 중 큰 값
펌프의 토출압력	두 설비의 토출압력 중 큰 값
펌프의 유량(토출량, 송수량) ──→	두 설비의 유량(토출량)을 **더한 값**
수원의 저수량	두 설비의 저수량을 더한 값

☆☆☆

문제 05

다음은 소화기구 및 자동소화장치의 화재안전성능기준에 대한 내용이다. 다음 각 물음에 답하시오.

(22.11.문10, 18.4.문8, 13.11.문8, 12.7.문9)

득점	배점
	4

(가) 보기를 참고하여 특정소방대상물 ⓐ와 ⓑ에 포함되는 것을 모두 고르시오.

〔보기〕

㉠ 문화재 ㉡ 의료시설 ㉢ 창고시설 ㉣ 판매시설

특정소방대상물	소화기구 능력단위
ⓐ	50m^2마다 능력단위 1 이상
ⓑ	100m^2마다 능력단위 1 이상

(나) 특정소방대상물의 각 부분으로부터 1개의 소화기까지의 보행거리가 대형소화기의 경우 몇 m 이내가 되도록 배치해야 하는가?

(가) ⓐ ㉠, ㉡
ⓑ ㉢, ㉣

(나) 30m

해설 (가) **특정소방대상물별 소화기구의 능력단위기준**(NFTC 101 2.1.1)

특정소방대상물	소화기구의 능력단위	건축물의 주요구조부가 **내화구조**이고, 벽 및 반자의 실내에 면하는 부분이 **불연재료 · 준불연재료** 또는 **난연재료**로 된 특정소방대상물의 능력단위
• **위**락시설 기억법 위3(**위상**)	바닥면적 **30m²**마다 1단위 이상	바닥면적 **60m²**마다 1단위 이상
• **공연**장 • **집**회장 • **관람**장 및 **문**화재 보기 ㉠ • **의**료시설 · **장**례시설(장례식장) 보기 ㉡ 기억법 5공연장 문의 집관람 (손**오공 연장 문의 집관람**)	바닥면적 **50m²**마다 1단위 이상	바닥면적 **100m²**마다 1단위 이상
• **근**린생활시설 • **판**매시설 보기 ㉣ • **숙**박시설 • **노**유자시설 • **전**시장 • 공동**주**택 • **업무시설** • **방**송통신시설 • 공장 · **창**고 보기 ㉢ • **항**공기 및 자동**차**관련시설(주차장) 및 **관광**휴게시설 기억법 근판숙노전 주업방차창 1항관광(**근판숙노전 주업방차장 일**본**항관광**)	바닥면적 **100m²**마다 1단위 이상	바닥면적 **200m²**마다 1단위 이상
• 그 밖의 것	바닥면적 **200m²**마다 1단위 이상	바닥면적 **400m²**마다 1단위 이상

(나) **보행거리**

거 리	구 분
• 보행거리 **20m** 이내	• 소형소화기
• 보행거리 **30m** 이내	• 대형소화기 질문 (나)

비교

수평거리

거 리	구 분
• 수평거리 **10m** 이하	• 예상제연구역
• 수평거리 **15m** 이하	• **분말호스릴** • 포호스릴 • CO_2 호스릴(**이산화탄소 호스릴**)
• 수평거리 **20m** 이하	• 할론 호스릴
• 수평거리 **25m** 이하	• **옥내소화전 방수구** • 옥내소화전 호스릴 • **포소화전 방수구(차고 · 주차장)** • 연결송수관 방수구(지하가) • 연결송수관 방수구(지하층 바닥면적 합계 3000m² 이상)
• 수평거리 **40m** 이하	• 옥외소화전 방수구
• 수평거리 **50m** 이하	• **연결송수관 방수구**(지상층, 바닥면적 합계 3000m² 미만)

용어

수평거리와 **보행거리**

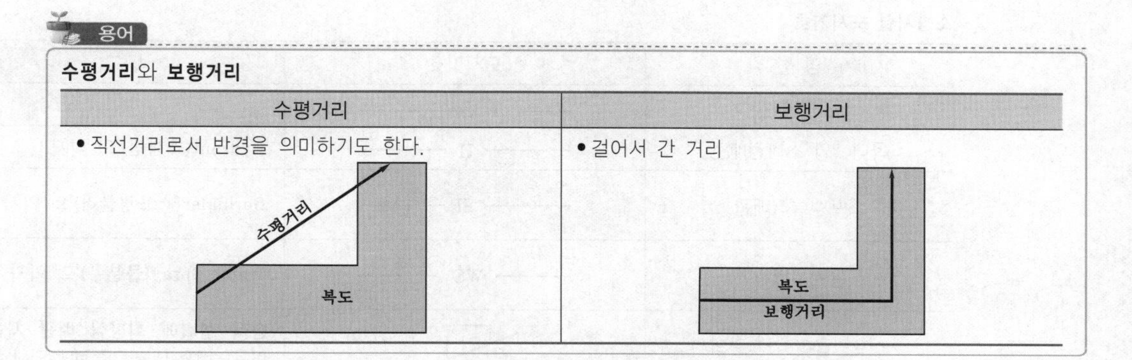

☆☆☆
문제 06

소방시설 도시기호 중 관 이음쇠의 도시기호이다. 각각의 명칭을 쓰시오.

(16.11.문8, 17.6.문3, 15.11.문11, 15.4.문5, 13.4.문11, 10.10.문3, 06.7.문4, 03.10.문13, 02.4.문8)

득점	배점
	6

구 분	도시기호	명 칭	구 분	도시기호	명 칭
(가)			(라)		
(나)			(마)		
(다)			(바)		

해답

구 분	도시기호	명 칭	구 분	도시기호	명 칭
(가)		90° 엘보	(라)		유니온
(나)		티	(마)		캡
(다)		크로스	(바)		맹플랜지

해설

- (가) **'엘보'**라고 쓰면 틀린다. **'90° 엘보'**라고 정확히 답하라.
- (다) **'십자크로스'**라고 답하면 틀린다. **'크로스'** 정답
- (라) 유니온=유니언
- (바) 맹플랜지=맹후렌지

소방시설 도시기호

명 칭	도시기호	비 고
일반배관	────	–
옥내 · 외 소화전배관	── H ──	'Hydrant(소화전)'의 약자
스프링클러배관	── SP ──	'Sprinkler(스프링클러)'의 약자
물분무배관	── WS ──	'Water Spray(물분무)'의 약자
스프링클러 가지관의 회향식 배관 및 폐쇄형 헤드		**습식 설비에 회향식 배관 사용 이유** : 배관 내의 이물질에 의해 헤드가 막히는 것 방지
플랜지		–
유니온 질문 (라)		–
오리피스		–
곡관		–
90° 엘보 질문 (가)		–
45° 엘보		–
티 질문 (나)		–
크로스 질문 (다)		–
맹플랜지 질문 (바)		–
캡 질문 (마)		–
플러그		–
나사이음		–
루프이음		–
선택밸브		–
조작밸브(일반)		–
조작밸브(전자석)		–

조작밸브(가스식)		-
추식 안전밸브		-
스프링식 안전밸브		-
솔레노이드밸브		-
Y형 스트레이너		-
U형 스트레이너		-
분말 · 탄산가스 · 할론헤드(할로겐헤드)		-
연결살수헤드		-

☆☆☆

문제 07

지하 2층 지상 15층의 사무실건물에 화재안전기술기준과 아래 조건에 따라 스프링클러설비를 설계하려고 한다. 다음 각 물음에 답하시오.

(17.11.문10, 15.7.문16, 14.11.문4)

득점	배점
	10

〔조건〕

① 전층에 설치하는 폐쇄형 스프링클러헤드의 수량은 680개이다.
② 입상배관의 내경은 150mm이고, 배관길이는 68m이다.
③ 펌프의 후드밸브로부터 최상층 스프링클러헤드까지의 실고는 72m이다.
④ 입상배관의 마찰손실수두를 제외한 펌프의 후드밸브로부터 최상층, 즉 가장 먼 스프링클러헤드까지의 마찰 및 저항 손실수두는 18m이다.
⑤ 모든 규격치는 최소량을 적용한다.
⑥ 펌프의 효율은 60%이다.
⑦ 물의 비중량은 $9.8kN/m^3$이다.

(가) 펌프의 최소 토출량〔L/min〕을 구하시오.
 ○ 계산과정 :
 ○ 답 :

(나) 수원의 최소 유효저수량〔m^3〕을 구하시오.
 ○ 계산과정 :
 ○ 답 :

(다) 입상배관에서의 마찰손실수두〔m〕를 구하시오. (단, 수직배관은 직관으로 간주, Darcy-Weisbach의 식을 사용, 마찰손실계수는 0.02이다.)
 ○ 계산과정 :
 ○ 답 :

(라) 펌프의 최소 양정[m]을 구하시오.
 ○ 계산과정 :
 ○ 답 :

(마) 펌프의 축동력[kW]을 구하시오.
 ○ 계산과정 :
 ○ 답 :

해답 (가) ○ 계산과정 : $30 \times 80 = 2400\text{L/min}$
 ○ 답 : 2400L/min

(나) ○ 계산과정 : $1.6 \times 30 = 48\text{m}^3$
 ○ 답 : 48m^3

(다) ○ 계산과정 : $V = \dfrac{2.4/60}{\dfrac{\pi}{4} \times 0.15^2} = 2.263\text{m/s}$

$$H = \frac{0.02 \times 68 \times 2.263^2}{2 \times 9.8 \times 0.15} = 2.37\text{m}$$

 ○ 답 : 2.37m

(라) ○ 계산과정 : $(2.37 + 18) + 72 + 10 = 102.37\text{m}$
 ○ 답 : 102.37m

(마) ○ 계산과정 : $P = \dfrac{9800 \times 2.4/60 \times 102.37}{1000 \times 0.6} = 66.881 ≒ 66.88\text{kW}$
 ○ 답 : 66.88kW

해설 (가)

특정소방대상물		폐쇄형 헤드의 기준개수
지하가 · 지하역사		30
11층 이상 →		30
10층 이하	공장(특수가연물)	30
	판매시설(백화점 등), 복합건축물(판매시설이 설치된 것)	30
	근린생활시설, 운수시설	20
	8m 이상	20
	8m 미만	10

펌프의 **최소 유량** Q는

$Q = N \times 80\text{L/min} = 30 \times 80\text{L/min} = 2400\text{L/min}$

- N : 폐쇄형 헤드의 기준개수로서 문제에서 **11층** 이상이므로 위 표에서 **30개**
- [조건 ①]에서 전체 헤드수량이 680개이고 지하 2층, 지상 15층으로 총 17개층이므로 한 층당 스프링클러헤드수를 대략 계산하면 1층당 스프링클러헤드수$=\dfrac{\text{전체 헤드수량}}{\text{층수}}=\dfrac{680}{17\text{층}}=40$개이다. ([조건 ①]에서 전체 헤드수량만 주어졌고 한 층당 헤드개수는 알 수 없어서 층당 동일한 개수가 설치되었다고 보고 계산함) 이때는 설치개수가 기준개수보다 크므로 기준개수인 **30개** 적용, 설치개수가 기준개수보다 작으면 설치개수 적용

수원의 **최소 유효저수량** Q는

$Q = 1.6N$(30층 미만)
$Q = 3.2N$(30~49층 이하)
$Q = 4.8N$(50층 이상)

여기서, Q : 수원의 저수량[m^3]
 N : 폐쇄형 헤드의 기준개수(설치개수가 기준개수보다 작으면 그 설치개수)

(나) **수원**의 **최소 유효저수량** Q는

$Q = 1.6N = 1.6 \times 30 = 48\text{m}^3$

- N : 폐쇄형 헤드의 기준개수로서 문제에서 **11층** 이상이므로 위 표에서 **30개**

(다) ① **유량**

$$Q = AV = \left(\frac{\pi}{4}D^2\right)V$$

여기서, Q : 유량[m³/s]
A : 단면적[m²]
V : 유속[m/s]
D : 내경[m]

유속 V는

$$V = \frac{Q}{\frac{\pi}{4}D^2} = \frac{2400\text{L/min}}{\frac{\pi}{4}\times(150\text{mm})^2} = \frac{2.4\text{m}^3/60\text{s}}{\frac{\pi}{4}\times(0.15\text{m})^2} = \frac{2.4\text{m}^3 \div 60\text{s}}{\frac{\pi}{4}\times(0.15\text{m})^2} = 2.263\text{m/s}$$

- 유량(Q)은 (가)에서 **2400L/min**=2.4m³/min=2.4m³/60s(1000L=1m³, 1min=60s)
- 수직배관의 내경(D)은 [조건 ②]에서 **150mm**=0.15m(1000mm=1m)

② **달시-웨버식**

$$H = \frac{\Delta P}{\gamma} = \frac{flV^2}{2gD}$$

여기서, H : 마찰손실수두[m]
ΔP : 압력차[MPa]
γ : 비중량(물의 비중량 9800N/m³)
f : 관마찰계수
l : 배관길이[m]
V : 유속[m/s]
g : 중력가속도(9.8m/s²)
D : 내경[m]

입상배관의 **마찰손실수두** H는

$$H = \frac{flV^2}{2gD} = \frac{0.02\times 68\text{m}\times(2.263\text{m/s})^2}{2\times 9.8\text{m/s}^2\times 0.15\text{m}} = 2.37\text{m}$$

- 0.02 : [질문 (다)]에서 주어진 값
- 68m : [조건 ②]에서 주어진 값
- 2.263m/s : 바로 위에서 구한 값
- 0.15m : [조건 ②]에서 주어진 값 150mm=0.15m(1000mm=1m)

(라)

$$H \geq h_1 + h_2 + 10$$

여기서, H : 전양정[m]
h_1 : 배관 및 관부속품의 마찰손실수두[m]
h_2 : 실양정(흡입양정+토출양정)[m]

펌프의 **최소 양정** H는

$H = h_1 + h_2 + 10 = (2.37 + 18) + 72 + 10 = 102.37\text{m}$

- 배관 및 관부속품의 마찰손실수두(h_1) : (다)의 마찰손실수두(**2.37m**)+[조건 ④]의 마찰손실수두(**18m**)
- 실양정(h_2) : [조건 ③]에서 **72m**

(마)

$$P = \frac{\gamma QH}{1000\eta}$$

여기서, P : 축동력〔kW〕, γ : 비중량(물의 비중량 9800N/m^3)
Q : 유량〔m^3/min〕, H : 전양정〔m〕, η : 효율

펌프의 **축동력** P는

$$P = \frac{\gamma QH}{1000\eta} = \frac{9800\text{N/m}^3 \times 2400\text{L/min} \times 102.37\text{m}}{1000 \times 0.6} = \frac{9800\text{N/m}^3 \times 2.4\text{m}^3/60\text{s} \times 102.37\text{m}}{1000 \times 0.6} = 66.881 \fallingdotseq 66.88\text{kW}$$

- **축동력** : 전달계수(K)를 고려하지 않은 동력으로서, 계산식에서 K를 적용하지 않는 것에 주의
- 〔조건 ⑦〕에서 비중량(9.8kN/m^3=9800N/m^3)이 주어졌으므로 반드시 적용해야 정답
- 2400L/min : (가)에서 구한 값(2400L/min=2.4m^3/60s) ∵ 1000L=1m^3, 1min=60s
- 102.37m : (라)에서 구한 값
- 0.6 : 〔조건 ⑥〕에서 60%=0.6

☆☆☆

문제 08

길이가 10m이고, 내경이 150mm인 직관에 유량이 0.03m^3/s일 때 직관의 손실수두〔m〕를 구하시오. (단, 직관의 마찰손실계수는 0.051이고, 달시-바이스바하식을 이용한다.)

(22.7.문9, 15.11.문6, 15.4.문10, 10.10.문2)

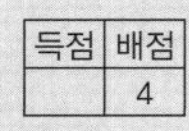

득점	배점
	4

○ 계산과정 :
○ 답 :

해답

○ 계산과정 : $V = \dfrac{0.03}{\dfrac{\pi}{4} \times 0.15^2} = 1.697\text{m/s}$

$$H = \frac{0.051 \times 10 \times 1.697^2}{2 \times 9.8 \times 0.15} = 0.499 \fallingdotseq 0.5\text{m}$$

○ 답 : 0.5m

해설

기호

- l : 10m
- D : 150mm=0.15m(1000mm=1m)
- Q : 0.03m^3/s
- f : 0.051
- H : ?

(1) **유량**

$$Q = AV = \left(\frac{\pi}{4}D^2\right)V$$

여기서, Q : 유량〔m^3/min〕
A : 단면적〔m^2〕
V : 유속〔m/s〕
D : 직관내경〔m〕

$$Q = \left(\frac{\pi}{4}D^2\right)V$$

$$V = \frac{Q}{\dfrac{\pi}{4}D^2} = \frac{0.03\text{m}^3/\text{s}}{\dfrac{\pi}{4} \times (0.15\text{m})^2} = 1.697\text{m/s}$$

• **0.15m** : 1000mm=1m이므로 150mm=0.15m

(2) **달시-웨버식**(Darcy-Weisbach식)

$$H=\frac{f\,l\,V^2}{2g\,D}$$

여기서, H : 마찰손실수두〔m〕
f : 관마찰계수(마찰손실계수)
l : 길이〔m〕
V : 유속〔m/s〕
g : 중력가속도(9.8m/s²)
D : 직관내경〔m〕

마찰손실수두 $H=\frac{flV^2}{2gD}=\frac{0.051\times 10\text{m}\times (1.697\text{m/s})^2}{2\times 9.8\text{m/s}^2\times 0.15\text{m}}=0.499 \fallingdotseq 0.5\text{m}$

☆☆
문제 09

그림은 축압식 ABC급 분말소화기의 내부구조이다. 다음 각 물음에 답하시오. (08.11.문14)

득점	배점
	7

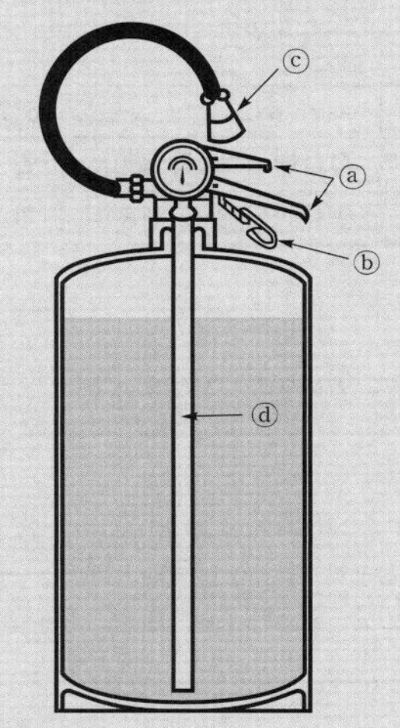

(가) 소화기의 구성부품 ⓐ~ⓓ의 명칭을 쓰시오.
ⓐ
ⓑ
ⓒ
ⓓ

(나) 소화효과 3가지를 쓰시오.
○
○
○

해답 (가) ⓐ 손잡이　ⓑ 안전핀　ⓒ 노즐　ⓓ 사이폰관
(나) ① 질식효과　② 부촉매효과　③ 냉각효과

해설 (가) **분말소화기**의 **구성**

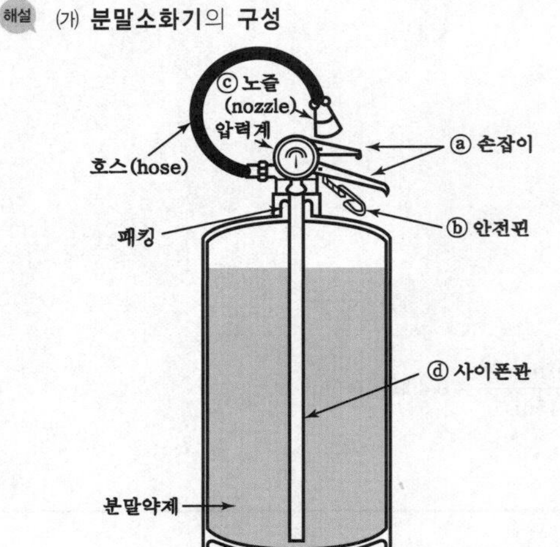

▮축압식▮

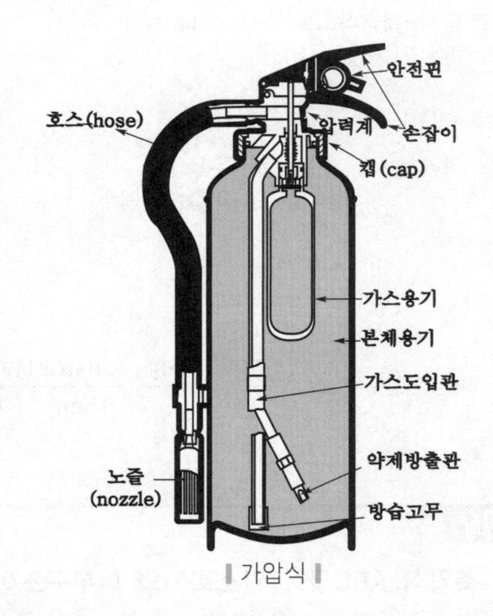

▮가압식▮

(나) **분말소화기**의 **소화효과**

소화효과	설 명
질식효과	공기 중의 산소농도를 **16%**(10~15%) 이하로 희박하게 하는 방법
냉각효과	**점화원**을 **냉각**시키는 방법
화학소화(부촉매효과)	연쇄반응을 억제하여 소화하는 방법으로 **억제작용**이라고도 한다.

중요

(1) **주된 소화효과**

소화약제	소화효과
• 포 • 분말 • 이산화탄소	질식소화
• 물	냉각소화
• 할론	화학소화(부촉매효과)

(2) **소화효과**에 따른 **소화약제**

소화효과	적응 소화약제
냉각소화	• 물 • 물분무 • 분말
질식소화	• 포 • 분말 • 이산화탄소 • 물분무
제거소화	• 물
화학소화(부촉매효과)	• 할론 • 분말
희석소화	• 물 • 물분무
유화소화	• 물분무
피복소화	• 이산화탄소

(3) **가압방식에 따른 분류**

축압식 소화기	가압식 소화기
소화기의 용기 내부에 소화약제와 함께 압축공기 또는 불연성 가스(N_2, CO_2)를 축압시켜 그 압력에 의해 방출되는 방식으로 소화기 상부에 **압력계**가 **부착**되어 있다.	소화약제의 방출원이 되는 압축가스를 압력용기 등의 별도의 용기에 저장했다가 가스의 압력에 의해 방출시키는 방식으로 **수동펌프식, 화학반응식, 가스가압식**으로 분류된다.

☆☆☆

문제 10

다음 도면에 제연댐퍼 2개를 설치하고, A, B구역 화재시 개방 · 폐쇄 여부를 표 안에 쓰시오. (단, 댐퍼는 ∅로 직접 도면에 표시하되 A구역에는 D_A, B구역에는 D_B라고 표시할 것)

(22.5.문14, 18.6.문2, 16.6.문3, 07.11.문15)

득점	배점
	6

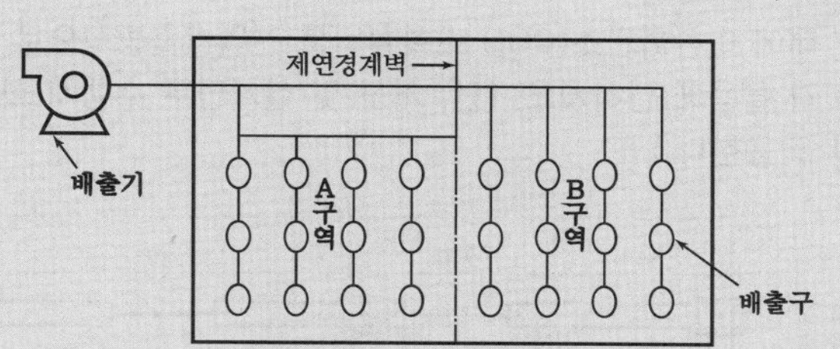

구 분	A구역 댐퍼	B구역 댐퍼
A구역 화재		
B구역 화재		

해답

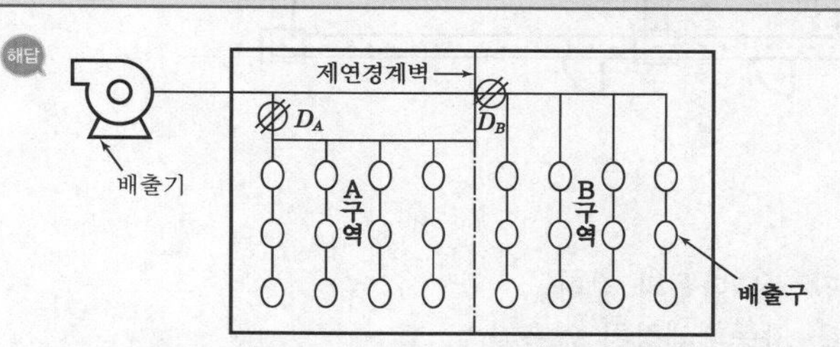

구 분	A구역 댐퍼	B구역 댐퍼
A구역 화재	개방	폐쇄
B구역 화재	폐쇄	개방

해설

- [조건]에 의해 반드시 A구역 댐퍼 D_A, B구역 댐퍼 D_B라고 표시할 것. 표시하지 않으면 틀림

(1) 실수하기 쉬운 도면을 제시하니 참고하기 바란다. 다음과 같이 댐퍼를 설치하면 **A구역 댐퍼 폐쇄**시 **B구역**까지 **모두 폐쇄**되어 효과적인 제어를 할 수 없다.

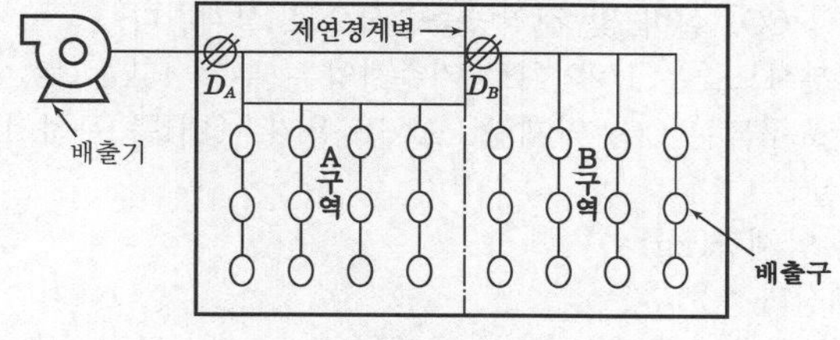

‖ 틀린 도면 ‖

(2) A · B구역 화재시 연기배출경로

A구역 화재	B구역 화재
A구역 댐퍼를 **개방**하고, **B구역 댐퍼**를 **폐쇄**하여 A구역의 연기를 외부로 배출시킨다.	**B구역 댐퍼**를 **개방**하고, **A구역 댐퍼**를 **폐쇄**하여 B구역의 연기를 외부로 배출시킨다.

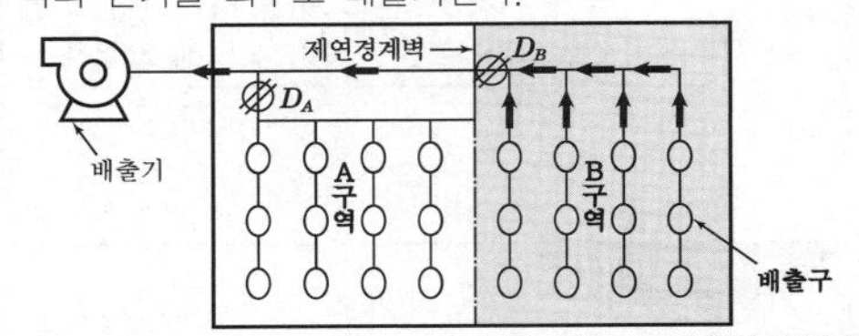

☆☆

문제 11

그림과 같은 건축물 내에 이산화탄소(CO_2) 소화설비를 전역방출방식으로 시설하고자 한다. 제시된 조건을 참조하여 다음 각 물음에 답하시오. (단, 계산 및 설계업무 수행시 화장실, 용기실은 제외하고 보일러실 및 전기실만 적용한다.)

(19.4.문16, 14.11.문13)

득점	배점
	12

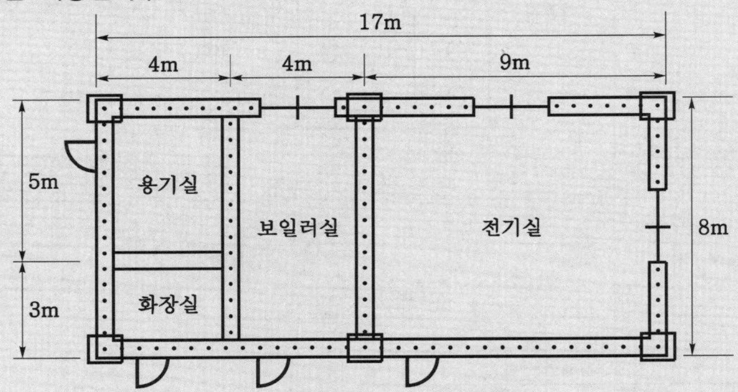

〔조건〕

※ 시설 적용기준은 다음과 같다.

1. 건축개요

   건축 층고는 4m이고, 개구부 면적은 다음과 같다.

   ① 보일러실 : 2m×1.5m, 1개소, 자동폐쇄장치 없음

   ② 전기실 : 2m×3m, 2개소, 자동폐쇄장치 없음

2. 적용조건

   ① 보일러실은 표면화재기준이고, 설계농도는 34%로 방호구역체적[m^3]당 CO_2 약제 0.9kg을 적용한다.

   ② 전기실은 심부화재기준으로 설계농도는 50%로 방호구역체적[m^3]당 CO_2 약제 1.3kg을 적용한다.

   ③ 개구부 보정계수는 표면화재의 경우는 5kg/m^2, 심부화재의 경우는 10kg/m^2을 적용한다.

   ④ CO_2 실린더 단위용기는 1병당 45kg CO_2로 적용한다.

   ⑤ 고압식 CO_2 설비 및 전역방출방식으로 설계한다.

   ⑥ CO_2 분사노즐은 1/2인치로 기준사양은 분당 45kg CO_2 방출기준으로 적용한다.

(가) 각 실별로 요구되는 CO_2 약제량[kg] 및 용기수[개]를 구하시오.

① 보일러실

㉠ CO_2 약제량[kg]

○ 계산과정 :

○ 답 :

㉡ 용기수[개]
 ○ 계산과정 :
 ○ 답 :
② 전기실
 ㉠ CO_2 약제량[kg]
 ○ 계산과정 :
 ○ 답 :
 ㉡ 용기수[개]
 ○ 계산과정 :
 ○ 답 :

(나) 국가화재안전기준에서 요구하는 용기실의 최소저장용기수 및 각 실별 방사시간[분]을 쓰시오.
 ○ 최소저장용기수 : 개
 ○ 보일러실 적용 방사시간 : 분 이내
 ○ 전기실 적용 방사시간 : 분 이내

(다) 전기식 노즐의 최소 적용수량[kg/min]을 구하시오.
 ○ 계산과정 :
 ○ 답 :

해답 (가) ① 보일러실
 ㉠ ○ 계산과정 : $(4\times8\times4)\times0.9+(2\times1.5)\times5=130.2\text{kg}$
 ○ 답 : 130.2kg
 ㉡ ○ 계산과정 : $\frac{130.2}{45}=2.8 \fallingdotseq 3$개
 ○ 답 : 3개
② 전기실
 ㉠ ○ 계산과정 : $(9\times8\times4)\times1.3+(2\times3\times2)\times10=494.4\text{kg}$
 ○ 답 : 494.4kg
 ㉡ ○ 계산과정 : $\frac{494.4}{45}=10.9 \fallingdotseq 11$개
 ○ 답 : 11개

(나) ○ 11개
 ○ 1분 이내
 ○ 7분 이내

(다) ○ 계산과정 : $\frac{45\times11}{7}=70.714 \fallingdotseq 70.71\text{kg/min}$
 ○ 답 : 70.71kg/min

해설 (가) ① **보일러실** 약제량
[조건 2의 ①]에 의해 **표면화재** 적용

▌표면화재의 약제량 및 개구부가산량▐

방호구역체적	약제량	개구부가산량 (자동폐쇄장치 미설치시)	최소저장량
$45m^3$ 미만	$1kg/m^3$	$5kg/m^2$	45kg
$45\sim150m^3$ 미만 →	**$0.9kg/m^3$**		
$150\sim1450m^3$ 미만	$0.8kg/m^3$		135kg
$1450m^3$ 이상	$0.75kg/m^3$		1125kg

방호구역체적 $= (4\times8\times4)\text{m}^3 = 128\text{m}^3$

- 4m : [조건 1]에서 층고 4m
- $4\times8\text{m}^2$: 그림에서 $4\times(5+3)\text{m}^2 = 4\times8\text{m}^2$
- 128m^3로서 45~150m^3 미만이므로 약제량은 **0.9kg/m³** 적용

표면화재

CO_2 저장량[kg] = **방**호구역체적[m³] × **약**제량[kg/m³] × **보정계수** + **개**구부면적[m²] × 개구부가**산**량(5kg/m²)

기억법 **방약보+개산**

저장량 = 방호구역체적[m³] × 약제량[kg/m³] = $(4\times8\times4)\text{m}^3\times0.9\text{kg/m}^3 = 115.2\text{kg}$

- 최소저장량인 45kg보다 크므로 그대로 적용

소화약제량 = 방호구역체적[m³] × 약제량[kg/m³] × 보정계수 + 개구부면적[m²] × 개구부가산량(5kg/m²)

$$= 128\text{m}^3\times0.9\text{kg/m}^3\times1 + (2\times1.5)\text{m}^2\times5\text{kg/m}^2 = 130.2\text{kg}$$

- **개구부면적**$(2\times1.5)\text{m}^2$: [조건 1의 ①]에서 2m×1.5m의 개구부는 자동폐쇄장치 미설치로 개구부면적 및 개구부가산량 적용
- **저장량**을 구하고 **최소저장량**까지 **고려**한 후 **보정계수**를 곱한다는 것을 기억하라!
- [조건 2의 ①]에서 설계농도가 34%이면 아래 설계농도에 대한 보정계수 중에서 일반적으로는 보정계수표가 주어지는데 이번 문제처럼 보정계수표가 주어지지 않는 경우에는 다음의 2가지는 암기하도록 하자.

설계농도	보정계수
34% →	1
40%	1.2

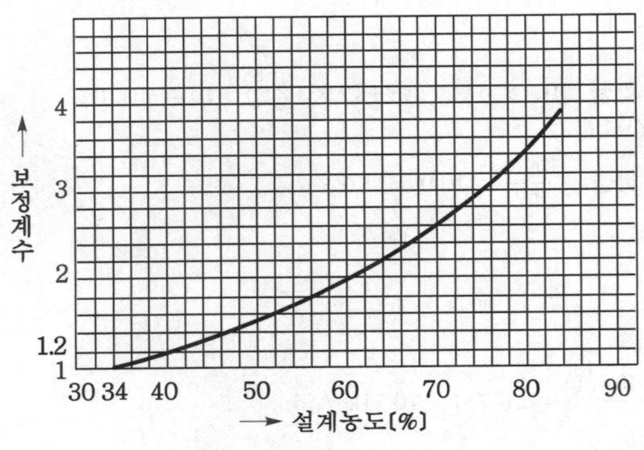

‖ 설계농도에 대한 보정계수표 ‖

보일러실 용기수

$$\text{용기수} = \frac{\text{소화약제량[kg]}}{\text{1병당 저장량[kg]}}$$

$$\text{용기수} = \frac{\text{소화약제량[kg]}}{\text{1병당 저장량[kg]}} = \frac{130.2\text{kg}}{45\text{kg}} = 2.8 ≒ 3\text{개(절상)}$$

- 130.2kg : 바로 위에서 구한 값
- 45kg : [조건 2의 ④]에서 주어진 값

② 전기실 약제량

- 〔조건 2의 ②〕에서 전기실은 **심부화재**

‖ 심부화재 약제량 및 개구부가산량 ‖

방호대상물	약제량	개구부가산량 (자동폐쇄장치 미설치시)	설계농도
전기설비($55m^3$ 이상), 케이블실 →	**$1.3kg/m^3$**	**$10kg/m^2$**	**50%**
전기설비($55m^3$ 미만)	$1.6kg/m^3$		
서고, 박물관, 목재가공품창고, 전자제품창고	$2.0kg/m^3$		65%
석탄창고, 면화류창고, 고무류, 모피창고, 집진설비	$2.7kg/m^3$		75%

방호구역체적 $= (9 \times 8 \times 4)m^3 = 288m^3$

- $288m^3$로서 $55m^3$ 이상의 전기실(전기설비)이므로 약제량은 $1.3kg/m^3$ 적용

심부화재 CO_2 저장량〔kg〕
=**방**호구역체적〔m^3〕×**약**제량〔kg/m^3〕+**개**구부면적〔m^2〕×개구부가**산**량($10kg/m^2$)

기억법 **방약+개산**

$=288m^3 \times 1.3kg/m^3 + (2 \times 3)m^2 \times 2개 \times 10kg/m^2 = 494.4kg$

- 〔조건 1의 ②〕에서 전기실은 자동폐쇄장치가 없으므로 **개구부면적** 및 **개구부가산량** 적용
- 〔조건 2의 ②〕에서 설계농도 50%에 대해 고민할 필요가 없다. 위 표(심부화재 약제량 및 개구부가산량)에서 보면 전기설비(전기실)는 설계농도 50%를 적용하여 약제량 $1.3kg/m^3$이 구해졌다. 그러므로 설계농도 50%는 신경쓰지 않아도 된다.

전기실 용기수

$$용기수 = \frac{소화약제량〔kg〕}{1병당\ 저장량〔kg〕}$$

$$용기수 = \frac{소화약제량〔kg〕}{1병당\ 저장량〔kg〕} = \frac{494.4kg}{45kg} = 10.9 ≒ 11개(절상)$$

- 494.4kg : 바로 위에서 구한 값
- 45kg : 〔조건 2의 ④〕에서 주어진 값

(나) 용기실 최소 저장용기수 : **11개**
저장용기실(집합관)의 용기병수는 각 방호구역의 저장용기병수 중 가장 많은 것을 기준으로 하므로 전기실의 **11개** 설정

※ 설치개수
① 기동용기
② 선택밸브
③ 음향경보장치
④ 일제개방밸브(델류즈밸브)
(①~④) ─ 각 방호구역당 **1개**
⑤ 집합관(용기실)의 용기개수 ─ 각 방호구역 중 가장 많은 용기 기준

- 보일러실 적용 방사시간 : 1분 이내
- 전기실 적용 방사시간 : 7분 이내
- 보일러실 : 〔조건 2의 ①〕에서 **표면화재**이므로 **1분** 이내
- 전기실 : 〔조건 2의 ②〕에서 **심부화재**이므로 **7분** 이내
- 특별한 조건이 없으면 **일반건축물** 적용

약제방사시간					
소화설비		전역방출방식		국소방출방식	
		일반건축물	위험물제조소	일반건축물	위험물제조소
할론소화설비		10초 이내	30초 이내	10초 이내	30초 이내
분말소화설비		30초 이내		30초 이내	
CO_2 소화설비	표면화재 →	1분 이내	60초 이내		
	심부화재 →	7분 이내			

전기실

약제의 방사량 $= \dfrac{\text{1병당 충전량[kg]} \times \text{병수}}{\text{약제방출시간[min]}} = \dfrac{45\text{kg} \times 11\text{개}}{7\text{min}} = 70.714 ≒ 70.71\text{kg/min}$

- 45kg : [조건 2의 ④]에서 주어진 값
- 11개 : (가)에서 구한 값
- 7min : 전기실은 심부화재이므로 7분(7min)

중요

(1) 선택밸브 직후의 유량$= \dfrac{\text{1병당 저장량[kg]} \times \text{병수}}{\text{약제방출시간[s]}}$

(2) 방사량$= \dfrac{\text{1병당 저장량[kg]} \times \text{병수}}{\text{헤드수} \times \text{약제방출시간[s]}}$

(3) 약제의 유량속도$= \dfrac{\text{1병당 저장량[kg]} \times \text{병수}}{\text{약제방출시간[s]}}$

(4) 분사헤드수$= \dfrac{\text{1병당 저장량[kg]} \times \text{병수}}{\text{헤드 1개의 표준방사량[kg]}}$

(5) 개방밸브(용기밸브) 직후의 유량$= \dfrac{\text{1병당 충전량[kg]}}{\text{약제방출시간[s]}}$

- 1병당 저장량=1병당 충전량

☆☆

문제 12

그림은 소화설비용 펌프의 흡입측 배관이다. 다음 각 물음에 답하시오.

(22.5.문5, 17.11.문11, 15.4.문6, 11.5.문11)

(가) 관부속품 5가지를 미완성된 부분에 그리시오.

득점	배점
	10

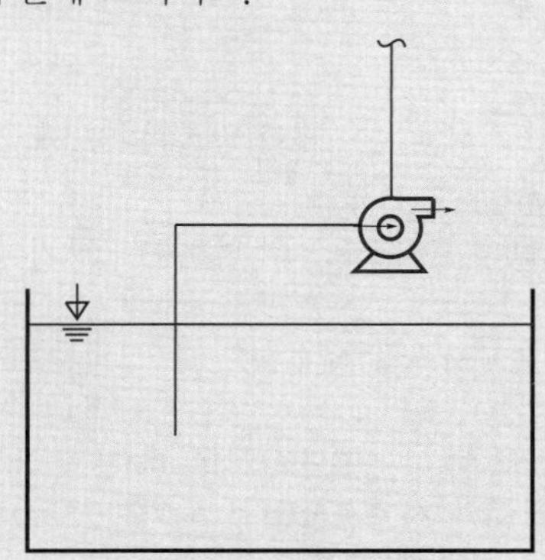

(나) 흡입관에 부착하는 밸브류 등의 관부속품 명칭 5가지와 기능을 쓰시오. (단, 90° 엘보는 제외한다.)

명칭	기능
○	○
○	○
○	○
○	○
○	○

해답 (가)

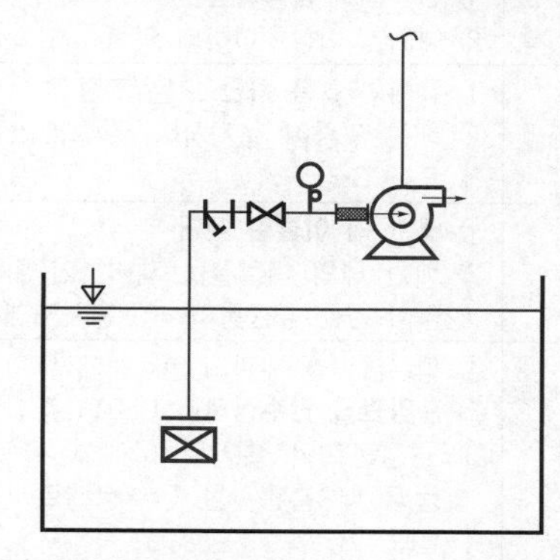

(나) 명칭 ① 플렉시블 조인트 — 기능 ① 펌프의 진동흡수
② 진공계 — ② 대기압 이하의 압력측정
③ 개폐표시형 밸브 — ③ 유체의 흐름 차단 또는 조정
④ Y형 스트레이너 — ④ 배관 내 이물질 제거
⑤ 후드밸브 — ⑤ 펌프흡입측 배관의 만수상태 유지

해설

- ② '**연성계 : 정 · 부의 압력측정**' 또는 '**대기압 이하 · 이상의 압력측정**' 이라고 써도 정답
- ③ **게이트밸브**라고 써도 정답
- '**풋밸브**'라고 써도 정답

(1) **부착순서**

펌프흡입측 배관	펌프토출측 배관
플렉시블 조인트–연성계(또는 진공계)–개폐표시형 밸브(게이트밸브)–Y형 스트레이너–후드밸브	플렉시블 조인트–압력계–체크밸브–개폐표시형 밸브(게이트밸브)

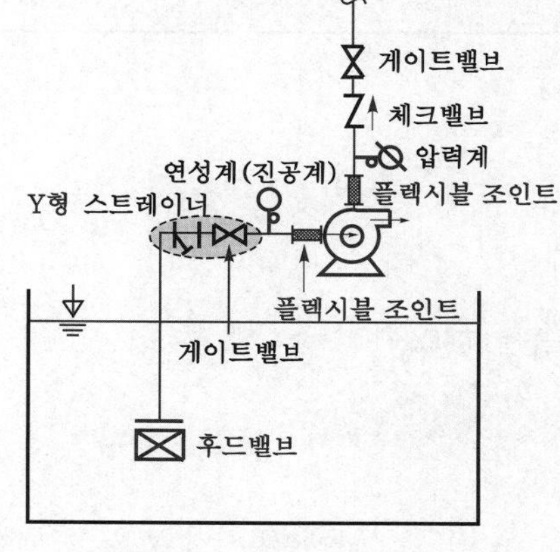

‖옳은 배관 ①‖

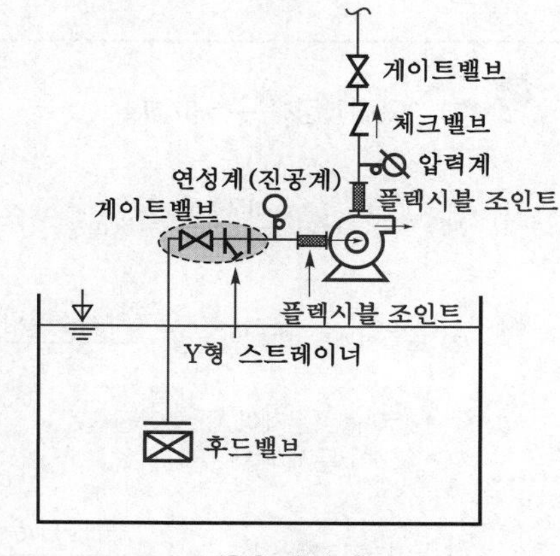

‖옳은 배관 ②‖

- 게이트밸브와 Y형 스트레이너의 위치는 서로 바뀌어도 된다.

(2) **흡입측 배관**

종 류	기 능
플렉시블 조인트	① **펌프**의 **진동흡수** ② 펌프 또는 **배관**의 **진동흡수**
진공계	대기압 이하의 압력측정
연성계	① **정·부**의 **압력측정** ② 대기압 이상·이하의 압력측정
개폐표시형 밸브(게이트밸브)	① 유체의 **흐름 차단** 또는 **조정** ② 배관 도중에 설치하여 유체의 흐름을 완전히 차단 또는 조정
Y형 스트레이너	① 배관 내 **이물질 제거** ② 배관 내의 이물질을 제거하기 위한 기기로서 여과망이 달린 둥근통이 45° 경사지게 부착
후드밸브 (Foot Valve)	① 펌프흡입측 배관의 만수상태 유지 ② **흡입관**을 **만수상태**로 만들어 주기 위한 기능 ③ 원심펌프의 흡입관 아래에 설치하여 펌프가 기동할 때 흡입관을 만수상태로 만들어 주기 위한 밸브

문제 13

HALON 1301 소화설비를 설계하고자 한다. 소요약제량 450kg, 약제방출노즐이 12개, 노즐에서의 방출압력이 1.8MPa일 때의 방출량이 1.25kg/s · cm^{2}이라고 할 때 다음 물음에 답하시오. (10.10.문01)

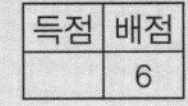

득점	배점
	6

(가) 노즐 1개당 약제방출량[kg/개]을 구하시오.
○ 계산과정 :
○ 답 :

(나) 방출노즐의 등가분구면적[cm^2]을 구하시오.
○ 계산과정 :
○ 답 :

(가) ○ 계산과정 : $\frac{450}{12} = 37.5\text{kg}$

○ 답 : 37.5kg/개

(나) ○ 계산과정 : $\frac{450/10}{1.25 \times 12} = 3\text{cm}^2$

○ 답 : 3cm^2

(가) 노즐 1개당 약제방출량 $= \frac{\text{약제소요량}}{\text{노즐개수}} = \frac{450\text{kg}}{12\text{개}} = 37.5\text{kg/개}$

- 450kg : 문제에서 주어진 값
- 12개 : 문제에서 주어진 값

(나) 등가분구면적 $= \frac{\text{유량[kg/s]}}{\text{방출량[kg/s·cm}^2\text{]} \times \text{분사헤드개수}} = \frac{450\text{kg/10s}}{1.25\text{kg/s·cm}^2 \times 12\text{개}} = \frac{450\text{kg} \div 10\text{s}}{1.25\text{kg/s·cm}^2 \times 12\text{개}} = 3\text{cm}^2$

▌약제방사시간▌

소화설비		전역방출방식		국소방출방식	
		일반건축물	위험물제조소	일반건축물	위험물제조소
할론소화설비 ⟶		10초 이내	30초 이내	10초 이내	30초 이내
분말소화설비		30초 이내		30초 이내	
CO_2 소화설비	표면화재	1분 이내	60초 이내		
	심부화재	7분 이내			

- **표면화재** : 가연성 액체 · 가연성 가스
- **심부화재** : 종이 · 목재 · 석탄 · 섬유류 · 합성수지류

- 위 표에서 **일반건축물**의 할론소화설비의 약제방사시간은 **10초** 이내이므로 10s 적용
- 문제에서 '**위험물제조소**'란 조건이 없을 때는 '**일반건축물**'로 보면 된다.

문제 14

물소화설비에는 체크밸브가 설치된다. 기동방식이 수압개폐방식인 체크밸브가 고장나면 발생하는 현상을 간단히 설명하시오.

(20.10.문16)

득점	배점
	3

해답 가압수가 유수검지장치 1차측 또는 옥내 · 외소화전으로 송수되지 않음

해설

- 이 문제에서는 단지 물소화설비라고만 출제되었고 어떤 설비인지 알 수 없으므로 답과 같이 물소화설비인 스프링클러설비, 옥내 · 외소화전설비가 모두 포함되는 용어로 답해야 정답

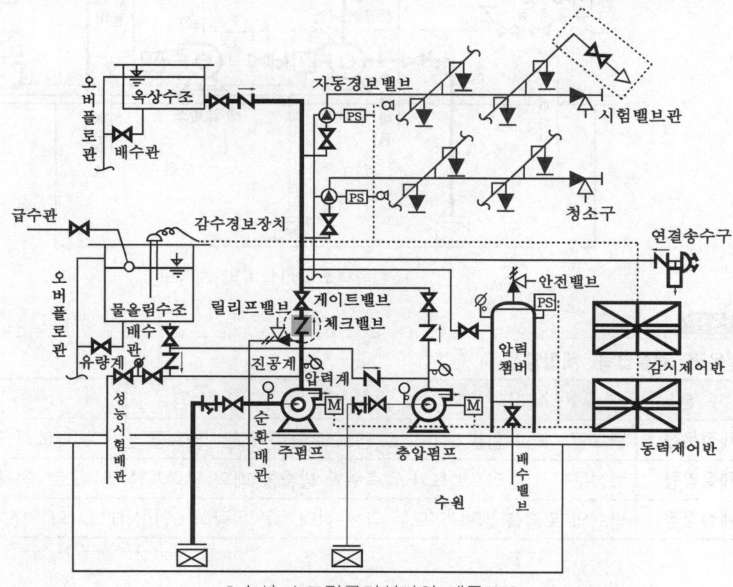

▌습식 스프링클러설비의 계통도▌

펌프 토출측 체크밸브 고장으로 막히게 되면 **체절운전** 형태가 되어 배관 내의 **수온**이 **상승**하고 **릴리프밸브**가 작동하여 가압수를 저수조로 되돌려 보냄으로서 가압수가 **습식 밸브 1차측**으로 **송수**되지 **않는다**.

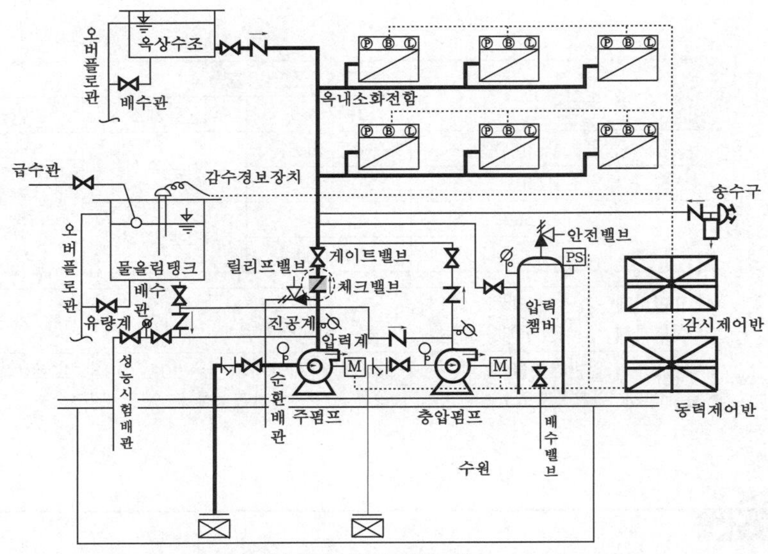

옥내소화전설비의 계통도

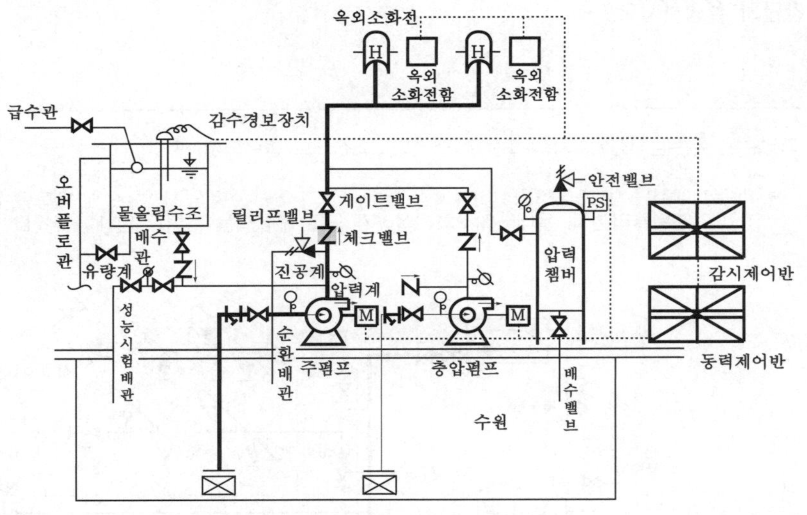

옥외소화전설비의 계통도

중요

체절운전, 체절압력, 체절양정

구 분	설 명
체절운전	펌프의 성능시험을 목적으로 펌프 토출측의 개폐밸브를 닫은 상태에서 펌프를 운전하는 것
체절압력	체절운전시 릴리프밸브가 압력수를 방출할 때의 압력계상 압력으로 정격토출압력의 **140%** 이하
체절양정	펌프의 토출측 밸브가 모두 막힌 상태. 즉, 유량이 0인 상태에서의 양정

☆☆ 문제 15

스프링클러설비 형식에 대한 분류표에서 해당되는 부분의 빈칸에 ○표를 하시오.

(20.7.문15, 16.4.문6, 09.4.문8)

득점	배점
	6

구 분		건 식	준비작동식	일제살수식
스프링클러헤드의 종류	폐쇄형			
	개방형			
감지기(감지장치) 설치유무	설치			
	미설치			
2차측 배관상태	압축공기			
	대기압공기			

해답

구 분		건 식	준비작동식	일제살수식
스프링클러 헤드의 종류	폐쇄형	○	○	
	개방형			○
감지기(감지장치) 설치유무	설치		○	○
	미설치	○		
2차측 배관상태	압축공기	○		
	대기압공기		○	○

해설 **스프링클러설비**의 **구분**

구 분		습 식	건 식	준비작동식	부압식	일제살수식
스프링클러헤드 종류	폐쇄형(▼)	○	○	○	○	
	개방형(▽)					○
감지기(감지장치) 설치유무	설치			○	○	○
	미설치	○	○			
2차측 배관상태	대기압			○		○
	압축공기		○			
	진공				○	
	가압수	○				
1차측 배관상태	대기압					
	압축공기					
	가압수	○	○	○	○	○

☆☆

문제 16

건축물의 주요구조부가 내화구조이고 벽 및 반자의 실내에 접하는 부분이 불연재료인 위락시설의 바닥 면적이 $300m^2$인 곳의 소화기구의 능력단위를 구하시오. (단, 소화설비의 설치는 없다고 가정한다.)

(15.11.문12, 08.11.문12)

득점	배점
	3

○ 계산과정 :
○ 답 :

해답

○ 계산과정 : $\frac{300}{60}=5$단위

○ 답 : 5단위

해설

- 이 문제에서는 소수점이 발생하지 않았으니 신경 안써도 되지만 **능력단위** 계산시 **소수점**이 발생하면 **절상**! 주의

특정소방대상물별 소화기구의 **능력단위기준**(NFTC 101 2.1.1.2)

특정소방대상물	능력단위	내화구조이고, 불연재료 · 준불연재료 또는 난연재료
• **위**락시설 기억법 위3(**위상**)	**3**0m²마다 1단위 이상	**60m²**마다 1단위 이상
• **공연**장 · **집**회장 · **관람**장 · **문**화재 · **장**례시설(장례식장) 및 **의**료시설 기억법 5공연장 문의 집관람 (손오공 연장 문의 집관람)	**5**0m²마다 1단위 이상	**100m²**마다 1단위 이상
• **근**린생활시설 · **판**매시설 · 운수시설 · **숙**박시설 · **노**유자시설 · **전**시장 · 공동**주**택 · **업**무시설 · **방**송통신시설 · 공장 · **창**고시설 · **항**공기 및 자동**차** 관련 시설 및 **관광**휴게시설 기억법 근판숙노전 주업방차창 1항 관광(근판숙노전 주업방차장 일본항 관광)	**1**00m²마다 1단위 이상	**200m²**마다 1단위 이상
• 그 밖의 것	**200m²**마다 1단위 이상	**400m²**마다 1단위 이상

위락시설로서 **내화구조 · 불연재료**이므로 **60m²**마다 1단위 이상

$\therefore \frac{300m^2}{60m^2}=5$단위

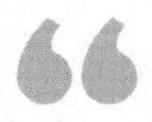
목표를 보는 자는 장애물을 겁내지 않는다.

- 한나 모어 -

2023. 11. 19 시행

▌2023년 산업기사 제4회 필답형 실기시험▐

자격종목	시험시간	형별	수험번호	성명	감독위원 확인
소방설비산업기사(기계분야)	2시간 30분				

※ 다음 물음에 답을 해당 답란에 답하시오.(배점 : 100)

☆☆ 문제 01

스프링클러설비의 배관 중 루프배관, 그리드배관의 장점을 3가지 쓰시오.

(16.4.문16, 16.6.문12, 14.7.문5, 12.4.문8, 09.7.문5)

유사문제부터 풀어보세요. 실력이 팍!팍! 올라갑니다.

득점	배점
	6

○
○
○

해답 ① 고장수리시에도 소화수 공급 가능
② 배관 내 충격파 발생시에도 분산 가능
③ 소화설비의 증설 · 이설시 용이

해설 **스프링클러설비**의 **배관방식**

구 분	루프(Loop)방식	그리드(Grid)방식
뜻	2개 이상의 배관에서 헤드에 물을 공급하도록 연결하는 방식	평행한 교차배관에 많은 가지배관을 연결하는 방식
장점	① 한쪽 배관에 **이**상발생시 다른 방향으로 소화수를 공급하기 위해서 ② 유수의 흐름을 분산시켜 **압**력손실을 줄이기 위해서 기억법 이압 ③ **고장**수리시에도 **소화수 공급** 가능 ④ 배관 내 **충격파** 발생시에도 **분산** 가능 ⑤ 소화설비의 **증설** · **이설**시 용이	① 유수의 흐름이 분산되어 **압력손실**이 적고 **공급압력 차이**를 줄일 수 있으며, **고른 압력분포** 가능 ② **고장**수리시에도 **소화수 공급** 가능 ③ 배관 내 **충격파** 발생시에도 **분산** 가능 ④ 소화설비의 **증설** · **이설**시 용이 ⑤ 소화용수 및 가압송수장치의 **분산배치** 용이
구성	▌루프방식▐	▌그리드방식▐

☆☆

문제 02

어느 특정소방대상물에 옥외소화전 3개를 화재안전기준과 다음 조건에 따라 설치하려고 한다. 다음 각 물음에 답하시오. (20.11.문3, 15.4.문10, 10.10.문2)

득점	배점
	7

〔조건〕

① 실양정은 20m이고, 소방용 호스 및 배관의 마찰손실수두는 25m이다.
② 펌프의 효율은 65%, 전달계수는 1.1이다.
③ 모든 규격치는 최소량을 적용한다.

(가) 전양정〔m〕을 구하시오.
○ 계산과정 :
○ 답 :

(나) 펌프의 토출량〔L/min〕을 구하시오.
○ 계산과정 :
○ 답 :

(다) 펌프의 최소동력〔kW〕을 구하시오.
○ 계산과정 :
○ 답 :

해답 (가) ○ 계산과정 : $25+20+25=70\text{m}$
○ 답 : 70m

(나) ○ 계산과정 : $2\times350=700\text{L/min}$
○ 답 : 700L/min

(다) ○ 계산과정 : $\dfrac{0.163\times0.7\times70}{0.65}\times1.1=13.516 \fallingdotseq 13.52\text{kW}$
○ 답 : 13.52kW

해설

기호

- h_3 : 20m
- h_1+h_2 : 25m
- η : 65%=0.65
- K : 1.1

(가) 옥외소화전설비의 전양정

$$H=h_1+h_2+h_3+25$$

여기서, H : 전양정〔m〕
h_1 : 소방용 호스의 마찰손실수두〔m〕
h_2 : 배관의 마찰손실수두〔m〕
h_3 : 낙차의 환산수두(실양정)〔m〕

전양정 H는

$H=h_1+h_2+h_3+25=25\text{m}+20\text{m}+25=70\text{m}$

- $\boldsymbol{h_1+h_2}$(25m) : 〔조건 ①〕에서 주어진 값
- $\boldsymbol{h_3}$(20m) : 〔조건 ①〕에서 주어진 값

(나) 옥외소화전설비의 토출량

$$Q\geq N\times350$$

여기서, Q: 가압송수장치의 토출량(유량)〔L/min〕
N: 가장 많은 층의 소화전개수(**최대 2개**)

펌프의 **유량** Q는

$Q \geq N \times 350 = 2 \times 350 = 700\text{L/min}$

- 문제에서 옥외소화전이 3개 설치되어 있지만 최대 2개까지만 적용하므로 N=**2**(속지 마라!)

(다) 펌프의 동력(전동기의 동력)

$$P = \frac{0.163QH}{\eta}K$$

여기서, P: 전동력(전동기의 동력)〔kW〕, Q: 유량〔m^3/min〕
H: 전양정〔m〕, K: 전달계수, η: 효율

전동기의 **동력** P는

$$P = \frac{0.163QH}{\eta}K = \frac{0.163 \times 0.7\text{m}^3/\text{min} \times 70\text{m}}{0.65} \times 1.1 = 13.516 \fallingdotseq 13.52\text{kW}$$

- Q(**700L/min=0.7m^3/min**) : (나)에서 구한 값
- H(**70m**) : (가)에서 구한 값
- η(**0.65**) : 〔조건 ②〕에서 65%이므로 0.65
- K(1.1) : 〔조건 ②〕에서 주어진 값
- 문제에서 **'전동기 직결, 전동기 이외의 원동기'**라는 말이 있으면 다음 표 적용

‖ 전달계수 K의 값 ‖

동력형식	K의 수치
전동기 직결	1.1
전동기 이외의 원동기	1.15~1.2

☆☆

문제 03

소방용 배관설계도에서 표시하는 기호(심벌)를 표시하시오.

(21.4.문13, 17.6.문3, 16.11.문8, 15.11.문11, 15.4.문5, 13.4.문11, 10.10.문3, 06.7.문4, 03.10.문13, 02.4.문8)

득점	배점
	4

(가)

CO_2 소화설비의 약제방출헤드

(나)

Y형 스트레이너

(다)

맹플랜지

(라)

선택밸브

해답

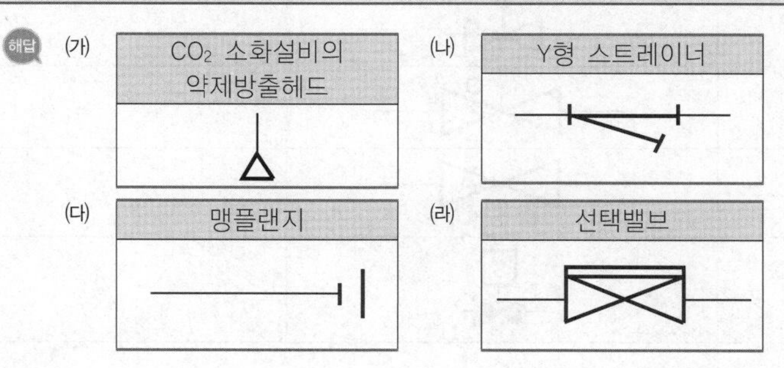

• (가) 문제에서 평면도, 입면도 구분이 없으므로 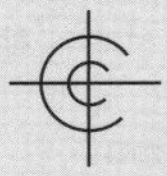 또는  둘 중 하나만 그려도 정답!

해설 **소방시설 도시기호**

명 칭	도시기호	비 고
플랜지		–
유니온		–
오리피스	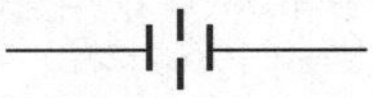	–
곡관	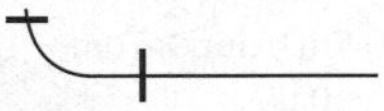	–
90° 엘보	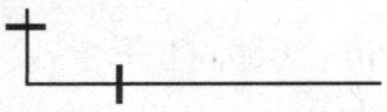	–
45° 엘보	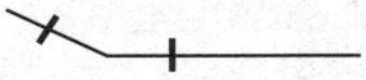	–
티	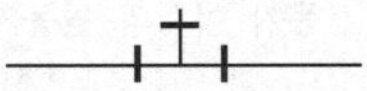	–
크로스	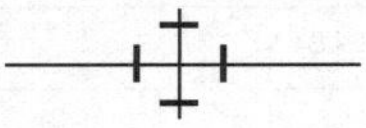	–
맹플랜지	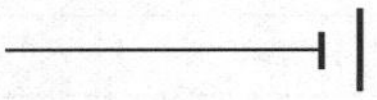 질문 (다)	–
캡	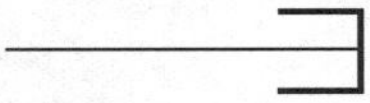	–
플러그		–
나사이음	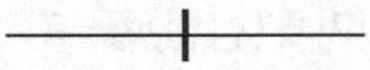	–
루프이음		–
선택밸브	 질문 (라)	–
조작밸브(일반)		–
조작밸브(전자석)	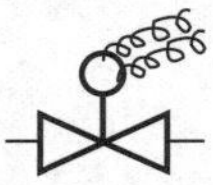	–
조작밸브(가스식)		–
추식 안전밸브	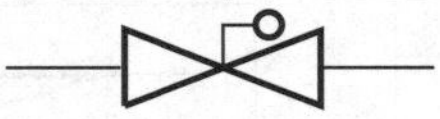	–
스프링식 안전밸브	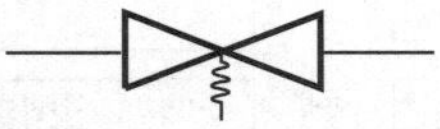	–
솔레노이드밸브	 S	–

Y형 스트레이너	질문 (나)	–
U형 스트레이너		–
분말 · 탄산가스(CO_2) · 할론헤드(할로겐헤드)	▌평면도▐ ▌입면도▐ 질문 (가)	CO_2 소화설비의 약제방출헤드
물분무헤드	▌평면도▐ ▌입면도▐	–
드렌처헤드	▌평면도▐ ▌입면도▐	–
포헤드	▌평면도▐ ▌입면도▐	–
연결살수헤드		–

☆☆
문제 04

화재안전성능기준에서 정하는 할론소화설비의 각각의 배관재료에 따라 배관강도의 기준을 쓰시오.

(19.4.문11, 12.7.문13)

득점	배점
	4

(가) 강관(압력배관용 탄소강관)을 사용할 때 배관강도의 기준
 ○ 고압식인 경우 :
 ○ 저압식인 경우 :
(나) 동관(동 및 동합금관)을 사용할 때 배관강도의 기준
 ○ 고압식인 경우 :
 ○ 저압식인 경우 :

해답 (가) ○ 저압식인 경우 : 스케줄 40 이상
 ○ 고압식인 경우 : 스케줄 80 이상
(나) ○ 고압식인 경우 : 16.5MPa 이상
 ○ 저압식인 경우 : 3.75MPa 이상

해설
- 문제에 의해 화재안전성능기준에 따른 배관기준을 작성해야 정답. 화재안전기술기준을 적용하여 저압식 · 고압식 구분없이 스케줄 40이라고만 쓰면 틀림

할론소화설비의 배관

구분	화재안전성능기준(NFPC 107 8조)	화재안전기술기준(NFTC 107 2.5.1.2)
강관	• 저압식인 경우 : 압력배관용 탄소강관 **스케줄 40** 이상 • 고압식인 경우 : 압력배관용 탄소강관 **스케줄 80** 이상	압력배관용 탄소강관 **스케줄 40** 이상
동관	고압식 : **16.5MPa** 이상 저압식 : **3.75MPa** 이상	

비교

(1) **이산화탄소 소화설비**의 **배관**

강 관	동 관
• 고압식 : 압력배관용 탄소강관 스케줄 **80**(호칭구경 20mm 이하 스케줄 40) 이상 • 저압식 : 압력배관용 탄소강관 스케줄 **40** 이상	• 고압식 : **16.5MPa** 이상 • 저압식 : **3.75MPa** 이상

(2) **분말소화설비**의 **배관**

강 관	동 관
아연도금에 따른 배관용 탄소강관(단, 축압식 중 20℃에서 압력 **2.5~4.2MPa** 이하인 것은 압력배관용 탄소강관 중 이음이 없는 스케줄 **40** 이상 또는 아연도금으로 방식처리된 것)	고정압력 또는 최고사용압력의 **1.5배** 이상의 압력에 견딜 것

☆☆

문제 05

바닥면적이 250m^{2}인 차고에 5개의 옥내포소화전이 설치되어 있다. 이 경우에 필요한 포소화약제량〔L〕을 구하시오. (단, 포소화약제 농도는 3%이다.) (17.4.문10, 15.11.문14, 11.11.문2, 06.7.문1)

○ 계산과정 :

○ 답 :

득점	배점
	4

해답 ○ 계산과정 : $3 \times 0.03 \times 6000 = 540\text{L}$

○ 답 : 540L

해설 옥내포소화전 약제의 양 Q는

$Q = N \times S \times 6000$(바닥면적 200m^2 미만은 75%)

$= 3 \times 0.03 \times 6000$

$= 540\text{L}$

- N(3개) : 호스접결구에 대한 특별한 언급이 없을 때에는 호스접결구수가 곧 옥내포소화전 개수임을 기억하라. 또, 옥내포소화전 개수를 산정할 때는 전체 층의 개수를 산정하는 것이 아니라 가장 많은 층의 개수를 적용하여 산정하는 것에 주의하라. 가장 많은 층의 옥내포소화전 개수가 5개이지만 최대 3개이므로 N=**3개**가 된다.
- S(0.03) : 〔단서〕에서 포소화약제 농도가 3%=**0.03**

비교

바닥면적 200m^2 미만시 옥내포소화전 약제량 공식

$$Q = N \times S \times 6000 \times 0.75$$

여기서, Q : 포소화약제의 양〔L〕

N : 호스접결구수(**최대 5개**)

S : 포소화약제의 사용농도

중요

포소화약제의 **저장량**

보조포소화전(**옥외보조포소화전**)	**옥내포소화전**
$Q = N \times S \times 8000$ 여기서, Q : 포소화약제의 양〔L〕 N : 호스접결구수(**최대 3개**) S : 포소화약제의 사용농도	$Q = N \times S \times 6000$(바닥면적 200m^2 미만의 75%) 여기서, Q : 포소화약제의 양〔L〕 N : 호스접결구수(**최대 5개**) S : 포소화약제의 사용농도

☆ 문제 06

다음은 특정소방대상물의 설치장소별 피난기구의 적응성에 대한 사항이다. 다음 각 물음에 답하시오.

(20.5.문6, 19.4.문4, 06.4.문3)

득점	배점
	10

(가) 숙박시설(5~9층)에 설치할 수 있는 피난기구 6가지를 쓰시오.
○
○
○
○
○
○

(나) 다중이용업소(2~4층)에 설치할 수 있는 피난기구 6가지를 쓰시오.
○
○
○
○
○
○

(다) 피난기구를 설치해야 할 소방대상물 중 피난기구의 2분의 1을 감소할 수 있는 경우 1가지를 쓰시오.
○

(라) 숙박시설의 객실마다 반드시 설치해야 하는 피난기구를 2가지 쓰시오.
○
○

(가) ① 피난사다리
② 구조대
③ 완강기
④ 피난교
⑤ 다수인 피난장비
⑥ 승강식 피난기

(나) ① 미끄럼대
② 피난사다리
③ 구조대
④ 완강기
⑤ 다수인 피난장비
⑥ 승강식 피난기

(다) 주요구조부가 내화구조로 되어 있을 것

(라) ① 완강기
② 둘 이상의 간이완강기

해설 (가), (나) **특정소방대상물**의 **설치장소별 피난기구**의 **적응성**(NFTC 301 2.1.1)

설치장소별 구분 \ 층별	1층	2층	3층	4층 이상 10층 이하
노유자시설	• 미끄럼대 • 구조대 • 피난교 • 다수인 피난장비 • 승강식 피난기	• 미끄럼대 • 구조대 • 피난교 • 다수인 피난장비 • 승강식 피난기	• 미끄럼대 • 구조대 • 피난교 • 다수인 피난장비 • 승강식 피난기	• 구조대[1] • 피난교 • 다수인 피난장비 • 승강식 피난기
의료시설 · 입원실이 있는 의원 · 접골원 · 조산원	–	–	• 미끄럼대 • 구조대 • 피난교 • 피난용 트랩 • 다수인 피난장비 • 승강식 피난기	• 구조대 • 피난교 • 피난용 트랩 • 다수인 피난장비 • 승강식 피난기
영업장의 위치가 4층 이하인 **다중이용업소** 질문 (나)	–	• 미끄럼대 • 피난사다리 • 구조대 • 완강기 • 다수인 피난장비 • 승강식 피난기	• 미끄럼대 • 피난사다리 • 구조대 • 완강기 • 다수인 피난장비 • 승강식 피난기	• 미끄럼대 • 피난사다리 • 구조대 • 완강기 • 다수인 피난장비 • 승강식 피난기
그 밖의 것 (**숙박시설**) 질문 (가)	–	–	• 미끄럼대 • 피난사다리 • 구조대 • 완강기 • 피난교 • 피난용 트랩 • 간이완강기[2] • 공기안전매트[2] • 다수인 피난장비 • 승강식 피난기	• 피난사다리 • 구조대 • **완강기** • 피난교 • **간이완강기**[2] • 공기안전매트[2] • 다수인 피난장비 • 승강식 피난기

1) **구조대**의 적응성은 장애인관련시설로서 주된 사용자 중 스스로 피난이 불가한 자가 있는 경우 추가로 설치하는 경우에 한한다.
2) 간이완강기의 적응성은 **숙박시설**의 **3층 이상**에 있는 객실에, **공기안전매트**의 적응성은 **공동주택**에 추가로 설치하는 경우에 한한다.

(다) **피난기구**의 $\frac{1}{2}$ **감소**(NFPC 301 7조, NFTC 301 2.3.1)

① 주요구조부가 **내화구조**로 되어 있을 것 질문 (다)
② 직통계단인 피난계단 또는 특별피난계단이 **2** 이상 설치되어 있을 것

• 피난기구수의 산정에 있어서 **소수점 이하**는 **절상**

(라)

• **'간이완강기'**라고만 쓰면 틀림. 반드시 **'둘 이상의 간이완강기'**라고 써야 정답

피난기구의 **설치개수**(NFPC 301 5조, NFTC 301 2.1.2)
① **층**마다 설치할 것

시 설	설치기준
숙박시설 · 노유자시설 · 의료시설	바닥면적 **500m²**마다
위락시설 · 문화 및 집회시설, 운동시설 판매시설 · 복합용도의 층	바닥면적 **800m²**마다
기타	바닥면적 **1000m²**마다
계단실형 아파트	**각 세대**마다

② 피난기구 외에 **숙박시설**(**휴양콘도미니엄** 제외)의 경우에는 추가로 **객실**마다 **완강기** 또는 **둘 이상**의 **간이완강기**를 설치할 것 질문 (라)
③ 피난기구 외에 **공동주택**의 경우에는 하나의 관리주체가 관리하는 공동주택 구역마다 **공기안전매트 1개 이상**을 추가로 설치할 것(단, 옥상으로 피난이 가능하거나 인접세대로 피난할 수 있는 구조인 경우는 제외)

☆☆☆
문제 07

LPG 탱크에 물분무소화설비를 설치하려고 한다. 탱크의 반지름은 10m이고 펌프의 토출량은 10L/min · m^2 이다. 다음 각 물음에 답하시오. (19.11.문2, 15.7.문17, 14.11.문3, 12.4.문13, 09.7.문12)

득점	배점
	8

(가) 방수량[L/min]을 구하시오.
 ○ 계산과정 :
 ○ 답 :

(나) 수원의 용량[m^3]을 구하시오.
 ○ 계산과정 :
 ○ 답 :

(다) 다음은 물분무소화설비의 제어밸브의 설치기준이다. ( )안을 완성하시오.
 ○ 제어밸브는 바닥으로부터 (①)m 이상 (②)m 이하의 위치에 설치할 것

(라) 다음은 물분무소화설비의 자동식 기동장치의 설치기준이다. ( ) 안을 완성하시오.
 ○ 자동식기동장치는 (①)의 작동 또는 (②)의 개방과 연동하여 경보를 발하고, 가압송수장치 및 자동개방밸브를 기동할 수 있는 것으로 해야 한다.

해답

(가) ○ 계산과정 : $\frac{\pi}{4}\times 20^2\times 10 = 3141.592 ≒ 3141.59\text{L/min}$
 ○ 답 : 3141.59L/min

(나) ○ 계산과정 : $3141.59\times 20 = 62831\text{L} = 62.831\text{m}^3 ≒ 62.83\text{m}^3$
 ○ 답 : 62.83m^3

(다) ① 0.8 ② 1.5

(라) ① 화재감지기
 ② 폐쇄형 스프링클러헤드

해설

(가) **방수량** Q는

$$Q = \text{바닥면적}\times 10\text{L/min}\cdot\text{m}^2 = \frac{\pi}{4}D^2\times 10\text{L/min}\cdot\text{m}^2 = \frac{\pi}{4}\times(20\text{m})^2\times 10\text{L/min}\cdot\text{m}^2$$
$$= 3141.592 ≒ 3141.59\text{L/min}$$

- $\frac{\pi}{4}D^2$: 탱크가 원형이므로 **원형**에 대한 **단면적**을 구하면 **바닥면적**이 됨
- D**=20m** : 문제에서 반지름이 10m이므로 지름(직경)은 20m, 속지말라!
- **10L/min · m^2** : 문제에서 주어진 값

중요

물분무소화설비의 **수원**

특정소방대상물	토출량	비 고
컨베이어벨트	1**0**L/min · m^2	벨트부분의 바닥면적
절연유 봉입변압기	1**0**L/min · m^2	표면적을 합한 면적(바닥면적 제외)
특수가연물	1**0**L/min · m^2(최소 50m^2)	최대방수구역의 바닥면적 기준
케이블트레이 · 덕트	1**2**L/min · m^2	투영된 바닥면적
차고 · 주차장	2**0**L/min · m^2(최소 50m^2)	최대방수구역의 바닥면적 기준
위험물 저장탱크	**37**L/min · m	위험물탱크 둘레길이(원주길이) : 위험물규칙 [별표 6] Ⅱ

※ 모두 **20분**간 방수할 수 있는 양 이상

기억법 **컨 절 특 케 차 위**
 0 0 0 2 0 37

(나) **물분무소화설비**
수원의 용량[L]=방수량[L/min]×20min=3141.59L/min×20min=62831L=62.831m³ ≒ **62.83m³**

- 3141.59L/min : (가)에서 구한 값
- 20min : NFPC 104 4조, NFTC 104 2.1.1에 의해 **20분** 적용

> **〈NFPC 104 4조, NFTC 104 2.1.1〉**
> 물분무소화설비의 수원은 **20분**간 방수할 수 있는 양 이상으로 할 것

- 1000L=10³L=1m³이므로 62831L=62.831m³

(다) **제어밸브**의 **설치위치**(NFPC 104 9조, NFTC 104 2.6.1.1) : 바닥으로부터 **0.8~1.5m** 이하의 위치에 설치한다.

(라)

물분무소화설비의 자동식 기동장치의 설치기준 (NFPC 104 9조, NFTC 104 2.5)	물분무소화설비의 수동식 기동장치의 설치기준 (NFPC 104 8조, NFTC 104 2.5)
자동식 기동장치는 **화재감지기**의 작동 또는 **폐쇄형 스프링클러헤드**의 개방과 연동하여 경보를 발하고, 가압송수장치 및 자동개방밸브를 기동할 수 있는 것으로 해야 한다. (단, **자동화재탐지설비**의 **수신기**가 설치되어 있고, 수신기가 설치되어 있는 장소에 **상시** 사람이 **근무**하고 있으며, 화재 시 물분무소화설비를 즉시 작동시킬 수 있는 경우 제외)	• **직접조작** 또는 **환경조작**에 따라 각각의 **가압송수장치** 및 **수동식 개방밸브** 또는 **가압송수장치** 및 **자동개방밸브**를 개방할 수 있도록 설치할 것 • 기동장치의 가까운 곳의 보기 쉬운 곳에 '**기동장치**'라고 표시한 표지를 할 것

☆☆

문제 08

제연설비에 대하여 다음 조건 및 도면을 보고 각 물음에 답하시오. (단, 경유거실이 없으며 각 실은 독립배연방식이다.)
(17.6.문10, 15.7.문10, 14.4.문1, 13.11.문10, 11.7.문11, 08.4.문15)

득점	배점
	10

[조건]

① 여유율은 10%를 적용한다.
② 효율은 60%이다.
③ 전압은 40mmAq이다.
④ 각 실마다 제어댐퍼가 설치되어 있다.

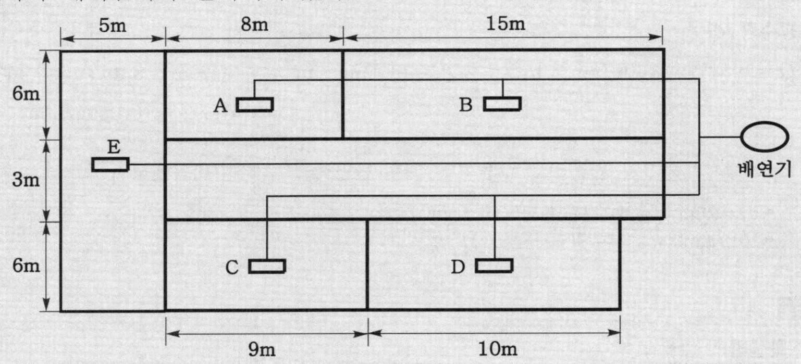

(가) 각 방호구역의 배출량[m³/min]을 구하시오.
○ A실(계산과정 및 답) :
○ B실(계산과정 및 답) :
○ C실(계산과정 및 답) :
○ D실(계산과정 및 답) :
○ E실(계산과정 및 답) :

(나) 제연댐퍼의 설치위치를 도면에 기입하시오. (단, 댐퍼는 ⊘로 표시할 것)

(다) 배연기의 동력[kW]은 얼마인지 구하시오.
○ 계산과정 :
○ 답 :

해답 (가) ① A실
　　○ 계산과정 : $(8\times6)\times1\times60=2880\text{m}^3/\text{h}$(최저치 $5000\text{m}^3/\text{h} \fallingdotseq 83.33\text{m}^3/\text{min}$)
　　○ 답 : 83.33m³/min
② B실
　　○ 계산과정 : $(15\times6)\times1\times60=5400\text{m}^3/\text{h}=90\text{m}^3/\text{min}$
　　○ 답 : 90m³/min
③ C실
　　○ 계산과정 : $(9\times6)\times1\times60=3240\text{m}^3/\text{h}$(최저치 $5000\text{m}^3/\text{h} \fallingdotseq 83.33\text{m}^3/\text{min}$)
　　○ 답 : 83.33m³/min
④ D실
　　○ 계산과정 : $(10\times6)\times1\times60=3600\text{m}^3/\text{h}$(최저치 $5000\text{m}^3/\text{h} \fallingdotseq 83.33\text{m}^3/\text{min}$)
　　○ 답 : 83.33m³/min
⑤ E실
　　○ 계산과정 : $(5\times15)\times1\times60=4500\text{m}^3/\text{h}$(최저치 $5000\text{m}^3/\text{h} \fallingdotseq 83.33\text{m}^3/\text{min}$)
　　○ 답 : 83.33m³/min

(나)

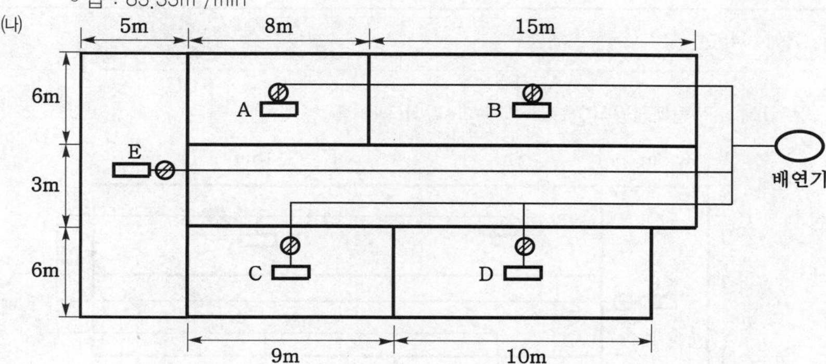

(다) ○ 계산과정 : $\dfrac{40\times90}{102\times60\times0.6}\times1.1=1.078 \fallingdotseq 1.08\text{kW}$
　　○ 답 : 1.08kW

기호

- K : 여유율 10%이므로 (100%+10%=110%=1.1)
- η : 60%=0.6
- P_T : 40mmAq

(가) 바닥면적 **400m²** 미만이므로

배출량[m³/min]=바닥면적[m²]×1m³/m²·min 에서

배출량 m³/min → m³/h로 변환하면
배출량[m³/h]=바닥면적[m²]×1m³/m²·min×60min/h(최저치 5000m³/h)

(1) **A실** : $(8\times6)\text{m}^2\times1\text{m}^3/\text{m}^2\cdot\text{min}\times60\text{min/h}=2880\text{m}^3/\text{h}$
　(최저치 **5000m³/h**$=5000\text{m}^3/60\text{min}=83.333 \fallingdotseq 83.33\text{m}^3/\text{min}$)
(2) **B실** : $(15\times6)\text{m}^2\times1\text{m}^3/\text{m}^2\cdot\text{min}\times60\text{min/h}=5400\text{m}^3/\text{h}=5400\text{m}^3/60\text{min}=90\text{m}^3/\text{min}$
(3) **C실** : $(9\times6)\text{m}^2\times1\text{m}^3/\text{m}^2\cdot\text{min}\times60\text{min/h}=3240\text{m}^3/\text{h}$
　(최저치 **5000m³/h**$=5000\text{m}^3/60\text{min}=83.333 \fallingdotseq 83.33\text{m}^3/\text{min}$)
(4) **D실** : $(10\times6)\text{m}^2\times1\text{m}^3/\text{m}^2\cdot\text{min}\times60\text{min/h}=3600\text{m}^3/\text{h}$
　(최저치 **5000m³/h**$=5000\text{m}^3/60\text{min}=83.333 \fallingdotseq 83.33\text{m}^3/\text{min}$)
(5) **E실** : $(5\times15)\text{m}^2\times1\text{m}^3/\text{m}^2\cdot\text{min}\times60\text{min/h}=4500\text{m}^3/\text{h}$
　(최저치 **5000m³/h**$=5000\text{m}^3/60\text{min}=83.333 \fallingdotseq 83.33\text{m}^3/\text{min}$)

- E실 15m : $(6+3+6)\text{m}=15\text{m}$

중요

거실의 배출량(NFPC 501 6조, NFTC 501 2.3)

(1) **바닥면적 400m² 미만**(최저치 **5000m³/h** 이상)

배출량〔m³/min〕=바닥면적〔m²〕×1m³/m²·min

(2) **바닥면적 400m² 이상**

직경 40m 이하 : **40000m³/h** 이상 (**예**상제연구역이 제연경계로 구획된 경우)		직경 40m 초과 : **45000m³/h** 이상 (예상제연구역이 제연경계로 구획된 경우)	
수직거리	배출량	수직거리	배출량
2m 이하	**40**000m³/h 이상	2m 이하	**45**000m³/h 이상
2m 초과 2.5m 이하	45000m³/h 이상	2m 초과 2.5m 이하	50000m³/h 이상
2.5m 초과 3m 이하	50000m³/h 이상	2.5m 초과 3m 이하	55000m³/h 이상
3m 초과	60000m³/h 이상	3m 초과	65000m³/h 이상

기억법 **거예4045**

(나)

● 〔단서〕에서 **독립배연방식**이므로 다음과 같이 댐퍼를 설치하면 틀린다.

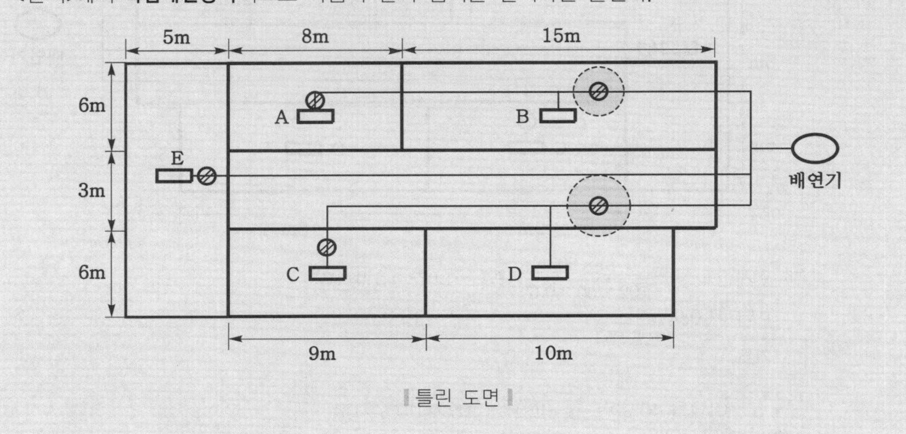

‖틀린 도면‖

(다)

$$P=\frac{P_T Q}{102\times 60\eta}K$$

여기서, P : 배연기동력〔kW〕

P_T : 전압(풍압)〔mmAq〕 또는 〔mmH₂O〕

Q : 풍량〔m³/min〕

K : 여유율

η : 효율

배출기의 **이론소요동력** P는

$$P=\frac{P_T Q}{102\times 60\eta}K=\frac{40\text{mmAq}\times 90\text{m}^3/\text{min}}{102\times 60\times 0.6}\times 1.1=1.078 ≒ 1.08\text{kW}$$

● 배연설비(제연설비)에 대한 동력은 반드시 $P=\frac{P_T Q}{102\times 60\eta}K$를 적용하여야 한다. 우리가 알고 있는 일반적인 식 $P=\frac{0.163QH}{\eta}K$를 적용하여 풀면 틀린다.

● K(**1.1**) : 〔조건 ①〕에서 10% 여유율은 100%+10%=110%=1.1

● P_T (**40mmAq**) : 〔조건 ③〕에서 주어진 값

● Q (**90m³/min**) : (가)에서 구한 값 중 가장 큰 값인 B실 값

● η (**0.6**) : 〔조건 ②〕에서 주어진 값

☆☆☆

문제 09

25층 아파트 건물에 스프링클러설비를 설치하려고 할 때 다음 각 물음에 답하시오.

(20.5.문12, 15.4.문2, 12.7.문11, 10.4.문13, 09.7.문3, 08.4.문14)

득점	배점
	4

(가) 이 설비가 확보하여야 할 수원의 양[m^3]을 구하시오.
- ○계산과정 :
- ○답 :

(나) 이 설비의 펌프의 방수량[L/min]을 구하시오.
- ○계산과정 :
- ○답 :

해답 (가) ○계산과정 : $1.6 \times 30 = 48m^3$
○답 : $48m^3$

(나) ○계산과정 : $30 \times 80 = 2400L/min$
○답 : 2400L/min

해설 (가)

특정소방대상물		폐쇄형 헤드의 기준개수
지하가 · 지하역사		30
11층 이상 →		
10층 이하	공장(특수가연물)	
	판매시설(백화점 등), 복합건축물(판매시설이 설치된 것)	
	근린생활시설, 운수시설	20
	8m 이상	
	8m 미만	10

폐쇄형 헤드

$Q = 1.6N$(30층 미만)

$Q = 3.2N$(30~49층 이하)

$Q = 4.8N$(50층 이상)

여기서, Q : 수원의 저수량[m^3]
N : 폐쇄형 헤드의 기준개수(설치개수가 기준개수보다 작으면 그 설치개수)

수원의 **저수량** Q는

$Q = 1.6N = 1.6 \times 30개 = 48m^3$

- 문제에서 25층 아파트로 **11층 이상**이므로 위 표에서 **30개**
- **폐쇄형 헤드** : **아파트**, **사무실** 등에 설치하므로 위 표의 폐쇄형 헤드 기준개수를 적용하면 됨
- **개방형 헤드** : **천장고**가 **높은 곳**에 설치

(나) 방수량

$Q = N \times 80$

여기서, Q : 토출량(유량, 방수량)[L/min]
N : 폐쇄형 헤드의 기준개수(설치개수가 기준개수보다 작으면 그 설치개수)

펌프의 **토출량(유량)** Q는

$Q = N \times 80L/min = 30 \times 80L/min = 2400L/min$

- 문제에서 25층 아파트로 **11층 이상**이므로 위 표에서 **30개**

☆☆☆

문제 10

옥내소화전을 설치완료하고 최상층에 설치된 테스트밸브측의 압력을 측정한 결과 0.4MPa이었다. 방수량이 116.38L/min일 때 노즐의 구경〔mm〕을 구하시오. (11.11.문16, 17.11.문1, 08.11.문3)

○ 계산과정 :

○ 답 :

득점	배점
	6

해답

○ 계산과정 : $\sqrt{\dfrac{116.38}{0.653\times\sqrt{10\times0.4}}}=9.439 ≒ 9.44\text{mm}$

○ 답 : 9.44mm

해설

$$Q=0.653D^2\sqrt{10P} \quad \text{또는} \quad Q=0.6597CD^2\sqrt{10P}$$

$$0.653D^2\sqrt{10P}=Q$$

$$D^2=\frac{Q}{0.653\times\sqrt{10P}}$$

$$\sqrt{D^2}=\sqrt{\frac{Q}{0.653\times\sqrt{10P}}}$$

$$D=\sqrt{\frac{Q}{0.653\times\sqrt{10P}}}$$

$$=\sqrt{\frac{116.38\text{L/min}}{0.653\times\sqrt{10\times0.4\text{MPa}}}}=9.439 ≒ 9.44\text{mm}$$

중요

방수량 구하는 식

$Q=0.653D^2\sqrt{10P}$ 또는 $Q=0.6597CD^2\sqrt{10P}$	$Q=10.99CD^2\sqrt{10P}$	$Q=K\sqrt{10P}$
여기서, Q : 방수량〔L/min〕 C : 노즐의 흐름계수(유량계수) D : 내경〔mm〕 P : 방수압력〔MPa〕	여기서, Q : 토출량〔m^3/s〕 C : 노즐의 흐름계수(유량계수) D : 구경〔m〕 P : 방사압력〔MPa〕	여기서, Q : 방수량〔L/min〕 K : 방출계수 P : 방수압력〔MPa〕

※ 문제의 조건에 따라 편리한 식을 적용하면 된다. 일반적으로 아래의 표와 같이 설비에 따라 적용한다.

일반적인 적용설비	옥내소화전설비	스프링클러설비
적용공식	$Q=0.653D^2\sqrt{10P}$ 또는 $Q=0.6597CD^2\sqrt{10P}$ $Q=10.99CD^2\sqrt{10P}$	$Q=K\sqrt{10P}$

☆☆ 문제 11

다음은 스프링클러헤드의 설치방향에 따른 그림이다. (   ) 안에 명칭을 쓰시오.

(18.11.문2, 17.11.문2, 15.7.문2, 09.7.문1)

득점	배점
	3

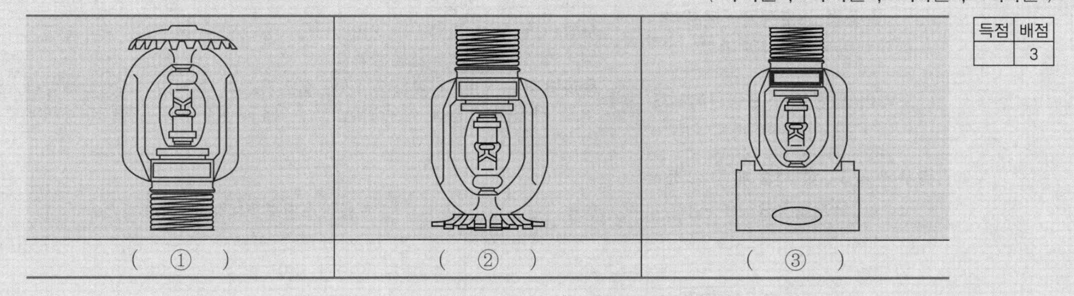

해답
① 상향형
② 하향형
③ 측벽형

해설

• **'상향형', '하향형', '측벽형'** 뒤에 **'스프링클러헤드'**라는 말은 적지 않아도 정답

스프링클러헤드의 **설치방향**에 따른 **분류**

구 분	상향형(Upright type)	하향형(Pendent type)	측벽형(Sidewall type)
특징	• **반자**가 **없는 곳**에 설치 • 살수방향은 **상향** • **분사패턴**이 **가장 우수** • 원칙적으로 **준비작동식**, **부압식**, **건식**에 사용	• **반자**가 **있는 곳**에 설치 • 살수방향은 **하향** • 분사패턴이 상향형보다 못함 • **습식**에 사용(준비작동식은 드라이펜던트헤드 사용) • 헤드 설치시 **회향식**(Return bend)으로 배관	• 실내의 **벽상부**에 설치 • 폭이 **9m** 이하인 경우에 사용 • 분사패턴은 반원상에 균일하게 방사
도해	▮상향형▮	▮하향형▮	▮측벽형▮

비교

스프링클러헤드

(1) **설계** 및 **성능특성**에 따른 **분류**

분 류	설 명
화재조기진압형 스프링클러헤드 (Early suppression fast-response sprinkler head)	화재를 **초기**에 **진압**할 수 있도록 정해진 면적에 충분한 물을 방사할 수 있는 빠른 작동능력의 스프링클러헤드
라지 드롭 스프링클러헤드 (Large drop sprinkler head)	동일 조건의 수(水)압력에서 표준형 헤드보다 **큰 물방울**을 방출하여 저장창고 등에서 발생하는 **대형 화재**를 **진압**할 수 있는 헤드
주거형 스프링클러헤드 (Residential sprinkler head)	폐쇄형 헤드의 일종으로 **주거지역**의 화재에 적합한 감도·방수량 및 살수분포를 갖는 헤드로서 **간이형 스프링클러헤드**를 포함
랙크형 스프링클러헤드 (Rack sprinkler head)	**랙크식 창고**에 설치하는 헤드로서 상부에 설치된 헤드의 방출된 물에 의해 작동에 지장이 생기지 아니하도록 **보호판**이 **부착**된 헤드
플러시 스프링클러헤드 (Flush sprinkler head)	부착나사를 포함한 몸체의 일부나 전부가 **천장면 위**에 설치되어 있는 스프링클러헤드

리세스드 스프링클러헤드 (Recessed sprinkler head)	부착나사 이외의 몸체 일부나 전부가 **보호집 안**에 설치되어 있는 스프링클러헤드
컨실드 스프링클러헤드 (Concealed sprinkler head)	리세스드 스프링클러헤드에 **덮개**가 **부착**된 스프링클러헤드
속동형 스프링클러헤드 (Quick-response sprinkler head)	화재로 인한 **감응속도**가 일반 스프링클러보다 **빠른** 스프링클러로서 **사람**이 **밀집**한 **지역**이나 인명피해가 우려되는 장소에 가장 빨리 작동되도록 설계된 스프링클러헤드
드라이 펜던트 스프링클러헤드 (Dry pendent sprinkler head)	**동파방지**를 위하여 롱니플 내에 **질소가스**가 충전되어 있는 헤드로 습식과 건식 시스템에 사용되며, 배관 내의 물이 스프링클러 몸체에 들어가지 않도록 설계되어 있다.

(2) **감열부**의 **구조** 및 **재질**에 따른 **분류**

퓨지블링크형(Fusible link type)	**글라스벌브형**(Glass bulb type)
화재감지속도가 빨라 신속히 작동하며, 파손시 **재생**이 **가능**하다. ▮퓨지블링크형▮	유리관 내에 **액체**를 **밀봉**한 것으로 동작이 정확하며, 녹이 슬 염려가 없어 반영구적이다. ▮글라스벌브형▮

☆☆☆
문제 12

경유를 저장하는 탱크의 내부 직경이 50m인 플루팅루프탱크(floating roof tank)에 포소화설비의 특형 방출구를 설치하여 방호하려고 할 때 상기 탱크의 특형 고정포방출구에 의하여 소화하는 데 필요한 포수용액의 양, 수원의 양, 포소화약제 원액의 양은 각각 얼마인지 구하시오.

(20.11.문5, 17.11.문9, 16.11.문13, 16.6.문2, 15.4.문9, 14.7.문10, 14.4.문12, 13.11.문3, 13.7.문4, 09.10.문4, 05.10.문12, 02.4.문12)

득점	배점
	8

〔조건〕

① 소화약제는 3%용의 단백포를 사용하며, 포수용액의 분당방출량은 $10L/m^2 \cdot$분이고, 방사시간은 20분을 기준으로 한다.

② 탱크의 내면과 굽도리판의 간격은 2m로 한다.

③ 펌프의 효율은 65%, 전달계수는 1.1로 한다.

(가) 포수용액의 양〔L〕
- ○ 계산과정 :
- ○ 답 :

(나) 수원의 양〔L〕
- ○ 계산과정 :
- ○ 답 :

(다) 포소화약제 원액의 양〔L〕
- ○ 계산과정 :
- ○ 답 :

해답 (가) 포수용액의 양

○ 계산과정 : $\frac{\pi}{4}(50^2-46^2)\times10\times20\times1=60318.578 ≒ 60318.58L$

○ 답 : 60318.58L

(나) 수원의 양

○ 계산과정 : $\frac{\pi}{4}(50^2-46^2)\times10\times20\times0.97=58509.021 ≒ 58509.02L$

○ 답 : 58509.02L

(다) 포소화약제 원액의 양

○ 계산과정 : $\frac{\pi}{4}(50^2-46^2)\times10\times20\times0.03=1809.557 ≒ 1809.56L$

○ 답 : 1809.56L

해설

$$Q=A\times Q_1\times T\times S$$

여기서, Q : 포소화약제의 양〔L〕
A : 탱크의 액표면적〔m^2〕
Q_1 : 단위 포소화수용액의 양〔$L/m^2\cdot$분〕
T : 방출시간〔분〕
S : 포소화약제의 사용농도

(가) **포수용액**의 **양** Q는

$$Q=A\times Q_1\times T\times S=\frac{\pi}{4}(50^2-46^2)m^2\times10L/m^2\cdot분\times20분\times1=60318.578 ≒ 60318.58L$$

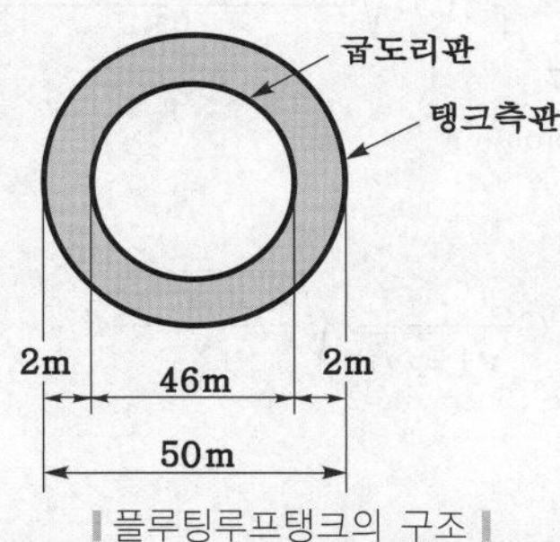

‖플루팅루프탱크의 구조‖

• 포수용액의 **농도** S는 항상 **1**이다.

(나) **수원**의 **양** Q는

$$Q=A\times Q_1\times T\times S=\frac{\pi}{4}(50^2-46^2)m^2\times10L/m^2\cdot분\times20분\times0.97=58509.021 ≒ 58509.02L$$

• 〔조건 ①〕에서 **3%**용 포이므로 수원(물)은 **97%**(100−3=97%)가 되어 농도 $S=$ **0.97**

(다) 포소화약제 **원액**의 **양** Q는

$$Q=A\times Q_1\times T\times S=\frac{\pi}{4}(50^2-46^2)m^2\times10L/m^2\cdot분\times20분\times0.03=1809.557 ≒ 1809.56L$$

• 〔조건 ①〕에서 **3%**용 포이므로 농도 $S=$ **0.03**

☆☆☆

문제 13

그림과 같은 벤츄리미터(Venturi-meter)에서 관 속에 흐르는 물의 유량[m^3/s]을 구하시오. (단, 유량계수 : 0.85, 입구지름 : 200mm, 목(Throat)지름 : 100mm, Δh : 30cm, 수은의 비중 : 13.6)

득점	배점
	5

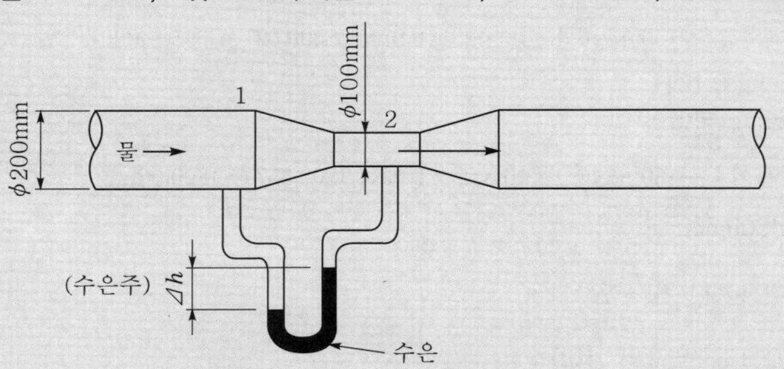

○ 계산과정 :

○ 답 :

해답 ○ 계산과정 : $\gamma_s = 13.6 \times 9.8 = 133.28\text{kN/m}^3$

$$Q = 0.85 \times \frac{\pi}{4} \times 0.1^2 \sqrt{\frac{2 \times 9.8 \times (133.28 - 9.8)}{9.8} \times 0.3}$$

$= 0.057$

$\fallingdotseq 0.06\text{m}^3/\text{s}$

○ 답 : $0.06\text{m}^3/\text{s}$

해설

$$Q = C\frac{A_2}{\sqrt{1-m^2}}\sqrt{\frac{2g(\gamma_s - \gamma)}{\gamma}R}$$

(1) **비중**

기호

- Q : ?
- C : 0.85
- D_1 : 200mm=0.2m(1000mm=1m)
- D_2 : 100mm=0.1m(1000mm=1m)
- Δh : 30cm=0.3m(100cm=1m)
- s : 13.6

$$s = \frac{\gamma_s}{\gamma}$$

여기서, s : 비중

γ_s : 어떤 물질의 비중량(수은의 비중량)[kN/m^3]

γ : 물의 비중량(9.8kN/m^3)

수은의 **비중량** $\gamma_s = s \times \gamma = 13.6 \times 9.8\text{kN/m}^3 = \mathbf{133.28kN/m^3}$

(2) **유량**

$$Q = C_v\frac{A_2}{\sqrt{1-m^2}}\sqrt{\frac{2g(\gamma_s - \gamma)}{\gamma}R} = CA_2\sqrt{\frac{2g(\gamma_s - \gamma)}{\gamma}R}$$

여기서, Q : 유량〔m^3/s〕

C_v : 속도계수($C_v = c\sqrt{1-m^2}$)

C: 유량계수$\left(C= \dfrac{C_v}{\sqrt{1-m^2}}\right)$

A_2 : 출구면적$\left(\dfrac{\pi {D_2}^2}{4}\right)$〔$m^2$〕

g : 중력가속도($9.8m/s^2$)

γ_s : 비중량(수은의 비중량 $133.28kN/m^3$)

γ : 비중량(물의 비중량 $9.8kN/m^3$)

R : 마노미터 읽음(수은주 높이)〔m〕

m : 개구비$\left(\dfrac{A_2}{A_1} = \left(\dfrac{D_2}{D_1}\right)^2\right)$

A_1 : 입구면적〔m^2〕

D_1 : 입구직경〔m〕

D_2 : 출구직경〔m〕

유량 Q는

$$Q = CA_2\sqrt{\frac{2g(\gamma_s - \gamma)}{\gamma}R}$$

$$= C\frac{\pi}{4}{D_2}^2\sqrt{\frac{2g(\gamma_s - \gamma)}{\gamma}R}$$

$$= 0.85 \times \frac{\pi}{4} \times (0.1\text{m})^2\sqrt{\frac{2\times 9.8\text{m/s}^2 \times (133.28 - 9.8)\text{kN/m}^3}{9.8\text{kN/m}^3}\times 0.3\text{m}}$$

$$= 0.057 \fallingdotseq 0.06\text{m}^3/\text{s}$$

- $R(\Delta h)$: **0.3m**(100cm=1m이므로 30cm=0.3m)
- 유량계수가 주어졌으므로 $Q= CA_2\sqrt{\dfrac{2g(\gamma_s - \gamma)}{\gamma}R}$: 식 적용. 거듭주의!

☆☆☆

문제 14

어느 사무실(내화구조 적용)은 가로 40m, 세로 35m의 구조로 되어 있으며, 내부에는 기둥이 없다. 이 사무실에 스프링클러헤드를 장방형으로 배치하여 가로 및 세로 변의 개수를 구하고자 할 때 다음을 구하시오. (단, 반자 속에는 헤드를 설치하지 아니하며, 헤드 설치시 장애물은 모두 무시하고, 헤드 배치간격은 헤드 배치각도(θ)를 30도로 한다.)

(22.7.문13, 17.4.문11, 16.6.문14, 13.11.문2, 13.7.문12, 11.5.문2, 10.10.문1, 07.7.문12)

득점	배점
	10

(가) 가로변 설치 헤드개수를 구하시오.
- ○ 계산과정 :
- ○ 답 :

(나) 세로변 설치 헤드개수를 구하시오.
- ○ 계산과정 :
- ○ 답 :

(다) 헤드 배치시 설치해야 하는 헤드개수를 구하시오.
- ○ 계산과정 :
- ○ 답 :

해답 (가) ○ 계산과정 : $L = 2\times2.3\times\cos30° \fallingdotseq 3.983\text{m}$

$S = \sqrt{4\times2.3^2 - 3.983^2} \fallingdotseq 2.301\text{m}$

가로변 개수 $= \dfrac{40}{2.301} = 17.383 \fallingdotseq 18$개

○ 답 : 18개

(나) ○ 계산과정 : $L = 2\times2.3\times\cos30° \fallingdotseq 3.983\text{m}$

세로변 개수 $= \dfrac{35}{3.983} = 8.787 \fallingdotseq 9$개

○ 답 : 9개

(다) ○ 계산과정 : 18×9=162개

○ 답 : 162개

해설 **장방형**(직사각형)

$$S = \sqrt{4R^2 - L^2},\ L = 2R\cos\theta,\ S' = 2R$$

여기서, S : 수평헤드간격〔m〕

R : 수평거리〔m〕

L : 배관간격〔m〕

S' : 대각선 헤드간격〔m〕

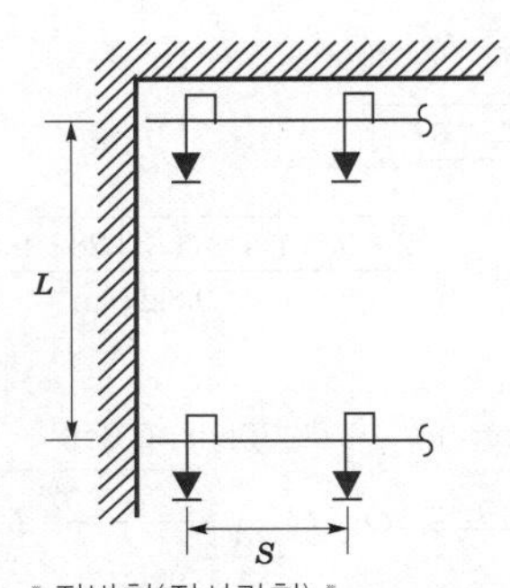

∥장방형(직사각형)∥

∥스프링클러헤드의 배치기준∥

설치장소	설치기준(R)
무대부 · **특**수가연물	수평거리 **1.7m** 이하
기타구조	수평거리 **2.1m** 이하
내화구조 →	수평거리 **2.3m** 이하
랙크식 창고	수평거리 **2.5m** 이하
공동주택(**아**파트) 세대 내의 거실	수평거리 **3.2m** 이하

기억법
무특 7
기 1
내 3
랙 5
아 2

(가) **가로 거리**

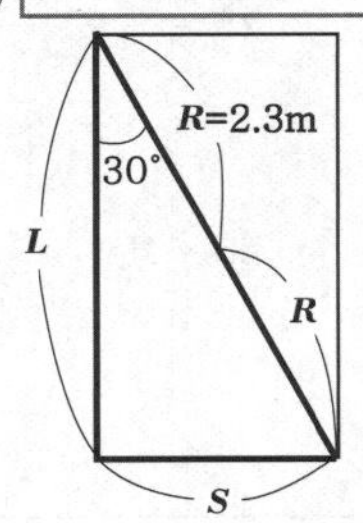

$L = 2R\cos\theta = 2\times 2.3\text{m}\times\cos 30° \fallingdotseq 3.983\text{m}$

$S = \sqrt{4R^2 - L^2} = \sqrt{4\times 2.3^2 - 3.983^2} \fallingdotseq 2.301\text{m}$

가로변의 헤드개수 $= \dfrac{\text{가로길이}}{S} = \dfrac{40\text{m}}{2.301\text{m}} = 17.383 \fallingdotseq$ **18개(소수발생**시 반드시 **절상)**

- R : 문제에서 **내화구조**이므로 **2.3m**
- L : 반경 2.3m이고, 30°이므로 R=**2.3m**, **cos 30°** 적용, 60°는 적용하라는 말이 없으므로 60°를 적용하면 틀림
- 헤드의 개수 산정시 **소수**가 발생하면 **반드시 절상**

(나) 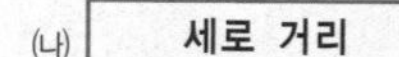
세로 거리

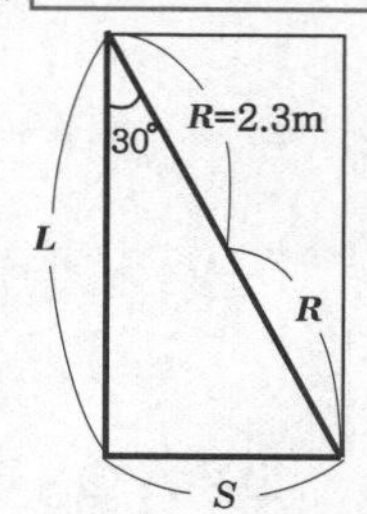

$L = 2R\cos\theta = 2\times 2.3\text{m}\times\cos 30° \fallingdotseq 3.983\text{m}$

세로변의 헤드개수 $= \dfrac{\text{세로길이}}{L} = \dfrac{35\text{m}}{3.983\text{m}} = 8.787 \fallingdotseq$ **9개(소수발생**시 반드시 **절상)**

- 〔단서〕에 의해 반드시 30°만 적용
- 35m : 문제에서 주어진 값
- 3.983m : 바로 위에서 구한 값

(다) **설치 헤드개수**=가로 변의 헤드개수×세로 변의 헤드개수=18개×9개=**162**개

- 18개 : (가)에서 구한 값
- 9개 : (나)에서 구한 값

☆☆☆

문제 15

그림은 이산화탄소 소화설비의 미완성 계통도이다. 범례를 참고하여 미완성된 부분을 완성하시오.

(22.11.문5, 21.7.문4, 17.6.문7, 17.4.문6, 14.11.문13, 13.11.문6, 11.7.문7, 09.4.문9, 08.11.문15, 08.7.문2, 06.11.문15)

득점	배점
	6

〔범례〕

기호	명칭	기호	명칭	기호	명칭	기호	명칭	기호	명칭
	선택밸브		사이렌		수신반		기동용기		차동식 스포트형 감지기
	저장용기	——	배관	- - -	전기배선	RM	수동조작함		헤드
PS	압력스위치		방출표시등		안전밸브		체크밸브	S	솔레노이드 밸브
	제어반	S	연기감지기						

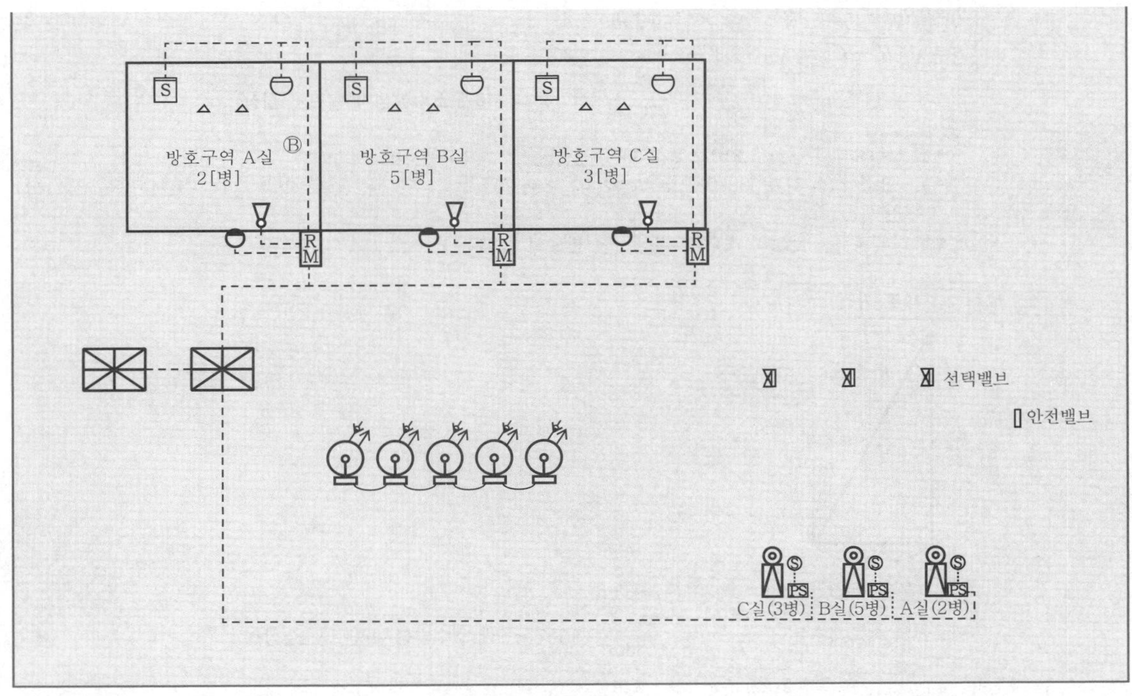
S
방호구역 A실
2[병]
Ⓑ
R
M
방호구역 B실
5[병]
방호구역 C실
3[병]
선택밸브
안전밸브
PS
C실(3병)
B실(5병)
A실(2병)

해답

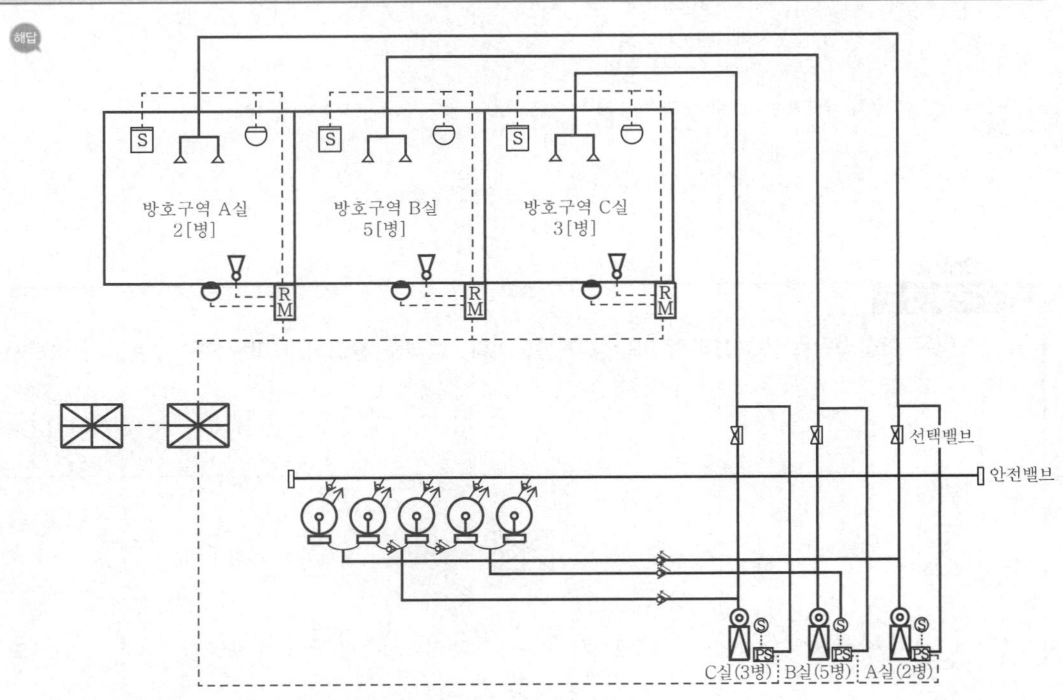
S
방호구역 A실
2[병]
R
M
방호구역 B실
5[병]
방호구역 C실
3[병]
선택밸브
안전밸브
PS
C실(3병)
B실(5병)
A실(2병)

해설

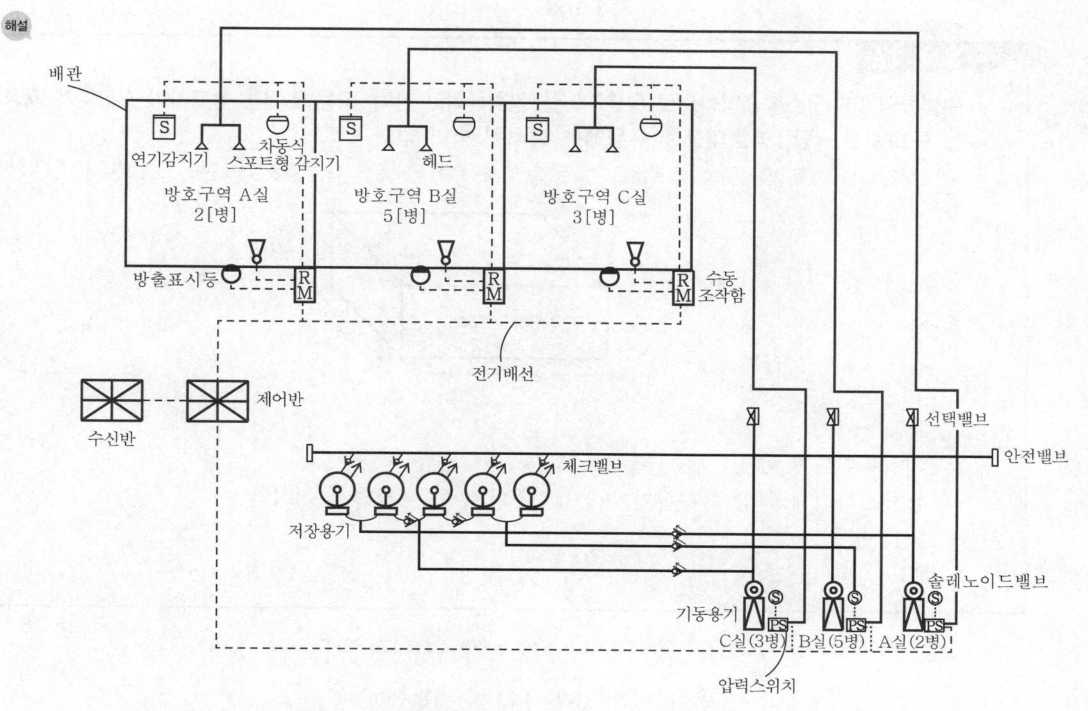

또 다른 이산화탄소 소화설비 계통도를 제시하니 참고하길 바람

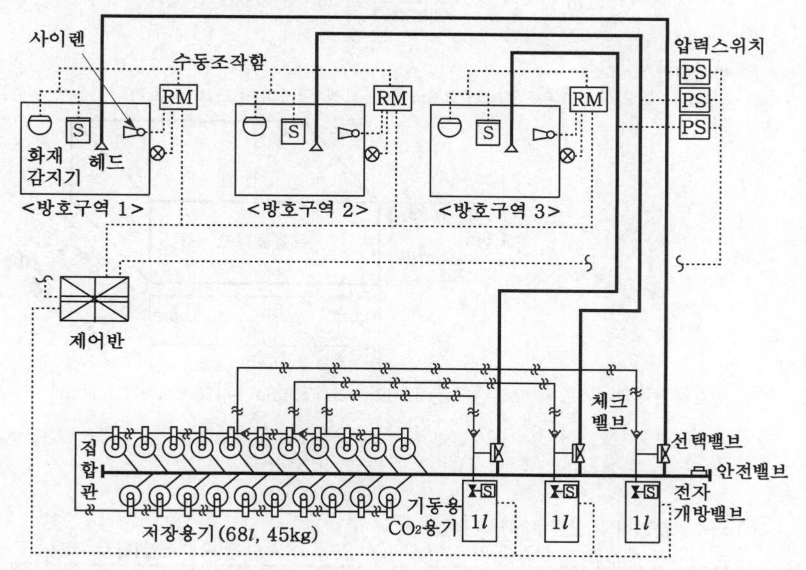

▌이산화탄소 소화설비 계통도▐

문제 16

위험물탱크에 국소방출방식으로 할론1301을 설치하려고 한다. 다음 조건을 참고하여 소화약제 저장량[kg]을 구하시오. (단, 방호대상물 주위에는 설치된 벽이 없다.)

(21.4.문3, 20.10.문6, 19.6.문14, 18.6.문1, 17.4.문12, 15.11.문10, 15.7.문8, 13.11.문8, 13.7.문9, 13.4.문4, 12.4.문3, 10.7.문1)

득점	배점
	5

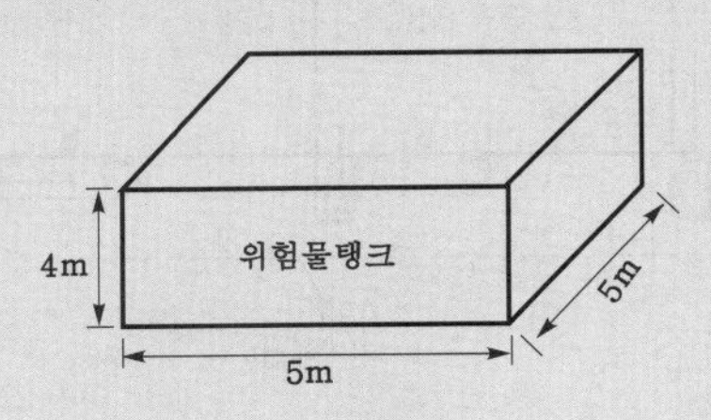

[조건]

① 위험물탱크의 가로, 세로, 높이는 5m×5m×4m이다.

② 할론소화약제의 양을 구하기 위한 x, y의 수치는 각각 4, 3이다.

○ 계산과정 :

○ 답 :

해답 ○ 계산과정 : 방호공간체적 $=6.2\times6.2\times4.6=176.824 \fallingdotseq 176.82\text{m}^3$

$a=0$

$A=(6.2\times4.6\times2)+(6.2\times4.2\times2)=114.08\text{m}^2$

$Q=176.82\times\left(4-3\times\frac{0}{114.08}\right)\times1.25=884.1\text{kg}$

○ 답 : 884.1kg

해설 (1) **방호공간**

방호대상물의 각 부분으로부터 **0.6m**의 거리에 의하여 둘러싸인 공간

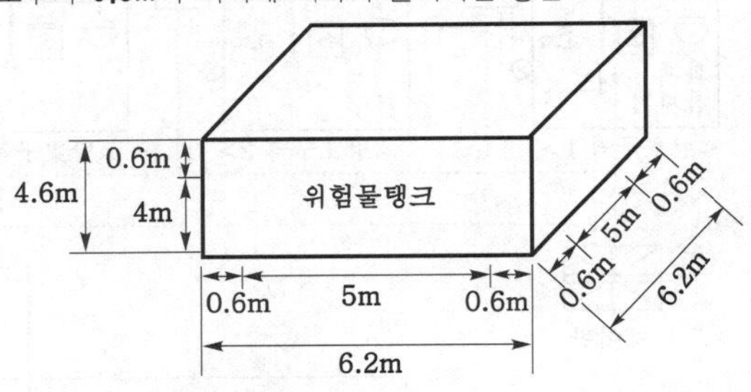

방호공간체적 = 가로×세로×높이 $=6.2\text{m}\times6.2\text{m}\times4.6\text{m}=176.824 \fallingdotseq 176.82\text{m}^3$

- 방호공간체적 산정시 가로와 세로 부분은 각각 좌우 0.6m씩 늘어나지만 높이는 위쪽만 0.6m 늘어남을 기억하라.

(2) **국소방출방식**의 **할론 1301 저장량**

문제에서 개방된 용기도 아니고 연소면 한정 등의 말이 없으므로 **기타**로 적용

특정소방대상물	할론 1301		할론 1211		할론 2402	
연소면 한정 및 비산우려가 없는 경우와 윗면 개방용기	방호대상물 표면적 ×6.8kg/m²×1.25		방호대상물 표면적 ×7.6kg/m²×1.1		방호대상물 표면적 ×8.8kg/m²×1.1	
기타 →	$Q=V=\left(X-Y\frac{a}{A}\right)\times1.25$		$Q=V\left(X-Y\frac{a}{A}\right)\times1.1$		$Q=V\left(X-Y\frac{a}{A}\right)\times1.1$	
수치	X	Y	X	Y	X	Y
	4.0	3.0	4.4	3.3	5.2	3.9

방호대상물 주위에 설치된 **벽면적**의 **합계** a는
$a=0$

• 〔단서〕에서 방호대상물 주위에는 설치된 벽이 없으므로 $a=0$이다.

방호공간의 **벽면적**의 **합계** A는
$A=$(앞면+뒷면)+(좌면+우면)=(6.2m×4.6m×2면)+(6.2m×4.6m×2면)=**114.08m²**

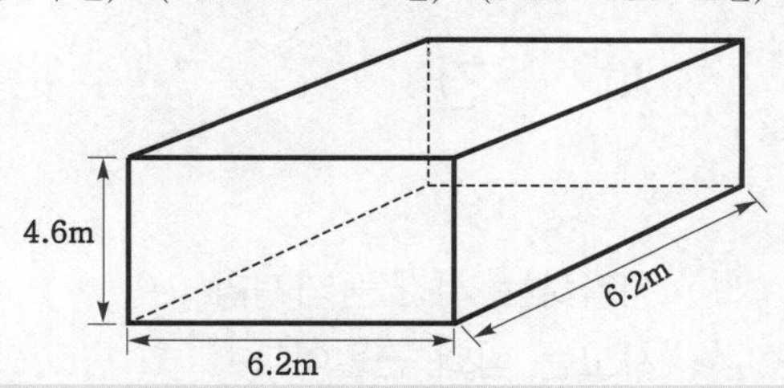

• **윗면, 아랫면**은 적용하지 않는 것에 주의할 것!

소화약제 저장량$=$방호공간체적$\times\left(X-Y\dfrac{a}{A}\right)\times 1.25=176.82\text{m}^3\times\left(4-3\times\dfrac{0}{114.08\text{m}^2}\right)\times 1.25=884.1\text{kg}$

• **'방호대상물 주위에 설치된 벽(고정벽)'**이 없거나 **'벽'**에 대한 조건이 없는 경우 a=0이다. 주의!

비교

방호대상물 주위에 설치된 벽이 있는 경우

(1) a=(앞면+뒷면)+(좌면+우면)
=(4m×5m×2면)+(4m×5m×2면)=80m²

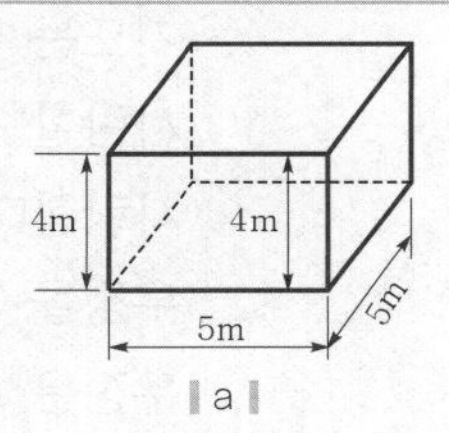

▌a▐

(2) 방호공간체적=가로×세로×높이=5m×5m×4.6m=115m³

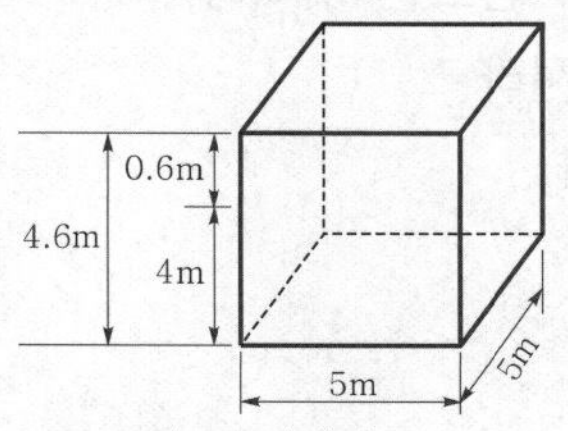

▌방호공간체적▐

(3) 방호공간의 벽면적의 합계 A는
A=(앞면+뒷면)+(좌면+우면)
=(5m×4.6m×2면)+(4.6m×5m×2면)
=92m²

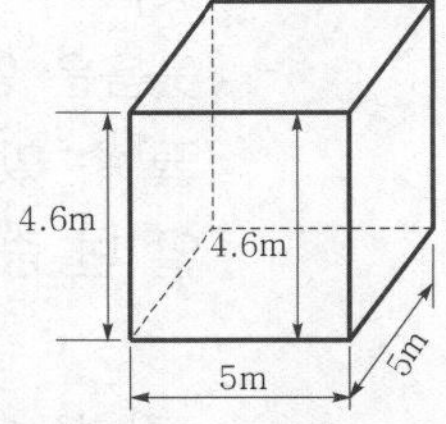

▌방호공간의 벽면적 합계▐

(4) 소화약제 저장량=방호공간체적$\times\left(4-3\dfrac{a}{A}\right)\times 1.25=115\text{m}^3\times\left(4-3\times\dfrac{80\text{m}^2}{92\text{m}^2}\right)\times 1.25=200\text{kg}$

비교

이산화탄소 소화설비 국소방출방식의 **저장량**

특정소방대상물	고압식	저압식
• 연소면 한정 및 비산우려가 없는 경우 • 윗면 개방용기	방호대상물 표면적×13kg/m²×1.4	방호대상물 표면적×13kg/m²×1.1
• 기타	방호공간체적$\times\left(8-6\dfrac{a}{A}\right)\times$1.4	방호공간체적$\times\left(8-6\dfrac{a}{A}\right)\times$1.1

여기서, a : 방호대상물 주위에 설치된 벽면적의 합계〔m²〕
A : 방호공간의 벽면적의 합계〔m²〕

시 간

생각하는 시간을 가져라
사고는 힘의 근원이다.
놀 수 있는 시간을 가져라
놀이는 변함 없는 젊음의 비결이다.
책 읽을 수 있는 시간을 가져라
독서는 지혜의 원천이다.
기도할 수 있는 시간을 가져라
기도는 역경을 당했을 때 극복하는 길이 된다.
사랑할 수 있는 시간을 가져라
사랑한다는 것은 삶을 가치 있게 만드는 것이다.
우정을 나눌 수 있는 시간을 가져라
우정은 생활의 향기를 더해 준다.
웃을 수 있는 시간을 가져라
웃음은 영혼의 음악이다.
줄 수 있는 시간을 가져라
일 년 중 어느 날이고 간에 시간은 잠깐 사이에 지나간다.

•김형모의 「짧은 얘기 긴 생각 그리고 시」 중에서•

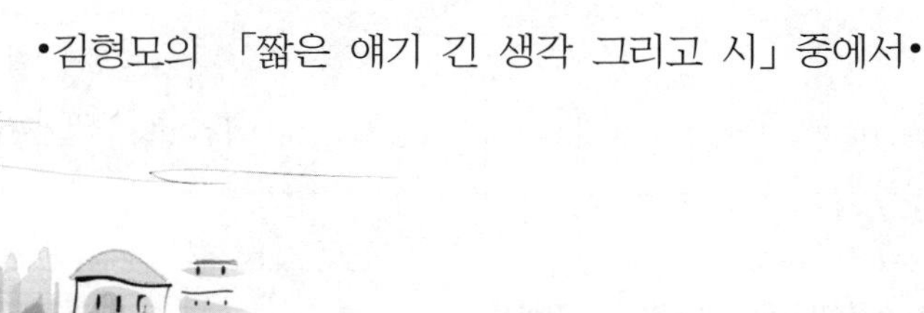

과년도 기출문제

2022년 소방설비산업기사 실기(기계분야)

** 수험자 유의사항 **

– 일반사항

1. 시험문제를 받는 즉시 응시하고자 하는 종목의 문제지가 맞는지를 확인하여야 합니다.
2. 시험문제지 총면수 · 문제번호 순서 · 인쇄상태 등을 확인하고(**확인 이후 시험문제지 교체불가**), 수험번호 및 성명을 답안지에 기재하여야 합니다.
3. 부정 또는 불공정한 방법(시험문제 내용과 관련된 메모지 사용 등)으로 시험을 치른 자는 부정행위자로 처리되어 당해 시험을 중지 또는 무효로 하고, 3년간 국가기술자격검정의 응시자격이 정지됩니다.
4. 저장용량이 큰 전자계산기 및 유사 전자제품 사용 시에는 반드시 저장된 메모리를 초기화한 후 사용하여야 하며, 시험위원이 초기화 여부를 확인할 시 협조하여야 합니다. 초기화되지 않은 전자계산기 및 유사 전자제품을 사용하여 적발 시에는 부정행위로 간주합니다.
5. 시험 중에는 통신기기 및 전자기기(휴대용 전화기 및 **스마트워치** 등)를 지참하거나 사용할 수 없습니다.
6. **문제 및 답안(지), 채점기준은 공개하지 않습니다.**
7. 복합형 시험의 경우 시험의 전 과정(필답형, 작업형)을 응시하지 않은 경우 채점대상에서 제외합니다.
8. 국가기술자격 시험문제는 일부 또는 전부가 저작권법상 보호되는 저작물이고, 저작권자는 한국산업인력공단입니다. 문제의 일부 또는 전부를 무단 복제, 배포, 출판, 전자출판 하는 등 저작권을 침해하는 일체의 행위를 금합니다.

– 채점사항

1. 수험자 인적사항 및 계산식을 포함한 답안작성은 흑색 필기구만 사용해야 하며, 그 외 연필류, 빨간색, 청색 등 필기구로 작성한 답항은 0점 처리되오니 불이익을 당하지 않도록 유의해 주시기 바랍니다.
2. 답란에는 문제와 관련 없는 불필요한 낙서나 특이한 기록사항 등을 기재하여서는 안 되며, 답안지의 인적사항 기재란 외의 부분에 답안과 관련 없는 **특수한 표시를 하거나 특정인임을 암시하는 경우 답안지 전체를 0점 처리합니다.**
3. 계산문제는 반드시 「계산과정」과 「답」란에 기재하여야 하며, **계산과정이 틀리거나 없는 경우 0점 처리됩니다.**
4. 계산문제는 최종 결과 값(답)에서 소수 셋째자리에서 반올림하여 둘째자리까지 구하여야 하나 개별문제에서 소수 처리에 대한 요구사항이 있을 경우 그 요구사항에 따라야 합니다.
5. 답에 단위가 없으면 오답으로 처리됩니다. (단, 문제의 요구사항에 단위가 주어졌을 경우는 생략되어도 무방합니다.)
6. 문제에서 요구한 가지수(항수) 이상을 답란에 표기한 경우에는 답란기재 순으로 요구된 가지수(항수)만 채점하고 한 항에 여러 가지를 기재하더라도 한 가지로 보며 그중 정답과 오답이 함께 기재되어 있을 경우 오답으로 처리됩니다.
7. 답안 정정 시에는 정정하고자 하는 단어에 두 줄(=)을 긋고 다시 기재 가능하며, 수정테이프 등은 사용할 수 없으며, 수정테이프 사용 시 채점대상에서 제외됨을 알려드립니다.

※ 수험자 유의사항 미준수로 인한 채점상의 불이익은 수험자 본인에게 책임이 있습니다.

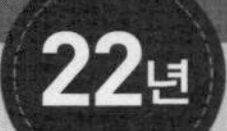

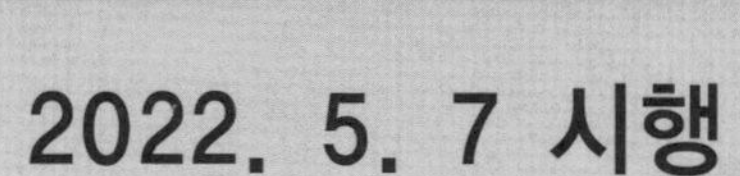

2022. 5. 7 시행

▮2022년 산업기사 제1회 필답형 실기시험▮

자격종목	시험시간	형별	수험번호	성명	감독위원 확인
소방설비산업기사(기계분야)	2시간 30분				

※ 다음 물음에 답을 해당 답란에 답하시오.(배점 : 100)

☆

문제 01

축압식 할론 1301 소화설비의 저장용기에 대한 다음 각 물음에 답하시오. (19.11.문11)

유사문제부터 풀어보세요. 실력이 팍!팍! 올라갑니다.

득점	배점
	7

(가) 저장용기에 충전가스로 질소를 사용하는 이유를 쓰시오.
 ○

(나) 저장압력범위 2가지를 쓰시오.
 ○
 ○

(다) 저장용기 1병당 내용적이 68L일 때 저장량범위는 ( )kg~( )kg이다. ( ) 안을 완성하되 계산과정까지 쓰시오.
 ○ 계산과정 :
 ○ 답 :

해답 (가) 방출압력원으로 이용하기 위해

(나) ① 2.5MPa
 ② 4.2MPa

(다) ○ 계산과정 : $\frac{68}{1.6} = 42.5\text{kg}$, $\frac{68}{0.9} ≒ 75.56\text{kg}$
 ○ 답 : 42.5kg~75.56kg

해설 (가) 할론 1301 **저장용기**에 **질소** 충전이유
 ① 원거리의 경우 방출압력이 저하되므로 **질소**를 **방출압력원**으로 이용하기 위해
 ② 온도강하에 따른 급격한 압력저하로 인해 일정한 저장용기 내의 압력을 유지하기 어렵기 때문에 **저장용기 내**의 **일정한 압력유지**를 위해

▮할론 1301▮

구 분	저장용기	기동용 가스용기
충전가스(충전물질)	질소	이산화탄소
표시색상	회색	청색
충전비	**0.9~1.6** 이하	**1.5** 이상

※ **저장용기**와 **기동용 가스용기**의 **충전비**가 각각 다르므로 주의할 것

(나) **저장용기**의 **설치기준**

구 분		할론 1301	할론 1211	할론 2402
저장압력		**2.5MPa 또는 4.2MPa**	1.1MPa 또는 2.5MPa	–
방출압력		0.9MPa	0.2MPa	0.1MPa
저장용기의 충전비	가압식	**0.9~1.6 이하**	0.7~1.4 이하	0.51~0.67 미만
	축압식			0.67~2.75 이하

(다) **충전비**

$$C = \frac{V}{G}$$

여기서, C : 충전비[L/kg]
V : 내용적[L]
G : 저장량(충전량)[kg]

최소충전비 $G = \frac{V}{C} = \frac{68L}{1.6} = 42.5kg$

최대충전비 $G = \frac{V}{C} = \frac{68L}{0.9} = 75.555 ≒ 75.56kg$

- 68L : 문제에서 주어진 값
- 0.9～1.6 : 할론 1301의 충전비(충전비의 단위 [L/kg]은 생략 가능)

☆☆☆
문제 02

스프링클러설비에서 상향식 헤드와 하향식 헤드의 특징 2가지를 쓰시오.

(18.11.문2, 17.11.문2, 15.7.문2, 09.7.문1)

득점	배점
	4

(가) 상향식 헤드
○
○

(나) 하향식 헤드
○
○

해답 (가) ① 반자가 없는 곳에 설치
② 살수방향은 상향
(나) ① 반자가 있는 곳에 설치
② 살수방향은 하향

해설 **스프링클러헤드**의 **설치방향**에 따른 **분류**

구 분	상향형(Upright type)	하향형(Pendent type)	측벽형(Sidewall type)
특징	• **반자**가 **없는 곳**에 설치 • 살수방향은 **상향** • **분사패턴**이 **가장 우수** • 원칙적으로 **준비작동식**, **부압식**, **건식**에 사용	• **반자**가 **있는 곳**에 설치 • 살수방향은 **하향** • 분사패턴이 상향형보다 못함 • **습식**에 사용(준비작동식은 드라이펜던트헤드 사용) • 헤드 설치시 **회향식**(Return bend)으로 배관	• 실내의 **벽상부**에 설치 • 폭이 **9m** 이하인 경우에 사용 • 분사패턴은 반원상에 균일하게 방사
도해	∥상향형∥	∥하향형∥	∥측벽형∥

스프링클러헤드

(1) **설계** 및 **성능특성**에 따른 **분류**

분 류	설 명
화재조기진압형 스프링클러헤드 (Early suppression fast-response sprinkler head)	화재를 **초기**에 **진압**할 수 있도록 정해진 면적에 충분한 물을 방사할 수 있는 빠른 작동능력의 스프링클러헤드
라지드롭 스프링클러헤드 (Large drop sprinkler head)	동일 조건의 수(水)압력에서 표준형 헤드보다 **큰 물방울**을 방출하여 저장창고 등에서 발생하는 **대형 화재**를 **진압**할 수 있는 헤드
주거형 스프링클러헤드 (Residential sprinkler head)	폐쇄형 헤드의 일종으로 **주거지역**의 화재에 적합한 감도·방수량 및 살수분포를 갖는 헤드로서 **간이형 스프링클러헤드**를 포함
랙크형 스프링클러헤드 (Rack sprinkler head)	**랙크식 창고**에 설치하는 헤드로서 상부에 설치된 헤드의 방출된 물에 의해 작동에 지장이 생기지 아니하도록 **보호판**이 **부착**된 헤드
플러시 스프링클러헤드 (Flush sprinkler head)	부착나사를 포함한 몸체의 일부나 전부가 **천장면 위**에 설치되어 있는 스프링클러헤드
리세스드 스프링클러헤드 (Recessed sprinkler head)	부착나사 이외의 몸체 일부나 전부가 **보호집 안**에 설치되어 있는 스프링클러헤드
컨실드 스프링클러헤드 (Concealed sprinkler head)	리세스드 스프링클러헤드에 **덮개**가 **부착**된 스프링클러헤드
속동형 스프링클러헤드 (Quick-response sprinkler head)	화재로 인한 **감응속도**가 일반 스프링클러보다 **빠른** 스프링클러로서 **사람**이 **밀집**한 **지역**이나 인명피해가 우려되는 장소에 가장 빨리 작동되도록 설계된 스프링클러헤드
드라이펜던트 스프링클러헤드 (Dry pendent sprinkler head)	**동파방지**를 위하여 롱니플 내에 **질소가스**가 충전되어 있는 헤드로 습식과 건식 시스템에 사용되며, 배관 내의 물이 스프링클러 몸체에 들어가지 않도록 설계되어 있다.

(2) **감열부**의 **구조** 및 **재질**에 따른 **분류**

퓨지블링크형(Fusible link type)	**글라스벌브형**(Glass bulb type)
화재감지속도가 빨라 신속히 작동하며, 파손시 **재생**이 **가능**하다. ▮퓨지블링크형▮	유리관 내에 **액체**를 **밀봉**한 것으로 동작이 정확하며, 녹이 슬 염려가 없어 반영구적이다. ▮글라스벌브형▮

☆☆☆

문제 03

어떤 소방대상물에 옥외소화전 5개를 화재안전성능기준 및 화재안전기술기준에 따라 설치하려고 한다. 다음 각 물음에 답하시오. (19.4.문3, 15.11.문6, 15.4.문10, 11.7.문3, 10.10.문2, 04.7.문13)

득점	배점
	6

(가) 수원의 최소유효저수량[m^3]을 구하시오.
  ○ 계산과정 :
  ○ 답 :

(나) 펌프의 최소토출량[L/min]을 구하시오.
  ○ 계산과정 :
  ○ 답 :

(다) 노즐선단에서의 최소방수압력[MPa]은 얼마인지 쓰시오.
  ○

해답 (가) ○ 계산과정 : $7 \times 2 = 14\text{m}^3$
  ○ 답 : 14m^3

(나) ○ 계산과정 : $2 \times 350 = 700\text{L/min}$
  ○ 답 : 700L/min

(다) 0.25MPa

해설 **옥외소화전설비**

(가)

$$Q = 7N$$

여기서, Q : 수원의 저수량[m^3]
N : 옥외소화전 설치개수(최대 2개)

수원의 **저수량** Q는
$Q = 7N = 7 \times 2\text{개} = 14\text{m}^3$

- 문제에서 옥외소화전이 5개 설치되어 있지만 최대 2개까지만 적용하므로 N=2(속지 마라!)

(나)

$$Q = N \times 350$$

여기서, Q : 가압송수장치의 토출량(유량)[L/min]
N : 옥외소화전 설치개수(**최대 2개**)

펌프의 **유량** Q는
$Q = N \times 350 = 2\text{개} \times 350 = 700\text{L/min}$

- 문제에서 옥외소화전이 5개 설치되어 있지만 최대 2개까지만 적용하므로 N=2

(다) **옥내소화전설비** vs **옥외소화전설비**

구 분	옥내소화전설비	옥외소화전설비
최소방수압력	0.17MPa	**0.25MPa**
최소방수량	130L/min	350L/min
호스구경	40mm	65mm
노즐구경	13mm	19mm

☆☆☆

문제 04

지상 8층의 판매시설이 있는 복합건축물에 다음 조건과 화재안전성능기준 및 화재안전기술기준에 따라 스프링클러설비를 설계하려고 할 때 다음을 구하시오.

(20.11.문4, 19.6.문11, 19.4.문7, 15.4.문2, 12.7.문11, 10.4.문13, 09.7.문3, 08.4.문14)

득점	배점
	10

〔조건〕

① 실양정 : 24m
② 배관 및 관부속품의 마찰손실수두 : 12m
③ 각 층에 설치된 스프링클러헤드(폐쇄형)는 50개씩이다.
④ 펌프효율 : 65%
⑤ 전달계수 : 1.2

(가) 펌프에 요구되는 전양정〔m〕을 구하시오.
○ 계산과정 :
○ 답 :

(나) 펌프에 요구되는 최소토출량〔L/min〕을 구하시오.
○ 계산과정 :
○ 답 :

(다) 스프링클러설비에 요구되는 최소유효수원의 양〔m^3〕을 구하시오.
○ 계산과정 :
○ 답 :

(라) 펌프의 동력〔kW〕을 구하시오.
○ 계산과정 :
○ 답 :

해답 (가) ○ 계산과정 : $h_2 = 24\text{m}$

$h_1 = 12\text{m}$

$H = 12 + 24 + 10 = 46\text{m}$

○ 답 : 46m

(나) ○ 계산과정 : $30 \times 80 = 2400\text{L/min}$
○ 답 : 2400L/min

(다) ○ 계산과정 : $1.6 \times 30 = 48\text{m}^3$
○ 답 : 48m^3

(라) ○ 계산과정 : $\dfrac{0.163 \times 2.4 \times 46}{0.65} \times 1.2 = 33.221 \fallingdotseq 33.22\text{kW}$
○ 답 : 33.22kW

해설 (가) **스프링클러설비**의 **전양정**

$$H = h_1 + h_2 + 10$$

여기서, H : 전양정〔m〕
h_1 : 배관 및 관부속품의 마찰손실수두〔m〕
h_2 : 실양정(흡입양정+토출양정)〔m〕
10 : 최고위 헤드 압력수두〔m〕

h_2 : 24m

- 24m : 〔조건 ①〕에서 주어진 값
- 실양정=흡입양정+토출양정

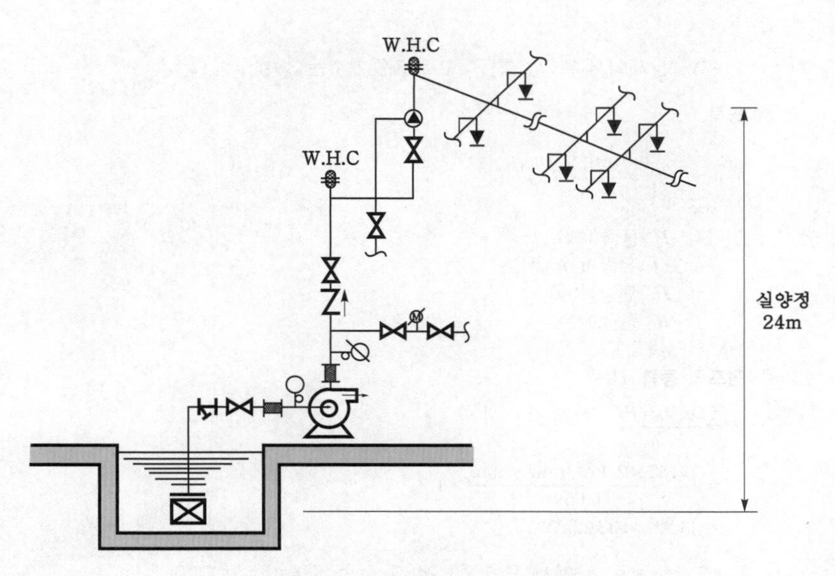

h_1 : 12m

- 12m : [조건 ②]에서 주어진 값

전양정 H는

$H = h_1 + h_2 + 10 = 12\text{m} + 24\text{m} + 10 = 46\text{m}$

(나) **스프링클러설비**의 **수원**의 **양**

특정소방대상물		폐쇄형 헤드의 기준개수
지하가 · 지하역사		30
11층 이상		
10층 이하	공장(특수가연물)	
	판매시설(백화점 등), 복합건축물(판매시설이 설치된 복합건축물) →	
	근린생활시설, 운수시설	20
	8m 이상	
	8m 미만	10

특별한 조건이 없는 한 **폐쇄형 헤드**를 사용하고 **복합건축물**이므로

$$Q = N \times 80\text{L/min} \text{ 이상}$$

여기서, Q : 펌프의 토출량[m^3]

N : 폐쇄형 헤드의 기준개수(설치개수가 기준개수보다 적으면 그 설치개수)

펌프의 **토출량**은

$Q = N \times 80\text{L/min} = 30\text{개} \times 80\text{L/min} = 2400\text{L/min}$

- 옥상수조의 여부는 알 수 없으므로 이 문제에서 제외

(다) **폐쇄형 헤드**

$Q = 1.6N$(30층 미만)

$Q = 3.2N$(30~49층 이하)

$Q = 4.8N$(50층 이상)

여기서, Q : 수원의 저수량[m^3]

N : 폐쇄형 헤드의 기준개수(설치개수가 기준개수보다 적으면 그 설치개수)

30층 미만이므로

$Q = 1.6N = 1.6 \times 30\text{개} = 48\text{m}^3$

- N : 문제에서 복합건축물이므로 기준개수는 30개

(라) **동력**

$$P = \frac{0.163QH}{\eta}K$$

여기서, P : 동력〔kW〕
Q : 유량〔m^3/min〕
H : 전양정〔m〕
K : 전달계수
η : 효율

펌프의 **동력** P는

$$P = \frac{0.163QH}{\eta}K$$
$$= \frac{0.163 \times 2.4\text{m}^3/\text{min} \times 46\text{m}}{0.65} \times 1.2$$
$$= 33.221 \fallingdotseq 33.22\text{kW}$$

- 2.4m^3/min : (나)에서 구한 값, 2400L/min=2.4m^3/min(1000L=1m^3)
- **46m** : (가)에서 구한 값
- 1.2 : 〔조건 ⑤〕에서 주어진 값
- 0.65 : 〔조건 ④〕에서 주어진 값, 65%=0.65

문제 05

소화설비용 펌프의 흡입측 배관에 설치해야 하는 밸브류 등의 관부속품 종류 5가지를 쓰시오. (단, 90° 엘보는 제외한다.)

(17.11.문11, 15.4.문6, 11.5.문11)

득점	배점
	5

○

○

○

○

○

해답 ① 플렉시블 조인트
② 개폐표시형 밸브
③ 진공계
④ Y형 스트레이너
⑤ 후드밸브

해설

- '**진공계**'를 '**연성계**'라고 써도 정답!
- '**개폐표시형 밸브**'를 '**게이트밸브**'라고 써도 정답!

(1) **부착순서**

펌프흡입측 배관	펌프토출측 배관
플렉시블 조인트－연성계(또는 진공계)－개폐표시형 밸브(게이트밸브)－Y형 스트레이너－후드밸브	플렉시블 조인트－압력계－체크밸브－개폐표시형 밸브(게이트밸브)

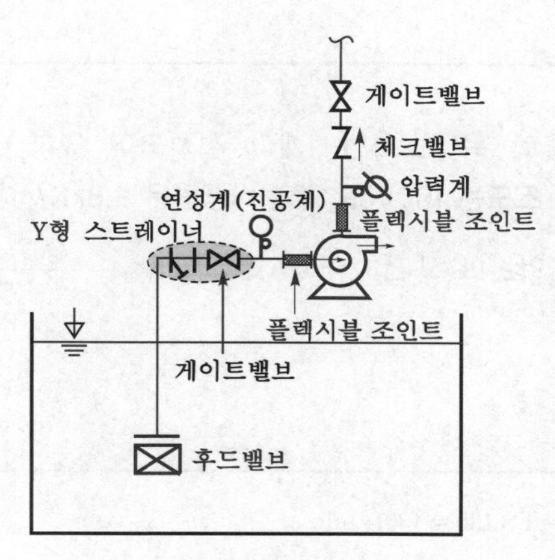

‖ 옳은 배관 ① ‖

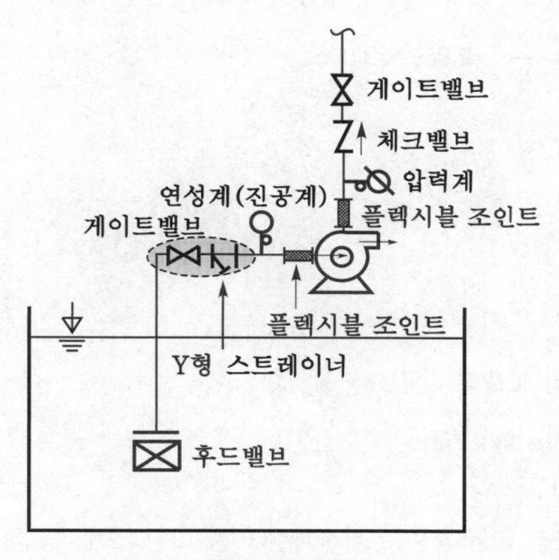

‖ 옳은 배관 ② ‖

- 게이트밸브와 Y형 스트레이너의 위치는 서로 바뀌어도 된다.

(2) **흡입측 배관**

종 류	기 능
플렉시블 조인트	① **펌프**의 **진동흡수** ② **펌프** 또는 **배관**의 **진동흡수**
진공계	대기압 이하의 압력측정
연성계	① **정 · 부**의 **압력측정** ② 대기압 이상의 압력과 이하의 압력측정
개폐표시형 밸브(게이트밸브)	① 유체의 **흐름 차단** 또는 **조정** ② 배관 도중에 설치하여 유체의 흐름을 완전히 차단 또는 조정
Y형 스트레이너	① 배관 내 **이물질 제거** ② 배관 내의 이물질을 제거하기 위한 기기로서 여과망이 달린 둥근통이 45° 경사지게 부착
후드밸브	① 펌프흡입측 배관의 만수상태 유지 ② **흡입관**을 **만수상태**로 만들어 주기 위한 기능 ③ 원심펌프의 흡입관 아래에 설치하여 펌프가 기동할 때 흡입관을 만수상태로 만들어 주기 위한 밸브

☆☆☆
문제 06

어느 특정소방대상물에 옥내소화전 1개가 설치되어 있다. 배관내경이 65mm이고, 배관길이가 200m인 배관에 관의 조도는 100이고 물의 비중량은 9.8kN/m³이다. 배관의 마찰손실수두〔m〕를 구하시오. (단, 하젠-윌리엄스의 식 $\Delta p_m = 6.053 \times 10^4 \times \dfrac{Q^{1.85}}{C^{1.85} \times D^{4.87}}$ 를 이용하라.)

(21.7.문16, 18.4.문11, 12.4.문4)

○ 계산과정 :
○ 답 :

득점	배점
	7

해답 ○ 계산과정 : $Q = 1 \times 130 = 130\text{L/min}$

$$\Delta p_m = 6.053 \times 10^4 \times \frac{130^{1.85}}{100^{1.85} \times 65^{4.87}} \times 200 = 0.029\text{MPa} = 29\text{kPa}$$

$$h = \frac{29}{9.8} = 2.959 ≒ 2.96\text{m}$$

○ 답 : 2.96m

해설 (1) **기호**

- D : 65mm
- L : 200m
- C : 100

(2) **옥내소화전설비 토출량**(유량)

$$Q = N \times 130\text{L/min}$$

여기서, Q : 토출량(유량)〔L/min〕
N : 가장 많은 층의 소화전개수(30층 미만 : **2개**, 30층 이상 : **5개**)

펌프의 **최소토출량** Q는

$Q = N \times 130\text{L/min} = 1\text{개} \times 130\text{L/min} = 130\text{L/min}$

- 1개 : 문제에서 주어진 값
- 특별한 조건이 없으면 **30층 미만** 식 적용

중요

각 설비의 **주요사항**

구 분	드렌처설비	스프링클러설비	소화용수설비	옥내소화전설비	옥외소화전설비	포소화설비, 물분무소화설비, 연결송수관설비
방수압	0.1MPa 이상	0.1~1.2MPa 이하	0.15MPa 이상	0.17~0.7MPa 이하	0.25~0.7MPa 이하	0.35MPa 이상
방수량	80L/min 이상	80L/min 이상	800L/min 이상 (가압송수장치 설치)	130L/min 이상 (30층 미만 : 최대 **2개**, 30층 이상 : 최대 **5개**)	350L/min 이상 (최대 **2개**)	75L/min 이상(포워터 스프링클러 헤드)
방수구경	–	–	–	40mm	65mm	–
노즐구경	–	–	–	13mm	19mm	–

(3) **하젠-윌리엄스**의 **식**

$$\Delta p_m = 6.053 \times 10^4 \times \frac{Q^{1.85}}{C^{1.85} \times D^{4.87}} \times L \text{[MPa]} \quad \text{또는} \quad \Delta p_m = 6.053 \times 10^4 \times \frac{Q^{1.85}}{C^{1.85} \times D^{4.87}} \text{[MPa/m]}$$

여기서, Δp_m : 압력손실[MPa, MPa/m]

C : 조도

D : 관의 내경[mm]

Q : 관의 유량[L/min]

L : 배관의 길이[m]

- 압력손실의 단위가 **MPa, MPa/m**에 따라 공식이 다르므로 주의!

마찰손실압력 Δp_m은

$$\Delta p_m = 6.053 \times 10^4 \times \frac{Q^{1.85}}{C^{1.85} \times D^{4.87}} \times L$$

$$= 6.053 \times 10^4 \times \frac{(130\text{L/min})^{1.85}}{100^{1.85} \times (65\text{mm})^{4.87}} \times 200\text{m}$$

$$= 0.029\text{MPa} = 29\text{kPa}(1\text{MPa} = 1000\text{kPa})$$

- 130L/min : 바로 위에서 구한 값
- 100 : 문제에서 주어진 값
- 65mm : 문제에서 주어진 값
- 200m : 문제에서 주어진 값

중요

조도(C)	배 관
100	• 주철관 • 흑관(건식 스프링클러설비의 경우) • 흑관(준비작동식 스프링클러설비의 경우)
120	• 흑관(일제살수식 스프링클러설비의 경우) • 흑관(습식 스프링클러설비의 경우) • 백관(아연도금강관)
150	• 동관(구리관)

- **관**의 **Roughness계수**(조도) : 배관의 재질이 매끄러운가 또는 거친가에 따라 작용하는 계수

(4) **압력**

$$P = \gamma h$$

여기서, P : 압력(마찰손실압력)[kPa, kN/m²]

γ : 비중량[kN/m³]

h : 높이(마찰손실수두)[m]

마찰손실수두 h는

$$h = \frac{P}{\gamma} = \frac{29\text{kN/m}^2}{9.8\text{kN/m}^3} = 2.959 \fallingdotseq 2.96\text{m}$$

- 29kPa=29kN/m² : 바로 위에서 구한 값, 1kPa=1kN/m²
- 9.8kN/m³ : 문제에서 주어진 값

중요

압 력	비중량	물속의 압력
$P=\gamma h,\ P=\frac{F}{A}=\frac{F}{\frac{\pi}{4}D^2}$ 여기서, P : 압력〔kPa, kN/m²〕 γ : 비중량(9.8kN/m³) h : 높이〔m〕 F : 힘〔N〕 A : 단면적〔m²〕 D : 직경〔m〕	$\gamma=\rho g$ 여기서, γ : 비중량〔kN/m³〕 ρ : 밀도(물의 밀도 1kN · s²/m⁴) g : 중력가속도(9.8m/s²)	$P=P_0+\gamma h$ 여기서, P : 물속의 압력〔kPa, kN/m²〕 P_0 : 대기압(101.325kPa) γ : 물의 비중량(9.8kN/m³) h : 물의 깊이〔m〕

☆☆

문제 07

최상층 방수구의 높이가 70m인 계단식 아파트에 설치하는 연결송수관설비의 가압송수장치에 관하여 다음 각 물음에 답하시오. (19.6.문8, 14.4.문6)

(가) 펌프의 토출량〔L/min〕은 얼마 이상이어야 하는지 쓰시오. (단, 해당층의 방수구는 1개이다.)

득점	배점
	4

○

(나) (가)에서 설치된 방수구를 4개로 늘릴 경우 펌프의 토출량〔L/min〕은 얼마 이상이어야 하는지 구하시오.

○ 계산과정 :

○ 답 :

(다) 펌프의 양정은 최상층에 설치된 노즐선단의 압력〔MPa〕이 얼마 이상이어야 하는지 쓰시오.

○

 해답 (가) 1200L/min

(나) ○ 계산과정 : $1200+(4-3)\times 400=1600$L/min

○ 답 : 1600L/min

(다) 0.35MPa

해설 (가), (나) **연결송수관설비**의 **펌프토출량**

펌프의 토출량 **2400L/min**(계단식 아파트는 **1200L/min**) 이상이 되는 것으로 할 것[단, 해당층에 설치된 방수구가 3개 초과(방수구가 5개 이상은 5개)인 경우에는 1개마다 **800L/min**(계단식 아파트는 **400L/min**)를 가산한 양]

(가) 1200L/min(문제에서 계단식 아파트이므로)

연결송수관설비의 **펌프토출량**

일반적인 경우	계단식 아파트
① 방수구 **3개** 이하 $Q=2400$L/min 이상	① 방수구 **3개** 이하 $Q=1200$L/min 이상
② 방수구 **4개** 이상 $Q=2400+(N-3)\times 800$	② 방수구 **4개** 이상 $Q=1200+(N-3)\times 400$

여기서, Q : 펌프토출량〔L/min〕

N : 가장 많은 층의 방수구개수(**최대 5개**)

용어

방수구
가압수가 나오는 구멍

(나) 계단식 아파트로서 방수구가 **4개**이므로

$Q=1200+(N-3)\times400=1200+(4-3)\times400=1600\text{L/min}$

(다) **각 설비의 주요사항**

구 분	드렌처설비	스프링클러설비	소화용수설비	옥내소화전설비	옥외소화전설비	포소화설비, 물분무소화설비, 연결송수관설비
방수압	0.1MPa 이상	0.1~1.2MPa 이하	0.15MPa 이상	0.17~0.7MPa 이하	0.25~0.7MPa 이하	0.35MPa 이상
방수량	80L/min 이상	80L/min 이상	800L/min 이상 (가압송수장치 설치)	130L/min 이상 (30층 미만 : 최대 2개, 30층 이상 : 최대 5개)	350L/min 이상 (최대 2개)	75L/min 이상 (포워터 스프링클러헤드)
방수구경	–	–	–	40mm	65mm	–
노즐구경	–	–	–	13mm	19mm	–

중요

연결송수관설비는 지표면에서 최상층 방수구의 높이 **70m 이상** 건물인 경우 소방차에서 공급되는 수압만으로는 규정방수압(**0.35MPa**)을 유지하기 어려우므로 추가로 **가압송수장치**를 설치하여야 한다.

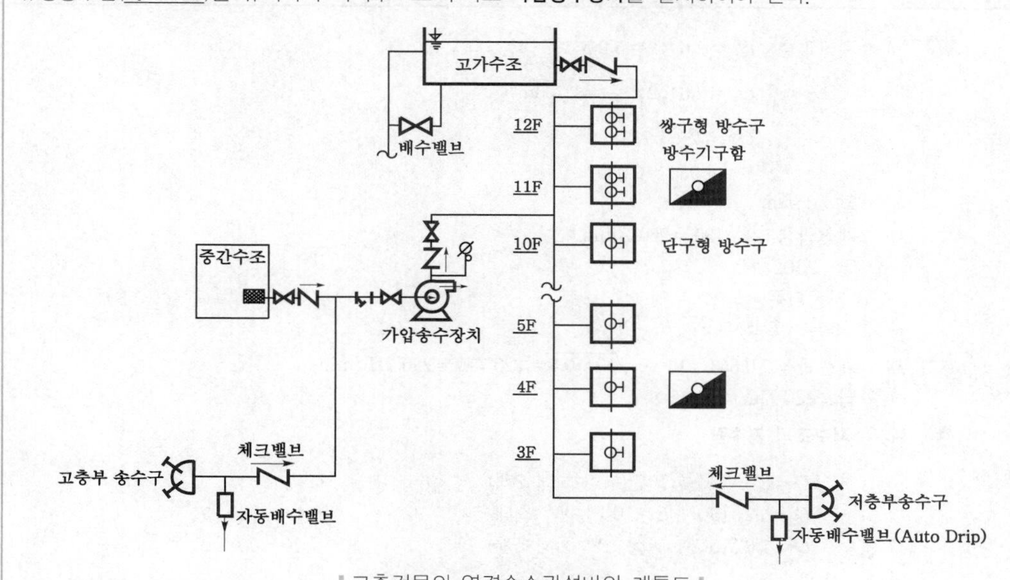

‖ 고층건물의 연결송수관설비의 계통도 ‖

☆☆☆

문제 08

옥내소화전설비에서 옥내소화전개수가 2개일 때 각 물음에 답하시오.

(21.7.문4, 19.6.문5, 17.4.문2·4·9, 16.6.문9, 15.11.문7·9, 15.7.문1, 15.4.문4·11·16, 14.4.문5, 12.7.문1, 12.4.문1)

득점	배점
	8

(가) 저수조의 저수량[m^3]을 구하시오. (단, 옥상수조를 포함한다.)

○ 계산과정 :

○ 답 :

(나) 펌프의 토출량[L/min]을 구하시오.

○ 계산과정 :

○ 답 :

(다) 펌프의 기동방식 2가지를 쓰시오.

○

○

(라) 노즐의 방사유량[L/min]을 구하시오. (단, 노즐구경은 13mm이고, 방사압력은 0.4MPa이다.)

○ 계산과정 :

○ 답 :

해답 (가) ○ 계산과정 : $Q_1 = 2.6 \times 2 = 5.2\text{m}^3$

$$Q_2 = 2.6 \times 2 \times \frac{1}{3} = 1.733\text{m}^3$$

$$Q = 5.2 + 1.733$$
$$= 6.933 \fallingdotseq 6.93\text{m}^3$$

○ 답 : 6.93m^3

(나) ○ 계산과정 : $2 \times 130 = 260\text{L/min}$

○ 답 : 260L/min

(다) ① 자동기동방식

② 수동기동방식

(라) ○ 계산과정 : $0.653 \times 13^2 \times \sqrt{10 \times 0.4} = 220.714 \fallingdotseq 220.71\text{L/min}$

○ 답 : 220.71L/min

해설 (가) ① **저수조**의 **저수량**

$Q = 2.6N$(30층 미만, N: 최대 2개)
$Q = 5.2N$(30~49층 이하, N: 최대 5개)
$Q = 7.8N$(50층 이상, N: 최대 5개)

여기서, Q : 수원의 저수량[m^3]

N : 가장 많은 층의 소화전개수

저수조의 **저수량** Q_1은

$Q_1 = 2.6N$

$= 2.6 \times 2\text{개} = 5.2\text{m}^3$

- 소화전 최대개수 N**=2**
- 층수가 주어지지 않은 경우 **30층 미만**으로 본다.

② **옥상수원**(옥상수조)의 **저수량**

$$Q_2 = 2.6N \times \frac{1}{3}\text{(30층 미만, } N\text{: 최대 2개)}$$
$$Q_2 = 5.2N \times \frac{1}{3}\text{(30~49층 이하, } N\text{: 최대 5개)}$$
$$Q_2 = 7.8N \times \frac{1}{3}\text{(50층 이상, } N\text{: 최대 5개)}$$

여기서, Q_2: 옥상수원(옥상수조)의 저수량[m^3]

N: 가장 많은 층의 소화전개수

옥상수원의 **저수량** Q_2는

$Q_2 = 2.6N \times \frac{1}{3} = 2.6 \times 2\text{개} \times \frac{1}{3} = 1.733\text{m}^3$

- 소화전 최대개수 $N=2$
- 특별한 조건이 없으면 **30층 미만** 식 적용

∴ 저수조의 저수량 $Q = Q_1 + Q_2 = 5.2\text{m}^3 + 1.733\text{m}^3 = 6.933 ≒ 6.93\text{m}^3$

(나) **토출량**(유량)

$$Q = N \times 130\text{L/min}$$

여기서, Q : 토출량(유량)[L/min]

N: 가장 많은 층의 소화전개수(30층 미만 : **2개**, 30층 이상 : **5개**)

펌프의 **최소토출량** Q는

$Q = N \times 130\text{L/min}$

$= 2\text{개} \times 130\text{L/min} = 260\text{L/min}$

- 소화전 최대개수 $N=2$
- 특별한 조건이 없으면 **30층 미만** 식 적용

(다)

- **'기동용 수압개폐장치 이용방식', 'ON, OFF 스위치 이용방식'**이라고 써도 정답! 하지만 짧고 굵게 답하자!

‖ 펌프의 기동방식 ‖

자동기동방식(기동용 수압개폐장치 이용방식)	수동기동방식(ON, OFF 스위치 이용방식)
기동용 수압개폐장치를 이용하는 방식으로 소화를 위해 소화전함 내에 있는 방수구, 즉 앵글밸브를 개방하면 기동용 수압개폐장치 내의 **압력스위치**가 작동하여 제어반에 신호를 보내 펌프를 기동시킨다.	**ON, OFF 스위치**를 이용하는 방식으로 소화를 위해 소화전함 내에 있는 방수구, 즉 앵글밸브를 개방한 후 **기동**(ON)**스위치**를 누르면 제어반에 신호를 보내 펌프를 기동시킨다. 수동기동방식은 과거에 사용되던 방식으로 요즘에는 이 방식이 거의 사용되지 않는다.

(라) **방사유량**

$$Q = 0.653D^2\sqrt{10P} = 0.6597CD^2\sqrt{10P}$$

여기서, Q : 방수량(방사유량)[L/min]

C: 노즐의 흐름계수(유량계수)

D : 내경[mm]

P : 방수압력(게이지압)[MPa]

방사유량(방수량) Q는

$Q = 0.653D^2\sqrt{10P} = 0.653 \times (13\text{mm})^2 \times \sqrt{10 \times 0.4\text{MPa}} = 220.714 ≒ 220.71\text{L/min}$

- 13mm : 단서에서 주어진 값
- 0.4MPa : 단서에서 주어진 값

중요

방수량 구하는 식

$Q=0.653D^2\sqrt{10P}$ $=0.6597CD^2\sqrt{10P}$	$Q=10.99CD^2\sqrt{10P}$	$Q=K\sqrt{10P}$
여기서, Q : 방수량〔L/min〕 C : 노즐의 흐름계수(유량계수) D : 내경〔mm〕 P : 방수압력〔MPa〕	여기서, Q : 토출량〔m³/s〕 C : 노즐의 흐름계수(유량계수) D : 구경〔m〕 P : 방사압력〔MPa〕	여기서, Q : 방수량〔L/min〕 D : 내경〔mm〕 P : 방수압력〔MPa〕

※ 문제의 조건에 따라 편리한 식을 적용하면 된다. 일반적으로는 다음의 표와 같이 설비에 따라 적용한다.

일반적인 적용설비	옥내소화전설비	스프링클러설비
적용공식	• $Q=0.653D^2\sqrt{10P}=0.6597CD^2\sqrt{10P}$ • $Q=10.99CD^2\sqrt{10P}$	• $Q=K\sqrt{10P}$

☆☆☆

문제 09

콘루프탱크의 액표면적이 962m²이고, 다음 조건으로 탱크를 방호하기 위한 포소화설비를 설치하는 경우 다음을 구하시오.

(20.10.문15, 17.11.문9, 16.11.문13, 16.6.문2, 15.4.문13, 14.7.문10, 13.11.문3, 13.7.문4, 09.10.문4, 05.10.문12, 02.4.문12)

득점	배점
	9

〔조건〕

① I형 방출구
② 단백포 3%
③ 포방출률 : $4\text{L/m}^2\cdot\text{min}$
④ 포수용액량 : 120L/m^2

(가) 고정포방출구에 필요한 포약제량〔L〕을 구하시오.
○ 계산과정 :
○ 답 :

(나) 고정포방출구에 필요한 수원의 양〔L〕을 구하시오.
○ 계산과정 :
○ 답 :

(다) 고정포방출구에 필요한 포수용액량〔L〕을 구하시오.
○ 계산과정 :
○ 답 :

해답

(가) ○ 계산과정 : $962\times4\times\dfrac{120}{4}\times0.03=3463.2\text{L}$
○ 답 : 3463.2L

(나) ○ 계산과정 : $962\times4\times\dfrac{120}{4}\times0.97=111976.8\text{L}$
○ 답 : 111976.8L

(다) ○ 계산과정 : $962\times4\times\dfrac{120}{4}\times1=115440\text{L}$
○ 답 : 115440L

해설 **기호**

- A : 962m²
- S : 3%=0.03
- Q : 4L/m² · min
- T : $\frac{120\text{L/m}^2}{4\text{L/m}^2 \cdot \text{min}}$

고정포방출구

$$Q_1 = A \times Q \times T \times S$$

여기서, Q_1 : 포소화약제의 양[L]
A : 탱크의 액표면적[m²]
Q : 단위포소화수용액의 양[L/m² · 분]
T : 방출시간[분]
S : 포소화약제의 사용농도

(가) 고정포방출구 포약제량 Q_1은

$Q_1 = A \times Q \times T \times S$

$= 962\text{m}^2 \times 4\text{L/m}^2 \cdot \text{min} \times \frac{120\text{L/m}^2}{4\text{L/m}^2 \cdot \text{min}} \times 0.03$

$= 3463.2\text{L}$

- $T = \frac{120\text{L/m}^2}{4\text{L/m}^2 \cdot \text{min}}$: 단위를 보고 식을 만들면 됨

(나) 수원의 양 Q_2는

$Q_2 = A \times Q \times T \times S$

$= 962\text{m}^2 \times 4\text{L/m}^2 \cdot \text{min} \times \frac{120\text{L/m}^2}{4\text{L/m}^2 \cdot \text{min}} \times 0.97 = 111976.8\text{L}$

- 0.97 : [조건 ②]에서 3%=0.03이므로 수원 1−0.03=0.97

(다) 포수용액량 Q_3는

$Q_3 = A \times Q \times T \times S$

$= 962\text{m}^2 \times 4\text{L/m}^2 \cdot \text{min} \times \frac{120\text{L/m}^2}{4\text{L/m}^2 \cdot \text{min}} \times 1$

$= 115440\text{L}$

- 1 : 포수용액이므로 항상 S=1

용어

포방출구의 **정의**

포방출구	정 의	그 림
Ⅰ형 방출구	**고정지붕구조**의 탱크에 **상부포주입법**을 이용하는 것으로서 방출된 포가 액면 아래로 몰입되거나 액면을 뒤섞지 않고 액면상을 덮을 수 있는 통계단 또는 미끄럼판 등의 설비 및 탱크 내의 위험물 증기가 외부로 역류되는 것을 저지할 수 있는 구조 · 기구를 갖는 포방출구	포수용액 포통(Trough) ‖ Ⅰ형 방출구 ‖

Ⅱ형 방출구	**고정지붕구조** 또는 **부상덮개부착 고정지붕구조**의 탱크에 **상부포주입법**을 이용하는 것으로서 방출된 포가 탱크 옆판의 내면을 따라 흘러내려 가면서 액면 아래로 몰입되거나 액면을 뒤섞지 않고 액면상을 덮을 수 있는 반사판 및 탱크 내의 위험물 증기가 외부로 역류되는 것을 저지할 수 있는 구조 · 기구를 갖는 포방출구	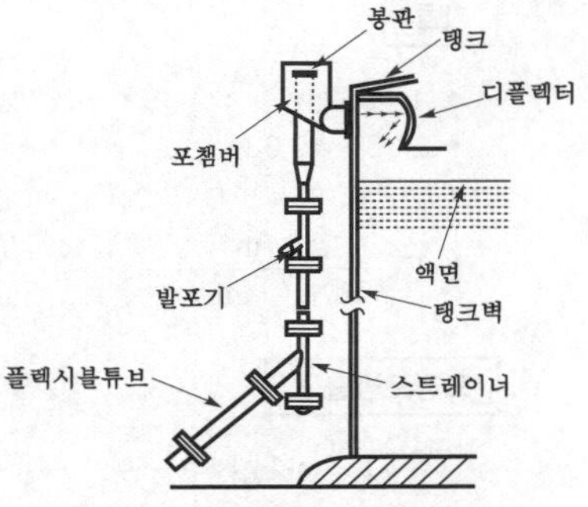 ▌Ⅱ형 방출구▐
Ⅲ형 방출구 (표면하 주입식 방출구)	**고정지붕구조**의 탱크에 **저부포주입법**을 이용하는 것으로서 송포관으로부터 포를 방출하는 포방출구	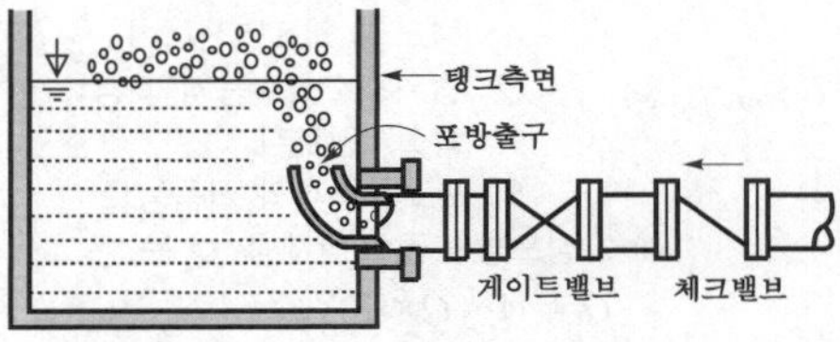 ▌Ⅲ형 방출구▐
Ⅳ형 방출구 (반표면하 주입식 방출구)	**고정지붕구조**의 탱크에 **저부포주입법**을 이용하는 것으로서 평상시에는 탱크의 액면하의 저부에 설치된 **격납통**에 수납되어 있는 **특수호스** 등이 송포관의 말단에 접속되어 있다가 포를 보내는 것에 의하여 특수호스 등이 **전개**되어 그 선단이 액면까지 도달한 후 포를 방출하는 포방출구	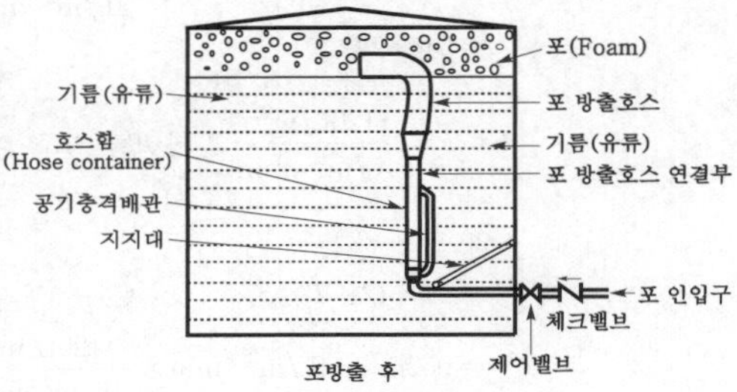 ▌Ⅳ형 방출구▐
특형 방출구	**부상지붕구조**의 탱크에 **상부포주입법**을 이용하는 것으로서 부상지붕의 부상부분상에 높이 **0.9m** 이상의 금속제의 칸막이를 탱크옆판의 내측으로부터 **1.2m** 이상 이격하여 설치하고 탱크옆판과 칸막이에 의하여 형성된 환상부분에 포를 주입하는 것이 가능한 구조의 반사판을 갖는 포방출구	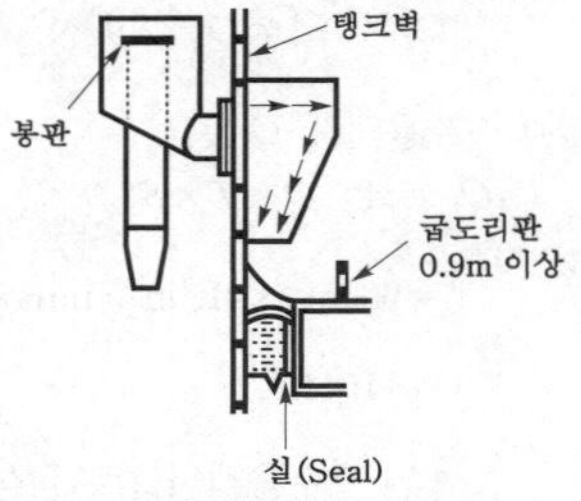 ▌특형 방출구▐

문제 10

어느 건물 소방시설에 대한 주요 부품표이다. 부품표를 참고하여 마찰손실을 계산하려고 한다. 답란에 ①~⑫를 구하시오. (단, 유량과 직경이 변화되지 않으면 100m당 마찰손실은 일정하다.) (16.11.문15)

득점	배점
	10

구경 및 부속물 〔mm〕	수량 〔EA〕	등가길이 〔m/EA〕	총 등가길이 〔m〕	100m당 마찰손실 〔m/100m〕	부속물별 마찰손실 〔m〕	유량 〔L/min〕
150 직류티	13	1.2	③	0.01	0.00156	200
150 90° 엘보	6	①	25.2	0.01	⑥	200
150 분류티	3	6.3	④	0.01	⑦	200
100 게이트밸브	2	②	1.62	0.39	⑧	200
100 체크밸브	1	7.6	7.6	0.39	⑨	200
100 플렉시블튜브	2	0.81	⑤	0.39	⑩	200
40 앵글밸브	1	6.5	6.5	13.32	⑪	130
총 마찰손실〔m〕	⑫					

번 호	계산과정	답
①		
②		
③		
④		
⑤		
⑥		
⑦		
⑧		
⑨		
⑩		
⑪		
⑫		

해답

번 호	계산과정	답
①	$\frac{25.2}{6}=4.2$	4.2
②	$\frac{1.62}{2}=0.81$	0.81
③	$13\times1.2=15.6$	15.6
④	$3\times6.3=18.9$	18.9
⑤	$2\times0.81=1.62$	1.62
⑥	$25.2\times\frac{0.01}{100}=0.00252$	0.00252
⑦	$18.9\times\frac{0.01}{100}=0.00189$	0.00189
⑧	$1.62\times\frac{0.39}{100}=0.006318$	0.006318

⑨	$7.6 \times \frac{0.39}{100} = 0.02964$	0.02964
⑩	$1.62 \times \frac{0.39}{100} = 0.006318$	0.006318
⑪	$6.5 \times \frac{13.32}{100} = 0.8658$	0.8658
⑫	$0.00156 + 0.00252 + 0.00189 + 0.006318 + 0.02964 + 0.006318 + 0.8658 = 0.914046$	0.914046

해설

구경 및 부속물 〔mm〕	수량 〔EA〕	등가길이 〔m/EA〕	총 등가길이 〔m〕	100m당 마찰손실 〔m/100m〕	부속물별 마찰손실 〔m〕	유량 〔L/min〕
150 직류티	13	$\frac{15.6\text{m}}{13\text{EA}} = 1.2\text{m/EA}$	$13 \times 1.2 = 15.6\text{m}$	0.01	$15.6\text{m} \times \frac{0.01\text{m}}{100\text{m}} = 0.00156\text{m}$	200
150 90° 엘보	6	$\frac{25.2\text{m}}{6\text{EA}} = 4.2\text{m/EA}$	$6 \times 4.2 = 25.2\text{m}$	0.01	$25.2\text{m} \times \frac{0.01\text{m}}{100\text{m}} = 0.00252\text{m}$	200
150 분류티	3	$\frac{18.9\text{m}}{3\text{EA}} = 6.3\text{m/EA}$	$3 \times 6.3 = 18.9\text{m}$	0.01	$18.9\text{m} \times \frac{0.01\text{m}}{100\text{m}} = 0.00189\text{m}$	200
100 게이트밸브	2	$\frac{1.62\text{m}}{2\text{EA}} = 0.81\text{m/EA}$	$2 \times 0.81 = 1.62\text{m}$	0.39	$1.62\text{m} \times \frac{0.39\text{m}}{100\text{m}} = 0.006318\text{m}$	200
100 체크밸브	1	$\frac{7.6\text{m}}{1\text{EA}} = 7.6\text{m/EA}$	$1 \times 7.6 = 7.6\text{m}$	0.39	$7.6\text{m} \times \frac{0.39\text{m}}{100\text{m}} = 0.02964\text{m}$	200
100 플렉시블튜브	2	$\frac{1.62\text{m}}{2\text{EA}} = 0.81\text{m/EA}$	$2 \times 0.81 = 1.62\text{m}$	0.39	$1.62\text{m} \times \frac{0.39\text{m}}{100\text{m}} = 0.006318\text{m}$	200
40 앵글밸브	1	$\frac{6.5\text{m}}{1\text{EA}} = 6.5\text{m/EA}$	$1 \times 6.5 = 6.5\text{m}$	13.32	$6.5\text{m} \times \frac{13.32\text{m}}{100\text{m}} = 0.8658\text{m}$	130
총 마찰손실 〔m〕	$(0.00156 + 0.00252 + 0.00189 + 0.006318 + 0.02964 + 0.006318 + 0.8658)\text{m} = 0.914046\text{m}$					

• EA : **'each(한 개마다)'**의 약자

☆☆☆

문제 11

지하구에 설치하는 연소방지설비의 헤드의 설치기준에 관한 다음 ( ) 안에 알맞은 말을 써넣으시오.

(18.4.문12, 17.11.문13, 13.4.문3, 06.4.문2)

득점	배점
	5

○ 헤드 간의 수평거리는 연소방지설비 전용헤드의 경우에는 (①)m 이하, 스프링클러 헤드의 경우에는 (②)m 이하로 할 것

○ 소방대원의 출입이 가능한 환기구 · 작업구마다 지하구의 양쪽 방향으로 살수헤드를 설치하되, 한쪽 방향의 살수구역의 길이는 (③)m 이상으로 할 것. 단, 환기구 사이의 간격이 (④)m를 초과할 경우에는 (④)m 이내마다 살수구역을 설정하되, 지하구의 구조를 고려하여 (⑤)을 설치한 경우에는 그러하지 아니하다.

해답 ① 2　② 1.5　③ 3　④ 700　⑤ 방화벽

해설 **연소방지설비**의 **헤드**의 **설치기준**(NFPC 605 8조)

(1) 헤드 간의 수평거리는 **연소방지설비 전용헤드**의 경우에는 **2m 이하**, **스프링클러헤드**의 경우에는 **1.5m 이하**로 할 것

연소방지설비 전용헤드	스프링클러헤드
수평거리 **2m** 이하	수평거리 **1.5m** 이하

(2) 소방대원의 출입이 가능한 **환기구 · 작업구**마다 지하구의 양쪽 방향으로 살수헤드를 설치하되, 한쪽 방향의 살수구역의 길이는 **3m** 이상으로 할 것(단, 환기구 사이의 간격이 **700m**를 초과할 경우에는 **700m** 이내마다 살수구역을 설정하되, 지하구의 구조를 고려하여 **방화벽**을 설치한 경우는 제외)

(3) **천장** 또는 **벽면**에 설치할 것

- **'천정'**이라고 답하면 틀린다. 정확하게 **'천장'**이라고 답하자.

비교

연결살수설비의 **화재안전성능기준**(NFPC 503 6조)

연결살수설비 전용헤드	스프링클러헤드
수평거리 **3.7m** 이하	수평거리 **2.3m** 이하

☆☆☆

문제 12

그림은 소방시설 도시기호이다. 각각의 명칭을 쓰시오.

(17.6.문3, 16.11.문8, 15.11.문11, 15.4.문5, 13.4.문11, 10.10.문3, 06.7.문4, 03.10.문13, 02.4.문8)

득점	배점
	5

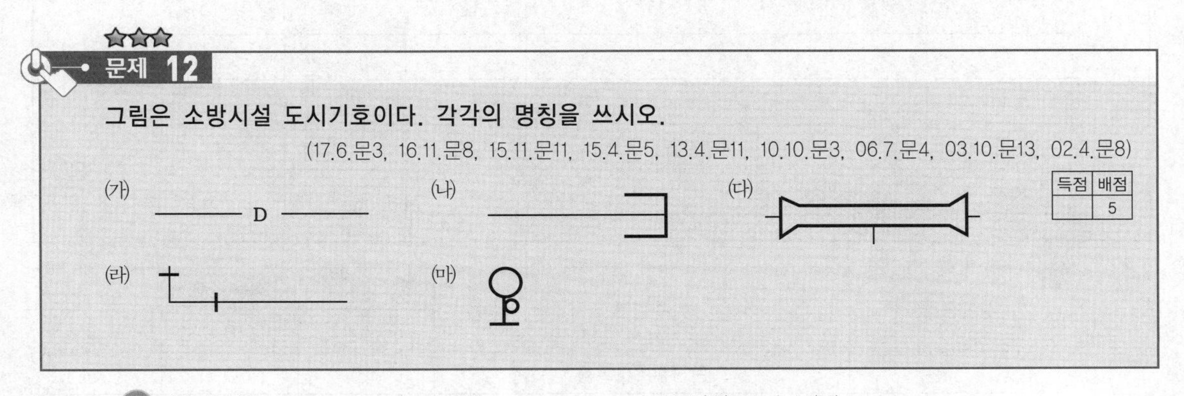

해답 (가) 배수관 (나) 캡 (다) 라인 프로포셔서
(라) 90° 엘보 (마) 연성계

해설
- (마) **'연성계'**가 **'정답!'** 진공계는 틀릴 수 있다.

‖ 소방시설 도시기호 ‖

명 칭	도시기호	명 칭	도시기호
일반배관		프레져사이드 프로포셔너	
옥내 · 외 소화전배관	H 'Hydrant(소화전)'의 약자	기타	Ⓟ
스프링클러배관	SP 'Sprinkler(스프링클러)'의 약자	곡관	
물분무배관	WS 'Water Spray(물분무)'의 약자	90° 엘보 문제 (라)	
포소화배관	F 'Foam(포)'의 약자	45° 엘보	
배수관 문제 (가)	D 'Drain(배수)'의 약자	티	
캡 문제 (나)		크로스	
플러그		압력계	

프레져 프로포셔너		연성계 문제 (마)	
라인 프로포셔너 문제 (다)		유량계	

☆☆☆

문제 13

다음 표 안에 분말소화설비의 주성분을 쓰고, 적응화재를 O로 표시하시오. (20.5.문4, 14.4.문9, 12.7.문3)

득점	배점
	6

종 류	주성분	적응화재		
		A	B	C
1종				
2종				
3종				
4종				

해답

종 류	주성분	적응화재		
		A	B	C
1종	탄산수소나트륨		○	○
2종	탄산수소칼륨		○	○
3종	인산암모늄	○	○	○
4종	탄산수소칼륨＋요소		○	○

해설

- 주성분을 쓰라고 했으므로 분자식($NaHCO_3$ 등)까지는 안 써도 정답!

‖ 분말소화약제 ‖

종 류	주성분	착 색	적응화재	충전비〔L/kg〕	저장량	화학반응식	비 고
제1종	탄산수소나트륨 ($NaHCO_3$)	백색	BC급	0.8	50kg	$2NaHCO_3 \rightarrow Na_2CO_3+CO_2+H_2O$	**식용유** 및 **지방질유**의 화재에 적합
제2종	탄산수소칼륨 ($KHCO_3$)	담자색 (담회색)	BC급	1.0	30kg	$2KHCO_3 \rightarrow K_2CO_3+CO_2+H_2O$	–
제3종	인산암모늄 ($NH_4H_2PO_4$)	담홍색	ABC급	1.0	30kg	$NH_4H_2PO_4 \rightarrow HPO_3+NH_3+H_2O$	**차고 · 주차장 · 분진이 많이 날리는 곳**에 적합
제4종	탄산수소칼륨＋요소 ($KHCO_3+(NH_2)_2CO$)	회(백)색	BC급	1.25	20kg	$2KHCO_3+(NH_2)_2CO \rightarrow K_2CO_3+2NH_3+2CO_2$	–

- 탄산수소나트륨＝중탄산나트륨
- 탄산수소칼륨＝중탄산칼륨
- 인산암모늄＝인산염＝제1인산암모늄

☆☆☆

문제 14

다음 도면에 제연댐퍼 2개를 설치하고, A, B구역 화재시 개방 · 폐쇄 여부를 표 안에 쓰시오. (단, 댐퍼는 $\varnothing$로 직접 도면에 표시할 것)

(18.6.문2, 16.6.문3, 07.11.문15)

득점	배점
	5

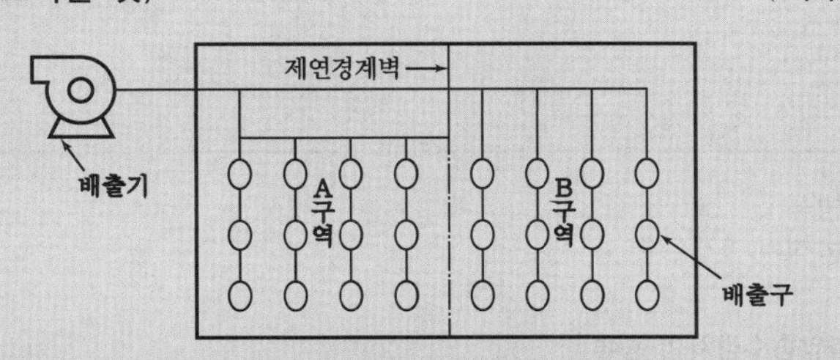

구 분	A구역 댐퍼	B구역 댐퍼
A구역 화재		
B구역 화재		

해답

구 분	A구역 댐퍼	B구역 댐퍼
A구역 화재	개방	폐쇄
B구역 화재	폐쇄	개방

해설 (1) 실수하기 쉬운 도면을 제시하니 참고하기 바란다. 다음과 같이 댐퍼를 설치하면 **A구역 댐퍼 폐쇄**시 **B구역**까지 **모두 폐쇄**되어 효과적인 제어를 할 수 없다.

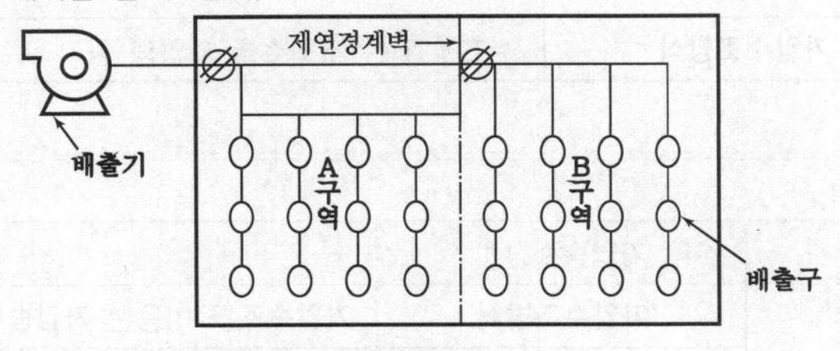

▮틀린 도면▮

(2) A · B구역 화재시 연기배출경로

A구역 화재	B구역 화재
A구역 댐퍼를 **개방**하고, **B구역 댐퍼**를 **폐쇄**하여 A구역의 연기를 외부로 배출시킨다.	**B구역 댐퍼**를 **개방**하고, **A구역 댐퍼**를 **폐쇄**하여 B구역의 연기를 외부로 배출시킨다.

☆☆☆

문제 15

소화설비의 가압송수장치의 송수방식 3가지를 쓰시오. (15.4.문4, 13.7.문14, 12.11.문3)

득점	배점
	3

○

○

○

해답 ① 고가수조방식
② 압력수조방식
③ 펌프방식

해설 **소화설비**의 **가압송수장치**의 **종류**

<table>
<tr><th>가압송수장치</th><th colspan="2">설 명</th></tr>
<tr><td>고가수조방식</td><td colspan="2">건물의 옥상이나 높은 지점에 수조를 설치하여 필요부분의 방수구에서 규정방수압력 및 규정방수량을 얻는 방식</td></tr>
<tr><td>압력수조방식</td><td colspan="2">압력탱크의 $\frac{1}{3}$은 자동식 공기압축기로 압축공기를, $\frac{2}{3}$는 급수펌프로 물을 가압시켜 필요부분의 방수구에서 규정방수압력 및 규정방수량을 얻는 방식</td></tr>
<tr><td rowspan="3">펌프방식</td><td colspan="2">펌프의 가압에 의하여 필요부분의 방수구에서 규정방수압력 및 규정방수량을 얻는 방식</td></tr>
<tr><td>자동기동방식</td><td>수동기동방식</td></tr>
<tr><td>기동용 수압개폐장치를 이용하는 방식으로 소화를 위해 소화전함 내에 있는 방수구, 즉 앵글밸브를 개방하면 기동용 수압개폐장치 내의 압력스위치가 작동하여 제어반에 신호를 보내 펌프를 기동시킨다.</td><td>ON, OFF스위치를 이용하는 방식으로 소화를 위해 소화전함 내에 있는 방수구, 즉 앵글밸브를 개방한 후 기동(ON)스위치를 누르면 제어반에 신호를 보내 펌프를 기동시킨다. 수동기동방식은 과거에 사용되던 방식으로 요즘에는 이 방식이 거의 사용되지 않는다.</td></tr>
<tr><td>가압수조방식</td><td colspan="2">수조에 있는 소화수를 고압의 공기 또는 불연성 기체로 가압시켜 송수하는 방식</td></tr>
</table>

용어

가압송수장치

구 분	가압송수장치	설 명
미분무소화설비	**가압수조방식**	**가압수조**를 이용한 **가압송수장치**
	압력수조방식	**압력수조**를 이용한 **가압송수장치**
	펌프방식(지하수조방식)	**전동기** 또는 **내연기관**에 따른 펌프를 이용하는 가압송수장치
물분무소화설비	**고가수조방식**	**자연낙차**를 이용한 가압송수장치
	압력수조방식	**압력수조**를 이용한 가압송수장치
	펌프방식(지하수조방식)	**전동기** 또는 **내연기관**에 따른 펌프를 이용하는 가압송수장치

☆☆☆

문제 16

그림은 물분무헤드가 화재를 유효하게 소화하기 위한 살수성능을 나타낸다. 조건을 참고하여 다음 물음에 답하시오. (21.4.문8, 20.5.문14, 18.4.문14)

득점	배점
	6

〔조건〕

① 물분무헤드의 분사각도는 60°이다.
② 표준방수량은 80Lpm이다.
③ 1개의 물분무헤드를 시험장치에 부착하고 0.35MPa의 방사압력에서 2회 방사하여 1분간 평균방수량, 표준분사각 및 유효사정거리를 측정한다.
④ 위험물 저장탱크의 가압송수장치로 사용하는 펌프의 1분당 토출량은 37L/min · m이다.
⑤ 위험물탱크의 직경은 17m이다.

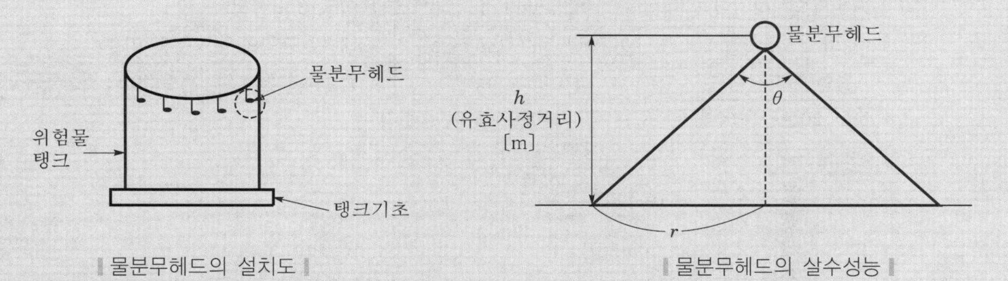

‖ 물분무헤드의 설치도 ‖

‖ 물분무헤드의 살수성능 ‖

(가) 물분무헤드의 유효사정거리는 몇 m 이상인지 쓰시오.
○

(나) 물분무소화설비에 필요한 수원의 양[m³]을 구하시오.
○ 계산과정 :
○ 답 :

해답 (가) 4m

(나) ○ 계산과정 : $2\pi \times 8.5 = 53.407\text{m}$

$53.407 \times 37 \times 20 = 39521\text{L} = 39.521\text{m}^3 ≒ 39.52\text{m}^3$

○ 답 : 39.52m^3

해설 (가) **물분무헤드**의 **살수성능**(소화설비용 헤드의 성능인증 및 제품검사의 기술기준 7조)

표준방수압력〔MPa〕	분사각도〔°〕	방수량〔L/min〕	유효사정거리〔m〕
0.35	30 이상 60 미만	30 이상 33 이하 40 이상 44 이하 50 이상 55 이하	4 이상 4 이상 4 이상
	60 이상 90 미만	30 이상 33 이하 40 이상 44 이하 50 이상 55 이하 60 이상 66 이하 75 이상 83 이하 →	2 이상 3 이상 4 이상 4 이상 4 이상
	90 이상 110 미만	30 이상 33 이하 40 이상 44 이하 50 이상 55 이하 60 이상 66 이하 70 이상 77 이하	2 이상 2 이상 3 이상 3 이상 4 이상
	110 이상 140 미만	30 이상 33 이하 60 이상 66 이하	2 이상 2 이상

- 80Lpm=80L/min(1Lpm=1L/min)
- [조건 ①]에서 분사각도 **60°**, [조건 ②]에서 표준방수량이 **80Lpm**으로, **75Lpm** 이상 **83Lpm** 이하에 해당하므로 앞의 표에서 유효사정거리 h=**4m** 이상이다.

용어

유효사정거리
소화능력을 갖는 **사정거리**로 물입자의 대부분이 **도달**하는 **거리**

(나) **물분무소화설비**의 **수원**(NFPC 104 4조)

특정소방대상물	토출량	비 고
컨베이어벨트	10L/min·m²	벨트부분의 바닥면적
절연유 봉입변압기	10L/min·m²	표면적을 합한 면적(바닥면적 제외)
특수가연물	10L/min·m²(최소 50m²)	최대방수구역의 바닥면적 기준
케이블트레이·덕트	12L/min·m²	투영된 바닥면적
차고·주차장	20L/min·m²(최소 50m²)	최대방수구역의 바닥면적 기준
위험물 저장탱크	**37**L/min·m	위험물탱크 둘레길이(원주길이) : 위험물규칙[별표 6] Ⅱ

※ 모두 **20분**간 방수할 수 있는 양 이상으로 하여야 한다.

기억법
컨 0
절 0
특 0
케 2
차 0
위 37

위험물 저장탱크는 위험물탱크 둘레길이이므로
둘레길이 $= 2\pi r = 2\pi \times 8.5\text{m} = 53.407\text{m}$
위험물 저장탱크의 **수원의 양** Q는
Q=위험물탱크 둘레길이×37L/min·m×20min
=53.407m×37L/min·m×20min
=39521L=39.521m³ ≒ 39.52m³(1000L=1m³)

- 8.5m : [조건 ⑤]에서 직경이 17m이므로 반경은 $\frac{17\text{m}}{2} = 8.5\text{m}$
- 37L/min·m : [조건 ④]에서 주어진 값
- 20min : NFPC 104 4조에 의한 값

"다른 사람의 경주를 뛰지 말고, 자신만의 달리기를 완주하라."
- 조엘 오스틴 -

22년

2022. 7. 24 시행

▌2022년 산업기사 제2회 필답형 실기시험▌

자격종목	시험시간	형별	수험번호	성명	감독위원 확 인
소방설비산업기사(기계분야)	2시간 30분				

※ 다음 물음에 답을 해당 답란에 답하시오.(배점 : 100)

☆☆☆

문제 01

다음은 분말소화설비에 관한 사항이다. 보기를 참고하여 표를 완성하시오. (20.5.문4, 14.4.문9, 12.7.문3)

득점	배점
	4

〔보기〕

담자색, 담홍색, 회색, 회백색, 담회색, 녹색, 담녹색

유사문제부터 풀어보세요. 실력이 팍!팍! 올라갑니다.

종 류	주성분	착 색	적응화재	충전비
제1종	탄산수소나트륨	백색	B, C	0.8
제2종	탄산수소칼륨			
제3종	인산암모늄			
제4종	탄산수소칼륨＋요소			

해답

종 류	주성분	착 색	적응화재	충전비
제1종	탄산수소나트륨	백색	B, C	0.8
제2종	탄산수소칼륨	담회색	B, C	1
제3종	인산암모늄	담홍색	A, B, C	1
제4종	탄산수소칼륨＋요소	회색	B, C	1.25

해설

- 제2종 : **담자색**, **담회색** 중 1가지만 쓰면 정답!
- 제4종 : **회색**, **백색** 중 1가지만 쓰면 정답!

▌분말소화약제▌

종 류	주성분	착 색	적응화재	충전비〔L/kg〕	저장량	화학반응식	비 고
제1종	탄산수소나트륨($NaHCO_3$)	백색	BC급	0.8	50kg	$2NaHCO_3 \rightarrow Na_2CO_3+CO_2+H_2O$	**식용유** 및 **지방질유**의 화재에 적합
제2종	탄산수소칼륨($KHCO_3$)	담자색(담회색)	BC급	1.0	30kg	$2KHCO_3 \rightarrow K_2CO_3+CO_2+H_2O$	−
제3종	인산암모늄($NH_4H_2PO_4$)	담홍색	ABC급	1.0	30kg	$NH_4H_2PO_4 \rightarrow HPO_3+NH_3+H_2O$	**차고·주차장·분진이 많이 날리는 곳**에 적합
제4종	탄산수소칼륨＋요소($KHCO_3+(NH_2)_2CO$)	회(백)색	BC급	1.25	20kg	$2KHCO_3+(NH_2)_2CO \rightarrow K_2CO_3+2NH_3+2CO_2$	−

- 탄산수소나트륨＝중탄산나트륨
- 탄산수소칼륨＝중탄산칼륨
- 인산암모늄＝인산염＝제1인산암모늄

☆☆
문제 02

옥내소화전설비의 배관 내 사용압력이 1.2MPa 미만인 경우와 1.2MPa 이상일 경우에 배관의 종류를 각각 2가지씩 쓰시오.

(20.5.문7, 16.4.문13)

득점	배점
	4

(가) 1.2MPa 미만
○
○
(나) 1.2MPa 이상
○
○

해답 (가) ① 배관용 탄소강관
② 덕타일 주철관
(나) ① 압력배관용 탄소강관
② 배관용 아크용접 탄소강강관

해설

• 암기하기 쉬운 배관으로 작성하자. 짧은 것으로~

‖ 옥내소화전설비의 배관(NFPC 102 6조) ‖

1.2MPa 미만	1.2MPa 이상
① 배관용 탄소강관 ② 이음매 없는 구리 및 구리합금관(단, 습식의 배관에 한한다.) ③ 배관용 스테인리스강관 또는 일반배관용 스테인리스강관 ④ 덕타일 주철관	① 압력배관용 탄소강관 ② 배관용 아크용접 탄소강강관

중요

소방용 합성수지 배관을 **설치**할 수 있는 경우
(1) 배관을 **지하**에 **매설**하는 경우
(2) 다른 부분과 **내화구조**로 구획된 덕트 또는 피트의 내부에 설치하는 경우
(3) 천장(상층이 있는 경우 상층바닥의 하단 포함)과 반자를 **불연재료** 또는 **준불연재료**로 설치하고 소화배관 내부에 항상 소화수가 채워진 상태로 설치하는 경우

☆
문제 03

임펠러의 회전속도가 1700rpm일 때, 토출압력은 0.05MPa, 토출량은 1000L/min의 성능을 보여주는 어떤 원심펌프가 있다. 이를 3400rpm으로 회전수를 변화하였다고 할 때, 그 토출압력〔MPa〕과 토출량〔L/min〕은 각각 얼마가 되는지 구하시오.

(19.4.문5)

득점	배점
	4

(가) 토출압력〔MPa〕
○ 계산과정 :
○ 답 :
(나) 토출량〔L/min〕
○ 계산과정 :
○ 답 :

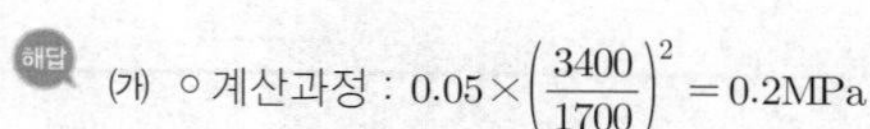

해답 (가) ○ 계산과정 : $0.05 \times \left(\frac{3400}{1700}\right)^2 = 0.2\text{MPa}$

○ 답 : 0.2MPa

(나) ○ 계산과정 : $1000 \times \left(\frac{3400}{1700}\right) = 2000\text{L/min}$

○ 답 : 2000L/min

해설 **기호**

- N_1 : 1700rpm
- H_1 : 0.05MPa
- Q_1 : 1000L/min
- N_2 : 3400rpm
- H_2 : ?
- Q_2 : ?

(가) **토출압력** H_2는

$$H_2 = H_1\left(\frac{N_2}{N_1}\right)^2$$

$$= 0.05\text{MPa} \times \left(\frac{3400\text{rpm}}{1700\text{rpm}}\right)^2 = 0.2\text{MPa}$$

(나) **토출량** Q_2는

$$Q_2 = Q_1\left(\frac{N_2}{N_1}\right)$$

$$= 1000\text{L/min} \times \left(\frac{3400\text{rpm}}{1700\text{rpm}}\right) = 2000\text{L/min}$$

중요

유량, 양정, 축동력

유량(토출량)	양정(또는 토출압력)	축동력
회전수에 비례하고 **직경**(관경)의 세제곱에 비례한다.	회전수의 제곱 및 **직경**(관경)의 제곱에 비례한다.	회전수의 세제곱 및 **직경**(관경)의 오제곱에 비례한다.
$Q_2 = Q_1\left(\frac{N_2}{N_1}\right)\left(\frac{D_2}{D_1}\right)^3$ 또는 $Q_2 = Q_1\left(\frac{N_2}{N_1}\right)$	$H_2 = H_1\left(\frac{N_2}{N_1}\right)^2\left(\frac{D_2}{D_1}\right)^2$ 또는 $H_2 = H_1\left(\frac{N_2}{N_1}\right)^2$	$P_2 = P_1\left(\frac{N_2}{N_1}\right)^3\left(\frac{D_2}{D_1}\right)^5$ 또는 $P_2 = P_1\left(\frac{N_2}{N_1}\right)^3$
여기서, Q_2 : 변경 후 유량〔L/min〕 Q_1 : 변경 전 유량〔L/min〕 N_2 : 변경 후 회전수〔rpm〕 N_1 : 변경 전 회전수〔rpm〕 D_2 : 변경 후 직경(관경)〔mm〕 D_1 : 변경 전 직경(관경)〔mm〕	여기서, H_2 : 변경 후 양정〔m〕 또는 토출압력〔MPa〕 H_1 : 변경 전 양정〔m〕 또는 토출압력〔MPa〕 N_2 : 변경 후 회전수〔rpm〕 N_1 : 변경 전 회전수〔rpm〕 D_2 : 변경 후 직경(관경)〔mm〕 D_1 : 변경 전 직경(관경)〔mm〕	여기서, P_2 : 변경 후 축동력〔kW〕 P_1 : 변경 전 축동력〔kW〕 N_2 : 변경 후 회전수〔rpm〕 N_1 : 변경 전 회전수〔rpm〕 D_2 : 변경 후 직경(관경)〔mm〕 D_1 : 변경 전 직경(관경)〔mm〕

☆☆

문제 04

보기와 같은 건물에 소화수조 또는 저수조를 설치하고자 한다. 다음 각 물음에 답하시오.

(20.10.문8, 13.11.문13)

득점	배점
	6

〔보기〕

지하 1층 : $8000m^2$, 지상 1층 : $12500m^2$, 지상 2층 : $12500m^2$, 지상 3층 : $9500m^2$

(가) 소화수조 또는 저수조를 설치시 저수조에 확보하여야 할 저수량〔m^3〕을 구하시오.
○ 계산과정 :
○ 답 :

(나) 저수조에 설치하여야 할 채수구의 최소설치수량은 몇 개인지 쓰시오.
○

(다) 가압송수장치의 분당 토출량〔L/min〕을 쓰시오.
○

해답 (가) ○ 계산과정 : $\frac{8000+12500+12500+9500}{7500}=5.6 \fallingdotseq 6$

$6\times20=120m^3$

○ 답 : $120m^3$

(나) 3개

(다) 3300L/min

해설 (가) **소화수조** 또는 **저수조**의 **저수량 산출**(NFPC 402 4조)

특정소방대상물의 구분	기준면적〔m^2〕
지상 1층 및 2층의 바닥면적 합계 $15000m^2$ 이상 →	7500
기타	12500

지상 1 · 2층의 바닥면적 합계$=(12500+12500)m^2$
$=25000m^2$

∴ $15000m^2$ 이상이므로 기준면적은 **$7500m^2$**이다.

소화용수의 양(저수량)

$$Q=\frac{\text{연면적}}{\text{기준면적}}(\text{절상})\times20m^3$$

$$=\frac{(8000+12500+12500+9500)m^2}{7500m^2}(\text{절상})\times20m^3$$

$$=6m^2\times20m^3$$

$$=120m^3$$

- 소화용수의 양(저수량)을 구할 때 $\frac{(8000+12500+12500+9500)m^2}{7500m^2}=5.6 \fallingdotseq 6$으로 먼저 **절상**한 후 **$20m^3$**를 곱한다는 것을 기억하라!
- 연면적이 주어지지 않은 경우 바닥면적의 합계를 연면적으로 보면 된다. 그러므로 **$(8000+12500+12500+9500)m^2$** 적용
- **절상** : 소수점 이하는 무조건 올리라는 의미

(나) **채수구**의 **수**(NFPC 402 4조, NFTC 402 2.1.3)

소화수조용량	20~40m^3 미만	40~100m^3 미만	100m^3 이상
채수구의 수	**1개**	**2개**	**3개**

∴ 소화용수의 양(저수량)이 **120m^3**로서 **100m^3** 이상이므로 **채수구**의 최소개수는 **3개**

비교

흡수관 투입구수(NFPC 402 4조, NFTC 402 2.1.3)

소요수량	80m^3 미만	80m^3 이상
흡수관 투입구수	**1개** 이상	**2개** 이상

• 소화용수의 양(저수량)이 **120m^3**로서 **80m^3** 이상이므로 **흡수관 투입구**의 최소개수는 **2개**

(다) (가)에서 구한 저수량이 120m^{3}이므로 최소토출량은 다음 표에서 **3300L/min**

‖ 가압송수장치의 양수량(토출량) ‖

저수량	20~40m^3 미만	40~100m^3 미만	100m^3 이상
양수량(토출량)	1100L/min 이상	2200L/min 이상	3300L/min 이상

☆ 문제 05

소화기구 및 자동소화장치에 사용하는 용어의 정의에 대한 다음 각 물음에 답하시오.

득점	배점
	6

(가) 소화기의 용어에 대한 다음 (　) 안을 완성하시오.

소형소화기	대형소화기
능력단위가 (①)단위 이상이고 대형소화기의 능력단위 미만인 소화기	화재시 사람이 운반할 수 있도록 운반대와 바퀴가 설치되어 있고 능력단위가 A급 (②)단위 이상, B급 (③)단위 이상인 소화기

(나) 자동소화장치의 종류 3가지를 쓰시오. (단, 주거용 주방자동소화장치, 상업용 주방자동소화장치, 캐비닛형 자동소화장치는 제외한다.)

○

○

○

(다) 에어로졸식 소화용구, 투척용 소화용구 및 소화약제 외의 것을 이용한 간이소화용구의 종류를 쓰시오. (단, 마른모래는 제외한다.)

○

해답 (가) ① 1
② 10
③ 20

(나) ① 가스자동소화장치
② 분말자동소화장치
③ 고체에어로졸 자동소화장치

(다) 팽창질석

해설 (가) **소화능력단위**에 의한 **분류**(소화기형식 4조)

소화기 분류		능력단위
소형소화기		**1단위** 이상
대형소화기	A급	**10단위** 이상
	B급	**20단위** 이상

기억법 **대2B(데이빗!)**

(나) **자동소화장치**의 **종류**

종 류	설 명
주거용 주방자동소화장치	**주거용** 주방에 설치된 열발생 조리기구의 사용으로 인한 화재발생시 열원(전기 또는 가스)을 자동으로 차단하며 소화약제를 방출하는 소화장치
상업용 주방자동소화장치	**상업용** 주방에 설치된 열발생 조리기구의 사용으로 인한 화재발생시 열원(전기 또는 가스)을 자동으로 차단하며 소화약제를 방출하는 소화장치
캐비닛형 자동소화장치	열, 연기 또는 불꽃 등을 감지하여 소화약제를 방사하여 소화하는 **캐비닛**형태의 소화장치
가스자동소화장치	열, 연기 또는 불꽃 등을 감지하여 **가스계** 소화약제를 방사하여 소화하는 소화장치
분말자동소화장치	열, 연기 또는 불꽃 등을 감지하여 **분말**의 소화약제를 방사하여 소화하는 소화장치
고체에어로졸 자동소화장치	열, 연기 또는 불꽃 등을 감지하여 **에어로졸**의 소화약제를 방사하여 소화하는 소화장치

(다)

- 팽창진주암을 써도 정답!

간이소화용구의 **종류**

① 에어로졸식 소화용구
② 투척용 소화용구
③ 소공간용 소화용구
④ 소화약제 외의 것을 이용한 간이소화용구 ─ 마른모래 / 팽창질석 / 팽창진주암

‖ 소화약제 외의 것을 이용한 간이소화용구의 능력단위 ‖

간이소화용구		능력단위
마른모래	삽을 상비한 **50L** 이상의 것 1포	**0.5단위**
팽창질석 또는 팽창진주암	삽을 상비한 **80L** 이상의 것 1포	

☆ 문제 06

포소화약제 중 내알코올형 포소화약제에 비해 수성막포소화약제의 장점 3가지를 쓰시오.

득점	배점
	3

○

○

○

해답 ① 장기보존 가능
② 타약제와 겸용 사용 가능
③ 내유염성 우수

해설 **수성막포**의 **장단점**

장 점	단 점
① 석유류 표면에 신속히 **피막**을 **형성**하여 유류증발을 억제한다. ② **안전성**이 좋아 **장기보존**이 **가능**하다. ③ **내약품성**이 좋아 **타약제**와 **겸용 사용**도 **가능**하다. ④ **내유염성**이 우수하다.	① 가격이 비싸다(고가). ② 내열성이 좋지 않다. ③ 부식방지용 저장설비가 요구된다.

용어

내유염성
포가 기름에 의해 오염되기 어려운 성질

비교

(1) **단백포**의 **장단점**

장 점	단 점
① **내열성**이 우수하다. ② **유면봉쇄성**이 우수하다.	① 소화시간이 길다. ② 유동성이 좋지 않다. ③ 변질에 따른 저장성 불량 ④ 유류오염

(2) **합성계면활성제포**의 **장단점**

장 점	단 점
① **유동성**이 우수하다. ② **저장성**이 우수하다.	① 적열된 기름탱크 주위에는 효과가 적다. ② 가연물에 양이온이 있을 경우 발포성능이 저하된다. ③ 타약제와 겸용시 소화효과가 좋지 않을 수도 있다.

☆ 문제 07

소방대상물의 방호구역이 전기실인 경우 적응성이 있는 가스계 소화설비를 3가지 쓰시오.

득점	배점
	3

○

○

○

① 이산화탄소 소화설비
② 할론소화설비
③ 분말소화설비

해설

• 가스계 소화설비는 전기실에 모두 사용 가능

가스계 소화설비
(1) 이산화탄소 소화설비
(2) 할론소화설비
(3) 할로겐화합물 및 불활성기체 소화설비
(4) 분말소화설비

문제 08

옥내소화전설비와 공업용수를 겸용으로 사용하는 저수조에서 소화용수로 유용한 수량[m^3]을 구하시오. (단, 수조의 단면적은 $30m^2$이다.) (16.11.문12, 13.4.문5)

득점	배점
	5

[범례]
① P－1 : 옥내소화전펌프
② P－2 : 공업용수펌프
③ ■ : 후드밸브

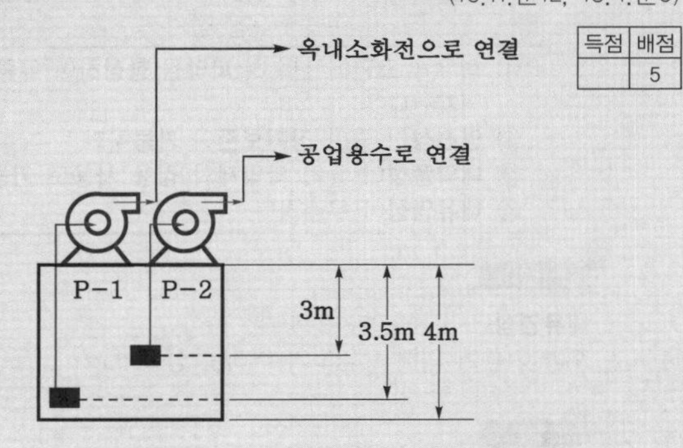

○ 계산과정 :
○ 답 :

해답 ○ 계산과정 : $30\times(3.5-3)=15m^3$
○ 답 : $15m^3$

해설 **유효수량**=수조의 단면적[m^2]×옥내소화전과 공업용수의 후드밸브 높이차[m]
$=30m^2\times(3.5-3)m=15m^3$

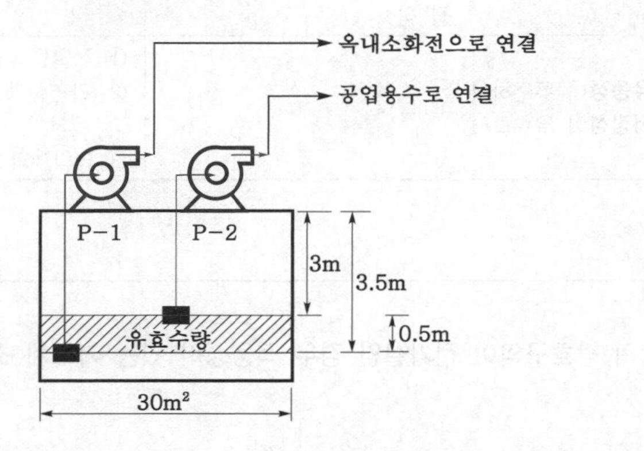

용어

유효수량
소화용수로 유용하게 사용할 수 있는 물의 양

☆☆☆

문제 09

직관의 길이가 100m이고, 내경이 100mm인 직관말단에 설치된 19mm 노즐을 통하여 방사압력 0.55MPa로 대기 중으로 물이 방출되고 있다. 이때 직관의 손실수두〔m〕를 구하시오. (단, 직관의 마찰손실계수는 0.02이다.)

(15.11.문6, 15.4.문10, 10.10.문2)

○ 계산과정 :

○ 답 :

득점	배점
	5

해답 ○ 계산과정 : $Q=0.653\times19^2\times\sqrt{10\times0.55}\fallingdotseq552.842\text{L/min}$

$$V=\frac{0.552842/60}{\frac{\pi}{4}\times0.1^2}\fallingdotseq1.173\text{m/s}$$

$$H=\frac{0.02\times100\times1.173^2}{2\times9.8\times0.1}=1.404\fallingdotseq1.4\text{m}$$

○ 답 : 1.4m

해설 **기호**

- l : 100m
- $D_{직}$: 100mm=0.1m(1000mm=1m)
- $D_{노}$: 19mm
- P : 0.55MPa

(1) **토출량**(유량)

$$Q=0.653D^2\sqrt{10P},\quad Q=0.6597CD^2\sqrt{10P}$$

여기서, Q : 토출량〔L/min〕
C : 노즐의 흐름계수(유량계수)
D : 노즐구경〔mm〕
P : 방사압력(게이지압)〔MPa〕

유량 $Q=0.653D^2\sqrt{10P}=0.653\times(19\text{mm})^2\times\sqrt{10\times0.55\text{MPa}}\fallingdotseq552.842\text{L/min}$

(2) **유량**

$$Q=AV=\left(\frac{\pi}{4}D^2\right)V$$

여기서, Q : 유량〔m^3/min〕
A : 단면적〔m^2〕
V : 유속〔m/s〕
D : 직관내경〔m〕

$$Q=\left(\frac{\pi}{4}D^2\right)V$$

$$V=\frac{Q}{\frac{\pi}{4}D^2}=\frac{0.552842\text{m}^3/60\text{s}}{\frac{\pi}{4}\times(0.1\text{m})^2}\fallingdotseq1.173\text{m/s}$$

- **0.552842m^3/60s** : 1000L=1m^{3}이고 1min=60s이므로 552.842L/min=0.552842m^3/min=0.552842m^3/60s
- **0.1m** : 1000mm=1m이므로 100mm=0.1m

(3) **달시-웨버식**(Darcy-Weisbach식)

$$H=\frac{flV^2}{2gD}$$

여기서, H : 마찰손실수두〔m〕
f : 관마찰계수(마찰손실계수)
l : 길이〔m〕
V : 유속〔m/s〕
g : 중력가속도(9.8m/s²)
D : 직관내경〔m〕

마찰손실수두 $H=\frac{flV^2}{2gD}=\frac{0.02\times100\text{m}\times(1.173\text{m/s})^2}{2\times9.8\text{m/s}^2\times0.1\text{m}}=1.404\fallingdotseq1.4\text{m}$

- **0.1m** : 1000mm=1m이므로 100mm=0.1m

☆☆☆

문제 10

옥내소화전설비에서 물올림장치의 감수경보장치가 작동하였다. 물올림장치의 감수경보가 울리는 경우의 원인 3가지를 쓰시오. (단, 이 설비는 전기적인 원인은 없는 것으로 한다.) (18.11.문8, 17.11.문5, 10.10.문7)

○
○
○

득점	배점
	3

해답 ① 급수밸브의 차단
② 자동급수장치의 고장
③ 물올림장치의 배수밸브의 개방

해설 **물올림장치**의 **감수경보**의 **원인**
(1) 급수밸브의 차단
(2) 자동급수장치의 고장
(3) 물올림장치의 배수밸브의 개방
(4) 후드밸브의 고장

참고

물올림장치
물올림장치는 수원의 수위가 펌프보다 아래에 있을 때 설치하며, 주기능은 펌프와 후드밸브 사이의 흡입관 내에 항상 물을 충만시켜 펌프가 물을 흡입할 수 있도록 하는 설비이다.

- 물올림수조=호수조=물마중장치=프라이밍탱크(Priming tank)

(a)

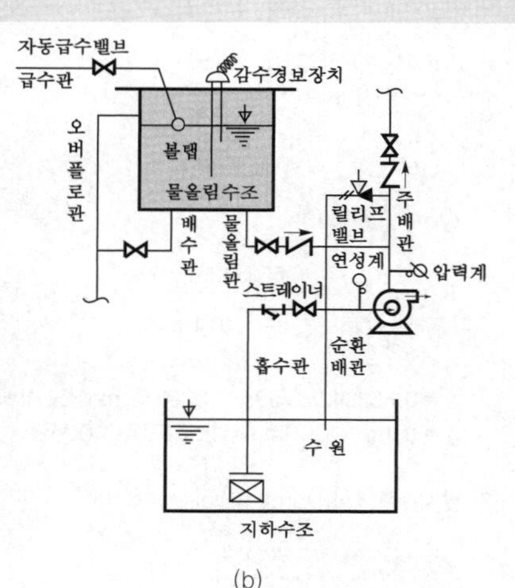

(b)

| 물올림장치 |

☆☆☆
문제 11

소화펌프의 성능시험방법에는 유량계에 의한 측정방법과 압력계에 의한 측정방법이 있다. 그림과 같이 압력계에 의한 방법으로 유량을 측정할 때 1차측 압력계가 0.6MPa, 2차측 압력계가 0.5MPa이다. 성능시험배관구경은 65mm, 오리피스구경 25mm, 오리피스계수 0.65, 물의 비중량 9780N/m³일 때 유량[L/min]을 구하시오. (17.4.문1, 16.6.문5, 15.11.문4, 12.7.문6)

득점	배점
	5

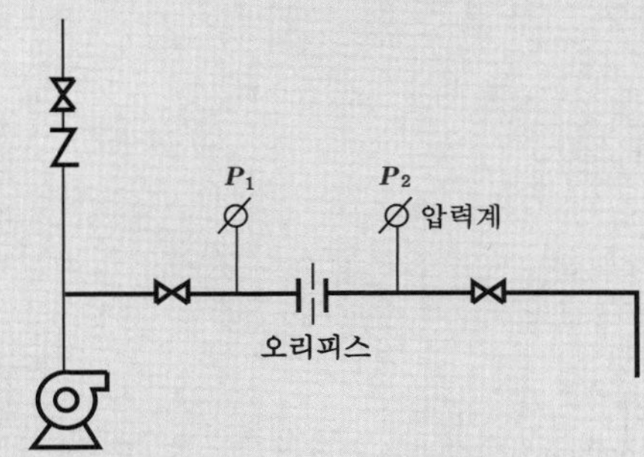

○ 계산과정 :
○ 답 :

해답

○ 계산과정 : $A_1 = \dfrac{\pi \times 0.065^2}{4} = 3.318 \times 10^{-3}\text{m}^2$

$A_2 = \dfrac{\pi \times 0.025^2}{4} = 4.908 \times 10^{-4}\text{m}^2$

$$Q = 0.65 \times \frac{4.908 \times 10^{-4}}{\sqrt{1 - \left(\dfrac{4.908 \times 10^{-4}}{3.318 \times 10^{-3}}\right)^2}} \times \sqrt{2 \times 9.8 \times \frac{6 \times 10^5 - 5 \times 10^5}{9780}}$$

$= 4.5664 \times 10^{-3}\text{m}^3/\text{s}$

$= (4.5664 \times 60)\text{L/min}$

$= 273.984 \fallingdotseq 273.98\text{L/min}$

○ 답 : 273.98L/min

해설 (1) **베르누이 방정식**

$$\frac{{V_1}^2}{2g} + \frac{P_1}{\gamma} + Z_1 = \frac{{V_2}^2}{2g} + \frac{P_2}{\gamma} + Z_2$$

여기서, V_1, V_2 : 유속[m/s]
P_1, P_2 : 압력[Pa]
Z_1, Z_2 : 높이[m]
g : 중력가속도(9.8m/s²)
γ : 비중량[N/m³]

높이는 주어지지 않았으므로 $\boxed{Z_1 = Z_2}$ 로 가정

$\dfrac{{V_1}^2}{2g} + \dfrac{P_1}{\gamma} + \cancel{Z_1} = \dfrac{{V_2}^2}{2g} + \dfrac{P_2}{\gamma} + \cancel{Z_2}$

$\dfrac{{V_1}^2}{2g} + \dfrac{P_1}{\gamma} = \dfrac{{V_2}^2}{2g} + \dfrac{P_2}{\gamma}$

$\dfrac{P_1}{\gamma} - \dfrac{P_2}{\gamma} = \dfrac{{V_2}^2}{2g} - \dfrac{{V_1}^2}{2g} Z$ ← 분모 하나로 정리

$\dfrac{P_1 - P_2}{\gamma} = \dfrac{{V_2}^2 - {V_1}^2}{2g}$ ········· ①

(2) **연속방정식**(유량)

$$Q = A_1 V_1 = A_2 V_2$$

여기서, Q : 유량[m³/s]
A_1, A_2 : 단면적[m²]
V_1, V_2 : 유속[m/s]

$V_1 = \frac{A_2}{A_1} V_2$ ……… ②

(3) ①식에 ②식 대입

$$\frac{P_1 - P_2}{\gamma} = \frac{{V_2}^2 - {V_1}^2}{2g}$$

$$\frac{P_1 - P_2}{\gamma} = \frac{{V_2}^2 - \left(\frac{A_2}{A_1} V_2\right)^2}{2g}$$

$$2g\frac{P_1 - P_2}{\gamma} = {V_2}^2 - \left(\frac{A_2}{A_1} V_2\right)^2$$

$$2g\frac{P_1 - P_2}{\gamma} = {V_2}^2 - \left(\frac{A_2}{A_1}\right)^2 \times {V_2}^2$$

$$2g\frac{P_1 - P_2}{\gamma} = {V_2}^2\left\{1 - \left(\frac{A_2}{A_1}\right)^2\right\}$$

${V_2}^2\left\{1 - \left(\frac{A_2}{A_1}\right)^2\right\} = 2g\frac{P_1 - P_2}{\gamma}$ ← 좌우 이항

$${V_2}^2 = \frac{1}{1 - \left(\frac{A_2}{A_1}\right)^2} \times 2g\frac{P_1 - P_2}{\gamma}$$

$\sqrt{{V_2}^2} = \sqrt{\frac{1}{1 - \left(\frac{A_2}{A_1}\right)^2}} \times \sqrt{2g\frac{P_1 - P_2}{\gamma}}$ ← 양변에 $\sqrt{\ }$ 곱함

$V_2 = \frac{1}{\sqrt{1 - \left(\frac{A_2}{A_1}\right)^2}} \times \sqrt{2g\frac{P_1 - P_2}{\gamma}}$ ……… ③

(4) **단면적**

$$A = \frac{\pi D^2}{4}$$

여기서, A : 단면적[m²]
D : 구경(내경)[m]

성능시험배관 단면적 $A_1 = \frac{\pi {D_1}^2}{4}$

$$= \frac{\pi \times (0.065\text{m})^2}{4}$$

$$= 3.318 \times 10^{-3}\text{m}^2$$

- 0.065m : D_1 = 65mm = 0.065m(1000mm = 1m)

오리피스단면적 $A_2 = \frac{\pi {D_2}^2}{4}$

$= \frac{\pi \times (0.025\text{m})^2}{4}$

$= 4.908 \times 10^{-4}\text{m}^2$

- 0.025m : D_2 =25mm=0.025m(1000mm=1m)

(5) **연속방정식**(유량)

$$Q = A_2 V_2$$

여기서, Q : 유량[m³/s]

A_2 : 단면적[m²]

V_2 : 유속[m/s]

오리피스계수 C를 적용하면

$$Q = CA_2 V_2 \quad \cdots\cdots\cdots ④$$

(6) ④식에 ③식 대입

$Q = CA_2 V_2$

$= C \times \frac{A_2}{\sqrt{1-\left(\frac{A_2}{A_1}\right)^2}} \times \sqrt{2g\frac{P_1 - P_2}{\gamma}}$

$= 0.65 \times \frac{4.908 \times 10^{-4}\text{m}^2}{\sqrt{1-\left(\frac{4.908\times10^{-4}\text{m}^2}{3.318\times10^{-3}\text{m}^2}\right)^2}} \times \sqrt{2 \times 9.8\text{m/s}^2 \times \frac{6\times10^5\text{N/m}^2 - 5\times10^5\text{N/m}^2}{9780\text{N/m}^3}}$

$= 4.5664 \times 10^{-3}\text{m}^3/\text{s}$

$= 4.5664\text{L/s}$

$= 4.5664\text{L} \Big/ \frac{1}{60}\text{min}$

$= (4.5664 \times 60)\text{L/min}$

$= 273.984\text{L/min}$

$\fallingdotseq 273.98\text{L/min}$

- 0.65 : 문제에서 주어진 값
- $4.908\times10^{-4}\text{m}^2$: 바로 위에서 구한 값
- $3.318\times10^{-3}\text{m}^2$: 바로 위에서 구한 값
- $6\times10^5\text{N/m}^2$: 문제에서 1차측 압력계
  0.6MPa=6×10^5Pa=6×10^5N/m²(1MPa=1×10^6Pa, 1Pa=1N/m²)
- $5\times10^5\text{N/m}^2$: 문제에서 2차측 압력계
  0.5MPa=5×10^5Pa=5×10^5N/m²(1MPa=1×10^6Pa, 1Pa=1N/m²)
- 9780N/m³ : 문제에서 주어진 값
- 1m³=1000L이므로 4.5664×10^{-3}m³/s=4.5664L/s
- 1min=60s, 1s=$\frac{1}{60}$min이므로 4.5664L/s=$4.5664\text{L} \Big/ \frac{1}{60}\text{min}$

☆☆☆

문제 12

어떤 사무소 건물의 지하층에 있는 전기실 및 발전기실, 축전지실에 전역방출방식의 이산화탄소 소화설비를 설치하려고 한다. 그림과 조건을 참고하여 다음 물음에 답하시오.

(21.7.문14, 20.7.문14, 19.4.문16, 14.11.문13, 14.4.문4)

득점	배점
	16

전기실 $(5\times8)\text{m}^2$ 자동폐쇄장치 있음 개구부면적 $(5\times4)\text{m}^2$	
발전기실 $(4\times5)\text{m}^2$ 자동폐쇄장치 없음 개구부면적 $(2\times1)\text{m}^2$	축전지실 $(5\times6)\text{m}^2$ 자동폐쇄장치 없음 개구부면적 $(3\times2\times2\text{개소})\text{m}^2$

〔조건〕

① 소화설비는 고압식으로 천장높이는 3m이다.
② 가스용기 1본당 충전량 : 50kg

(가) 각 실의 최소소요약제량〔kg〕을 구하시오.

① 전기실
  ○ 계산과정 :
  ○ 답 :

② 발전기실
  ○ 계산과정 :
  ○ 답 :

③ 축전지실
  ○ 계산과정 :
  ○ 답 :

(나) 각 실에 필요한 가스용기의 본수를 구하시오.

① 전기실
  ○ 계산과정 :
  ○ 답 :

② 발전기실
  ○ 계산과정 :
  ○ 답 :

③ 축전지실
  ○ 계산과정 :
  ○ 답 :

(다) 집합장치에 필요한 가스용기의 본수를 구하시오.

○

(라) 전기실의 선택밸브 개페 직후의 유량은 몇 kg/s인지 구하시오.

○ 계산과정 :
○ 답 :

해답 (가) ① 전기실
○ 계산과정 : (5×8)×3×1.3=156kg
○ 답 : 156kg
② 발전기실
○ 계산과정 : (4×5)×3×1.3+(2×1)×10=98kg
○ 답 : 98kg
③ 축전지실
○ 계산과정 : (5×6)×3×1.3+(3×2×2)×10=237kg
○ 답 : 237kg

(나) ① 전기실
○ 계산과정 : $\frac{156}{50}=3.1 ≒ 4$본
○ 답 : 4본
② 발전기실
○ 계산과정 : $\frac{98}{50}=1.9 ≒ 2$본
○ 답 : 2본
③ 축전지실
○ 계산과정 : $\frac{237}{50}=4.7 ≒ 5$본
○ 답 : 5본

(다) 5본

(라) ○ 계산과정 : $\frac{50\times4}{420}=0.476 ≒ 0.48\text{kg/s}$
○ 답 : 0.48kg/s

해설 (가) **심부화재**의 **약제량** 및 **개구부가산량**

방호대상물	약제량	개구부가산량 (자동폐쇄장치 미설치시)	설계농도
전기설비($55m^3$ 이상), 케이블실 →	→ $1.3kg/m^3$ →	$10kg/m^2$	50%
전기설비($55m^3$ 미만)	$1.6kg/m^3$		
서고, **박**물관, **목**재가공품창고, **전**자제품창고	$2.0kg/m^3$		65%
석탄창고, **면**화류창고, **고**무류, **모피창고**, **집**진설비	$2.7kg/m^3$		75%

기억법 **서박목전(선박이 목전에 보인다.)**
석면고모집(석면은 고모 집에 있다.)

① 전기실

CO_2저장량〔kg〕
= **방**호구역체적〔m^3〕×**약**제량〔kg/m^3〕 **+ 개**구부면적〔m^2〕×개구부가**산**량($10kg/m^2$)

기억법 **방약 + 개산**

= $(5\times8)m^2\times3m\times1.3kg/m^3$ = 156kg

- 방호구역체적은 그림과 〔조건 ①〕에서 $(5\times8)m^2\times3m=$**$120m^3$**이므로 $1.3kg/m^3$ 선정
- 그림에서 자동폐쇄장치가 설치되어 있으므로 **개구부면적** 및 **개구부가산량**은 적용하지 않음

② 발전기실

CO_2저장량〔kg〕
= 방호구역체적〔m^3〕×약제량〔kg/m^3〕+개구부면적〔m^2〕×개구부가산량($10kg/m^2$)
= $(4\times5)m^2\times3m\times1.3kg/m^3+(2\times1)m^2\times10kg/m^2$ = 98kg

- 방호구역체적은 그림과 〔조건 ①〕에서 $(4\times5)m^2\times3m=$**$60m^3$**이므로 $1.3kg/m^3$ 선정
- 그림에서 자동폐쇄장치가 설치되어 있지 않으므로 **개구부면적** 및 **개구부가산량**을 **적용**

③ 축전지실

CO_2**저장량**〔kg〕

= 방호구역체적〔m^3〕×약제량〔kg/m^3〕+개구부면적〔m^2〕×개구부가산량($10kg/m^2$)

= $(5\times6)m^2\times3m\times1.3kg/m^3+(3\times2\times2$개소$)m^2\times10kg/m^2=237kg$

- 방호구역체적은 그림과 〔조건 ①〕에서 $(5\times6)m^2\times3m$ = **90m³**이므로 $1.3kg/m^3$ 선정
- 그림에서 자동폐쇄장치가 설치되어 있지 않으므로 **개구부면적** 및 **개구부가산량**을 **적용**

(나) ① 전기실

$$저장용기본수=\frac{약제저장량}{충전량}=\frac{156kg}{50kg}=3.1 ≒ 4본$$

② 발전기실

$$저장용기본수=\frac{약제저장량}{충전량}=\frac{98kg}{50kg}=1.9 ≒ 2본$$

③ 축전지실

$$저장용기본수=\frac{약제저장량}{충전량}=\frac{237kg}{50kg}=4.7 ≒ 5본$$

- 156kg, 98kg, 237kg : (가)에서 구한 값
- 50kg : 〔조건 ②〕에서 주어진 값

(다)

- 설치개수
  ① 기동용기
  ② 선택밸브
  ③ 음향경보장치
  ④ 일제개방밸브(델류지밸브)
  (①~④ : 각 방호구역당 **1개**)
  ⑤ 집합관의 용기본수 – 각 방호구역 중 가장 많은 용기 기준
- '**본**'으로 질문했으므로 '**본**'으로 답했을 뿐 원래는 '**병**'으로 답하는 것을 추천!!

집합관의 용기본수는 가장 많은 용기 기준이므로 축전지실의 **5본**이 정답!

병	본(本)
한국말	일본말

(라) 전기실 선택밸브 개폐 직후의 유량

$$=\frac{1병당\ 충전량〔kg〕\times 저장용기본수}{약제방출시간〔s〕}=\frac{50kg\times4본}{420s}=0.476 ≒ 0.48kg/s$$

- 50kg : 〔조건 ②〕에서 주어진 값
- 4본 : (나)에서 구한 값
- 전기실(전기설비)은 심부화재이므로 약제방출시간은 **7분**(420s)이다.

‖ 약제방사시간 ‖

소화설비		전역방출방식		국소방출방식	
		일반건축물	위험물제조소	일반건축물	위험물제조소
할론소화설비		10초 이내	30초 이내	10초 이내	30초 이내
분말소화설비		30초 이내		30초 이내	
CO_2 소화설비	표면화재	1분 이내	60초 이내		
	심부화재 →	7분 이내			

중요

(1) 선택밸브 직후의 유량$=\frac{\text{1병당 저장량[kg]} \times \text{병수}}{\text{약제방출시간[s]}}$

(2) 방사량$=\frac{\text{1병당 저장량[kg]} \times \text{병수}}{\text{헤드수} \times \text{약제방출시간[s]}}$

(3) 약제의 유량속도$=\frac{\text{1병당 저장량[kg]} \times \text{병수}}{\text{약제방출시간[s]}}$

(4) 분사헤드수$=\frac{\text{1병당 저장량[kg]} \times \text{병수}}{\text{헤드 1개의 표준방사량[kg]}}$

(5) 개방밸브(용기밸브) 직후의 유량$=\frac{\text{1병당 충전량[kg]}}{\text{약제방출시간[s]}}$

- 1병당 저장량=1병당 충전량

☆☆☆

문제 13

가로 24m, 세로 24m인 정사각형 형태의 12층 건물이 있다. 이 실의 내부에는 기둥이 없고 실내 상부는 반자로 고르게 마감되어 있다. 이 실내는 내화구조이며 스프링클러헤드를 정사각형 형태로 설치하고자 할 때 다음 각 물음에 답하시오. (단, 무대부, 특수가연물, 기타구조, 랙크식 창고, 아파트는 제외하고 적용한다.)

(17.4.문11, 16.6.문14, 13.11.문2, 13.7.문12, 11.5.문2, 10.10.문1, 07.7.문12)

득점	배점
	10

(가) 설치 가능한 헤드 간의 최소거리는 몇 m인지 구하시오.
 ○ 계산과정 :
 ○ 답 :

(나) 실에 설치 가능한 헤드의 이론상 최소개수는 몇 개인지 구하시오.
 ○ 계산과정 :
 ○ 답 :

(다) 스프링클러설비의 최소토출량[L/min]은 얼마인지 구하시오.
 ○ 계산과정 :
 ○ 답 :

(라) 필요한 스프링클러설비의 최소수원의 양[m^3]은 얼마인지 구하시오.
 ○ 계산과정 :
 ○ 답 :

(마) 급수배관의 구경[mm]을 구하시오. (단, 수리계산에 의한 그 밖의 배관의 유속을 적용하며 호칭경이 아닌 배관의 내경을 구하시오.)
 ○ 계산과정 :
 ○ 답 :

해답 (가) ○ 계산과정 : $2 \times 2.3 \times \cos 45° = 3.252 ≒ 3.25\text{m}$
 ○ 답 : 3.25m

(나) ○ 계산과정 : $\frac{24}{3.25} = 7.3 = 8$개

$\frac{24}{3.25} = 7.3 = 8$개

$8 \times 8 = 64$개

 ○ 답 : 64개

(다) ○ 계산과정 : $30 \times 80 = 2400\text{L/min}$
○ 답 : 2400L/min

(라) ○ 계산과정 : $1.6 \times 30 = 48\text{m}^3$
○ 답 : 48m^3

(마) ○ 계산과정 : $\sqrt{\dfrac{4 \times 2.4/60}{\pi \times 10}} = 0.071364\text{m} = 71.364\text{mm} \fallingdotseq 71.36\text{mm}$
○ 답 : 71.36mm

해설 (가) **수평헤드간격** S는
$S = 2R\cos 45° = 2 \times 2.3\text{m} \times \cos 45° = 3.252 \fallingdotseq 3.25\text{m}$

- R=2.3m(문제에서 내화구조)

‖ 스프링클러헤드의 배치기준 ‖

설치장소	설치기준
무대부 · 특수가연물	수평거리 **1.7m** 이하
기타구조(내화구조가 아닌 경우)	수평거리 **2.1m** 이하
내화구조 →	수평거리 **2.3m** 이하
랙크식 창고	수평거리 **2.5m** 이하
공동주택(아파트) 세대 내의 거실	수평거리 **3.2m** 이하

중요

헤드의 **배치형태**

정방형(정사각형)	**장방형**(직사각형)
$S = 2R\cos 45°,\ L = S$	$S = \sqrt{4R^2 - L^2},\ L = 2R\cos\theta,\ S' = 2R$
여기서, S : 수평헤드간격[m] R : 수평거리[m] L : 배관간격[m]	여기서, S : 수평헤드간격[m] R : 수평거리[m] L : 배관간격[m] S' : 대각선 헤드간격[m] θ : 각도

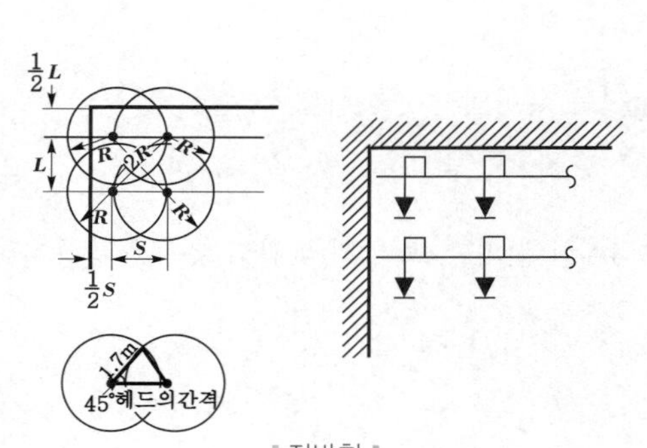

‖ 정방형 ‖

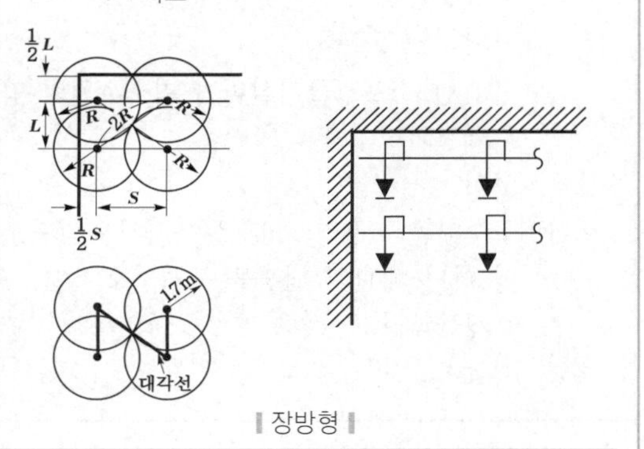

‖ 장방형 ‖

(나) ① 가로변의 최소개수$= \dfrac{\text{가로길이}}{S} = \dfrac{24\text{m}}{3.25\text{m}} = 7.3 \fallingdotseq 8$개

② 세로변의 최소개수$= \dfrac{\text{세로길이}}{S} = \dfrac{24\text{m}}{3.25\text{m}} = 7.3 \fallingdotseq 8$개

③ 헤드의 최소개수=가로변의 최소개수×세로변의 최소개수=8개×8개=64개

- 24m : 문제에서 주어진 값
- 3.25m : (가)에서 구한 값

(다) **폐쇄형 헤드**의 **기준개수**

<table>
<tr><th colspan="2">특정소방대상물</th><th>폐쇄형 헤드의 기준개수</th></tr>
<tr><td colspan="2">지하가 · 지하역사</td><td rowspan="4">30</td></tr>
<tr><td colspan="2">11층 이상 →</td></tr>
<tr><td rowspan="5">10층 이하</td><td>공장(특수가연물)</td></tr>
<tr><td>판매시설(백화점 등), 복합건축물(판매시설이 설치된 복합건축물)</td></tr>
<tr><td>근린생활시설, 운수시설</td><td rowspan="2">20</td></tr>
<tr><td>8m 이상</td></tr>
<tr><td>8m 미만</td><td>10</td></tr>
</table>

- 문제에서 **12층**이므로 **11층 이상** 적용

토출량

$$Q = N \times 80\text{L/min}$$

여기서, Q : 토출량[L/min]
N : 헤드의 기준개수

$Q = N \times 80\text{L/min} = 30\text{개} \times 80\text{L/min} = 2400\text{L/min}$

(라) **폐쇄형 헤드**

$Q = 1.6N$(30층 미만)
$Q = 3.2N$(30~49층 이하)
$Q = 4.8N$(50층 이상)

여기서, Q : 수원의 저수량[m³]
N : 폐쇄형 헤드의 기준개수(설치개수가 기준개수보다 적으면 그 설치개수)

$Q = 1.6N = 1.6 \times 30\text{개} = 48\text{m}^3$

- 문제에서 **12층**이므로 **30층 미만** 적용

(마)

$$Q = AV = \frac{\pi D^2}{4} V$$

여기서, Q : 유량[m³/s]
A : 단면적[m²]
V : 유속[m/s]
D : 내경[m]

$Q = \frac{\pi D^2}{4} V$에서

배관의 **내경** D는

$$D = \sqrt{\frac{4Q}{\pi V}} = \sqrt{\frac{4 \times 2.4\text{m}^3/60\text{s}}{\pi \times 10\text{m/s}}} = 0.071364\text{m} = 71.364\text{mm} ≒ 71.36\text{mm}\,(1\text{m} = 1000\text{mm})$$

- $2.4\text{m}^3/60\text{s}$: (다)에서 구한 값, $2400\text{L/min} = 2.4\text{m}^3/60\text{s}$ ($1000\text{L} = 1\text{m}^3$, $1\text{min} = 60\text{s}$)
- 10m/s : (마)의 단서에서 그 밖의 배관
- 단서에 의해 **배관**의 **내경** 적용! 주의!!

참고

배관 내의 유속

설 비		유 속
옥내소화전설비		4m/s 이하
스프링클러설비	가지배관	6m/s 이하
	기타의 배관(그 밖의 배관) ⟶	10m/s 이하

중요

관경(호칭경)

관경 (mm)	25	32	40	50	65	80	90	100	125	150	200	250	300

☆

문제 14

가로 15m, 세로 10m의 특수가연물을 저장하는 창고에 포소화설비를 설치하고자 한다. 주어진 조건을 참고하여 다음 각 물음에 답하시오. (18.11.문14)

득점	배점
	12

〔조건〕

① 포원액은 수성막포 3%를 사용하며, 헤드는 포헤드를 설치한다.

② 펌프의 전양정은 35m이다.

③ 펌프의 효율은 65%이며, 전동기 전달계수는 1.1이다.

(가) 포수용액량〔m^3〕을 구하시오.

○ 계산과정 :

○ 답 :

(나) 포원액의 최소소요량〔L〕을 구하시오.

○ 계산과정 :

○ 답 :

(다) 펌프의 최소소요동력〔kW〕을 구하시오.

○ 계산과정 :

○ 답 :

해답 (가) ○ 계산과정 : $(15\times10)\times6.5\times10\times1=9750\text{L}=9.75\text{m}^3$

○ 답 : 9.75m³

(나) ○ 계산과정 : $(15\times10)\times6.5\times10\times0.03=292.5\text{L}$

○ 답 : 292.5L

(다) ○ 계산과정 : $Q=(15\times10)\times6.5=975\text{L/min}=0.975\text{m}^3/\text{min}$

$$P=\frac{0.163\times0.975\times35}{0.65}\times1.1=9.413 ≒ 9.41\text{kW}$$

○ 답 : 9.41kW

해설 (가) **포수용액량**

특정소방대상물	포소화약제의 종류	방사량
• 차고 · 주차장 • 항공기격납고	• 수성막포	3.7L/m² · 분
	• 단백포	6.5L/m² · 분
	• 합성계면활성제포	8.0L/m² · 분
• 특수가연물 저장 · 취급소	• 수성막포 • 단백포 → • 합성계면활성제포	6.5L/m² · 분

〔조건 ①〕에서 **농도** S=3%이므로 수용액의 양(100%)=수원의 양(97%)+포원액(3%)

$$Q = A \times Q_1 \times T \times S$$

여기서, Q : 포수용액량〔L〕
A : 탱크의 액표면적〔m^2〕
Q_1 : 단위포소화수용액의 양〔L/m^2 · 분〕
T : 방출시간〔분〕
S : 사용농도

포수용액량 Q는

$Q = A \times Q_1 \times T \times S = (15\times10)\text{m}^2 \times 6.5\text{L/m}^2\cdot\text{분} \times 10\text{분} \times 1 = 9750\text{L} = 9.75\text{m}^3\,(1000\text{L} = 1\text{m}^3)$

- $(15\times10)\text{m}^2$: 문제에서 주어진 값
- 문제에서 특정소방대상물은 **특수가연물 저장 · 취급소**이고 〔조건 ①〕에서 포소화약제의 종류는 **수성막포**이므로 방사량(단위포소화수용액의 양) Q_1은 **6.5L/m² · 분**이다. 또한 방출시간은 NFPC 105 5조, NFTC 105 2.2.1.1에 의해 **10분**이다.
- 1 : 포수용액량이므로 농도 $S=1$

(나) **포원액**의 **소요량**

포원액의 소요량 Q는

$Q = A \times Q_1 \times T \times S = (15\times10)\text{m}^2 \times 6.5\text{L/m}^2\cdot\text{분} \times 10\text{분} \times 0.03 = 292.5\text{L}$

- 0.03 : 〔조건 ①〕에서 주어진 값, 포원액의 **농도** S=0.03(3%)

(다) ① **펌프**의 **토출량** Q는

$Q = (15\times10)\text{m}^2 \times 6.5\text{L/m}^2\cdot\text{분} = 975\text{L/분} = 975\text{L/min} = 0.975\text{m}^3/\text{min}\,(1000\text{L} = 1\text{m}^3)$

- (가)에서 특수가연물 저장 · 취급소의 수성막포의 방사량은 **6.5L/m² · 분**

② **펌프**의 **동력**

$$P = \frac{0.163\,QH}{\eta}K$$

여기서, P : 펌프의 동력〔kW〕
Q : 펌프의 토출량〔m^3/min〕
H : 전양정〔m〕
K : 전달계수
η : 효율

펌프의 **동력** P는

$P = \frac{0.163\,QH}{\eta}K = \frac{0.163 \times 0.975\text{m}^3/\text{min} \times 35\text{m}}{0.65} \times 1.1 = 9.413 \fallingdotseq 9.41\text{kW}$

- **0.975m³/min** : 바로 위에서 구한 값
- **35m** : 〔조건 ②〕에서 주어진 값
- **1.1** : 〔조건 ③〕에서 주어진 값
- **0.65** : 〔조건 ③〕에서 주어진 값, **0.65=65%**

☆ **문제 15**

20층 규모의 건축물에 폐쇄형 스프링클러설비를 설치하려고 한다. 다음 물음에 답하시오.

득점	배점
	7

(가) 스프링클러헤드의 층별 기준개수는 몇 개인지 쓰시오.

○

(나) 스프링클러설비에 요구되는 최소유효수원의 양[m^3]을 구하시오.

○ 계산과정 :

○ 답 :

(다) 소화펌프의 최소토출량[L/min]을 구하시오.

○ 계산과정 :

○ 답 :

(라) 소화펌프의 전양정은 60m, 전동기의 효율은 60%, 전달계수가 1.2일 때 필요한 소화펌프의 최소동력[kW]을 구하시오.

○ 계산과정 :

○ 답 :

해답 (가) 30개

(나) ○ 계산과정 : $1.6 \times 30 = 48\text{m}^3$

○ 답 : 48m^3

(다) ○ 계산과정 : $30 \times 80 = 2400\text{L/min}$

○ 답 : 2400L/min

(라) ○ 계산과정 : $\dfrac{0.163 \times 2.4 \times 60}{0.6} \times 1.2 = 46.944 ≒ 46.94\text{kW}$

○ 답 : 46.94kW

해설 (가) **폐쇄형 헤드**의 **기준개수**

특정소방대상물		폐쇄형 헤드의 기준개수
지하가 · 지하역사		**30**
11층 이상 →		
10층 이하	공장(특수가연물)	
	판매시설(백화점 등), 복합건축물(판매시설이 설치된 복합건축물)	
	근린생활시설, 운수시설	20
	8m 이상	
	8m 미만	10

∴ 문제에서 **20층** 규모의 건축물이므로 **11층 이상**을 적용하여 **30개**

(나) **수원**의 **양**

$Q = 1.6N$(30층 미만)

$Q = 3.2N$(30~49층 이하)

$Q = 4.8N$(50층 이상)

여기서, Q : 수원의 양(저수량)[m^3]

N : 폐쇄형 헤드의 기준개수(설치개수가 기준개수보다 적으면 그 설치개수로 적용)

수원의 양 Q는

$Q = 1.6N = 1.6 \times 30\text{개} = 48\text{m}^3$

- 30개 : (가)에서 구한 값
- 문제에서 30층 미만이므로 $Q = 1.6N$식 적용
- 옥상수조의 여부를 알 수 없으므로 옥상수조 수원의 양은 제외

(다) **토출량**

$$Q = N \times 80\text{L/min}$$

여기서, Q : 토출량〔L/min〕
N : 폐쇄형 헤드의 기준개수(설치개수가 기준개수보다 적으면 그 설치개수로 적용)

토출량 Q는
$Q = N \times 80\text{L/min} = 30\text{개} \times 80\text{L/min} = 2400\text{L/min}$

- 30개 : (가)에서 구한 값
- 토출량식은 층수에 관계없이 $Q = N \times 80\text{L/min}$식임을 주의! 토출량은 분당 토출량이므로 옥상수조 여부와 무관. 다시 말해 옥상수조가 있다고 해도 $Q = N \times 80 \times \frac{1}{3}$식을 별도로 추가하지 않음. 주의!

(라) **동력**

$$P = \frac{0.163QH}{\eta}K$$

여기서, P : 전동력(동력)〔kW〕
Q : 유량〔m^3/min〕
H : 전양정〔m〕
K : 전달계수
η : 효율

펌프의 **동력** P는

$$P = \frac{0.163QH}{\eta}K = \frac{0.163 \times 2400\text{L/min} \times 60\text{m}}{0.6} \times 1.2$$
$$= \frac{0.163 \times 2.4\text{m}^3\text{/min} \times 60\text{m}}{0.6} \times 1.2$$
$$= 46.944 ≒ 46.94\text{kW}$$

- **2400L/min** : (다)에서 구한 값
- **60m** : (라)에서 주어진 값
- **0.6** : (라)에서 주어진 값
- **1.2** : (라)에서 주어진 값

☆☆☆

문제 16

가로 25m×세로 35m×높이 7m인 전기실에 전역방출방식의 할론 1301 소화설비를 설치하려고 한다. 약제저장량은 45kg이며 개구부면적은 6m²이다. 다음 각 물음에 답하시오.

(20.11.문5, 20.10.문6, 19.6.문14, 18.6.문1, 17.4.문12, 15.11.문10, 15.7.문8, 13.11.문8, 13.7.문9, 13.4.문4, 12.4.문3, 10.7.문1, 10.4.문12)

득점	배점
	7

〔조건〕
① 20℃에서 할론 1301의 비체적은 0.625m^3/kg이다.
② 방호구역 내의 압력은 표준대기압을 적용한다.
③ 할론 1301의 분자량은 149이다.

(가) 최소소요약제저장량〔kg〕을 구하시오. (단, 자동폐쇄장치가 설치되어 있다.)
○ 계산과정 :
○ 답 :

(나) 약제저장용기수를 구하시오.
  ○ 계산과정 :
  ○ 답 :
(다) 할론 1301의 부피[m^3]를 구하시오.
  ○ 계산과정 :
  ○ 답 :

해답 (가) ○ 계산과정 : $(25\times35\times7)\times0.32=1960\text{kg}$
  ○ 답 : 1960kg

(나) ○ 계산과정 : $\frac{1960}{45}=43.5 ≒ 44$병
  ○ 답 : 44병

(다) ○ 계산과정 : $(45\times44)\times0.625=1237.5\text{m}^3$
  ○ 답 : 1237.5m^3

해설 (가) **할론 1301**의 **약제량** 및 **개구부가산량**

방호대상물	약제량	개구부가산량 (자동폐쇄장치 미설치시)
차고 · 주차장 · 전기실 · 전산실 · 통신기기실 →	0.32kg/m^3	2.4kg/m^2
사류 · 면화류	0.52kg/m^3	3.9kg/m^2

할론저장량[kg]=**방**호구역체적[m^3]×**약**제량[kg/m^3] **+ 개**구부면적[m^2]×개구부가**산**량[kg/m^2]

기억법 **방약 + 개산**

=(25m×35m×7m)×0.32kg/m^3=1960kg

- (25m×35m×7m) : 문제에서 주어진 값
- 단서에서 자동폐쇄장치가 설치되어 있으므로 개구부면적, 개구부가산량 제외

(나) 약제저장용기수 $=\frac{\text{최소소요약제저장량}}{\text{저장량}}=\frac{1960\text{kg}}{45\text{kg}}=43.5 ≒ 44$병

- 1960kg : (가)에서 구한 값
- 45kg : 문제에서 주어진 값

(다) 할론 1301의 부피[m^3]=(1병당 저장량×병수)×비체적[m^3/kg]
=(45kg×44병)×0.625m^3/kg
=1237.5m^3

- [조건 ②], [조건 ③]은 적용할 필요 없음

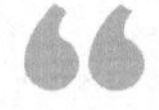
목표를 보는 자는 장애물을 겁내지 않는다.

- 한나 모어 -

22년

2022. 11. 19 시행

▌2022년 산업기사 제4회 필답형 실기시험▐

자격종목	시험시간	형별	수험번호	성명	감독위원 확 인
소방설비산업기사(기계분야)	2시간 30분				

※ 다음 물음에 답을 해당 답란에 답하시오.(배점 : 100)

☆☆☆

문제 01

전기실에 제3종 분말소화약제를 사용한 분말소화설비를 전역방출방식의 가압식으로 설치하려고 한다. 다음 조건을 참조하여 각 물음에 답하시오. (20.10.문13, 19.6.문10, 18.4.문1, 13.7.문2, 04.4.문13)

득점	배점
	6

유사문제부터 풀어보세요.
실력이 팍!팍! 올라갑니다.

〔조건〕
① 소방대상물의 크기는 가로 11m, 세로 9m, 높이 4.5m인 내화 구조로 되어 있다.
② 소방대상물의 중앙에 가로보가 설치되어 있으며, 보는 천장으로부터 0.6m, 너비 0.4m의 크기이고, 보와 기둥은 내열성 재료이다.
③ 전기실에는 1.2m×0.8m인 개구부가 설치되어 있으며, 개구부에는 자동폐쇄장치가 설치되어 있다.
④ 방호공간에 내화구조 또는 내열성 밀폐재료가 설치된 경우에는 방호공간에서 제외할 수 있다.
⑤ 약제저장용기 1개의 내용적은 50L이다.
⑥ 방사헤드의 개수는 총 2개이다.
⑦ 소화약제 산정 기준 및 기타 필요한 사항은 화재안전성능기준 및 화재안전기술기준에 준한다.

(가) 저장에 필요한 제3종 분말소화약제의 최소 양〔kg〕
○ 계산과정 :
○ 답 :

(나) 저장에 필요한 약제저장용기의 수〔병〕
○ 계산과정 :
○ 답 :

(다) 방사헤드 1개의 방사량〔kg/s〕
○ 계산과정 :
○ 답 :

해답 (가) ○ 계산과정 : $[(11\times9\times4.5)-(11\times0.6\times0.4)]\times0.36=159.429 \fallingdotseq 159.43\text{kg}$
○ 답 : 159.43kg

(나) ○ 계산과정 : $G=\dfrac{50}{1}=50\text{kg}$

$\text{약제저장용기}=\dfrac{159.43}{50}=3.1 \fallingdotseq 4\text{병}$

○ 답 : 4병

(다) ○ 계산과정 : $\dfrac{50\times4}{2\times30}=3.333 \fallingdotseq 3.33\text{kg/s}$
○ 답 : 3.33kg/s

해설 (가) 전역방출방식

자동폐쇄장치가 설치되어 있지 않는 경우	자동폐쇄장치가 설치되어 있는 경우
분말저장량[kg]=방호구역체적[m^3]×약제량[kg/m^3] +개구부면적[m^2]×개구부가산량[kg/m^2]	**분말저장량**[kg]=방호구역체적[m^3]×약제량[kg/m^3]

‖ 전역방출방식의 약제량 및 개구부가산량 ‖

약제 종별	약제량	개구부가산량(자동폐쇄장치 미설치시)
제1종 분말	$0.6kg/m^3$	$4.5kg/m^2$
제2·3종 분말 →	$0.36kg/m^3$	$2.7kg/m^2$
제4종 분말	$0.24kg/m^3$	$1.8kg/m^2$

분말저장량[kg]=방호구역체적[m^3]×약제량[kg/m^3]+개구부면적[m^2]×개구부가산량[kg/m^2]
$=[(11m\times9m\times4.5m)-(11m\times0.6m\times0.4m)]\times0.36kg/m^3$
$=159.429 \fallingdotseq 159.43kg$

- 방호구역체적은 [조건 ②], [조건 ④]에 의해 보(11m×0.6m×0.4m)의 체적은 제외한다.
- 보의 체적 : 가로보$=11m\times0.6m\times0.4m=2.4m^3$

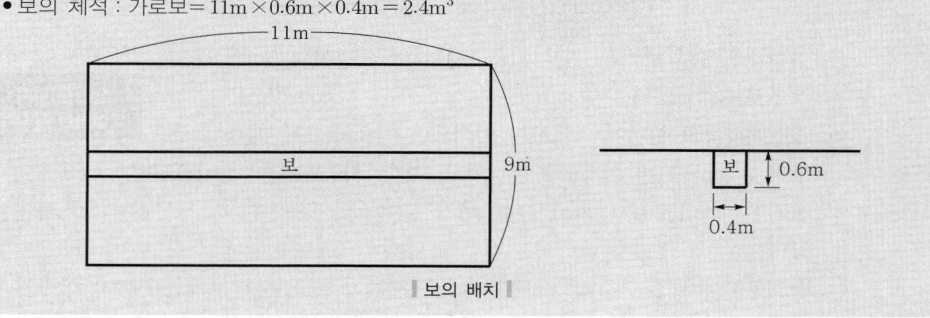

‖ 보의 배치 ‖

(나) 저장용기의 충전비

약제 종별	충전비[L/kg]
제1종 분말	0.8
제2·3종 분말 →	1
제4종 분말	1.25

$$C=\frac{V}{G}$$

여기서, C : 충전비[L/kg], V : 내용적[L], G : 저장량(충전량)[kg]

충전량 G는

$$G=\frac{V}{C}=\frac{50L}{1L/kg}=50kg$$

$$\text{약제저장용기}=\frac{\text{약제저장량}}{\text{충전량}}=\frac{159.43kg}{50kg}=3.1 \fallingdotseq \mathbf{4병(절상)}$$

- 50L : [조건 ⑤]에서 주어진 값
- 159.43kg : (가)에서 구한 값
- 50kg : 바로 위에서 구한 값

(다) $\text{방사량}=\frac{\text{1병당 충전량[kg]}\times\text{병수}}{\text{헤드수}\times\text{약제방출시간[s]}}=\frac{50kg\times4병}{2개\times30s}=3.333 \fallingdotseq 3.33kg/s$

- 50kg : (나)에서 구한 값
- 4병 : (나)에서 구한 값
- 2개 : [조건 ⑥]에서 주어진 값
- 30s : 문제에서 전역방출방식으로 일반건축물이므로 30s

‖ 약제방출시간 ‖

소화설비		전역방출방식		국소방출방식	
		일반건축물	위험물제조소	일반건축물	위험물제조소
할론소화설비		10초 이내	30초 이내	10초 이내	30초 이내
분말소화설비 →		30초 이내		30초 이내	
CO_2 소화설비	표면화재	1분 이내	60초 이내		
	심부화재	7분 이내			

비교

(1) 선택밸브 직후의 유량 $= \dfrac{\text{1병당 저장량[kg]} \times \text{병수}}{\text{약제방출시간[s]}}$

(2) 방사량 $= \dfrac{\text{1병당 저장량[kg]} \times \text{병수}}{\text{헤드수} \times \text{약제방출시간[s]}}$

(3) 약제의 유량속도 $= \dfrac{\text{1병당 저장량[kg]} \times \text{병수}}{\text{약제방출시간[s]}}$

(4) 분사헤드수 $= \dfrac{\text{1병당 저장량[kg]} \times \text{병수}}{\text{헤드 1개의 표준방사량[kg]}}$

(5) 개방밸브(용기밸브) 직후의 유량 $= \dfrac{\text{1병당 충전량[kg]}}{\text{약제방출시간[s]}}$

- 1병당 저장량=1병당 충전량

☆☆☆

문제 02

지름이 10cm인 소방호스에 노즐구경이 3cm인 노즐팁이 부착되어 있고, 1.5m³/min의 물을 대기 중으로 방수할 경우 다음 물음에 답하시오. (단, 유동에는 마찰이 없는 것으로 가정한다.)

(21.11.문2, 19.4.문6, 18.11.문7, 18.6.문8, 13.4.문7, 08.4.문11)

득점	배점
	4

(가) 소방호스의 평균유속[m/s]을 구하시오.
- ○ 계산과정 :
- ○ 답 :

(나) 소방호스에 연결된 방수노즐의 평균유속[m/s]을 구하시오.
- ○ 계산과정 :
- ○ 답 :

(가) ○ 계산과정 : $\dfrac{1.5/60}{\dfrac{\pi \times 0.1^2}{4}} = 3.183 \fallingdotseq 3.18\text{m/s}$

○ 답 : 3.18m/s

(나) ○ 계산과정 : $\dfrac{1.5/60}{\dfrac{\pi \times 0.03^2}{4}} = 35.367 \fallingdotseq 35.37\text{m/s}$

○ 답 : 35.37m/s

해설 **유량**

$$Q = AV = \left(\frac{\pi D^2}{4}\right)V$$

여기서, Q : 유량[m³/s]
A : 단면적[m²]
V : 유속[m/s]
D : 지름[m]

(가)

$$Q = AV$$ 에서

소방호스의 **평균유속** V_1은

$$V_1 = \frac{Q}{A_1} = \frac{Q}{\frac{\pi D_1^{\ 2}}{4}} = \frac{1.5\text{m}^3/\text{min}}{\left(\frac{\pi \times 0.1^2}{4}\right)\text{m}^2} = \frac{1.5\text{m}^3/60\text{s}}{\left(\frac{\pi \times 0.1^2}{4}\right)\text{m}^2} = 3.183 ≒ 3.18\text{m/s}$$

- 10cm=0.1m
- 1min=60s

(나)

$$Q = AV$$ 에서

방수노즐의 **평균유속** V_2는

$$V_2 = \frac{Q}{A_2} = \frac{Q}{\frac{\pi D_2^{\ 2}}{4}} = \frac{1.5\text{m}^3/\text{min}}{\left(\frac{\pi \times 0.03^2}{4}\right)\text{m}^2} = \frac{1.5\text{m}^3/60\text{s}}{\left(\frac{\pi \times 0.03^2}{4}\right)\text{m}^2} = 35.367 ≒ 35.37\text{m/s}$$

- 3cm=0.03m

문제 03

제연설비의 화재안전성능기준 및 화재안전기술기준에서 다음 각 물음에 답하시오. (20.11.문13)

득점	배점
	3

(가) 하나의 제연구역의 면적은 몇 m^2 이내로 하여야 하는가?

○

(나) 예상제연구역의 각 부분으로부터 하나의 배출구까지의 수평거리는 몇 m 이내로 하여야 하는가?

○

(다) 유입풍도 안의 풍속은 몇 m/s 이하로 하여야 하는가?

○

(가) $1000m^2$
(나) 10m
(다) 20m/s

제연설비의 **화재안전성능기준, 화재안전기술기준**

(1) 하나의 제연구역의 면적은 **1000m²** 이내로 할 것

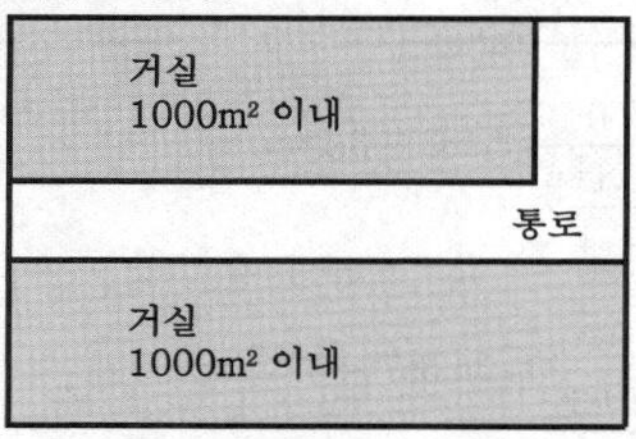

‖ 제연구역의 면적 ‖

(2) 예상제연구역의 각 부분으로부터 하나의 배출구까지의 수평거리는 **10m** 이내로 할 것

(3) **제연설비**의 **풍속**(NFPC 501 9 · 10조)

조 건	풍 속
• 배출기의 흡입측 풍속	15m/s 이하
• 배출기의 배출측 풍속 • 유입풍도 안의 풍속 →	20m/s 이하

- 흡입측 풍속보다 배출측 풍속을 더 크게 해서 **역류**가 발생하지 않도록 한다.

☆
문제 04

특별피난계단의 계단실 및 부속실 제연설비에서 제연구역 선정기준 4가지를 쓰시오.

득점	배점
	7

○
○
○
○

해답 ① 계단실 및 그 부속실을 동시에 제연하는 것
② 부속실만을 단독으로 제연하는 것
③ 계단실을 단독제연하는 것
④ 비상용 승강기의 승강장을 단독제연하는 것

해설 **제연구역**의 **선정기준**(NFPC 501A 5조)
(1) **계단실** 및 그 **부속실**을 동시에 제연하는 것
(2) **부**속실만을 단독으로 제연하는 것
(3) **계단실**을 단독제연하는 것
(4) **비상용 승강기**의 **승강장**을 단독제연하는 것

기억법 **부계 부계승**

☆☆☆
문제 05

가로 12m, 세로 18m, 높이 3m인 전기실에 이산화탄소 소화설비가 작동하여 화재가 진압되었다. 개구부에 자동폐쇄장치가 되어 있는 경우 다음 조건을 이용하여 물음에 답하시오.

(21.7.문14, 20.7.문14, 19.4.문16, 14.11.문13, 14.4.문4)

득점	배점
	10

〔조건〕
① 공기 중 산소의 부피농도는 21%이며, 이산화탄소 방출 후 산소의 농도는 15vol%이다.
② 이산화탄소 소화약제의 방출 후 실내기압은 1atm이다.
③ 저장용기의 충전비는 1.6이고, 체적은 80L이다.
④ 실내온도는 18℃이며, 기체상수 R은 0.082atm · L/mol · K로 계산한다.

(가) CO_2 농도〔vol%〕를 구하시오.
○계산과정 :
○답 :

(나) CO_2의 방출량〔m^3〕을 구하시오.
○계산과정 :
○답 :

(다) 방출된 전기실 내의 CO_2의 양〔kg〕을 구하시오.
○계산과정 :
○답 :

(라) 저장용기의 병수〔병〕를 구하시오.
○계산과정 :
○답 :

(마) 심부화재일 경우 선택밸브 직후의 유량〔kg/min〕을 구하시오.
○계산과정 :
○답 :

해답

(가) ○ 계산과정 : $\frac{21-15}{21}\times100=28.571 ≒ 28.57\text{vol\%}$

○ 답 : 28.57vol%

(나) ○ 계산과정 : $\frac{21-15}{15}\times(12\times18\times3)=259.2\text{m}^3$

○ 답 : 259.2m^3

(다) ○ 계산과정 : $\frac{1\times259.2\times44}{0.082\times(273+18)}=477.948 ≒ 477.95\text{kg}$

○ 답 : 477.95kg

(라) ○ 계산과정 : $G=\frac{80}{1.6}=50\text{kg}$

소요병수$=\frac{477.95}{50}=9.5 ≒ 10$병

○ 답 : 10병

(마) ○ 계산과정 : $\frac{50\times10}{7}=71.428 ≒ 71.43\text{kg/min}$

○ 답 : 71.43kg/min

해설 (가)

$$CO_2 \text{ 농도[\%]}=\frac{21-O_2[\text{vol\%}]}{21}\times100$$

$$=\frac{21-15\text{vol\%}}{21}\times100=28.571 ≒ 28.57\text{vol\%}$$

- 위의 식은 원래 %가 아니고 부피%를 나타낸다. 단지 우리가 부피%를 간략화해서 %로 표현할 뿐이고 원칙적으로는 **'부피%'**로 써야 한다.

부피%=Volume%=vol%=v%

- vol% : 어떤 공간에 차지하는 부피를 백분율로 나타낸 것

(나)

$$\text{방출가스량}=\frac{21-O_2}{O_2}\times\text{방호구역체적}$$

$$=\frac{21-15\text{vol\%}}{15\text{vol\%}}\times(12\times18\times3)\text{m}^3=259.2\text{m}^3$$

(다)

$$PV=\frac{m}{M}RT$$

여기서, P : 기압[atm]

V : 방출가스량[m^3]

m : 질량[kg]

M : 분자량(CO_2=44kg/kmol)

R : 0.082atm · m^3/kmol · K

T : 절대온도(273+℃)[K]

- **실내온도** · **실내기압** · **실내농도**를 적용하여야 하는 것에 주의하라. 방사되는 곳은 방호구역, 즉 실내이므로 실내가 기준이 되는 것이다.

CO_2의 양 m은

$$m=\frac{PVM}{RT}$$

$$=\frac{1\text{atm}\times259.2\text{m}^3\times44\text{kg/kmol}}{0.082\text{atm}\cdot\text{m}^3/\text{kmol}\cdot\text{K}\times(273+18)\text{K}}=477.948 ≒ 477.95\text{kg}$$

- $0.082\text{atm} \cdot \text{L/mol} \cdot \text{K} = 0.082\text{atm} \cdot \cancel{10^{-3}}\text{m}^3/\cancel{10^{-3}}\text{kmol} \cdot \text{K} = 0.082\text{atm} \cdot \text{m}^3/\text{kmol} \cdot \text{K}$
  ($1000\text{L} = 1\text{m}^3$, $1\text{L} = 10^{-3}\text{m}^3$, $1\text{kmol} = 1000\text{mol}$, $1\text{mol} = 10^{-3}\text{kmol}$)

비교

잘못된 계산(거듭 주의!)

‖ **심부화재**의 **약제량** 및 **개구부가산량** ‖

방호대상물	약제량	개구부가산량 (자동폐쇄장치 미설치시)	설계농도
전기설비(55m³ 이상), 케이블실 →	1.3kg/m³	10kg/m²	50%
전기설비(55m³ 미만)	1.6kg/m³		
서고, 박물관, 전자제품창고, 목재가공품창고	2.0kg/m³		65%
석탄창고, 면화류창고, 고무류, 모피창고, 집진설비	2.7kg/m³		75%

전기실(전기설비)이므로 위 표에서 **심부화재**에 해당

방호구역체적 $= 12\text{m} \times 18\text{m} \times 3\text{m} =$ **648m³**

55m³ 이상이므로 약제량은 **1.3kg/m³**

CO_2의 양 = 방호구역체적 × 약제량 = $648\text{m}^3 \times 1.3\text{kg/m}^3 = 842.4\text{kg}$(틀린 답!)

〔조건 ④〕에서 기체상수가 주어졌으므로 위의 표를 적용하면 안 되고 이상기체상태방정식으로 풀어야 정답!

중요

이산화탄소 소화설비와 **관련된 식**

$$CO_2 = \frac{\text{방출가스량}}{\text{방호구역체적} + \text{방출가스량}} \times 100 = \frac{21 - O_2}{21} \times 100$$

여기서, CO_2 : CO_2의 농도〔%〕
O_2 : O_2의 농도〔%〕

$$\text{방출가스량} = \frac{21 - O_2}{O_2} \times \text{방호구역체적}$$

여기서, O_2 : O_2의 농도〔%〕

$$PV = \frac{m}{M}RT$$

여기서, P : 기압〔atm〕
V : 방출가스량〔m³〕
m : 질량〔kg〕
M : 분자량(CO_2 = 44kg/kmol)
R : 0.082atm · m³/kmol · K
T : 절대온도(273+℃)〔K〕

$$Q = \frac{m_t C(t_1 - t_2)}{H}$$

여기서, Q : 액화 CO_2의 증발량〔kg〕
m_t : 배관의 질량〔kg〕
C : 배관의 비열〔kcal/kg · ℃〕
t_1 : 방출 전 배관의 온도〔℃〕
t_2 : 방출될 때 배관의 온도〔℃〕
H : 액화 CO_2의 증발잠열〔kcal/kg〕

(라)

$$C=\frac{V}{G}$$

여기서, C : 충전비〔L/kg〕
V : 내용적(체적)〔L〕
G : 저장량(충전량)〔kg〕

저장량 G는

$$G=\frac{V}{C}=\frac{80\text{L}}{1.6}=50\text{kg}$$

소요병수$=\frac{\text{방사된 } CO_2\text{의 양}}{\text{저장량(충전량)}}$

$=\frac{477.95\text{kg}}{50\text{kg}}$

$=9.5 ≒$ **10병**

- 소요병수(저장용기수) 산정은 계산결과에서 **소수**가 발생하면 반드시 **절상**한다.

(마)

$$\text{선택밸브 직후의 유량}=\frac{\text{1병당 저장량〔kg〕}\times\text{병수}}{\text{약제방출시간〔min〕}}$$

소화설비		전역방출방식		국소방출방식	
		일반건축물	위험물제조소	일반건축물	위험물제조소
할론소화설비		10초 이내	30초 이내	10초 이내	30초 이내
분말소화설비		30초 이내		30초 이내	
CO_2 소화설비	표면화재	1분 이내	60초 이내		
	심부화재 →	7분 이내			

$$\text{선택밸브 직후의 유량}=\frac{\text{1병당 저장량〔kg〕}\times\text{병수}}{\text{약제방출시간〔min〕}}$$

$=\frac{50\text{kg}\times 10\text{병}}{7\text{min}}$

$=71.428 ≒ 71.43\text{kg/min}$

비교

(1) 선택밸브 직후의 유량 $=\frac{\text{1병당 저장량〔kg〕}\times\text{병수}}{\text{약제방출시간〔s〕}}$

(2) 방사량 $=\frac{\text{1병당 저장량〔kg〕}\times\text{병수}}{\text{헤드수}\times\text{약제방출시간〔s〕}}$

(3) 약제의 유량속도 $=\frac{\text{1병당 저장량〔kg〕}\times\text{병수}}{\text{약제방출시간〔s〕}}$

(4) 분사헤드수 $=\frac{\text{1병당 저장량〔kg〕}\times\text{병수}}{\text{헤드 1개의 표준방사량〔kg〕}}$

(5) 개방밸브(용기밸브) 직후의 유량 $=\frac{\text{1병당 충전량〔kg〕}}{\text{약제방출시간〔s〕}}$

- 1병당 저장량=1병당 충전량

☆☆☆

문제 06

위험물 옥외탱크저장소에 콘루프탱크가 설치되어 있다. 이 탱크에는 직경 12m의 고정포방출구가 설치되어 있다. 조건을 참고하여 다음 각 물음에 답하시오.

(21.11.문10, 20.10.문15, 19.6.문12, 17.11.문9, 16.11.문13, 16.6.문2, 15.4.문9, 14.7.문10, 14.4.문12, 13.11.문3, 13.7.문4, 09.10.문4, 05.10.문12, 02.4.문12)

득점	배점
	6

〔조건〕

① 포방출구의 설계압력은 350kPa이다.
② 고정포방출구의 방출량은 4.2L/min · m^2이고, 방사시간은 30분이다.
③ 보조포소화전은 1개(호스접결구의 수 1개)가 설치되어 있다.
④ 포소화약제의 농도는 6%이다.
⑤ 송액관의 직경은 100mm이고, 배관의 길이는 30m이다.
⑥ 포수용액의 비중이 물의 비중과 같다고 가정한다.

(가) 포소화약제의 약제량〔L〕을 구하시오.
 ○계산과정 :
 ○답 :

(나) 수원의 양〔m^3〕을 구하시오.
 ○계산과정 :
 ○답 :

(다) 펌프의 최소토출량〔m^3/min〕을 구하시오.
 ○계산과정 :
 ○답 :

(가) ○계산과정 : $A=\dfrac{\pi\times12^2}{4}=113.097\text{m}^2$

$Q_1=113.097\times4.2\times30\times0.06=855.013\text{L}$

$Q_2=1\times0.06\times8000=480\text{L}$

$Q_3=\dfrac{\pi}{4}\times0.1^2\times30\times0.06\times1000=14.137\text{L}$

$Q=855.013+480+14.137=1349.15\text{L}$

○답 : 1349.15L

(나) ○계산과정 : $Q_1=113.097\times4.2\times30\times0.94=13395.208\text{L}$

$Q_2=1\times0.94\times8000=7520\text{L}$

$Q_3=\dfrac{\pi}{4}\times0.1^2\times30\times0.94\times1000=221.482\text{L}$

$Q=13395.208+7520+221.482=21136.69\text{L}=21.13669\text{m}^3\fallingdotseq21.14\text{m}^3$

○답 : 21.14m^3

(다) ○계산과정 : $Q_1=113.097\times4.2\times1=475.007\text{L/min}=0.475007\text{m}^3\text{/min}$

$Q_2=1\times1\times400=400\text{L/min}=0.4\text{m}^3\text{/min}$

$Q=0.475007+0.4=0.875\fallingdotseq0.88\text{m}^3\text{/min}$

○답 : 0.88m^3/min

해설

고정포방출구

$$Q = A \times Q_1 \times T \times S$$

여기서, Q : 수용액 · 수원 · 약제량〔L〕
A : 탱크의 액표면적〔m^2〕
Q_1 : 수용액의 분당 방출량(방출률)〔$L/m^2 \cdot min$〕
T : 방사시간〔분〕
S : 사용농도

보조포소화전

$$Q = N \times S \times 8000$$

여기서, Q : 수용액 · 수원 · 약제량〔L〕
N : 호스접결구수(**최대 3개**)
S : 사용농도

또는,

$$Q = N \times S \times 400$$

여기서, Q : 수용액 · 수원 · 약제량〔L/min〕
N : 호스접결구수(**최대 3개**)
S : 사용농도

- 보조포소화전의 방사량(방출률)이 400L/min이므로 400L/min×20min=8000L가 되므로 위의 두 식은 같은 식이다.

배관보정량

$$Q = A \times L \times S \times 1000L/m^3 \text{(안지름 75mm 초과시에만 적용)}$$

여기서, Q : 배관보정량〔L〕
A : 배관단면적〔m^2〕
L : 배관길이〔m〕
S : 사용농도

탱크의 액표면적 A는

$$A = \frac{\pi D^2}{4} = \frac{\pi \times (12m)^2}{4} = 113.097m^2$$

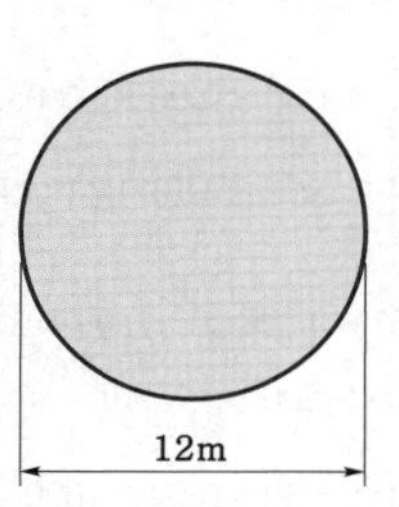

‖ 콘루프탱크의 구조 ‖

- 탱크의 액표면적(A)은 탱크 내면의 표면적만 고려하므로 **안지름** 기준!

(개) ① **고정포방출구**의 **약제량** Q_1은

$$Q_1 = A \times Q \times T \times S = 113.097m^2 \times 4.2L/m^2 \cdot min \times 30min \times 0.06 = 855.013L$$

- 4.2L/min · m^2 : 〔조건 ②〕에서 주어진 값
- 30min : 〔조건 ②〕에서 주어진 값
- **0.06** : 〔조건 ④〕에서 주어진 값, 6%용이므로 **약제농도**(S)는 0.06

② **보조포소화전**의 **약제량** Q_2는

$Q_2 = N \times S \times 8000$

$= 1개 \times 0.06 \times 8000 = 480L$

- 1개 : [조건 ③]에서 주어진 값
- 0.06 : [조건 ④]에서 주어진 값, 6%=0.06

③ **배관보정량** Q_3는

$Q_3 = A \times L \times S \times 1000L/m^3$(안지름 75mm 초과시에만 적용)

$= \left(\frac{\pi}{4}D^2\right) \times L \times S \times 1000L/m^3$

$= \frac{\pi}{4} \times (0.1m)^2 \times 30m \times 0.06 \times 1000L/m^3$

$= 14.137L$

- 0.1m : [조건 ⑤]에서 주어진 값, 100mm=0.1m(1000mm=1m)
- 30m : [조건 ⑤]에서 주어진 값
- 0.06 : [조건 ④]에서 주어진 값, 6%=0.06

∴ 포소화약제의 양 $Q = Q_1 + Q_2 + Q_3$

$= 855.013L + 480L + 14.137L$

$= 1349.15L$

(나) ① **고정포방출구**의 **수원**의 **양** Q_1은

$Q_1 = A \times Q \times T \times S$

$= 113.097m^2 \times 4.2L/m^2 \cdot min \times 30min \times 0.94$

$= 13395.208L$

- [조건 ④]에서 6%용이므로 수원의 농도(S)는 94%(100−6=94%)

② **보조포소화전**의 **수원**의 **양** Q_2는

$Q_2 = N \times S \times 8000$

$= 1개 \times 0.94 \times 8000$

$= 7520L$

③ **배관보정량** Q_3는

$Q_3 = A \times L \times S \times 1000L/m^3$(안지름 75mm 초과시에만 적용)

$= \left(\frac{\pi}{4}D^2\right) \times L \times S \times 1000L/m^3$

$= \frac{\pi}{4} \times (0.1m)^2 \times 30m \times 0.94 \times 1000L/m^3$

$= 221.482L$

∴ 수원의 양 $Q = Q_1 + Q_2 + Q_3$

$= 13395.208L + 7520L + 221.482L$

$= 21136.69L = 21.13669m^3 \fallingdotseq 21.14m^3$

(다) **펌프**의 **토출량**

$$Q = A \times Q_1 \times S$$

여기서, Q : 1분당 수용액의 양(토출량)[L/min]

A : 탱크의 액표면적[m^2]

Q_1 : 단위포소화수용액의 양[$L/m^2 \cdot min$]

S : 사용농도

① 고정포방출구의 분당 토출량 Q_1은

$Q_1 = A \times Q \times S$

$= 113.097\text{m}^2 \times 4.2\text{L/m}^2 \cdot \text{min} \times 1 = 475.007\text{L/min} = 0.475007\text{m}^3/\text{min}$

② 보조포소화전의 분당 토출량 Q_2는

$Q_2 = N \times S \times 400\text{L/min}$

$= 1개 \times 1 \times 400\text{L/min} = 400\text{L/min} = 0.4\text{m}^3/\text{min}$

∴ 펌프토출량 $Q = Q_1 + Q_2$

$= 0.475007\text{m}^3/\text{min} + 0.4\text{m}^3/\text{min} = 0.875 ≒ 0.88\text{m}^3/\text{min}$

- 펌프의 토출량=고정포방출구의 분당 토출량+보조포소화전의 분당 토출량
- 소화펌프의 분당 토출량은 **수용액량**을 기준으로 한다는 것을 기억하라.
- 소화펌프의 분당 토출량은 **배관보정량**을 **적용하지 않는다**. 왜냐하면 배관보정량은 배관 내에 저장되어 있는 것으로 소비되는 것이 아니기 때문이다. 주의!

문제 07

옥외소화전설비의 화재안전성능기준 및 화재안전기술기준에서 수원의 수위가 펌프보다 낮은 위치에 있는 가압송수장치에 설치하는 물올림장치의 설치기준이다. ( ) 안을 완성하시오.

득점	배점
	4

(가) 물올림장치에는 전용의 (①)를 설치할 것

(나) (①)의 유효수량은 (②)L 이상으로 하되, 구경 (③)mm 이상의 (④)에 따라 해당 수조에 물이 계속 보급되도록 할 것

해답 (가) ① 수조
(나) ② 100
③ 15
④ 급수배관

해설 옥외소화전설비 **물올림장치**의 **설치기준**

(1) 물올림장치에는 **전용**의 **수조**를 설치할 것

(2) **수조**의 유효수량은 **100L** 이상으로 하되, 구경 **15mm** 이상의 **급수배관**에 따라 당해 수조에 물이 계속 보급되도록 할 것

- **탱크**가 아니고 '**수조**'가 정답!

용어

물올림장치

(1) 물올림장치는 수원의 수위가 펌프보다 아래에 있을 때 설치하며, 주기능은 펌프와 후드밸브 사이의 흡입관 내에 항상 물을 충만시켜 펌프가 **물**을 **흡입**할 수 있도록 하는 설비

(2) 수계소화설비에서 수조의 위치가 가압송수장치보다 낮은 곳에 설치된 경우, 항상 펌프가 정상적으로 소화수의 **흡입**이 가능하도록 하기 위한 장치

중요

수원의 수위가 **펌프보다 낮은 위치**에 있는 경우 설치하여야 할 설비

(1) 물올림장치

(2) 후드밸브(Foot valve)

(3) 연성계(진공계)

☆☆☆
문제 08

다음은 수원 및 가압송수장치의 펌프가 겸용으로 설치된 어느 건물에 옥외소화전설비가 3개 설치되어 있고, 주차장에 물분무소화설비가 설치되어 있으며 토출량은 20L/min · m²로 하고, 최소바닥면적은 50m²이다. 다음 각 물음에 답하시오. (단, 옥상수조는 제외한다.)

(21.11.문11, 20.11.문10, 17.6.문2, 12.11.문12, 10.7.문7, 05.7.문2)

득점	배점
	4

(가) 최소토출량〔m³/min〕을 구하시오.
- ○ 계산과정 :
- ○ 답 :

(나) 최소수원의 양〔m³〕을 구하시오.
- ○ 계산과정 :
- ○ 답 :

해답 (가) ○ 계산과정 : $Q_1 = 2 \times 350 = 700\text{L/min}$

$Q_2 = 50 \times 20 = 1000\text{L/min}$

$Q = 700 + 1000 = 1700\text{L/min} = 1.7\text{m}^3/\text{min}$

○ 답 : 1.7m³/min

(나) ○ 계산과정 : $1.7 \times 20 = 34\text{m}^3$

○ 답 : 34m³

해설 (가) ① **옥외소화전설비**의 **토출량**

$$Q = N \times 350\text{L/min}$$

여기서, Q : 옥외소화전 가압송수장치의 토출량〔L/min〕
N : 옥외소화전개수(**최대 2개**)

옥외소화전의 **토출량** Q_1은

$Q_1 = N \times 350\text{L/min} = 2\text{개} \times 350\text{L/min} = 700\text{L/min}$

- N은 3개이지만 최대 2개까지만 적용하므로 $N=2$

② **물분무소화설비**의 **수원**(NFPC 104 4조)

특정소방대상물	토출량	비 고
컨베이어벨트	10L/min · m²	벨트부분의 바닥면적
절연유 봉입변압기	10L/min · m²	표면적을 합한 면적(바닥면적 제외)
특수가연물	10L/min · m²(최소 50m²)	최대방수구역의 바닥면적 기준
케이블트레이 · 덕트	12L/min · m²	투영된 바닥면적
차고 · 주차장	20L/min · m²(최소 50m²)	최대방수구역의 바닥면적 기준
위험물 저장탱크	37L/min · m	위험물탱크 둘레길이(원주길이) : 위험물규칙 〔별표 6〕 Ⅱ

※ 모두 **20분**간 방수할 수 있는 양 이상으로 하여야 한다.

기억법 **컨 절 특 케 차 위**
0 0 0 2 0 37

주차장의 **방사량**(토출량) Q_2는

Q_2 =표면적(바닥면적 제외)×20L/min · m²=50m²×20L/min · m²=1000L/min

펌프의 토출량$(Q) = Q_1 + Q_2$

$= 700\text{L/min} + 1000\text{L/min} = 1700\text{L/min}$ =**1.7m³/min**(1000L=1m³)

일반적인 경우

하나의 **펌프**에 **두 개**의 **설비**가 **함께 연결된 경우**

구 분	적 용
펌프의 전양정	두 설비의 전양정 중 **큰 값**
펌프의 유량(토출량) →	두 설비의 유량(토출량)을 **더한 값**
펌프의 토출압력	두 설비의 토출압력 중 **큰 값**
수원의 저수량	두 설비의 저수량을 **더한 값**

(나) **최소수원**의 **양**

$Q = 1.7\text{m}^3/\text{min} \times 20\text{min} = 34\text{m}^3$

- $1.7\text{m}^3/\text{min}$: (가)에서 구한 값
- 단서에 의해 옥상수조 수원량은 제외
- 20min : 특별한 조건이 없으므로 30층 미만으로 보고 20min 적용

‖ 시간 적용 ‖

30층 미만	30~49층 이하	50층 이상
20min	40min	60min

☆☆☆

문제 09

다음은 지하구의 화재안전성능기준, 화재안전기술기준 및 관련법령에 관한 사항이다. 다음 물음에 답하시오. (18.11.문12, 18.4.문12, 17.11.문13, 13.4.문3, 06.4.문2)

(가) 지하구의 정의에 관해 다음 ( ) 안을 채우시오.

득점	배점
	4

> 전력·통신용의 전선이나 가스·냉난방용의 배관 또는 이와 비슷한 것을 집합수용하기 위하여 설치한 지하인공구조물로서 사람이 점검 또는 보수를 하기 위하여 출입이 가능한 것 중 다음의 어느 하나에 해당하는 것
> ① 전력 또는 통신사업용 지하인공구조물로서 전력구(케이블 접속부가 없는 경우는 제외한다.) 또는 통신구 방식으로 설치된 것
> ② ① 외의 지하인공구조물로서 폭이 (㉠)m 이상이고 높이가 (㉡)m 이상이며 길이가 (㉢)m 이상인 것

(나) 연소방지설비의 교차배관의 최소구경〔mm〕 기준을 쓰시오.

○

해답 (가) ㉠ 1.8
㉡ 2
㉢ 50

(나) 40mm

해설 (가) **지하구**(소방시설법 시행령 〔별표 2〕)

① 전력·통신용의 전선이나 가스·냉난방용의 배관 또는 이와 비슷한 것을 집합수용하기 위하여 설치한 지하인공구조물로서 사람이 점검 또는 보수를 하기 위하여 출입이 가능한 것 중 다음에 해당하는 것

㉠ 전력 또는 통신사업용 지하인공구조물로서 **전력구**(케이블 접속부가 없는 경우 제외) 또는 **통신구** 방식으로 설치된 것

㉡ ㉠ 외의 지하인공구조물로서 폭이 **1.8m** 이상이고 높이가 **2m** 이상이며 길이가 **50m** 이상인 것

② 「국토의 계획 및 이용에 관한 법률」에 따른 **공동구**

(나) **연소방지설비 교차배관**의 **최소구경**(NFPC 605 8조)

교차배관은 가지배관과 **수평**으로 설치하거나 **가지배관 밑**에 설치하고, 최소구경이 **40mm** 이상이 되도록 할 것

☆☆☆

문제 10

지하 1층 용도가 판매시설로서 본 용도로 사용하는 바닥면적이 3000m²일 경우 이 장소에 분말소화기 1개의 소화능력단위가 A급으로 3단위의 소화기로 설치할 경우 본 판매장소에 필요한 분말소화기의 개수는 최소 몇 개인지 구하시오. (18.4.문8, 13.11.문8, 12.7.문9)

○ 계산과정 :

○ 답 :

득점	배점
	4

해답 ○ 계산과정 : $\frac{3000}{100} = 30$단위

$\frac{30}{3} = 10$개

○ 답 : 10개

해설 **특정소방대상물별 소화기구의 능력단위기준**(NFTC 101 2.1.1)

특정소방대상물	소화기구의 능력단위	건축물의 주요구조부가 **내화구조**이고, 벽 및 반자의 실내에 면하는 부분이 **불연재료**·**준불연재료** 또는 **난연재료**로 된 특정소방대상물의 능력단위
• **위**락시설 기억법 위3(위상)	바닥면적 **30m²**마다 1단위 이상	바닥면적 **60m²**마다 1단위 이상
• **공연**장 • **집**회장 • **관람**장 및 **문**화재 • **의**료시설·**장**례시설(장례식장) 기억법 **5공연장 문의 집관람 (손오공 연장 문의 집관람)**	바닥면적 **50m²**마다 1단위 이상	바닥면적 **100m²**마다 1단위 이상
• **근**린생활시설 • **판**매시설 → • **숙**박시설 • **노**유자시설 • **전**시장 • 공동**주**택 • **업무시설** • **방**송통신시설 • 공장·**창**고 • **항**공기 및 자동**차**관련시설(주차장) 및 **관광**휴게시설 기억법 **근판숙노전 주업방차창 1항관광(근판숙노전 주업방차장 일본항관광)**	바닥면적 **100m²**마다 1단위 이상	바닥면적 **200m²**마다 1단위 이상
• 그 밖의 것	바닥면적 **200m²**마다 1단위 이상	바닥면적 **400m²**마다 1단위 이상

판매시설로서 **내화구조**이고 **불연재료**·**준불연재료**·**난연재료**인 경우가 **아니므로** 바닥면적 **100m²**마다 1단위 이상이므로

$\frac{3000\text{m}^2}{100\text{m}^2} = 30$단위

• **30단위**를 **30개**라고 쓰면 틀린다. 특히 주의!

3단위 소화기를 설치하므로

소화기개수 $= \frac{30\text{단위}}{3\text{단위}} = 10$개

☆☆
문제 11

㉮실을 급기 가압하여 옥외와의 압력차가 50Pa이 유지되도록 하려고 한다. 다음 항목을 구하시오.

(20.10.문14, 18.4.문13)

득점	배점
	6

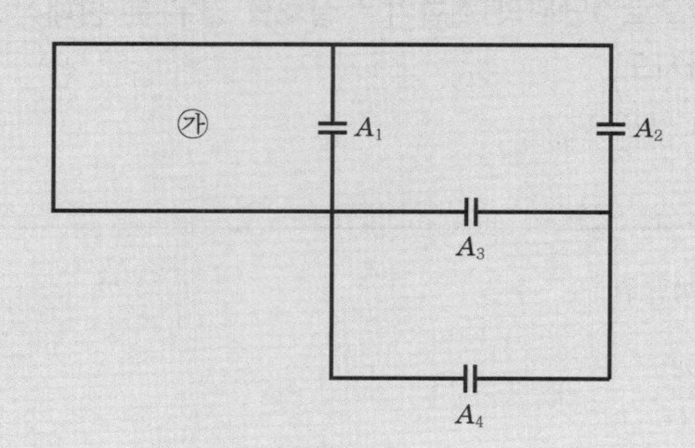

〔조건〕

① 급기량(Q)은 $Q = 0.827 \times A \times \sqrt{P}$ 로 구한다.

② A_1, A_2, A_3, A_4는 닫힌 출입문으로 공기 누설틈새면적은 0.01m^2로 동일하다(여기서, Q : 급기량[m^3/s], A : 전체누설면적[m^2], P : 급기 가압실 내외의 차압[Pa]).

(가) 전체누설면적 A[m^2]를 구하시오. (단, 소수점 아래 6째자리에서 반올림하여 소수점 아래 5째자리까지 구하시오.)
 ○ 계산과정 :
 ○ 답 :

(나) 급기량[m^3/min]을 구하시오.
 ○ 계산과정 :
 ○ 답 :

해답

(가) ○ 계산과정 : $A_3 \sim A_4 = \dfrac{1}{\sqrt{\dfrac{1}{0.01^2} + \dfrac{1}{0.01^2}}} = 0.00707\text{m}^2$

$A_2 \sim A_4 = 0.01 + 0.00707 = 0.01707\text{m}^2$

$A_1 \sim A_4 = \dfrac{1}{\sqrt{\dfrac{1}{0.01^2} + \dfrac{1}{0.01707^2}}} = 0.008628 \fallingdotseq 0.00863\text{m}^2$

○ 답 : 0.00863m^2

(나) ○ 계산과정 : $Q = 0.827 \times 0.00863 \times \sqrt{50} = 0.050466 \fallingdotseq 0.05047\text{m}^3/\text{s}$

$0.05047 \times 60 = 3.028 \fallingdotseq 3.03\text{m}^3/\text{min}$

○ 답 : $3.03\text{m}^3/\text{min}$

해설

기호

- A_1, A_2, A_3, A_4 : 0.01m^2

(가) 〔조건 ②〕에서 각 실의 틈새면적은 **0.01m^2**이다.

$A_3 \sim A_4$는 직렬상태이므로

$$A_3 \sim A_4 = \frac{1}{\sqrt{\dfrac{1}{{A_3}^2} + \dfrac{1}{{A_4}^2}}}$$

$$= \frac{1}{\sqrt{\dfrac{1}{(0.01\text{m})^2} + \dfrac{1}{(0.01\text{m})^2}}} = 7.07 \times 10^{-3} = 0.00707\text{m}$$

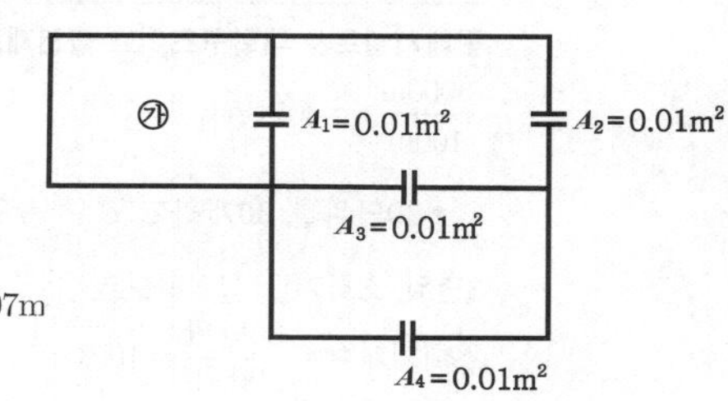

앞의 내용을 정리하면 다음과 같이 변환시킬 수 있다.

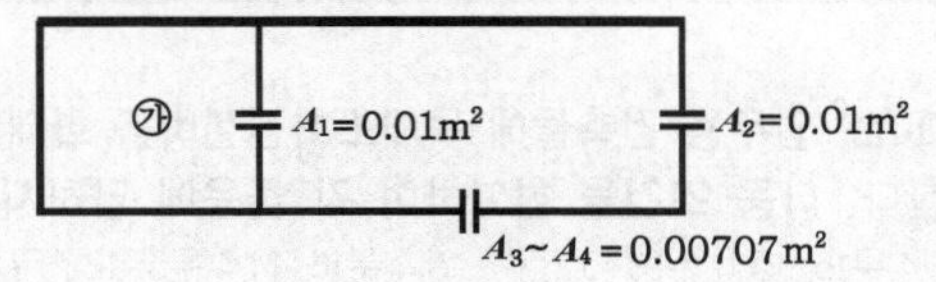

$A_2 \sim A_4$ 는 병렬상태이므로

$A_2 \sim A_4 = A_2 + (A_3 \sim A_4) = 0.01\text{m}^2 + 0.00707\text{m}^2 = 0.01707\text{m}^2$

위의 내용을 정리하면 다음과 같이 변환시킬 수 있다.

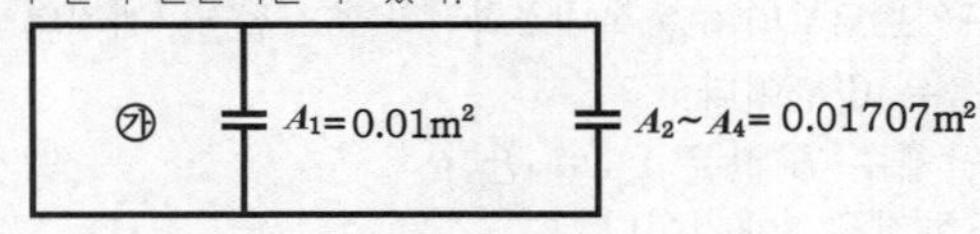

$A_1 \sim A_4$ 는 직렬상태이므로

$$A_1 \sim A_4 = \frac{1}{\sqrt{\frac{1}{{A_1}^2} + \frac{1}{(A_2 \sim A_4)^2}}} = \frac{1}{\sqrt{\frac{1}{(0.01\text{m})^2} + \frac{1}{(0.01707\text{m})^2}}} = 8.628 \times 10^{-3} = 0.008628 \fallingdotseq 0.00863\text{m}^2$$

(나) **누설량**

$$Q = 0.827\, A \sqrt{P}$$

여기서, Q : 누설량[m³/s]

A : 누설틈새면적[m²]

P : 차압[Pa]

누설량 Q는

$Q = 0.827\, A \sqrt{P} = 0.827 \times 0.00863\text{m}^2 \times \sqrt{50}\ \text{Pa} = 0.050466 \fallingdotseq 0.05047\text{m}^3/\text{s}$

1분=60s 이므로

$0.05047\text{m}^3/\text{s} \times 60\text{s}/\text{분} = 3.028 \fallingdotseq 3.03\text{m}^3/\text{min}$

- 차압=기압차=압력차
- 답을 0.05047m³/s로 답하지 않도록 특히 주의하라! 's(sec)'를 'min'로 단위 변환하여 **3.03m³/min**로 답하여야 한다. 문제에서 m³/min로 나타내라고 하였다. 속지 마라!
- 틈새면적은 단서에 의해 소수점 6째자리에서 반올림하여 소수점 5째자리까지 구하면 된다.

참고

누설틈새면적

직렬상태	병렬상태
$A = \frac{1}{\sqrt{\frac{1}{{A_1}^2} + \frac{1}{{A_2}^2} + \cdots}}$ 여기서, A : 전체 누설틈새면적[m²] A_1, A_2 : 각 실의 누설틈새면적[m²]	$A = A_1 + A_2 + \cdots$ 여기서, A : 전체 누설틈새면적[m²] A_1, A_2 : 각 실의 누설틈새면적[m²]

☆☆☆

문제 12

6층의 연면적 15000m^2 업무용 건축물에 옥내소화전설비를 화재안전성능기준 및 화재안전기술기준에 따라 설치하려고 한다. 다음 조건을 참고하여 각 물음에 답하시오.

(17.4.문4, 16.6.문9, 16.4.문15, 15.11.문9, 15.7.문1, 15.4.문16, 14.4.문5, 12.7.문1, 12.4.문1, 10.4.문14, 09.10.문10, 09.4.문10, 08.11.문16, 07.11.문11, 06.7.문7, 05.5.문5, 04.7.문8)

득점	배점
	11

[조건]

① 펌프의 후드밸브로부터 6층 옥내소화전함 호스접결구까지의 마찰손실수두는 실양정의 25%로 한다.
② 펌프의 효율은 68%이다.
③ 펌프의 전달계수 K값은 1.1로 한다.
④ 각 층당 소화전은 3개씩이다.
⑤ 소방호스의 마찰손실수두는 7.8m이다.
⑥ 실양정은 24.5m이다.

(가) 펌프의 최소유량[L/min]을 구하시오.
 ○ 계산과정 :
 ○ 답 :

(나) 수원의 최소유효저수량[m^3]을 구하시오. (단, 옥상수조도 포함할 것)
 ○ 계산과정 :
 ○ 답 :

(다) 펌프의 총 양정[m]을 구하시오.
 ○ 계산과정 :
 ○ 답 :

(라) 펌프의 동력[kW]을 구하시오.
 ○ 계산과정 :
 ○ 답 :

(마) 하나의 옥내소화전을 사용하는 노즐선단에서의 최대방수압력은 몇 MPa인지 구하시오.
 ○

(바) 소방호스 노즐에서 방수압 측정방법시 측정기구 및 측정방법을 쓰시오.
 ○ 측정기구 :
 ○ 측정방법 :

(사) 소방호스 노즐의 최대방수압력 초과시 감압방법 2가지를 쓰시오.
 ○
 ○

해답

(가) ○ 계산과정 : $2 \times 130 = 260\text{L/min}$
 ○ 답 : 260L/min

(나) ○ 계산과정 : $2.6 \times 2 = 5.2\text{m}^3$

$$2.6 \times 2 \times \frac{1}{3} = 1.733\text{m}^3$$

$$5.2 + 1.733 = 6.933 \fallingdotseq 6.93\text{m}^3$$

 ○ 답 : 6.93m^3

(다) ○ 계산과정 : $h_1 = 7.8\text{m}$

$$h_2 = 24.5 \times 0.25 = 6.125\text{m}$$

$$h_3 = 24.5\text{m}$$

$$H = 7.8 + 6.125 + 24.5 + 17 = 55.425 \fallingdotseq 55.43\text{m}$$

 ○ 답 : 55.43m

(라) ○ 계산과정 : $\frac{0.163 \times 0.26 \times 55.43}{0.68} \times 1.1 = 3.8\text{kW}$

○ 답 : 3.8kW

(마) 0.7MPa

(바) ○ 측정기구 : 피토게이지

○ 측정방법 : 노즐선단에 노즐구경의 $\frac{1}{2}$ 떨어진 지점에서 노즐선단과 수평되게 피토게이지를 설치하여 눈금을 읽는다.

(사) ① 고가수조에 따른 방법
② 배관계통에 따른 방법

해설 (가) **유량**(토출량)

$$Q = N \times 130\text{L/min}$$

여기서, Q : 유량(토출량)[L/min]
N : 가장 많은 층의 소화전개수(**최대 2개**)

펌프의 **최소유량** Q는

$Q = N \times 130\text{L/min} = 2\text{개} \times 130\text{L/min} = 260\text{L/min}$

- [조건 ④]에서 소화전 최대개수 N=2이다.

(나) **저수조**의 **저수량**

$$Q = 2.6N (30\text{층 미만}, N : \text{최대 2개})$$
$$Q = 5.2N (30\sim49\text{층 이하}, N : \text{최대 5개})$$
$$Q = 7.8N (50\text{층 이상}, N : \text{최대 5개})$$

여기서, Q : 저수조의 저수량[m^3]
N : 가장 많은 층의 소화전개수

저수조의 **저수량** Q는

$Q = 2.6N = 2.6 \times 2\text{개} = 5.2\text{m}^3$

- [조건 ④]에서 소화전 최대개수 N=2이다.
- 문제에서 **6층**이므로 **30층 미만**의 식 적용

옥상수원의 **저수량**

$$Q' = 2.6N \times \frac{1}{3} (30\text{층 미만}, N : \text{최대 2개})$$
$$Q' = 5.2N \times \frac{1}{3} (30\sim49\text{층 이하}, N : \text{최대 5개})$$
$$Q' = 7.8N \times \frac{1}{3} (50\text{층 이상}, N : \text{최대 5개})$$

여기서, Q' : 옥상수원의 저수량[m^3]
N : 가장 많은 층의 소화전개수

옥상수원의 **저수량** $Q' = 2.6N \times \frac{1}{3} = 2.6 \times 2\text{개} \times \frac{1}{3} = 1.733\text{m}^3$

- [조건 ④]에서 소화전 최대개수 N=2이다.
- 문제에서 **6층**이므로 **30층 미만**의 식 적용
- 단서에 의해 옥상수원을 포함, 일반적으로 수원이라 함은 '**옥상수원**'까지 모두 포함한 수원을 말한다.

∴ **수원의 최소유효저수량**=저수조의 저수량+옥상수원의 저수량=5.2m^3+1.733m^3=6.933≒6.93m^3

(다) **전양정**

$$H = h_1 + h_2 + h_3 + 17$$

여기서, H : 전양정[m]
h_1 : 소방호스의 마찰손실수두[m]
h_2 : 배관 및 관부속품의 마찰손실수두[m]
h_3 : 실양정(흡입양정+토출양정)[m]

$h_1 = 7.8\text{m}$(〔조건 ⑤〕에서 주어진 값)
$h_2 = 24.5\text{m} \times 0.25 = 6.125\text{m}$(〔조건 ①〕에 의해 실양정($h_3$)의 **25%** 적용)
$h_3 = 24.5\text{m}$(〔조건 ⑥〕에서 주어진 값)
펌프의 **전양정** H는
$H = h_1 + h_2 + h_3 + 17 = 7.8\text{m} + 6.125\text{m} + 24.5\text{m} + 17 = 55.425 ≒ 55.43\text{m}$

(라) **동력**(전동력)

$$P = \frac{0.163QH}{\eta}K$$

여기서, P : 전동력〔kW〕
Q : 유량〔m^3/min〕
H : 전양정〔m〕
K : 전달계수
η : 효율

펌프의 **동력**(전동력) P는

$$P = \frac{0.163QH}{\eta}K = \frac{0.163 \times 260\text{L/min} \times 55.43\text{m}}{0.68} \times 1.1$$
$$= \frac{0.163 \times 0.26\text{m}^3/\text{min} \times 55.43\text{m}}{0.68} \times 1.1$$
$$= 3.8\text{kW}$$

- **260L/min** : (가)에서 구한 값
- **55.43m** : (다)에서 구한 값
- **0.68** : 〔조건 ②〕에서 주어진 값, **68%=0.68**
- **1.1** : 〔조건 ③〕에서 주어진 값

(마) **방수압, 방수량, 방수구경, 노즐구경**

구 분	드렌처설비	스프링클러설비	소화용수설비	옥내소화전설비	옥외소화전설비	포 · 물분무 · 연결송수관설비
방수압	0.1MPa 이상	0.1~1.2MPa 이하	0.15MPa 이상	0.17~0.7MPa 이하	0.25~0.7MPa 이하	0.35MPa 이상
방수량	80L/min 이상	80L/min 이상	800L/min 이상	130L/min 이상	350L/min 이상	75L/min 이상 (포워터 스프링클러헤드)
방수구경	–	–	–	40mm	65mm	–
노즐구경	–	–	–	13mm	19mm	–

(바) **방수압 측정기구** 및 **측정방법**

① **측정기구** : 피토게이지

② **측정방법** : 노즐선단에 노즐구경의 $\frac{1}{2}$ 떨어진 지점에서 노즐선단과 수평되게 피토게이지(Pitot gauge)를 설치하여 눈금을 읽는다.

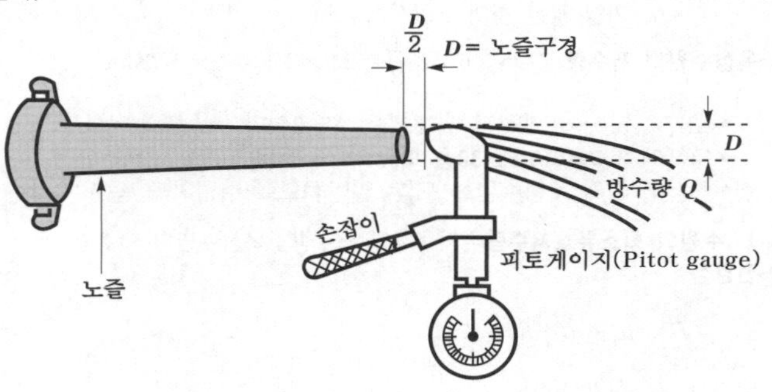

▮방수압 측정▮

- 피토게이지=방수압력측정기

비교

방수량 측정기구 및 **측정방법**

(1) **측정기구** : 피토게이지(방수압력측정기)

(2) **측정방법** : 노즐선단에 노즐구경의 $\frac{1}{2}$ 떨어진 지점에서 노즐선단과 수평되게 피토게이지를 설치하여 눈금을 읽은 후 $Q = 0.653 D^2 \sqrt{10P}$ 공식에 대입한다.

$$Q = 0.653D^2\sqrt{10P} = 0.6597CD^2\sqrt{10P}$$

여기서, Q : 방수량[L/min]

C : 노즐의 흐름계수

D : 구경[mm]

P : 방수압(게이지압)[MPa]

(사) **감압장치**의 **종류**

감압방법	설 명
고가수조에 따른 방법	**고가수조**를 저층용과 고층용으로 구분하여 설치하는 방법
배관계통에 따른 방법	**펌프**를 저층용과 고층용으로 구분하여 설치하는 방법
중계펌프를 설치하는 방법	**중계펌프**를 설치하여 방수압을 낮추는 방법
감압밸브 또는 오리피스를 설치하는 방법	방수구에 **감압밸브** 또는 **오리피스**를 설치하여 방수압을 낮추는 방법
감압기능이 있는 소화전 개폐밸브를 설치하는 방법	**소화전 개폐밸브**를 **감압기능**이 있는 것으로 설치하여 방수압을 낮추는 방법

☆☆☆

문제 13

지하 2층, 지상 11층 사무소 건축물에 다음과 같은 조건에서 스프링클러설비를 설계하고자 할 때 다음 각 물음에 답하시오. (20.10.문12, 14.7.문9, 07.11.문2)

득점	배점
	6

[조건]

① 건축물은 내화구조이며, 가로 30m, 세로 20m이다.

② 실양정은 48m이며, 배관의 마찰손실과 관부속품에 대한 마찰손실의 합은 12m이다.

③ 모든 규격치는 최소량을 적용한다.

④ 펌프의 효율은 65%이며, 동력전달 여유율은 10%로 한다.

⑤ 연결송수관설비를 겸용한다.

(가) 지상 11층에 설치된 스프링클러헤드의 개수를 구하시오. (단, 정방형으로 배치한다.)

○ 계산과정 :

○ 답 :

(나) 펌프의 전양정[m]을 구하시오.

○ 계산과정 :

○ 답 :

(다) 송수펌프의 전동기용량[kW]을 구하시오.

○ 계산과정 :

○ 답 :

 (가) ○ 계산과정 : $S=2\times2.3\times\cos45°=3.252\text{m}$

가로헤드개수 : $\frac{30}{3.252}=9.2 ≒ 10$개

세로헤드개수 : $\frac{20}{3.252}=6.15 ≒ 7$개

헤드개수 : $10\times7=70$개

○ 답 : 70개

(나) ○ 계산과정 : $12+48+10=70\text{m}$

○ 답 : 70m

(다) ○ 계산과정 : $Q=30\times80=2400\text{L/min}$

$P=\frac{0.163\times2.4\times70}{0.65}\times1.1=46.342 ≒ 46.34\text{kW}$

○ 답 : 46.34kW

 (가) **스프링클러헤드의 배치기준**

설치장소	설치기준(R)
무대부 · **특**수가연물	수평거리 **1.7m** 이하
기타구조	수평거리 **2.1m** 이하
내화구조 →	수평거리 **2.3m** 이하
랙크식 창고	수평거리 **2.5m** 이하
공동주택(**아**파트) 세대 내의 거실	수평거리 **3.2m** 이하

기억법 무특 7
기 1
내 3
랙 5
아 2

정방형(정사각형)

$$S=2R\cos45°$$
$$L=S$$

여기서, S : 수평헤드간격[m]
R : 수평거리[m]
L : 배관간격[m]

수평헤드간격(헤드의 설치간격) S는

$S=2R\cos45°=2\times2.3\text{m}\times\cos45°=3.252\text{m}$

가로헤드개수$=\frac{\text{가로길이}}{S}=\frac{30\text{m}}{3.252\text{m}}=9.2 ≒ 10$개(**소수발생**시 반드시 **절상**)

세로헤드개수$=\frac{\text{세로길이}}{S}=\frac{20\text{m}}{3.252\text{m}}=6.15 ≒ 7$개(**소수발생**시 반드시 **절상**)

• R : [조건 ①]에 의해 **내화구조**이므로 **2.3m**

헤드개수=가로헤드개수×세로헤드개수=10개×7개=70개

(나) **전양정**

$$H \geq h_1+h_2+10$$

여기서, H : 전양정[m]
h_1 : 배관 및 관부속품의 마찰손실수두[m]
h_2 : 실양정(흡입양정+토출양정)[m]

전양정 $H \geq$ 12m+48m+10m=70m

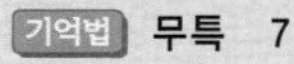

중요

스프링클러설비의 **가압송수장치**

고가수조방식	압력수조방식	펌프방식
$H \geqq h_1 + 10$ 여기서, H : 필요한 낙차〔m〕 h_1 : 배관 및 관부속품의 마찰손실수두〔m〕	$P \geqq P_1 + P_2 + 0.1$ 여기서, P : 필요한 압력〔MPa〕 P_1 : 배관 및 관부속품의 마찰손실 수두압〔MPa〕 P_2 : 낙차의 환산수두압〔MPa〕	$H \geqq h_1 + h_2 + 10$ 여기서, H : 전양정〔m〕 h_1 : 배관 및 관부속품의 마찰손실수두〔m〕 h_2 : 실양정(흡입양정+토출양정)〔m〕

(다) **토출량**

폐쇄형 헤드의 **기준개수**

<table>
<tr><th colspan="2">특정소방대상물</th><th>폐쇄형 헤드의 기준개수</th></tr>
<tr><td colspan="2">지하가 · 지하역사</td><td rowspan="4">30</td></tr>
<tr><td colspan="2">11층 이상 →</td></tr>
<tr><td rowspan="5">10층 이하</td><td>공장(특수가연물)</td></tr>
<tr><td>판매시설(백화점 등), 복합건축물(판매시설이 설치된 복합건축물)</td></tr>
<tr><td>근린생활시설, 운수시설</td><td rowspan="2">20</td></tr>
<tr><td>8m 이상</td></tr>
<tr><td>8m 미만</td><td>10</td></tr>
</table>

$$Q = N \times 80\text{L/min}$$

여기서, Q : 토출량(유량)〔L/min〕

N : 폐쇄형 헤드의 기준개수(설치개수가 기준개수보다 적으면 그 설치개수)

펌프의 **최소토출량**(유량) Q는

$Q = N \times 80\text{L/min} = 30\text{개} \times 80\text{L/min} = 2400\text{L/min}$

- 문제에서 11층이므로 기준개수는 **30개** 적용

전동기용량

$$P = \frac{0.163\,QH}{\eta} K$$

여기서, P : 전동력〔kW〕

Q : 유량〔m^3/min〕

H : 전양정〔m〕

K : 전달계수(여유율)

η : 효율

펌프의 **모터동력**(전동력) P는

$$P = \frac{0.163QH}{\eta}K = \frac{0.163 \times 2400\text{L/min} \times 70\text{m}}{0.65} \times 1.1 = \frac{0.163 \times 2.4\text{m}^3/\text{min} \times 70\text{m}}{0.65} \times 1.1 = 46.342 \fallingdotseq 46.34\text{kW}$$

- 2400L/min : 바로 위에서 구한 값, 1000L=1m^3이므로 2400L/min=2.4m^3/min
- 70m : (나)에서 구한 값
- 0.65 : 〔조건 ④〕에서 주어진 값, 65%=**0.65**
- 1.1 : 〔조건 ④〕에서 여유율 10%이므로 **1.1**

☆☆
문제 14

15m×20m×5m의 경유를 연료로 사용하는 발전기실에 할로겐화합물 소화약제를 설치하고자 한다. 다음 조건과 화재안전성능기준 및 화재안전기술기준을 참고하여 다음 물음에 답하시오. (14.4.문3)

득점	배점
	8

〔조건〕
① 방호구역의 온도는 상온 20℃이다.
② HCFC BLEND A 용기는 68L용 50kg을 적용한다.
③ 할로겐화합물 소화약제의 소화농도

약 제	상품명	소화농도〔%〕	
		A급 화재	B급 화재
HCFC BLEND A	NAFS－Ⅲ	7.2	10

④ K_1과 K_2값

약 제	K_1	K_2
HCFC BLEND A	0.2413	0.00088

(가) HCFC BLEND A의 최소약제량〔kg〕은?
○ 계산과정 :
○ 답 :

(나) HCFC BLEND A의 최소약제용기는 몇 병이 필요한가?
○ 계산과정 :
○ 답 :

해답

(가) ○ 계산과정 : $S=0.2413+0.00088\times20=0.2589$

$C=10\times1.3=13\%$

$W=\dfrac{15\times20\times5}{0.2589}\times\left(\dfrac{13}{100-13}\right)=865.731 ≒ 865.73\text{kg}$

○ 답 : 865.73kg

(나) ○ 계산과정 : $\dfrac{865.73}{50}=17.3 ≒ 18$병

○ 답 : 18병

해설

할로겐화합물 소화약제

(가) 소화약제별 선형상수 S는

$S=K_1+K_2t=0.2413+0.00088\times20℃=0.2589\text{m}^3/\text{kg}$

- 〔조건 ④〕에서 HCFC BLEND A의 K_1과 K_2값을 적용
- 20℃(방호구역온도) : 〔조건 ①〕에서 주어진 값

설계농도(C)〔%〕=소화농도〔%〕×안전계수(A · C급 : 1.2, B급 : 1.3)
=10%×1.3=13%

- 경유 : B급 화재
- HCFC BLEND A : 할로겐화합물 소화약제

소화약제의 **무게** W는

$$W=\frac{V}{S}\times\left(\frac{C}{100-C}\right)=\frac{(15\times20\times5)\text{m}^3}{0.2589\text{m}^3/\text{kg}}\times\left(\frac{13\%}{100-13\%}\right)=865.731 ≒ 865.73\text{kg}$$

(나) 용기수$=\dfrac{\text{소화약제량〔kg〕}}{\text{1병당 저장값〔kg〕}}=\dfrac{865.73\text{kg}}{50\text{kg}}=17.3 ≒ 18$병(절상)

- 865.73kg : (개)에서 구한 값
- 50kg : [조건 ②]에서 주어진 값

참고

소화약제량의 **산정**(NFTC 107A)

구 분	할로겐화합물 소화약제	불활성기체 소화약제
종류	• FC-3-1-10 • HCFC BLEND A • HCFC-124 • HFC-125 • HFC-227ea • HFC-23 • HFC-236fa • FIC-13I1 • FK-5-1-12	• IG-01 • IG-100 • IG-541 • IG-55
공식	$W=\frac{V}{S}\times\left(\frac{C}{100-C}\right)$ 여기서, W : 소화약제의 무게[kg] V : 방호구역의 체적[m^3] S : 소화약제별 선형상수(K_1+K_2t)[m^3/kg] C : 체적에 따른 소화약제의 설계농도[%] t : 방호구역의 최소예상온도[℃]	$X=2.303\left(\frac{V_s}{S}\right)\times\log_{10}\left[\frac{100}{(100-C)}\right]\times V$ 여기서, X : 소화약제의 부피[m^3] S : 소화약제별 선형상수(K_1+K_2t)[m^3/kg] C : 체적에 따른 소화약제의 설계농도[%] V_s : 20℃에서 소화약제의 비체적 ($K_1+K_2\times 20℃$)[m^3/kg] t : 방호구역의 최소예상온도[℃] V : 방호구역의 체적[m^3]

문제 15

할로겐화합물 및 불활성기체 소화설비에 다음 조건과 같은 압력배관용 탄소강관(SPPS 420, Sch.40)을 사용할 때 배관의 두께[mm]를 구하시오. (단, 소수점 이하는 절상하여 정수로 표시한다.)

득점	배점
	4

[조건]

① 압력배관용 탄소강관(SPPS 420)의 인장강도는 420MPa, 항복점은 250MPa이다.
② 용접이음에 따른 허용값[mm]은 무시한다.
③ 배관이음효율은 0.85로 한다.
④ 배관의 최대허용응력(SE)은 배관재질 인장강도의 $\frac{1}{4}$과 항복점의 $\frac{2}{3}$ 중 작은 값(σ_t)을 기준으로 다음의 식을 적용한다.

$$SE=\sigma_t\times \text{배관이음효율}\times 1.2$$

⑤ 적용되는 배관 바깥지름은 114.3mm이다.
⑥ 배관의 최대허용압력은 11MPa이다.
⑦ 헤드 설치부분은 제외한다.

○ 계산과정 :
○ 답 :

○ 계산과정 : $420 \times \frac{1}{4} = 105\text{MPa}$

$250 \times \frac{2}{3} = 166.666 ≒ 166.67\text{MPa}$

$SE = 105 \times 0.85 \times 1.2 = 107.1\text{MPa}$

$t = \frac{11 \times 114.3}{2 \times 107.1} = 5.8 ≒ 6\text{mm}$

○ 답 : 6mm

해설

$$t = \frac{PD}{2SE} + A$$

여기서, t : 관의 두께[mm]

P : 최대허용압력[MPa]

D : 배관의 바깥지름[mm]

SE : 최대허용응력[MPa]$\left(\text{배관재질 인장강도의 } \frac{1}{4}\text{값과 항복점의 } \frac{2}{3}\text{값 중 작은 값} \times \text{배관이음효율} \times 1.2\right)$

※ **배관이음효율**
- 이음매 없는 배관 : 1.0
- 전기저항 용접배관 : 0.85
- 가열맞대기 용접배관 : 0.60

A : 나사이음, 홈이음 등의 허용값[mm](헤드 설치부분은 제외)

- 나사이음 : 나사의 높이
- 절단홈이음 : 홈의 깊이
- 용접이음 : 0

(1) 배관재질 인장강도의 $\frac{1}{4}$값 $= 420\text{MPa} \times \frac{1}{4} = 105\text{MPa}$

(2) 항복점의 $\frac{2}{3}$값 $= 250\text{MPa} \times \frac{2}{3} = 166.666 ≒ 166.67\text{MPa}$

(3) 최대허용응력 SE = 배관재질 인장강도의 $\frac{1}{4}$값과 항복점의 $\frac{2}{3}$값 중 작은 값 × 배관이음효율 × 1.2

$= 105\text{MPa} \times 0.85 \times 1.2$

$= 107.1\text{MPa}$

(4) **관**의 **두께**

$t = \frac{PD}{2SE} + A$

$= \frac{11\text{MPa} \times 114.3\text{mm}}{2 \times 107.1\text{MPa}}$

$= 5.8 ≒ 6\text{mm}$(단서에 의해 절상)

- **420MPa** : [조건 ①]에서 주어진 값
- **250MPa** : [조건 ①]에서 주어진 값
- **0.85** : [조건 ③]에서 주어진 값
- **11MPa** : [조건 ⑥]에서 주어진 값
- **114.3mm** : [조건 ⑤]에서 주어진 값
- A : [조건 ②]에 의해 무시

☆☆☆

문제 16

다음 조건을 기준으로 할론 1301 소화설비를 설치하고자 할 때 다음을 구하시오.

(21.4.문3, 20.11.문5, 20.10.문6, 19.6.문14, 18.6.문1, 17.4.문12, 15.11.문10, 15.7.문8, 13.11.문8, 13.7.문9, 13.4.문4, 12.4.문3, 10.7.문1, 10.4.문12)

득점	배점
	13

〔조건〕

① 소방대상물의 천장까지의 높이는 3m이고 방호구역의 크기와 용도, 개구부 및 자동폐쇄장치의 설치 여부는 다음과 같다.
- ○ 전기실 : 가로 12m×세로 10m, 개구부 2m×1m, 자동폐쇄장치 설치
- ○ 전산실 : 가로 20m×세로 10m, 개구부 2m×2m, 자동폐쇄장치 미설치
- ○ 면화류 저장창고 : 가로 12m×세로 20m, 개구부 2m×1.5m, 자동폐쇄장치 설치

② 할론 1301 저장용기 1개당 충전량은 50kg이다.

③ 할론 1301의 분자량은 149이며 실외온도는 모두 20℃로 가정한다.

④ 주어진 조건 외에는 화재안전성능기준 및 화재안전기술기준에 준한다.

(가) 각 방호구역별 약제저장용기는 몇 병이 필요한지 각각 구하시오.

① 전기실
- ○ 계산과정 :
- ○ 답 :

② 전산실
- ○ 계산과정 :
- ○ 답 :

③ 면화류 저장창고
- ○ 계산과정 :
- ○ 답 :

(나) 할론 1301 분사헤드의 방출압력은 몇 MPa 이상으로 하여야 하는지 쓰시오.
- ○

(다) 전기실에 할론 1301 방출시 농도〔%〕를 구하시오.
- ○ 계산과정 :
- ○ 답 :

해답 (가) ① 전기실

○ 계산과정 : $(12\times10\times3)\times0.32=115.2\text{kg}$

$$\frac{115.2}{50}=2.3 \fallingdotseq 3\text{병}$$

○ 답 : 3병

② 전산실

○ 계산과정 : $(20\times10\times3)\times0.32+(2\times2)\times2.4=201.6\text{kg}$

$$\frac{201.6}{50}=4.03 \fallingdotseq 5\text{병}$$

○ 답 : 5병

③ 면화류 저장창고

○ 계산과정 : $(12\times20\times3)\times0.52=374.4\text{kg}$

$$\frac{374.4}{50}=7.4 \fallingdotseq 8\text{병}$$

○ 답 : 8병

(나) 0.9MPa

(다) ○ 계산과정 : $\frac{3\times 50}{1\times 149}\times 0.082\times (273+20)=24.187\text{m}^3$

$\frac{24.187}{(12\times 10\times 3)+24.187}\times 100=6.295 ≒ 6.3\%$

○ 답 : 6.3%

해설 (가) 할론 1301의 약제량 및 개구부가산량

방호대상물	약제량	개구부가산량 (자동폐쇄장치 미설치시)
차고 · 주차장 · 전기실 · 전산실 · 통신기기실 →	0.32kg/m³	2.4kg/m²
사류 · 면화류 →	0.52kg/m³	3.9kg/m²

할론저장량[kg]=방호구역체적[m³]×약제량[kg/m³]+개구부면적[m²]×개구부가산량[kg/m²]

① 전기실$=(12\times 10\times 3)\text{m}^3\times 0.32\text{kg/m}^3=115.2\text{kg}$(자동폐쇄장치 설치)

저장용기수$=\frac{\text{저장량}}{\text{충전량}}=\frac{115.2\text{kg}}{50\text{kg}}=2.3 ≒ 3$병

- 전기실 약제량 : 0.32kg/m³
- 50kg : [조건 ②]에서 주어진 값

② 전산실$=(20\times 10\times 3)\text{m}^3\times 0.32\text{kg/m}^3+(2\times 2)\text{m}^2\times 2.4\text{kg/m}^2=201.6\text{kg}$(자동폐쇄장치 미설치)

저장용기수$=\frac{\text{저장량}}{\text{충전량}}=\frac{201.6\text{kg}}{50\text{kg}}=4.03 ≒ 5$병

- 전산실 약제량 : 0.32kg/m³
- 50kg : [조건 ②]에서 주어진 값

③ 면화류 저장창고$=(12\times 20\times 3)\text{m}^3\times 0.52\text{kg/m}^3=374.4\text{kg}$(자동폐쇄장치 설치)

저장용기수$=\frac{\text{저장량}}{\text{충전량}}=\frac{374.4\text{kg}}{50\text{kg}}=7.4 ≒ 8$병

- 면화류 약제량 : 0.52kg/m³
- 50kg : [조건 ②]에서 주어진 값

(나) 할론 1301 방출압력은 0.9MPa

‖ 저장용기의 설치기준 ‖

구 분		할론 1301	할론 1211	할론 2402
저장압력		2.5MPa 또는 4.2MPa	1.1MPa 또는 2.5MPa	–
방출압력 →		0.9MPa	0.2MPa	0.1MPa
충전비	가압식	0.9~1.6 이하	0.7~1.4 이하	0.51~0.67 미만
	축압식			0.67~2.75 이하

(다) ① **이상기체 상태방정식**

$$PV=\frac{m}{M}RT$$

여기서, P : 기압[atm]

V : 방출가스량[m³]

m : 질량[kg]

M : 분자량(할론 1301 : **149**kg/kmol)

R : 0.082atm · m³/kmol · K

T : 절대온도(273+℃)[K]

$$V=\frac{m}{PM}RT=\frac{(3\text{병}\times 50\text{kg})}{1\text{atm}\times 149\text{kg/kmol}}\times 0.082\text{atm}\cdot\text{m}^3/\text{kmol}\cdot\text{K}\times(273+20)\text{K}=24.187\text{m}^3$$

- **(3병×50kg)** : 3병은 (가) ①에서 구한 값, 50kg은 [조건 ②]에서 주어진 값
- **1atm** : 기압은 방호구역의 기압을 적용하는 것이고, 일반적으로 방호구역의 기압은 1atm이다. (나) 분사헤드의 방출압력 0.9MPa을 적용하지 않는 점에 주의!
- **149kg/kmol** : [조건 ③]에서 주어진 값
- **20℃** : [조건 ③]에서 주어진 값

② **할론농도**

$$\text{할론농도[\%]} = \frac{\text{방출가스량}(V)}{\text{방호구역체적}+\text{방출가스량}(V)} \times 100$$

$$= \frac{24.187\text{m}^3}{(12\times10\times3)\text{m}^3 + 24.187\text{m}^3} \times 100 = 6.295 \fallingdotseq 6.3\%$$

중요

할론소화설비와 **관련된 식**

$$\text{할론농도[\%]} = \frac{\text{방출가스량}}{\text{방호구역체적}+\text{방출가스량}} \times 100 = \frac{21-O_2}{21} \times 100$$

여기서, O_2 : O_2의 농도[%]

$$\text{방출가스량} = \frac{21-O_2}{O_2} \times \text{방호구역체적}$$

여기서, O_2 : O_2의 농도[%]

$$PV = \frac{m}{M}RT$$

여기서, P : 기압[atm]
V : 방출가스량[m^3]
m : 질량[kg]
M : 분자량[kg/kmol]
R : 0.082atm · m^3/kmol · K
T : 절대온도(273+℃)[K]

$$Q = \frac{m_t C(t_1 - t_2)}{H}$$

여기서, Q : 할론의 증발량[kg]
m_t : 배관의 질량[kg]
C : 배관의 비열[kcal/kg · ℃]
t_1 : 방출 전 배관의 온도[℃]
t_2 : 방출될 때의 배관의 온도[℃]
H : 할론의 증발잠열[kcal/kg]

성공한 사람이 아니라 가치 있는 사람이 되려고 힘써라.
- 아인슈타인 -

내가 못하면 아무도 못하는 그날까지...

과년도 기출문제

2021년 소방설비산업기사 실기(기계분야)

** 수험자 유의사항 **

- 일반사항

1. 시험문제를 받는 즉시 응시하고자 하는 종목의 문제지가 맞는지를 확인하여야 합니다.
2. 시험문제지 총면수 · 문제번호 순서 · 인쇄상태 등을 확인하고(**확인 이후 시험문제지 교체불가**), 수험번호 및 성명을 답안지에 기재하여야 합니다.
3. 부정 또는 불공정한 방법(시험문제 내용과 관련된 메모지 사용 등)으로 시험을 치른 자는 부정행위자로 처리되어 당해 시험을 중지 또는 무효로 하고, 3년간 국가기술자격검정의 응시자격이 정지됩니다.
4. 저장용량이 큰 전자계산기 및 유사 전자제품 사용 시에는 반드시 저장된 메모리를 초기화한 후 사용하여야 하며, 시험위원이 초기화 여부를 확인할 시 협조하여야 합니다. 초기화되지 않은 전자계산기 및 유사 전자제품을 사용하여 적발 시에는 부정행위로 간주합니다.
5. 시험 중에는 통신기기 및 전자기기(휴대용 전화기 및 **스마트워치** 등)를 지참하거나 사용할 수 없습니다.
6. **문제 및 답안(지), 채점기준은 공개하지 않습니다.**
7. 복합형 시험의 경우 시험의 전 과정(필답형, 작업형)을 응시하지 않은 경우 채점대상에서 제외합니다.
8. 국가기술자격 시험문제는 일부 또는 전부가 저작권법상 보호되는 저작물이고, 저작권자는 한국산업인력공단입니다. 문제의 일부 또는 전부를 무단 복제, 배포, 출판, 전자출판 하는 등 저작권을 침해하는 일체의 행위를 금합니다.

- 채점사항

1. 수험자 인적사항 및 계산식을 포함한 답안작성은 흑색 필기구만 사용해야 하며, 그 외 연필류, 빨간색, 청색 등 필기구로 작성한 답항은 0점 처리되오니 불이익을 당하지 않도록 유의해 주시기 바랍니다.
2. 답란에는 문제와 관련 없는 불필요한 낙서나 특이한 기록사항 등을 기재하여서는 안 되며, 답안지의 인적사항 기재란 외의 부분에 답안과 관련 없는 **특수한 표시를 하거나 특정인임을 암시하는 경우 답안지 전체를 0점 처리합니다.**
3. 계산문제는 반드시 「계산과정」과 「답」란에 기재하여야 하며, **계산과정이 틀리거나 없는 경우 0점 처리됩니다.**
4. 계산문제는 최종 결과 값(답)에서 소수 셋째자리에서 반올림하여 둘째자리까지 구하여야 하나 개별문제에서 소수 처리에 대한 요구사항이 있을 경우 그 요구사항에 따라야 합니다.
5. 답에 단위가 없으면 오답으로 처리됩니다. (단, 문제의 요구사항에 단위가 주어졌을 경우는 생략되어도 무방합니다.)
6. 문제에서 요구한 가지수(항수) 이상을 답란에 표기한 경우에는 답란기재 순으로 요구된 가지수(항수)만 채점하고 한 항에 여러 가지를 기재하더라도 한 가지로 보며 그중 정답과 오답이 함께 기재되어 있을 경우 오답으로 처리됩니다.
7. 답안 정정 시에는 정정하고자 하는 단어에 두 줄(=)을 긋고 다시 기재 가능하며, 수정테이프 등은 사용할 수 없으며, 수정테이프 사용 시 채점대상에서 제외됨을 알려드립니다.

※ 수험자 유의사항 미준수로 인한 채점상의 불이익은 수험자 본인에게 책임이 있습니다.

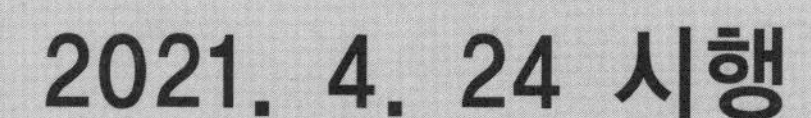

2021. 4. 24 시행

▮2021년 산업기사 제1회 필답형 실기시험▮

자격종목	시험시간	형별	수험번호	성명	감독위원 확인
소방설비산업기사(기계분야)	2시간 30분				

※ 다음 물음에 답을 해당 답란에 답하시오.(배점 : 100)

문제 01

도로터널에 소화설비를 설치하고자 한다. 다음 조건을 참조하여 각 물음에 답하시오.

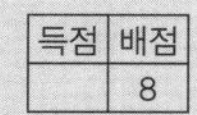

득점	배점
	8

〔조건〕

① 도로터널의 길이는 2500m이다.
② 도로터널은 일방향 터널로서 4차선이다.
③ 도로터널의 폭은 3m이다.
④ 물분무소화설비의 방수구역은 25m이다.

(가) 도로터널에 설치하여야 하는 옥내소화전설비 방수구의 설치개수를 구하시오.
○ 계산과정 :
○ 답 :

(나) 옥내소화전설비의 수원의 양[m^3]을 구하시오.
○ 계산과정 :
○ 답 :

(다) 물분무소화설비의 최소토출량[L/min]을 구하시오.
○ 계산과정 :
○ 답 :

(라) 물분무소화설비의 수원의 양[m^3]을 구하시오.
○ 계산과정 :
○ 답 :

(가) ○ 계산과정 : 한쪽 측벽 : $\frac{2500}{50} = 50$개

다른 한쪽 측벽 : $\frac{2500}{50} - 1 = 49$개

$50 + 49 = 99$개

○ 답 : 99개

(나) ○ 계산과정 : $7.6 \times 3 = 22.8 m^3$
○ 답 : $22.8 m^3$

(다) ○ 계산과정 : $2500 \times 3 \times 6 = 45000$L/min
○ 답 : 45000L/min

(라) ○ 계산과정 : $45000 \times 40 = 1800000L ≒ 1800 m^3$
○ 답 : $1800 m^3$

해설 (개) **옥내소화전설비 방수구**의 **최소설치수량**

‖ 도로터널 옥내소화전설비의 소화전함과 방수구 설치(NFPC 603 6조, NFTC 603 2.2.1.1) ‖

• 편도 2차선 이상 양방향 터널 • 4차로 이상 일방향 터널	기 타
양쪽 측벽에 **50m** 이내의 간격으로 엇갈리게 설치	우측 측벽에 **50m** 이내의 간격으로 설치

• 비상경보설비의 발신기(NFPC 603 8조, NFTC 603 2.4.1.1)도 위의 기준과 같음

[조건 ②]에서 4차선(4차로) 일방향 터널이므로 양측 측벽에 50m 이내의 간격으로 엇갈리게 설치한다.

한쪽 측벽 $= \frac{\text{터널길이}}{50\text{m}} = \frac{2500\text{m}}{50\text{m}} = 50$개(소수점 발생시 **절상**)

다른 한쪽 측벽 $= \frac{\text{터널길이}}{50\text{m}} - 1 = \frac{2500\text{m}}{50\text{m}} - 1 = 49$개(소수점 발생시 **절상**)

∴ 50개+49개=99개

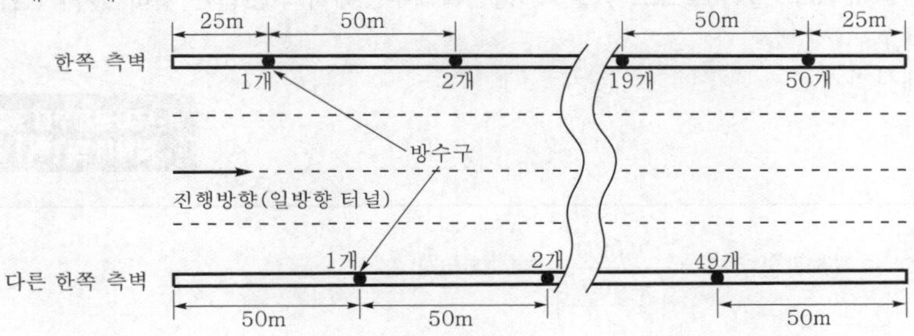

‖ 4차선 일방향 터널의 방수구 설치 ‖

(내) **옥내소화전설비 수원**의 **양**

‖ 도로터널의 수원의 양(NFPC 603 6조, NFTC 603 2.2.1.2) ‖

구 분	옥내소화전설비
수원의 양	$Q = 7.6N$ 여기서, Q : 수원의 양[m³] N : 2개(4차로 이상 3개)

수원의 **양** Q는

$Q = 7.6N = 7.6 \times 3 = 22.8\text{m}^3$

• [조건 ②]에서 4차선(4차로)이므로 $N = 3$개 적용

(대) **물분무소화설비 최소토출량**

최소토출량[L/min]=(길이[m]×폭[m])×6L/min · m^2

=(2500m×3m)×6L/min · m^2

=45000L/min

• 2500m : [조건 ①]에서 주어진 값
• 3m : [조건 ③]에서 주어진 값
• 6L/min · m^2 : NFPC 603 7조, NFTC 603 2.3.1.1에 규정된 값

(라) **물분무소화설비 수원의 양**

수원의 양[L]=토출량[L/min]×40min

=45000L/min×40min

=1800000L=1800m^3(1000L=1m^3)

- 45000L/min : (다)에서 구한 값
- 40min : NFPC 603 7조, NFTC 603 2.3.1.2에 규정된 값

중요

도로터널의 **물분무소화설비 설치기준**(NFPC 603 7조, NFTC 603 2.3.1)

(1) 물분무 헤드는 도로면에 **1m²당 6L/min** 이상의 수량을 균일하게 방수할 수 있도록 할 것 질문 (다)
(2) 물분무설비의 하나의 방수구역은 **25m** 이상으로 하며, **3개** 방수구역을 동시에 **40분** 이상 방수할 수 있는 수량을 확보할 것 질문 (라)
(3) 물분무설비의 비상전원은 **40분** 이상 기능을 유지할 수 있도록 할 것

문제 02

안지름이 각각 100mm와 300mm의 원관이 직접 연결되어 있다. 안지름이 작은 관에서 큰 관 방향으로 0.0134m³/s의 물이 흐르고 있을 때 돌연확대부분에서의 손실은 얼마인가? (단, 중력가속도는 9.8m/s² 이다.)

(20.11.문14, 13.11.문14)

○ 계산과정 :
○ 답 :

득점	배점
	5

유사문제부터 풀어보세요.
실력이 팍!팍! 올라갑니다.

해답

○ 계산과정 : $V_1 = \dfrac{0.0134}{\left(\dfrac{\pi \times 0.1^2}{4}\right)} = 1.706\text{m/s}$

$V_2 = \dfrac{0.0134}{\left(\dfrac{\pi \times 0.3^2}{4}\right)} = 0.189\text{m/s}$

$H = \dfrac{(1.706 - 0.189)^2}{2 \times 9.8} = 0.117 ≒ 0.12\text{m}$

○ 답 : 0.12m

해설

기호

- D_1 : 100mm=0.1m(1000mm=1m)
- D_2 : 300mm=0.3m(1000mm=1m)
- Q : 0.0134m³/s
- H : ?

(1) **유량**

$$Q = AV = \left(\frac{\pi D^2}{4}\right)V$$

여기서, Q : 유량[m³/s]
A : 단면적[m²]
V : 유속[m/s]
D : 반지름(내경)[m]

축소관 유속 V_1은

$$V_1 = \frac{Q}{\dfrac{\pi {D_1}^2}{4}} = \frac{0.0134\text{m}^3/\text{s}}{\left(\dfrac{\pi \times 0.1^2}{4}\right)\text{m}^2} = 1.706\text{m/s}$$

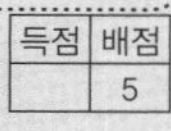

확대관 유속 V_2는

$$V_2 = \frac{Q}{\frac{\pi D_2^{\ 2}}{4}} = \frac{0.0134\text{m}^3/\text{s}}{\left(\frac{\pi \times 0.3^2}{4}\right)\text{m}^2} = 0.189\,\text{m/s}$$

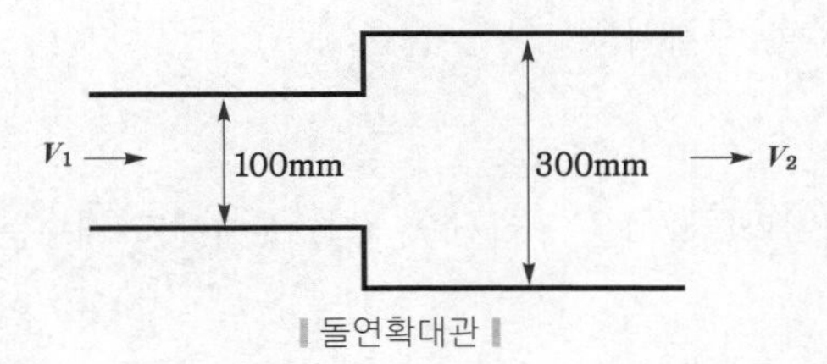

‖돌연확대관‖

(2) **돌연확대관**에서의 **손실**

$$H = K\frac{(V_1 - V_2)^2}{2g}$$

여기서, H : 손실수두[m]

K : 손실계수

V_1 : 축소관 유속[m/s]

V_2 : 확대관 유속[m/s]

g : 중력가속도(9.8m/s²)

돌연확대관에서의 **손실** H는

$$H = K\frac{(V_1 - V_2)^2}{2g}$$

$$= 1 \times \frac{(1.706 - 0.189)^2\ \text{m}^2/\text{s}^2}{2 \times 9.8\,\text{m/s}^2} = 0.117 \fallingdotseq 0.12\,\text{m}$$

- **손실계수**(K)는 문제에 주어지지 않았으므로 **1**로 본다.

비교

돌연축소관에서의 **손실**

$$H = K\frac{V_2^{\ 2}}{2g}$$

여기서, H : 손실수두[m]

K : 손실계수

V_2 : 축소관 유속[m/s]

g : 중력가속도(9.8m/s²)

V_1 → V_2

‖돌연축소관‖

☆☆

문제 03

가로 25m×세로 35m×높이 7m인 전기실에 전역방출방식의 할론 1301 소화설비를 설치하려고 한다. 내용적 V=65L이고, 충전비 C=1.3이며 개구부면적은 6m²이다. 다음 각 물음에 답하시오.

(20.11.문5, 20.10.문6, 19.6.문14, 18.6.문1, 17.4.문12, 15.11.문10, 15.7.문8, 13.11.문8, 13.7.문9, 13.4.문4, 12.4.문3, 10.7.문1, 10.4.문12)

득점	배점
	7

(가) 화재안전기준에 따른 1m³당 소요되는 약제의 양[kg]은 얼마인가?

○

(나) 최소 소요약제저장량[kg]을 구하시오. (단, 자동폐쇄장치가 설치되어 있다.)
○ 계산과정 :
○ 답 :

(다) 약제저장용기수를 구하시오.
○ 계산과정 :
○ 답 :

(라) 분사헤드의 방사량[kg/s]을 구하시오. (단, 분사헤드 개수는 20개이다.)
○ 계산과정 :
○ 답 :

해답 (가) 0.32kg
(나) ○ 계산과정 : $(25\times35\times7)\times0.32=1960\text{kg}$
○ 답 : 1960kg
(다) ○ 계산과정 : $G=\dfrac{65}{1.3}=50\text{kg}$

저장용기수$=\dfrac{1960}{50}=39.2 ≒ 40$병

○ 답 : 40병
(라) ○ 계산과정 : $\dfrac{50\times40}{20\times10}=10\text{kg/s}$
○ 답 : 10kg/s

해설 (가) **할론 1301의 약제량 및 개구부가산량**

방호대상물	약제량	개구부가산량 (자동폐쇄장치 미설치시)
차고 · 주차장 · 전기실 · 전산실 · 통신기기실 →	0.32kg/m^3	2.4kg/m^2
사류 · 면화류	0.52kg/m^3	3.9kg/m^2

위 표에서 **전기실**의 약제량은 **0.32kg/m^3**이다.

- 0.32kg/m^3=1m^3당 0.32kg으로써 같고 문제에서는 1m^3당 약제량[kg]으로 질문했으므로 정확히 말하면 0.32kg이 정답이고 0.32kg/m^3가 정답이 아님

(나) **할론저장량**[kg]=**방**호구역체적[m^3]×**약**제량[kg/m^3] **+ 개**구부면적[m^2]×개구부가**산**량[kg/m^2]

기억법 **방약 + 개산**

$=(25\text{m}\times35\text{m}\times7\text{m})\times0.32\text{kg/m}^3=1960\text{kg}$

- $(25\text{m}\times35\text{m}\times7\text{m})$: 문제에서 주어짐
- [단서]에서 자동폐쇄장치가 설치되어 있으므로 개구부면적, 개구부가산량 제외

(다) **충전비**

$$C=\frac{V}{G}$$

여기서, C : 충전비[L/kg]
V : 내용적[L]
G : 저장량(충전량)[kg]

충전비 $G=\dfrac{V}{C}=\dfrac{65\text{L}}{1.3\text{L/kg}}=50\text{kg}$

- 65L : 문제에서 주어짐
- 1.3 : 문제에서 주어짐(충전비의 단위[L/kg]는 생략 가능)

약제저장용기수$=\dfrac{\text{최소 소요약제저장량}}{\text{저장량}}=\dfrac{1960\text{kg}}{50\text{kg}}=39.2 ≒ 40$병

- 1960kg : (나)에서 구한 값
- 50kg : 바로 위에서 구한 값

(라) **약제방사시간**

소화설비		전역방출방식		국소방출방식	
		일반건축물	위험물제조소	일반건축물	위험물제조소
할론소화설비		→ 10초 이내	30초 이내	10초 이내	30초 이내
분말소화설비		30초 이내		30초 이내	
CO_2 소화설비	표면화재	1분 이내	60초 이내		
	심부화재	7분 이내			

분사헤드의 방사량$=\dfrac{\text{1병당 저장량[kg]}\times\text{병수}}{\text{헤드수}\times\text{약제방출시간[s]}}=\dfrac{50\text{kg}\times 40\text{병}}{20\text{개}\times 10\text{s}}=10\text{kg/s}$

- 50kg : (다)에서 구한 값
- 40병 : (다)에서 구한 값
- 20개 : [단서]에서 주어진 값
- 10s : 위 표에서 주어진 값

비교

(1) 선택밸브 직후의 유량$=\dfrac{\text{1병당 저장량[kg]}\times\text{병수}}{\text{약제방출시간[s]}}$

(2) 방사량$=\dfrac{\text{1병당 저장량[kg]}\times\text{병수}}{\text{헤드수}\times\text{약제방출시간[s]}}$

(3) 약제의 유량속도$=\dfrac{\text{1병당 저장량[kg]}\times\text{병수}}{\text{약제방출시간[s]}}$

(4) 분사헤드수$=\dfrac{\text{1병당 저장량[kg]}\times\text{병수}}{\text{헤드 1개의 표준방사량[kg]}}$

(5) 개방밸브(용기밸브) 직후의 유량$=\dfrac{\text{1병당 충전량[kg]}}{\text{약제방출시간[s]}}$

- 1병당 저장량=1병당 충전량

☆☆☆

문제 04

옥내소화전설비를 다음 조건과 같게 설치하려고 한다. 각 물음에 답하시오.

(17.4.문2·4·9, 16.6.문9, 15.11.문7·9, 15.7.문1, 15.4.문4·11·16, 14.4.문5, 12.7.문1, 12.4.문1, 10.4.문14, 09.10.문10, 09.4.문10, 08.11.문6, 07.11.문11, 06.7.문7, 05.5.문5, 04.7.문8)

득점	배점
	10

[조건]

① 옥내소화전의 개수는 2개이다.
② 실양정은 20m이다.
③ 옥내소화전함 호스접결구까지의 마찰손실 및 저항손실수두는 5m이다.
④ 펌프의 효율은 60%이다.
⑤ 소방호스의 마찰손실수두는 실양정의 20%이다.
⑥ 전달계수 $K=1.1$

(가) 저수조의 저수량[m^3]을 구하시오. (단, 옥상수조를 포함한다.)
　○ 계산과정 :
　○ 답 :
(나) 펌프의 토출량[L/min]을 구하시오.
　○ 계산과정 :
　○ 답 :
(다) 규정방수압과 규정방사량[L/min]을 쓰시오.
　○ 규정방수압 : (　　)MPa~(　　)MPa
　○ 규정방사량 :
(라) 펌프의 기동방식 2가지를 쓰시오.
　○
　○
(마) 펌프의 동력[kW]을 구하시오.
　○ 계산과정 :
　○ 답 :

해답 (가) ○ 계산과정 : $Q_1 = 2.6 \times 2 = 5.2\text{m}^3$

$$Q_2 = 2.6 \times 2 \times \frac{1}{3} = 1.733\text{m}^3$$

$$Q = 5.2 + 1.733 = 6.933 \fallingdotseq 6.93\text{m}^3$$

○ 답 : 6.93m^3

(나) ○ 계산과정 : $130 \times 2 = 260\text{L/min}$
　○ 답 : 260L/min
(다) ① 규정방수압 : 0.17MPa~0.7MPa
　② 규정방사량 : 130L/min
(라) ① 자동기동방식
　② 수동기동방식
(마) ○ 계산과정 : $h_1 = 20 \times 0.2 = 4\text{m},\ h_2 = 5\text{m},\ h_3 = 20\text{m}$

$$H = 4 + 5 + 20 + 17 = 46\text{m}$$

$$P = \frac{0.163 \times 0.26 \times 46}{0.6} \times 1.1 = 3.574 \fallingdotseq 3.57\text{kW}$$

○ 답 : 3.57kW

해설 (가) ① **지하수조**의 **저수량**

$Q = 2.6N$(30층 미만, N: 최대 2개)
$Q = 5.2N$(30~49층 이하, N: 최대 5개)
$Q = 7.8N$(50층 이상, N: 최대 5개)

여기서, Q: 수원의 저수량[m^3]
　　　N: 가장 많은 층의 소화전개수

저수조의 **저수량** Q_1은

$Q_1 = 2.6N = 2.6 \times 2 = 5.2\text{m}^3$

- 소화전 최대개수 N=**2**
- 층수가 주어지지 않은 경우 **30층 미만**으로 본다.

② **옥상수원**(옥상수조)의 **저수량**

$$Q_2 = 2.6N \times \frac{1}{3} \text{(30층 미만, } N\text{: 최대 2개)}$$
$$Q_2 = 5.2N \times \frac{1}{3} \text{(30~49층 이하, } N\text{: 최대 5개)}$$
$$Q_2 = 7.8N \times \frac{1}{3} \text{(50층 이상, } N\text{: 최대 5개)}$$

여기서, Q_2: 옥상수원(옥상수조)의 저수량[m³]
N: 가장 많은 층의 소화전개수

옥상수원의 **저수량** Q_2는

$$Q_2 = 2.6N \times \frac{1}{3}$$
$$= 2.6 \times 2 \times \frac{1}{3} = 1.733\text{m}^3$$

- 소화전 최대개수 $N=2$
- 특별한 조건이 없으면 **30층 미만** 식 적용

저수조의 저수량 $Q = Q_1 + Q_2$
$= 5.2\text{m}^3 + 1.733\text{m}^3$
$= 6.933 = 6.93\text{m}^3$

(나) **토출량**(유량)

$$Q = N \times 130\text{L/min}$$

여기서, Q : 토출량(유량)[L/min]
N: 가장 많은 층의 소화전개수(30층 미만 : **2개**, 30층 이상 : **5개**)

펌프의 **최소토출량** Q는

$Q = N \times 130\text{L/min}$
$= 2 \times 130\text{L/min} = 260\text{L/min}$

- 소화전 최대개수 $N=2$
- 특별한 조건이 없으면 **30층 미만** 식 적용

(다)

구 분	옥내소화전설비	옥외소화전설비
규정방수압	**0.17~0.7MPa**	**0.25~0.7MPa**
규정방수량	**130L/min**	**350L/min**

중요

각 설비의 **주요사항**

구 분	드렌처설비	스프링클러설비	소화용수설비	옥내소화전설비	옥외소화전설비	포소화설비, 물분무소화설비, 연결송수관설비
방수압	0.1MPa 이상	0.1~1.2MPa 이하	0.15MPa 이상	0.17~0.7MPa 이하	0.25~0.7MPa 이하	0.35MPa 이상
방수량	80L/min 이상	80L/min 이상	800L/min 이상 (가압송수장치 설치)	130L/min 이상 (30층 미만 : 최대 2개, 30층 이상 : 최대 5개)	350L/min 이상 (최대 2개)	75L/min 이상(포워터 스프링클러 헤드)
방수구경	–	–	–	40mm	65mm	–
노즐구경	–	–	–	13mm	19mm	–

(라)

- '**기동용 수압개폐장치 이용방식**', '**ON, OFF 스위치 이용방식**'이라고 써도 정답! 하지만 짧고 굵게 답하자!

‖ 펌프의 기동방식 ‖

자동기동방식(기동용 수압개폐장치 이용방식)	수동기동방식(ON, OFF 스위치 이용방식)
기동용 수압개폐장치를 이용하는 방식으로 소화를 위해 소화전함 내에 있는 방수구, 즉 앵글밸브를 개방하면 기동용 수압개폐장치 내의 **압력스위치**가 작동하여 제어반에 신호를 보내 펌프를 기동시킨다.	**ON, OFF 스위치**를 이용하는 방식으로 소화를 위해 소화전함 내에 있는 방수구, 즉 앵글밸브를 개방한 후 **기동**(ON)**스위치**를 누르면 제어반에 신호를 보내 펌프를 기동시킨다. 수동기동방식은 과거에 사용되던 방식으로 요즘에는 이 방식이 거의 사용되지 않는다.

(마) **전양정**

$$H \geq h_1 + h_2 + h_3 + 17$$

여기서, H : 전양정[m]

h_1 : 소방호스의 마찰손실수두[m]

h_2 : 배관 및 관부속품의 마찰손실수두[m]

h_3 : 실양정(흡입양정+토출양정)[m]

펌프의 **전양정** H는

$H = h_1 + h_2 + h_3 + 17$

$= 4\text{m} + 5\text{m} + 20\text{m} + 17 = 46\text{m}$

- h_1 $(20\text{m} \times 0.2 = 4\text{m})$: [조건 ⑤]에서 실양정의 20%이므로 실양정×0.2
- h_2 (5m) : [조건 ③]에서 주어진 값
- h_3 (20m) : [조건 ②]에서 주어진 값

동력(모터동력)

$$P = \frac{0.163\,QH}{\eta}K$$

여기서, P : 동력[kW]

Q : 유량[m^3/min]

H : 전양정[m]

K : 전달계수

η : 효율

펌프의 **동력**(모터동력) P는

$P = \dfrac{0.163QH}{\eta}K$

$= \dfrac{0.163 \times 260\text{L/min} \times 46\text{m}}{0.6} \times 1.1$

$= \dfrac{0.163 \times 0.26\text{m}^3/\text{min} \times 46\text{m}}{0.6} \times 1.1 = 3.574 \fallingdotseq 3.57\text{kW}$

- 1000L=1m^3이므로 260L/min=0.26m^3/min
- Q(**260L/min**) : (나)에서 구한 값
- H(**46m**) : 바로 위에서 구한 값
- η(0.6) : [조건 ④]에서 60%=0.6
- K(**1.1**) : [조건 ⑥]에서 주어진 값

☆☆
문제 05

분말소화설비에 관한 다음 각 물음에 답하시오. (20.11.문9, 18.6.문4, 15.11.문16, 12.7.문10)

득점	배점
	6

(가) 저장용기 및 배관의 소화잔류약제를 처리해주는 장치는 무엇인지 쓰시오.
○
(나) 가압용 가스 또는 축압용 가스를 2가지 쓰시오.
○
○
(다) 저장용기의 충전비를 쓰시오.
○

해답 (가) 클리닝밸브
(나) ① 질소가스
② 이산화탄소
(다) 0.8 이상

해설 (가) **분말소화설비 각 부**의 **명칭** 및 **기능**

명 칭	기 능
배기밸브	약제방출 후 저장용기 내의 **잔압**을 **배출**시키기 위한 밸브
정압작동장치	저장용기의 내부압력이 설정압력이 되었을 때 주밸브 개방
클리닝밸브 질문 (가)	소화약제의 방출 후 송출배관 내에 **잔존**하는 **분말약제**를 **배출**시키는 밸브
주밸브	가압된 **분말약제**를 방호구역으로 **송출**하기 위한 **밸브**
선택밸브	방호구역이 여러 개로 구성될 때 해당 방호구역에 **선택적**으로 **소화약제**를 **방출**하기 위한 밸브
안전밸브	분말용기에 과도한 압력이 걸렸을 때 **과압**을 **방출**시켜 주기 위한 밸브

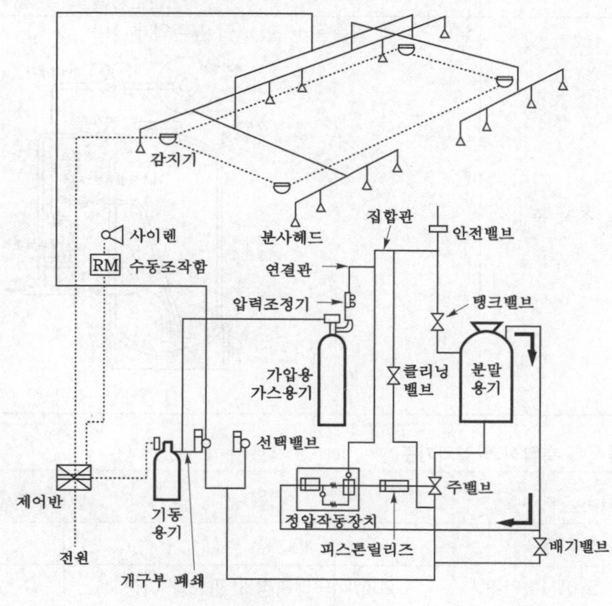

‖분말소화설비의 계통도‖

중요

클리닝장치(청소장치)

구 분	설 명
분말소화약제 압송 중	소화약제 탱크의 내부를 청소하여 약제를 충전하기 위한 것 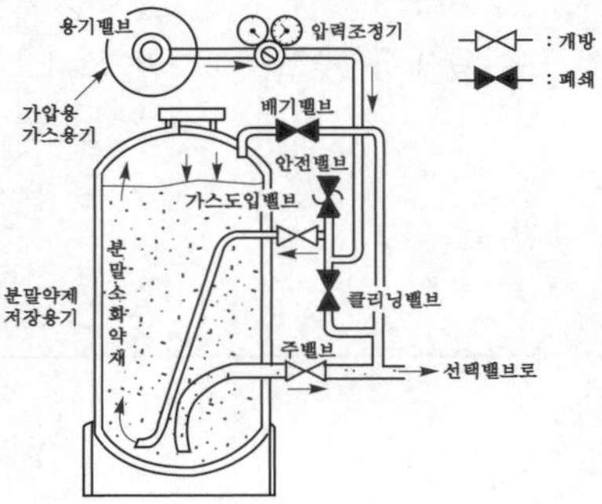 ‖ 분말소화약제 압송 중 ‖
잔압방출 조작 중	방출을 중단했을 때 탱크 내의 압력가스 방출 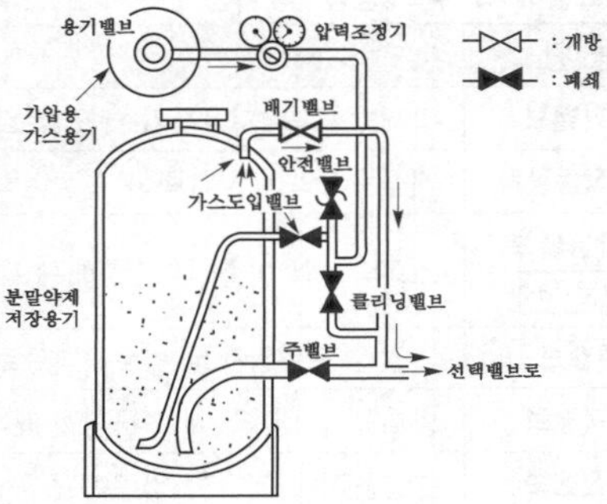 ‖ 잔압방출 조작 중 ‖
클리닝 조작 중	분말약제의 압송용 배관 내의 잔존약제 청소 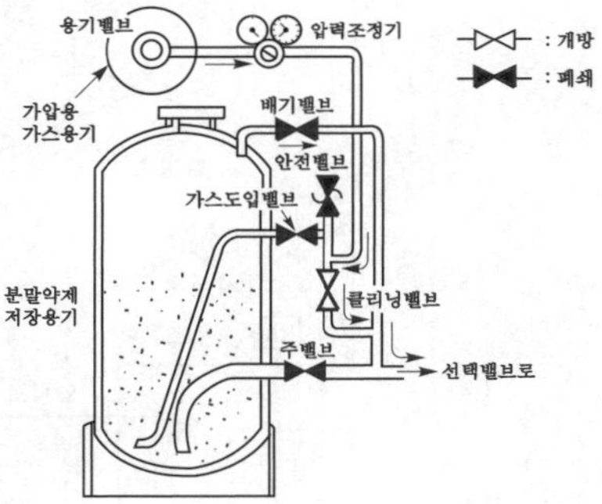 ‖ 클리닝 조작 중 ‖

(나) **가압식**과 **축압식**의 **설치기준**(NFPC 108 5조 ④항, NFTC 108 2.2.4.1)

사용가스 \ 구 분	가압식	축압식
N_2(질소)	40L/kg 이상	10L/kg 이상
CO_2(이산화탄소)	20g/kg+배관청소 필요량 이상	20g/kg+배관청소 필요량 이상

※ 배관청소용 가스는 별도의 용기에 저장한다.

- '질소', '이산화탄소'를 N_2, CO_2라고 써도 정답!
- 가압용 가스 또는 축압용 가스 : **질소가스** 또는 **이산화탄소**

(다) 저장용기의 충전비(NFPC 108 4조, NFTC 108 2.1.2.4/NFPC 107 4조, NFTC 107 2.1.2.2)

할론소화설비				분말소화설비
할론 2402		할론 1211	할론 1301	
가압식	축압식			
0.51~0.67 미만	0.67~2.75 이하	0.7~1.4 이하	0.9~1.6 이하	0.8 이상 질문 (다)

비교

압력조정기(압력조정장치)의 **조정범위**

할론소화설비	**분**말소화설비
2.0MPa 이하	**2.5MPa** 이하 기억법 분25

☆☆☆

문제 06

다음 그림은 어느 습식 스프링클러설비에서 배관의 일부를 나타내는 평면도이다. 주어진 조건을 참조하여 점선 내의 배관에 관부속품을 산출하여 빈칸에 수치를 넣으시오. (18.11.문1, 17.11.문14, 08.7.문15)

득점	배점
	10

[조건]

① 티의 규격은 다음의 실례와 같은 방법으로 표기할 것

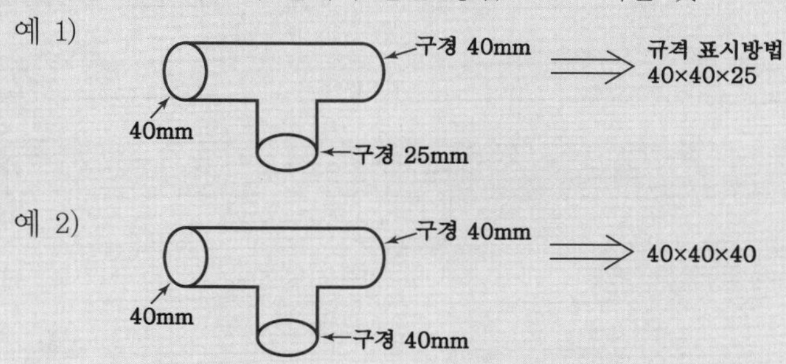

② 티는 직류방향으로의 두 접속부의 구경만은 항상 동일한 것을 사용하는 것으로 한다.
③ 임의로 판단하지 말고 도면에 표시되어 있는 사항만 적용한다.

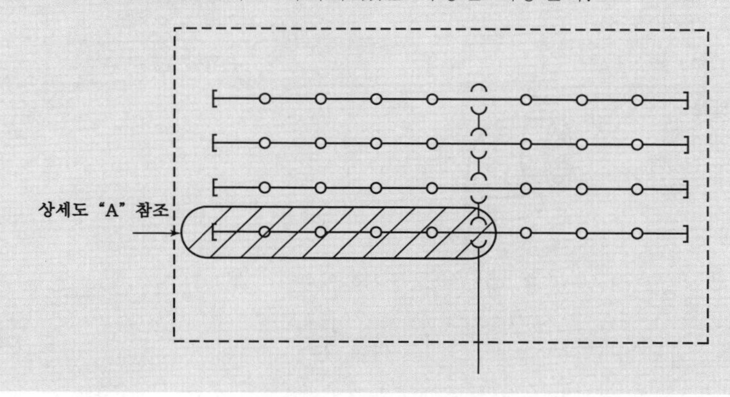

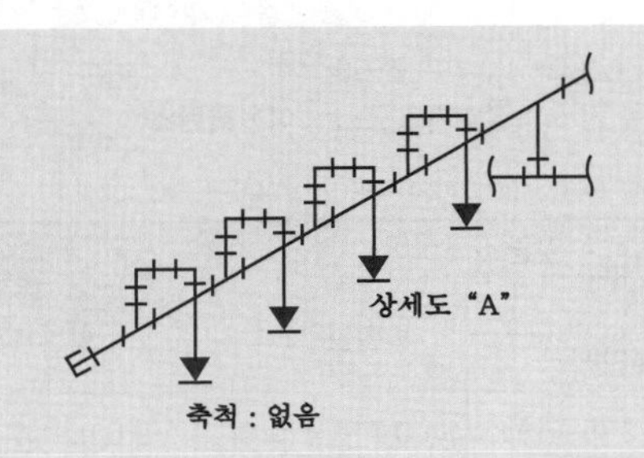

구 분 \ 급수관의 구경	25mm	32mm	40mm	50mm	65mm	80mm	90mm	100mm
폐쇄형 헤드수	2개	3개	5개	10개	30개	60개	80개	100개

관부속품	개 수	관부속품	개 수
90° 엘보		티 25×25×25A	
캡		리듀셔 65×50A	
티 65×65×50A		리듀셔 50×40A	
티 50×50×50A		리듀셔 50×32A	
		리듀셔 40×32A	
티 40×40×25A		리듀셔 32×25A	
티 32×32×25A		리듀셔 25×15A	

해답

관부속품	개 수	관부속품	개 수
90° 엘보	57개	티 25×25×25A	16개
캡	8개	리듀셔 65×50A	1개
티 65×65×50A	3개	리듀셔 50×40A	4개
티 50×50×50A	4개	리듀셔 50×32A	4개
		리듀셔 40×32A	4개
티 40×40×25A	4개	리듀셔 32×25A	8개
티 32×32×25A	8개	리듀셔 25×15A	28개

해설 (1) **90° 엘보**

① 50A 1개
② 25A 56개
57개

▌90° 엘보▐

각각의 사용위치를 50A : ●, 25A : □로 표시하면 다음과 같다.

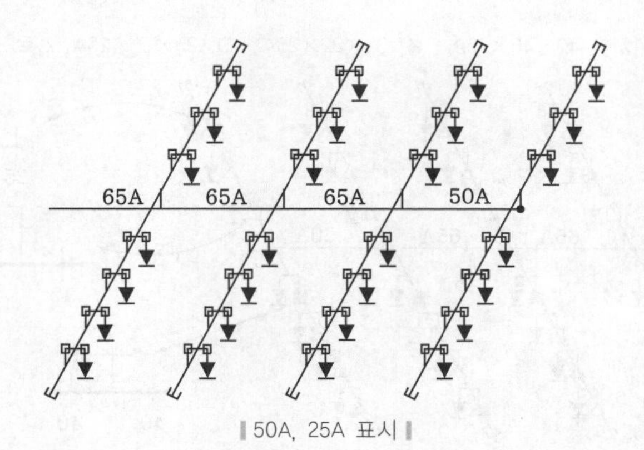

‖ 50A, 25A 표시 ‖

(2) **캡**

캡 8개

‖ 캡 ‖

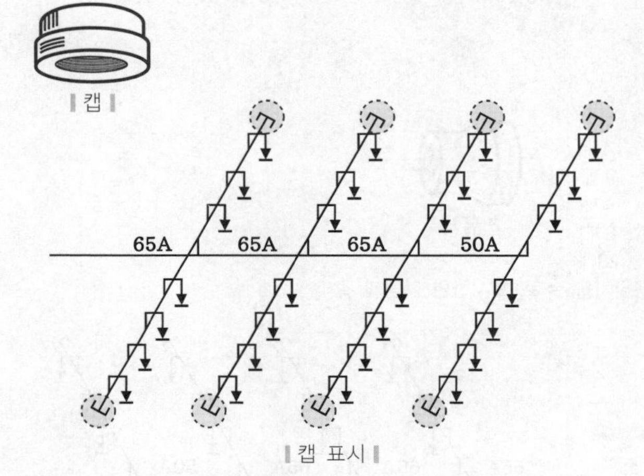

‖ 캡 표시 ‖

(3) **티**

① 65×65×50A 3개
② 50×50×50A 4개
③ 40×40×25A 4개
④ 32×32×25A 8개
⑤ 25×25×25A 16개

‖ 티 ‖

각각의 사용위치를 65×65×50A : ●, 50×50×50A : ○로 표시하면 다음과 같다.

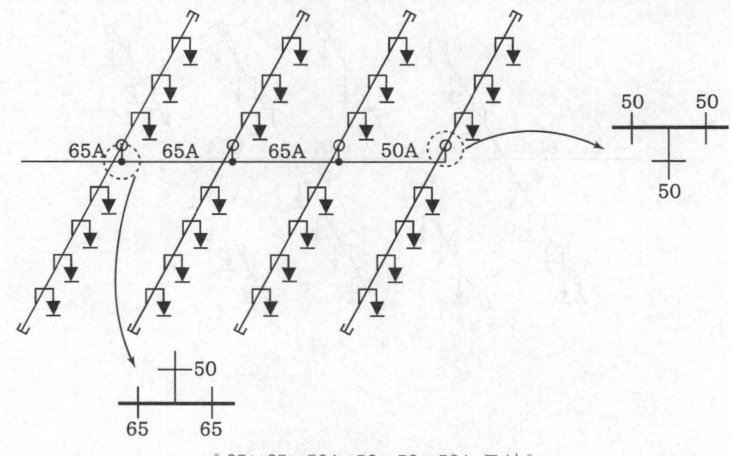

‖ 65×65×50A, 50×50×50A 표시 ‖

각각의 사용위치를 40×40×25A : ■, 32×32×25A : □, 25×25×25A : △로 표시하면 다음과 같다.

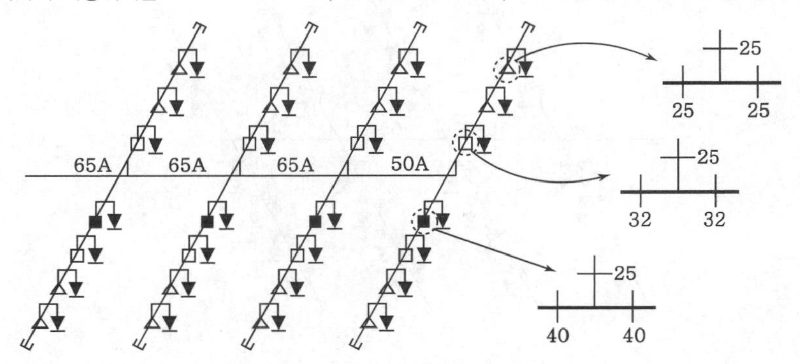

‖ 40×40×25A, 32×32×25A, 25×25×25A 표시 ‖

(4) **리듀셔**

① 65×50A 1개
② 50×40A 4개
③ 50×32A 4개
④ 40×32A 4개
⑤ 32×25A 8개
⑥ 25×15A 28개

‖ 리듀셔 ‖

각각의 사용위치를 ⇒로 표시하면 다음과 같다.

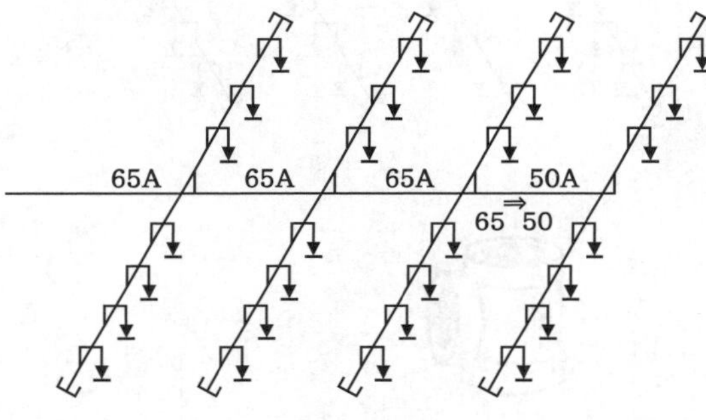

‖ 65×50A 표시 ‖

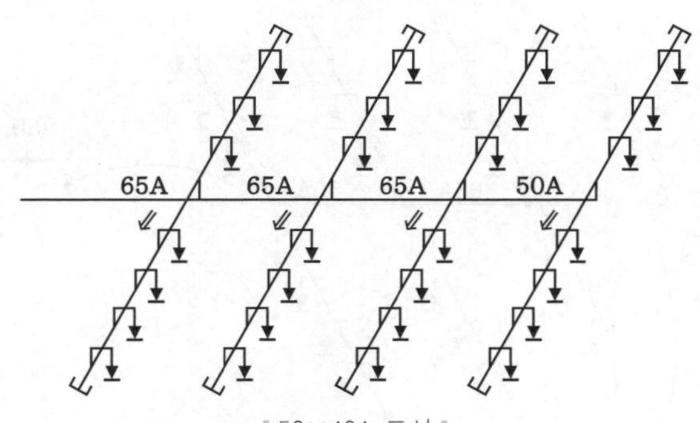

‖ 50×40A 표시 ‖

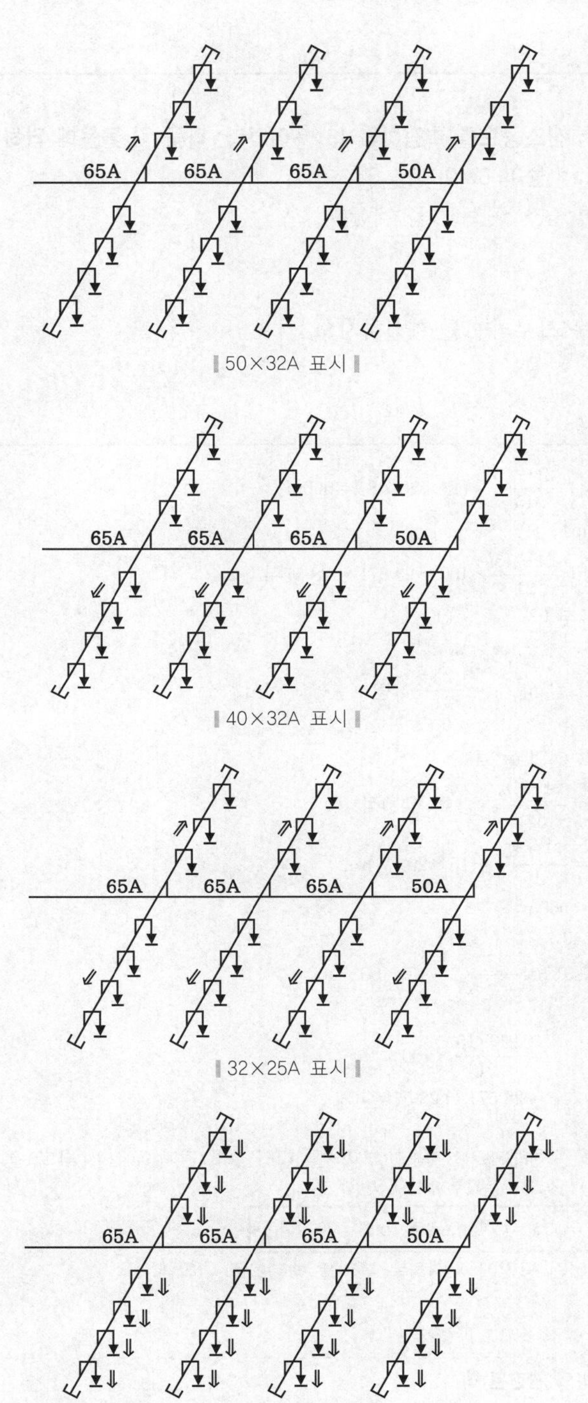

▌50×32A 표시▐

▌40×32A 표시▐

▌32×25A 표시▐

• 스프링클러헤드마다 **1개**씩 설치하여야 한다.

▌25×15A 표시▐

☆☆

문제 07

이산화탄소 방출 후 산소농도를 측정하니 15V%이었다. 다음 각 물음에 답하시오. (단, 방호구역은 가로 15m×세로 20m×높이 8m이다.) (15.4.문13, 13.7.문15, 12.11.문7, 12.7.문12, 11.11.문15)

득점	배점
	4

(가) 이산화탄소의 방출가스량$[m^3]$을 계산하시오.

○ 계산과정 :

○ 답 :

(나) 이산화탄소의 농도[부피%]를 계산하시오.

○ 계산과정 :

○ 답 :

해답 (가) ○ 계산과정 : $\frac{21-15}{15}\times(15\times20\times8)=960m^3$

○ 답 : $960m^3$

(나) ○ 계산과정 : $\frac{21-15}{21}\times100=28.571 ≒ 28.57$부피%

○ 답 : 28.57부피%

해설 (가)

$$\text{방출가스량}[m^3]=\frac{21-O_2}{O_2}\times\text{방호구역체적}[m^3]$$

여기서, O_2 : O_2의 농도[%]

$$\text{방출가스량}=\frac{21-O_2}{O_2}\times\text{방호구역체적}$$

$$=\frac{21-15}{15}\times(15\times20\times8)m^3$$

$$=960m^3$$

(나)

$$CO_2\ \text{농도}[\%]=\frac{21-O_2[\%]}{21}\times100$$

$$=\frac{21-15}{21}\times100$$

$$=28.571 ≒ 28.57\text{부피\%}$$

- 위의 식은 원래 %가 아니고 부피%를 나타낸다. 단지 우리가 부피%를 간략화해서 %로 표현할 뿐이고 원칙적으로는 **'부피%'**로 써야 한다.

부피%=Volume%=Vol%=V%

- Vol% : 어떤 공간에 차지하는 부피를 백분율로 나타낸 것

중요

이산화탄소 소화설비와 **관련된 식**

(1)

$$CO_2=\frac{\text{방출가스량}}{\text{방호구역체적}+\text{방출가스량}}\times100=\frac{21-O_2}{21}\times100$$

여기서, CO_2 : CO_2의 농도[%]

O_2 : O_2의 농도[%]

(2)

$$방출가스량=\frac{21-O_2}{O_2}\times 방호구역체적$$

여기서, O_2 : O_2의 농도〔%〕

(3)

$$PV=\frac{m}{M}RT$$

여기서, P : 기압〔atm〕
V : 방출가스량〔m^3〕
m : 질량〔kg〕
M : 분자량(CO_2=44)
R : 0.082atm·m^3/kmol·K
T : 절대온도(273+℃)〔K〕

(4)

$$Q=\frac{m_t C(t_1-t_2)}{H}$$

여기서, Q : 액화 CO_2의 증발량〔kg〕
m_t : 배관의 질량〔kg〕
C : 배관의 비열〔kcal/kg·℃〕
t_1 : 방출 전 배관의 온도〔℃〕
t_2 : 방출될 때 배관의 온도〔℃〕
H : 액화 CO_2의 증발잠열〔kcal/kg〕

문제 08

물분무소화설비의 수원의 저수량에 관한 적합기준에 관한 사항이다. 특정소방대상물별 어느 부분을 기준으로 하는지 다음 표를 완성하시오. (20.11.문12, 20.5.문14, 17.11.문11, 13.7.문2)

득점	배점
	5

특정소방대상물	비 고
차고·주차장	최대방수구역의 바닥면적 기준
절연유 봉입변압기	(①)
특수가연물	(②)
컨베이어벨트	(③)
케이블트레이·덕트	(④)

해답 ① 표면적을 합한 면적(바닥면적 제외)
② 최대방수구역의 바닥면적 기준
③ 벨트부분의 바닥면적
④ 투영된 바닥면적

해설 **물분무소화설비**의 **수원**(NFPC 104 4조, NFTC 104 2.1.1)

특정소방대상물	토출량	비 고
컨베이어벨트	1**0**L/min · m^2	벨트부분의 바닥면적
절연유 봉입변압기	1**0**L/min · m^2	표면적을 합한 면적(바닥면적 제외)
특수가연물	1**0**L/min · m^2(최소 50m^2)	최대방수구역의 바닥면적 기준
케이블트레이 · 덕트	1**2**L/min · m^2	투영된 바닥면적
차고 · 주차장	2**0**L/min · m^2(최소 50m^2)	최대방수구역의 바닥면적 기준
위험물 저장탱크	**37**L/min · m	위험물탱크 둘레길이(원주길이) : 위험물규칙 〔별표 6〕 Ⅱ

※ 모두 **20분**간 방수할 수 있는 양 이상으로 하여야 한다.

기억법
컨 0
절 0
특 0
케 2
차 0
위 37

☆☆

문제 09

어느 옥내소화전펌프의 토출측 주배관의 유량이 300L/min이었다. 이 소화펌프 주배관의 적합한 크기(호칭지름)를 다음 표에서 구하시오. (20.10.문3, 17.6.문11, 17.4.문4, 15.11.문7, 14.11.문8, 10.4.문14, 04.10.문7)

득점	배점
	4

호칭지름	안지름〔mm〕	호칭지름	안지름〔mm〕	호칭지름	안지름〔mm〕
25A	25	50A	50	100A	100
32A	32	65A	65	125A	125
40A	40	80A	80	150A	150

○ 계산과정 :
○ 답 :

해답
○ 계산과정 : $\sqrt{\dfrac{0.3/60}{\dfrac{\pi}{4}\times 4}} \fallingdotseq 0.039\text{m} = 39\text{mm}$

○ 답 : 50A

해설 **유량**

$$Q = AV = \left(\frac{\pi}{4}D^2\right)V$$

여기서, Q : 유량〔m^3/s〕
A : 단면적〔m^2〕
V : 유속〔m/s〕
D : 직경〔m〕

$$Q = \left(\frac{\pi}{4}D^2\right)V$$

$$\frac{Q}{\frac{\pi}{4}V} = D^2$$

$$D^2 = \frac{Q}{\frac{\pi}{4}V}$$

$$\sqrt{D^2} = \sqrt{\frac{Q}{\frac{\pi}{4}V}}$$

$$D = \sqrt{\frac{Q}{\frac{\pi}{4}V}} = \sqrt{\frac{0.3\text{m}^3/60\text{s}}{\frac{\pi}{4}\times 4\text{m/s}}} \fallingdotseq 0.039\text{m} = 39\text{mm}(\therefore \text{50A})$$

- Q : **0.3m³/60s**(1000L=1m³이고 1min=60s이므로 300L/min=0.3m³/min=0.3m³/60s)
- V : **4m/s**

‖ 배관 내의 유속 ‖

설 비		유 속
옥내소화전설비		4m/s 이하
스프링클러설비	가지배관	6m/s 이하
	기타배관	10m/s 이하

- 39mm가 나왔다고 해서 40A를 쓰면 틀린다. 펌프 토출측 주배관의 최소구경은 50mm이므로 호칭지름은 **50A**라고 답해야 한다.
- 호칭지름을 구하라고 했으므로 50mm라고 쓰면 틀린다. 50A라고 써야 확실한 답이다.

‖ 배관의 최소구경 ‖

구 분	구 경
주배관 중 **수직배관**, 펌프 토출측 **주배관** →	**50mm 이상**
연결송수관인 방수구가 연결된 경우(연결송수관설비의 배관과 겸용할 경우)	**100mm 이상**

문제 10

호스릴 이산화탄소 소화설비의 설치기준이다. 다음 (   ) 안을 완성하시오. (17.4.문13, 12.4.문12)

득점	배점
	5

○ 방호대상물의 각 부분으로부터 하나의 호스접결구까지의 수평거리가 (①)m 이하가 되도록 할 것
○ 노즐은 20℃에서 하나의 노즐마다 (②)kg/min 이상의 소화약제를 방사할 수 있는 것으로 할 것
○ 소화약제 저장용기는 (③)을 설치하는 장소마다 설치할 것
○ 소화약제 저장용기의 개방밸브는 호스의 설치장소에서 (④)으로 개폐할 수 있는 것으로 할 것
○ 소화약제 저장용기의 가장 가까운 곳의 보기 쉬운 곳에 (⑤)을 설치하고, 호스릴 이산화탄소 소화설비가 있다는 뜻을 표시한 표지를 할 것

해답 ① 15
② 60
③ 호스릴
④ 수동
⑤ 표시등

해설 **호스릴 이산화탄소 소화설비**의 **설치기준**(NFPC 106 10조, NFTC 106 2.7.4)

(1) 방호대상물의 각 부분으로부터 하나의 호스접결구까지의 **수평거리가 15m** 이하가 되도록 할 것
(2) 노즐은 **20℃**에서 하나의 노즐마다 **60kg/min** 이상의 소화약제를 방사할 수 있는 것으로 할 것
(3) 소화약제 저장용기는 **호스릴**을 설치하는 장소마다 설치할 것
(4) 소화약제 저장용기의 개방밸브는 호스의 설치장소에서 **수동**으로 **개폐**할 수 있는 것으로 할 것
(5) 소화약제 저장용기의 가장 가까운 곳의 보기 쉬운 곳에 **표시등**을 설치하고, 호스릴 이산화탄소 소화설비가 있다는 뜻을 표시한 표지를 할 것

중요

(1) **수평거리**

수평거리 15m 이하	수평거리 20m 이하
• 호스릴 **분말**소화설비 • 호스릴 **포**소화설비 • 호스릴 **이산화탄소** 소화설비	• 호스릴 **할론**소화설비

(2) **호스릴 이산화탄소 소화설비**

분당방사량	저장량
하나의 노즐마다 **60kg/min** 이상	하나의 노즐에 대하여 **90kg** 이상

비교

호스릴 할론소화설비의 **설치기준**(NFPC 107 10조, NFTC 107 2.7.4)

(1) 방호대상물의 각 부분으로부터 하나의 호스접결구까지의 **수평거리**가 **20m** 이하가 되도록 할 것
(2) 소화약제의 저장용기의 개방밸브는 호스릴의 설치장소에서 **수동**으로 **개폐**할 수 있는 것으로 할 것
(3) 소화약제의 저장용기는 **호스릴**을 설치하는 장소마다 설치할 것
(4) 노즐은 **20℃**에서 하나의 노즐마다 다음 표에 따른 소화약제를 방사할 수 있는 것으로 할 것

소화약제의 종별	소화약제의 양
할론 2402	45kg/min
할론 1211	40kg/min
할론 1301	35kg/min

(5) 소화약제 저장용기의 가장 가까운 곳의 보기 쉬운 곳에 **적색**의 **표시등**을 설치하고, 호스릴 할론소화설비가 있다는 뜻을 표시한 표지를 할 것

☆☆☆
문제 11

제연설비의 배연기풍량이 25000CMH이고 소요전압이 50mmAq, 효율이 60%, 전달계수가 1.1일 때 배출기의 이론소요동력〔kW〕을 구하시오. (20.5.문2, 15.7.문10, 13.11.문10, 11.7.문11)

○ 계산과정 :
○ 답 :

득점	배점
	4

해답

○ 계산과정 : $\frac{50\times(25000/60)}{102\times60\times0.6}\times1.1=6.24\text{kW}$

○ 답 : 6.24kW

해설

$$P=\frac{P_T Q}{102\times60\eta}K$$

여기서, P : 배출기의 이론소요동력(배연기동력)〔kW〕
P_T : 전압(풍압)〔mmAq, mmH_2O〕
Q : 풍량〔m^3/min〕
K : 여유율(전달계수)
η : 효율

배출기의 **이론소요동력** P는

$$P=\frac{P_T Q}{102\times60\eta}K=\frac{50\text{mmAq}\times25000\text{m}^3/60\text{min}}{102\times60\times0.6}\times1.1=6.24\text{kW}$$

- 배연설비(제연설비)에 대한 동력은 반드시 $P=\frac{P_T Q}{102\times 60\eta}K$를 적용하여야 한다. 우리가 알고 있는 일반적인 식 $P=\frac{0.163QH}{\eta}K$를 적용하여 풀면 틀린다.
- K : **1.1**
- P_T : **50mmAq**
- Q : 25000CMH=25000m³/h=25000m³/60min(1h=60min이므로 25000m³/h=25000m³/60min)
- η : **0.6**(60%=0.6)

단위

(1) GPM=**G**allon **P**er **M**inute〔gallon/min〕
(2) PSI=**P**ound per **S**quare **I**nch〔lb_f/in^2〕
(3) Lpm=**L**iter **P**er **M**inute〔L/min〕
(4) CMH=**C**ubic **M**eter per **H**our〔m^3/h〕

문제 12

옥내소화전설비의 계통도이다. 다음 각 물음에 답하시오.

(17.4.문1, 16.11.문1, 16.6.문4, 15.11.문4, 12.7.문6, 12.4.문2)

(가) 도면에서 표시한 번호의 부품 또는 설비의 명칭을 쓰시오.

득점	배점
	10

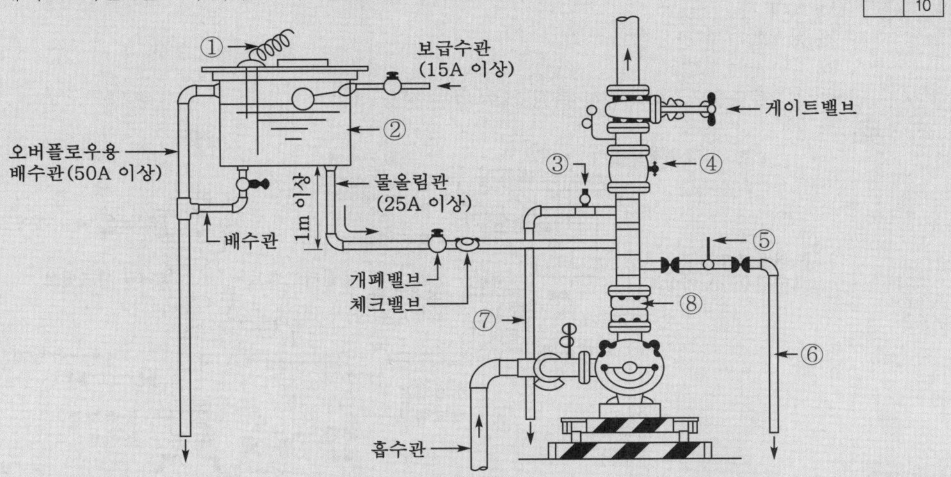

번 호	명 칭
①	
②	
③	
④	
⑤	
⑥	
⑦	
⑧	

(나) ②의 용량[L]은 얼마 이상으로 해야 하는가?
○
(다) ③ 부품의 작동압력은 어떻게 맞추어야 하는가?
○
(라) 펌프의 정격토출양정(전양정)이 100m인 경우 ③ 부품의 작동압력은 몇 MPa로 해야 하는가?
○
(마) ⑤의 크기(성능)는 얼마 이상으로 해야 하는가?
○

해답 (가)

번 호	명 칭
①	감수경보장치
②	물올림수조
③	릴리프밸브
④	체크밸브
⑤	유량계
⑥	성능시험배관
⑦	순환배관
⑧	플렉시블조인트

(나) 100L
(다) 체절압력 이하
(라) 1×1.4=1.4MPa
(마) 정격토출량의 175% 이상 측정할 수 있는 성능

해설 (가)

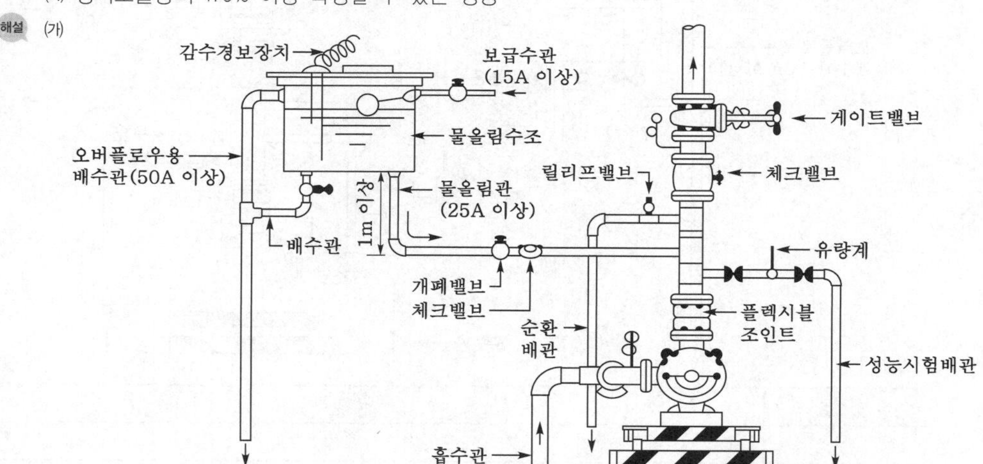

(나)

압력챔버의 용량	물올림수조의 용량
100L 이상	100L 이상

• 물올림수조=Priming tank=호수조

(다) 릴리프밸브의 작동압력은 **체절압력 이하**로 설정하여야 한다.
(라) 릴리프밸브의 작동압력
체절압력은 **정격토출압력**(정격압력)의 **140%** 이하이므로
체절압력=정격토출압력×1.4=1MPa×1.4=1.4MPa 이하

• 옥내소화전**설비**는 소화설비이므로 1MPa≒100m로 적용하면 된다.

100m=1MPa

참고

체절압력

체절압력=정격토출압력×1.4

(마) 유량측정장치는 성능시험배관의 직관부에 설치하되, 펌프의 정격토출량의 **175%** 이상 측정할 수 있는 성능이 있을 것

☆☆

문제 13

소방용 배관설계도에서 표시하는 기호(심벌)를 표시하시오.

(17.6.문3, 16.11.문8, 15.11.문11, 15.4.문5, 13.4.문11, 10.10.문3, 06.7.문4, 03.10.문13, 02.4.문8)

(가) CO_2 소화설비의 약제방출헤드

(나) Y형 스트레이너

(다) 맹플랜지

(라) 선택밸브

득점	배점
	4

해답

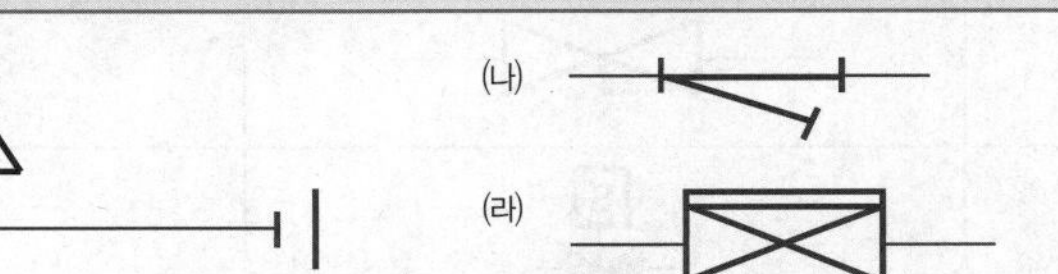

• (가) 문제에서 평면도, 입면도 구분이 없으므로 또는 둘 중 하나만 그려도 정답!

해설 **소방시설 도시기호**

명 칭	도시기호	비 고
플랜지		–
유니온		–
오리피스		–
곡관		–
90° 엘보		–
45° 엘보		–
티		–
크로스		–
맹플랜지	질문 (다)	–

캡		–
플러그		–
나사이음		–
루프이음		–
선택밸브	질문 (라)	–
조작밸브(일반)		–
조작밸브(전자석)		–
조작밸브(가스식)		–
추식 안전밸브		–
스프링식 안전밸브		–
솔레노이드밸브	S	–
Y형 스트레이너	질문 (나)	–
U형 스트레이너		–
분말 · 탄산가스(CO_2) · 할론헤드(할로겐헤드)	‖평면도‖ ‖입면도‖ 질문 (가)	CO_2 소화설비의 약제방출헤드
물분무헤드	‖평면도‖ ‖입면도‖	–
드렌처헤드	‖평면도‖ ‖입면도‖	–
포헤드	‖평면도‖ ‖입면도‖	–
연결살수헤드		–

문제 14

소방호스 60mm에 노즐 30mm가 연결되어 있고, 유량 $0.01m^3/s$로 물을 수직벽면에 분사할 때 수직벽면에 작용하는 힘[N]을 구하시오. (단, 물의 밀도는 $1000kg/m^3$이고, 벽면에서의 유체의 속도는 0이다.)

(16.4.문12)

○ 계산과정 :

○ 답 :

득점	배점
	4

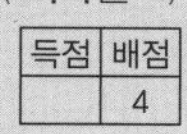

해답

○ 계산과정 : $A=\dfrac{\pi\times0.03^2}{4}=7.069\times10^{-4}m^2$

$V=\dfrac{0.01}{7.069\times10^{-4}}=14.146m/s$

$F=1000\times7.069\times10^{-4}\times(14.146-0)^2=141.457 \fallingdotseq 141.46N$

○ 답 : 141.46N

해설

기호

- D : 30mm=0.03m(1000mm=1m)
- Q : $0.01m^3/s$
- F : ?
- ρ : $1000kg/m^3$
- u : 0

(1) **노즐**의 **단면적**

$$A=\frac{\pi D^2}{4}$$

여기서, A : 노즐의 단면적[m^2]

D : 노즐의 직경[m]

노즐의 단면적 $A=\dfrac{\pi D^2}{4}=\dfrac{\pi\times(0.03m)^2}{4}=7.069\times10^{-4}m^2$

(2) **유량**

$$Q=AV=\left(\frac{\pi D^2}{4}\right)V$$

여기서, Q : 유량[m^3/s]

A : 단면적[m^2]

V : 유속[m/s]

D : 내경[m]

노즐의 **유속** V는

$V=\dfrac{Q}{A}=\dfrac{0.01m^3/s}{7.069\times10^{-4}m^2} \fallingdotseq 14.146m/s$

(3) **수직벽면**에 **작용**하는 **힘**

$$F=\rho A(V-u)^2$$

여기서, F : 수직벽면에 작용하는 힘[N]

ρ : 밀도(물의 밀도 $1000kg/m^3$)

A : 노즐의 단면적[m^2]

V : 물의 속도[m/s]

u : 벽면의 유체속도[m/s]

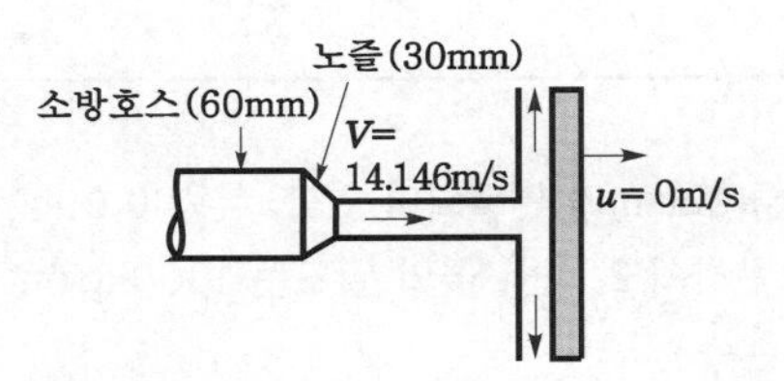

▌수직벽면에 작용하는 힘▐

수직벽면에 작용하는 힘 F는

$F=\rho A(V-u)^2$

$=1000\text{N}\cdot\text{s}^2/\text{m}^4\times 7.069\times 10^{-4}\text{m}^2\times(14.146\text{m/s}-0)^2$

$=141.457 ≒ 141.46\text{N}$

- $1000\text{N}\cdot\text{s}^2/\text{m}^4$: [단서]에서 $1000\text{kg/m}^3=1000\text{N}\cdot\text{s}^2/\text{m}^4$($1\text{kg/m}^3=1\text{N}\cdot\text{s}^2/\text{m}^4$)
- $7.069\times 10^{-4}\text{m}^2$: (1)에서 구한 값
- 14.146m/s : (2)에서 구한 값
- 0 : [단서]에서 0으로 주어짐

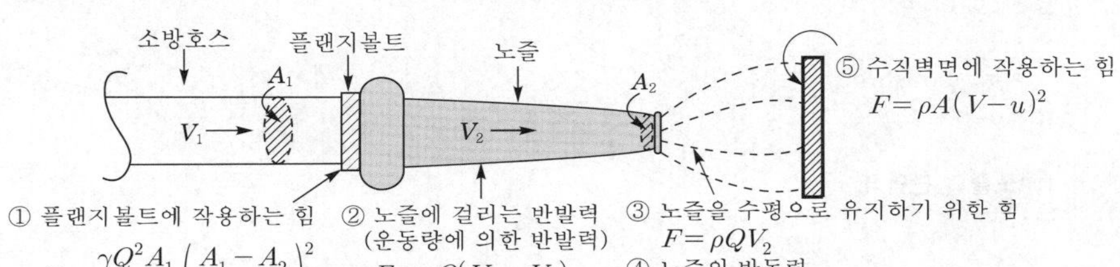

(1) **플랜지볼트**에 **작용**하는 **힘**

$$F=\frac{\gamma Q^2 A_1}{2g}\left(\frac{A_1-A_2}{A_1 A_2}\right)^2$$

여기서, F : 플랜지볼트에 작용하는 힘[N]
γ : 비중량(물의 비중량 9800N/m^3)
Q : 유량[m^3/s]
A_1 : 소방호스의 단면적[m^2]
A_2 : 노즐단면적[m^2]
g : 중력가속도(9.8m/s^2)

(2) **노즐**에 걸리는 **반발력**(운동량에 의한 반발력)

$$F=\rho Q(V_2-V_1)$$

여기서, F : 노즐에 걸리는 반발력(운동량에 의한 반발력)[N]
ρ : 밀도(물의 밀도 $1000\text{N}\cdot\text{s}^2/\text{m}^4$)
Q : 유량[m^3/s]
V_2 : 노즐의 유속[m/s]
V_1 : 소방호스의 유속[m/s]

(3) **노즐**을 **수평**으로 **유지**하기 위한 **힘**

$$F=\rho Q V_2$$

여기서, F : 노즐을 수평으로 유지하기 위한 힘〔N〕
ρ : 밀도(물의 밀도 1000N · s^2/m^4)
Q : 유량〔m^3/s〕
V_2 : 노즐의 유속〔m/s〕

(4) **노즐**의 **반동력**

$$R=1.57PD^2$$

여기서, R : 반동력〔N〕
P : 방수압력〔MPa〕
D : 노즐구경〔mm〕

(5) **수직벽면**에 **작용**하는 **힘**

$$F=\rho A(V-u)^2$$

여기서, F : 수직벽면에 작용하는 힘〔N〕
ρ : 밀도(물의 밀도 1000N · s^2/m^4)
A : 노즐의 단면적〔m^2〕
V : 물의 속도〔m/s〕
u : 벽면의 유체속도〔m/s〕

☆☆☆

문제 15

다음 그림을 보고 각 부속품의 적합한 명칭을 쓰시오. (17.6.문3)

득점	배점
	8

(가)

(나)
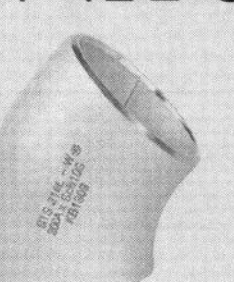

(다)

(라)

(마)

(바)
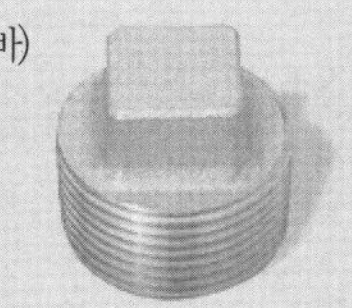

(사)

(아)

해답
(가) 90° 엘보 (나) 45° 엘보
(다) 티 (라) 부싱
(마) 크로스 (바) 플러그
(사) 캡 (아) 유니온

해설 **소방시설 도시기호**

명 칭	도시기호	실 물
플랜지		

유니온 질문 (아)		
오리피스	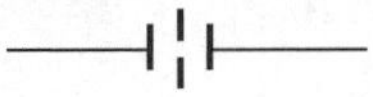	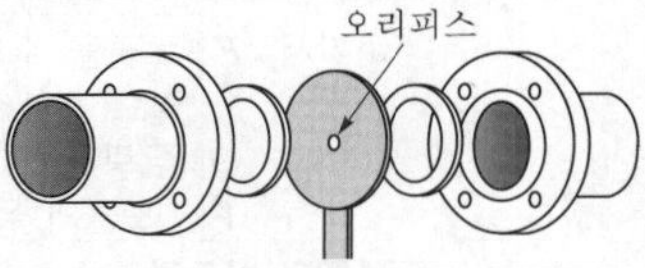 오리피스
원심리듀셔	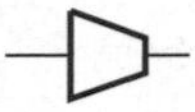	
편심리듀셔		
맹플랜지	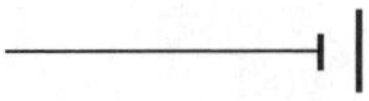	
캡 질문 (사)		
플러그 질문 (바)		
곡관	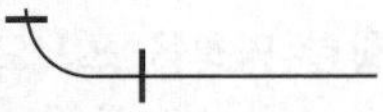	
90° 엘보 질문 (가)	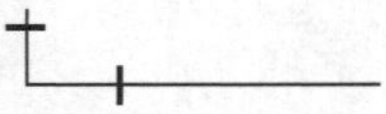	
45° 엘보 질문 (나)	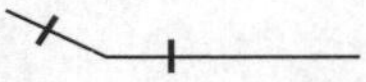	
티 질문 (다)	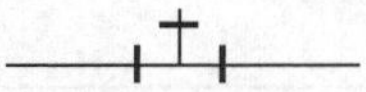	
크로스 질문 (마)	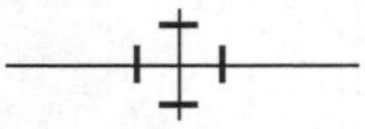	
부싱 질문 (라)	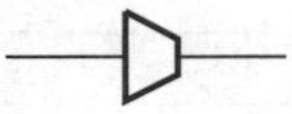	

☆☆ 문제 16

포소화설비에서 혼합장치의 혼합방식에 관한 사항이다. 다음 각 물음에 답하시오.

(19.4.문1, 13.11.문9, 10.7.문15, 07.4.문5)

(가) 그림과 같은 혼합장치의 혼합방식을 쓰시오.

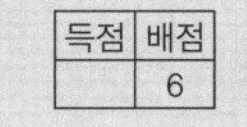

득점	배점
	6

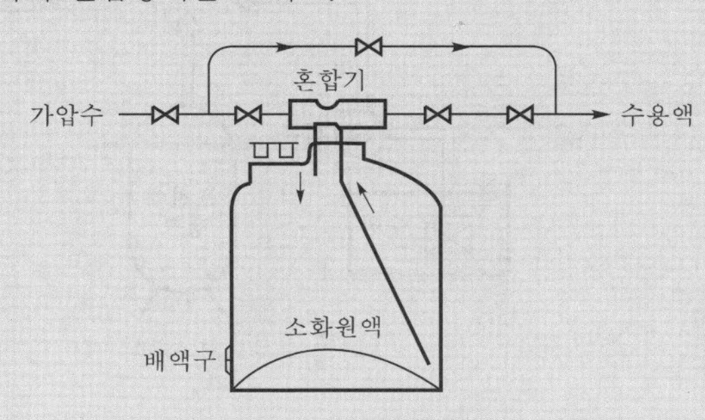

(나) (가)에서 혼합장치 혼합방식의 기능에 대해 설명하시오.

○

해답 (가) 프레져 프로포셔너방식

(나) 펌프와 발포기의 중간에 설치된 벤츄리관의 벤츄리작용과 펌프가압수의 포소화약제 저장탱크에 대한 압력에 의하여 포소화약제를 흡입·혼합하는 방식

해설 **포소화약제**의 **혼합장치**(NFPC 105 3·9조, NFTC 105 1.7.1.21~1.7.1.26, 2.6.1)

(1) **펌프 프로포셔너방식**(펌프혼합방식)

펌프의 토출관과 흡입관 사이의 배관 도중에 설치한 흡입기에 펌프에서 토출된 물의 일부를 보내고 **농도조정밸브**에서 조정된 포소화약제의 필요량을 포소화약제탱크에서 펌프 흡입측으로 보내어 이를 혼합하는 방식

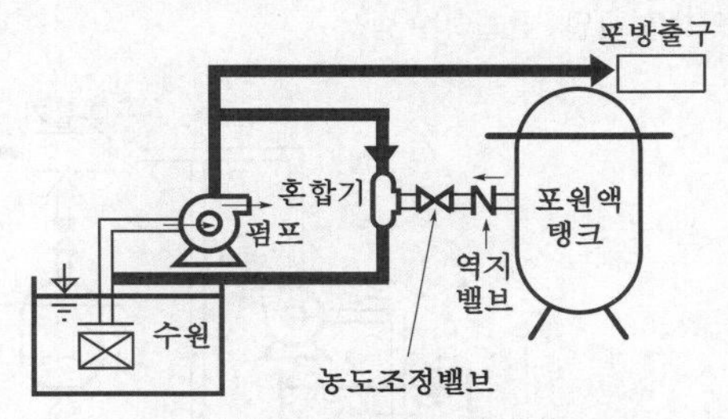

‖ 펌프 프로포셔너방식 1 ‖

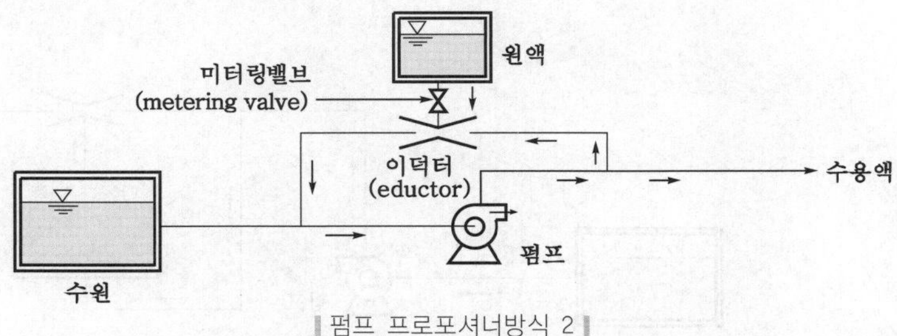

‖ 펌프 프로포셔너방식 2 ‖

- 혼합기=흡입기=이덕터(eductor)
- 농도조정밸브=미터링밸브(metering valve)

(2) **라인 프로포셔너방식**(관로혼합방식)

① 펌프와 발포기의 중간에 설치된 **벤츄리관**의 벤츄리작용에 의하여 포소화약제를 흡입·혼합하는 방식

② 급수관의 배관 도중에 포소화약제 **흡입기**를 설치하여 그 흡입관에서 소화약제를 흡입하여 혼합하는 방식

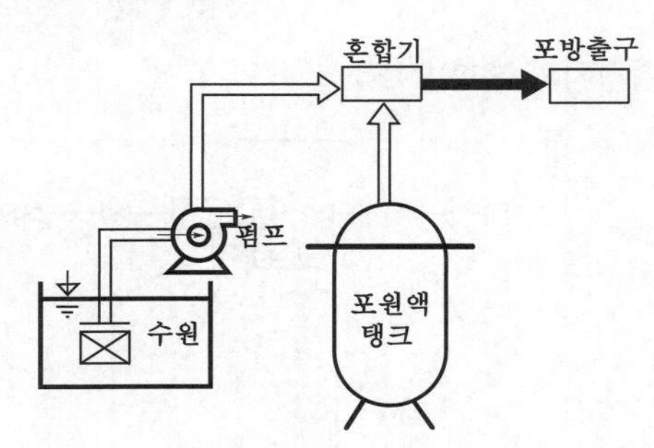

▮라인 프로포셔너방식 1▮

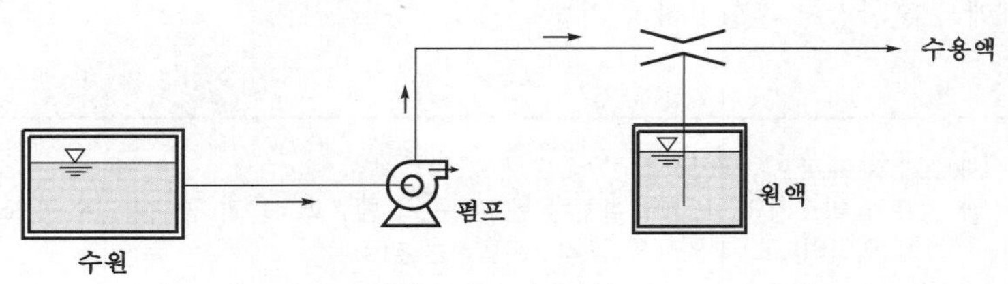

▮라인 프로포셔너방식 2▮

(3) **프레져 프로포셔너방식**(차압혼합방식)

펌프와 발포기의 중간에 설치된 **벤츄리관**의 벤츄리작용과 **펌프가압수**의 포소화약제 저장탱크에 대한 압력에 의하여 포소화약제를 흡입·혼합하는 방식

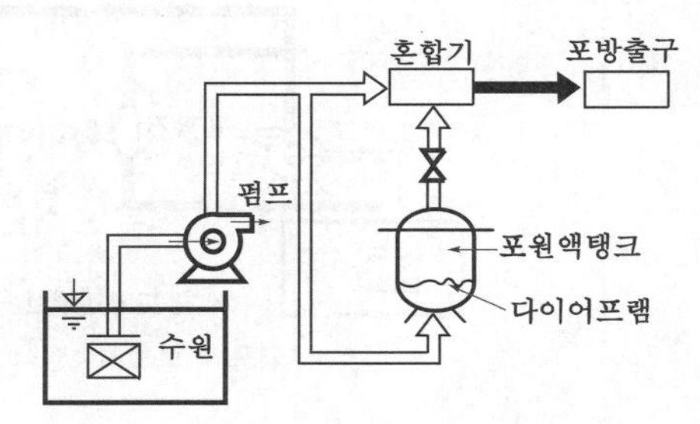

▮프레져 프로포셔너방식 1▮

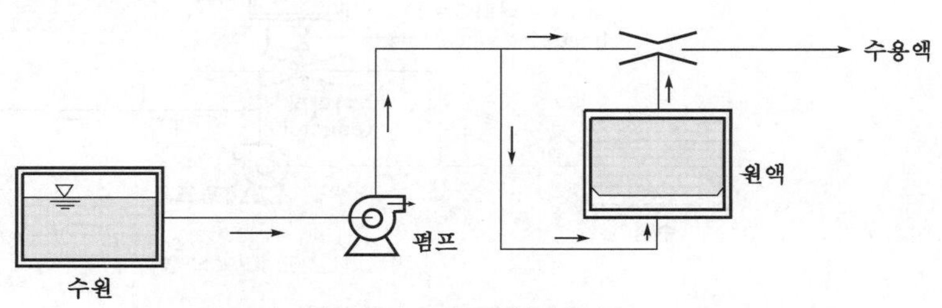

▮프레져 프로포셔너방식 2▮

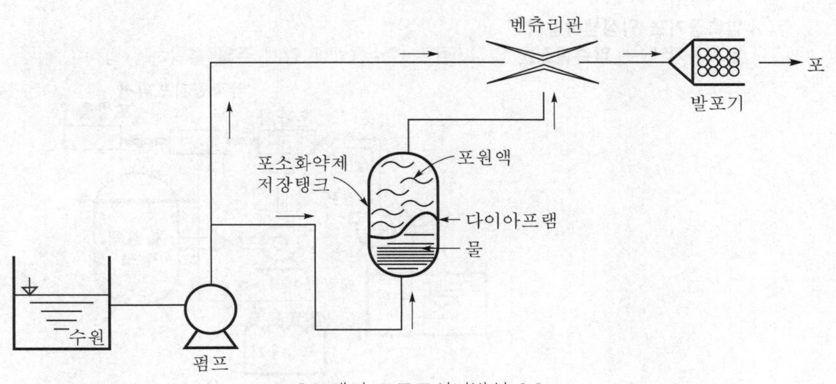

‖ 프레져 프로포셔너방식 3 ‖

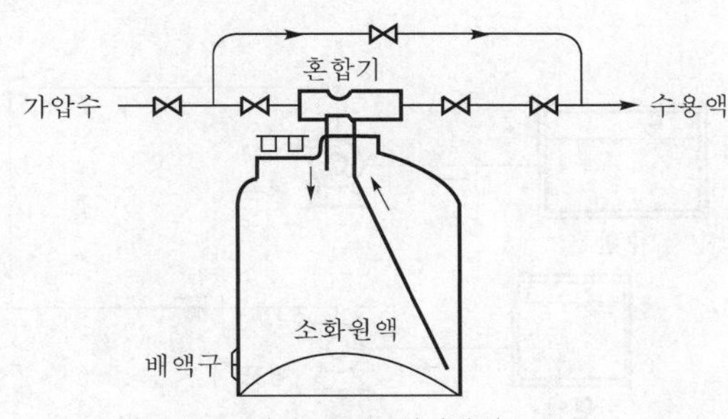

‖ 프레져 프로포셔너방식 4 ‖

(4) **프레져사이드 프로포셔너방식**(압입혼합방식)
펌프의 토출관에 **압입기**를 설치하여 포소화약제 **압입용 펌프**로 포소화약제를 압입시켜 혼합하는 방식

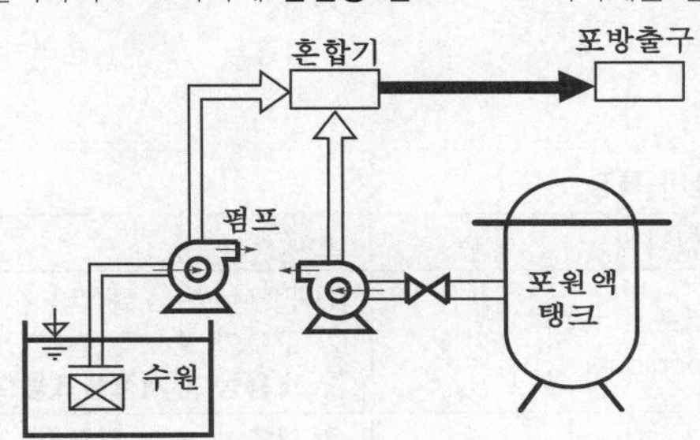

‖ 프레져사이드 프로포셔너방식 1 ‖

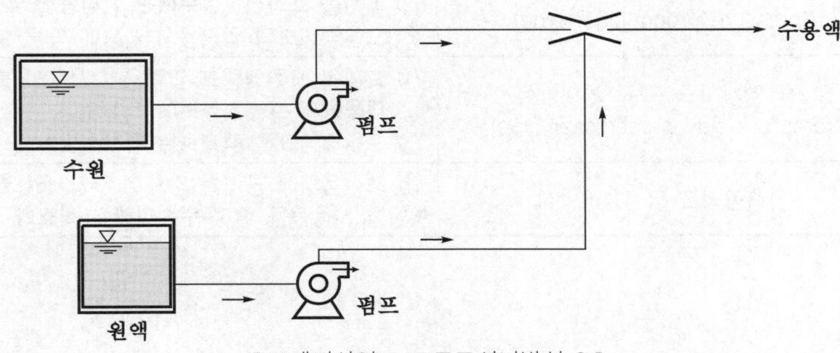

‖ 프레져사이드 프로포셔너방식 2 ‖

(5) **압축공기포 믹싱챔버방식**

압축공기 또는 **압축질소**를 일정비율로 포수용액에 **강제 주입** 혼합하는 방식

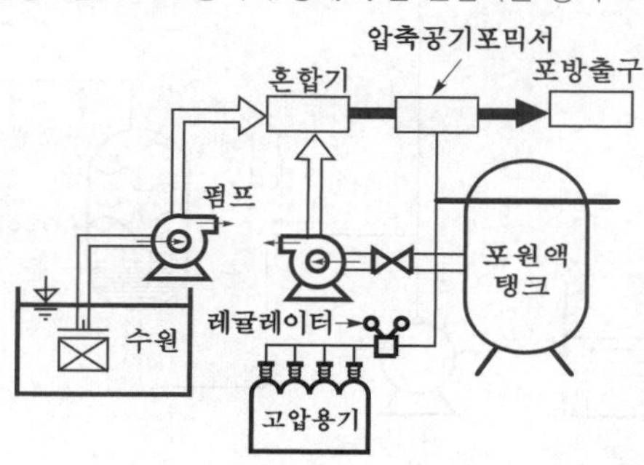

‖ 압축공기포 믹싱챔버방식 1 ‖

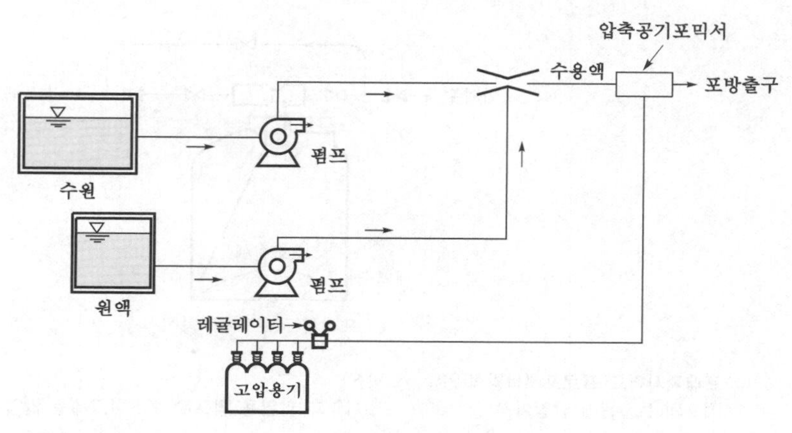

‖ 압축공기포 믹싱챔버방식 2 ‖

중요

포소화약제 혼합장치의 **특징**

혼합방식	특 징
펌프 프로포셔너방식 (pump proportioner type)	① 펌프는 포소화설비 전용의 것일 것 ② 구조가 비교적 간단하다. ③ **소용량**의 **저장탱크용**으로 적당하다.
라인 프로포셔너방식 (line proportioner type)	① **구조**가 가장 **간단**하다. ② **압력강하**의 우려가 있다.
프레져 프로포셔너방식 (pressure proportioner type)	① 방호대상물 가까이에 포원액탱크를 분산배치할 수 있다. ② 배관을 **소화전 · 살수배관**과 **겸용**할 수 있다. ③ 포원액탱크의 압력용기 사용에 따른 **설치비**가 **고가**이다.
프레져사이드 프로포셔너방식 (pressure side proportioner type)	① 고가의 포원액탱크 압력용기 사용이 불필요하다. ② **대용량**의 포소화설비에 적합하다. ③ 포원액탱크를 적재하는 **화학소방차**에 적합하다.
압축공기포 믹싱챔버방식	① 포수용액에 공기를 강제로 주입시켜 **원거리 방수** 가능 ② 물 사용량을 줄여 **수손피해**를 **최소화**

21년 2021. 7. 10 시행

▮2021년 산업기사 제2회 필답형 실기시험▮

자격종목	시험시간	형별	수험번호	성명	감독위원 확인
소방설비산업기사(기계분야)	2시간 30분				

※ 다음 물음에 답을 해당 답란에 답하시오.(배점 : 100)

☆

문제 01

인명구조기구의 종류 4가지를 쓰시오.

(20.7.문4, 19.11.문3, 13.11.문4)

유사문제부터 풀어보세요. 실력이 팍!팍! 올라갑니다.

득점	배점
	4

○

○

○

○

해답 ① 방화복 ② 방열복 ③ 공기호흡기 ④ 인공소생기

해설 **피난구조설비**의 **종류**(소방시설법 시행령 [별표 1])

(1) **피난기구** : 미끄럼대 · 피난사다리 · 구조대 · 완강기 · 피난교 · 공기안전매트 · 다수인 피난장비

(2) **인명구조기구** : **방열**복 · 방**화**복 · **공**기호흡기 · **인**공소생기

기억법 **방열화공인**

(3) 피난유도선

(4) 유도등 및 유도표지

(5) 비상조명등 · 휴대용 비상조명등

중요

(1) **인명구조기구**의 **설치기준**(NFPC 302 4조, NFTC 302 2.1.1.1)

① 화재시 쉽게 반출 · 사용할 수 있는 장소에 비치할 것

② 인명구조기구가 설치된 가까운 장소의 보기 쉬운 곳에 "**인명구조기구**"라는 축광식 표지와 그 사용방법을 표시한 표지를 부착할 것

(2) **인명구조기구**의 **설치대상**

특정소방대상물	인명구조기구의 종류	설치수량
• 지하층을 포함하는 층수가 **7층** 이상인 **관광호텔** 및 **5층** 이상인 **병원**	• **방열**복 • 방**화**복(안전모, 보호장갑, 안전화 포함) • **공**기호흡기 • **인**공소생기 기억법 **방열화공인**	• 각 **2개** 이상 비치할 것(단, 병원은 인공소생기 설치제외)
• 문화 및 집회시설 중 수용인원 **100명 이상**의 **영화상영관** • **대규모 점포** • **지하역사** • **지하상가**	• 공기호흡기	• 층마다 **2개** 이상 비치할 것
• **이산화탄소 소화설비**를 설치하여야 하는 특정소방대상물	• 공기호흡기	• 이산화탄소 소화설비가 설치된 장소의 출입구 외부 인근에 **1대** 이상 비치할 것

☆☆☆

문제 02

소화설비의 가압송수장치에 사용되는 물올림장치의 기능에 대해서 쓰시오.

(20.7.문9, 18.11.문8, 17.11.문5, 11.7.문5, 10.10.문7)

득점	배점
	3

○

해답 펌프와 후드밸브 사이의 흡입관 내에 항상 물을 충만시키는 장치

해설 (1) **물올림장치**

구 분	설 명
설치위치	물올림장치는 수원의 수위가 펌프보다 아래에 있을 때 설치
설치목적	펌프운전시 **공동현상**을 방지하기 위하여 설치
기능	펌프와 후드밸브 사이의 흡입관 내에 항상 물을 충만시켜 펌프가 물을 흡입할 수 있도록 하는 설비

- 물올림수조=호수조=물마중장치=프라이밍탱크(priming tank)

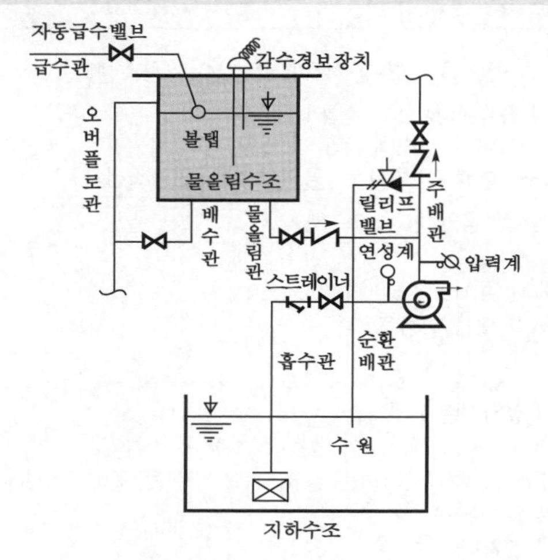

▌물올림장치▐

(2) **물올림장치**의 **구성요소**

① **급**수관
② 자동급수밸브
③ 오버플로관
④ 수위계
⑤ **배**수밸브
⑥ **배**수관
⑦ 볼탭
⑧ **물**올림수조
⑨ 감수경보장치
⑩ **순**환배관
⑪ 릴리프밸브
⑫ 물올림관
⑬ 게이트밸브
⑭ 체크밸브

기억법 **급배물순**

(3) **물올림장치**의 **감수경보**의 **원인**
① 급수밸브의 차단
② 자동급수장치의 고장
③ 물올림장치의 배수밸브의 개방
④ 후드밸브의 고장

문제 03

할로겐화합물 및 불활성기체 소화설비에서 불활성기체 소화약제의 종류 4가지를 쓰시오. (15.7.문14)

득점	배점
	4

○
○
○
○

해답 ① IG-01
② IG-55
③ IG-100
④ IG-541

해설 **할로겐화합물 및 불활성기체 소화약제**의 **종류**(NFPC 107A 4조, NFTC 107A 2.1.1)

구 분	소화약제	상품명	화학식	방출시간	주된 소화원리
할로겐화합물 소화약제	HFC-23	FE-13	CHF_3	10초 이내	부촉매 효과 (억제작용)
	HFC-**125** 기억법 125(**이리온**)	FE-25	CHF_2CF_3		
	HFC-**227e**a 기억법 227e (**둘둘치킨이** 맛있다.)	FM-200	CF_3CHFCF_3		
	HCFC-124	FE-241	$CHClFCF_3$		
	HCFC BLEND A	NAF S-Ⅲ	HCFC-123($CHCl_2CF_3$) : **4.75**% HCFC-22($CHClF_2$) : **82**% HCFC-124($CHClFCF_3$) : **9.5**% $C_{10}H_{16}$: **3.75**% 기억법 475 82 95 375 (**사시오. 빨리** 그래서 **구어 삼키시오!**)		
	FC-3-1-10 기억법 FC31 (**FC** 서울의 **3.1**절)	CEA-410	C_4F_{10}		
	FK-5-1-12	-	$CF_3CF_2C(O)CF(CF_3)_2$		
불활성기체 소화약제	IG-01	-	Ar	60초 이내	질식 효과
	IG-55	아르고나이트	N_2 : 50%, Ar : 50%		
	IG-100	NN-100	N_2		
	IG-541	Inergen	**N_2** : **52**%, **Ar** : **40**%, **CO_2** : **8**% 기억법 NACO(**내 코**) 52408		

용어

할로겐화합물 소화약제	불활성기체 소화약제
불소, **염소**, **브롬** 또는 **요오드** 중 하나 이상의 원소를 포함하고 있는 유기화합물을 기본성분으로 하는 소화약제	**헬륨**, **네온**, **아르곤** 또는 **질소가스** 중 하나 이상의 원소를 기본성분으로 하는 소화약제

문제 04

다음 보기는 분말소화설비의 배관에 관한 내용이다. ①~④까지 알맞은 답을 작성하시오.

(18.4.문9, 10.7.문3)

득점	배점
	4

〔보기〕

○ 동관을 사용하는 경우의 배관은 (①)압력 또는 최고사용압력의 (②)배 이상의 압력에 견딜 수 있는 것을 사용할 것

○ 분사헤드를 설치한 가지배관에 이르는 분말소화설비 배관의 분기방식은 (③)방식이어야 한다. 배관을 분기하는 경우 관경 (④)배 이상 간격을 두고 분기한다.

해답 ① 고정
② 1.5
③ 토너먼트
④ 20

해설 **분말소화설비 배관**의 **설치기준**

(1) **동관**을 사용하는 경우의 배관은 **고정압력** 또는 **최고사용압력**의 **1.5배** 이상의 압력에 견딜 수 있는 것을 사용할 것

(2) **주밸브~헤드까지의 배관의 분기 : 토너먼트방식**

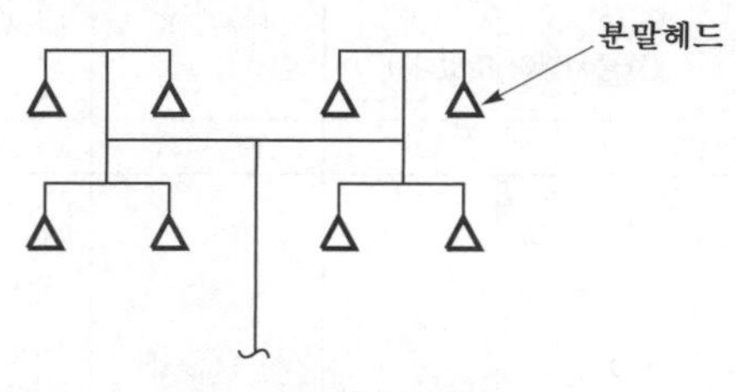

‖ 토너먼트방식 ‖

구 분	토너먼트방식	교차회로방식
정의	가스계 소화설비에 적용하는 방식으로 용기로부터 노즐까지의 마찰손실을 일정하게 유지하기 위한 방식	하나의 담당구역 내에 2 이상의 감지기회로를 설치하고 2 이상의 감지기회로가 동시에 감지되는 때에 설비가 작동하는 방식
적용 설비	① 분말소화설비 ② 이산화탄소 소화설비 ③ 할론소화설비 ④ 할로겐화합물 및 불활성기체 소화설비	① **분**말소화설비 ② **할**론소화설비 ③ **이**산화탄소 소화설비 ④ **준**비작동식 스프링클러설비 ⑤ **일**제살수식 스프링클러설비 ⑥ 물분무소화설비 ⑦ **할**로겐화합물 및 불활성기체 소화설비 ⑧ **부**압식 스프링클러설비 기억법 **분할이 준일할부**

(3) **저장용기 등~배관**의 **굴절부까지**의 **거리** : 배관 내경(관경)의 **20배** 이상

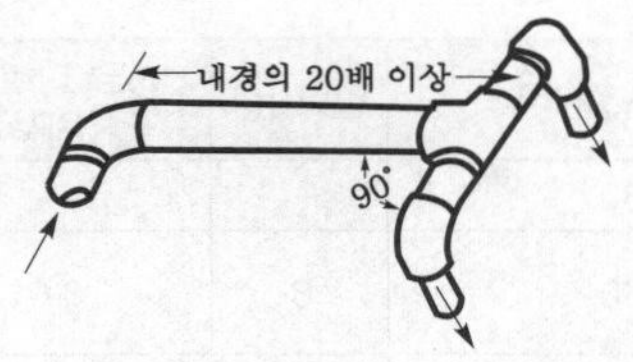

▌배관의 이격거리▐

(4) 분말소화설비의 배관은 전용으로 하며 약제저장용기의 주밸브로부터 직관장의 배관길이는 **150m** 이하이고, 낙차는 **50cm** 이하

(5) 동관과 강관

동 관	강 관
고정압력 또는 최고사용압력의 **1.5배** 이상의 압력에 견딜 것	아연도금에 따른 배관용 탄소강관(단, 축압식 중 20℃에서 압력 **2.5~4.2MPa** 이하인 것은 압력배관용 탄소강관 중 이음이 없는 스케줄 **40** 이상 또는 아연도금으로 방식처리된 것)

(6) **밸브류** : **개폐위치** 또는 **개폐방향**을 표시한 것

(7) **배관의 관부속 및 밸브류** : 배관과 동등 이상의 강도 및 내식성이 있는 것

☆☆☆

문제 05

그림은 어느 일제개방형 스프링클러설비 계통의 일부 도면이다. 주어진 조건을 참조하여 이 설비가 작동되었을 경우 다음 표를 완성하시오. (17.6.문14, 17.4.문8, 16.4.문1, 12.7.문2, 07.4.문4)

〔조건〕

득점	배점
	10

① 속도수두는 무시하고 표의 마찰손실만 고려할 것
② 방출유량은 방출계수 K값을 산출하여 적용하고 계산과정을 명기할 것
③ 배관부속 및 밸브류는 무시하며 관길이만 고려할 것
④ 입력항목은 계산된 압력수치를 명기하고 배관은 시작점의 압력을 명기할 것
⑤ 살수시 최저방수압이 걸리는 헤드에서의 방수압은 0.1MPa이다(각 헤드의 방수압이 같지 않음을 유의할 것).

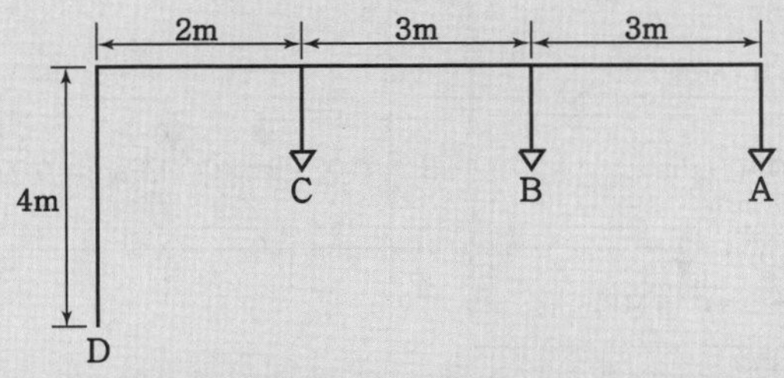

구 간	유량〔L/min〕	길이〔m〕	1m당 마찰손실〔MPa〕	구간손실〔MPa〕	낙차〔m〕	손실계〔MPa〕
헤드 A	80	–	–	–	–	0.1
A~B	80	3	0.01	①	0	②
헤드 B	③	–	–	–	–	–
B~C	④	3	0.02	⑤	0	⑥
헤드 C	⑦	–	–	–	–	–
C~D	⑧	6	0.01	⑨	4	⑩

해답

구 간	유량[L/min]	길이[m]	1m당 마찰손실[MPa]	구간손실[MPa]	낙차[m]	손실계[MPa]
헤드 A	80	–	–	–	–	0.1
A~B	80	3	0.01	① 3×0.01=0.03	0	② 0.1+0.03 =0.13
헤드 B	③ $K=\frac{80}{\sqrt{10\times0.1}}=80$ $Q_B=80\sqrt{10\times0.13}$ $=91.214$ $\fallingdotseq 91.21$	–	–	–	–	–
B~C	④ $80+91.21=171.21$	3	0.02	⑤ 3×0.02=0.06	0	⑥ 0.13+0.06 =0.19
헤드 C	⑦ $Q_C=80\sqrt{10\times0.19}$ $=110.272$ $\fallingdotseq 110.27$	–	–	–	–	–
C~D	⑧ $80+91.21+110.27$ $=281.48$	6	0.01	⑨ 6×0.01=0.06	4	⑩ 0.19+0.06 +0.04=0.29

해설

구 간	유량[L/min]	길이[m]	1m당 마찰손실[MPa]	구간손실[MPa]	낙차[m]	손실계[MPa]
헤드 A	80	–	–	–	–	0.1
A~B	80	3	0.01	3m×0.01MPa/m=0.03MPa (0.01이 1m당 마찰손실[MPa]이므로 0.01MPa/m)	0	0.1MPa+0.03MPa=0.13MPa
헤드 B	$K=\frac{Q}{\sqrt{10P}}=\frac{80}{\sqrt{10\times0.1}}=80$ ([조건 ⑤]에서 0.1MPa이므로 0.1 적용) $Q_B=K\sqrt{10P}$ $=80\sqrt{10\times0.13\text{MPa}}$ $=91.214$ $\fallingdotseq 91.21\text{L/min}$	–	–	–	–	–
B~C	$(80+91.21)\text{L/min}$ $=171.21\text{L/min}$	3	0.02	3m×0.02MPa/m=0.06MPa	0	0.13MPa+0.06MPa=0.19MPa
헤드 C	$Q_C=K\sqrt{10P}$ $=80\sqrt{10\times0.19\text{MPa}}$ $=110.272$ $\fallingdotseq 110.27\text{L/min}$	–	–	–	–	–
C~D	$(80+91.21+110.27)\text{L/min}$ $=281.48\text{L/min}$	4+2 =6	0.01	6m×0.01MPa/m=0.06MPa	4	0.19MPa+0.06MPa+0.04MPa =0.29MPa (스프링클러설비는 소화설비이므로 1MPa=100m 적용, 1m=0.01MPa ∴ 4m=0.04MPa)

☆☆☆

문제 06

그림은 소화펌프의 계통도 중 성능시험배관 주위도면을 나타낸다. 도면을 보고 다음 각 물음에 답하시오. (17.4.문1, 16.6.문5, 15.11.문4, 12.7.문6)

득점	배점
	8

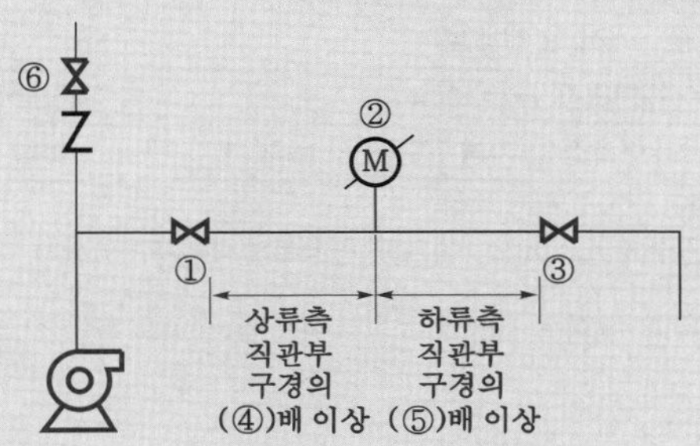

(가) ①~⑤의 명칭을 쓰시오.

①	②	③	④	⑤

(나) ⑥은 밸브의 개폐상태를 육안으로 용이하게 식별하기 위한 밸브이다. 이 밸브의 명칭을 쓰시오.

○

(다) ①과 ② 사이 및 ②와 ③ 사이에 일정한 거리를 두는 이유를 쓰시오.

○

(라) ②는 펌프의 정격토출량의 몇 %까지 측정할 수 있는 성능이 있어야 하는지 쓰시오.

○

해답 (가)

①	②	③	④	⑤
개폐밸브	유량계	유량조절밸브	8	5

(나) 개폐표시형 밸브

(다) 정상적인 유량측정이 가능하도록 하기 위해

(라) 175%

해설 **펌프**의 **성능시험배관**

(가) **유량측정방법**

압력계에 따른 방법	유량계에 따른 방법
오리피스 전후에 설치한 압력계 P_1, P_2와 압력차를 이용한 유량측정법	유량계의 **상류측**은 **유량계 호칭구경**의 **8배** 이상, **하류측**은 **유량계 호칭구경**의 **5배** 이상되는 직관부를 설치하여야 하며, 배관은 유량계의 호칭구경과 동일한 구경의 배관을 사용한다.
‖압력계에 따른 방법‖	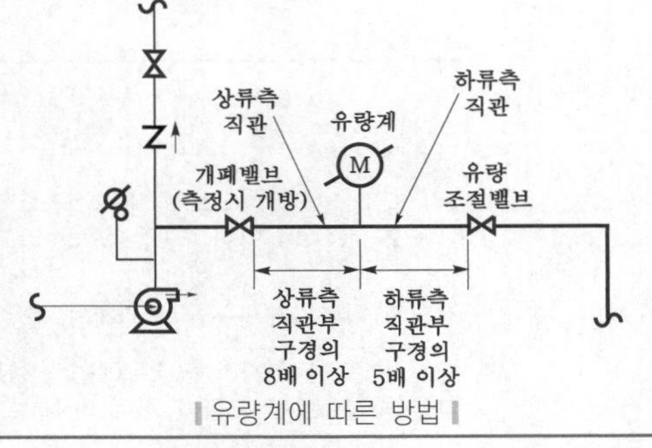 ‖유량계에 따른 방법‖

(나) **개폐표시형 밸브**(OS & Y밸브)
밸브의 **개폐상태**를 용이하게 **육안 판별**하기 위한 밸브

- 개폐상태를 육안으로 식별이 용이한 밸브이므로 개폐표시형 밸브가 정답! '**게이트밸브**'라고 답하면 틀릴 수 있으므로 주의!
- '**개폐표시형 개폐밸브**'가 아님을 주의! **개폐표시형 밸브**가 정답!!

(다) **유량계**와 **개폐밸브** 또는 **유량조절밸브**

일정한 거리를 두는 이유	일정한 거리를 두지 않으면 나타나는 현상
유량계가 **정상**적인 **유량측정**이 **가능**하도록 하기 위해	밸브의 마찰 등에 의해 **정상**적인 **유량측정**이 **불가**함

(라) **유량측정장치**(유량계)
성능시험배관의 직관부에 설치하되, 펌프에 정격토출량의 **175%**까지 측정할 수 있는 성능이 있을 것

- 유량측정장치(유량계)의 최대측정유량=펌프의 정격토출량×1.75

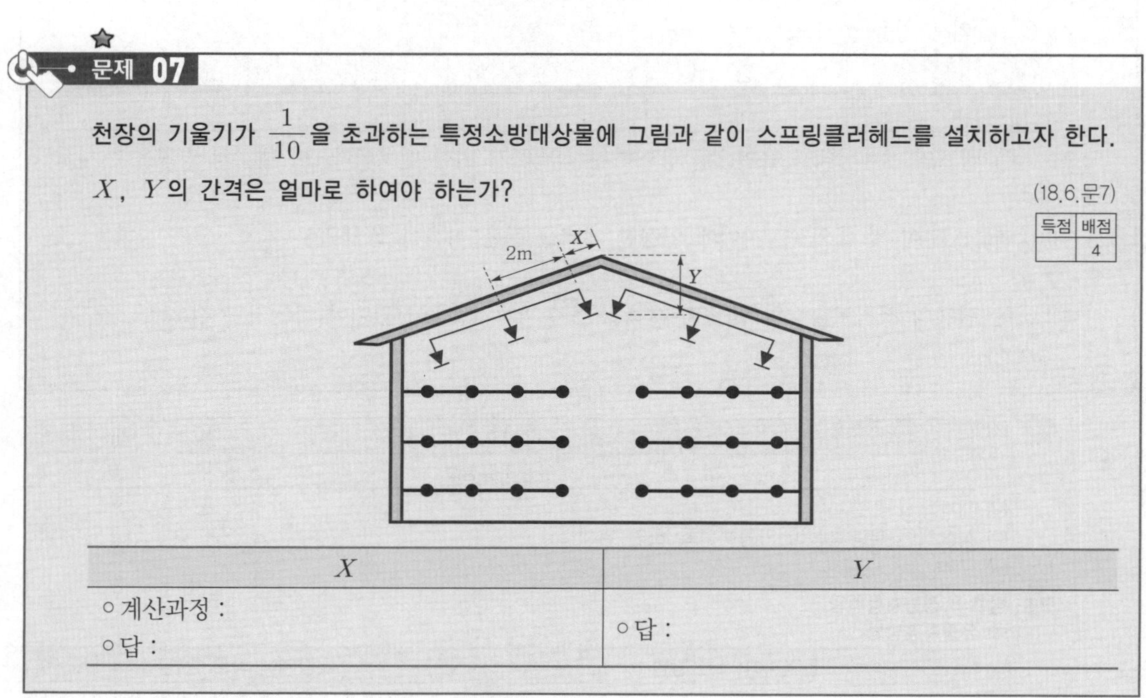

X	Y
○ 계산과정 : ○ 답 :	○ 답 :

X	Y
○ 계산과정 : $\frac{1}{2}\times 2 = 1\text{m}$ ○ 답 : 1m	○ 답 : 90cm 이하

해설

- $X = \frac{1}{2}S = \frac{1}{2}\times 2\text{m} = 1\text{m}$
  최소 1m 이상으로 해야 하므로 '**1m 이하**'라고 쓰면 틀린다. '**1m**'가 정답!
- Y : '**90cm 이하**' 정답. 90cm라고만 쓰면 틀릴 수도 있으니 주의!

천장의 기울기가 $\frac{1}{10}$을 초과하는 경우에는 가지관을 천장의 마루와 평행이 되게 설치하고, 천장의 최상부에 스프링클러헤드를 설치하는 경우에는 최상부에 설치하는 스프링클러헤드의 반사판을 수평으로 설치하고, 천장의 최상부를 중심으로 가지관을 서로 마주 보게 설치하는 경우에는 최상부의 가지관 상호간의 거리가 가지관상의 스프링

클러헤드 상호간의 거리의 $\frac{1}{2}$ 이하(최소 1m 이상)가 되게 스프링클러헤드를 설치하고, 가지관의 최상부에 설치하는 스프링클러헤드는 천장의 최상부로부터의 수직거리가 **90cm 이하**가 되도록 할 것. 톱날지붕, 둥근지붕, 기타 이와 유사한 지붕의 경우에도 이에 준한다(NFPC 103 10조 ⑦항, NFTC 103 2.7.7.5).

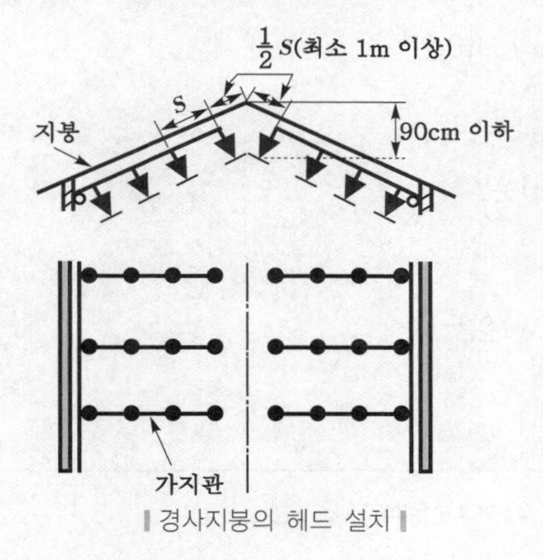

‖ 경사지붕의 헤드 설치 ‖

중요

랙크식 창고

바닥에서 반자까지의 높이가 10m를 넘는 것으로 선반 등을 설치하고 승강기 등에 의하여 수납물을 운반하는 장치를 갖춘 창고

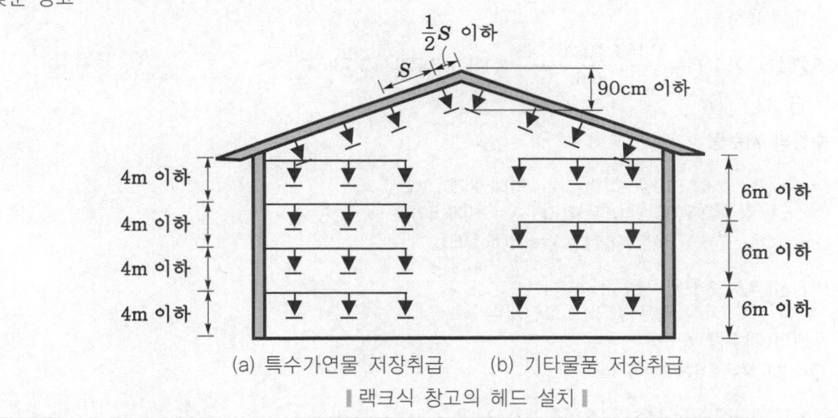

‖ 랙크식 창고의 헤드 설치 ‖

☆☆☆

문제 08

옥내소화전설비가 설치된 어느 건물이 있다. 옥내소화전이 2층에 3개, 3층에 4개, 4층에 5개일 때 조건을 참고하여 다음 각 물음에 답하시오.

(20.11.문11, 20.7.문6, 19.11.문12, 19.6.문1, 18.11.문6, 17.4.문4, 16.6.문9, 16.4.문15, 15.11.문9, 15.7.문1, 15.4.문16, 14.4.문5, 12.7.문1, 12.4.문1, 10.4.문14, 09.10.문10, 09.4.문10, 08.11.문16, 07.11.문11, 06.7.문7, 05.5.문5, 04.7.문8)

득점	배점
	8

〔조건〕

① 실양정은 20m, 배관의 손실수두는 실양정의 20%로 본다.

② 소방호스의 마찰손실수두는 7m이다.

③ 펌프효율은 60%, 전달계수는 1.1이다.

(가) 수원의 저수량[m^3]은?
　○ 계산과정 :
　○ 답 :
(나) 펌프의 토출량[m^3/min]은?
　○ 계산과정 :
　○ 답 :
(다) 펌프의 전양정[m]은?
　○ 계산과정 :
　○ 답 :
(라) 전동기의 용량[kW]은?
　○ 계산과정 :
　○ 답 :

해답 (가) ○ 계산과정 : $2.6 \times 2 = 5.2\text{m}^3$
　○ 답 : 5.2m^3
(나) ○ 계산과정 : $2 \times 130 = 260\text{L/min} = 0.26\text{m}^3/\text{min}$
　○ 답 : $0.26\text{m}^3/\text{min}$
(다) ○ 계산과정 : $H = 7 + (20 \times 0.2) + 20 + 17 = 48\text{m}$
　○ 답 : 48m
(라) ○ 계산과정 : $P = \dfrac{0.163 \times 0.26 \times 48}{0.6} \times 1.1 = 3.729 \fallingdotseq 3.73\text{kW}$
　○ 답 : 3.73kW

해설 (가) **수원의 저수량**

$Q \geq 2.6N$(30층 미만, N=최대 2개)
$Q \geq 5.2N$(30~49층 이하, N=최대 5개)
$Q \geq 7.8N$(50층 이상, N=최대 5개)

여기서, Q : 수원의 저수량[m^3]
　　N : 가장 많은 층의 소화전개수
수원의 저수량 Q는
$Q = 2.6N = 2.6 \times 2 = 5.2\text{m}^3$

- N : 가장 많은 층의 소화전개수(최대 2개)
- 문제에서 4층이므로 **30층 미만** 적용

(나) **옥내소화전설비**의 **토출량**

$Q \geq N \times 130$

여기서, Q : 가압송수장치의 토출량[L/min]
　　N : 가장 많은 층의 소화전개수(30층 미만 : 최대 **2개**, 30층 이상 : 최대 **5개**)
옥내소화전설비의 토출량(유량) Q는
$Q = N \times 130\text{L/min} = 2 \times 130\text{L/min} = 260\text{L/min} = 0.26\text{m}^3/\text{min}$

- N : 가장 많은 층의 소화전개수(최대 **2개**)
- $1000\text{L} = 1\text{m}^3$ 이므로 $260\text{L/min} = 0.26\text{m}^3/\text{min}$
- 토출량공식은 층수 관계없이 $Q \geq N \times 130$ 임을 혼동하지 마라!

(다) **전양정**

$$H \geq h_1 + h_2 + h_3 + 17$$

여기서, H: 전양정〔m〕
h_1 : 소방호스의 마찰손실수두〔m〕
h_2 : 배관 및 관부속품의 마찰손실수두〔m〕
h_3 : 실양정(흡입양정+토출양정)〔m〕

옥내소화전설비의 **전양정** H는

$H = h_1 + h_2 + h_3 + 17 = 7\text{m} + (20\text{m} \times 0.2) + 20\text{m} + 17 = 48\text{m}$

- h_1(7m) : 〔조건 ②〕에서 주어진 값
- h_2(20m×0.2) : 〔조건 ①〕에서 배관의 손실수두(h_2)는 **실양정**의 20%이므로 20×0.2가 된다.
- h_3(20m) : 〔조건 ①〕에서 주어진 값

(라) **전동기의 용량**

$$P = \frac{0.163QH}{\eta}K$$

여기서, P: 전동력(전동기의 동력)〔kW〕
Q: 유량〔m^3/min〕
H: 전양정〔m〕
K: 전달계수
η : 효율

전동기의 **용량** P는

$P = \frac{0.163QH}{\eta}K = \frac{0.163 \times 0.26\text{m}^3/\text{min} \times 48\text{m}}{0.6} \times 1.1 = 3.729 ≒ 3.73\text{kW}$

- Q(**0.26m³/min**) : (나)에서 구한 값
- H(**48m**) : (다)에서 구한 값
- K(**1.1**) : 〔조건 ③〕에서 주어진 값
- η(**0.6**) : 〔조건 ③〕에서 60%이므로 0.6

☆☆☆
문제 09

소방용 배관설계도에서 다음 기호(심벌)의 명칭을 쓰시오.

(20.11.문2, 17.6.문3, 16.11.문8, 15.11.문11, 15.4.문5, 13.4.문11, 10.10.문3, 06.7.문4, 03.10.문13, 02.4.문8)

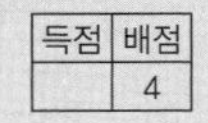

득점	배점
	4

(가)
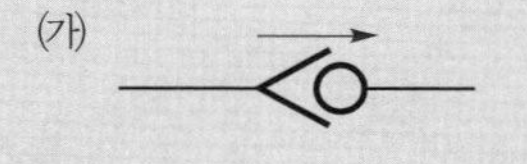

(나)
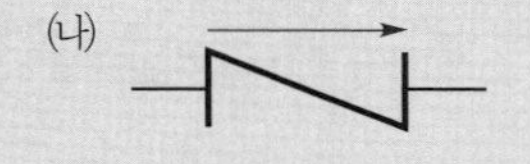

(다)
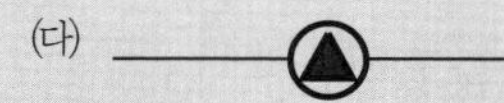

(라)
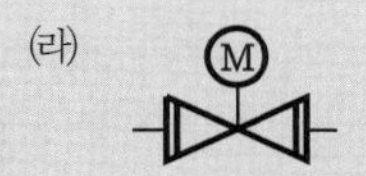

해답 (가) 가스체크밸브
(나) 체크밸브
(다) 경보밸브(습식)
(라) 모터밸브

해설

명 칭	도시기호	명 칭	도시기호
가스체크밸브 질문 (가)		프리액션밸브	
체크밸브 질문 (나)		추식 안전밸브	
동체크밸브		스프링식 안전밸브	
경보밸브(습식) 질문 (다)		솔레노이드밸브	
경보밸브(건식)		모터밸브(전동밸브) 질문 (라)	
경보델류지밸브		볼밸브	

☆ 문제 10

다음 그림은 어느 15층 건물의 12층 계단전실에 연결송수관설비의 방수구가 설치되어 있는 모습을 나타낸다. 그림에서 잘못된 부분을 2가지만 지적하고 올바르게 고치는 방법을 설명하시오. (15.4.문15)

득점	배점
	8

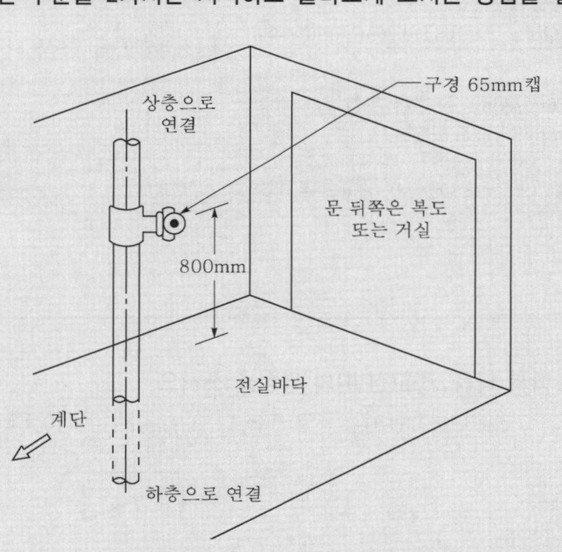

잘못된 부분	고치는 방법

해답

잘못된 부분	고치는 방법
단구형 방수구 설치	쌍구형 방수구 설치
방수구에 개폐기능이 없다.	방수구에 개폐기능이 있을 것

해설 **연결송수관설비**

잘못된 부분	고치는 방법
단구형 방수구가 설치되어 있다.	**11층 이상**이므로 방수구는 **쌍구형**으로 설치하여야 할 것
방수구에 개폐기능이 없다.	방수구는 개폐기능을 가진 것으로 설치하여야 하며, 평상시 **닫힌 상태**를 유지할 것

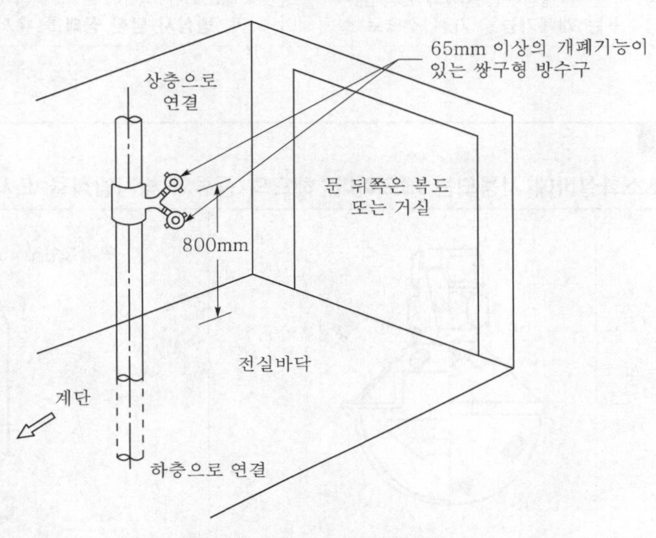

∥올바른 도면∥

중요

(1) **연결송수관설비**의 **계통도**

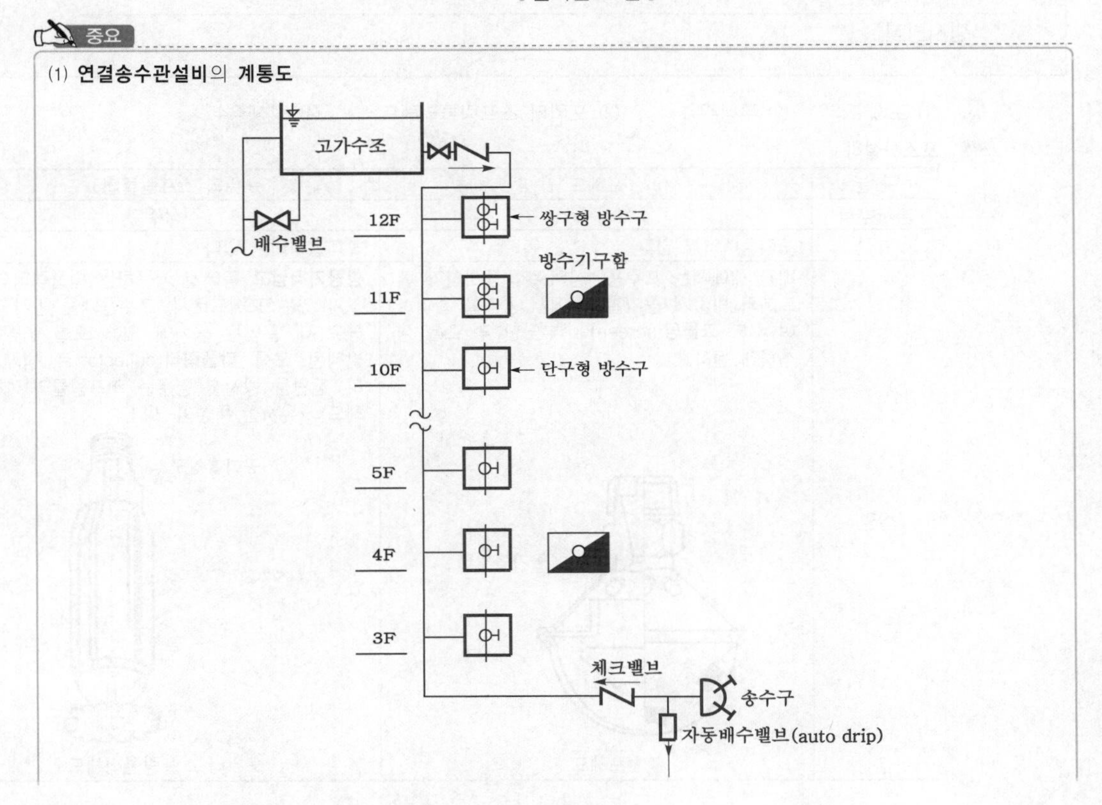

(2) **연결송수관설비 방수구**의 **설치기준**(NFPC 502 6조, NFTC 502 2.3.1)

① **11층 이상**의 부분에 설치하는 방수구는 **쌍구형**으로 할 것(단, 다음의 어느 하나에 해당하는 층에는 **단구형**으로 설치할 수 있다.)

㉠ **아파트**의 용도로 사용되는 층

㉡ **스프링클러설비**가 유효하게 설치되어 있고 방수구가 **2개소 이상** 설치된 층

② 방수구의 **호스접결구**는 바닥으로부터 높이 **0.5~1m 이하**의 위치에 설치할 것

③ 방수구는 연결송수관설비의 전용 방수구 또는 옥내소화전 방수구로서 구경 **65mm**의 것으로 설치할 것

④ 방수구는 **개폐기능**을 가진 것으로 설치해야 하며, **평상시 닫힌 상태**를 유지할 것

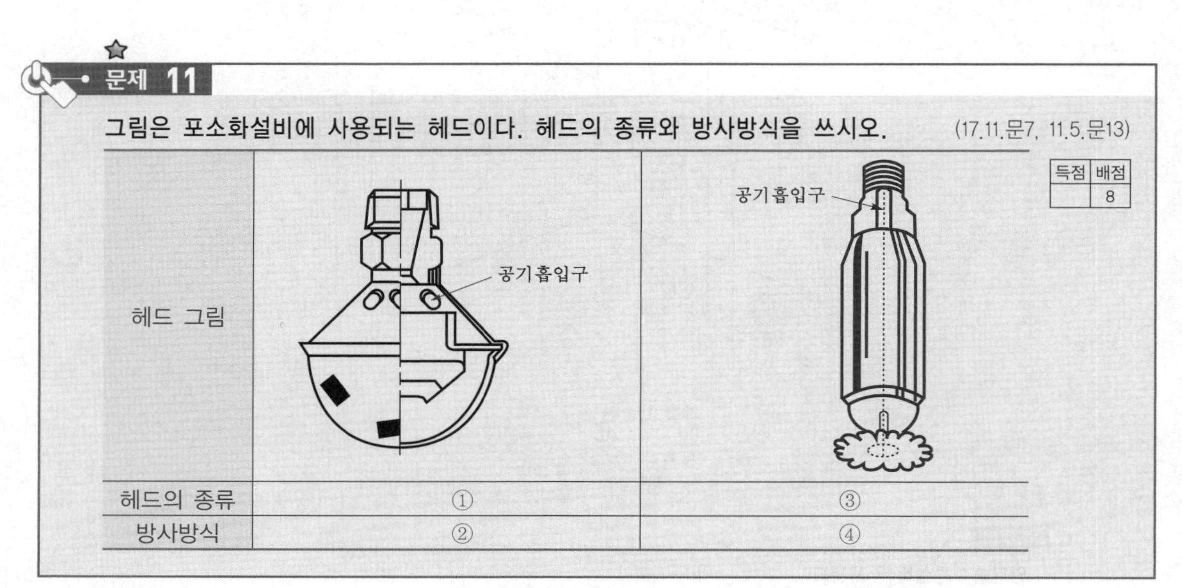

☆ 문제 11

그림은 포소화설비에 사용되는 헤드이다. 헤드의 종류와 방사방식을 쓰시오. (17.11.문7, 11.5.문13)

득점	배점
	8

헤드 그림	공기흡입구	공기흡입구
헤드의 종류	①	③
방사방식	②	④

해답 ① 포헤드 ② 무상주수 ③ 포워터 스프링클러헤드 ④ 적상주수

해설 **포소화설비**

구 분	포헤드	포워터 스프링클러헤드
방사방식	무상주수	적상주수
특징	포디플렉터가 없다.	포디플렉터가 있다.
설명	배관 내에서는 포수용액상태로 이동하다가 헤드에서 방사시 공기흡입구에서 공기를 흡입하여 헤드 **그물망**(screen)에 부딪힌 후 포를 생성하게 된다. 공기흡입구 ▮포헤드▮	**항공기격납고** 등에서 사용하는 디플렉터의 구조가 있는 포헤드로서, 포수용액을 방사할 때 헤드 내 흡입된 공기에 의해 포를 형성하며 발생된 포를 **디플렉터**(deflector)로 방사시킨다. 물만을 방사할 경우는 스프링클러 개방형 헤드와 유사한 특성이 있다. 공기흡입구 ▮포워터 스프링클러헤드▮

중요

방사방식에 따른 **구분**

구 분	무상주수	적상주수	봉상주수
용도	화점이 가까이 있을 때 및 질식효과·유화효과를 필요로 할 때 사용	일반 고체가연물의 화재시 사용	화점이 멀리 있을 때 고체가연물의 대규모 화재시 사용
물방울의 평균직경	**0.1~1mm** 정도	**0.5~6mm** 정도	**6mm** 이상
적용	• 포헤드 • 물분무헤드	• 포워터 스프링클러헤드 • 스프링클러헤드	• 옥내소화전의 방수노즐 • 옥외소화전의 방수노즐

☆☆

문제 12

일직선으로 된 소방노즐에서 300L/min의 유량이 방출되고 있다. 관의 지름은 54.8mm, 노즐 끝의 지름은 25.4mm이다. 노즐 끝에 발생하는 국부손실〔kPa〕을 계산하시오. (단, d/D=1/2 =0.5이고, 마찰계수는 5이다.)

(20.11.문14, 13.11.문14)

○ 계산과정 :

○ 답 :

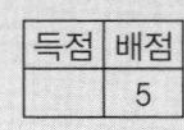

득점	배점
	5

○ 계산과정 : $V_2 = \dfrac{0.3/60}{\dfrac{\pi}{4}(0.0254)^2} = 9.867\text{m/s}$

$$H = 5 \times \frac{(9.867)^2}{2\times 9.8} = 24.836\text{m}$$

$$\frac{24.836}{10.332} \times 101.325 = 243.564 \fallingdotseq 243.56\text{kPa}$$

○ 답 : 243.56kPa

기호

- Q : 300L/min=0.3m³/60s(1000L=1m³, 1min=60s)
- D_1 : 54.8mm=0.0548m(1000mm=1m)
- D_2 : 25.4mm=0.0254m(1000mm=1m)
- H : ?
- K : 5

(1) **돌연축소관에서**의 **손실수두**

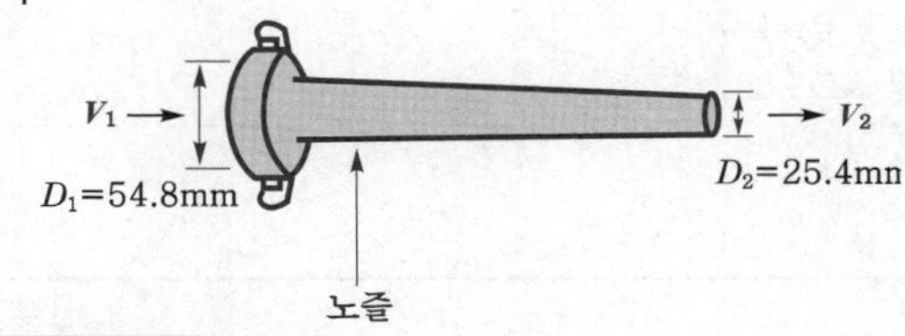

$$H = K\frac{{V_2}^2}{2g}$$

여기서, H : 돌연축소관에서의 손실수두〔m〕

K : 손실계수(마찰계수)

V_2 : 축소관 유속〔m/s〕

g : 중력가속도(9.8m/s²)

(2) **유량**

$$Q = AV = \left(\frac{\pi}{4}D^2\right)V$$

여기서, Q : 유량[m³/s]
A : 단면적[m²]
V : 유속[m/s]
D : 내경[m]

축소관 유속 V_2는

$$V_2 = \frac{Q}{A} = \frac{Q}{\frac{\pi}{4}{D_2}^2} = \frac{0.3\text{m}^3/60\text{s}}{\frac{\pi}{4}(0.0254\text{m})^2} = 9.867\text{m/s}$$

돌연축소관에서의 손실수두 H는

$$H = K\frac{{V_2}^2}{2g} = 5 \times \frac{(9.867\text{m/s})^2}{2 \times 9.8\text{m/s}^2} = 24.836\text{m}$$

표준대기압
1atm=760mmHg=**1.0332kg$_f$/cm²**
=10.332mH$_2$O[mAq]
=14.7PSI[lb$_f$/in²]
=101.325kPa[kN/m²]
=1013mbar

10.332m=101.325kPa 이므로

$$24.836\text{m} = \frac{24.836\text{m}}{10.332\text{m}} \times 101.325\text{kPa} = 243.564 \fallingdotseq 243.56\text{kPa}$$

- 단서에서 d/D= 1/2=0.5의 의미는 관의 지름과 노즐 끝의 지름에 대한 비율로서 특별한 의미를 두지 않아도 된다.

돌연확대관에서의 **손실**

$$H = K\frac{(V_1 - V_2)^2}{2g}$$

여기서, H : 손실수두[m]
K : 손실계수
V_1 : 축소관 유속[m/s]
V_2 : 확대관 유속[m/s]
g : 중력가속도(9.8m/s²)

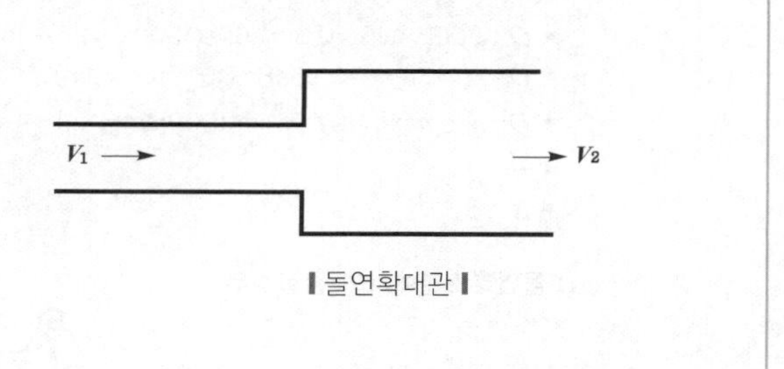

▮돌연확대관▮

☆☆

문제 13

옥내소화전용 가압송수장치로 펌프방식을 설치하려고 한다. 정격토출압력 2MPa, 정격토출량 520L/min 일 때 다음 각 물음에 답하시오.

(16.11.문1)

득점	배점
	4

(가) 체절운전시 허용최고압력[MPa]을 구하시오.
○ 계산과정 :
○ 답 :

(나) 토출량이 780L/min일 때 최소압력[MPa]을 구하시오.

○ 계산과정 :

○ 답 :

해답 (가) ○ 계산과정 : 2×1.4=2.8MPa

○ 답 : 2.8MPa

(나) ○ 계산과정 : 2×0.65=1.3MPa

○ 답 : 1.3MPa

해설 (가)

체절압력[MPa]=정격토출압력[MPa]×1.4

=2MPa×1.4

=2.8MPa

• 체절운전시 허용최고압력=체절압력

중요

체절운전, 체절압력, 체절양정

구 분	설 명
체절운전	펌프의 성능시험을 목적으로 펌프 토출측의 개폐밸브를 닫은 상태에서 펌프를 운전하는 것
체절압력	체절운전시 릴리프밸브가 압력수를 방출할 때의 압력계상 압력으로 정격토출압력의 **140%** 이하
체절양정	펌프의 토출측 밸브가 모두 막힌 상태. 즉 유량이 0인 상태에서의 양정

(나)

• 소방펌프는 정격토출량의 **150%**로 운전시 정격토출압력의 **65%** 이상이 되어야 한다.

정격토출량 520L/min의 150% 운전시=520L/min×1.5=780L/min

그러므로 토출량이 780L/min일 때는 정격토출량의 150% 운전할 때이므로 정격토출압력의 65% 이상이면 된다.

최소압력=정격토출압력×0.65

=2MPa×0.65

=1.3MPa

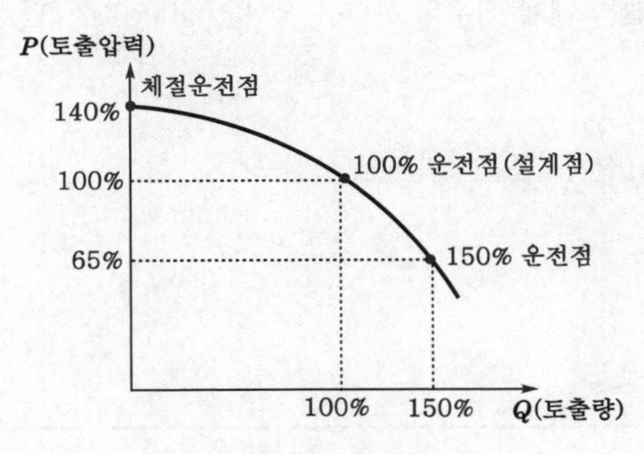

| 펌프의 성능특성곡선 |

• **펌프**의 **성능** : 체절운전시 정격토출압력의 **140%**를 초과하지 아니하고, 정격토출량의 **150%**로 운전시 정격토출압력의 **65%** 이상이어야 한다.

☆☆☆

문제 14

전역방출방식인 이산화탄소 소화설비에 대한 다음 각 물음에 답하시오.

(20.7.문14, 19.4.문16, 14.11.문13, 14.4.문4)

득점	배점
	16

〔조건〕

① 모피창고의 규격은 8×6m이며, 개구부는 2×3m 2개소이며 자동폐쇄장치가 설치되어 있다.
② 서고의 규격은 5×6m이며, 개구부는 1×2m 1개소이며 자동폐쇄장치가 설치되어 있지 않다.
③ 각 층의 실고는 3m이다.
④ 약제방출시간은 7분이다.

(가) 모피창고와 서고의 약제저장량〔kg〕은?

모피창고	서 고
○ 계산과정 : ○ 답 :	○ 계산과정 : ○ 답 :

(나) 저장용기 1병당 약제충전량〔kg〕은? (단, 충전비는 1.511이고, 내용적은 68L이며, 소수점 이하는 버릴 것)
○ 계산과정 :
○ 답 :

(다) 집합관의 용기본수는?
○ 계산과정 :
○ 답 :

(라) 선택밸브수는 몇 개인가?
○

(마) 모피창고의 선택밸브 개폐 직후의 유량은 몇 kg/min인가? (단, 실제 저장병수로 계산할 것)
○ 계산과정 :
○ 답 :

(바) 서고의 선택밸브 개폐 직후의 유량은 몇 kg/min인가? (단, 실제 저장병수로 계산할 것)
○ 계산과정 :
○ 답 :

(사) 저장용기실의 설치기준을 4가지만 쓰시오.
○
○
○
○

해답 (가)

모피창고	서 고
○ 계산과정 : 144×2.7 = 388.8kg ○ 답 : 388.8kg	○ 계산과정 : 90×2.0+(1×2)×10=200kg ○ 답 : 200kg

(나) ○ 계산과정 : $\frac{68}{1.511} = 45.003 ≒ 45\text{kg}$
○ 답 : 45kg

(다) ○ 계산과정 : $\frac{388.8}{45} = 8.64 ≒ 9$병

$\frac{200}{45} = 4.44 ≒ 5$병

○ 답 : 9병

(라) 2개

(마) ○ 계산과정 : $\frac{45 \times 9}{7} = 57.857 ≒ 57.86\text{kg/min}$

○ 답 : 57.86kg/min

(바) ○ 계산과정 : $\frac{45 \times 5}{7} = 32.142 ≒ 32.14\text{kg/min}$

○ 답 : 32.14kg/min

(사) ① 온도가 40℃ 이하이고, 온도변화가 작은 곳에 설치할 것
② 직사광선 및 빗물이 침투할 우려가 없는 곳에 설치할 것
③ 방화문으로 구획된 실에 설치할 것
④ 용기의 설치장소에는 해당 용기가 설치된 곳임을 표시하는 표지를 할 것

해설 (가) **심부화재**의 **약제량** 및 **개구부가산량**

방호대상물	약제량	개구부가산량 (자동폐쇄장치 미설치시)	설계농도
전기설비($55m^3$ 이상), 케이블실	$1.3kg/m^3$	$10kg/m^2$	50%
전기설비($55m^3$ 미만)	$1.6kg/m^3$		
서고, **박**물관, **목**재가공품창고, **전**자제품창고	→ $2.0kg/m^3$ →		65%
석탄창고, **면**화류창고, **고**무류, **모피창고**, **집**진설비	→ $2.7kg/m^3$ →		75%

기억법 서박목전(**선박**이 **목전**에 보인다.)
석면고모집(**석면**은 **고모** **집**에 있다.)

모피창고

CO_2저장량[kg]
= **방**호구역체적[m^3]×**약**제량[kg/m^3] **+ 개**구부면적[m^2]×개구부가**산**량($10kg/m^2$)

기억법 **방약 + 개산**

= $144m^3 \times 2.7kg/m^3 = 388.8kg$

- 방호구역체적은 [조건 ①·③]에서 8m×6m×3m=**144m³**이다.
- [조건 ①]에서 자동폐쇄장치가 설치되어 있으므로 **개구부면적** 및 **개구부가산량**은 적용하지 않는다.

서고

CO_2저장량[kg]
= 방호구역체적[m^3]×약제량[kg/m^3]+개구부면적[m^2]×개구부가산량($10kg/m^2$)
= $90m^3 \times 2.0kg/m^3 + (1 \times 2)m^2 \times 10kg/m^2 = 200kg$

- 방호구역체적은 [조건 ②·③]에서 5m×6m×3m = **90m³**이다.
- [조건 ②]에서 자동폐쇄장치가 설치되어 있지 않으므로 **개구부면적** 및 **개구부가산량**도 **적용**

(나) **충전비**

$$C = \frac{V}{G}$$

여기서, C : 충전비[L/kg]
V : 내용적[L]
G : 저장량(충전량)[kg]

충전량 G는

$$G=\frac{V}{C}=\frac{68}{1.511}=45.003 \fallingdotseq 45\text{kg}$$

- [단서]에 의해 소수점 이하는 버림

(다) 모피창고

$$\text{저장용기본수}=\frac{\text{약제저장량}}{\text{충전량}}=\frac{388.8\text{kg}}{45\text{kg}}=8.64 \fallingdotseq 9\text{병}$$

서고

$$\text{저장용기본수}=\frac{\text{약제저장량}}{\text{충전량}}=\frac{200\text{kg}}{45\text{kg}}=4.44 \fallingdotseq 5\text{병}$$

집합관의 용기본수는 각 방호구역의 저장용기본수 중 가장 많은 것을 기준으로 하므로 **모피창고**의 **9병**이 된다.

- 388.8kg 및 200kg : (가)에서 구한 값
- 45kg : (나)에서 구한 값

(라)

- 설치개수
  ① 기동용기
  ② 선택밸브
  ③ 음향경보장치
  ④ 일제개방밸브(델류지밸브)
  (①~④) ─ 각 방호구역당 **1개**
  ⑤ 집합관의 용기본수－각 방호구역 중 가장 많은 용기 기준

선택밸브는 각 방호구역당 1개이므로 **모피창고**, **서고** 각각 1개씩 **2개**가 된다.

(마) 선택밸브 개폐 직후의 유량

$$=\frac{\text{1병당 충전량[kg]} \times \text{저장용기본수}}{\text{약제방출시간[min]}}=\frac{45\text{kg} \times 9\text{병}}{7\text{min}}=57.857 \fallingdotseq 57.86\text{kg/min}$$

- (나)에서 1병당 약제충전량은 **45kg**이고, (다)에서 모피창고의 저장용기본수는 **9병**이다.
- [조건 ④]에서 약제방출시간은 **7분**이다.

(바) 선택밸브 개폐 직후의 유량

$$=\frac{\text{1병당 충전량[kg]} \times \text{저장용기본수}}{\text{약제방출시간[min]}}=\frac{45\text{kg} \times 5\text{병}}{7\text{min}}=32.142 \fallingdotseq 32.14\text{kg/min}$$

- (나)에서 1병당 약제충전량은 **45kg**이고, (다)에서 서고의 저장용기본수는 **5병**이다.
- [조건 ④]에서 약제방출시간은 **7분**이다.

중요

(1) 선택밸브 직후의 유량$=\dfrac{\text{1병당 저장량[kg]} \times \text{병수}}{\text{약제방출시간[s]}}$

(2) 방사량$=\dfrac{\text{1병당 저장량[kg]} \times \text{병수}}{\text{헤드수} \times \text{약제방출시간[s]}}$

(3) 약제의 유량속도$=\dfrac{\text{1병당 저장량[kg]} \times \text{병수}}{\text{약제방출시간[s]}}$

(4) 분사헤드수$=\dfrac{\text{1병당 저장량[kg]} \times \text{병수}}{\text{헤드 1개의 표준방사량[kg]}}$

(5) 개방밸브(용기밸브) 직후의 유량$=\dfrac{\text{1병당 충전량[kg]}}{\text{약제방출시간[s]}}$

- 1병당 저장량=1병당 충전량

(사) **이산화탄소 소화약제 저장용기**의 **적합장소 설치기준**

① **방호구역 외**의 장소에 설치할 것(단, 방호구역 내에 설치할 경우에는 피난 및 조작이 용이하도록 **피난구 부근**에 설치할 것)
② 온도가 **40℃** 이하이고, 온도변화가 작은 곳에 설치할 것
③ **직사광선** 및 **빗물**이 침투할 우려가 없는 곳에 설치할 것
④ **방화문**으로 구획된 실에 설치할 것
⑤ 용기의 설치장소에는 해당 용기가 설치된 곳임을 표시하는 표지를 할 것
⑥ 용기 간의 간격은 점검에 지장이 없도록 **3cm** 이상의 간격을 유지할 것
⑦ 저장용기와 집합관을 연결하는 연결배관에는 **체크밸브**를 설치할 것(단, 저장용기가 **하나**의 **방호구역**만을 담당하는 경우는 제외)
⑧ 저장용기의 외면에 **소화약제**의 **종류**와 **양**, **제조연도** 및 **제조자**를 표시할 것

☆☆☆

문제 15

그림과 같은 벤츄리미터(venturi-meter)에서 관 속에 흐르는 물의 유량[L/s]을 구하시오. (단, 유량계수는 0.9, 입구지름은 100mm, 목(throat)지름은 50mm, 수은주 높이 차이(Δh)는 46cm, 수은의 비중은 13.6이다.)

(19.4.문13, 15.11.문8, 15.7.문11, 13.4.문13, 08.11.문11)

득점	배점
	4

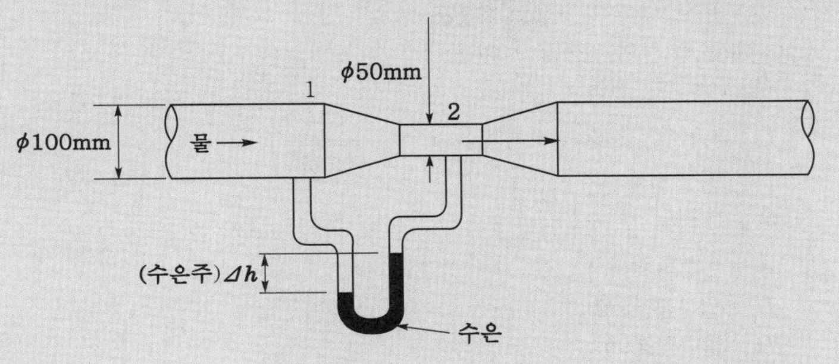

○ 계산과정 :
○ 답 :

해답

○ 계산과정 : $m = \left(\frac{50}{100}\right)^2 = 0.25$

$\gamma_s = 13.6 \times 9.8 = 133.28\text{kN/m}^3$

$Q = 0.9 \times \frac{\pi}{4} \times 0.05^2 \sqrt{\frac{2 \times 9.8 \times (133.28 - 9.8)}{9.8} \times 0.46}$

$= 18.834 \times 10^{-3}\text{m}^3/\text{s}$

$= 18.834\text{L/s} \fallingdotseq 18.83\text{L/s}$

○ 답 : 18.83L/s

해설 **기호**

- Q : ?
- C : 0.9
- D_1 : 100mm
- D_2 : 50mm
- R : 46cm=0.46m(100cm=1m)
- s : 13.6

(1) **비중**

$$s = \frac{\gamma_s}{\gamma}$$

여기서, s : 비중

γ_s : 어떤 물질의 비중량(수은의 비중량)[kN/m³]

γ : 물의 비중량(9.8kN/m³)

수은의 비중량 $\gamma_s = s \times \gamma = 13.6 \times 9.8\text{kN/m}^3 = 133.28\text{kN/m}^3$

(2) **유량**

$$Q = C_v \frac{A_2}{\sqrt{1-m^2}} \sqrt{\frac{2g(\gamma_s - \gamma)}{\gamma} R} = CA_2 \sqrt{\frac{2g(\gamma_s - \gamma)}{\gamma} R}$$

여기서, Q : 유량[m³/s]

C_v : 속도계수

A_2 : 출구면적$\left(\frac{\pi D_2^{\ 2}}{4}\right)$[m²]

g : 중력가속도(9.8m/s²)

γ_s : 비중량(수은의 비중량 133.28kN/m³)

γ : 비중량(물의 비중량 9.8kN/m³)

R : 마노미터 읽음[m]

C : 유량계수$\left(\text{노즐의 흐름계수, } C = \frac{C_v}{\sqrt{1-m^2}}\right)$

m : 개구비$\left(\frac{A_2}{A_1} = \left(\frac{D_2}{D_1}\right)^2\right)$

A_1 : 입구면적[m²]

D_1 : 입구직경[m]

D_2 : 출구직경[m]

유량 Q는

$$\begin{aligned} Q &= CA_2 \sqrt{\frac{2g(\gamma_s - \gamma)}{\gamma} R} \\ &= 0.9 \times \frac{\pi}{4} \times (50\text{mm})^2 \sqrt{\frac{2 \times 9.8\text{m/s}^2 \times (133.28 - 9.8)\text{kN/m}^3}{9.8\text{kN/m}^3} \times 46\text{cm}} \\ &= 0.9 \times \frac{\pi}{4} \times (0.05\text{m})^2 \sqrt{\frac{2 \times 9.8\text{m/s}^2 \times (133.28 - 9.8)\text{kN/m}^3}{9.8\text{kN/m}^3} \times 0.46\text{m}} \\ &= 18.834 \times 10^{-3}\text{m}^3/\text{s} \\ &= 18.834\text{L/s} \fallingdotseq 18.83\text{L/s} \end{aligned}$$

- A_2 : $\frac{\pi}{4} \times$ **(0.05m)²** $\left(\text{1000mm=1m이므로 50mm=0.05m가 되어 } \frac{\pi}{4} \times (50\text{mm})^2 = \frac{\pi}{4} \times (0.05\text{m})^2\right)$
- $R(\Delta h)$: **0.46m**(100cm=1m이므로 46cm=0.46m)
- 유량계수가 주어졌으므로 $Q = CA_2 \sqrt{\frac{2g(\gamma_s - \gamma)}{\gamma} R}$ 식 적용 거듭 주의!
- 1m³=1000L이므로 18.834×10^{-3}m³/s$=18.834 \times 10^{-3} \times 1000L/s=18.834$L/s

중요

속도계수와 **유량계수**

구 분	속도계수	유량계수
식	$C_v = C\sqrt{1-m^2}$ 여기서, C_v : 속도계수 C : 유량계수 m : 개구비$\left(\frac{A_2}{A_1}=\left(\frac{D_2}{D_1}\right)^2\right)$	$C=\frac{C_v}{\sqrt{1-m^2}}$ 여기서, C : 유량계수 C_v : 속도계수 m : 개구비$\left(\frac{A_2}{A_1}=\left(\frac{D_2}{D_1}\right)^2\right)$
동일 용어	• 속도계수 • 유속계수	• 유량계수 • 유출계수 • 방출계수 • 유동계수 • 흐름계수 • 오리피스 계수

☆ 문제 16

배관내경이 40mm이고, 배관길이가 10m인 배관에 유량이 300L/min이다. 관의 조도는 120이고 배관입구의 압력이 0.4MPa일 때 배관 끝에서의 압력〔MPa〕은 얼마인가? (단, 하젠-윌리엄스의 식 $\Delta p_m = 6.174\times10^4\times\frac{Q^2}{C^2\times D^5}$ 을 이용하라.)

(18.4.문11, 12.4.문4)

득점	배점
	6

○ 계산과정 :
○ 답 :

○ 계산과정 : $\Delta p_m = 6.174\times10^4\times\frac{300^2}{120^2\times40^5}\times10 = 0.037 ≒ 0.04\text{MPa}$

(0.4−0.04)=0.36MPa

○ 답 : 0.36MPa

(1) **기호**

- D : 40mm
- L : 10m
- Q : 300L/min
- C : 120
- 배관입구 압력 : 0.4MPa
- 배관 끝 압력 : ?

(2) **하젠－윌리엄스**의 **식**

$$\Delta p_m = 6.174\times10^4\times\frac{Q^{1.85}}{C^{1.85}\times D^{4.87}}\times L\text{〔MPa/m〕} \text{ 또는 } \Delta p_m = 6.174\times10^4\times\frac{Q^{1.85}}{C^{1.85}\times D^{4.87}}\text{〔MPa/m〕}$$

여기서, Δp_m : 압력손실〔MPa〕 또는 〔MPa/m〕
C : 조도, D : 관의 내경〔mm〕
Q : 관의 유량〔L/min〕, L : 배관의 길이〔m〕

• 압력손실의 단위가 **MPa**, **MPa/m**에 따라 공식이 다르므로 주의!

마찰손실압력 Δp_m는

$$\Delta p_m = 6.174 \times 10^4 \times \frac{Q^2}{C^2 \times D^5} \times L = 6.174 \times 10^4 \times \frac{(300\text{L/min})^2}{120^2 \times (40\text{mm})^5} \times 10\text{m} = 0.037 \fallingdotseq 0.04\text{MPa}$$

배관입구압력 = 배관 끝 압력 + 마찰손실압력 에서

배관 끝 압력 = 배관입구압력 − 마찰손실압력 = (0.4−0.04)MPa=0.36MPa

중요

조도(C)	배 관
100	• 주철관 • 흑관(건식 스프링클러설비의 경우) • 흑관(준비작동식 스프링클러설비의 경우)
120	• 흑관(일제살수식 스프링클러설비의 경우) • 흑관(습식 스프링클러설비의 경우) • 백관(아연도금강관)
150	• 동관(구리관)

• **관**의 **Roughness계수**(조도) : 배관의 재질이 매끄러운가 또는 거친가에 따라 작용하는 계수

“ 어려움 한가운데, 그곳에 기회가 있다.
- 알버트 아인슈타인 - ”

2021. 11. 13 시행

▮2021년 산업기사 제4회 필답형 실기시험▮

자격종목	시험시간	형별	수험번호	성명	감독위원 확 인
소방설비산업기사(기계분야)	2시간 30분				

※ 다음 물음에 답을 해당 답란에 답하시오.(배점 : 100)

☆☆

문제 01

지상 1층 및 2층의 바닥면적의 합계가 32000m^2인 공장에 소화수조 또는 저수조를 설치하고자 한다. 다음 각 물음에 답하시오.

(20.10.문8, 14.7.문8, 13.11.문13)

득점	배점
	4

유사문제부터 풀어보세요. 실력이 팍!팍! 올라갑니다.

(가) 소화수조 또는 저수조를 설치시 저수조에 확보하여야 할 저수량[m^3]을 구하시오.
 ○계산과정 :
 ○답 :

(나) 저수조에 설치하여야 할 흡수관 투입구의 최소설치수량을 구하시오.
 ○

(다) 저수조에 설치하여야 할 채수구의 최소설치수량은 몇 개인가?
 ○

(라) 흡수관 투입구가 원형의 경우에는 지름이 몇 cm 이상이어야 하는가?
 ○

해답

(가) ○계산과정 : $\frac{32000}{7500} = 4.26 \fallingdotseq 5$

$5 \times 20 = 100m^3$

○답 : $100m^3$

(나) 2개

(다) 3개

(라) 60cm

(가) **소화수조** 또는 **저수조**의 **저수량 산출**(NFPC 402 4조, NFTC 402 2.1.2)

특정소방대상물의 구분	기준면적[m^2]
지상 1층 및 2층의 바닥면적 합계 15000m^2 이상 →	7500
기타	12500

지상 1·2층의 바닥면적 합계=32000m^2

∴ 15000m^2 이상이므로 기준면적은 7500m^2이다.

소화용수의 양(저수량)

$$Q = \frac{\text{연면적}}{\text{기준면적}}(\text{절상}) \times 20m^3$$

$$= \frac{32000m^2}{7500m^2}(\text{절상}) \times 20m^3$$

$$= 5m^2 \times 20m^3 = 100m^3$$

- 지상 1·2층의 바닥면적 합계가 32000m^2로서 15000m^2 이상이므로 기준면적은 **7500m^2**이다.
- 소화용수의 양(저수량)을 구할 때 $\frac{32000\text{m}^2}{7500\text{m}^2}=4.26 \fallingdotseq 5$로 먼저 **절상**한 후 **$20\text{m}^3$**를 곱한다는 것을 기억하라!
- 연면적이 주어지지 않은 경우 바닥면적의 합계를 연면적으로 보면 된다. 그러므로 **32000m^2** 적용
- **절상** : 소수점 이하는 무조건 올리라는 의미

(나) **흡수관 투입구 수**(NFPC 402 4조, NFTC 402 2.1.3.1)

소요 수량	80m^3 미만	80m^3 이상
흡수관 투입구 수	**1개** 이상	**2개** 이상

- 소화용수의 양(저수량)이 **100m^3**로서 **80m^3** 이상이므로 **흡수관 투입구**의 최소 개수는 **2개**

(다) **채수구의 수**(NFPC 402 4조, NFTC 402 2.1.3.2.1)

소화수조 용량	$20\sim40\text{m}^3$ 미만	$40\sim100\text{m}^3$ 미만	100m^3 이상
채수구의 수	**1개**	**2개**	**3개**

- 소화용수의 양(저수량)이 **100m^3**로서 **100m^3** 이상이므로 **채수구**의 최소 개수는 **3개**

(라) **소방용수시설의 저수조에 대한 설치기준**(기본규칙 〔별표 3〕)

① 낙차 : **4.5m** 이하
② **수**심 : **0.5m** 이상

기억법 **수5(수호천사)**

③ 투입구의 길이 또는 지름 : **60cm** 이상
④ 소방펌프자동차가 **쉽게 접근**할 수 있도록 할 것
⑤ 흡수에 지장이 없도록 **토사** 및 **쓰레기** 등을 제거할 수 있는 설비를 갖출 것

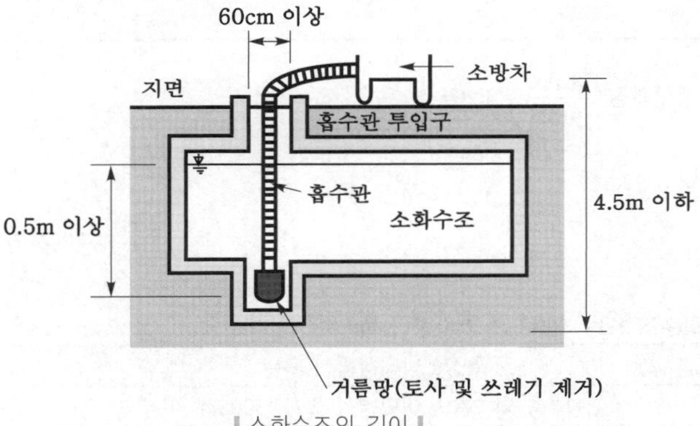

‖ 소화수조의 깊이 ‖

⑥ 저수조에 물을 공급하는 방법은 **상수도**에 연결하여 **자동**으로 **급수**되는 구조일 것

소화전	급수탑
• **65mm** : 연결금속구의 구경	• **100mm** : 급수배관의 구경 • **1.5~1.7m** 이하 : 개폐밸브 높이 기억법 **57탑(57층 탑)**

☆☆
문제 02

지름이 40mm인 소방호스에 노즐구경이 13mm인 노즐팁이 부착되어 있고, 130L/min의 물을 대기 중으로 방수할 경우 다음 각 물음에 답하시오. (단, 유동에는 마찰이 없는 것으로 한다.)

(19.4.문6, 18.11.문7, 18.6.문8, 13.4.문7, 08.4.문11)

득점	배점
	4

(가) 소방호스의 평균유속[m/s]을 구하시오.
○ 계산과정 :
○ 답 :

(나) 소방호스에 부착된 방수노즐의 평균유속[m/s]을 구하시오.
○ 계산과정 :
○ 답 :

(가) ○ 계산과정 : $\dfrac{\dfrac{0.13}{60}}{\dfrac{\pi \times 0.04^2}{4}} = 1.724 ≒ 1.72\text{m/s}$

○ 답 : 1.72m/s

(나) ○ 계산과정 : $\dfrac{\dfrac{0.13}{60}}{\dfrac{\pi \times 0.013^2}{4}} = 16.323 ≒ 16.32\text{m/s}$

○ 답 : 16.32m/s

기호

- D_1 : 40mm=0.04m(1000mm=1m)
- D_2 : 13mm=0.013m(1000mm=1m)
- Q : 130L/min=0.13m³/min(1000L=1m³)

$$Q = AV = \left(\frac{\pi D^2}{4}\right) V$$

여기서, Q : 유량[m³/s]
A : 단면적[m²]
V : 유속[m/s]
d : 내경[m]

(가)

$$Q = AV$$ 에서

소방호스의 **평균유속** V_1은

$$V_1 = \frac{Q}{A_1} = \frac{Q}{\dfrac{\pi {D_1}^2}{4}}$$

$$= \frac{130\text{L/min}}{\left(\dfrac{\pi \times 0.04^2}{4}\right)\text{m}^2} = \frac{0.13\text{m}^3/60\text{s}}{\left(\dfrac{\pi \times 0.04^2}{4}\right)\text{m}^2}$$

$$= 1.724 ≒ 1.72\text{m/s}$$

(나)

$$Q = AV$$ 에서

방수노즐의 **평균유속** V_2는

$$V_2 = \frac{Q}{A_2} = \frac{Q}{\frac{\pi D_2^{\ 2}}{4}}$$

$$= \frac{130\text{L/min}}{\left(\frac{\pi \times 0.013^2}{4}\right)\text{m}^2} = \frac{0.13\text{m}^3/60\text{s}}{\left(\frac{\pi \times 0.013^2}{4}\right)\text{m}^2}$$

$$= 16.323 ≒ 16.32\text{m/s}$$

- 1000L=1m³이므로 130L=0.13m³
- 1min=60s
- 1000mm=1m, 1mm=10^{-3}m이므로
  40mm=40×10^{-3}m=0.04m, 13mm=13×10^{-3}m=0.013m

문제 03

피난기구의 화재안전기준 중 피난기구는 다음 기준에 따른 개수 이상을 설치하여야 한다. (　) 안을 완성하시오.

득점	배점
	4

○ 규정에 따라 설치한 피난기구 외에 숙박시설((①)을 제외한다.)의 경우에는 추가로 객실마다 (②) 또는 둘 이상의 (③)를 설치할 것
○ 규정에 따라 설치한 피난기구 외에 공동주택(「공동주택관리법 시행령」의 규정에 따른 공동주택에 한한다.)의 경우에는 하나의 관리주체가 관리하는 공동주택 구역마다 (④) 1개 이상을 추가로 설치할 것. 단, 옥상으로 피난이 가능하거나 인접세대로 피난할 수 있는 구조인 경우에는 추가로 설치하지 아니할 수 있다.

해답 ① 휴양콘도미니엄
② 완강기
③ 간이완강기
④ 공기안전매트

해설 **피난기구**의 **설치개수**(NFPC 301 5조, NFTC 301 2.1.2)

(1) **층**마다 설치할 것

시 설	설치기준
① 숙박시설 · 노유자시설 · 의료시설	바닥면적 **500m²**마다
② 위락시설 · 문화 및 집회시설, 운동시설 ③ 판매시설 · 복합용도의 층	바닥면적 **800m²**마다
④ 기타	바닥면적 **1000m²**마다
⑤ 계단실형 아파트	**각 세대**마다

(2) 피난기구 외에 **숙박시설**(**휴양콘도미니엄** 제외)의 경우에는 추가로 객실마다 **완강기** 또는 **둘 이상**의 **간이완강기**를 설치할 것
(3) 피난기구 외에 **공동주택**의 경우에는 하나의 관리주체가 관리하는 공동주택 구역마다 **공기안전매트 1개 이상**을 추가로 설치할 것(단, 옥상으로 피난이 가능하거나 인접세대로 피난할 수 있는 구조인 경우는 제외)

☆☆☆
문제 04

일반 업무용 11층 건물에 설치된 습식 연결송수관설비의 배관계통도이다. 이 계통도에서 틀린 곳을 계통도에 8개만 직접 표시하고 올바른 방법을 설명하시오. (단, 옥내소화전설비와 스프링클러설비는 무시한다.)

(16.11.문11, 06.7.문2, 05.7.문7)

득점	배점
	8

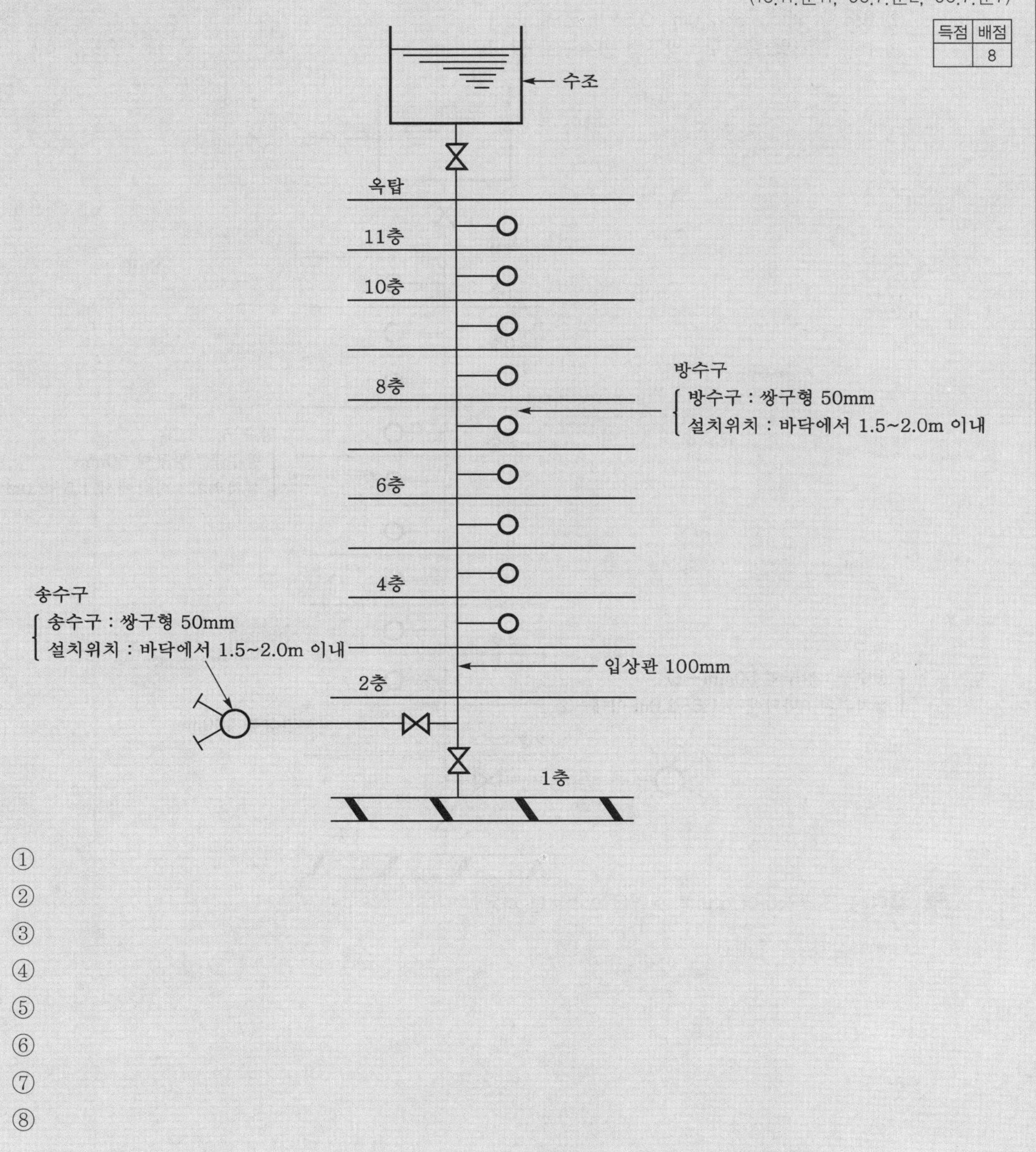

①
②
③
④
⑤
⑥
⑦
⑧

해답 ① 방수구 쌍구형 : 단구형으로 할 것
② 송수구 위치 1.5~2.0m : 0.5~1m로 할 것
③ 체크밸브 누락 : 체크밸브 설치
④ 자동배수밸브 누락 : 자동배수밸브 설치
⑤ 방수구 50mm : 65mm로 할 것
⑥ 송수구 50mm : 65mm로 할 것
⑦ 방수구 위치 1.5~2.0m : 0.5~1m로 할 것
⑧ 11층 단구형 방수구 : 쌍구형 방수구로 할 것

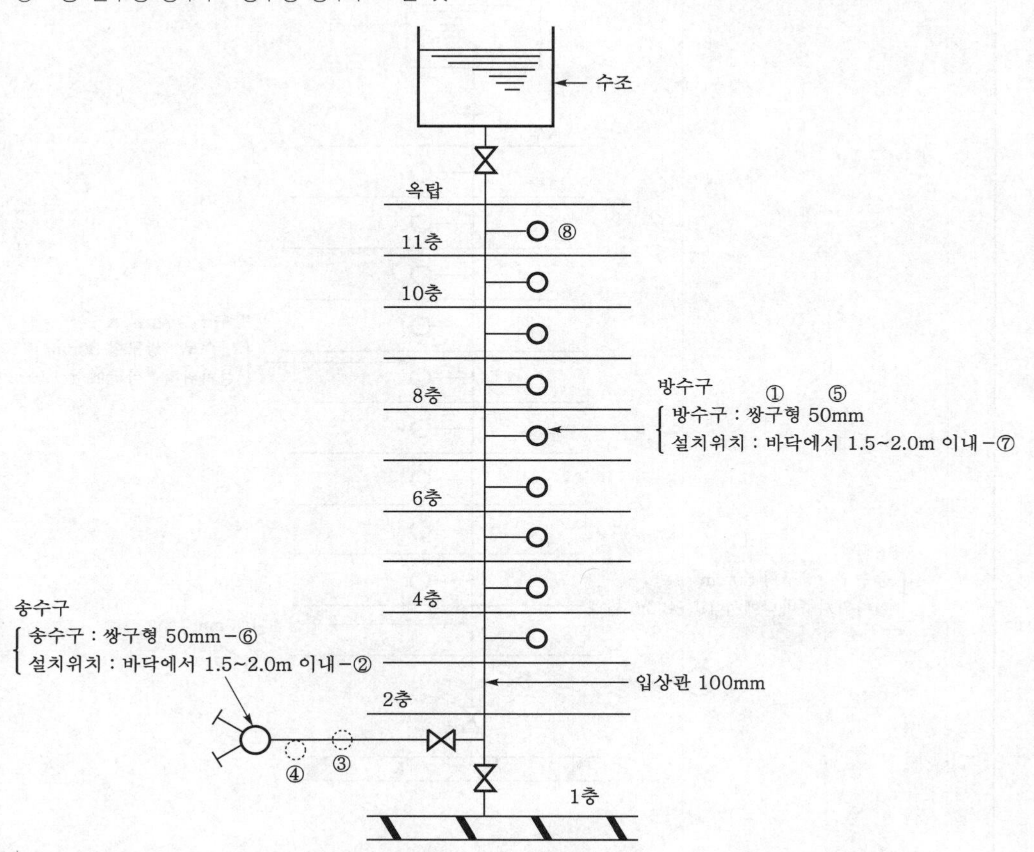

해설 틀린 곳을 수정하여 올바른 도면을 그려보면 다음과 같다.

- 입상관=수직배관

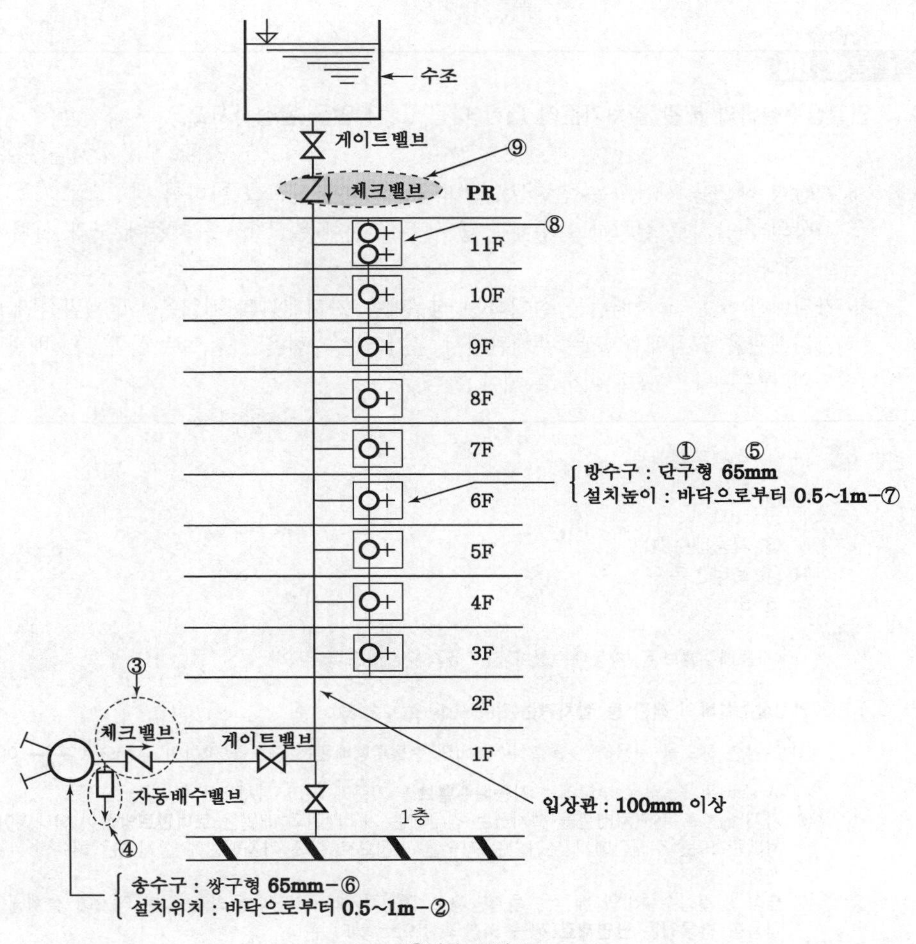

‖올바른 도면‖

참고

설치높이

0.5~1m 이하	0.8~1.5m 이하	1.5m 이하
① **연**결송수관설비의 송수구 · 방수구 ② **연**결살수설비의 송수구 ③ **소**화**용**수설비의 채수구 기억법 연소용 51(**연소용** **오일**은 잘 탄다.)	① **제**어밸브(수동식 개방밸브) ② **유**수검지장치 ③ **일**제개방밸브 기억법 제유일 85(**제**가 **유일**하게 **팔**았어**요**.)	① **옥내**소화전설비의 방수구 ② **호**스릴함 ③ **소**화기 기억법 옥내호소 5(**옥내**에서 **호소**하시**오**.)

☆☆☆

문제 05

연결살수설비의 배관 설치기준에 대한 다음 ( ) 안을 완성하시오.

(18.4.문12, 17.11.문13, 13.4.문3, 06.4.문2)

득점	배점
	5

(가) 개방형 헤드를 사용하는 연결살수설비의 (①)은 헤드를 향하여 상향으로 (②) 이상의 기울기로 설치하고 주배관 중 낮은 부분에는 (③)를 기준에 따라 설치해야 한다.

(나) 가지배관 또는 교차배관을 설치하는 경우에는 가지배관의 배열은 (④)방식이 아니어야 하며, 가지배관은 교차배관 또는 주배관에서 분기되는 지점을 기점으로 한쪽 가지배관에 설치되는 헤드의 개수는 (⑤)개 이하로 해야 한다.

해답 (가) ① 수평주행배관

② $\frac{1}{100}$

③ 자동배수밸브

(나) ④ 토너먼트

⑤ 8

해설

- **자동배수밸브**를 '**자동배수설비**'라고 답하지 않도록 주의!

연결살수설비의 **배관 등 설치기준**(NFPC 503 5조, NFTC 503 2.2)

(1) 개방형 헤드를 사용하는 연결살수설비의 **수평주행배관**은 헤드를 향하여 상향으로 $\frac{1}{100}$ **이상**의 기울기로 설치하고 주배관 중 낮은 부분에는 **자동배수밸브**를 기준에 따라 설치해야 한다.

(2) 가지배관 또는 교차배관을 설치하는 경우에는 가지배관의 배열은 **토너먼트방식**이 아니어야 하며, 가지배관은 교차배관 또는 주배관에서 분기되는 지점을 기점으로 한쪽 가지배관에 설치되는 헤드의 개수는 **8개 이하**로 해야 한다.

(3) **습식** 연결살수설비의 배관은 동결방지조치를 하거나 동결의 우려가 없는 장소에 설치해야 한다. 단, **보온재**를 사용할 경우에는 **난연재료** 성능 이상의 것으로 해야 한다.

(4) 급수배관에 설치되어 급수를 차단할 수 있는 개폐밸브는 **개폐표시형**으로 해야 한다. 이 경우 펌프의 흡입측 배관에는 **버터플라이밸브**(**볼형식**의 것을 **제외**) 외의 **개폐표시형 밸브**를 설치해야 한다.

(5) **교차배관**은 **가지배관**과 **수평**으로 설치하거나 또는 **가지배관 밑**에 설치하고, 그 구경은 규정에 따르되, 최소구경이 **40mm** 이상이 되도록 할 것

중요

기울기

구 분	설 명
$\frac{1}{100}$ 이상	연결살수설비의 **수평주행배관**
$\frac{2}{100}$ 이상	물분무소화설비의 배수설비
$\frac{1}{250}$ 이상	습식·부압식 설비 외 설비의 **가지배관**
$\frac{1}{500}$ 이상	습식·부압식 설비 외 설비의 **수평주행배관**

☆☆☆ 문제 06

제연 배출기의 회전수 200rpm에서 풍량을 측정한 결과 풍량이 360m³/min으로 용량부족으로 판정되어 풍량을 600m³/min으로 줄이고자 한다. 이때 배출기의 회전수는 몇 rpm으로 하여야 하는지 구하시오.

(20.11.문7·14, 20.7.문10, 19.4.문5, 16.6.문7, 15.7.문15, 14.7.문1, 08.7.문10, 07.4.문9, 03.4.문9)

○ 계산과정 :

○ 답 :

득점	배점
	4

해답 ○ 계산과정 : $200 \times \left(\frac{600}{360}\right) = 333.333$

$= 333.33\text{rpm}$

○ 답 : 333.33rpm

해설 **기호**

- N_1 : 200rpm
- Q_1 : 360m³/min
- Q_2 : 600m³/min
- N_2 : ?

$$Q_2 = Q_1\left(\frac{N_2}{N_1}\right)$$ 에서

배출기 회전수 N_2는

$$N_2 = N_1\left(\frac{Q_2}{Q_1}\right)$$
$$= 200\text{rpm} \times \left(\frac{600\text{m}^3/\text{min}}{360\text{m}^3/\text{min}}\right)$$
$$= 333.333$$
$$= 333.33\text{rpm}$$

중요

유량, 양정, 축동력

유량(풍량)	양 정	축동력
회전수에 비례하고 **직경**(관경)의 세제곱에 비례한다.	회전수의 제곱 및 **직경**(관경)의 제곱에 비례한다.	회전수의 세제곱 및 **직경**(관경)의 오제곱에 비례한다.
$Q_2 = Q_1\left(\frac{N_2}{N_1}\right)\left(\frac{D_2}{D_1}\right)^3$ 또는 $Q_2 = Q_1\left(\frac{N_2}{N_1}\right)$	$H_2 = H_1\left(\frac{N_2}{N_1}\right)^2\left(\frac{D_2}{D_1}\right)^2$ 또는 $H_2 = H_1\left(\frac{N_2}{N_1}\right)^2$	$P_2 = P_1\left(\frac{N_2}{N_1}\right)^3\left(\frac{D_2}{D_1}\right)^5$ 또는 $P_2 = P_1\left(\frac{N_2}{N_1}\right)^3$
여기서, Q_2: 변경 후 유량[L/min] Q_1 : 변경 전 유량[L/min] N_2: 변경 후 회전수[rpm] N_1 : 변경 전 회전수[rpm] D_2: 변경 후 직경(관경)[mm] D_1 : 변경 전 직경(관경)[mm]	여기서, H_2: 변경 후 양정[m] H_1 : 변경 전 양정[m] N_2: 변경 후 회전수[rpm] N_1 : 변경 전 회전수[rpm] D_2: 변경 후 직경(관경)[mm] D_1 : 변경 전 직경(관경)[mm]	여기서, P_2: 변경 후 축동력[kW] P_1 : 변경 전 축동력[kW] N_2: 변경 후 회전수[rpm] N_1 : 변경 전 회전수[rpm] D_2 : 변경 후 직경(관경)[mm] D_1 : 변경 전 직경(관경)[mm]

☆☆

문제 07

포소화약제의 종류 3가지만 쓰시오. (15.4.문11, 14.11.문1)

○

○

○

득점	배점
	3

해답 ① 단백포
② 불화단백포
③ 합성계면활성제포

해설 **공기포소화약제**

공기포소화약제	설 명
단백포	동물성 단백질의 가수분해 생성물에 안정제를 첨가한 것
불화단백포	단백포에 불소계 계면활성제를 첨가한 것
합성계면활성제포	합성물질이므로 변질 우려가 없는 포소화약제
수성막포	① 액면상에 수용액의 박막을 만드는 특징이 있으며, **불소계**의 **계면활성제**를 주성분으로 한 것 ② **석유 · 벤젠** 등과 같은 유기용매에 흡착하여 유면 위에 수용성의 얇은 막(경막)을 일으켜서 소화하며, 불소계의 계면활성제를 주성분으로 한 포소화약제로서 **AFFF**(Aqueous Film Foaming Form)라고도 부른다.
내알코올포	**수용성 액체**의 화재에 적합한 포소화약제

기억법 단불내수합

• 일반적으로 포소화약제라고 하면 주로 사용하는 **'공기포소화약제'**를 의미한다.

중요

저발포용과 **고발포용 공기포소화약제**

저발포용 소화약제(3%, 6%형)	**고발포용 소화약제**(1%, 1.5%, 2%형)
① 단백포소화약제 ② 불화단백포소화약제 ③ 합성계면활성제포소화약제 ④ 수성막포소화약제 ⑤ 내알코올포소화약제	합성계면활성제포소화약제

☆☆☆

문제 08

특정소방대상물 각 부분으로부터 다음 소방시설물과의 최대수평거리[m]를 쓰시오.

(17.4.문13, 16.4.문5, 13.7.문13, 12.11.문2, 12.4.문12)

(가) 이산화탄소 소화설비 호스릴방식의 호스접결구

○

(나) 차고, 주차장 포소화설비의 포소화전 방수구

○

(다) 호스릴 분말소화설비의 호스접결구

○

득점	배점
	3

해답 (가) 15m (나) 25m (다) 15m

해설 (1) **수평거리**

거 리	구 분
• 수평거리 **10m** 이하	• 예상제연구역
• 수평거리 **15m** 이하	• **분말호스릴** 질문 (다) • 포호스릴 • CO_2 호스릴(**이산화탄소 호스릴**) 질문 (가)
• 수평거리 **20m** 이하	• 할론 호스릴
• 수평거리 **25m** 이하	• **옥내소화전 방수구** • 옥내소화전 호스릴 • **포소화전 방수구(차고 · 주차장)** 질문 (나) • 연결송수관 방수구(지하가) • 연결송수관 방수구(지하층 바닥면적 합계 3000m² 이상)
• 수평거리 **40m** 이하	• 옥외소화전 방수구
• 수평거리 **50m** 이하	• **연결송수관 방수구**(지상층, 바닥면적 합계 3000m² 미만)

(2) **보행거리**

거 리	구 분
• 보행거리 **20m** 이내	• 소형소화기
• 보행거리 **30m** 이내	• 대형소화기

용어

수평거리와 **보행거리**

수평거리	보행거리
• 직선거리로서 반경을 의미하기도 한다.	• 걸어서 간 거리

☆ **문제 09**

소화기구에서 소화약제 중 액체소화약제 종류 4가지와 분말소화약제 2가지를 쓰시오. (11.4.문13)

득점	배점
	6

(가) 액체소화약제
○
○
○
○

(나) 분말소화약제
○
○

해답 (가) ① 산알칼리소화약제
② 강화액소화약제

③ 포소화약제
④ 물・침윤소화약제
(나) ① 인산염류소화약제
② 중탄산염류소화약제

해설 **소화약제 구분**(NFTC 101 2.1.1.1)

가스소화약제	분말소화약제	액체소화약제	기타 소화약제
① 이산화탄소 소화약제 ② 할론소화약제 ③ 할로겐화합물 및 불활성 기체 소화약제	① 인산염류소화약제 ② 중탄산염류소화약제	① 산알칼리소화약제 ② 강화액소화약제 ③ 포소화약제 ④ 물・침윤소화약제	① 고체에어로졸화합물 ② 마른모래 ③ 팽창질석・팽창진주암 ④ 그 밖의 것

☆☆☆
문제 10

등유를 저장하는 위험물 옥외탱크저장소에 포소화설비를 설치하려고 한다. 〔조건〕을 참고하여 각 물음에 답하시오.

(20.10.문15, 19.6.문12, 17.11.문9, 16.11.문13, 16.6.문2, 15.4.문9, 14.7.문10, 14.4.문12, 13.11.문3, 13.7.문4, 09.10.문4, 05.10.문12, 02.4.문12)

득점	배점
	6

〔조건〕
① 보조포소화전 4개를 적용한다.
② 콘루프탱크 지름은 50m이다.
③ Ⅱ형 포방출구를 적용하며, 방출량 $2.27L/min \cdot m^2$, 방사시간 30min이다.
④ 포소화약제는 3% 단백포이다.
⑤ 혼합방식은 프레져사이드 프로포셔너방식을 적용한다.
⑥ 송액관에 저장되는 양은 무시한다.
⑦ 계산은 관련 법에서 요구하는 최소값을 구한다.

(가) 고정포방출구에 대한 수원의 양〔L〕을 구하시오.
○계산과정 :
○답 :

(나) 보조포소화전에 대한 수원의 양〔L〕을 구하시오.
○계산과정 :
○답 :

해답 (가) ○계산과정 : $\frac{\pi}{4} \times 50^2 \times 2.27 \times 30 \times 0.97 = 129702.616 \fallingdotseq 129702.62L$
○답 : 129702.62L
(나) ○계산과정 : $3 \times 0.97 \times 8000 = 23280L$
○답 : 23280L

해설 (가)

수원의 양

고정포방출구

$$Q_1 = A \times Q \times T \times S$$

여기서, Q_1 : 수원의 양〔L〕
A : 탱크의 액표면적〔m^2〕
Q : 단위 포소화수용액의 양〔$L/m^2 \cdot$ 분〕
T : 방출시간〔분〕
S : 사용농도

고정포방출구 Q_1은

$Q_1 = A \times Q \times T \times S$

$= \frac{\pi}{4} \times (50\text{m})^2 \times 2.27\text{L/m}^2 \cdot \text{min} \times 30\text{min} \times 0.97$

$= 129702.616 ≒ 129702.62\text{L}$

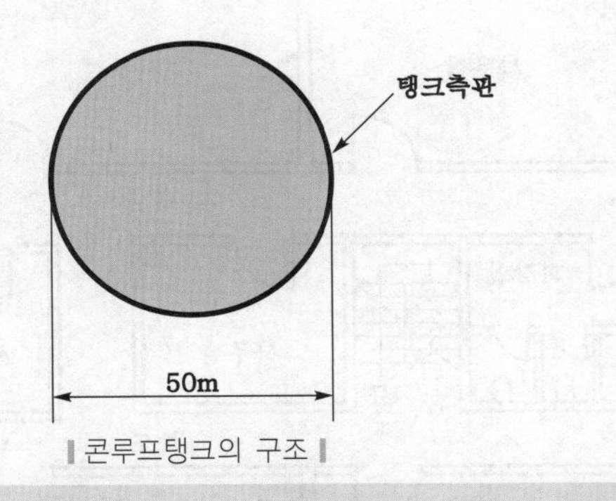

‖콘루프탱크의 구조‖

- $A\left(\frac{\pi}{4} \times (50\text{m})^2\right)$: 〔조건 ②〕에서 50m 적용
- $Q(2.27\text{L/min} \cdot \text{m}^2)$: 〔조건 ③〕에서 주어진 값
- $T(30\text{min})$: 〔조건 ③〕에서 주어진 값
- $S(0.97)$: 〔조건 ④〕에서 3%(0.03) **포소화약제**이므로 **수원=1－약제농도** =1－0.03=0.97

(나) **수원**의 **양**

보조포소화전

$$Q_2 = N \times S \times 8000$$

여기서, Q_2 : 수원의 양〔L〕
N : 호스접결구수(**최대 3개**)
S : 사용농도

보조포소화전 Q_2는

$Q_2 = N \times S \times 8000$

$= 3 \times 0.97 \times 8000$

$= 23280\text{L}$

- $N(3)$: 〔조건 ①〕에서 주어진 값은 4개이지만 최대 3개이므로 $N=3$
- $S(0.97)$: 〔조건 ④〕에서 3%(0.03) **포소화약제**이므로 **수원=1－약제농도** =1－0.03=0.97

☆☆

문제 11

그림과 같이 각 층의 평면구조가 모두 같은 지하 1층~지상 4층의 사무실용도 건물이 있다. 이 건물의 전층에 걸쳐 습식 스프링클러설비 및 옥내소화전설비를 하나의 수조 및 소화펌프와 연결하여 적법하게 설치하고자 한다. 다음의 각 물음에 답하시오. (단, 소방펌프로부터 최고위 헤드까지의 수직거리는 18m라고 가정한다.) (20.11.문10, 17.6.문2, 12.11.문12, 10.7.문7, 05.7.문2)

득점	배점
	12

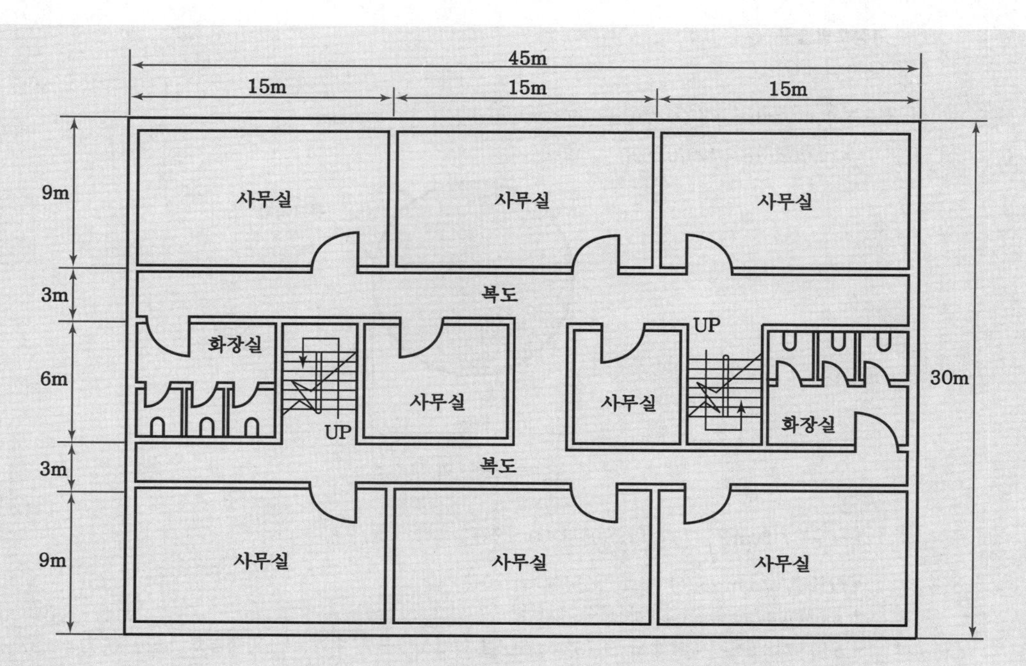

(가) 옥내소화전의 최소설치개수를 구하시오.

○ 계산과정 :

○ 답 :

(나) 펌프의 정격송출량[L/min]을 구하시오.

○ 계산과정 :

○ 답 :

(다) 수조의 저수량[m^3]을 구하시오.

○ 계산과정 :

○ 답 :

(라) 충압펌프를 소화펌프 옆에 설치할 경우 충압펌프의 정격토출량과 정격토출압력을 구하시오.

○ 계산과정 :

○ 답 :

(마) 주수직배관의 안지름[mm]을 구하시오. 65mm, 80mm, 90mm, 100mm 중에서 택하시오. (단, 허용최대유속은 3m/s이다.)

○ 계산과정 :

○ 답 :

(바) 알람밸브의 설치개수를 구하시오.

○ 계산과정 :

○ 답 :

(사) 옥내소화전의 앵글밸브 인입측 배관의 호칭구경은 얼마 이상이어야 하는지 쓰시오.

○

해답 (가) ○ 계산과정 : $\frac{\sqrt{45^2+30^2}}{50}=1.08 ≒ 2$개

$2\times5=10$개

○ 답 : 10개

(나) ○ 계산과정 : $10\times80=800\text{L/min}$

$2\times130=260\text{L/min}$

$800+260=1060\text{L/min}$

○ 답 : 1060L/min

(다) ○ 계산과정 : $1060\times20=21200\text{L}=21.2\text{m}^3$

○ 답 : 21.2m^3

(라) ○ 계산과정 : 정격토출량 : 정상적인 누설량 이상

정격토출압력 : $0.18+0.2=0.38\text{MPa}$

○ 답 : 0.38MPa

(마) ○ 계산과정 : $\sqrt{\frac{4\times1.06/60}{\pi\times3}} ≒ 0.0865\text{m}=86.5\text{mm}$

○ 답 : 90mm 선정

(바) ○ 계산과정 : $\frac{45\times30}{3000}=0.45 ≒ 1$개

$1\times5=5$개

○ 답 : 5개

(사) 40mm

해설 (가) 옥내소화전은 특정소방대상물의 **층**마다 설치하되 **수평거리 25m**마다 설치하여야 한다. 수평거리는 반경을 의미하므로 직경은 **50m**가 된다.
그러므로 옥내소화전 설치개수는 건물의 대각선 길이를 구한 후 직경 50m로 나누어 **절상**하면 된다.

옥내소화전 설치개수 $=\frac{\text{건물의 대각선길이}}{50\text{m}}$

$=\frac{\sqrt{45^2+30^2}}{50\text{m}}=1.08 ≒ 2$개

∴ 2개×5개층=10개

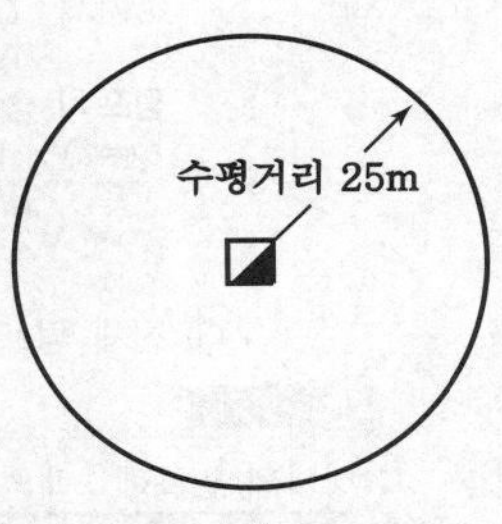

‖ 옥내소화전의 담당면적 ‖

- 건물의 대각선길이는 **피타고라스**의 **정리**에 의해 $\sqrt{\text{가로길이}^2+\text{세로길이}^2}$ 이므로 $\sqrt{45^2+30^2}$ 가 된다.
- 문제에서 지하 1층~지상 4층 건물이므로 전체 **5개층**이 된다.

중요

설치개수

구 분	옥내소화전설비 (정방형 배치)	옥내소화전설비 (배치조건이 없을 때)	제연설비 배출구	옥외소화전설비
설치 개수	$S=2R\cos45°$ $=2\times25\times\cos45°$ $≒35.355\text{m}$ 가로개수 $=\frac{\text{가로길이}}{35.355\text{m}}$ (절상) 세로개수 $=\frac{\text{세로길이}}{35.355\text{m}}$ (절상) 총개수=가로개수×세로개수	설치개수 $=\frac{\text{건물 대각선길이}}{50\text{m}}$ $=\frac{\sqrt{\text{가로길이}^2+\text{세로길이}^2}}{50\text{m}}$	설치개수 $=\frac{\text{건물 대각선길이}}{20\text{m}}$ $=\frac{\sqrt{\text{가로길이}^2+\text{세로길이}^2}}{20\text{m}}$	설치개수 $=\frac{\text{건물 둘레길이}}{80\text{m}}$ $=\frac{\text{가로길이}\times2\text{면}+\text{세로길이}\times2\text{면}}{80\text{m}}$
적용 기준	수평거리 **25m** (NFPC 102 7조 ②항, NFTC 102 2.4.2.1)	수평거리 **25m** (NFPC 102 7조 ②항, NFTC 102 2.4.2.1)	수평거리 **10m** (NFPC 501 7조 ②항, NFTC 501 2.4.2)	수평거리 **40m** (NFPC 109 6조 ①항, NFTC 109 2.3.1)

(나) ① **스프링클러설비**

특정소방대상물		폐쇄형 헤드의 기준개수
지하가 · 지하역사		30
11층 이상		
10층 이하	공장(특수가연물)	
	판매시설(백화점 등), 복합건축물(판매시설이 설치된 복합건축물)	
	근린생활시설, 운수시설	20
	8m 이상	
	8m 미만 ⟶	**10**

펌프의 **송출량** Q는
$Q = N \times 80\text{L/min} = 10 \times 80\text{L/min} = 800\text{L/min}$

- N: 폐쇄형 헤드의 기준개수로서 문제에서 10층 이하이고, 일반적으로 사무실용도 건물은 헤드의 부착높이가 8m 미만이므로 기준개수 **10개**가 된다.
- [단서]에서 소방펌프~헤드수직거리 18m를 건물높이로 추정하면 지하 1층~지상 4층(총 5개층)이므로 1개층 높이$=\frac{18\text{m}}{5\text{개층}}$=3.6m이다. 그러므로 헤드부착높이는 8m 미만으로 판단

② **옥내소화전설비**

$$Q = N \times 130\text{L/min}$$

여기서, Q: 펌프의 토출량(송출량)[L/min]
N: 가장 많은 층의 소화전개수(30층 미만 : 최대 **2개**, 30층 이상 : 최대 **5개**)

펌프의 **송출량** Q는
$Q = N \times 130\text{L/min} = 2 \times 130\text{L/min} = 260\text{L/min}$

- N(**2개**) : (가)에서 구한 값

③ 전체 펌프의 송출량=스프링클러설비용+옥내소화전설비용=800L/min+260L/min=**1060L/min**

주의

하나의 펌프에 2개의 설비가 함께 연결된 경우

구 분	적 용
펌프의 전양정	두 설비의 전양정 중 **큰 값**
펌프의 토출압력	두 설비의 토출압력 중 **큰 값**
펌프의 유량(토출량, 송수량) ⟶	두 설비의 유량(토출량)을 **더한 값**
수원의 저수량	두 설비의 저수량을 **더한 값**

(다)

$$\text{수원의 저수량} = Q \times 20\text{min}$$

여기서, Q: 펌프의 토출량(송출량)[L/min]

수원의 **저수량**$= Q \times 20\text{min} = 1060\text{L/min} \times 20\text{min} = 21200\text{L} = 21.2\text{m}^3$

- 30층 미만 수원의 저수량은 최소 20분 이상 사용할 수 있는 양을 저장하여야 하므로 펌프의 토출량에 **20분**을 곱하여야 한다.
- 1000L=1m^3이므로 21200L=21.2m^3

(라) (1) **충압펌프**의 **정격토출량**(NFPC 102 5조, NFTC 102 2.2.1.13.2)
충압펌프의 정격토출량은 **정상적인 누설량보다 적어서는 안 되며**, 옥내소화전설비가 자동적으로 작동할 수 있도록 충분한 토출량을 유지해야 한다. 정격토출량이 60L/분이라고 답한 책이 있다. 이것은 오래전 법이 개정되기 전의 내용을 그대로 답한 것으로 틀린 답이다.

(2) **충압펌프**의 **정격토출압력**
자연압+0.2MPa=18m+0.2MPa=0.18MPa+0.2MPa=0.38MPa

- 자연압은 [단서]에 있는 소방펌프로부터 최고위 헤드까지의 수직거리를 압력으로 환산하면 되므로 **0.18MPa**이 된다.
- 1MPa=100m

(마)

$$Q = AV = \frac{\pi D^2}{4} V$$

여기서, Q : 유량[m^3/s]
A : 단면적[m^2]
V : 유속[m/s]
D : 내경[m]

$Q = \frac{\pi D^2}{4} V$에서 **배관**의 **내경**(안지름) D는

$$D = \sqrt{\frac{4Q}{\pi V}} = \sqrt{\frac{4 \times 1060\text{L/min}}{\pi \times 3\text{m/s}}} = \sqrt{\frac{4 \times 1.06\text{m}^3/60\text{s}}{\pi \times 3\text{m/s}}} \fallingdotseq 0.0865\text{m} = 86.5\text{mm}$$

∴ 86.5mm 이상 되는 값인 **90mm**를 선정한다.

- Q(1060L/min) : (나)에서 구한 값
- V(3m/s) : [단서]에서 주어진 값

(바) **습식**, **건식**, **준비작동식** 등 **폐쇄형 헤드**를 사용하는 스프링클러설비는 NFPC 103 6조, NFTC 103 2.3.1.1에 의해 유수검지장치(알람밸브)를 **3000m²** 이하마다 1개 이상 설치하여야 하므로 다음과 같다.

알람밸브 설치개수 $= \frac{45\text{m} \times 30\text{m}}{3000\text{m}^2} = 0.45 \fallingdotseq 1$개(절상)

∴ 1개×5개층=5개

- 문제에서 지하 1층~지상 4층 건물이므로 전체 **5개층**이 된다.

(사) **옥내소화전함**과 **옥외소화전함**의 **비교**

옥내소화전함	옥외소화전함
수평거리 25m 이하	수평거리 40m 이하
호스(40mm×15m×2개)	호스(65mm×20m×2개)
앵글밸브**(40mm×1개)**	–
노즐(13mm×1개)	노즐(19mm×1개)

문제 12

소화약제로서 물의 특징 4가지를 쓰시오.

득점	배점
	4

○
○
○
○

해답 ① 가격이 싸다.
② 쉽게 구할 수 있다.
③ 열흡수가 매우 크다.
④ 사용방법이 비교적 간단하다.

해설 **소화약제로서**의 **물**의 **특징**

(1) **가격**이 싸다.
(2) 쉽게 구할 수 있다. (많은 양을 구할 수 있다.)
(3) 열흡수가 매우 크다. (**증발잠열**)
(4) 사용방법이 비교적 **간단**하다.
(5) 환경에 나쁜 영향을 끼치지 않음(환경영향성)
(6) **다양한 방사형태** 가능(봉상, 적상, 무상주수)
(7) **무독성**(인체에 무해)

(8) 변질의 우려가 없어 **장기간 보관** 가능
(9) 사용 후 **오염**정도가 심하다.
(10) **추운 곳**에서 **사용 불가능**하다.

중요

물소화약제의 **성질**
(1) 비열이 크다.
(2) 표면장력이 크다.
(3) 열전도계수가 크다.
(4) **점도**가 낮다.

☆☆☆
문제 13

그림과 같은 어느 판매시설에 제연설비를 설치하고자 한다. 다음 조건을 이용하여 물음에 답하시오.

(20.7.문16, 20.5.문2, 19.6.문7, 19.4.문15, 15.7.문10, 13.11.문10, 11.7.문11)

득점	배점
	10

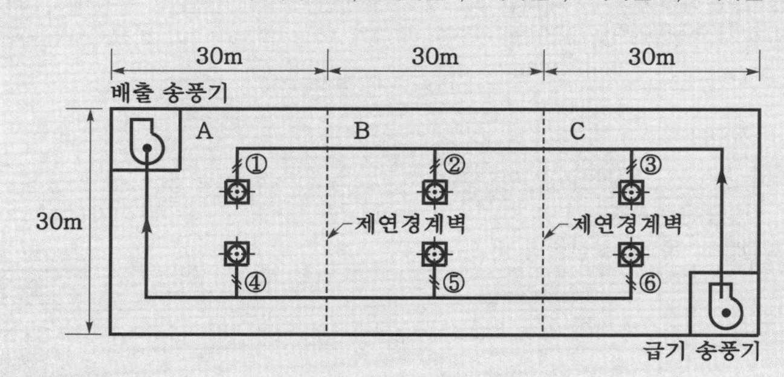

〔조건〕

① 층고는 4.3m이며, 천장고는 2.5m이다.
② 제연방식은 상호제연으로 하며, 제연경계벽은 천장으로부터 0.8m이다.
③ 송풍기 동력 산출과 관련하여 덕트의 손실은 24mmAq, 덕트부속류의 손실은 13mmAq, 배출구의 손실은 8mmAq, 송풍기 효율은 65%, 여유율은 20%로 한다.
④ 예상제연구역의 배출량은 다음을 기준으로 한다.
㉠ 예상제연구역이 바닥면적 $400m^2$ 미만일 경우 : 바닥면적 $1m^2$당 $1m^3/h$ 이상으로 하되, 예상제연구역 전체에 대한 최저배출량은 $5000m^3/h$로 할 것
㉡ 예상제연구역이 바닥면적 $400m^2$ 이상으로 직경 40m인 원 안에 있을 경우

수직거리	배출량
2m 이하	$40000m^3/h$
2m 초과 2.5m 이하	$45000m^3/h$
2.5m 초과 3m 이하	$50000m^3/h$
3m 초과	$60000m^3/h$

㉢ 예상제연구역이 바닥면적 $400m^2$ 이상으로 직경 40m인 원의 범위를 초과할 경우

수직거리	배출량
2m 이하	$45000m^3/h$
2m 초과 2.5m 이하	$50000m^3/h$
2.5m 초과 3m 이하	$55000m^3/h$
3m 초과	$65000m^3/h$

⑤ 배출풍도 강판의 최소두께 기준은 다음과 같다.

풍도단면의 긴 변 또는 지름의 크기	450mm 이하	450mm 초과 750mm 이하	750mm 초과 1500mm 이하	1500mm 초과 2250mm 이하	2250mm 초과
강판두께	0.5mm	0.6mm	0.7mm	1.0mm	1.2mm

(가) 필요한 배출량[m^3/h]은 얼마인지 구하시오.
○ 계산과정 :
○ 답 :

(나) 배출기의 배출측 덕트의 폭[mm]은 얼마 이상인지 구하시오. (단, 덕트의 높이는 500mm로 일정하다고 가정한다.)
○ 계산과정 :
○ 답 :

(다) 배출풍도 강판의 최소두께[mm]를 구하시오. (단, 배출풍도의 크기는 (나)에서 구한 값을 기준으로 한다.)
○ 계산과정 :
○ 답 :

(라) B구역 화재시 배출 및 급기댐퍼(그림 ①~⑥)의 개폐를 구분하여 해당하는 부분에 각각의 번호를 쓰시오.
○ 열린 댐퍼 :
○ 닫힌 댐퍼 :

(마) 배출 송풍기의 전동기에 요구되는 최소동력[kW]을 구하시오.
○ 계산과정 :
○ 답 :

해답 (가) ○ 계산과정 : 바닥면적 $= 30 \times 30 = 900\text{m}^2$

$$직경 = \sqrt{30^2 + 30^2} = 42.426 \fallingdotseq 42.43\text{m}$$

$$수직거리 = 2.5 - 0.8 = 1.7\text{m}$$

○ 답 : $45000\text{m}^3/\text{h}$

(나) ○ 계산과정 : $단면적 = \dfrac{45000/3600}{20} = 0.625\text{m}^2 = 625000\text{mm}^2$

$$덕트폭 = \frac{625000}{500} = 1250\text{mm}$$

○ 답 : 1250mm

(다) ○ 계산과정 : 1250mm로서 750mm 초과 1500mm 이하이므로 0.7mm
○ 답 : 0.7mm

(라) ① 열린 댐퍼 : ①, ③, ⑤
② 닫힌 댐퍼 : ②, ④, ⑥

(마) ○ 계산과정 : $\dfrac{(24+13+8) \times \dfrac{45000}{60}}{102 \times 60 \times 0.65} \times 1.2 = 10.18\text{kW}$

○ 답 : 10.18kW

해설 (가)

- 바닥면적 400m^2 이상이므로 **배출량**[m^3/min]=바닥면적[m^2]×$1\text{m}^3/\text{m}^2 \cdot \text{min}$ 식을 적용하지 않도록 주의! 이 식은 바닥면적 400m^2 미만에 적용하는 식임
- 그림에서 **제연경계벽**으로 구획
- **공동예상제연구역**(각각 **제연경계** 또는 **제연경계벽**으로 **구획**된 경우)
  소요풍량[CMH]=각 배출풍량 중 최대풍량[CMH]

① **바닥면적** : 배출량은 여러 구역 중 바닥면적이 가장 큰 구역 한 곳만 적용함. 이 문제에서는 바닥면적이 모두 동일하므로 아무거나 어느 한 곳만 적용하면 된다.

$30m \times 30m = 900m^2$

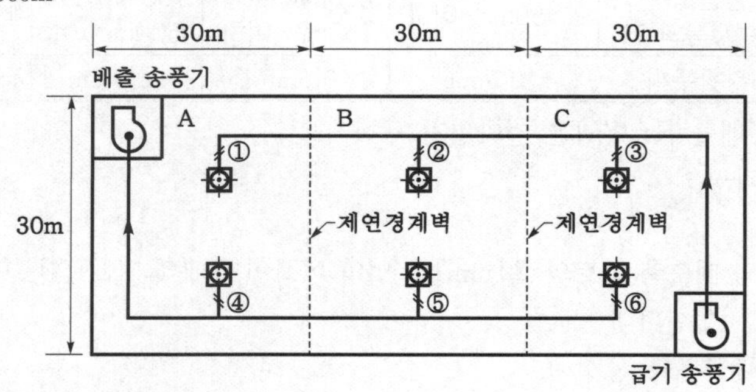

② **직경** : 피타고라스의 정리에 의해

직경 $= \sqrt{가로길이^2 + 세로길이^2} = \sqrt{(30m)^2 + (30m)^2} = 42.426 \fallingdotseq 42.43m$

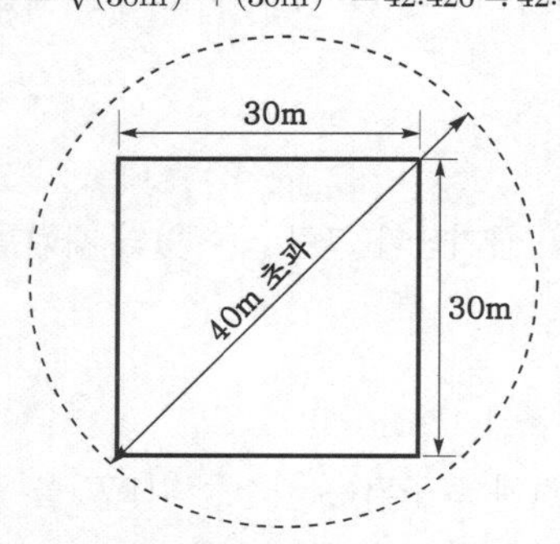

▮예상제연구역이 제연경계(제연경계벽)로 구획된 경우▮

③ **수직거리** : $2.5m - 0.8m = 1.7m$

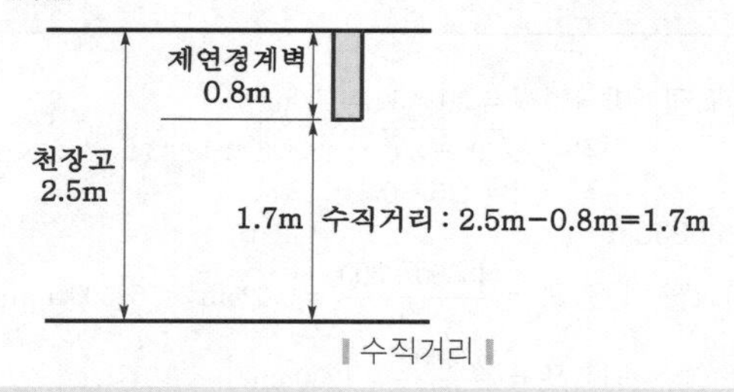

▮수직거리▮

- 천장고 2.5m : [조건 ①]에서 주어진 값
- 제연경계벽은 천장으로부터 0.8m : [조건 ②]에서 주어진 값

▮예상제연구역이 바닥면적 $400m^2$ 이상으로 직경 40m인 원의 범위를 초과할 경우▮

수직거리	배출량
2m 이하 →	$45000m^3/h$
2m 초과 2.5m 이하	$50000m^3/h$
2.5m 초과 3m 이하	$55000m^3/h$
3m 초과	$65000m^3/h$

비교

공동예상제연구역(각각 **벽**으로 **구획**된 경우)

소요풍량[CMH]=각 배출풍량[CMH]의 합

만약, 공동예상제연구역이 각각 벽으로 구획되어 있다면 $45000m^3/h \times 3$제연구역=**$135000m^3/h$**이 될 것이다.

참고

거실의 **배출량**(NFPC 501 6조, NFTC 501 2.3)

(1) 바닥면적 **400m² 미만**(최저치 **5000m³/h** 이상)

배출량[m³/min]=바닥면적[m²]×1m³/m²·min

(2) 바닥면적 **400m² 이상**

① 직경 40m 이하 : 최저치 **40000m³/h** 이상

‖ 예상제연구역이 제연경계로 구획된 경우 ‖

수직거리	배출량
2m 이하	40000m³/h 이상
2m 초과 2.5m 이하	45000m³/h 이상
2.5m 초과 3m 이하	50000m³/h 이상
3m 초과	60000m³/h 이상

② 직경 40m 초과 : 최저치 **45000m³/h** 이상

‖ 예상제연구역이 제연경계로 구획된 경우 ‖

수직거리	배출량
2m 이하	45000m³/h 이상
2m 초과 2.5m 이하	50000m³/h 이상
2.5m 초과 3m 이하	55000m³/h 이상
3m 초과	65000m³/h 이상

- **m³/h**=CMH(**C**ubic **M**eter per **H**our)

(나) 덕트의 폭을 구하라고 했으므로

$$Q = AV$$

여기서, Q : 풍량[m³/s]

A : 단면적[m²]

V : 풍속[m/s]

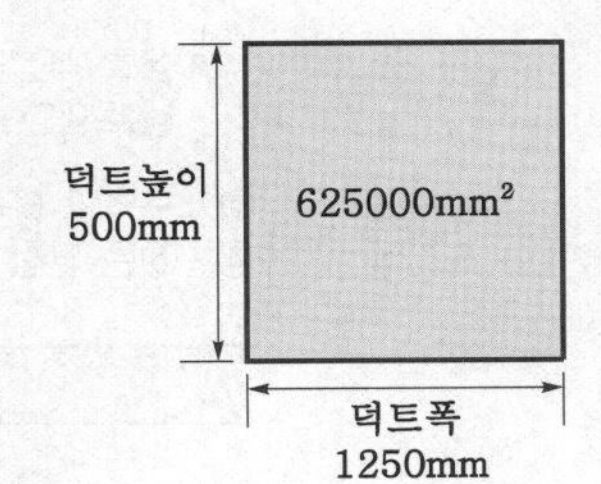

$$A = \frac{Q}{V} = \frac{45000\text{m}^3/\text{h}}{20\text{m/s}} = \frac{45000\text{m}^3/3600\text{s}}{20\text{m/s}}$$

$$= 0.625\text{m}^2 = 625000\text{mm}^2$$

- 45000m³/h : (가)에서 구한 값
- 1h=3600s
- 1m=1000mm, 1m²=1000000mm²이므로 0.625m²=625000mm²
- **제연설비**의 **풍속**(NFPC 501 9·10조, NFTC 501 2.6.2.2, 2.7.1)

조 건	풍 속
배출기의 흡입측 풍속	15m/s 이하
배출기의 배출측 풍속, 유입풍도 안의 풍속 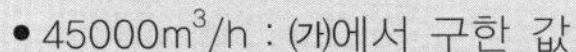	20m/s 이하

덕트단면적[mm²] = 덕트폭[mm]×덕트높이[mm]

$$\text{덕트폭[mm]} = \frac{\text{덕트단면적[mm}^2]}{\text{덕트높이[mm]}}$$

$$= \frac{625000\text{mm}^2}{500\text{mm}} = 1250\text{mm}$$

비교

공기유입구 또는 급기구 크기를 구하라고 한다면 이 식을 적용

공기유입구 또는 급기구 단면적 = 배출량$[m^3/min] \times 35cm^2 \cdot min/m^3$

$$= 45000m^3/h \times 35cm^2 \cdot min/m^3$$
$$= 45000m^3/60min \times 35cm^2 \cdot min/m^3$$
$$= 26250cm^2$$

- $45000m^3/h$: (가)에서 구한 값
- $35cm^2 \cdot min/m^3$: NFPC 501 8조 ⑥항, NFTC 501 2.5.6에 명시

〈공기유입방식 및 유입구(NFPC 501 8조 ⑥항, NFTC 501 2.5.6)〉

⑥ 예상제연구역에 대한 공기유입구의 크기는 해당 예상제연구역 배출량 $1m^3/min$에 대하여 **$35cm^2$ 이상**으로 해야 한다.

- 1h=60min이므로 $45000m^3/h=45000m^3/60min$

$$\text{덕트폭} = \frac{\text{덕트단면적}}{\text{덕트높이}} = \frac{26250cm^2}{50cm} = 525cm = 5250mm$$

- 1cm=10mm이므로 525cm=5250mm

(다) (나)에서 덕트높이 500mm와 덕트폭 1250mm 중 긴 변은 **1250mm**로서 **750mm 초과 1500mm 이하**이므로 〔조건 ⑤〕의 표에서 **0.7mm**

풍도단면의 긴 변 또는 지름의 크기	450mm 이하	450mm 초과 750mm 이하	750mm 초과 1500mm 이하	1500mm 초과 2250mm 이하	2250mm 초과
강판두께	0.5mm	0.6mm	0.7mm	1.0mm	1.2mm

(라) 〔조건 ②〕에서 **상호제연**방식이므로 다음과 같다.

- 상호제연방식(각각 제연방식) : **화재구역**에서 **배기**를 하고, **인접구역**에서 **급기**를 실시하는 방식
- 상호제연방식=인접구역 상호제연방식

화재구역인 B구역에서 배기를 하므로 ⑤는 열림, 인접구역에서는 급기를 하므로 ①·③은 열림. 그러므로 ②·④·⑥은 닫힘

‖B구역 화재‖

열린 댐퍼	닫힌 댐퍼
①, ③, ⑤	②, ④, ⑥

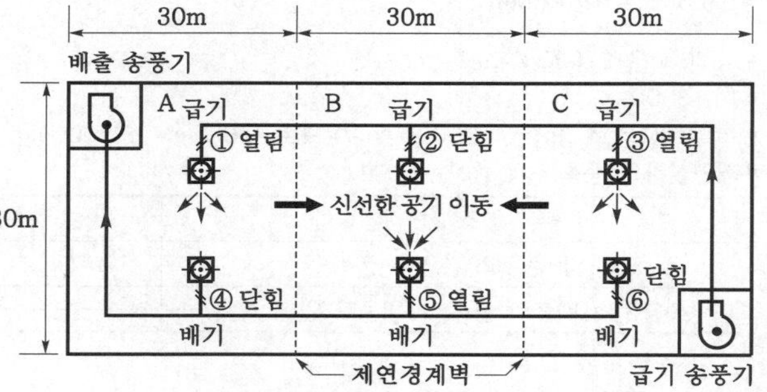

‖B구역 화재‖

화재구역인 A구역에서 배기를 하므로 ④는 열림, 인접구역에서는 급기를 하므로 ②·③은 열림. 그러므로 ①·⑤·⑥은 닫힘

‖A구역 화재‖

열린 댐퍼	닫힌 댐퍼
②, ③, ④	①, ⑤, ⑥

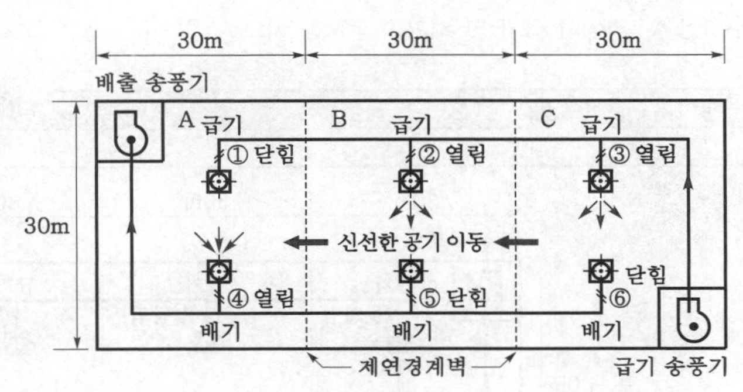

∥A구역 화재∥

화재구역인 C구역에서 배기를 하므로 ⑥은 열림, 인접구역에서는 급기를 하므로 ①·②는 열림, 그러므로 ③·④·⑤는 닫힘

∥C구역 화재∥

열린 댐퍼	닫힌 댐퍼
①, ②, ⑥	③, ④, ⑤

∥C구역 화재∥

비교

동일실 제연방식

화재실에서 급기 및 배기를 **동시**에 실시하는 방식

(1) 화재구역인 B구역에서 급기 및 배기를 동시에 하므로 ②·⑤는 열림, 그러므로 ①·③·④·⑥은 닫힘

∥B구역 화재∥

열린 댐퍼	닫힌 댐퍼
②, ⑤	①, ③, ④, ⑥

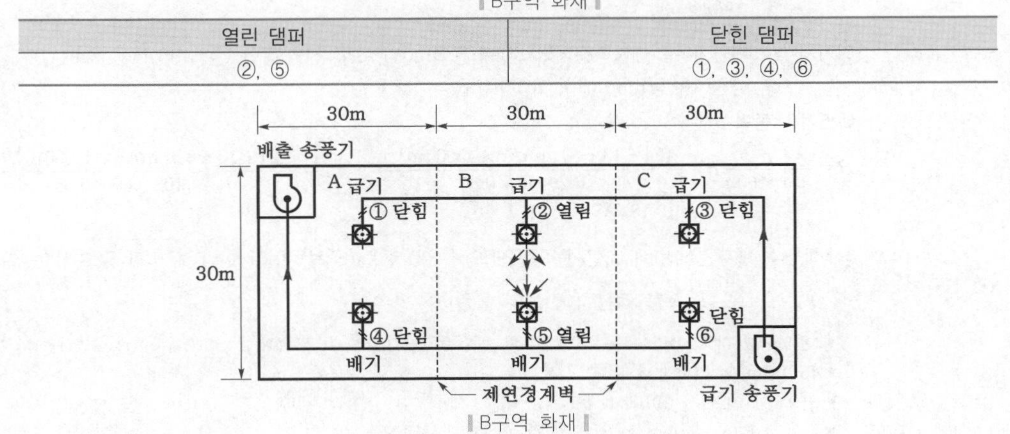

∥B구역 화재∥

(2) 화재구역인 A구역에서 급기 및 배기를 동시에 하므로 ①·④는 열림. 그러므로 ②·③·⑤·⑥은 닫힘

‖A구역 화재‖

열린 댐퍼	닫힌 댐퍼
①, ④	②, ③, ⑤, ⑥

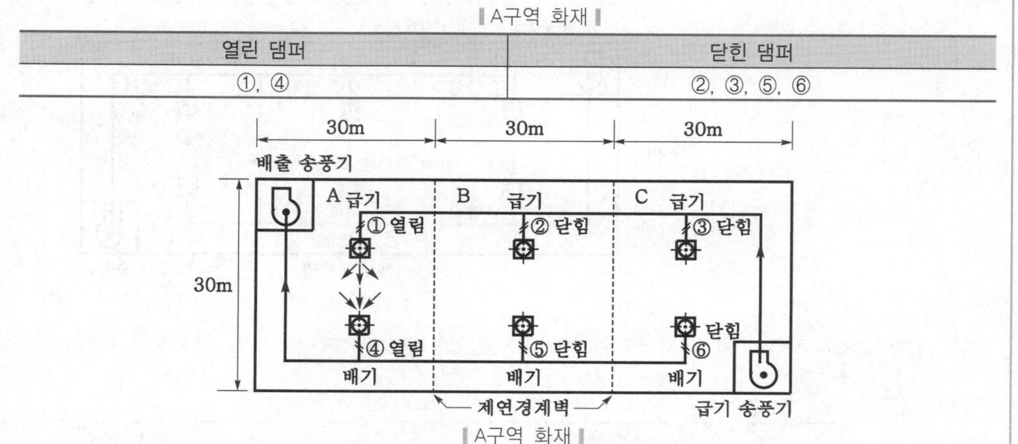

‖A구역 화재‖

(3) 화재구역인 C구역에서 급기 및 배기를 동시에 하므로 ③·⑥은 열림. 그러므로 ①·②·④·⑤는 닫힘

‖C구역 화재‖

열린 댐퍼	닫힌 댐퍼
③, ⑥	①, ②, ④, ⑤

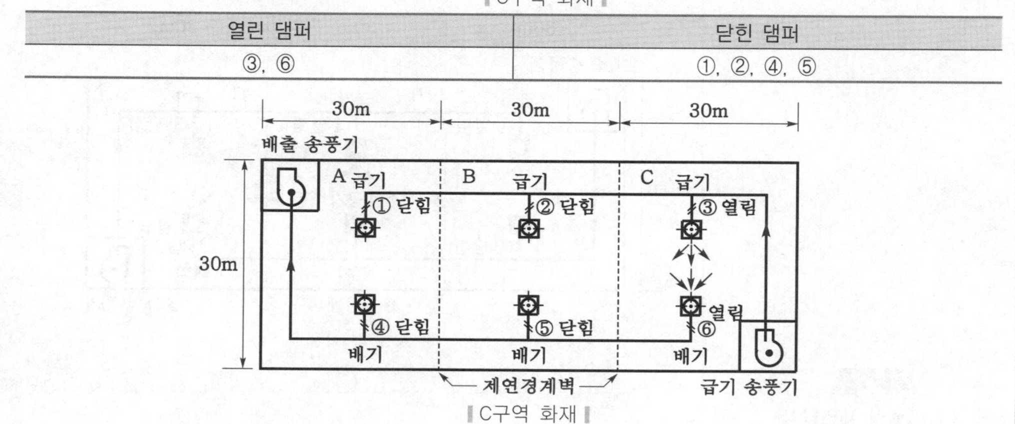

‖C구역 화재‖

(마)

$$P = \frac{P_T Q}{102 \times 60\eta} K$$

여기서, P : 배연기동력(배출송풍기의 전동기동력)〔kW〕, P_T : 전압(풍압, 손실)〔mmAq, mmH_2O〕

Q : 풍량(배출량)〔m^3/min〕, K : 여유율, η : 효율

배연기의 **동력** P는

$$P = \frac{P_T Q}{102 \times 60\eta} K = \frac{(24+13+8)\text{mmAq} \times 45000\text{m}^3/\text{h}}{102 \times 60 \times 0.65} \times 1.2 = \frac{(24+13+8)\text{mmAq} \times 45000\text{m}^3/60\text{min}}{102 \times 60 \times 0.65} \times 1.2$$

$$= 10.18\text{kW}$$

- 배연설비(제연설비)에 대한 동력은 반드시 위의 식을 적용하여야 한다. 우리가 알고 있는 일반적인 식 $P = \frac{0.163QH}{\eta}K$를 적용하여 풀면 틀린다.
- 〔조건 ③〕에서 여유율을 20%로 한다고 하였으므로 여유율(K)은 100%+20%=120%=**1.2**가 된다.
- **45000m³/h** : ㈎에서 구한 값
- $\eta(0.65)$: 〔조건 ③〕에서 65%=0.65
- $P_T(24+13+8)$mmAq : 〔조건 ③〕에서 제시된 값

★★★ 문제 14

어떤 사무소 건물의 지하층에 있는 발전실에 전역방출방식의 할론 1301 설비를 설치하고자 한다. 화재안전기준과 주어진 조건에 의해 다음 각 물음에 답하시오.

(20.11.문5, 20.10.문6, 17.4.문12, 15.11.문10, 13.11.문8, 12.4.문3, 10.7.문1, 10.4.문12)

득점	배점
	12

〔조건〕

① 소화설비는 고압식으로 한다.
② 약제저장용기의 밸브개방방식은 기체압식(뉴메틱식)이다.
③ 발전실의 크기 : 가로 10m×세로 9m×높이 3m
④ 발전실의 개구부 크기 : 가로 1m×세로 1m(자동폐쇄장치 없음)
⑤ 충전비 : 1.6, 내용적 : 68L
⑥ 저장용기는 공용으로 한다.

(가) 이 설비에 필요한 최소소요약제량은 몇 kg인가?
- 계산과정 :
- 답 :

(나) 소요약제용기는 몇 병인가?
- 계산과정 :
- 답 :

(다) 저장용기 간의 간격은 점검에 지장이 없도록 몇 cm 이상의 간격을 유지하여야 하는가?
-

해답 (가) ○ 계산과정 : $(10\times9\times3)\times0.32+(1\times1)\times2.4=88.8\text{kg}$
○ 답 : 88.8kg

(나) ○ 계산과정 : $\dfrac{68}{1.6}=42.5\text{kg}$

$\dfrac{88.8}{42.5}=2.08 \fallingdotseq 3$병

○ 답 : 3병

(다) 3cm 이상

해설 (가) **할론 1301**의 **약제량** 및 **개구부가산량**

방호대상물	약제량	개구부가산량 (자동폐쇄장치 미설치시)
차고 · 주차장 · 전기실 · 전산실 · 통신기기실 ⟶	0.32kg/m^3	2.4kg/m^2
사류 · 면화류	0.52kg/m^3	3.9kg/m^2

- **발전실**이라고 하였으므로 이것은 모두 **전기실**이라고 볼 수 있으므로 약제량은 **0.32kg/m^3**이다.

할론 저장량〔kg〕=**방**호구역체적〔m^3〕×**약**제량〔kg/m^3〕**+ 개**구부면적〔m^2〕×개구부가**산**량〔kg/m^2〕

기억법 **방약 + 개산**

발전실$=(10\times9\times3)m^3\times0.32kg/m^3+(1\times1)m^2\times2.4kg/m^2=88.8kg$

- 약제량은 (가)에서 **0.32kg/m³**이다.
- 〔조건 ④〕에서 **자동폐쇄장치**가 없으므로 **개구부면적** 및 **개구부가산량**도 적용

(나) ① **충전비**

$$C=\frac{V}{G}$$

여기서, C : 충전비〔L/kg〕
V : 내용적〔L〕
G : 저장량(충전량)〔kg〕

최소저장량 G는

$$G=\frac{V}{C}=\frac{68L}{1.6}=42.5kg$$

- 68L : 〔조건 ⑤〕에서 주어진 값
- 1.6 : 〔조건 ⑤〕에서 주어진 값

② 가스용기 본수 $=\frac{\text{약제저장량}}{\text{충전량}}=\frac{88.8kg}{42.5kg}=2.08\fallingdotseq3$병

(다) **할론소화약제 저장용기**의 **설치기준**(NFPC 107 4조, NFTC 107 2.1.1)
① **방호구역 외**의 장소에 설치(단, 방호구역 내에 설치할 경우에는 피난 및 조작이 용이하도록 **피난구 부근**에 설치)
② 온도가 **40℃ 이하**이고, 온도변화가 적은 곳에 설치
③ **직사광선** 및 **빗물**이 침투할 우려가 없는 곳에 설치
④ **방화문**으로 구획된 실에 설치
⑤ 용기의 설치장소에는 해당 용기가 설치된 곳임을 표시하는 표지를 할 것
⑥ 용기 간의 간격은 점검에 지장이 없도록 **3cm 이상**의 간격 유지
⑦ 저장용기와 집합관을 연결하는 연결배관에는 **체크밸브**를 설치(단, 저장용기가 하나의 방호구역만을 담당하는 경우 제외)

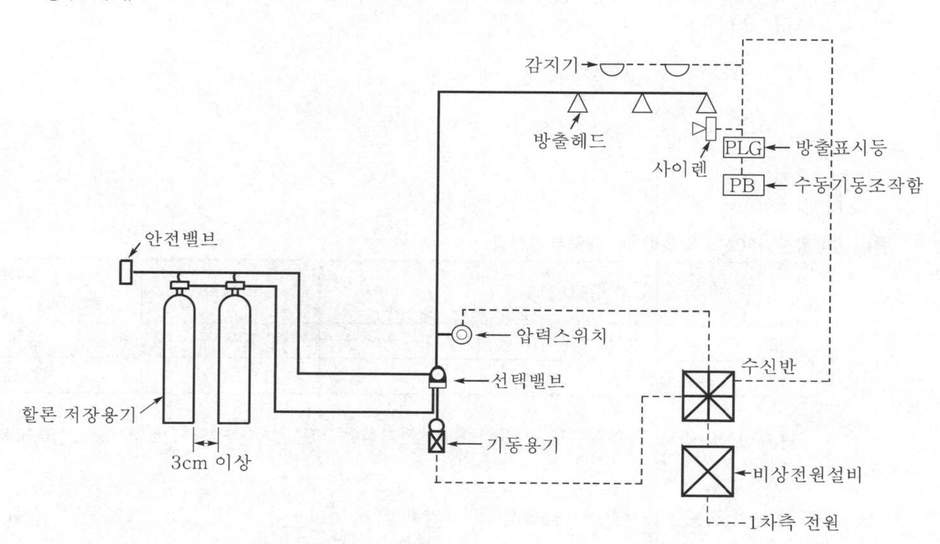

▌할론소화설비 계통도▐

☆☆☆
문제 15

그림은 어느 일제개방형 스프링클러설비 계통의 일부 도면이다. 주어진 조건을 참조하여 이 설비가 작동되었을 경우 다음 표를 완성하시오. (17.6.문14, 17.4.문8, 16.4.문1, 07.4.문4)

〔조건〕

득점	배점
	10

① 속도수두는 무시하고 표의 마찰손실만 고려할 것
② 방출유량은 방출계수 K값을 산출하여 적용하고 계산과정을 명기할 것
③ 배관부속 및 밸브류는 무시하며 관길이만 고려할 것
④ 입력항목은 계산된 압력수치를 명기하고 배관은 시작점의 압력을 명기할 것
⑤ 살수시 최저방수압이 걸리는 헤드에서의 방수압은 0.1MPa이다. (단, 각 헤드의 방수압이 같지 않음을 유의할 것)

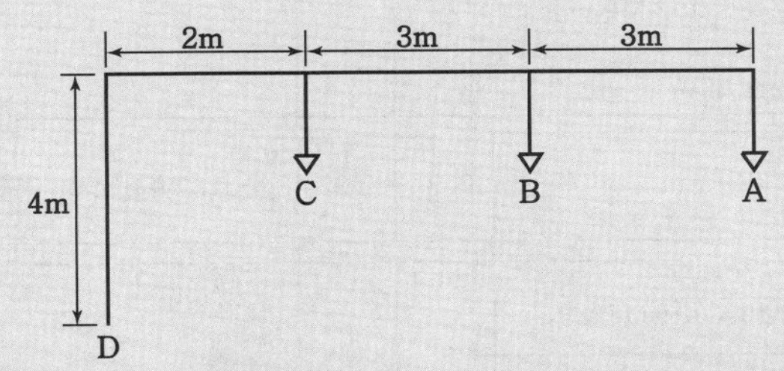

구 간	유량〔L/min〕	길이〔m〕	1m당 마찰손실〔MPa〕	구간손실〔MPa〕	낙차〔m〕	손실계〔MPa〕
헤드 A	80	–	–	–	–	0.1
A~B	80	3	0.01	①	0	②
헤드 B	③	–	–	–	–	–
B~C	④	3	0.02	⑤	0	⑥
헤드 C	⑦	–	–	–	–	–
C~D	⑧	6	0.01	⑨	4	⑩

해답

구 간	유량〔L/min〕	길이〔m〕	1m당 마찰손실〔MPa〕	구간손실〔MPa〕	낙차〔m〕	손실계〔MPa〕
헤드 A	80	–	–	–	–	0.1
A~B	80	3	0.01	① 3×0.01=0.03	0	② 0.1+0.03 =0.13
헤드 B	③ $K=\frac{80}{\sqrt{10\times0.1}}=80$ $Q_B=80\sqrt{10\times0.13}$ $=91.214$ $\fallingdotseq 91.21$	–	–	–	–	–
B~C	④ $80+91.21=171.21$	3	0.02	⑤ 3×0.02=0.06	0	⑥ 0.13+0.06 =0.19
헤드 C	⑦ $Q_C=80\sqrt{10\times0.19}$ $=110.272$ $\fallingdotseq 110.27$	–	–	–	–	–
C~D	⑧ $80+91.21+110.27$ $=281.48$	6	0.01	⑨ 6×0.01=0.06	4	⑩ 0.19+0.06 +0.04=0.29

해설

구 간	유량〔L/min〕	길이〔m〕	1m당 마찰손실〔MPa〕	구간손실〔MPa〕	낙차〔m〕	손실계〔MPa〕
헤드 A	80	–	–	–	–	0.1
A~B	80	3	0.01	3m×0.01MPa/m=0.03MPa (0.01이 1m당 마찰손실〔MPa〕이므로 0.01MPa/m)	0	0.1MPa+0.03MPa=0.13MPa
헤드 B	$K=\frac{Q}{\sqrt{10P}}=\frac{80}{\sqrt{10\times 0.1}}=80$ (〔조건 ⑤〕에서 0.1MPa이므로 0.1 적용) $Q_B=K\sqrt{10P}$ $=80\sqrt{10\times 0.13}\,\text{MPa}$ $=91.214$ $\fallingdotseq 91.21\text{L/min}$	–	–	–	–	–
B~C	$(80+91.21)\text{L/min}$ $=171.21\text{L/min}$	3	0.02	3m×0.02MPa/m=0.06MPa	0	0.13MPa+0.06MPa=0.19MPa
헤드 C	$Q_C=K\sqrt{10P}$ $=80\sqrt{10\times 0.19}\,\text{MPa}$ $=110.272$ $\fallingdotseq 110.27\text{L/min}$	–	–	–	–	–
C~D	$(80+91.21+110.27)\text{L/min}$ $=281.48\text{L/min}$	4+2=6	0.01	6m×0.01MPa/m=0.06MPa	4	0.19MPa+0.06MPa+0.04MPa=0.29MPa (스프링클러설비는 소화설비로서 1MPa=100m 적용, 1m=0.01MPa ∴ 4m=0.04MPa)

☆☆☆

문제 16

다음 조건을 참조하여 전역방출방식인 이산화탄소 소화설비에 대한 약제저장량〔kg〕을 구하시오.

(17.6.문7, 17.4.문6, 14.11.문13, 14.4.문4, 13.11.문6, 11.7.문7, 09.4.문9, 08.11.문15, 08.7.문2, 16.11.문15)

득점	배점
	5

〔조건〕

① 면화류창고의 규격은 8×6m이며, 개구부는 2×3m 2개소이며 자동폐쇄장치가 설치되어 있지 않다.

② 방호구역의 체적 1m^3에 대한 소화약제의 양은 2.7kg이다.

③ 각 층의 실고는 3m이다.

○ 계산과정 :

○ 답 :

해답 ○ 계산과정 : (8×6×3)×2.7+(2×3×2)×10=508.8kg

○ 답 : 508.8kg

해설 **심부화재**의 **약제량** 및 **개구부가산량**

방호대상물	약제량	개구부가산량 (자동폐쇄장치 미설치시)	설계농도
전기설비	$1.3kg/m^3$	$10kg/m^2$	50%
전기설비($55m^3$ 미만)	$1.6kg/m^3$		
서고, **박**물관, **목**재가공품창고, **전**자제품창고	$2.0kg/m^3$		65%
석탄창고, **면**화류창고, **고**무류, **모피창고**, **집**진설비 →	$2.7kg/m^3$ →		75%

기억법 **서박목전**(**선박**이 **목전**에 보인다.)
석면고모집(**석면**은 **고모 집**에 있다.)

면화류창고

CO_2 저장량[kg]
= 방호구역체적$[m^3]$ × 약제량$[kg/m^3]$ + 개구부면적$[m^2]$ × 개구부가산량$(10kg/m^2)$
= $(8×6×3)m^3 × 2.7kg/m^3 + (2×3)m^2 × 2$개소$ × 10kg/m^2 = 508.8kg$

- 방호구역체적은 [조건 ②·③]에서 $(8×6×3)m^3$이다.
- $2.7kg/m^3$: [조건 ②]에서 주어진 값
- $2.7kg/m^3$=체적 $1m^3$에 대한 소화약제의 양 2.7kg은 서로 같은 의미
- [조건 ②]에서 자동폐쇄장치가 설치되어 있지 않으므로 **개구부면적** 및 **개구부가산량**도 **적용**

"인생은 흘러가는 것이 아니라 채워지는 것이다.
- 존 러스킨 -"

기억전략법

읽었을 때 10% 기억

들었을 때 20% 기억

보았을 때 30% 기억

보고 들었을 때 50% 기억

친구(동료)와 이야기를 통해 70% 기억

누군가를 가르쳤을 때 95% 기억

과년도 기출문제

2020년 소방설비산업기사 실기(기계분야)

** 수험자 유의사항 **

- 일반사항

1. 시험문제를 받는 즉시 응시하고자 하는 종목의 문제지가 맞는지를 확인하여야 합니다.
2. 시험문제지 총면수 · 문제번호 순서 · 인쇄상태 등을 확인하고(**확인 이후 시험문제지 교체불가**), 수험번호 및 성명을 답안지에 기재하여야 합니다.
3. 부정 또는 불공정한 방법(시험문제 내용과 관련된 메모지 사용 등)으로 시험을 치른 자는 부정행위자로 처리되어 당해 시험을 중지 또는 무효로 하고, 3년간 국가기술자격검정의 응시자격이 정지됩니다.
4. 저장용량이 큰 전자계산기 및 유사 전자제품 사용 시에는 반드시 저장된 메모리를 초기화한 후 사용하여야 하며, 시험위원이 초기화 여부를 확인할 시 협조하여야 합니다. 초기화되지 않은 전자계산기 및 유사 전자제품을 사용하여 적발 시에는 부정행위로 간주합니다.
5. 시험 중에는 통신기기 및 전자기기(휴대용 전화기 및 **스마트워치** 등)를 지참하거나 사용할 수 없습니다.
6. **문제 및 답안(지), 채점기준은 공개하지 않습니다.**
7. 복합형 시험의 경우 시험의 전 과정(필답형, 작업형)을 응시하지 않은 경우 채점대상에서 제외합니다.
8. 국가기술자격 시험문제는 일부 또는 전부가 저작권법상 보호되는 저작물이고, 저작권자는 한국산업인력공단입니다. 문제의 일부 또는 전부를 무단 복제, 배포, 출판, 전자출판 하는 등 저작권을 침해하는 일체의 행위를 금합니다.

- 채점사항

1. 수험자 인적사항 및 계산식을 포함한 답안작성은 흑색 필기구만 사용해야 하며, 그 외 연필류, 빨간색, 청색 등 필기구로 작성한 답항은 0점 처리되오니 불이익을 당하지 않도록 유의해 주시기 바랍니다.
2. 답란에는 문제와 관련 없는 불필요한 낙서나 특이한 기록사항 등을 기재하여서는 안 되며, 답안지의 인적사항 기재란 외의 부분에 답안과 관련 없는 **특수한 표시를 하거나 특정인임을 암시하는 경우 답안지 전체를 0점 처리합니다.**
3. 계산문제는 반드시 「계산과정」과 「답」란에 기재하여야 하며, **계산과정이 틀리거나 없는 경우 0점 처리됩니다.**
4. 계산문제는 최종 결과 값(답)에서 소수 셋째자리에서 반올림하여 둘째자리까지 구하여야 하나 개별문제에서 소수 처리에 대한 요구사항이 있을 경우 그 요구사항에 따라야 합니다.
5. 답에 단위가 없으면 오답으로 처리됩니다. (단, 문제의 요구사항에 단위가 주어졌을 경우는 생략되어도 무방합니다.)
6. 문제에서 요구한 가지수(항수) 이상을 답란에 표기한 경우에는 답란기재 순으로 요구된 가지수(항수)만 채점하고 한 항에 여러 가지를 기재하더라도 한 가지로 보며 그중 정답과 오답이 함께 기재되어 있을 경우 오답으로 처리됩니다.
7. 답안 정정 시에는 정정하고자 하는 단어에 두 줄(=)을 긋고 다시 기재 가능하며, 수정테이프 등은 사용할 수 없으며, 수정테이프 사용 시 채점대상에서 제외됨을 알려드립니다.

※ 수험자 유의사항 미준수로 인한 채점상의 불이익은 수험자 본인에게 책임이 있습니다.

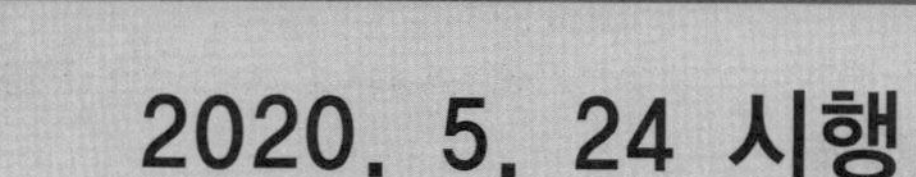

20년 2020. 5. 24 시행

▌2020년 산업기사 제1회 필답형 실기시험▌

자격종목	시험시간	형별	수험번호	성명	감독위원 확인
소방설비산업기사(기계분야)	2시간 30분				

※ 다음 물음에 답을 해당 답란에 답하시오.(배점 : 100)

☆☆☆

문제 01

어느 특정소방대상물에 옥외소화전 3개를 화재안전기준과 다음 조건에 따라 설치하려고 한다. 펌프의 전양정〔m〕을 구하시오.

(11.11.문12)

〔조건〕

① 펌프의 효율은 60%, 전달계수는 1.1이다.

② 펌프의 동력은 31.4kW이다.

득점	배점
	5

○ 계산과정 :

○ 답 :

해답 ○ 계산과정 : $Q \geq 2\times350 \geq 700\text{L/min} \geq 0.7\text{m}^3/\text{min}$

$$H=\frac{31.4\times0.6}{0.163\times0.7\times1.1}=150.107 \fallingdotseq 150.11\text{m}$$

○ 답 : 150.11m

해설 (1) **기호**

- N : 2개(최대 2개)
- η : 60%=0.6
- K : 1.1
- P : 31.4kW
- H : ?

(2) **유량**

$$Q \geq N\times350$$

여기서, Q : 가압송수장치의 토출량(유량)〔L/min〕
N : 가장 많은 층의 소화전개수(**최대 2개**)

펌프의 **유량** Q는

$Q \geq N\times350 \geq 2\times350 \geq 700\text{L/min} \geq 0.7\text{m}^3/\text{min}$

- 문제에서 옥외소화전이 3개 설치되어 있지만 최대 2개까지만 적용하므로 N=2가 된다.

(3) **옥외소화전설비 전동력**

$$P=\frac{0.163QH}{\eta}K$$

여기서, P : 전동력(전동기의 동력)〔kW〕, Q : 유량〔m^3/min〕
H : 전양정〔m〕, K : 전달계수, η : 효율

전양정 H는

$$H=\frac{P\eta}{0.163QK}=\frac{31.4\text{kW}\times0.6}{0.163\times0.7\text{m}^3/\text{min}\times1.1}=150.107 \fallingdotseq 150.11\text{m}$$

☆☆☆
문제 02

제연설비의 배연기풍량이 1500m³/min이고 소요전압이 4mmHg, 효율이 60%일 때 배출기의 이론소요동력[kW]을 구하시오.
(15.7.문10, 13.11.문10, 11.7.문11)

○ 계산과정 :
○ 답 :

득점	배점
	5

해답 ○ 계산과정 : $\frac{4}{760} \times 10332 = 54.378\text{mm}$

$$\frac{54.378 \times 1500}{102 \times 60 \times 0.6} = 22.213 ≒ 22.21\text{kW}$$

○ 답 : 22.21kW

해설 (1) **기호**

- Q : 1500m³/min
- P_T : 4mmHg

표준대기압 1atm=760mmHg
=1.0332kg$_f$/cm²
=10.332mH₂O(mAq)
=10332mmH₂O(mmAq)
=10332mm
=14.7PSI(lb$_f$/in²)
=101.325kPa(kN/m²)
=1013mbar

760mmHg=10332mmAq

$$4\text{mmHg} = \frac{4\text{mmHg}}{760\text{mmHg}} \times 10332\text{mmAq} = 54.378\text{mmAq}$$

- η : 0.6
- P : ?

(2) **배출기**의 **이론소요동력**

$$P = \frac{P_T Q}{102 \times 60 \eta} K$$

여기서, P : 배출기의 이론소요동력(배연기동력)[kW]
P_T : 전압(풍압)[mmAq, mmH₂O]
Q : 풍량[m³/min]
K : 여유율(전달계수)
η : 효율

배출기의 **이론소요동력** P는

$$P = \frac{P_T Q}{102 \times 60 \eta} K = \frac{54.378\text{mmAq} \times 1500\text{m}^3/\text{min}}{102 \times 60 \times 0.6} = 22.213 ≒ 22.21\text{kW}$$

- 배연설비(제연설비)에 대한 동력은 반드시 $P = \frac{P_T Q}{102 \times 60 \eta} K$를 적용하여야 한다. 우리가 알고 있는 일반적인 식 $P = \frac{0.163 QH}{\eta} K$를 적용하여 풀면 틀린다.
- K : 주어지지 않았으므로 무시

☆☆
문제 03

폐쇄형 헤드를 사용하는 연결살수설비의 주배관은 어디에 접속되어야 하는지 3가지를 쓰시오.

(15.11.문2)

득점	배점
	5

○
○
○

해답 ① 옥내소화전설비의 주배관
② 수도배관
③ 옥상에 설치된 수조

해설 폐쇄형 헤드를 사용하는 **연결살수설비**의 **주배관**이 접속되는 곳(NFPC 503 5조, NFTC 503 2.2.4.1)
(1) **옥내소화전설비**의 **주배관**(옥내소화전설비가 설치된 경우에 한함)
(2) **수도배관**(연결살수설비가 설치된 건축물 안에 설치된 수도배관 중 구경이 가장 큰 배관)
(3) **옥상**에 설치된 **수조**(다른 설비의 수조 포함)

☆☆
문제 04

제1 · 2종 분말소화설비의 화학식 및 화학반응식을 쓰시오.

(14.4.문9, 12.7.문3)

득점	배점
	6

(가) 화학식
○ 제1종 :
○ 제2종 :
(나) 화학반응식
○ 제1종 :
○ 제2종 :

해답 (가) ○ 제1종 : $NaHCO_3$
○ 제2종 : $KHCO_3$
(나) ○ 제1종 : $2NaHCO_3 \rightarrow Na_2CO_3 + CO_2 + H_2O$
○ 제2종 : $2KHCO_3 \rightarrow K_2CO_3 + CO_2 + H_2O$

해설 **분말소화약제**

종 류	주성분	착 색	적응 화재	충전비 [L/kg]	저장량	화학반응식	비 고
제1종	탄산수소나트륨 ($NaHCO_3$)	백색	BC급	0.8	50kg	$2NaHCO_3 \rightarrow Na_2CO_3+CO_2+H_2O$	**식용유** 및 **지방질유**의 화재에 적합
제2종	탄산수소칼륨 ($KHCO_3$)	담자색 (담회색)	BC급	1.0	30kg	$2KHCO_3 \rightarrow K_2CO_3+CO_2+H_2O$	–
제3종	인산암모늄 ($NH_4H_2PO_4$)	담홍색	ABC급	1.0	30kg	$NH_4H_2PO_4 \rightarrow HPO_3+NH_3+H_2O$	**차고 · 주차장 · 분진이 많이 날리는 곳**에 적합
제4종	탄산수소칼륨+요소 ($KHCO_3+(NH_2)_2CO$)	회(백)색	BC급	1.25	20kg	$2KHCO_3+(NH_2)_2CO \rightarrow K_2CO_3+2NH_3+2CO_2$	–

- 탄산수소나트륨=중탄산나트륨
- 탄산수소칼륨=중탄산칼륨
- 인산암모늄=인산염=제1인산암모늄

☆☆☆

문제 05

차고 · 주차장에 적응성이 있는 분말소화약제의 명칭 및 주성분을 쓰시오.

(20.5.문4, 18.4.문1, 13.7.문2, 04.4.문13)

득점	배점
	4

○ 명칭 :

○ 주성분 :

해답 ○ 명칭 : 제3종 분말소화약제
○ 주성분 : 인산암모늄

해설 **문제 4 참조**

- '**제3종 분말소화약제**'라고 써도 되고 '**제3종**'만 써도 정답!
- '**인산염**', '**제1인산암모늄**'도 정답!

☆

문제 06

다음은 특정소방대상물의 설치장소별 피난기구의 적응성에 대한 사항이다. 다음 각 물음에 답하시오.

(19.4.문4, 06.4.문3)

득점	배점
	6

(가) 노유자시설(1~2층)에 설치할 수 있는 피난기구 2가지를 쓰시오.

○
○

(나) 숙박시설(5~9층)에 설치할 수 있는 피난기구 6가지를 쓰시오.

○
○
○
○
○
○

(다) 다중이용업소(2~4층)에 설치할 수 있는 피난기구 6가지를 쓰시오.

○
○
○
○
○
○

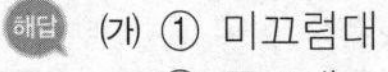

해답 (가) ① 미끄럼대
② 구조대

(나) ① 피난사다리
② 구조대
③ 완강기
④ 피난교
⑤ 다수인 피난장비
⑥ 승강식 피난기

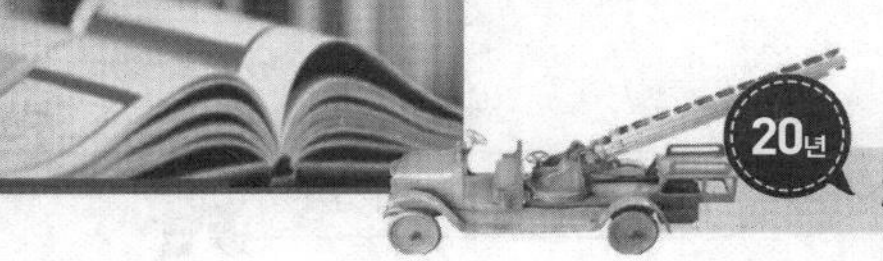

(다) ① 미끄럼대
② 피난사다리
③ 구조대
④ 완강기
⑤ 다수인 피난장비
⑥ 승강식 피난기

해설 **특정소방대상물**의 **설치장소별 피난기구**의 **적응성**(NFTC 301 2.1.1)

설치장소별 구분 \ 층별	1층	2층	3층	4층 이상 10층 이하
노유자시설	• 미끄럼대 • 구조대 • 피난교 • 다수인 피난장비 • 승강식 피난기	• 미끄럼대 • 구조대 • 피난교 • 다수인 피난장비 • 승강식 피난기	• 미끄럼대 • 구조대 • 피난교 • 다수인 피난장비 • 승강식 피난기	• 구조대[1] • 피난교 • 다수인 피난장비 • 승강식 피난기
의료시설 · 입원실이 있는 의원 · 접골원 · 조산원	–	–	• 미끄럼대 • 구조대 • 피난교 • 피난용 트랩 • 다수인 피난장비 • 승강식 피난기	• 구조대 • 피난교 • 피난용 트랩 • 다수인 피난장비 • 승강식 피난기
영업장의 위치가 4층 이하인 다중 이용업소	–	• 미끄럼대 • 피난사다리 • 구조대 • 완강기 • 다수인 피난장비 • 승강식 피난기	• 미끄럼대 • 피난사다리 • 구조대 • 완강기 • 다수인 피난장비 • 승강식 피난기	• 미끄럼대 • 피난사다리 • 구조대 • 완강기 • 다수인 피난장비 • 승강식 피난기
그 밖의 것 (숙박시설)	–	–	• 미끄럼대 • 피난사다리 • 구조대 • 완강기 • 피난교 • 피난용 트랩 • 간이완강기[2] • 공기안전매트[2] • 다수인 피난장비 • 승강식 피난기	• 피난사다리 • 구조대 • 완강기 • 피난교 • 간이완강기[2] • 공기안전매트[2] • 다수인 피난장비 • 승강식 피난기

1) **구조대**의 적응성은 장애인관련시설로서 주된 사용자 중 스스로 피난이 불가한 자가 있는 경우 추가로 설치하는 경우에 한한다.
2) 간이완강기의 적응성은 **숙박시설**의 **3층 이상**에 있는 객실에, **공기안전매트**의 적응성은 **공동주택**에 추가로 설치하는 경우에 한한다.

☆☆

문제 07

옥내소화전설비 배관 내 사용압력에 따른 배관의 종류를 쓰시오. (16.4.문13)

득점	배점
	5

(가) 1.2MPa 미만(2가지)
○
○

(나) 1.2MPa 이상(2가지)
○
○

해답 (가) ① 배관용 탄소강관
② 이음매 없는 구리 및 구리합금관
(나) ① 압력배관용 탄소강관
② 배관용 아크용접 탄소강강관

해설 **옥내소화전설비**의 **배관**(NFPC 102 6조, NFTC 102 2.3.1)

1.2MPa 미만	1.2MPa 이상
① 배관용 탄소강관 ② 이음매 없는 구리 및 구리합금관(단, 습식의 배관에 한한다.) ③ 배관용 스테인리스강관 또는 일반배관용 스테인리스강관 ④ 덕타일 주철관	① 압력배관용 탄소강관 ② 배관용 아크용접 탄소강강관

중요

소방용 합성수지 배관을 **설치**할 수 있는 경우
(1) 배관을 **지하**에 **매설**하는 경우
(2) 다른 부분과 **내화구조**로 구획된 덕트 또는 피트의 내부에 설치하는 경우
(3) 천장(상층이 있는 경우 상층바닥의 하단 포함)과 반자를 **불연재료** 또는 **준불연재료**로 설치하고 소화배관 내부에 항상 소화수가 채워진 상태로 설치하는 경우

☆

문제 08

제연설비에 대한 다음 각 물음에 답하시오. (19.6.문7, 15.7.문12)

득점	배점
	3

(가) 제연방식의 종류 3가지를 쓰시오.
○
○
○

(나) 굴뚝현상(stack effect)의 정의와 발생하는 원인을 쓰시오.
○ 정의 :
○ 원인 :

해답 (가) ① 자연제연방식
② 스모크타워 제연방식
③ 기계제연방식
(나) ○ 정의 : 고층건축물 등에서 부력에 의해 공기가 빠르게 이동하는 현상
○ 원인 : 건물 내외의 공기밀도가 다른 경우에 발생

해설

제연방식의 기본원리	제연방식의 종류
① **희석(dilution)** : 외부로부터 신선한 공기를 대량 불어 넣어 **연기**의 양을 **일정 농도 이하**로 낮추는 것으로서, 일반적으로 소화가 용이한 **소규모 건물**에 유효한 방법 ② **배기(exhaust)** : 건물 내의 압력차에 의하여 연기를 외부로 배출시키는 것	① **자연제연방식** : 개구부를 통하여 연기를 자연적으로 배출하는 방식 ② **스모크타워 제연방식** : **루프모니터**를 설치하여 제연하는 방식으로 **고층빌딩**에 적당 ③ **기계제연방식** : 송풍기, 배연기 등의 기계적 장치를 사용하여 급기, 배기를 하는 방식

③ **차단(confinement)** : 연기가 일정한 장소 내로 들어오지 못하도록 하는 것으로서, 2가지 방법이 있다. 첫째는 출입문, 벽 또는 댐퍼(damper)와 같은 차단물을 설치하는 것으로서 개구부의 크기를 가능한 한 작게 하여 연기의 유입을 방지하는 것이다. 둘째는 방호장소와 연기가 발생한 장소 사이의 압력차를 이용하는 방법이다. 일반적으로는 이 2가지를 조합하여 연기를 제어한다.

㉠ **제1종** 기계제연방식 : **송풍기**와 **배연기**(배풍기)를 설치하여 급기와 배기를 하는 방식으로 **장치**가 **복잡**하다.
㉡ **제2종** 기계제연방식 : **송풍기**만 설치하여 급기와 배기를 하는 방식으로 **역류**의 우려가 있다.
㉢ **제3종** 기계제연방식 : **배연기**(배풍기)만 설치하여 급기와 배기를 하는 방식으로 가장 많이 사용한다.

(가) **제연방식**의 **종류**

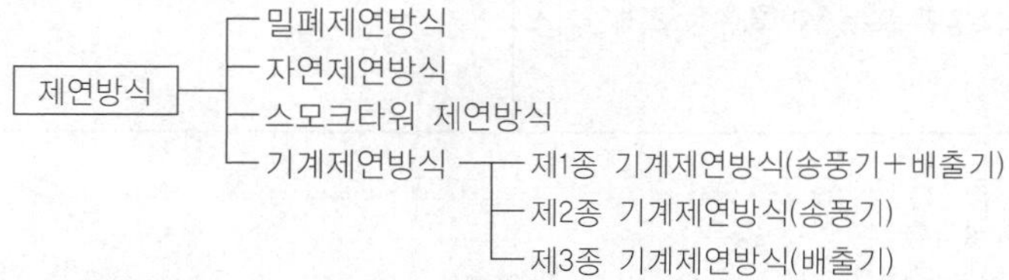

구 분		설 명
밀폐제연방식		밀폐도가 높은 벽 또는 문으로서 화재를 밀폐하여, 연기의 유출 및 신선한 공기의 유입을 억제하여 제연하는 방식으로 집합되어 있는 **주택**이나 **호텔** 등 구획을 작게 할 수 있는 건물에 적합하다.
자연제연방식		개구부를 통하여 연기를 자연적으로 배출하는 방식 배기구 / 연기 / 화재실 / 복도 / 화원 / 문 / 급기구 ▮ 자연제연방식 ▮
스모크타워 제연방식		**루프모니터**를 설치하여 제연하는 방식으로 **고층빌딩**에 적당하다. 배기구 / 루프모니터 / 연기 / 복도 / 화재실 / 급기구 / 화원 / 문 ▮ 스모크타워 제연방식 ▮
기계 제연 방식	제1종 기계 제연 방식	**송풍기**와 **배출기**(배연기, 배풍기)를 설치하여 급기와 배기를 하는 방식으로 **장치**가 **복잡**하다. 배기 / 배연기 / 복도 / 연기 / 화재실 / 급기 / 화원 / 문 / 송풍기 ▮ 제1종 기계제연방식 ▮

기계 제연 방식	제2종 기계 제연 방식	**송풍기**만 설치하여 급기와 배기를 하는 방식으로 **역류**의 우려가 있다. ▌제2종 기계제연방식▐
	제3종 기계 제연 방식	**배출기**(배연기, 배풍기)만 설치하여 급기와 배기를 하는 방식으로 **가장 많이 사용**된다. ▌제3종 기계제연방식▐

(나) **연돌**(굴뚝)**효과**(stack effect)

정 의	원 인
① 고층건축물 등에서 부력에 의해 공기가 빠르게 이동하는 현상 ② 공기가 건물의 수직방향으로 빠르게 이동하는 현상 ③ 공기가 순식간에 이동하여 상층부로 상승하거나 외부로 배출되는 현상	건물 내외의 공기밀도가 다른 경우에 발생

☆☆

문제 09

포소화약제의 25% 환원시간을 측정하는 목적 및 방법에 대하여 간단히 설명하시오. (13.7.문11)

○ 목적 :

○ 방법 :

득점	배점
	6

해답 ○ 목적 : 포의 유지능력 정도를 측정하기 위해

○ 방법 : 포 방사 후 포중량의 25%가 원래의 포수용액으로 되돌아가는 데 걸리는 시간 측정

해설 **25% 환원시간**

구 분	설 명
뜻(정의)	방사된 포중량의 25%가 원래의 포수용액으로 되돌아가는 데 걸리는 시간
목적	① 방사된 포가 깨지지 않고 얼마나 오랫동안 지속되는지 확인하기 위해 ② 포의 유지능력 정도를 측정하기 위해
방법	**포 방사 후 포중량의 25%가 원래의 포수용액으로 되돌아가는 데 걸리는 시간 측정** ① 채집한 포시료의 중량을 4로 나누어 포수용액의 25%에 해당하는 체적을 구한다. ② 시료용기를 평평한 면에 올려 놓는다. ③ 일정 간격으로 용기바닥에 고여 있는 **용액**의 **높이**를 **측정**하여 기록한다. ④ 시간과 환원체적의 **데이터**를 구한 후 계산에 의해 25% 환원시간을 구한다.

포소화제의 종류	25% 환원시간〔초〕
합성계면활성제포 소화약제	30 이상
단백포 소화약제	60 이상
수성막포 소화약제	60 이상

☆☆
문제 10

LPG 탱크에 물분무소화설비를 설치하고자 한다. 물분무헤드의 종류 4가지와 소화효과 4가지를 각각 쓰시오.
(15.7.문17, 14.11.문3, 12.4.문13, 09.7.문12)

득점	배점
	13

(가) 헤드 종류
- ○
- ○
- ○
- ○

(나) 소화효과
- ○
- ○
- ○
- ○

해답 (가) ① 충돌형
② 분사형
③ 선회류형
④ 디플렉터형
(나) ① 냉각효과
② 질식효과
③ 희석효과
④ 유화효과

해설 (가) **물분무헤드**의 **종류**

종 류	설 명
충돌형	유수와 유수의 충돌에 의해 미세한 물방울을 만드는 물분무헤드 ▌충돌형▌
분사형	소구경의 오리피스로부터 고압으로 분사하여 미세한 물방울을 만드는 물분무헤드 ▌분사형▌

선회류형	선회류에 의해 확산방출하든가 선회류와 직선류의 충돌에 의해 확산방출하여 미세한 물방울로 만드는 물분무헤드 ‖ 선회류형 ‖
디플렉터형	수류를 살수판에 충돌하여 미세한 물방울을 만드는 물분무헤드 ‖ 디플렉터형 ‖
슬리트형	수류를 슬리트에 의해 방출하여 수막상의 분무를 만드는 물분무헤드 ‖ 슬리트형 ‖

기억법 **충분선디슬**

(나) **물분무소화설비**의 **소화효과**

구 분	설 명
질식효과	공기 중의 산소농도를 **16%**(10~15%) 이하로 희박하게 하는 방법
냉각효과	**점화원**을 **냉각**시키는 방법
유화효과	유류표면에 **유화층**의 막을 형성시켜 공기의 접촉을 막는 방법
희석효과	고체 · 기체 · 액체에서 나오는 **분해가스**나 **증기**의 **농도**를 낮추어 연소를 중지시키는 방법

중요

주된 소화효과

소화설비	소화효과
• 포소화설비 • 분말소화설비 • 이산화탄소 소화설비	질식소화
• 물분무소화설비	냉각소화
• 할론소화설비	화학소화 (부촉매효과)

☆☆☆

문제 11

어떤 사무소 건물의 지하층에 있는 발전기실 및 축전지실에 전역방출방식의 이산화탄소 소화설비를 설치하려고 한다. 화재안전기준과 주어진 조건에 의하여 다음 각 물음에 답하시오.

(14.11.문13, 13.11.문6, 08.11.문15, 08.7.문2)

득점	배점
	10

〔조건〕

① 소화설비는 고압식으로 한다.
② 발전기실의 크기 : 가로 12m×세로 12m×높이 3m
③ 발전기실의 개구부 크기 : 4.48m×3.5m×1개소(자동폐쇄장치 없음)
④ 축전지실의 크기 : 가로 6m×세로 4m×높이 3m
⑤ 축전지실의 개구부 크기 : 0.9m×2m×1개소(자동폐쇄장치 없음)
⑥ 가스용기 1본당 충전량 : 45kg
⑦ 가스저장용기는 공용으로 한다.
⑧ 가스량은 다음 표를 이용하여 산출한다.

방호구역의 체적〔m^3〕	소화약제의 양〔kg/m^3〕	소화약제저장량의 최저한도〔kg〕
50 이상 150 미만	0.9	50
150 이상 1500 미만	0.8	135

※ 개구부가산량은 $5kg/m^2$로 한다.

(가) 발전기실에 필요한 가스용기의 수를 구하시오.
○ 계산과정 :
○ 답 :

(나) 축전지실에 필요한 가스용기의 수를 쓰시오.
○ 계산과정 :
○ 답 :

(다) 집합장치에 필요한 가스용기의 수를 쓰시오.
○

(라) 분사헤드의 방사압력은 21℃에서 몇 MPa 이상이어야 하는지 쓰시오.
○

(마) 이산화탄소 소화설비의 배관의 설치기준에 대한 다음 (　　) 안을 완성하시오.

> 강관을 사용하는 경우의 배관은 압력배관용 탄소강관(KS D 3562) 중 스케줄 (①)(저압식은 스케줄 40) 이상의 것 또는 이와 동등 이상의 강도를 가진 것으로 (②) 등으로 방식처리된 것을 사용할 것. 단, 배관의 호칭구경이 20mm 이하인 경우에는 스케줄 40 이상인 것을 사용할 수 있다.

○ ①
○ ②

(바) 이산화탄소 소화약제 저장용기의 최대 온도는 몇 ℃인가?
○

해답 (가) ○ 계산과정 : $(12\times12\times3)\times0.8+(4.48\times3.5)\times5=345.6+(4.48\times3.5)\times5=424\text{kg}$

$$\frac{424}{45}=9.4 ≒ 10\text{병}$$

○ 답 : 10병

(나) ○ 계산과정 : $(6\times4\times3)\times0.9+(0.9\times2\times1)\times5=64.8+(0.9\times2\times1)\times5=73.8\text{kg}$

$\frac{73.8}{45}=1.6 ≒ 2$병

○ 답 : 2병

(다) 10병

(라) 2.1MPa

(마) ① 80

② 아연도금

(바) 40℃

해설 (가) **발전기실**

방호구역체적＝12m×12m×3m＝**432m³** 로서 〔조건 ⑧〕에서 방호구역체적이 150~1500m³ 미만에 해당되므로 소화약제의 양은 **0.8kg/m³**

> CO_2 **저장량**〔kg〕＝ 방호구역체적〔m³〕× 약제량〔kg/m³〕＋ 개구부면적〔m²〕× 개구부가산량

$=(12\times12\times3)\text{m}^3\times0.8\text{kg/m}^3+(4.48\times3.5)\text{m}^2\times5\text{kg/m}^2$

$=345.6\text{kg}+(4.48\times3.5)\text{m}^2\times5\text{kg/m}^2$

$=\mathbf{424kg}$

345.6kg으로 〔조건 ⑧〕에서 최소저장량 135kg을 초과하므로 그대로 적용

$\therefore$ 가스용기본수$=\frac{\text{약제저장량}}{\text{충전량}}=\frac{424\text{kg}}{45\text{kg}}=9.4 ≒ 10$병

- 〔조건 ③〕에서 발전기실은 자동폐쇄장치가 없으므로 개구부면적 및 개구부가산량 적용
- 충전량(**45kg**) : 〔조건 ⑥〕에서 주어진 값
- 가스용기본수 산정시 계산결과에서 **소수**가 발생하면 반드시 **절상**

(나) **축전지실**

방호구역체적＝6m×4m×3m＝**72m³** 로서 〔조건 ⑧〕에서 방호구역체적이 50~150m³ 미만에 해당되므로 소화약제의 양은 **0.9kg/m³**

> CO_2 **저장량**〔kg〕＝방호구역체적〔m³〕× 약제량〔kg/m³〕＋개구부면적〔m²〕× 개구부가산량

$=(6\times4\times3)\text{m}^3\times0.9\text{kg/m}^3+(0.9\text{m}\times2\text{m}\times1\text{개소})\times5\text{kg/m}^2$

$=64.8\text{kg}+(0.9\text{m}\times2\text{m}\times1\text{개소})\times5\text{kg/m}^2$

$=\mathbf{73.8kg}$

64.8kg으로 〔조건 ⑧〕에서 최소저장량 50kg을 초과하므로 그대로 적용

$\therefore$ 가스용기본수$=\frac{\text{약제저장량}}{\text{충전량}}=\frac{73.8\text{kg}}{45\text{kg}}=1.6 ≒ 2$병

- 〔조건 ⑤〕에서 축전지실은 자동폐쇄장치가 없으므로 개구부면적 및 개구부가산량 적용
- 개구부가산량(**5kg/m²**) : 〔조건 ⑧〕에서 주어진 값
- 충전량(**45kg**) : 〔조건 ⑥〕에서 주어진 값
- 가스용기본수 산정시 계산결과에서 **소수**가 발생하면 반드시 **절상**

(다) **집합장치**에 필요한 **가스용기**의 **본수**

각 방호구역의 가스용기본수 중 가장 많은 것을 기준으로 하므로 발전기실의 **10병**이 된다.

(라) CO_2소화설비 분사헤드의 방사압력(21℃) ┬ 고압식 : **2.1MPa** 이상
└ 저압식 : **1.05MPa** 이상

- 〔조건 ①〕에서 소화설비는 **고압식**이므로 방사압력은 **2.1MPa** 이상이 된다.

(마) 약제방출 후 **경보장치**의 **작동시간**

① 분말소화설비 ┐
② 할론소화설비 ├ **1분** 이상
③ CO_2소화설비 ┘

‖ 이산화탄소 소화설비의 배관(NFPC 106 8조, NFTC 106 2.5.1) ‖

강관을 사용하는 경우의 배관	동관을 사용하는 경우의 배관
압력배관용 탄소강관(KS D 3562) 중 **스케줄 80**(**저압식**은 **스케줄 40**) 이상의 것 또는 이와 등등 이상의 강도를 가진 것으로 **아연도금** 등으로 방식처리된 것을 사용할 것(단, 배관의 호칭구경이 **20mm 이하**인 경우에는 **스케줄 40** 이상인 것 사용)	이음이 없는 동 및 동합금관(KS D 5301)으로서 **고압식**은 **16.5MPa** 이상, **저압식**은 **3.75MPa** 이상의 압력에 견딜 수 있는 것 사용

(바) **이산화탄소 소화약제**의 **저장용기**의 **설치기준**(NFPC 106 4조, NFTC 106 2.1.1)
① **방호구역 외**의 장소에 설치할 것(단, 방호구역 내에 설치할 경우에는 피난 및 조작이 용이하도록 **피난구부근**에 설치)
② 온도가 **40℃ 이하**이고, 온도변화가 적은 곳에 설치
③ **직사광선** 및 **빗물**이 침투할 우려가 없는 곳에 설치
④ **방화문**으로 구획된 실에 설치
⑤ 용기의 설치장소에는 해당 용기가 설치된 곳임을 표시하는 **표지**를 할 것
⑥ 용기 간의 **간**격은 점검에 지장이 없도록 **3cm 이상**의 간격 유지
⑦ 저장용기와 **집**합관을 연결하는 연결배관에는 **체크밸브** 설치(단, 저장용기가 하나의 방호구역만을 담당하는 경우는 제외)

기억법 **이저외4 직방 표집간**

☆☆☆

문제 12

20층 아파트 건물에 스프링클러설비를 설치하려고 할 때 조건을 보고 다음 각 물음에 답하시오.

(15.4.문2, 12.7.문11, 10.4.문13, 09.7.문3, 08.4.문14)

득점	배점
	8

〔조건〕
① 실양정 : 100m
② 배관, 관부속품의 총 마찰손실수두 : 실양정의 10%
③ 효율 : 60%
④ 전달계수 : 1.15

(가) 이 설비가 확보하여야 할 수원의 양[m^3]을 구하시오.
○ 계산과정 :
○ 답 :

(나) 이 설비의 펌프의 방수량[L/min]을 구하시오.
○ 계산과정 :
○ 답 :

(다) 펌프의 전양정[m]을 구하시오.
○ 계산과정 :
○ 답 :

(라) 가압송수장치의 동력[kW]을 구하시오.
○ 계산과정 :
○ 답 :

해답
(가) ○ 계산과정 : $1.6 \times 30 = 48m^3$
○ 답 : $48m^3$
(나) ○ 계산과정 : $30 \times 80 = 2400$L/min
○ 답 : 2400L/min
(다) ○ 계산과정 : $(100 \times 0.1) + 100 + 10 = 120$m
○ 답 : 120m

(라) ○ 계산과정 : $\dfrac{0.163\times2.4\times120}{0.6}\times1.15=89.976 ≒ 89.98\text{kW}$

○ 답 : 89.98kW

해설 (가)

특정소방대상물		폐쇄형 헤드의 기준개수
지하가 · 지하역사		30
11층 이상 →		
10층 이하	공장(특수가연물)	
	판매시설(백화점 등), 복합건축물(판매시설이 설치된 복합건축물)	
	근린생활시설, 운수시설	20
	8m 이상	
	8m 미만	10

폐쇄형 헤드

$Q=1.6N$(30층 미만)

$Q=3.2N$(30~49층 이하)

$Q=4.8N$(50층 이상)

여기서, Q : 수원의 저수량[m^3]

N : 폐쇄형 헤드의 기준개수(설치개수가 기준개수보다 작으면 그 설치개수)

수원의 **저수량** Q는

$Q=1.6N=1.6\times30\text{개}=48\text{m}^3$

- 문제에서 **11층 이상**이므로 위 표에서 **30개**
- **폐쇄형 헤드** : **사무실** 등에 설치
- **개방형 헤드** : **천장고**가 **높은 곳**에 설치

(나) 방수량

$Q=N\times80$

여기서, Q : 토출량(유량, 방수량)[L/min]

N : 폐쇄형 헤드의 기준개수(설치개수가 기준개수보다 작으면 그 설치개수)

펌프의 **토출량(유량)** Q는

$Q=N\times80\text{L/min}=30\times80\text{L/min}=2400\text{L/min}$

- 문제에서 **11층 이상**이므로 위 표에서 **30개**

(다)

$H=h_1+h_2+10$

여기서, H : 전양정[m]

h_1 : 배관 및 관부속품의 마찰손실수두[m]

h_2 : 실양정(흡입양정+토출양정)[m]

전양정 H는

$H=h_1+h_2+10=(100\times0.1)\text{m}+100\text{m}+10=$ **120m**

- h_1 **[(100×0.1)m]** : [조건 ②]에서 실양정의 10%이므로 실양정 100m×0.1
- h_2 **(100m)** : [조건 ①]에서 주어진 값

(라) 전동력

$$P=\frac{0.163QH}{\eta}K$$

여기서, P : 전동력(가압송수장치의 동력)[kW]

Q : 유량[m^3/min]

H : 전양정[m]

K : 전달계수

η : 효율

가압송수장치의 동력 P는

$$P = \frac{0.163QH}{\eta}K = \frac{0.163 \times 2.4\text{m}^3/\text{min} \times 120\text{m}}{0.6} \times 1.15 = 89.976 ≒ 89.98\text{kW}$$

- Q(2.4m³/min) : (나)에서 구한 값(**2400L/min=2.4m³/min**)
- H(**120m**) : (다)에서 구한 값
- K(**1.15**) : [조건 ④]에서 주어진 값
- η(**0.6**) : [조건 ③]에서 60%=**0.6**

☆

문제 13

습식 스프링클러설비 및 부압식 스프링클러설비 외의 설비에 상향식 스프링클러헤드의 설치를 제외할 수 있는 경우 3가지를 쓰시오.

(15.11.문15)

득점	배점
	6

○
○
○

해답 ① 드라이펜던트 스프링클러헤드를 사용하는 경우
② 스프링클러헤드의 설치장소가 동파의 우려가 없는 곳인 경우
③ 개방형 스프링클러헤드를 사용하는 경우

해설 **습식 스프링클러설비** 및 **부압식 스프링클러설비 외**의 **설비**에 **상향식 스프링클러헤드**를 설치 · 제외할 수 있는 경우(NFPC 103 10조 ⑦항, NFTC 103 2.7.7.7)

〈**하**향식 스프링클러헤드를 설치할 수 있는 경우〉

(1) **드라이펜던트 스프링클러헤드**를 사용하는 경우
(2) 스프링클러헤드의 설치장소가 **동파**의 **우려**가 **없는 곳**인 경우
(3) **개방형 스프링클러헤드**를 사용하는 경우

기억법 하드동개

☆☆☆

문제 14

폭 1m, 길이 285m의 컨베이어벨트에 물분무소화설비를 설치하고자 할 때 다음 물음에 답하시오.

(17.11.문11, 13.7.문2)

득점	배점
	8

(가) 필요한 최소수원의 양[L]을 구하시오.
○ 계산과정 :
○ 답 :

(나) 소화펌프의 최소토출량[L/min]을 구하시오.
○ 계산과정 :
○ 답 :

해답 (가) ○ 계산과정 : $1 \times 285 \times 10 \times 20 = 57000\text{L}$
○ 답 : 57000L

(나) ○ 계산과정 : $\frac{57000}{20} = 2850\text{L/min}$
○ 답 : 2850L/min

해설 (가) **물분무소화설비**의 **수원**(NFPC 104 4조, NFTC 104 2.1.1)

특정소방대상물	토출량	비 고
컨베이어벨트	1**0**L/min · m^2	벨트부분의 바닥면적
절연유 봉입변압기	1**0**L/min · m^2	표면적을 합한 면적(바닥면적 제외)
특수가연물	1**0**L/min · m^2(최소 $50m^2$)	최대방수구역의 바닥면적 기준
케이블트레이 · 덕트	1**2**L/min · m^2	투영된 바닥면적
차고 · 주차장	2**0**L/min · m^2(최소 $50m^2$)	최대방수구역의 바닥면적 기준
위험물 저장탱크	**37**L/min · m	위험물탱크 둘레길이(원주길이) : 위험물규칙 〔별표 6〕 Ⅱ

※ 모두 **20분**간 방수할 수 있는 양 이상으로 하여야 한다.

기억법 **컨 절 특 케 차 위**
0 0 0 2 0 37

컨베이어벨트는 **벨트부분**의 **바닥면적**이므로 A=폭×길이=1m×285m=285m^2

컨베이어벨트의 **수원의 양** Q는 Q=벨트부분 바닥면적×10L/min · m^2×20min=285m^2×10L/min · m^2×20min=57000L

(나) **토출량(방사량)** Q는 $Q=\dfrac{\text{수원의 양}}{20\text{분}}=\dfrac{57000\text{L}}{20\text{분}}=2850\text{L/분}=2850\text{L/min}$

- 수원의 양(57000L) : (가)에서 구한 값
- 방사시간(20min) : NFPC 104 4조, NFTC 104 2.1.1에 의한 값
  - 제4조 **수원**
    ① 물분무소화설비의 수원은 그 저수량이 다음의 기준에 적합하도록 하여야 한다.
    컨베이어벨트는 벨트부분의 바닥면적 1m^2에 대하여 10L/min로 **20분간** 방수할 수 있는 양 이상으로 할 것

☆☆☆
문제 15

어느 옥내소화전에 개폐밸브(앵글밸브)를 열고 유량과 압력을 측정하였더니 관창의 압력이 0.17MPa, 유량이 130L/min이었다. 이 소화전에서 유량을 200L/min으로 하려면 압력〔MPa〕은 얼마가 되어야 하는지 구하시오. (16.4.문14, 06.11.문6)

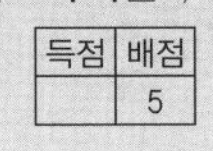

득점	배점
	5

○ 계산과정 :
○ 답 :

해답
○ 계산과정 : $K=\dfrac{130}{\sqrt{10\times0.17}}=99.705$

$$P=\frac{1}{10}\times\left(\frac{200}{99.705}\right)^2=0.402 \fallingdotseq 0.4\text{MPa}$$

○ 답 : 0.4MPa

해설

$$Q=K\sqrt{10P}$$

$$K=\frac{Q}{\sqrt{10P}}=\frac{130\text{L/min}}{\sqrt{10\times0.17\text{MPa}}}=99.705$$

$$Q=K\sqrt{10P}$$

$$\sqrt{10P}=\frac{Q}{K}$$

$$P=\frac{1}{10}\times\left(\frac{Q}{K}\right)^2=\frac{1}{10}\times\left(\frac{200\text{L/min}}{99.705}\right)^2=0.402 \fallingdotseq 0.4\text{MPa}$$

중요

(1) **방수량**을 구하는 **식**

$Q=0.653D^2\sqrt{10P}$ 또는 $Q=0.6597CD^2\sqrt{10P}$	$Q=K\sqrt{10P}$
여기서, Q : 방수량〔L/min〕 C : 노즐의 흐름계수 D : 내경〔mm〕 P : 방수압력〔MPa〕	여기서, Q : 방수량〔L/min〕 K : 방출계수 P : 방수압력〔MPa〕

※ 문제의 조건에 따라 편리한 식을 적용하면 된다.

(2) **단위**

① **GPM**=**G**allon **P**er **M**inute(gallon/min)
② **PSI**=**P**ound per **S**quare **I**nch(lb_f/in^2)
③ **LPM**=**L**iter **P**er **M**inute(L/min)
④ **CMH**=**C**ubic **M**eter per **H**our(m^3/h)

☆☆☆

문제 16

펌프의 토출측 압력계는 0.365MPa, 흡입측 연성계는 160mmHg를 지시하고 있다. 펌프의 전양정〔m〕은? (단, 토출측 압력계는 펌프로부터 65cm 높게 설치되어 있다.) (08.7.문12)

득점	배점
	5

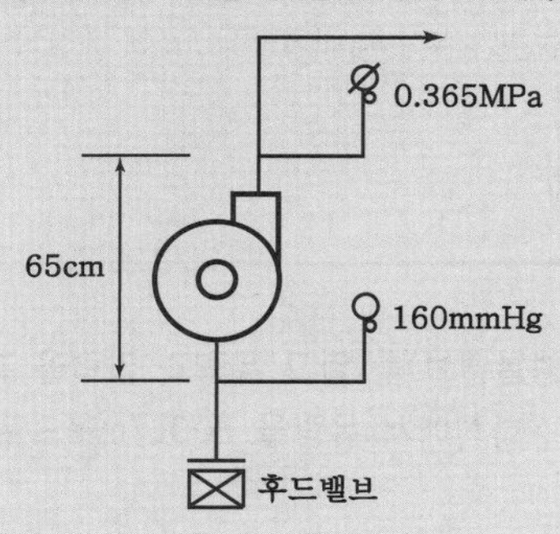

○ 계산과정 :
○ 답 :

해답

○ 계산과정 : $\dfrac{0.365}{0.101325}\times 10.332 \fallingdotseq 37.218\text{m}$

$\dfrac{160}{760}\times 10.332 = 2.175\text{m}$

$37.218+2.175+0.65=40.043 \fallingdotseq 40.04\text{m}$

○ 답 : 40.04m

해설

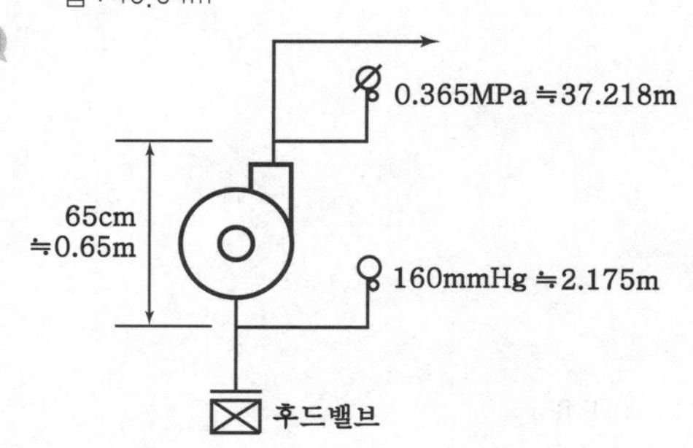

0.101325MPa = 10.332m 이므로

$$0.365\text{MPa} = \frac{0.365\text{MPa}}{0.101325\text{MPa}} \times 10.332\text{m} \fallingdotseq 37.218\text{m}$$

760mmHg = 10.332m 이므로

$$160\text{mmHg} = \frac{160\text{mmHg}}{760\text{mmHg}} \times 10.332\text{m} = 2.175\text{m}$$

펌프의 **전양정** = 압력계 지시값+연성계 지시값+높이
= 37.218m+2.175m+0.65m
= 40.043 ≒ 40.04m

- 65cm= 0.65m

표준대기압

1atm=760mmHg=1.0332kg$_f$/cm^2
=10.332mH$_2$O(mAq)=10.332m
=14.7PSI(lb$_f$/in^2)
=101.325kPa(kN/m^2)=0.101325MPa
=1013mbar

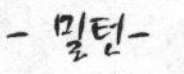

가장 잘 견디는 사람이 무엇이든지 잘 할 수 있는 사람이다.

- 밀턴-

2020. 7. 26 시행

▌2020년 산업기사 제2회 필답형 실기시험▐			수험번호	성명	감독위원 확 인
자격종목 소방설비산업기사(기계분야)	시험시간 2시간 30분	형별			

※ 다음 물음에 답을 해당 답란에 답하시오.(배점 : 100)

☆☆☆

문제 01

다음은 옥외소화전설비에 관한 사항이다. 각 옥외소화전 개수에 따른 옥외소화전 방수구함 개수를 쓰시오.

(11.7.문3)

7개	11개	37개
(가)	(나)	(다)

유사문제부터 풀어보세요.
실력이 팍!팍! 올라갑니다.

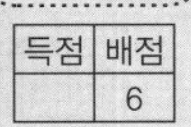

득점	배점
	6

해답 (가) 7개
(나) 11개
(다) 13개

해설

- 계산과정 쓰는 란이 없으므로 답만 7개, 11개, 13개라고 쓰면 된다.

옥외소화전함 설치개수

옥외소화전 개수	옥외소화전함 개수
10개 이하	옥외소화전**마다** 옥외소화전 **5m** 이내의 장소에 1개 이상
11~30개 이하	**11개** 이상 소화전함 분산 설치
31개 이상	옥외소화전 **3개**마다 1개 이상

(1) 옥외소화전이 **10개 이하** 설치된 때에는 옥외소화전**마다 5m** 이내의 장소에 **1개** 이상의 소화전함 설치
(2) 옥외소화전이 **11~30개 이하** 설치된 때에는 **11개 이상**의 소화전함을 각각 분산하여 설치
(3) 옥외소화전이 **31개 이상** 설치된 때에는 옥외소화전 **3개마다 1개 이상**의 소화전함 설치

- (가) 화재안전기준에 의해 **옥외소화전마다** 1개 이상 설치해야 하기 때문에 옥외소화전이 7개 설치되어 있으므로 **7개**가 정답(1개가 아님, 특히 주의!)
- (다) 31개 이상 $= \frac{\text{옥외소화전 개수}}{3\text{개}} = \frac{37\text{개}}{3\text{개}} ≒ 12.3 ≒ 13\text{개}(\text{절상})$

☆☆☆

문제 02

옥외소화전설비의 방수압력이 0.36MPa이었다. 노즐을 통하여 방수되는 토출량〔L/min〕을 구하시오. (단, 노즐의 구경은 19mm이다.)

(14.11.문7, 11.7.문14)

득점	배점
	5

○ 계산과정 :

○ 답 :

해답 ○계산과정 : $0.653 \times 19^2 \times \sqrt{10 \times 0.36} = 447.271 \fallingdotseq 447.27\text{L/min}$
○답 : 447.27L/min

해설 (1) **기호**

- P : 0.36MPa
- Q : ?
- D : 19mm

(2) 토출량(방수량)

$$Q = 0.653D^2\sqrt{10P} \quad \text{또는} \quad Q = 0.6597CD^2\sqrt{10P}$$

토출량 Q는

$$Q = 0.653D^2\sqrt{10P}$$
$$= 0.653 \times (19\text{mm})^2 \times \sqrt{10 \times 0.36\text{MPa}}$$
$$= 447.271 \fallingdotseq 447.27\text{L/min}$$

중요

(1) **방수량 구하는 식**

$Q = 0.653D^2\sqrt{10P}$ 또는 $Q = 0.6597CD^2\sqrt{10P}$	$Q = 10.99\,CD^2\sqrt{10P}$	$Q = K\sqrt{10P}$
여기서, Q : 방수량[L/min] C : 노즐의 흐름계수(유량계수) D : 내경(구경)[mm] P : 방수압력[MPa]	여기서, Q : 토출량[m³/s] C : 노즐의 흐름계수(유량계수) D : 내경(구경)[m] P : 방사압력[MPa]	여기서, Q : 방수량[L/min] D : 내경(구경)[mm] P : 방수압력[MPa]

(2) 문제의 조건에 따라 편리한 식을 적용하면 된다. 일반적으로는 다음의 표와 같이 설비에 따라 적용한다.

일반적인 적용설비	옥내소화전설비	스프링클러설비
적용공식	$Q = 0.653D^2\sqrt{10P}$ 또는 $Q = 0.6597CD^2\sqrt{10P}$ $Q = 10.99CD^2\sqrt{10P}$	$Q = K\sqrt{10P}$

☆☆☆
문제 03

그림은 어느 특정소방대상물을 방호하기 위한 옥외소화전설비의 평면도이다. 다음 각 물음에 답하시오.

(03.7.문13)

득점	배점
	6

90m

70m

(가) 설치하여야 할 옥외소화전의 최소 설치개수를 구하시오.
○계산과정 :
○답 :

(나) 펌프의 최소 토출량[L/min]을 구하시오.
○계산과정 :
○답 :

(다) 수원의 최소 유효저수량[m^3]을 구하시오.
- ○ 계산과정 :
- ○ 답 :

(가) ○ 계산과정 : $\dfrac{(90\times2)+(70\times2)}{80}=4$개

○ 답 : 4개

(나) ○ 계산과정 : $2\times350=700\text{L/min}$

○ 답 : 700L/min

(다) ○ 계산과정 : $7\times2=14\text{m}^3$

○ 답 : 14m^3

(가) 옥외소화전은 특정소방대상물의 **층**마다 설치하되 **수평거리 40m**마다 설치하여야 한다. 수평거리는 반경을 의미하므로 직경은 **80m**가 된다. 그러므로 옥외소화전은 건물 내부에 설치할 수 없고, 건물 외부에 설치하므로 그 설치개수는 건물의 둘레길이를 구한 후 직경 80m로 나누어 **절상**하면 된다.

수평거리 40m
H
80m

‖옥외소화전의 담당면적‖

$$\text{옥외소화전 설치개수}=\frac{\text{건물의 둘레길이}}{80\text{m}}(\text{절상})=\frac{90\text{m}\times2\text{개}+70\text{m}\times2\text{개}}{80\text{m}}=4\text{개}$$

- 건물의 둘레길이=90m×2개+70m×2개

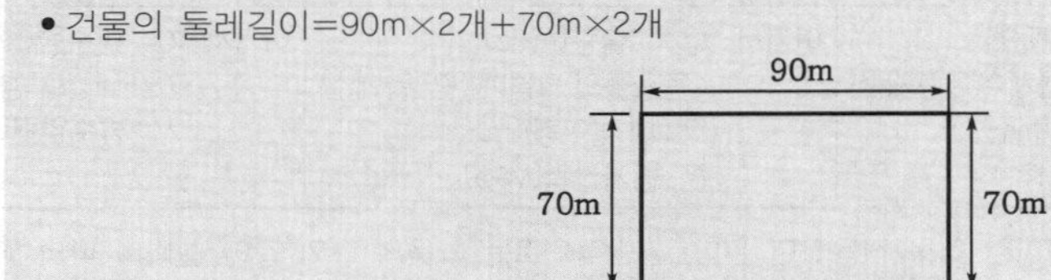

- 옥외소화전 설치개수 산정시 소수가 발생하면 반드시 **절상**한다.

비교

설치개수

옥내소화전 설치개수	예상제연구역 개수
$\dfrac{\sqrt{\text{가로길이}^2+\text{세로길이}^2}}{50\text{m}}$	$\dfrac{\sqrt{\text{가로길이}^2+\text{세로길이}^2}}{20\text{m}}$

(나)

$$Q=N\times350$$

여기서, Q : 가압송수장치의 토출량(유량)[L/min]
N : 옥외소화전 설치개수(**최대 2개**)

가압송수장치의 **토출량** Q는

$Q=N\times350=2\text{개}\times350=700\text{L/min}$

- N : 최대 2개까지만 적용하므로 **2개**

(다)

$$Q=7N$$

여기서, Q : 수원의 저수량[m^3]
N : 옥외소화전 설치개수(최대 **2개**)

수원의 **저수량** Q는
$Q = 7N = 7 \times 2\text{개} = 14\text{m}^3$

- N: 최대 2개까지만 적용하므로 **2개**

☆ **문제 04**

인명구조기구의 종류 4가지를 쓰시오. (19.11.문3, 13.11.문4)

득점	배점
	4

○
○
○
○

해답 ① 방화복
② 방열복
③ 공기호흡기
④ 인공소생기

해설 **피난구조설비**의 **종류**(소방시설법 시행령 [별표 1])
(1) **피난기구** : 미끄럼대 · 피난사다리 · 구조대 · 완강기 · 피난교 · 공기안전매트 · 다수인 피난장비
(2) **인명구조기구** : **방열**복 · 방**화**복 · **공**기호흡기 · **인**공소생기

기억법 **방열화공인**

(3) 피난유도선
(4) 유도등 및 유도표지
(5) 비상조명등 · 휴대용 비상조명등

중요

(1) **인명구조기구**의 **설치기준**(NFPC 302 4조, NFTC 302 2.1.1.1)
① 화재시 쉽게 반출 · 사용할 수 있는 장소에 비치할 것
② 인명구조기구가 설치된 가까운 장소의 보기 쉬운 곳에 **"인명구조기구"**라는 축광식 표지와 그 사용방법을 표시한 표지를 부착할 것
(2) **인명구조기구**의 **설치대상**

특정소방대상물	인명구조기구의 종류	설치수량
• 지하층을 포함하는 층수가 **7층** 이상인 **관광호텔** 및 **5층** 이상인 **병원**	• **방열**복 • 방**화**복(안전모, 보호장갑, 안전화 포함) • **공**기호흡기 • **인**공소생기 기억법 **방열화공인**	• 각 **2개** 이상 비치할 것(단, 병원은 인공소생기 설치제외)
• 문화 및 집회시설 중 수용인원 **100명 이상**의 **영화상영관** • **대규모 점포** • **지하역사** • **지하상가**	• 공기호흡기	• 층마다 **2개** 이상 비치할 것
• **이산화탄소 소화설비**를 설치하여야 하는 특정소방대상물	• 공기호흡기	• 이산화탄소 소화설비가 설치된 장소의 출입구 외부 인근에 **1대** 이상 비치할 것

☆☆☆

문제 05

옥내소화전설비가 설치된 어느 건물이 있다. 옥내소화전이 각 층에 7개씩 설치되어 있을 때 조건을 참고하여 다음 각 물음에 답하시오.

(17.4.문4, 16.6.문9, 16.4.문15, 15.11.문9, 15.7.문1, 15.4.문16, 14.4.문5, 12.7.문1, 12.4.문1, 10.4.문14, 09.10.문10, 09.4.문10, 08.11.문16, 07.11.문11, 06.7.문7, 05.5.문5, 04.7.문8)

득점	배점
	8

〔조건〕

① 실양정은 20m, 배관의 손실수두는 실양정의 20%로 본다.
② 소방호스의 마찰손실수두는 7m이다.
③ 펌프효율은 60%, 여유율은 10%이다.
④ 고가수조는 옥상에 위치하고 있다.

(가) 수원의 저수량[m^3]을 구하시오.
  ○ 계산과정 :
  ○ 답 :

(나) 옥상수원의 저수량[m^3]을 구하시오.
  ○ 계산과정 :
  ○ 답 :

(다) 펌프의 수동력은 몇 kW인지 구하시오.
  ○ 계산과정 :
  ○ 답 :

(라) 펌프의 축동력은 몇 kW인지 구하시오.
  ○ 계산과정 :
  ○ 답 :

(마) 펌프의 전동력은 몇 kW인지 구하시오.
  ○ 계산과정 :
  ○ 답 :

해답

(가) ○ 계산과정 : $2.6 \times 2 = 5.2\text{m}^3$
  ○ 답 : 5.2m^3

(나) ○ 계산과정 : $2.6 \times 2 \times \frac{1}{3} = 1.733 ≒ 1.73\text{m}^3$
  ○ 답 : 1.73m^3

(다) ○ 계산과정 : $H = 7 + (20 \times 0.2) + 20 + 17 = 48\text{m}$
$Q = 2 \times 130 = 260\text{L/min} = 0.26\text{m}^3/\text{min}$
$P_1 = 0.163 \times 0.26 \times 48 = 2.034 ≒ 2.03\text{kW}$
  ○ 답 : 2.03kW

(라) ○ 계산과정 : $P_2 = \frac{0.163 \times 0.26 \times 48}{0.6} = 3.39\text{kW}$
  ○ 답 : 3.39kW

(마) ○ 계산과정 : $P = \frac{0.163 \times 0.26 \times 48}{0.6} \times 1.1 = 3.729 ≒ 3.73\text{kW}$
  ○ 답 : 3.73kW

해설 (가) **수원**의 **저수량**

$Q \geq 2.6N$(30층 미만, N : 최대 2개)
$Q \geq 5.2N$(30~49층 이하, N : 최대 5개)
$Q \geq 7.8N$(50층 이상, N : 최대 5개)

여기서, Q : 수원의 저수량[m³]
N : 가장 많은 층의 소화전개수

수원의 저수량 Q는

$Q = 2.6N = 2.6 \times 2\text{개} = 5.2\text{m}^3$

- N : 가장 많은 층의 소화전개수(최대 2개)
- 문제에서 층수가 명확히 주어지지 않으면 **30층 미만**으로 보면 된다.

(나) **옥상수원**의 **저수량**

$Q' \geq 2.6N \times \frac{1}{3}$(30층 미만, N : 최대 2개)

$Q' \geq 5.2N \times \frac{1}{3}$(30~49층 이하, N : 최대 5개)

$Q' \geq 7.8N \times \frac{1}{3}$(50층 이상, N : 최대 5개)

여기서, Q' : 옥상수원의 저수량[m³]
N : 가장 많은 층의 소화전개수

옥상수원의 저수량 Q'는

$Q' = 2.6N \times \frac{1}{3} = 2.6 \times 2\text{개} \times \frac{1}{3} = 1.733 \fallingdotseq 1.73\text{m}^3$

- N : 가장 많은 층의 소화전개수(최대 2개)
- 문제에서 층수가 명확히 주어지지 않으면 **30층 미만**으로 보면 된다.

(다) ① **옥내소화전설비**의 **토출량**

$Q \geq N \times 130$

여기서, Q : 가압송수장치의 토출량[L/min]
N : 가장 많은 층의 소화전개수(30층 미만 : 최대 2개, 30층 이상 : 최대 5개)

옥내소화전설비의 토출량(유량) Q는

$Q = N \times 130\text{L/min} = 2\text{개} \times 130\text{L/min} = 260\text{L/min} = 0.26\text{m}^3\text{/min}$

- N : 가장 많은 층의 소화전개수(최대 2개)
- $1000\text{L} = 1\text{m}^3$ 이므로 $260\text{L/min} = 0.26\text{m}^3\text{/min}$
- 토출량 공식은 층수 관계없이 $Q \geq N \times 130$ 임을 혼동하지 마라!

② **전양정**

$H \geq h_1 + h_2 + h_3 + 17$

여기서, H : 전양정[m]
h_1 : 소방호스의 마찰손실수두[m]
h_2 : 배관 및 관부속품의 마찰손실수두[m]
h_3 : 실양정(흡입양정+토출양정)[m]

옥내소화전설비의 **전양정** H는

$H = h_1 + h_2 + h_3 + 17 = 7\text{m} + (20\text{m} \times 0.2) + 20\text{m} + 17 = 48\text{m}$

- h_1(7m) : [조건 ②]에서 주어진 값
- h_2(20m×0.2) : [조건 ①]에서 배관의 손실수두(h_2)는 **실양정**의 20%이므로 20×0.2
- h_3(20m) : [조건 ①]에서 주어진 값

③ **펌프**의 **수동력**

전달계수(K)와 효율(η)을 고려하지 않은 동력이다.

$$P = 0.163QH$$

여기서, P : 축동력[kW]
Q : 유량[m³/min]
H : 전양정[m]

펌프의 **수동력** P_1 는

$P_1 = 0.163QH = 0.163 \times 0.26\text{m}^3/\text{min} \times 48\text{m} = 2.034 ≒ 2.03\text{kW}$

- Q(0.26m³/min) : 바로 앞에서 구한 값
- H(48m) : 바로 앞에서 구한 값

(라) **펌프**의 **축동력**

$$P = \frac{0.163QH}{\eta}$$

여기서, P : 축동력[kW]
Q : 유량[m³/min]
H : 전양정[m]
η : 효율

펌프의 **축동력** P_2는

$$P_2 = \frac{0.163QH}{\eta} = \frac{0.163 \times 0.26\text{m}^3/\text{min} \times 48\text{m}}{0.6} = 3.39\text{kW}$$

- 전달계수(K)를 고려하지 않은 동력
- Q(0.26m³/min) : (다)에서 구한 값
- H(48m) : (다)에서 구한 값
- η(60%=0.6) : [조건 ③]에서 주어진 값

(마) **전동기**의 **용량**

$$P = \frac{0.163QH}{\eta}K$$

여기서, P : 전동력(전동기의 동력)[kW]
Q : 유량[m³/min]
H : 전양정[m]
K : 전달계수
η : 효율

전동기의 **용량** P는

$$P = \frac{0.163QH}{\eta}K = \frac{0.163 \times 0.26\text{m}^3/\text{min} \times 48\text{m}}{0.6} \times 1.1 = 3.729 ≒ 3.73\text{kW}$$

- Q(**0.26m³/min**) : (다)에서 구한 값
- H(**48m**) : (다)에서 구한 값
- K(**여유율 10%=(100+10)%=110%=1.1**) : [조건 ③]에서 주어진 값
- η(**0.6**) : [조건 ③]에서 60%=0.6

☆☆☆

문제 06

주차장의 일부이다. 이곳에 포소화설비를 설치할 경우 다음 물음에 답하시오. (단, 방호구역은 2개이며, 지시하지 않는 조건은 무시한다.)

(17.6.문12, 13.7.문12·14, 11.5.문2, 08.7.문13, 03.4.문16)

득점	배점
	10

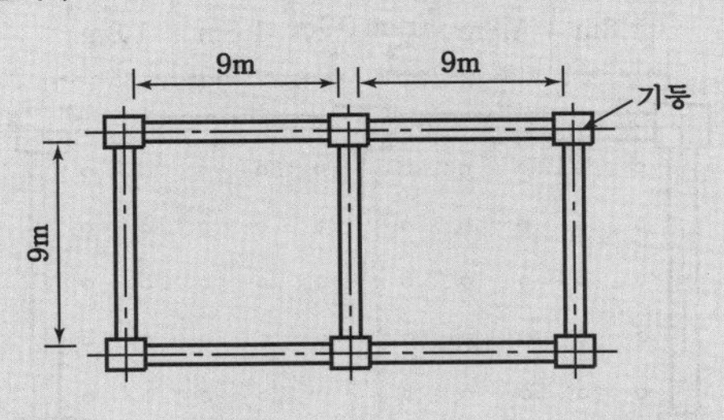

(가) 주차장에 설치할 수 있는 포소화설비의 종류를 2가지만 쓰시오.

○

○

(나) 상기 면적에 설치해야 할 포헤드의 수는 몇 개인지 구하시오. (단, 헤드 간 거리 산출시 소수점은 절삭(제외)하고 정방형 배치방식으로 산출하시오.)

○ 계산과정 :

○ 답 :

(다) 한 개의 방사구역에 대한 포소화약제 수용액의 분당 최저 방사량은 몇 〔L/min〕인지 구하시오.

① 단백포 소화약제의 경우

○ 계산과정 :

○ 답 :

② 합성계면활성제포 소화약제의 경우

○ 계산과정 :

○ 답 :

③ 수성막포 소화약제의 경우

○ 계산과정 :

○ 답 :

(라) (나)에서 구한 포헤드개수를 기준으로 포헤드를 도면에 정방형 배치방식으로 표시하시오. (단, 헤드 간 거리, 기둥 중심선으로부터의 포헤드 설치간격을 반드시 표시해야 한다.)

○

해답 (가) ① 포워터스프링클러설비

② 포헤드설비

(나) ○ 계산과정 : $S = 2 \times 2.1 \times \cos 45° = 2.969 \fallingdotseq 2\text{m}$

가로헤드개수 $= \dfrac{9}{2} = 4.5 \fallingdotseq 5$개

세로헤드개수 $= \dfrac{9}{2} = 4.5 \fallingdotseq 5$개

1구역 헤드개수 $= 5 \times 5 = 25$개

총 헤드개수 $= 25 \times 2 = 50$개

○ 답 : 50개

(다) ① ○ 계산과정 : $6.5 \times (9 \times 9) = 526.5\text{L/min}$

○ 답 : 526.5L/min

② ○ 계산과정 : $8.0 \times (9 \times 9) = 648\text{L/min}$
○ 답 : 648L/min

③ ○ 계산과정 : $3.7 \times (9 \times 9) = 299.7\text{L/min}$
○ 답 : 299.7L/min

(라)

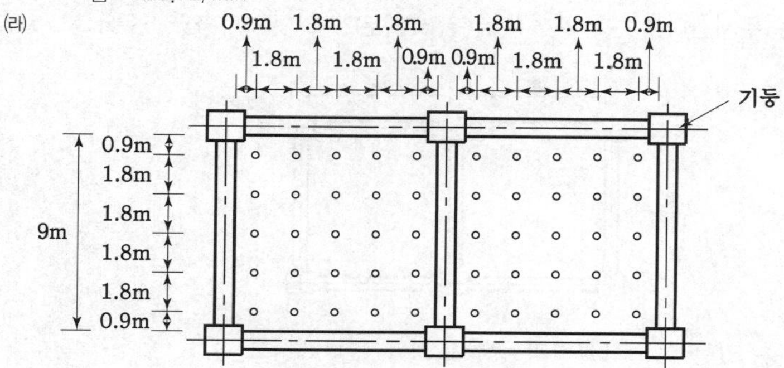

해설 (가) **특정소방대상물**에 따른 **포소화설비 · 헤드**의 **종류**(NFPC 105 5조, NFTC 105 2.1.1)

특정소방대상물	설비 종류	헤드 종류
• 차고 · 주차장 • 항공기격납고 • 공장 · 창고(특수가연물 저장 · 취급)	• 포워터스프링클러설비	• 포워터스프링클러헤드
	• 포헤드설비	• 포헤드
	• 고정포방출설비	• 고정포방출구
	• 압축공기포소화설비	• 압축공기포헤드
• 완전개방된 옥상 주차장(주된 벽이 없고 기둥뿐이거나 주위가 위해방지용 철주 등으로 둘러싸인 부분) • **지상 1층**으로서 지붕이 없는 차고 · 주차장 • 고가 밑의 주차장(주된 벽이 없고 기둥뿐이거나 주위가 위해방지용 철주 등으로 둘러싸인 부분)	• 호스릴포소화설비 • 포소화전설비	• 이동식 포노즐
• 발전기실 • 엔진펌프실 • 변압기 • 전기케이블실 • 유압설비	• 고정식 압축공기포소화설비(바닥면적 합계 **300m²** 미만)	• 압축공기포헤드

(나) **정방형**의 포헤드 상호 간의 거리 S는

$S = 2R\cos 45° = 2 \times 2.1\text{m} \times \cos 45° = 2.969 ≒ 2\text{m}$(절삭)

- R : 유효반경(NFPC 105 12조 ②항, NFTC 105 2.9.2.5에 의해 **2.1m** 적용)
- (나)의 [단서]에 의해 **정방형**으로 계산한다.
- (나)의 [단서]에 의해 소수점은 절삭하여야 하므로 3이 아니고 **2**가 되는 것이다. 주의하라!

① **가로**의 **헤드 소요개수**

$$\frac{\text{가로길이}}{\text{수평헤드간격}} = \frac{9\text{m}}{2\text{m}} = 4.5 ≒ 5\text{개(절상)}$$

② **세로**의 **헤드 소요개수**

$$\frac{\text{세로길이}}{\text{수평헤드간격}} = \frac{9\text{m}}{2\text{m}} = 4.5 ≒ 5\text{개(절상)}$$

1방화구역에 필요한 헤드의 소요개수=가로개수×세로개수=5개×5개=25개

∴ 총 헤드개수=25개×2구역=50개

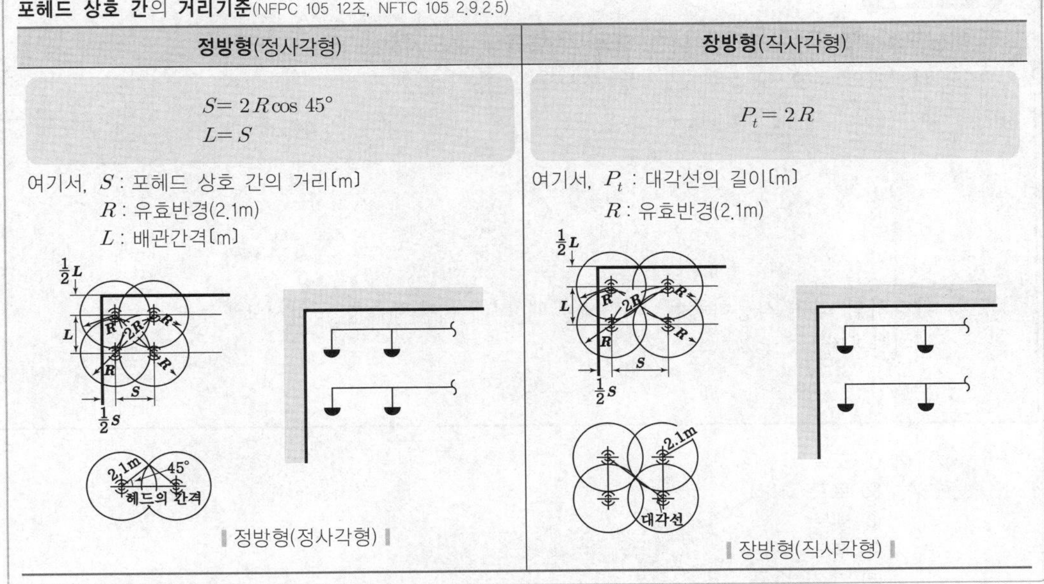

포헤드 상호 간의 **거리기준**(NFPC 105 12조, NFTC 105 2.9.2.5)

정방형(정사각형)	**장방형**(직사각형)
$S=2R\cos 45°$ $L=S$	$P_t=2R$
여기서, S : 포헤드 상호 간의 거리〔m〕 R : 유효반경(2.1m) L : 배관간격〔m〕	여기서, P_t : 대각선의 길이〔m〕 R : 유효반경(2.1m)

‖ 정방형(정사각형) ‖

‖ 장방형(직사각형) ‖

(다) **특정소방대상물별 약제방사량**

특정소방대상물	포소화약제의 종류	방사량
차고, 주차장, 항공기격납고	수성막포 →	3.7L/m² · 분
	단백포 →	6.5L/m² · 분
	합성계면활성제포 →	8.0L/m² · 분
특수가연물 저장 · 취급소	수성막포, 단백포, 합성계면활성제포	6.5L/m² · 분

- 분당방사량=방사량〔L/m² · 분〕×단면적〔m²〕

① 단백포 분당방사량=방사량〔L/m² · 분〕×단면적〔m²〕=6.5L/m² · 분×(9×9)m²=526.5L/분
② 합성계면활성제포 분당방사량=방사량〔L/m² · 분〕×단면적〔m²〕=8.0L/m² · 분×(9×9)m²=648L/분
③ 수성막포 분당방사량=방사량〔L/m² · 분〕×단면적〔m²〕=3.7L/m² · 분×(9×9)m²=299.7L/분

- **단면적** : 그림에서 **가로 9m×세로 9m**이다.
- **분당방사량** : 단위를 보면 계산식을 쉽게 만들 수 있다. 그러므로 분당방사량 식을 별도로 암기할 필요는 없는 것이다.
- 문제에서 한 개의 방사구역이라고 하였으므로 기존의 결과에서 추가로 2를 곱하지 않도록 주의하라! 단백포의 경우 **526.5L/분×2구역=1053L/분** 이렇게 답하면 정확하게 틀리는 것이다. 주의!

(라)
- 가로 및 세로 헤드개수가 각각 5개이고, 가로 및 세로 길이가 각각 9m이므로

$$\text{헤드간격}=\frac{\text{가로(세로)길이}}{\text{가로(세로)헤드개수}}=\frac{9\text{m}}{5}=1.8\text{m}$$

- $\text{헤드와 벽 사이의 길이}=\dfrac{\text{헤드간격}}{2}$

$$=\frac{1.8\text{m}}{2}=0.9\text{m}$$

☆
문제 07

피난구조설비 중 완강기에 대한 다음 각 물음에 답하시오. (11.11.문3)

득점	배점
	7

(가) 완강기의 주요 구성품 5가지를 쓰시오.
○
○
○
○
○

(나) 완강기의 최대 사용하중이 4400N일 때 최대 사용자수를 구하시오.
○ 계산과정 :
○ 답 :

해답 (가) ① 조속기
② 로프
③ 벨트
④ 후크
⑤ 연결금속구

(나) ○ 계산과정 : $\frac{4400}{1500} = 2.9 ≒ 2$명
○ 답 : 2명

해설 (가) **완강기**의 **구성부분**
① 조속기(속도조절기)
② 로프
③ 벨트
④ 후크(속도조절기의 연결부)
⑤ 연결금속구

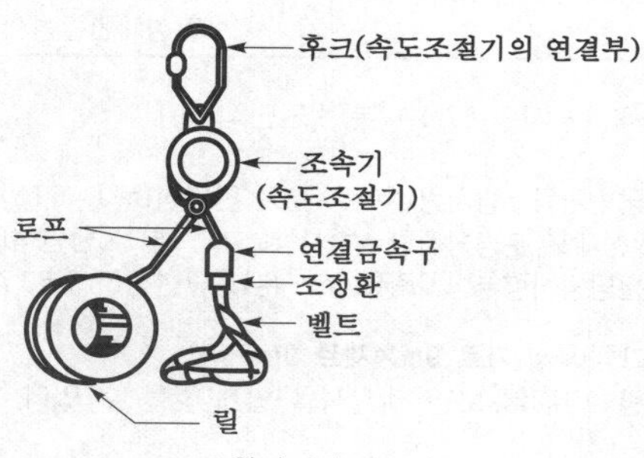

‖ 완강기의 구조 ‖

(나) 최대 사용자수

$$\text{최대 사용자수} = \frac{\text{최대 사용하중}}{1500\text{N}}(\text{절삭}) = \frac{4400\text{N}}{1500\text{N}} = 2.9 ≒ 2\text{명}$$

• 절삭 또는 절사는 **'소수점은 없앤다'**는 뜻이므로 2명 정답!

비교

지지대의 **강도**
지지대의 강도=최대 사용자수×5000N

★★★

문제 08

분말소화설비에서 정압작동장치의 기능을 간단히 적고 종류 3가지를 쓰시오. (12.4.문6)

득점	배점
	5

○ 기능 :

○ 종류 :

해답 ○ 기능 : 저장용기의 내부압력이 설정압력이 되었을 때 주밸브를 개방시키는 장치

○ 종류 : ① 봉판식

② 기계식

③ 압력스위치식

해설 **정압작동장치**

약제저장용기 내의 내부압력이 설정압력이 되었을 때 주밸브를 개방시키는 장치로서 정압작동장치의 설치위치는 다음 그림과 같다.

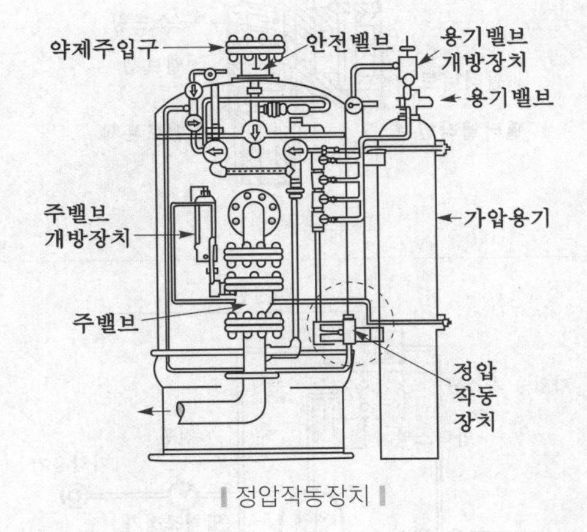

‖ 정압작동장치 ‖

중요

정압작동장치의 **종류**

종 류	모 양	설 명
봉판식	캡 패킹 가스압 봉판지지대 봉판 오리피스 ‖ 봉판식 ‖	저장용기에 가압용 가스가 충전되어 밸브의 **봉판**이 작동압력에 도달되면 밸브의 봉판이 개방되면서 주밸브 개방장치로 가스의 압력을 공급하여 주밸브를 개방시키는 방식

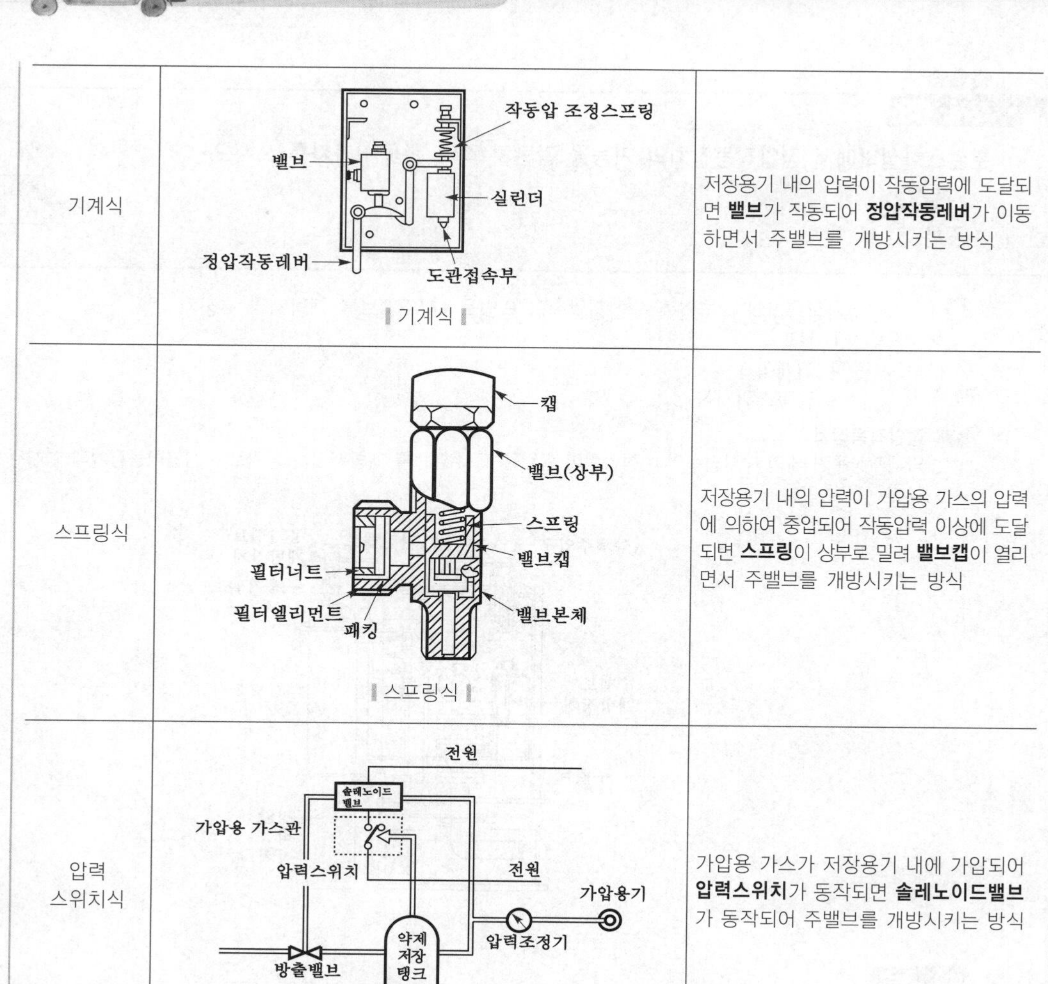

기계식	‖ 기계식 ‖	저장용기 내의 압력이 작동압력에 도달되면 **밸브**가 작동되어 **정압작동레버**가 이동하면서 주밸브를 개방시키는 방식
스프링식	‖ 스프링식 ‖	저장용기 내의 압력이 가압용 가스의 압력에 의하여 충압되어 작동압력 이상에 도달되면 **스프링**이 상부로 밀려 **밸브캡**이 열리면서 주밸브를 개방시키는 방식
압력 스위치식	‖ 압력 스위치식 ‖	가압용 가스가 저장용기 내에 가압되어 **압력스위치**가 동작되면 **솔레노이드밸브**가 동작되어 주밸브를 개방시키는 방식
시한 릴레이식	전원, 솔레노이드 밸브, 한시계전기, 릴레이, 가압용 가스관, 가압용기, 압력조정기, 약제 저장 탱크, 방출밸브 ‖ 시한 릴레이식 ‖	저장용기의 내압이 방출에 필요한 압력에 도달되는 시간을 미리 결정하여 **한시계전기**를 이 시간에 맞추어 놓고 기동과 동시에 한시계전기가 동작되면 일정시간 후 **릴레이**의 접점에 의해 솔레노이드밸브가 동작되어 주밸브를 개방시키는 방식

☆☆☆
문제 09

소화설비의 가압송수장치에 사용되는 물올림장치에 대해서 쓰시오. (18.11.문8, 11.7.문5)

○

득점	배점
	4

해답 펌프와 후드밸브 사이의 흡입관 내에 항상 물을 충만시키는 장치

해설 (1) **물올림장치**의 **개요**

① 물올림장치는 수원의 수위가 펌프보다 아래에 있을 때 설치
② 펌프운전시 **공동현상**을 방지하기 위하여 설치
③ 펌프와 후드밸브 사이의 흡입관 내에 항상 물을 충만시켜 펌프가 물을 흡입할 수 있도록 하는 설비

• 물올림수조=호수조=물마중장치=프라이밍탱크(Priming tank)

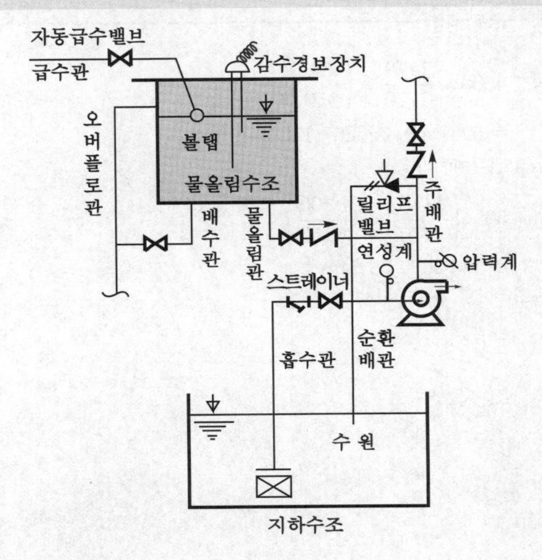

‖ 물올림장치 ‖

(2) **물올림장치**의 **구성요소**

① **급**수관
② 자동급수밸브
③ 오버플로관
④ 수위계
⑤ **배**수밸브
⑥ **배**수관
⑦ 볼탭
⑧ **물**올림수조
⑨ 감수경보장치
⑩ **순**환배관
⑪ 릴리프밸브
⑫ 물올림관
⑬ 게이트밸브
⑭ 체크밸브

기억법 **급배물순**

(3) **물올림장치**의 **감수경보**의 **원인**

① 급수밸브의 차단
② 자동급수장치의 고장
③ 물올림장치의 배수밸브의 개방
④ 후드밸브의 고장

☆

문제 10

임펠러의 회전속도가 1770rpm일 때 토출량은 4000L/min, 양정은 50m, 직경은 150mm인 원심펌프가 있다. 이를 1170rpm으로 회전수를 변화하고 직경을 200mm로 변경하였을 때, 그 토출량〔L/min〕과 양정〔m〕은 각각 얼마가 되는지 구하시오.

(19.4.문5)

득점	배점
	5

(가) 토출량〔L/min〕
 ○ 계산과정 :
 ○ 답 :

(나) 토출양정〔m〕
 ○ 계산과정 :
 ○ 답 :

해답

(가) ○ 계산과정 : $4000 \times \frac{1170}{1770} \times \left(\frac{200}{150}\right)^3$

$= 6267.419 ≒ 6267.42\text{L/min}$

○ 답 : 6267.42L/min

(나) ○ 계산과정 : $50 \times \left(\frac{1170}{1770}\right)^2 \times \left(\frac{200}{150}\right)^2$

$= 38.839 ≒ 38.84\text{m}$

○ 답 : 38.84m

해설

기호

- Q_1 : 4000L/min
- Q_2 : ?
- D_1 : 150mm
- D_2 : 200mm
- H_1 : 50m
- H_2 : ?
- N_1 : 1770rpm
- N_2 : 1170rpm

(가) **토출량** Q_2는

$$Q_2 = Q_1\left(\frac{N_2}{N_1}\right)\left(\frac{D_2}{D_1}\right)^3$$

$$= 4000\text{L/min} \times \frac{1170\text{rpm}}{1770\text{rpm}} \times \left(\frac{200\text{mm}}{150\text{mm}}\right)^3$$

$$= 6267.419 ≒ 6267.42\text{L/min}$$

(나) **토출양정** H_2는

$$H_2 = H_1\left(\frac{N_2}{N_1}\right)^2\left(\frac{D_2}{D_1}\right)^2$$

$$= 50\text{m} \times \left(\frac{1170\text{rpm}}{1770\text{rpm}}\right)^2 \times \left(\frac{200\text{mm}}{150\text{mm}}\right)^2$$

$$= 38.839 ≒ 38.84\text{m}$$

중요

유량, 양정, 축동력

유량(토출량)	양정(또는 토출압력)	축동력
회전수에 비례하고 **직경**(관경)의 세제곱에 비례한다.	회전수의 제곱 및 **직경**(관경)의 제곱에 비례한다.	회전수의 세제곱 및 **직경**(관경)의 오제곱에 비례한다.
$Q_2 = Q_1 \left(\frac{N_2}{N_1}\right)\left(\frac{D_2}{D_1}\right)^3$ 또는 $Q_2 = Q_1 \left(\frac{N_2}{N_1}\right)$	$H_2 = H_1 \left(\frac{N_2}{N_1}\right)^2\left(\frac{D_2}{D_1}\right)^2$ 또는 $H_2 = H_1 \left(\frac{N_2}{N_1}\right)^2$	$P_2 = P_1 \left(\frac{N_2}{N_1}\right)^3\left(\frac{D_2}{D_1}\right)^5$ 또는 $P_2 = P_1 \left(\frac{N_2}{N_1}\right)^3$
여기서, Q_2 : 변경 후 유량〔L/min〕 Q_1 : 변경 전 유량〔L/min〕 N_2 : 변경 후 회전수〔rpm〕 N_1 : 변경 전 회전수〔rpm〕 D_2 : 변경 후 직경(관경)〔mm〕 D_1 : 변경 전 직경(관경)〔mm〕	여기서, H_2 : 변경 후 양정〔m〕 또는 토출압력〔MPa〕 H_1 : 변경 전 양정〔m〕 또는 토출압력〔MPa〕 N_2 : 변경 후 회전수〔rpm〕 N_1 : 변경 전 회전수〔rpm〕 D_2 : 변경 후 직경(관경)〔mm〕 D_1 : 변경 전 직경(관경)〔mm〕	여기서, P_2 : 변경 후 축동력〔kW〕 P_1 : 변경 전 축동력〔kW〕 N_2 : 변경 후 회전수〔rpm〕 N_1 : 변경 전 회전수〔rpm〕 D_2 : 변경 후 직경(관경)〔mm〕 D_1 : 변경 전 직경(관경)〔mm〕

☆☆

문제 11

그림과 조건을 참조하여 펌프의 유효흡입양정(NPSH)을 계산하시오. (13.11.문15, 05.7.문6)

득점	배점
	8

〔조건〕

① 설계기준 온도는 25℃이다.
② 25℃에서의 수증기압 : 0.00238MPa
③ 펌프흡입배관에서의 마찰손실수두 : 2m
④ 대기압은 0.1013MPa이다.
⑤ 비중량은 9810N/m^{3}이다.

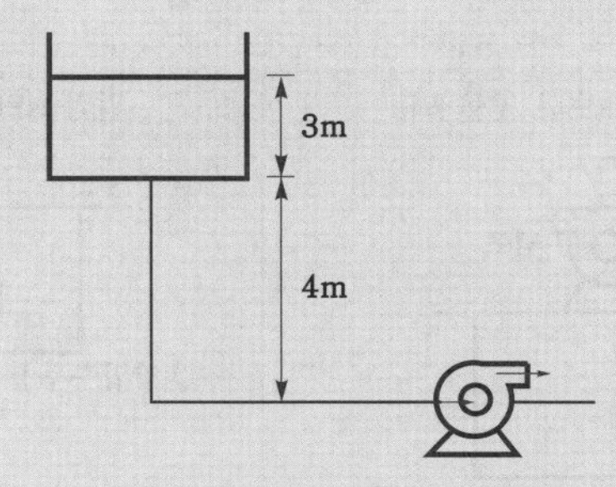

○ 계산과정 :
○ 답 :

해답 ○ 계산과정 : 10.326 − 0.242 + 7 − 2 = 15.084 ≒ 15.08m
○ 답 : 15.08m

해설

기호

- P_v : 0.00238MPa=2.38kPa(1MPa=10^6Pa, 1kPa=10^3Pa이므로 1MPa=1000kPa)
  =2.38kN/m²(1kPa=1kN/m²)
- H_L : 2m
- P_a : 0.1013MPa=101.3kPa
- γ : 9810N/m³=9.81kN/m³

압입 NPSH

대기압수두(H_a)

$$H_a = \frac{P_a}{\gamma} = \frac{101.3\text{kPa}}{9.81\text{kN/m}^3} = \frac{101.3\text{kN/m}^2}{9.81\text{kN/m}^3} = 10.326\text{m}$$

수증기압수두(H_v)

$$P_v = \gamma h$$

여기서, P_v : 압력〔N/m²〕
γ : 비중량(물의 비중량 9800N/m³)
$h(H_v)$: 높이(수두)〔m〕

수증기압수두 $H_v = \frac{P_v}{\gamma} = \frac{2.38\text{kN/m}^2}{9.81\text{kN/m}^3} =$ **0.242m**

- 수증기압수두는 〔조건 ⑤〕에 비중량이 주어졌으므로 반드시 $P=\gamma h$ 식에 의해 구해야 한다. 그렇지 않으면 틀린다.
- 위의 대기압수두(H_a)도 반드시 $P=\gamma h$ 식을 이용해야 정답!

압입수두(H_s) : 3m+4m=**7m** (펌프중심~수원까지의 수직거리)
마찰손실수두(H_L) : **2m**
수조가 펌프보다 높으므로 **압입 NPSH**는
NPSH = $H_a - H_v + H_s - H_L$ = 10.326m − 0.242m + 7m − 2m = 15.084 ≒ **15.08m**

- **NPSH**(Net Positive Suction Head) : 유효흡입양정

중요

흡입 NPSH$_{av}$(수조가 펌프보다 낮을 때)	**압입 NPSH$_{av}$(수조가 펌프보다 높을 때)**
흡입수두 / 펌프 / 수조	수조 / 압입수두 / 펌프
$\text{NPSH}_{av} = H_a - H_v - H_s - H_L$	$\text{NPSH}_{av} = H_a - H_v + H_s - H_L$
여기서, NPSH_{av} : 유효흡입양정〔m〕 H_a : 대기압수두〔m〕 H_v : 수증기압수두〔m〕 H_s : 흡입수두〔m〕 H_L : 마찰손실수두〔m〕	여기서, NPSH_{av} : 유효흡입양정〔m〕 H_a : 대기압수두〔m〕 H_v : 수증기압수두〔m〕 H_s : 압입수두〔m〕 H_L : 마찰손실수두〔m〕

☆

문제 12

할론 1301, CO_2, HCFC BLEND A에 관하여 다음 비교표를 완성하시오. (단, 할론 1301, 이산화탄소는 고압식이며, 이산화탄소는 심부화재용, 배관은 압력배관용 탄소강관이다.)

(15.11.문13)

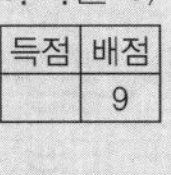

득점	배점
	9

구 분	할론 1301	CO_2	HCFC BLEND A
주된 소화효과			
배관(Sch)	80 이상		40 이상
방출시간		7분	
저장실온도〔℃〕			

해답

구 분	할론 1301	CO_2	HCFC BLEND A
주된 소화효과	부촉매	질식	부촉매
배관(Sch)	80 이상	80 이상	40 이상
방출시간	10초	7분	10초
저장실온도〔℃〕	40℃ 이하	40℃ 이하	55℃ 이하

해설

구 분	할론 1301, 할론 1211	CO_2	HCFC BLEND A, HFC-23, HFC-125, HFC-227ea, HFC-236fa, FC-3-1-10, HCFC-124, FIC-1311, FK-5-1-12 (할로겐화합물 소화약제)	IG-01, IG-55, IG-100, IG-541 (불활성기체 소화약제)
주된 소화효과	부촉매	질식	부촉매	질식
배관(Sch)	저압식 : **40** 이상, 고압식 : **80** 이상	저압식 : **40** 이상, 고압식 : **80**(호칭구경 20mm 이하 스케줄 40) 이상	Sch(스케줄)에 대한 규정이 없음 • 40 이상은 문제에 제시되어 있는 값으로 특별한 의미 없음	Sch(스케줄)에 대한 규정이 없음
방출시간	**10초** 이내	표면화재 : **1분** 이내, 심부화재 : **7분** 이내	**10초** 이내	A · C급 : **2분** 이내, B급 : **1분** 이내
저장실온도〔℃〕	**40℃** 이하	**40℃** 이하	**55℃** 이하	**55℃** 이하

• 방출시간 : 표의 예시에 CO_2가 **'7분'**이라고만 나와 있으므로 할론 1301, HCFC BLEND A도 **'이내'**라는 말 없이 **'10초'**라고만 쓰면 된다.

중요

약제방사시간

<table>
<tr><th colspan="2" rowspan="2">소화설비</th><th colspan="2">전역방출방식</th><th colspan="2">국소방출방식</th></tr>
<tr><th>일반건축물</th><th>위험물제조소</th><th>일반건축물</th><th>위험물제조소</th></tr>
<tr><td colspan="2">할론소화설비</td><td>10초 이내</td><td rowspan="2">30초 이내</td><td>10초 이내</td><td rowspan="4">30초 이내</td></tr>
<tr><td colspan="2">분말소화설비</td><td>30초 이내</td><td rowspan="3">30초 이내</td></tr>
<tr><td rowspan="2">CO_2 소화설비</td><td>표면화재</td><td>1분 이내</td><td rowspan="2">60초 이내</td></tr>
<tr><td>심부화재</td><td>7분 이내</td></tr>
<tr><td colspan="2">할로겐화합물 소화약제</td><td>10초 이내</td><td>10초 이내</td><td>10초 이내</td><td>30초 이내</td></tr>
<tr><td colspan="2">불활성기체(가스) 소화약제</td><td>A · C급 : 2분 이내,
B급 : 1분 이내</td><td>60초 이내</td><td>A · C급 : 2분 이내,
B급 : 1분 이내</td><td>30초 이내</td></tr>
</table>

- **표면화재** : 가연성 액체 · 가연성 가스
- **심부화재** : 종이 · 목재 · 석탄 · 섬유류 · 합성수지류

문제 13

옥외소화전의 개수가 2개인 어느 건물이 있다. 직관의 길이가 500m이고, 내경이 150mm인 직관 말단에 설치된 노즐을 통하여 대기 중으로 물이 방출되고 있다. 레이놀즈수가 2100일 때 직관 유속〔m/s〕과 손실수두〔m〕를 구하시오. (17.6.문8, 15.11.문6, 15.4.문10, 10.10.문2)

득점	배점
	5

(가) 유속〔m/s〕
 ○ 계산과정 :
 ○ 답 :

(나) 마찰손실수두〔m〕
 ○ 계산과정 :
 ○ 답 :

해답 (가) ○ 계산과정 : $Q = 2\times 350 = 700\text{L/min} = 0.7\text{m}^3/\text{min}$

$$V = \frac{0.7/60}{\frac{\pi\times 0.15^2}{4}} ≒ 0.66\text{m/s}$$

○ 답 : 0.66m/s

(나) ○ 계산과정 : $f = \frac{64}{2100} = 0.03$

$$H = \frac{0.03\times 500\times 0.66^2}{2\times 9.8\times 0.15} = 2.222 ≒ 2.22\text{m}$$

○ 답 : 2.22m

해설

기호

- N : 2개
- L : 500m
- D : 150mm=0.15m(1000mm=1m)
- Re : 2100
- (가) V : ?
- (나) H : ?

(가) ① **토출량**(유량)

$$Q = N\times 350\text{L/min}$$

여기서, Q : 토출량(유량)〔L/min〕
N : 소화전개수(**최대 2개**)

토출량 Q는

$Q = N\times 350\text{L/min} = 2\text{개}\times 350\text{L/min} = 700\text{L/min} = 0.7\text{m}^3/\text{min}(1000\text{L} = 1\text{m}^3)$

② **유량**

$$Q = AV = \left(\frac{\pi}{4}D^2\right)V$$

여기서, Q : 유량〔m^3/min〕
A : 단면적〔m^2〕
V : 유속〔m/s〕
D : 직경〔m〕

$Q = \left(\frac{\pi}{4}D^2\right)V$

$$V = \frac{Q}{\frac{\pi D^2}{4}} = \frac{0.7\text{m}^3/60\text{s}}{\frac{\pi \times (0.15\text{m})^2}{4}} \fallingdotseq 0.66\text{m/s}$$

- Q : **0.7m³/min=0.7m³/60s**(1min=60s)

(나) ① **관마찰계수**

$$f = \frac{64}{Re}$$

여기서, f : 관마찰계수
Re : 레이놀즈수

관마찰계수 f는

$$f = \frac{64}{Re} = \frac{64}{2100} = 0.03$$

② **달시-웨버(Darcy Weisbach)식**

$$H = \frac{flV^2}{2gD}$$

여기서, H : 마찰손실수두〔m〕
f : 관마찰계수(마찰손실계수)
l : 길이〔m〕
V : 유속〔m/s〕
g : 중력가속도(9.8m/s²)
D : 내경〔m〕

마찰손실수두 $H = \frac{flV^2}{2gD} = \frac{0.03 \times 500\text{m} \times (0.66\text{m/s})^2}{2 \times 9.8\text{m/s}^2 \times 0.15\text{m}} = 2.222 \fallingdotseq 2.22\text{m}$

- V(**0.66m/s**) : (가)에서 구한 값

☆☆☆

어떤 사무소 건물의 지하층에 있는 발전기실에 전역방출방식의 이산화탄소 소화설비를 설치하려고 한다. 화재안전기준과 주어진 조건에 의하여 다음 각 물음에 답하시오.

(17.6.문7, 17.4.문6 · 12, 14.11.문13, 13.11.문6, 11.7.문7, 09.4.문9, 08.11.문15, 08.7.문2, 06.11.문15)

득점	배점
	10

〔조건〕

① 소화설비는 고압식으로 한다.
② 발전기실의 크기 : 가로 5m×세로 8m×높이 4m
③ 발전기실의 개구부크기 : 1.8m×3m×2개소(자동폐쇄장치 있음)
④ 저장용기 내용적은 73L이며, 충전비는 1.6이다.
⑤ 발전기실은 심부화재이다.
⑥ 개구부가산량은 10kg/m²로 한다.

(가) 발전기실에 필요한 소화약제의 저장량〔kg〕을 구하시오.
　○계산과정 :
　○답 :

(나) 필요한 가스용기의 본수는 몇 본인가?
　○계산과정 :
　○답 :

(다) 저장용기의 내압시험압력은 몇 MPa인가?
○
(라) 안전장치의 작동압력〔MPa〕은?
○ 계산과정 :
○ 답 :
(마) 분사헤드의 방출압력은 21℃에서 몇 MPa 이상이어야 하는가?
○

해답 (가) ○ 계산과정 : $(5\times8\times4)\times1.3=208\text{kg}$
○ 답 : 208kg

(나) ○ 계산과정 : $G=\dfrac{73}{1.6}=45.625\text{kg}$

가스용기본수$=\dfrac{208}{45.625}=4.5 \fallingdotseq 5$본

○ 답 : 5본

(다) 25MPa

(라) ○ 계산과정 : 25×0.8=20MPa
○ 답 : 20MPa

(마) 2.1MPa

기호

- 방호구역체적 : $(5\times8\times4)\text{m}^3$
- V : 73L
- C : 1.6

(가) 가스용기본수의 산정
방호구역체적=5m×8m×4m=**160m³**로서 발전기실(전기설비)이므로 소화약제의 양은 **1.3kg/m³**이다.

‖ **전역방출방식**(심부화재) ‖

방호대상물	약제량	개구부가산량 (자동폐쇄장치 미설치시)	설계농도
전기설비(55m³ 이상), 케이블실 →	1.3kg/m³	10kg/m²	50%
전기설비(55m³ 미만)	1.6kg/m³		
서고, 박물관, 전자제품창고, 목재가공품창고	2.0kg/m³		65%
석탄창고, 면화류창고, 고무류, 모피창고, 집진설비	2.7kg/m³		75%

CO_2 저장량〔kg〕=방호구역체적〔m³〕×약제량〔kg/m³〕+ 개구부면적〔m²〕×개구부가산량(10kg/m²)

$=(5\times8\times4)\text{m}^3\times1.3\text{kg/m}^3=208\text{kg}$

(나) ① 충전비

$$C=\frac{V}{G}$$

여기서, C : 충전비〔L/kg〕
V : 내용적〔L〕
G : 저장량(충전량)〔kg〕

저장량 $G=\dfrac{V}{C}=\dfrac{73\text{L}}{1.6}=45.625\text{kg}$

② 가스용기본수 $= \frac{\text{약제저장량}}{\text{충전량}} = \frac{208\text{kg}}{45.625\text{kg}} = 4.5 ≒ 5$본

- [조건 ③]에서 발전기실은 자동폐쇄장치가 있으므로 개구부면적 및 개구부가산량은 적용하지 않아도 된다.
- 가스용기본수 산정시 계산결과에서 **소수**가 발생하면 반드시 **절상**한다.

(다), (라) **내압시험압력** 및 **안전장치**의 **작동압력**(NFPC 106 4·6·8조, NFTC 106 2.1.2, 2.3.2.3, 2.5.1)

① 기동용기의 내압시험압력 : **25MPa** 이상

② 저장용기의 내압시험압력 ─┬─ 고압식 : **25MPa** 이상
　　　　　　　　　　　　　└─ 저압식 : **3.5MPa** 이상

③ 기동용기의 안전장치 작동압력 : **내압시험압력의 0.8~내압시험압력 이하**

④ 저장용기와 선택밸브 또는 개폐밸브의 안전장치 작동압력 : 내압시험압력의 **0.8배**

⑤ 개폐밸브 또는 선택밸브의 배관부속 시험압력 ─┬─ 고압식 ─┬─ 1차측 : **4MPa**
　　　　　　　　　　　　　　　　　　　　　　│　　　　　└─ 2차측 : **2MPa**
　　　　　　　　　　　　　　　　　　　　　　└─ 저압식 ── 1·2차측 : **2MPa**

- (라)에서 단지 안전장치의 작동압력이라 함은 '**저장용기와 선택밸브 또는 개폐밸브의 안전장치 작동압력 범위**'를 뜻함을 기억하라!

안전장치 작동압력 = 내압시험압력 × 0.8배
　　　　　　　　= 25MPa × 0.8배
　　　　　　　　= 20MPa

(마) CO_2 소화설비의 분사헤드의 방사압력(21℃)

① 고압식 : **2.1MPa** 이상

② 저압식 : **1.05MPa** 이상

- [조건 ①]에서 소화설비는 **고압식**이므로 방사압력은 **2.1MPa** 이상이 된다.

☆

문제 15

스프링클러설비의 작동 및 특성에 관한 다음 ( ) 안을 완성하시오. (16.4.문6, 09.4.문8)

득점	배점
	4

○ 준비작동식 스프링클러설비에서 스프링클러에 화재를 감지하는 것은 (①)이며, 이 전기적인 회로의 결선방식은 (②)으로 하여야 한다.

○ 동파 우려가 있는 곳에 자동식 공기압축기를 사용하는 스프링클러설비의 유수검지장치 1차측에는 가압수가, 2차측에는 (③)가 들어있다. 이 설비를 (④) 스프링클러설비라고 한다.

해답 ① 감지기
② 교차회로방식
③ 압축공기
④ 건식

해설 **스프링클러설비**

(1) **준비작동식** 스프링클러설비에서 스프링클러에 화재를 감지하는 것은 **감지기**이며, 이 전기적인 회로의 결선방식은 **교차회로방식**으로 하여야 한다.

(2) **동파 우려**가 있는 곳에 자동식 **공기압축기**를 사용하는 스프링클러설비의 유수검지장치 1차측에는 **가압수**가, 2차측에는 **압축공기**가 들어있다. 이 설비를 **건식** 스프링클러설비라고 한다.

중요

(1) **스프링클러설비**의 **구분**

구 분		습 식	건 식	준비작동식	부압식	일제살수식
스프링클러헤드 종류	폐쇄형(↓)	○	○	○	○	
	개방형(↓)					○
감지기(감지장치) 설치유무	설치			○	○	○
	미설치	○	○			
2차측 배관상태	대기압			○		○
	압축공기		○			
	진공				○	
	가압수	○				
1차측 배관상태	대기압					
	압축공기					
	가압수	○	○	○	○	○

(2) **토너먼트방식** vs **교차회로방식**

구 분	토너먼트방식	교차회로방식
정의	가스계 소화설비에 적용하는 방식으로 용기로부터 노즐까지의 마찰손실을 일정하게 유지하기 위한 방식	하나의 담당구역 내에 2 이상의 감지기회로를 설치하고 2 이상의 감지기회로가 동시에 감지되는 때에 설비가 작동하는 방식
적용설비	① 분말소화설비 ② 이산화탄소 소화설비 ③ 할론소화설비 ④ 할로겐화합물 및 불활성기체 소화설비	① **분**말소화설비 ② **할**론소화설비 ③ **이**산화탄소 소화설비 ④ **준**비작동식 스프링클러설비 ⑤ **일**제살수식 스프링클러설비 ⑥ 물분무소화설비 ⑦ **할**로겐화합물 및 불활성기체 소화설비 ⑧ **부**압식 스프링클러설비 기억법 **분할이 준일할부**

☆☆☆

문제 16

어느 건물에 제연설비를 설치하였는데 예상제연구역에 배출량은 $300m^3/min$이다. 조건을 참고하여 다음 물음에 답하시오.

득점	배점
	4

〔조건〕

① 배출풍도 강판의 최소 두께 기준은 다음과 같다.

풍도단면의 긴 변 또는 지름의 크기	450mm 이하	450mm 초과 750mm 이하	750mm 초과 1500mm 이하	1500mm 초과 2250mm 이하	2250mm 초과
강판두께	0.5mm	0.6mm	0.7mm	1.0mm	1.2mm

② 덕트는 정사각형이다.

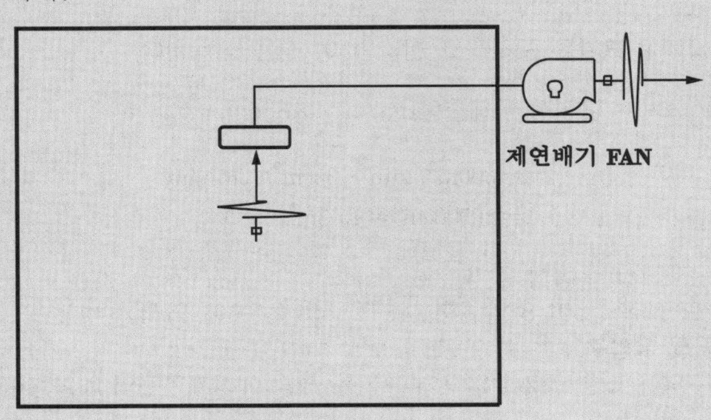

(가) 배출기의 배출측 덕트의 단면적[m^2]을 구하시오.
- ○ 계산과정 :
- ○ 답 :

(나) 배출풍도 강판의 최소 두께[mm]를 구하시오. (단, 배출풍도의 크기는 (가)에서 구한 값을 기준으로 한다.)
- ○ 계산과정 :
- ○ 답 :

해답

(가) ○ 계산과정 : $\frac{300/60}{20} = 0.25\text{m}^2$

○ 답 : 0.25m^2

(나) ○ 계산과정 : $\sqrt{0.25} = 0.5\text{m} = 500\text{mm}$

○ 답 : 0.6mm

해설 **기호**

- Q : $300\text{m}^3/\text{min} = 300\text{m}^3/60\text{s}$ (1min=60s)
- (가) A : ?
- (나) L : ?

(가) 덕트의 면적을 구하라고 했으므로

$$Q = AV$$

여기서, Q : 풍량(배출량)[m^3/s]
A : 단면적[m^2]
V : 풍속[m/s]

$$A = \frac{Q}{V} = \frac{300\text{m}^3/60\text{s}}{20\text{m/s}} = 0.25\text{m}^2$$

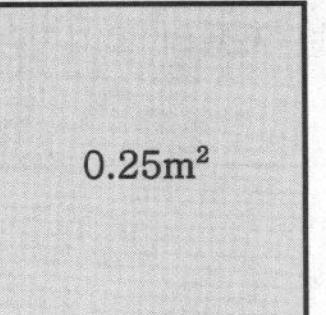

‖ 덕트면적 ‖

• **제연설비**의 **풍속**(NFPC 501 9 · 10조, NFTC 501 2.6.2.2, 2.7.1)

조 건	풍 속
배출기의 흡입측 풍속	15m/s 이하
배출기의 배출측 풍속, 유입풍도 안의 풍속 →	20m/s 이하

비교

공기유입구 또는 급기구 **크기**를 구하라고 한다면 이 식을 적용한다.

공기유입구 또는 급기구 단면적 = 배출량[m^3/min]×35cm^2 · min/m^3

$$= 300\text{m}^3/\text{min} \times 35\text{cm}^2 \cdot \text{min}/\text{m}^3$$
$$= 10500\text{cm}^2 = 1.05\text{m}^2$$

- 300m^3/min : 문제에서 주어진 값
- 35cm^2 · min/m^3 : NFPC 501 8조 ⑥항, NFTC 501 2.5.6에 명시
  - **공기유입방식 및 유입구**(NFPC 501 8조 ⑥항, NFTC 501 2.5.6)
    ⑥ 예상제연구역에 대한 공기유입구의 크기는 해당 예상제연구역 배출량 1m^3/min에 대하여 **35cm^2 이상**으로 해야 한다.
- 100cm=1m이므로
  $(100cm)^2=(1m)^2$
  $10000cm^2=1m^2$
  $10^4cm^2=1m^2$
  $1cm^2=10^{-4}m^2$이므로
  $10500cm^2=10500\times10^{-4}m^2=1.05m^2$

(나)

덕트단면적[mm^2]=덕트폭[mm]×덕트높이[mm]

[조건 ②]에서 정사각형이므로

$$A = L^2$$

여기서, A : 덕트의 단면적[m^2]
L : 덕트 한변의 길이[m]

$A = L^2$
$\sqrt{A} = \sqrt{L^2}$
$\sqrt{A} = L$
$L = \sqrt{A} = \sqrt{0.25\text{m}^2} = 0.5\text{m} = 500\text{mm}\,(1\text{m} = 1000\text{mm})$

(가)에서 덕트 한변의 길이는 500mm이므로 **450mm 초과 750mm 이하**이므로 [조건 ①]의 표에서 **0.6mm**

풍도단면의 긴 변 또는 지름의 크기	450mm 이하	450mm 초과 750mm 이하	750mm 초과 1500mm 이하	1500mm 초과 2250mm 이하	2250mm 초과
강판두께	0.5mm	0.6mm	0.7mm	1.0mm	1.2mm

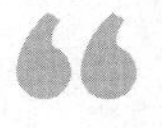
자신감은 당신을 합격으로 이끄는 원동력이 됩니다. 할 수 있습니다.

▌2020년 산업기사 제3회 필답형 실기시험▐

자격종목	시험시간	형별	수험번호	성명	감독위원 확 인
소방설비산업기사(기계분야)	2시간 30분				

※ 다음 물음에 답을 해당 답란에 답하시오.(배점 : 100)

문제 01

그림과 같은 방호대상물에 국소방출방식으로 이산화탄소 소화설비를 설치하고자 한다. 다음 각 물음에 답하시오. (단, 고정벽은 없으며, 저압식으로 설치한다.)

(18.4.문10, 16.4.문11)

득점	배점
	6

유사문제부터 풀어보세요. 실력이 팍!팍! 올라갑니다.

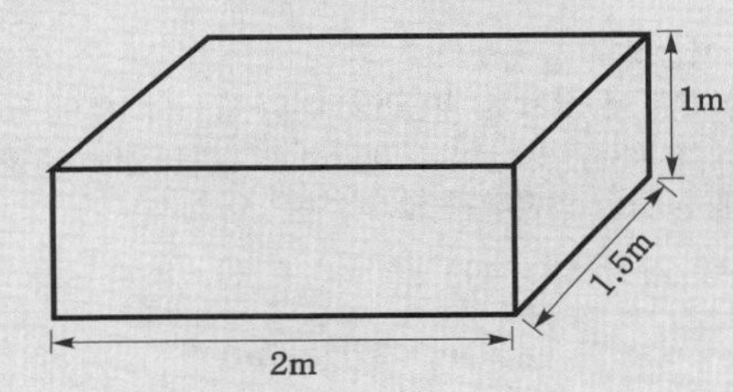

(가) 방호공간의 체적[m^3]을 구하시오.
- ○ 계산과정 :
- ○ 답 :

(나) 소화약제의 저장량[kg]을 구하시오.
- ○ 계산과정 :
- ○ 답 :

(다) 하나의 분사헤드에 대한 방사량[kg/s]을 구하시오. (단, 분사헤드는 4개이다.)
- ○ 계산과정 :
- ○ 답 :

 해답

(가) ○ 계산과정 : $3.2 \times 2.7 \times 1.6 = 13.824 \fallingdotseq 13.82\text{m}^3$

○ 답 : 13.82m^3

(나) ○ 계산과정 : $A = (3.2 \times 1.6 \times 2) + (1.6 \times 2.7 \times 2) = 18.88\text{m}^2$

$$\text{소화약제의 저장량} = 13.82 \times \left(8 - 6 \times \frac{0}{18.88}\right) \times 1.1 = 121.616 \fallingdotseq 121.62\text{kg}$$

○ 답 : 121.62kg

(다) ○ 계산과정 : $\frac{121.62}{30 \times 4} = 1.013 \fallingdotseq 1.01\text{kg/s}$

○ 답 : 1.01kg/s

 해설 (가)

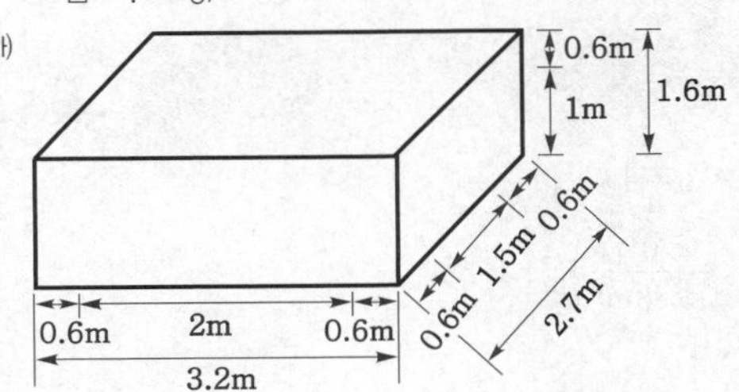

방호공간체적 $= 3.2\text{m} \times 2.7\text{m} \times 1.6\text{m} = 13.824 ≒ 13.82\text{m}^3$

- 방호공간체적 산정시 가로와 세로 부분은 각각 좌우 0.6m씩 늘어나지만 높이는 위쪽만 0.6m 늘어남을 기억하라.
- **방호공간**: 방호대상물의 각 부분으로부터 **0.6m**의 거리에 의하여 둘러싸인 공간

(나) **국소방출방식**의 CO_2 **저장량**

특정소방대상물	고압식	저압식
• 연소면 한정 및 비산우려가 없는 경우 • 윗면 개방용기	방호대상물 표면적×13kg/m²×1.4	방호대상물 표면적×13kg/m²×1.1
• 기타	방호공간체적$\times\left(8-6\dfrac{a}{A}\right)\times 1.4$	방호공간체적$\times\left(8-6\dfrac{a}{A}\right)\times 1.1$

여기서, a : 방호대상물 주위에 설치된 벽면적의 합계[m²]
A : 방호공간 벽면적의 합계[m²]

- **국소방출방식**으로 **저압식**을 설치하므로 위 표에서 빗금친 부분의 식을 적용한다.
- $a=0$: '**방호대상물 주위에 설치된 벽(고정벽)**'이 없거나 '**벽**'에 대한 조건이 없는 경우 $a=0$이다. 주의!
- 방호대상물 주위에 설치된 벽이 있다면 다음과 같이 계산하여야 한다.

방호대상물 주위에 설치된 **벽면적**의 **합계** a는

$$a = (\text{앞면}+\text{뒷면})+(\text{좌면}+\text{우면})$$
$$= (2\text{m}\times 1\text{m}\times 2\text{면})+(1.5\text{m}\times 1\text{m}\times 2\text{면}) = \mathbf{7m^2}$$

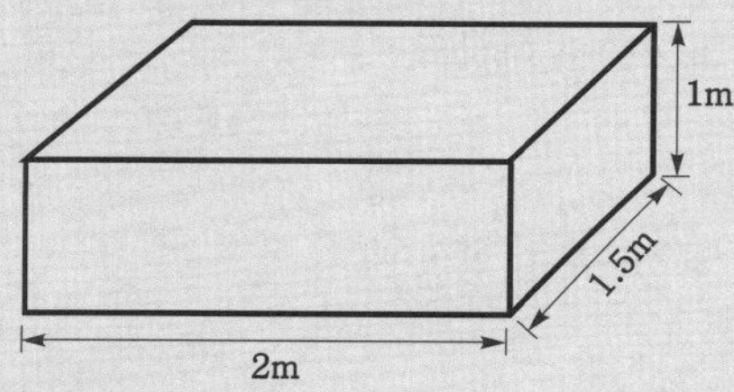

- **윗면 · 아랫면**은 적용하지 않는 것에 주의할 것

방호공간 벽면적의 합계 A는

$$A = (\text{앞면}+\text{뒷면})+(\text{좌면}+\text{우면})$$

$A = (3.2\text{m}\times 1.6\text{m}\times 2\text{면})+(1.6\text{m}\times 2.7\text{m}\times 2\text{면})$
$= \mathbf{18.88m^2}$

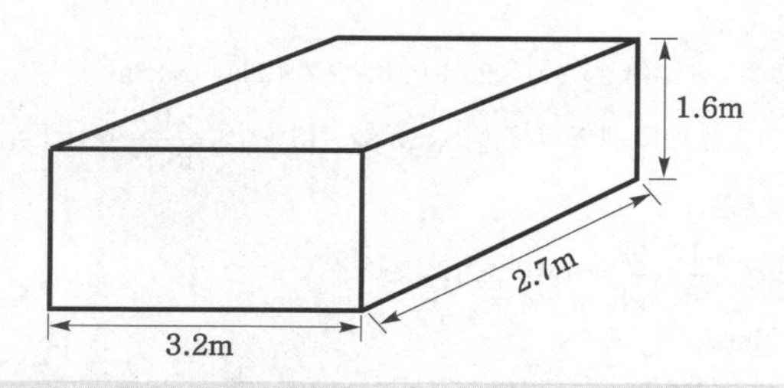

- **윗면 · 아랫면**은 적용하지 않는 것에 주의할 것

소화약제의 **저장량** $=$ 방호공간체적$\times\left(8-6\dfrac{a}{A}\right)\times 1.1$

$$= 13.82\text{m}^3 \times \left(8-6\times\frac{0}{18.88\text{m}^2}\right)\times 1.1$$
$$= 121.616 ≒ \mathbf{121.62kg}$$

(다) 〔단서〕에서 분사헤드는 **4개**이며, CO_2 소화설비(국소방출방식)의 약제방사시간은 30초 이내이므로

하나의 분사헤드에 대한 **방사량**〔kg/s〕$= \dfrac{121.62\,\text{kg}}{30\,\text{s} \times 4\text{개}} = 1.013 \fallingdotseq 1.01\,\text{kg/s}$

• 단위를 보고 계산하면 쉽게 알 수 있다.

중요

약제방사시간

<table>
<tr><th rowspan="2" colspan="2">소화설비</th><th colspan="2">전역방출방식</th><th colspan="2">국소방출방식</th></tr>
<tr><th>일반건축물</th><th>위험물제조소</th><th>일반건축물</th><th>위험물제조소</th></tr>
<tr><td colspan="2">할론소화설비</td><td>10초 이내</td><td rowspan="2">30초 이내</td><td>10초 이내</td><td rowspan="4">30초 이내</td></tr>
<tr><td colspan="2">분말소화설비</td><td>30초 이내</td><td rowspan="3">30초 이내</td></tr>
<tr><td rowspan="2">CO_2 소화설비</td><td>표면화재</td><td>1분 이내</td><td rowspan="2">60초 이내</td></tr>
<tr><td>심부화재</td><td>7분 이내</td></tr>
</table>

• **표면화재** : 가연성 액체 · 가연성 가스
• **심부화재** : 종이 · 목재 · 석탄 · 섬유류 · 합성수지류

☆☆☆

문제 02

배관이 팽창 또는 수축을 하므로 배관 · 기구의 파손이나 굽힘을 방지하기 위해 배관 도중에 신축이음을 사용한다. 신축이음의 종류 5가지를 쓰시오. (17.4.문5, 12.4.문10, 03.4.문10)

○
○
○
○
○

득점	배점
	5

해답 ① 벨로즈형 이음
② 슬리브형 이음
③ 루프형 이음
④ 스위블형 이음
⑤ 볼조인트

해설 **신축이음**(Expansion joint)

배관이 열응력 등에 의해 신축하는 것이 원인이 되어 파괴되는 것을 방지하기 위하여 사용하는 이음이다. 종류로는 **벨로즈형 이음**, **슬리브형 이음**, **루프형 이음**, **스위블형 이음**, **볼조인트**의 5종류가 있다.

▌신축이음▐

종 류	설 명	특 징
벨로즈형 (Bellows type)	벨로즈는 관의 신축에 따라 슬리브와 함께 신축하며, 슬라이드 사이에서 유체가 새는 것을 방지한다. 벨로즈가 관 내 유체의 누설을 방지한다.	① **자체 응력** 및 **누설**이 없다. ② 설치공간이 작아도 된다. ③ **고압배관**에는 **부적합**하다. 벨로즈 ▌벨로즈형 이음▐

슬리브형 (Sleeve type)	이음 본체와 슬리브 파이프로 되어 있으며, 관의 팽창이나 수축은 본체 속을 슬라이드하는 슬리브 파이프에 의해 흡수된다. 슬리브와 본체 사이에 **패킹**(packing)을 넣어 온수 또는 증기가 새는 것을 막는다.	① **신축성**이 크다. ② **설치공간**이 루프형에 비해 적다. ③ 장기간 사용시 패킹의 마모로 누수의 원인이 된다. 패킹 ▌슬리브형 이음 ▌
루프형 (Loop type)	관을 곡관으로 만들어 배관의 신축을 흡수한다.	① 고장이 적다. ② **내구성**이 좋고 **구조**가 **간단**하다. ③ **고온 · 고압**에 적합하다. ④ 신축에 따른 자체 응력이 발생한다. ▌루프형 이음 ▌
스위블형 (Swivel type)	2개 이상의 엘보를 연결하여 한쪽이 팽창하면 비틀림이 일어나 팽창을 흡수한다. 주로 **증기** 및 **온수배관**에 사용된다.	① **설치비**가 저렴하고 **쉽게 조립**이 가능하다. ② 굴곡부분에서 압력강하를 일으킨다. ③ 신축성이 큰 배관에는 누설의 우려가 있다. ▌스위블형 이음 ▌
볼조인트 (Ball joint)	축방향 휨과 굽힘부분에 작용하는 회전력을 동시에 처리할 수 있으므로 **고온**의 **온수배관** 등에 널리 사용된다.	▌볼조인트 ▌

기억법 **루스슬벨볼**

☆☆☆
문제 03

옥내소화전에 관한 설계시 다음 조건을 읽고 각 물음에 답하시오. (단, 소수점 이하는 반올림하여 정수로만 나타낼 것)

(17.6.문11, 14.11.문8, 10.4.문14, 04.10.문7)

득점	배점
	10

〔조건〕

① 건물규모 : 3층×각 층의 바닥면적 $1200m^2$
② 옥내소화전 수량 : 총 12개(각 층당 4개 설치)
③ 소화펌프에서 최상층 소화전 호스접결구까지의 수직거리 : 15m
④ 소방호스 : ϕ40mm×15m(고무내장)
⑤ 호스의 마찰손실수두값(호스 100m당)

구 분 / 유량〔L/min〕	호스의 호칭구경〔mm〕					
	40mm		50mm		65mm	
	마호스	고무내장호스	마호스	고무내장호스	마호스	고무내장호스
130	26m	12m	7m	3m	–	–
350	–	–	–	–	10m	4m

⑥ 배관 및 관부속의 마찰손실수두 합계 : 30m

⑦ 배관내경

호칭구경	15A	20A	25A	32A	40A	50A	65A	80A	100A
내경〔mm〕	16.4	21.9	27.5	36.2	42.1	53.2	69	81	105.3

⑧ 펌프의 동력전달계수

동력전달형식	전달계수
전동기	1.1
전동기 이외의 것	1.2

⑨ 펌프의 구경에 따른 효율(단, 펌프의 구경은 펌프의 토출측 주배관의 구경과 같다.)

펌프의 구경〔mm〕	펌프의 효율(η)
40	0.45
50~65	0.55
80	0.60
100	0.65
125~150	0.70

(가) 소방펌프의 정격유량〔L/min〕과 정격양정〔m〕을 구하시오. (단, 흡입양정은 고려하지 않는다.)

① 정격유량〔L/min〕

○ 계산과정 :

○ 답 :

② 정격양정〔m〕

○ 계산과정 :

○ 답 :

(나) 소화펌프의 토출측 주배관의 최소구경을 산정하시오.

○ 계산과정 :

○ 답 :

(다) 소화펌프의 모터동력〔kW〕을 구하시오.

○ 계산과정 :

○ 답 :

(라) 만일 펌프로부터 제일 먼 옥내소화전 노즐과 가장 가까운 곳의 옥내소화전 노즐의 방수압력 차이가 0.4MPa이며 펌프로부터 제일 먼 거리에 있는 옥내소화전 노즐의 방수압력이 0.17MPa, 방수유량이 130L/min일 경우 가장 가까운 소화전의 방수유량〔L/min〕을 구하시오.

○ 계산과정 :

○ 답 :

(마) 유량측정장치는 몇 L/min까지 측정이 가능하여야 하는지 구하시오.

○ 계산과정 :

○ 답 :

해답 (가) ① 정격유량

○ 계산과정 : $2\times130 \geqq 260\mathrm{L/min}$

○ 답 : 260L/min

② 정격양정

○ 계산과정 : $\left(15\times\dfrac{12}{100}\right)+30+15+17=63.8 \fallingdotseq 64\mathrm{m}$

○ 답 : 64m

(나) ○ 계산과정 : $\sqrt{\dfrac{4\times0.26/60}{\pi\times4}} \fallingdotseq 0.0371\mathrm{m}=37.1\mathrm{mm}$

○ 답 : 50A

(다) ○ 계산과정 : $\dfrac{0.163\times0.26\times64}{0.55}\times1.1=5.4 \fallingdotseq 5\mathrm{kW}$

○ 답 : 5kW

(라) ○ 계산과정 : $0.4+0.17=0.57\mathrm{MPa}$

$K=\dfrac{130}{\sqrt{10\times0.17}}=99.7$

$Q=99.7\sqrt{10\times0.57}=238.03 \fallingdotseq 238\mathrm{L/min}$

○ 답 : 238L/min

(마) ○ 계산과정 : $260\times1.75=455\mathrm{L/min}$

○ 답 : 455L/min

해설 (가) ① **정격유량**

$$Q \geqq N\times130\mathrm{L/min}$$

여기서, Q : 펌프의 토출량(정격유량)〔L/min〕

N : 가장 많은 층의 소화전개수(30층 미만 : 최대 2개, 30층 이상 : 최대 5개)

펌프의 **정격유량** Q는

$Q \geqq N\times130\mathrm{L/min} \geqq 2\times130\mathrm{L/min} \geqq 260\mathrm{L/min}$

- 〔조건 ①〕에서 3층이고, 〔조건 ②〕에서 각 층에 4개씩 설치되어 있으므로 $\boldsymbol{N=2}$이다.

② **정격양정**

$$H=h_1+h_2+h_3+17$$

여기서, H : 전양정(정격양정)〔m〕

h_1 : 소방호스의 마찰손실수두〔m〕

h_2 : 배관 및 관부속품의 마찰손실수두〔m〕

h_3 : 실양정(흡입양정+토출양정)〔m〕

펌프의 **정격양정** H는

$H=h_1+h_2+h_3+17=\left(15\mathrm{m}\times\dfrac{12}{100}\right)+30\mathrm{m}+15\mathrm{m}+17=63.8 \fallingdotseq 64\mathrm{m}$

- h_1 : 〔조건 ④〕에서 호스의 길이는 15m(고무내장호스)이고, 〔조건 ⑤〕에서 호스 100m당 마찰손실수두가 12m이므로 $15\mathrm{m}\times\dfrac{12}{100}$를 적용한다. 만일 〔조건 ④〕에서 호스길이가 주어지지 않았다면 옥내소화전 규정에 의해 호스 15m×2개를 비치하여야 하므로 $15\mathrm{m}\times2\text{개}\times\dfrac{12}{100}$로 계산하여야 한다.
- h_2**(30m)** : 〔조건 ⑥〕에서 주어진 값
- h_3**(15m)** : 〔조건 ③〕에서 주어진 값
- 〔단서〕에서 소수점 이하는 반올림하여 정수로만 나타내라고 하였으므로 **64m**가 된다. 일반적으로 소수점 처리에 대한 조건이 없을 때에는 소수점 3째자리에서 반올림하면 된다.

(나) **유량**

$$Q = AV = \frac{\pi D^2}{4} V$$

여기서, Q : 유량[m^3/s]
A : 단면적[m^2]
V : 유속[m/s]
D : 내경[m]

$Q = \frac{\pi D^2}{4} V$ 에서 **주배관**의 **내경** D는

$$D = \sqrt{\frac{4Q}{\pi V}} = \sqrt{\frac{4 \times 260\text{L/min}}{\pi \times 4\text{m/s}}} = \sqrt{\frac{4 \times 0.26\text{m}^3/60\text{s}}{\pi \times 4\text{m/s}}} ≒ 0.0371\text{m} = 37.1\text{mm}$$

[조건 ⑦]에서 내경 37.1mm 이상이지만 토출측 주배관의 최소구경은 50A이므로 **50A**가 된다.

- 1000L는 $1m^3$이고, 1min은 60s이므로, 260L/min은 **$0.26m^3/60s$**가 된다.
- **배관 내**의 **유속**

설 비		유 속
옥내소화전설비		4m/s 이하
스프링클러설비	가지배관	6m/s 이하
	기타배관	10m/s 이하

- 최소구경

구 분	구 경
주배관 중 수직배관, 펌프 토출측 주배관	50mm 이상
연결송수관인 방수구가 연결된 경우(연결송수관설비의 배관과 겸용할 경우)	100mm 이상

(다) **모터동력**(전동기의 용량)

$$P = \frac{0.163QH}{\eta} K$$

여기서, P : 전동력(모터동력)[kW]
Q : 유량[m^3/min]
H : 전양정[m]
K : 전달계수
η : 효율

펌프의 **모터동력** P는

$$P = \frac{0.163QH}{\eta} K = \frac{0.163 \times 260\text{L/min} \times 64\text{m}}{0.55} \times 1.1 = \frac{0.163 \times 0.26\text{m}^3/\text{min} \times 64\text{m}}{0.55} \times 1.1 = 5.4 ≒ 5\text{kW}$$

- 펌프의 효율(η)은 (나)에서 펌프의 구경이 50A이므로 [조건 ⑨]에서 **0.55**가 된다.

펌프의 구경[mm]	펌프의 효율(η)
40	0.45
50~65	0.55
80	0.60
100	0.65
125~150	0.70

- 전달계수(K)는 동력전달형식이 **전동기**(모터)이므로 [조건 ⑧]에서 **1.1**이다.

(라) 펌프에서 가장 가까운 소화전의 방사압력=방수압력 차이+제일 먼 옥내소화전 노즐의 방수압력
=0.4MPa+0.17MPa=0.57MPa

- 0.4MPa, 0.17MPa : (라)에서 주어진 값

$$Q = K\sqrt{10P}$$

여기서, Q : 토출량(방수유량)〔L/min〕 또는 〔Lpm〕
K : 방출계수
P : 방사압력〔MPa〕

방출계수 K는

$$K = \frac{Q}{\sqrt{10P}} = \frac{130\text{Lpm}}{\sqrt{10 \times 0.17\text{MPa}}} = \frac{130\text{L/min}}{\sqrt{10 \times 0.17\text{MPa}}} = 99.7$$

가장 가까운 소화전의 **방수유량** Q는

$$Q = K\sqrt{10P} = 99.7\sqrt{10 \times 0.57\text{MPa}} = 238.03 ≒ 238\text{L/min}$$

- 130L/min, 0.17MPa : (라)에서 주어진 값
- 0.57MPa : 바로 위에서 구한 값
- 〔단서〕에 의해 답은 **정수**로만 나타낼 것

(마) 유량측정장치의 성능＝펌프의 정격토출량(정격유량)×1.75＝260L/min×1.75＝455L/min

- 유량측정장치는 펌프의 정격토출량의 **175%** 이상 측정할 수 있어야 하므로 유량측정장치의 성능은 펌프의 **정격토출량×1.75**가 된다.
- **260L/min** : (가)에서 구한 값
- (라)에서 구한 방수유량 238L/min을 적용하지 않도록 거듭 주의하라!!

중요

단위

(1) **GPM**＝**G**allon **P**er **M**inute(gallon/min)
(2) **PSI**＝**P**ound per **S**quare **I**nch(lb_f/in^2)
(3) **LPM**＝**Li**ter **P**er **M**inute(L/min)
(4) **CMH**＝**C**ubic **M**eter per **H**our(m^3/h)

☆☆

문제 04

스프링클러설비에 관한 사항이다. 빈칸에 알맞은 내용을 보기에서 찾아서 번호로 적어 넣으시오.

(17.4.문14, 16.4.문6, 13.4.문10, 04.4.문1)

득점	배점
	9

〔보기〕
① 가압수/공기
② 가압수/압축공기
③ 폐쇄형
④ 개방형
⑤ ×
⑥ ○
⑦ 가압수/가압수

스프링클러설비	배관(1차측/2차측)	헤드종류	감지기 유무(○, ×)
습식 설비	( )	( )	( )
건식 설비	( )	( )	( )
일제살수식	( )	( )	( )

해답

스프링클러설비	배관(1차측/2차측)	헤드종류	감지기 유무(○, ×)
습식 설비	(⑦)	(③)	(⑤)
건식 설비	(②)	(③)	(⑤)
일제살수식	(①)	(④)	(⑥)

해설

스프링클러설비	배관(1차측/2차측)	헤드종류	감지기 유무(○, ×)
습식 설비	(가압수/가압수)	(폐쇄형)	(×)
건식 설비	(가압수/압축공기)	(폐쇄형)	(×)
준비작동식	(가압수/공기)	(폐쇄형)	(○)
부압식	(가압수/진공)	(폐쇄형)	(○)
일제살수식	(가압수/공기)	(개방형)	(○)

중요

스프링클러설비의 **작동원리**

종 류	설 명
습식	습식 밸브의 1차측 및 2차측 배관 내에 항상 **가압수**가 충수되어 있다가 화재발생시 열에 의해 헤드가 개방되어 소화하는 방식
건식	건식 밸브의 1차측에는 **가압수**, 2차측에는 **공기**가 압축되어 있다가 화재발생시 열에 의해 헤드가 개방되어 소화하는 방식
준비작동식	준비작동밸브의 1차측에는 **가압수**, 2차측에는 **대기압**상태로 있다가 화재발생시 감지기에 의하여 **준비작동밸브**(pre-action valve)를 개방하여 헤드까지 가압수를 송수시켜 놓고 있다가 열에 의해 헤드가 개방되면 소화하는 방식
부압식	준비작동밸브의 1차측에는 **가압수**, 2차측에는 **부압(진공)**상태로 있다가 화재발생시 감지기에 의하여 **준비작동밸브**(pre-action valve)를 개방하여 헤드까지 가압수를 송수시켜 놓고 있다가 열에 의해 헤드가 개방되면 소화하는 방식
일제살수식	일제개방밸브의 1차측에는 **가압수**, 2차측에는 **대기압**상태로 있다가 화재발생시 감지기에 의하여 **일제개방밸브**(deluge valve)가 개방되어 소화하는 방식

☆☆

문제 05

할로겐화합물 및 불활성기체 소화설비에서 불활성기체 소화약제의 종류 4가지를 쓰시오. (15.7.문14)

득점	배점
	4

○
○
○
○

① IG-01
② IG-55
③ IG-100
④ IG-541

해설 **할로겐화합물** 및 **불활성기체 소화약제**의 **종류**(NFPC 107A 4조, NFTC 107A 2.1.1)

구 분	소화약제	상품명	화학식	방출시간	주된 소화원리
할로겐화합물 소화약제	HFC-23	FE-13	CHF_3	**10초** 이내	**부촉매 효과** (억제작용)
	HFC-**125** 기억법 125(**이리온**)	FE-25	CHF_2CF_3		
	HFC-**227e**a 기억법 227e (**둘둘치킨이** 맛있다.)	FM-200	CF_3CHFCF_3		
	HCFC-124	FE-241	$CHClFCF_3$		
	HCFC BLEND A	NAF S-Ⅲ	HCFC-123($CHCl_2CF_3$) : **4.75**% HCFC-22($CHClF_2$) : **82**% HCFC-124($CHClFCF_3$) : **9.5**% $C_{10}H_{16}$: **3.75**% 기억법 475 82 95 375 (**사시오. 빨리** 그래서 **구어 삼키시오**!)		
	FC-3-1-10 기억법 FC31 (**FC** 서울의 **3.1**절)	CEA-410	C_4F_{10}		
	FK-5-1-12	–	$CF_3CF_2C(O)CF(CF_3)_2$		
불활성 기체 소화약제	IG-01	–	Ar	**60초** 이내	**질식 효과**
	IG-55	아르고나이트	N_2 : 50%, Ar : 50%		
	IG-100	NN-100	N_2		
	IG-541	Inergen	**N_2** : **52**%, **Ar** : **40**%, **CO_2** : **8**% 기억법 NACO(**내코**) 52408		

용어

할로겐화합물 및 **불활성기체 소화약제**

할로겐화합물 소화약제	불활성기체 소화약제
불소, **염소**, **브롬** 또는 **요오드** 중 하나 이상의 원소를 포함하고 있는 유기화합물을 기본성분으로 하는 소화약제	**헬륨**, **네온**, **아르곤** 또는 **질소가스** 중 하나 이상의 원소를 기본성분으로 하는 소화약제

☆☆☆

문제 06

전기실을 방호하기 위하여 할론 1301을 소화제로 사용하였을 때 최소 저장용기수를 구하시오. (단, 바닥면적 390m^2, 높이 5.8m, 자동폐쇄장치가 없으며 개구부면적은 2m^{2}이다. 용기당 약제충전량은 50kg이다.)

(15.11.문10, 10.4.문12)

득점	배점
	4

○ 계산과정 :

○ 답 :

해답 ○ 계산과정 : 저장량 $=(390\times5.8)\times0.32+2\times2.4=728.64\text{kg}$

$$\text{저장용기수}=\frac{728.64}{50}=14.5 ≒ 15\text{병}$$

○ 답 : 15병

해설 **할론 1301**의 **약제량** 및 **개구부가산량**

방호대상물	약제량	개구부가산량 (자동폐쇄장치 미설치시)
차고 · 주차장 · 전기실 · 전산실 · 통신기기실 →	0.32kg/m³	2.4kg/m²
사류 · 면화류	0.52kg/m³	3.9kg/m²

위 표에서 **전기실**의 약제량은 **0.32kg/m³**, 개구부가산량은 **2.4kg/m²** 이다.

(1) **할론저장량**(최소 약제소요량)〔kg〕
=방호구역체적〔m³〕×약제량〔kg/m³〕+개구부면적〔m²〕×개구부가산량〔kg/m²〕
=(390×5.8)m³×0.32kg/m³+2m²×2.4kg/m²=728.64kg

(2) $\text{저장용기수}=\frac{\text{할론저장량}}{\text{약제충전량}}=\frac{728.64\text{kg}}{50\text{kg}}=14.5 ≒ 15\text{병}$

- 〔단서〕에서 자동폐쇄장치가 없으므로 **개구부면적** 및 **개구부가산량**을 적용할 것
- 〔단서〕에서 약제충전량 **50kg** 적용

충전량=충진량

- 저장용기수를 산출할 때 소수점 이하는 절상한다.

☆☆

문제 07

습식 스프링클러설비의 동절기 배관동파방지법을 3가지만 쓰시오. (14.4.문2)

○

○

○

득점	배점
	3

해답 ① 보온재를 이용한 배관보온법
② 히팅코일을 이용한 가열법
③ 부동액 주입법

해설 **배관**의 **동파방지법**

(1) **보온재**를 이용한 배관보온법
(2) **히팅코일**을 이용한 가열법
(3) **순환펌프**를 이용한 물의 유동법
(4) **부동액** 주입법

기억법 보부순히

중요

보온재의 **구비조건**

(1) 보온능력이 우수할 것
(2) 단열효과가 뛰어날 것
(3) 시공이 용이할 것
(4) 가벼울 것
(5) 가격이 저렴할 것

☆☆
문제 08

지상 1층 및 2층의 바닥면적의 합계가 22000m²인 공장에 소화수조 또는 저수조를 설치하고자 한다. 다음 각 물음에 답하시오.

(13.11.문13)

(가) 소화수조 또는 저수조를 설치시 저수조에 확보하여야 할 저수량[m³]을 구하시오.

득점	배점
	4

○ 계산과정 :

○ 답 :

(나) 저수조에 설치하여야 할 채수구의 최소 설치수량은 몇 개인가?

○

해답

(가) ○ 계산과정 : $\frac{22000}{7500} = 2.93 \fallingdotseq 3$

$3 \times 20 = 60\text{m}^3$

○ 답 : 60m³

(나) 2개

해설

(가) **소화수조** 또는 **저수조**의 **저수량 산출**(NFPC 402 4조, NFTC 402 2.1.2)

특정소방대상물의 구분	기준면적[m²]
지상 1층 및 2층의 바닥면적 합계 15000m² 이상 →	7500
기타	12500

지상 1 · 2층의 바닥면적 합계=22000m²
∴ 15000m² 이상이므로 기준면적은 7500m²이다.

소화용수의 양(저수량)

$$Q = \frac{\text{연면적}}{\text{기준면적}}(\text{절상}) \times 20\text{m}^3$$

$$= \frac{22000\text{m}^2}{7500\text{m}^2}(\text{절상}) \times 20\text{m}^3$$

$$= 3\text{m}^2 \times 20\text{m}^3 = 60\text{m}^3$$

- 지상 1 · 2층의 바닥면적 합계가 22000m²로서 15000m² 이상이므로 기준면적은 **7500m²**이다.
- 소화용수의 양(저수량)을 구할 때 $\frac{22000\text{m}^2}{7500\text{m}^2} = 2.93 \fallingdotseq 3$으로 먼저 **절상**한 후 **20m³**를 곱한다는 것을 기억하라!
- 연면적이 주어지지 않은 경우 바닥면적의 합계를 연면적으로 보면 된다. 그러므로 **22000m²** 적용
- **절상** : 소수점 이하는 무조건 올리라는 의미

(나) **채수구의 수**(NFPC 402 4조, NFTC 402 2.1.3.2.1)

소화수조 용량	20~40m³ 미만	40~100m³ 미만	100m³ 이상
채수구의 수	**1개**	**2개**	**3개**

- 소화용수의 양(저수량)이 **60m³**로서 **40~100m³** 미만이므로 **채수구**의 최소 개수는 **2개**

비교

흡수관 투입구 수(NFPC 402 4조, NFTC 402 2.1.3.1)

소요 수량	80m³ 미만	80m³ 이상
흡수관 투입구 수	**1개** 이상	**2개** 이상

- 소화용수의 양(저수량)이 **60m³**로서 **80m³** 미만이므로 **흡수관 투입구**의 최소 개수는 **1개**

☆☆☆

문제 09

포소화설비의 포방출구 중 표면화 주입식 Ⅲ형 방출구에 대하여 설명하시오.

○

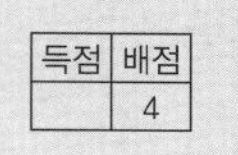

득점	배점
	4

해답 고정지붕구조의 탱크에 저부포주입법을 이용하는 것으로서 송포관으로부터 포를 방출하는 포방출구

해설 **포방출구**의 **정의**

포방출구	정 의	그 림
Ⅰ형 방출구	**고정지붕구조**의 탱크에 **상부포주입법**을 이용하는 것으로서 방출된 포가 액면 아래로 몰입되거나 액면을 뒤섞지 않고 액면상을 덮을 수 있는 통계단 또는 미끄럼판 등의 설비 및 탱크 내의 위험물 증기가 외부로 역류되는 것을 저지할 수 있는 구조·기구를 갖는 포방출구	포수용액 포통(Trough) ‖ Ⅰ형 방출구 ‖
Ⅱ형 방출구	**고정지붕구조** 또는 **부상덮개부착 고정지붕구조**의 탱크에 **상부포주입법**을 이용하는 것으로서 방출된 포가 탱크 옆판의 내면을 따라 흘러 내려 가면서 액면 아래로 몰입되거나 액면을 뒤섞지 않고 액면상을 덮을 수 있는 반사판 및 탱크 내의 위험물 증기가 외부로 역류되는 것을 저지할 수 있는 구조·기구를 갖는 포방출구	봉판 탱크 디플렉터 포챔버 액면 발포기 탱크벽 플렉시블튜브 스트레이너 ‖ Ⅱ형 방출구 ‖
Ⅲ형 방출구 (표면하 주입식 방출구)	**고정지붕구조**의 탱크에 **저부포주입법**을 이용하는 것으로서 송포관으로부터 포를 방출하는 포방출구	탱크측면 포방출구 게이트밸브 체크밸브 ‖ Ⅲ형 방출구 ‖
Ⅳ형 방출구 (반표면하 주입식 방출구)	**고정지붕구조**의 탱크에 **저부포주입법**을 이용하는 것으로서 평상시에는 탱크의 액면하의 저부에 설치된 **격납통**에 수납되어 있는 **특수호스** 등이 송포관의 말단에 접속되어 있다가 포를 보내는 것에 의하여 특수호스 등이 **전개**되어 그 선단이 액면까지 도달한 후 포를 방출하는 포방출구	포(foam) 기름(유류) 포 방출호스 호스함 (hose container) 기름(유류) 포 방출호스 연결부 공기충격배관 지지대 포 인입구 체크밸브 포방출 후 제어밸브 ‖ Ⅳ형 방출구 ‖

특형 방출구	**부상지붕구조**의 탱크에 **상부포주입법**을 이용하는 것으로서 부상지붕의 부상부분상에 높이 **0.9m** 이상의 금속제의 칸막이를 탱크옆판의 내측으로부터 **1.2m** 이상 이격하여 설치하고 탱크옆판과 칸막이에 의하여 형성된 환상 부분에 포를 주입하는 것이 가능한 구조의 반사판을 갖는 포방출구	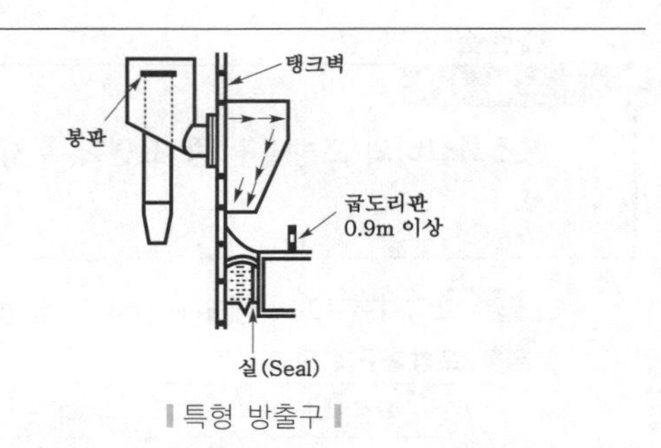 ‖특형 방출구‖

중요

포방출구의 **종류**(위험물기준 133조)

탱크의 구조	포방출구
고정지붕구조	• Ⅰ형 방출구 • Ⅱ형 방출구 • Ⅲ형 방출구 • Ⅳ형 방출구
고정지붕구조 또는 부상덮개부착고정지붕구조	• Ⅱ형 방출구
부상지붕구조	• 특형 방출구

☆☆

문제 10

주차장 건물에 물분무소화설비를 설치하려고 한다. 주차장 면적이 80m^{2}일 때 다음 각 물음에 답하시오.

(18.11.문11, 15.7.문17, 14.11.문3, 12.7.문16, 12.4.문13, 09.7.문12)

득점	배점
	13

(가) 수원의 용량[m^3]을 구하시오.

○ 계산과정 :

○ 답 :

(나) 제어밸브의 설치위치는?

○

(다) 물분무소화설비와 펌프를 겸용으로 사용할 수 있는 설비를 쓰시오.

○

(라) 물분무소화설비의 소화효과 3가지만 쓰시오.

○

○

○

해답 (가) ○ 계산과정 : $80 \times 20 \times 20 = 32000\text{L} = 32\text{m}^3$

○ 답 : 32m^3

(나) 바닥으로부터 0.8m 이상 1.5m 이하

(다) 옥내소화전설비

(라) ① 냉각효과

② 질식효과

③ 유화효과

해설 (가) **수원**의 **용량** Q는

Q=바닥면적(최소 $50m^2$)$\times 20L/min \cdot m^2 \times 20min$

$= 80m^2 \times 20L/min \cdot m^2 \times 20min = 32000L = 32m^3 \ (1000L = 1m^3)$

- 건물 바닥면적이 $80m^2$(최소 $50m^2$)이므로 바닥면적은 $80m^2$가 된다.
- **20min**은 소방차가 화재현장에 출동하는 데 걸리는 시간이다.
- **물분무소화설비의 수원**

특정소방대상물	토출량	비 고
컨베이어벨트	1**0**L/min · m^2	벨트부분의 바닥면적
절연유 봉입변압기	1**0**L/min · m^2	표면적을 합한 면적(바닥면적 제외)
특수가연물	1**0**L/min · m^2(최소 $50m^2$)	최대방수구역의 바닥면적 기준
케이블트레이 · 덕트	1**2**L/min · m^2	투영된 바닥면적
차고 · 주차장	2**0**L/min · m^2(최소 $50m^2$)	최대방수구역의 바닥면적 기준
위험물 저장탱크	**37**L/min · m	위험물탱크 둘레길이(원주길이) : 위험물규칙 〔별표 6〕 Ⅱ

※ 모두 **20분**간 방수할 수 있는 양 이상으로 하여야 한다.

기억법 **컨 절 특 케 차 위**
0 0 0 2 0 37

(나) **제어밸브**의 **설치위치**(NFPC 104 9조, NFTC 104 2.6.1.1)
바닥으로부터 **0.8~1.5m** 이하의 위치에 설치한다.

(다) **물분무소화설비**의 **화재안전기준**(NFPC 104 16조, NFTC 104 2.13.2)
물분무소화설비의 가압송수장치로 사용하는 펌프를 **옥내소화전설비** · **스프링클러설비** · **간이스프링클러설비** · **화재조기진압용 스프링클러설비** · **포소화설비** 및 **옥외소화전설비**의 가압송수장치와 겸용하여 설치하는 경우의 펌프의 토출량은 각 소화설비에 해당하는 **토출량**을 **합한 양** 이상이 되도록 하여야 한다.

- 답란에 동그라미(○)가 1개만 있는 것으로 보아 6가지 중 1가지만 답하면 된다.

(라) **물분무소화설비**의 **소화효과**

소화효과	설 명
질식효과	공기 중의 산소농도를 **16%**(10~15%) 이하로 희박하게 하는 방법
냉각효과	**점화원**을 **냉각**시키는 방법
유화효과	유류표면에 **유화층**의 막을 형성시켜 공기의 접촉을 막는 방법
희석효과	고체 · 기체 · 액체에서 나오는 **분해가스**나 **증기**의 **농도**를 낮추어 연소를 중지시키는 방법

중요

주된 소화효과

소화설비	소화효과
• 포소화설비 • 분말소화설비 • 이산화탄소 소화설비	질식소화
• 물분무소화설비	냉각소화
• 할론소화설비	화학소화(부촉매효과)

☆☆

문제 11

펌프의 유효흡입양정(NPSH)을 계산하시오. (단, 소화수조의 수증기압이 0.0022MPa, 대기압은 0.101MPa이고, 흡상일 때 후드밸브에서 펌프까지 수직거리는 3.78m이다.) (18.4.문7, 10.4.문7)

○ 계산과정 :

○ 답 :

득점	배점
	8

○ 계산과정 : $H_a = \frac{0.101}{0.101325} \times 10.332 ≒ 10.298\text{m}$

$H_v = \frac{0.0022}{0.101325} \times 10.332 ≒ 0.224\text{m}$

$H_s = 3.78\text{m}$

$\text{NPSH} = 10.298 - 0.224 - 3.78 = 6.294 ≒ 6.29\text{m}$

○ 답 : 6.29m

해설

기호

- NPSH : ?
- H_v : 0.0022MPa
- H_a : 0.101MPa
- H_s : 3.78m

유효흡입양정

표준대기압 1atm=760mmHg(76cmHg)
=1.0332kg$_f$/cm^2
=10.332mH$_2$O(mAq)(10332mmAq)=10.332m
=14.7PSI(lb$_f$/in^2)
=101.325kPa(kN/m^2)(101325Pa)
=1.013bar(1013mbar)

101.325kPa=0.101325MPa=10.332mH$_2$O=10.332m

대기압수두(H_a) : $0.101\text{MPa} = \frac{0.101\text{MPa}}{0.101325\text{MPa}} \times 10.332\text{m} ≒ 10.298\text{m}$

수증기압수두(H_v) : $0.0022\text{MPa} = \frac{0.0022\text{MPa}}{0.101325\text{MPa}} \times 10.332\text{m} ≒ 0.224\text{m}$

흡입수두(H_s) : 3.78m

유효흡입양정 NPSH는

$\text{NPSH} = H_a - H_v - H_s - H_L = 10.298\text{m} - 0.224\text{m} - 3.78\text{m} = 6.294 ≒ 6.29\text{m}$

- 흡상=흡입상
- 문제에서 흡상이므로 '**흡입 NPSH**'식을 적용한다.
- 대기압수두(H_a) : 문제에 주어지지 않았을 때는 **표준대기압**(10.332m)을 적용한다.
- 마찰손실수두(H_L) : 주어지지 않았으므로 무시

☆☆☆

문제 12

내화구조로 된 건축물의 실내(내측 기준 66m×66m)에 정방형으로 습식 스프링클러설비를 설치하고자 하는 경우 스프링클러헤드개수와 습식 밸브(유수검지장치)의 최소 개수를 산출하시오. (실내의 기둥 및 형광등, 공기유입, 유출기구 등은 무시하고 천장 속의 높이는 2.5m로 가정한다.) (07.11.문2)

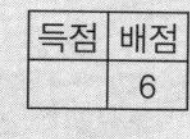

득점	배점
	6

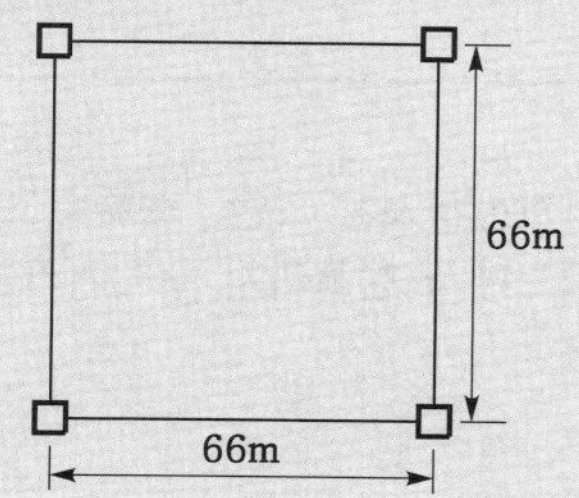

(가) 스프링클러헤드개수
○ 계산과정 :
○ 답 :
(나) 유수검지장치개수
○ 계산과정 :
○ 답 :

해답 (가) ○ 계산과정 : $S = 2 \times 2.3 \times \cos 45° = 3.252\text{m}$

가로헤드개수 $= \dfrac{66}{3.252} = 20.3 ≒ 21$개

세로헤드개수 $= \dfrac{66}{3.252} = 20.3 ≒ 21$개

헤드개수 $= 21 \times 21 = 441$개

총 헤드개수 $= 441 + 441 = 882$개

○ 답 : 882개

(나) ○ 계산과정 : $\dfrac{66 \times 66}{3000} = 1.45 ≒ 2$개

총 유수검지장치개수 $= 2 + 2 = 4$개

○ 답 : 4개

해설 (가) **스프링클러설비**

설치장소	설치기준
무대부 · **특**수가연물(랙크식 창고 포함)	수평거리 1.**7**m 이하
기타구조(일반구조)	수평거리 2.**1**m 이하
내화구조 →	수평거리 2.**3**m 이하
랙크식 창고	수평거리 2.**5**m 이하
공동주택(**아**파트)의 거실	수평거리 3.**2**m 이하

기억법
무특 7
기 1
내 3
랙 5
아 2

‖ 수평헤드간격 및 배관간격 ‖

정방형(정사각형)	**장방형**(직사각형)
$S = 2R\cos 45°$ $L = S$ 여기서, S : 수평헤드간격[m] R : 수평거리[m] L : 배관간격[m]	$S = \sqrt{4R^2 - L^2}$ $L = 2R\cos\theta$ $S' = 2R$ 여기서, S : 수평헤드간격[m] R : 수평거리[m] L : 배관간격[m] S' : 대각선헤드간격[m]

수평헤드간격 S는

$S = 2R\cos 45° = 2 \times 2.3\text{m} \times \cos 45° = 3.252\text{m}$

- **정방형**(정사각형)이므로 $S = 2R\cos 45°$식을 적용하라. 만약, **장방형**(직사각형)이라면 $S = \sqrt{4R^2 - L^2}$ 식 적용

비교

포소화설비의 **포헤드**(또는 포워터스프링클러헤드) **상호 간**의 **거리기준**(NFPC 105 12조, NFTC 105 2.9.2.5)

정방형(정사각형)	**장방형**(직사각형)
$S=2R\cos 45°$ $L=S$ 여기서, S : 포헤드 상호 간의 거리[m] R : 유효반경(**2.1m**) L : 배관간격[m]	$P_t=2R$ 여기서, P_t : 대각선의 길이[m] R : 유효반경(**2.1m**)

- **포소화설비**의 R(유효반경)은 무조건 **2.1m**임을 기억!!

① **가로**의 **헤드 소요개수**

$$\frac{\text{가로길이}}{\text{수평헤드간격}}=\frac{66\text{m}}{3.252\text{m}}=20.3 ≒ 21\text{개(절상)}$$

② **세로**의 **헤드 소요개수**

$$\frac{\text{세로길이}}{\text{수평헤드간격}}=\frac{66\text{m}}{3.252\text{m}}=20.3 ≒ 21\text{개(절상)}$$

③ 필요한 헤드의 소요개수

가로개수×세로개수=21개×21개=441개

- 일반적으로 천장 속의 높이가 2m 이상인 경우에는 천장 속에도 스프링클러헤드를 설치하여야 한다. 그러므로 천장 속에도 동일하게 **441개**를 **설치**하여야 한다.

∴ 헤드의 총 설치개수=천장 밖 헤드개수+천장 속 헤드개수=441개+441개=882개

(나) **폐쇄형 설비**의 유수검지장치 설치개수는

$$\text{유수검지장치 설치개수}=\frac{\text{바닥면적}}{3000\text{m}^2}=\frac{66\text{m}\times 66\text{m}}{3000\text{m}^2}=1.45 ≒ 2\text{개}$$

- 천장 속에도 헤드를 설치하였으므로 천장 속에도 **유수검지장치**가 **2개** 필요하다.

∴ 유수검지장치의 총 설치개수=천장 밖 필요개수+천장 속 필요개수=2개+2개=4개

참고

스프링클러헤드 설치제외 장소(NFPC 103 15조, NFTC 103 2.12.1)

(1) 계단실 · 경사로 · 승강기의 승강로 · 비상용 승강기의 승강장 · 파이프덕트 및 덕트피트 · 목욕실 · 수영장(관람석 제외) · 화장실 · 직접 외기에 개방되어 있는 복도, 기타 이와 유사한 장소
(2) **통신기기실 · 전자기기실**, 기타 이와 유사한 장소
(3) **발전실 · 변전실 · 변압기**, 기타 이와 유사한 전기설비가 설치되어 있는 장소
(4) 병원의 **수술실 · 응급처치실**, 기타 이와 유사한 장소
(5) 천장과 반자 양쪽이 **불연재료**로 되어 있는 경우로서 그 사이의 거리 및 구조가 다음에 해당하는 부분
  ① 천장과 반자 사이의 거리가 **2m** 미만인 부분

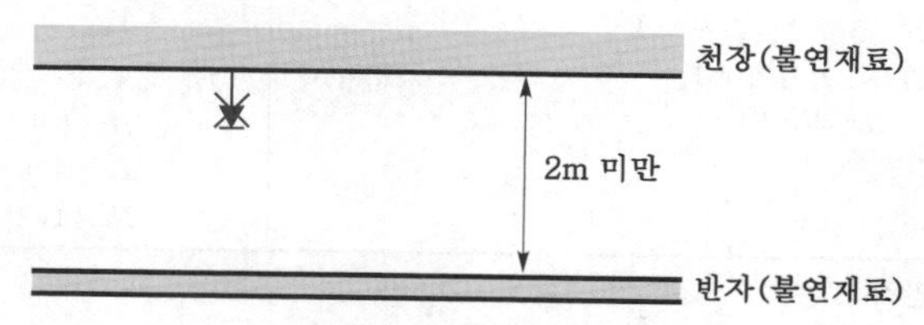

‖ 천장 · 반자가 불연재료인 경우 ‖

  ② 천장과 반자 사이의 **벽**이 **불연재료**이고 천장과 반자 사이의 거리가 **2m** 이상으로서 그 사이에 **가연물**이 **존재**하지 **않는 부분**

(6) 천장 · 반자 중 한쪽이 **불연재료**로 되어 있고, 천장과 반자 사이의 거리가 **1m** 미만인 부분

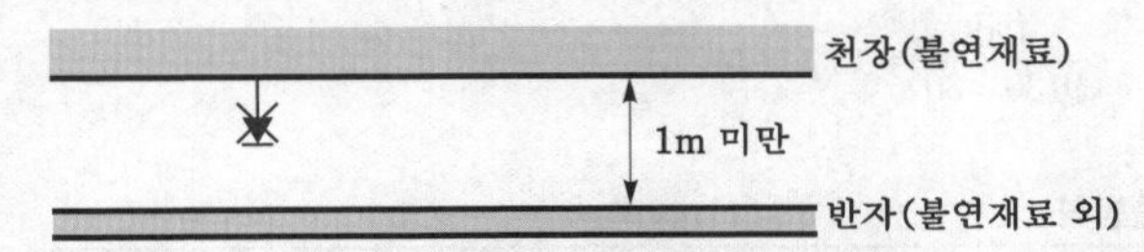

‖천장 · 반자 중 한쪽이 불연재료인 경우‖

(7) 천장 및 반자가 **불연재료 외**의 것으로 되어 있고, 천장과 반자 사이의 거리가 **0.5m** 미만인 부분

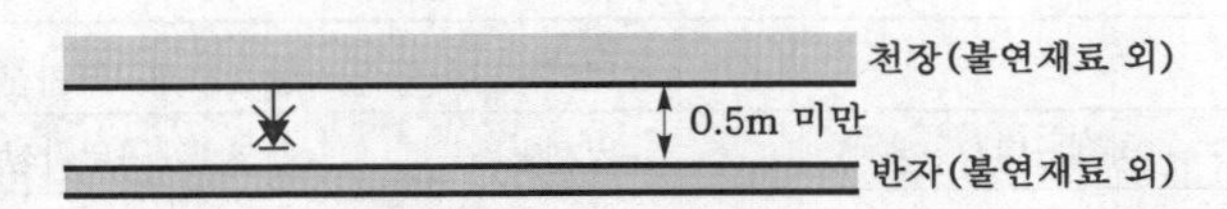

‖천장 · 반자 중 한쪽이 불연재료 외인 경우‖

(8) **펌프실 · 물탱크실 · 엘리베이터 권상기실**, 그 밖의 이와 비슷한 장소

(9) 아파트의 세대별로 설치된 보일러실로서 환기구를 제외한 부분이 다른 부분과 방화구획되어 있는 보일러실

(10) **현관 · 로비** 등으로서 바닥에서 높이가 **20m** 이상인 장소

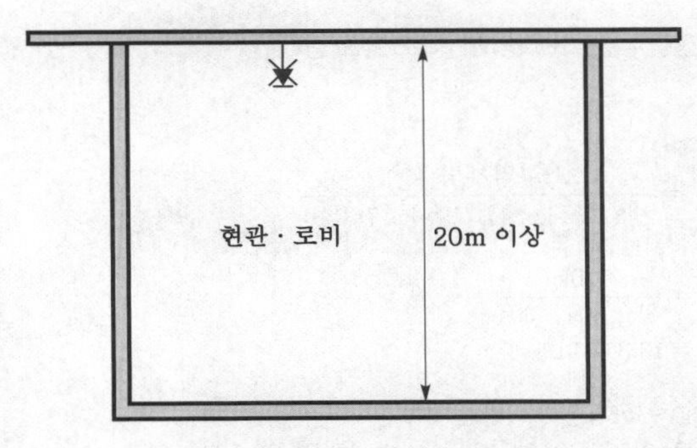

‖현관 · 로비 등의 헤드설치‖

(11) 영하의 냉장창고의 **냉장실** 또는 냉동창고의 **냉동실**

(12) 고온의 노가 설치된 장소 또는 물과 격렬하게 반응하는 물품의 저장 또는 취급장소

(13) 불연재료로 된 소방대상물 또는 그 부분으로서 다음에 해당하는 장소

① **정수장 · 오물처리장**, 그 밖의 이와 비슷한 장소

② **펄프공장**의 작업장 · **음료수공장**의 세정 또는 충전하는 작업장, 그 밖의 이와 비슷한 장소

③ 불연성의 금속 · 석재 등의 가공공장으로서 가연성 물질을 저장 또는 취급하지 않는 장소

④ 가연성 물질이 존재하지 않는 **방풍실**

☆☆☆

문제 13

건물크기는 길이 20m, 폭 10m, 높이 2.5m인 위험물 옥내저장소에 제4종 분말소화설비를 전역방출방식으로 설치하고자 한다. 분말분사헤드의 최소 소요수량을 구하시오. (단, 분말분사헤드의 사양은 18kg/min, 방사시간은 30초이다.)

득점	배점
	3

○ 계산과정 :

○ 답 :

해답 ○ 계산과정 : $(20\times10\times2.5)\times0.24=120$kg

$$\frac{120}{9/30\times30}=13.3 ≒ 14\text{개}$$

○ 답 : 14개

해설 (1) **전역방출방식**

자동폐쇄장치가 설치되어 있지 않은 경우	자동폐쇄장치가 설치되어 있는 경우 (개구부가 없는 경우)
분말저장량〔kg〕=방호구역체적〔m^3〕×약제량〔kg/m^3〕 +개구부면적〔m^2〕×개구부가산량〔kg/m^2〕	**분말저장량**〔kg〕=방호구역체적〔m^3〕×약제량〔kg/m^3〕

‖ 전역방출방식의 약제량 및 개구부가산량 ‖

약제종별	약제량	개구부가산량(자동폐쇄장치 미설치시)
제1종 분말	0.6kg/m^3	4.5kg/m^2
제2·3종 분말	0.36kg/m^3	2.7kg/m^2
제4종 분말 ──→	0.24kg/m^3	1.8kg/m^2

문제에서 개구부에 대한 말이 없으므로
분말저장량〔kg〕=방호구역체적〔m^3〕×약제량〔kg/m^3〕
=(20m×10m×2.5m)×0.24kg/m^3=120kg

• 분말저장량=분말소화약제 최소 소요량

(2) **헤드**

$$\text{헤드개수}=\frac{\text{소화약제량〔kg〕}}{\text{방출률〔kg/s〕}\times\text{방사시간〔s〕}}$$

$$=\frac{120\text{kg}}{9\text{kg}/30\text{s}\times30\text{s}}$$

$=13.3 ≒ 14$개

• 18kg/min=18kg/60s=9kg/30s
1min=60s이고, 60s에 18kg을 방사하면 30s에는 9kg 방사
• 위의 공식은 단위를 보면 쉽게 이해할 수 있다.
• 120kg : 바로 위에서 구한 값
• 9kg/30s : 〔단서〕에서 주어진 18kg/min=9kg/30s로 변환된 값
• 30s : 〔단서〕에서 주어진 값
• 방사시간이 주어지지 않아도 다음 표에 의해 분말소화설비는 **30초**를 적용하면 된다.

‖ 약제방사시간 ‖

소화설비		전역방출방식		국소방출방식	
		일반건축물	위험물제조소	일반건축물	위험물제조소
할론소화설비		10초 이내	30초 이내	10초 이내	30초 이내
분말소화설비 ──→		30초 이내		30초 이내	
CO_2 소화설비	표면화재	1분 이내	60초 이내		
	심부화재	7분 이내			

☆ 문제 14

그림과 같은 지상 12층 내화구조 건축물에서 특별피난계단용 부속실에 급기가압용 제연설비를 할 경우 다음 물음에 답하여라.

(18.4.문13)

득점	배점
	12

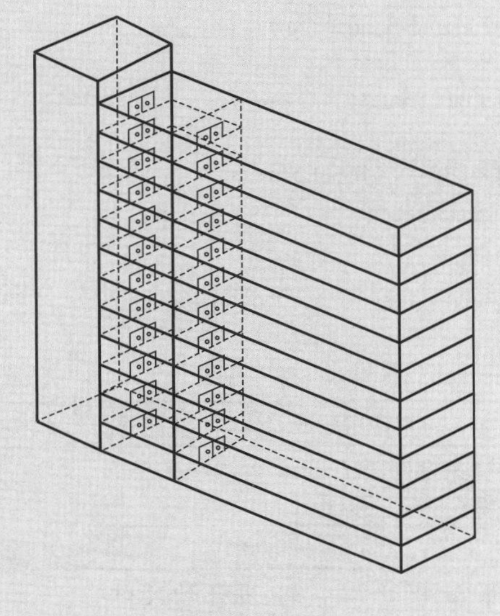

〔조건〕

① 전층의 전압은 600mmAq이다.

② 송풍기의 여유율은 10%를 적용한다.

③ 송풍기의 효율은 65%이다.

④ 보충량은 $0.031m^3/s$이다.

(가) 부속실의 문이 모두 쌍여닫이문일 때 부속실 전층의 틈새면적$[m^2]$을 구하시오.

○ 계산과정 :

○ 답 :

(나) 누설량$[m^3/s]$을 구하시오.

○ 계산과정 :

○ 답 :

(다) 급기량$[m^3/s]$을 구하시오.

○ 계산과정 :

○ 답 :

(라) 송풍기의 풍량$[m^3/s]$을 구하시오.

○ 계산과정 :

○ 답 :

(마) 제연설비의 송풍기 용량[kW]을 구하시오.

○ 계산과정 :

○ 답 :

해답 (가) ○ 계산과정 : $A=\dfrac{1}{\sqrt{\dfrac{1}{0.03^2}+\dfrac{1}{0.03^2}}}=0.0212\text{m}^2$

$0.0212\times12=0.254 ≒ 0.25\text{m}^2$

○ 답 : 0.25m^2

(나) ○ 계산과정 : $0.827\times0.25\times\sqrt{40}=1.307 ≒ 1.31\text{m}^3/\text{s}$

○ 답 : $1.31\text{m}^3/\text{s}$

(다) ○ 계산과정 : $1.31+0.031=1.341 ≒ 1.34\text{m}^3/\text{s}$

○ 답 : $1.34\text{m}^3/\text{s}$

(라) ○ 계산과정 : $1.34\times1.15=1.541 ≒ 1.54\text{m}^3/\text{s}$

○ 답 : $1.54\text{m}^3/\text{s}$

(마) ○ 계산과정 : $\dfrac{600\times1.54\Big/\dfrac{1}{60}}{102\times60\times0.65}\times1.1=\dfrac{600\times(1.54\times60)}{102\times60\times0.65}\times1.1 ≒ 15.33\text{kW}$

○ 답 : 15.33kW

해설 (가) ① **누설틈새면적**(NFPC 501A 12조, NFTC 501A 2.9.1)

외여닫이문		쌍여닫이문	승강기 출입문
제연구역 **실내쪽**으로 열리도록 설치하는 경우	제연구역의 실외쪽으로 열리도록 설치하는 경우	0.03m^2	0.06m^2
0.01m^2	0.02m^2		

그림에서 각 층에 설치되어 있는 2개의 문이 직렬상태이므로

$$A=\frac{1}{\sqrt{\dfrac{1}{{A_1}^2}+\dfrac{1}{{A_2}^2}+\cdots}}=\frac{1}{\sqrt{\dfrac{1}{(0.03\text{m}^2)^2}+\dfrac{1}{(0.03\text{m}^2)^2}}}=0.0212\text{m}^2$$

- $A_1,\ A_2=0.03\text{m}^2$(문제에서 쌍여닫이문이므로 위 표에서 0.03m^2)

$0.0212\text{m}^2\times12$층$=0.254 ≒ 0.25\text{m}^2$

- 문제에서 12층 적용

② **누설틈새면적 공식**

직렬상태	병렬상태
$A=\dfrac{1}{\sqrt{\dfrac{1}{{A_1}^2}+\dfrac{1}{{A_2}^2}+\cdots}}$ 여기서, A : 전체 누설틈새면적$[\text{m}^2]$ $A_1,\ A_2$: 각 실의 누설틈새면적$[\text{m}^2]$	$A=A_1+A_2+\cdots$ 여기서, A : 전체 누설틈새면적$[\text{m}^2]$ $A_1,\ A_2$: 각 실의 누설틈새면적$[\text{m}^2]$

(나) ① 급기량(Q_t)(NFPC 501A 7조, NFTC 501A 2.4.1)

급기량(Q_t)=누설량(Q)+보충량(q)

② 누설량

$$Q = 0.827A\sqrt{P}$$

여기서, Q : 누설량[m³/s]
A : 누설틈새면적[m²]
P : 차압[Pa]

③ **배출량(풍량)** (NFPC 501A 19조, NFTC 501A 2.16.1.1)

배출량(풍량)=급기량(Q_t)×1.15

누설량(Q)

$Q = 0.827A\sqrt{P} = 0.827 \times 0.25\text{m}^2 \times \sqrt{40\text{Pa}} = 1.307 \fallingdotseq 1.31\text{m}^3/\text{s}$

- A(0.25m²) : (가)에서 구한 값
- P(40Pa) : NFPC 501A 6조, NFTC 501A 2.3.1에 의해 스프링클러설비에 대한 언급이 없으므로 **40Pa**, 스프링클러설비가 설치되어 있다면 **12.5Pa** 적용

(다) **보충량(q)**

$q = 0.031\text{m}^3/\text{s}$([조건 ④]에서 주어진 값)

급기량(Q_t) (NFPC 501A 7조, NFTC 501A 2.4.1)

급기량(Q_t)=누설량(Q)+보충량(q)

$= 1.31\text{m}^3/\text{s} + 0.031\text{m}^3/\text{s} = 1.341 \fallingdotseq 1.34\text{m}^3/\text{s}$

(라) **송풍능력(풍량)** (NFPC 501A 19조, NFTC 501A 2.16.1.1)

풍량=급기량(Q_t)×1.15배 이상

=1.34m³/s×1.15배=1.541≒1.54m³/s

(마) **제연설비**의 송풍기 용량

$$P = \frac{P_T Q}{102 \times 60\eta} K$$

여기서, P : 송풍기 용량[kW]
P_T : 전압(풍압)[mmAq, mmH₂O]
Q : 풍량[m³/min]
K : 여유율
η : 효율

송풍기 용량 P는

$$P = \frac{P_T Q}{102 \times 60\eta} K = \frac{600\text{mmAq} \times 1.54\text{m}^3/\text{s}}{102 \times 60 \times 0.65} \times 1.1$$

$$= \frac{600\text{mmAq} \times 1.54\text{m}^3 \Big/ \frac{1}{60}\text{min}}{102 \times 60 \times 0.65} \times 1.1$$

$$= \frac{600\text{mmAq} \times (1.54 \times 60)\text{m}^3/\text{min}}{102 \times 60 \times 0.65} \times 1.1 \fallingdotseq 15.33\text{kW}$$

- P_T(600mmAq) : [조건 ①]에서 주어진 값, 만약, **각 층**의 **전압**이 600mmAq라고 주어졌다면 **600mmAq ×12층**을 해주어야 한다.
- Q(1.54m³/s) : (라)에서 구한 값
- K(1.1) : [조건 ②]에서 10% 여유율이므로 (100%+10%=110%=1.1) 적용
- η(0.65) : [조건 ③]에서 65%=0.65

☆☆☆

문제 15

인화점이 0℃ 이하인 원유(프로필렌옥사이드)를 저장하는 내부 지름 30m인 콘루프탱크에 아래 조건으로 탱크를 방호하기 위한 포소화설비를 설치하는 경우 다음을 구하시오.

(17.11.문9, 16.11.문13, 16.6.문2, 15.4.문13, 14.7.문10, 13.11.문3, 13.7.문4, 09.10.문4, 05.10.문12, 02.4.문12)

득점	배점
	6

[조건]

① 포소화약제의 적용
- 약제종류 : 수성막포 6%
- 방출량 : $8L/m^2 \cdot min$
- 방사시간 : 30분
- 위험물계수 : 2

② 보조포소화전은 쌍구형 2개를 적용한다. (단, 호스접결구의 수는 4개)

③ 적용된 송액배관 : 안지름 150mm인 배관 50m 적용, 안지름 100mm인 배관 100m 적용, 안지름 60mm인 배관 100m 적용

(가) 포소화약제 저장탱크에 필요한 포수용액량$[m^3]$을 구하시오.
 ○ 계산과정 :
 ○ 답 :

(나) 포소화약제 저장탱크에 필요한 포약제량[L]을 구하시오.
 ○ 계산과정 :
 ○ 답 :

해답

(가) ○ 계산과정 : $Q_1 = \frac{\pi}{4} \times 30^2 \times 8 \times 30 \times 1 \times 2 = 339292L = 339.292m^3$

$Q_2 = 3 \times 1 \times 8000 = 24000L = 24m^3$

$Q_3 = \frac{\pi \times 0.15^2}{4} \times 50 \times 1 \times 1000 + \frac{\pi \times 0.1^2}{4} \times 100 \times 1 \times 1000 = 1668L = 1.668m^3$

$Q_T = 339.292 + 24 + 1.668 = 364.96m^3$

○ 답 : $364.96m^3$

(나) ○ 계산과정 : $Q_1 = \frac{\pi}{4} \times 30^2 \times 8 \times 30 \times 0.06 \times 2 = 20357.52L$

$Q_2 = 3 \times 0.06 \times 8000 = 1440L$

$Q_3 = \frac{\pi \times 0.15^2}{4} \times 50 \times 0.06 \times 1000 + \frac{\pi \times 0.1^2}{4} \times 100 \times 0.06 \times 1000 = 100.138L$

$Q_T = 20357.52 + 1440 + 100.138 = 21897.658 \fallingdotseq 21897.66L$

○ 답 : 21897.66L

해설

(가) ① **고정포방출구**

$$Q_1 = A \times Q \times T \times S \times \text{위험물계수}$$

여기서, Q_1 : 포소화약제의 양[L]
A : 탱크의 액표면적$[m^2]$
Q : 단위 포소화수용액의 양$[L/m^2 \cdot 분]$
T : 방출시간[분]
S : 포소화약제의 사용농도

고정포 방출구 수용액의 양 Q_1은

$Q_1 = A \times Q \times T \times S \times$위험물계수

$= \frac{\pi}{4} \times (30\text{m})^2 \times 8\text{L/m}^2 \cdot \text{min} \times 30\text{분} \times 1 \times 2$

$= 339292\text{L} = 339.292\text{m}^3 \, (1000\text{L} = 1\text{m}^3)$

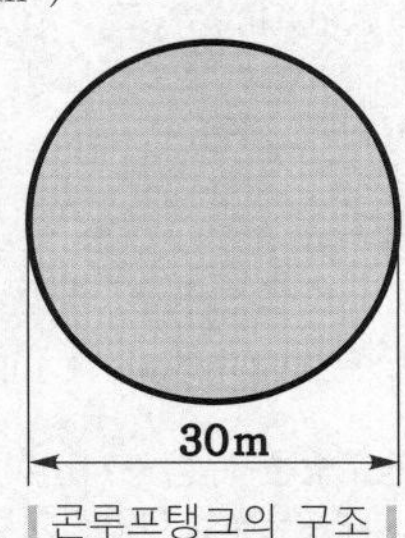

▌콘루프탱크의 구조▐

- Q(8L/m^2 · min) : 〔조건 ①〕에서 주어진 값
- T(30분) : 〔조건 ①〕에서 주어진 값
- 수용액의 **농도** S는 항상 1이다.
- 프로필렌옥사이드, 아세톤, 아세트산, 글리세린 등의 제4류 위험물 중 비수용성 외의 것은 고정포 방출구 식 $Q_1 = A \times Q \times T \times S$에 위험물계수를 반드시 곱해야 한다.

② **보조포소화전(옥외보조포소화전)**

$$Q_2 = N \times S \times 8000$$

여기서, Q_2 : 포소화약제의 양〔L〕
N : 호스접결구수(최대 **3개**)
S : 포소화약제의 사용농도

보조포소화전 수용액의 양 Q_2는

$Q_2 = N \times S \times 8000$[$N$: 호스접결구수(최대 **3개**)]

$= 3\text{개} \times 1 \times 8000 = \mathbf{24000L} = 24\text{m}^3 \, (1000\text{L} = 1\text{m}^3)$

- 〔조건 ②〕에서 보조포소화전의 호스접결구수는 4개이다. 그러나 위 식에서 적용 가능한 호스접결구의 최대 개수는 3개이므로 N=3개
- 수용액이므로 농도 $S=1$

③ 배관보정량

$$Q_3 = A \times L \times S \times 1000\text{L/m}^3$$

여기서, Q_3 : 배관보정량〔L〕
A : 배관단면적〔m^2〕
L : 배관길이〔m〕
S : 포소화약제의 농도

- 내경 75mm 초과시에만 적용

포수용액 배관보정량 Q_3는

$Q_3 = A \times L \times S \times 1000\text{L/m}^3$

$= \frac{\pi D^2}{4} \times L \times S \times 1000\text{L/m}^3$

$= \frac{\pi \times (0.15\text{m})^2}{4} \times 50\text{m} \times 1 \times 1000\text{L/m}^3 + \frac{\pi \times (0.1\text{m})^2}{4} \times 100\text{m} \times 1 \times 1000\text{L/m}^3 = 1668\text{L} = 1.668\text{m}^3$

- $A=\dfrac{\pi D^2}{4}$ (여기서, A : 배관단면적[m²], D : 배관안지름[m])
- 150mm=0.15m(1000mm=1m) : [조건 ③]에서 주어진 값
- 100mm=0.1m(1000mm=1m) : [조건 ③]에서 주어진 값
- 50m, 100m : [조건 ③]에서 주어진 값
- 내경 75mm 초과시에만 적용하므로 안지름 **150mm**와 안지름 **100mm**만 적용하고 안지름 60mm는 제외

④ 포원액의 용량 Q_T는

$Q_T = Q_1 + Q_2 + Q_3 = 339.292\text{m}^3 + 24\text{m}^3 + 1.668\text{m}^3 = 364.96\text{m}^3$

- [조건 ①]에서 **고정포방출구** 방사시간이 30분이므로 **30min** 적용
- **보조포소화전**의 방사시간은 화재안전기준에 의해 **20min** 적용

(나) ① 고정포방출구 포원액의 양 Q_1은

$Q_1 = A \times Q \times T \times S \times$위험물계수

$= \dfrac{\pi}{4} \times (30\text{m})^2 \times 8\text{L/m}^2 \cdot \text{min} \times 30\text{분} \times 0.06 \times 2 = 20357.52\text{L}$

- Q(8L/m² · min) : [조건 ①]에서 주어진 값
- T(30분) : [조건 ①]에서 주어진 값
- [조건 ①]에서 **6%**용 포이므로 농도 S=**0.06**

② 보조포소화전 포원액의 양 Q_2는

$Q_2 = N \times S \times 8000$ [N : 호스접결구수(최대 **3개**)]

$= 3\text{개} \times 0.06 \times 8000 = 1440\text{L}$

③ 배관보정량

$Q_3 = A \times L \times S \times 1000\text{L/m}^3$

여기서, Q_3 : 배관보정량[L]
A : 배관단면적[m²]
L : 배관길이[m]
S : 포소화약제의 농도

- 내경 75mm 초과시에만 적용

포원액 배관보정량 Q_3는

$Q_3 = A \times L \times S \times 1000\text{L/m}^3$

$= \dfrac{\pi D^2}{4} \times L \times S \times 1000\text{L/m}^3$

$= \dfrac{\pi \times (0.15\text{m})^2}{4} \times 50\text{m} \times 0.06 \times 1000\text{L/m}^3 + \dfrac{\pi \times (0.1\text{m})^2}{4} \times 100\text{m} \times 0.06 \times 1000\text{L/m}^3 = 100.138\text{L}$

- $A=\dfrac{\pi D^2}{4}$ (여기서, A : 배관단면적[m²], D : 배관안지름[m])
- 150mm=0.15m(1000mm=1m) : [조건 ③]에서 주어진 값
- 100mm=0.1m(1000mm=1m) : [조건 ③]에서 주어진 값
- 50m, 100m : [조건 ③]에서 주어진 값
- 내경 75mm 초과시에만 적용하므로 안지름 150mm와 안지름 100mm만 적용하고 안지름 60mm는 제외

④ 포원액의 용량 Q_T는

$Q_T = Q_1 + Q_2 + Q_3 = 20357.52\text{L} + 1440\text{L} + 100.138\text{L} = 21897.658 \fallingdotseq 21897.66\text{L}$

☆☆☆
문제 16

습식 스프링클러설비에서 체크밸브 고장시 발생하는 현상에 대하여 간단히 설명하시오.

득점	배점
	3

해답 가압수가 습식 밸브 1차측으로 송수되지 않음

해설

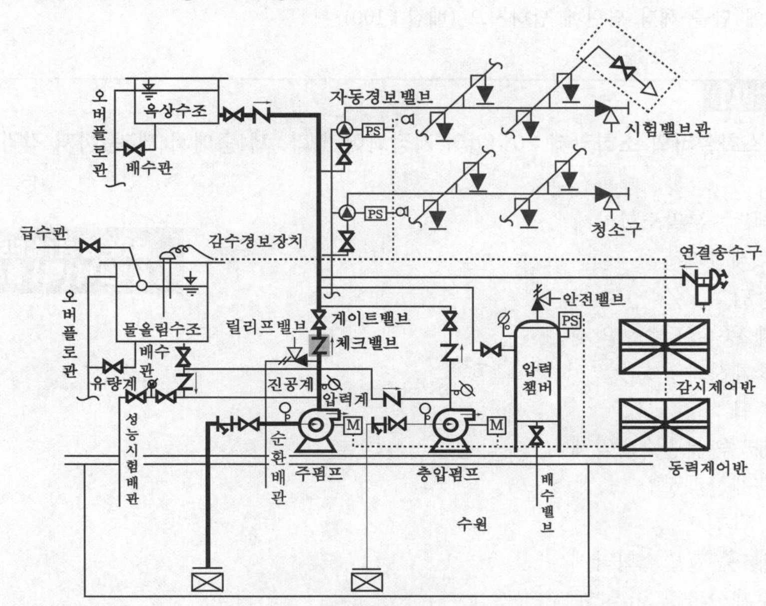

‖ 습식 스프링클러설비의 계통도 ‖

펌프 토출측 체크밸브 고장으로 막히게 되면 **체절운전** 형태가 되어 배관 내의 **수온**이 **상승**하고 **릴리프밸브**가 작동하여 가압수를 저수조로 되돌려 보냄으로서 가압수가 **습식 밸브 1차측**으로 **송수**되지 **않는다**.

중요

체절운전, 체절압력, 체절양정

구 분	설 명
체절운전	펌프의 성능시험을 목적으로 펌프 토출측의 개폐밸브를 닫은 상태에서 펌프를 운전하는 것
체절압력	체절운전시 릴리프밸브가 압력수를 방출할 때의 압력계상 압력으로 정격토출압력의 **140%** 이하
체절양정	펌프의 토출측 밸브가 모두 막힌 상태, 즉, 유량이 0인 상태에서의 양정

" 인생에서는 누구나 1등이 될 수 있다. 우리 모두 1등이 되는 삶을 향하여 한 발짝씩 전진해 봅시다. "

- 김영식 '10m만 더 뛰어봐' -

2020. 11. 15 시행

▮2020년 산업기사 제4회 필답형 실기시험▮

자격종목	시험시간	형별	수험번호	성명	감독위원 확인
소방설비산업기사(기계분야)	2시간 30분				

※ 다음 물음에 답을 해당 답란에 답하시오.(배점 : 100)

☆

문제 01

분말소화설비의 소화약제 200kg이 저장되어 있다. 제1종에서 제4종까지 각각의 내용적[L]을 구하시오.

(15.4.문8, 13.7.문9, 12.7.문14)

유사문제부터 풀어보세요.
실력이 팍!팍! 올라갑니다.

득점	배점
	4

(가) 제1종 분말소화약제
- ㅇ계산과정 :
- ㅇ답 :

(나) 제2종 분말소화약제
- ㅇ계산과정 :
- ㅇ답 :

(다) 제3종 분말소화약제
- ㅇ계산과정 :
- ㅇ답 :

(라) 제4종 분말소화약제
- ㅇ계산과정 :
- ㅇ답 :

해답 (가) ㅇ계산과정 : $0.8 \times 200 = 160$L
ㅇ답 : 160L

(나) ㅇ계산과정 : $1 \times 200 = 200$L
ㅇ답 : 200L

(다) ㅇ계산과정 : $1 \times 200 = 200$L
ㅇ답 : 200L

(라) ㅇ계산과정 : $1.25 \times 200 = 250$L
ㅇ답 : 250L

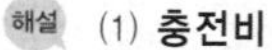
해설 (1) **충전비**

$$C = \frac{V}{G}$$

여기서, C : 충전비[L/kg]
V : 내용적[L]
G : 저장량[kg]

(2) **분말소화약제**

종 류	주성분	착 색	적응화재	충전비 〔L/kg〕	저장량	순도(함량)
제1종	탄산수소나트륨 ($NaHCO_3$)	백색	BC급	0.8	50kg	90% 이상
제2종	탄산수소칼륨 ($KHCO_3$)	담자색 (담회색)	BC급	1	30kg	92% 이상
제3종	인산암모늄 ($NH_4H_2PO_4$)	담홍색	ABC급	1	30kg	75% 이상
제4종	탄산수소칼륨+요소 ($KHCO_3+(NH_2)_2CO$)	회(백)색	BC급	1.25	20kg	–

① **제1종 분말소화약제**

내용적 $V=CG=0.8\text{L/kg}\times200\text{kg}=160\text{L}$

② **제2종 분말소화약제**

내용적 $V=CG=1\text{L/kg}\times200\text{kg}=200\text{L}$

③ **제3종 분말소화약제**

내용적 $V=CG=1\text{L/kg}\times200\text{kg}=200\text{L}$

④ **제4종 분말소화약제**

내용적 $V=CG=1.25\text{L/kg}\times200\text{kg}=250\text{L}$

☆☆☆

문제 02

소방시설 설계도에서 표시하는 기호(Symbol)를 도시하시오.

(17.6.문3, 16.11.문8, 15.11.문11, 15.4.문5, 13.4.문11, 10.10.문3, 06.7.문4, 03.10.문13, 02.4.문8)

득점	배점
	4

(가) 풋밸브
(나) Y형 스트레이너
(다) 옥내소화전배관
(라) 전자사이렌

해답

(가)

(나)

(다) ———— H ————

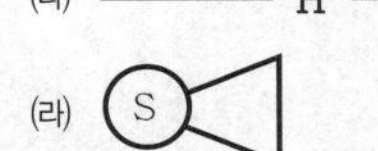

(라)

해설 **소방시설 도시기호**

명 칭	도시기호	비 고
일반배관	————————	–
옥내외 소화전배관	———— H ————	'Hydrant(소화전)'의 약자
스프링클러배관	———— SP ————	'Sprinkler(스프링클러)'의 약자
물분무배관	———— WS ————	'Water Spray(물분무)'의 약자

플랜지	(기호)	–
맹플랜지	(기호)	–
Y형 스트레이너	(기호)	–
U형 스트레이너	(기호)	–
사이렌	(기호)	–
모터사이렌	M	'Moter'의 약자
전자사이렌	S	'Sound'의 약자
부수신기	(기호)	–
중계기	(기호)	–
Foot밸브	(기호)	–
앵글밸브	(기호)	–

• 풋밸브=후드밸브

☆

문제 03

피난구조설비 중 노유자시설의 1층에 적응성이 있는 피난기구의 종류를 4가지 쓰시오.

(19.4.문4, 06.4.문3)

득점	배점
	4

○

○

○

○

해답 ① 미끄럼대
② 구조대
③ 피난교
④ 다수인 피난장비

해설 (1) **특정소방대상물**의 **설치장소별 피난기구**의 **적응성**(NFTC 301 2.1.1)

층별 / 설치장소별 구분	1층	2층	3층	4층 이상 10층 이하
노유자시설	• 미끄럼대 • 구조대 • 피난교 • 다수인 피난장비 • 승강식 피난기	• 미끄럼대 • 구조대 • 피난교 • 다수인 피난장비 • 승강식 피난기	• 미끄럼대 • 구조대 • 피난교 • 다수인 피난장비 • 승강식 피난기	• 구조대[1)] • 피난교 • 다수인 피난장비 • 승강식 피난기
의료시설 · 입원실이 있는 의원 · 접골원 · 조산원	–	–	• 미끄럼대 • 구조대 • 피난교 • 피난용 트랩 • 다수인 피난장비 • 승강식 피난기	• 구조대 • 피난교 • 피난용 트랩 • 다수인 피난장비 • 승강식 피난기
영업장의 위치가 4층 이하인 다중이용업소	–	• 미끄럼대 • 피난사다리 • 구조대 • 완강기 • 다수인 피난장비 • 승강식 피난기	• 미끄럼대 • 피난사다리 • 구조대 • 완강기 • 다수인 피난장비 • 승강식 피난기	• 미끄럼대 • 피난사다리 • 구조대 • 완강기 • 다수인 피난장비 • 승강식 피난기
그 밖의 것	–	–	• 미끄럼대 • 피난사다리 • 구조대 • 완강기 • 피난교 • 피난용 트랩 • 간이완강기[2)] • 공기안전매트[2)] • 다수인 피난장비 • 승강식 피난기	• 피난사다리 • 구조대 • 완강기 • 피난교 • 간이완강기[2)] • 공기안전매트[2)] • 다수인 피난장비 • 승강식 피난기

1) **구조대**의 적응성은 장애인관련시설로서 주된 사용자 중 스스로 피난이 불가한 자가 있는 경우 추가로 설치하는 경우에 한한다.
2) 간이완강기의 적응성은 **숙박시설**의 **3층 이상**에 있는 객실에, **공기안전매트**의 적응성은 **공동주택**에 추가로 설치하는 경우에 한한다.

(2) **피난기구**를 **설치**하는 **개구부**(NFPC 301 5조, NFTC 301 2.1.3)

① **가로 0.5m** 이상 **세로 1m** 이상인 것을 말한다. 이 경우 개구부 하단이 바닥에서 **1.2m** 이상이면 발판 등을 설치하여야 하고, 밀폐된 창문은 쉽게 파괴할 수 있는 **파괴장치** 비치

② 서로 **동일직선상**이 **아닌 위치**에 있을 것(단, **피난교** · **피난용 트랩** · **간이완강기** · **아파트**에 설치되는 피난기구, 기타 피난상 지장이 없는 것은 제외)

비교

피난기구의 **설치개수**(NFPC 301 5조, NFTC 301 2.1.2)

(1) **층**마다 설치할 것

시 설	설치기준
① 숙박시설 · 노유자시설 · 의료시설	바닥면적 **500m²**마다
② 위락시설 · 문화 및 집회시설, 운동시설 ③ 판매시설 · 복합용도의 층	바닥면적 **800m²**마다
④ 기타	바닥면적 **1000m²**마다
⑤ 계단실형 아파트	**각 세대**마다

(2) 피난기구 외에 **숙박시설**(휴양콘도미니엄 제외)의 경우에는 추가로 객실마다 **완강기** 또는 **둘 이상**의 **간이완강기**를 설치할 것

(3) 피난기구 외에 **아파트**의 경우에는 하나의 관리주체가 관리하는 아파트 구역마다 **공기안전매트 1개 이상**을 추가로 설치할 것(단, 옥상으로 피난이 가능하거나 인접세대로 피난할 수 있는 구조인 경우는 제외)

☆☆
문제 04

그림과 같은 방호대상물에 국소방출방식으로 이산화탄소 소화설비를 설치하고자 한다. 다음 각 물음에 답하시오. (단, 고정벽은 없으며, 고압식으로 설치한다.) (18.4.문10, 16.4.문11)

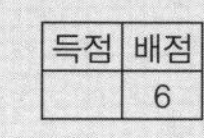

득점	배점
	6

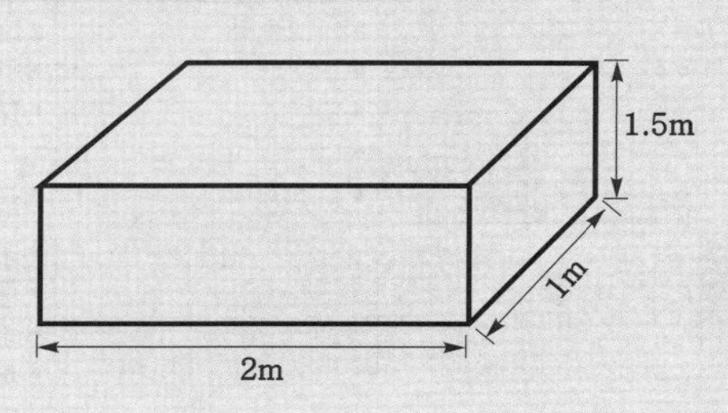

(가) 방호공간의 체적[m³]을 구하시오.
○ 계산과정 :
○ 답 :

(나) 소화약제의 저장량[kg]을 구하시오.
○ 계산과정 :
○ 답 :

(다) 하나의 분사헤드에 대한 방사량[kg/s]을 구하시오. (단, 분사헤드는 4개이다.)
○ 계산과정 :
○ 답 :

해답 (가) ○ 계산과정 : $3.2 \times 2.2 \times 2.1 = 14.784 ≒ 14.78\text{m}^3$
○ 답 : 14.78m^3

(나) ○ 계산과정 : $A = (3.2 \times 2.1 \times 2) + (2.1 \times 2.2 \times 2) = 22.68\text{m}^2$

$$저장량 = 14.78 \times \left(8 - 6 \times \frac{0}{22.68}\right) \times 1.4 = 165.536 ≒ 165.54\text{kg}$$

○ 답 : 165.54kg

(다) ○ 계산과정 : $\frac{165.54}{30 \times 4} = 1.379 ≒ 1.38\text{kg/s}$
○ 답 : 1.38kg/s

해설 (가)

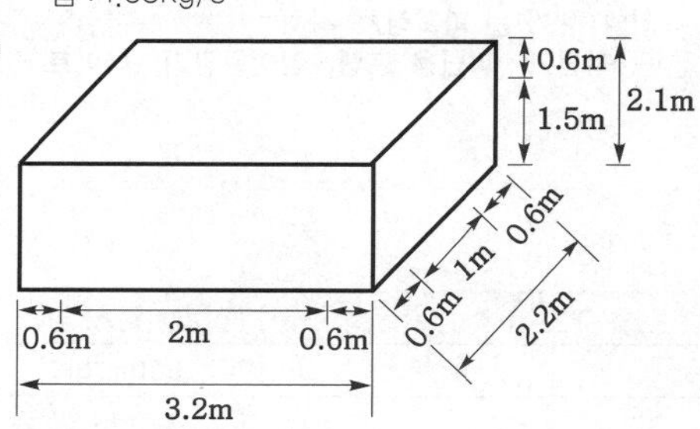

방호공간체적 $= 3.2\text{m} \times 2.2\text{m} \times 2.1\text{m} = 14.784 ≒ 14.78\text{m}^3$

- 방호공간체적 산정시 가로와 세로 부분은 각각 좌우 0.6m씩 늘어나지만 높이는 위쪽만 0.6m 늘어남을 기억하라.
- **방호공간** : 방호대상물의 각 부분으로부터 **0.6m**의 거리에 의하여 둘러싸인 공간

(나) **국소방출방식**의 CO_2 **저장량**

특정소방대상물	고압식	저압식
• 연소면 한정 및 비산우려가 없는 경우 • 윗면 개방용기	방호대상물 표면적×13kg/m²×1.4	방호대상물 표면적×13kg/m²×1.1
• 기타 →	방호공간체적$\times\left(8-6\dfrac{a}{A}\right)\times1.4$	방호공간체적$\times\left(8-6\dfrac{a}{A}\right)\times1.1$

여기서, a : 방호대상물 주위에 설치된 벽면적의 합계[m²]

A : 방호공간 벽면적의 합계[m²]

- **국소방출방식**으로 **고압식**을 설치하므로 위 표에서 빗금친 부분의 식을 적용한다.
- $a=0$: **'방호대상물 주위에 설치된 벽(고정벽)'**이 없거나 **'벽'**에 대한 조건이 없는 경우 $a=0$이다. 주의!
- 방호대상물 주위에 설치된 벽이 있다면 다음과 같이 계산하여야 한다.

방호대상물 주위에 설치된 **벽면적**의 **합계** a는

$$a=(\text{앞면}+\text{뒷면})+(\text{좌면}+\text{우면})$$

$$=(2\text{m}\times1.5\text{m}\times2\text{면})+(1.5\text{m}\times1\text{m}\times2\text{면})=9\text{m}^2$$

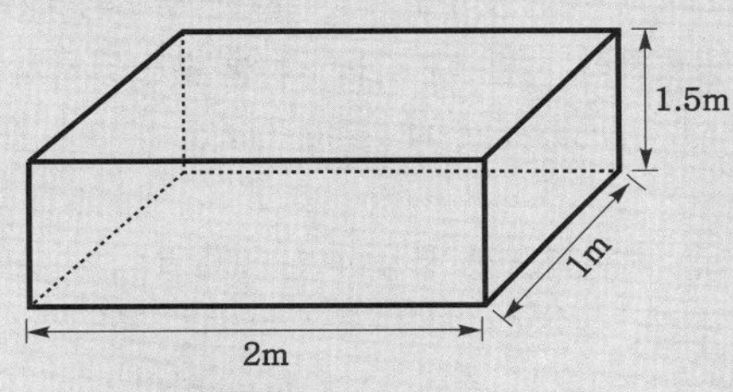

- **윗면 · 아랫면**은 적용하지 않는 것에 주의할 것

방호공간 벽면적의 합계 A는

$$A=(\text{앞면}+\text{뒷면})+(\text{좌면}+\text{우면})$$

$$A=(3.2\text{m}\times2.1\text{m}\times2\text{면})+(2.1\text{m}\times2.2\text{m}\times2\text{면})$$
$$=22.68\text{m}^2$$

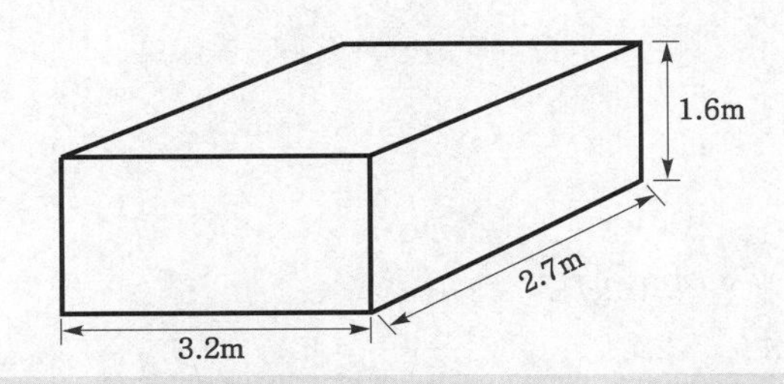

- **윗면 · 아랫면**은 적용하지 않는 것에 주의할 것

소화약제저장량$=$방호공간체적$\times\left(8-6\dfrac{a}{A}\right)\times1.4$

$$=14.78\text{m}^3\times\left(8-6\times\frac{0}{22.68\text{m}^2}\right)\times1.4$$

$$=165.536\fallingdotseq\mathbf{165.54kg}$$

(다) [단서]에서 분사헤드는 **4개**이며, CO_2 소화설비(국소방출방식)의 약제방사시간은 30초 이내이므로

하나의 분사헤드에 대한 **방사량**[kg/s]$=\dfrac{165.54\text{kg}}{30\text{s}\times4\text{개}}=1.379\fallingdotseq1.38\text{kg/s}$

- 단위를 보고 계산하면 쉽게 알 수 있다.

중요

약제방사시간

소화설비		전역방출방식		국소방출방식	
		일반건축물	위험물제조소	일반건축물	위험물제조소
할론소화설비		10초 이내	30초 이내	10초 이내	30초 이내
분말소화설비		30초 이내		30초 이내	
CO_2 소화설비	표면화재	1분 이내	60초 이내		
	심부화재	7분 이내			

- **표면화재** : 가연성 액체 · 가연성 가스
- **심부화재** : 종이 · 목재 · 석탄 · 섬유류 · 합성수지류

☆☆☆

문제 05

경유를 저장하는 탱크의 내부 직경이 20m인 플루팅루프탱크(floating roof tank)에 포소화설비의 특형 방출구를 설치하여 방호하려고 할 때 다음 각 물음에 답하시오.

(17.11.문9, 16.11.문13, 16.6.문2, 15.4.문9, 14.7.문10, 14.4.문12, 13.11.문3, 13.7.문4, 09.10.문4, 05.10.문12, 02.4.문12)

득점	배점
	8

〔조건〕

① 소화약제는 6%용의 단백포를 사용하며, 포수용액의 분당방출량은 $10L/m^2$ · 분이고, 방사시간은 20분을 기준으로 한다.

② 탱크의 내면과 굽도리판의 간격은 2.5m로 한다.

③ 펌프의 효율은 65%, 전달계수는 1.1로 한다.

(가) 상기 탱크의 특형 고정포방출구에 의하여 소화하는 데 필요한 포수용액의 양, 수원의 양, 포소화약제 원액의 양은 각각 얼마인지 구하시오.

① 포수용액의 양〔L〕
- ○ 계산과정 :
- ○ 답 :

② 수원의 양〔L〕
- ○ 계산과정 :
- ○ 답 :

③ 포소화약제 원액의 양〔L〕
- ○ 계산과정 :
- ○ 답 :

(나) 수원을 공급하는 가압송수장치(펌프)의 분당토출량〔L/min〕을 구하시오.
- ○ 계산과정 :
- ○ 답 :

(다) 펌프의 전양정이 90m라고 할 때 전동기의 출력〔kW〕을 구하시오.
- ○ 계산과정 :
- ○ 답 :

(라) 고발포용 포소화약제의 팽창비범위를 쓰시오.
- ○

해답 (가) ① 포수용액의 양

○ 계산과정 : $\frac{\pi}{4}(20^2-15^2)\times10\times20\times1=27488.935 \fallingdotseq 27488.94\text{L}$

○ 답 : 27488.94L

② 수원의 양

○ 계산과정 : $\frac{\pi}{4}(20^2-15^2)\times10\times20\times0.94=25839.599 \fallingdotseq 25839.6\text{L}$

○ 답 : 25839.6L

③ 포소화약제 원액의 양

○ 계산과정 : $\frac{\pi}{4}(20^2-15^2)\times10\times20\times0.06=1649.336 \fallingdotseq 1649.34\text{L}$

○ 답 : 1649.34L

(나) ○ 계산과정 : $\frac{27488.94}{20}=1374.447 \fallingdotseq 1374.45\text{L/min}$

○ 답 : 1374.45L/min

(다) ○ 계산과정 : $\frac{0.163\times1.37445\times90}{0.65}\times1.1=34.122 \fallingdotseq 34.12\text{kW}$

○ 답 : 34.12kW

(라) 80~1000배 미만

해설 (가)

$$Q=A\times Q_1\times T\times S$$

여기서, Q : 포소화약제의 양〔L〕

A : 탱크의 액표면적〔m^2〕

Q_1 : 단위 포소화수용액의 양〔$L/m^2 \cdot$ 분〕

T : 방출시간〔분〕

S : 포소화약제의 사용농도

① **포수용액**의 **양** Q는

$Q=A\times Q_1\times T\times S=\frac{\pi}{4}(20^2-15^2)\text{m}^2\times10\text{L/m}^2\cdot\text{분}\times20\text{분}\times1=27488.935 \fallingdotseq 27488.94\text{L}$

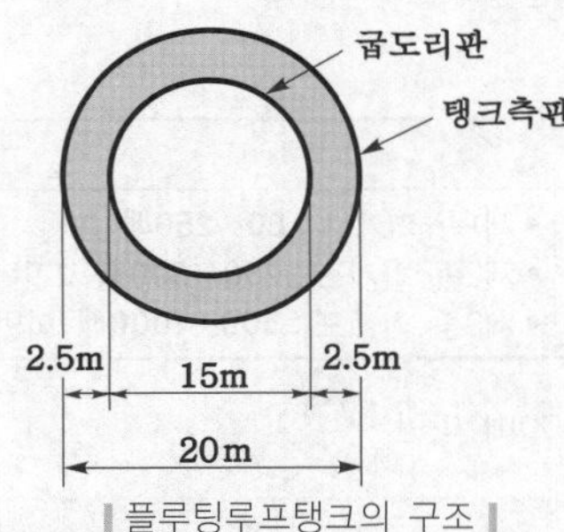

‖ 플루팅루프탱크의 구조 ‖

• 포수용액의 **농도** S는 항상 1이다.

② **수원**의 **양** Q는

$Q=A\times Q_1\times T\times S=\frac{\pi}{4}(20^2-15^2)\text{m}^2\times10\text{L/m}^2\cdot\text{분}\times20\text{분}\times0.94=25839.599 \fallingdotseq 25839.6\text{L}$

• 〔조건 ①〕에서 **6%**용 포이므로 수원(물)은 **94%**(100−6=94%)가 되어 농도 $S=$ **0.94**

③ 포소화약제 **원액**의 **양** Q는

$Q=A\times Q_1\times T\times S=\frac{\pi}{4}(20^2-15^2)\text{m}^2\times10\text{L/m}^2\cdot\text{분}\times20\text{분}\times0.06=1649.336 \fallingdotseq 1649.34\text{L}$

• 〔조건 ①〕에서 **6%**용 포이므로 농도 $S=$ **0.06**

(나) 펌프의 토출량은 **포수용액**을 **기준**으로 하므로

$$\frac{27488.94\text{L}}{20\text{min}} = 1374.447 ≒ 1374.45\text{L/min}$$

- 27488.94L : (가)에서 구한 값
- 방사시간 20분(**20min**) : [조건 ①]에서 주어진 값
- 토출량의 단위[L/min]를 보면 쉽게 계산할 수 있다.
  - 포소화설비의 화재안전기준(NFPC 105 6조 ①항 4호, NFTC 105 2.3.1.4)
    제6조 가압송수장치
    4. 펌프의 토출량은 포헤드 · 고정포방출구 또는 이동식 포노즐의 설계압력 또는 노즐의 방사압력의 허용범위 안에서 **포수용액**을 방출 또는 방사할 수 있는 양 이상이 되도록 할 것

(다)

$$P = \frac{0.163QH}{\eta}K$$

여기서, P : 전동력(전동기의 출력)[kW]
Q : 유량[m^3/min]
H : 전양정[m]
K : 전달계수
η : 효율

전동기의 **출력** P는

$$P = \frac{0.163QH}{\eta}K = \frac{0.163 \times 1374.45\text{L/min} \times 90\text{m}}{0.65} \times 1.1$$

$$= \frac{0.163 \times 1.37445\text{m}^3\text{/min} \times 90\text{m}}{0.65} \times 1.1$$

$$= 34.122 ≒ 34.12\text{kW}$$

◈ 고민상담 ◈

답안 작성시 **'이상'**이란 말은 꼭 붙이지 않아도 된다. 원칙적으로 여기서 구한 값은 **최소값**이므로 **'이상'**을 붙이는 것이 정확한 답이지만, **한국산업인력공단**의 공식답변에 의하면 **'이상'**이란 말까지는 붙이지 않아도 **옳은 답**으로 **채점**한다고 한다.

(라) **팽창비**

저발포	고발포
20배 이하	• 제1종 기계포 : **80~250배** 미만 • 제2종 기계포 : **250~500배** 미만 • 제3종 기계포 : **500~1000배** 미만

- **고발포** : 80~1000배 미만

기억법 저2, 고81

☆☆

문제 06

그림과 같은 옥내소화전설비를 다음 조건과 화재안전기준에 따라 설치하려고 한다. 다음 각 물음에 답하시오. (17.4.문4, 16.6.문9, 15.4.문16, 14.4.문5, 12.4.문1, 09.10.문10, 06.7.문7)

득점	배점
	8

[조건]

① P_1 : 옥내소화전펌프
② P_2 : 잡수용 양수펌프
③ 펌프의 후드밸브로부터 9층 옥내소화전함 호스접결구까지의 마찰손실 및 저항손실수두는 실양정의 25%로 한다.

④ 펌프의 효율은 70%이며, 전달계수는 1.1이다.
⑤ 옥내소화전의 개수는 각 층 2개씩이다.
⑥ 소화호스의 마찰손실수두는 7.8m이다.
⑦ P_1 후드밸브와 바닥면과의 간격은 0.2m이다.

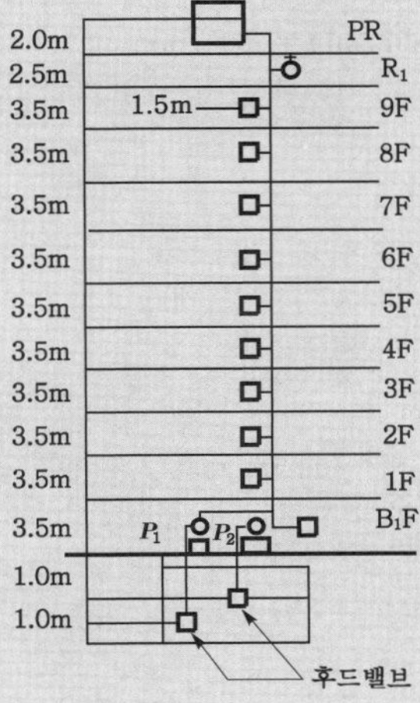

(가) 펌프의 최소토출량은 몇 L/min인가?
○ 계산과정 :
○ 답 :

(나) 수원의 최소유효저수량은 몇 m^3인가?
○ 계산과정 :
○ 답 :

(다) 펌프의 양정은 몇 m인가?
○ 계산과정 :
○ 답 :

(라) 펌프의 동력은 몇 kW인가?
○ 계산과정 :
○ 답 :

해답 (가) ○ 계산과정 : $2\times130=260\text{L/min}$
○ 답 : 260L/min

(나) ○ 계산과정 : $Q=2.6\times2=5.2\text{m}^3$

$Q'=2.6\times2\times\frac{1}{3}\fallingdotseq1.733\text{m}^3$

$5.2+1.733=6.933\fallingdotseq6.93\text{m}^3$

○ 답 : 6.93m^3

(다) ○ 계산과정 : $h_1=7.8\text{m}$

$h_2=34.8\times0.25=8.7\text{m}$

$h_3=(1.0-0.2)+1.0+(3.5\times9)+1.5=34.8\text{m}$

$H=7.8+8.7+34.8+17=68.3\text{m}$

○ 답 : 68.3m

(라) ○ 계산과정 : $\frac{0.163\times0.26\times68.3}{0.7}\times1.1=4.548\fallingdotseq4.55\text{kW}$

○ 답 : 4.55kW

해설 (가) **옥내소화전설비**의 **토출량**

$$Q \geq N \times 130$$

여기서, Q : 가압송수장치의 토출량〔L/min〕
N : 가장 많은 층의 소화전개수(30층 미만 : 최대 2개, 30층 이상 : 최대 5개)

펌프의 **최소토출량** Q는

$Q = N \times 130\text{L/min} = 2 \times 130\text{L/min} = 260\text{L/min}$

- 〔조건 ⑤〕에서 소화전개수(N)=2개

(나) **지하수조의 저수량**

$Q \geq 2.6N$(30층 미만, N : 최대 2개)
$Q \geq 5.2N$(30~49층 이하, N : 최대 5개)
$Q \geq 7.8N$(50층 이상, N : 최대 5개)

여기서, Q : 수원의 저수량〔m^3〕
N : 가장 많은 층의 소화전개수

① **지하수조**의 **최소유효저수량** Q는

$Q = 2.6N = 2.6 \times 2 = 5.2\text{m}^3$

- 〔조건 ⑤〕에서 소화전개수(N)=2개

② **옥상수조**의 **저수량**

$Q' \geq 2.6N \times \frac{1}{3}$(30층 미만, N : 최대 2개)
$Q' \geq 5.2N \times \frac{1}{3}$(30~49층 이하, N : 최대 5개)
$Q' \geq 7.8N \times \frac{1}{3}$(50층 이상, N : 최대 5개)

여기서, Q' : 옥상수조의 저수량〔m^3〕
N : 가장 많은 층의 소화전개수

옥상수조의 최소유효저수량 Q'는

$Q' = 2.6N \times \frac{1}{3} = 2.6 \times 2 \times \frac{1}{3} \fallingdotseq 1.733\text{m}^3$

수원의 최소유효저수량=지하수조의 최소유효저수량+옥상수조의 최소유효저수량

$= 5.2\text{m}^3 + 1.733\text{m}^3 = 6.933 \fallingdotseq 6.93\text{m}^3$

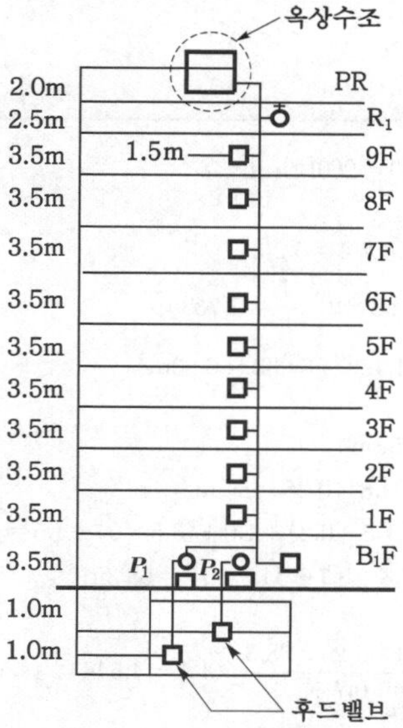

• 그림에서 옥상수조가 있으므로 옥상수조 저수량 추가

(다)

$$H \geq h_1 + h_2 + h_3 + 17$$

여기서, H : 전양정〔m〕
h_1 : 소방호스의 마찰손실수두〔m〕
h_2 : 배관 및 관부속품의 마찰손실수두〔m〕
h_3 : 실양정(흡입양정+토출양정)〔m〕

$h_1 = 7.8\text{m}$(〔조건 ⑥〕에서 주어진 값)

$h_2 = 34.8 \times 0.25 = 8.7\text{m}$(〔조건 ③〕에 의해 실양정의 25%(0.25) 적용)

$h_3 = (1.0-0.2) + 1.0 + (3.5 \times 9) + 1.5 = 34.8\text{m}$

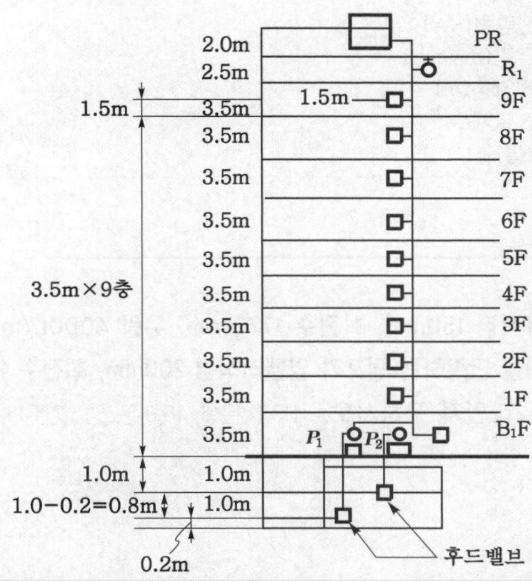

• **실양정**(h_3) : 옥내소화전펌프(P_1)의 후드밸브~최상층 옥내소화전의 앵글밸브까지의 수직거리

펌프의 **양정** H는

$H = h_1 + h_2 + h_3 + 17 = 7.8 + 8.7 + 34.8 + 17 = 68.3\text{m}$

(라) **펌프**의 **동력** P는

$$P = \frac{0.163\,QH}{\eta}K = \frac{0.163 \times 260\text{L/min} \times 68.3\text{m}}{0.7} \times 1.1$$

$$= \frac{0.163 \times 0.26\text{m}^3\text{/min} \times 68.3\text{m}}{0.7} \times 1.1 = 4.548 \fallingdotseq 4.55\text{kW}$$

중요

펌프의 **동력**

(1) **펌프**의 **수동력**

전달계수(K)와 효율(η)을 고려하지 않은 동력이다.

$$P = 0.163QH$$

여기서, P : 축동력〔kW〕
Q : 유량〔m^3/min〕
H : 전양정〔m〕

(2) **펌프**의 **축동력**

전달계수(K)를 고려하지 않은 동력이다.

$$P = \frac{0.163\,QH}{\eta}$$

여기서, P : 축동력〔kW〕

Q : 유량〔m^3/min〕

H : 전양정〔m〕

η : 효율

(3) **펌프**의 **전동력**

일반적 전동기의 동력(용량)을 말한다.

$$P = \frac{0.163\,QH}{\eta}K$$

여기서, P : 전동력〔kW〕

Q : 유량〔m^3/min〕

H : 전양정〔m〕

K : 전달계수

η : 효율

☆☆☆

문제 07

소화펌프가 임펠러직경 150mm, 회전수 1770rpm, 유량 4000L/min, 양정 50m로 가압송수하고 있다. 이 펌프와 상사법칙을 만족하는 펌프가 임펠러직경 200mm, 회전수 1170rpm으로 운전하면 유량〔L/min〕과 양정〔m〕은 각각 얼마인지 구하시오. (19.11.문16, 16.6.문7, 15.7.문15, 14.7.문1, 08.7.문10, 07.4.문9, 03.4.문9)

득점	배점
	4

(가) 유량〔L/min〕

○ 계산과정 :

○ 답 :

(나) 양정〔m〕

○ 계산과정 :

○ 답 :

해답

(가) ○ 계산과정 : $4000 \times \left(\frac{1170}{1770}\right) \times \left(\frac{200}{150}\right)^3 = 6267.419 ≒ 6267.42\text{L/min}$

○ 답 : 6267.42L/min

(나) ○ 계산과정 : $50 \times \left(\frac{1170}{1770}\right)^2 \times \left(\frac{200}{150}\right)^2 = 38.839 ≒ 38.84\text{m}$

○ 답 : 38.84m

해설 (가) **유량** Q_2는

$$Q_2 = Q_1\left(\frac{N_2}{N_1}\right)\left(\frac{D_2}{D_1}\right)^3 = 4000\text{L/min} \times \left(\frac{1170\,\text{rpm}}{1770\,\text{rpm}}\right) \times \left(\frac{200\,\text{mm}}{150\,\text{mm}}\right)^3$$
$$= 6267.419 ≒ 6267.42\text{L/min}$$

(나) **양정** H_2는

$$H_2 = H_1\left(\frac{N_2}{N_1}\right)^2\left(\frac{D_2}{D_1}\right)^2 = 50\,\text{m} \times \left(\frac{1170\,\text{rpm}}{1770\,\text{rpm}}\right)^2 \times \left(\frac{200\,\text{mm}}{150\,\text{mm}}\right)^2$$
$$= 38.839 ≒ 38.84\text{m}$$

중요

유량, 양정, 축동력

유 량	양 정	축동력
회전수에 비례하고 **직경**(관경)의 세제곱에 비례한다.	회전수의 제곱 및 **직경**(관경)의 제곱에 비례한다.	회전수의 세제곱 및 **직경**(관경)의 오제곱에 비례한다.
$Q_2 = Q_1 \left(\frac{N_2}{N_1}\right)\left(\frac{D_2}{D_1}\right)^3$ 또는 $Q_2 = Q_1 \left(\frac{N_2}{N_1}\right)$	$H_2 = H_1 \left(\frac{N_2}{N_1}\right)^2\left(\frac{D_2}{D_1}\right)^2$ 또는 $H_2 = H_1 \left(\frac{N_2}{N_1}\right)^2$	$P_2 = P_1 \left(\frac{N_2}{N_1}\right)^3\left(\frac{D_2}{D_1}\right)^5$ 또는 $P_2 = P_1 \left(\frac{N_2}{N_1}\right)^3$
여기서, Q_2: 변경 후 유량〔L/min〕 Q_1 : 변경 전 유량〔L/min〕 N_2: 변경 후 회전수〔rpm〕 N_1 : 변경 전 회전수〔rpm〕 D_2: 변경 후 직경(관경)〔mm〕 D_1 : 변경 전 직경(관경)〔mm〕	여기서, H_2: 변경 후 양정〔m〕 H_1 : 변경 전 양정〔m〕 N_2: 변경 후 회전수〔rpm〕 N_1 : 변경 전 회전수〔rpm〕 D_2: 변경 후 직경(관경)〔mm〕 D_1 : 변경 전 직경(관경)〔mm〕	여기서, P_2: 변경 후 축동력〔kW〕 P_1 : 변경 전 축동력〔kW〕 N_2: 변경 후 회전수〔rpm〕 N_1 : 변경 전 회전수〔rpm〕 D_2 : 변경 후 직경(관경)〔mm〕 D_1 : 변경 전 직경(관경)〔mm〕

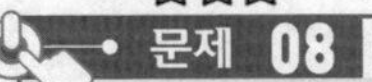

문제 08

지하 1층, 지상 9층의 백화점 건물에 다음 조건 및 화재안전기준에 따라 스프링클러설비를 설계하려고 할 때 다음을 구하시오. (19.6.문11, 19.4.문7, 15.4.문2, 12.7.문11, 10.4.문13, 09.7.문3, 08.4.문14)

득점	배점
	8

〔조건〕

① 펌프는 지하층에 설치되어 있고 펌프로부터 최상층 스프링클러헤드까지 수직거리는 50m이다.

② 배관 및 관부속품의 마찰손실수두는 펌프로부터 최상층 스프링클러헤드까지 수직거리의 20%로 한다.

③ 펌프의 흡입측 배관에 설치된 연성계는 300mmHg를 나타낸다.

④ 각 층에 설치된 스프링클러헤드(폐쇄형)는 80개씩이다.

⑤ 펌프 효율은 68%이다.

(가) 펌프에 요구되는 전양정〔m〕을 구하시오.

○ 계산과정 :

○ 답 :

(나) 펌프에 요구되는 최소 토출량〔L/min〕을 구하시오.

○ 계산과정 :

○ 답 :

(다) 스프링클러설비에 요구되는 최소 유효수원의 양〔m^3〕을 구하시오.

○ 계산과정 :

○ 답 :

(라) 펌프의 효율을 고려한 축동력〔kW〕을 구하시오.

○ 계산과정 :

○ 답 :

해답 (가) ○ 계산과정 : h_2 : $\frac{300}{760} \times 10.332 = 4.078\text{m}$

$4.078 + 50 = 54.078\text{m}$

h_1 : $50 \times 0.2 = 10\text{m}$

H : $10 + 54.078 + 10 = 74.078 ≒ 74.08\text{m}$

○ 답 : 74.08m

(나) ○ 계산과정 : $Q_1 = 30 \times 80 = 2400\text{L/min}$

○ 답 : 2400L/min

(다) ○ 계산과정 : $2400 \times 20 = 48000\text{L} = 48\text{m}^3$

○ 답 : 48m^3

(라) ○ 계산과정 : $\frac{0.163 \times 2.4 \times 74.08}{0.68} = 42.617 ≒ 42.62\text{kW}$

○ 답 : 42.62kW

해설 (가) **스프링클러설비**의 **전양정**

$$H = h_1 + h_2 + 10$$

여기서, H : 전양정[m]

h_1 : 배관 및 관부속품의 마찰손실수두[m]

h_2 : 실양정(흡입양정+토출양정)[m]

10 : 최고위 헤드 압력수두[m]

h_2 : 흡입양정 $= \frac{300\text{mmHg}}{760\text{mmHg}} \times 10.332\text{m} = 4.078\text{m}$

토출양정 = 50m

∴ 실양정 = 흡입양정 + 토출양정 = 4.078m + 50m = **54.078m**

- 흡입양정(4.078m) : [조건 ③]에서 300mmHg이며, 760mmHg=10.332m 이므로 300mmHg=**4.078m**가 된다.
- 토출양정(50m) : [조건 ①]에서 주어진 값
- 토출양정 : 펌프로부터 최상층 스프링클러헤드까지 수직거리

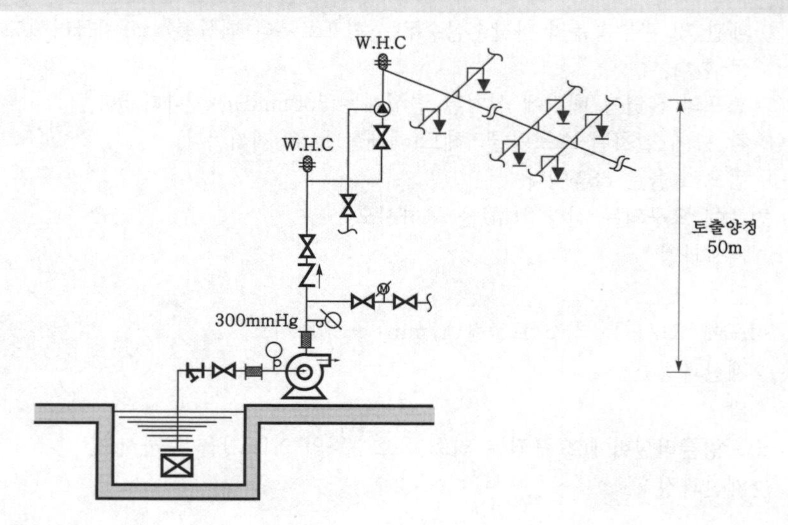

h_1 : 50m×0.2=**10m**

- [조건 ②]에서 배관 및 관부속품의 마찰손실수두는 토출양정(펌프로부터 최상층 스프링클러헤드까지 수직거리)의 20%를 적용하라고 하였으므로 h_1을 구할 때 50m×0.2를 적용하는 것이 옳다.

전양정 H는

$H = h_1 + h_2 + 10 = 10\text{m} + 54.078\text{m} + 10 = 74.078 \fallingdotseq \mathbf{74.08m}$

- h_2(54.078m) : ㈎에서 구한 값

㈏ **스프링클러설비**의 **수원**의 **양**

특정소방대상물		폐쇄형 헤드의 기준개수
지하가 · 지하역사		30
11층 이상		30
10층 이하	공장(특수가연물)	30
10층 이하	판매시설(백화점 등), 복합건축물(판매시설이 설치된 복합건축물) →	30
10층 이하	근린생활시설, 운수시설	20
10층 이하	8m 이상	20
10층 이하	8m 미만	10

특별한 조건이 없는 한 **폐쇄형 헤드**를 사용하고 **백화점**(판매시설)이므로

$Q = N \times 80\text{L/min}$ 이상

여기서, Q : 펌프의 토출량[m^3]
N : 폐쇄형 헤드의 기준개수(설치개수가 기준개수보다 적으면 그 설치개수)

펌프의 **토출량** $Q_1 = N \times 80\text{L/min} = 30 \times 80\text{L/min} = 2400\text{L/min}$

- 옥상수조의 여부는 알 수 없으므로 이 문제에서 제외

㈐

수원의 양 = 토출량[L/min]×20min(30층 미만)
수원의 양 = 토출량[L/min]×40min(30~49층 이하)
수원의 양 = 토출량[L/min]×60min(50층 이상)

30층 미만이므로

수원의 양=토출량[L/min]×20min
=2400L/min×20min=48000L=48m^3

- 1000L=1m^{3}이므로 48000L=48m^3
- 문제에서 지상 9층으로 30층 미만이므로 30층 미만식 적용
- 2400L/min : ㈏에서 구한 값

㈑ **축동력**

$$P = \frac{0.163QH}{\eta}$$

여기서, P : 축동력[kW]
Q : 유량[m^3/min]
H : 전양정[m]
η : 효율

펌프의 **축동력** P는

$$P = \frac{0.163QH}{\eta} = \frac{0.163 \times 2.4\text{m}^3/\text{min} \times 74.08\text{m}}{0.68} = 42.617 \fallingdotseq 42.62\text{kW}$$

- 2.4m^3/min : ㈏에서 2400L/min=2.4m^3/min(1000L=1m^3)
- **74.08m** : ㈎에서 구한 값
- **축동력** : 전달계수(K)를 고려하지 않은 동력

☆☆☆

문제 09

가로 10m, 세로 15m, 높이 5m인 전산실에 할로겐화합물 및 불활성기체 소화약제 중 IG-541을 사용할 경우 조건을 참고하여 다음 각 물음에 답하시오. (16.6.문6, 14.4.문3)

득점	배점
	4

〔조건〕

① IG-541의 소화농도는 25%이다.

② IG-541의 저장용기는 80L용 15.8m^3/병을 적용한다.

③ 소화약제량 산정시 선형 상수를 이용하도록 하며 방사시 기준온도는 20℃이다.

소화약제	K_1	K_2
IG-541	0.65799	0.00239

(가) IG-541의 저장량은 몇 m^3인지 구하시오.

○ 계산과정 :

○ 답 :

(나) IG-541의 저장용기수는 최소 몇 병인지 구하시오.

○ 계산과정 :

○ 답 :

해답 (가) ○ 계산과정 : $S = 0.65799 + 0.00239 \times 20 = 0.70579 m^3/kg$

$V_s = 0.65799 + 0.00239 \times 20 = 0.70579 m^3/kg$

$$X = 2.303\left(\frac{0.70579}{0.70579}\right) \times \log_{10}\left[\frac{100}{100-30}\right] \times (10 \times 15 \times 5) = 267.554 ≒ 267.55 m^3$$

○ 답 : 267.55m^3

(나) ○ 계산과정 : $\frac{267.55}{15.8} = 16.9 ≒ 17$병

○ 답 : 17병

해설 **소화약제량(저장량)의 산정**(NFPC 107A 7조, NFTC 107A 2.4.1)

구 분	할로겐화합물 소화약제	불활성기체 소화약제
종류	• FC-3-1-10 • HCFC BLEND A • HCFC-124 • HFC-125 • HFC-227ea • HFC-23 • HFC-236fa • FIC-13I1 • FK-5-1-12	• IG-01 • IG-100 • **IG-541** • IG-55
공식	$W = \frac{V}{S} \times \left(\frac{C}{100-C}\right)$ 여기서, W : 소화약제의 무게〔kg〕 V : 방호구역의 체적〔m^3〕 S : 소화약제별 선형 상수($K_1 + K_2 t$)〔m^3/kg〕 K_1, K_2 : 선형 상수 t : 방호구역의 최소 예상온도〔℃〕 C : 체적에 따른 소화약제의 설계농도〔%〕	$X = 2.303\left(\frac{V_s}{S}\right) \times \log_{10}\left[\frac{100}{(100-C)}\right] \times V$ 여기서, X : 소화약제의 부피〔m^3〕 V_s : 20℃에서 소화약제의 비체적 ($K_1 + K_2 \times 20$℃)〔m^3/kg〕 S : 소화약제별 선형 상수($K_1 + K_2 t$)〔m^3/kg〕 K_1, K_2 : 선형 상수 t : 방호구역의 최소 예상온도〔℃〕 C : 체적에 따른 소화약제의 설계농도〔%〕 V : 방호구역의 체적〔m^3〕

불활성기체 소화약제

(가) 소화약제별 선형 상수 S는

$S=K_1+K_2t=0.65799+0.00239\times20℃=0.70579\text{m}^3/\text{kg}$

20℃에서 소화약제의 비체적 V_s는

$V_s=K_1+K_2t=0.65799+0.00239\times20℃=0.70579\text{m}^3/\text{kg}$

- IG-541의 K_1(0.65799), K_2(0.00239) : 〔조건 ③〕에서 주어진 값
- t(20℃) : 〔조건 ③〕에서 주어진 값

IG-541의 저장량 X는

$$X=2.303\left(\frac{V_s}{S}\right)\times\log_{10}\left[\frac{100}{(100-C)}\right]\times V$$

$$=2.303\left(\frac{0.70579\text{m}^3/\text{kg}}{0.70579\text{m}^3/\text{kg}}\right)\times\log_{10}\left[\frac{100}{100-30}\right]\times(10\times15\times5)\text{m}^3=267.554≒267.55\text{m}^3$$

- IG-541 : **불활성기체 소화약제**
- 전산실 : **C급 화재**
- 설계농도〔%〕=소화농도〔%〕×안전계수(A · C급 : 1.2, B급 : 1.3)
  =25%×1.2
  =30%

(나) $\text{용기수}=\dfrac{\text{저장량}[\text{m}^3]}{\text{1병당 저장량}[\text{m}^3]}=\dfrac{267.55\text{m}^3}{15.8\text{m}^3/\text{병}}=16.9≒17\text{병}$

- **267.55m³** : (가)에서 구한 값
- 15.8m³/병 : 〔조건 ②〕에서 주어진 값

☆☆☆

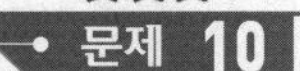

지상 11층인 사무소 건축물에 아래와 같은 조건에서 스프링클러설비를 설계하고자 할 때 이 건축물에 설치된 스프링클러헤드의 총개수는 몇 개인지 구하시오. (단, 정방형으로 배치한다.)

(18.11.문4, 14.11.문4, 12.7.문15, 11.7.문9)

득점	배점
	7

〔조건〕

① 건축물은 내화구조이며 기준층(1~11층)의 평면도는 다음과 같다.

② 모든 규격치는 최소량을 적용한다.

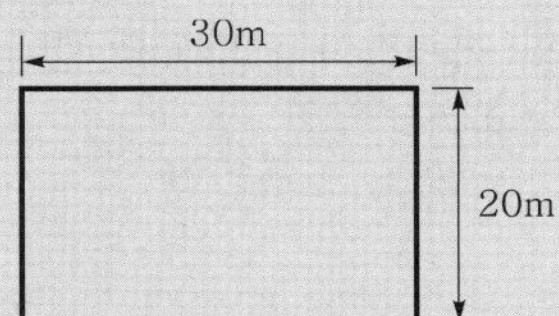

○ 계산과정 :

○ 답 :

○ 계산과정 : $S=2\times2.3\times\cos45°=3.252\text{m}$

$\text{가로헤드개수}=\dfrac{30}{3.252}=9.2≒10\text{개}$

$\text{세로헤드개수}=\dfrac{20}{3.252}=6.1≒7\text{개}$

지상층 한 층의 헤드개수 $=10\times7=70$개

지상 1~11층의 헤드개수 $=70$개$\times11$층$=770$개

○ 답 : 770개

해설

스프링클러헤드의 배치기준

설치장소	설치기준(R)
무대부 · 특수가연물	수평거리 **1.7m** 이하
기타구조	수평거리 **2.1m** 이하
내화구조 →	수평거리 **2.3m** 이하
랙크식 창고	수평거리 **2.5m** 이하
공동주택(아파트) 세대 내의 거실	수평거리 **3.2m** 이하

정방형(정사각형)

$$S = 2R\cos 45°$$
$$L = S$$

여기서, S : 수평헤드간격〔m〕
R : 수평거리〔m〕
L : 배관간격〔m〕

수평헤드간격(헤드의 설치간격) S는

$S = 2R\cos 45° = 2\times 2.3\text{m}\times\cos 45° = 3.252\text{m}$

가로헤드개수$= \dfrac{\text{가로길이}}{S} = \dfrac{30\text{m}}{3.252\text{m}} = 9.2 ≒ 10$개(**소수발생**시 반드시 **절상**)

세로헤드개수$= \dfrac{\text{세로길이}}{S} = \dfrac{20\text{m}}{3.252\text{m}} = 6.1 ≒ 7$개(**소수발생**시 반드시 **절상**)

• R : 〔조건 ①〕에 의해 **내화구조**이므로 **2.3m**

한 층당 **설치 헤드개수**=가로헤드개수×세로헤드개수=10개×7개=70개
지상 1~11층, 70개×11층=770개

☆☆
문제 11

어떤 특정소방대상물의 소화설비로 옥외소화전을 5개 설치하려고 한다. 조건을 참조하여 다음 각 물음에 답하시오.

(19.6.문3, 15.11.문6, 15.4.문10, 10.10.문2)

득점	배점
	13

〔조건〕

① 옥외소화전은 지상용 A형을 사용한다.
② 펌프에서 옥외소화전까지의 직관길이는 150m, 관의 내경은 100mm이다.
③ 모든 규격치는 최소량을 적용한다.

(가) 수원의 저수량〔m^3〕은 얼마 이상인가?
○ 계산과정 :
○ 답 :

(나) 가압송수장치의 토출량〔L/min〕은 얼마 이상인가?
○ 계산과정 :
○ 답 :

(다) 직관 부분에서의 마찰손실수두〔m〕는 얼마인가? (단, Darcy-Weisbach의 식을 사용하고, 마찰손실계수는 0.02이다.)
○ 계산과정 :
○ 답 :

해답 (가) ○ 계산과정 : $7 \times 2 = 14\text{m}^3$

○ 답 : 14m^3 이상

(나) ○ 계산과정 : $2 \times 350 = 700\text{L/min}$

○ 답 : 700L/min 이상

(다) ○ 계산과정 : $V = \dfrac{0.7/60}{\dfrac{\pi}{4} \times 0.1^2} = 1.485\text{m/s}$

$$H = \frac{0.02 \times 150 \times (1.485)^2}{2 \times 9.8 \times 0.1} = 3.375 \fallingdotseq 3.38\text{m}$$

○ 답 : 3.38m

해설 (가) **옥외소화전 수원**의 **저수량**

$$Q = 7N$$

여기서, Q : 옥외소화전 수원의 저수량[m³]

N : 옥외소화전개수(**최대 2개**)

수원의 **저수량** Q는

$Q = 7N = 7 \times 2 = 14\text{m}^3$ 이상

• N은 소화전개수(최대 2개)

(나) **옥외소화전 가압송수장치**의 **토출량**

$$Q = N \times 350\text{L/min}$$

여기서, Q : 옥외소화전 가압송수장치의 토출량[L/min]

N : 옥외소화전개수(최대 2개)

가압송수장치의 **토출량** Q는

$Q = N \times 350\text{L/min} = 2 \times 350\text{L/min} = 700\text{L/min}$ 이상

• N은 소화전개수(최대 2개)

(다) **달시-웨버식**

$$H = \frac{f l V^2}{2gD}$$

여기서, H : 마찰손실수두[m]

f : 마찰손실계수

l : 길이[m]

V : 유속[m/s]

g : 중력가속도(9.8m/s²)

D : 내경[m]

유량

$$Q = AV = \left(\frac{\pi}{4}D^2\right)V$$

여기서, Q : 유량[m³/s]

A : 단면적[m²]

V : 유속[m/s]

D : 내경[m]

$$Q = \left(\frac{\pi}{4}D^2\right)V$$ 에서

유속 V는

$$V=\frac{Q}{A}=\frac{Q}{\frac{\pi}{4}D^2}=\frac{700\text{L/min}}{\frac{\pi}{4}(0.1\text{m})^2}=\frac{0.7\text{m}^3/60\text{s}}{\frac{\pi}{4}(0.1\text{m})^2}=1.485\text{m/s}$$

마찰손실수두 H는

$$H=\frac{flV^2}{2gD}=\frac{0.02\times150\text{m}\times(1.485\text{m/s})^2}{2\times9.8\text{m/s}^2\times0.1\text{m}}=3.375 \fallingdotseq 3.38\text{m}$$

문제 12

절연유 봉입변압기에 물분무소화설비를 그림과 같이 적용하고자 한다. 바닥 부분을 제외한 변압기의 표면적을 100m²라고 할 때 노즐 1개당 필요한 유량〔L/min〕은?

(19.11.문2, 14.11.문3, 14.4.문10, 12.7.문16, 12.4.문13, 11.11.문7)

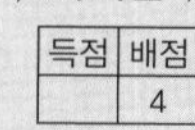

득점	배점
	4

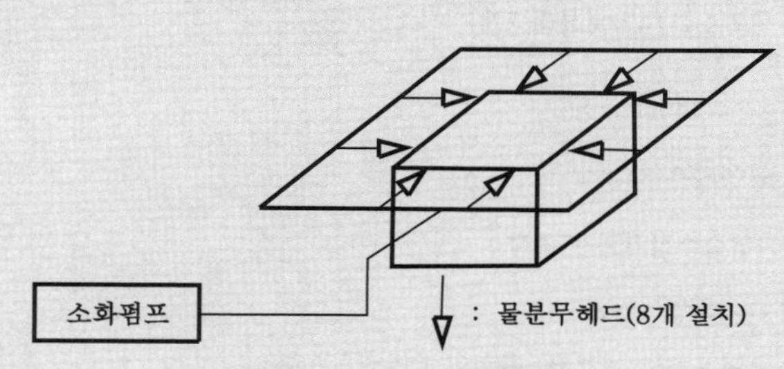

○ 계산과정 :

○ 답 :

해답 ○ 계산과정 : $Q=100\times10=1000\text{L/min}$

$$Q_1=\frac{1000}{8}=125\text{L/min}$$

○ 답 : 125L/min

해설 **물분무소화설비**의 **수원**(NFPC 104 4조, NFTC 104 2.1.1)

특정소방대상물	토출량	비 고
컨베이어벨트	1**0**L/min · m²	벨트부분의 바닥면적
절연유 봉입변압기 →	1**0**L/min · m²	표면적을 합한 면적(바닥면적 제외)
특수가연물	1**0**L/min · m²(최소 50m²)	최대방수구역의 바닥면적 기준
케이블트레이 · 덕트	1**2**L/min · m²	투영된 바닥면적
차고 · 주차장	2**0**L/min · m²(최소 50m²)	최대방수구역의 바닥면적 기준
위험물 저장탱크	**37**L/min · m	위험물탱크 둘레길이(원주길이) : 위험물규칙 〔별표 6〕 Ⅱ

※ 모두 **20분**간 방수할 수 있는 양 이상으로 하여야 한다.

기억법 **컨 절 특 케 차 위**
0 0 0 2 0 37

절연유 봉입변압기 토출량=10L/min · m²

방사량 Q는

Q=표면적(바닥면적 제외)×10L/min · m²= 100m²×10L/min · m²= 1000L/min

노즐 1개의 **유량** Q_1은

$$Q_1=\frac{Q}{\text{헤드개수}}=\frac{1000\text{L/min}}{8\text{개}}=125\text{L/min}$$

☆☆
 문제 13

다음 내용은 제연설비에서 제연구역을 구획하는 기준을 나열한 것이다. ①~⑤까지의 빈칸을 채우시오.

득점	배점
	8

○하나의 제연구역의 면적은 (①) 이내로 한다.
○거실과 통로는 (②)한다.
○통로상의 제연구역은 보행중심선의 길이가 (③)를 초과하지 않아야 한다.
○하나의 제연구역은 직경 (④) 원 내에 들어갈 수 있도록 한다.
○하나의 제연구역은 (⑤) 이상의 층에 미치지 않도록 한다. (단, 층의 구분이 불분명한 부분은 다른 부분과 별도로 제연구획할 것)

해답 ① $1000m^2$
② 각각 제연구획
③ 60m
④ 60m
⑤ 2개

해설 **제연구역**의 **기준**
(1) 하나의 제연구역의 면적은 **$1000m^2$** 이내로 한다.
(2) 거실과 통로는 **각각 제연구획**한다.
(3) 통로상의 제연구역은 보행중심선의 길이가 **60m**를 초과하지 않아야 한다.

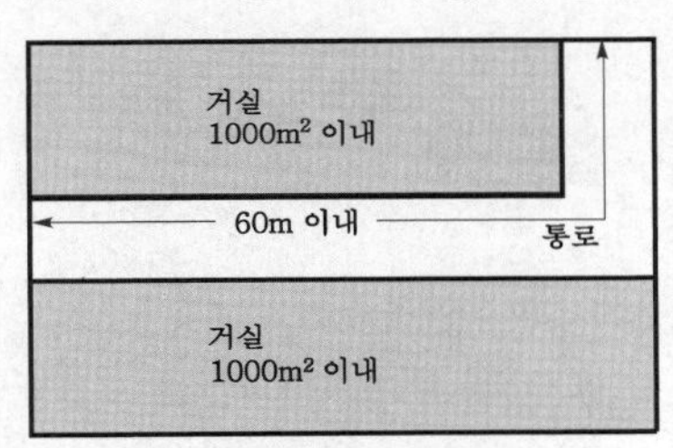

‖ 제연구역의 구획(Ⅰ) ‖

(4) 하나의 제연구역은 직경 **60m** 원 내에 들어갈 수 있도록 한다.

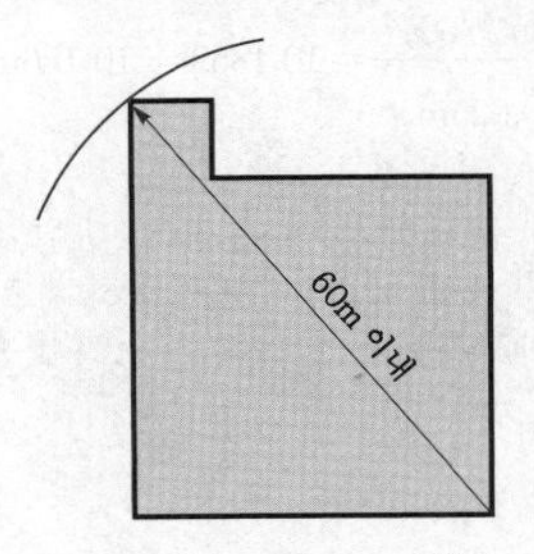

‖ 제연구역의 구획(Ⅱ) ‖

(5) 하나의 제연구역은 **2개** 이상의 층에 미치지 않도록 한다. (단, 층의 구분이 불분명한 부분은 다른 부분과 별도로 제연구획할 것)

☆☆

문제 14

지름이 500mm 배관 끝에 지름이 25mm인 노즐이 부착되어 있고 이 노즐에서 분당 300L의 물이 방출되고 있다. 노즐 끝에서 발생하는 압력손실〔kPa〕을 구하시오. (단, 노즐의 부차적 손실계수는 5.5이다.)

(13.11.문14)

○ 계산과정 :

○ 답 :

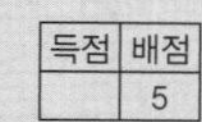

득점	배점
	5

해답

○ 계산과정 : $V_2 = \dfrac{0.3/60}{\dfrac{\pi}{4}\times(0.025)^2} ≒ 10.186\text{m/s}$

$$H = 5.5\times\frac{10.186^2}{2\times9.8} ≒ 29.115\text{m}$$

$$P = \frac{29.115}{10.332}\times101.325 = 285.528 ≒ 285.53\text{kPa}$$

○ 답 : 285.53kPa

해설

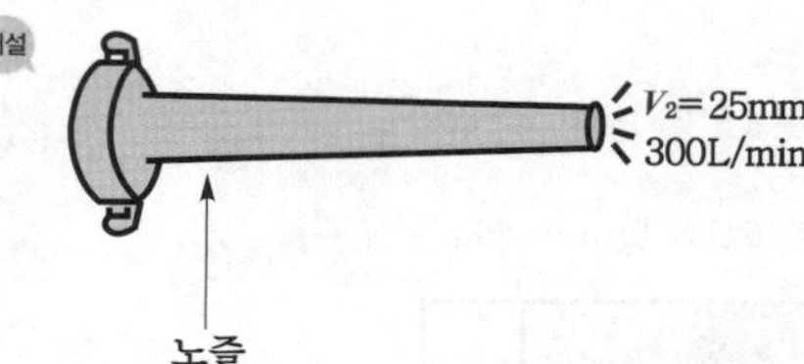

$$H = K\frac{{V_2}^2}{2g}$$

여기서, H : 돌연축소관에서의 손실수두〔m〕

K : 손실계수

V_2 : 축소관 유속〔m/s〕

g : 중력가속도(9.8m/s^2)

축소관 유속 V_2는

$$V_2 = \frac{Q}{A} = \frac{300\text{L/min}}{\dfrac{\pi}{4}(0.025\text{m})^2} = \frac{0.3\text{m}^3/60\text{s}}{\dfrac{\pi}{4}(0.025\text{m})^2} = 10.1859 ≒ 10.186\text{m/s}$$

- **계산과정** 중 소수점 처리는 문제에서 소수점에 대한 특별한 조건이 없으면 **소수점 4째자리**를 구하여 10.1859m/s로 답하던지 4째자리에서 반올림하여 3째자리까지 구하여 10.186m/s로 하면 된다. 둘 다 맞다! 또는 소수점 4째자리에서 반올림하지 않고 3째자리까지만 구해도 정답!

돌연축소관에서의 손실수두 H는

$$H = K\frac{{V_2}^2}{2g} = 5.5\times\frac{(10.186\text{m/s})^2}{2\times9.8\text{m/s}^2} = 29.1148 ≒ 29.115\text{m}$$

10.332m=101.325kPa 이므로

$$29.115\text{m} = \frac{29.115\text{m}}{10.332\text{m}}\times101.325\text{kPa} = 285.528 ≒ 285.53\text{kPa}$$

- 문제에서 소수점에 대한 특별한 조건이 없으면 최종 결과값에서 소수 3째자리에서 반올림하여 2째자리까지 구하면 된다.

참고

표준대기압과 **단위환산**

표준대기압	단위환산
$1atm=760mmHg=1.0332kg_f/cm^2$ $=10.332mH_2O(mAq)$ $=14.7PSI(lb_f/in^2)$ $=101.325kPa(kN/m^2)$ $=1013mbar$	① 1inch=2.54cm ② 1gallon=3.785L ③ 1barrel=42gallon ④ $1m^3$=1000L ⑤ 1pound=0.453kg

☆☆☆

문제 15

조건을 참조하여 제연설비에 대한 다음 각 물음에 답하시오. (19.11.문16, 19.4.문15, 16.11.문9, 07.4.문14)

득점	배점
	4

〔조건〕

① 배연기의 풍량은 50000CMH이다.

② 배연 Duct의 길이는 120m이고, Duct의 저항은 1m당 0.2mmAq이다.

③ 배출구 저항은 8mmAq, 배기그릴 저항은 4mmAq, 관부속품의 저항은 Duct 저항의 40%이다.

④ 효율은 50%이고, 여유율은 10%로 한다.

(가) 배연기의 소요전압〔mmAq〕은 얼마인가?

○ 계산과정 :

○ 답 :

(나) 배출기의 이론소요동력〔kW〕은?

○ 계산과정 :

○ 답 :

해답 (가) ○ 계산과정 : $(120\times0.2)+8+4+(120\times0.2)\times0.4=45.6\text{mmAq}$

○ 답 : 45.6mmAq

(나) ○ 계산과정 : $\dfrac{45.6\times50000/60}{102\times60\times0.5}\times1.1=13.66\text{kW}$

○ 답 : 13.66kW

해설 (가) **소요전압** P_T는

P_T=Duct 저항+배출구 저항+그릴 저항+관부속품 저항

=(120m×0.2mmAq/m)+8mmAq+4mmAq+(120m×0.2mmAq/m)×0.4

=45.6mmAq

- Duct 저항(**120m×0.2mmAq/m**) : 〔조건 ②〕에 의해 적용
- 관부속품 저항((**120m×0.2mmAq/m**)×**0.4**) : 〔조건 ③〕에 의해 관부속품의 저항은 Duct 저항의 40%이므로 **0.4**를 곱함

(나)

$$P=\frac{P_T Q}{102\times60\eta}K$$

여기서, P : 배연기동력(배출기동력)〔kW〕

P_T : 전압(풍압)〔mmAq, mmH_2O〕

Q : 풍량〔m^3/min〕

K : 여유율

η : 효율

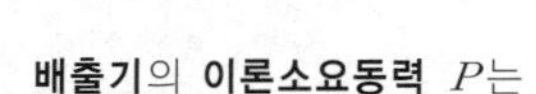

배출기의 **이론소요동력** P는

$$P=\frac{P_T Q}{102\times 60\eta}K=\frac{45.6\text{mmAq}\times 50000\text{CMH}}{102\times 60\times 0.5}\times 1.1$$
$$=\frac{45.6\text{mmAq}\times 50000\text{m}^3/\text{h}}{102\times 60\times 0.5}\times 1.1$$
$$=\frac{45.6\text{mmAq}\times 50000\text{m}^3/60\text{min}}{102\times 60\times 0.5}\times 1.1$$
$$=13.66\text{kW}$$

- 배연설비(제연설비)에 대한 동력은 반드시 $P=\frac{P_T Q}{102\times 60\eta}K$를 적용하여야 한다. 우리가 알고 있는 일반적인 식 $P=\frac{0.163QH}{\eta}K$를 적용하여 풀면 틀린다.
- 여유율은 10%이므로 여유율(K)은 **1.1**(여유율 10%=100%+10%=110%=1.1)이 된다. 0.1을 곱하지 않도록 주의!
- P_T (**45.6mmAq**) : (가)에서 구한 값
- Q(**50000CMH**) : [조건 ①]에서 주어진 값
- η (**0.5**) : [조건 ④]에서 주어진 값
- CMH(**C**ubic **M**eter per **H**our)=m^3/h

중요

단위

(1) GPM=**G**allon **P**er **M**inute(gallon/min)
(2) PSI=**P**ound per **S**quare **I**nch(lb_f/in^2)
(3) LPM=**L**iter **P**er **M**inute(L/min)
(4) CMH=**C**ubic **M**eter per **H**our(m^3/h)

문제 16

다음 조건에 따른 위험물 옥내저장소에 제1종 분말소화설비를 전역방출방식으로 설치하고자 할 때 다음을 구하시오. (19.6.문10, 18.4.문1, 13.7.문2, 04.4.문13)

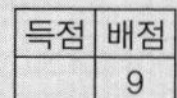

득점	배점
	9

[조건]
① 건물크기는 길이 20m, 폭 10m, 높이 3m이고 개구부는 없는 기준이다.
② 분말분사헤드의 사양은 1.5kg/초이다.
③ 방사시간은 30초 기준이다.

(가) 필요한 분말소화약제 최소 소요량[kg]을 구하시오.
○ 계산과정 :
○ 답 :

(나) 가압용 가스(질소)의 최소 필요량(35℃/1기압 환산 리터)[L]을 구하시오.
○ 계산과정 :
○ 답 :

(다) 분말분사헤드의 최소 소요수량[개]을 구하시오.
○ 계산과정 :
○ 답 :

해답 (가) ○ 계산과정 : $(20\times 10\times 3)\times 0.6=360\text{kg}$
○ 답 : 360kg

(나) ○ 계산과정 : $360\times 40=14400\text{L}$
○ 답 : 14400L

(다) ○ 계산과정 : $\frac{360}{1.5 \times 30} = 8$개

○ 답 : 8개

해설 (가) **전역방출방식**

자동폐쇄장치가 설치되어 있지 않은 경우	자동폐쇄장치가 설치되어 있는 경우 (개구부가 없는 경우)
분말저장량〔kg〕=방호구역체적〔m^3〕×약제량〔kg/m^3〕 +개구부면적〔m^2〕×개구부가산량〔kg/m^2〕	**분말저장량**〔kg〕=방호구역체적〔m^3〕×약제량〔kg/m^3〕

▮ 전역방출방식의 약제량 및 개구부가산량 ▮

약제종별	약제량	개구부가산량(자동폐쇄장치 미설치시)
제1종 분말 →	0.6kg/m^3	4.5kg/m^2
제2·3종 분말	0.36kg/m^3	2.7kg/m^2
제4종 분말	0.24kg/m^3	1.8kg/m^2

〔조건 ①〕에서 개구부가 설치되어 있지 않으므로

분말저장량〔kg〕=방호구역체적〔m^3〕×약제량〔kg/m^3〕

$=(20m \times 10m \times 3m) \times 0.6kg/m^3 = 360kg$

- 분말저장량=분말소화약제 최소 소요량

(나) **가압식**과 **축압식**의 **설치기준**

구 분 / 사용가스	가압식	축압식
N_2(질소) →	40L/kg 이상	10L/kg 이상
CO_2(이산화탄소)	20g/kg+배관청소 필요량 이상	20g/kg+배관청소 필요량 이상

※ 배관청소용 가스는 별도의 용기에 저장한다.

가압용 가스(질소)량〔L〕=소화약제량〔kg〕×40L/kg

=360kg×40L/kg=14400L

- (나)에서 35℃/1기압 환산 리터라는 말에 고민하지 마라. 위 표의 기준이 35℃/1기압 환산 리터값이므로 그냥 신경 쓰지 말고 계산하면 된다.
- 가압용 가스(가압식) : (나)에서 주어진 것
- 360kg : (가)에서 구한 값

(다)

$$\text{헤드개수} = \frac{\text{소화약제량〔kg〕}}{\text{방출률〔kg/s〕} \times \text{방사시간〔s〕}}$$

$$= \frac{360\text{kg}}{1.5\text{kg/초} \times 30\text{s}} = 8\text{개}$$

- 위의 공식은 단위를 보면 쉽게 이해할 수 있다.
- 360kg : (가)에서 구한 값
- 1.5kg/초 : 〔조건 ②〕에서 주어진 값
- 30s : 〔조건 ③〕에서 주어진 값
- 방사시간이 주어지지 않아도 다음 표에 의해 분말소화설비는 **30초**를 적용하면 된다.

▮ 약제방사시간 ▮

소화설비		전역방출방식		국소방출방식	
		일반건축물	위험물제조소	일반건축물	위험물제조소
할론소화설비		10초 이내	30초 이내	10초 이내	30초 이내
분말소화설비 →		30초 이내		30초 이내	
CO_2 소화설비	표면화재	1분 이내	60초 이내		
	심부화재	7분 이내			

20년 2020. 11. 29 시행

▌2020년 산업기사 제5회 필답형 실기시험▐

자격종목	시험시간	형별	수험번호	성명	감독위원 확 인
소방설비산업기사(기계분야)	2시간 30분				

※ 다음 물음에 답을 해당 답란에 답하시오.(배점 : 100)

☆☆

문제 01

옥내소화전설비의 화재안전기준에 관한 다음 각 물음에 답하시오.

(17.11.문8, 12.7.문11)

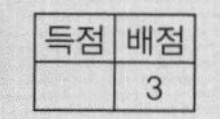

득점	배점
	3

(가) 방수구 설치기준에 관한 내용이다. ( ) 안을 완성하시오.

○ 특정소방대상물의 층마다 설치하되, 해당 특정소방대상물의 각 부분으로부터 하나의 옥내소화전 방수구까지의 수평거리가 (①)m(호스릴옥내소화전설비를 포함한다.) 이하가 되도록 할 것. 단, 복층형 구조의 공동주택의 경우에는 세대의 출입구가 설치된 층에만 설치할 수 있다.

○ 바닥으로부터의 높이가 (②)m 이하가 되도록 할 것

(나) 내연기관에 따른 펌프를 이용하는 가압송수장치의 설치기준에 관한 내용이다. ( ) 안을 완성하시오.

○ 특정소방대상물의 어느 층에 있어서도 해당 층의 옥내소화전(2개 이상 설치된 경우에는 2개의 옥내소화전)을 동시에 사용할 경우 각 소화전의 노즐선단에서의 방수압력이 (①)(호스릴옥내소화전설비를 포함한다.) 이상이고, 방수량이 (②)(호스릴옥내소화전설비를 포함한다.) 이상이 되는 성능의 것으로 할 것. 단, 하나의 옥내소화전을 사용하는 노즐선단에서의 방수압력이 0.7MPa을 초과할 경우에는 호스접결구의 인입측에 감압장치를 설치하여야 한다.

○ 내연기관의 연료량은 펌프를 (③)분(층수가 30층 이상 49층 이하는 40분, 50층 이상은 60분) 이상 운전할 수 있는 용량일 것

해답

(가) ① 25
② 1.5

(나) ① 0.17MPa
② 130L/min
③ 20

해설

• (나) 0.17MPa, 130L/min처럼 **단위**도 반드시 써야 정답!

(가) **옥내소화전방수구**의 **설치기준**(NFPC 102 7조, NFTC 102 2.4.2)

① 특정소방대상물의 **층**마다 설치하되, 해당 특정소방대상물의 각 부분으로부터 하나의 옥내소화전방수구까지의 **수평거리**가 **25m**(**호스릴**옥내소화전설비 포함) 이하가 되도록 할 것. 단, **복층형 구조**의 **공동주택**의 경우에는 세대의 출입구가 설치된 층에만 설치할 수 있다.

② 바닥으로부터의 높이가 **1.5m** 이하가 되도록 할 것

③ 호스는 구경 **40mm**(**호스릴**옥내소화전설비의 경우에는 **25mm**) 이상의 것으로서 특정소방대상물의 각 부분에 물이 유효하게 뿌려질 수 있는 길이로 설치할 것

④ 호스릴옥내소화전설비의 경우 그 노즐에는 노즐을 쉽게 개폐할 수 있는 장치를 부착할 것

(나) **옥내소화전설비 가압송수장치**의 **설치기준**(NFPC 102 5조, NFTC 102 2.2.1)

① 쉽게 접근할 수 있고 점검하기에 충분한 공간이 있는 장소로서 화재 및 침수 등의 재해로 인한 피해를 받을 우려가 없는 곳에 설치할 것

② 동결방지조치를 하거나 동결의 우려가 없는 장소에 설치할 것

③ 특정소방대상물의 어느 층에 있어서도 해당 층의 옥내소화전(2개 이상 설치된 경우에는 **2개**의 옥내소화전)을 동시에 사용할 경우 각 소화전의 노즐선단에서의 방수압력이 **0.17MPa**(**호스릴**옥내소화전설비 포함) 이상이고, 방수량이 **130L/min**(**호스릴**옥내소화전설비 포함) 이상이 되는 성능의 것으로 할 것. 단, 하나의 옥내소화전을 사용하는 노즐선단에서의 방수압력이 **0.7MPa**을 초과할 경우에는 호스접결구의 **인입측**에 **감압장치**를 설치하여야 한다.

④ 내연기관을 사용하는 경우의 적합기준

㉠ 내연기관의 기동은 기동장치를 설치하거나 또는 소화전함의 위치에서 원격조작이 가능하고 기동을 명시하는 **적색등**을 설치할 것

㉡ 제어반에 따라 내연기관의 **자동기동** 및 **수동기동**이 가능하고, 상시 충전되어 있는 **축전지설비**를 갖출 것

㉢ 내연기관의 연료량은 펌프를 **20분**(층수가 30층 이상 49층 이하는 **40분**, 50층 이상은 **60분**) 이상 운전할 수 있는 용량일 것

☆

문제 02

그림과 같이 물분무소화설비를 설치하고자 한다. 도면을 보고 다음 각 물음에 답하시오. (12.11.문10, 12.4.문7)

득점	배점
	4

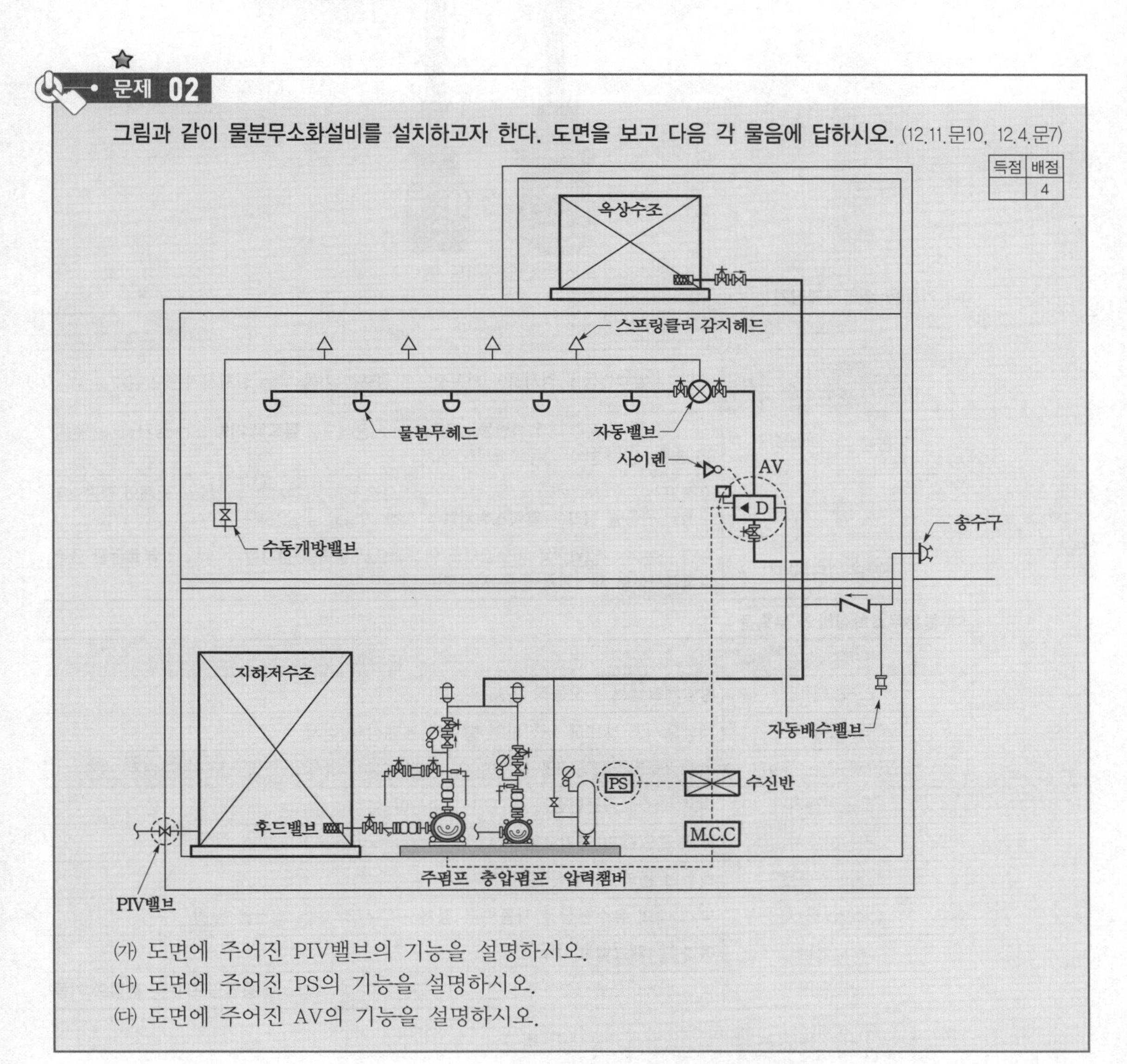

(가) 도면에 주어진 PIV밸브의 기능을 설명하시오.

(나) 도면에 주어진 PS의 기능을 설명하시오.

(다) 도면에 주어진 AV의 기능을 설명하시오.

해답 (가) 소화수의 공급 및 차단을 지상에서 쉽게 하기 위함
(나) 배관 내 압력변동을 검지하여 자동적으로 펌프 기동 또는 정지
(다) 스프링클러감지헤드에 의해 개방되어 1차측의 가압수를 2차측으로 송수

해설 (가) **PIV밸브**(포스트 인디케이트 밸브, Post Indicator Valve)

① 지하 소화수 공급 파이프라인에 설치하는 개폐표시형 제어밸브로 지상에서 밸브의 열림, 닫힘 상태를 쉽게 파악할 수 있는 표시창을 갖추고 있다.

② 지하배관이 루프(loop)형태로 되어 있는 소화전설비에서 **소화수**의 **공급** 및 **차단**을 **지상**에서 쉽게 하기 위하여 설치한다.

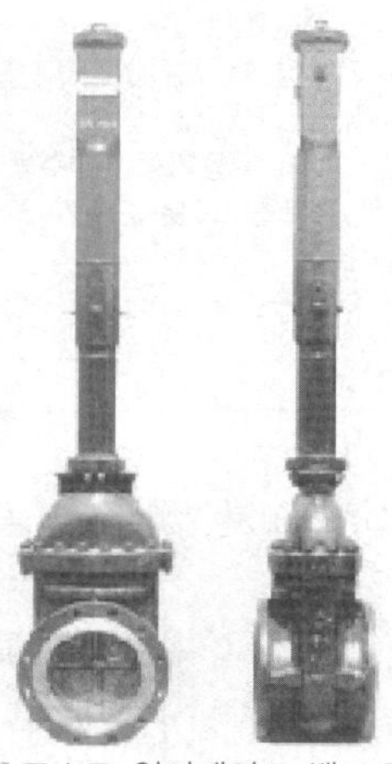

‖ 포스트 인디케이트 밸브 ‖

(나) **기동용 수압개폐장치**

구 분	설 명
압력스위치 (PS ; Pressure Switch)	배관 내 **압력변동**을 **검지**하여 자동적으로 **펌프**를 **기동** 또는 **정지**시키는 스위치
기동용 수압개폐장치	① 소화설비의 배관 내 **압력변동**을 **검지**하여 자동적으로 **펌프**를 **기동** 또는 **정지**시키는 장치 ② **종류** : 압력챔버, 기동용 압력스위치
압력챔버	수격 또는 순간압력변동 등으로부터 안정적으로 압력을 검지할 수 있도록 **동체**와 **경판**으로 구성된 **원통형 탱크**에 **압력스위치**를 부착한 기동용 수압개폐장치
기동용 압력스위치	수격 또는 순간압력변동 등으로부터 안정적으로 **압력**을 **검지**할 수 있도록 **부르돈관** 또는 **압력검지신호 제어장치** 등을 사용하는 것

(다) **물분무소화설비**의 **부속품**

명 칭	용 도
리타딩챔버	**알람체크밸브**의 **오동작** 방지
탬퍼스위치	개폐표시형 밸브에 부착하여 밸브의 개폐상태 감시
알람체크밸브(AV) →	스프링클러감지헤드의 개방에 의해 개방되어 1차측의 가압수를 2차측으로 송수
물올림장치	펌프운전시 **공동현상**을 방지하기 위하여 설치
편심리듀셔	배관 흡입측의 **공기고임** 방지
자동배수밸브	배관의 **동파** 및 **부식 방지**
유수검지장치	본체 내의 **유수현상**을 **자동**으로 **검지**하여 신호 또는 경보를 발함
후드밸브	**여과** 및 **체크밸브** 기능
압력챔버	펌프의 게이트밸브 2차측에 연결되어 배관 내의 압력감소시 **충압펌프** 또는 **주펌프 기동**

• AV(Alarm check Valve) : 알람체크밸브를 의미함

☆☆

문제 03

어느 특정소방대상물에 옥외소화전 3개를 화재안전기준과 다음 조건에 따라 설치하려고 한다. 다음 각 물음에 답하시오. (15.4.문10, 10.10.문2)

득점	배점
	6

〔조건〕

① 실양정은 20m이고, 소방용 호스 및 배관의 마찰손실수두는 25m이다.
② 펌프의 효율은 65%, 전달계수는 1.1이다.
③ 모든 규격치는 최소량을 적용한다.

(가) 전양정〔m〕을 구하시오.
○ 계산과정 :
○ 답 :

(나) 펌프의 토출량〔L/min〕을 구하시오.
○ 계산과정 :
○ 답 :

(다) 펌프의 최소동력〔kW〕을 구하시오.
○ 계산과정 :
○ 답 :

해답 (가) ○ 계산과정 : $25+20+25=70\text{m}$
○ 답 : 70m

(나) ○ 계산과정 : $2\times350=700\text{L/min}$
○ 답 : 700L/min

(다) ○ 계산과정 : $\dfrac{0.163\times0.7\times70}{0.65}\times1.1=13.516\fallingdotseq13.52\text{kW}$
○ 답 : 13.52kW

해설 (가) 옥외소화전설비의 전양정

$$H=h_1+h_2+h_3+25$$

여기서, H : 전양정〔m〕
h_1 : 소방용 호스의 마찰손실수두〔m〕
h_2 : 배관의 마찰손실수두〔m〕
h_3 : 낙차의 환산수두(실양정)〔m〕

전양정 H는

$H=h_1+h_2+h_3+25=25\text{m}+20\text{m}+25=70\text{m}$

- $\boldsymbol{h_1+h_2}$(25m) : 〔조건 ①〕에서 주어진 값
- $\boldsymbol{h_3}$(20m) : 〔조건 ①〕에서 주어진 값

(나) 옥외소화전설비의 토출량

$$Q\geq N\times350$$

여기서, Q : 가압송수장치의 토출량(유량)〔L/min〕
N : 가장 많은 층의 소화전개수(**최대 2개**)

펌프의 **유량** Q는

$Q\geq N\times350=2\times350=700\text{L/min}$

- 문제에서 옥외소화전이 3개 설치되어 있지만 최대 2개까지만 적용하므로 $\boldsymbol{N}$=**2**(속지 마라!)

(다) 펌프의 동력(전동기의 동력)

$$P=\frac{0.163QH}{\eta}K$$

여기서, P: 전동력(전동기의 동력)〔kW〕
Q: 유량〔m^3/min〕
H: 전양정〔m〕
K: 전달계수
η: 효율

전동기의 **동력** P는

$$P=\frac{0.163QH}{\eta}K=\frac{0.163\times0.7\text{m}^3/\text{min}\times70\text{m}}{0.65}\times1.1=13.516 ≒ 13.52\text{kW}$$

- Q(**700L/min=0.7m^3/min**) : (나)에서 구한 값
- H(**70m**) : (가)에서 구한 값
- η(**0.65**) : 〔조건 ②〕에서 65%이므로 0.65
- K(1.1) : 〔조건 ②〕에서 주어진 값
- 문제에서 **'전동기 직결, 전동기 이외의 원동기'**라는 말이 있으면 다음 표 적용

▎전달계수 K의 값▕

동력형식	K의 수치
전동기 직결	1.1
전동기 이외의 원동기	1.15~1.2

☆☆
문제 04

압력계에 걸리는 압력 P〔MPa〕를 구하시오. (단, 중력가속도는 9.8m/s^2이다.) (14.7.문2, 02.7.문8)

득점	배점
	3

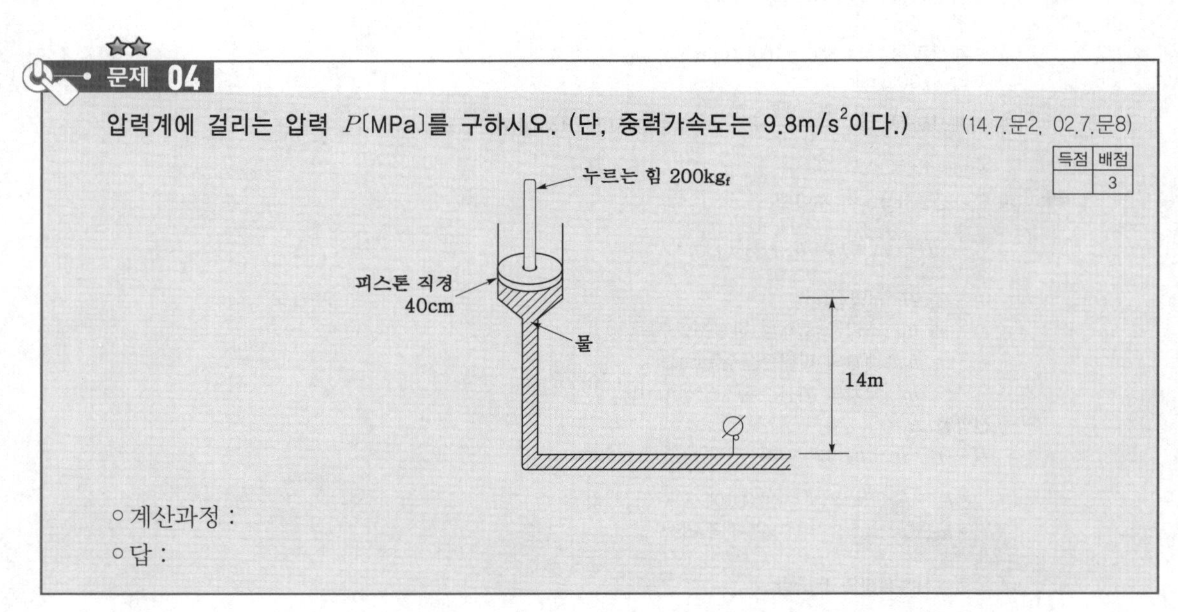

○ 계산과정 :
○ 답 :

해답

○ 계산과정 : $P=\frac{200\times9.8}{\frac{\pi}{4}\times0.4^2}=15.597\text{kN/m}^2$

$P_T=15.597+(1\times9.8)\times14 ≒ 152\text{kPa}=0.152\text{MPa} ≒ 0.15\text{MPa}$

○ 답 : 0.15MPa

기호

- g : 9.8m/s²
- D : 40cm=0.4m(100cm=1m)
- F : 200kg$_f$=(200×9.8)N(1kg$_f$=9.8N)
- h : 14m
- P : ?

압력

$$P=\frac{F}{A}=\frac{F}{\frac{\pi}{4}D^2}$$

여기서, P : 압력〔kN/m², kPa〕
F : 힘〔kN〕
A : 단면적〔m²〕
D : 직경〔m〕

압력 $P=\dfrac{F}{\frac{\pi}{4}D^2}=\dfrac{(200\times9.8)\text{N}}{\frac{\pi}{4}\times(0.4\text{m})^2}$

$=\dfrac{1.96\text{kN}}{\frac{\pi}{4}\times(0.4\text{m})^2}=15.597\text{kN/m}^2$

실제 걸리는 압력

$$P_T=P+\gamma h,\ \gamma=\rho g$$

여기서, P_T : 실제 걸리는 압력〔kN/m²〕
P : 압력〔kN/m²〕
γ : 물의 비중량(9.8kN/m³)
h : 물의 높이〔m〕
ρ : 물의 밀도(1000kg/m³ 또는 1000N·s²/m⁴)
g : 중력가속도(9.8m/s²)

- 위의 식은 **'물속의 압력'**을 구하는 식의 변형식임을 기억하라.

실제 걸리는 압력(게이지압력) P_T는

$P_T=P+\gamma h=P+(\rho g)h$

$=15.597\text{kN/m}^2+(1\text{kN}\cdot\text{s}^2/\text{m}^4\times9.8\text{m/s}^2)\times14\text{m}$

$\fallingdotseq 152\text{kN/m}^2$

$=152\text{kPa}$

$=0.152\text{MPa}$

$\fallingdotseq 0.15\text{MPa}$

- ρ : 1000N·s²/m⁴=1kN·s²/m⁴(1000N=1kN)
- g : 9.8m/s²
- P(15.597kN/m²) : 바로 위에서 구한 값
- $\gamma=\rho g$이므로 $\gamma h=(\rho g)h$
- 1kN/m²=1kPa
- 1000kPa=1MPa

중요

압 력	비중량	물속의 압력
$P=\gamma h$, $P=\frac{F}{A}=\frac{F}{\frac{\pi}{4}D^2}$ 여기서, P: 압력[kPa, kN/m²] γ: 비중량(9.8kN/m³) h: 높이[m] F: 힘[N] A: 단면적[m²] D: 직경[m]	$\gamma=\rho g$ 여기서, γ: 비중량[kN/m³] ρ: 밀도(물의 밀도 1kN·s²/m⁴) g: 중력가속도(9.8m/s²)	$P=P_0+\gamma h$ 여기서, P: 물속의 압력[kPa, kN/m²] P_0: 대기압(101.325kPa) γ: 물의 비중량(9.8kN/m³) h: 물의 깊이[m]

☆☆☆

문제 05

전산실을 방호하기 위하여 할론 1301을 소화제로 사용하였을 때 다음 물음에 답하시오. (단, 실면적은 5m×5m, 높이 4m, 자동폐쇄장치가 없으며 개구부면적은 2m²이다.) (15.11.문10, 10.4.문12)

득점	배점
	4

(가) 최소약제소요량[kg]
- ○ 계산과정 :
- ○ 답 :

(나) 필요용기수 (단, 용기당 약제충전량 : 50kg)
- ○ 계산과정 :
- ○ 답 :

해답 (가) ○ 계산과정 : $(5\times5\times4)\times0.32+2\times2.4=36.8\text{kg}$
○ 답 : 36.8kg

(나) ○ 계산과정 : $\frac{36.8}{50}=0.7\fallingdotseq1$병
○ 답 : 1병

해설 **할론 1301**의 **약제량** 및 **개구부가산량**

방호대상물	약제량	개구부가산량 (자동폐쇄장치 미설치시)
차고 · 주차장 · 전기실 · **전산실** · 통신기기실 →	0.32kg/m³	2.4kg/m²
사류 · 면화류	0.52kg/m³	3.9kg/m²

• 위 표에서 **전산실**의 약제량은 **0.32kg/m³**, 개구부가산량은 **2.4kg/m²**

(가) **할론저장량**(최소약제소요량)[kg]
=**방**호구역체적[m³]×**약**제량[kg/m³]+**개**구부면적[m²]×개구부가**산**량[kg/m²]

기억법 **방약+개산**

=(5×5×4)m³×0.32kg/m³+2m²×2.4kg/m²=36.8kg

(나) 저장용기수 $=\frac{\text{할론저장량}}{\text{약제충전량}}=\frac{36.8\text{kg}}{50\text{kg}}=0.7\fallingdotseq1$병(절상)

- 〔단서〕에서 자동폐쇄장치가 없으므로 **개구부면적** 및 **개구부가산량** 적용
- ㈏의 〔단서〕에서 약제충전량 **50kg** 적용

충진량＝충전량

- 저장용기수를 산출할 때 소수점 이하는 **절상**

☆☆

문제 06

건식 스프링클러설비에서 건식 밸브의 클래퍼 상부에 일정한 수면(Priming water level)을 유지하는 이유를 2가지만 쓰시오. (17.6.문13, 16.6.문8, 13.11.문16)

○

○

득점	배점
	4

① 저압의 공기로 클래퍼의 닫힌상태 유지
② 화재시 클래퍼의 쉬운 개방

클래퍼 상부에 일정한 **수면**을 **유지**하는 이유

(1) **저압의 공기로 클래퍼 상하부의 동일압력 유지**
클래퍼 하부에는 **가압수**, 상부에는 **압축공기**로 채워져 있는데, 일반적 가압수의 압력이 압축공기의 압력보다 훨씬 크므로 그만큼 압축공기를 고압으로 충전시켜야 되기 때문에 클래퍼 상부에 일정한 수면을 유지하면 저압의 공기로도 클래퍼 상하부의 압력을 동일하게 유지할 수 있다.

(2) **저압의 공기로 클래퍼의 닫힌상태 유지**(저압의 공기로 클래퍼의 기밀유지)
클래퍼 상하부의 압력이 동일한 때에만 클래퍼는 평상시 닫힌상태를 유지할 수 있는데 클래퍼 상부에 일정한 수면을 유지하면 저압의 공기로도 클래퍼의 닫힌상태를 유지할 수 있다.

(3) **화재시 클래퍼의 쉬운 개방**
클래퍼 상부에 일정한 물을 채워두면 클래퍼 상부의 공기압은 가압수의 압력에 비하여 **1/5~1/6** 정도이면 되므로 화재시 **10%** 정도의 압력만 감소한다 하더라도 클래퍼가 쉽게 개방된다.

(4) **화재시 신속한 소화활동**
클래퍼 상부에 저압의 공기를 채워도 되므로 화재시 클래퍼를 신속하게 개방하여 즉각적인 소화활동을 하기 위함이다.

(5) **클래퍼 상부의 기밀유지**
물올림관을 통해 클래퍼 상부에 일정한 물을 채우면 클래퍼 상부의 압축공기가 클래퍼 하부로 새지 않도록 할 수 있다.

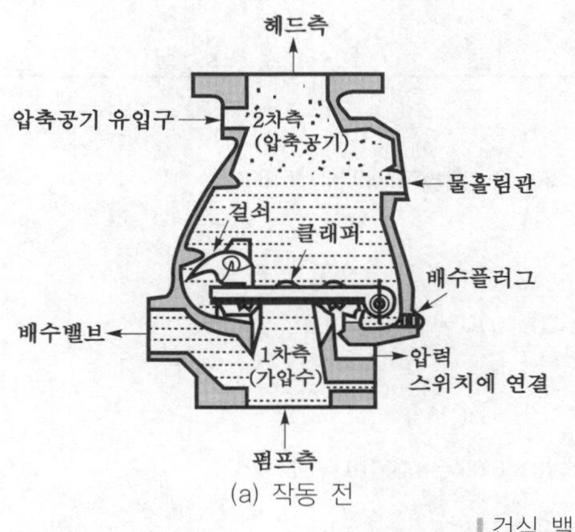

(a) 작동 전

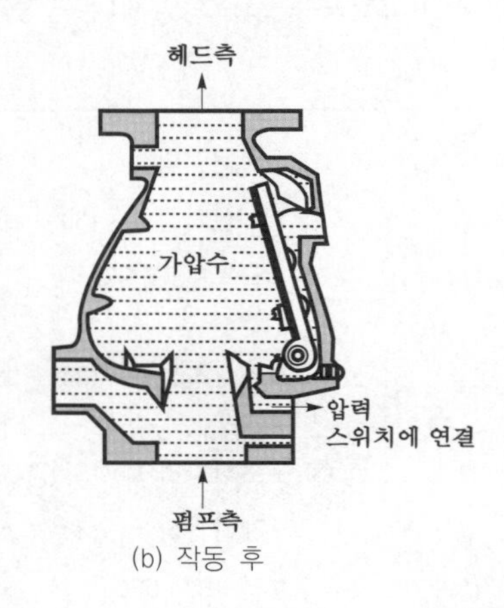

(b) 작동 후

‖ 건식 밸브 ‖

☆☆☆

문제 07

경유를 저장하는 탱크의 내부 직경이 30m인 플루팅루프탱크(floating roof tank)에 포소화설비의 특형 방출구를 설치하여 방호하려고 할 때 다음 각 물음에 답하시오.

(17.11.문9, 16.11.문13, 16.6.문2, 15.4.문9, 14.7.문10, 14.4.문12, 13.11.문3, 13.7.문4, 09.10.문4, 05.10.문12, 02.4.문12)

득점	배점
	10

〔조건〕

① 소화약제는 6%용의 단백포를 사용하며, 포수용액의 분당방출량은 $8L/m^2$ · 분이고, 방사시간은 20분을 기준으로 한다.

② 탱크의 내면과 굽도리판의 간격은 1m로 한다.

③ 펌프의 효율은 65%, 전달계수는 1.1로 한다.

(가) 상기 탱크의 특형 고정포방출구에 의하여 소화하는 데 필요한 포수용액의 양, 수원의 양, 포소화약제 원액의 양은 각각 얼마인지 구하시오.

① 포수용액의 양〔L〕
- 계산과정 :
- 답 :

② 수원의 양〔L〕
- 계산과정 :
- 답 :

③ 포소화약제 원액의 양〔L〕
- 계산과정 :
- 답 :

(나) 수원을 공급하는 가압송수장치의 분당토출량〔L/min〕을 구하시오.
- 계산과정 :
- 답 :

(다) 펌프의 전양정이 90m라고 할 때 전동기의 출력〔kW〕을 구하시오.
- 계산과정 :
- 답 :

(라) 고발포용 포소화약제의 팽창비범위를 쓰시오.
-

해답 (가) ① 포수용액의 양

- 계산과정 : $\frac{\pi}{4}(30^2-28^2)\times 8\times 20\times 1=14576.989 ≒ 14576.99L$
- 답 : 14576.99L

② 수원의 양

- 계산과정 : $\frac{\pi}{4}(30^2-28^2)\times 8\times 20\times 0.94=13702.37L$
- 답 : 13702.37L

③ 포소화약제 원액의 양

- 계산과정 : $\frac{\pi}{4}(30^2-28^2)\times 8\times 20\times 0.06=874.619 ≒ 874.62L$
- 답 : 874.62L

(나)
- 계산과정 : $\frac{14576.99}{20}=728.849 ≒ 728.85L/min$
- 답 : 728.85L/min

(다) ○ 계산과정 : $\frac{0.163 \times 0.72885 \times 90}{0.65} \times 1.1 = 18.094 ≒ 18.09\text{kW}$

○ 답 : 18.09kW

(라) 80~1000배 미만

(가)

$$Q = A \times Q_1 \times T \times S$$

여기서, Q : 포소화약제의 양[L]

A : 탱크의 액표면적[m²]

Q_1 : 단위 포소화수용액의 양[L/m²·분]

T : 방출시간[분]

S : 포소화약제의 사용농도

① **포수용액**의 **양** Q는

$$Q = A \times Q_1 \times T \times S = \frac{\pi}{4}(30^2 - 28^2)\text{m}^2 \times 8\text{L/m}^2 \cdot 분 \times 20분 \times 1 = 14576.989 ≒ 14576.99\text{L}$$

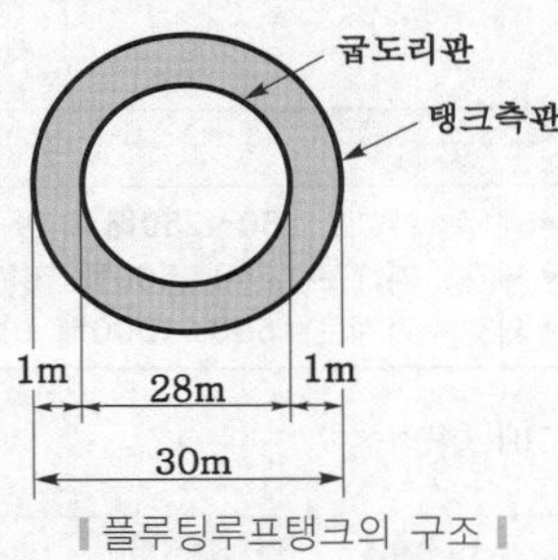

‖플루팅루프탱크의 구조‖

- 포수용액의 **농도** S는 항상 1

② **수원**의 **양** Q는

$$Q = A \times Q_1 \times T \times S = \frac{\pi}{4}(30^2 - 28^2)\text{m}^2 \times 8\text{L/m}^2 \cdot 분 \times 20분 \times 0.94 = 13702.37\text{L}$$

- [조건 ①]에서 **6%**용 포이므로 수원(물)은 **94%**(100-6=94%)가 되어 농도 $S = 0.94$

③ 포소화약제 **원액**의 **양** Q는

$$Q = A \times Q_1 \times T \times S = \frac{\pi}{4}(30^2 - 28^2)\text{m}^2 \times 8\text{L/m}^2 \cdot 분 \times 20분 \times 0.06 = 874.619 ≒ 874.62\text{L}$$

- [조건 ①]에서 **6%**용 포이므로 농도 $S = 0.06$

(나) 펌프의 토출량은 **포수용액**을 **기준**으로 하므로

$$\frac{14576.99\text{L}}{20\text{min}} = 728.849 ≒ 728.85\text{L/min}$$

- 14576.99L : (가)에서 구한 값
- 방사시간 20분(**20min**) : [조건 ①]에서 주어진 값
- 토출량의 단위[L/min]를 보면 쉽게 계산할 수 있다.
- NFPC 105 6조 ①항 4호, NFTC 105 2.3.1.4에 의해 펌프의 토출량은 반드시 **포수용액량** 적용
  - 포소화설비의 화재안전기준(NFPC 105 6조 ①항 4호, NFTC 105 2.3.1.4)

  제6조 가압송수장치

  4. 펌프의 토출량은 포헤드 · 고정포방출구 또는 이동식 포노즐의 설계압력 또는 노즐의 방사압력의 허용범위 안에서 **포수용액**을 방출 또는 방사할 수 있는 양 이상이 되도록 할 것

(다)

$$P = \frac{0.163QH}{\eta}K$$

여기서, P : 전동력(전동기의 출력)〔kW〕
Q : 유량〔m^3/min〕
H : 전양정〔m〕
K : 전달계수
η : 효율

전동기의 **출력** P는

$$P=\frac{0.163QH}{\eta}K=\frac{0.163\times728.85\text{L/min}\times90\text{m}}{0.65}\times1.1$$

$$=\frac{0.163\times0.72885\text{m}^3/\text{min}\times90\text{m}}{0.65}\times1.1=18.094\fallingdotseq18.09\text{kW}$$

◈ 고민상담 ◈

답안 작성시 **'이상'**이란 말은 꼭 붙이지 않아도 된다. 원칙적으로 여기서 구한 값은 **최소값**이므로 **'이상'**을 붙이는 것이 정확한 답이지만, **한국산업인력공단**의 공식답변에 의하면 **'이상'**이란 말까지는 붙이지 않아도 **옳은 답**으로 **채점**한다고 한다.

(라) **팽창비**

저발포	고발포
20배 이하	• 제1종 기계포 : **80~250배** 미만 • 제2종 기계포 : **250~500배** 미만 • 제3종 기계포 : **500~1000배** 미만

• **고발포** : 80~1000배 미만

기억법 저2, 고81

☆☆☆

문제 08

다음 그림은 가로 14.4m, 세로 12m인 사각형 형태의 지하가에 설치되어 있는 실의 평면도이다. 이곳에 특수가연물을 저장하고자 할 때 각 물음에 답하시오. (17.4.문11, 13.11.문2, 10.4.문3, 07.7.문12)

득점	배점
	8

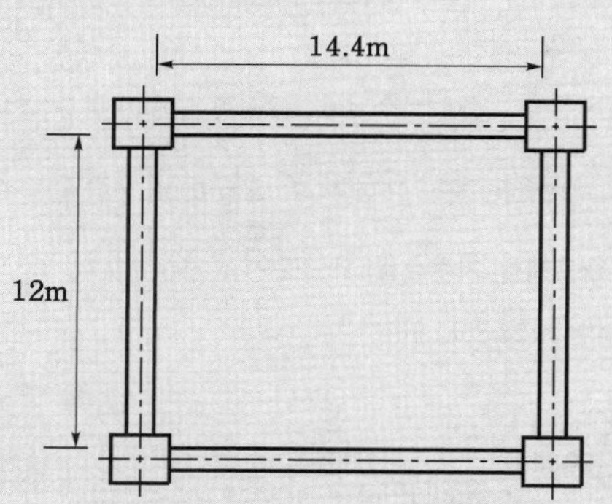

(가) 실에 설치 가능한 헤드의 최소개수는 몇 개인가?
○ 계산과정 :
○ 답 :

(나) 헤드를 도면에 알맞게 배치하시오.

해답 (가) ○ 계산과정 : $2\times1.7\times\cos45° = 2.404\text{m}$

$\frac{14.4}{2.404} = 5.9 ≒ 6$개, $\frac{12}{2.404} = 4.9 ≒ 5$개

$6\times5 = 30$개

○ 답 : 30개

(나) 가로 헤드 배치간격 $= \frac{14.4\text{m}}{6개} = 2.4\text{m}$

세로 헤드 배치간격 $= \frac{12\text{m}}{5개} = 2.4\text{m}$

벽과 헤드와의 간격 $= \frac{2.4\text{m}}{2} = 1.2\text{m}$

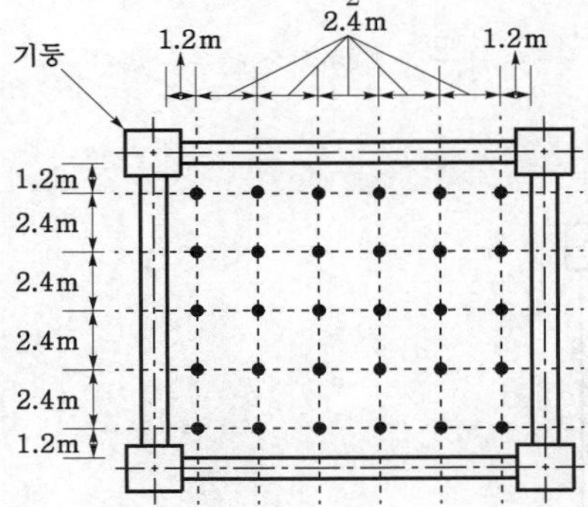

해설 (가) **수평헤드간격** S는

$S = 2R\cos45° = 2\times1.7\times\cos45° = 2.404\text{m}$

- 특별한 조건이 없으면 **정방형**(정사각형)으로 헤드를 배치하면 됨.
- 특수가연물의 방호반경(수평거리) R은 **1.7m**

중요

스프링클러헤드의 **수평거리**

설치장소	설치기준(수평거리, R)
무대부 · **특**수가연물(특수가연물을 저장 또는 취급하는 랙크식 창고) →	수평거리 1.**7m** 이하
기타구조(일반구조)	수평거리 2.**1m** 이하
내화구조	수평거리 2.**3m** 이하
랙크식 창고	수평거리 2.**5m** 이하
공동주택(**아**파트) 세대 내의 거실	수평거리 3.**2m** 이하

기억법
무특 7
기 1
내 3
랙 5
아 2

참고

헤드의 **배치형태**

정방형(정사각형)	**장방형**(직사각형)
$S = 2R\cos45°$ $L = S$ 여기서, S : 수평헤드간격[m] R : 수평거리[m] L : 배관간격[m]	$S = \sqrt{4R^2 - L^2}$, $L = 2R\cos\theta$, $S' = 2R$ 여기서, S : 수평헤드간격[m] R : 수평거리[m] L : 배관간격[m] S' : 대각선 헤드간격[m] θ : 각도

① 가로변의 최소개수 $= \frac{\text{가로길이}}{S} = \frac{14.4\text{m}}{2.404\text{m}} = 5.9 ≒ 6$개(절상)

② 세로변의 최소개수 $= \frac{\text{세로길이}}{S} = \frac{12\text{m}}{2.404\text{m}} = 4.9 ≒ 5$개(절상)

∴ 헤드의 최소개수=가로변의 최소개수×세로변의 최소개수 $= 6 \times 5 = 30$개

(나) 가로 헤드 배치간격 $= \frac{14.4\text{m}}{6\text{개}} = 2.4\text{m}$

세로 헤드 배치간격 $= \frac{12\text{m}}{5\text{개}} = 2.4\text{m}$

벽과 헤드와의 간격 $= \frac{\text{헤드와 헤드 사이의 간격}}{2} = \frac{2.4\text{m}}{2} = 1.2\text{m}$

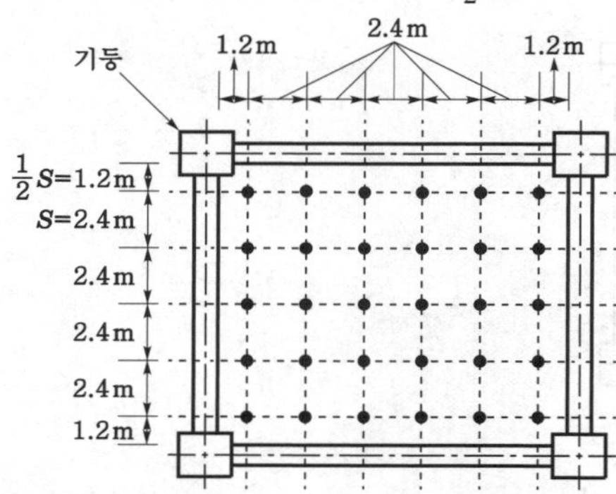

문제 09

다음 도면은 분말소화설비(Dry chemical system)의 기본설계 계통도이다. 도식에 표기된 항목 ①, ②, ③, ④의 장치 및 밸브류의 명칭과 주된 기능을 설명하시오. (18.6.문4, 15.11.문16)

득점	배점
	9

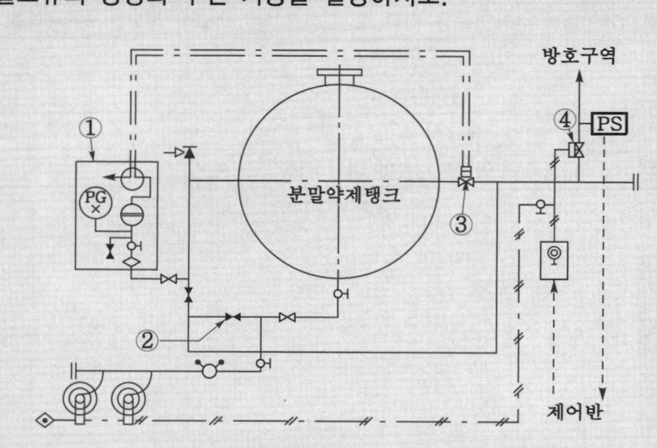

구 분	밸브류 명칭	주된 기능
①		
②		
③		
④		

해답

구 분	밸브류 명칭	주된 기능
①	정압작동장치	분말약제탱크의 압력이 일정 압력 이상일 때 주밸브 개방
②	클리닝밸브	소화약제 방출 후 배관청소
③	주밸브	분말약제탱크를 개방하여 약제 방출
④	선택밸브	소화약제 방출시 해당 방호구역으로 약제 방출

해설 **분말소화설비 계통도**

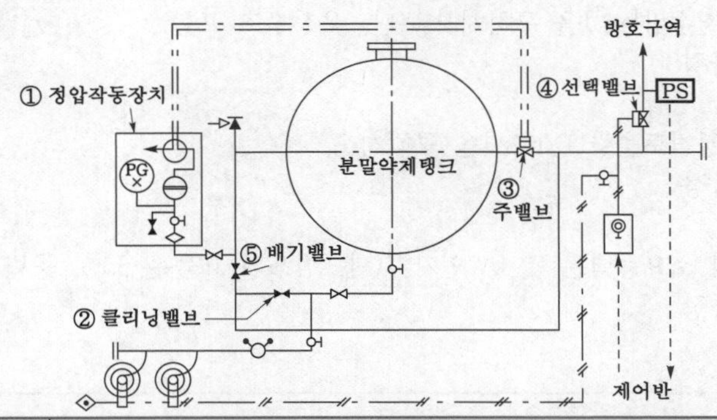

기 호	밸브류 명칭	주된 기능
①	정압작동장치	• 분말약제탱크의 압력이 **일정 압력** 이상일 때 **주밸브 개방** • 분말은 자체의 증기압이 없기 때문에 감지기 작동시 가압용 가스가 약제탱크 내로 들어가서 혼합되어 일정 압력 이상이 되었을 경우 이를 정압작동장치가 검지하여 주밸브를 개방시켜 준다.
②	클리닝밸브	소화약제 방출 후 **배관청소**
③	주밸브	분말약제탱크를 개방하여 **약제 방출**
④	선택밸브	소화약제 방출시 **해당 방호구역**으로 **약제 방출**
⑤	배기밸브	소화약제 방출 후 **잔류가스** 또는 **약제 배출**

중요

다른 분말소화설비 계통도

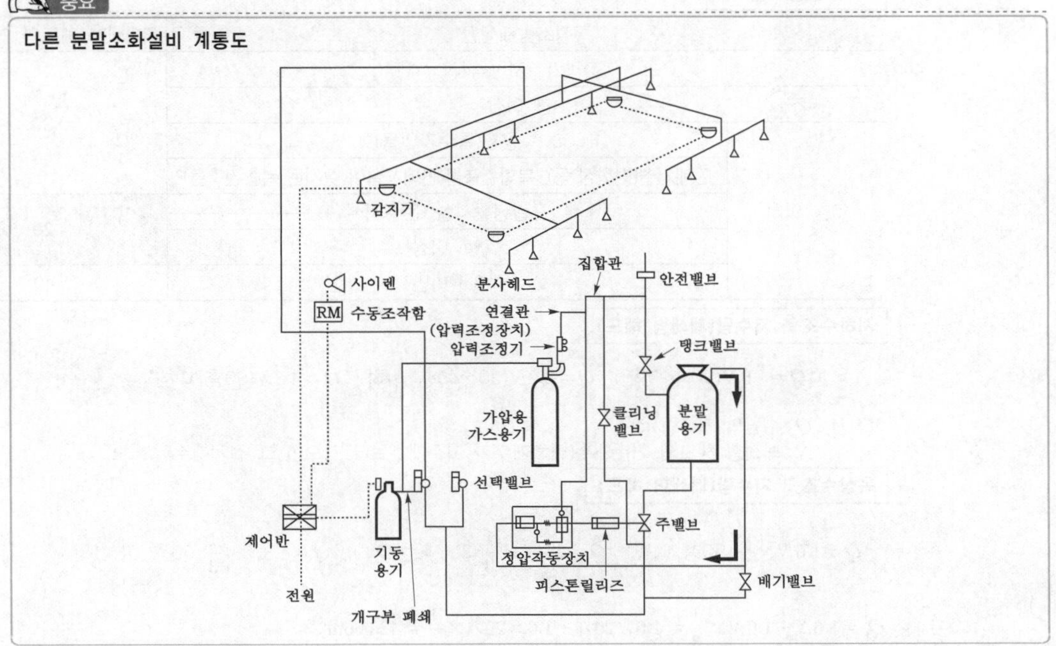

☆☆

문제 10

각 층의 평면구조가 모두 같은 지하 1층~지상 10층의 사무실용도 근린생활시설 건물이 있다. 이 건물의 전층에 걸쳐 습식 스프링클러설비 및 옥내소화전설비를 하나의 수조 및 소화펌프와 연결하여 적법하게 설치하되 옥내소화전은 각 층에 3개씩 있다. 다음의 각 물음에 답하시오. (단, 소방펌프로부터 최고위 헤드까지의 수직거리는 30m라고 가정한다.) (17.6.문2, 12.11.문12, 10.7.문7, 05.7.문2)

득점	배점
	10

(가) 수원의 저수량[m^3]을 구하시오. (단, 옥상수조 포함)
- ○ 계산과정 :
- ○ 답 :

(나) 펌프의 정격토출량[L/min]을 구하시오.
- ○ 계산과정 :
- ○ 답 :

(다) 전동기의 소요동력은 몇 kW인가? (단, 펌프의 효율은 65%, 동력전달계수는 1.1이다.)
- ○ 계산과정 :
- ○ 답 :

해답 (가) ○ 계산과정 :

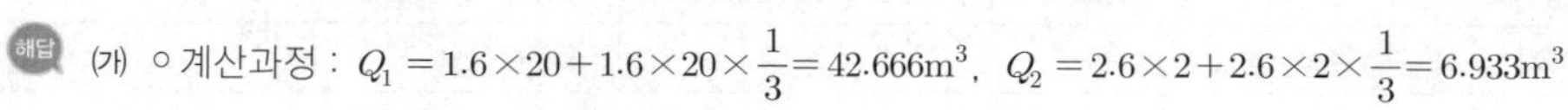

$Q_1 = 1.6 \times 20 + 1.6 \times 20 \times \frac{1}{3} = 42.666\text{m}^3$, $Q_2 = 2.6 \times 2 + 2.6 \times 2 \times \frac{1}{3} = 6.933\text{m}^3$

$42.666 + 6.933 = 49.599 ≒ 49.6\text{m}^3$

○ 답 : 49.6m^3

(나) ○ 계산과정 : $Q_1 = 20 \times 80 = 1600\text{L/min}$, $Q_2 = 2 \times 130 = 260\text{L/min}$

$1600 + 260 = 1860\text{L/min}$

○ 답 : 1860L/min

(다) ○ 계산과정 : $H_{스} = 30 + 10 = 40\text{m}$, $H_{옥} = 30 + 17 = 47\text{m}$

$$P = \frac{0.163 \times 1.86 \times 47}{0.65} \times 1.1 = 24.114 ≒ 24.11\text{kW}$$

○ 답 : 24.11kW

해설 (가) **스프링클러설비**

특정소방대상물		폐쇄형 헤드의 기준개수
지하가 · 지하역사		30
11층 이상		
10층 이하	공장(특수가연물)	
	판매시설(백화점 등), 복합건축물(판매시설이 설치된 복합건축물)	
	근린생활시설, 운수시설 →	20
	8m 이상	
	8m 미만	10

지하수조의 **저수량(폐쇄형 헤드)**

$Q = 1.6N$(30층 미만), $Q = 3.2N$(30~49층 이하), $Q = 4.8N$(50층 이상)

여기서, Q : 수원의 저수량[m^3]
N : 폐쇄형 헤드의 기준개수(설치개수가 기준개수보다 적으면 그 설치개수)

옥상수조의 **저수량(폐쇄형 헤드)**

$Q = 1.6N \times \frac{1}{3}$(30층 미만), $Q = 3.2N \times \frac{1}{3}$(30~49층 이하), $Q = 4.8N \times \frac{1}{3}$(50층 이상)

$Q_1 = 1.6N + 1.6N \times \frac{1}{3} = 1.6 \times 20\text{개} + 1.6 \times 20\text{개} \times \frac{1}{3} = 42.666\text{m}^3$

- 문제에서 10층 이하 **근린생활시설**이므로 **20개** 적용
- 이 문제에서 **옥상수조**를 **포함**하라고 했으므로 **옥상수조 수원**의 양도 반드시 포함!

옥내소화전설비의 **수원저수량**

$Q=2.6N$(30층 미만, N : 최대 2개), $Q=5.2N$(30~49층 이하, N : 최대 5개), $Q=7.8N$(50층 이상, N : 최대 5개)

여기서, Q : 수원의 저수량[m³], N : 가장 많은 층의 소화전개수

옥상수원의 **저수량**

$Q=2.6N\times\frac{1}{3}$(30층 미만, N : 최대 2개), $Q=5.2N\times\frac{1}{3}$(30~49층 이하, N : 최대 5개)

$Q=7.8N\times\frac{1}{3}$(50층 이상, N : 최대 5개)

여기서, Q : 수원의 저수량[m³], N : 가장 많은 층의 소화전개수

$Q_2=2.6N+2.6N\times\frac{1}{3}=2.6\times2\text{개}+2.6\times2\text{개}\times\frac{1}{3}=6.933\text{m}^3$

∴ 전체 수원의 저수량 $=Q_1+Q_2=42.666\text{m}^3+6.933\text{m}^3=49.599\fallingdotseq49.6\text{m}^3$

(나) **스프링클러설비**

펌프의 **토출량** Q는 $Q=N\times80\text{L/min}=20\times80\text{L/min}=1600\text{L/min}$

- N : 폐쇄형 헤드의 기준개수로서 문제에서 10층 이하이고, 근린생활시설이므로 기준개수 **20개**

옥내소화전설비

$Q=N\times130\text{L/min}$

여기서, Q : 펌프의 토출량(송출량)[L/min]

N : 가장 많은 층의 소화전개수(30층 미만 : 최대 2개, 30층 이상 : 최대 5개)

펌프의 **토출량** Q는 $Q=N\times130\text{L/min}=2\times130\text{L/min}=260\text{L/min}$

- N(**2개**) : 문제에서 3개이지만 최대 2개 적용

∴ 전체 펌프의 토출량=스프링클러설비용+옥내소화전설비용=1600L/min+260L/min=**1860L/min**

(다) ① 전양정

스프링클러설비

$H=h_1+h_2+10$

여기서, H : 전양정[m], h_1 : 배관 및 관부속품의 마찰손실수두[m], h_2 : 실양정(흡입양정+토출양정)[m]

전양정 H는

$H_{소}=h_1+h_2+10=30\text{m}+10=40\text{m}$

- h_1 : 주어지지 않았으므로 무시
- h_2 : 흡입양정은 주어지지 않았고, 토출양정은 문제의 [단서]에서 30m

② 옥내소화전설비

$H=h_1+h_2+h_3+17$

여기서, H : 전양정[m], h_1 : 소방호스의 마찰손실수두[m]

h_2 : 배관 및 관부속품의 마찰손실수두[m], h_3 : 실양정(흡입양정+토출양정)[m]

옥내소화전설비의 **전양정** H는

$H_{옥}=h_1+h_2+h_3+17=30\text{m}+17=47\text{m}$

- $h_1 \cdot h_2$: 주어지지 않았으므로 무시
- h_3 : 흡입양정은 주어지지 않았고, 토출양정은 문제의 [단서]에서 30m

∴ 펌프의 전양정은 두 설비의 전양정 중 큰 값이므로 47m

주의

하나의 펌프에 2개의 설비가 함께 연결된 경우

구 분	적 용
펌프의 전양정	두 설비의 전양정 중 **큰 값**
펌프의 토출압력	두 설비의 토출압력 중 **큰 값**
펌프의 유량(토출량, 송수량)	두 설비의 유량(토출량)을 **더한 값**
수원의 저수량	두 설비의 저수량을 **더한 값**

$$P=\frac{0.163QH}{\eta}K$$

여기서, P : 전동기의 동력[kW], Q : 유량[m^3/min], H : 전양정[m], K : 전달계수, η : 효율

전동기의 **동력** P는

$$P=\frac{0.163QH}{\eta}K=\frac{0.163\times1860\text{L/min}\times47\text{m}}{0.65}\times1.1=\frac{0.163\times1.86\text{m}^3\text{/min}\times47\text{m}}{0.65}\times1.1=24.114 \fallingdotseq 24.11\text{kW}$$

- Q(1860L/min) : (나)에서 구한 값
- H(47m) : 바로 위에서 구한 값
- K(1.1) : (다)의 [단서]에서 주어진 값
- η(65%=0.65) : (다)의 [단서]에서 주어진 값

☆☆☆

문제 11

옥내소화전설비가 설치된 어느 건물이 있다. 옥내소화전이 2층에 3개, 3층에 4개, 4층에 5개일 때 조건을 참고하여 다음 각 물음에 답하시오.

(18.11.문6, 17.4.문4, 16.6.문9, 16.4.문15, 15.11.문9, 15.7.문1, 15.4.문16, 14.4.문5, 12.7.문1, 12.4.문1, 10.4.문14, 09.10.문10, 09.4.문10, 08.11.문16, 07.11.문11, 06.7.문7, 05.5.문5, 04.7.문8)

득점	배점
	9

[조건]

① 실양정은 20m, 배관의 손실수두는 실양정의 20%로 본다.
② 소방호스의 마찰손실수두는 5m이다.
③ 펌프효율은 65%, 전달계수는 1.1이다.

(가) 펌프의 토출량[m^3/min]은?
 ○ 계산과정 : ○ 답 :

(나) 수원의 저수량[m^3]은?
 ○ 계산과정 : ○ 답 :

(다) 펌프의 전양정[m]은?
 ○ 계산과정 : ○ 답 :

(라) 전동기의 용량[kW]은?
 ○ 계산과정 : ○ 답 :

해답 (가) ○ 계산과정 : $2 \times 130 = 260\text{L/min} = 0.26\text{m}^3/\text{min}$ ○ 답 : 0.26m³/min

(나) ○ 계산과정 : $2.6 \times 2 = 5.2\text{m}^3$ ○ 답 : 5.2m³

(다) ○ 계산과정 : $H = 5 + (20 \times 0.2) + 20 + 17 = 46\text{m}$ ○ 답 : 46m

(라) ○ 계산과정 : $P = \dfrac{0.163 \times 0.26 \times 46}{0.65} \times 1.1 = 3.299 \fallingdotseq 3.3\text{kW}$ ○ 답 : 3.3kW

해설 (가) **옥내소화전설비**의 **토출량**

$$Q \geq N \times 130$$

여기서, Q : 가압송수장치의 토출량〔L/min〕

N : 가장 많은 층의 소화전개수(30층 미만 : 최대 2개, 30층 이상 : 최대 5개)

옥내소화전설비의 토출량(유량) Q는

$Q = N \times 130\text{L/min} = 2 \times 130\text{L/min} = 260\text{L/min} = 0.26\text{m}^3/\text{min}$

- N : 가장 많은 층의 소화전개수(최대 2개)
- $1000\text{L} = 1\text{m}^3$이므로 $260\text{L/min} = 0.26\text{m}^3/\text{min}$
- 토출량공식은 층수 관계없이 $Q \geq N \times 130$ 임을 혼동하지 마라!

(나) **수원의 저수량**

$Q \geq 2.6N$(30층 미만, N : 최대 2개)
$Q \geq 5.2N$(30~49층 이하, N : 최대 5개)
$Q \geq 7.8N$(50층 이상, N : 최대 5개)

여기서, Q : 수원의 저수량〔m³〕

N : 가장 많은 층의 소화전개수

수원의 저수량 Q는

$Q = 2.6N = 2.6 \times 2 = 5.2\text{m}^3$

- N : 가장 많은 층의 소화전개수(최대 2개)
- 문제에서 층수가 명확히 주어지지 않으면 **30층 미만**으로 보면 된다.

(다) **전양정**

$$H \geq h_1 + h_2 + h_3 + 17$$

여기서, H : 전양정〔m〕

h_1 : 소방호스의 마찰손실수두〔m〕

h_2 : 배관 및 관부속품의 마찰손실수두〔m〕

h_3 : 실양정(흡입양정+토출양정)〔m〕

옥내소화전설비의 **전양정** H는

$H = h_1 + h_2 + h_3 + 17 = 5\text{m} + (20\text{m} \times 0.2) + 20\text{m} + 17 = 46\text{m}$

- h_1(5m) : 〔조건 ②〕에서 주어진 값
- h_2(20m×0.2) : 〔조건 ①〕에서 배관의 손실수두(h_2)는 **실양정**의 20%이므로 20×0.2
- h_3(20m) : 〔조건 ①〕에서 주어진 값

(라) **전동기의 용량**

$$P = \frac{0.163QH}{\eta}K$$

여기서, P : 전동력(전동기의 동력)〔kW〕

Q : 유량〔m³/min〕

H : 전양정〔m〕

K : 전달계수

η : 효율

전동기의 **용량** P는

$$P=\frac{0.163QH}{\eta}K=\frac{0.163\times0.26\text{m}^3/\text{min}\times46\text{m}}{0.65}\times1.1=3.299\fallingdotseq3.3\text{kW}$$

- Q(**0.26m³/min**) : (가)에서 구한 값
- H(**46m**) : (다)에서 구한 값
- K(**1.1**) : 〔조건 ③〕에서 주어진 값
- η(**0.65**) : 〔조건 ③〕에서 65%이므로 0.65

☆☆

문제 12

습식 스프링클러설비 배관 내 사용압력이 1.2MPa 이상일 경우에 사용해야 하는 배관 2가지를 쓰시오.

(16.4.문13, 12.11.문14)

득점	배점
	4

○

○

해답 ① 압력배관용 탄소강관
② 배관용 아크용접 탄소강강관

해설 **스프링클러설비**의 **배관**(NFPC 103 8조, NFTC 103 2.3.1)

1.2MPa 미만	1.2MPa 이상
① 배관용 탄소강관 ② 이음매 없는 구리 및 구리합금관(단, 습식의 배관에 한함) ③ 배관용 스테인리스강관 또는 일반배관용 스테인리스강관 ④ 덕타일 주철관	① 압력배관용 탄소강관 ② 배관용 아크용접 탄소강강관

중요

소방용 합성수지 배관을 **설치**할 수 있는 경우
(1) 배관을 **지하**에 **매설**하는 경우
(2) 다른 부분과 **내화구조**로 구획된 덕트 또는 피트의 내부에 설치하는 경우
(3) 천장(상층이 있는 경우 상층바닥의 하단 포함)과 반자를 **불연재료** 또는 **준불연재료**로 설치하고 소화배관 내부에 항상 소화수가 채워진 상태로 설치하는 경우

☆☆

문제 13

그림과 조건을 참조하여 펌프의 유효흡입양정(NPSH)을 계산하시오. (13.11.문15, 05.7.문6)

득점	배점
	4

〔조건〕
① 설계기준 온도는 25℃이다.
② 25℃에서의 수증기압 : 0.015MPa
③ 펌프흡입배관에서의 마찰손실수두 : 4m
④ 대기압은 10.332m이다.
⑤ 비중량은 9800N/m³이다.

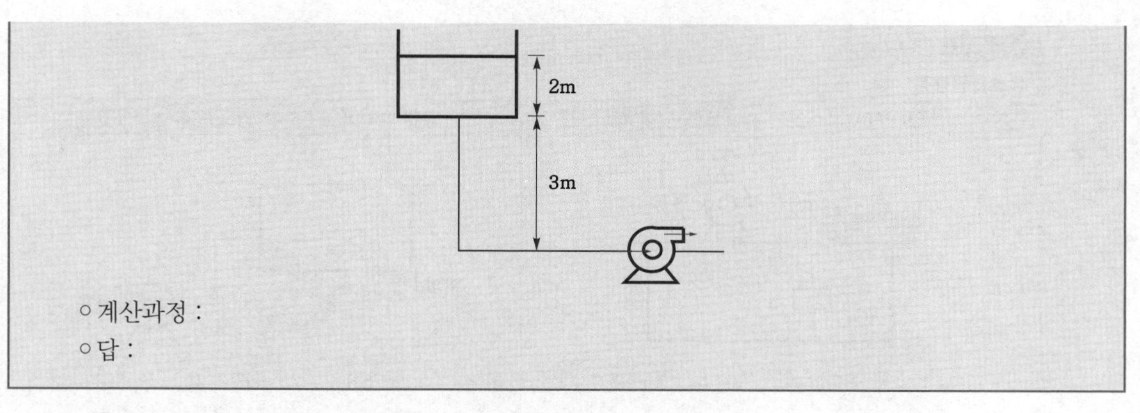

○ 계산과정 :
○ 답 :

해답 ○ 계산과정 : 10.332−1.5306+5−4=9.801≒9.8m
○ 답 : 9.8m

해설 대기압수두(H_a) : **10.332m**([조건 ④]에서 주어진 값)
수증기압수두(H_v)

$$P=\gamma h$$

여기서, P : 압력[N/m²]
γ : 비중량(물의 비중량 9800N/m³)
$h(H_v)$: 높이(수두)[m]

수증기압수두 $H_v=\frac{P}{\gamma}$

$=\frac{15000\text{N/m}^2}{9800\text{N/m}^3}=$**1.5306m**

- 15000N/m² : [조건 ②]에서 주어진 값(0.015MPa=15kPa=15000Pa=15000N/m²)
- 9800N/m³ : [조건 ⑤]에서 주어진 값
- 수증기압수두는 [조건 ⑤]에 비중량이 주어졌으므로 반드시 $P=\gamma h$식에 의해 구해야 한다. 그렇지 않으면 틀린다.

압입수두(H_s) : 2m+3m=**5m**(펌프중심~수원까지의 수직거리)

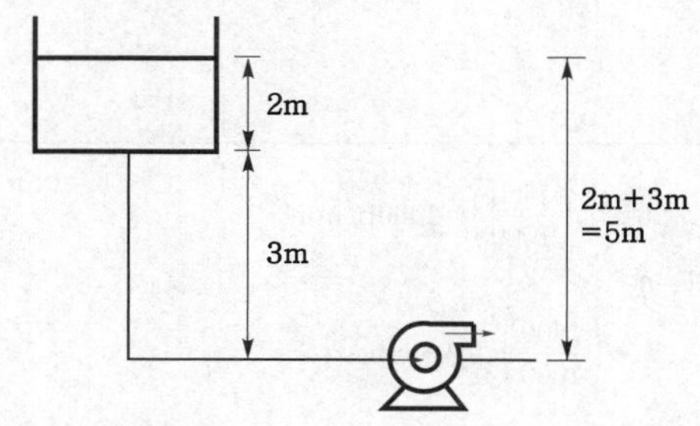

마찰손실수두(H_L) : **4m**([조건 ③]에서 주어진 값)
수조가 펌프보다 높으므로 **압입 NPSH**는
NPSH = $H_a-H_v+H_s-H_L$
= 10.332m−1.5306m+5m−4m=9.801≒**9.8m**

- **NPSH**(Net Positive Suction Head) : 유효흡입양정

중요

유효흡입양정

흡입 NPSHav(수조가 펌프보다 낮을 때)	압입 NPSHav(수조가 펌프보다 높을 때)
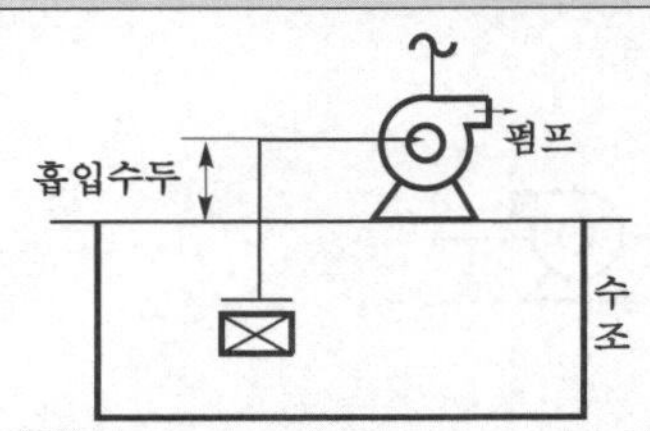	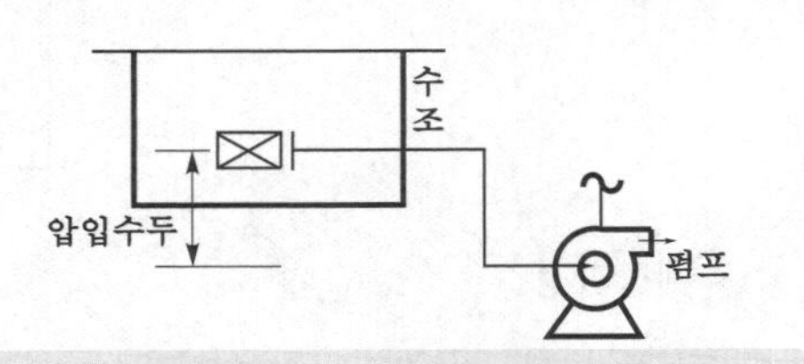
$\text{NPSH}_{\text{av}} = H_a - H_v - H_s - H_L$	$\text{NPSH}_{\text{av}} = H_a - H_v + H_s - H_L$
여기서, NPSH_{av} : 유효흡입양정〔m〕 H_a : 대기압수두〔m〕 H_v : 수증기압수두〔m〕 H_s : 흡입수두〔m〕 H_L : 마찰손실수두〔m〕	여기서, NPSH_{av} : 유효흡입양정〔m〕 H_a : 대기압수두〔m〕 H_v : 수증기압수두〔m〕 H_s : 압입수두〔m〕 H_L : 마찰손실수두〔m〕

문제 14

임펠러의 회전속도가 1000rpm일 때, 전압은 50mmAq, 토출량은 1000L/min의 성능을 보여주는 어떤 원심펌프가 있다. 이를 1400rpm으로 회전수를 변화하였다고 할 때, 전압〔mmAq〕과 토출량〔L/min〕은 각각 얼마가 되는지 구하시오. (19.4.문5)

득점	배점
	6

(가) 토출량〔L/min〕
- ○ 계산과정 :
- ○ 답 :

(나) 전압〔mmAq〕
- ○ 계산과정 :
- ○ 답 :

해답

(가) ○ 계산과정 : $1000 \times \left(\dfrac{1400}{1000}\right) = 1400\text{L/min}$

○ 답 : 1400L/min

(나) ○ 계산과정 : $50 \times \left(\dfrac{1400}{1000}\right)^2 = 98\text{mmAq}$

○ 답 : 98mmAq

해설

기호

- N_1 : 1000rpm
- H_1 : 50mmAq
- Q_1 : 1000L/min
- N_2 : 1400rpm
- H_2 : ?
- Q_2 : ?

(가) **토출량** Q_2는

$$Q_2 = Q_1\left(\frac{N_2}{N_1}\right) = 1000\text{L/min}\times\left(\frac{1400\text{rpm}}{1000\text{rpm}}\right) = 1400\text{L/min}$$

(나) **전압** H_2는

$$H_2 = H_1\left(\frac{N_2}{N_1}\right)^2 = 50\text{mmAq}\times\left(\frac{1400\text{rpm}}{1000\text{rpm}}\right)^2 = 98\text{mmAq}$$

- 전압=양정
- 단위를 보면 전압=양정을 알 수 있다.

mmAq=mm

중요

유량, 양정, 축동력

유량(토출량)	양정(또는 토출압력)	축동력
회전수에 비례하고 **직경**(관경)의 세제곱에 비례한다.	회전수의 제곱 및 **직경**(관경)의 제곱에 비례한다.	회전수의 세제곱 및 **직경**(관경)의 오제곱에 비례한다.
$Q_2 = Q_1\left(\frac{N_2}{N_1}\right)\left(\frac{D_2}{D_1}\right)^3$ 또는 $Q_2 = Q_1\left(\frac{N_2}{N_1}\right)$	$H_2 = H_1\left(\frac{N_2}{N_1}\right)^2\left(\frac{D_2}{D_1}\right)^2$ 또는 $H_2 = H_1\left(\frac{N_2}{N_1}\right)^2$	$P_2 = P_1\left(\frac{N_2}{N_1}\right)^3\left(\frac{D_2}{D_1}\right)^5$ 또는 $P_2 = P_1\left(\frac{N_2}{N_1}\right)^3$
여기서, Q_2 : 변경 후 유량[L/min] Q_1 : 변경 전 유량[L/min] N_2 : 변경 후 회전수[rpm] N_1 : 변경 전 회전수[rpm] D_2 : 변경 후 직경(관경)[mm] D_1 : 변경 전 직경(관경)[mm]	여기서, H_2 : 변경 후 양정[m] 또는 토출압력[MPa] H_1 : 변경 전 양정[m] 또는 토출압력[MPa] N_2 : 변경 후 회전수[rpm] N_1 : 변경 전 회전수[rpm] D_2 : 변경 후 직경(관경)[mm] D_1 : 변경 전 직경(관경)[mm] • **양정=전압**	여기서, P_2 : 변경 후 축동력[kW] P_1 : 변경 전 축동력[kW] N_2 : 변경 후 회전수[rpm] N_1 : 변경 전 회전수[rpm] D_2 : 변경 후 직경(관경)[mm] D_1 : 변경 전 직경(관경)[mm]

☆☆

문제 15

이산화탄소 소화설비에서 다음의 기준에 따른 시간에 방사될 수 있는 것으로 하여야 한다. (   ) 안을 채우시오.

득점	배점
	6

○ 전역방출방식에 있어서 가연성 액체 또는 가연성 가스 등 표면화재 방호대상물의 경우에는 (①)

○ 전역방출방식에 있어서 종이, 목재, 석탄, 섬유류, 합성수지류 등 심부화재 방호대상물의 경우에는 (②). 이 경우 설계농도가 2분 이내에 30%에 도달하여야 한다.

○ 국소방출방식의 경우에는 (③)

해답 ① 1분
② 7분
③ 30초

해설

- 문제에서 **'시간 내에'**가 아닌 **'시간에'**라고 하였으므로 **1분 이내**, **7분 이내**, **30초 이내**라고 써도 정답!

이산화탄소 소화설비(NFPC 106 8조 ②항, NFTC 106 2.5.2)

배관의 구경은 이산화탄소의 소요량이 다음의 기준에 따른 **시간 내**에 방사될 수 있는 것으로 할 것

(1) **전역방출방식**에 있어서 **가연성 액체** 또는 **가연성 가스** 등 **표면화재** 방호대상물의 경우에는 **1분**

(2) **전역방출방식**에 있어서 **종이, 목재, 석탄, 섬유류, 합성수지류** 등 **심부화재** 방호대상물의 경우에는 **7분**. 이 경우 설계농도가 **2분** 이내에 30%에 도달하여야 한다.

(3) **국소방출방식**의 경우에는 **30초**

중요

약제방사시간

소화설비		전역방출방식		국소방출방식	
		일반건축물	위험물제조소	일반건축물	위험물제조소
할론소화설비		10초 이내	30초 이내	10초 이내	30초 이내
분말소화설비		30초 이내		30초 이내	
이산화탄소 소화설비	표면화재 →	1분 이내	60초 이내		
	심부화재 →	7분 이내			

- 특별한 경우를 제외하고는 **일반건축물**이다.
- **표면화재** : 가연성 액체, 가연성 가스
- **심부화재** : 종이, 목재, 석탄, 섬유류, 합성수지류

☆☆☆

문제 16

폐쇄형 헤드를 사용한 스프링클러설비의 도면이다. 스프링클러헤드가 모두 개방되었을 때 다음 각 물음에 답하시오. (단, 주어진 조건을 적용하여 계산하고, 설비도면의 길이단위는 mm이다.) (16.6.문8, 12.7.문3)

득점	배점
	10

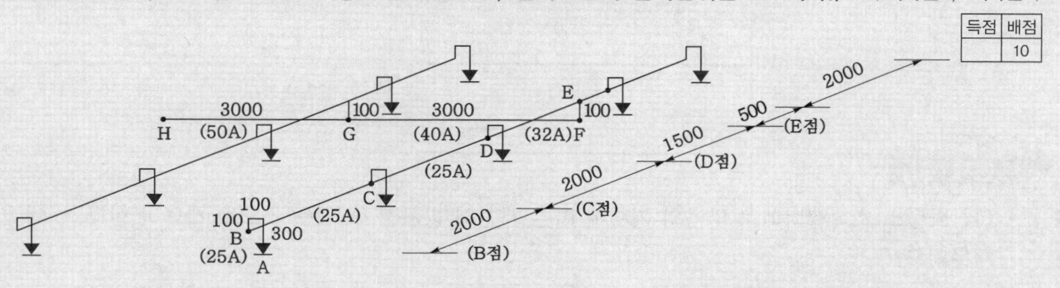

〔조건〕

① 급수관 중 H점에서의 가압수 압력은 0.4MPa로 계산한다.

② 엘보는 배관지름과 동일한 지름의 엘보를 사용하고 티의 크기는 다음 표와 같이 사용한다. 그리고 관경 축소는 오직 리듀서만을 사용한다.

지 점	C지점	D지점	E지점	G지점
티의 크기	25A	32A	40A	50A

③ 스프링클러헤드는 15A용 헤드가 설치된 것으로 한다.

④ 직관의 100m당 마찰손실수두(단, A점에서의 헤드방수량을 80L/min로 계산한다.)

(단위 : m)

헤드개수	유 량	25A	32A	40A	50A
1	80L/min	30.45	8.32	4.03	1.22
2	160L/min	109.76	30.00	14.53	4.38
3	240L/min	232.39	63.53	30.76	9.28
4	320L/min	395.69	108.17	52.38	15.79
5	400L/min	597.92	163.45	79.15	23.87
6	480L/min	837.76	229.01	110.90	33.44
7	560L/min	−	304.59	147.50	44.47
8	640L/min	−	389.94	188.83	56.94
9	720L/min	−	484.88	234.80	70.80
10	800L/min	−	589.22	285.33	86.04

⑤ 관이음쇠의 마찰손실에 해당되는 직관길이(등가길이)

(단위 : m)

구 분	25A	32A	40A	50A
엘보(90°)	0.90	1.20	1.50	2.10
리듀서	0.54 (25A×15A)	0.72 (32A×25A)	0.90 (40A×32A)	1.20 (50A×40A)
티(직류)	0.27	0.36	0.45	0.60
티(분류)	1.50	1.80	2.10	3.00

예 25A 크기의 90° 엘보의 손실수두는 25A, 직관 0.9m의 손실수두와 같다.

⑥ 가지배관 말단(B지점)과 교차배관 말단(F지점)은 엘보로 한다.

⑦ 관경이 변하는 관부속품은 관경이 큰 쪽으로 손실수두를 계산한다.

⑧ 중력가속도는 $9.8m/s^2$로 한다.

⑨ 구간별 관경은 다음 표와 같다.

구 간	관 경
A~D	25A
D~E	32A
E~G	40A
G~H	50A

(가) B~C 사이의 유량〔L/min〕(단, 마찰손실은 고려하지 말 것)

(나) C~D 사이의 유량〔L/min〕(단, 마찰손실은 고려하지 말 것)
- ○ 계산과정 :
- ○ 답 :

(다) A~H까지의 전체 배관 마찰손실수두〔m〕(단, 직관 및 관이음쇠를 모두 고려하여 구한다.)
- ○ 계산과정 :
- ○ 답 :

(라) A에서의 방사압력〔MPa〕
- ○ 계산과정 :
- ○ 답 :

(마) 규격 50×50×40 티의 개수를 쓰시오.

(바) 규격 25×25×25 티의 개수를 쓰시오.

해답 (가) 80L/min

(나) ○ 계산과정 : 80×2=160L/min

○ 답 : 160L/min

(다) ○ 계산과정

구 간	호칭구경	유 량	직관 및 등가길이	마찰손실수두
H~G	50A	800L/min	• 직관 : 3 • 관이음쇠 티(직류) : 1×0.60=0.60 리듀서 : 1×1.20=1.20 소계 : 4.8m	$4.8\times\frac{86.04}{100}$ $=4.129\text{m}$
G~E	40A	400L/min	• 직관 : 3+0.1=3.1 • 관이음쇠 엘보(90°) : 1×1.50=1.50 티(분류) : 1×2.10=2.10 리듀서 : 1×0.90=0.90 소계 : 7.6m	$7.6\times\frac{79.15}{100}$ $=6.015\text{m}$
E~D	32A	240L/min	• 직관 : 1.5 • 관이음쇠 티(직류) : 1×0.36=0.36 리듀서 : 1×0.72=0.72 소계 : 2.58m	$2.58\times\frac{63.53}{100}$ $=1.639\text{m}$
D~C	25A	160L/min	• 직관 : 2 • 관이음쇠 티(직류) : 1×0.27=0.27 소계 : 2.27m	$2.27\times\frac{109.76}{100}$ $=2.491\text{m}$
C~A	25A	80L/min	• 직관 : 2+0.1+0.1+0.3=2.5m • 관이음쇠 엘보(90°) : 3×0.90=2.7 리듀서(25×15A) : 1×0.54=0.54 소계 : 5.74m	$5.74\times\frac{30.45}{100}$ $=1.747\text{m}$
합계				16.602 ≒ 16.02m

○ 답 : 16.02m

(라) ○ 계산과정 : $0.1+0.1-0.3=-0.1\text{m}$

$h=-0.1+16.02=15.92\text{m}$

$\Delta P=1000\times9.8\times15.92=156016\text{Pa}=0.156016\text{MPa}\fallingdotseq0.156\text{MPa}$

$P_A=0.4-0.156=0.244\fallingdotseq0.24\text{MPa}$

○ 답 : 0.24MPa

(마) 1개

(바) 4개

해설 (가), (나) ① B~C 사이의 유량 : 헤드가 1개 있으므로 〔조건 ④〕에 의해 80L/min

② C~D 사이의 유량 : 헤드가 2개 있으므로 80L/min×2개=160L/min

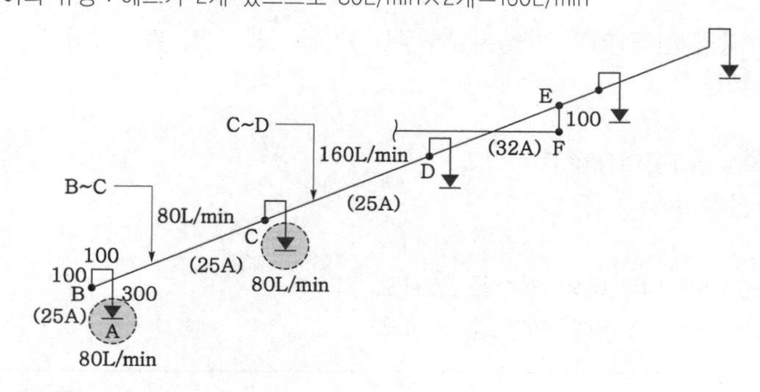

(다) **직관** 및 **관이음쇠**의 **마찰손실수두**

구 간	호칭 구경	유 량	직관 및 등가길이	m당 마찰손실	마찰손실수두
H~G	50A	800L/min	• 직관 : 3m • 관이음쇠 티(직류) : 1개×0.60m=0.60m 리듀서(50A×40A) : 1개×1.20m=1.20m 소계 : 4.8m	$\frac{86.04}{100}$ ([조건 ④]에 의해)	$4.8\text{m} \times \frac{86.04}{100}$ $= 4.129\text{m}$
G~E	40A	400L/min	• 직관 : 3+0.1=3.1m • 관이음쇠 엘보(90°) : 1개×1.50m=1.50m 티(분류) : 1개×2.10m=2.10m 리듀서(40A×32A) : 1개×0.90m=0.90m 소계 : 7.6m	$\frac{79.15}{100}$ ([조건 ④]에 의해)	$7.6\text{m} \times \frac{79.15}{100}$ $= 6.015\text{m}$
E~D	32A	240L/min	• 직관 : 1.5m • 관이음쇠 티(직류) : 1개×0.36m=0.36m 리듀서(32A×25A) : 1개×0.72m=0.72m 소계 : 2.58m	$\frac{63.53}{100}$ ([조건 ④]에 의해)	$2.58\text{m} \times \frac{63.53}{100}$ $= 1.639\text{m}$
D~C	25A	160L/min	• 직관 : 2m • 관이음쇠 티(직류) : 1개×0.27m=0.27m 소계 : 2.27m	$\frac{109.76}{100}$ ([조건 ④]에 의해)	$2.27\text{m} \times \frac{109.76}{100}$ $= 2.491\text{m}$
C~A	25A	80L/min	• 직관 : 2+0.1+0.1+0.3=2.5m • 관이음쇠 엘보(90°) : 3개×0.90m=2.7m 리듀서(25×15A) : 1개×0.54=0.54m 소계 : 5.74m	$\frac{30.45}{100}$ ([조건 ④]에 의해)	$5.74\text{m} \times \frac{30.45}{100}$ $= 1.747\text{m}$
			합계		16.602 ≒ 16.02m

• 문제에서 헤드가 모두 개방되었다고 하였으므로 H~G, E~D, D~C의 티가 분류티가 아니냐고 생각하는 사람이 있다. 아니다. 헤드가 모두 개방되었지만 전체 배관 마찰손실수두는 가장 먼거리 A점을 기준으로 하므로 A점을 기준으로 볼 때 물의 방향은 직류이므로 직류티를 적용하는 것이 옳다.
A~H까지의 전체 배관 마찰손실수두[m]=4.129m+6.015m+1.639m+2.491m+1.747m=16.602≒16.02m
• 직관=배관
• 관부속품=관이음쇠

▎마찰손실수두(직관 100m당)▎

(단위 : m)

헤드개수	유 량	25A	32A	40A	50A
1	80L/min	30.45	8.32	4.03	1.22
2	160L/min	109.76	30.00	14.53	4.38
3	240L/min	232.39	63.53	30.76	9.28
4	320L/min	395.69	108.17	52.38	15.79
5	400L/min	597.92	163.45	79.15	23.87
6	480L/min	837.76	229.01	110.90	33.44
7	560L/min	–	304.59	147.50	44.47
8	640L/min	–	389.94	188.83	56.94
9	720L/min	–	484.88	234.80	70.80
10	800L/min	–	589.22	285.33	86.04

(라) 낙차 $=0.1+0.1-0.3=-0.1\text{m}$

- 낙차는 수직배관만 고려하며, 물 흐르는 방향을 주의하여 산정하면 0.1+0.1−0.3=−0.1m가 된다(**펌프방식**이므로 물 흐르는 방향이 위로 향할 경우 '**+**', 아래로 향할 경우 '**−**'로 계산하라).

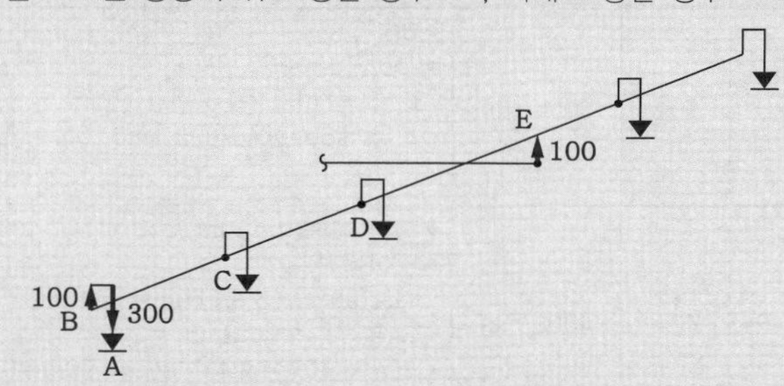

- 도면에서 고가수조가 보이지 않으면, 일반적으로 **펌프방식**을 적용하면 된다.

① H점과 A점의 수두 h는 **직관** 및 **관이음쇠의 낙차**+**마찰손실수두**이므로
$h=-0.1\,\text{m}+16.02\,\text{m}=15.92\text{m}$

② H점과 A점의 압력차

$$\Delta P=\gamma h,\ \gamma=\rho g$$

여기서, ΔP : H점과 A점의 압력차[Pa]
γ : 비중량[N/m^3]
h : 높이[m]
ρ : 밀도(물의 밀도 1000N · s^2/m^4)
g : 중력가속도[m/s^2]

$$\Delta P=\gamma h=(\rho g)h=1000\text{N}\cdot\text{s}^2/\text{m}^4\times 9.8\text{m/s}^2\times 15.92\text{m}$$
$$=156016\text{N/m}^2=156016\text{Pa}=0.156016\text{MPa}\fallingdotseq 0.156\text{MPa}$$

- 1N/m^2=1Pa이므로 156016N/m^2=156016Pa
- [조건 ⑧]에 주어진 중력가속도 **9.8m/s^2**를 반드시 적용할 것. 적용하지 않으면 틀린다.

③ A점 헤드의 방사압력 P_A는

$$P_A=\text{H점의 압력}-\Delta P$$
$$=0.4\text{MPa}-0.156\text{MPa}$$
$$=0.244\fallingdotseq 0.24\text{MPa}$$

- [조건 ①]에서 H점의 압력은 **0.4MPa**

중요

직관 및 **등가길이 산출**

(1) **H~G**(호칭구경 50A)

① 직관 : 3m

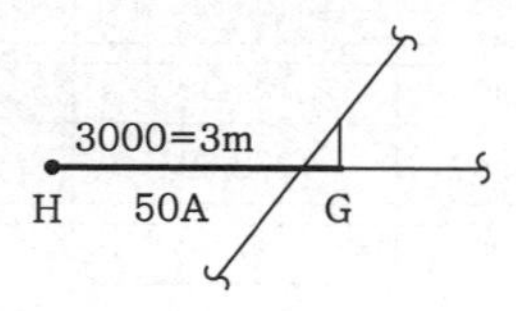

② 관이음쇠
각각의 사용위치를 티(직류) : ⟶, 리듀서(50A×40A) : ⇒로 표시하면 다음과 같다.

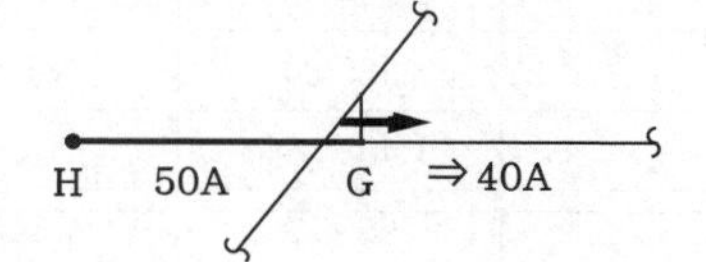

- 티(직류) : 1개
- 리듀서(50A×40A) : 1개

• 물의 흐름방향에 따라 티(분류)와 티(직류)를 다음과 같이 분류한다.

(2) **G~E**(호칭구경 40A)

① 직관 : 3+0.1=3.1m

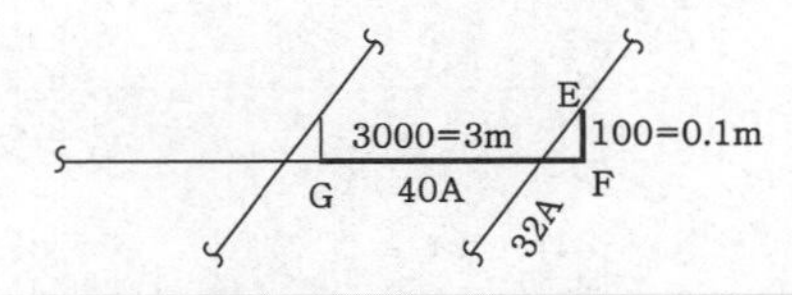

• [조건 ⑥]에 의해 F지점을 엘보로 계산한다. 이 조건이 없으면 티**(분류)**로 계산할 수도 있다.

② 관이음쇠

각각의 사용위치를 엘보(90°) : ○, 티(분류) : ●, 리듀서(40A×32A) : ⇒로 표시하면 다음과 같다.

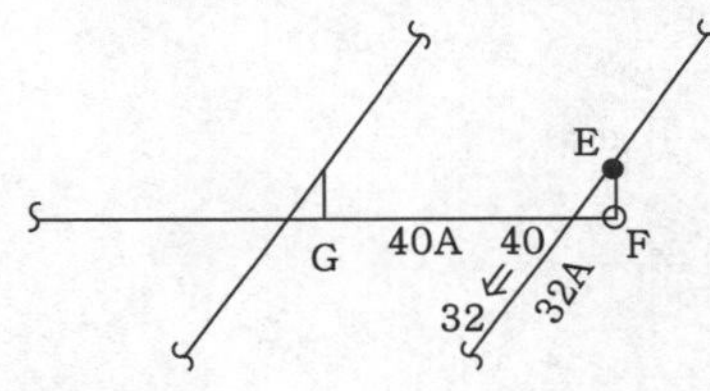

엘보(90°) : 1개
티(분류) : 1개
리듀서(40A×32A) : 1개

(3) **E~D**(호칭구경 32A)

① 직관 : 1.5m

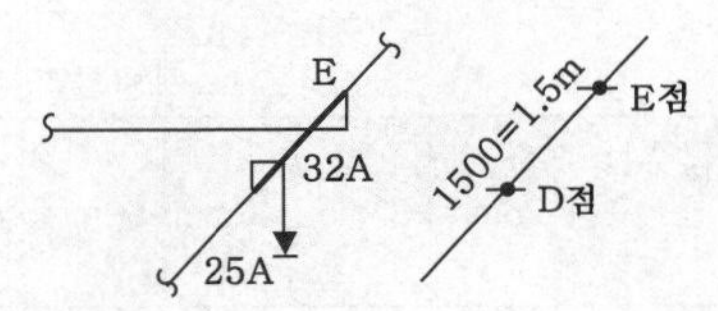

② 관이음쇠

각각의 사용위치를 티(직류) : ➡, 리듀서(32A×25A) : ⇒로 표시하면 다음과 같다.

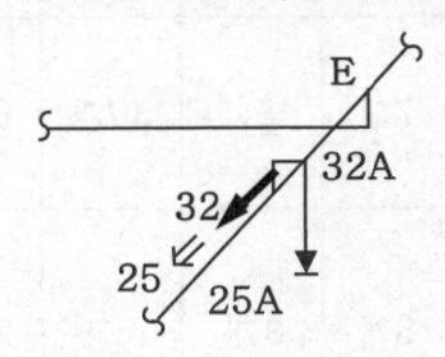

티(직류) : 1개
리듀서(32A×25A) : 1개

(4) **D~A**(호칭구경 25A)

① 직관 : 2+2+0.1+0.1+0.3=4.5m

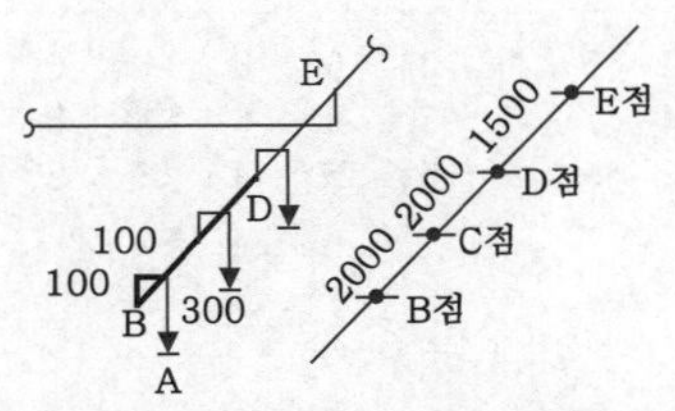

• [조건 ⑥]에 의해 B지점을 **엘보**로 계산한다. 이 조건이 없으면 **티(분류)**로 계산할 수도 있다.

② 관이음쇠

각각의 사용위치를 티(직류) : ⟶, 엘보(90°) : ○, 리듀서(25A×15A) : ⇒로 표시하면 다음과 같다.

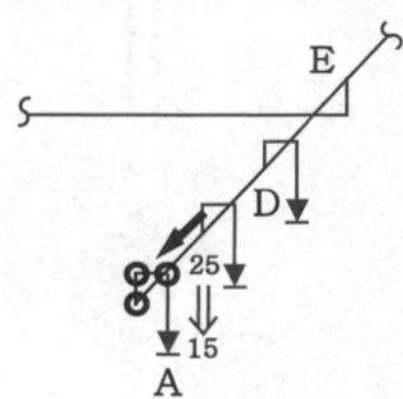

- 티(직류) : 1개
- 엘보(90°) : 3개
- 리듀서(25A×15A) : 1개

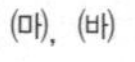
(마), (바)

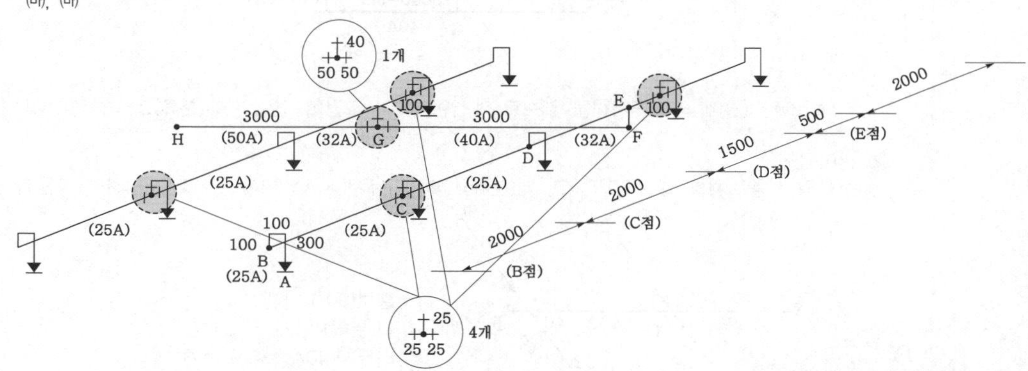

- (마) 헤드 10개까지 50A이므로 50×50×40티는 **1개**
- (바) 헤드 2개까지 25A이므로 25×25×25티는 **4개**

‖ 스프링클러설비 ‖

구 분 \ 급수관의 구경	25mm	32mm	40mm	50mm	65mm	80mm	90mm	100mm	125mm	150mm
폐쇄형 헤드 ⟶	2개	3개	5개	10개	30개	60개	80개	100개	160개	161개 이상
폐쇄형 헤드 (헤드를 동일급수관의 가지관상에 병설하는 경우)	2개	4개	7개	15개	30개	60개	65개	100개	160개	161개 이상
폐쇄형 헤드 (무대부·특수가연물 저장 취급장소)·개방형 헤드(헤드개수 30개 이하)	1개	2개	5개	8개	15개	27개	40개	55개	90개	91개 이상

기억법

2 3 5 1 3 6 8 1 6
2 4 7 5 3 6 5 1 6
1 2 5 8 5 27 4 55 9

"집안이 나쁘다고 탓하지 마라. 가난하다고 말하지 마라.
배운 게 없다고, 힘이 없다고 탓하지 마라. 지금의 힘든 과정은 생각하기 나름이다.

과년도 기출문제

2019년 소방설비산업기사 실기(기계분야)

** 수험자 유의사항 **

– 일반사항

1. 시험문제를 받는 즉시 응시하고자 하는 종목의 문제지가 맞는지를 확인하여야 합니다.
2. 시험문제지 총면수 · 문제번호 순서 · 인쇄상태 등을 확인하고(**확인 이후 시험문제지 교체불가**), 수험번호 및 성명을 답안지에 기재하여야 합니다.
3. 부정 또는 불공정한 방법(시험문제 내용과 관련된 메모지 사용 등)으로 시험을 치른 자는 부정행위자로 처리되어 당해 시험을 중지 또는 무효로 하고, 3년간 국가기술자격검정의 응시자격이 정지됩니다.
4. 저장용량이 큰 전자계산기 및 유사 전자제품 사용 시에는 반드시 저장된 메모리를 초기화한 후 사용하여야 하며, 시험위원이 초기화 여부를 확인할 시 협조하여야 합니다. 초기화되지 않은 전자계산기 및 유사 전자제품을 사용하여 적발 시에는 부정행위로 간주합니다.
5. 시험 중에는 통신기기 및 전자기기(휴대용 전화기 및 **스마트워치** 등)를 지참하거나 사용할 수 없습니다.
6. **문제 및 답안(지), 채점기준은 공개하지 않습니다.**
7. 복합형 시험의 경우 시험의 전 과정(필답형, 작업형)을 응시하지 않은 경우 채점대상에서 제외합니다.
8. 국가기술자격 시험문제는 일부 또는 전부가 저작권법상 보호되는 저작물이고, 저작권자는 한국산업인력공단입니다. 문제의 일부 또는 전부를 무단 복제, 배포, 출판, 전자출판 하는 등 저작권을 침해하는 일체의 행위를 금합니다.

– 채점사항

1. 수험자 인적사항 및 계산식을 포함한 답안작성은 흑색 필기구만 사용해야 하며, 그 외 연필류, 빨간색, 청색 등 필기구로 작성한 답항은 0점 처리되오니 불이익을 당하지 않도록 유의해 주시기 바랍니다.
2. 답란에는 문제와 관련 없는 불필요한 낙서나 특이한 기록사항 등을 기재하여서는 안 되며, 답안지의 인적사항 기재란 외의 부분에 답안과 관련 없는 **특수한 표시를 하거나 특정인임을 암시하는 경우 답안지 전체를 0점 처리합니다.**
3. 계산문제는 반드시 「계산과정」과 「답」란에 기재하여야 하며, **계산과정이 틀리거나 없는 경우 0점 처리됩니다.**
4. 계산문제는 최종 결과 값(답)에서 소수 셋째자리에서 반올림하여 둘째자리까지 구하여야 하나 개별문제에서 소수 처리에 대한 요구사항이 있을 경우 그 요구사항에 따라야 합니다.
5. 답에 단위가 없으면 오답으로 처리됩니다. (단, 문제의 요구사항에 단위가 주어졌을 경우는 생략되어도 무방합니다.)
6. 문제에서 요구한 가지수(항수) 이상을 답란에 표기한 경우에는 답란기재 순으로 요구된 가지수(항수)만 채점하고 한 항에 여러 가지를 기재하더라도 한 가지로 보며 그중 정답과 오답이 함께 기재되어 있을 경우 오답으로 처리됩니다.
7. 답안 정정 시에는 정정하고자 하는 단어에 두 줄(=)을 긋고 다시 기재 가능하며, 수정테이프 등은 사용할 수 없으며, 수정테이프 사용 시 채점대상에서 제외됨을 알려드립니다.

※ 수험자 유의사항 미준수로 인한 채점상의 불이익은 수험자 본인에게 책임이 있습니다.

2019. 4. 14 시행

▌2019년 산업기사 제1회 필답형 실기시험▐

수험번호	성명	감독위원 확 인

자격종목	시험시간	형별
소방설비산업기사(기계분야)	2시간 30분	

※ 다음 물음에 답을 해당 답란에 답하시오.(배점 : 100)

☆☆☆

문제 01

포소화설비에서 혼합장치의 혼합방식 4가지를 쓰시오. (단, 프레져사이드 프로포셔너방식을 제외한 나머지 4가지를 쓰시오.)

(10.7.문15)

유사문제부터 풀어보세요. 실력이 팍!팍! 올라갑니다.

득점	배점
	4

○
○
○
○

해답 ① 펌프 프로포셔너방식
② 라인 프로포셔너방식
③ 프레져 프로포셔너방식
④ 압축공기포 믹싱챔버방식

해설 **포소화약제**의 **혼합장치**(NFPC 105 3·9조, NFTC 105 1.7.1.21~1.7.1.26, 2.6.1)

(1) **펌프 프로포셔너방식**(펌프혼합방식)

펌프의 토출관과 흡입관 사이의 배관 도중에 설치한 흡입기에 펌프에서 토출된 물의 일부를 보내고 **농도조정밸브**에서 조정된 포소화약제의 필요량을 포소화약제탱크에서 펌프 흡입측으로 보내어 이를 혼합하는 방식

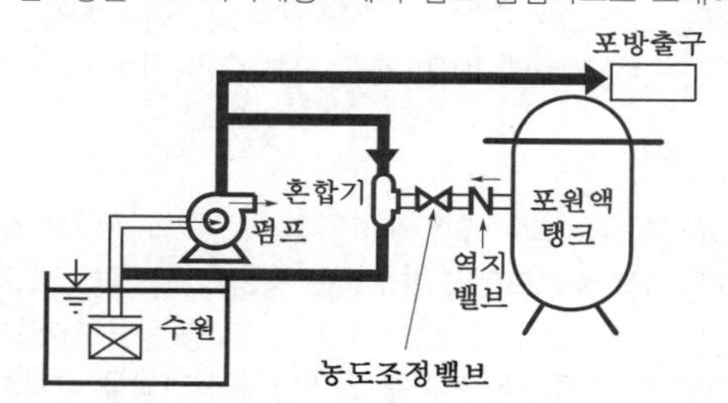

▌펌프 프로포셔너방식 1▐

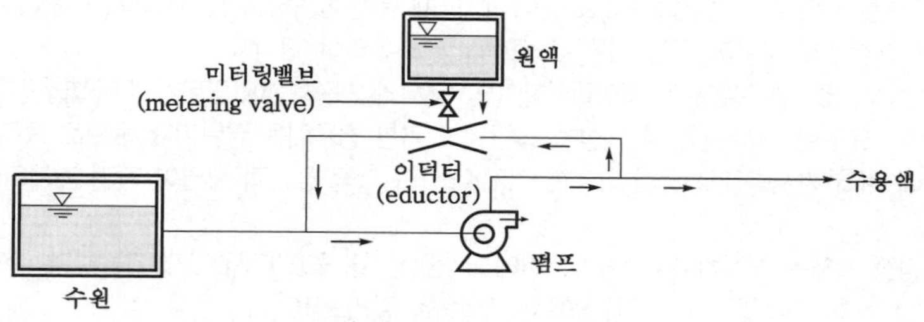

▌펌프 프로포셔너방식 2▐

- 혼합기=흡입기=이덕터(eductor)
- 농도조정밸브=미터링밸브(metering valve)

(2) **라인 프로포셔너방식**(관로혼합방식)

① 펌프와 발포기의 중간에 설치된 **벤츄리관**의 벤츄리작용에 의하여 포소화약제를 흡입 · 혼합하는 방식

② 급수관의 배관 도중에 포소화약제 **흡입기**를 설치하여 그 흡입관에서 소화약제를 흡입하여 혼합하는 방식

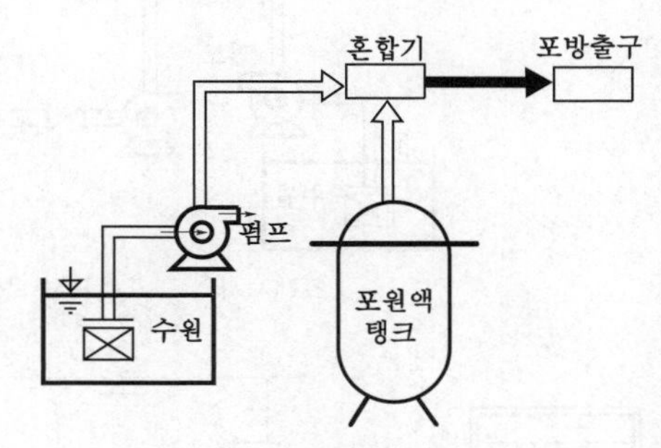

‖ 라인 프로포셔너방식 1 ‖

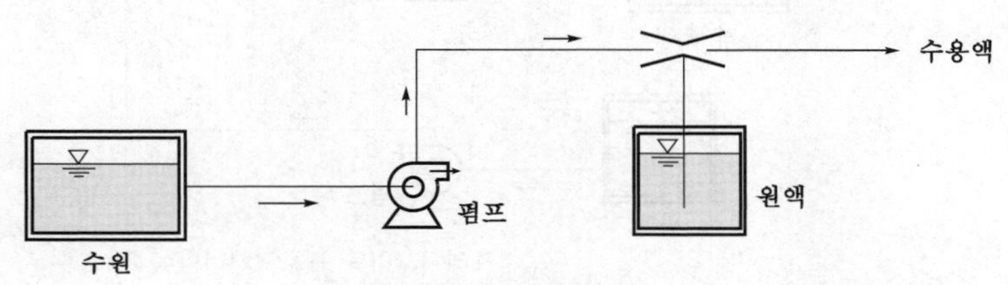

‖ 라인 프로포셔너방식 2 ‖

(3) **프레져 프로포셔너방식**(차압혼합방식)

펌프와 발포기의 중간에 설치된 **벤츄리관**의 벤츄리작용과 **펌프가압수**의 포소화약제 저장탱크에 대한 압력에 의하여 포소화약제를 흡입 · 혼합하는 방식

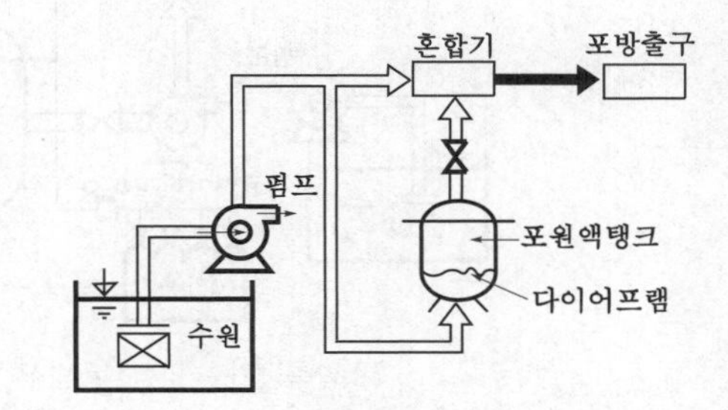

‖ 프레져 프로포셔너방식 1 ‖

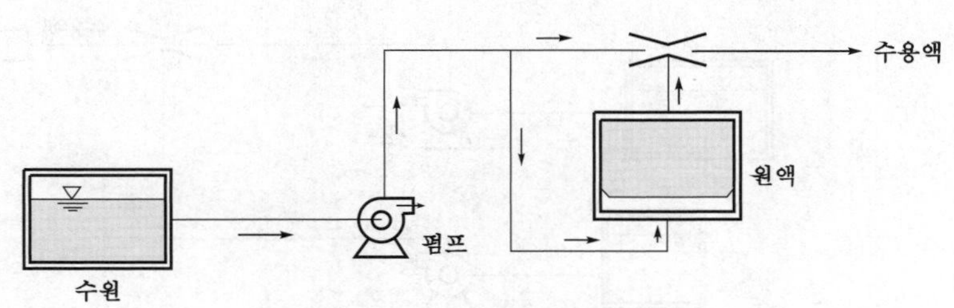

‖ 프레져 프로포셔너방식 2 ‖

(4) **프레져사이드 프로포셔너방식**(압입혼합방식)

펌프의 토출관에 **압입기**를 설치하여 포소화약제 **압입용 펌프**로 포소화약제를 압입시켜 혼합하는 방식

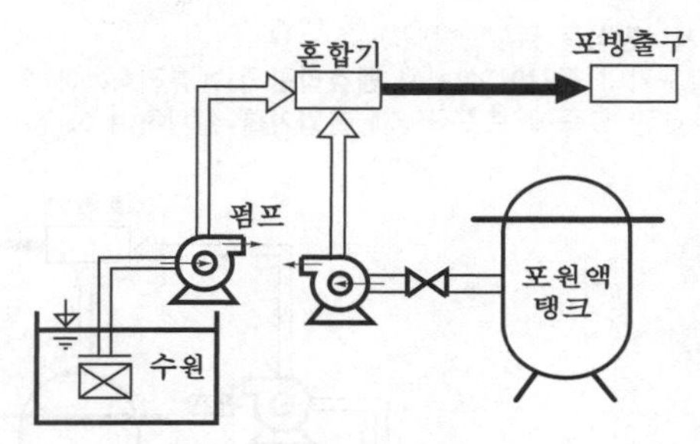

▌프레져사이드 프로포셔너방식 1▐

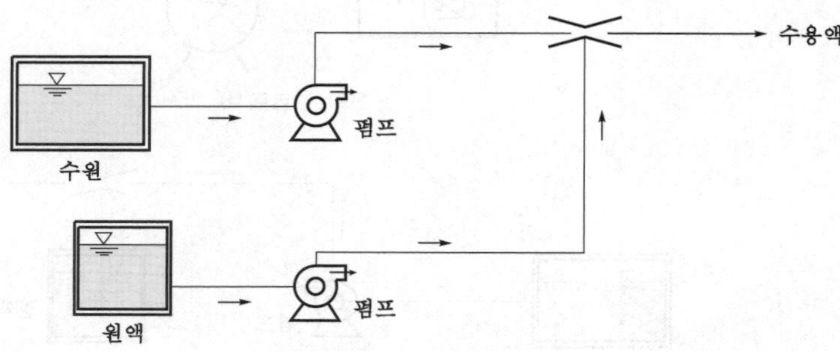

▌프레져사이드 프로포셔너방식 2▐

(5) **압축공기포 믹싱챔버방식**

압축공기 또는 **압축질소**를 일정비율로 포수용액에 **강제 주입** 혼합하는 방식

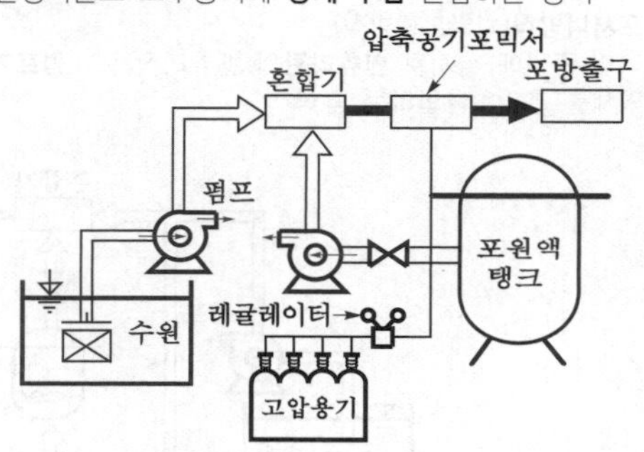

▌압축공기포 믹싱챔버방식 1▐

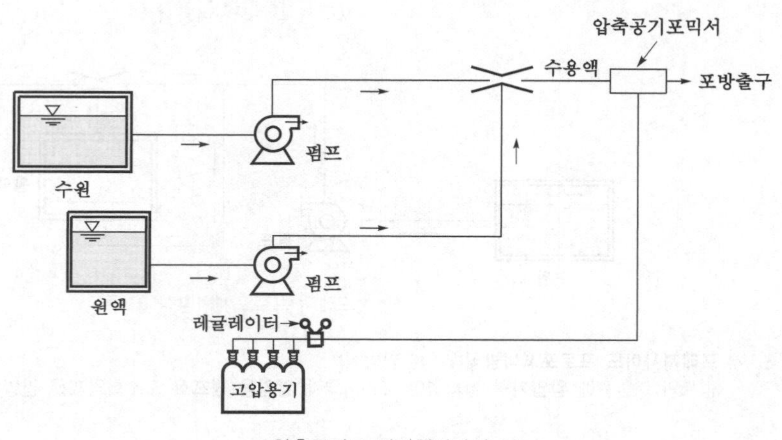

▌압축공기포 믹싱챔버방식 2▐

참고

포소화약제 혼합장치의 **특징**

혼합방식	특 징
펌프 프로포셔너방식 (pump proportioner type)	① 펌프는 포소화설비 전용의 것일 것 ② 구조가 비교적 간단하다. ③ **소용량**의 **저장탱크용**으로 적당하다.
라인 프로포셔너방식 (line proportioner type)	① **구조**가 가장 **간단**하다. ② **압력강하**의 우려가 있다.
프레져 프로포셔너방식 (pressure proportioner type)	① 방호대상물 가까이에 포원액탱크를 분산배치할 수 있다. ② 배관을 **소화전 · 살수배관**과 **겸용**할 수 있다. ③ 포원액탱크의 압력용기 사용에 따른 **설치비**가 **고가**이다.
프레져사이드 프로포셔너방식 (pressure side proportioner type)	① 고가의 포원액탱크 압력용기 사용이 불필요하다. ② **대용량**의 포소화설비에 적합하다. ③ 포원액탱크를 적재하는 **화학소방차**에 적합하다.
압축공기포 믹싱챔버방식	① 포수용액에 공기를 강제로 주입시켜 **원거리 방수** 가능 ② 물 사용량을 줄여 **수손피해**를 **최소화**

☆☆☆

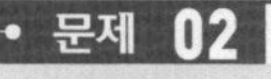
문제 02

휘발유 저장용 부상지붕구조 탱크(floating roof tank)에 포소화설비를 설치하고자 한다. 조건을 참고하여 다음 각 물음에 답하시오. (15.7.문1, 13.11.문10, 08.7.문11)

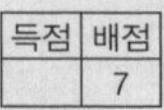

득점	배점
	7

〔조건〕

① 탱크 안지름 30m, 보조포소화전 6개, 포원액 농도 6%, 탱크와 굽도리판 이격거리는 1m이다.

② 배관 내를 채우기 위하여 필요한 포수용액의 양은 무시한다.

③ 고정포방출량은 $8L/m^2 \cdot min$, 방사시간은 30분이다.

④ 혼합방식은 프레져사이드 프로포셔너 방식을 채용한다.

(가) 소요약제량[L]를 구하시오.

○ 계산과정 :

○ 답 :

(나) 소화수펌프의 토출량[L/min]을 구하시오.

○ 계산과정 :

○ 답 :

(다) 수원의 용량[m^3]을 구하시오.

○ 계산과정 :

○ 답 :

해답

(가) ○ 계산과정 : $Q_1 = \frac{\pi}{4}(30^2 - 28^2) \times 8 \times 30 \times 0.06 = 1311.929L$

$Q_2 = 3 \times 0.06 \times 8000 = 1440L$

$Q = 1311.929 + 1440 = 2751.929 ≒ 2751.93L$

○ 답 : 2751.93L

(나) ○ 계산과정 : $Q_1 = \frac{\pi}{4}(30^2 - 28^2) \times 8 \times 1 = 728.849\text{L/min}$

$Q_2 = 3 \times 1 \times 400 = 1200\text{L/min}$

$Q = 728.849 + 1200 = 1928.849 ≒ 1928.85\text{L/min}$

○ 답 : 1928.85L/min

(다) ○ 계산과정 : $Q_1 = \frac{\pi}{4}(30^2 - 28^2) \times 8 \times 30 \times 0.94 ≒ 20553\text{L} = 20.553\text{m}^3$

$Q_2 = 3 \times 0.94 \times 8000 = 22560\text{L} = 22.56\text{m}^3$

$Q = 20.553 + 22.56 = 43.113 ≒ 43.11\text{m}^3$

○ 답 : 43.11m^3

해설 (가) ① **고정포방출구**

$$Q_1 = A \times Q \times T \times S$$

여기서, Q_1 : 수용액 · 수원 · 약제량〔L〕
A : 탱크의 액표면적〔m^2〕
Q : 분당방출량〔$\text{L/m}^2 \cdot \text{min}$〕
T : 방사시간〔분〕
S : 농도

$$Q_1 = A \times Q \times S$$

여기서, Q_1 : 분당수용액량 · 수원량 · 약제량〔L/min〕
A : 탱크의 액표면적〔m^2〕
Q : 분당토출량〔$\text{L/m}^2 \cdot \text{min}$〕
S : 농도

② **보조포소화전**

$$Q_2 = N \times S \times 8000$$

여기서, Q_2 : 수용액 · 수원 · 약제량〔L〕
N : 호스접결구수(**최대 3개**)
S : 사용농도

또는,

$$Q_2 = N \times S \times 400$$

여기서, Q_2 : 방사량〔L/min〕
N : 호스접결구수(**최대 3개**)
S : 사용농도

- 보조포소화전의 방사량이 400L/min이므로 400L/min×20min=8000L가 되므로 위의 두 식은 같은 식이다.

③ **배관보정량**

$$Q = A \times L \times S \times 1000\text{L/m}^3 \text{(내경 75mm 초과시에만 적용)}$$

여기서, Q : 배관보정량〔L〕
A : 배관단면적〔m^2〕
L : 배관길이〔m〕
S : 사용농도

고정포방출구의 **방출량** Q_1

$Q_1 = A \times Q \times T \times S$

$= \frac{\pi}{4}(30^2 - 28^2)\text{m}^2 \times 8\text{L/m}^2 \cdot \text{min} \times 30\text{min} \times 0.06$

$= 1131.929\text{L}$

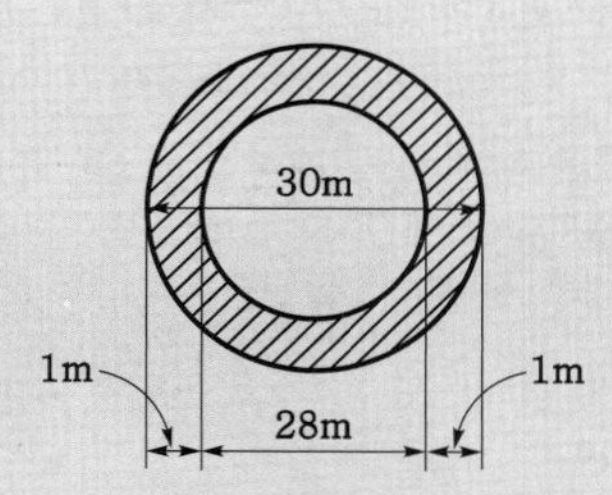

▎플루팅루프탱크의 구조 ▎

- A(탱크의 액표면적) : 탱크표면의 표면적만 고려하여야 하므로 〔조건 ①〕에서 굽도리판의 간격 **1m**를 적용하여 그림에서 빗금 친 부분만 고려하여 $\frac{\pi}{4}(30^2-28^2)\text{m}^2$로 계산하여야 한다. 꼭 기억해 두어야 할 사항은 굽도리판의 간격을 적용하는 것은 **플루팅루프탱크**(floating roof tank)의 경우에만 한한다는 것이다. (문제에서 주어짐)
- $Q=8\text{L/m}^2\cdot\text{min}$: 〔조건 ③〕에서 주어진 값
- $T=30\text{min}$: 〔조건 ③〕에서 주어진 값
- $S=0.06$: 〔조건 ①〕에서 약제량이므로 6%=0.06

보조포소화전의 **방사량** Q_2

$$Q_2=N\times S\times 8000$$
$$=3\times 0.06\times 8000=1440\text{L}$$

- $N=3$: 〔조건 ①〕에서 3개를 초과하므로 **3개**
- $S=0.06$: 〔조건 ①〕에서 약제량이므로 6%=0.06

소요약제량=고정포방출구+보조포소화전+배관보정량
$$=1131.929\text{L}+1440\text{L}=2751.929\fallingdotseq 2751.93\text{L}$$

- 〔조건 ②〕에 의해 배관보정량(배관 내를 채우기 위하여 필요한 포수용액의 양) 무시
- 포수용액=약제+수원 모두 포함이므로 약제 배관보정량도 무시

(내) 고정포방출구의 포수용액량 Q_1

$$Q_1=A\times Q\times S$$
$$=\frac{\pi}{4}(30^2-28^2)\times 8\text{L/m}^2\cdot\text{min}\times 1=728.849\text{L/min}$$

- 문제에서 플루팅루프탱크이므로 $A=\frac{\pi}{4}(30^2-28^2)$
- $Q=8\text{L/m}^2\cdot\text{min}$: 〔조건 ③〕에서 주어진 값
- $S=1$: 포수용액량은 100%=1
- 펌프의 토출량은 어떤 혼합장치이든지 관계없이 모두! 반드시! **포수용액**을 기준으로 해야 한다.
  - 포소화설비의 화재안전기준(NFPC 105 6조 ①항 4호, NFTC 105 2.3.1.4)
    4. **펌프**의 **토출량**은 포헤드 · 고정포방출구 또는 이동식 포노즐의 설계압력 또는 노즐의 방사압력의 허용범위 안에서 **포수용액**을 방출 또는 방사할 수 있는 양 이상이 되도록 할 것

보조포소화전의 포수용액량 Q_2

$$Q_2=N\times S\times 400$$
$$=3\times 1\times 400=1200\text{L/min}$$

- $N=3$: 〔조건 ①〕에서 3개를 초과하므로 3개
- $S=1$: 포수용액량은 100%=1

포수용액량(Q, 소화수펌프의 토출량)=고정포방출구(Q_1)+보조포소화전(Q_2)

$$=728.849\text{L/min}+1200\text{L/min}=1928.849 \fallingdotseq 1928.85\text{L/min}$$

- 〔조건 ②〕에 의해 배관보정량(배관 내를 채우기 위하여 필요한 포수용액의 양)은 무시한다. 〔조건 ②〕가 없어도 펌프토출량 계산시에는 배관보정량을 적용하지 않는다. 왜냐하면 배관보정량은 배관 내에 저장되어 있는 것으로 방출되는 것이 아니기 때문이다.

(다) 고정포방출구 수원의 양 Q_1

$$Q_1=A\times Q\times T\times S$$

$$=\frac{\pi}{4}(30^2-28^2)\times 8\text{L/m}^2\cdot\text{min}\times 30\text{min}\times 0.94$$

$$\fallingdotseq 20553\text{L}=20.553\text{m}^3$$

- 문제에서 플루팅루프탱크이므로 $A=\frac{\pi}{4}(30^2-28^2)$
- $Q=8\text{L/m}^2\cdot\text{min}$: 〔조건 ③〕에서 주어진 값
- $T=30\text{min}$: 〔조건 ③〕에서 주어진 값
- $S=0.94$: 〔조건 ①〕에서 포원액 6%=0.06이므로 수원의 농도=1−0.06=0.94

보조포소화전 수원의 양 Q_2

$$Q_2=N\times S\times 8000$$

$$=3\times 0.94\times 8000=22560\text{L}=22.56\text{m}^3$$

- $N=3$: 〔조건 ①〕에서 3개를 초과하므로 **3개**
- $S=0.94$: 〔조건 ①〕에서 포원액 6%=0.06이므로 수원의 농도=1−0.06=**0.94**

수원의 양=고정포방출구+보조포소화전+배관보정량

$$=20.553\text{m}^3+22.56\text{m}^3=43.113 \fallingdotseq 43.11\text{m}^3$$

☆☆☆

문제 03

어떤 소방대상물에 옥외소화전 5개를 화재안전기준과 다음 조건에 따라 설치하려고 한다. 다음 각 물음에 답하시오. (15.11.문6, 15.4.문10, 11.7.문3, 10.10.문2, 04.7.문13)

득점	배점
	10

〔조건〕

① 펌프에서 첫 번째 옥외소화전까지의 직관길이는 200m, 관의 안지름은 100mm이다.

② 펌프에 요구되는 전양정은 50m, 효율은 65%이다.

③ 모든 규격치는 최소량을 적용한다.

(가) 수원의 최소유효저수량〔m³〕을 구하시오.

○ 계산과정 :

○ 답 :

(나) 펌프의 최소토출량〔L/min〕을 구하시오.

○ 계산과정 :

○ 답 :

(다) 펌프에서 첫 번째 옥외소화전까지의 직관부분에서 마찰손실수두〔m〕를 구하시오. (단, Darcy-Weisbach의 식을 사용하고 마찰계수는 0.02를 적용한다.)

○ 계산과정 :

○ 답 :

(라) 펌프의 효율을 고려한 최소동력[kW]을 구하시오.
 ○ 계산과정 :
 ○ 답 :

(마) 노즐선단에서의 최소방수압력[MPa]은 얼마인지 쓰시오.
 ○

(바) 옥외소화전설비에서 소화전함의 설치기준에 관한 설명 중 괄호 안의 알맞은 말을 쓰시오.

> 옥외소화전설비에는 옥외소화전마다 그로부터 (①)m 이내의 장소에 소화전함을 다음의 기준에 따라 설치하여야 한다.
> ○ 옥외소화전이 10개 이하 설치된 때에는 옥외소화전마다 (②)m 이내의 장소에 1개 이상의 소화전함을 설치하여야 한다.
> ○ 옥외소화전이 11개 이상 30개 이하 설치된 때에는 (③)개 이상의 소화전함을 각각 분산하여 설치하여야 한다.
> ○ 옥외소화전이 31개 이상 설치된 때에는 옥외소화전 (④)개마다 1개 이상의 소화전함을 설치하여야 한다.

(사) 옥외소화전함에 설치되는 호스의 구경[mm]은 얼마인지 쓰시오.
 ○

(가) ○ 계산과정 : $7\times2=14\text{m}^3$
 ○ 답 : 14m^3

(나) ○ 계산과정 : $2\times350=700\text{L/min}$
 ○ 답 : 700L/min

(다) ○ 계산과정 : $V=\dfrac{0.7/60}{\dfrac{\pi}{4}\times0.1^2}=1.485\text{m/s}$

$$H=\frac{0.02\times200\times1.485^2}{2\times9.8\times0.1}=4.5\text{m}$$

 ○ 답 : 4.5m

(라) ○ 계산과정 : $\dfrac{0.163\times0.7\times50}{0.65}=8.776\fallingdotseq8.78\text{kW}$
 ○ 답 : 8.78kW

(마) 0.25MPa

(바) ① 5
 ② 5
 ③ 11
 ④ 3

(사) 65mm

(가)

$$Q=7N$$

여기서, Q : 수원의 저수량[m³]
 N : 옥외소화전 설치개수(최대 2개)

수원의 **저수량** Q는

$Q=7N=7\times2=14\text{m}^3$

- 문제에서 옥외소화전이 5개 설치되어 있지만 최대 2개까지만 적용하므로 N=2(속지 마라!)

(나)

$$Q = N \times 350$$

여기서, Q : 가압송수장치의 토출량(유량)[L/min]
N : 옥외소화전 설치개수(**최대 2개**)

펌프의 **유량** Q는

$Q = N \times 350 = 2 \times 350 = 700\text{L/min}$

- 문제에서 옥외소화전이 5개 설치되어 있지만 최대 2개까지만 적용하므로 N=2

(다) Darcy-Weisbach의 식

$$H = \frac{flV^2}{2gD}$$

여기서, H : 마찰손실수두[m]
f : 관마찰계수
l : 길이[m]
V : 유속[m/s]
g : 중력가속도(9.8m/s^2)
D : 내경[m]

$$Q = AV$$ 에서

유속 V는

$$V = \frac{Q}{A} = \frac{0.7\text{m}^3/\text{min}}{\frac{\pi}{4} \times (100\text{mm})^2} = \frac{0.7\text{m}^3/60\text{s}}{\frac{\pi}{4} \times (0.1\text{m})^2} = 1.485\text{m/s}$$

마찰손실수두 H는

$$H = \frac{flV^2}{2gD} = \frac{0.02 \times 200\text{m} \times (1.485\text{m/s})^2}{2 \times 9.8\text{m/s}^2 \times 0.1\text{m}} \fallingdotseq 4.5\text{m}$$

(라)

$$P = \frac{0.163QH}{\eta}K$$

여기서, P : 전동력(전동기의 동력)[kW]
Q : 유량[m^3/min]
H : 전양정[m]
K : 전달계수
η : 효율

전동기의 **동력** P는

$$P = \frac{0.163QH}{\eta}K = \frac{0.163 \times 0.7\text{m}^3/\text{min} \times 50\text{m}}{0.65} = 8.776 \fallingdotseq 8.78\text{kW}$$

- Q=**0.7m^3/min** : 바로 위에서 구한 값
- H=**50m** : [조건 ②]에서 주어진 값
- η=**0.65** : [조건 ②]에서 65%=0.65
- K : 주어지지 않았으므로 생략
- **"전동기 직결, 전동기 이외의 원동기"**라는 말이 있으면 다음 표 적용

‖ 전달계수 K의 값 ‖

동력 형식	K의 수치
전동기 직결	1.1
전동기 이외의 원동기	1.15~1.2

(마), (사) **옥내소화전설비** vs **옥외소화전설비**

구 분	옥내소화전설비	옥외소화전설비
최소방수압력	0.17MPa	**0.25MPa**
최소방수량	130L/min	350L/min
호스구경	40mm	**65mm**
노즐구경	13mm	19mm

(바) **옥외소화전함 설치개수**

옥외소화전개수	옥외소화전함개수
10개 이하	옥외소화전마다 **5m** 이내의 장소에 1개 이상
11~30개 이하	**11개** 이상 소화전함 분산설치
31개 이상	옥외소화전 **3개**마다 1개 이상

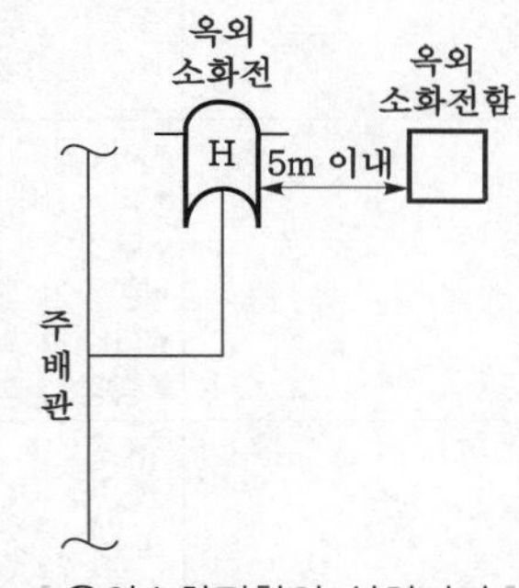

▮옥외소화전함의 설치거리▮

참고

옥외소화전설비의 **소화전함 설치기준**(NFPC 109 7조, NFTC 109 2.4.1)
옥외소화전설비에는 옥외소화전마다 그로부터 **5m** 이내의 장소에 소화전함을 다음의 기준에 따라 설치하여야 한다.
(1) 옥외소화전이 **10개 이하** 설치된 때에는 옥외소화전마다 **5m 이내**의 장소에 1개 이상의 소화전함을 설치하여야 한다.
(2) 옥외소화전이 **11개 이상 30개 이하** 설치된 때에는 **11개 이상**의 소화전함을 각각 분산하여 설치하여야 한다.
(3) 옥외소화전이 **31개 이상** 설치된 때에는 옥외소화전 **3개마다 1개 이상**의 소화전함을 설치하여야 한다.

☆
문제 04

피난구조설비 중 노유자시설의 1~3층에 적응성이 있는 피난기구의 종류를 5가지 쓰시오. (06.4.문3)

득점	배점
	5

○
○
○
○
○

해답 ① 미끄럼대
② 구조대
③ 피난교
④ 다수인 피난장비
⑤ 승강식 피난기

해설 (1) **특정소방대상물**의 **설치장소별 피난기구**의 **적응성**(NFTC 301 2.1.1)

설치장소별 구분 \ 층별	1층	2층	3층	4층 이상 10층 이하
노유자시설	• 미끄럼대 • 구조대 • 피난교 • 다수인 피난장비 • 승강식 피난기	• 미끄럼대 • 구조대 • 피난교 • 다수인 피난장비 • 승강식 피난기	• 미끄럼대 • 구조대 • 피난교 • 다수인 피난장비 • 승강식 피난기	• 구조대[1)] • 피난교 • 다수인 피난장비 • 승강식 피난기
의료시설 · 입원실이 있는 의원 · 접골원 · 조산원	–	–	• 미끄럼대 • 구조대 • 피난교 • 피난용 트랩 • 다수인 피난장비 • 승강식 피난기	• 구조대 • 피난교 • 피난용 트랩 • 다수인 피난장비 • 승강식 피난기
영업장의 위치가 4층 이하인 다중 이용업소	–	• 미끄럼대 • 피난사다리 • 구조대 • 완강기 • 다수인 피난장비 • 승강식 피난기	• 미끄럼대 • 피난사다리 • 구조대 • 완강기 • 다수인 피난장비 • 승강식 피난기	• 미끄럼대 • 피난사다리 • 구조대 • 완강기 • 다수인 피난장비 • 승강식 피난기
그 밖의 것	–	–	• 미끄럼대 • 피난사다리 • 구조대 • 완강기 • 피난교 • 피난용 트랩 • 간이완강기[2)] • 공기안전매트[2)] • 다수인 피난장비 • 승강식 피난기	• 피난사다리 • 구조대 • 완강기 • 피난교 • 간이완강기[2)] • 공기안전매트[2)] • 다수인 피난장비 • 승강식 피난기

1) **구조대**의 적응성은 장애인관련시설로서 주된 사용자 중 스스로 피난이 불가한 자가 있는 경우 추가로 설치하는 경우에 한한다.
2) 간이완강기의 적응성은 **숙박시설**의 **3층 이상**에 있는 객실에, **공기안전매트**의 적응성은 **공동주택**에 추가로 설치하는 경우에 한한다.

(2) **피난기구**를 **설치**하는 **개구부**(NFPC 301 5조, NFTC 301 2.1.3)

① **가로 0.5m** 이상 **세로 1m** 이상인 것을 말한다. 이 경우 개구부 하단이 바닥에서 **1.2m** 이상이면 발판 등을 설치하여야 하고, 밀폐된 창문은 쉽게 파괴할 수 있는 **파괴장치** 비치

② 서로 **동일직선상**이 **아닌 위치**에 있을 것(단, **피난교 · 피난용 트랩 · 간이완강기 · 아파트**에 설치되는 피난기구, 기타 피난상 지장이 없는 것은 제외)

비교

피난기구의 **설치개수**(NFPC 301 5조, NFTC 301 2.1.2)

(1) **층**마다 설치할 것

시 설	설치기준
① 숙박시설 · 노유자시설 · 의료시설	바닥면적 **500m²**마다
② 위락시설 · 문화 및 집회시설, 운동시설 ③ 판매시설 · 복합용도의 층	바닥면적 **800m²**마다
④ 기타	바닥면적 **1000m²**마다
⑤ 계단실형 아파트	**각 세대**마다

(2) 피난기구 외에 **숙박시설**(휴양콘도미니엄 제외)의 경우에는 추가로 객실마다 **완강기** 또는 **둘 이상**의 **간이완강기**를 설치할 것

(3) 피난기구 외에 **아파트**의 경우에는 하나의 관리주체가 관리하는 아파트 구역마다 **공기안전매트 1개 이상**을 추가로 설치할 것(단, 옥상으로 피난이 가능하거나 인접세대로 피난할 수 있는 구조인 경우는 제외)

☆

문제 05

임펠러의 회전속도가 1700rpm일 때, 토출압력은 0.05MPa, 토출량은 1000L/min의 성능을 보여주는 어떤 원심펌프가 있다. 이를 3400rpm으로 회전수를 변화하였다고 할 때, 그 토출압력〔MPa〕과 토출량〔L/min〕은 각각 얼마가 되는지 구하시오.

득점	배점
	4

(가) 토출압력〔MPa〕
  ○ 계산과정 :
  ○ 답 :
(나) 토출량〔L/min〕
  ○ 계산과정 :
  ○ 답 :

해답

(가) ○ 계산과정 : $0.05 \times \left(\frac{3400}{1700}\right)^2 = 0.2\text{MPa}$ ○ 답 : 0.2MPa

(나) ○ 계산과정 : $1000 \times \left(\frac{3400}{1700}\right) = 2000\text{L/min}$ ○ 답 : 2000L/min

해설

※ **기호**
- N_1 : 1700rpm
- H_1 : 0.05MPa
- Q_1 : 1000L/min
- N_2 : 3400rpm
- H_2 : ?
- Q_2 : ?

(가) **토출압력** H_2는

$$H_2 = H_1\left(\frac{N_2}{N_1}\right)^2 = 0.05\text{MPa} \times \left(\frac{3400\text{rpm}}{1700\text{rpm}}\right)^2 = 0.2\text{MPa}$$

(나) **토출량** Q_2는

$$Q_2 = Q_1\left(\frac{N_2}{N_1}\right) = 1000\text{L/min} \times \left(\frac{3400\text{rpm}}{1700\text{rpm}}\right) = 2000\text{L/min}$$

중요

유량, 양정, 축동력

유량(토출량)	양정(또는 토출압력)	축동력
회전수에 비례하고 **직경**(관경)의 세제곱에 비례한다.	회전수의 제곱 및 **직경**(관경)의 제곱에 비례한다.	회전수의 세제곱 및 **직경**(관경)의 오제곱에 비례한다.
$Q_2 = Q_1\left(\frac{N_2}{N_1}\right)\left(\frac{D_2}{D_1}\right)^3$ 또는 $Q_2 = Q_1\left(\frac{N_2}{N_1}\right)$	$H_2 = H_1\left(\frac{N_2}{N_1}\right)^2\left(\frac{D_2}{D_1}\right)^2$ 또는 $H_2 = H_1\left(\frac{N_2}{N_1}\right)^2$	$P_2 = P_1\left(\frac{N_2}{N_1}\right)^3\left(\frac{D_2}{D_1}\right)^5$ 또는 $P_2 = P_1\left(\frac{N_2}{N_1}\right)^3$
여기서, Q_2 : 변경 후 유량〔L/min〕 Q_1 : 변경 전 유량〔L/min〕 N_2 : 변경 후 회전수〔rpm〕 N_1 : 변경 전 회전수〔rpm〕 D_2 : 변경 후 직경(관경)〔mm〕 D_1 : 변경 전 직경(관경)〔mm〕	여기서, H_2 : 변경 후 양정〔m〕 또는 토출압력〔MPa〕 H_1 : 변경 전 양정〔m〕 또는 토출압력〔MPa〕 N_2 : 변경 후 회전수〔rpm〕 N_1 : 변경 전 회전수〔rpm〕 D_2 : 변경 후 직경(관경)〔mm〕 D_1 : 변경 전 직경(관경)〔mm〕	여기서, P_2 : 변경 후 축동력〔kW〕 P_1 : 변경 전 축동력〔kW〕 N_2 : 변경 후 회전수〔rpm〕 N_1 : 변경 전 회전수〔rpm〕 D_2 : 변경 후 직경(관경)〔mm〕 D_1 : 변경 전 직경(관경)〔mm〕

☆☆☆

문제 06

지름이 40mm인 소방호스에 노즐구경이 13mm인 노즐팁이 부착되어 200L/min의 물을 대기 중으로 방수할 경우 다음 각 물음에 답하시오. (단, 유동시 마찰은 없는 것으로 한다.) (13.4.문7, 11.11.문8)

득점	배점
	4

(가) 소방호스의 평균유속[m/s]을 구하시오.

○ 계산과정 :

○ 답 :

(나) 소방호스에 연결된 방수노즐에서의 평균유속[m/s]을 구하시오.

○ 계산과정 :

○ 답 :

해답

(가) ○ 계산과정 : $\dfrac{0.2/60}{\dfrac{\pi \times 0.04^2}{4}} = 2.652 ≒ 2.65\text{m/s}$

○ 답 : 2.65m/s

(나) ○ 계산과정 : $\dfrac{0.2/60}{\dfrac{\pi \times 0.013^2}{4}} = 25.113 ≒ 25.11\text{m/s}$

○ 답 : 25.11m/s

해설

※ **기호**

- 소방호스 D : 40mm=0.04m(1000mm=1m)
- 노즐구경 D : 13mm=0.013m(1000mm=1m)
- Q : 200L/min=0.2m³/min(1000L=1m³)

유량

$$Q = AV = \left(\frac{\pi D^2}{4}\right)V$$

여기서, Q : 유량[m³/s]

A : 단면적[m²]

V : 유속[m/s]

d : 내경[m]

(가)

$$Q = AV$$ 에서

소방호스의 **평균유속** V_1은

$$V_1 = \frac{Q}{A_1} = \frac{200\text{L/min}}{\left(\dfrac{\pi \times 0.04^2}{4}\right)\text{m}^2} = \frac{0.2\text{m}^3/60\text{s}}{\left(\dfrac{\pi \times 0.04^2}{4}\right)\text{m}^2} = 2.652 ≒ 2.65\text{m/s}$$

(나)

$$Q = AV$$ 에서

방수노즐의 **평균유속** V_2는

$$V_2 = \frac{Q}{A_2} = \frac{200\text{L/min}}{\left(\dfrac{\pi \times 0.013^2}{4}\right)\text{m}^2} = \frac{0.2\text{m}^3/60\text{s}}{\left(\dfrac{\pi \times 0.013^2}{4}\right)\text{m}^2} = 25.113 ≒ 25.11\text{m/s}$$

☆

문제 07

20층 규모의 계단실형 아파트 3동(전체 360세대)에 습식 스프링클러설비를 계획하려고 한다. 다음 물음에 답하시오.

득점	배점
	5

(가) 스프링클러헤드의 층별 기준개수는 몇 개인지 쓰시오.

○

(나) 스프링클러설비에 요구되는 최소유효수원의 양[m^3]을 구하시오.

○ 계산과정 :

○ 답 :

(다) 소화펌프의 최소토출량[L/min]을 구하시오.

○ 계산과정 :

○ 답 :

(라) 소화펌프의 전양정은 60m, 전동기의 효율은 60%, 전달계수 1.2일 때 필요한 소화펌프의 최소동력[kW]을 구하시오.

○ 계산과정 :

○ 답 :

해답 (가) 30개

(나) ○ 계산과정 : $1.6 \times 30 = 48\text{m}^3$

○ 답 : 48m^3

(다) ○ 계산과정 : $30 \times 80 = 2400\text{L/min}$

○ 답 : 2400L/min

(라) ○ 계산과정 : $\dfrac{0.163 \times 2.4 \times 60}{0.6} \times 1.2 = 46.944 ≒ 46.94\text{kW}$

○ 답 : 46.94kW

해설 (가) **폐쇄형 헤드**의 **기준개수**

<table>
<tr><th colspan="2">특정소방대상물</th><th>폐쇄형 헤드의 기준개수</th></tr>
<tr><td colspan="2">지하가 · 지하역사</td><td rowspan="4">30</td></tr>
<tr><td colspan="2">11층 이상 →</td></tr>
<tr><td rowspan="5">10층 이하</td><td>공장(특수가연물)</td></tr>
<tr><td>판매시설(백화점 등), 복합건축물(판매시설이 설치된 복합건축물)</td></tr>
<tr><td>근린생활시설, 운수시설</td><td rowspan="2">20</td></tr>
<tr><td>8m 이상</td></tr>
<tr><td>8m 미만</td><td>10</td></tr>
</table>

- 문제에서 **습식**으로 주어졌고 습식은 **폐쇄형 헤드**를 사용하므로 폐쇄형 헤드 기준개수 적용
- 폐쇄형 헤드 사용설비
  ① 습식 스프링클러설비
  ② 건식 스프링클러설비
  ③ 준비작동식 스프링클러설비
  ④ 부압식 스프링클러설비
- 문제에서 **11층 이상**이므로 위 표에서 **30개**

(나) **수원**의 **양**

$Q = 1.6N$(30층 미만)
$Q = 3.2N$(30~49층 이하)
$Q = 4.8N$(50층 이상)

여기서, Q : 수원의 양(저수량)〔m^3〕
N : 폐쇄형 헤드의 기준개수(설치개수가 기준개수보다 적으면 그 설치개수로 적용)

수원의 양 Q는

$Q = 1.6N = 1.6 \times 30 = 48m^3$

- $N = 30$: (가)에서 구한 값
- 문제에서 30층 미만이므로 $Q = 1.6N$식 적용
- 옥상수조의 여부를 알 수 없으므로 옥상수조 수원의 양은 제외

(다) **토출량**

$$Q = N \times 80\text{L/min}$$

여기서, Q : 토출량〔L/min〕
N : 폐쇄형 헤드의 기준개수(설치개수가 기준개수보다 적으면 그 설치개수로 적용)

토출량 Q는

$Q = N \times 80\text{L/min} = 30 \times 80 = 2400\text{L/min}$

- $N = 30$: (가)에서 구한 값
- 토출량 식은 층수에 관계없이 $Q = N \times 80\text{L/min}$식임을 주의! 토출량은 분당토출량이므로 옥상수조 여부와 무관. 다시 말해 옥상수조가 있다해도 $Q = N \times 80 \times \frac{1}{3}$식을 별도로 추가하지 않음. 주의!

(라) **동력**

$$P = \frac{0.163QH}{\eta}K$$

여기서, P : 전동력(동력)〔kW〕
Q : 유량〔m^3/min〕
H : 전양정〔m〕
K : 전달계수
η : 효율

펌프의 **동력** P는

$$P = \frac{0.163QH}{\eta}K = \frac{0.163 \times 2400\text{L/min} \times 60\text{m}}{0.6} \times 1.2$$
$$= \frac{0.163 \times 2.4\text{m}^3/\text{min} \times 60\text{m}}{0.6} \times 1.2$$
$$= 46.944 ≒ 46.94\text{kW}$$

- $Q = $ **2400L/min** : 바로 위에서 구한 값
- $H = $ **60m** : (라)에서 주어진 값
- $\eta = $ **0.6** : (라)에서 주어진 값
- $K = $ **1.2** : (라)에서 주어진 값

☆☆

문제 08

물분무소화설비를 설치하는 차고 또는 주차장에는 배수설비를 설치하여야 한다. 이 설치기준과 관련하여 (   ) 안에 들어갈 알맞은 내용을 쓰시오. (09.4.문3)

득점	배점
	4

- 차량이 주차하는 장소의 적당한 곳에 높이 (①)cm 이상의 경계턱으로 배수구를 설치할 것
- 배수구에는 새어나온 기름을 모아 소화할 수 있도록 길이 (②)m 이하마다 집수관 · 소화피트 등 기름분리장치를 설치할 것
- 차량이 주차하는 바닥은 배수구를 향하여 (③) 이상의 기울기를 유지할 것
- 배수설비는 가압송수장치의 최대송수능력의 수량을 유효하게 배수할 수 있는 크기 및 기울기로 할 것

해답 ① 10
② 40
③ $\frac{2}{100}$

해설 **물분무소화설비**의 **배수설비 설치기준**(NFPC 104 11조, NFTC 104 2.8.1)

(1) **차량**이 주차하는 장소의 적당한 곳에 높이 **10cm** 이상의 경계턱으로 배수구 설치
(2) 배수구에는 새어나온 기름을 모아 소화할 수 있도록 길이 **40m** 이하마다 집수관 · 소화피트 등 **기름분리장치** 설치

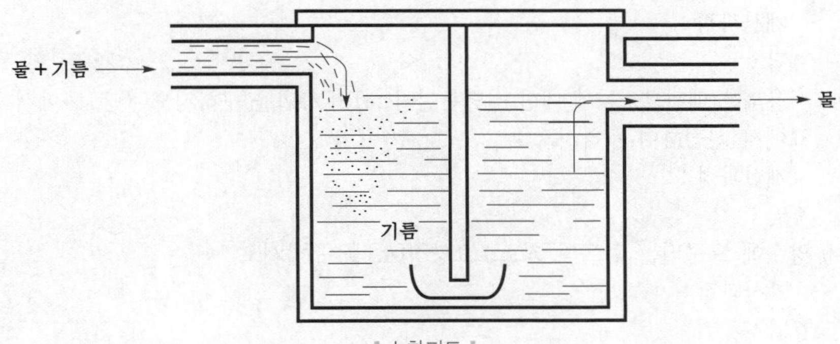

∥소화피트∥

(3) 차량이 주차하는 바닥은 배수구를 향하여 $\frac{2}{100}$ 이상의 기울기 유지

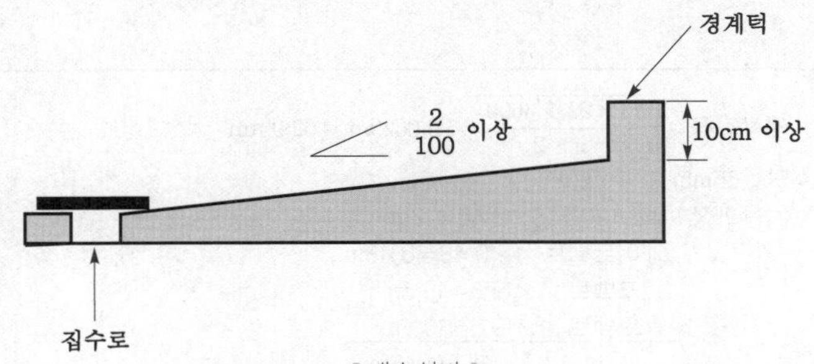

∥배수설비∥

(4) 배수설비는 가압송수장치의 **최대송수능력**의 수량을 유효하게 배수할 수 있는 크기 및 기울기로 할 것

☆☆☆

문제 09

펌프를 이용하여 지하탱크의 물을 22.4m^3/h의 유량으로 소화설비의 2차 수원으로 사용하기 위하여 옥상 물탱크에 양수하는 경우 다음 물음에 답하시오. (02.7.문4)

득점	배점
	8

〔조건〕

① 유체의 유속은 최대 2m/s이고, 실연장 배관길이는 90m, 실양정은 45m이다.
② 사용되는 배관요소는 엘보(90°) 5개, 게이트밸브 1개, 체크밸브 · 풋밸브가 각 1개씩 사용되었다.
③ 관의 길이 1m당 마찰손실은 80mmAq라고 가정한다.
④ 배관요소에 따른 상당관길이는 아래 표와 같다.

‖ 관 이음쇠의 종류 및 밸브류의 상당관길이〔m〕‖

관의 내경〔mm〕	90° 엘보	45° 엘보	게이트밸브	체크밸브	풋밸브
40	1.50	0.90	0.30	13.5	13.5
50	2.10	1.20	0.39	16.5	16.5
65	2.40	1.50	0.48	19.5	19.5
80	3.00	1.80	0.60	24.0	24.0

(가) 펌프의 토출구 내경〔mm〕을 구하시오. (단, 유체의 최대유속을 만족하는 관의 내경 중 가장 작은 값을 선정한다.)
○ 계산과정 :
○ 답 :

(나) 사용되는 배관요소들에 대한 상당관길이〔m〕의 총합을 구하시오. (단, (가)에서 구한 값을 기준으로 표에서 선정하여 구하시오.)
○ 계산과정 :
○ 답 :

(다) 양수에 요구되는 펌프의 최소소요양정〔m〕을 구하시오.
○ 계산과정 :
○ 답 :

(라) 펌프의 최소소요동력〔kW〕을 구하시오. (단, 펌프효율은 50%, 동력전달계수는 1.0을 적용한다.)
○ 계산과정 :
○ 답 :

해답

(가) ○ 계산과정 : $\sqrt{\dfrac{4\times 22.4/3600}{\pi\times 2}} \fallingdotseq 0.0629\text{m} = 62.9\text{mm}$

○ 답 : 65mm

(나) ○ 계산과정 : 엘보(90°) : 5×2.40=12m
게이트밸브 : 1×0.48=0.48m
체크밸브 : 1×19.5=19.5m
후드밸브 : 1×19.5=19.5m
계 : 51.48m

○ 답 : 51.48m

(다) ○ 계산과정 : $90+51.48=141.48\text{m}$
$141.48\times 0.08=11.318\text{m}$
$45+11.318=56.318 \fallingdotseq 56.32\text{m}$

○ 답 : 56.32m

(라) ○ 계산과정 : $\frac{0.163 \times 22.4/60 \times 56.32}{0.5} = 6.854 ≒ 6.85\text{kW}$

○ 답 : 6.85kW

해설 (가)

$$Q = AV = \frac{\pi D^2}{4} V$$

여기서, Q : 유량[m³/s]

A : 단면적[m²]

V : 유속[m/s]

D : 내경(구경)[m]

$Q = \frac{\pi D^2}{4} V$에서

펌프의 **구경** D는

$$D = \sqrt{\frac{4Q}{\pi V}} = \sqrt{\frac{4 \times 22.4\text{m}^3/\text{h}}{\pi \times 2\text{m/s}}}$$

$$= \sqrt{\frac{4 \times 22.4\text{m}^3/3600\text{s}}{\pi \times 2\text{m/s}}} ≒ 0.0629\text{m} = 62.9\text{mm}$$

∴ [조건 ④]의 표에서 62.9mm 이상 되는 값은 65mm이므로 **65mm**를 선택한다.

- 1h=3600s이므로 **22.4m³/h=22.4m³/3600s**

(나) (가)에서 펌프의 구경이 **65mm**이므로 65mm란을 적용하여 상당관길이를 구하면

관경[mm]	90° 엘보	45° 엘보	게이트밸브	체크밸브	풋밸브
40	1.50	0.90	0.30	13.5	13.5
50	2.10	1.20	0.39	16.5	16.5
65 →	2.40	1.50	0.48	19.5	19.5
80	3.00	1.80	0.60	24.0	24.0
양수관 마찰저항 : 1m당 마찰손실수두는 80mmAq					

엘보(90°) : 5개×2.40m=12m

게이트밸브 : 1개×0.48m=0.48m

체크밸브 : 1개×19.5m=19.5m

풋밸브 : 1개×19.5m=19.5m

계 : 51.48m

(다) 총관길이=실연장 배관길이+밸브류 및 관이음쇠의 상당관길이

=90m+51.48m = 141.48m

- 실연장 배관길이는 [조건 ①]에서 **90m**
- 밸브류 및 관이음쇠의 상당관길이는 바로 위에서 구한 값 **51.48m**

위 표에서 1m당 마찰손실수두가 **80mmAq**이므로

전체 손실수두=총관길이×1m당 마찰손실수두

= 141.48m×80mmAq

=141.48m×0.08mAq=11.318m

- 80mmAq에서 "Aq"는 펌프에 사용되는 유체가 "물"이라는 것을 나타내는 것으로 일반적으로 생략하는 경우가 많다. (∴ 80mmAq=80mm)
- 1mm=0.001m이므로 **80mmAq=0.08mAq**

소요양정(전양정)=실양정+배관 및 관부속품의 마찰손실수두(전체 손실수두)

=45m+11.318m=56.318 ≒ 56.32m

- 실양정은 [조건 ①]에서 **45m**
- 배관 및 관부속품의 마찰손실수두는 바로 위에서 구한 값 **11.318m**

(라) **동력**

$$P=\frac{0.163QH}{\eta}K$$

여기서, P : 동력〔kW〕
Q : 유량〔m^3/min〕
H : 전양정〔m〕
K : 전달계수
η : 효율

동력 P는

$$P=\frac{0.163QH}{\eta}K=\frac{0.163\times 22.4\text{m}^3/\text{h}\times 56.32\text{m}}{0.5}\times 1.0$$

$$=\frac{0.163\times 22.4\text{m}^3/60\text{min}\times 56.32\text{m}}{0.5}\times 1.0=6.854 \fallingdotseq 6.85\text{kW}$$

- Q=22.4m^3/h : 1h=60min이므로 22.4m^3/h=22.4m^3/60min
- H=56.32m : (다)에서 구한 값
- K=1.0 : (라)의 〔단서〕에서 주어진 값
- η=0.5 : (라)의 〔단서〕에서 50%=0.5

☆☆

문제 10

옥외소화전의 노즐선단에서 방수압력이 0.5MPa, 방수량이 350L/min일 때, 노즐의 안지름〔mm〕을 구하시오.

(07.7.문4)

○ 계산과정 :
○ 답 :

득점	배점
	3

해답

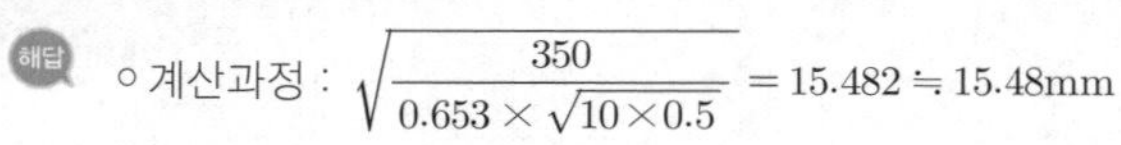

○ 계산과정 : $\sqrt{\frac{350}{0.653\times\sqrt{10\times 0.5}}}=15.482 \fallingdotseq 15.48\text{mm}$

○ 답 : 15.48mm

해설 (1) **기호**

- P : 0.5MPa
- Q : 350L/min
- D : ?

(2) **방수량**

$$Q=0.653D^2\sqrt{10P}=0.6597CD^2\sqrt{10P}$$

여기서, Q : 방수량〔L/min〕
C : 노즐의 흐름계수(유량계수)
D : 구경〔mm〕
P : 방수압〔MPa〕

$$Q=0.653D^2\sqrt{10P}$$

$$\frac{Q}{0.653\sqrt{10P}}=D^2$$

$$D^2=\frac{Q}{0.653\sqrt{10P}}$$

$$\sqrt{D^2}=\sqrt{\frac{Q}{0.653\sqrt{10P}}}$$

$$D=\sqrt{\frac{Q}{0.653\sqrt{10P}}}=\sqrt{\frac{350\text{L/min}}{0.653\times\sqrt{10\times0.5\text{MPa}}}}=15.482 \fallingdotseq 15.48\text{mm}$$

참고

소방에서 사용되는 방수량 식		
$Q=0.653D^2\sqrt{10P}$ $=0.6597CD^2\sqrt{10P}$ 여기서, Q: 방수량[L/min] C: 노즐의 흐름계수(유량계수) D: 구경(관의 내경)[mm] P: 방수압[MPa]	$Q=K\sqrt{10P}$ 여기서, Q: 방수량[L/min] K: 방출계수 P: 방수압[MPa]	$Q=10.99CD^2\sqrt{10P}$ 여기서, Q: 방수량[m^3/s] C: 노즐의 흐름계수(유량계수) D: 구경(관의 내경)[m] P: 방수압[MPa]

- 식마다 **방수량**과 **구경**의 단위가 각각 다르므로 주의하여 살펴볼 것

☆☆

문제 11

화재안전기준에서 정하는 할론소화설비의 각각의 배관재료에 따라 배관강도의 기준을 쓰시오.

(12.7.문13)

득점	배점
	4

(가) 강관(압력배관용 탄소강관)을 사용할 때 배관강도의 기준
 ○ 고압식인 경우 :
 ○ 저압식인 경우 :

(나) 동관(동 및 동합금관)을 사용할 때 배관강도의 기준
 ○ 고압식인 경우 :
 ○ 저압식인 경우 :

해답 (가) ○ 고압식인 경우 : 스케줄 80 이상
 ○ 저압식인 경우 : 스케줄 40 이상
(나) ○ 고압식인 경우 : 16.5MPa 이상
 ○ 저압식인 경우 : 3.75MPa 이상

해설 **할론소화설비의 배관**

(가) 강관 ┬ 고압식 : 압력배관용 탄소강관 스케줄 **80** 이상
 └ 저압식 : 압력배관용 탄소강관 스케줄 **40** 이상

(나) 동관 ┬ 고압식 : **16.5MPa** 이상
 └ 저압식 : **3.75MPa** 이상

비교

(1) **이산화탄소 소화설비**의 **배관**

강 관	동 관
• 고압식 : 압력배관용 탄소강관 스케줄 **80**(호칭구경 20mm 이하 스케줄 40) 이상 • 저압식 : 압력배관용 탄소강관 스케줄 **40** 이상	• 고압식 : **16.5MPa** 이상 • 저압식 : **3.75MPa** 이상

(2) **분말소화설비**의 **배관**

강 관	동 관
아연도금에 따른 배관용 탄소강관(단, 축압식 중 20℃에서 압력 **2.5~4.2MPa** 이하인 것은 압력배관용 탄소강관 중 이음이 없는 스케줄 **40** 이상 또는 아연도금으로 방식처리된 것)	고정압력 또는 최고사용압력의 **1.5배** 이상의 압력에 견딜 것

☆☆☆

문제 12

다음 그림은 수계소화설비에서 소화펌프의 계통을 나타내고 있다. 이 계통도에서 일부 설비가 누락되었거나 잘못 설치된 부분 4가지를 지적하고 올바른 수정방법을 설명하시오. (단, 누락된 사항에 대해서는 누락된 장치명과 설치위치를 명시해야 하며, 잘못 설치된 사항에 대해서는 잘못된 부분과 올바른 설치방법을 설명해야 한다.)

(16.11.문5, 08.4.문1)

득점	배점
	8

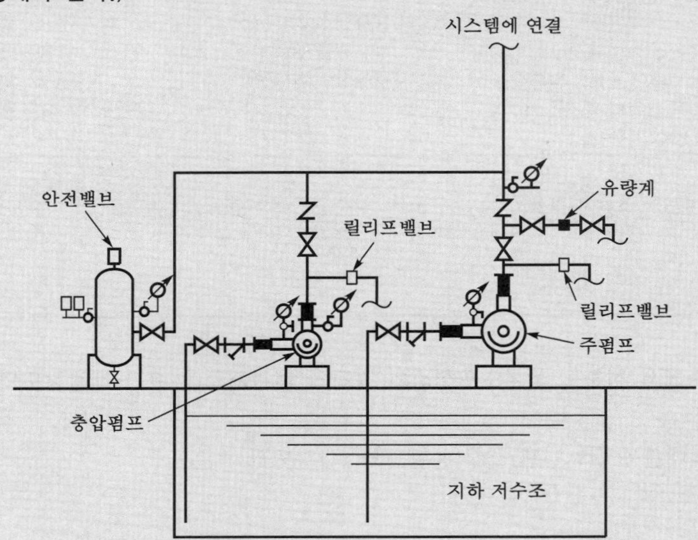

(가) ○잘못된 점 :
　○올바른 방법 :

(나) ○잘못된 점 :
　○올바른 방법 :

(다) ○잘못된 점 :
　○올바른 방법 :

(라) ○잘못된 점 :
　○올바른 방법 :

 해답

(가) ○잘못된 점 : 충압펌프와 주펌프의 흡입배관에 압력계 설치
　○올바른 방법 : 충압펌프와 주펌프의 흡입배관에 연성계(진공계) 설치

(나) ○잘못된 점 : 주펌프의 토출배관에 압력계의 설치위치
　○올바른 방법 : 압력계는 주펌프와 체크밸브 사이에 설치

(다) ○잘못된 점 : 주펌프의 토출배관에 성능시험배관의 분기위치 잘못
　○올바른 방법 : 성능시험배관은 주펌프와 체크밸브 사이에 설치

(라) ○잘못된 점 : 저수조에 후드밸브 미설치
　○올바른 방법 : 저수조에 후드밸브를 설치

해설 문제의 그림에서 잘못된 점은 총 **5가지**이다. 이것을 지적하고 수정방법을 설명하면 다음과 같다.

잘못된 점	수정방법
① 충압펌프와 주펌프의 흡입배관에 **압력계**가 설치되어 있다.	① 충압펌프와 주펌프의 흡입배관에는 진공압을 측정하여야 하므로 **연성계**(진공계)를 설치하여야 한다.
② 주펌프의 토출배관에 있는 **압력계**의 설치위치가 잘못되었다.	② **압력계**는 펌프의 토출압력을 측정하기 위하여 **주펌프**와 **체크밸브** 사이에 설치하여야 한다.
③ 주펌프의 토출배관에 있는 **성능시험배관**의 분기위치가 잘못되었다.	③ 주펌프의 토출배관에 있는 **성능시험배관**은 일반적으로 **주펌프**와 **체크밸브** 사이에 설치한다.
④ 충압펌프와 주펌프의 토출측 게이트밸브와 체크밸브의 위치가 바뀌었다.	④ 충압펌프와 주펌프의 토출측 게이트밸브와 체크밸브의 위치를 서로 바꾸어야 한다.
⑤ 저수조에 **후드밸브**가 설치되어 있지 않다.	⑤ 저수조에 **후드밸브**를 설치하여야 한다.

- 저수조 = 지하수조 = 지하 저수조 = 소화수조
- 충압펌프와 주펌프의 흡입배관에 게이트밸브와 스트레이너의 설치위치가 바뀌었다고 답하는 책들이 있다. 이것은 잘못된 것으로 충압펌프와 주펌프의 흡입배관에 게이트밸브와 스트레이너의 설치위치는 바뀌어도 관계없다.

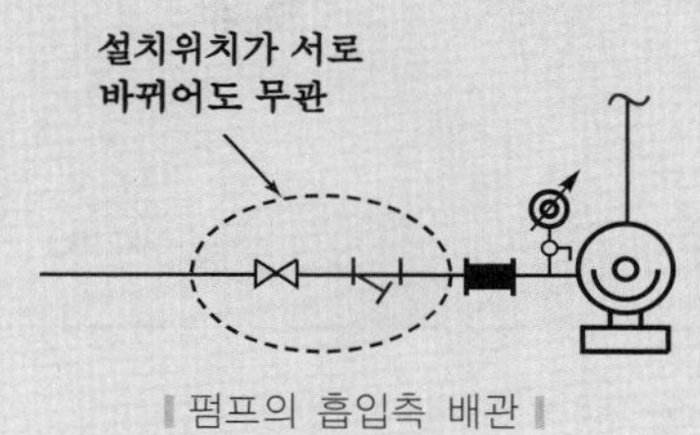

∥ 펌프의 흡입측 배관 ∥

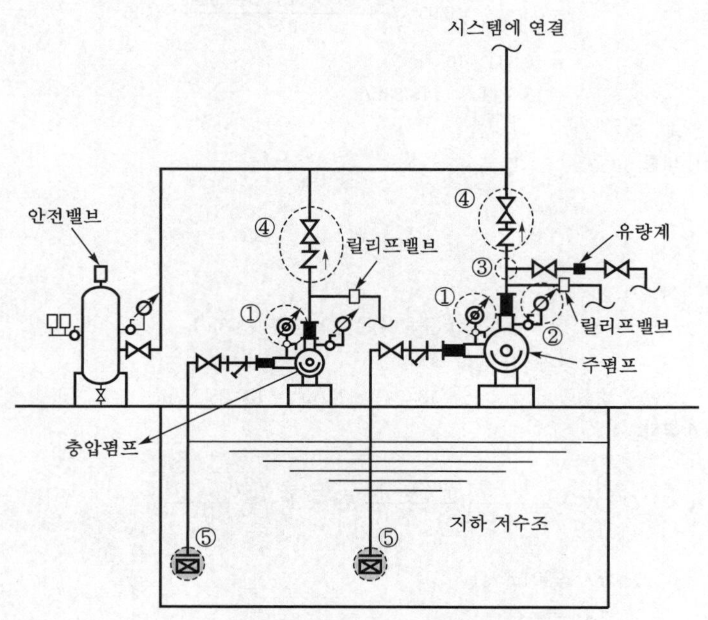

∥ 옥내소화전설비의 올바른 도면 ∥

☆☆☆

문제 13

그림과 같은 벤츄리미터(venturi-meter)에서 관 속에 흐르는 물의 유량[L/s]을 구하시오. (단, 유량계수는 0.9, 입구지름은 100mm, 목(throat)지름은 50mm, 수은주 높이 차이(Δh)는 46cm, 수은의 비중은 13.6이다.)

(15.11.문8)

득점	배점
	4

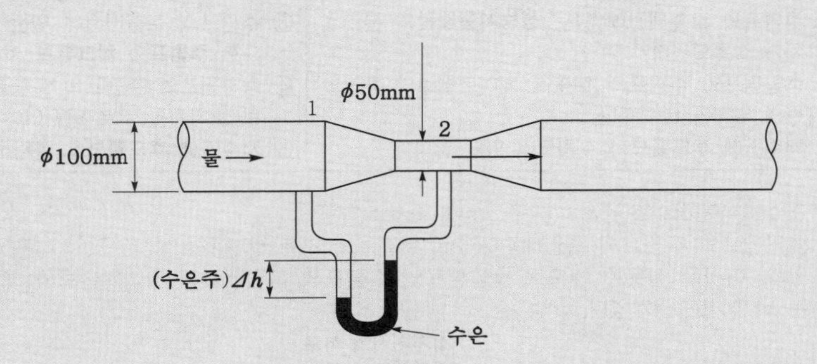

○ 계산과정 :

○ 답 :

해답 ○ 계산과정 : $\gamma_s = 13.6 \times 9.8 = 133.28\text{kN/m}^3$

$$Q = 0.9 \times \frac{\pi}{4} \times 0.05^2 \sqrt{\frac{2 \times 9.8 \times (133.28 - 9.8)}{9.8} \times 0.46}$$

$$= 18.834 \times 10^{-3}\text{m}^3/\text{s}$$

$$= 18.834\text{L/s} \fallingdotseq 18.83\text{L/s}$$

○ 답 : 18.83L/s

해설 (1) **비중**

$$s = \frac{\gamma_s}{\gamma}$$

여기서, s : 비중

γ_s : 어떤 물질의 비중량(수은의 비중량)[kN/m³]

γ : 물의 비중량(9.8kN/m³)

수은의 비중량 $\gamma_s = s \times \gamma = 13.6 \times 9.8\text{kN/m}^3 = 133.28\text{kN/m}^3$

(2) **유량**

$$Q = C_v \frac{A_2}{\sqrt{1-m^2}} \sqrt{\frac{2g(\gamma_s - \gamma)}{\gamma} R} = CA_2 \sqrt{\frac{2g(\gamma_s - \gamma)}{\gamma} R}$$

여기서, Q : 유량[m³/s]

C_v : 속도계수

A_2 : 출구면적$\left(\frac{\pi {D_2}^2}{4}\right)$[m²]

g : 중력가속도(9.8m/s²)

γ_s : 비중량(수은의 비중량 133.28kN/m³)

γ : 비중량(물의 비중량 9.8kN/m³)

R : 마노미터 읽음[m]

C : 유량계수$\left(노즐의\ 흐름계수,\ C = \dfrac{C_v}{\sqrt{1-m^2}} \right)$

m : 개구비$\left(\dfrac{A_2}{A_1} = \left(\dfrac{D_2}{D_1} \right)^2 \right)$

A_1 : 입구면적[m^2]

D_1 : 입구직경[m]

D_2 : 출구직경[m]

유량 Q는

$$Q = CA_2 \sqrt{\frac{2g(\gamma_s - \gamma)}{\gamma} R}$$

$$= 0.9 \times \frac{\pi}{4} \times (50\text{mm})^2 \sqrt{\frac{2 \times 9.8\text{m/s}^2 \times (133.28 - 9.8)\text{kN/m}^3}{9.8\text{kN/m}^3} \times 46\text{cm}}$$

$$= 0.9 \times \frac{\pi}{4} \times (0.05\text{m})^2 \sqrt{\frac{2 \times 9.8\text{m/s}^2 \times (133.28 - 9.8)\text{kN/m}^3}{9.8\text{kN/m}^3} \times 0.46\text{m}}$$

$$= 18.834 \times 10^{-3}\text{m}^3/\text{s}$$

$$= 18.834\text{L/s} \fallingdotseq 18.83\text{L/s}$$

- A_2 : $\dfrac{\pi}{4} \times$**(0.05m)^2**$\left(1000\text{mm}=1\text{m}이므로\ 50\text{mm}=0.05\text{m}가\ 되어\ \dfrac{\pi}{4}\times(50\text{mm})^2 = \dfrac{\pi}{4}\times(0.05\text{m})^2\right)$
- $R(\Delta h)$: **0.46m**(100cm=1m이므로 46cm=0.46m)
- 유량계수가 주어졌으므로 $Q = CA_2\sqrt{\dfrac{2g(\gamma_s-\gamma)}{\gamma}R}$: 식 적용 거듭주의!
- $1\text{m}^3 = 1000\text{L}$이므로 $18.834 \times 10^{-3}\text{m}^3/\text{s} = 18.834 \times 10^{-3} \times 1000\text{L/s} = 18.834\text{L/s}$

☆☆☆

문제 14

지상 4층 건물(각 층의 층고는 3m)의 전 층에 옥내소화전을 설치하고자 한다. [조건]을 참고하여 다음 물음에 답하시오. (17.4.문4·9, 16.6.문9, 15.4.문16, 14.4.문5, 12.4.문1, 09.10.문10, 06.7.문7)

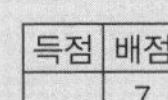

득점	배점
	7

[조건]

① 옥내소화전은 전 층에 각 2개씩 설치되어 있고, 방수구 중심은 각 층별로 바닥으로부터 1m 위에 설치되어 있다.

② 펌프는 1층 바닥면에 설치되어 있다고 가정하고, 펌프의 풋밸브로부터 펌프 흡입측까지의 높이와 손실은 무시한다.

③ 펌프로부터 가장 멀리 떨어진 소화전까지의 배관 직관거리는 40m이다.

④ 펌프는 전동기와 직결시켜 설치하여 동력전달계수는 1.1로 한다.

⑤ 펌프의 운전효율은 60%로 한다.

⑥ 배관의 마찰손실수두의 합계는 가장 멀리 떨어진 소화전까지의 배관 직관거리의 30%에 해당하는 값으로 가정한다. (호스의 마찰손실 포함)

(가) 펌프의 최소토출량[L/min]을 구하시오.

○ 계산과정 :

○ 답 :

(나) 펌프에 요구되는 최소양정[m]을 구하시오.

○ 계산과정 :

○ 답 :

(다) 펌프를 작동하기 위한 최소 전동기 동력[kW]을 구하시오.

○ 계산과정 :

○ 답 :

해답 (가) ○ 계산과정 : $2\times130=260\text{L/min}$

○ 답 : 260L/min

(나) ○ 계산과정 : $h_1+h_2=40\times0.3=12\text{m}$

$h_3=(3\times3)+1=10\text{m}$

$H=12+10+17=39\text{m}$

○ 답 : 39m

(다) ○ 계산과정 : $\dfrac{0.163\times0.26\times39}{0.6}\times1.1=3.03\text{kW}$

○ 답 : 3.03kW

해설

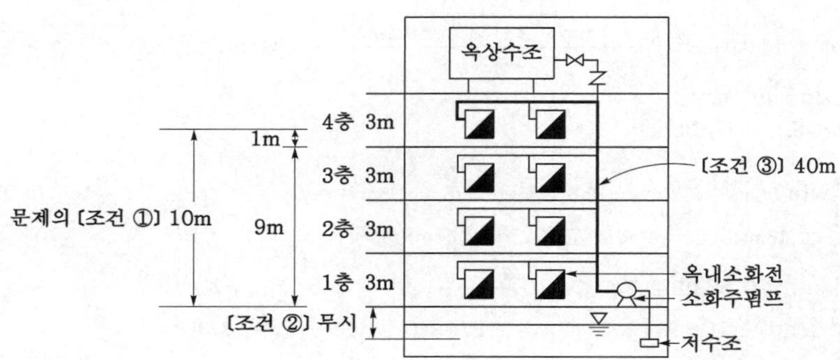

(가) **토출량**

$$Q=N\times130\text{L/min}$$

여기서, Q : 유량(토출량)[L/min]

N : 가장 많은 층의 소화전개수(30층 미만 : 최대 2개, 30층 이상 : 최대 5개)

펌프의 **최소유량** Q는

$Q=N\times130\text{L/min}=2\times130\text{L/min}=260\text{L/min}$

- 문제에서 4층이므로 [조건 ①]에서 소화전개수 $N=2$

(나)

$$H=h_1+h_2+h_3+17$$

여기서, H : 전양정[m]

h_1 : 소방호스의 마찰손실수두[m]

h_2 : 배관 및 관부속품의 마찰손실수두[m]

h_3 : 실양정(흡입양정+토출양정)[m]

17 : 최고위 말단노즐의 압력수두[m]

$h_1+h_2=40\times0.3=$ **12m**([조건 ⑥]에 의해 [조건 ③] 직관거리 40×0.3 적용)

$h_3=(3\text{m}\times3\text{층})+1\text{m}=10\text{m}$

- 문제에서 각 층고 **3m**, 문제에서 4층이지만 마지막 층은 빼고 **3층**까지만 적용하는 것에 특히 주의!
- 1m : [조건 ①]에서 4층은 방수구 중심에서 바닥까지만 적용

펌프의 **양정** H는

$H=h_1+h_2+h_3+17=12\text{m}+10\text{m}+17=39\text{m}$

- 〔조건 ③〕의 40m를 적용하지 않는 것에 특히 주의! **"배관 직관거리"**가 아니고 **"배관 수직거리"**라고 주어졌다면 40m+1m=41m가 맞음

(다) **펌프**의 **전동력**

일반적 전동기의 동력(용량)을 말한다.

$$P=\frac{0.163QH}{\eta}K$$

여기서, P : 전동력〔kW〕

Q : 유량〔m^3/min〕

H : 전양정〔m〕

K : 전달계수

η : 효율

펌프의 **모터동력**(전동력) P는

$$P=\frac{0.163QH}{\eta}K=\frac{0.163\times 260\text{L/min}\times 39\text{m}}{0.6}\times 1.1$$

$$=\frac{0.163\times 0.26\text{m}^3\text{/min}\times 39\text{m}}{0.6}\times 1.1 ≒ 3.03\text{kW}$$

- Q=**260L/min** : (가)에서 구한 값
- H=**39m** : (나)에서 구한 값
- η=**0.6** : 〔조건 ⑤〕에서 60%=0.6
- K=**1.1** : 〔조건 ④〕에서 주어진 값

☆☆☆

문제 15

그림과 같이 각 실이 벽으로 구획된 공동예상제연구역에 제연설비를 설치하려고 한다. 제시된 〔조건〕을 참조하여 각 물음에 답하시오. (단, 각 물음에 대한 답안 작성시 계산과정과 답을 모두 기재하도록 한다.)

(17.6.문10, 15.7.문10, 14.4.문1, 13.11.문10, 11.7.문11, 08.4.문15, 04.4.문4)

득점	배점
	12

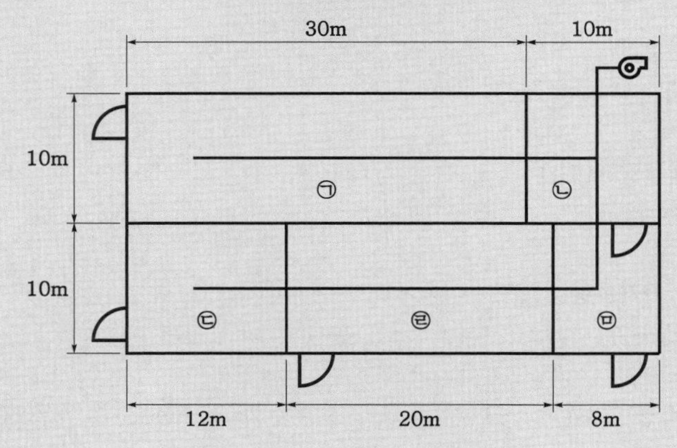

〔조건〕

① 메인덕트(main duct)는 사각형으로 높이는 500mm이다.

② 배출기는 터보형 원심식 송풍기를 사용하는 것으로 한다.

③ ㉤실은 피난을 위한 경유거실이다.

④ 공동예상제연구역의 배출량은 각 예상제연구역의 배출량을 합한 것 이상으로 한다.

⑤ 제연구역의 각 부분으로부터 하나의 배출구까지의 수평거리는 10m 이내가 되도록 설치한다.

(가) 각 실의 배출구 개수를 구하시오.

① ㉠실의 배출구 개수
- ○ 계산과정 :
- ○ 답 :

② ㉡실의 배출구 개수
- ○ 계산과정 :
- ○ 답 :

③ ㉢실의 배출구 개수
- ○ 계산과정 :
- ○ 답 :

④ ㉣실의 배출구 개수
- ○ 계산과정 :
- ○ 답 :

⑤ ㉤실의 배출구 개수
- ○ 계산과정 :
- ○ 답 :

(나) 각 실의 배출량[m^3/h]을 구하고 배출기의 최저풍량[CMH]을 구하시오.

① ㉠실의 배출량[m^3/h]
- ○ 계산과정 :
- ○ 답 :

② ㉡실의 배출량[m^3/h]
- ○ 계산과정 :
- ○ 답 :

③ ㉢실의 배출량[m^3/h]
- ○ 계산과정 :
- ○ 답 :

④ ㉣실의 배출량[m^3/h]
- ○ 계산과정 :
- ○ 답 :

⑤ ㉤실의 배출량[m^3/h]
- ○ 계산과정 :
- ○ 답 :

⑥ 배출기의 최저풍량[CMH]
- ○ 계산과정 :
- ○ 답 :

(다) 송풍기의 최소동력[kW]을 구하시오. (단, 전압은 28.55mmAq, 효율은 60%, 여유율은 10%이다.)
- ○ 계산과정 :
- ○ 답 :

(라) 배출기의 흡입측과 토출측 풍도의 최소폭[m]을 각각 구하시오.

① 흡입측 풍도의 최소폭
- ○ 계산과정 :
- ○ 답 :

② 토출측 풍도의 최소폭
○ 계산과정 :
○ 답 :

해답

(가) ① ㉠실 : ○ 계산과정 : $\frac{\sqrt{30^2+10^2}}{20}=1.5 \fallingdotseq 2$개
○ 답 : 2개

② ㉡실 : ○ 계산과정 : $\frac{\sqrt{10^2+10^2}}{20}=0.7 \fallingdotseq 1$개
○ 답 : 1개

③ ㉢실 : ○ 계산과정 : $\frac{\sqrt{12^2+10^2}}{20}=0.7 \fallingdotseq 1$개
○ 답 : 1개

④ ㉣실 : ○ 계산과정 : $\frac{\sqrt{20^2+10^2}}{20}=1.1 \fallingdotseq 2$개
○ 답 : 2개

⑤ ㉤실 : ○ 계산과정 : $\frac{\sqrt{8^2+10^2}}{20}=0.64 \fallingdotseq 1$개
○ 답 : 1개

(나) ① ㉠실 : ○ 계산과정 : $(30\times10)\times1\times60=18000\,\mathrm{m^3/h}$
○ 답 : $18000\mathrm{m^3/h}$

② ㉡실 : ○ 계산과정 : $(10\times10)\times1\times60=6000\,\mathrm{m^3/h}$
○ 답 : $6000\mathrm{m^3/h}$

③ ㉢실 : ○ 계산과정 : $(12\times10)\times1\times60=7200\,\mathrm{m^3/h}$
○ 답 : $7200\mathrm{m^3/h}$

④ ㉣실 : ○ 계산과정 : $(20\times10)\times1\times60=12000\,\mathrm{m^3/h}$
○ 답 : $12000\mathrm{m^3/h}$

⑤ ㉤실 : ○ 계산과정 : $(8\times10)\times1\times60=4800\,\mathrm{m^3/h}$
○ 답 : $5000\mathrm{m^3/h}$

⑥ ○ 계산과정 : $18000+6000+7200+12000+4800=48000\,\mathrm{m^3/h}$
○ 답 : 48000CMH

(다) ○ 계산과정 : $\frac{28.55\times48000/60}{102\times60\times0.6}\times1.1=6.842 \fallingdotseq 6.84\mathrm{kW}$

○ 답 : 6.84kW

(라) ① ○ 계산과정 : $48000/3600=13.333\,\mathrm{m^3/s}$

$$A=\frac{13.333}{15} \fallingdotseq 0.888\,\mathrm{m^2}$$

$$L=\frac{0.888}{0.5}=1.776 \fallingdotseq 1.78\,\mathrm{m}$$

○ 답 : 1.78m

② ○ 계산과정 : $A=\frac{13.333}{20} \fallingdotseq 0.666\mathrm{m^2}$

$$L=\frac{0.666}{0.5}=1.332 \fallingdotseq 1.33\mathrm{m}$$

○ 답 : 1.33m

해설 (가) 설치개수

구 분	옥내소화전설비	제연설비 배출구	옥외소화전설비
설치개수	$\frac{\text{대각선길이}}{50}$	$\frac{\text{대각선길이}}{20}$	$\frac{\text{건물 둘레길이}}{80}$
적용기준	수평거리 **25m**	수평거리 **10m** 〔조건 ⑤〕	수평거리 40m

① ㉠실 제연설비 배출구수

$$\text{배출구수}=\frac{\text{대각선길이}}{20\text{m}}=\frac{\sqrt{\text{가로길이}^2+\text{세로길이}^2}}{20\text{m}}=\frac{\sqrt{(30\text{m})^2+(10\text{m})^2}}{20\text{m}}=1.5 \fallingdotseq 2\text{개(절상)}$$

- 대각선길이는 피타고라스의 정리에 의해 대각선길이= $\sqrt{\text{가로길이}^2+\text{세로길이}^2}$
- 수평거리가 반경을 의미하므로 분모는 직경을 적용, 반경 10m이므로 20m 적용

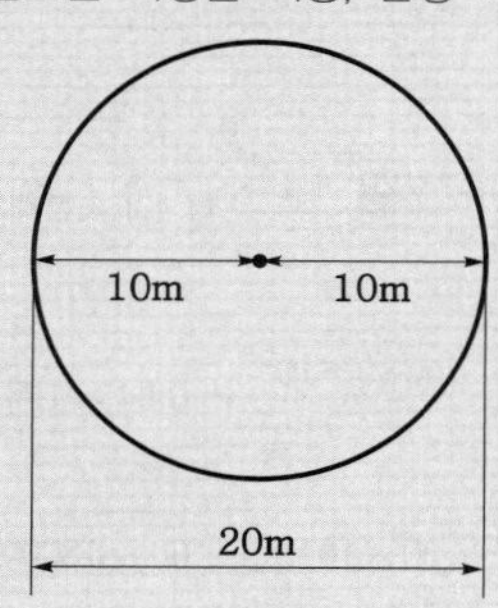

② ㉡실 제연설비 배출구수

$$\text{배출구수}=\frac{\text{대각선길이}}{20\text{m}}=\frac{\sqrt{\text{가로길이}^2+\text{세로길이}^2}}{20\text{m}}=\frac{\sqrt{(10\text{m})^2+(10\text{m})^2}}{20\text{m}}=0.7 \fallingdotseq 1\text{개(절상)}$$

③ ㉢실 제연설비 배출구수

$$\text{배출구수}=\frac{\text{대각선길이}}{20\text{m}}=\frac{\sqrt{\text{가로길이}^2+\text{세로길이}^2}}{20\text{m}}=\frac{\sqrt{(12\text{m})^2+(10\text{m})^2}}{20\text{m}}=0.7 \fallingdotseq 1\text{개(절상)}$$

④ ㉣실 제연설비 배출구수

$$\text{배출구수}=\frac{\text{대각선길이}}{20\text{m}}=\frac{\sqrt{\text{가로길이}^2+\text{세로길이}^2}}{20\text{m}}=\frac{\sqrt{(20\text{m})^2+(10\text{m})^2}}{20\text{m}}=1.1 \fallingdotseq 2\text{개(절상)}$$

⑤ ㉤실 제연설비 배출구수

$$\text{배출구수}=\frac{\text{대각선길이}}{20\text{m}}=\frac{\sqrt{\text{가로길이}^2+\text{세로길이}^2}}{20\text{m}}=\frac{\sqrt{(8\text{m})^2+(10\text{m})^2}}{20\text{m}}=0.64 \fallingdotseq 1\text{개(절상)}$$

(나) **바닥면적 ㉠~㉤실**

실	바닥면적
㉠실	$(30\times10)=300\text{m}^2$
㉡실	$(10\times10)=100\text{m}^2$
㉢실	$(12\times10)=120\text{m}^2$
㉣실	$(20\times10)=200\text{m}^2$
㉤실	$(8\times10)=80\text{m}^2$

바닥면적이 모두 **400m²** 미만이므로

배출량〔m³/min〕=바닥면적〔m²〕×1m³/m² · min 식을 적용하여

배출량 m^3/min → m^3/h로 변환하면

배출량[m^3/h]=바닥면적[m^2]×$1m^3/m^2 \cdot min$×60min/h(최저치 $5000m^3/h$)

① ㉠실 : $(30\times10)m^2\times1m^3/m^2\cdot min\times60min/h=18000m^3/h$

② ㉡실 : $(10\times10)m^2\times1m^3/m^2\cdot min\times60min/h=6000m^3/min$

③ ㉢실 : $(12\times10)m^2\times1m^3/m^2\cdot min\times60min/h=7200m^3/h$

④ ㉣실 : $(20\times10)m^2\times1m^3/m^2\cdot min\times60min/h=12000m^3/h$

⑤ ㉤실 : $(8\times10)m^2\times1m^3/m^2\cdot min\times60min/h=4800m^3/h$(최저치 $5000m^3/h$)

중요

거실의 배출량(NFPC 501 6조, NFTC 501 2.3)

(1) **바닥면적 $400m^2$ 미만**(최저치 **$5000m^3/h$** 이상)

배출량[m^3/min]=바닥면적[m^2]×$1m^3/m^2\cdot min$

(2) **바닥면적 $400m^2$ 이상**

직경 40m 이하 : **$40000m^3/h$** 이상 (예상제연구역이 제연경계로 구획된 경우)		직경 40m 초과 : **$45000m^3/h$** 이상 (예상제연구역이 제연경계로 구획된 경우)	
수직거리	배출량	수직거리	배출량
2m 이하	$40000m^3/h$ 이상	2m 이하	$45000m^3/h$ 이상
2m 초과 2.5m 이하	$45000m^3/h$ 이상	2m 초과 2.5m 이하	$50000m^3/h$ 이상
2.5m 초과 3m 이하	$50000m^3/h$ 이상	2.5m 초과 3m 이하	$55000m^3/h$ 이상
3m 초과	$60000m^3/h$ 이상	3m 초과	$65000m^3/h$ 이상

기억법 **거예4045**

⑥ [조건 ④]에 의해 배출기의 최저풍량(공동예상제연구역의 배출량)은 각 예상제연구역의 배출량을 합한 것 이상으로 해야 하므로

배출기의 최저풍량[CMH]=㉠실+㉡실+㉢실+㉣실+㉤실

$$=18000m^3/h+6000m^3/h+7200m^3/h+12000m^3/h+4800m^3/h$$
$$=48000m^3/h$$
$$=48000CMH$$

중요

단위

(1) **GPM**=**G**allon **P**er **M**inute[gallon/min]

(2) **PSI**=**P**ound per **S**quare **I**nch[lb_f/in^2]

(3) **LPM**=**Li**ter **P**er **M**inute[L/min]

(4) **CMH**=**C**ubic **M**eter per **H**our[m^3/h]

- [조건 ④]가 없더라도 문제에서 "**각 실이 벽으로 구획된 공동예상제연구역**"이므로 각 예상제연구역의 배출량을 모두 합하는 것이 맞다.

중요

소요풍량

공동예상제연구역(각각 **벽**으로 **구획**된 경우)	**공동예상제연구역**(각각 **제연경계**로 **구획**된 경우)
소요풍량[CMH]=각 배출풍량[CMH]의 합	소요풍량[CMH]=각 배출풍량 중 최대풍량[CMH]

(다)

$$P=\frac{P_T Q}{102\times 60\eta}K$$

여기서, P : 배연기 동력〔kW〕
P_T : 전압(풍압)〔mmAq〕 또는 〔mmH₂O〕
Q : 풍량〔m^3/min〕
K : 여유율
η : 효율

배출기의 **이론소요동력** P는

$$P=\frac{P_T Q}{102\times 60\eta}K=\frac{28.55\text{mmAq}\times 48000\text{m}^3/60\text{min}}{102\times 60\times 0.6}\times 1.1=6.842 ≒ 6.84\text{kW}$$

- 배연설비(제연설비)에 대한 동력은 반드시 $P=\frac{P_T Q}{102\times 60\eta}K$를 적용하여야 한다. 우리가 알고 있는 일반적인 식 $P=\frac{0.163QH}{\eta}K$를 적용하여 풀면 틀린다.
- $K=1.1$: (다)의 〔단서〕에서 10% 여유율은 100%+10%=110%=1.1
- $P_T=28.55$**mmAq** : (다)의 〔단서〕에서 주어진 값
- $Q=48000$**m³/60min** : (나)의 ⑥에서 48000CMH=48000m³/h=48000m³/60min
- $\eta=0.6$: (다)의 〔단서〕에서 주어진 값

(라) $Q=48000\text{m}^3/\text{h}=48000\text{m}^3/3600\text{s}=$ **13.333m³/s**

① 흡입측 풍도의 최소폭

배출기 흡입측 풍도 안의 풍속은 **15m/s** 이하로 하고, 배출측(토출측) 풍속은 **20m/s** 이하로 한다.

$$Q=AV$$

여기서, Q : 배출량(유량)〔m^3/min〕
A : 단면적〔m^2〕
V : 풍속(유속)〔m/s〕

흡입측 단면적 $A=\frac{Q}{V}=\frac{13.333\text{m}^3/\text{s}}{15\text{m/s}} ≒ 0.888\text{m}^2$

흡입측 풍도의 폭 $L=\frac{\text{단면적}[\text{m}^2]}{\text{높이}[\text{m}]}=\frac{0.888\text{m}^2}{0.5\text{m}}=1.776\text{m} ≒ 1.78\text{m}$

- 〔조건 ①〕에서 풍도(덕트)의 높이는 500mm=**0.5m**

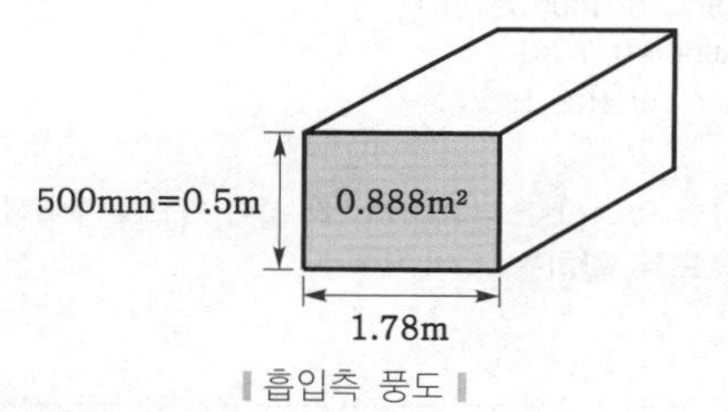

‖ 흡입측 풍도 ‖

아하! 그렇구나 **제연설비의 풍속**(NFPC 501 9·10조, NFTC 501 2.6.2.2, 2.7.1)

조 건	풍 속
• 배출기의 흡입측 풍속	**15m/s** 이하
• 배출기의 배출측(토출측) 풍속 • 유입풍도 안의 풍속	**20m/s** 이하

② **토출측 풍도의 최소폭**

$$Q = AV$$

여기서, Q : 배출량(유량)〔m^3/min〕
A : 단면적〔m^2〕
V : 풍속(유속)〔m/s〕

토출측 단면적 $A = \dfrac{Q}{V} = \dfrac{13.333\text{m}^3/\text{s}}{20\text{m/s}} ≒ 0.666\text{m}^2$

토출측 풍도의 폭 $L = \dfrac{\text{단면적〔m}^2\text{〕}}{\text{높이〔m〕}} = \dfrac{0.666\text{m}^2}{0.5\text{m}} = 1.332 ≒ 1.33\text{m}$

- 〔조건 ①〕에서 풍도(덕트)의 높이는 500mm=**0.5m**

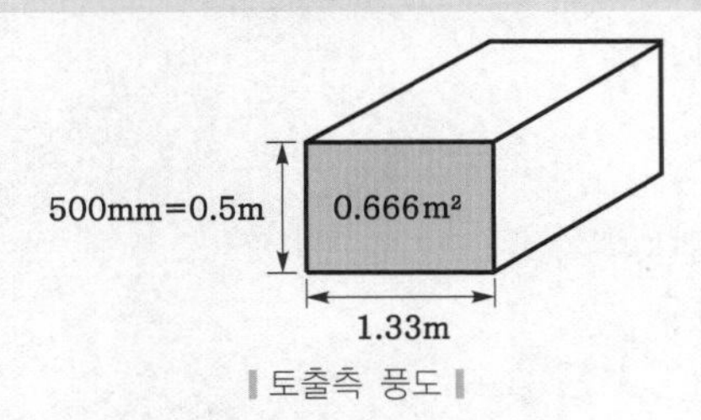

‖ 토출측 풍도 ‖

☆☆
문제 16

그림과 같은 건축물 내에 이산화탄소(CO_2) 소화설비를 전역방출방식으로 시설하고자 한다. 제시된 〔조건〕을 참조하여 다음 각 물음에 답하시오. (단, 계산 및 설계업무 수행시 화장실, 용기실은 제외하고 보일러실 및 전기실만 적용한다.) (14.11.문13)

득점	배점
	11

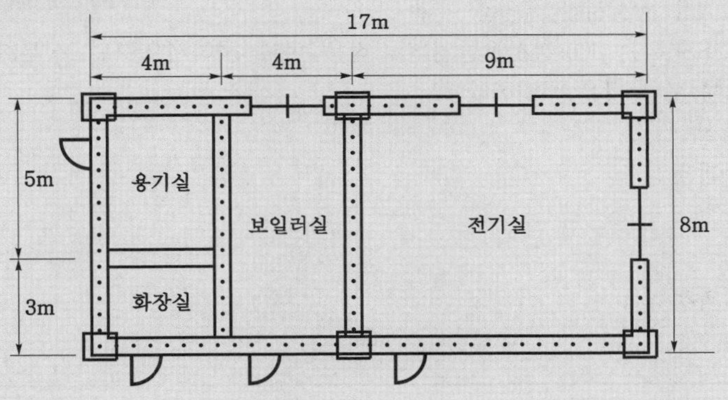

〔조건〕

※ 시설적용기준은 다음과 같다.

1. 건축개요
   건축 층고는 4m이고, 개구부 면적은 다음과 같다.
   ① 보일러실 : 2m×1.5m, 1개소, 자동폐쇄장치 없음
   ② 전기실 : 2m×3m, 2개소, 자동폐쇄장치 없음
2. 적용조건
   ① 보일러실은 표면화재기준이고, 설계농도는 34%로 방호구역체적〔m^3〕당 CO_2 약제 0.9kg을 적용한다.
   ② 전기실은 심부화재기준으로 설계농도는 50%로 방호구역체적〔m^3〕당 CO_2 약제 1.3kg을 적용한다.

③ 개구부 보정계수는 표면화재의 경우는 5kg/m², 심부화재의 경우는 10kg/m²을 적용한다.
④ CO_2 실린더 단위용기는 1병당 45kg CO_2로 적용한다.
⑤ 고압식 CO_2 설비 및 전역방출방식으로 설계한다.
⑥ CO_2 분사노즐은 1/2인치로 기준사양은 분당 45kg CO_2 방출기준으로 적용한다.

(가) 각 실별로 요구되는 CO_2 약제량[kg] 및 용기수[개]를 구하시오.

① 보일러실
㉠ CO_2 약제량[kg]
○ 계산과정 :
○ 답 :
㉡ 용기수[개]
○ 계산과정 :
○ 답 :

② 전기실
㉠ CO_2 약제량[kg]
○ 계산과정 :
○ 답 :
㉡ 용기수[개]
○ 계산과정 :
○ 답 :

(나) 국가화재안전기준에서 요구하는 용기실의 최소저장용기수 및 각 실별 방사시간[분]을 쓰시오.
○ 최소저장용기수 : 개
○ 보일러실 적용 방사시간 : 분 이내
○ 전기실 적용 방사시간 : 분 이내

(다) 각 실별로 요구되는 CO_2 분사노즐의 최소적용수량을 구하시오. (단, 심부화재시 요구되는 2분 이내에 30% 농도 도달은 무시한다.)

① 보일러실
○ 계산과정 :
○ 답 :

② 전기실
○ 계산과정 :
○ 답 :

해답 (가) ① 보일러실
㉠ ○ 계산과정 : $(4\times8\times4)\times0.9+(2\times1.5)\times5=130.2\text{kg}$
○ 답 : 130.2kg
㉡ ○ 계산과정 : $\frac{130.2}{45}=2.8\fallingdotseq3$개
○ 답 : 3개

② 전기실
㉠ ○ 계산과정 : $(9\times8\times4)\times1.3+(2\times3\times2)\times10=494.4\text{kg}$
○ 답 : 494.4kg
㉡ ○ 계산과정 : $\frac{494.4}{45}=10.9\fallingdotseq11$개
○ 답 : 11개

(나) ○11개
○1분 이내
○7분 이내

(다) ① ○계산과정 : $\frac{45\times3}{1}=135\text{kg/min}$

$\frac{135}{45}=3$개

○답 : 3개

② ○계산과정 : $\frac{45\times11}{7}=70.714\text{kg/min}$

$\frac{70.714}{45}=1.5=2$개

○답 : 2개

해설 (가) ① **보일러실** 약제량

〔조건 2의 ①〕에 의해 **표면화재** 적용

‖ 표면화재의 약제량 및 개구부가산량 ‖

방호구역체적	약제량	개구부가산량 (자동폐쇄장치 미설치시)	최소저장량
$45m^3$ 미만	$1kg/m^3$	$5kg/m^2$	45kg
$45\sim150m^3$ 미만 →	$\mathbf{0.9kg/m^3}$		
$150\sim1450m^3$ 미만	$0.8kg/m^3$		135kg
$1450m^3$ 이상	$0.75kg/m^3$		1125kg

방호구역체적$=(4\times8\times4)m^3=128m^3$

- $128m^3$로서 $45\sim150m^3$ 미만이므로 약제량은 $\mathbf{0.9kg/m^3}$ 적용

표면화재

CO_2 저장량〔kg〕=방호구역체적〔m^3〕×약제량〔kg/m^3〕×**보정계수**+개구부면적〔m^2〕×개구부가산량($5kg/m^2$)

저장량=방호구역체적〔m^3〕×약제량〔kg/m^3〕$=(4\times8\times4)m^3\times0.9kg/m^3=115.2kg$

- 최소저장량인 45kg보다 크므로 그대로 적용

소화약제량=방호구역체적〔m^3〕×약제량〔kg/m^3〕×보정계수+개구부면적〔m^2〕×개구부가산량($5kg/m^2$)

$$=(4\times8\times4)m^3\times0.9kg/m^3\times1+(2\times1.5)m^2\times5kg/m^2=130.2kg$$

- **개구부면적**$(2\times1.5)m^2$: 〔조건 1〕의 ①에서 $2m\times1.5m$의 개구부는 자동폐쇄장치 미설치로 개구부면적 및 개구부가산량 적용
- 저장량을 구한 후 보정계수를 곱한다는 것을 기억하라!
- 〔조건 2의 ①〕에서 설계농도가 34%이면 아래 설계농도에 대한 보정계수 중에서 일반적으로는 보정계수표가 주어지는데 이번 문제처럼 보정계수표가 주어지지 않는 경우에는 다음의 2가지는 암기하도록 하자.

설계농도	보정계수
34% →	1
40%	1.2

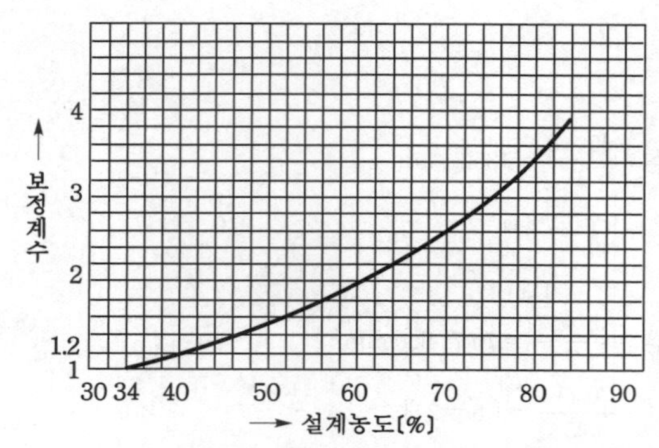

‖설계농도에 대한 보정계수표‖

보일러실 용기수

$$용기수 = \frac{소화약제량[kg]}{1병당\ 저장량[kg]}$$

$$용기수 = \frac{소화약제량[kg]}{1병당\ 저장량[kg]} = \frac{130.2kg}{45kg} = 2.8 ≒ 3개(절상)$$

- 130.2kg : 바로 위에서 구한 값
- 45kg : [조건 ④]에서 주어진 값

② **전기실** 약제량

- [조건 2의 ②]에서 전기실은 **심부화재**

‖심부화재 약제량 및 개구부가산량‖

방호대상물	약제량	개구부가산량 (자동폐쇄장치 미설치시)	설계농도
전기설비($55m^3$ 이상), 케이블실 →	**$1.3kg/m^3$**	$10kg/m^2$	**50%**
전기설비($55m^3$ 미만)	$1.6kg/m^3$		
서고, 박물관, 목재가공품창고, 전자제품창고	$2.0kg/m^3$		65%
석탄창고, 면화류창고, 고무류, 모피창고, 집진설비	$2.7kg/m^3$		75%

방호구역체적 $= (9\times8\times4)m^3 = 288m^3$

- $288m^3$로서 $55m^3$ 이상의 전기실(전기설비)이므로 약제량은 $1.3kg/m^3$ 적용

심부화재 CO_2 저장량[kg]
=방호구역체적$[m^3]$×약제량$[kg/m^3]$+개구부면적$[m^2]$×개구부가산량$(10kg/m^2)$
$=288m^3\times1.3kg/m^3+(2\times3)m^2\times2개\times10kg/m^2=494.4kg$

- [조건 ①]에서 전기실은 자동폐쇄장치가 없으므로 **개구부면적** 및 **개구부가산량** 적용
- [조건 2의 ②]에서 설계농도 50%에 대해 고민할 필요가 없다. 위 표(심부화재 약제량 및 개구부가산량)에서 보면 전기설비(전기실)는 설계농도 50%를 적용하여 약제량 $1.3kg/m^3$이 구해졌다. 그러므로 설계농도 50%는 신경쓰지 않아도 된다.

전기실 용기수

$$용기수 = \frac{소화약제량[kg]}{1병당\ 저장량[kg]}$$

$$용기수 = \frac{소화약제량[kg]}{1병당\ 저장량[kg]} = \frac{494.4kg}{45kg} = 10.9 ≒ 11개(절상)$$

- 494.4kg : 바로 위에서 구한 값
- 45kg : [조건 ④]에서 주어진 값

(나) 용기실 최소 저장용기수 : **11개**

저장용기실(집합관)의 용기병수는 각 방호구역의 저장용기병수 중 가장 많은 것을 기준으로 하므로 전기실의 **11개** 설정

※ 설치개수
① 기동용기 ┐
② 선택밸브 ├ 각 방호구역당 **1개**
③ 음향경보장치 │
④ 일제개방밸브(델류즈밸브) ┘
⑤ 집합관(용기실)의 용기개수 - 각 방호구역 중 가장 많은 용기 기준

- 보일러실 적용 방사시간 : 1분 이내
- 전기실 적용 방사시간 : 7분 이내
- 보일러실 : [조건 2의 ①]에서 **표면화재**이므로 **1분** 이내
- 전기실 : [조건 2의 ②]에서 **심부화재**이므로 **7분** 이내
- 특별한 조건이 없으면 **일반건축물** 적용

▮약제방사시간▮

소화설비		전역방출방식		국소방출방식	
		일반건축물	위험물제조소	일반건축물	위험물제조소
할론소화설비		10초 이내	30초 이내	10초 이내	30초 이내
분말소화설비		30초 이내		30초 이내	
CO_2 소화설비	표면화재	→ 1분 이내	60초 이내		
	심부화재	→ 7분 이내			

(다) ① 보일러실

$$약제의\ 방사량 = \frac{1병당\ 충전량[kg] \times 병수}{약제방출시간[min]} = \frac{45kg \times 3개}{1min} = 135kg/min$$

$$분사노즐개수 = \frac{약제의\ 방사량[kg/min]}{1병당\ 충전량[kg]} = \frac{135kg/min}{45kg} = 3개$$

- 45kg : [조건 2의 ④]에서 주어진 값
- 3개 : (가)에서 구한 값
- 1min : 보일러실 표면화재

② 전기실

$$약제의\ 방사량 = \frac{1병당\ 충전량[kg] \times 병수}{약제방출시간[min]} = \frac{45kg \times 11개}{7min} = 70.714kg/min$$

$$분사노즐개수 = \frac{약제의\ 방사량[kg/min]}{1병당\ 충전량[kg]} = \frac{70.714kg/min}{45kg} = 1.5 ≒ 2개(절상)$$

- 45kg : [조건 2의 ④]에서 주어진 값
- 11개 : (가)에서 구한 값
- 7min : 전기실 심부화재

▌2019년 산업기사 제2회 필답형 실기시험▌

자격종목	시험시간	형별	수험번호	성명	감독위원 확 인
소방설비산업기사(기계분야)	2시간 30분				

※ 다음 물음에 답을 해당 답란에 답하시오.(배점 : 100)

☆☆☆

문제 01

옥내소화전설비가 그림과 같이 설치되어 있을 때 다음 각 물음에 답하시오.

(17.4.문4, 16.6.문9, 16.4.문15, 04.7.문8)

득점	배점
	6

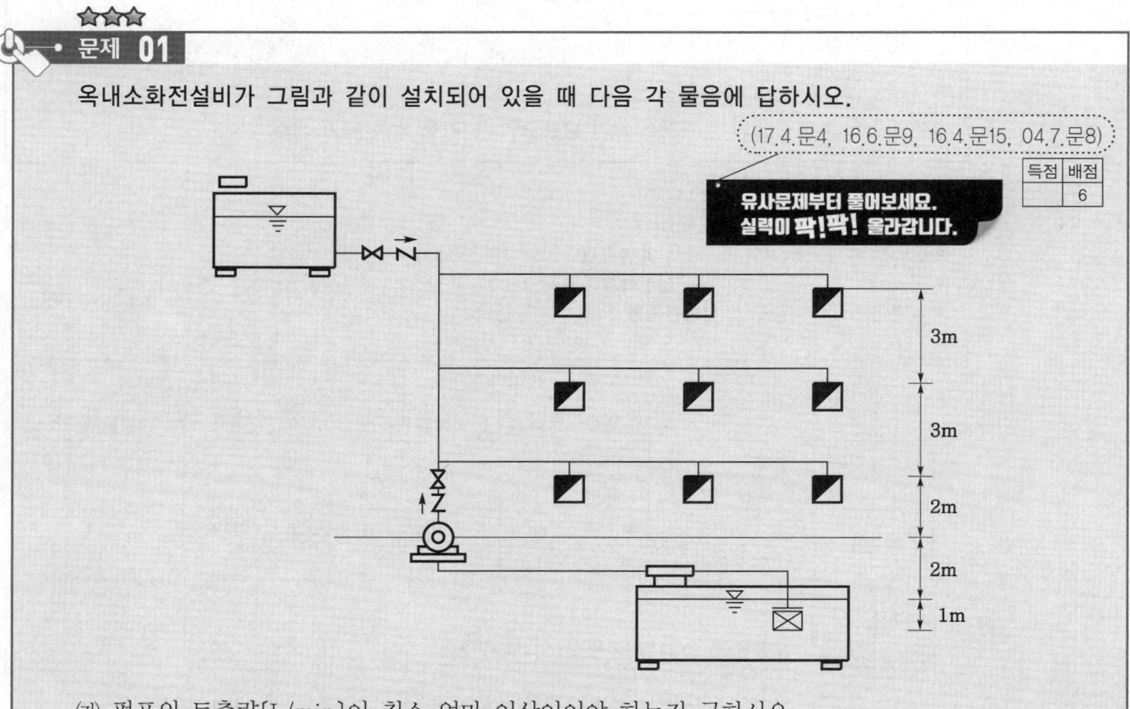

(가) 펌프의 토출량〔L/min〕이 최소 얼마 이상이어야 하는지 구하시오.

○ 계산과정 :

○ 답 :

(나) 펌프에 요구되는 최소전양정〔m〕을 구하시오. (단, 배관, 관부속 및 호스의 마찰손실수두는 35m 이다.)

○ 계산과정 :

○ 답 :

(다) 펌프 운전용 전동기의 출력〔kW〕은 얼마 이상이어야 하는지 구하시오. (단, 펌프의 효율은 50%, 전동기의 전달계수는 1.1로 한다.)

○ 계산과정 :

○ 답 :

(라) 소방대상물에 저장하여야 할 총수원(지하수조+ 고가수조)의 양은 몇 L 이상이어야 하는지 구하시오.

○ 계산과정 :

○ 답 :

(가) ○ 계산과정 : $2 \times 130 = 260\text{L/min}$

○ 답 : 260L/min

(나) ○ 계산과정 : $h_1 + h_2 = 35\text{m}$

$h_3 = 1+2+2+3+3 = 11\text{m}$

$H = 35 + 11 + 17 = 63\text{m}$

○ 답 : 63m

(다) ○ 계산과정 : $\dfrac{0.163 \times 0.26 \times 63}{0.5} \times 1.1 = 5.873 ≒ 5.87\text{kW}$

○ 답 : 5.87kW

(라) ○ 계산과정 : $2.6 \times 2 = 5.2\text{m}^3$

$2.6 \times 2 \times \dfrac{1}{3} = 1.733\text{m}^3$

$5.2 + 1.733 = 6.933\text{m}^3 = 6933\text{L}$

○ 답 : 6933L

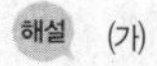

(가)

$$Q = N \times 130\text{L/min}$$

여기서, Q : 펌프의 토출량〔L/min〕

N : 가장 많은 층의 소화전개수(30층 미만 : 최대 2개, 30층 이상 : 최대 5개)

펌프의 **토출량** Q는

$Q = N \times 130\text{L/min} = 2 \times 130\text{L/min} = 260\text{L/min}$

- 도면에서 옥내소화전은 3층이고 각 층에 **3개**씩 설치되어 있지만 최대 2개이므로 $N=2$

(나)

$$H = h_1 + h_2 + h_3 + 17$$

여기서, H : 전양정〔m〕

h_1 : 소방호스의 마찰손실수두〔m〕

h_2 : 배관 및 관부속품의 마찰손실수두〔m〕

h_3 : 실양정(흡입양정+토출양정)〔m〕

$h_1 + h_2 = 35\text{m}$

$h_3 = 1+2+2+3+3 = 11\text{m}$

- $h_1 + h_2 = 35\text{m}$: (나)의 〔단서〕에 주어진 값

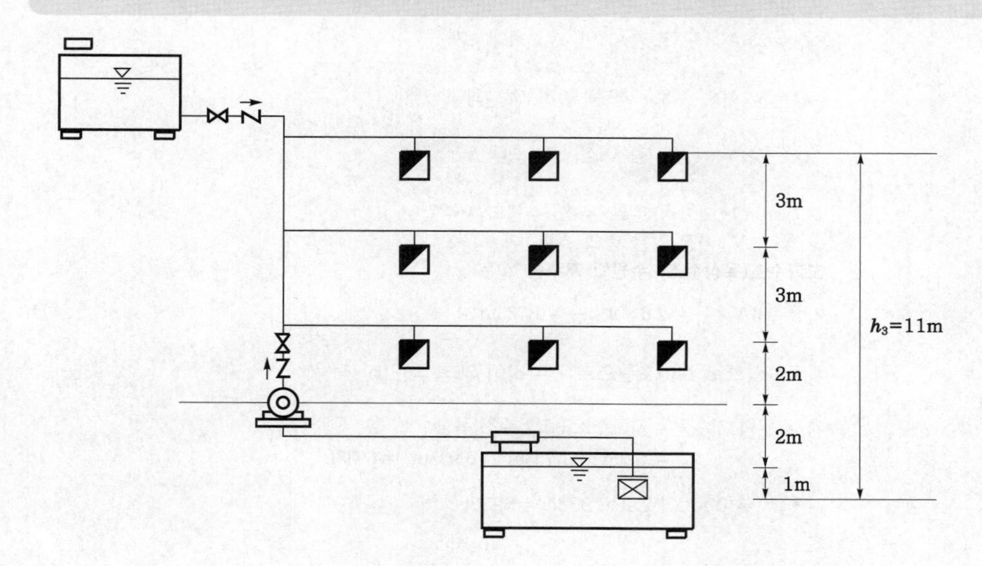

전양정 H는

$H = h_1 + h_2 + h_3 + 17 = 35\text{m} + 11\text{m} + 17 = 63\text{m}$

(다)

$$P = \frac{0.163QH}{\eta}K$$

여기서, P : 전동력(전동기의 출력)〔kW〕
Q : 유량〔m^3/min〕
H : 전양정〔m〕
K : 전달계수
η : 효율

전동기의 **출력** P는

$$P = \frac{0.163QH}{\eta}K = \frac{0.163 \times 260\text{L/min} \times 63\text{m}}{0.5} \times 1.1$$

$$= \frac{0.163 \times 0.26\text{m}^3\text{/min} \times 63\text{m}}{0.5} \times 1.1 = 5.873 ≒ 5.87\text{kW}$$

- 1000L는 1m^3이므로 (가)에서 구한 260L/min은 **0.26m^3/min**
- $H = 63\text{m}$: (나)에서 구한 값
- $\eta = 0.5$: (다)의 〔단서〕에서 50%=0.5
- $K = 1.1$: (다)의 〔단서〕에서 주어진 값

(라)

지하수조

$Q = 2.6N$(30층 미만, N : 최대 2개)
$Q = 5.2N$(30~49층 이하, N : 최대 5개)
$Q = 7.8N$(50층 이상, N : 최대 5개)

여기서, Q : 지하수조 수원의 저수량〔m^3〕
N : 가장 많은 층의 소화전개수

지하수조 수원의 **저수량** Q는

$Q = 2.6N = 2.6 \times 2 = 5.2\text{m}^3$

- 그림으로 보아 **3층**으로 간주하여 30층 미만식 적용

고가수조(옥상수조)

$Q = 2.6N \times \frac{1}{3}$(30층 미만, N : 최대 2개)

$Q = 5.2N \times \frac{1}{3}$(30~49층 이하, N : 최대 5개)

$Q = 7.8N \times \frac{1}{3}$(50층 이상, N : 최대 5개)

여기서, Q : 고가수조(옥상수조) 수원의 저수량〔m^3〕
N : 가장 많은 층의 소화전개수

고가수조(옥상수조) 수원의 **저수량** Q는

$$Q = 2.6N \times \frac{1}{3} = 2.6 \times 2 \times \frac{1}{3} = 1.733\text{m}^3$$

- 그림으로 보아 **3층**으로 간주하여 30층 미만식 적용

총 수원의 저수량 = 지하수조 + 고가수조(옥상수조)

$= 5.2\text{m}^3 + 1.733\text{m}^3 = 6.933\text{m}^3 = 6933\text{L}$

- 1m^3=1000L이므로 6.933m^3=6933L

☆☆☆

문제 02

10층 건물인 소방대상물에 옥내소화전을 각 층에 5개씩 설치하였다. 이때 다음 물음에 답하시오.

(14.11.문1, 10.4.문3)

득점	배점
	4

(가) 지하수원의 최소유효저수량[m^3]을 구하시오.
- ○계산과정 :
- ○답 :

(나) 가압송수장치의 최소토출량[L/min]을 구하시오.
- ○계산과정 :
- ○답 :

해답 (가) ○계산과정 : $2.6 \times 2 = 5.2m^3$
○답 : $5.2m^3$

(나) ○계산과정 : $2 \times 130 = 260L/min$
○답 : 260L/min

해설 (가) **옥내소화전설비**의 **수원저수량**

$Q = 2.6N$(30층 미만, N : 최대 2개)
$Q = 5.2N$(30~49층 이하, N : 최대 5개)
$Q = 7.8N$(50층 이상, N : 최대 5개)

여기서, Q : 수원의 저수량[m^3]
N : 가장 많은 층의 소화전개수

수원의 **저수량** $Q = 2.6N = 2.6 \times 2 = 5.2m^3$

∴ 최소유효저수량=$5.2m^3$

- 문제에서 단위가 주어지지 않았으므로 답란에 단위를 반드시 쓰도록 한다. 단위를 쓰지 않으면 틀린다. 또한 저수량은 m^3, L, 토출량은 L/min, m^3/min 등 어떤 단위로 답해도 정답이다.
- 문제에서 **30층 미만**이므로 $Q = 2.6N$ 적용
- **"지하수원"**이라는 말이 있어도 고민할 필요 전혀 없다. 우리가 주로 구했던 저수량과 토출량이 지하수조에 대한 것이므로 기존에 구하던 방식대로 그냥 구하면 된다.
- **옥상수조(옥상수원)**의 **저수량**

"옥상수조"라고 주어졌다면 다음과 같이 계산하여야 한다.

$Q = 2.6N \times \frac{1}{3}$(30층 미만, N : 최대 2개)

$Q = 5.2N \times \frac{1}{3}$(30~49층 이하, N : 최대 5개)

$Q = 7.8N \times \frac{1}{3}$(50층 이상, N : 최대 5개)

여기서, Q : 수원의 저수량[m^3]
N : 가장 많은 층의 소화전개수

옥상수원의 저수량 $Q = 2.6N \times \frac{1}{3} = 2.6 \times 2 \times \frac{1}{3} = 1.733 \fallingdotseq \mathbf{1.73m^3}$

(나) **토출량**

$Q = N \times 130$

여기서, Q : 가압송수장치의 토출량[L/min]
N : 가장 많은 층의 소화전개수(30층 미만 : 최대 2개, 30층 이상 : 최대 5개)

가압송수장치의 **토출량** Q는

$Q = N \times 130\text{L/min} = 2 \times 130\text{L/min} = 260\text{L/min}$

∴ 최소토출량=260L/min

- **토출량**

$$Q = N \times 130$$

여기서, Q : 가압송수장치의 토출량〔L/min〕

N : 가장 많은 층의 소화전개수(30층 미만 : 최대 2개, 30층 이상 : 최대 5개)

토출량 $Q = N \times 130 = 2 \times 130 = \mathbf{260L/min}$

- **옥상수조**라 하더라도 토출량 계산식은 **지하수조**와 **동일**하다. 주의! 즉 $\frac{1}{3}$을 추가로 곱하지 않는다. 또한 층수에 따라 토출량식이 달라지지 않는다. 층수에 관계없이 모두 $Q = N \times 130\text{L/min}$이다.

비교

옥외소화전설비의 **저수량 및 토출량**

수원의 저수량	**토출량**
$Q = 7N$	$Q = N \times 350$
여기서, Q : 수원의 저수량〔m^3〕 N : 옥외소화전 설치개수(최대 **2개**)	여기서, Q : 토출량〔L/min〕 N : 옥외소화전 설치개수(최대 **2개**)

☆☆☆

문제 03

소방대상물에 옥외소화전 5개를 화재안전기준 및 〔조건〕에 따라 설치하려고 한다. 다음 각 물음에 답하시오.

(15.11.문6, 15.4.문10, 10.10.문2)

득점	배점
	9

〔조건〕

① 옥외소화전은 지상식 표준형을 사용한다.

② 펌프에서 첫 번째 옥외소화전까지의 직관길이는 200m, 관의 내경은 100mm이다.

③ 펌프의 전양정은 50m, 효율은 65%를 적용한다.

④ 모든 규격치는 최소량을 적용한다.

(가) 지하수원의 최소유효저수량〔m^3〕을 구하시오.

○ 계산과정 :

○ 답 :

(나) 펌프의 최소토출량〔L/min〕을 구하시오.

○ 계산과정 :

○ 답 :

(다) 펌프에서 첫 번째 옥외소화전까지 직관부분에서의 마찰손실수두〔m〕를 구하시오. (단, Darcy-Weisbach의 식을 사용하고, 마찰손실계수는 0.02이다.)

○ 계산과정 :

○ 답 :

(라) 펌프작동용 전동기의 동력〔kW〕을 구하시오. (단, 동력전달계수는 1로 간주한다.)

○ 계산과정 :

○ 답 :

 (가) ○ 계산과정 : $7 \times 2 = 14\text{m}^3$

○ 답 : 14m^3

(나) ○ 계산과정 : $2 \times 350 = 700\text{L/min}$

○ 답 : 700L/min

(다) ○ 계산과정 : $V = \dfrac{0.7/60}{\dfrac{\pi}{4} \times 0.1^2} ≒ 1.485\text{m/s}$

$$H = \frac{0.02 \times 200 \times 1.485^2}{2 \times 9.8 \times 0.1} ≒ 4.5\text{m}$$

○ 답 : 4.5m

(라) ○ 계산과정 : $\dfrac{0.163 \times 0.7 \times 50}{0.65} = 8.776 ≒ 8.78\text{kW}$

○ 답 : 8.78kW

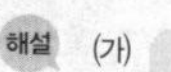 (가)

$$Q = 7N$$

여기서, Q : 수원의 저수량[m^3]

N : 옥외소화전 설치개수(최대 2개)

지하수원의 **저수량** Q는

$Q = 7N = 7 \times 2 = 14\text{m}^3$

- 문제에서 옥외소화전이 5개 설치되어 있지만 최대 2개까지만 적용하므로 N=2(속지 마라!)

(나)

$$Q = N \times 350$$

여기서, Q : 가압송수장치의 토출량(유량)[L/min]

N : 가장 많은 층의 소화전개수(**최대 2개**)

펌프의 **유량** Q는

$Q = N \times 350 = 2 \times 350 = 700\text{L/min}$

- 문제에서 옥외소화전이 5개 설치되어 있지만 최대 2개까지만 적용하므로 N=2

(다) Darcy-Weisbach 식

$$H = \frac{\Delta P}{\gamma} = \frac{flV^2}{2gD}$$

여기서, H : 마찰손실수두[m]

ΔP : 압력차[N/m^2] 또는 [Pa]

γ : 비중량(물의 비중량 9800N/m^3)

f : 관마찰계수

l : 길이[m]

V : 유속[m/s]

g : 중력가속도(9.8m/s^2)

D : 내경[m]

$$Q = AV = \frac{\pi D^2}{4} V$$

여기서, Q : 유량[$\text{m}^3\text{/s}$]

A : 단면적[m^2]

V : 유속[m/s]

D : 내경[m]

$Q = \dfrac{\pi D^2}{4} V$에서

유속 V는

$$V=\frac{Q}{\frac{\pi D^2}{4}}=\frac{700\text{L/min}}{\frac{\pi\times(100\text{mm})^2}{4}}=\frac{0.7\text{m}^3/60\text{s}}{\frac{\pi\times(0.1\text{m})^2}{4}}=1.485\text{m/s}$$

- 700L/min : (나)에서 구한 값
- 100mm : 〔조건 ②〕에서 주어진 값

마찰손실수두 H는

$$H=\frac{flV^2}{2gD}=\frac{0.02\times 200\text{m}\times(1.485\text{m/s})^2}{2\times 9.8\text{m/s}^2\times 0.1\text{m}}\fallingdotseq 4.5\text{m}$$

- 200m : 〔조건 ②〕에서 주어진 값
- 1.485m : 바로 위에서 구한 값
- 0.1m : 〔조건 ②〕에서 100mm=0.1m(1000mm=1m)

(라)

$$P=\frac{0.163QH}{\eta}K$$

여기서, P : 전동력(전동기의 동력)〔kW〕
Q : 유량〔m^3/min〕
H : 전양정〔m〕
K : 전달계수
η : 효율

전동기의 **동력** P는

$$P=\frac{0.163QH}{\eta}K=\frac{0.163\times 0.7\text{m}^3/\text{min}\times 50\text{m}}{0.65}\times 1=8.776\fallingdotseq 8.78\text{kW}$$

- $Q=$ **700L/min** $=$ **0.7m³/min** : (나)에서 구한 값
- $H=$ **50m** : 〔조건 ③〕에서 주어진 값
- $\eta=$ **0.65** : 〔조건 ③〕에서 65%=0.65
- $K=$**1** : 문제 (라)의 〔단서〕에서 주어진 값
- **"전동기 직결, 전동기 이외의 원동기"**라는 말이 있으면 아래 표의 값 적용

‖ 전달계수 K의 값 ‖

동력 형식	K의 수치
전동기 직결	1.1
전동기 이외의 원동기	1.15~1.2

☆☆☆

문제 04

물소화설비 설치시 가압송수장치용 펌프가 수조(수원)보다 상부에 있어 물올림수조(priming tank)를 설치하고자 한다. 다음 각 물음에 답하시오. (18.11.문03, 17.11.문11, 09.10.문7)

(가) 펌프 흡입측 배관 끝에 설치되는 밸브의 명칭을 쓰시오.
○

득점	배점
	4

(나) 해당 밸브를 설치하는 이유에 대해 설명하시오. (단, 펌프기동과 관련된 사항을 위주로 설명한다.)
○

해답 (가) 후드밸브
(나) 펌프 흡입측 배관의 만수상태를 유지하여 공동현상 방지

해설 (가) 펌프 흡입측 배관순서

플렉시블 조인트－연성계(진공계)－개폐표시형 밸브(게이트밸브)－Y형 스트레이너－후드밸브

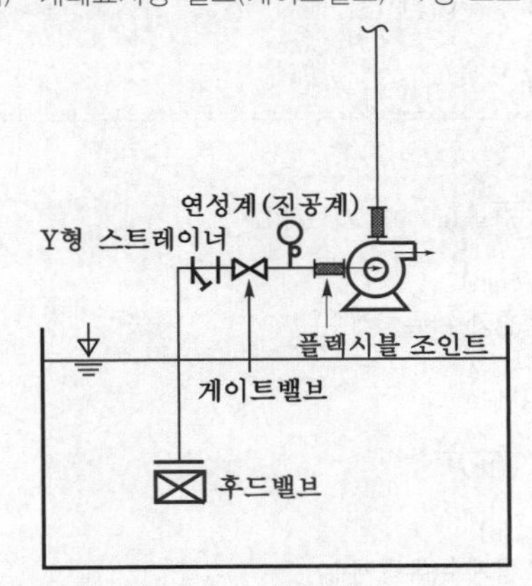

(나) 후드밸브의 설치이유

① 펌프흡입측 배관의 **만수상태**를 **유지**하여 펌프기동시 **공동현상 방지**

② **흡입관**을 **만수상태**로 만들어 주기 위한 기능

③ 원심펌프의 흡입관 아래에 설치하여 펌프가 기동할 때 흡입관을 만수상태로 만들어 주기 위한 밸브

- 문제 (나)의 〔단서〕에서 펌프기동 관련 내용을 작성해야 하므로 **"만수상태 유지"**, **"공동현상 방지"**, 이 2가지 용도는 꼭 들어가야 정답!

용어

공동현상(Cavitation)

펌프의 흡입측 배관 내의 물의 정압이 기존의 증기압보다 낮아져서 기포가 발생되어 물이 흡입되지 않는 현상

문제 05

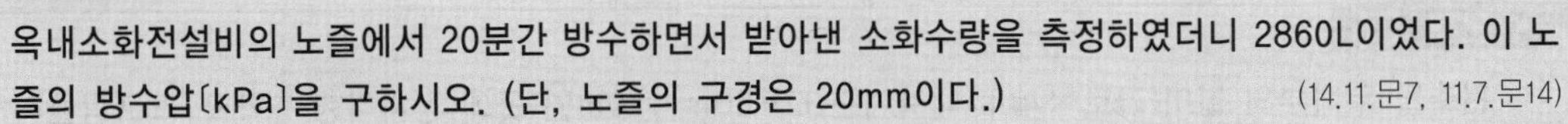

옥내소화전설비의 노즐에서 20분간 방수하면서 받아낸 소화수량을 측정하였더니 2860L이었다. 이 노즐의 방수압〔kPa〕을 구하시오. (단, 노즐의 구경은 20mm이다.) (14.11.문7, 11.7.문14)

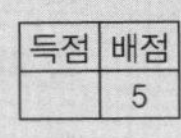

득점	배점
	5

○ 계산과정 :

○ 답 :

해답

○ 계산과정 : $\left(\dfrac{2860/20}{0.653\times 20^2}\right)^2\times\dfrac{1}{10}=0.029972\text{MPa}=29.972\text{kPa}\fallingdotseq 29.97\text{kPa}$

○ 답 : 29.97kPa

해설

$$Q=0.653D^2\sqrt{10P}=0.6597CD^2\sqrt{10P}$$

$$0.653D^2\sqrt{10P}=Q$$

$$\sqrt{10P}=\frac{Q}{0.653D^2}$$

$$(\sqrt{10P})^2=\left(\frac{Q}{0.653D^2}\right)^2$$

$$10P=\left(\frac{Q}{0.653D^2}\right)^2$$

$$P=\left(\frac{Q}{0.653D^2}\right)^2\times\frac{1}{10}=\left(\frac{2860\text{L}/20\text{min}}{0.653\times(20\text{mm})^2}\right)^2\times\frac{1}{10}=0.029972\text{MPa}=29.972\text{kPa}\fallingdotseq 29.97\text{kPa}$$

- 2860L/20min : 문제에서 2860L와 20분간 방수하므로 20min
- 20mm : 단서에서 주어진 값

중요

방수량 구하는 식

(1)

$$Q=0.653D^2\sqrt{10P}=0.6597CD^2\sqrt{10P}$$

여기서, Q : 방수량〔L/min〕
C : 노즐의 흐름계수(유량계수)
D : 내경〔mm〕
P : 방수압력〔MPa〕

(2)

$$Q=10.99CD^2\sqrt{10P}$$

여기서, Q : 토출량〔m^3/s〕
C : 노즐의 흐름계수(유량계수)
D : 구경〔m〕
P : 방사압력〔MPa〕

(3)

$$Q=K\sqrt{10P}$$

여기서, Q : 방수량〔L/min〕
D : 내경〔mm〕
P : 방수압력〔MPa〕

※ 문제의 조건에 따라 편리한 식을 적용하면 된다. 일반적으로는 아래의 표와 같이 설비에 따라 적용한다.

일반적인 적용설비	옥내소화전설비	스프링클러설비
적용공식	$Q=0.653D^2\sqrt{10P}=0.6597CD^2\sqrt{10P}$ $Q=10.99CD^2\sqrt{10P}$	$Q=K\sqrt{10P}$

☆☆☆

문제 06

건축물 무대부의 넓이(가로×세로(내측기준))가 60m×20m인 곳에 정사각형 형태로 스프링클러헤드를 배치하고자 한다. 최소 소요 헤드개수를 구하시오.

(17.4.문11, 16.6.문14, 15.7.문6, 13.11.문2, 13.7.문12, 11.5.문2·3, 10.10.문1, 07.7.문12)

○ 계산과정 :
○ 답 :

득점	배점
	5

해답 ○ 계산과정 : $S=2\times1.7\times\cos45^\circ\fallingdotseq2.404\text{m}$

가로 $=\dfrac{60}{2.404}=24.9\fallingdotseq25$개

세로 $=\dfrac{20}{2.404}=8.3\fallingdotseq9$개

$25\times9=225$개

○ 답 : 225개

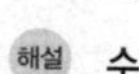
해설 **수평헤드간격** S는

$S=2R\cos45^\circ=2\times1.7\text{m}\times\cos45^\circ\fallingdotseq2.404\text{m}$

- 무대부의 수평거리(R) : **1.7m**

(1) **가로**의 **헤드 소요개수**

$$가로 = \frac{가로길이}{수평헤드간격} = \frac{60\text{m}}{2.404\text{m}} = 24.9 ≒ 25개(절상)$$

(2) **세로**의 **헤드 소요개수**

$$세로 = \frac{세로길이}{수평헤드간격} = \frac{20\text{m}}{2.404\text{m}} = 8.3 ≒ 9개(절상)$$

필요한 헤드의 소요개수 = 가로개수×세로개수 = 25개×9개 = 225개

중요

설치장소	설치기준(R)
무대부 · 특수가연물(특수가연물을 저장 · 취급하는 랙크식 창고 포함)	수평거리 **1.7m** 이하
기타구조(일반구조)	수평거리 **2.1m** 이하
내화구조	수평거리 **2.3m** 이하
랙크식 창고	수평거리 **2.5m** 이하
공동주택(아파트) 세대 내의 거실	수평거리 **3.2m** 이하

☆☆☆

문제 07

그림은 동력을 이용한 제연설비 계통도이다. 다음의 〔계통도〕와 〔조건〕을 참고하여 각 물음에 답하시오.

(13.4.문15, 09.4.문4, 07.11.문6, 04.7.문5, 03.7.문4)

득점	배점
	10

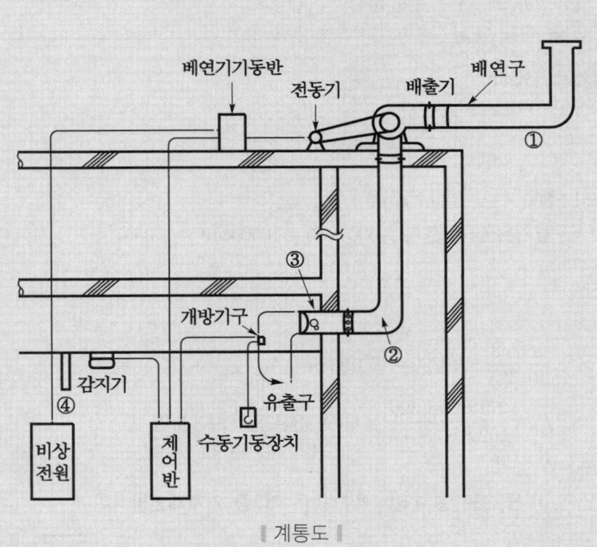

‖ 계통도 ‖

〔조건〕

① 제연구역 면적은 300m^2이다.

② 풍도 안의 전압은 2665.8Pa이다.

③ 전동기의 효율은 60%이다.

④ 전압력 손실과 제연량 누설을 고려한 여유율은 10%로 한다.

⑤ 제연구역은 다른 거실의 피난을 위한 경유거실은 아니다.

(가) 계통도는 제연설비의 방식 중 어떤 종류인지 쓰시오.

○

(나) ① "배출측"과 ② "흡입측" 부분을 지나는 풍속은 각각 최대 몇 m/s 이하이어야 하는지 쓰시오.

○①

○②

(다) ③ 기기에 "MD"라고 쓰여져 있다면 무엇인지 해당 기기의 명칭을 쓰시오.

○

(라) 공기유입구 면적의 최소크기[m^2]를 구하시오.

○계산과정 :

○답 :

(마) 다음 ①~②의 ( )에 들어갈 내용을 쓰시오.

제연경계는 제연경계의 폭이 (①)m 이상이고, 수직거리는 (②)m 이내이어야 한다. 단, 구조상 불가피한 경우는 2m를 초과할 수 있다.

○①

○②

(바) 배출기용 전동기의 최소동력[kW]을 구하시오.

○계산과정 :

○답 :

해답 (가) 제3종 기계제연방식

(나) ○①: 20m/s

○②: 15m/s

(다) 모터댐퍼

(라) ○계산과정 : $300\times1=300\text{m}^3/\text{min}$

공기유입구 면적 $=300\times35=10500\text{cm}^2=1.05\text{m}^2$

○답 : 1.05m^2

(마) ○①: 0.6m

○②: 2m

(바) ○계산과정 : $\frac{2665.8}{101325}\times10332=271.828\text{mmAq}$

$$P=\frac{271.828\times300}{102\times60\times0.6}\times1.1=24.428\fallingdotseq24.43\text{kW}$$

○답 : 24.43kW

해설 (가) 배출기(배연기, 배풍기)만 설치되어 있으므로 **제3종 기계제연방식**이다.

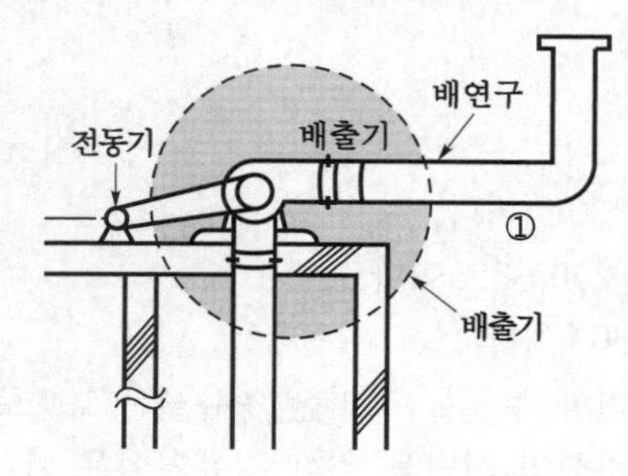

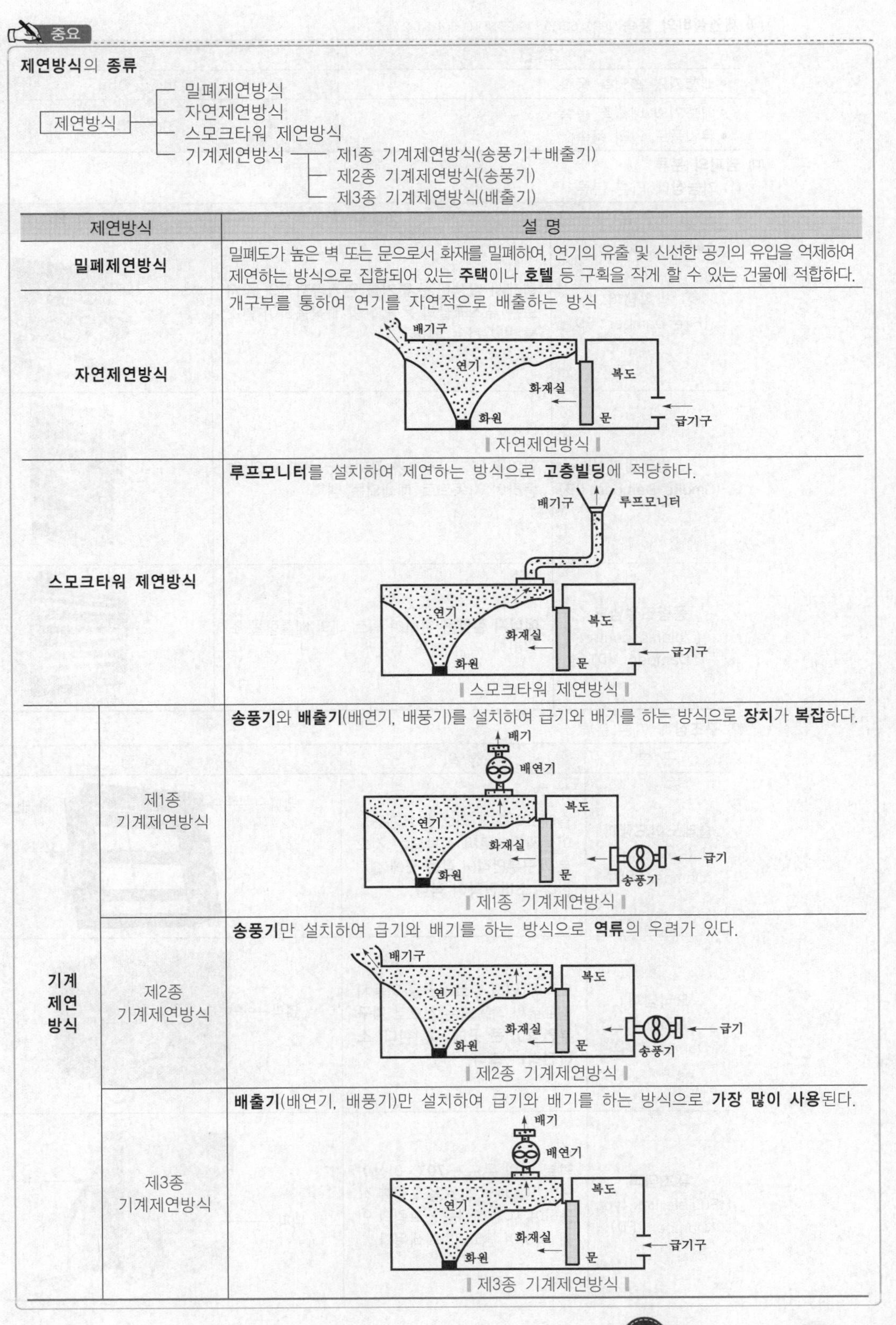

중요

제연방식의 **종류**

- 제연방식
  - 밀폐제연방식
  - 자연제연방식
  - 스모크타워 제연방식
  - 기계제연방식
    - 제1종 기계제연방식(송풍기+배출기)
    - 제2종 기계제연방식(송풍기)
    - 제3종 기계제연방식(배출기)

제연방식		설 명
밀폐제연방식		밀폐도가 높은 벽 또는 문으로서 화재를 밀폐하여, 연기의 유출 및 신선한 공기의 유입을 억제하여 제연하는 방식으로 집합되어 있는 **주택**이나 **호텔** 등 구획을 작게 할 수 있는 건물에 적합하다.
자연제연방식		개구부를 통하여 연기를 자연적으로 배출하는 방식 배기구 / 연기 / 화재실 / 복도 / 화원 / 문 / 급기구 ▮ 자연제연방식 ▮
스모크타워 제연방식		**루프모니터**를 설치하여 제연하는 방식으로 **고층빌딩**에 적당하다. 배기구 / 루프모니터 / 연기 / 화재실 / 복도 / 급기구 / 화원 / 문 ▮ 스모크타워 제연방식 ▮
기계 제연 방식	제1종 기계제연방식	**송풍기**와 **배출기**(배연기, 배풍기)를 설치하여 급기와 배기를 하는 방식으로 **장치**가 **복잡**하다. 배기 / 배연기 / 복도 / 연기 / 화재실 / 급기 / 화원 / 문 / 송풍기 ▮ 제1종 기계제연방식 ▮
	제2종 기계제연방식	**송풍기**만 설치하여 급기와 배기를 하는 방식으로 **역류**의 우려가 있다. 배기구 / 복도 / 연기 / 화재실 / 급기 / 화원 / 문 / 송풍기 ▮ 제2종 기계제연방식 ▮
	제3종 기계제연방식	**배출기**(배연기, 배풍기)만 설치하여 급기와 배기를 하는 방식으로 **가장 많이 사용**된다. 배기 / 배연기 / 복도 / 연기 / 화재실 / 급기구 / 화원 / 문 ▮ 제3종 기계제연방식 ▮

(나) **제연설비의 풍속**(NFPC 501 9 · 10조, NFTC 501 2.6.2.2, 2.7.1)

조 건	풍 속
• 배출기의 흡입측 풍속	15m/s 이하
• 배출기의 배출측 풍속 • 유입풍도 안의 풍속	20m/s 이하

(다) **댐퍼의 분류**

(1) **기능상**에 따른 분류

구 분	정 의	외 형
방화댐퍼 (Fire Damper ; **FD**)	화재시 발생하는 연기를 연기감지기의 감지 또는 퓨즈메탈의 용융과 함께 작동하여 연소를 방지하는 댐퍼	
방연댐퍼 (Smoke Damper ; **SD**)	연기를 연기감지기가 감지하였을 때 이와 연동하여 자동으로 폐쇄되는 댐퍼	
풍량조절댐퍼 (Volume control Damper ; **VD**)	**에너지 절약**을 위하여 덕트 내의 배출량을 조절하기 위한 댐퍼	

(2) **구조상**에 따른 분류

구 분	정 의	외 형
솔레노이드댐퍼 (Solenoid Damper ; **SD**)	솔레노이드에 의해 누르게핀을 이동시킴으로써 작동되는 것으로 **개구부면적**이 **작은 곳**에 설치한다. **소비전력**이 **작다.**	 댐퍼, 솔레노이드밸브
모터댐퍼 (Motored Damper ; **MD**)	모터에 의해 누르게핀을 이동시킴으로써 작동되는 것으로 **개구부면적**이 **큰 곳**에 설치한다. **소비전력**이 **크다.**	 댐퍼, 모터
퓨즈댐퍼 (Fusible link type Damper ; **FD**)	덕트 내의 온도가 **70℃** 이상이 되면 퓨즈메탈의 용융과 함께 작동하여 자체 폐쇄용 스프링의 힘에 의하여 댐퍼가 폐쇄된다.	 퓨즈, 댐퍼

(라) **배출량**(m^3/min)= 바닥면적$(m^2) \times 1m^3/m^2 \cdot min$= $300m^2 \times 1m^3/m^2 \cdot min = 300m^3/min$

$m^3/min \rightarrow m^3/h$ 로 변환하면

$300m^3/min = 300m^3/min \times 60min/h = 18000m^3/h$(최저치인 $5000m^3/h$를 초과함)

참고

거실의 **배출량**

(1) 바닥면적 **$400m^2$ 미만**(최저치 **$5000m^3/h$** 이상)
배출량(m^3/min)=바닥면적$(m^2) \times 1m^3/m^2 \cdot min$

(2) 바닥면적 **$400m^2$ 이상**

① 직경 40m 이하 : **$40000m^3/h$** 이상

‖ 예상제연구역이 제연경계로 구획된 경우 ‖

수직거리	배출량
2m 이하	$40000m^3/h$ 이상
2m 초과 2.5m 이하	$45000m^3/h$ 이상
2.5m 초과 3m 이하	$50000m^3/h$ 이상
3m 초과	$60000m^3/h$ 이상

② 직경 40m 초과 : **$45000m^3/h$** 이상

‖ 예상제연구역이 제연경계로 구획된 경우 ‖

수직거리	배 출 량
2m 이하	$45000m^3/h$ 이상
2m 초과 2.5m 이하	$50000m^3/h$ 이상
2.5m 초과 3m 이하	$55000m^3/h$ 이상
3m 초과	$65000m^3/h$ 이상

• **m^3/h=CMH(C**ubic **M**eter per **H**our)

공기 유입구 크기 = 배출량$(m^3/min) \times 35cm^2 = 300m^3/min \times 35cm^2 = 10500cm^2 = 1.05m^2$

(마) NFPC 501 4조, NFTC 501 2.1.2
제연구역의 구획은 **보** · **제연경계벽**(이하 "**제연경계**"라 한다.) 및 **벽**(화재시 자동으로 구획되는 **가동벽** · **셔터** · **방화문** 포함)으로 할 것
제연구획에서 제연경계의 폭은 **0.6m** 이상이고, 수직거리가 **2m** 이내이어야 한다.

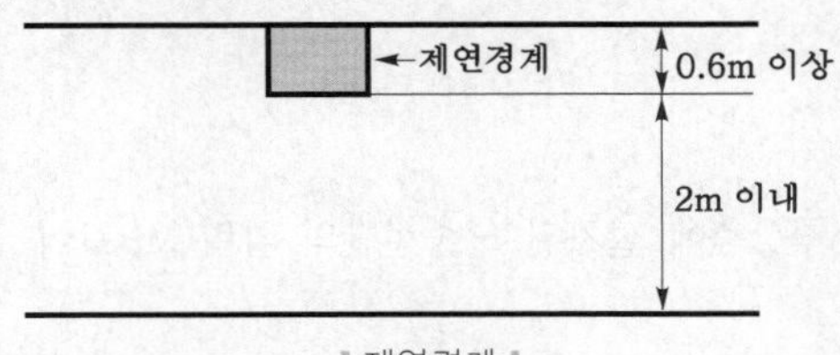

‖ 제연경계 ‖

(바) ① 단위변환
$101.325kPa = 10.332mAq$
$1kPa = 1000Pa, \ 1mAq = 1000mmAq$

$101325Pa = 10332mmAq$ 이므로

$$2665.8Pa = \frac{2665.8Pa}{101325Pa} \times 10332mmAq \fallingdotseq 271.828mmAq$$

표준대기압

$1atm = 760mmHg = 1.0332kg_f/cm^2$
$= 10.332mH_2O(mAq)$
$= 14.7PSI(lb_f/in^2)$
$= 101.325kPa(kN/m^2)$
$= 1013mbar$

② 배연기 동력

$$P = \frac{P_T Q}{102 \times 60\eta} K$$

여기서, P : 배연기 동력〔kW〕
P_T : 전압(풍압)〔mmAq, mmH_2O〕
Q : 풍량(배출량)〔m^3/min〕
K : 여유율
η : 효율

배연기의 **동력** P는

$$P = \frac{P_T Q}{102 \times 60\eta} K$$

$$= \frac{271.828\text{mmAq} \times 300\text{m}^3/\text{min}}{102 \times 60 \times 0.6} \times 1.1 = 24.428 ≒ 24.43\text{kW}$$

- P_T = **271.828mmAq** : 바로 위에서 구한 값
- Q = **300m³/min** : ㈑에서 구한 값
- K = **1.1** : 〔조건 ④〕에서 여유율은 10% 증가시킨다고 하였으므로 (100%+10%=110%=1.1) 적용
- η = **0.6** : 〔조건 ③〕에 의해 60%=0.6

☆☆

문제 08

최상층 방수구의 높이가 70m인 계단식 아파트에 설치하는 연결송수관설비의 가압송수장치에 관하여 다음 각 물음에 답하시오. (14.4.문6)

㈎ 펌프의 토출량〔L/min〕은 얼마 이상이어야 하는지 쓰시오. (단, 해당층의 방수구는 1개이다.)

ㅇ

득점	배점
	4

㈏ ㈎에서 설치된 방수구를 4개로 늘릴 경우 펌프의 토출량〔L/min〕은 얼마 이상이어야 하는지 구하시오.

ㅇ 계산과정 :

ㅇ 답 :

㈐ 펌프의 양정은 최상층에 설치된 노즐선단의 압력〔MPa〕이 얼마 이상이어야 하는지 쓰시오.

ㅇ

해답 ㈎ 1200L/min

㈏ ㅇ 계산과정 : $1200 + (4-3) \times 400 = 1600\text{L/min}$

ㅇ 답 : 1600L/min

㈐ 0.35MPa

해설 ㈎, ㈏ **연결송수관설비**의 **펌프토출량**

펌프의 토출량 **2400L/min**(계단식 아파트는 **1200L/min**) 이상이 되는 것으로 할 것(단, 해당층에 설치된 방수구가 3개 초과(방수구가 5개 이상은 5개)인 경우에는 1개마다 **800L/min**(계단식 아파트는 **400L/min**)을 가산한 양)

- ㈎ 1200L/min : 문제에서 계단식 아파트이므로 1200L/min

중요

연결송수관설비의 **펌프토출량**

일반적인 경우	계단식 아파트
(1) 방수구 **3개** 이하 $Q=2400$L/min 이상 (2) 방수구 **4개** 이상 $Q=2400+(N-3)\times 800$	(1) 방수구 **3개** 이하 $Q=1200$L/min 이상 (2) 방수구 **4개** 이상 $Q=1200+(N-3)\times 400$

여기서, Q : 펌프토출량[L/min], N : 가장 많은 층의 방수구 개수(**최대 5개**)

용어

방수구 : 가압수가 나오는 구멍

- (나) 계단식 아파트로서 방수구가 **4개**이므로 $Q=1200+(N-3)\times 400=1200+(4-3)\times 400=1600$L/min

(다) **각 설비의 주요사항**

구 분	드렌처설비	스프링클러설비	소화용수설비	옥내소화전설비	옥외소화전설비	포소화설비, 물분무소화설비, 연결송수관설비
방수압	0.1 MPa 이상	0.1~1.2 MPa 이하	0.15 MPa 이상	0.17~0.7 MPa 이하	0.25~0.7 MPa 이하	0.35 MPa 이상
방수량	80L/min 이상	80L/min 이상	800L/min 이상 (가압송수장치 설치)	130L/min 이상 (30층 미만 : 최대 2개, 30층 이상 : 최대 5개)	350L/min 이상 (최대 2개)	75L/min 이상 (포워터 스프링클러헤드)
방수구경	–	–	–	40mm	65mm	–
노즐구경	–	–	–	13mm	19mm	–

중요

연결송수관설비는 지표면에서 최상층 방수구의 높이 **70m 이상** 건물인 경우 소방차에서 공급되는 수압만으로는 규정 방수압(**0.35MPa**)을 유지하기 어려우므로 추가로 **가압송수장치**를 설치하여야 한다.

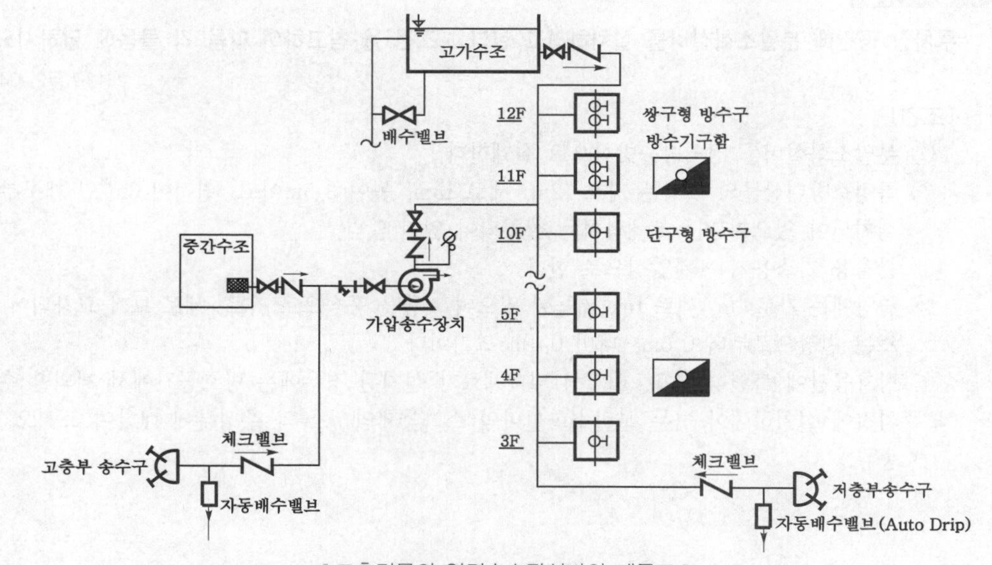

▮고층건물의 연결송수관설비의 계통도▮

☆☆☆
문제 09

다음 용어를 설명하시오. (12.11.문10, 08.7.문16, 07.7.문11)

득점	배점
	6

(가) 리타딩챔버(retarding chamber) :
(나) 익져스터(exhauster) :
(다) 탬퍼스위치(tamper switch) :

해답 (가) 알람체크밸브의 오동작 방지
(나) 건식 밸브의 2차측 압축공기 배출속도 가속장치
(다) 개폐표시형 밸브에 부착하여 밸브의 개폐상태 감시

해설 **스프링클러설비**의 **부속품**

명 칭	용 도
리타딩챔버	**알람체크밸브**의 **오동작** 방지
엑셀레이터, 익져스터	건식 밸브의 2차측 압축공기 배출속도 가속장치
탬퍼스위치	개폐표시형 밸브에 부착하여 밸브의 개폐상태 감시
알람체크밸브	헤드의 개방에 의해 개방되어 1차측의 가압수를 2차측으로 송수
물올림장치	펌프운전시 **공동현상**을 방지하기 위하여 설치
편심리듀셔	배관 흡입측의 **공기고임** 방지
자동배수장치	배관의 **동파** 및 **부식 방지**
유수검지장치	본체 내의 **유수현상**을 **자동**으로 **검지**하여 신호 또는 경보를 발함
후드밸브	**여과** 및 **체크밸브** 기능
압력챔버	펌프의 게이트밸브 2차측에 연결되어 배관 내의 압력감소시 **충압펌프** 또는 **주펌프 기동**

☆☆☆
문제 10

주차장 공간에 분말소화설비를 설치하려고 한다. 〔조건〕을 참고하여 다음 각 물음에 답하시오. (13.7.문2, 04.4.문14)

득점	배점
	6

〔조건〕
① 분말소화설비를 전역방출방식으로 설계한다.
② 특정소방대상물의 크기는 가로 12m, 세로 15m, 높이 3.5m이고, 면적이 $6m^2$인 개구부가 1개 설치되어 있으며 자동폐쇄장치는 설치되어 있지 않다.
③ 분출용 가스용기는 가압식으로 한다.
④ 중앙에는 가로 1m, 세로 1m, 기둥이 있으며 기둥을 중심으로 가로, 세로 보가 교차되어 있으며 보는 천장으로부터 0.6m, 너비 0.4m 크기이다.
⑤ 방호공간에 불연성 구조, 내열성 밀폐재료가 설치된 경우에는 방호공간에서 제외할 수 있다.

(가) 주차장에 설치하여야 하는 분말소화설비의 소화약제의 종류와 주성분에 대하여 쓰시오.
○ 종류 :
○ 주성분 :

(나) 방호구역의 체적[m^3]을 구하시오.

ㅇ계산과정 :

ㅇ답 :

(다) 방호구역에 대한 분말소화약제의 최소저장량[kg]을 구하시오.

ㅇ계산과정 :

ㅇ답 :

해답 (가) ① 제3종

② 제1인산암모늄

(나) ㅇ계산과정 : $(12 \times 15 \times 3.5) - (1 \times 1 \times 3.5 + 2.64 + 3.36) = 620.5\text{m}^3$

ㅇ답 : 620.5m^3

(다) ㅇ계산과정 : $620.5 \times 0.36 + 6 \times 2.7 = 239.58\text{kg}$

ㅇ답 : 239.58kg

해설 (가) 주차장에는 **제3종** 분말소화약제가 적당하며 주성분은 **인산암모늄**($NH_4H_2PO_4$)이며, **담홍색**으로 착색되며 일반화재에도 높은 소화효과를 나타낸다. **열**분해시 **메타인산**(HPO_3)이 생성되어 **피막작용**과 **방진효과**를 나타낸다.

• 인산암모늄 = 제1인산암모늄

방진효과

약제가 가연물의 표면을 덮어서 연소에 필요한 산소의 유입을 차단하는 효과

중요

(1) **화재적응성**

제1종 분말	제3종 분말
식용유 및 **지방질유**의 화재에 적합	**차고 · 주차장 · 분진이 많이 날리는 곳**에 적합

(2) **분말소화약제**

종류(종별)	주성분(약제명)	착 색	적응 화재	충전비 [L/kg]	저장량	순도(함량)
제1종	탄산수소나트륨 ($NaHCO_3$)	백색	BC급	0.8	50kg	90% 이상
제2종	탄산수소칼륨 ($KHCO_3$)	담자색 (담회색)	BC급	1.0	30kg	92% 이상
제3종	인산암모늄 (제1인산암모늄, $NH_4H_2PO_4$)	담홍색	ABC급	1.0	30kg	75% 이상
제4종	탄산수소칼륨 + 요소 ($KHCO_3 + (NH_2)_2CO$)	회(백)색	BC급	1.25	20kg	–

(나) 방호구역체적 $= (12\text{m} \times 15\text{m} \times 3.5\text{m}) - (1\text{m} \times 1\text{m} \times 3.5\text{m} + 2.64\text{m}^3 + 3.36\text{m}^3) = 620.5\text{m}^3$

• 방호구역체적은 [조건 ②], [조건 ④]에 의해 기둥(1m×1m×3.5m)과 보(2.64m^3+3.36m^3)의 체적은 제외한다.

• 보의 체적

① 가로보 : $(5.5\text{m} \times 0.6\text{m} \times 0.4\text{m}) \times 2$개(양쪽)$= 2.64\text{m}^3$

② 세로보 : $(7\text{m} \times 0.6\text{m} \times 0.4\text{m}) \times 2$개(양쪽)$= 3.36\text{m}^3$

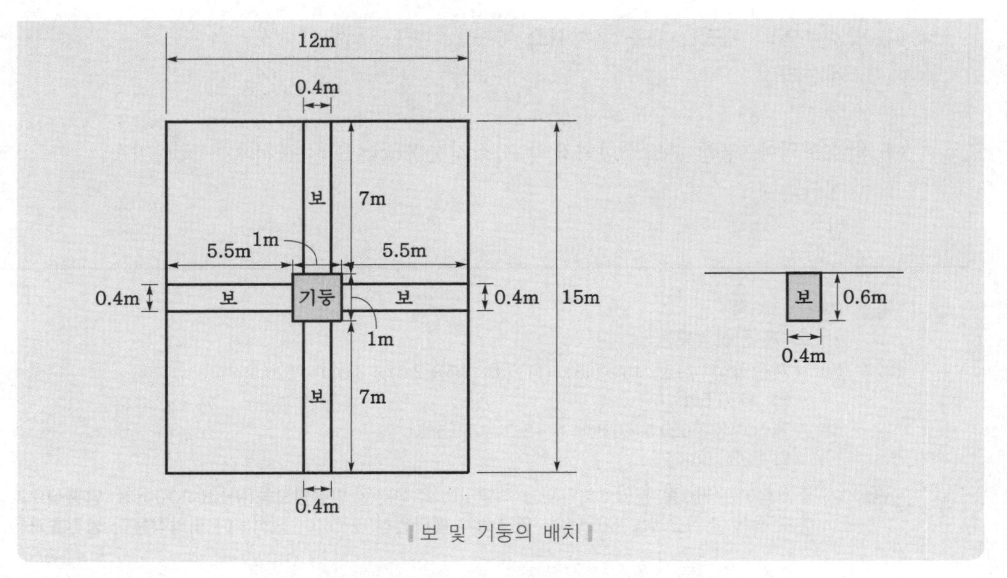

‖ 보 및 기둥의 배치 ‖

(다)

‖ 전역방출방식의 약제량 및 개구부가산량 ‖

약제 종별	약제량	개구부가산량(자동폐쇄장치 미설치시)
제1종 분말	0.6kg/m³	4.5kg/m²
제2 · 3종 분말 →	0.36kg/m³	2.7kg/m²
제4종 분말	0.24kg/m³	1.8kg/m²

- 문제에서 "**주차장**"은 **제3종 분말소화약제** 사용

‖ 전역방출방식 ‖

자동폐쇄장치가 설치되어 있지 않는 경우	자동폐쇄장치가 설치되어 있는 경우
분말저장량〔kg〕= 방호구역체적〔m^3〕× 약제량〔kg/m^3〕 +개구부면적〔m^2〕× 개구부가산량〔kg/m^2〕	**분말저장량**〔kg〕= 방호구역체적〔m^3〕× 약제량〔kg/m^3〕

〔조건 ②〕에서 **자동폐쇄장치**가 **설치**되어 있지 않으므로

분말저장량〔kg〕=방호구역체적〔m^3〕× 약제량〔kg/m^3〕+개구부면적〔m^2〕× 개구부가산량〔kg/m^2〕

$=620.5m^3 \times 0.36kg/m^3 + 6m^2 \times 2.7kg/m^2$

$=239.58kg$

- $620.5m^3$: (나)에서 구한 값
- $0.36kg/m^3$: 위 표에서 구한 값
- $6m^2$: 〔조건 ②〕에서 주어진 값
- $2.7kg/m^2$: 위 표에서 구한 값

☆☆☆
문제 11

폐쇄형 스프링클러설비를 지상 7층의 백화점 건물에 설치할 경우, 〔조건〕과 〔그림〕을 참고하여 다음 각 물음에 답하시오.
(14.7.문11, 11.11.문1, 06.4.문15)

득점	배점
	7

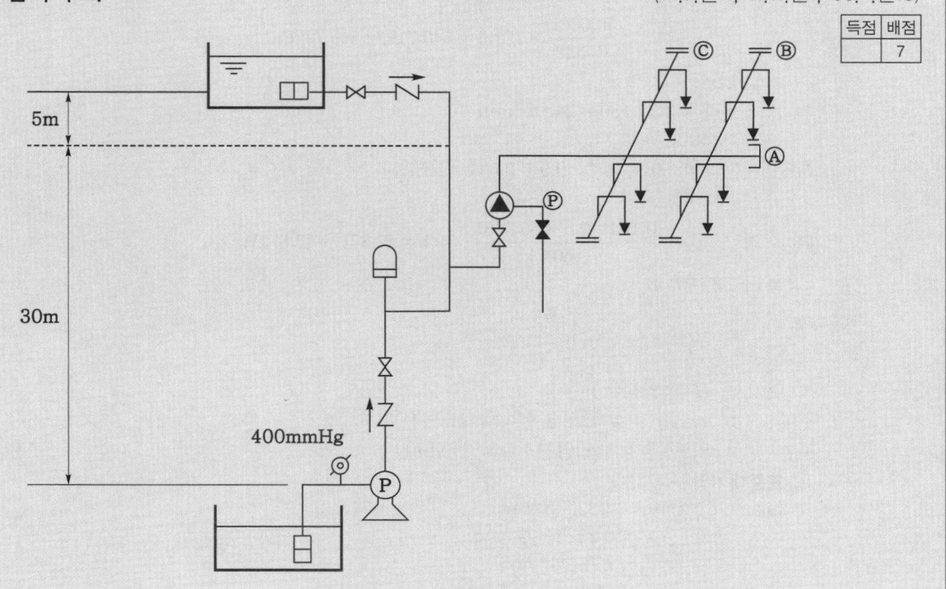

〔조건〕

① 배관 및 부속류의 총 마찰손실은 풋밸브로부터 최고위 말단헤드까지의 자연낙차압의 30%이다.
② 펌프 입구의 연성계 눈금은 400mmHg이다.
③ 펌프 출구로부터 최고위 말단헤드까지의 수직 높이는 30m이다.
④ 헤드수는 각 층별로 50개씩 설치되어 있다.
⑤ 펌프의 체적효율은 0.9, 기계효율은 0.8, 수력효율은 0.7이다.
⑥ 전동기의 동력전달계수는 1.1이다.
⑦ 1기압은 101.3kPa(=760mmHg)이다.

(가) 주펌프의 최소토출압력〔kPa〕을 구하시오.
○ 계산과정 :
○ 답 :

(나) 주펌프의 최소토출량〔L/min〕을 구하시오.
○ 계산과정 :
○ 답 :

(다) 주펌프의 전효율〔%〕을 구하시오.
○ 계산과정 :
○ 답 :

(라) 주펌프를 작동하기 위한 전동기의 최소동력〔kW〕을 구하시오.
○ 계산과정 :
○ 답 :

해답 (가) ○ 계산과정 : $h_2 = \frac{400}{760} \times 10.332 = 5.437\text{m}$

$5.437 + 30 = 35.437\text{m}$

$h_1 = 35.437 \times 0.3 = 10.6311\text{m}$

$H = 10.6311 + 35.437 + 10 = 56.0681\text{m}$

$\frac{56.0681}{10.332} \times 101.3 = 549.719 ≒ 549.72\text{kPa}$

○ 답 : 549.72kPa

(나) ○ 계산과정 : $30 \times 80 = 2400\text{L/min}$

○ 답 : 2400L/min

(다) ○ 계산과정 : $0.8 \times 0.7 \times 0.9 = 0.504 = 50.4\%$

○ 답 : 50.4%

(라) ○ 계산과정 : $\frac{0.163 \times 2.4 \times 56.0681}{0.504} \times 1.1 = 47.871 ≒ 47.87\text{kW}$

○ 답 : 47.87kW

 (가)

$$H = h_1 + h_2 + 10$$

여기서, H : 전양정〔m〕

h_1 : 배관 및 관부속품의 마찰손실수두〔m〕

h_2 : 실양정(흡입양정+토출양정)〔m〕

표준대기압

1atm=760mmHg=1.0332kg$_f$/cm^2

=10.332mH$_2$O(mAq)

=14.7PSI(lb$_f$/in^2)

=101.325kPa(kN/m^2)

=1013mbar

10.332m = 760mmHg 이므로

$400\text{mmHg} = \frac{400\text{mmHg}}{760\text{mmHg}} \times 10.332\text{m} = 5.437\text{m}$

토출양정 : 30m

$h_2 = 5.437\text{m} + 30\text{m} = 35.437\text{m}$

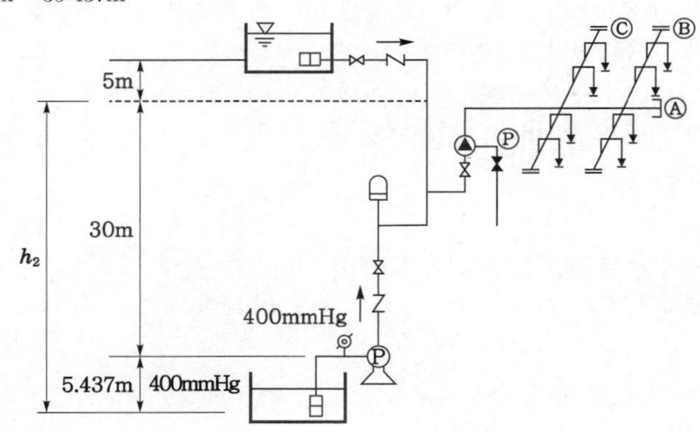

전양정 H는

$h_1 = h_2 \times 0.3 = 35.437\text{m} \times 0.3 = 10.6311\text{m}$

$H = h_1 + h_2 + 10 = 10.6311\text{m} + 35.437\text{m} + 10 = 56.0681\text{m}$

- 〔조건 ①〕에서 풋밸브로부터 최고위 말단헤드까지(h_2) 자연낙차압의 30%이므로 $h_1 = h_2 \times 0.3$이 된다.
- 원칙적으로 자연낙차압은 펌프 중심~고가수조까지의 수직거리를 말하는데 〔조건 ①〕에서는 자연낙차압을 풋밸브로부터 최고위 말단헤드까지로 잘못 말하고 있다. 참고!

$$56.0681\text{m} = \frac{56.0681\text{m}}{10.332\text{m}} \times 101.3\text{kPa} = 549.719 \fallingdotseq 549.72\text{kPa}$$

- [조건 ⑦]에서 1기압＝10.332m＝101.3kPa

중요

자연압(자연낙차) · 실양정 · 토출양정 · 흡입양정

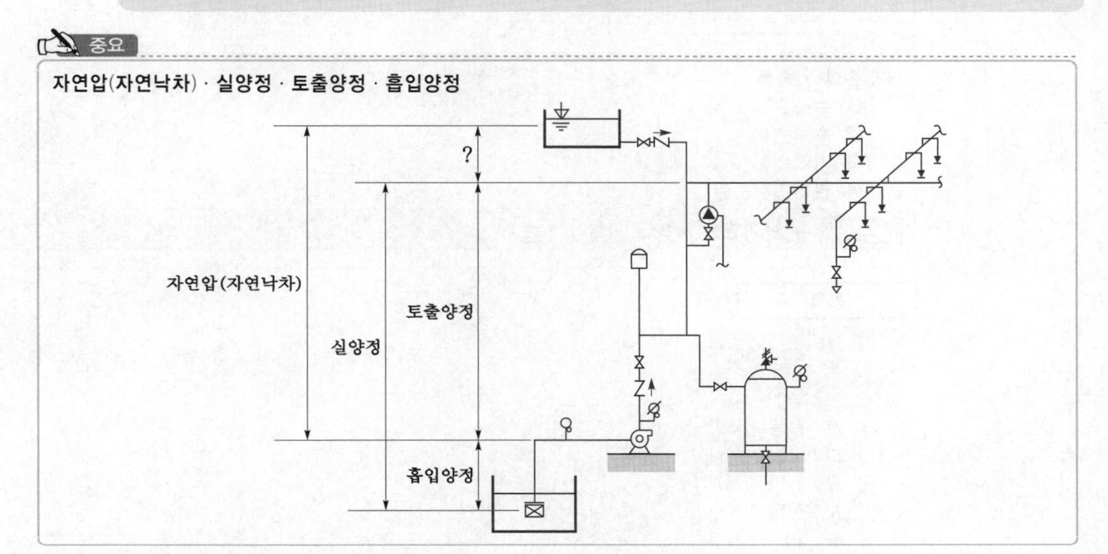

(나) **토출량**

특정소방대상물		폐쇄형 헤드의 기준개수
지하가 · 지하역사		30
11층 이상		
10층 이하	공장(특수가연물)	
	판매시설(백화점 등), 복합건축물(판매시설이 설치된 복합건축물) →	
	근린생활시설, 운수시설	20
	8m 이상	
	8m 미만	10

$$Q = N \times 80\text{L/min}$$

여기서, Q : 토출량[L/min]

N : 폐쇄형 헤드의 기준개수(설치개수가 기준개수보다 작으면 그 설치개수)

펌프의 **토출량** Q는

$Q = N \times 80\text{L/min} = 30 \times 80\text{L/min} = 2400\text{L/min}$

- N : 문제에서 10층 이하 백화점(판매시설)이므로 [조건 ④]에 의해 50개라도 위 표에서 **30개** 적용

(다) **펌프**의 **전효율**

$$\eta_T = \eta_m \times \eta_h \times \eta_v$$

여기서, η_T : 펌프의 전효율

η_m : 기계효율

η_h : 수력효율

η_v : 체적효율

펌프의 **전효율** η_T는

$\eta_T = \eta_m \times \eta_h \times \eta_v = 0.8 \times 0.7 \times 0.9 = 0.504 = 50.4\%$

- 서로 곱하는 것이므로 η_m, η_h, η_v의 위치는 서로 바뀌어도 상관없다.

아하! 그렇구나 **펌프의 효율 및 손실**

(1) **펌프**의 **효율**(η)

$$\eta=\frac{\text{축동력}-\text{동력손실}}{\text{축동력}}$$

(2) **손실**의 **종류**

① **누**수손실
② **수**력손실
③ **기**계손실
④ **원**판마찰손실

기억법 **누수 기원손(누수를 기원하는 손)**

(라) **동력**

$$P=\frac{0.163QH}{\eta}K$$

여기서, P : 전동력〔kW〕
Q : 유량〔m^3/min〕
H : 전양정〔m〕
K : 전달계수
η : 효율

동력 P는

$$P=\frac{0.163QH}{\eta}K=\frac{0.163\times2400\text{L/min}\times56.0681\text{m}}{0.504}\times1.1$$

$$=\frac{0.163\times2.4\text{m}^3\text{/min}\times56.0681\text{m}}{0.504}\times1.1=47.871\fallingdotseq47.87\text{kW}$$

- Q=**2400L/min** : (나)에서 구한 값
- H=**56.0681m** : (가)에서 구한 값
- K=**1.1** : 〔조건 ⑥〕에서 주어진 값
- η=**0.504** : (다)에서 구한 값

☆☆☆
문제 12

등유를 저장하는 위험물 옥외탱크저장소에 포소화설비를 설치하려고 한다. 〔조건〕을 참고하여 각 물음에 답하시오. (17.11.문9, 16.11.문13, 16.6.문2, 15.4.문9, 14.7.문10, 13.11.문3, 13.7.문4, 09.10.문4, 05.10.문12, 02.4.문12)

득점	배점
	8

〔조건〕
① 보조포소화전 1개를 적용한다.
② 콘루프탱크 지름은 30m이다.
③ Ⅱ형 포방출구를 적용하며, 방출량 4L/min · m^2, 방사시간 30min이다.
④ 포소화약제는 3% 단백포이다.
⑤ 혼합방식은 프레져사이드 프로포셔너방식을 적용한다.
⑥ 송액관에 저장되는 양은 무시한다.
⑦ 계산은 관련 법에서 요구하는 최소값을 구한다.

(가) 고정포방출구에 대한 포소화약제의 저장량〔L〕을 구하시오.
○ 계산과정 :
○ 답 :

(나) 고정포방출구에 대한 수원의 양[L]을 구하시오.
  ○ 계산과정 :
  ○ 답 :

(다) 고정포방출구에 대한 포수용액의 양[m^3]을 구하시오.
  ○ 계산과정 :
  ○ 답 :

(라) 보조포소화전에 대한 포소화약제의 저장량[L]을 구하시오.
  ○ 계산과정 :
  ○ 답 :

(마) 보조포소화전에 대한 수원의 양[L]을 구하시오.
  ○ 계산과정 :
  ○ 답 :

(바) 포소화약제탱크에 필요한 약제의 총 양[L]을 구하시오.
  ○ 계산과정 :
  ○ 답 :

(사) 포소화설비 운영에 필요한 수원의 총 저수량[m^3]을 구하시오.
  ○ 계산과정 :
  ○ 답 :

해답 (가) ○ 계산과정 : $\frac{\pi}{4} \times 30^2 \times 4 \times 30 \times 0.03 = 2544.69\text{L}$
  ○ 답 : 2544.69L

(나) ○ 계산과정 : $\frac{\pi}{4} \times 30^2 \times 4 \times 30 \times 0.97 = 82278.311 \fallingdotseq 82278.31\text{L}$
  ○ 답 : 82278.31L

(다) ○ 계산과정 : $\frac{\pi}{4} \times 30^2 \times 4 \times 30 \times 1 = 84823\text{L} = 84.823\text{m}^3 \fallingdotseq 84.82\text{m}^3$
  ○ 답 : 84.82m^3

(라) ○ 계산과정 : $1 \times 0.03 \times 8000 = 240\text{L}$
  ○ 답 : 240L

(마) ○ 계산과정 : $1 \times 0.97 \times 8000 = 7760\text{L}$
  ○ 답 : 7760L

(바) ○ 계산과정 : $2544.69 + 240 = 2784.69\text{L}$
  ○ 답 : 2784.69L

(사) ○ 계산과정 : $82278.31 + 7760 = 90038.31\text{L} \fallingdotseq 90.038\text{m}^3 \fallingdotseq 90.04\text{m}^3$
  ○ 답 : 90.04m^3

해설 (가)

소화약제의 양

고정포방출구

$$Q_1 = A \times Q \times T \times S$$

여기서, Q_1 : 소화약제의 양[L]
A : 탱크의 액표면적[m^2]
Q : 단위 포소화수용액의 양[L/m^2 · 분]
T : 방출시간[분]
S : 사용농도

고정포방출구 Q_1은

$$Q_1 = A \times Q \times T \times S = \frac{\pi}{4} \times (30\text{m})^2 \times 4\text{L/min} \cdot \text{m}^2 \times 30\text{min} \times 0.03 \fallingdotseq 2544.69\text{L}$$

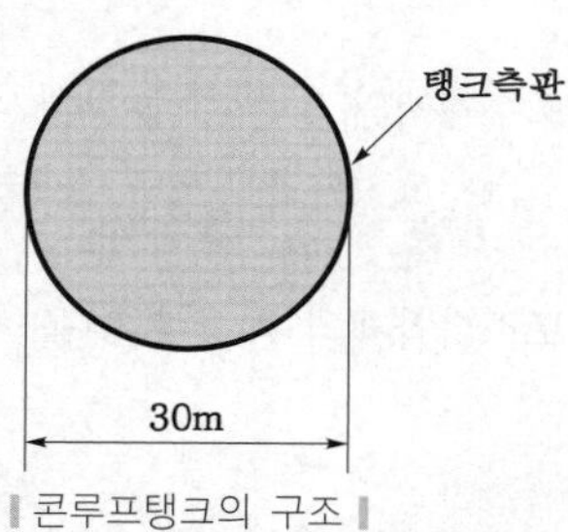

‖ 콘루프탱크의 구조 ‖

- $A = \frac{\pi}{4} \times (30\text{m})^2$: [조건 ②]에서 30m 적용
- $Q = 4\text{L/min} \cdot \text{m}^2$: [조건 ③]에서 주어진 값
- $T = 30\text{min}$: [조건 ③]에서 주어진 값
- $S = 0.03$: [조건 ④]에서 3%=0.03

(나) **수원의 양**

고정포방출구

$$Q_1 = A \times Q \times T \times S$$

여기서, Q_1 : 수원의 양[L]
A : 탱크의 액표면적[m^2]
Q : 단위 포소화수용액의 양[L/m^2 · 분]
T : 방출시간[분]
S : 사용농도

고정포방출구 Q_1은

$$Q_1 = A \times Q \times T \times S = \frac{\pi}{4} \times (30\text{m})^2 \times 4\text{L/m}^2 \cdot \text{min} \times 30\text{min} \times 0.97 = 82278.311 \fallingdotseq 82278.31\text{L}$$

- $A = \frac{\pi}{4} \times (30\text{m})^2$: [조건 ②]에서 30m 적용
- $Q = 4\text{L/min} \cdot \text{m}^2$: [조건 ③]에서 주어진 값
- $T = 30\text{min}$: [조건 ③]에서 주어진 값
- $S = 0.97$: [조건 ④]에서 3%(0.03) **포소화약제**이므로 **수원=1−약제농도** =1−0.03=0.97

(다) **수용액의 양**

고정포방출구

$$Q_1 = A \times Q \times T \times S$$

여기서, Q_1 : 수용액의 양[L]
A : 탱크의 액표면적[m^2]
Q : 단위 포소화수용액의 양[L/m^2 · 분]
T : 방출시간[분]
S : 사용농도

고정포방출구 Q_1은

$$Q_1 = A \times Q \times T \times S = \frac{\pi}{4} \times (30\text{m})^2 \times 4\text{L/min} \cdot \text{m}^2 \times 30\text{min} \times 1$$

$$= 84823\text{L} \fallingdotseq 84.823\text{m}^3 \fallingdotseq 84.82\text{m}^3$$

- $A=\frac{\pi}{4}\times(30\text{m})^2$: [조건 ②]에서 30m 적용
- $Q=4\text{L/min}\cdot\text{m}^2$: [조건 ③]에서 주어진 값
- $T=30\text{min}$: [조건 ③]에서 주어진 값
- $S=1$: 수용액의 농도는 항상 1
- 1000L=1m³이므로 84.823×10³L=84.823m³

(라) **소화약제의 양**

보조포소화전

$$Q_2=N\times S\times 8000$$

여기서, Q_2 : 소화약제의 양[L]
N : 호스접결구수(**최대 3개**)
S : 사용농도

보조포소화전 Q_2는

$Q_2=N\times S\times 8000=1\times 0.03\times 8000=240\text{L}$

- $N=1$: [조건 ①]에서 주어진 값
- $S=0.03$: [조건 ④]에서 3%=0.03

(마) **수원의 양**

보조포소화전

$$Q_2=N\times S\times 8000$$

여기서, Q_2 : 수원의 양[L]
N : 호스접결구수(**최대 3개**)
S : 사용농도

보조포소화전 Q_2는

$Q_2=N\times S\times 8000=1\times 0.97\times 8000=7760\text{L}$

- $N=1$: [조건 ①]에서 주어진 값
- $S=0.97$: [조건 ④]에서 3%(0.03) **포소화약제**이므로 **수원=1−약제농도** =1−0.03=0.97

(바) **약제의 총 양**

약제의 총 양$=Q_1+Q_2=2544.69\text{L}+240\text{L}=2784.69\text{L}$

- $Q_1=2544.69\text{L}$: (가)에서 구한 값
- $Q_2=240\text{L}$: 바로 위에서 구한 값

(사) **수원의 총 저수량**

수원의 총 저수량$=Q_1+Q_2=82278.31\text{L}+7760\text{L}=90038.31\text{L}$

$\fallingdotseq 90.038\text{m}^3 \fallingdotseq 90.04\text{m}^3$

- $Q_1=82278.31\text{L}$: (나)에서 구한 값
- $Q_2=7760\text{L}$: 바로 위에서 구한 값
- $1000\text{L}=1\text{m}^3$ 이므로 90038.31L ≒ 90.038m³

☆☆☆
문제 13

사무소 건물의 지하층에 있는 가연성 액체 저장창고에 전역방출방식 이산화탄소 소화설비를 설치하려고 한다. 〔조건〕을 참고하여 다음 각 물음에 답하시오.

(17.6.문7, 17.4.문6, 14.11.문13, 13.11.문6, 11.7.문7, 09.4.문9, 08.11.문15, 08.7.문2, 06.11.문15)

득점	배점
	5

〔조건〕

① 소화설비는 고압식으로 한다.

② 실크기 : 가로 5m×세로 8m×높이 4m
개구부의 크기 : 1.8m×3m, 2개소(자동폐쇄장치 있음)

③ 가스용기 1병당 충전량 : 45kg

④ 이산화탄소 소화약제 저장량 기준

방호구역체적	방호구역 $1m^3$에 대한 소화약제의 양	소화약제 저장량의 최저한도의 양
$45m^3$ 미만	1.00kg	45kg
$45m^3$ 이상 $150m^3$ 미만	0.90kg	
$150m^3$ 이상 $1450m^3$ 미만	0.80kg	135kg
$1450m^3$ 이상	0.75kg	1125kg

⑤ 개구부 단위면적당 소화약제 가산량 : $5kg/m^2$

(가) 가스용기는 몇 병이 필요한지 구하시오.
○ 계산과정 :
○ 답 :

(나) 개방밸브 직후의 소화약제 최소유량〔kg/s〕을 구하시오.
○ 계산과정 :
○ 답 :

해답 (가) ○ 계산과정 : CO_2 저장량=(5×8×4)×0.8=128kg(최저 135kg)

$$가스용기병수=\frac{135}{45}=3병$$

○ 답 : 3병

(나) ○ 계산과정 : $\frac{45}{60}=0.75kg/s$

○ 답 : 0.75kg/s

해설 (가) 가스용기병수의 산정

방호구역체적= 5m×8m×4m=**$160m^3$**로서 〔조건 ⑤〕에서 방호구역체적이 150~$1450m^3$ 미만에 해당되므로 소화약제의 양은 **$0.8kg/m^3$**이다.

CO_2 저장량〔kg〕

=방호구역체적〔m^3〕×약제량〔kg/m^3〕+개구부면적〔m^2〕×개구부가산량

=160 m^3×0.8kg/m^3=128kg(최소저장량은 〔조건 ④〕에서 135kg이다. 틀리지 않도록 주의!)

$$가스용기병수=\frac{약제저장량}{충전량}=\frac{135\,kg}{45\,kg}=3병$$

- 〔조건 ②〕에서 자동폐쇄장치가 있으므로 개구부면적 및 개구부가산량은 적용하지 않아도 된다.
- 충전량은 〔조건 ③〕에서 **45kg**
- 가스용기병수 산정시 계산결과에서 소수가 발생하면 반드시 **절상**

(나) $$용기밸브 직후의 유량=\frac{1병당\ 충전량〔kg〕}{약제방출시간〔s〕}=\frac{45kg}{60s}=0.75kg/s$$

‖ 약제방사시간 ‖

소화설비		전역방출방식		국소방출방식	
		일반건축물	위험물제조소	일반건축물	위험물제조소
할론소화설비		10초 이내	30초 이내	10초 이내	30초 이내
분말소화설비		30초 이내		30초 이내	
CO_2 소화설비	표면화재 →	1분 이내	60초 이내		
	심부화재	7분 이내			

- **표면화재** : 가연성 액체 · 가연성 가스
- **심부화재** : 종이 · 목재 · 석탄 · 섬유류 · 합성수지류
- 〔조건 ④〕가 **전역방출방식**(**표면화재**)에 대한 표이므로 표면화재로 보아 약제방출시간은 **1분**(**60s**)을 적용한다.
- 특별한 경우를 제외하고는 **일반건축물**이다.

비교

(1) 선택밸브 직후의 유량 $= \dfrac{\text{1병당 충전량〔kg〕} \times \text{병수}}{\text{약제방출시간〔s〕}}$

(2) 약제의 유량속도 $= \dfrac{\text{1병당 충전량〔kg〕} \times \text{병수}}{\text{약제방출시간〔s〕}}$

(3) 개방밸브(용기밸브) 직후의 유량 $= \dfrac{\text{1병당 충전량〔kg〕}}{\text{약제방출시간〔s〕}}$

(4) 방사량 $= \dfrac{\text{1병당 저장량〔kg〕} \times \text{병수}}{\text{헤드수} \times \text{약제방출시간〔s〕}}$

(5) 분사헤드수 $= \dfrac{\text{1병당 저장량〔kg〕} \times \text{병수}}{\text{헤드 1개의 표준방사량〔kg〕}}$

☆☆☆

문제 14

전역방출방식의 할론 1301 소화설비를 다음과 같은 〔조건〕으로 설계하고자 할 때 물음에 답하시오.

(17.4.문12, 13.11.문8, 13.7.문9, 12.4.문3, 10.7.문1)

득점	배점
	10

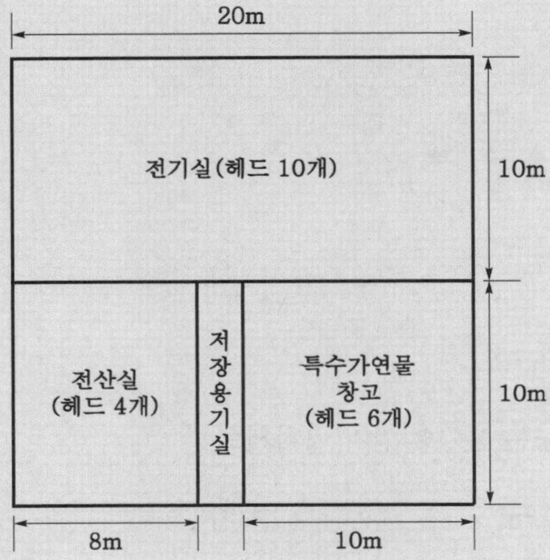

20m
전기실(헤드 10개)
10m
전산실 (헤드 4개)
저장용기실
특수가연물 창고 (헤드 6개)
10m
8m
10m

〔조건〕

① 방호구역의 할론 1301 소요약제량은 아래 표와 같다.

방호구역	방호구역의 체적 $1m^3$당의 소요약제량
차고, 주차장, 전기실, 전산실	0.32kg
특수가연물창고	0.34kg

② 설계가스농도의 식은 아래와 같다. (단, 소화약제량은 방호구역 내에 방출된 실제량을 기준으로 한다.)

$$농도[\%] = \frac{소화약제량[kg] \times 0.16[m^3/kg]}{방호구역의\ 체적[m^3]} \times 100$$

③ 저장용기의 내용적은 64L, 저장용기 하나의 충전가스량은 40kg이다.

④ 방사시간은 10초 이내에 이루어져야 한다.

⑤ 방호구역 천장고는 모두 4m이다.

⑥ 각 실의 크기 및 헤드수는 위 그림과 같고, 각 실의 개구부는 모두 자동폐쇄장치가 설치되어 있다.

⑦ 제시된 조건을 기준으로 하여 계산결과는 모두 최소값으로 구한다.

(가) 각 실별로 요구되는 총 소요약제량[kg]과 저장용기수[개]를 구하시오.

① 전기실

○ 계산과정 :

○ 답 :

② 전산실

○ 계산과정 :

○ 답 :

③ 특수가연물창고

○ 계산과정 :

○ 답 :

(나) 저장용기의 충전비를 구하시오.

○ 계산과정 :

○ 답 :

(다) 각 실의 분사헤드 하나에서 분사되는 분당방사량[kg/min · 개]을 구하시오.

① 전기실

○ 계산과정 :

○ 답 :

② 전산실

○ 계산과정 :

○ 답 :

③ 특수가연물창고

○ 계산과정 :

○ 답 :

(라) 각 실의 설계가스농도는 몇 [%]인지 구하시오.

① 전기실

○ 계산과정 :

○ 답 :

② 전산실
- 계산과정 :
- 답 :

③ 특수가연물창고
- 계산과정 :
- 답 :

(가) ① 전기실
- 계산과정 : $(20\times10\times4)\times0.32=256\text{kg}$

$$\frac{256}{40}=6.4\fallingdotseq 7\text{개}$$

- 답 : 소요약제량=256kg
  저장용기수=7개

② 전산실
- 계산과정 : $(8\times10\times4)\times0.32=102.4\text{kg}$

$$\frac{102.4}{40}=2.56\fallingdotseq 3\text{개}$$

- 답 : 소요약제량=102.4kg
  저장용기수=3개

③ 특수가연물창고
- 계산과정 : $(10\times10\times4)\times0.34=136\text{kg}$

$$\frac{136}{40}=3.4\fallingdotseq 4\text{개}$$

- 답 : 소요약제량=136kg
  저장용기수=4개

(나) ○ 계산과정 : $\frac{64}{40}=1.6$
- 답 : 1.6

(다) ① 전기실
- 계산과정 : $\dfrac{40\times7}{10\times\dfrac{1}{6}}=168\text{kg/min}\cdot\text{개}$
- 답 : 168kg/min · 개

② 전산실
- 계산과정 : $\dfrac{40\times3}{4\times\dfrac{1}{6}}=180\text{kg/min}\cdot\text{개}$
- 답 : 180kg/min · 개

③ 특수가연물창고
- 계산과정 : $\dfrac{40\times4}{6\times\dfrac{1}{6}}=160\text{kg/min}\cdot\text{개}$
- 답 : 160kg/min · 개

(라) ① 전기실
- 계산과정 : $\dfrac{(40\times7)\times0.16}{(20\times10\times4)}\times100=5.6\%$
- 답 : 5.6%

② 전산실
- 계산과정 : $\dfrac{(40\times3)\times0.16}{(8\times10\times4)}\times100=6\%$
- 답 : 6%

③ 특수가연물창고

○ 계산과정 : $\frac{(40\times4)\times0.16}{(10\times10\times4)}\times100=6.4\%$

○ 답 : 6.4%

해설 (가) 총 소요약제량[kg]과 저장용기수[개]

‖ 할론 1301의 약제량 및 개구부가산량 ‖

방호대상물	약제량
차고 · 주차장 · 전기실 · 전산실 →	0.32kg/m^3
특수가연물창고	0.34kg/m^3

① **전기실**

전역방출방식 : 문제에서 주어짐

할론저장량[kg]=방호구역체적[m^3]×약제량[kg/m^3]+개구부면적[m^2]×개구부가산량[kg/m^2]

=(20×10×4)m^3×0.32kg/m^3
=256kg

- $(20\times10\times4)\mathrm{m}^3$에서 가로 20m, 세로 10m, 높이(천장고) 4m : [그림]과 [조건 ⑤]에서 주어진 값
- [조건 ⑥]에서 자동폐쇄장치가 설치되어 있으므로 **개구부면적**, **개구부가산량**은 **제외**
- 전기실이므로 약제량은 **0.32kg/m^3**

저장용기수$=\frac{\text{할론저장량[kg]}}{\text{충전가스량[kg]}}=\frac{256\text{kg}}{40\text{kg}}=6.4\fallingdotseq7$개(절상)

- 256kg : 바로 위에서 구한 값
- 40kg : [조건 ③]에서 주어진 값

② **전산실**

전역방출방식 : 문제에서 주어짐

할론저장량[kg]=방호구역체적[m^3]×약제량[kg/m^3]+개구부면적[m^2]×개구부가산량[kg/m^2]

=(8×10×4)m^3×0.32kg/m^3
=102.4kg

- $(8\times10\times4)\mathrm{m}^3$에서 가로 8m, 세로 10m, 높이(천장고) 4m : [그림]과 [조건 ⑤]에서 주어진 값
- [조건 ⑥]에서 자동폐쇄장치가 설치되어 있으므로 **개구부면적**, **개구부가산량**은 **제외**
- 전산실이므로 약제량은 **0.32kg/m^3**

저장용기수$=\frac{\text{할론저장량[kg]}}{\text{충전가스량[kg]}}=\frac{102.4\text{kg}}{40\text{kg}}=2.56\fallingdotseq3$개(절상)

- 102.4kg : 바로 위에서 구한 값
- 40kg : [조건 ③]에서 주어진 값

③ **특수가연물창고**

전역방출방식 : 문제에서 주어짐

할론저장량[kg]=방호구역체적[m^3]×약제량[kg/m^3]+개구부면적[m^2]×개구부가산량[kg/m^2]

=(10×10×4)m^3×0.34kg/m^3
=136kg

- $(10\times10\times4)\text{m}^3$에서 가로 10m, 세로 10m, 높이(천장고) 4m : [그림]과 [조건 ⑤]에서 주어진 값
- [조건 ⑥]에서 자동폐쇄장치가 설치되어 있으므로 **개구부면적, 개구부가산량**은 **제외**
- 특수가연물창고이므로 약제량은 **0.34kg/m³**

$$\text{저장용기수}=\frac{\text{할론저장량[kg]}}{\text{충전가스량[kg]}}=\frac{136\text{kg}}{40\text{kg}}=3.4 \fallingdotseq 4\text{개(절상)}$$

- 136kg : 바로 위에서 구한 값
- 40kg : [조건 ③]에서 주어진 값

(나) **충전비**

$$C=\frac{V}{G}$$

여기서, C : 충전비[L/kg]
V : 내용적[L]
G : 저장량[kg]

충전비 C는

$$C=\frac{V}{G}=\frac{64\text{L}}{40\text{kg}}=1.6$$

- $V=64\text{L}$: [조건 ③]에서 주어진 값
- $G=40\text{kg}$: [조건 ③]에서 주어진 값

(다) ① **전기실**

$$\text{방사량}=\frac{\text{1병당 저장량[kg]}\times\text{병수}}{\text{헤드수}\times\text{약제방출시간[s]}}$$

$$=\frac{40\text{kg}\times 7\text{병[개]}}{10\text{개}\times\frac{1}{6}\text{min}}=168\text{kg/min}\cdot\text{개}$$

- 40kg : [조건 ③]에서 주어진 값
- 7병[개] : (가)의 ①에서 구한 값
- 10개 : [그림]에서 주어진 값
- $\frac{1}{6}$min : [조건 ④]에서 10초이므로 분[min]으로 나타내면 1min : 60초 = x : 10초

$$x=\frac{10}{60}\text{min}=\frac{1}{6}\text{min}$$

② **전산실**

$$\text{방사량}=\frac{\text{1병당 저장량[kg]}\times\text{병수}}{\text{헤드수}\times\text{약제방출시간[s]}}$$

$$=\frac{40\text{kg}\times 3\text{병[개]}}{4\text{개}\times\frac{1}{6}\text{min}}=180\text{kg/min}\cdot\text{개}$$

- 40kg : 〔조건 ③〕에서 주어진 값
- 3병〔개〕 : (가)의 ②에서 구한 값
- 4개 : 〔그림〕에서 주어진 값
- $\frac{1}{6}\text{min}$: 〔조건 ④〕에서 10초이므로 분〔min〕으로 나타내면 1min : 60초 = x : 10초

$$x=\frac{10}{60}\text{min}=\frac{1}{6}\text{min}$$

③ **특수가연물창고**

$$\text{방사량}=\frac{\text{1병당 저장량[kg]}\times\text{병수}}{\text{헤드수}\times\text{약제방출시간[s]}}$$

$$=\frac{40\text{kg}\times 4\text{병[개]}}{6\text{개}\times\frac{1}{6}\text{min}}=160\text{kg/min}\cdot\text{개}$$

- 40kg : 〔조건 ③〕에서 주어진 값
- 4병〔개〕 : (가)의 ③에서 구한 값
- 6개 : 〔그림〕에서 주어진 값
- $\frac{1}{6}\text{min}$: 〔조건 ④〕에서 10초이므로 분〔min〕으로 나타내면 1min : 60초 = x : 10초

$$x=\frac{10}{60}\text{min}=\frac{1}{6}\text{min}$$

비교

(1) $\text{선택밸브 직후의 유량}=\frac{\text{1병당 충전량[kg]}\times\text{병수}}{\text{약제방출시간[s]}}$

(2) $\text{약제의 유량속도}=\frac{\text{1병당 충전량[kg]}\times\text{병수}}{\text{약제방출시간[s]}}$

(3) $\text{개방밸브(용기밸브) 직후의 유량}=\frac{\text{1병당 충전량[kg]}}{\text{약제방출시간[s]}}$

(4) $\text{방사량}=\frac{\text{1병당 저장량[kg]}\times\text{병수}}{\text{헤드수}\times\text{약제방출시간[s]}}$

(5) $\text{분사헤드수}=\frac{\text{1병당 저장량[kg]}\times\text{병수}}{\text{헤드 1개의 표준방사량[kg]}}$

(라) ① **전기실**

$$\text{농도[\%]}=\frac{\text{소화약제량[kg]}\times 0.16[\text{m}^3/\text{kg}]}{\text{방호구역의 체적}[\text{m}^3]}\times 100$$

$$=\frac{(\text{충전가스량[kg]}\times\text{저장용기수})\times 0.16\text{m}^3/\text{kg}}{\text{방호구역의 체적}[\text{m}^3]}\times 100$$

$$=\frac{(40\text{kg}\times 7\text{병})\times 0.16\text{m}^3/\text{kg}}{(20\times 10\times 4)\text{m}^3}\times 100=5.6\%$$

- 농도식은 〔조건 ②〕에서 주어짐
- 40kg×7병 : 〔조건 ②〕의 단서에서 소화약제량 = 방호구역 내 방출된 실제량을 기준으로 하므로

방호구역 내 방출된 실제량 = 충전가스량×저장용기수

- $(20\times10\times4)\text{m}^3$에서 가로 20m, 세로 10m, 높이(천장고) 4m : 〔그림〕과 〔조건 ⑤〕에서 주어진 값

② 전산실

$$농도[\%] = \frac{소화약제량[kg] \times 0.16[m^3/kg]}{방호구역의\ 체적[m^3]} \times 100$$

$$= \frac{(충전가스량[kg] \times 저장용기수) \times 0.16m^3/kg}{방호구역의\ 체적[m^3]} \times 100$$

$$= \frac{(40kg \times 3병) \times 0.16m^3/kg}{(8 \times 10 \times 4)m^3} \times 100 = 6\%$$

- 농도식은 [조건 ②]에서 주어짐
- 40kg×3병 : [조건 ②]의 단서에서 소화약제량 = 방호구역 내 방출된 실제량을 기준으로 하므로

  방호구역 내 방출된 실제량 = 충전가스량×저장용기수
- $(8\times10\times4)m^3$에서 가로 8m, 세로 10m, 높이(천장고) 4m : [그림]과 [조건 ⑤]에서 주어진 값

③ 특수가연물창고

$$농도[\%] = \frac{소화약제량[kg] \times 0.16[m^3/kg]}{방호구역의\ 체적[m^3]} \times 100$$

$$= \frac{(충전가스량[kg] \times 저장용기수) \times 0.16m^3/kg}{방호구역의\ 체적[m^3]} \times 100$$

$$= \frac{(40kg \times 4병) \times 0.16m^3/kg}{(10 \times 10 \times 4)m^3} \times 100 = 6.4\%$$

- 농도식은 [조건 ②]에서 주어짐
- 40kg×4병 : [조건 ②]의 단서에서 소화약제량 = 방호구역 내 방출된 실제량을 기준으로 하므로

  방호구역 내 방출된 실제량 = 충전가스량×저장용기수
- $(10\times10\times4)m^3$에서 가로 10m, 세로 10m, 높이(천장고) 4m : [그림]과 [조건 ⑤]에서 주어진 값

☆ 문제 15

다음은 이산화탄소 소화설비 배관의 설치기준이다. 각 물음에 답하시오.

득점	배점
	7

(가) 이산화탄소설비의 배관설치에 관한 사항 중 (   ) 안의 내용을 쓰시오.

(1) 이산화탄소 소화설비의 배관은 다음의 기준에 따라 설치하여야 한다.
- ○ 배관은 전용으로 할 것
- ○ 강관을 사용하는 경우의 배관은 (①) 중 이음이 없는 스케줄 (②) 이상의 것(저압식에 있어서는 스케줄 (③) 이상의 것)을 사용하거나, 또는 이와 동등 이상의 강도를 가진 것으로 (④) 등으로 방식 처리된 것을 사용할 것. 단, 배관의 호칭구경이 20mm 이하인 경우에는 스케줄 40 이상인 것을 사용할 수 있다.
- ○ 동관을 사용하는 경우의 배관은 이음이 없는 동 및 동합금관(KS D 5301)으로서 고압식은 (⑤)MPa 이상, 저압식은 (⑥)MPa 이상의 압력에 견딜 수 있는 것을 사용할 것
- ○ 고압식의 경우 개폐밸브 또는 선택밸브의 2차측 배관부속은 호칭압력 2.0MPa 이상의 것을 사용하여야 하며, 1차측 배관부속은 호칭압력 4.0MPa 이상의 것을 사용하여야 하고, 저압식의 경우에는 2.0MPa의 압력에 견딜 수 있는 배관부속을 사용할 것

① ② ③
④ ⑤ ⑥

(나) 이산화탄소설비의 배관구경에 관한 사항 중 ( ) 안의 내용을 쓰시오.

> (2) 배관의 구경은 이산화탄소의 소요량이 다음의 기준에 따른 시간 내에 방사될 수 있는 것으로 하여야 한다.
> ○ 전역방출방식에 있어서 가연성 액체 또는 가연성 가스 등 표면화재 방호대상물의 경우에는 (①)
> ○ 전역방출방식에 있어서 종이, 목재, 섬유류, 합성수지류 등 심부화재 방호대상물의 경우에는 (②). 이 경우 설계농도가 (③) 이내에 (④)에 도달하여야 한다.
> ○ 국소방출방식의 경우에는 (⑤)

① ② ③
④ ⑤

해답 (가) ① 압력배관용 탄소강관
② 80
③ 40
④ 아연도금
⑤ 16.5
⑥ 3.75

(나) ① 1분
② 7분
③ 2분
④ 30%
⑤ 30초

해설 (가) **이산화탄소 소화설비**의 **배관설치기준**(NFPC 106 8조, NFTC 106 2.5.1)
① 배관은 **전용**으로 할 것
② **강관**을 사용하는 경우의 배관은 **압력배관용 탄소강관**(KS D 3562) 중 **스케줄 80**(**저압식은 스케줄 40**) 이상의 것 또는 이와 동등 이상의 강도를 가진 것으로 **아연도금** 등으로 방식처리된 것을 사용할 것. 단, 배관의 호칭구경이 **20mm 이하**인 경우에는 **스케줄 40** 이상인 것을 사용할 수 있다.
③ **동관**을 사용하는 경우의 배관은 이음이 없는 동 및 동합금관(KS D 5301)으로서 **고압식**은 **16.5MPa** 이상, **저압식**은 **3.75MPa** 이상의 압력에 견딜 수 있는 것을 사용할 것
④ **고압식**의 경우 **개**폐밸브 또는 **선**택밸브의 **2차측 배관부속**은 호칭압력 **2.0MPa** 이상의 것을 사용하여야 하며, **1차측 배관부속**은 호칭압력 **4.0MPa** 이상의 것을 사용하여야 하고, **저압식**의 경우에는 **2.0MPa**의 압력에 견딜 수 있는 배관부속을 사용할 것

기억법 **이전 강압84 동고165 375 고개선224 저2**

비교

할론소화설비의 **배관**

(1) 강관 ┬ 고압식 : 압력배관용 탄소강관 스케줄 **80** 이상
　　　　└ 저압식 : 압력배관용 탄소강관 스케줄 **40** 이상

(2) 동관 ┬ 고압식 : **16.5MPa** 이상
　　　　└ 저압식 : **3.75MPa** 이상

중요

(1) **이산화탄소 소화설비**의 **내압시험압력** 및 **안전장치**의 **작동압력**(NFPC 106 4·6·8·10조, NFTC 106 2.1.2, 2.3.2.3, 2.5.1, 2.7)

① 기동용기의 내압시험압력 : **25MPa** 이상

② 저장용기의 내압시험압력 ─┬ 고압식 : **25MPa** 이상
　　　　　　　　　　　　　　└ 저압식 : **3.5MPa** 이상

③ 기동용기의 안전장치 작동압력 : **내압시험압력의 0.8~내압시험압력 이하**

④ 저장용기와 선택밸브 또는 개폐밸브의 안전장치 작동압력 : 내압시험압력의 **0.8배**

⑤ 개폐밸브 또는 선택밸브의 배관부속 시험압력 ┬ 고압식 ┬ 1차측 : **4MPa**
　　　　　　　　　　　　　　　　　　　　　　　│　　　　└ 2차측 : **2MPa**
　　　　　　　　　　　　　　　　　　　　　　　└ 저압식 ── 1·2차측 : **2MPa**

(2) **이산화탄소 소화설비**의 **분사헤드**의 **방사압력** ┬ 고압식 : **2.1MPa** 이상
　　　　　　　　　　　　　　　　　　　　　　　　└ 저압식 : **1.05MPa** 이상

(3) **이산화탄소 소화설비**의 **배관**

① 강관 ┬ 고압식 : 압력배관용 탄소강관 스케줄 **80**(호칭구경 20mm 이하는 스케줄 40) 이상
　　　 └ 저압식 : 압력배관용 탄소강관 스케줄 **40** 이상

② 동관 ┬ 고압식 : **16.5MPa** 이상
　　　 └ 저압식 : **3.75MPa** 이상

(나) **이산화탄소 소화설비**의 **배관구경**의 **기준**(NFPC 106 8조, NFTC 106 2.5.2)

① **전역방출방식**에 있어서 **가연성 액체** 또는 **가연성 가스** 등 **표면화재** 방호대상물의 경우에는 **1분**

② **전역방출방식**에 있어서 **종이, 목재, 석탄, 섬유류, 합성수지류** 등 **심부화재** 방호대상물의 경우에는 **7분**. 이 경우 설계농도가 **2분** 이내에 **30%**에 도달하여야 한다.

③ **국소방출방식**의 경우에는 **30초**

중요

약제방사시간

소화설비		전역방출방식		국소방출방식	
		일반건축물	위험물제조소	일반건축물	위험물제조소
할론소화설비		10초 이내	30초 이내	10초 이내	30초 이내
분말소화설비		30초 이내		30초 이내	
CO_2 소화설비	표면화재	1분 이내	60초 이내		
	심부화재	7분 이내			

- **표면화재** : 가연성 액체·가연성 가스
- **심부화재** : 종이·목재·석탄·섬유류·합성수지류

☆

문제 16

총 15층인 건물에서 지상 1층부터 지상 3층 부분을 주차장으로 사용하는 건축물로서 소방관계법령상 소화설비 설치대상이 된다면 이곳에 설치 가능한 소화설비를 4가지 쓰시오. (단, 각 층별 주차장의 바닥면적은 300m²이고, 대상 소화설비 중 분말소화설비와 할론소화설비는 제외하고 작성한다.)

득점	배점
	4

○

○

○

○

해답 ① 포소화설비
② 이산화탄소 소화설비
③ 미분무소화설비
④ 물분무소화설비

해설

- 문제에서 지상 1층에서 지상 3층을 주차장으로 사용하므로 **건축물 내부**에 **주차장**을 설치하는 경우이다.
- [단서]에서 건축물 내부 주차장 : 바닥면적 **300m²**로서 200m² 이상이므로 **물분무등소화설비** 설치대상이다.

‖ 물분무등소화설비의 설치대상(소방시설법 시행령 [별표 4]) ‖

설치대상	조 건
① 차고 · 주차장(50세대 미만 연립주택 및 다세대 주택 제외)	• 바닥면적 합계 **200m²** 이상
② 전기실 · 발전실 · 변전실 ③ 축전지실 · 통신기기실 · 전산실	• 바닥면적 **300m²** 이상
④ 주차용 건축물	• 연면적 **800m²** 이상
⑤ 기계식 주차장치	• **20대** 이상
⑥ 항공기격납고	• 전부(규모에 관계없이 설치)
⑦ 중 · 저준위 방사성 폐기물의 저장시설(소화수를 수집 · 처리하는 설비 미설치)	• 이산화탄소 소화설비, 할론소화설비, 할로겐화합물 및 불활성기체 소화설비 설치
⑧ 지하가 중 터널	• 예상교통량, 경사도 등 터널의 특성을 고려하여 행정안전부령으로 정하는 터널
⑨ 지정문화재	• 소방청장이 문화재청장과 협의하여 정하는 것 또는 적응소화설비

중요

물분무등소화설비(소방시설법 [별표 1])

(1) **분**말소화설비
(2) **포**소화설비
(3) **할**론소화설비
(4) **이**산화탄소 소화설비
(5) **할**로겐화합물 및 불활성기체 소화설비
(6) **강**화액소화설비
(7) **미**분무소화설비
(8) 물분무소화설비
(9) **고**체에어로졸 소화설비

기억법 **분포할이 할강미고**

비교

주차장이 건축물 옥상에 설치된 경우 **옥내소화전설비**만 설치 가능

‖ 옥내소화전설비의 설치대상(소방시설법 시행령 [별표 4]) ‖

설치대상	조 건
① 건축물 옥상에 설치된 차고 · 주차장 →	• 차고 또는 주차장 용도로 사용되는 면적 **200m²** 이상
② 근린생활시설 ③ 업무시설(금융업소 · 사무소)	• 연면적 **1500m²** 이상
④ 문화 및 집회시설, 운동시설 ⑤ 종교시설	• 연면적 **3000m²** 이상
⑥ 특수가연물 저장 · 취급	• 지정수량 **750배** 이상
⑦ 지하가 중 터널길이	• **1000m** 이상

19년 2019. 11. 9 시행

▌2019년 산업기사 제4회 필답형 실기시험▌

자격종목	시험시간	형별	수험번호	성명	감독위원 확 인
소방설비산업기사(기계분야)	2시간 30분				

※ 다음 물음에 답을 해당 답란에 답하시오.(배점 : 100)

☆☆☆

문제 01

어느 특정소방대상물에 옥외소화전 5개를 화재안전기준과 다음 조건에 따라 설치하려고 한다. 다음 각 물음에 답하시오.

(15.11.문6, 15.4.문10, 10.10.문2)

유사문제부터 풀어보세요. 실력이 팍!팍! 올라갑니다.

득점	배점
	7

〔조건〕

① 옥외소화전은 지상용 A형을 사용한다.

② 펌프에서 첫째 옥외소화전까지의 직관길이는 200m, 관의 내경은 100mm이다.

③ 펌프의 전양정 $H=50\text{m}$, 효율 $\eta=65\%$

④ 모든 규격치는 최소량을 적용한다.

(가) 수원의 최소저수량〔m^3〕은 얼마인가?
- ○ 계산과정 :
- ○ 답 :

(나) 펌프의 최소유량〔m^3/min〕은 얼마인가?
- ○ 계산과정 :
- ○ 답 :

(다) 직관부분에서의 마찰손실수두는 얼마인가? (단, Darcy Weisbach의 식을 사용하고 마찰손실계수는 0.02)
- ○ 계산과정 :
- ○ 답 :

(라) 펌프의 최소동력은 몇 kW인가?
- ○ 계산과정 :
- ○ 답 :

해답

(가) ○ 계산과정 : $7\times2=14\text{m}^3$　　○ 답 : 14m^3

(나) ○ 계산과정 : $2\times350=700\text{L/min}=0.7\text{m}^3/\text{min}$　　○ 답 : $0.7\text{m}^3/\text{min}$

(다) ○ 계산과정 : $V=\dfrac{0.7/60}{\dfrac{\pi}{4}\times0.1^2}=1.485\text{m/s}$

$$H=\frac{0.02\times200\times1.485^2}{2\times9.8\times0.1}\fallingdotseq 4.5\text{m}$$

○ 답 : 4.5m

(라) ○ 계산과정 : $\dfrac{0.163\times0.7\times50}{0.65}=8.776\fallingdotseq 8.78\text{kW}$　　○ 답 : 8.78kW

해설 (가)

$$Q=7N$$

여기서, Q : 수원의 저수량〔m^3〕

N : 옥외소화전 설치개수(최대 2개)

수원의 **저수량** Q는

$Q=7N=7\times2=14\text{m}^3$

- 문제에서 옥외소화전이 5개 설치되어 있지만 최대 2개까지만 적용하므로 $N=2$(속지 마라!)

(나)

$$Q=N\times350$$

여기서, Q : 가압송수장치의 토출량(유량)[L/min]

N : 가장 많은 층의 소화전개수(**최대 2개**)

펌프의 **유량** Q는

$Q=N\times350=2\times350=700\text{L/min}=0.7\text{m}^3/\text{min}$

- 문제에서 옥외소화전이 5개 설치되어 있지만 최대 2개까지만 적용하므로 $N=2$

(다) Darcy Weisbach 식

$$H=\frac{flV^2}{2gD}$$

여기서, H : 마찰손실수두[m]

f : 관마찰계수

l : 길이[m]

V : 유속[m/s]

g : 중력가속도(9.8m/s^2)

D : 내경[m]

$$Q=AV$$ 에서

유속 V는

$V=\frac{Q}{A}=\frac{0.7\text{m}^3/\text{min}}{\frac{\pi}{4}\times(100\text{mm})^2}=\frac{0.7\text{m}^3/60\text{s}}{\frac{\pi}{4}\times(0.1\text{m})^2}=1.485\text{m/s}$

마찰손실수두 H는

$H=\frac{flV^2}{2gD}=\frac{0.02\times200\text{m}\times(1.485\text{m/s})^2}{2\times9.8\text{m/s}^2\times0.1\text{m}}\fallingdotseq4.5\text{m}$

(라)

$$P=\frac{0.163QH}{\eta}K$$

여기서, P : 전동력(전동기의 동력)[kW]

Q : 유량[m^3/min]

H : 전양정[m]

K : 전달계수

η : 효율

전동기의 **동력** P는

$P=\frac{0.163QH}{\eta}K=\frac{0.163\times0.7\text{m}^3/\text{min}\times50\text{m}}{0.65}=8.776\fallingdotseq8.78\text{kW}$

- $Q=$**0.7m^3/min** : 바로 위에서 700L/min=0.7m^3/min(1000L=1m^3)
- $H=$**50m** : [조건 ③]에서 주어진 값
- $\eta=$**0.65** : [조건 ③]에서 65%=0.65
- K : 주어지지 않았으므로 생략
- "**전동기 직결, 전동기 이외의 원동기**"라는 말이 있으면 아래 표의 수치 적용

▮전달계수 K의 값▮

동력 형식	K의 수치
전동기 직결	1.1
전동기 이외의 원동기	1.15~1.2

☆☆☆

문제 02

LPG 탱크에 물분무소화설비를 설치하려고 한다. 탱크의 반지름은 10m이고 펌프의 토출량은 10L/min · m² 이다. 다음 각 물음에 답하시오. (15.7.문17, 14.11.문3, 12.4.문13, 09.7.문12)

득점	배점
	6

(가) 방수량[L/min]을 구하시오.
- ○ 계산과정 :
- ○ 답 :

(나) 수원의 용량[m^3]을 구하시오.
- ○ 계산과정 :
- ○ 답 :

(가) ○ 계산과정 : $\frac{\pi}{4}\times 20^2\times 10 = 3141.592 \fallingdotseq 3141.59\text{L/min}$

○ 답 : 3141.59L/min

(나) ○ 계산과정 : $3141.59\times 20 = 62831\text{L} = 62.831\text{m}^3 \fallingdotseq 62.83\text{m}^3$

○ 답 : 62.83m³

(가) **방수량** Q는

$$Q = \text{바닥면적}\times 10\text{L/min}\cdot\text{m}^2 = \frac{\pi}{4}D^2\times 10\text{L/min}\cdot\text{m}^2 = \frac{\pi}{4}\times(20\text{m})^2\times 10\text{L/min}\cdot\text{m}^2$$
$$= 3141.592 \fallingdotseq 3141.59\text{L/min}$$

- $\frac{\pi}{4}D^2$: 탱크가 원형이므로 **원형**에 대한 **단면적**을 구하면 **바닥면적**이 됨
- D=**20m** : 문제에서 반지름이 10m이므로 지름(직경)은 20m, 속지말라!
- **10L/min · m²** : 문제에서 주어진 값

중요

물분무소화설비의 **수원**

특정소방대상물	토출량	비 고
컨베이어벨트	1**0**L/min · m²	벨트부분의 바닥면적
절연유 봉입변압기	1**0**L/min · m²	표면적을 합한 면적(바닥면적 제외)
특수가연물	1**0**L/min · m²(최소 50m²)	최대방수구역의 바닥면적 기준
케이블트레이 · 덕트	1**2**L/min · m²	투영된 바닥면적
차고 · 주차장	2**0**L/min · m²(최소 50m²)	최대방수구역의 바닥면적 기준
위험물 저장탱크	**37**L/min · m	위험물탱크 둘레길이(원주길이) : 위험물규칙 〔별표 6〕 Ⅱ

※ 모두 **20분**간 방수할 수 있는 양 이상으로 하여야 한다.

기억법 **컨 절 특 케 차 위**
0 0 0 2 0 37

(나) **물분무소화설비**

수원의 용량[L]=방수량[L/min]×20min=3141.59L/min×20min=62831L=62.831m³ ≒ 62.83m³

- 3141.59L/min : 바로 위에서 구한 값
- 20min : NFPC 104 4조, NFTC 104 2.1.1에 의해 **20분** 적용
  〈NFPC 104 4조, NFTC 104 2.1.1〉
  물분무소화설비의 수원은 **20분**간 방수할 수 있는 양 이상으로 할 것
- 1000L=10³L=1m³이므로 62831L=62.831m³

☆

문제 03

층마다 2개 이상 공기호흡기만 설치하는 특정소방대상물 4가지를 쓰시오.

득점	배점
	4

○
○
○
○

해답 ① 지하상가
② 지하역사
③ 대규모 점포
④ 수용인원 100명 이상의 영화상영관

해설
- "문화 및 집회시설 중 수용인원 100명 이상의 영화상영관"을 답처럼 "수용인원 100명 이상의 영화상영관"이라고 써도 정답!

중요

(1) **인명구조기구**의 **설치기준**(NFPC 302 4조, NFTC 302 2.1.1.1)
① 화재시 쉽게 반출 사용할 수 있는 장소에 비치할 것
② 인명구조기구가 설치된 가까운 장소의 보기 쉬운 곳에 "**인명구조기구**"라는 축광식 표지와 그 사용방법을 표시한 표지를 부착할 것

(2) **인명구조기구**의 **설치대상**

특정소방대상물	인명구조기구의 종류	설치수량
• 지하층을 포함하는 층수가 **7층** 이상인 **관광호텔** 및 **5층** 이상인 **병원**	• **방열**복 • 방**화**복(안전모, 보호장갑, 안전화 포함) • **공**기호흡기 • **인**공소생기 기억법 **방열화공인**	• 각 **2개** 이상 비치할 것(단, 병원은 인공소생기 설치제외)
• 문화 및 집회시설 중 수용인원 **100명 이상**의 **영화상영관** • **대규모 점포** • **지하역사** • **지하상가**	• 공기호흡기	• 층마다 **2개** 이상 비치할 것
• **이산화탄소 소화설비**를 설치하여야 하는 특정소방대상물	• 공기호흡기	• 이산화탄소 소화설비가 설치된 장소의 출입구 외부 인근에 **1대** 이상 비치할 것

☆☆☆

문제 04

할로겐화합물 및 불활성기체 소화설비에서 다음 약제의 구분에 따라 필요한 원소의 기본성분 2가지씩을 쓰시오. (15.7.문14, 13.7.문6)

○ 할로겐화합물 소화약제 :
○ 불활성기체 소화약제 :

득점	배점
	6

해답 ① 할로겐화합물 소화약제 : 불소, 염소
② 불활성기체 소화약제 : 헬륨, 네온

해설 **할로겐화합물 및 불활성기체 소화약제**의 **종류**

할로겐화합물 소화약제	불활성기체 소화약제
불소(F), **염소(Cl)**, **브롬(Br)** 또는 **요오드(I)** 중 하나 이상의 원소를 포함하고 있는 유기화합물을 기본성분으로 하는 소화약제	**헬륨(He)**, **네온(Ne)**, **아르곤(Ar)** 또는 **질소가스(N_2)** 중 하나 이상의 원소를 기본성분으로 하는 소화약제

• F, Cl, He, Ne처럼 분자기호로 써도 된다.

중요

할로겐화합물 및 불활성기체 소화약제의 **종류**(NFPC 107A 4조, NFTC 107A 2.1.1)

구 분	소화약제	상품명	화학식	방출시간	주된 소화원리
할로겐화합물 소화약제	HFC-23	FE-13	CHF_3	10초 이내	부촉매 효과 (억제 작용)
	HFC-**125** 기억법 125(**이리온**)	FE-25	CHF_2CF_3		
	HFC-**227e**a 기억법 227e (**둘둘치**킨**이** 맛있다.)	FM-200	CF_3CHFCF_3		
	HCFC-124	FE-241	$CHClFCF_3$		
	HCFC BLEND A	NAF S-Ⅲ	HCFC-123($CHCl_2CF_3$) : **4.75**% HCFC-22($CHClF_2$) : **82**% HCFC-124($CHClFCF_3$) : **9.5**% $C_{10}H_{16}$: **3.75**% 기억법 475 82 95 375 (**사시오**, **빨리** 그래서 **구어 삼**키**시오**!)		
	FC-**3**-**1**-10 기억법 FC31 (**FC** 서울의 **3.1**절)	CEA-410	C_4F_{10}		
	FK-5-1-12	–	$CF_3CF_2C(O)CF(CF_3)_2$		
불활성기체 소화약제	IG-01	–	Ar	60초 이내	질식 효과
	IG-55	아르고나이트	N_2 : 50%, Ar : 50%		
	IG-100	NN-100	N_2		
	IG-541	Inergen	**N_2** : **52**%, **Ar** : **40**%, **CO_2** : **8**% 기억법 NACO(**내코**) 52408		

☆

문제 05

간이스프링클러설비를 설치해야 할 특정소방대상물에 있어서 ( ) 안에 알맞은 것을 쓰시오. (16.4.문3)

득점	배점
	5

(가) 근린생활시설로 사용하는 부분의 바닥면적 합계가 ( )m^2 이상인 것은 모든 층

(나) 교육연구시설 내에 합숙소로서 연면적 ( )m^2 이상인 것

(다) 요양병원(의료재활시설은 제외)으로 사용되는 바닥면적의 합계가 ( )m^2 미만인 시설

(라) 숙박시설로서 해당 용도로 사용되는 바닥면적의 합계가 (①)m^2 이상 (②)m^2 미만인 것

해답 (가) 1000
(나) 100
(다) 600
(라) ① 300 ② 600

해설 **간이스프링클러설비**를 **설치**해야 할 **특정소방대상물**(소방시설법 시행령 〔별표 4〕)

(1) **근린생활시설**로 사용하는 부분의 바닥면적 합계가 **1000m²** 이상인 것은 모든 층
(2) 교육연구시설 내에 **합숙소**로서 연면적 **100m²** 이상인 것
(3) **요양병원**(의료재활시설은 제외)으로 사용되는 바닥면적의 합계가 **600m²** 미만인 시설
(4) 숙박시설로 사용되는 바닥면적의 합계가 **300m²** 이상 **600m²** 미만인 것
(5) **정신의료기관** 또는 **의료재활시설**로 사용되는 바닥면적의 합계가 **300m²** 이상 **600m²** 미만인 시설
(6) **정신의료기관** 또는 **의료재활시설**로 사용되는 바닥면적의 합계가 **300m²** 미만이고, 창살(철재·플라스틱 또는 목재 등으로 사람의 탈출 등을 막기 위하여 설치한 것을 말하며, 화재시 자동으로 열리는 구조로 되어 있는 창살은 제외)이 설치된 시설

‖ 간이스프링클러설비의 설치대상 ‖

설치대상	조 건
교육연구시설 내 합숙소	• 연면적 **100m²** 이상
노유자시설 · 정신의료기관 · 의료재활시설	• 창살설치 : **300m²** 미만 • 기타 : **300m²** 이상 **600m²** 미만
숙박시설	• 바닥면적 합계 **300m²** 이상 **600m²** 미만
종합병원, 병원, 치과병원, 한방병원 및 요양병원(의료재활시설 제외)	• 바닥면적 합계 **600m²** 미만
근린생활시설	• 바닥면적 합계 **1000m²** 이상은 **전층** • **의원**, 치과의원 및 한의원으로서 **입원실**이 **있는 시설** • 조산원, 산후조리원으로서 연면적 **600m²** 미만
복합건축물	• 연면적 **1000m²** 이상은 전층
공동주택	• 연립주택 · 다세대주택(주택전용 간이스프링클러설비)

☆☆

문제 06

1%형 합성계면활성제포 2.5L를 취해서 포를 방출시켰더니 포의 체적은 75m³이었다. 다음 각 물음에 답하시오.

득점	배점
	6

(가) 방출 전 포수용액의 양은 몇 L인가?
○ 계산과정 :
○ 답 :

(나) 합성계면활성제포의 팽창비는?
○ 계산과정 :
○ 답 :

해답 (가) ○ 계산과정 : $x = \frac{2.5 \times 1}{0.01} = 250\text{L}$

○ 답 : 250L

(나) ○ 계산과정 : $\frac{75000}{250} = 300$배

○ 답 : 300배

해설 (가) 포원액이 1%, 포수용액은 항상 100%이므로

포원액 2.5L → 1%=0.01
포수용액 x[L] → 100%=1

2.5 : 0.01=x : 1

$$x = \frac{2.5 \times 1}{0.01} = 250\text{L}$$

(나) 발포배율(팽창비)$= \frac{\text{방출된 포의 체적[L]}}{\text{방출 전 포수용액의 체적[L]}}$

$$= \frac{75\text{m}^3}{250\text{L}} = \frac{75000\text{L}}{250\text{L}} = 300\text{배}$$

• $1\text{m}^3 = 1000\text{L}$이므로 75m^3=75000L

중요

발포배율식

발포배율식 1	발포배율식 2	발포배율식 3
$\frac{\text{내용적(용량)}}{\text{전체 중량} - \text{빈 시료용기의 중량}}$	$\frac{\text{방출된 포의 체적[L]}}{\text{방출된 포수용액의 체적[L]}}$	$\frac{\text{최종발생한 포체적[L]}}{\text{포수용액 체적[L]}}$

★★★

문제 07

위험물탱크에 설치하는 물분무소화설비의 자동식 기동장치의 기동방식 2가지를 쓰시오.

(15.7.문17, 14.11.문3, 12.4.문13, 09.7.문12)

○

○

득점	배점
	4

해답 ① 폐쇄형 스프링클러헤드 개방방식
② 화재감지기 작동방식

해설 **물분무소화설비 · 포소화설비 자동식 기동장치**의 **기동방식**
(1) 폐쇄형 스프링클러헤드 개방방식
(2) 화재감지기 작동방식

중요

물분무소화설비의 **화재안전기준**(NFPC 104 8조 ②항, NFTC 104 2.5.2)
기동장치 : 자동식 기동장치는 **화재감지기의 작동** 또는 **폐쇄형 스프링클러헤드의 개방**과 연동하여 경보를 발하고, 가압송수장치 및 자동개방밸브를 기동할 수 있는 것으로 하여야 한다.

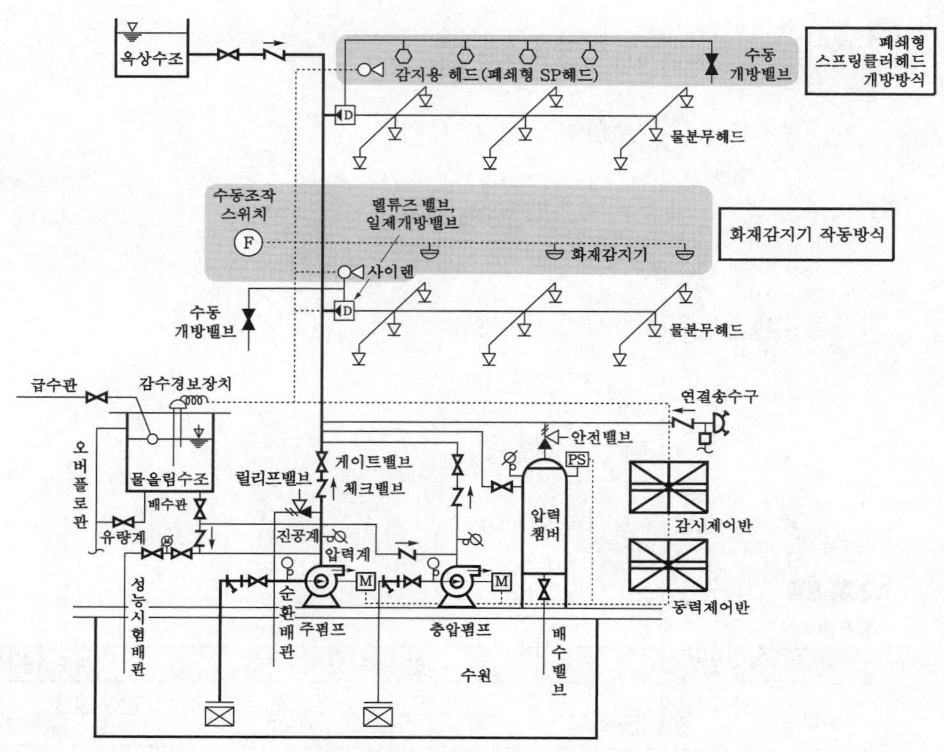

▌물분무소화설비의 자동식 기동장치의 기동방식▐

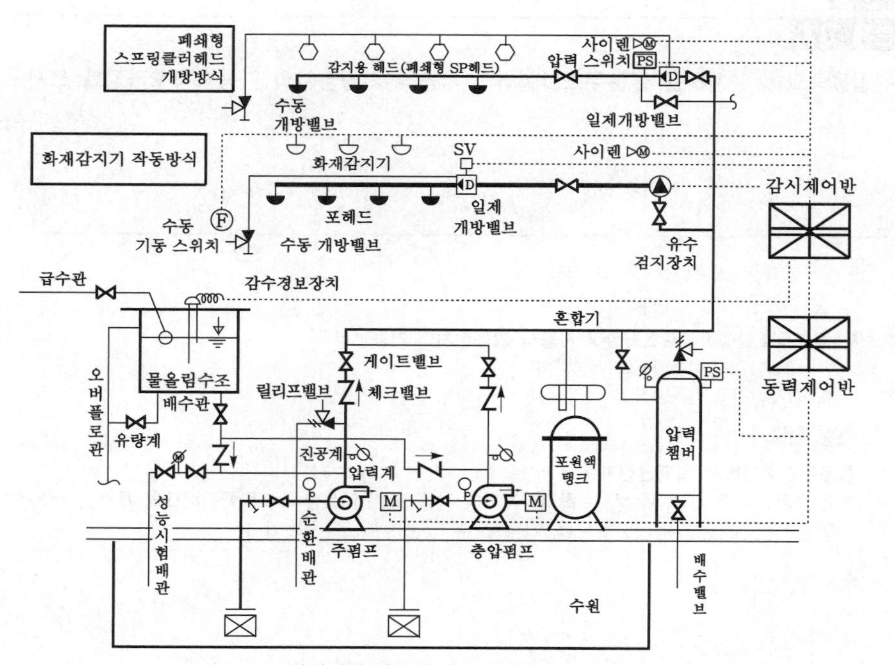

▌포소화설비의 자동식 기동장치의 기동방식▐

☆☆☆
문제 08

지상 9층의 백화점 건물에 화재안전기준과 다음 조건과 같이 스프링클러설비를 설계하려고 한다. 각 물음에 답하시오. (14.7.문11, 06.4.문15)

득점	배점
	20

〔조건〕

① 펌프는 지하층에 설치되어 있고 펌프로부터 최상층 스프링클러헤드까지 수직거리는 20m이다.
② 배관 및 관부속 마찰손실수두는 자연낙차의 45%로 한다.
③ 1, 2층에 설치하는 헤드수는 각 35개, 3~9층에는 각각 20개의 헤드가 설치되어 있다.
④ 모든 규격차는 최소량을 적용한다.
⑤ 펌프는 체적효율 85%, 기계효율 95%, 수력효율 90%이다.
⑥ 펌프의 전달계수 K=1.1이다.
⑦ 호칭구경에 따른 내경은 다음 표와 같다.

호칭구경	DN15	DN20	DN25	DN32	DN40	DN50	DN65	DN80	DN100	DN125
내경〔mm〕	16.4	21.9	27.5	36.2	42.1	53.2	69	81	105.3	129.7

⑧ 주어지지 않은 사항은 무시한다.

(가) 수원의 저수량〔m^3〕을 구하시오.
○ 계산과정 :
○ 답 :

(나) 펌프의 토출량〔m^3/min〕을 구하시오.
○ 계산과정 :
○ 답 :

(다) 전양정〔m〕을 구하시오.
○ 계산과정 :
○ 답 :

(라) 펌프의 전효율〔%〕을 구하시오.
○ 계산과정 :
○ 답 :

(마) 펌프의 전동력을 구하시오.
○ 계산과정 :
○ 답 :

(바) 토출측 배관의 최소구경을 구하시오. (단, 토출측 배관의 유속은 5m/s이다)
○ 계산과정 :
○ 답 :

해답

(가) ○ 계산과정 : $1.6\times30=48m^3$ ○ 답 : $48m^3$

(나) ○ 계산과정 : $30\times80=2400L/min=2.4m^3/min$ ○ 답 : $2.4m^3/min$

(다) ○ 계산과정 : h_1 : $20\times0.45=9m$

h_2 : $20m$

$H=9+20+10=39m$ ○ 답 : 39m

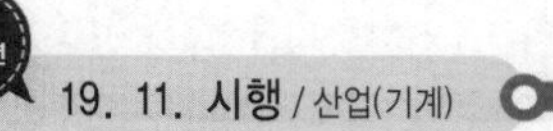

(라) ○ 계산과정 : $0.95 \times 0.9 \times 0.85 = 0.72675$
$\fallingdotseq 72.675\% \fallingdotseq 72.68\%$ ○ 답 : 72.68%

(마) ○ 계산과정 : $\dfrac{0.163 \times 2.4 \times 39}{0.72675} \times 1.1 = 23.092 = 23.09\text{kW}$ ○ 답 : 23.09kW

(바) ○ 계산과정 : $\sqrt{\dfrac{4 \times 2.4/60}{\pi \times 5}} = 0.1009\text{m} = 100.9\text{mm}$ ○ 답 : DN100

해설 (가)

<table>
<tr><th colspan="2">특정소방대상물</th><th>폐쇄형 헤드의 기준개수</th></tr>
<tr><td colspan="2">지하가 · 지하역사</td><td rowspan="4">30</td></tr>
<tr><td colspan="2">11층 이상</td></tr>
<tr><td rowspan="5">10층 이하</td><td>공장(특수가연물)</td></tr>
<tr><td>판매시설(백화점 등), 복합건축물(판매시설이 설치된 복합건축물) →</td></tr>
<tr><td>근린생활시설, 운수시설</td><td rowspan="2">20</td></tr>
<tr><td>8m 이상</td></tr>
<tr><td>8m 미만</td><td>10</td></tr>
</table>

$Q = 1.6N$(30층 미만)
$Q = 3.2N$(30~49층 이하)
$Q = 4.8N$(50층 이상)

여기서, Q : 수원의 저수량[m^3]
N : 폐쇄형 헤드의 기준개수(설치개수가 기준개수보다 작으면 그 설치개수)

수원의 **저수량** Q는

$Q = 1.6N = 1.6 \times 30 = 48\text{m}^3$

- N : **백화점**(판매시설)이므로 위 표에서 **30개**

(나)

$Q = N \times 80\text{L/min}$

여기서, Q : 토출량[L/min]
N : 폐쇄형 헤드의 기준개수(설치개수가 기준개수보다 작으면 그 설치개수)

펌프의 **토출량** Q는

$Q = N \times 80\text{L/min} = 30 \times 80\text{L/min} = 2400\text{L/min} = 2.4\text{m}^3/\text{min}$

- N : **백화점**(판매시설)이므로 (가)의 표에서 **30개**
- 1000L=1m^3이므로 2400L/min=2.4m^3/min

(다)

$H = h_1 + h_2 + 10$

여기서, H : 전양정[m]
h_1 : 배관 및 관부속품의 마찰손실수두[m]
h_2 : 실양정(흡입양정+토출양정)[m]

h_1 : $20\text{m} \times 0.45 = 9\text{m}$

토출양정 : 20m

전양정 H는

$H = h_1 + h_2 + 10 = 9 + 20 + 10 = 39\text{m}$

- h_1=9m : [조건 ②]에서 자연낙차의 45%이다. [조건 ①]에서 토출양정은 **20m**이다. 원칙적으로 자연낙차와 토출양정은 다르지만 여기서는 **?** 부분의 길이가 주어지지 않았으므로 토출양정을 자연낙차로 본다.
20m×0.45=9m
- h_2 : 흡입양정(주어지지 않았으므로 무시)
토출양정=20m([조건 ①]에서 주어진 값)

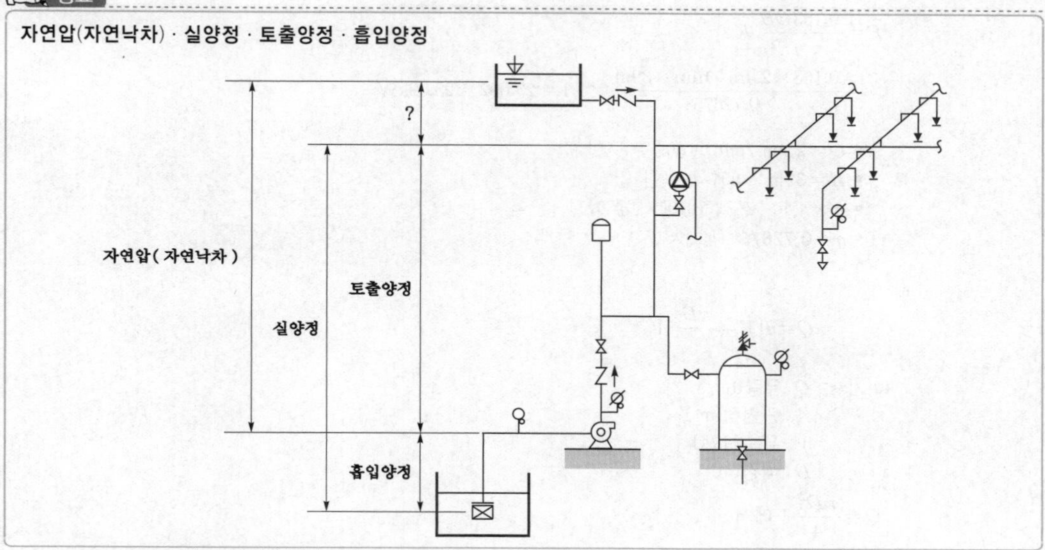

(라)

$$\eta_T = \eta_m \times \eta_h \times \eta_v$$

여기서, η_T : 펌프의 전효율
η_m : 기계효율
η_h : 수력효율
η_v : 체적효율

펌프의 **전효율** η_T는

$\eta_T = \eta_m \times \eta_h \times \eta_v = 0.95 \times 0.9 \times 0.85 = 0.72675$

$\fallingdotseq 72.675\% \fallingdotseq 72.68\%$

아하! 그렇구나 펌프의 효율 및 손실

(1) **펌프**의 **효율**(η)

$$\eta = \frac{\text{축동력} - \text{동력손실}}{\text{축동력}}$$

(2) **손실**의 **종류**

① **누**수손실
② **수**력손실
③ **기**계손실
④ **원**판마찰손실

기억법 **누수 기원손**(**누수**를 **기원**하는 **손**)

(마) **전동력**

$$P = \frac{0.163QH}{\eta}K$$

여기서, P : 전동력〔kW〕
Q : 유량〔m^3/min〕
H : 전양정〔m〕
K : 전달계수
η : 효율

전동력 P는

$$P=\frac{0.163QH}{\eta}K$$

$$=\frac{0.163\times2.4\text{m}^3/\text{min}\times39\text{m}}{0.72675}\times1.1=23.092 \fallingdotseq 23.09\text{kW}$$

- $Q=2.4\text{m}^3/\text{min}$: (나)에서 구한 값
- $H=39\text{m}$: (다)에서 구한 값
- $K=1.1$: 〔조건 ⑥〕에서 주어진 값
- $\eta=0.72675$: (라)에서 구한 값

(바)

$$Q=AV=\frac{\pi D^2}{4}V$$

여기서, Q : 유량〔m^3/s〕
A : 단면적〔m^2〕
V : 유속〔m/s〕
D : 내경〔m〕

$Q=\frac{\pi D^2}{4}V$에서

배관의 **내경** D는

$$D=\sqrt{\frac{4Q}{\pi V}}=\sqrt{\frac{4\times2.4\text{m}^3/60\text{s}}{\pi\times5\text{m/s}}} \fallingdotseq 0.1009\text{m}=100.9\text{mm}$$

내경 100.9mm 이상 되는 값은 100mm가 된다. 〔조건 ⑦〕에서 내경 105.3mm까지 호칭구경 DN100을 사용하므로 DN100이 정답(DN125가 아님을 주의!)

- $V=5\text{m/s}$: (바)의 〔단서〕에서 주어진 값
- 1m=1000mm이므로 0.1009m=100.9mm
- **DN100**=100A(DN ; Diameter Nominal)

참고

배관 내의 **유속**

설 비		유 속
옥내소화전설비		4m/s 이하
스프링클러설비	가지배관	6m/s 이하
	기타의 배관	10m/s 이하

☆☆☆

문제 09

옥외소화전 방수노즐에 피토관을 설치하여 압력을 측정하였더니 0.5MPa이었다. 이 노즐의 방수량이 600L/min일 때 노즐의 구경은 몇 mm인지 계산하시오. (17.11.문1, 11.11.문16, 08.11.문3)

○ 계산과정 :
○ 답 :

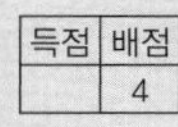

득점	배점
	4

해답

○ 계산과정 : $\sqrt{\frac{600}{0.653\times\sqrt{10\times0.5}}}=20.271 \fallingdotseq 20.27\text{mm}$

○ 답 : 20.27mm

해설

$$Q = 0.653D^2\sqrt{10P} = 0.6597CD^2\sqrt{10P}$$

여기서, Q : 방수량〔L/min〕
C : 노즐의 흐름계수(유량계수)
D : 구경〔mm〕
P : 방수압〔MPa〕

$$Q = 0.653D^2\sqrt{10P}$$

$$\frac{Q}{0.653\sqrt{10P}} = D^2$$

$$D^2 = \frac{Q}{0.653\sqrt{10P}}$$

$$\sqrt{D^2} = \sqrt{\frac{Q}{0.653\sqrt{10P}}}$$

$$D = \sqrt{\frac{Q}{0.653\sqrt{10P}}}$$

$$= \sqrt{\frac{600\text{L/min}}{0.653\times\sqrt{10\times0.5\text{MPa}}}}$$

$$= 20.271 ≒ 20.27\text{mm}$$

용어

흐름계수(flow coefficeint)
(1) 이론유량은 실제유량보다 크게 나타나는데 이 차이를 보정해 주기 위한 계수
(2) 흐름계수＝유량계수＝유출계수＝방출계수＝유동계수＝송출계수

문제 10

다음은 옥외소화전설비의 화재안전기준에서 옥외소화전설비용 수조의 설치기준이다. ( ) 안에 알맞은 말을 쓰시오.

득점	배점
	5

○ 수조의 외측에 (①)를 설치할 것. 단, 구조상 불가피한 경우에는 수조의 맨홀 등을 통하여 수조 안의 물의 양을 쉽게 확인할 수 있도록 하여야 한다.
○ 수조의 상단이 바닥보다 높은 때에는 수조의 외측에 (②)를 설치할 것
○ 수조가 실내에 설치된 때에는 그 실내에 (③)를 설치할 것
○ 수조의 밑부분에는 (④) 또는 배수관을 설치할 것
○ 옥외소화전펌프의 (⑤) 또는 옥외소화전설비의 수직배관과 수조의 접속부분에는 "옥외소화전설비용 배관"이라고 표시한 표지를 할 것

해답 ① 수위계
② 고정식 사다리
③ 조명설비
④ 청소용 배수설비
⑤ 흡수배관

해설 **옥외소화전설비용 수조**의 **설치기준**(NFPC 109 4조 ④항, NFTC 109 2.1.4)
(1) 점검에 편리한 곳에 설치할 것
(2) **동결방지조치**를 하거나 동결의 우려가 없는 장소에 설치할 것
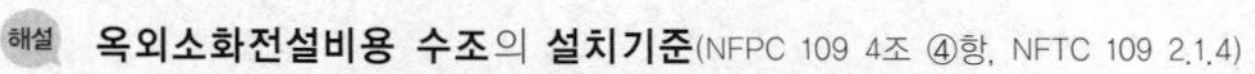
(3) 수조의 **외측**에 **수위계**를 설치할 것(단, 구조상 불가피한 경우에는 수조의 맨홀 등을 통하여 수조 안의 물의 양을 쉽게 확인할 수 있도록 할 것)
(4) 수조의 상단이 바닥보다 높은 때에는 수조의 **외측**에 **고정식 사다리**를 설치할 것
(5) 수조가 실내에 설치된 때에는 그 **실내**에 **조명설비**를 설치할 것

(6) 수조의 밑부분에는 **청소용 배수밸브** 또는 **배수관**을 설치할 것
(7) 수조의 외측의 보기 쉬운 곳에 **"옥외소화전설비용 수조"**라고 표시한 표지를 할 것. 이 경우 그 수조를 다른 설비와 겸용하는 때에는 그 겸용되는 설비의 이름을 표시한 표지를 함께 하여야 한다.
(8) 옥외소화전펌프의 **흡수배관** 또는 옥외소화전설비의 **수직배관**과 수조의 **접속부분**에는 **"옥외소화전설비용 배관"**이라고 표시한 표지를 할 것(단, 수조와 가까운 장소에 옥외소화전펌프가 설치되고 옥내소화전펌프에 표지를 설치한 때는 제외)

☆☆☆

문제 11

할론 1301을 사용하는 전역방출방식의 축압식 할론소화설비에 대한 내용 중 다음 물음에 답하시오.

(18.4.문2, 12.11.문1, 11.5.문10, 05.7.문11)

득점	배점
	15

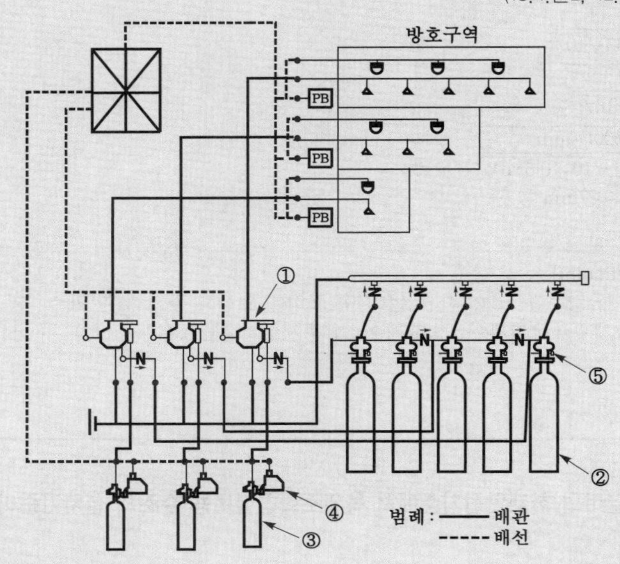

(가) 기호 ①~⑤번의 명칭을 쓰시오.
①
②
③
④
⑤

(나) ⑤번의 작동방식 3가지를 쓰시오. (단, 자동식 및 수동식은 제외한다)
○
○
○

(다) 수동식 기동장치의 조작부는 바닥으로부터 높이 몇 m 이상 몇 m 이하의 위치에 설치하여야 하는지 쓰시오.
○

(라) ②번과 ③번의 충전가스는 무엇인지 쓰시오.
○

(마) ③번의 충전비는 얼마인지 쓰시오.
○

해답 (가) ① 선택밸브
② 저장용기
③ 기동용 가스용기
④ 기동용 솔레노이드밸브
⑤ 저장용기 개방장치
(나) ① 전기식
② 기계식
③ 가스압력식
(다) 0.8m 이상 1.5m 이하
(라) ② 질소
③ 이산화탄소
(마) 1.5 이상

해설 (가)

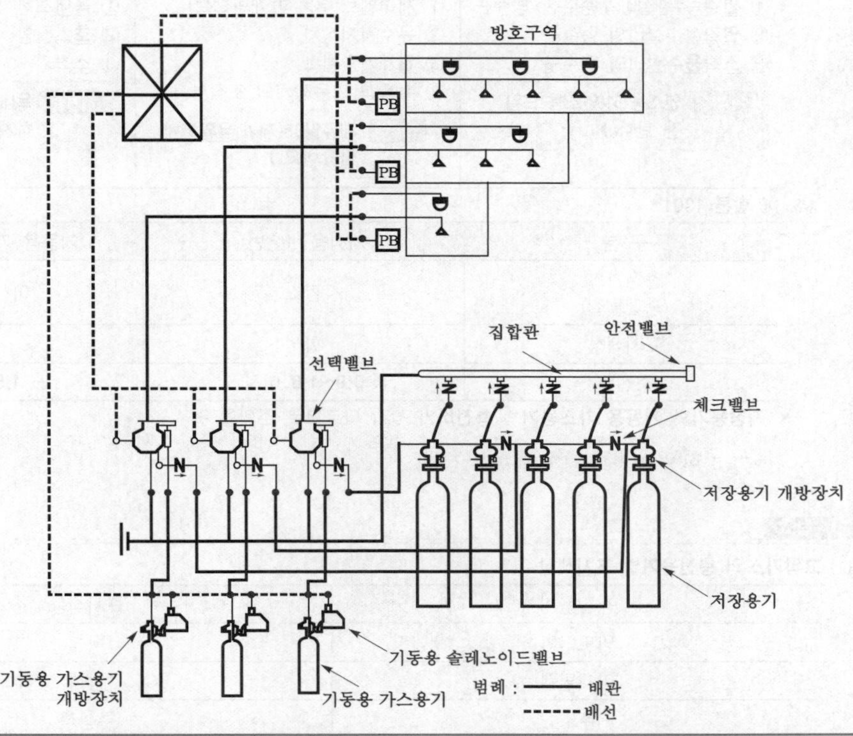

부품명칭	설 명
선택밸브	화재가 발생한 **방호구역**에만 약제가 방출될 수 있도록 하는 밸브
집합관	저장용기 윗부분에 설치되는 관으로서 **모든 배관**이 이곳에 **연결**된다.
안전밸브	**평상시 폐쇄**되어 있다가 배관 내에 **고압**이 **유발**되면 **개방**되어 배관 및 설비를 보호한다.
체크밸브	해당 방호구역에 **필요한 약제저장용기**만 개방되도록 단속하는 밸브
저장용기	소화약제를 저장하는 용기
저장용기 개방장치	기동용 가스용기의 압력에 의해 개방되어 소화약제를 방출시킨다.
기동용 솔레노이드밸브	화재감지기의 신호를 받아 작동되어 **기동용기**를 **개방**시키는 전자밸브
기동용 가스용기	**저장용기**를 **개방**시키기 위해 사용되는 가스용기
기동용 가스용기 개방장치	기동용 솔레노이드밸브에 의해 작동되어 **기동용 가스용기**를 **개방**시키는 역할을 한다.

(나) **작동방식**

구 분	방 식
① 할론소화약제의 저장용기 개방밸브방식(NFPC 107 4조 ④항, NFTC 107 2.1.4) ② 이산화탄소 소화약제의 저장용기 개방밸브방식(NFPC 106 4조 ③항, NFTC 106 2.3.2) ③ 할로겐화합물 및 불활성기체 소화설비 자동식 기동장치의 구조(NFPC 107A 8조, NFTC 107A 2.5.2)	① 전기식 ② 기계식 ③ 가스압력식

• "**가스가압식**"이 아님을 주의! "**가스압력식**" 정답!

(다) **설치높이**

0.5~1m 이하	0.8~1.5m 이하	1.5m 이하
① **연**결송수관설비의 송수구·방수구 ② **연**결살수설비의 송수구 ③ **소**화**용**수설비의 채수구 기억법 **연소용 51(연소용 오일은 잘 탄다.)**	① **제**어밸브(수동식 개방밸브) ② **유**수검지장치 ③ **일**제개방밸브 ③ 수동식 기동장치의 조작부 기억법 **제유일85(제가 유일하게 팔았어요.)**	① **옥내**소화전설비의 방수구 ② **호**스릴함 ③ **소**화기 기억법 **옥내호소 5(옥내에서 호소하시오.)**

(라), (마) **할론 1301**

구 분	저장용기(②번)	기동용 가스용기(③번)
충전가스 (충전물질)	질소	이산화탄소
표시색상	회색	청색
충전비	**0.9~1.6** 이하	**1.5** 이상

※ **저장용기**와 **기동용 가스용기**의 **충전비**가 각각 다르므로 주의할 것

• "**1.5 이상**"에서 이상까지 써야 정답!

참고

(1) **고압가스**의 **충전용기별 표시색상**

충전용기	표시색상
암모니아	백색
아세틸렌	황색
수소	주황색
산소	녹색
질소	회색
액화석유가스	회색
이산화탄소	청색

(2) **저장용기**의 **설치기준**

구 분		할론 1301	할론 1211	할론 2402
저장압력		2.5MPa 또는 4.2MPa	1.1MPa 또는 2.5MPa	–
방출압력		0.9MPa	0.2MPa	0.1MPa
저장용기의 충전비	가압식	0.9~1.6 이하	0.7~1.4 이하	0.51~0.67 미만
	축압식			0.67~2.75 이하

☆☆☆
문제 12

그림과 같은 옥내소화전설비를 조건에 따라 설치하려고 할 때 다음 물음에 답하시오.

(17.4.문4, 16.6.문9, 16.4.문15, 15.11.문9, 15.7.문1, 15.4.문16, 14.4.문5, 12.7.문1, 12.4.문1, 10.4.문14, 09.10.문10, 09.4.문10, 08.11.문16, 07.11.문11, 06.7.문7, 05.5.문5, 04.7.문8)

득점	배점
	14

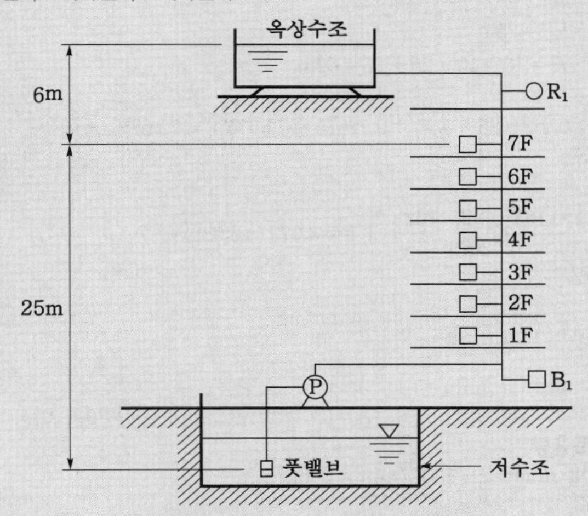

〔조건〕

① 풋밸브로부터 7층 옥내소화전함 호스접결구까지의 마찰손실 및 저항손실수두는 실양정의 40%로 한다.
② 펌프의 체적효율(η_v)$=0.95$, 기계효율(η_m)$=0.9$, 수력효율(η_h)$=0.85$이다.
③ 옥내소화전의 개수는 각 층에 4개씩이 있다.
④ 소방호스의 마찰손실수두는 10m이다.
⑤ 전동기 전달계수(K)는 1.1이다.
⑥ 그 외 사항은 국가화재안전기준에 준한다.

(가) 펌프의 최소토출량〔L/min〕을 구하시오.
 ○ 계산과정 :
 ○ 답 :

(나) 저수조의 최소수원량〔m^3〕을 구하시오.
 ○ 계산과정 :
 ○ 답 :

(다) 펌프의 최소양정〔m〕을 구하시오.
 ○ 계산과정 :
 ○ 답 :

(라) 펌프의 전효율〔%〕을 구하시오.
 ○ 계산과정 :
 ○ 답 :

(마) 하나의 옥내소화전을 사용하는 노즐선단에서의 방수압력이 몇 MPa을 초과할 경우에는 호스접결구의 인입측에 감압장치를 설치하여야 하는지 쓰시오.
 ○

(바) 펌프의 전동기동력(소요동력)은 몇 kW인지 구하시오.
 ○ 계산과정 :
 ○ 답 :

해답 (가) ○ 계산과정 : $2\times130=260\text{L/min}$
○ 답 : 260L/min
(나) ○ 계산과정 : $2.6\times2=5.2\text{m}^3$
○ 답 : 5.2m^3
(다) ○ 계산과정 : $h_1=10\text{m}$
$h_2=25\times0.4=10\text{m}$
$h_3=25\text{m}$
$H=10+10+25+17=62\text{m}$
○ 답 : 62m
(라) ○ 계산과정 : $0.9\times0.85\times0.95=0.72675=72.675\%\fallingdotseq72.68\%$
○ 답 : 72.68%
(마) 0.7MPa
(바) ○ 계산과정 : $\dfrac{0.163\times0.26\times62}{0.72675}\times1.1=3.977\fallingdotseq3.98\text{kW}$
○ 답 : 3.98kW

해설 (가)

$$Q=N\times130\text{L/min}$$

여기서, Q : 토출량(유량)〔L/min〕
N : 가장 많은 층의 소화전개수(30층 미만 : 최대 2개, 30층 이상 : 최대 5개)

펌프의 **최소토출량** Q는
$Q=N\times130\text{L/min}=2\times130\text{L/min}=260\text{L/min}$

- 그림에서 7층이므로 〔조건 ③〕에서 소화전개수 $\boldsymbol{N=2}$

(나)

$Q=2.6N$(30층 미만, N : 최대 2개)
$Q=5.2N$(30~49층 이하, N : 최대 5개)
$Q=7.8N$(50층 이상, N : 최대 5개)

여기서, Q : 수원의 저수량(수원량)〔m^3〕
N : 가장 많은 층의 소화전개수

수원의 **최소유효저수량** Q는
$Q=2.6N=2.6\times2=5.2\text{m}^3$

- 그림에서 7층이므로 〔조건 ③〕에서 소화전개수 $\boldsymbol{N=2}$
- 그림에서 7층(7F)이므로 **30층 미만** 적용

(다)

$$H=h_1+h_2+h_3+17$$

여기서, H : 전양정〔m〕
h_1 : 소방호스의 마찰손실수두〔m〕
h_2 : 배관 및 관부속품의 마찰손실수두〔m〕
h_3 : 실양정(흡입양정+토출양정)〔m〕

- $\boldsymbol{h_1=10\text{m}}$: 〔조건 ④〕에서 주어진 값
- $\boldsymbol{h_2=25\times0.4=10\text{m}}$: 〔조건 ①〕에 의해 **실양정**(h_3)의 **40%** 적용
- $\boldsymbol{h_3=25\text{m}}$: 그림에서 주어진 값
- **실양정**(h_3) : 옥내소화전펌프의 후드밸브(풋밸브)~최상층 옥내소화전의 앵글밸브까지의 수직거리
- 최고위 옥내소화전 앵글밸브에서 옥상수조까지의 수직거리는 6m를 적용하지 않는 것에 특히 주의!

펌프의 **양정** H는
$H=h_1+h_2+h_3+17=10+10+25+17=62\text{m}$

(라) **펌프**의 **전효율**

$$\eta_T=\eta_m\times\eta_h\times\eta_v$$

여기서, η_T : 펌프의 전효율
η_m : 기계효율
η_h : 수력효율
η_v : 체적효율

펌프의 **전효율** η_T는

$$\eta_T = \eta_m \times \eta_h \times \eta_v = 0.9 \times 0.85 \times 0.95 = 0.72675$$
$$= 72.675\% \fallingdotseq 72.68\%$$

- %로 답하라고 했으므로 0.72675로 답하면 틀린다.
- 1=100%이므로 0.72675=72.675%

(마)

구 분	옥내소화전설비	옥외소화전설비	비 고
방수압력	0.17~0.7MPa	0.25~0.7MPa	**0.7MPa** 초과시 **호스접결구**의 **인입측**에 **감압장치** 설치
방수량	130L/min	350L/min	–

(바) **펌프**의 **전동력(소요동력)**

$$P = \frac{0.163QH}{\eta}K$$

여기서, P : 전동력(전동기 동력)[kW]
Q : 유량[m³/min]
H : 전양정[m]
K : 전달계수
η : 효율

펌프의 **전동력** P는

$$P = \frac{0.163QH}{\eta}K = \frac{0.163 \times 260\text{L/min} \times 62\text{m}}{0.72675} \times 1.1$$
$$= \frac{0.163 \times 0.26\text{m}^3/\text{min} \times 62\text{m}}{0.72675} \times 1.1 = 3.977 \fallingdotseq 3.98\text{kW}$$

- Q=**260L/min** : (가)에서 구한 값으로 1000L=1m³이므로 0.26m³/min
- H=**62m** : (다)에서 구한 값
- η=**0.72675** : 바로 위에서 구한 값
- K=**1.1** : [조건 ⑤]에서 주어진 값

☆☆☆

문제 13

옥외소화전설비의 화재안전기준에서 하나의 옥외소화전을 사용하는 노즐선단에서의 방수압력이 몇 MPa을 초과할 경우에는 호스접결구의 인입측에 감압장치를 설치하여야 하는지 쓰시오.

(17.4.문9, 16.4.문15, 15.11.문9, 14.7.문3, 12.7.문1, 12.4.문1, 07.11.문11, 05.5.문5)

○

득점	배점
	3

해답 0.7MPa

해설 **옥내소화전설비** vs **옥외소화전설비**

구 분	옥내소화전설비	옥외소화전설비	비 고
방수압력	0.17~0.7MPa	0.25~0.7MPa	**0.7MPa** 초과시 **호스접결구**의 **인입측**에 **감압장치** 설치
방수량	130L/min	350L/min	–
노즐구경	13mm	19mm	–
호스구경	40mm(호스릴 : 25mm)	65mm	–

☆

문제 14

분말소화설비의 화재안전기준에 따라 분말소화설비를 설치하고 분말소화약제 50kg을 충전하였다. 축압용 가스로 이산화탄소를 사용할 경우 몇 kg 이상으로 하여야 하는지 구하시오.

득점	배점
	4

○ 계산과정 :

○ 답 :

해답 ○ 계산과정 : $50 \times 20 = 1000\text{g} = 1\text{kg}$

○ 답 : 1kg

해설 **가압식**과 **축압식**의 **설치기준**(NFPC 108 5조 ④항, NFTC 108 2.2.4.1)

사용가스 \ 구 분	가압식	축압식
N_2(질소)	40L/kg 이상	10L/kg 이상
CO_2(이산화탄소)	20g/kg+배관청소 필요량 이상	**20g/kg**+배관청소 필요량 이상

※ 배관청소용 가스는 별도의 용기에 저장한다.

축압용 가스(이산화탄소)량[L]=소화약제량[kg]×20g/kg

=50kg×20g/kg=1000g=1kg

- 축압식 : 문제에서 **축압용 가스**이므로 **축압식**
- 50kg : 문제에서 주어진 값
- 1000g=1kg

☆☆☆

문제 15

어떤 사무소 건물의 지하층에 있는 발전기실에 전역방출방식의 이산화탄소 소화설비를 설치하려고 한다. 화재안전기준과 주어진 조건에 의하여 다음 각 물음에 답하시오.

(18.6.문13, 17.6.문7, 17.4.문6, 14.11.문13, 13.11.문6, 11.7.문7, 09.4.문9, 08.11.15, 06.11.문15)

득점	배점
	10

[조건]

① 소화설비는 고압식으로 한다.

② 발전기실의 크기 : 가로 5m×세로 8m×높이 4m

③ 발전기실의 개구부 크기 : 1.8m×3m×2개소(자동폐쇄장치 없음)

④ 가스용기 1병당 충전량 : 50kg

⑤ 가스량은 다음 표를 이용하여 산출한다.

방호구역의 체적[m^3]	소화약제의 양[kg/m^3]	소화약제저장량의 최저한도[kg]
50 이상~150 미만	0.9	50
150 이상~1500 미만	0.8	135

※ 개구부가산량은 $5kg/m^2$로 한다.

(가) 발전기실에 필요한 가스용기의 수는 몇 병인지 구하시오.

○ 계산과정 :

○ 답 :

(나) 분사헤드의 방출압력은 21℃에서 몇 MPa 이상이어야 하는지 쓰시오.

○

(다) 강관을 사용하는 경우의 배관은 압력배관용 탄소강관(KS D 3562) 중 스케줄 얼마 이상의 것을 사용하여야 하는지 쓰시오.
○

(라) 소화약제 저장용기의 온도는 몇 ℃ 이하이어야 하는지 쓰시오.
○

해답 (가) ○ 계산과정 : CO_2저장량 $= (5\times8\times4)\times0.8 = 128\text{kg}(\therefore\ 135\text{kg})$
$= 135+(1.8\times3\times2)\times5 = 189\text{kg}$

$$\text{가스용기수} = \frac{189}{50} = 3.7 \fallingdotseq 4\text{병}$$

○ 답 : 4병

(나) 2.1MPa 이상
(다) 80
(라) 40℃

해설 (가) **발전기실** 가스용기수의 산정
방호구역체적=5m×8m×4m=**160m³**로서 〔조건 ⑤〕에서 방호구역체적이 150~1500m³ 미만에 해당되므로 소화약제의 양은 **0.8kg/m³**

> **CO_2 저장량**〔kg〕
> =방호구역체적〔m³〕×약제량〔kg/m³〕+개구부면적〔m²〕×개구부가산량(5kg/m²)

=160m³×0.8kg/m³+(1.8m×3m×2개소)×5kg/m²=135kg+(1.8m×3m×2개소)×5kg/m²=189kg
128kg(∴ 135kg)

$$\therefore\ \text{가스용기수} = \frac{\text{약제저장량}}{\text{충전량}} = \frac{189\text{kg}}{50\text{kg}} = 3.7 \fallingdotseq 4\text{병}$$

- 〔조건 ③〕에서 발전기실은 자동폐쇄장치가 없으므로 개구부면적 및 개구부가산량 적용
- 〔조건 ⑤〕의 표 아래에 개구부가산량은 5kg/m² 적용
- 충전량은 〔조건 ④〕에서 **50kg**
- 가스용기수 산정시 계산결과에서 **소수**가 발생하면 반드시 **절상**

(나) 이산화탄소 소화설비의 분사헤드의 방사압력(방출압력) ┬ 고압식 : **2.1MPa** 이상
└ 저압식 : **1.05MPa** 이상

- 〔조건 ①〕에서 소화설비는 **고압식**이므로 방사압력은 **2.1MPa** 이상이 된다.

비교

(1) **이산화탄소 소화설비**의 **내압시험압력 및 안전장치**의 **작동압력**(NFPC 106 4·6·8·10조, NFTC 106 2.1.2, 2.3.2.3, 2.5.1, 2.7)
① 기동용기의 내압시험압력 : **25MPa** 이상
② 저장용기의 내압시험압력 ┬ 고압식 : **25MPa** 이상
└ 저압식 : **3.5MPa** 이상
③ 기동용기의 안전장치 작동압력 : **내압시험압력의 0.8~내압시험압력 이하**
④ 저장용기와 선택밸브 또는 개폐밸브의 안전장치 작동압력 : 내압시험압력의 **0.8배**
⑤ 개폐밸브 또는 선택밸브의 배관부속 시험압력 ┬ 고압식 ┬ 1차측 : **4MPa**
│ └ 2차측 : **2MPa**
└ 저압식 ─ 1·2차측 : **2MPa**

(2) **이산화탄소 소화설비**의 **배관**
① 강관 ┬ 고압식 : 압력배관용 탄소강관 **스케줄 80**(호칭구경 20mm 이하는 스케줄 40) 이상
└ 저압식 : 압력배관용 탄소강관 스케줄 **40** 이상
② 동관 ┬ 고압식 : **16.5MPa** 이상
└ 저압식 : **3.75MPa** 이상

(다) **이산화탄소 소화설비**의 **배관설치기준**

① **강관**을 사용하는 경우의 배관은 **압력배관용 탄소강관** 중 **스케줄 80 이상**(저압식에 있어서는 **스케줄 40**) 이상의 것 또는 이와 동등 이상의 강도를 가진 것으로 **아연도금** 등으로 방식처리된 것을 사용할 것(단, 배관의 호칭구경이 **20mm** 이하인 경우에는 **스케줄 40** 이상인 것을 사용할 수 있다.)

② **동관**을 사용하는 경우의 배관은 이음이 없는 동 및 동합금관(KS D 5301)으로서 **고압식**은 **16.5MPa** 이상, **저압식**은 **3.75MPa** 이상의 압력에 견딜 수 있는 것을 사용할 것

비교

할론소화설비의 **배관**

(1) 강관 ┌ 고압식 : 압력배관용 탄소강관 스케줄 **80** 이상
　　　　└ 저압식 : 압력배관용 탄소강관 스케줄 **40** 이상

(2) 동관 ┌ 고압식 : **16.5MPa** 이상
　　　　└ 저압식 : **3.75MPa** 이상

(라) 저장용기 온도가 **40℃ 이하**이고, 온도변화가 적은 곳에 설치하여야 한다.

중요

저장용기 온도

40℃ 이하	55℃ 이하
• 이산화탄소 소화설비 • 할론소화설비 • 분말소화설비	할로겐화합물 및 불활성기체 소화설비

☆☆☆

문제 16

바닥면적이 $360m^2$인 다른 거실의 피난을 위한 경유거실의 제연설비에 대해 다음 물음에 답하시오.

(17.6.문10, 15.7.문10, 14.4.문1, 13.11.문10, 11.7.문11, 08.4.문15)

득점	배점
	12

(가) 소요배출량(m^3/h)을 구하시오.

○ 계산과정 :

○ 답 :

(나) 배출기의 배출측 풍도의 높이를 600mm로 할 때 풍도의 최소폭(mm)을 구하시오.

○ 계산과정 :

○ 답 :

(다) 송풍기의 전압이 25mmAq, 회전수는 1200rpm이고 효율이 55%인 다익송풍기 사용시 전동기 동력(kW)을 구하시오. (단, 송풍기의 여유율은 20%이다.)

○ 계산과정 :

○ 답 :

(라) 송풍기의 회전차 크기를 변경하지 않고 배출량을 20% 증가시킨 경우의 회전수로 운전할 때 송풍기의 전압(mmAq)을 구하시오.

○ 계산과정 :

○ 답 :

(마) 예상제연구역의 각 부분으로부터 하나의 배출구까지의 수평거리는 몇 m 이내가 되도록 하여야 하는지 쓰시오.

○

해답 (가) ○ 계산과정 : $360 \times 1 = 360\text{m}^3/\text{min}$

$360 \times 60 = 21600\text{m}^3/\text{h}$

○ 답 : $21600\text{m}^3/\text{h}$

(나) ○ 계산과정 : $Q = 21600/3600 = 6\text{m}^3/\text{s}$

$$A = \frac{6}{20} ≒ 0.3\text{m}^2$$

$$L = \frac{0.3}{0.6} = 0.5\text{m} = 500\text{mm}$$

○ 답 : 500mm

(다) ○ 계산과정 : $\dfrac{25 \times 360}{102 \times 60 \times 0.55} \times 1.2 = 3.208 ≒ 3.21\text{kW}$

○ 답 : 3.21kW

(라) ○ 계산과정 : $1200 \times 1.2 = 1440\text{rpm}$

$$25 \times \left(\frac{1440}{1200}\right)^2 = 36\text{mmAq}$$

○ 답 : 36mmAq

(마) 10m

해설 (가)

배출량$[\text{m}^3/\text{min}]$=바닥면적$[\text{m}^2] \times 1\text{m}^3/\text{m}^2 \cdot \text{min}$

$= 360\text{m}^2 \times 1\text{m}^3/\text{m}^2 \cdot \text{min}$
$= 360\text{m}^3/\text{min}$

$\text{m}^3/\text{min} \rightarrow \text{m}^3/\text{h}$ 로 변환하면

$360\text{m}^3/\text{min} = 360\text{m}^3/\text{min} \times 60\text{min/h}$
$= \mathbf{21600m^3/h}$

(나) $Q = 21600\text{m}^3/\text{h} = 21600\text{m}^3/3600\text{s} = \mathbf{6m^3/s}$이다.

배출기 흡입측 풍도 안의 풍속은 **15m/s** 이하로 하고, 배출측 풍속은 **20m/s** 이하로 한다.

$$Q = AV$$

여기서, Q : 배출량(유량)$[\text{m}^3/\text{min}]$
A : 단면적$[\text{m}^2]$
V : 풍속(유속)[m/s]

배출측 단면적 $A = \dfrac{Q}{V} = \dfrac{6\text{m}^3/\text{s}}{20\text{m/s}} ≒ 0.3\text{m}^2$

배출측 풍도의 폭 $L = \dfrac{\text{단면적}[\text{m}^2]}{\text{높이}[\text{m}]} = \dfrac{0.3\text{m}^2}{0.6\text{m}} = 0.5\text{m} = 500\text{mm}$

• (나)에서 배출측 풍도의 높이는 600mm=**0.6m**이다.

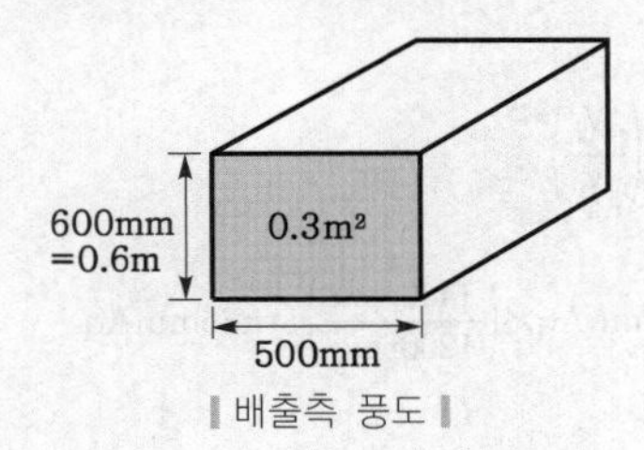

‖ 배출측 풍도 ‖

아하! 그렇구나 **제연설비의 풍속**(NFPC 501 9 · 10조, NFTC 501 2.6.2.2, 2.7.1)

조 건	풍 속
• 배출기의 흡입측 풍속	**15m/s** 이하
• 배출기의 배출측 풍속 • 유입풍도 안의 풍속	→ **20m/s** 이하

(다)

$$P=\frac{P_T Q}{102\times 60\eta}K$$

여기서, P : 송풍기 동력(전동기 동력)〔kW〕, P_T : 전압(풍압)〔mmAq, mmH_2O〕
Q : 풍량(배출량)〔m^3/min〕, K : 여유율, η : 효율

송풍기의 **전동기 동력** P는

$$P=\frac{P_T Q}{102\times 60\eta}K=\frac{25\text{mmAq}\times 360\text{m}^3/\text{min}}{102\times 60\times 0.55}\times 1.2=3.208 ≒ 3.21\text{kW}$$

- 배연설비(제연설비)에 대한 동력은 반드시 $P=\frac{P_T Q}{102\times 60\eta}K$를 적용하여야 한다. 우리가 알고 있는 일반적인 식 $P=\frac{0.163QH}{\eta}K$를 적용하여 풀면 틀린다.
- $K=$**1.2** : (다)의 단서에서 여유율이 20%이므로 100%+20%=120%로서 **1.2**(여유율은 항상 100을 더해야 한다.)
- $P_T=$**25mmAq** : (다)에서 주어진 값
- $Q=$**360m³/min** : (가)에서 구한 값
- $\eta=$**0.55** : (다)의 문제에서 55%=**0.55**

(라)

$$Q_2=Q_1\left(\frac{N_2}{N_1}\right)$$

$$\frac{Q_2}{Q_1}=\frac{N_2}{N_1}$$

$$\frac{N_2}{N_1}=\frac{Q_2}{Q_1}$$ ← 좌우변 이항

$$N_2=N_1\left(\frac{Q_2}{Q_1}\right)=1200\text{rpm}\times 1.2=1440\text{rpm}$$

- 1200rpm : (다)에서 주어진 값
- 1.2 : (라)에서 **배출량**을 **20% 증가**시키므로 $\frac{Q_2}{Q_1}$=100%+20%=120%로서 **1.2**

$$H_2=H_1\left(\frac{N_2}{N_1}\right)^2$$

$$=25\text{mmAq}\times\left(\frac{1440\text{rpm}}{1200\text{rpm}}\right)^2=36\text{mmAq}$$

- 25mmAq : (다)에서 주어진 값
- 1440rpm : 바로 위에서 구한 값
- 1200rpm : (다)에서 주어진 값

참고

유량, 양정, 축동력

유량(풍량, 배출량)	양정(전압)	축동력
$Q_2 = Q_1\left(\frac{N_2}{N_1}\right)\left(\frac{D_2}{D_1}\right)^3$ 또는 $Q_2 = Q_1\left(\frac{N_2}{N_1}\right)$ 여기서, Q_2 : 변경 후 유량(풍량)[m³/min] Q_1 : 변경 전 유량(풍량)[m³/min] N_2 : 변경 후 회전수[rpm] N_1 : 변경 전 회전수[rpm] D_2 : 변경 후 관경[mm] D_1 : 변경 전 관경[mm]	$H_2 = H_1\left(\frac{N_2}{N_1}\right)^2\left(\frac{D_2}{D_1}\right)^2$ 또는 $H_2 = H_1\left(\frac{N_2}{N_1}\right)^2$ 여기서, H_2 : 변경 후 양정(전압)[m] H_1 : 변경 전 양정(전압)[m] N_2 : 변경 후 회전수[rpm] N_1 : 변경 전 회전수[rpm] D_2 : 변경 후 관경[mm] D_1 : 변경 전 관경[mm]	$P_2 = P_1\left(\frac{N_2}{N_1}\right)^3\left(\frac{D_2}{D_1}\right)^5$ 또는 $P_2 = P_1\left(\frac{N_2}{N_1}\right)^3$ 여기서, P_2 : 변경 후 축동력[kW] P_1 : 변경 전 축동력[kW] N_2 : 변경 후 회전수[rpm] N_1 : 변경 전 회전수[rpm] D_2 : 변경 후 관경[mm] D_1 : 변경 전 관경[mm]

(마) ① **수평거리**

거 리	구 분
• 수평거리 10m 이하 ←	• 예상제연구역
• 수평거리 15m 이하	• 분말호스릴 • 포호스릴 • CO_2 호스릴(이산화탄소 호스릴)
• 수평거리 20m 이하	• 할론 호스릴
• 수평거리 25m 이하	• 옥내소화전 방수구 • 옥내소화전 호스릴 • 포소화전 방수구(차고·주차장) • 연결송수관 방수구(지하가) • 연결송수관 방수구(지하층 바닥면적 3000m² 이상)
• 수평거리 40m 이하	• 옥외소화전 방수구
• 수평거리 50m 이하	• 연결송수관 방수구(사무실)

② **보행거리**

거 리	구 분
• 보행거리 20m 이내	• 소형소화기
• 보행거리 30m 이내	• 대형소화기

용어

수평거리와 **보행거리**

(1) 수평거리 : 직선거리로서 반경을 의미하기도 한다.
(2) 보행거리 : 걸어서 간 거리를 의미한다.

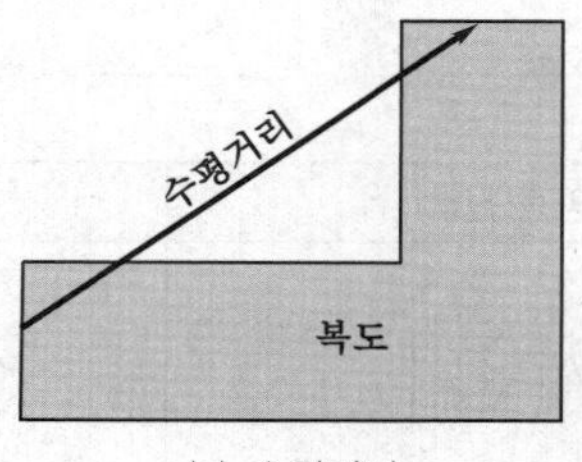

(a) 수평거리

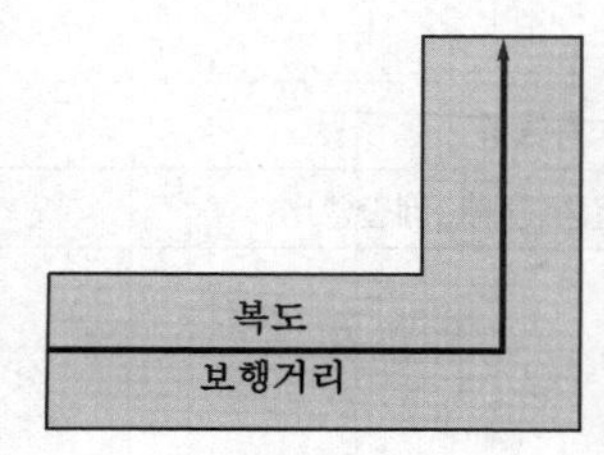

(b) 보행거리

‖ 수평거리와 보행거리 ‖

☆☆☆
문제 17

어느 특정소방대상물에 옥내소화전 5개를 화재안전기준과 다음 조건에 따라 설치하려고 한다. 다음 각 물음에 답하시오.

(15.4.문10, 10.10.문2)

득점	배점
	8

〔조건〕

① 수조는 지하수조의 저수량만 고려하고 옥상수조는 고려하지 않는다.
② 펌프에서 가장 높은 옥내소화전까지의 직관길이는 300m, 관의 내경은 80mm이다.
③ 펌프의 실양정 H=50m, 효율 η=65%, 전달계수 K=1.2
④ 모든 규격치는 최소량을 적용한다.

(가) 배관의 유속〔m/s〕은 얼마인가?
 ○ 계산과정 :
 ○ 답 :

(나) 직관부분에서의 마찰손실수두는 얼마인가? (단, Darcy Weisbach의 식을 사용하고 마찰손실계수는 0.02)
 ○ 계산과정 :
 ○ 답 :

(다) 펌프의 최소동력은 몇 kW인가?
 ○ 계산과정 :
 ○ 답 :

해답 (가) ○ 계산과정 : $Q = 2 \times 130 = 260\text{L/min} = 0.26\text{m}^3/\text{min}$

$$V = \frac{0.26/60}{\frac{\pi}{4} \times 0.08^2} = 0.862 \fallingdotseq 0.86\text{m/s}$$

○ 답 : 0.86m/s

(나) ○ 계산과정 : $\frac{0.02 \times 300 \times 0.86^2}{2 \times 9.8 \times 0.08} \fallingdotseq 2.83\text{m}$

○ 답 : 2.83m

(다) ○ 계산과정 : $H=2.83+50+17=69.83\text{m}$

$$P=\frac{0.163\times0.26\times69.83}{0.65}\times1.2=5.463 \fallingdotseq 5.46\text{kW}$$

○ 답 : 5.46kW

(가) **유량**

$$Q=N\times130$$

여기서, Q : 가압송수장치의 토출량(유량)[L/min]

N : 가장 많은 층의 소화전개수(30층 미만 : 최대 2개, 30층 이상 : 최대 5개)

펌프의 **유량** Q는

$Q=N\times130=2\times130=260\text{L/min}=0.26\text{m}^3/\text{min}$

- 문제에서 옥내소화전이 5개 설치되어 있지만 최대 2개까지 적용하여 $N=2$
- 문제에서 층수가 명확히 주어지지 않았으면 **30층 미만**으로 보면 된다.

$$Q=AV=\left(\frac{\pi}{4}D^2\right)V$$

여기서, Q : 유량[m³/s]

A : 단면적[m²]

V : 유속[m/s]

D : 내경[m]

유속 $V=\dfrac{Q}{\frac{\pi}{4}D^2}=\dfrac{0.26\text{m}^3/\text{min}}{\frac{\pi}{4}\times(80\text{mm})^2}=\dfrac{0.26\text{m}^3/60\text{s}}{\frac{\pi}{4}\times(0.08\text{m})^2}=0.862 \fallingdotseq 0.86\text{m/s}$

- $Q=0.26\text{m}^3/60\text{s}$: 1min=60s이므로 $0.26\text{m}^3/\text{min}=0.26\text{m}^3/60\text{s}$
- $D=0.08\text{m}$: 1000mm=1m이므로 80mm=0.08m

(나) **Darcy Weisbach 식**

$$H=\frac{flV^2}{2gD}$$

여기서, H : 마찰손실수두[m]

f : 관마찰계수(마찰손실계수)

l : 길이[m]

V : 유속[m/s]

g : 중력가속도(9.8m/s²)

D : 내경[m]

마찰손실수두 H는

$H=\dfrac{flV^2}{2gD}=\dfrac{0.02\times300\text{m}\times(0.86\text{m/s})^2}{2\times9.8\text{m/s}^2\times0.08\text{m}} \fallingdotseq 2.83\text{m}$

- $V=$**0.86m/s** : 바로 위에서 구한 값
- $D=$**0.08m** : 1000mm=1m이므로 [조건 ②]에서 80mm=0.08m

(다) **전양정**

$$H=h_1+h_2+h_3+17$$

여기서, H : 전양정[m]

h_1 : 소방호스의 마찰손실수두[m]

h_2 : 배관 및 관부속품의 마찰손실수두[m]

h_3 : 실양정(흡입양정+토출양정)[m]

- h_1 : 주어지지 않았으므로 무시
- $h_2 = 2.83\text{m}$: 직관(배관)의 마찰손실수두만 (나)에서 구한 값
- $h_3 = 50\text{m}$: 〔조건 ③〕에서 주어진 값

$H = h_1 + h_2 + h_3 + 17 = 2.83\text{m} + 50\text{m} + 17 = 69.83\text{m}$

펌프동력

$$P = \frac{0.163QH}{\eta}K$$

여기서, P : 전동력(전동기의 동력)〔kW〕
Q : 유량〔m^3/min〕
H : 전양정〔m〕
K : 전달계수
η : 효율

전동기의 **동력** P는

$$P = \frac{0.163QH}{\eta}K = \frac{0.163 \times 0.26\text{m}^3/\text{min} \times 69.83\text{m}}{0.65} \times 1.2 = 5.463 \fallingdotseq 5.46\text{kW}$$

- Q = **0.26m³/min** : (가)에서 구한 값
- H = **69.83m** : 바로 위에서 구한 값
- η = **0.65** : 〔조건 ③〕에서 65%=0.65
- K = **1.2** : 〔조건 ③〕에서 주어진 값
- **"전동기 직결, 전동기 이외의 원동기"**라는 말이 있으면 아래 표의 수치 적용

‖ 전달계수 K의 값 ‖

동력 형식	K의 수치
전동기 직결	1.1
전동기 이외의 원동기	1.15~1.2

목표가 확실한 사람은 아무리 거친 길이라도 앞으로 나아갈 수 있습니다.
여러분은 목표가 확실한 사람입니다.

- 토마스 칼라일 -

과년도 기출문제

2018년 소방설비산업기사 실기(기계분야)

** 수험자 유의사항 **

- 일반사항

1. 시험문제를 받는 즉시 응시하고자 하는 종목의 문제지가 맞는지를 확인하여야 합니다.
2. 시험문제지 총면수 · 문제번호 순서 · 인쇄상태 등을 확인하고(**확인 이후 시험문제지 교체불가**), 수험번호 및 성명을 답안지에 기재하여야 합니다.
3. 부정 또는 불공정한 방법(시험문제 내용과 관련된 메모지 사용 등)으로 시험을 치른 자는 부정행위자로 처리되어 당해 시험을 중지 또는 무효로 하고, 3년간 국가기술자격검정의 응시자격이 정지됩니다.
4. 저장용량이 큰 전자계산기 및 유사 전자제품 사용 시에는 반드시 저장된 메모리를 초기화한 후 사용하여야 하며, 시험위원이 초기화 여부를 확인할 시 협조하여야 합니다. 초기화되지 않은 전자계산기 및 유사 전자제품을 사용하여 적발 시에는 부정행위로 간주합니다.
5. 시험 중에는 통신기기 및 전자기기(휴대용 전화기 및 **스마트워치** 등)를 지참하거나 사용할 수 없습니다.
6. **문제 및 답안(지), 채점기준은 공개하지 않습니다.**
7. 복합형 시험의 경우 시험의 전 과정(필답형, 작업형)을 응시하지 않은 경우 채점대상에서 제외합니다.
8. 국가기술자격 시험문제는 일부 또는 전부가 저작권법상 보호되는 저작물이고, 저작권자는 한국산업인력공단입니다. 문제의 일부 또는 전부를 무단 복제, 배포, 출판, 전자출판 하는 등 저작권을 침해하는 일체의 행위를 금합니다.

- 채점사항

1. 수험자 인적사항 및 계산식을 포함한 답안작성은 흑색 필기구만 사용해야 하며, 그 외 연필류, 빨간색, 청색 등 필기구로 작성한 답항은 0점 처리되오니 불이익을 당하지 않도록 유의해 주시기 바랍니다.
2. 답란에는 문제와 관련 없는 불필요한 낙서나 특이한 기록사항 등을 기재하여서는 안 되며, 답안지의 인적사항 기재란 외의 부분에 답안과 관련 없는 **특수한 표시를 하거나 특정인임을 암시하는 경우 답안지 전체를 0점 처리합니다.**
3. 계산문제는 반드시 「계산과정」과 「답」란에 기재하여야 하며, **계산과정이 틀리거나 없는 경우 0점 처리됩니다.**
4. 계산문제는 최종 결과 값(답)에서 소수 셋째자리에서 반올림하여 둘째자리까지 구하여야 하나 개별문제에서 소수 처리에 대한 요구사항이 있을 경우 그 요구사항에 따라야 합니다.
5. 답에 단위가 없으면 오답으로 처리됩니다. (단, 문제의 요구사항에 단위가 주어졌을 경우는 생략되어도 무방합니다.)
6. 문제에서 요구한 가지수(항수) 이상을 답란에 표기한 경우에는 답란기재 순으로 요구된 가지수(항수)만 채점하고 한 항에 여러 가지를 기재하더라도 한 가지로 보며 그중 정답과 오답이 함께 기재되어 있을 경우 오답으로 처리됩니다.
7. 답안 정정 시에는 정정하고자 하는 단어에 두 줄(=)을 긋고 다시 기재 가능하며, 수정테이프 등은 사용할 수 없으며, 수정테이프 사용 시 채점대상에서 제외됨을 알려드립니다.

※ 수험자 유의사항 미준수로 인한 채점상의 불이익은 수험자 본인에게 책임이 있습니다.

18년

2018. 4. 14 시행

2018년 산업기사 제1회 필답형 실기시험

자격종목	시험시간	형별	수험번호	성명	감독위원 확인
소방설비산업기사(기계분야)	2시간 30분				

※ 다음 물음에 답을 해당 답란에 답하시오.(배점 : 100)

☆☆☆

문제 01

차고에 분말소화설비를 전역방출방식으로 설치하려고 한다. 다음 조건을 참조하여 각 물음에 답하시오.

(13.7.문2, 04.4.문13·14)

유사문제부터 풀어보세요. 실력이 팍!팍! 올라갑니다.

득점	배점
	8

〔조건〕

① 특정소방대상물의 크기는 가로 12m, 세로 15m, 높이 3.5m인 내화구조로 되어 있다.

② 특정소방대상물의 중앙에 가로 1m, 세로 1m 기둥이 있고, 기둥을 통과하면서 가로, 세로 보가 교차되어 있으며, 보는 천장으로부터 0.6m 너비 0.4m의 크기이고, 보와 기둥은 내열성 재료이다.

③ 차고에는 $6m^2$인 개구부가 1개 설치되어 있으며, 자동폐쇄장치가 설치되어 있지 않다.

④ 방호공간에 내화구조 또는 내열성 밀폐재료가 설치된 경우에는 방호공간에서 제외할 수 있다.

⑤ 소화약제 산정기준 및 기타 필요한 사항은 국가화재안전기준에 준한다.

(가) 다음 (　　) 안을 완성하시오.

○ 분진이 많이 날리는 곳에는 제(①)종 분말소화약제가 적당하며 주성분은 (②)이며, (③)으로 착색되며 일반화재에도 높은 소화효과를 나타낸다.

(나) 방호구역의 체적$[m^3]$을 구하시오.

○ 계산과정 :　　　　　　○ 답 :

(다) 방호구역의 체적 $1m^3$에 대한 소화약제의 양$[kg/m^3]$은?

(라) 방호구역의 개구부 $1m^2$에 대한 개구부 가산량$[kg/m^2]$은?

(마) 필요한 분말소화약제의 저장량[kg]을 구하시오.

○ 계산과정 :　　　　　　○ 답 :

해답 (가) ① 3　② 인산암모늄　③ 담홍색

(나) ○ 계산과정 : $(12\times15\times3.5)-(1\times1\times3.5+2.64+3.36)=620.5m^3$

○ 답 : $620.5m^3$

(다) $0.36kg/m^3$

(라) $2.7kg/m^2$

(마) ○ 계산과정 : $620.5\times0.36+6\times2.7=239.58$kg

○ 답 : 239.58kg

해설 (가) 분진이 많이 날리는 곳에는 **제3종** 분말소화약제가 적당하며 주성분은 **인산암모늄($NH_4H_2PO_4$)**이며, **담홍색**으로 착색되며 일반화재에도 높은 소화효과를 나타낸다. **열**분해시 **메타인산**(HPO_3)이 생성되어 **피막작용**과 **방진효과**를 나타낸다.

용어

방진효과

약제가 가연물의 표면을 덮어서 연소에 필요한 산소의 유입을 차단하는 효과

중요

(1) **화재적응성**

제1종 분말	제3종 분말
식용유 및 **지방질유**의 화재에 적합	**차고 · 주차장 · 분진이 많이 날리는 곳**에 적합

(2) **분말소화약제**

종류 (종별)	주성분 (약제명)	착 색	적응 화재	충전비 〔L/kg〕	저장량	순도 (함량)
제1종	탄산수소나트륨 ($NaHCO_3$)	백색	BC급	0.8	50kg	90% 이상
제2종	탄산수소칼륨 ($KHCO_3$)	담자색 (담회색)	BC급	1.0	30kg	92% 이상
제3종	인산암모늄 ($NH_4H_2PO_4$)	담홍색	ABC급	1.0	30kg	75% 이상
제4종	탄산수소칼륨+요소 ($KHCO_3+(NH_2)_2CO$)	회(백)색	BC급	1.25	20kg	－

(나) 방호구역체적 $=(12m\times15m\times3.5m)-(1m\times1m\times3.5m+2.64m^3+3.36m^3)=620.5m^3$

- 방호구역체적은 〔조건 ②〕, 〔조건 ④〕에 의해 기둥(1m×1m×3.5m)과 보($2.64m^3+3.36m^3$)의 체적은 제외한다.
- 보의 체적
  - 가로보 : $(5.5m\times0.6m\times0.4m)\times2$개(양쪽)$=2.64m^3$
  - 세로보 : $(7m\times0.6m\times0.4m)\times2$개(양쪽)$=3.36m^3$

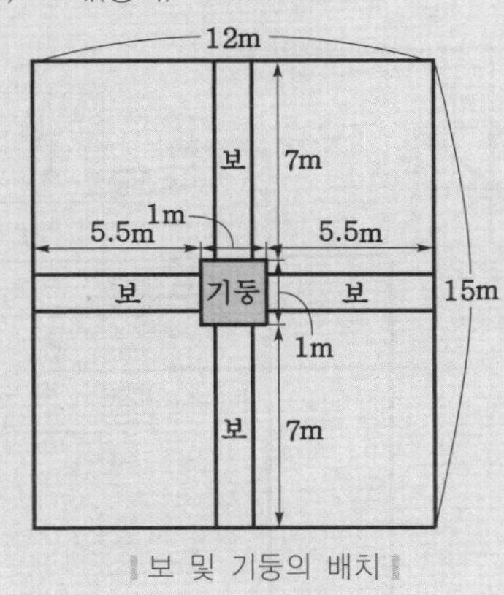

‖ 보 및 기둥의 배치 ‖

(다), (라)

‖ 전역방출방식의 약제량 및 개구부가산량 ‖

약제 종별	약제량	개구부가산량(자동폐쇄장치 미설치시)
제1종 분말	$0.6kg/m^3$	$4.5kg/m^2$
제2 · 3종 분말 →	$0.36kg/m^3$	$2.7kg/m^2$
제4종 분말	$0.24kg/m^3$	$1.8kg/m^2$

- 문제에서 **'차고'**는 ABC급 화재 모두 해당되므로 **제3종 분말소화약제** 사용

(마) **전역방출방식**

자동폐쇄장치가 설치되어 있지 않는 경우	자동폐쇄장치가 설치되어 있는 경우
분말저장량〔kg〕=방호구역체적〔m^3〕×약제량〔kg/m^3〕 +개구부면적〔m^2〕×개구부가산량〔kg/m^2〕	**분말저장량**〔kg〕=방호구역체적〔m^3〕×약제량〔kg/m^3〕

〔조건 ③〕에서 **자동폐쇄장치**가 **설치**되어 있지 않으므로

분말저장량〔kg〕=방호구역체적〔m^3〕×약제량〔kg/m^3〕+개구부면적〔m^2〕×개구부가산량〔kg/m^2〕

$=620.5m^3 \times 0.36kg/m^3 + 6m^2 \times 2.7kg/m^2$

$=239.58kg$

- $620.5m^3$: (나)에서 구한 값
- $0.36kg/m^3$: (다)에서 구한 값
- $6m^2$: 〔조건 ③〕에서 주어진 값
- $2.7kg/m^2$: (라)에서 구한 값

☆☆

문제 02

할론 1301을 사용하는 전역방출방식의 축압식 할론소화설비에 대한 내용 중 다음 물음에 답하시오.

(11.5.문10, 05.7.문11)

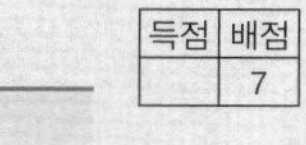

득점	배점
	7

(가) 다음 기호 ①~⑤의 명칭을 쓰시오.

①	②	③	④	⑤

(나) 저장용기의 충전비와 표시색상을 쓰시오.

○ 충전비 :

○ 표시색상 :

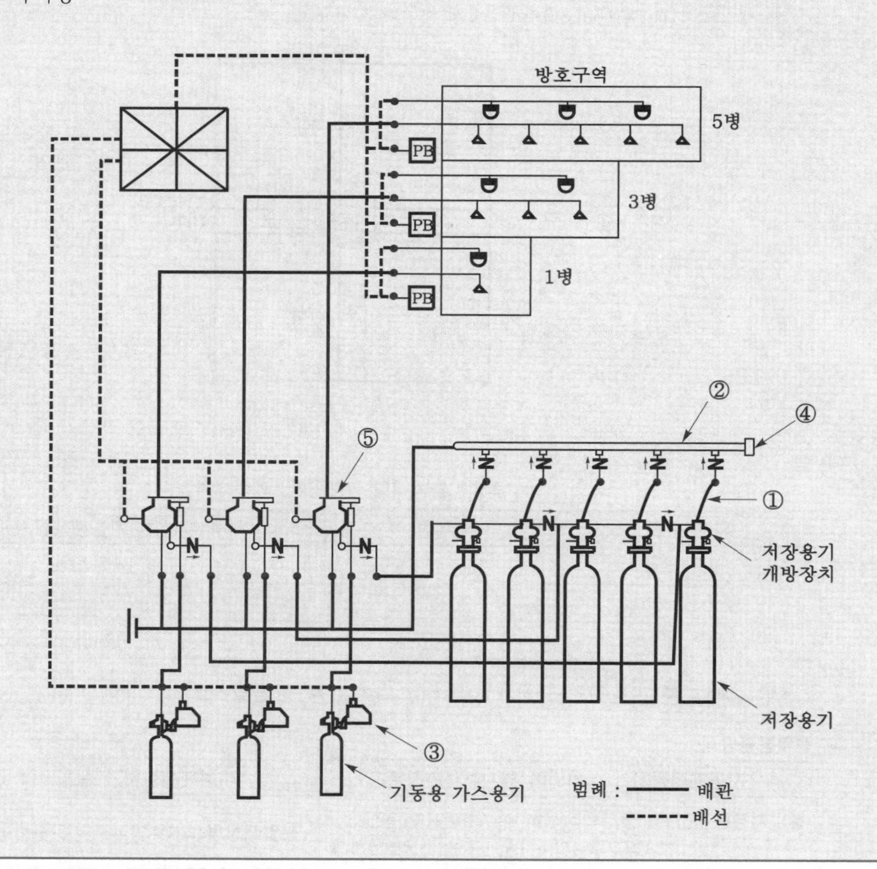

해답 (가)

①	②	③	④	⑤
플렉시블 튜브	집합관	기동용 솔레노이드밸브	안전밸브	선택밸브

(나) ○ 충전비 : 0.9~1.6 이하
○ 표시색상 : 회색

해설 (가)

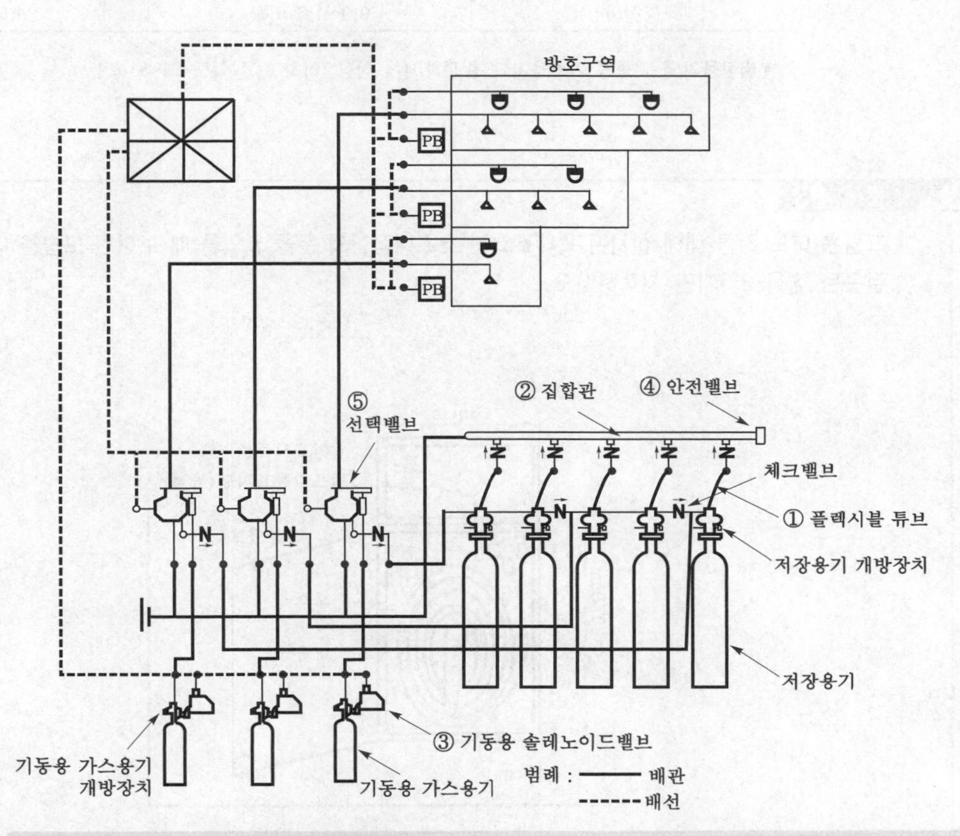

- ① : 플렉시블 튜브('**플렉시블 조인트**'로 답하지 않도록 주의! 플렉시블 조인트는 **펌프**의 **흡입측**과 **토출축**에 설치한다.)
- ③ : **기동용 솔레노이드**라고 써도 맞을 수 있지만 정확하게 **기동용 솔레노이드밸브**라고 쓰자.
- ④ : 안전밸브('**릴리프밸브**'로 답하지 않도록 주의! 릴리프밸브는 **수계소화설비**에 설치한다.)

부품명칭	설 명
플렉시블 튜브	**저장용기**와 **집합관** 사이에 주로 설치하며 **구부러짐**이 **많은 배관**에 사용
선택밸브	**화재**가 **발생**한 **방호구역**에만 약제가 방출될 수 있도록 하는 밸브
집합관	저장용기 윗부분에 설치되는 관으로서 모든 배관이 이곳에 연결된다.
안전밸브	**평상시 폐쇄**되어 있다가 배관 내에 **고압**이 **발생**되면 **개방**되어 배관 및 설비를 보호한다.
체크밸브	해당 방호구역에 **필요한 개수**의 약제**저장용기**만 **개방**되도록 단속하는 밸브
저장용기	소화**약제**를 **저장**하는 **용기**
저장용기 개방장치	**기동용 가스용기**의 **압력**에 의해 개방되어 소화**약제**를 **방출**시킨다.
기동용 솔레노이드밸브	화재**감지기**의 신호를 받아 작동되어 **기동용기**를 **개방**시키는 전자밸브
기동용 가스용기	**저장용기**를 **개방**시키기 위해 사용되는 **가스용기**
기동용 가스용기 개방장치	**기동용 솔레노이드밸브**에 의해 작동되어 **기동용 가스용기**를 **개방**시키는 역할을 한다.
저장용기 고압용 게이지	저장용기 내의 **약제 유무**를 **확인**하기 위한 것

(나) **할론 1301**

구 분	저장용기	기동용 가스용기
충전가스(충전물질)	질소	이산화탄소
표시색상	회색	청색
충전비	**0.9~1.6** 이하	**1.5** 이상

• **저장용기**와 **기동용 가스용기**의 **충전비**에서 **이상**, **이하**도 정확히 기억하라!

☆☆ 문제 03

그림은 어느 건물 내에 설치된 옥내소화전 호스내장함의 문을 열었을 때 보여진 모습을 나타내고 있다. 잘못된 점을 2가지만 지적하시오.

득점	배점
	4

○

○

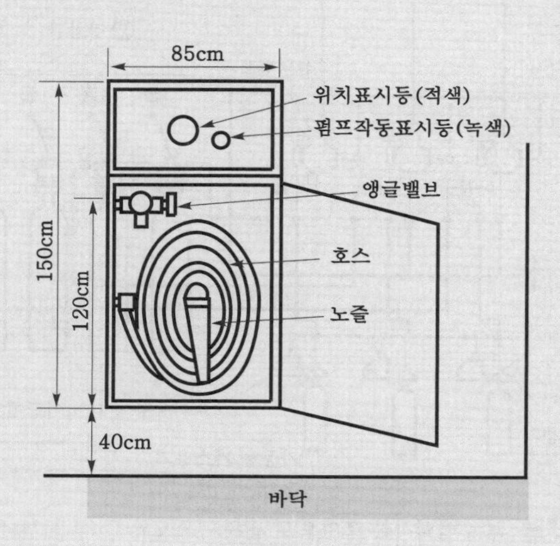

해답 ① 펌프작동표시등이 녹색
② 앵글밸브의 바닥으로부터 설치높이가 1.6m

해설 문제의 그림에서 잘못된 점은 **4가지**이다. 이것을 지적하고 그 이유를 설명하면 다음과 같다.

잘못된 점	이유(개선할 점)
① 펌프작동표시등이 **녹색**이다. ② 앵글밸브의 바닥으로부터의 설치높이가 **1.6m** (120cm + 40cm)이다. ③ 앵글밸브와 소방호스가 결합되어 있지 않다. ④ 소방호스가 말려있다.	① 펌프작동표시등은 **적색**으로 하여야 한다. ② 앵글밸브의 바닥으로부터의 설치높이는 **1.5m** 이하이어야 한다. ③ 앵글밸브와 소방호스는 상시 결합되어 있어야 화재시 즉시 사용이 용이하다. ④ 소방호스가 말려있으면 사용 꼬임 등의 염려가 있으므로 **어코디언식** 또는 **호스걸이식**으로 바꾸도록 한다.

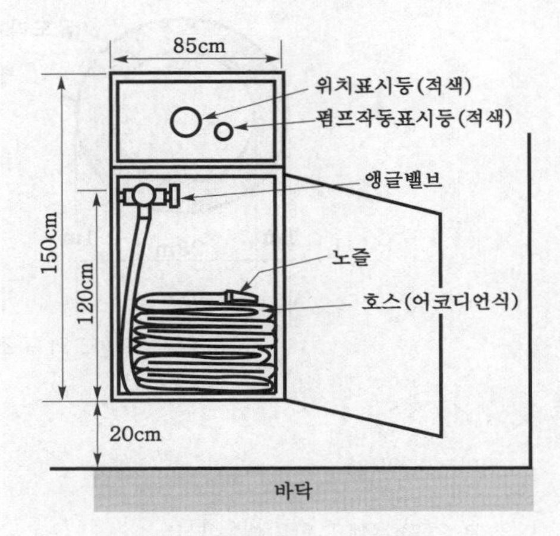

▮옥내소화전의 올바른 그림▮

☆☆☆

문제 04

경유를 저장하는 탱크의 내부 직경이 30m인 플루팅루프탱크(Floating Roof Tank)에 포소화설비의 특형 방출구를 설치하여 방호하려고 할 때 다음 각 물음에 답하시오.

(17.11.문9, 16.11.문13, 16.6.문2, 15.4.문9, 14.7.문10, 13.11.문3, 13.7.문4, 09.10.문4, 05.10.문12, 02.4.문12)

득점	배점
	7

〔조건〕

① 소화약제는 3%용의 단백포를 사용하며, 포수용액의 분당 방출량은 $8L/m^2$·분이고, 방사시간은 30분을 기준으로 한다.

② 탱크의 내면과 굽도리판의 간격은 1m로 한다.

(가) 탱크의 환상면적$[m^2]$은 얼마인가?

○ 계산과정 :

○ 답 :

(나) 탱크의 특형 고정포방출구에 의하여 소화하는 데 필요한 수용액의 양, 수원의 양, 포원액의 양은 각각 얼마인가?

○ 수용액의 양(계산과정 및 답) :

○ 수원의 양(계산과정 및 답) :

○ 포원액의 양(계산과정 및 답) :

해답 (가) ○ 계산과정 : $\frac{\pi}{4}(30^2 - 28^2) = 91.106 ≒ 91.11m^2$

○ 답 : $91.11m^2$

(나) ○ 계산과정 : 포수용액의 양 : $91.11 \times 8 \times 30 \times 1 = 21866.4L$

○ 답 : 21866.4L

○ 계산과정 : 수원의 양 : $91.11 \times 8 \times 30 \times 0.97 = 21210.408 = 21210.41L$

○ 답 : 21210.41L

○ 계산과정 : 포소화약제 원액의 양 : $91.11 \times 8 \times 30 \times 0.03 = 655.992 ≒ 655.99L$

○ 답 : 655.99L

해설 (가) **탱크의 액표면적**(환상면적)

$$A = \frac{\pi}{4}(30^2 - 28^2)m^2 = 91.106 ≒ 91.11m^2$$

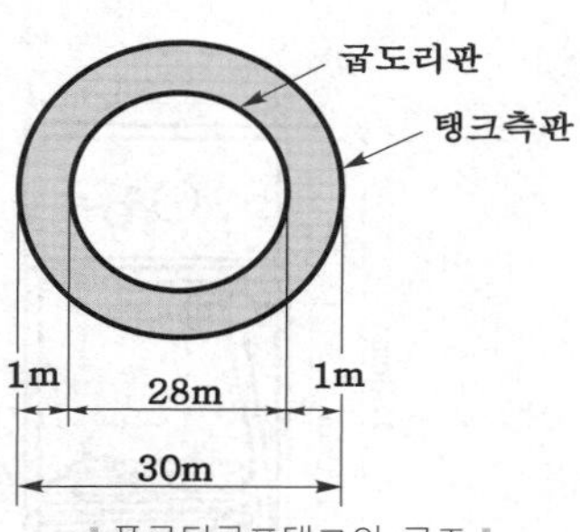

▌플루팅루프탱크의 구조▐

(나)

$$Q = A \times Q_1 \times T \times S$$

여기서, Q : 포소화약제의 양〔L〕
A : 탱크의 액표면적〔m^2〕
Q_1 : 단위 포소화수용액의 양〔$L/m^2 \cdot$ 분〕
T: 방출시간〔분〕
S: 포소화약제의 사용농도

① 포수용액의 양 Q는

$Q = A \times Q_1 \times T \times S = 91.11\text{m}^2 \times 8\text{L/m}^2 \cdot \text{분} \times 30\text{분} \times 1 = 21866.4\text{L}$

- $S=1$: 포수용액의 **농도** S는 항상 **1**
- $A = 91.11\text{m}^2$: (개)에서 구한 91.11m²를 적용하면 된다. 다시 $\frac{\pi}{4}(30^2 - 28^2)\text{m}^2$를 적용해서 계산할 필요는 없다.

② 수원의 양 Q는

$Q = A \times Q_1 \times T \times S = 91.11\text{m}^2 \times 8\text{L/m}^2 \cdot \text{분} \times 30\text{분} \times 0.97 = 21210.408 ≒ 21210.41\text{L}$

- $S=0.97$: 〔조건 ①〕에서 **3%**용 포이므로 수원(물)은 **97%**(100−3 = 97%)가 되어 농도 $S=$**0.97**

③ 포소화약제 원액의 양 Q는

$Q = A \times Q_1 \times T \times S = 91.11\text{m}^2 \times 8\text{L/m}^2 \cdot \text{분} \times 30\text{분} \times 0.03 = 655.992 ≒ 655.99\text{L}$

- $S=0.03$: 〔조건 ①〕에서 **3%**용 포이므로 농도 $S=$**0.03**

☆☆

문제 05

다음 도면을 참고로 하여 미완성된 부분을 완성하고 체절점, 설계점, 운전점에 대해 간단히 설명하시오.

(14.7.문4, 11.7.문10)

득점	배점
	6

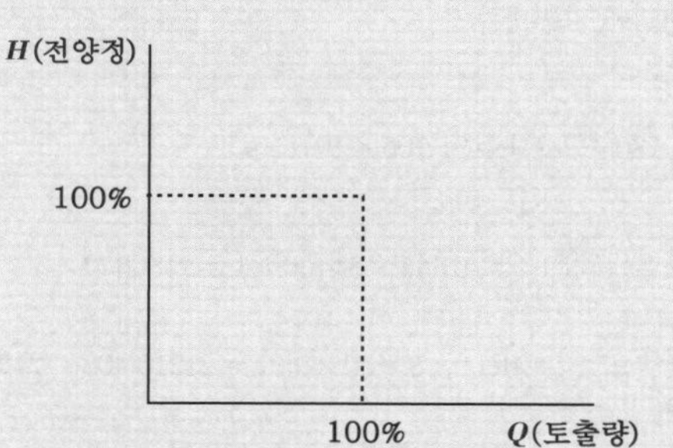

○ 체절점 :
○ 설계점 :
○ 운전점 :

해답

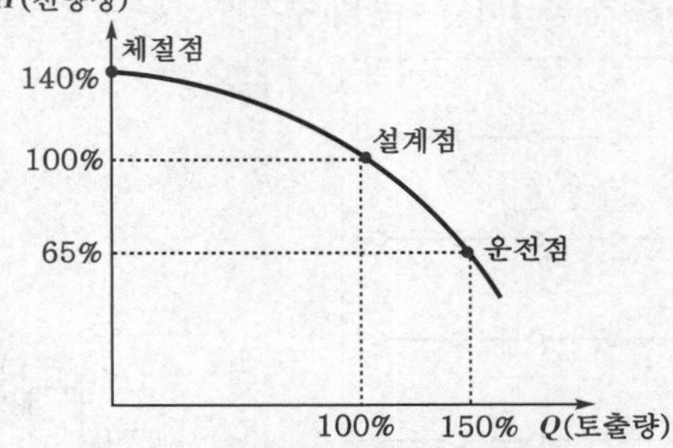

① 체절점 : 정격토출양정의 140% 이하
② 설계점 : 정격토출양정의 100%
③ 운전점 : 정격토출양정의 65% 이상

해설 (1) **체절점(체절운전점)**[m]=정격토출양정[m]×1.4 이하
(2) **설계점(정격부하운전점)**[m]=정격토출양정[m]×1.0
(3) **운전점(150% 유량점, 최대운전점)**[m]=정격토출양정[m]×0.65 이상

- 펌프의 성능을 참고하여 작성하면 된다.
- 체절운전시 정격토출압력의 **140%**를 초과하지 아니하고, 정격토출량의 **150%**로 운전시 정격토출압력의 **65%** 이상이어야 한다.
- **설계점**은 **이상**, **이하**라는 말을 쓰면 안 됨
- 체절점, 운전점은 **이하**, **이상**이란 말까지 써야 정답

중요

체절운전, 체절압력, 체절양정

구 분	설 명
체절운전	펌프의 성능시험을 목적으로 펌프 토출측의 개폐밸브를 닫은 상태에서 펌프를 운전하는 것
체절압력	체절운전시 릴리프밸브가 압력수를 방출할 때의 압력계상 압력으로 정격토출압력의 140% 이하
체절양정	펌프의 토출측 밸브가 모두 막힌 상태, 즉 유량이 0인 상태에서의 양정

※ **체절압력** 구하는 식

체절압력[MPa]=정격토출압력[MPa]×1.4=펌프의 명판에 표시된 양정[m]×1.4×$\frac{1}{100}$

☆☆☆

문제 06

다음 그림은 어느 습식 스프링클러설비에서 배관의 일부를 나타내는 평면도이다. 주어진 조건을 보고 점선 내의 모든 배관에 소요되는 티의 최소개수와 그 규격을 빈칸에 작성하시오. (단, 엘보, 리듀셔 등은 제외한다.) (17.11.문14, 16.11.문2, 11.5.문14, 08.11.문13, 07.11.문7)

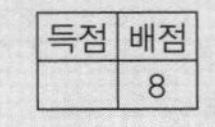

득점	배점
	8

[조건]

① 티의 규격은 다음의 실 예와 같은 방식으로 표기한다.

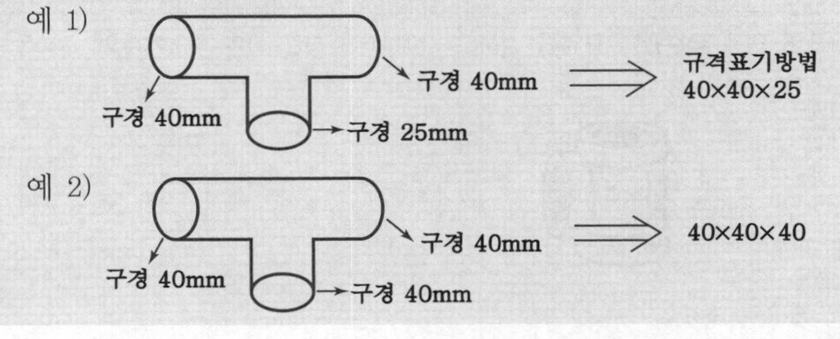

② 가지배관이 분류되는 곳(5개소)의 티는 소화수가 공급되는 배관의 구경과 모두 동일한 것으로 한다.

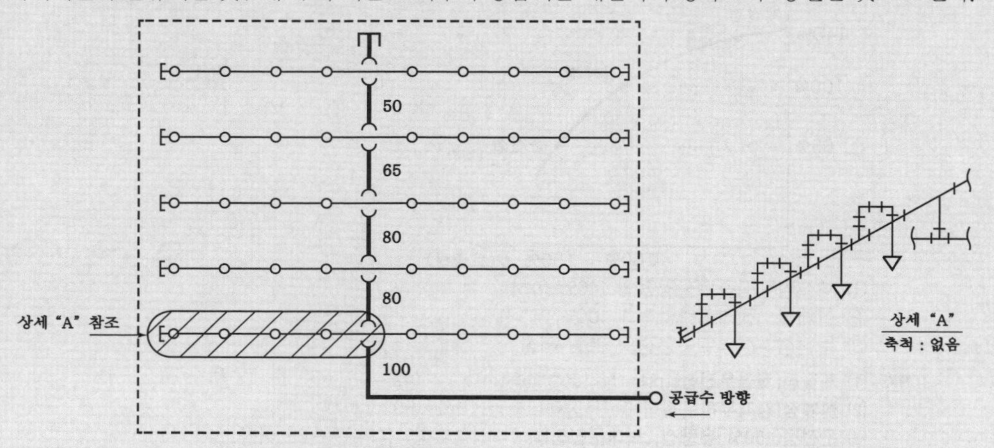

③ 스프링클러헤드별 급수관의 구경은 다음 표와 같이 적용한다.

구 분	스프링클러헤드수별 급수관의 구경								
관경(mm)	25	32	40	50	65	80	100	125	150
헤드숫자(개)	2	3	5	10	20	40	100	160	275

○ 답

티의 규격	개 수

해답

티의 규격	개 수
100×100×50	1개
80×80×50	2개
65×65×50	1개
50×50×50	6개
40×40×25	15개
32×32×25	10개
25×25×25	20개

해설 그림의 헤드수에 따라 표에 의해 **급수관**과 **구경**을 정하고 그에 따라 **티**(Tee)의 최소개수와 규격을 산출하면 다음과 같다.

(1) 100×100×50 1개
(2) 80×80×50 2개
(3) 65×65×50 1개
(4) 50×50×50 6개
(5) 40×40×25 15개
(6) 32×32×25 10개
(7) 25×25×25 20개

| 티 |

평면도를 입체도로 바꾸어 각각의 사용위치를 **100×100×50** : ●, **80×80×50** : ○, **65×65×50** : ■로 표시하면 다음과 같다.

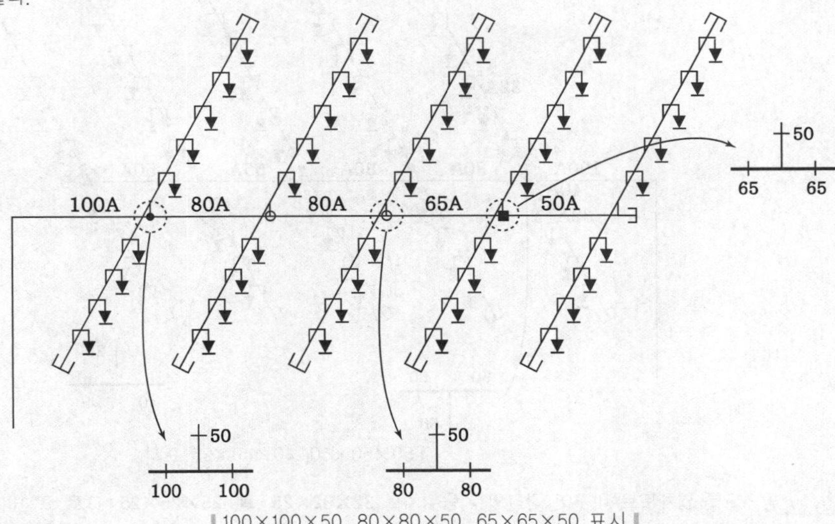

‖ 100×100×50, 80×80×50, 65×65×50 표시 ‖

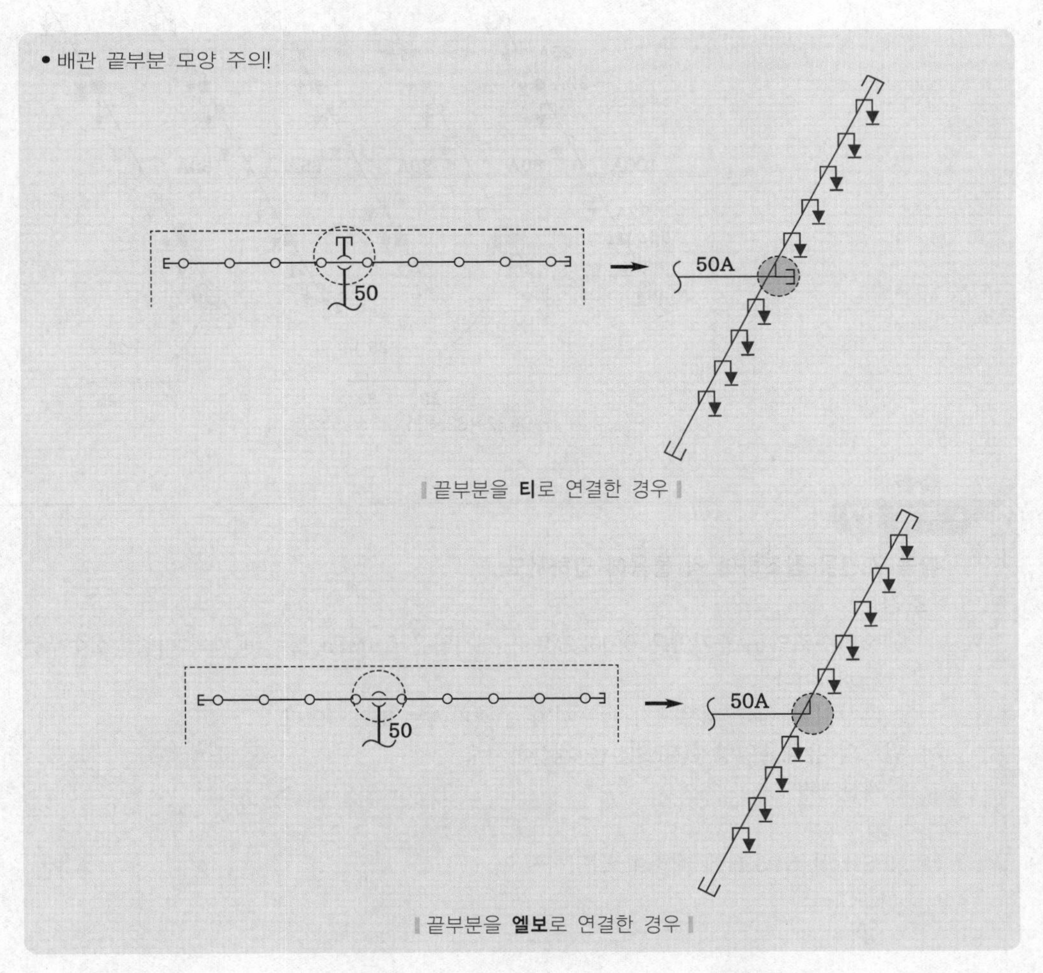

‖ 끝부분을 **티**로 연결한 경우 ‖

‖ 끝부분을 **엘보**로 연결한 경우 ‖

평면도를 입체도로 바꾸어 각각의 사용위치를 **50×50×50 : ●, 40×40×25 : ○**로 표시하면 다음과 같다.

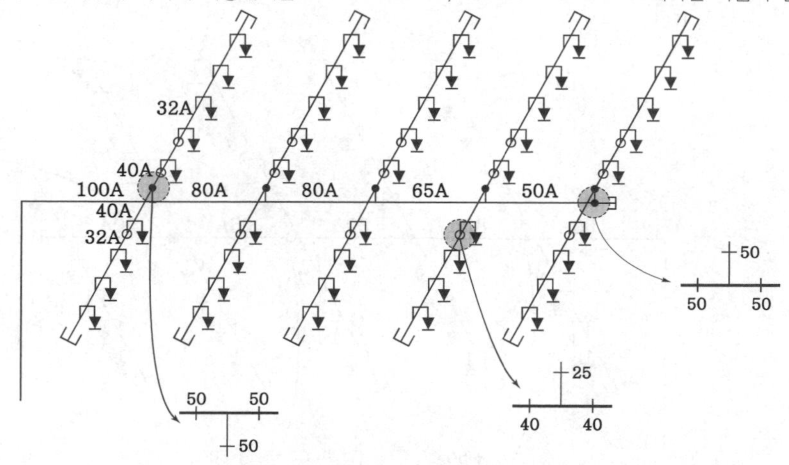

‖ 50×50×50, 40×40×25 표시 ‖

평면도를 입체도로 바꾸어 각각의 사용위치를 **32×32×25 : ■, 25×25×25 : □**로 표시하면 다음과 같다.

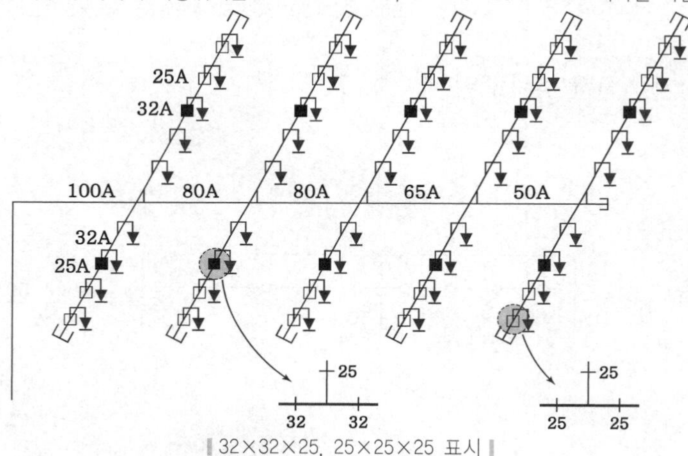

‖ 32×32×25, 25×25×25 표시 ‖

☆☆

문제 07

다음 조건을 참조하여 각 물음에 답하시오. (10.4.문7)

득점	배점
	8

〔조건〕

① 소화수조의 수증기압은 0.0022MPa, 대기압은 0.1MPa, 흡입배관의 마찰손실수두는 1.03m이다.

② 흡상일 때 후드밸브에서 펌프까지 수직거리는 3.78m이다.

(가) 펌프의 유효흡입양정(NPSH)을 계산하시오.

○ 계산과정 :

○ 답 :

(나) $NPSH_A$와 $NPSH_R$에 대하여 설명하시오.

○ $NPSH_A$:

○ $NPSH_R$:

해답 (가) ○ 계산과정 : $10-0.22-3.78-1.03=4.97\text{m}$

○ 답 : 4.97m

(나) ○ $NPSH_A$: 펌프설치과정에서 펌프 그 자체와는 무관하게 흡입측 배관의 설치위치, 액체온도 등에 따라 결정되는 양정

○ $NPSH_R$: 펌프 그 자체가 캐비테이션을 일으키지 않고 정상운전되기 위하여 필요로 하는 흡입양정

해설 (가)

1MPa=100m

이므로

대기압수두(H_a) : 0.1MPa=10m

수증기압수두(H_v) : 0.0022MPa=0.22m

흡입수두(H_s) : 3.78m

마찰손실수두(H_L) : 1.03m

유효흡입양정 NPSH는

$$NPSH = H_a - H_v - H_s - H_L = 10\text{m} - 0.22\text{m} - 3.78\text{m} - 1.03\text{m} = 4.97\text{m}$$

- 흡상=흡입상
- 〔조건 ②〕에서 흡상이므로 '**흡입 NPSH**'식을 적용한다.
- 대기압수두(H_a) : 문제에 주어지지 않았을 때는 **표준대기압**(10.332m)을 적용한다.

(나)

$NPSH_A$ (Available Net Positive Suction Head) =유효흡입양정	$NPSH_R$ (Required Net Positive Suction Head) =필요흡입양정
① 흡입전양정에서 포화증기압을 뺀 값 ② 펌프설치과정에 있어서 펌프 흡입측에 가해지는 수두압에서 흡입액의 온도에 해당되는 포화증기압을 뺀 값 ③ 펌프의 중심으로 유입되는 액체의 절대압력 ④ 펌프설치과정에서 펌프 그 자체와는 무관하게 흡입측 배관의 설치위치, 액체온도 등에 따라 결정되는 양정 ⑤ 이용 가능한 정미 유효흡입양정으로 흡입전양정에서 포화증기압을 뺀 것	① 캐비테이션을 방지하기 위해 펌프 흡입측 내부에 필요한 최소압력 ② 펌프 제작사에 의해 결정되는 값 ③ 펌프에서 임펠러 입구까지 유입된 액체는 임펠러에서 가압되기 직전에 일시적인 압력강하가 발생되는데 이에 해당하는 양정 ④ 펌프 그 자체가 캐비테이션을 일으키지 않고 정상운전되기 위하여 필요로 하는 흡입양정 ⑤ 필요로 하는 정미 유효흡입양정

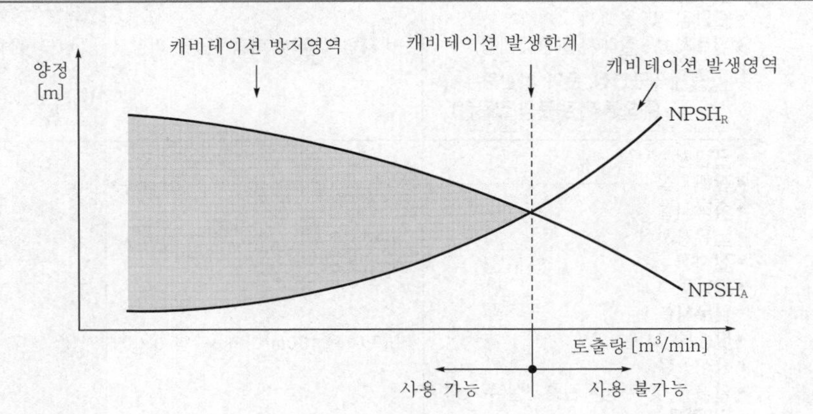

☆☆

문제 08

바닥면적이 10m×20m인 판매시설과 25m×20m인 집회장에 분말소화기를 설치할 경우 각각의 장소에 필요한 분말소화기의 소화능력단위를 구하시오. (단, 두 건축물의 주요구조부가 내화구조이고, 벽 및 반자의 실내에 면하는 부분이 불연재료로 되어 있다.) (13.11.문8, 12.7.문9)

득점	배점
	6

(가) 판매시설
○ 계산과정 :
○ 답 :

(나) 집회장
○ 계산과정 :
○ 답 :

해답 (가) ○ 계산과정 : $\frac{(10\times20)}{200}=1$단위

○ 답 : 1단위

(나) ○ 계산과정 : $\frac{(25\times20)}{100}=5$단위

○ 답 : 5단위

해설 **특정소방대상물별 소화기구의 능력단위기준**(NFTC 101 2.1.1.2)

특정소방대상물	소화기구의 능력단위	건축물의 주요구조부가 **내화구조**이고, 벽 및 반자의 실내에 면하는 부분이 **불연재료·준불연재료** 또는 **난연재료**로 된 특정소방대상물의 능력단위
• **위**락시설 기억법 위3(**위상**)	바닥면적 **30m²**마다 1단위 이상	바닥면적 **60m²**마다 1단위 이상
• **공연**장 • **집**회장 → • **관람**장 및 **문**화재 • **의**료시설 · **장**례시설(장례식장) 기억법 5공연장 문의 집관람 (손**오공** **연장** **문의** **집관람**)	바닥면적 **50m²**마다 1단위 이상	바닥면적 **100m²**마다 1단위 이상
• **근**린생활시설 • **판**매시설 → • **숙**박시설 • **노**유자시설 • **전**시장 • 공동**주**택 • **업무시설** • **방**송통신시설 • 공장 · **창**고 • **항**공기 및 자동**차**관련시설(주차장) 및 **관광**휴게시설 기억법 근판숙노전 주업방차창 1항관광(**근판숙노전** **주업방차창** **일**본**항관광**)	바닥면적 **100m²**마다 1단위 이상	바닥면적 **200m²**마다 1단위 이상
• 그 밖의 것	바닥면적 **200m²**마다 1단위 이상	바닥면적 **400m²**마다 1단위 이상

(가) **판매시설**로서 **내화구조**이고 **불연재료**이므로 바닥면적 **200m²**마다 1단위 이상이므로 $\frac{(10\times20)\text{m}^2}{200\text{m}^2}=1$단위

(나) **집회장**으로 **내화구조**이고 **불연재료**이므로 바닥면적 **100m²**마다 1단위 이상이므로 $\frac{(25\times20)\text{m}^2}{100\text{m}^2}=5$단위

문제 09

다음 보기는 분말소화설비에 관한 내용이다. ①~③까지 알맞은 답을 작성하시오. (10.7.문3)

득점	배점
	5

〔보기〕

- 동관을 사용하는 경우의 배관은 고정압력 또는 최고사용압력의 (①)배 이상의 압력에 견딜 수 있는 것을 사용할 것
- 분사헤드를 설치한 가지배관에 이르는 분말소화설비 배관의 분기방식은 (②)방식이어야 한다. 배관을 분기하는 경우 관경 (③) 이상 간격을 두고 분기한다.

해답 ① 1.5 ② 토너먼트 ③ 20배

해설 **분말소화설비 배관의 설치기준**

(1) **동관**을 사용하는 경우의 배관은 **고정압력** 또는 **최고사용압력**의 **1.5배** 이상의 압력에 견딜 수 있는 것을 사용할 것

(2) **주밸브~헤드까지의 배관의 분기 : 토너먼트방식**

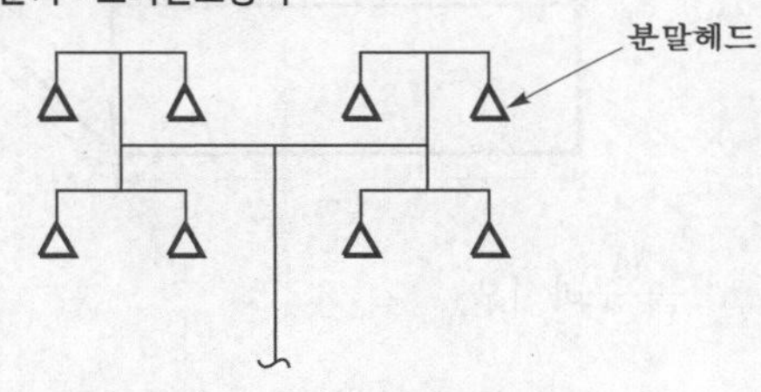

‖ 토너먼트방식 ‖

구 분	토너먼트방식	교차회로방식
정의	가스계 소화설비에 적용하는 방식으로 용기로부터 노즐까지의 마찰손실을 일정하게 유지하기 위한 방식	하나의 담당구역 내에 2 이상의 감지기회로를 설치하고 2 이상의 감지기회로가 동시에 감지되는 때에 설비가 작동하는 방식
적용설비	① 분말소화설비 ② 이산화탄소 소화설비 ③ 할론소화설비 ④ 할로겐화합물 및 불활성기체 소화설비	① **분**말소화설비 ② **할**론소화설비 ③ **이**산화탄소 소화설비 ④ **준**비작동식 스프링클러설비 ⑤ **일**제살수식 스프링클러설비 ⑥ 물분무소화설비 ⑦ **할**로겐화합물 및 불활성기체 소화설비 ⑧ **부**압식 스프링클러설비 기억법 **분할이 준일할부**

(3) **저장용기 등~배관의 굴절부까지의 거리** : 배관 내경의 **20배** 이상

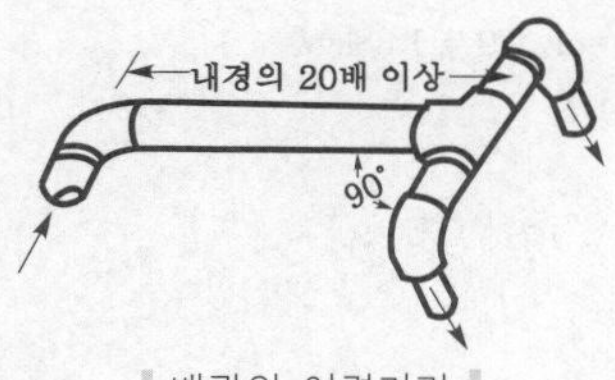

‖ 배관의 이격거리 ‖

(4) 분말소화설비의 배관은 전용으로 하며 약제저장용기의 주밸브로부터 직관장의 배관길이는 **150m** 이하이고, 낙차는 **50cm** 이하
(5) 동관과 강관

동 관	강 관
고정압력 또는 최고사용압력의 **1.5배** 이상의 압력에 견딜 것	아연도금에 따른 배관용 탄소강관(단, 축압식 중 20℃에서 압력 **2.5~4.2MPa** 이하인 것은 압력배관용 탄소강관 중 이음이 없는 스케줄 **40** 이상 또는 아연도금으로 방식처리된 것)

(6) **밸브류** : **개폐위치** 또는 **개폐방향**을 표시한 것
(7) **배관의 관부속 및 밸브류** : 배관과 동등 이상의 강도 및 내식성이 있는 것

☆☆
문제 10

그림과 같은 방호대상물에 국소방출방식으로 이산화탄소 소화설비를 설치하고자 한다. 다음 각 물음에 답하시오. (단, 고정벽은 없으며, 고압식으로 설치한다.)

(16.4.문11)

득점	배점
	7

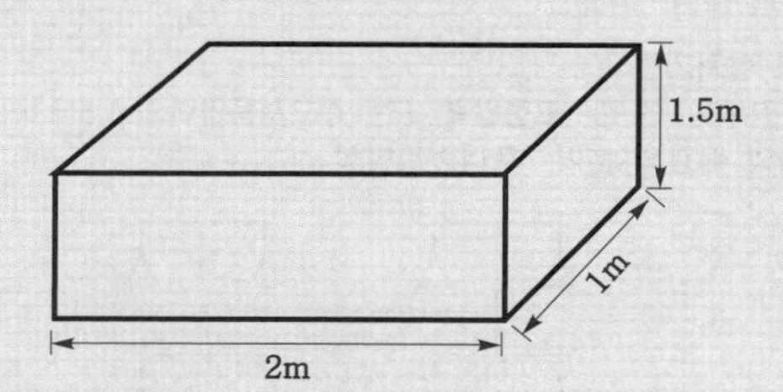

(가) 방호공간의 체적[m^3]을 구하시오.
○ 계산과정 :
○ 답 :

(나) 소화약제의 저장량[kg]을 구하시오.
○ 계산과정 :
○ 답 :

(다) 하나의 분사헤드에 대한 방사량[kg/s]을 구하시오. (단, 분사헤드는 4개이다.)
○ 계산과정 :
○ 답 :

(가) ○ 계산과정 : $3.2\times2.2\times2.1=14.784\fallingdotseq14.78m^3$
○ 답 : $14.78m^3$

(나) ○ 계산과정 : $A=(3.2\times2.1\times2)+(2.1\times2.2\times2)=22.68m^2$

$$저장량=14.78\times\left(8-6\times\frac{0}{22.68}\right)\times1.4=165.536\fallingdotseq165.54kg$$

○ 답 : 165.54kg

(다) ○ 계산과정 : $\frac{165.54}{30\times4}=1.379\fallingdotseq1.38kg/s$
○ 답 : 1.38kg/s

해설 (가)

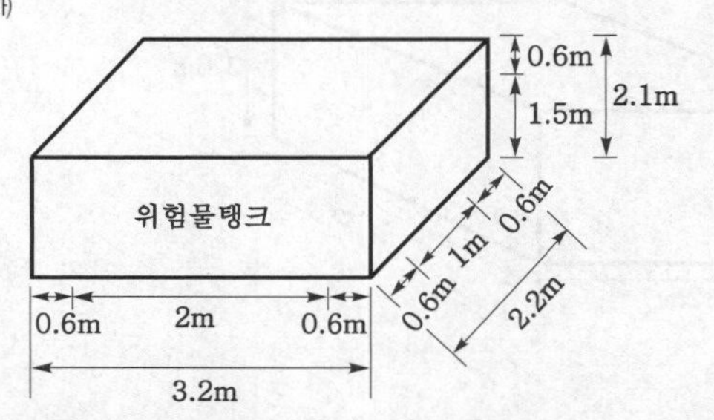

방호공간체적 $= 3.2\text{m} \times 2.2\text{m} \times 2.1\text{m} = 14.784 \fallingdotseq 14.78\text{m}^3$

- 방호공간체적 산정시 가로와 세로 부분은 각각 좌우 0.6m씩 늘어나지만 높이는 위쪽만 0.6m 늘어남을 기억하라.
- **방호공간** : 방호대상물의 각 부분으로부터 **0.6m**의 거리에 의하여 둘러싸인 공간

(나) **국소방출방식**의 CO_2 **저장량**

특정소방대상물	고압식	저압식
• 연소면 한정 및 비산우려가 없는 경우 • 윗면 개방용기	방호대상물 표면적×13kg/m^2×1.4	방호대상물 표면적×13kg/m^2×1.1
• 기타 →	방호공간체적×$\left(8-6\dfrac{a}{A}\right)$×1.4	방호공간체적×$\left(8-6\dfrac{a}{A}\right)$×1.1

여기서, a : 방호대상물 주위에 설치된 벽면적의 합계〔m^2〕

A : 방호공간 벽면적의 합계〔m^2〕

- **국소방출방식**으로 **고압식**을 설치하며, **위험물탱크**이므로 위 표에서 빗금친 부분의 식을 적용한다.
- $a=0$: **'방호대상물 주위에 설치된 벽(고정벽)'**이 없거나 **'벽'**에 대한 조건이 없는 경우 $a=0$이다. 주의!
- 방호대상물 주위에 설치된 벽이 있다면 다음과 같이 계산하여야 한다.

방호대상물 주위에 설치된 **벽면적**의 **합계** a는

$a=$(앞면+뒷면)+(좌면+우면)

$=(2\text{m} \times 1.5\text{m} \times 2\text{면})+(1.5\text{m} \times 1\text{m} \times 2\text{면})=\mathbf{9m^2}$

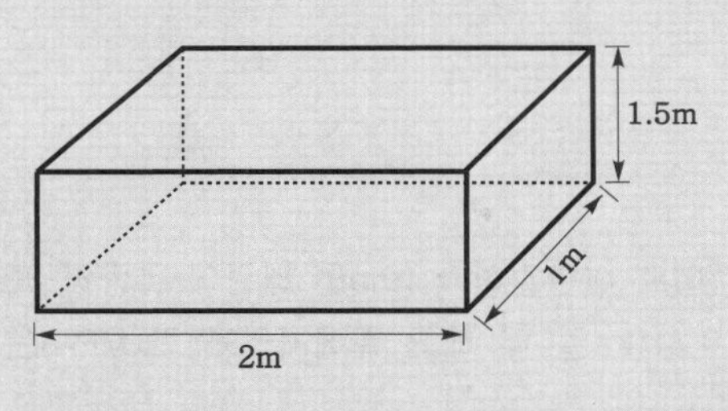

윗면 · 아랫면은 적용하지 않는 것에 주의할 것

방호공간 벽면적의 합계 A는

$A=$(앞면+뒷면)+(좌면+우면)

$A=(3.2\text{m} \times 2.1\text{m} \times 2\text{면})+(2.1\text{m} \times 2.2\text{m} \times 2\text{면})$

$= 22.68\text{m}^2$

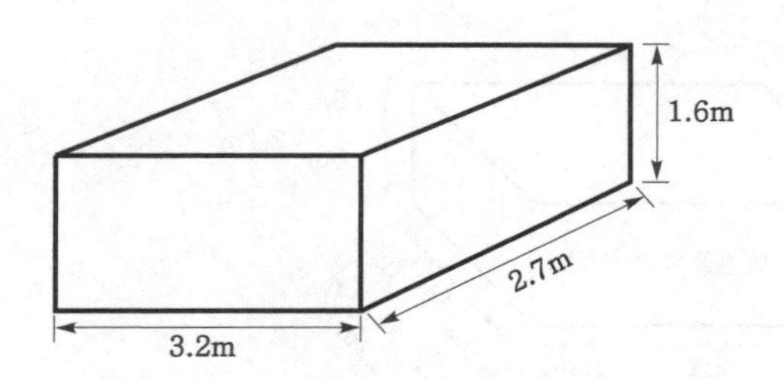

- **윗면 · 아랫면**은 적용하지 않는 것에 주의할 것

소화약제저장량 $= \text{방호공간체적} \times \left(8-6\dfrac{a}{A}\right) \times 1.4$

$= 14.78\text{m}^3 \times \left(8-6\times\dfrac{0}{22.68\,\text{m}^2}\right)\times 1.4$

$= 165.536 ≒$ **165.54kg**

(다) 문제의 그림에서 분사헤드는 **4개**이며, CO_2 소화설비(국소방출방식)의 약제방사시간은 30초 이내이므로

하나의 분사헤드에 대한 **방사량**(kg/s) $= \dfrac{165.54\,\text{kg}}{30\text{s}\times 4\text{개}} = 1.379 ≒ 1.38\,\text{kg/s}$

- 단위를 보고 계산하면 쉽게 알 수 있다.

중요

약제방사시간

소화설비		전역방출방식		국소방출방식	
		일반건축물	위험물제조소	일반건축물	위험물제조소
할론소화설비		10초 이내	30초 이내	10초 이내	30초 이내
분말소화설비		30초 이내		30초 이내	
CO_2 소화설비	표면화재	1분 이내	60초 이내		
	심부화재	7분 이내			

- **표면화재** : 가연성 액체 · 가연성 가스
- **심부화재** : 종이 · 목재 · 석탄 · 섬유류 · 합성수지류

☆

문제 11

배관내경이 40mm이고 배관길이가 10m인 배관에 유량이 300L/min이다. 관의 조도는 120이고 배관입구의 압력이 0.4MPa일 때 배관 끝에서의 압력〔MPa〕은 얼마인가? (단, 하젠-윌리엄스의 식 $\Delta p_m = 6.174\times10^4 \times \dfrac{Q^2}{C^2\times D^5}$을 이용하라.)

득점	배점
	6

○ 계산과정 :
○ 답 :

 해답

○ 계산과정 : $\Delta p_m = 6.174\times10^4 \times \dfrac{300^2}{120^2\times40^5}\times 10 = 0.037 ≒ 0.04\text{MPa}$

(0.4−0.04)=0.36MPa

○ 답 : 0.36MPa

해설 **하젠-윌리엄스**의 **식**

$$\Delta p_m = 6.174 \times 10^4 \times \frac{Q^{1.85}}{C^{1.85} \times D^{4.87}} \times L\text{〔MPa〕} \text{ 또는 } \Delta p_m = 6.174 \times 10^4 \times \frac{Q^{1.85}}{C^{1.85} \times D^{4.87}} \text{〔MPa/m〕}$$

여기서, Δp_m : 압력손실〔MPa〕 또는 〔MPa/m〕
C : 조도
D : 관의 내경〔mm〕
Q : 관의 유량〔L/min〕
L : 배관의 길이〔m〕

• 압력손실의 단위가 **MPa**, **MPa/m**에 따라 공식이 다르므로 주의!

마찰손실압력 Δp_m는

$$\Delta p_m = 6.174 \times 10^4 \times \frac{Q^2}{C^2 \times D^5} \times L = 6.174 \times 10^4 \times \frac{300^2}{120^2 \times 40^5} \times 10 = 0.037 \fallingdotseq 0.04\text{MPa}$$

배관입구압력 = 배관 끝 압력 + 마찰손실압력 에서

배관 끝 압력 = 배관입구압력 − 마찰손실압력 = (0.4−0.04)MPa=0.36MPa

중요

조도(C)	배 관
100	• 주철관 • 흑관(건식 스프링클러설비의 경우) • 흑관(준비작동식 스프링클러설비의 경우)
120	• 흑관(일제살수식 스프링클러설비의 경우) • 흑관(습식 스프링클러설비의 경우) • 백관(아연도금강관)
150	• 동관(구리관)

※ **관**의 **Roughness계수**(조도) : 배관의 재질이 매끄러운가 또는 거친가에 따라 작용하는 계수

☆☆

문제 12

소화활동설비의 화재안전기준에 대한 다음 ( ) 안에 알맞은 말을 써넣으시오.

(17.11.문13, 13.4.문3, 06.4.문2)

득점	배점
	7

(가) 연결살수설비의 배관설치기준

○ 개방형 헤드를 사용하는 연결살수설비의 수평주행배관은 헤드를 향하여 상향으로 (①) 이상의 기울기로 설치하고 주배관 중 낮은 부분에는 (②)를 제4조 제3항 제3호의 기준에 따라 설치하여야 한다.

○ 교차배관은 가지배관과 수평으로 설치하거나 또는 가지배관 밑에 설치하고, 최소구경이 (③)mm 이상이 되도록 할 것

(나) 지하구 연소방지설비의 헤드의 설치기준

○ 헤드간의 수평거리는 연소방지설비 전용헤드의 경우에는 (①)m 이하, 스프링클러헤드의 경우에는 (②)m 이하로 할 것

○ 소방대원의 출입이 가능한 환기구·작업구마다 지하구의 양쪽 방향으로 살수헤드를 설치하되, 한쪽 방향의 살수구역의 길이는 (③)m 이상으로 할 것. 단, 환기구 사이의 간격이 (④)m를 초과할 경우에는 (④)m 이내마다 살수구역을 설정하되, 지하구의 구조를 고려하여 방화벽을 설치한 경우에는 그러하지 아니하다.

해답 (가) ① $\frac{1}{100}$ ② 자동배수밸브 ③ 40

(나) ① 2 ② 1.5 ③ 3 ④ 700

해설 (가) **연결살수설비**의 **배관설치기준**(NFPC 503 5조, NFTC 503 2.2)

① **개방형 헤드**를 사용하는 **연결살수설비**의 **수평주행배관**은 헤드를 향하여 상향으로 $\frac{1}{100}$ **이상**의 기울기로 설치하고 주배관 중 낮은 부분에는 **자동배수밸브**를 제4조 제3항 제3호의 기준에 따라 설치하여야 한다.

② **교차배관**은 **가지배관**과 **수평**으로 설치하거나 또는 **가지배관 밑**에 설치하고, 그 구경은 제2항에 따르되, 최소구경이 **40mm** 이상이 되도록 할 것

- **자동배수밸브**를 '**자동배수설비**'라고 답하지 않도록 주의!

 중요

기울기

구 분	설 명
$\frac{1}{100}$ 이상	연결살수설비의 **수평주행배관**
$\frac{2}{100}$ 이상	물분무소화설비의 배수설비
$\frac{1}{250}$ 이상	습식·부압식 설비 외 설비의 **가지배관**
$\frac{1}{500}$ 이상	습식·부압식 설비 외 설비의 **수평주행배관**

(나) **연소방지설비**의 **헤드**의 **설치기준**(NFPC 605 7·8조, NFTC 605 2.4.2)

① 헤드간의 수평거리는 **연소방지설비 전용헤드**의 경우에는 **2m 이하**, **스프링클러헤드**의 경우에는 **1.5m 이하**로 할 것

② 소방대원의 출입이 가능한 **환기구·작업구**마다 지하구의 양쪽 방향으로 살수헤드를 설치하되, 한쪽 방향의 살수구역의 길이는 **3m** 이상으로 할 것(단, 환기구 사이의 간격이 **700m**를 초과할 경우에는 **700m** 이내마다 살수구역을 설정하되, 지하구의 구조를 고려하여 방화벽을 설치한 경우는 제외)

③ **천장** 또는 **벽면**에 설치할 것

- '**천정**'이라고 답하면 틀린다. 정확하게 '**천장**'이라고 답하자.

☆

문제 13

그림과 같은 지상 12층 내화구조 건축물에서 특별피난계단용 부속실에 급기가압용 제연설비를 할 경우 다음 물음에 답하시오.

득점	배점
	12

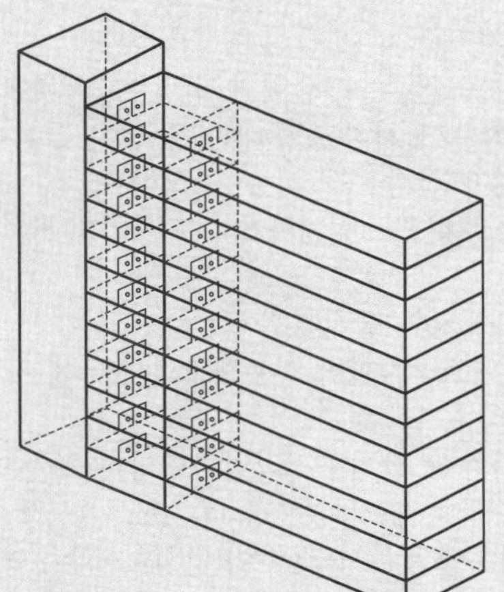

〔조건〕
① 전층의 전압은 600mmAq이다.
② 송풍기의 여유율은 10%를 적용한다.
③ 송풍기의 효율은 65%이다.
④ 보충량은 $0.031m^3/s$이다.

(가) 그림에서 부속실의 문이 모두 쌍여닫이문일 때 부속실 전층의 틈새면적$[m^2]$을 구하시오.
○ 계산과정 :
○ 답 :

(나) 그림에서 송풍기의 풍량$[m^3/s]$을 구하시오.
○ 계산과정 :
○ 답 :

(다) 그림에서 제연설비의 송풍기 용량[kW]을 구하시오.
○ 계산과정 :
○ 답 :

(가) ○ 계산과정 : $A=\dfrac{1}{\sqrt{\dfrac{1}{0.03^2}+\dfrac{1}{0.03^2}}}=0.0212m^2$

$0.0212\times12=0.254 \fallingdotseq 0.25m^2$

○ 답 : $0.25m^2$

(나) ○ 계산과정 : $Q=0.827\times0.25\times\sqrt{40}=1.3076m^3/s$

$Q_t=1.3076+0.031=1.3386m^3/s$

풍량$=1.3386\times1.15=1.539 \fallingdotseq 1.54m^3/s$

○ 답 : $1.54m^3/s$

(다) ○ 계산과정 : $\dfrac{600mmAq\times1.54m^3/s\times1.1}{102\times60\times0.65}=\dfrac{600mmAq\times1.54m^3\Big/\dfrac{1}{60}min\times1.1}{102\times60\times0.65}\fallingdotseq 15.33kW$

○ 답 : 15.33kW

해설 (가) ① **누설틈새면적**(NFPC 501A 12조, NFTC 501A 2.9.1)

외여닫이문		쌍여닫이문	승강기 출입문
제연구역 **실내쪽**으로 열리도록 설치하는 경우	제연구역의 실외쪽으로 열리도록 설치하는 경우	↓ $0.03m^2$	$0.06m^2$
$0.01m^2$	$0.02m^2$		

그림에서 각 층에 설치되어 있는 2개의 문이 직렬상태이므로

$$A=\frac{1}{\sqrt{\dfrac{1}{{A_1}^2}+\dfrac{1}{{A_2}^2}+\cdots}}=\frac{1}{\sqrt{\dfrac{1}{(0.03m^2)^2}+\dfrac{1}{(0.03m^2)^2}}}=0.0212m^2$$

- A_1, $A_2=0.03m^2$(문제에서 쌍여닫이문이므로 위 표에서 $0.03m^2$)

$0.0212m^2\times12$층$=0.254 \fallingdotseq 0.25m^2$

- 문제에서 12층 적용

② **누설틈새면적 공식**

직렬상태	병렬상태
$A = \dfrac{1}{\sqrt{\dfrac{1}{{A_1}^2} + \dfrac{1}{{A_2}^2} + \cdots}}$ 여기서, A : 전체 누설틈새면적[m²] A_1, A_2 : 각 실의 누설틈새면적[m²] (A_1, A_2 도시)	$A = A_1 + A_2 + \cdots$ 여기서, A : 전체 누설틈새면적[m²] A_1, A_2 : 각 실의 누설틈새면적[m²] (A_1, A_2 도시)

(나) ① 급기량(Q_t)=누설량(Q)+보충량(q)(NFPC 501A 7조, NFTC 501A 2.4.1)

② 누설량

$$Q = 0.827A\sqrt{P}$$

여기서, Q : 누설량[m³/s]
A : 누설틈새면적[m²]
P : 차압[Pa]

③ 배출량(풍량)=급기량(Q_t)×1.15(NFPC 501A 19조, NFTC 501A 2.16.1.1)

누설량(Q)

$Q = 0.827A\sqrt{P} = 0.827 \times 0.25\text{m}^2 \times \sqrt{40\text{Pa}} = 1.3076\text{m}^3/\text{s}$

- A=(0.25m²) : (가)에서 구한 값
- P=40Pa(NFPC 501A 6조에 의해 스프링클러설비에 대한 언급이 없으므로 40Pa) : 스프링클러설비가 설치되어 있다면 12.5Pa 적용

보충량(q)

$q = 0.031\text{m}^3/\text{s}$([조건 ④]에서 주어진 값)

급기량(Q_t) (NFPC 501A 7조, NFTC 501A 2.4.1)

급기량(Q_t)=누설량(Q)+보충량(q)
$= 1.3076\text{m}^3/\text{s} + 0.031\text{m}^3/\text{s}$
$= 1.3386\text{m}^3/\text{s}$

송풍능력(풍량) (NFPC 501A 19조, NFTC 501A 2.16.1.1)

풍량=급기량(Q_t)×1.15배 이상
=1.3386m³/s×1.15배
=1.539 ≒ 1.54m³/s

(다) **제연설비**의 송풍기 용량

$$P = \frac{P_T Q}{102 \times 60\eta} K$$

여기서, P : 송풍기 용량[kW]
P_T : 전압(풍압)[mmAq, mmH₂O]
Q : 풍량[m³/min]
K : 여유율
η : 효율

송풍기 용량 P는

$$P=\frac{P_T Q}{102\times 60\eta}K=\frac{600\text{mmAq}\times 1.54\text{m}^3/\text{s}}{102\times 60\times 0.65}\times 1.1$$

$$=\frac{600\text{mmAq}\times 1.54\text{m}^3\Big/\frac{1}{60}\text{min}}{102\times 60\times 0.65}\times 1.1$$

$$=\frac{600\text{mmAq}\times(1.54\times 60)\text{m}^3/\text{min}}{102\times 60\times 0.65}\times 1.1 \fallingdotseq 15.33\text{kW}$$

- $P_T=600$mmAq : [조건 ①]에서 주어진 값
  만약, **각 층**의 **전압**이 600mmAq라고 주어졌다면 **600mmAq×12층**을 해주어야 한다.
- Q=(1.54m³/s) : (나)에서 구한 값
- K=(1.1) : [조건 ②]에서 10% 여유율이므로 (100%+10%=110%=1.1) 적용
- η=(0.65) : [조건 ③]에서 65%=0.65

문제 14

그림은 물분무헤드가 화재를 유효하게 소화하기 위한 살수성능을 나타낸다. 조건을 참고하여 다음 물음에 답하시오.

득점	배점
	9

[조건]

① 물분무헤드의 분사각도는 60°이다.
② 표준방수량은 33Lpm이다.
③ 1개의 물분무헤드를 시험장치에 부착하고 0.35MPa의 방사압력에서 2회 방사하여 1분간 평균방수량, 표준분사각 및 유효사정거리를 측정한다.

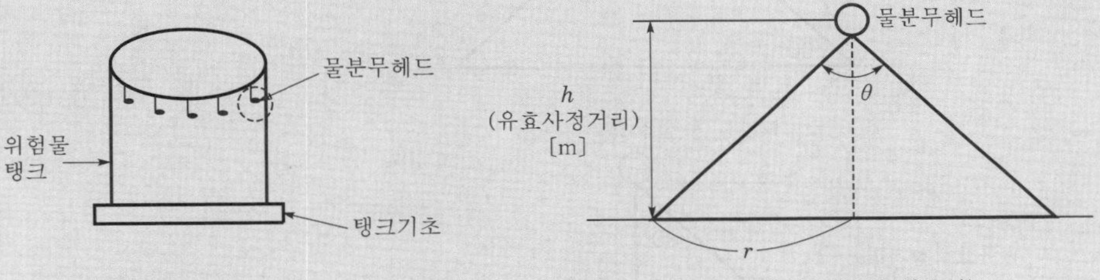

‖ 물분무헤드의 설치도 ‖ ‖ 물분무헤드의 살수성능 ‖

(가) 물분무헤드의 유효사정거리는 몇 m 이상인가?
(나) 물분무헤드의 방수면적은 몇 m² 이상인가?
○ 계산과정 :
○ 답 :

해답 (가) 2m

(나) ○ 계산과정 : 밑변$=\frac{2\text{m}}{\tan 60°}=\frac{2\sqrt{3}}{3}$m

$$A=\pi\times\left(\frac{2\sqrt{3}}{3}\right)^2=4.188\fallingdotseq 4.19\text{m}^2$$

○ 답 : 4.19m²

해설 (가) **물분무헤드**의 **살수성능**(소화설비용 헤드의 성능인증 및 제품검사의 기술기준 7조)

표준방수압력[MPa]	분사각도[°]	방수량[L/min]	유효사정거리[m]
0.35	30 이상 60 미만	30 이상 33 이하 40 이상 44 이하 50 이상 55 이하	4 이상 4 이상 4 이상
	60 이상 90 미만	30 이상 33 이하 → 40 이상 44 이하 50 이상 55 이하 60 이상 66 이하 75 이상 83 이하	2 이상 3 이상 4 이상 4 이상 4 이상
	90 이상 110 미만	30 이상 33 이하 40 이상 44 이하 50 이상 55 이하 60 이상 66 이하 70 이상 77 이하	2 이상 2 이상 3 이상 3 이상 4 이상
	110 이상 140 미만	30 이상 33 이하 60 이상 66 이하	2 이상 2 이상

- 33Lpm=33L/min
- [조건 ①]에서 분사각도 **60°**, [조건 ②]에서 표준방수량이 **33Lpm**으로, **30** 이상 **33** 이하에 해당되므로 위 표에서 유효사정거리 h=**2m** 이상이다.

용어

유효사정거리
소화능력을 갖는 **사정거리**로 물입자의 대부분이 **도달**하는 **거리**

(나)

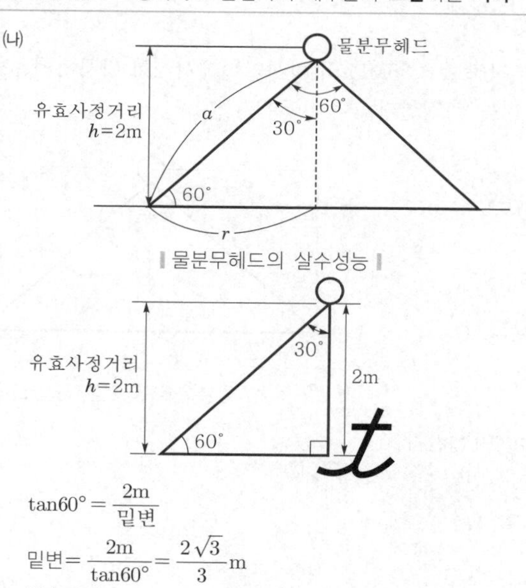

‖ 물분무헤드의 살수성능 ‖

$$\tan 60° = \frac{2\text{m}}{\text{밑변}}$$

$$\text{밑변} = \frac{2\text{m}}{\tan 60°} = \frac{2\sqrt{3}}{3}\text{m}$$

방수면적

$$A = \pi r^2$$

여기서, A : 방수면적[m²]
r : 반지름[m]

방수면적 $A = \pi r^2 = \pi \times \left(\frac{2\sqrt{3}}{3}\text{m}\right)^2 = 4.188 \fallingdotseq 4.19\text{m}^2$

- 밑변=반지름이므로 $r = \frac{2\sqrt{3}}{3}$

중요

삼각비의 값

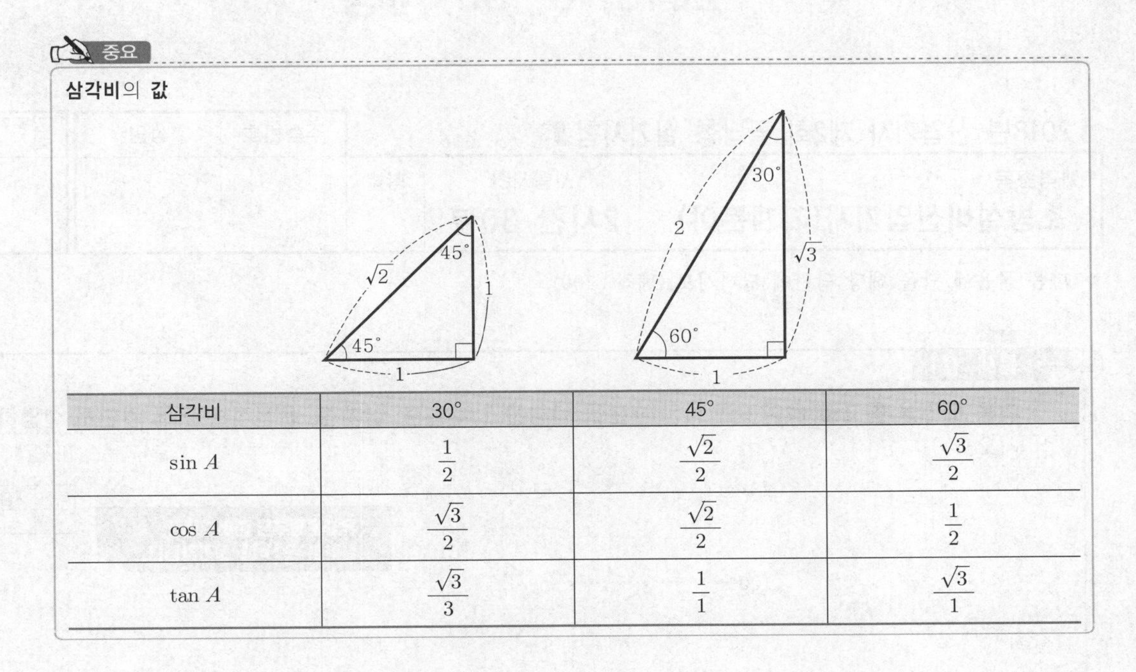

삼각비	30°	45°	60°
$\sin A$	$\frac{1}{2}$	$\frac{\sqrt{2}}{2}$	$\frac{\sqrt{3}}{2}$
$\cos A$	$\frac{\sqrt{3}}{2}$	$\frac{\sqrt{2}}{2}$	$\frac{1}{2}$
$\tan A$	$\frac{\sqrt{3}}{3}$	$\frac{1}{1}$	$\frac{\sqrt{3}}{1}$

" 낙제생이었던 천재 과학자 아인슈타인, 실력이 형편없다고 팀에서 쫓겨난 농구 황제 마이클 조던, 회사로부터 해고 당한 상상력의 천재 월트 디즈니, 그들이 수많은 난관을 딛고 성공할 수 있었던 비결은 무엇일까요? 바로 끈기입니다. 끈기는 성공의 확실한 비결입니다. "

– 구지선 '지는 것도 인생이다' –

2018. 6. 30 시행

18년

▌2018년 산업기사 제2회 필답형 실기시험▌

자격종목	시험시간	형별	수험번호	성명	감독위원 확인
소방설비산업기사(기계분야)	2시간 30분				

※ 다음 물음에 답을 해당 답란에 답하시오.(배점 : 100)

☆☆ **문제 01**

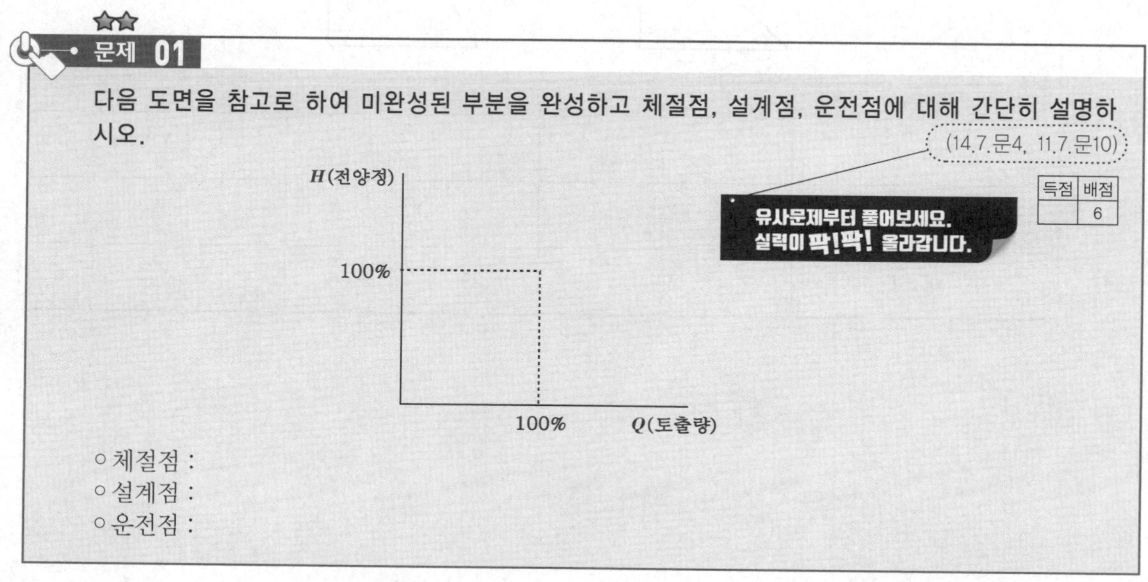

다음 도면을 참고로 하여 미완성된 부분을 완성하고 체절점, 설계점, 운전점에 대해 간단히 설명하시오.

(14.7.문4, 11.7.문10)

유사문제부터 풀어보세요. 실력이 팍!팍! 올라갑니다.

득점	배점
	6

○ 체절점 :
○ 설계점 :
○ 운전점 :

해답 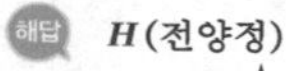

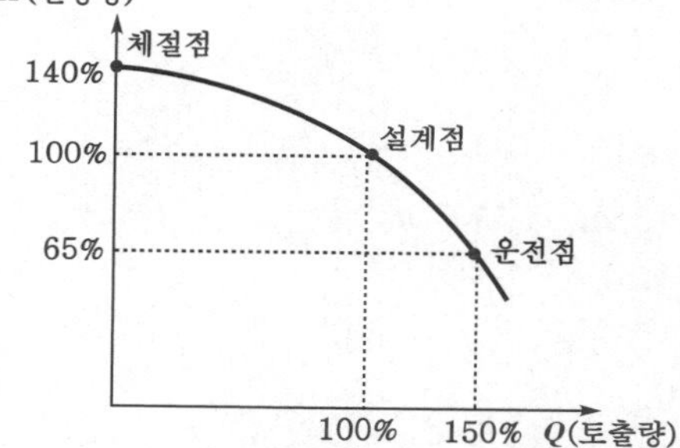

① 체절점 : 정격토출양정의 140% 이하
② 설계점 : 정격토출양정의 100%
③ 운전점 : 정격토출양정의 65% 이상

해설
(1) **체절점(체절운전점)**〔m〕=정격토출양정〔m〕×1.4 이하
(2) **설계점(정격부하운전점)**〔m〕=정격토출양정〔m〕×1.0
(3) **운전점(150% 유량점, 최대운전점)**〔m〕=정격토출양정〔m〕×0.65 이상

- 펌프의 성능을 참고하여 작성하면 된다.
- 체절운전시 정격토출압력의 **140%**를 초과하지 아니하고, 정격토출량의 **150%**로 운전시 정격토출압력의 **65%** 이상이어야 한다.
- **설계점**은 **이상**, **이하**라는 말을 쓰면 안 됨
- 체절점, 운전점은 **이하**, **이상**이란 말까지 써야 정답

중요

체절운전, 체절압력, 체절양정

구 분	설 명
체절운전	펌프의 성능시험을 목적으로 펌프 토출측의 개폐밸브를 닫은 상태에서 펌프를 운전하는 것
체절압력	체절운전시 릴리프밸브가 압력수를 방출할 때의 압력계상 압력으로 정격토출압력의 140% 이하
체절양정	펌프의 토출측 밸브가 모두 막힌 상태, 즉 유량이 0인 상태에서의 양정

※ **체절압력** 구하는 식

체절압력[MPa]=정격토출압력[MPa]×1.4=펌프의 명판에 표시된 양정[m]×1.4× $\frac{1}{100}$

☆☆☆

문제 02

다음 도면에 제연댐퍼 2개를 설치하고, A, B 두 구역 중 각각 화재시 댐퍼의 개방 등에 대하여 설명하시오. (단, 댐퍼는 ∅로 직접 도면에 표시할 것)

(16.6.문3, 07.11.문15)

득점	배점
	6

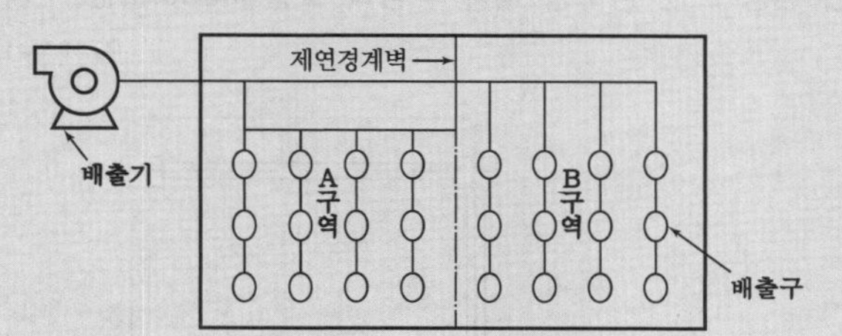

○ 화재시 댐퍼의 개방 등에 대한 설명 :

해답

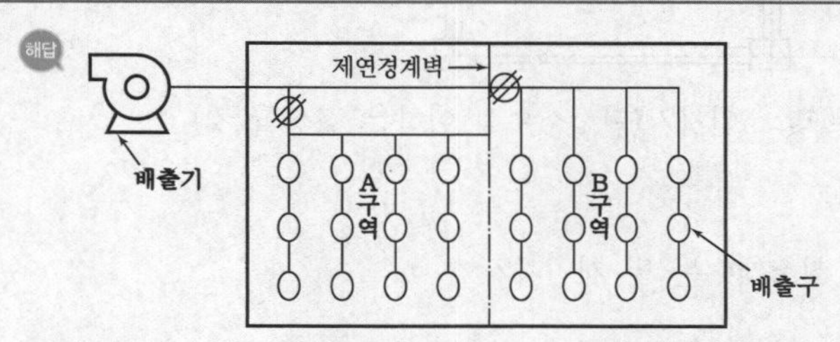

① A구역 화재시 : A구역 댐퍼 개방, B구역 댐퍼 폐쇄
② B구역 화재시 : B구역 댐퍼 개방, A구역 댐퍼 폐쇄

해설 (가) 실수하기 쉬운 도면을 제시하니 참고하기 바란다. 아래와 같이 댐퍼를 설치하면 **A구역 댐퍼 폐쇄**시 **B구역**까지 **모두 폐쇄**되어 효과적인 제어를 할 수 없다.

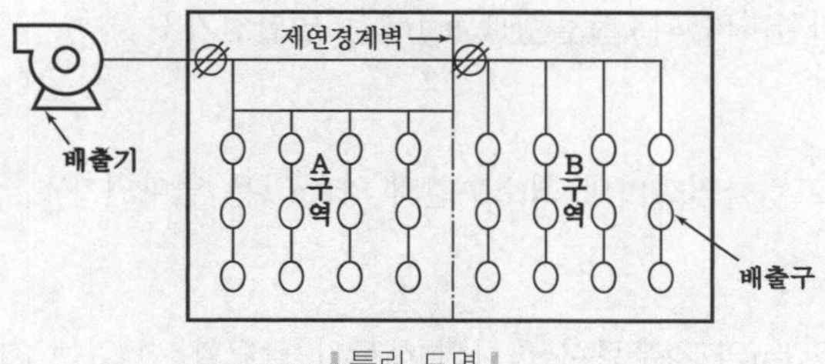

‖틀린 도면‖

(나)

A구역 화재	B구역 화재
A구역 댐퍼를 **개방**하고, **B구역 댐퍼**를 **폐쇄**하여 A구역의 연기를 외부로 배출시킨다. 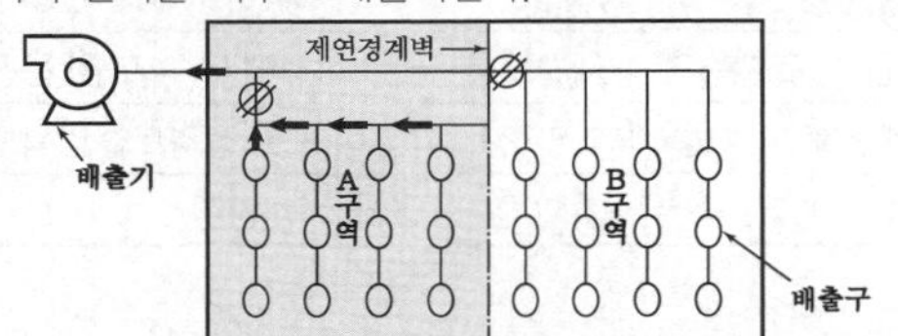	**B구역 댐퍼**를 **개방**하고, **A구역 댐퍼**를 **폐쇄**하여 B구역의 연기를 외부로 배출시킨다. 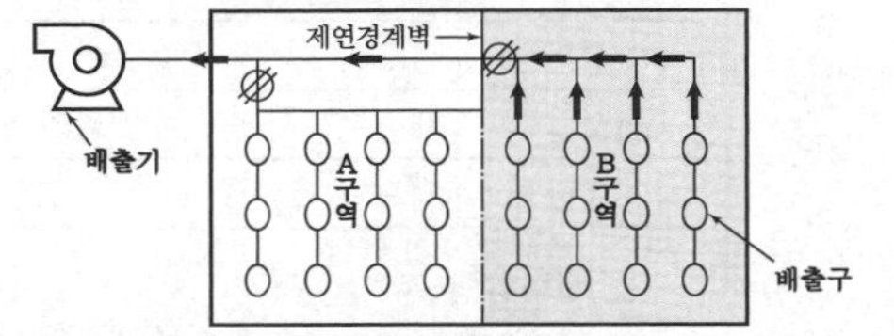

☆☆☆

문제 03

다음 그림은 가로 18m, 세로 18m인 정사각형 형태의 지하가에 설치되어 있는 실의 평면도이다. 이 실의 내부에는 기둥이 없고 실내 상부는 반자로 고르게 마감되어 있다. 이 실내에 방호반경 2.1m로 스프링클러헤드를 정사각형 형태로 설치하고자 할 때 다음 각 물음에 답하시오. (단, 반자 속에는 헤드를 설치하지 아니하며, 전등 또는 공조용 디퓨져 등의 모듈(Module)은 무시하는 것으로 한다.)

(17.4.문11, 13.11.문2, 10.4.문3, 07.7.문12)

득점	배점
	11

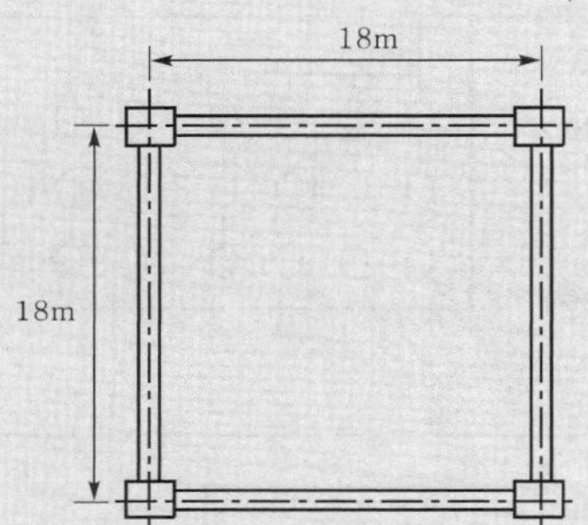

(가) 설치 가능한 헤드간의 최소거리는 몇 m인가? (단, 소수점 이하는 절상할 것)
  ○ 계산과정 :
  ○ 답 :

(나) 실에 설치 가능한 헤드의 이론상 최소개수는 몇 개인가?
  ○ 계산과정 :
  ○ 답 :

(다) 헤드를 도면에 알맞게 배치하시오.

(라) 스프링클러설비 주배관의 최소관경은 몇 mm인가? (단, 연결송수관설비의 배관과 겸용한다고 가정한다.)

(마) 스프링클러설비의 최소토출량[L/min]은 얼마인가?
  ○ 계산과정 :
  ○ 답 :

(바) 필요한 스프링클러설비의 최소수원의 양[m^3]은 얼마인가?
  ○ 계산과정 :
  ○ 답 :

(사) 방호반경 2.1m의 경우로서 하나의 헤드가 담당할 수 있는 최대방호면적은 몇 m^2인가?
  ○ 계산과정 :
  ○ 답 :

해답 (가) ○ 계산과정 : $2\times2.1\times\cos45° = 2.969 ≒ 3\text{m}$

○ 답 : 3m

(나) ○ 계산과정 : $\frac{18}{3} = 6$개, $\frac{18}{3} = 6$개

$6\times6 = 36$개

○ 답 : 36개

(다)

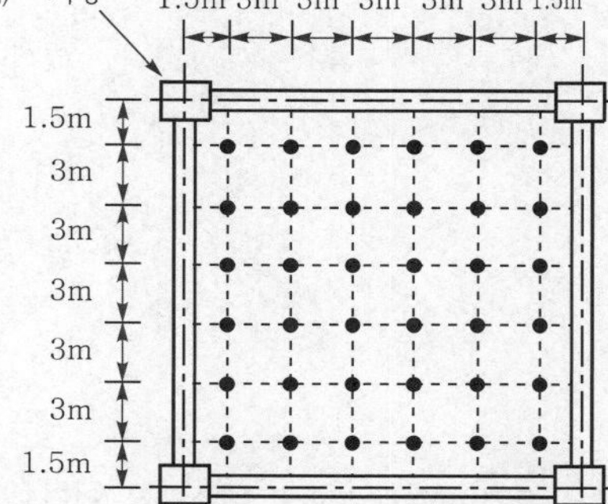

(라) 100mm

(마) ○ 계산과정 : $80\times30 = 2400\text{L/min}$

○ 답 : 2400L/min

(바) ○ 계산과정 : $1.6\times30 = 48\text{m}^3$

○ 답 : 48m^3

(사) ○ 계산과정 : $(3\text{m})^2 = 9\text{m}^2$

○ 답 : 9m^2

해설 (가) **수평헤드간격** S는

$S = 2R\cos45° = 2\times2.1\times\cos45° = 2.969 ≒ 3\text{m}$

- 문제에서 방호반경(수평거리) R은 **2.1m**이다.
- 소수점 이하는 ㈎의 조건에 의해 절상한다. 그러므로 3m가 된다.

참고

헤드의 배치형태

정방형(정사각형)	**장방형**(직사각형)
$S = 2R\cos45°$ $L = S$ 여기서, S : 수평헤드간격 R : 수평거리 L : 배관간격 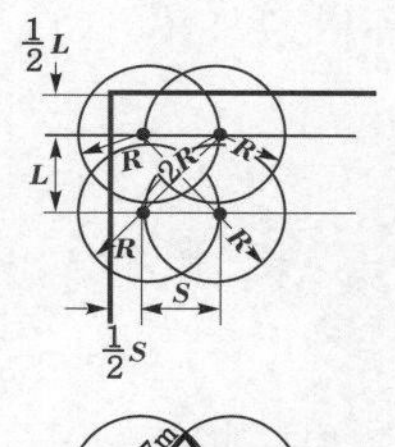 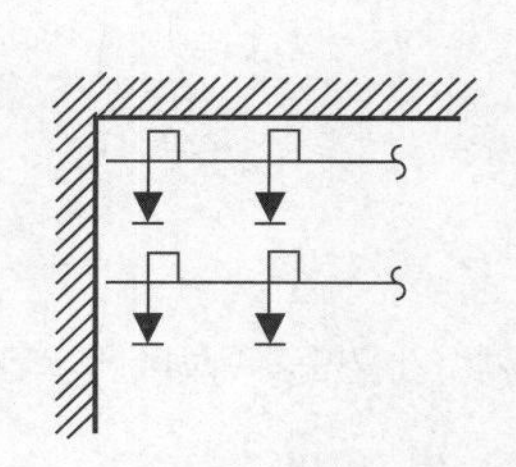 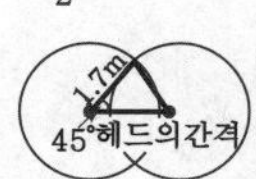 	$S = \sqrt{4R^2 - L^2}$, $L = 2R\cos\theta$, $S' = 2R$ 여기서, S : 수평헤드간격 R : 수평거리 L : 배관간격 S' : 대각선 헤드간격 θ : 각도 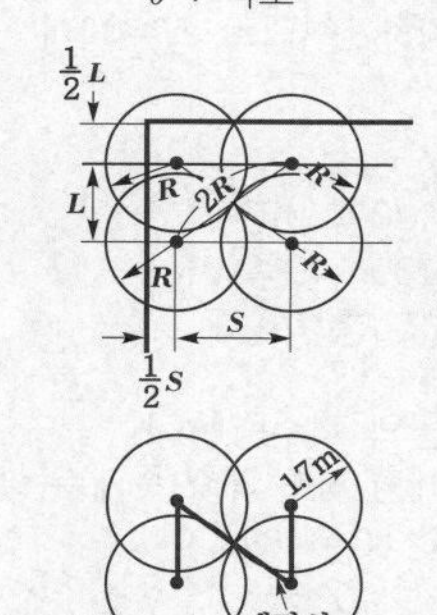 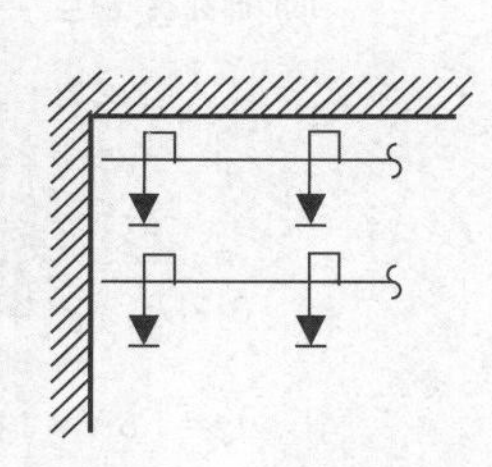

(나) (1) 가로변의 최소개수$=\frac{\text{가로길이}}{S}=\frac{18\text{m}}{3\text{m}}=6$개

(2) 세로변의 최소개수$=\frac{\text{세로길이}}{S}=\frac{18\text{m}}{3\text{m}}=6$개

헤드의 최소개수=가로변의 최소개수×세로변의 최소개수$=6\times6=36$개

(다)

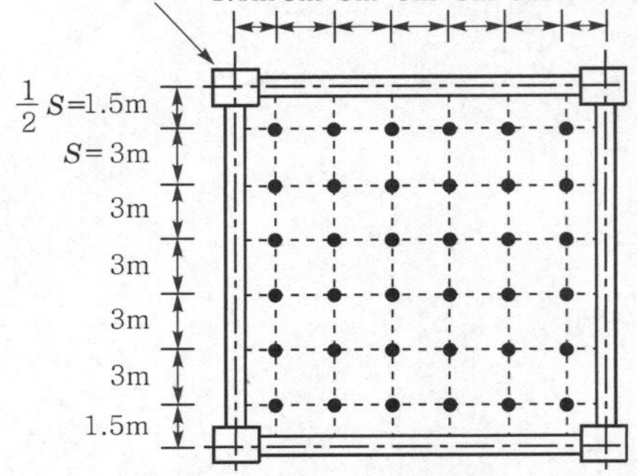

(라) **연결송수관설비**의 배관과 겸용할 경우의 **주배관**은 구경 **100mm** 이상, 방수구로 연결되는 배관의 구경은 **65mm** 이상의 것으로 할 것(NFPC 103 8조, NFTC 103 2.5.5)

구 분	가지배관	주배관 중 수직배관
호스릴	**25mm** 이상	**32mm** 이상
일반	**40mm** 이상	**50mm** 이상
연결송수관 겸용	**65mm** 이상	**100mm** 이상

(마) **폐쇄형 헤드의 기준개수**

특정소방대상물		폐쇄형 헤드의 기준개수
지하가 · 지하역사 →		30
11층 이상		30
10층 이하	공장(특수가연물)	30
	판매시설(백화점 등), 복합건축물(판매시설이 설치된 복합건축물)	30
	근린생활시설, 운수시설	20
	8m 이상	20
	8m 미만	10

토출량

$$Q=N\times80\text{L/min}$$

여기서, Q : 토출량[L/min]

N : 헤드의 기준개수

$Q=N\times80\text{L/min}=30\times80\text{L/min}=2400\text{L/min}$

- 문제에서 **지하가**이므로 **N=30개**

(바) **폐쇄형 헤드**

$Q=1.6N$(30층 미만)
$Q=3.2N$(30~49층 이하)
$Q=4.8N$(50층 이상)

여기서, Q : 수원의 저수량[m^3]

N : 폐쇄형 헤드의 기준개수(설치개수가 기준개수보다 적으면 그 설치개수)

$Q=1.6N=1.6\times30=48\text{m}^3$

- 문제에서 **지하가**이므로 **N=30개**

(사) **최대방호면적**

$$A = S^2$$

여기서, A : 최대방호면적〔m^2〕

S : 수평헤드간격〔m〕

(가)에서 헤드의 최소간격(S)은 3m이므로

$A = S^2 = (3m)^2 = 9m^2$

문제 04

다음 도면은 분말소화설비(Dry Chemical System)의 기본설계 계통도이다. 도식에 표기된 항목 ①, ②, ③, ④의 장치 및 밸브류의 명칭과 주된 기능을 설명하시오. (15.11.문16)

득점	배점
	8

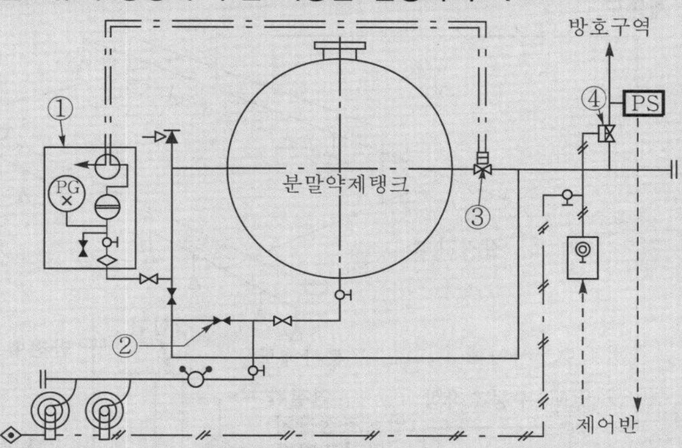

구 분	밸브류 명칭	주된 기능
①		
②		
③		
④		

해답

구 분	밸브류 명칭	주된 기능
①	정압작동장치	분말약제탱크의 압력이 일정 압력 이상일 때 주밸브 개방
②	클리닝밸브	소화약제 방출 후 배관청소
③	주밸브	분말약제탱크를 개방하여 약제 방출
④	선택밸브	소화약제 방출시 해당 방호구역으로 약제 방출

해설 **분말소화설비 계통도**

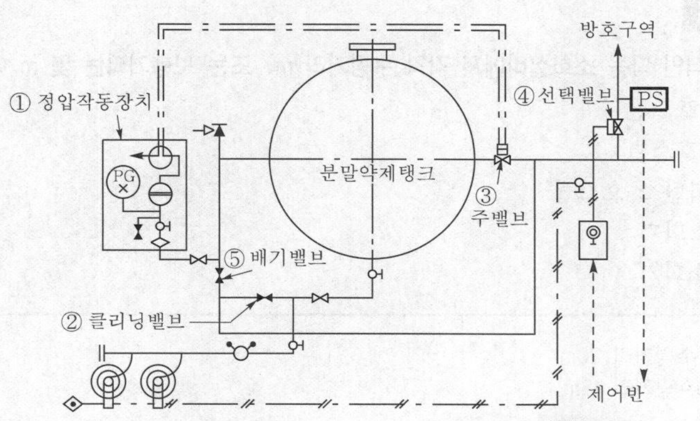

기 호	밸브류 명칭	주된 기능
①	정압작동장치	① 분말약제탱크의 압력이 **일정 압력** 이상일 때 **주밸브 개방** ② 분말은 자체의 증기압이 없기 때문에 감지기 작동시 가압용 가스가 약제탱크 내로 들어가서 혼합되어 일정 압력 이상이 되었을 경우 이를 정압작동장치가 검지하여 주밸브를 개방시켜 준다.
②	클리닝밸브	소화약제 방출 후 **배관청소**
③	주밸브	분말약제탱크를 개방하여 **약제 방출**
④	선택밸브	소화약제 방출시 **해당 방호구역**으로 **약제 방출**
⑤	배기밸브	소화약제 방출 후 **잔류가스** 또는 **약제 배출**

중요

다른 분말소화설비 계통도

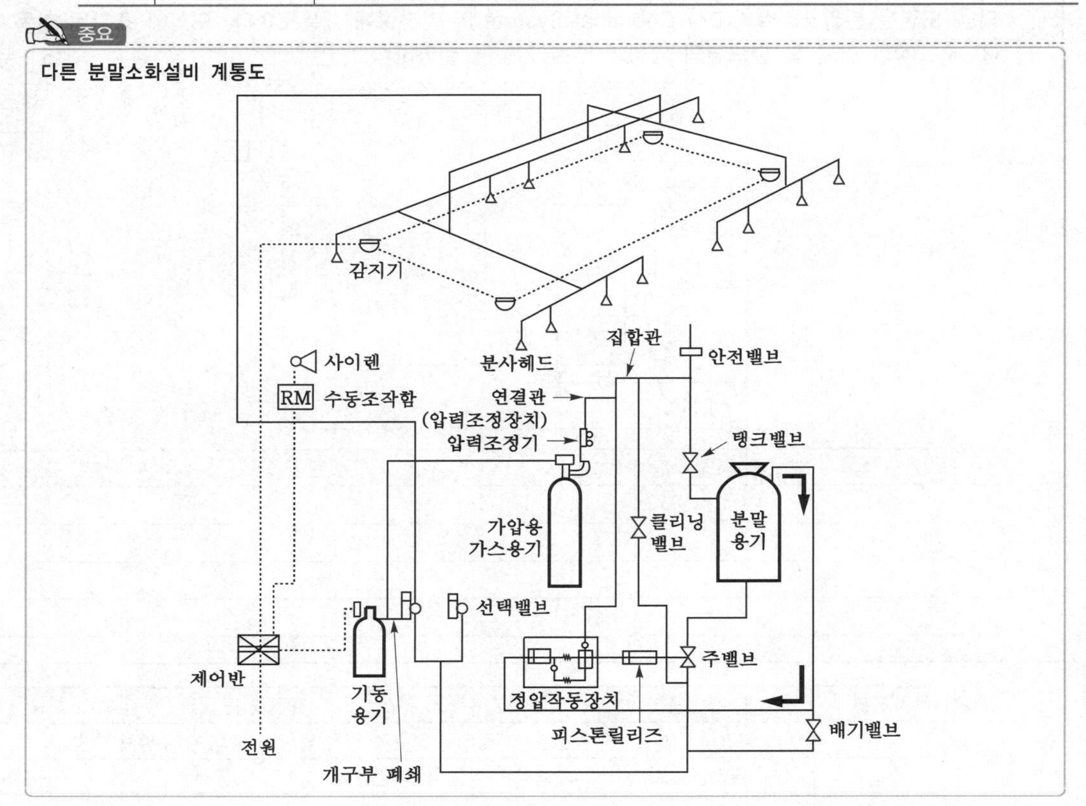

☆☆

문제 05

호스릴방식인 다음 소화설비에서 각각 수평거리〔m〕 또는 보행거리는 몇 m 이하인가? (13.7.문13, 12.11.문2)

(가) 할론 호스릴
(나) 분말 호스릴
(다) 이산화탄소 호스릴
(라) 소형소화기
(마) 대형소화기

득점	배점
	5

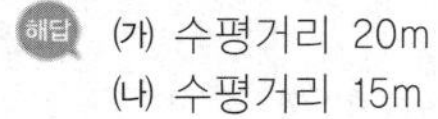
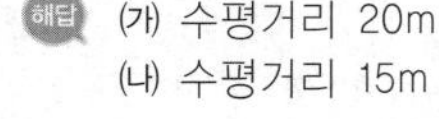
해답 (가) 수평거리 20m
(나) 수평거리 15m

(다) 수평거리 15m
(라) 보행거리 20m
(마) 보행거리 30m

해설 (1) **수평거리**

거 리	구 분
• 수평거리 10m 이하	• 예상제연구역
• 수평거리 15m 이하	• 분말 호스릴 • 포호스릴 • CO_2 호스릴(이산화탄소 호스릴)
• 수평거리 20m 이하	• 할론 호스릴
• 수평거리 25m 이하	• 옥내소화전 방수구 • 옥내소화전 호스릴 • 포소화전 방수구(차고 · 주차장) • 연결송수관 방수구(지하가) • 연결송수관 방수구(지하층 바닥면적 3000m^2 이상)
• 수평거리 40m 이하	• 옥외소화전 방수구
• 수평거리 50m 이하	• 연결송수관 방수구(사무실)

(2) **보행거리**

거 리	구 분
• 보행거리 20m 이내	• 소형소화기
• 보행거리 30m 이내	• 대형소화기

용어

수평거리와 보행거리

수평거리	보행거리
직선거리로서 반경을 의미하기도 한다.	걸어서 간 거리를 의미한다.

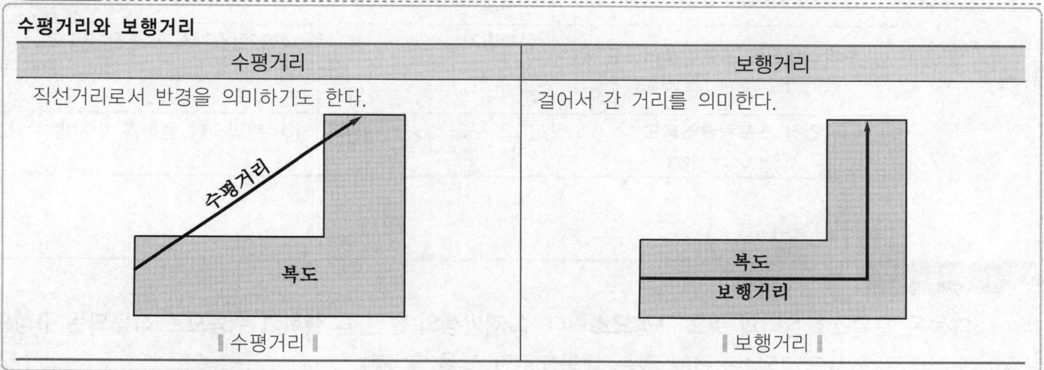

‖수평거리‖ ‖보행거리‖

☆☆
문제 06

다음은 스프링클러헤드의 종류를 나타낸다. 스프링클러헤드의 종류에 따른 용어의 정의를 쓰시오.

(15.7.문2, 09.7.문1)

득점	배점
	6

(가) Residential sprinkler :
(나) Flush sprinkler :
(다) ESFR sprinkler :

해답 (가) 폐쇄형 헤드의 일종으로 주거지역의 화재에 적합한 감도, 방수량 및 살수분포를 갖는 헤드(간이형 스프링클러헤드 포함)
(나) 부착나사를 포함한 몸체의 일부나 전부가 천장면 위에 설치되어 있는 스프링클러헤드
(다) 특정 높은 장소의 화재위험에 대하여 조기에 진화할 수 있도록 설계된 스프링클러헤드

해설 **스프링클러헤드의 설계 및 성능특성에 따른 분류**

분 류	설 명
화재조기진압용 스프링클러헤드 (ESFR sprinkler)	① 특정 높은 장소의 화재위험에 대하여 조기에 진화할 수 있도록 설계된 스프링클러헤드 ② 화재를 **초기**에 **진압**할 수 있도록 정해진 면적에 충분한 물을 방사할 수 있는 빠른 작동능력의 스프링클러헤드
라지 드롭 스프링클러헤드 (Large drop sprinkler)	① 동일 조건의 수(水)압력에서 표준형 헤드보다 **큰 물방울**을 방출하여 저장창고 등에서 발생하는 **대형 화재**를 **진압**할 수 있는 헤드 ② 동일 조건의 수압력에서 큰 물방울을 방출하여 화염의 전파속도가 빠르고 발열량이 큰 저장창고 등에서 발생하는 대형 화재를 진압할 수 있는 헤드
주거형 스프링클러헤드 (Residential sprinkler)	폐쇄형 헤드의 일종으로 **주거지역**의 화재에 적합한 감도, 방수량 및 살수분포를 갖는 헤드(**간이형 스프링클러헤드** 포함)
랙크형 스프링클러헤드 (Rack sprinkler)	**랙크식 창고**에 설치하는 헤드로서 상부에 설치된 헤드의 방출된 물에 의해 작동에 지장이 생기지 아니하도록 **보호판**이 **부착**된 헤드
플러시 스프링클러헤드 (Flush sprinkler)	부착나사를 포함한 몸체의 일부나 전부가 **천장면 위**에 설치되어 있는 스프링클러헤드
리세스드 스프링클러헤드 (Recessed sprinkler)	부착나사 이외의 몸체 일부나 전부가 **보호집 안**에 설치되어 있는 스프링클러헤드
컨실드 스프링클러헤드 (Concealed sprinkler)	리세스드 스프링클러헤드에 **덮개**가 **부착**된 스프링클러헤드
속동형 스프링클러헤드 (Quick-response sprinkler)	화재로 인한 **감응속도**가 일반 스프링클러보다 **빠른** 스프링클러로서 **사람**이 **밀집**한 **지역**이나 인명피해가 우려되는 장소에 가장 빨리 작동되도록 설계된 스프링클러헤드
드라이펜던트 스프링클러헤드 (Dry pendent sprinkler)	**동파방지**를 위하여 롱니플 내에 **질소가스**가 충전되어 있는 헤드로 습식과 건식 시스템에 사용되며, 배관 내의 물이 스프링클러 몸체에 들어가지 않도록 설계되어 있는 헤드
건식 스프링클러헤드 (Dry sprinkler)	물과 오리피스가 배관에 의해 분리되어 동파를 방지할 수 있는 스프링클러헤드

☆

문제 07

다음은 분말소화설비의 주요 구성요소이다. 화재발생의 발견 후 설비가 수동으로 작동되는 구성요소를 순서대로 쓰시오. (단, 조건에 있는 내용으로만 답을 할 것) (15.11.문1)

득점	배점
	8

〔설비의 구성요소〕

① 수동기동장치
② 헤드
③ 제어부-음향경보장치 및 자동폐쇄장치 작동
④ 기동용 가스용기 개방-선택밸브 개방
⑤ 압력조정장치
⑥ 가압용 가스용기 개방
⑦ 약제저장탱크-주밸브 개방
⑧ 소화약제 방출표시등

○답 : (　　)→(　　)→(　　)→(　　)→(　　)→(　　)→(　　)→(　　)

해답 (①)→(③)→(④)→(⑥)→(⑤)→(⑦)→(②)→(⑧)

해설 **분말소화설비**의 **수동 작동순서**

① 수동기동장치	: 수동기동장치 작동
↓	
③ 제어부-음향경보장치 및 자동폐쇄장치 작동	: 제어반에서 음향경보장치 및 자동폐쇄장치 작동
↓	
④ 기동용 가스용기 개방-선택밸브 개방	: 제어반의 신호에 의해 기동용 가스용기 개방 및 기동용 가스용기의 압력에 의해 선택밸브 개방
↓	
⑥ 가압용 가스용기 개방	: 기동용 가스용기의 압력에 의해 가압용 가스용기 개방
↓	
⑤ 압력조정장치	: 가압용 가스용기의 가스가 압력조정장치(압력조정기)를 거쳐서 약제저장탱크에 전달
↓	
⑦ 약제저장탱크-주밸브 개방	: 약제저장탱크에 연결된 배관의 주밸브 개방
↓	
② 헤드	: 분말약제가 분사헤드에 전달되어 방사
↓	
⑧ 소화약제 방출표시등	: 제어반에서 소화약제 방출표시등 점등

참고

분말소화설비 계통도

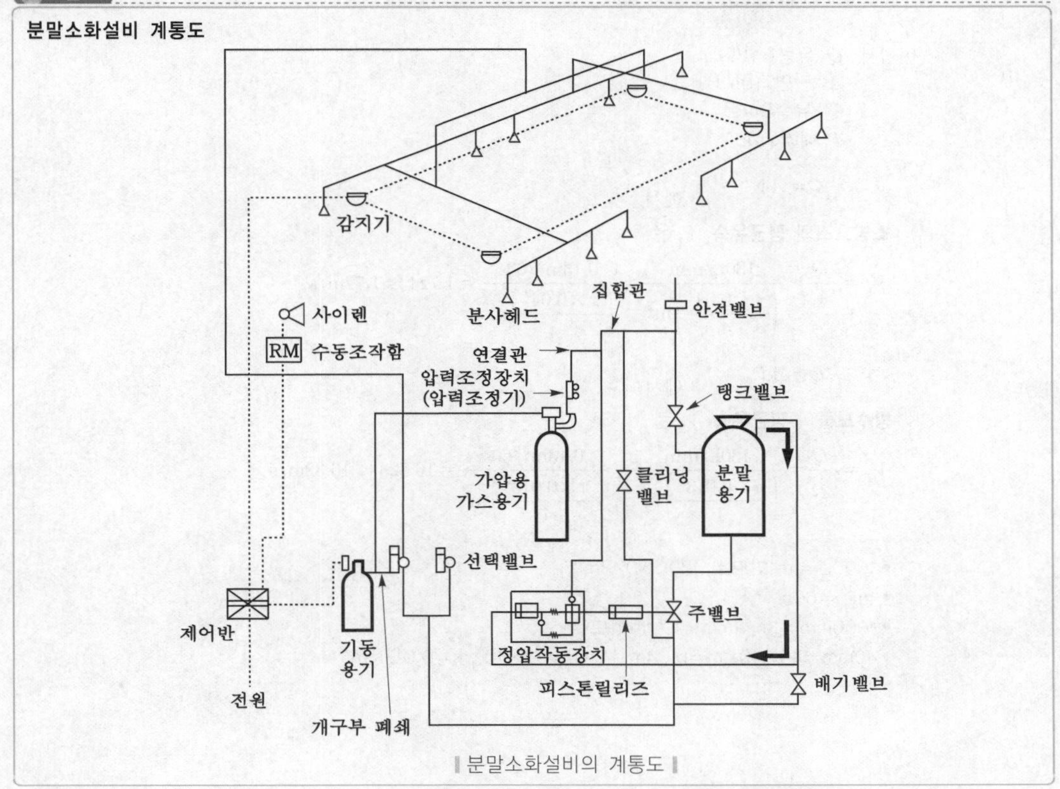

▌분말소화설비의 계통도▐

☆☆

문제 08

지름이 40mm인 소방호스에 노즐구경이 13mm인 노즐팁이 부착되어 있고, 130L/min의 물을 대기 중으로 방수할 경우 다음 각 물음에 답하시오. (단, 유동에는 마찰이 없는 것으로 한다.) (08.4.문11)

득점	배점
	8

(가) 소방호스의 평균유속[m/s]을 구하시오.
- ○ 계산과정 :
- ○ 답 :

(나) 소방호스에 부착된 방수노즐의 평균유속[m/s]을 구하시오.
- ○ 계산과정 :
- ○ 답 :

해답

(가) ○ 계산과정 : $\dfrac{\dfrac{0.13}{60}}{\dfrac{\pi \times 0.04^2}{4}} = 1.724 \fallingdotseq 1.72\text{m/s}$

○ 답 : 1.72m/s

(나) ○ 계산과정 : $\dfrac{\dfrac{0.13}{60}}{\dfrac{\pi \times 0.013^2}{4}} = 16.323 \fallingdotseq 16.32\text{m/s}$

○ 답 : 16.32m/s

해설

$$Q = AV = \left(\frac{\pi D^2}{4}\right) V$$

여기서, Q : 유량[m³/s]
A : 단면적[m²]
V : 유속[m/s]
d : 내경[m]

(가)

$$Q = AV$$

에서

소방호스의 **평균유속** V_1은

$$V_1 = \frac{Q}{A_1} = \frac{130\text{L/min}}{\left(\dfrac{\pi \times 0.04^2}{4}\right)\text{m}^2} = \frac{0.13\text{m}^3/60\text{s}}{\left(\dfrac{\pi \times 0.04^2}{4}\right)\text{m}^2} = 1.724 \fallingdotseq 1.72\text{m/s}$$

(나)

$$Q = AV$$

에서

방수노즐의 **평균유속** V_2는

$$V_2 = \frac{Q}{A_2} = \frac{130\text{L/min}}{\left(\dfrac{\pi \times 0.013^2}{4}\right)\text{m}^2} = \frac{0.13\text{m}^3/60\text{s}}{\left(\dfrac{\pi \times 0.013^2}{4}\right)\text{m}^2} = 16.323 \fallingdotseq 16.32\text{m/s}$$

- 1000L=1m³이므로 130L=0.13m³
- 1min=60s
- 1000mm=1m, 1mm=10^{-3}m이므로
  40mm=40×10^{-3}m=0.04m, 13mm=13×10^{-3}m=0.013mm

☆☆☆
문제 09

옥내소화전설비의 수원은 산출된 유효수량의 $\frac{1}{3}$ 이상을 옥상에 설치하여야 한다. 설치 예외사항을 5가지만 쓰시오. (17.11.문3, 13.11.문11, 06.7.문3)

○
○
○
○
○

득점	배점
	5

해답
① 지하층만 있는 건축물
② 고가수조를 가압송수장치로 설치한 옥내소화전설비
③ 수원이 건축물의 최상층에 설치된 방수구보다 높은 위치에 설치된 경우
④ 건축물의 높이가 지표면으로부터 10m 이하인 경우
⑤ 가압수조를 가압송수장치로 설치한 옥내소화전설비

해설
유효수량의 $\frac{1}{3}$ **이상**을 **옥상**에 설치하지 않아도 되는 경우(30층 이상은 제외)

(1) **지하층**만 있는 건축물
(2) **고가수조**를 가압송수장치로 설치한 옥내소화전설비
(3) 수원이 건축물의 최상층에 설치된 **방수구**보다 높은 위치에 설치된 경우
(4) 건축물의 높이가 지표면으로부터 **10m** 이하인 경우
(5) **주펌프**와 동등 이상의 성능이 있는 별도의 펌프로서 내연기관의 기동과 연동하여 작동되거나 **비상전원**을 연결하여 설치한 경우
(6) **학교 · 공장 · 창고시설**로서 동결의 우려가 있는 장소
(7) **가압수조**를 가압송수장치로 설치한 옥내소화전설비

용어

유효수량
일반 급수펌프의 후드밸브와 옥내소화전용 펌프의 후드밸브 사이의 수량

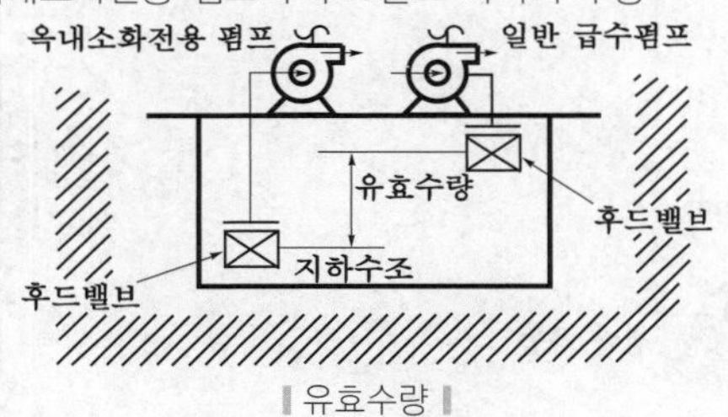

‖ 유효수량 ‖

☆☆ **문제 10**

건식 스프링클러설비를 설치하였을 경우 헤드의 방수상태 확인을 위해서 설치하는 유수검지장치 시험장치의 설치위치와 관경, 구성요소 3가지에 대해서 답하시오. (16.11.문10, 10.4.문6)

득점	배점
	6

(가) 설치위치 :
(나) 관경 :
(다) 구성요소
○
○
○

해답 (가) 설치위치 : 유수검지장치에서 가장 먼 가지배관의 끝으로부터 연결·설치
(나) 관경 : 25mm
(다) 구성요소
① 개폐밸브
② 반사판 및 프레임이 제거된 개방형 헤드
③ 압력계

해설 **습식 유수검지장치** 또는 **건식 유수검지장치**를 사용하는 **스프링클러설비**와 **부압식 스프링클러설비**에 **동장치**를 시험할 수 있는 시험장치 설치기준(NFPC 103 8조, NFTC 103 2.5.12)

(1) 습식 스프링클러설비 및 부압식 스프링클러설비에 있어서는 유수검지장치 2차측 배관에 연결하여 설치하고 건식 스프링클러설비인 경우 유수검지장치에서 가장 먼 거리에 위치한 가지배관의 끝으로부터 연결하여 설치할 것. 유수검지장치 2차측 설비의 내용적이 2840L를 초과하는 건식 스프링클러설비의 경우 시험장치 개폐밸브를 완전 개방 후 **1분** 이내에 물이 방사되어야 한다.
(2) 시험장치 배관의 구경은 25mm 이상으로 하고, 그 끝에 **개폐밸브** 및 개방형 헤드 또는 스프링클러헤드와 동등한 방수성능을 가진 오리피스를 설치할 것. 이 경우 개방형 헤드는 **반사판 및 프레임을 제거한 오리피스**만으로 설치할 수 있다.
(3) 시험배관의 끝에는 **물받이통** 및 **배수관**을 설치하여 시험 중 방사된 물이 바닥에 흘러내리지 아니하도록 할 것(단, **목욕실·화장실** 또는 그 밖의 곳으로서 배수처리가 쉬운 장소에 시험배관을 설치한 경우는 제외)

• 예전에는 추가로 **압력계**를 설치했지만 요즘에는 설치하지 않아도 된다.

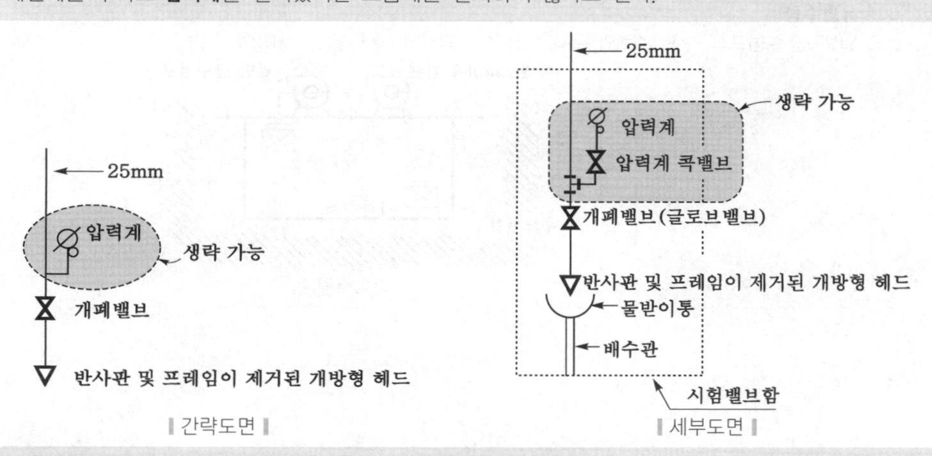

‖간략도면‖ ‖세부도면‖

• '**간략도면**'에 있는 구성요소만 답하면 되고 '**세부도면**'에 있는 '**배수관**', '**물받이통**', '**압력계 콕밸브**'까지는 답하지 않아도 된다.

중요

시험장치의 **기능**(설치이유)
(1) 개폐밸브를 개방하여 **규정 방수압** 및 **규정 방수량** 확인
(2) 개폐밸브를 개방하여 **유수검지장치**의 작동확인

☆☆☆

문제 11

경유를 저장하는 탱크의 내부 직경이 50m인 플루팅루프탱크(Floating Roof Tank)에 포소화설비의 특형 방출구를 설치하여 방호하려고 할 때 다음 각 물음에 답하시오. (16.6.문2, 15.4.문9, 14.7.문10, 09.10.문4)

득점	배점
	8

〔조건〕

① 소화약제는 3%용의 단백포를 사용하며, 포수용액의 분당 방출량은 $10L/m^2$·분이고, 방사시간은 20분을 기준으로 한다.

② 탱크의 내면과 굽도리판의 간격은 2.5m로 한다.

③ 펌프의 효율은 65%, 전달계수는 1.1로 한다.

④ 원주율 $\pi=3.14$로 계산한다.

(가) 상기 탱크의 특형 고정포방출구에 의하여 소화하는 데 필요한 수용액의 양$[m^3]$, 수원의 양$[m^3]$, 포원액의 양$[m^3]$은 각각 얼마인가?

○ 수용액의 양$[m^3]$(계산과정 및 답) :

○ 수원의 양$[m^3]$(계산과정 및 답) :

○ 포원액의 양$[m^3]$(계산과정 및 답) :

(나) 수원을 공급하는 가압송수장치(펌프)의 분당 토출량[L/min]은?

○ 계산과정 :

○ 답 :

(다) 펌프의 전양정이 90m라고 할 때 전동기의 출력[kW]은?

○ 계산과정 :

○ 답 :

해답 (가) ① 포수용액의 양

○ 계산과정 : $\frac{3.14}{4}(50^2-45^2)\times10\times20\times1=74575L=74.575m^3 \fallingdotseq 74.58m^3$

○ 답 : $74.58m^3$

② 수원의 양

○ 계산과정 : $\frac{3.14}{4}(50^2-45^2)\times10\times20\times0.97=72337L=72.337m^3 \fallingdotseq 72.34m^3$

○ 답 : $72.34m^3$

③ 포소화약제 원액의 양

○ 계산과정 : $\frac{3.14}{4}(50^2-45^2)\times10\times20\times0.03=2237L=2.237m^3 \fallingdotseq 2.24m^3$

○ 답 : $2.24m^3$

(나) ○ 계산과정 : $\frac{74575}{20}=3728.75L/min$

○ 답 : 3728.75L/min

(다) ○ 계산과정 : $\frac{0.163\times3.72875\times90}{0.65}\times1.1=92.57kW$

○ 답 : 92.57kW

해설 (가)

$$Q=A\times Q_1\times T\times S$$

여기서, Q : 포소화약제의 양[L]

A : 탱크의 액표면적$[m^2]$

Q_1 : 단위 포소화수용액의 양$[L/m^2 \cdot 분]$

T : 방출시간[분]

S : 포소화약제의 사용농도

(1) 포수용액의 양 Q는

$$Q = A \times Q_1 \times T \times S = \frac{\pi}{4}(50^2 - 45^2)\text{m}^2 \times 10\text{L/m}^2 \cdot \text{분} \times 20\text{분} \times 1$$

$$= \frac{3.14}{4}(50^2 - 45^2)\text{m}^2 \times 10\text{L/m}^2 \cdot \text{분} \times 20\text{분} \times 1 = 74575\text{L} = 74.575\text{m}^3 ≒ 74.58\text{m}^3$$

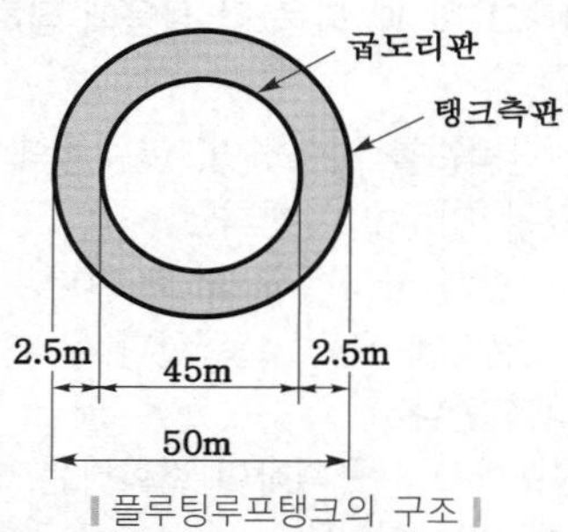

‖ 플루팅루프탱크의 구조 ‖

- $S=1$: 포수용액의 **농도** S는 항상 **1**
- $\pi=3.14$: [조건 ④]에 의해 $\pi=3.14$로 계산. 특히 주의!

(2) 수원의 양 Q는

$$Q = A \times Q_1 \times T \times S$$

$$= \frac{\pi}{4}(50^2 - 45^2)\text{m}^2 \times 10\text{L/m}^2 \cdot \text{분} \times 20\text{분} \times 0.97$$

$$= \frac{3.14}{4}(50^2 - 45^2)\text{m}^2 \times 10\text{L/m}^2 \cdot \text{분} \times 20\text{분} \times 0.97 = 72337\text{L} = 72.337\text{m}^3 ≒ 72.34\text{m}^3$$

- $S=0.97$: [조건 ①]에서 **3%**용 포이므로 수원(물)은 **97%**(100−3=97%)가 되어 농도 $S=$**0.97**
- $\pi=3.14$: [조건 ④]에 의해 $\pi=3.14$로 계산

(3) 포소화약제 원액의 양 Q는

$$Q = A \times Q_1 \times T \times S$$

$$= \frac{\pi}{4}(50^2 - 45^2)\text{m}^2 \times 10\text{L/m}^2 \cdot \text{분} \times 20\text{분} \times 0.03$$

$$= \frac{3.14}{4}(50^2 - 45^2)\text{m}^2 \times 10\text{L/m}^2 \cdot \text{분} \times 20\text{분} \times 0.03$$

$$= 2237\text{L} = 2.237\text{m}^3 ≒ 2.24\text{m}^3$$

- $S=0.03$: [조건 ①]에서 **3%**용 포이므로 농도 $S=$**0.03**
- $\pi=3.14$: [조건 ④]에 의해 $\pi=3.14$로 계산

(나) 펌프의 토출량은 **포수용액**을 기준으로 하므로

$$\frac{74575\text{L}}{20\text{min}} = 3728.75\text{L/min}$$

- 74575L : (가)에 구한 값
- 20min : [조건 ①]에서 방사시간이 20분이므로 **20min** 적용
- 토출량의 단위 [L/min]를 보면 쉽게 답을 구할 수 있다.

(다)

$$P = \frac{0.163QH}{\eta}K$$

여기서, P : 전동력(전동기의 출력)[kW]
Q : 유량[m^3/min]
H : 전양정[m]
K : 전달계수
η : 효율

전동기의 **출력** P는

$$P=\frac{0.163QH}{\eta}K=\frac{0.163\times 3728.75\text{L/min}\times 90\text{m}}{0.65}\times 1.1$$

$$=\frac{0.163\times 3.72875\text{m}^3/\text{min}\times 90\text{m}}{0.65}\times 1.1=92.57\text{kW}$$

☆☆☆

문제 12

어떤 사무소 건물의 지하층에 있는 발전실에 전역방출방식의 할론 1301 설비를 설치하고자 한다. 화재안전기준과 주어진 조건에 의해 다음 각 물음에 답하시오. (17.4.문12, 13.11.문8, 12.4.문3, 10.7.문1, 07.11.문14)

득점	배점
	8

〔조건〕

① 소화설비는 고압식으로 한다.
② 약제저장용기의 밸브개방방식은 기체압식(뉴메틱식)이다.
③ 발전실의 크기 : 가로 10m×세로 9m×높이 3m
④ 발전실의 개구부 크기 : 가로 1m×세로 1m(자동폐쇄장치 없음)
⑤ 용기 1병당 충전량 : 45kg
⑥ 저장용기는 공용으로 한다.

(가) 이 설비에 필요한 최소소요약제량은 몇 kg인가?
○ 계산과정 :
○ 답 :

(나) 소요약제용기는 몇 병인가?
○ 계산과정 :
○ 답 :

(다) 안전밸브의 개수는 몇 개인가?

(라) 소화약제 저장용기의 온도는 몇 ℃ 이하이어야 하는가?

(마) 할론 1301 소화약제의 화학식을 쓰시오.

해답 (가) ○ 계산과정 : $(10\times 9\times 3)\times 0.32+(1\times 1)\times 2.4=88.8\text{kg}$
○ 답 : 88.8kg

(나) ○ 계산과정 : $\frac{88.8}{45}=1.97\fallingdotseq 2$병
○ 답 : 2병

(다) 1개

(라) 40℃

(마) CF_3Br

해설 (가)

‖ 할론 1301의 약제량 및 개구부가산량 ‖

방호대상물	약제량	개구부가산량 (자동폐쇄장치 미설치시)
차고 · 주차장 · 전기실 · 전산실 · 통신기기실 ⟶	0.32kg/m³	2.4kg/m²
사류 · 면화류	0.52kg/m³	3.9kg/m²

• 문제에서 발전실(전기실)이므로 약제량은 위 표에서 **0.32kg/m³**

할론저장량〔kg〕
=방호구역체적〔m³〕×약제량〔kg/m³〕+개구부면적〔m²〕×개구부가산량〔kg/m²〕

발전실$=(10\times9\times3)\text{m}^3\times0.32\text{kg/m}^3+(1\times1)\text{m}^2\times2.4\text{kg/m}^2=88.8\text{kg}$

- 약제량은 (가)에서 **0.32kg/m³**
- 단서에서 **자동폐쇄장치**가 없으므로 **개구부면적** 및 **개구부가산량**도 적용

(나) 가스용기 본수 $=\dfrac{\text{약제저장량}}{\text{충전량}}=\dfrac{88.8\text{kg}}{45\text{kg}}=1.97≒2$병

(다)

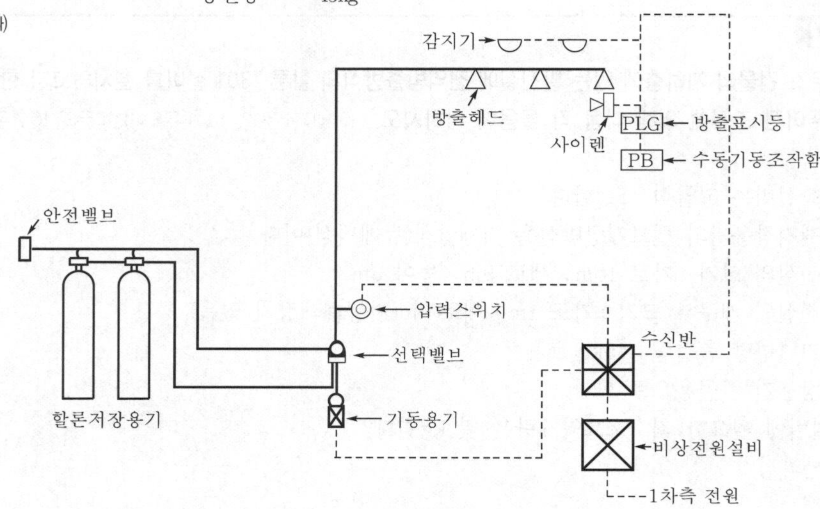

▮방호구역이 1개인 할론소화설비 계통도▮

중요

설치개수

(1) 기동용기
(2) 선택밸브
(3) 음향경보장치
(4) 일제개방밸브(델류즈밸브)
(5) 밸브개폐장치

(1)~(5) ─ 각 방호구역당 **1개**

(6) 안전밸브 – 집합관(실린더룸)당 **1개**
(7) 집합관(집합실)의 용기수 – 각 방호구역 중 **가장 많은 용기** 기준

(라) 온도가 **40℃ 이하**이고, 온도변화가 적은 곳에 설치하여야 하므로 **저장용기**의 최고온도는 **40℃**이다.

중요

저장용기 온도

40℃ 이하	55℃ 이하
• 이산화탄소 소화설비 • 할론소화설비 • 분말소화설비	• 할로겐화합물 및 불활성기체 소화설비

(마) **할론소화약제**의 **약칭** 및 **분자식**

종 류	약 칭	분자식
Halon 1011	CB	CH_2ClBr
Halon 104	CTC	CCl_4
Halon 1211	BCF	CF_2ClBr
Halon 1301	BTM	CF_3Br
Halon 2402	FB	$C_2F_4Br_2$

☆☆☆
문제 13

어떤 사무소 건물의 지하층에 있는 발전기실 및 축전지실에 전역방출방식의 이산화탄소 소화설비를 설치하려고 한다. 화재안전기준과 주어진 조건에 의하여 다음 각 물음에 답하시오.

(17.6.문7, 17.4.문6, 14.11.문13, 13.11.문6, 11.7.문7, 09.4.문9, 08.11.15, 06.11.문15)

득점	배점
	10

〔조건〕

① 소화설비는 고압식으로 한다.
② 발전기실의 크기 : 가로 5m×세로 8m×높이 4m
③ 발전기실의 개구부 크기 : 1.8m×3m×2개소(자동폐쇄장치 없음)
④ 축전지실의 크기 : 가로 4m×세로 5m×높이 4m
⑤ 축전지실의 개구부 크기 : 1m×2m×1개소(자동폐쇄장치 없음)
⑥ 가스용기 1본당 충전량 : 45kg
⑦ 가스저장용기는 공용으로 한다.
⑧ 가스량은 다음 표를 이용하여 산출한다.

방호구역의 체적〔m^3〕	소화약제의 양〔kg/m^3〕	소화약제저장량의 최저한도〔kg〕
50 이상~150 미만	0.9	50
150 이상~1500 미만	0.8	135

※ 개구부가산량은 $5kg/m^2$ 로 한다.

(가) 각 방호구역별로 필요한 가스용기의 본수는 몇 본인가?
〈발전기실〉
○ 계산과정 :
○ 답 :
〈축전기실〉
○ 계산과정 :
○ 답 :

(나) 집합장치에 필요한 가스용기의 본수는 몇 본인가?

(다) 각 방호구역별 선택밸브 개폐 직후의 유량은 몇 kg/s인가?
〈발전기실〉
○ 계산과정 :
○ 답 :
〈축전기실〉
○ 계산과정 :
○ 답 :

(라) 저장용기의 내압시험압력은 몇 MPa인가?

(마) 안전장치의 작동압력〔MPa〕은?
○ 계산과정 :
○ 답 :

(바) 분사헤드의 방출압력은 21℃에서 몇 MPa 이상이어야 하는가?

(사) 음향경보장치는 약제방사개시 후 몇 분 동안 경보를 계속할 수 있어야 하는가?

해답 (가) 〈발전기실〉

○ 계산과정 : 저장량 $= (5\times8\times4)\times0.8 = 128\text{kg}$(최저 135kg) $= 135 + (1.8\times3\times2)\times5 = 189\text{kg}$

가스용기본수 $= \dfrac{189}{45} = 4.2 ≒ 5$본

○ 답 : 5본

〈축전지실〉

○ 계산과정 : CO_2 저장량 $= (4\times5\times4)\times0.9 + (1\times2\times1)\times5 = 82\text{kg}$

가스용기본수 $= \dfrac{82}{45} = 1.8 ≒ 2$본

○ 답 : 2본

(나) 5본

(다) 〈발전기실〉

○ 계산과정 : $\dfrac{45\times5}{60} = 3.75\text{kg/s}$　　○ 답 : 3.75kg/s

〈축전지실〉

○ 계산과정 : $\dfrac{45\times2}{60} = 1.5\text{kg/s}$　　○ 답 : 1.5kg/s

(라) 25MPa 이상

(마) ○ 계산과정 : $25\times0.8 = 20\text{MPa}$　　○ 답 : 20MPa

(바) 2.1MPa 이상

(사) 1분 이상

해설 (가) 가스용기본수의 산정

(1) **발전기실**

방호구역체적 = 5m×8m×4m=**160m³** 로서 〔조건 ⑧〕에서 방호구역체적이 150~1500m³ 미만에 해당되므로 소화약제의 양은 **0.8kg/m³**이다.

CO_2 저장량〔kg〕

= 방호구역체적〔m³〕×약제량〔kg/m³〕

= 160m³×0.8kg/m³=128kg

(표면화재의 가스량 0.8kg/m³에 대한 최소저장량은 **135kg**이다. 이것은 암기하라!)

= 135kg+개구부면적〔m²〕×개구부가산량=135kg+(1.8m×3m×2개소)×5kg/m²=**189kg**

가스용기본수 $= \dfrac{\text{약제저장량}}{\text{충전량}} = \dfrac{189\text{kg}}{45\text{kg}} = 4.2 ≒$ 5본(절상)

- 〔조건 ③〕에서 발전기실은 자동폐쇄장치가 없으므로 개구부면적 및 개구부가산량 적용
- 〔조건 ⑧〕 표 아래에 개구부가산량은 5kg/m² 적용
- 충전량은 〔조건 ⑥〕에서 **45kg**
- 가스용기본수 산정시 계산결과에서 **소수**가 발생하면 반드시 **절상**
- **표면화재**는 **최소저장량**이 있다는 것을 꼭 기억하라!

(2) **축전지실**

방호구역체적 = 4m×5m×4m=**80m³** 로서 〔조건 ⑧〕에서 방호구역체적이 50~150m³ 미만에 해당되므로 소화약제의 양은 **0.9kg/m³**이다.

CO_2 저장량〔kg〕

=방호구역체적〔m³〕×약제량〔kg/m³〕+개구부면적〔m²〕×개구부가산량(5kg/m²)

=80m³×0.9kg/m³+(1m×2m×1개소)×5kg/m²

=82kg

∴ 가스용기본수 $= \dfrac{\text{약제저장량}}{\text{충전량}} = \dfrac{82\text{kg}}{45\text{kg}} = 1.8 ≒$ 2본

- 〔조건 ⑤〕에서 축전지실은 자동폐쇄장치가 없으므로 개구부면적 및 개구부가산량 적용
- 개구부가산량은 〔조건 ⑧〕에서 **5kg/m²**
- 충전량은 〔조건 ⑥〕에서 **45kg**
- 가스용기본수 산정시 계산결과에서 **소수**가 발생하면 반드시 **절상**

(나) 집합장치에 필요한 가스용기의 본수는 각 방호구역의 가스용기본수 중 가장 많은 것을 기준으로 하므로 발전기실의 **5본**이 된다.

(다) (1) 발전기실

$$\text{선택밸브 직후의 유량} = \frac{\text{1본당 충전량[kg]} \times \text{가스용기본수}}{\text{약제방출시간[s]}}$$

$$= \frac{45\text{kg} \times 5\text{본}}{60\text{s}} = 3.75\text{kg/s}$$

(2) 축전지실

$$\text{선택밸브 직후의 유량} = \frac{\text{1본당 충전량[kg]} \times \text{가스용기본수}}{\text{약제방출시간[s]}}$$

$$= \frac{45\text{kg} \times 2\text{본}}{60\text{s}} = 1.5\text{kg/s}$$

- [조건 ⑧]이 전역방출방식(표면화재)에 대한 표이므로 표면화재로 보아 약제방출시간은 **1분**(60s)을 적용한다.
- 특별한 경우를 제외하고는 **일반건축물**이다.

‖ 약제방사시간 ‖

소화설비		전역방출방식		국소방출방식	
		일반건축물	위험물제조소	일반건축물	위험물제조소
할론소화설비		10초 이내	30초 이내	10초 이내	30초 이내
분말소화설비		30초 이내		30초 이내	
이산화탄소 소화설비	표면화재 →	1분 이내	60초 이내		
	심부화재	7분 이내			

- **표면화재** : 가연성 액체 · 가연성 가스
- **심부화재** : 종이 · 목재 · 석탄 · 섬유류 · 합성수지류

(라), (마) **내압시험압력** 및 **안전장치**의 **작동압력**(NFPC 106 4 · 6 · 8조, NFTC 106 2.1.2, 2.3.2.3, 2.5.1)

- 기동용기의 내압시험압력 : **25MPa** 이상
- 저장용기의 내압시험압력 ─ 고압식 : **25MPa** 이상 / 저압식 : **3.5MPa** 이상
- 기동용기의 안전장치 작동압력 : **내압시험압력의 0.8~내압시험압력 이하**
- 저장용기와 선택밸브 또는 개폐밸브의 안전장치 작동압력 : 내압시험압력의 **0.8배**
- 개폐밸브 또는 선택밸브의 배관부속 시험압력 ─ 고압식 ─ 1차측 : **4MPa** / 2차측 : **2MPa** ; 저압식 ─ 1 · 2차측 : **2MPa**

- 문제에서 단지 안전장치의 작동압력범위라 함은 **'저장용기와 선택밸브 또는 개폐밸브의 안전장치 작동압력범위'**를 뜻함을 기억하라!
- 안전장치 작동압력＝내압시험압력×0.8배＝25MPa×0.8배＝20MPa

(바) 이산화탄소 소화설비의 분사헤드의 방사압력 ─ 고압식 : **2.1MPa** 이상 / 저압식 : **1.05MPa** 이상

- [조건 ①]에서 소화설비는 **고압식**이므로 방사압력은 **2.1MPa** 이상이 된다.

(사) 약제방출 후 **경보장치**의 **작동시간**

- 분말소화설비
- 할론소화설비
- 이산화탄소 소화설비

── 1분 이상

비교

(1) 선택밸브 직후의 유량$=\frac{\text{1병당 저장량[kg]×병수}}{\text{약제방출시간[s]}}$

(2) 방사량$=\frac{\text{1병당 저장량[kg]×병수}}{\text{헤드수×약제방출시간[s]}}$

(3) 분사헤드수$=\frac{\text{1병당 저장량[kg]×병수}}{\text{헤드 1개의 표준방사량[kg]}}$

(4) 개방밸브(용기밸브) 직후의 유량$=\frac{\text{1병당 충전량[kg]}}{\text{약제방출시간[s]}}$

☆

문제 14

천장의 기울기가 $\frac{1}{10}$을 초과하는 특정소방대상물에 그림과 같이 스프링클러헤드를 설치하고자 한다. X, Y의 간격은 얼마로 하여야 하는가?

득점	배점
	5

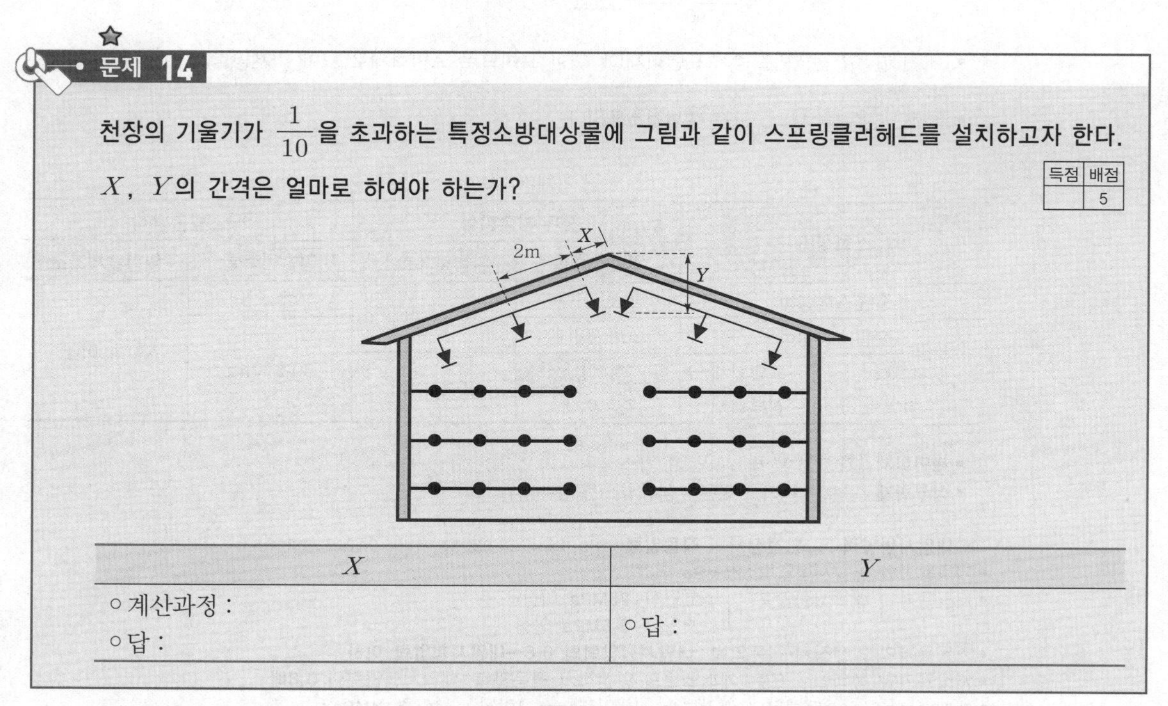

X	Y
○ 계산과정 : ○ 답 :	○ 답 :

해답

X	Y
○ 계산과정 : $\frac{1}{2}\times 2=1\text{m}$ ○ 답 : 1m	○ 답 : 90cm 이하

해설

- $X=\frac{1}{2}S=\frac{1}{2}\times 2\text{m}=1\text{m}$
  최소 1m 이상으로 해야 하므로 '**1m 이하**'라고 쓰면 틀린다. '**1m**'가 정답!
- Y : '**90cm 이하**' 정답. 90cm라고만 쓰면 틀릴 수도 있으니 주의!

천장의 기울기가 $\frac{1}{10}$을 초과하는 경우에는 가지관을 천장의 마루와 평행이 되게 설치하고, 천장의 최상부에 스프링클러헤드를 설치하는 경우에는 최상부에 설치하는 스프링클러헤드의 반사판을 수평으로 설치하고, 천장의 최상부를 중심으로 가지관을 서로 마주 보게 설치하는 경우에는 최상부의 가지관 상호간의 거리가 가지관상의 스프링클러헤드 상호간의 거리의 $\frac{1}{2}$ 이하(최소 **1m** 이상)가 되게 스프링클러헤드를 설치하고, 가지관의 최상부에 설치하는 스프링클러헤드는 천장의 최상부로부터의 수직거리가 **90cm 이하**가 되도록 할 것. 톱날지붕, 둥근지붕, 기타 이와 유사한 지붕의 경우에도 이에 준한다(NFPC 103 10조 ⑦항, NFTC 103 2.7.7.5).

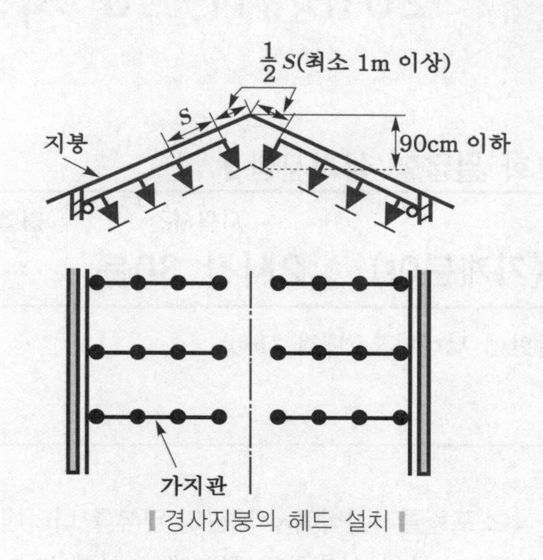

▌경사지붕의 헤드 설치▐

중요

랙크식 창고

바닥에서 반자까지의 높이가 10m를 넘는 것으로 선반 등을 설치하고 승강기 등에 의하여 수납물을 운반하는 장치를 갖춘 창고

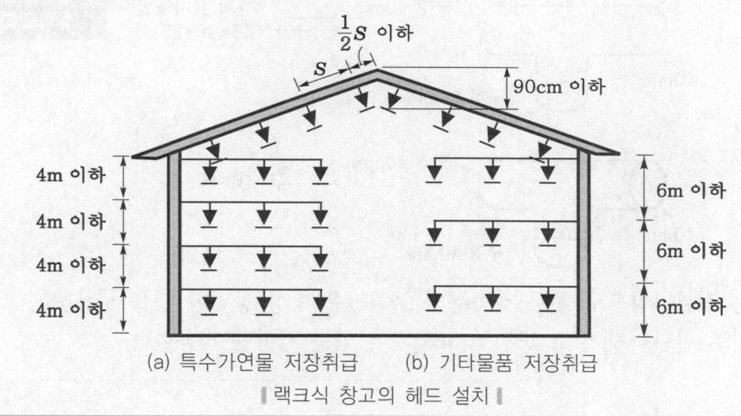

(a) 특수가연물 저장취급　　(b) 기타물품 저장취급

▌랙크식 창고의 헤드 설치▐

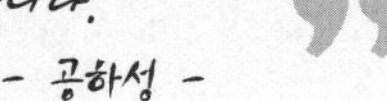

"힘들다고 포기하거나 주저하지 마십시오. 당신은 반드시 해낼 수 있습니다."

- 공하성 -

2018. 11. 10 시행

▌2018년 산업기사 제4회 필답형 실기시험▌

자격종목	시험시간	형별	수험번호	성명	감독위원 확인
소방설비산업기사(기계분야)	2시간 30분				

※ 다음 물음에 답을 해당 답란에 답하시오.(배점 : 100)

☆☆☆

문제 01

다음 그림은 어느 습식 스프링클러설비에서 배관의 일부를 나타내는 평면도이다. 주어진 조건을 참조하여 점선 내의 배관에 관부속품을 산출하여 빈칸에 수치를 넣으시오.

(17.11.문14, 08.7.문15)

득점	배점
	12

〔조건〕

① 티의 규격은 다음의 실례와 같은 방법으로 표기할 것

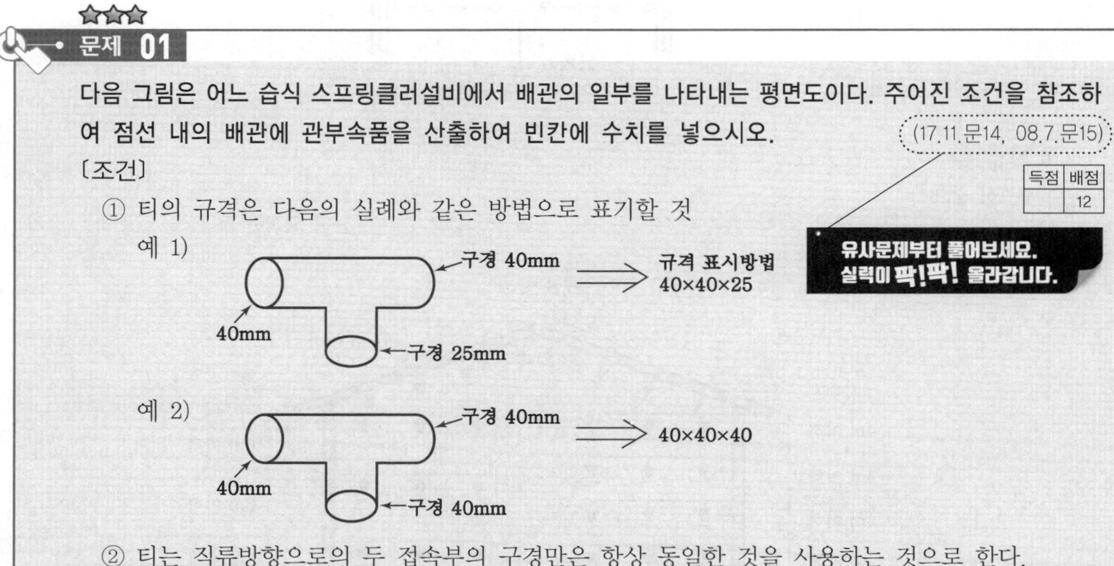

② 티는 직류방향으로의 두 접속부의 구경만은 항상 동일한 것을 사용하는 것으로 한다.

③ 임의로 판단하지 말고 도면에 표시되어 있는 사항만 적용한다.

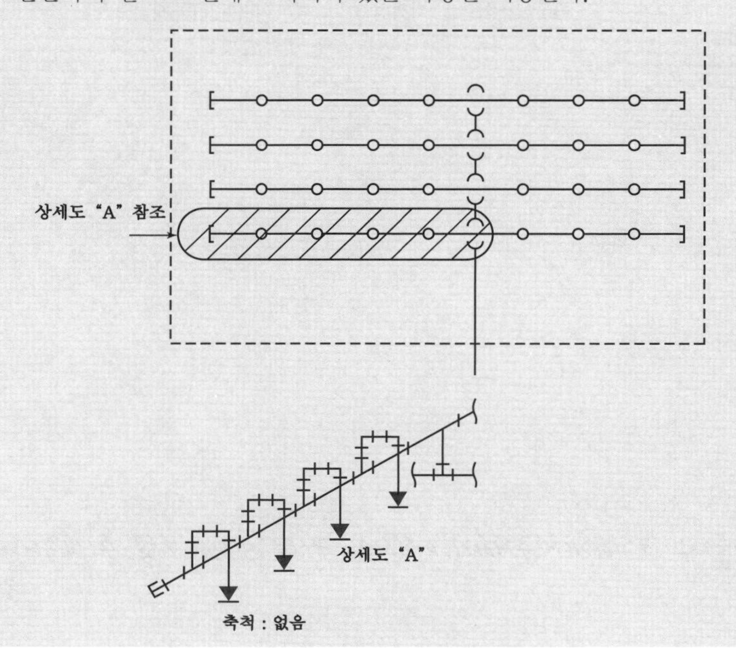

급수관의 구경 / 구 분	25mm	32mm	40mm	50mm	65mm	80mm	90mm	100mm
폐쇄형 헤드수	2개	3개	5개	10개	30개	60개	80개	100개

관부속품	개 수	관부속품	개 수
90° 엘보		티 25×25×25A	
캡		리듀셔 65×50A	
티 65×65×50A		리듀셔 50×40A	
티 50×50×50A		리듀셔 50×32A	
		리듀셔 40×32A	
티 40×40×25A		리듀셔 32×25A	
티 32×32×25A		리듀셔 25×15A	

해답

관부속품	개 수	관부속품	개 수
90° 엘보	57개	티 25×25×25A	16개
캡	8개	리듀셔 65×50A	1개
티 65×65×50A	3개	리듀셔 50×40A	4개
티 50×50×50A	4개	리듀셔 50×32A	4개
		리듀셔 40×32A	4개
티 40×40×25A	4개	리듀셔 32×25A	8개
티 32×32×25A	8개	리듀셔 25×15A	28개

해설 (1) **90° 엘보**

① 50A 1개
② 25A 56개
57개

| 90° 엘보 |

각각의 사용위치를 50A : ●, 25A : □로 표시하면 다음과 같다.

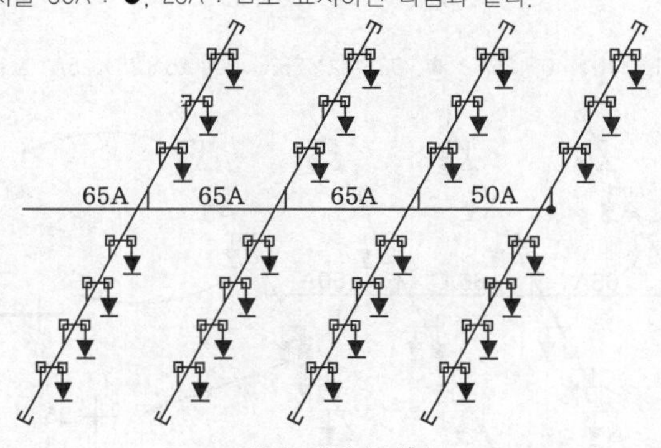

| 50A, 25A 표시 |

(2) **캡**

캡 8개

| 캡 |

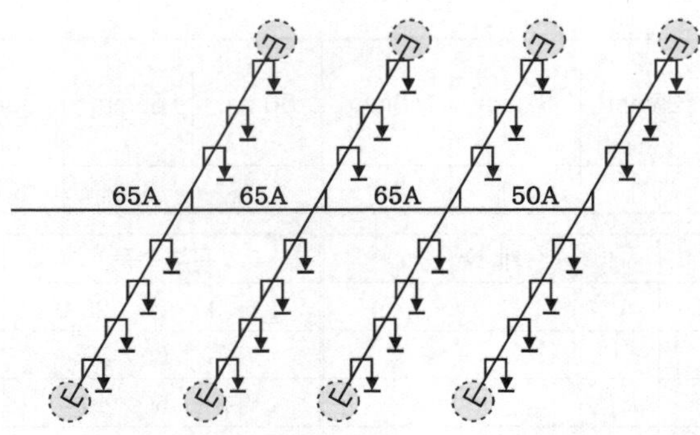

▮캡 표시▮

(3) **티**

① 65×65×50A 3개
② 50×50×50A 4개
③ 40×40×25A 4개
④ 32×32×25A 8개
⑤ 25×25×25A 16개

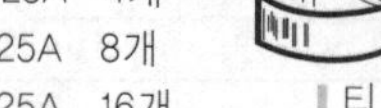

▮티▮

각각의 사용위치를 65×65×50A : ●, 50×50×50A : ○로 표시하면 다음과 같다.

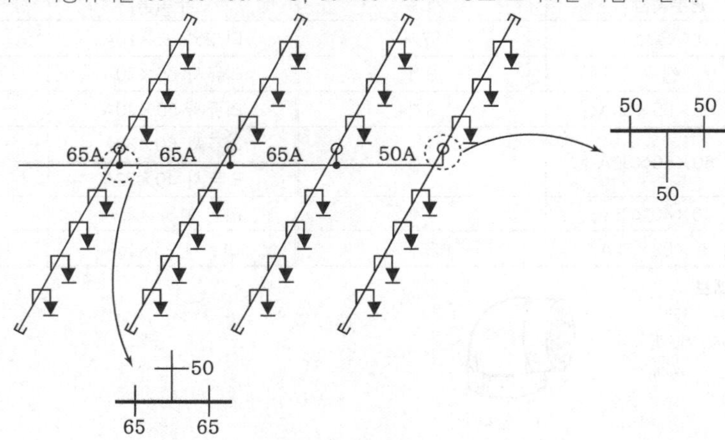

▮65×65×50A, 50×50×50A 표시▮

각각의 사용위치를 40×40×25A : ■, 32×32×25A : □, 25×25×25A : △로 표시하면 다음과 같다.

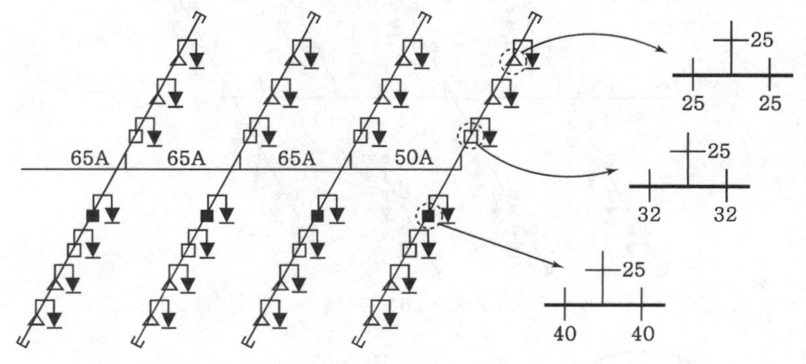

▮40×40×25A, 32×32×25A, 25×25×25A 표시▮

(4) **리듀셔**

① 65×50A 1개
② 50×40A 4개
③ 50×32A 4개
④ 40×32A 4개
⑤ 32×25A 8개
⑥ 25×15A 28개

‖ 리듀셔 ‖

각각의 사용위치를 ⇒로 표시하면 다음과 같다.

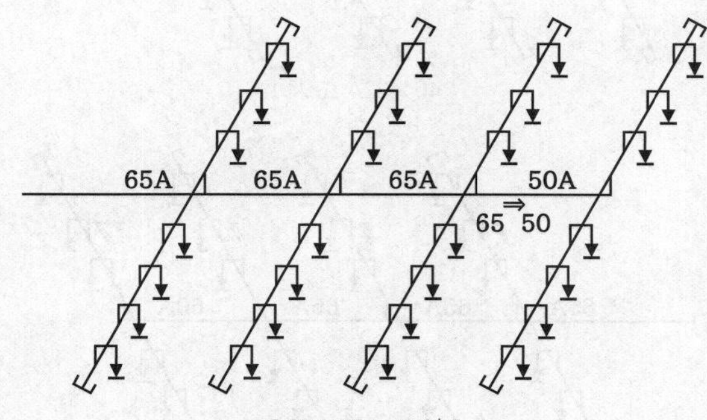

‖ 65×50A 표시 ‖

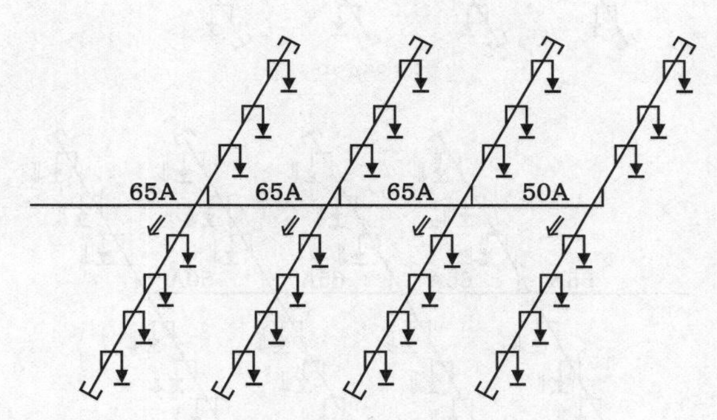

‖ 50×40A 표시 ‖

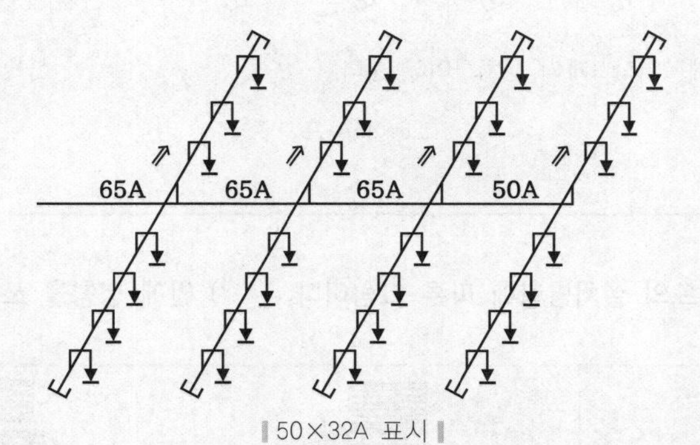

‖ 50×32A 표시 ‖

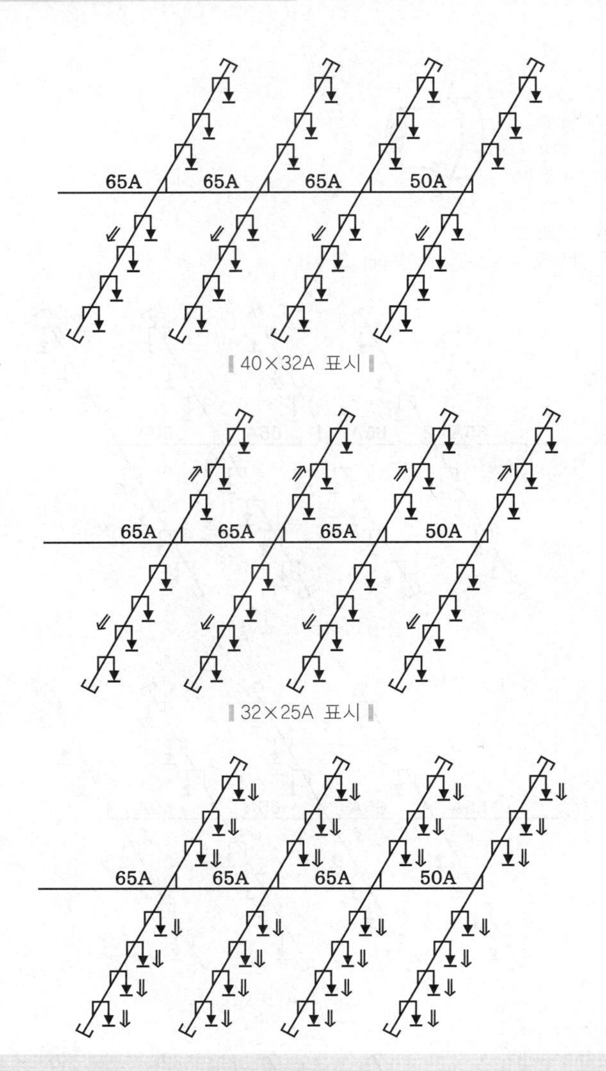

‖ 40×32A 표시 ‖

‖ 32×25A 표시 ‖

- 스프링클러헤드마다 **1개**씩 설치하여야 한다.

‖ 25×15A 표시 ‖

☆☆
문제 02

다음은 스프링클러헤드의 설치방향에 따른 그림이다. (   ) 안에 명칭을 쓰시오.

(17.11.문2, 15.7.문2, 09.7.문1)

득점	배점
	3

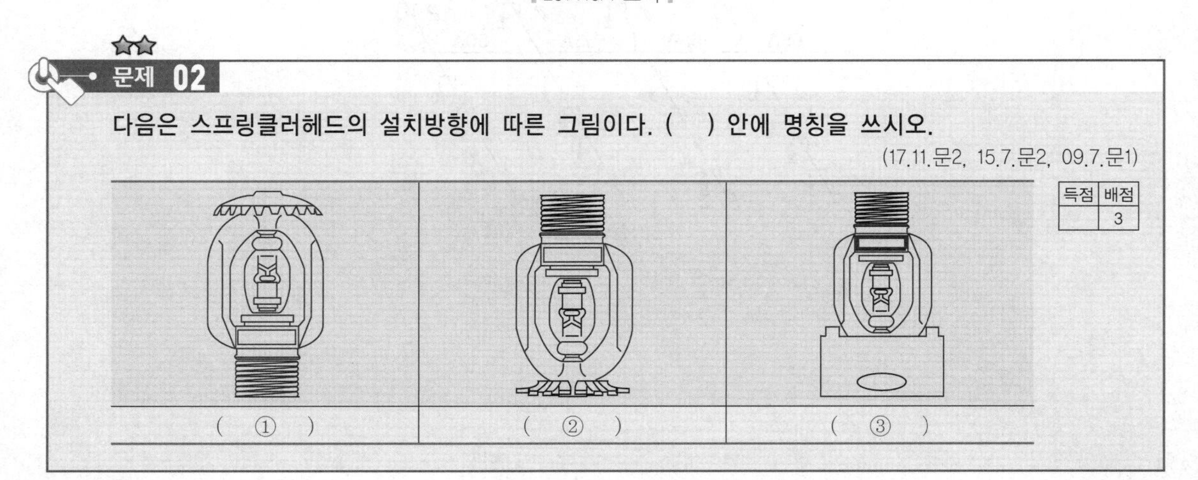

해답 ① 상향형 스프링클러헤드
② 하향형 스프링클러헤드
③ 측벽형 스프링클러헤드

해설 **스프링클러헤드**의 **설치방향**에 따른 **분류**

구 분	상향형(Upright type)	하향형(Pendent type)	측벽형(Sidewall type)
설명	**반자**가 **없는 곳**에 설치하며, 살수방향은 **상향**이다.	**반자**가 **있는 곳**에 설치하며, 살수방향은 **하향**이다.	실내의 **벽상부**에 설치하며, 폭이 **9m** 이하인 경우에 사용한다.
도해	∥상향형∥	∥하향형∥	∥측벽형∥

비교

스프링클러헤드

(1) **설계** 및 **성능특성**에 따른 **분류**

분 류	설 명
화재조기진압형 스프링클러헤드 (Early suppression fast-response sprinkler head)	화재를 **초기**에 **진압**할 수 있도록 정해진 면적에 충분한 물을 방사할 수 있는 빠른 작동능력의 스프링클러헤드
라지 드롭 스프링클러헤드 (Large drop sprinkler head)	동일 조건의 수(水)압력에서 표준형 헤드보다 **큰 물방울**을 방출하여 저장창고 등에서 발생하는 **대형 화재**를 **진압**할 수 있는 헤드
주거형 스프링클러헤드 (Residential sprinkler head)	폐쇄형 헤드의 일종으로 **주거지역**의 화재에 적합한 감도·방수량 및 살수분포를 갖는 헤드로서 **간이형 스프링클러헤드**를 포함
랙크형 스프링클러헤드 (Rack sprinkler head)	**랙크식 창고**에 설치하는 헤드로서 상부에 설치된 헤드의 방출된 물에 의해 작동에 지장이 생기지 아니하도록 **보호판**이 **부착**된 헤드
플러시 스프링클러헤드 (Flush sprinkler head)	부착나사를 포함한 몸체의 일부나 전부가 **천장면 위**에 설치되어 있는 스프링클러헤드
리세스드 스프링클러헤드 (Recessed sprinkler head)	부착나사 이외의 몸체 일부나 전부가 **보호집 안**에 설치되어 있는 스프링클러헤드
컨실드 스프링클러헤드 (Concealed sprinkler head)	리세스드 스프링클러헤드에 **덮개**가 **부착**된 스프링클러헤드
속동형 스프링클러헤드 (Quick-response sprinkler head)	화재로 인한 **감응속도**가 일반 스프링클러보다 **빠른** 스프링클러로서 **사람**이 **밀집**한 **지역**이나 인명피해가 우려되는 장소에 가장 빨리 작동되도록 설계된 스프링클러헤드
드라이 펜던트 스프링클러헤드 (Dry pendent sprinkler head)	**동파방지**를 위하여 롱니플 내에 **질소가스**가 충전되어 있는 헤드로 습식과 건식 시스템에 사용되며, 배관 내의 물이 스프링클러 몸체에 들어가지 않도록 설계되어 있다.

(2) **감열부**의 **구조** 및 **재질**에 따른 **분류**

퓨지블링크형(Fusible link type)	**글라스벌브형**(Glass bulb type)
화재감지속도가 빨라 신속히 작동하며, 파손시 **재생**이 **가능**하다. ∥퓨지블링크형∥	유리관 내에 **액체**를 **밀봉**한 것으로 동작이 정확하며, 녹이 슬 염려가 없어 반영구적이다. ∥글라스벌브형∥

☆☆

문제 03

소화설비용 펌프의 흡입측 배관에 플렉시블 조인트, 연성계, 게이트밸브, Y형 스트레이너, 후드밸브를 설치하고자 한다. 다음 물음에 답하시오. (13.11.문11, 11.7.문2)

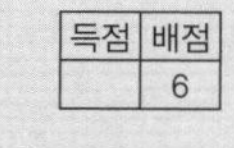

득점	배점
	6

(가) 미완성된 그림을 완성하시오.

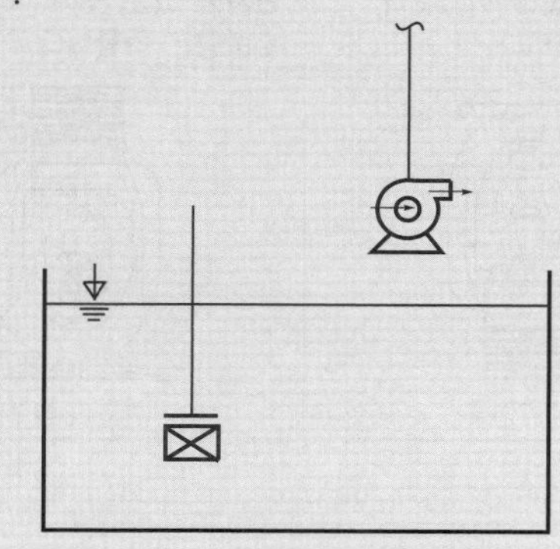

(나) 다음 각 부속품의 정의를 쓰시오.

- ○ 플렉시블 조인트 :
- ○ 연성계 :
- ○ 개폐표시형 밸브 :
- ○ Y형 스트레이너 :
- ○ 후드밸브 :

해답 (가)

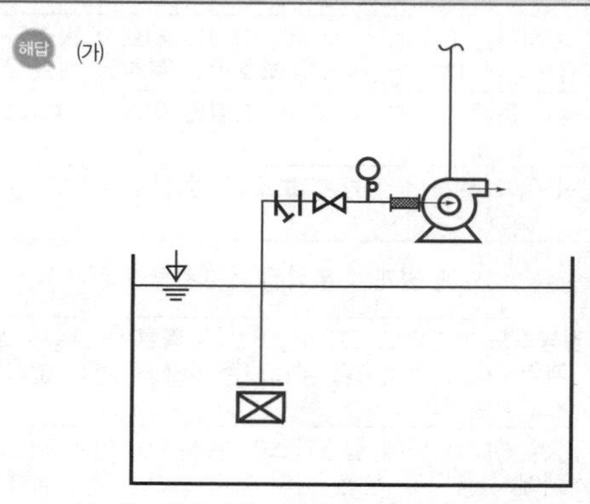

(나) ① 플렉시블 조인트 : 펌프의 진동흡수
② 연성계 : 정·부의 압력측정
③ 개폐표시형 밸브 : 유체의 흐름 차단 또는 조정
④ Y형 스트레이너 : 배관 내 이물질 제거
⑤ 후드밸브 : 펌프흡입측 배관의 만수상태 유지

해설

- ② '**진공계 : 대기압 이하의 압력측정**'이라고 써도 정답
- ③ **게이트밸브**라고 써도 정답

(가) **부착순서**

펌프흡입측 배관	펌프토출측 배관
플렉시블 조인트-연성계(진공계)-개폐표시형 밸브(게이트밸브)-Y형 스트레이너-후드밸브	플렉시블 조인트-압력계-체크밸브-개폐표시형 밸브(게이트밸브)

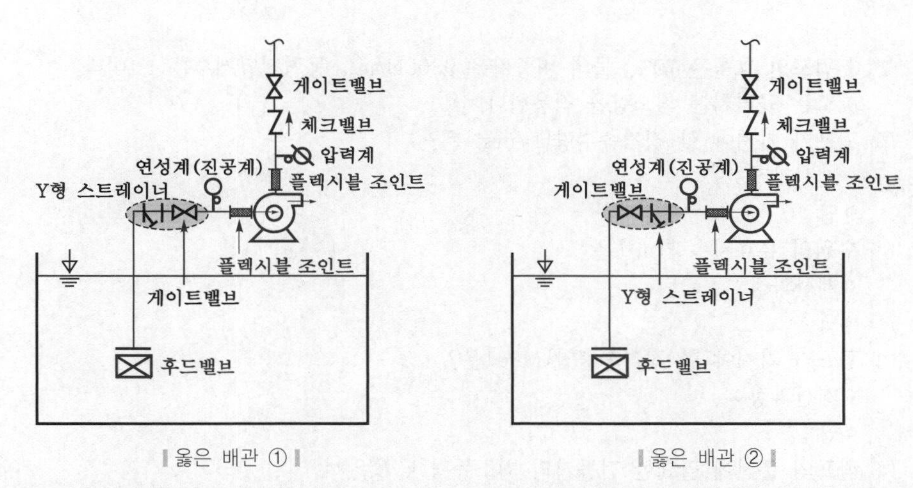

▮옳은 배관 ①▮ ▮옳은 배관 ②▮

- **게이트밸브**와 **Y형 스트레이너**의 위치는 서로 바뀌어도 된다.

(나) **흡입측 배관**

종 류	기 능
플렉시블 조인트	① **펌프**의 **진동흡수** ② 펌프 또는 **배관**의 **진동흡수**
진공계	대기압 이하의 압력측정
연성계	① **정ㆍ부**의 **압력측정** ② 대기압 이상의 압력과 이하의 압력측정
개폐표시형 밸브(게이트밸브)	① 유체의 **흐름 차단** 또는 **조정** ② 배관 도중에 설치하여 유체의 흐름을 완전히 차단 또는 조정
Y형 스트레이너	① 배관 내 **이물질 제거** ② 배관 내의 이물질을 제거하기 위한 기기로서 여과망이 달린 둥근통이 45° 경사지게 부착
후드밸브	① 펌프흡입측 배관의 만수상태 유지 ② **흡입관**을 **만수상태**로 만들어 주기 위한 기능 ③ 원심펌프의 흡입관 아래에 설치하여 펌프가 기동할 때 흡입관을 만수상태로 만들어 주기 위한 밸브

☆☆☆

문제 04

지하 2층, 지상 13층의 사무실 건물에 있어서 11층 이상에 소방법, 동시행령 및 시행규칙과 다음 조건에 따라 스프링클러설비를 설계하려고 한다. 다음 각 물음에 답하시오. (05.10.문2, 04.4.문3, 02.4.문4)

득점	배점
	10

〔조건〕

① 지상 6층에서 13층에 설치하는 폐쇄형 스프링클러헤드의 수량은 각각 50개이다.

② 펌프의 후드밸브로부터 최상층 스프링클러헤드까지의 실고는 60m이다.

③ 펌프가 소요 최소정격용량으로 작동할 때 최상층의 시스템까지 유수에 의하여 일어나는 배관 내 마찰손실수두는 20m이다.

④ 펌프의 효율은 70%, 물의 비중량은 $9800N/m^3$, 동력전달계수는 1.1이다.
⑤ 모든 규격치는 최소량을 적용한다.

(가) 펌프가 가져야 할 정격송수량[L/min]은?
○ 계산과정 :
○ 답 :

(나) 수원의 유효저수량[m^3]은?
○ 계산과정 :
○ 답 :

(다) 펌프가 가져야 할 정격송출압[MPa]은?
○ 계산과정 :
○ 답 :

(라) 펌프의 운전에 필요한 전동기의 최소동력[kW]은?
○ 계산과정 :
○ 답 :

(마) 불연재료로 된 천장에 헤드를 그림과 같이 정방형으로 배치하려고 한다. A 및 B의 최대길이를 계산하시오.(단, 건물은 내화구조이다.)
○ A(계산과정 및 답) :
○ B(계산과정 및 답) :

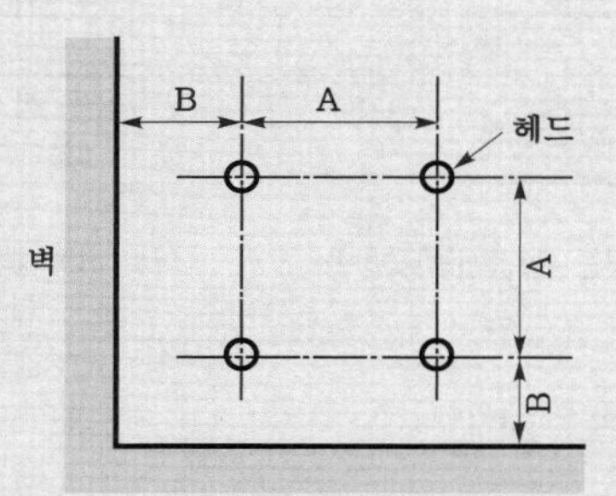

해답 (가) ○ 계산과정 : 30×80=2400L/min ○ 답 : 2400L/min
(나) ○ 계산과정 : 1.6×30=$48m^3$ ○ 답 : $48m^3$
(다) ○ 계산과정 : 20+60+10=90m
9.8×90=882kPa=0.882MPa≒0.88MPa ○ 답 : 0.88MPa
(라) ○ 계산과정 : $\frac{0.163\times2.4\times90}{0.7}\times1.1=55.326 \fallingdotseq 55.33\text{kW}$ ○ 답 : 55.33kW
(마) ○ 계산과정 : A =2×2.3×cos45°=3.252≒3.25m ○ 답 : 3.25m
○ 계산과정 : $B=\frac{3.25}{2}=1.625 \fallingdotseq 1.63\text{m}$ ○ 답 : 1.63m

해설 (가)

특정소방대상물		폐쇄형 헤드의 기준개수
지하가 · 지하역사		30
11층 이상 →		
10층 이하	공장(특수가연물)	
	판매시설(백화점 등), 복합건축물(판매시설이 설치된 복합건축물)	
	근린생활시설, 운수시설	20
	8m 이상	
	8m 미만	10

펌프의 **송수량** Q는
$Q = N \times 80\text{L/min} = 30 \times 80\text{L/min} = $ **2400L/min**

- N : 폐쇄형 헤드의 기준개수로서 〔조건 ①〕에서 **11층** 이상이므로 위 표에서 **30개**가 된다.

(나) **수원**의 **유효저수량** Q는
$Q = 1.6N = 1.6 \times 30 = $ **48m³**

- N : 폐쇄형 헤드의 기준개수로서 〔조건 ①〕에서 **11층** 이상이므로 위 표에서 **30개**가 된다.

(다)

$$H = h_1 + h_2 + 10$$

여기서, H : 전양정〔m〕
h_1 : 배관 및 관부속품의 마찰손실수두〔m〕
h_2 : 실양정(흡입양정+토출양정)〔m〕

펌프의 **전양정** H는
$H = h_1 + h_2 + 10 = 20\text{m} + 60\text{m} + 10\text{m} = 90\text{m}$

$$P = \gamma h$$

여기서, P : 압력〔kN/m^2〕 또는 〔kPa〕
γ : 비중량(물의 비중량 9.8kN/m^3)
h : 높이〔m〕

$P = \gamma h = 9.8\text{kN/m}^3 \times 90\text{m} = 882\text{kPa} = 0.882\text{MPa} \fallingdotseq 0.88\text{MPa}$

- h_1(20m) : 〔조건 ③〕에서 주어진 값
- h_2(60m) : 〔조건 ②〕에서 주어진 값

(라)

$$P = \frac{0.163\,QH}{\eta}K$$

여기서, P : 전동기의 동력〔kW〕
Q : 유량〔m^3/min〕
H : 전양정〔m〕
K : 전달계수
η : 효율

전동기의 **동력** P는

$$P = \frac{0.163\,QH}{\eta}K = \frac{0.163 \times 2400\text{L/min} \times 90\text{m}}{0.7} \times 1.1 = \frac{0.163 \times 2.4\text{m}^3\text{/min} \times 90\text{m}}{0.7} \times 1.1 = 55.326 \fallingdotseq 55.33\text{kW}$$

(마) **정방형**(정사각형) **헤드간격** A는
$\text{A} = 2R\cos 45° = 2 \times 2.3\text{m} \times \cos 45° = 3.252 \fallingdotseq 3.25\text{m}$

설치장소	설치기준
무대부 · 특수가연물	수평거리 1.7m 이하
기타구조(일반구조)	수평거리 2.1m 이하
내화구조	수평거리 2.3m 이하
랙크식 창고	수평거리 2.5m 이하
공동주택(아파트) 세대 내의 거실	수평거리 3.2m 이하

단서에서 건물은 **내화구조**이므로 위 표에서 수평거리(R)는 **2.3m**이다.

$\text{B} = \frac{\text{A}}{2} = \frac{3.25\text{m}}{2} = 1.625 \fallingdotseq$ **1.63m**

참고

헤드의 배치형태

정방형(정사각형)	장방형(직사각형)	지그재그형(나란히꼴형)
$S=2R\cos 45°,\ L=S$ 여기서, S : 수평헤드간격 R : 수평거리 L : 배관간격	$S=\sqrt{4R^2-L^2}$ $L=2R\cos\theta$ $S'=2R$ 여기서, S : 수평헤드간격 R : 수평거리 L : 배관간격 S' : 대각선 헤드간격 θ : 각도	$S=2R\cos 30°$ $b=2R\cos 30°$ $L=\frac{b}{2}$ 여기서, S : 수평헤드간격 R : 수평거리 b : 수직헤드간격 L : 배관간격

☆☆☆

문제 05

경유를 저장하는 탱크의 내부 직경이 50m인 플루팅루프탱크(Floating Roof Tank)에 포소화설비의 특형 방출구를 설치하여 방호하려고 할 때 다음 각 물음에 답하시오.

(17.11.문9, 16.11.문13, 16.6.문2, 15.4.문9, 14.7.문10, 13.11.문3, 13.7.문4, 09.10.문4, 05.10.문12, 02.4.문12)

득점	배점
	11

[조건]

① 소화약제는 6%용의 단백포를 사용하며, 포수용액의 분당 방출량은 $10L/m^2$ · 분이고, 방사시간은 20분을 기준으로 한다.
② 탱크의 내면과 굽도리판의 간격은 2.5m로 한다.
③ 펌프의 효율은 65%, 전달계수는 1.1로 한다.

(가) 상기탱크의 특형 고정포방출구에 의하여 소화하는 데 필요한 수용액의 양, 수원의 양, 포소화약제 원액의 양은 각각 얼마인가?
 ○ 수용액의 양[L](계산과정 및 답) :
 ○ 수원의 양[L](계산과정 및 답) :
 ○ 포소화약제 원액의 양[L](계산과정 및 답) :

(나) 수원을 공급하는 가압송수장치(펌프)의 분당 토출량[L/min]은?
 ○ 계산과정 :
 ○ 답 :

(다) 펌프의 전양정이 90m라고 할 때 전동기의 출력[kW]은?
 ○ 계산과정 :
 ○ 답 :

(라) 고발포용 포소화약제의 팽창비 범위는?

해답 (가) ① 포수용액의 양

○ 계산과정 : $\frac{\pi}{4}(50^2-45^2)\times 10\times 20\times 1=74612.825 ≒ 74612.83L$ ○ 답 : 74612.83L

② 수원의 양

○ 계산과정 : $\frac{\pi}{4}(50^2-45^2)\times 10\times 20\times 0.94=70136.055 ≒ 70136.06L$ ○ 답 : 70136.06L

③ 포소화약제 원액양

○ 계산과정 : $\frac{\pi}{4}(50^2-45^2)\times 10\times 20\times 0.06=4476.769 ≒ 4476.77L$ ○ 답 : 4476.77L

(나) ○ 계산과정 : $\frac{74612.83}{20} = 3730.641 ≒ 3730.64\text{L/min}$ ○ 답 : 3730.64L/min

(다) ○ 계산과정 : $\frac{0.163 \times 3.73064 \times 90}{0.65} \times 1.1 = 92.617 ≒ 92.62\text{kW}$ ○ 답 : 92.62kW

(라) 80~1000배 미만

(가)

$$Q = A \times Q_1 \times T \times S$$

여기서, Q : 포소화약제의 양〔L〕, A : 탱크의 액표면적〔m²〕
Q_1 : 단위 포소화수용액의 양〔L/m²·분〕, T : 방출시간〔분〕, S : 포소화약제의 사용농도

① **포수용액**의 **양** Q는

$$Q = A \times Q_1 \times T \times S = \frac{\pi}{4}(50^2 - 45^2)\text{m}^2 \times 10\text{L/m}^2 \cdot \text{분} \times 20\text{분} \times 1 = 74612.825 ≒ 74612.83\text{L}$$

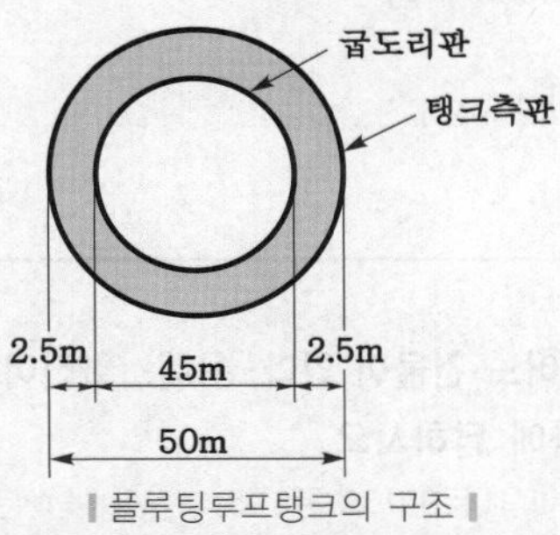

▌플루팅루프탱크의 구조▐

- S=1 : 포수용액의 **농도** S는 항상 **1**

② **수원**의 **양** Q는

$$Q = A \times Q_1 \times T \times S = \frac{\pi}{4}(50^2 - 45^2)\text{m}^2 \times 10\text{L/m}^2 \cdot \text{분} \times 20\text{분} \times 0.94 = 70136.055 ≒ 70136.06\text{L}$$

- S=0.94 : 〔조건 ①〕에서 **6%**용 포이므로 수원(물)은 **94%**(100-6=94%)가 되어 농도 S= **0.94**

③ 포소화약제 **원액**의 **양** Q는

$$Q = A \times Q_1 \times T \times S = \frac{\pi}{4}(50^2 - 45^2)\text{m}^2 \times 10\text{L/m}^2 \cdot \text{분} \times 20\text{분} \times 0.06 = 4476.769 ≒ 4476.77\text{L}$$

- S=0.06 : 〔조건 ①〕에서 **6%**용 포이므로 농도 S= **0.06**

(나) 펌프의 토출량은 **포수용액**을 **기준**으로 하므로

$$\frac{74612.83\text{L}}{20\text{min}} = 3730.641 ≒ 3730.64\text{L/min}$$

- 74612.83L : (가)에서 구한 값
- 20min : 〔조건 ①〕에서 방사시간이 20분이므로 **20min** 적용
- 토출량의 단위〔L/min〕를 보면 쉽게 답을 구할 수 있다.

(다)

$$P = \frac{0.163QH}{\eta}K$$

여기서, P : 전동력(전동기의 출력)〔kW〕, Q : 유량〔m³/min〕
H : 전양정〔m〕, K : 전달계수, η : 효율

전동기의 **출력** P는

$$P = \frac{0.163QH}{\eta}K = \frac{0.163 \times 3730.64\text{L/min} \times 90\text{m}}{0.65} \times 1.1$$

$$= \frac{0.163 \times 3.73064\text{m}^3/\text{min} \times 90\text{m}}{0.65} \times 1.1 = 92.617 ≒ 92.62\text{kW}$$

◈ **고민상담** ◈

답안 작성시 **'이상'**이란 말은 꼭 붙이지 않아도 된다. 원칙적으로 여기서 구한 값은 **최소값**이므로 **'이상'**을 붙이는 것이 정확한 답이지만, **한국산업인력공단**의 공식답변에 의하면 **'이상'**이란 말까지는 붙이지 않아도 **옳은 답**으로 **채점**한다고 한다.

(라) **팽창비**

저발포	고발포
• **20배** 이하	• 제1종 기계포 : **80~250배** 미만 • 제2종 기계포 : **250~500배** 미만 • 제3종 기계포 : **500~1000배** 미만

※ **고발포** : 80~1000배 미만

기억법 저2, 고81

☆☆☆

문제 06

옥내소화전설비가 설치된 어느 건물이 있다. 옥내소화전이 2층에 3개, 3층에 4개, 4층에 5개일 때 조건을 참고하여 다음 각 물음에 답하시오.

(17.4.문4, 16.6.문9, 16.4.문15, 15.11.문9, 15.7.문1, 15.4.문16, 14.4.문5, 12.7.문1, 12.4.문1, 10.4.문14, 09.10.문10, 09.4.문10, 08.11.문16, 07.11.문11, 06.7.문7, 05.5.문5, 04.7.문8)

득점	배점
	10

〔조건〕

① 실양정은 20m, 배관의 손실수두는 실양정의 20%로 본다.

② 소방호스의 마찰손실수두는 7m이다.

③ 펌프효율은 60%, 전달계수는 1.1이다.

(가) 수원의 저수량[m^3]은?

○ 계산과정 :

○ 답 :

(나) 펌프의 토출량[m^3/min]은?

○ 계산과정 :

○ 답 :

(다) 펌프의 전양정[m]은?

○ 계산과정 :

○ 답 :

(라) 전동기의 용량[kW]은?

○ 계산과정 :

○ 답 :

해답 (가) ○ 계산과정 : $2.6 \times 2 = 5.2m^3$

○ 답 : $5.2m^3$

(나) ○ 계산과정 : $2 \times 130 = 260L/min = 0.26m^3/min$

○ 답 : $0.26m^3/min$

(다) ○ 계산과정 : $H = 7 + (20 \times 0.2) + 20 + 17 = 48m$

○ 답 : 48m

(라) ○ 계산과정 : $P=\frac{0.163\times0.26\times48}{0.6}\times1.1=3.729 \fallingdotseq 3.73\text{kW}$

○ 답 : 3.73kW

해설 (가) **수원의 저수량**

$Q \geq 2.6N$(30층 미만, N : 최대 2개)
$Q \geq 5.2N$(30~49층 이하, N : 최대 5개)
$Q \geq 7.8N$(50층 이상, N : 최대 5개)

여기서, Q : 수원의 저수량[m^3]
N : 가장 많은 층의 소화전개수

수원의 저수량 Q는

$Q=2.6N=2.6\times2=5.2\text{m}^3$

- N : 가장 많은 층의 소화전개수(최대 2개)
- 문제에서 층수가 명확히 주어지지 않으면 **30층 미만**으로 보면 된다.

(나) **옥내소화전설비**의 **토출량**

$Q \geq N\times130$

여기서, Q : 가압송수장치의 토출량[L/min]
N : 가장 많은 층의 소화전개수(30층 미만 : 최대 2개, 30층 이상 : 최대 5개)

옥내소화전설비의 토출량(유량) Q는

$Q=N\times130\text{L/min}=2\times130\text{L/min}=260\text{L/min}=0.26\text{m}^3\text{/min}$

- N : 가장 많은 층의 소화전개수(최대 2개)
- $1000\text{L}=1\text{m}^3$ 이므로 $260\text{L/min}=0.26\text{m}^3\text{/min}$
- 토출량공식은 층수 관계없이 $Q\geq N\times130$ 임을 혼동하지 마라!

(다) **전양정**

$H \geq h_1+h_2+h_3+17$

여기서, H: 전양정[m]
h_1 : 소방호스의 마찰손실수두[m]
h_2 : 배관 및 관부속품의 마찰손실수두[m]
h_3 : 실양정(흡입양정+토출양정)[m]

옥내소화전설비의 **전양정** H는

$H=h_1+h_2+h_3+17=7\text{m}+(20\text{m}\times0.2)+20\text{m}+17=48\text{m}$

- h_1(7m) : [조건 ②]에서 주어진 값
- h_2(20m×0.2) : [조건 ①]에서 배관의 손실수두(h_2)는 **실양정**의 20%이므로 20×0.2가 된다.
- h_3(20m) : [조건 ①]에서 주어진 값

(라) **전동기의 용량**

$$P=\frac{0.163QH}{\eta}K$$

여기서, P: 전동력(전동기의 동력)[kW]
Q: 유량[m^3/min]
H: 전양정[m]
K: 전달계수
η : 효율

전동기의 **용량** P는

$$P=\frac{0.163QH}{\eta}K=\frac{0.163\times0.26\text{m}^3\text{/min}\times48\text{m}}{0.6}\times1.1=3.729 \fallingdotseq 3.73\text{kW}$$

- Q(**0.26m³/min**) : (나)에서 구한 값
- H(**48m**) : (다)에서 구한 값
- K(**1.1**) : [조건 ③]에서 주어진 값
- η(**0.6**) : [조건 ③]에서 60%이므로 0.6

문제 07

지름이 40mm인 소방호스에 노즐구경이 13mm인 노즐팁이 부착되어 있고, 소방호스에서 4m/s의 유속으로 물이 이동되고 있다. 다음 각 물음에 답하시오. (단, 유동에는 마찰이 없는 것으로 한다.)

(가) 소방호스의 평균유량[L/s]을 구하시오.
 ○ 계산과정 :
 ○ 답 :

(나) 소방호스에 부착된 방수노즐의 평균유속[m/s]을 구하시오.
 ○ 계산과정 :
 ○ 답 :

득점	배점
	6

(가) ○ 계산과정 : $\frac{\pi \times 0.04^2}{4} \times 4 = 5.026 \times 10^{-3}\text{m}^3/\text{s} = 5.026\text{L/s} ≒ 5.03\text{L/s}$
 ○ 답 : 5.03L/s

(나) ○ 계산과정 : $\frac{4}{\pi \times 0.013^2} \times 0.00503 = 37.895 ≒ 37.9\text{m/s}$
 ○ 답 : 37.9m/s

$$Q = AV = \left(\frac{\pi D^2}{4}\right)V$$

여기서, Q: 유량[m³/s]
 A : 단면적[m²]
 V: 유속[m/s]
 d : 내경[m]

(가) $Q = AV$ 에서

소방호스의 **평균유량** Q_1은

$$Q_1 = \frac{\pi D^2}{4}V = \frac{\pi \times (0.04\text{m})^2}{4} \times 4\text{m/s} = 5.026 \times 10^{-3}\text{m}^3/\text{s} = 5.026\text{L/s} ≒ 5.03\text{L/s}$$

(나) $Q = AV = \frac{\pi D^2}{4}V$

$$V = \frac{4}{\pi D^2}Q = \frac{4}{\pi \times (0.013\text{m})^2} \times 0.00503\text{m/s} = 37.895 ≒ 37.9\text{m/s}$$

- 1m³=1000L이므로 5.03L/s=0.00503m/s
- 1000mm=1m, 1mm=10⁻³m이므로
 13mm=13×10⁻³m=0.013m

☆☆

문제 08

옥내소화전설비에서 물올림장치의 감수경보장치가 작동하였다. 감수경보의 원인을 3가지만 쓰시오. (단, 이 설비는 전기적인 원인은 없는 것으로 한다.) (17.11.문5, 10.10.문7)

○
○
○

득점	배점
	3

해답 ① 급수밸브의 차단
② 자동급수장치의 고장
③ 물올림장치의 배수밸브의 개방

해설 **물올림장치**의 **감수경보**의 **원인**
(1) 급수밸브의 차단
(2) 자동급수장치의 고장
(3) 물올림장치의 배수밸브의 개방
(4) 후드밸브의 고장

참고

물올림장치
물올림장치는 수원의 수위가 펌프보다 아래에 있을 때 설치하며, 주기능은 펌프와 후드밸브 사이의 흡입관 내에 항상 물을 충만시켜 펌프가 물을 흡입할 수 있도록 하는 설비이다.

※ 물올림수조=호수조=물마중장치=프라이밍탱크(priming tank)

(a) 물올림수조

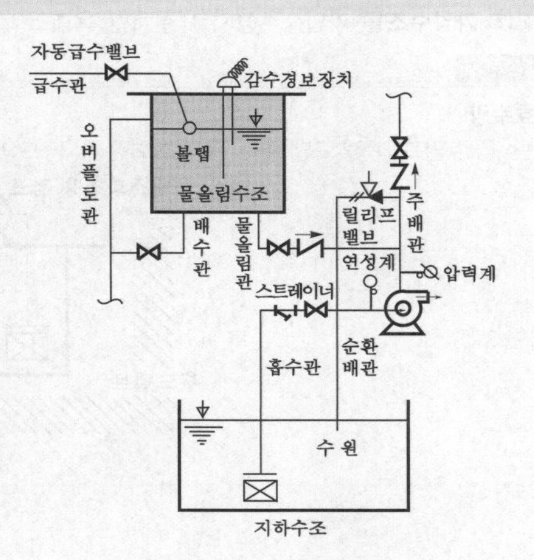

(b) 물올림장치 주위배관

▌물올림장치▐

☆☆
문제 09

옥내소화전설비의 수원은 산출된 유효수량의 $\frac{1}{3}$ 이상을 옥상에 설치하여야 한다. 설치 예외사항을 4가지만 쓰시오. (17.11.문3, 13.11.문11, 06.7.문3)

득점	배점
	5

○

○

○

○

해답 ① 지하층만 있는 건축물
② 고가수조를 가압송수장치로 설치한 옥내소화전설비
③ 건축물의 높이가 지표면으로부터 10m 이하인 경우
④ 가압수조를 가압송수장치로 설치한 옥내소화전설비

해설 **유효수량**의 $\frac{1}{3}$ **이상**을 **옥상**에 설치하지 않아도 되는 경우(30층 이상은 제외)

(1) **지하층**만 있는 건축물
(2) **고가수조**를 가압송수장치로 설치한 옥내소화전설비
(3) 수원이 건축물의 최상층에 설치된 **방수구**보다 높은 위치에 설치된 경우
(4) 건축물의 높이가 지표면으로부터 **10m** 이하인 경우
(5) **주펌프**와 동등 이상의 성능이 있는 별도의 펌프로서 내연기관의 기동과 연동하여 작동되거나 **비상전원**을 연결하여 설치한 경우
(6) **학교 · 공장 · 창고시설**로서 동결의 우려가 있는 장소
(7) **가압수조**를 가압송수장치로 설치한 옥내소화전설비

용어

유효수량
일반 급수펌프의 후드밸브와 옥내소화전용 펌프의 후드밸브 사이의 수량

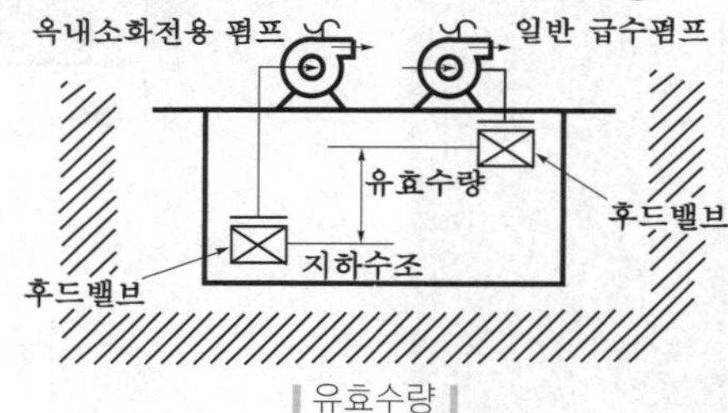

❙ 유효수량 ❙

☆☆
문제 10

옥내소화전설비의 방수구 설치기준에 관한 내용이다. ( ) 안을 완성하시오. (17.11.문8, 12.7.문4)

득점	배점
	6

○ 특정소방대상물의 층마다 설치하되, 해당 특정소방대상물의 각 부분으로부터 하나의 옥내소화전 방수구까지의 수평거리가 (①)m(호스릴 옥내소화전설비를 포함한다.) 이하가 되도록 할 것
○ 바닥으로부터의 높이가 (②)m 이하가 되도록 할 것
○ 호스는 구경 (③)mm(호스릴 옥내소화전설비의 경우에는 25mm) 이상의 것으로서 특정소방대상물의 각 부분에 물이 유효하게 뿌려질 수 있는 길이로 설치할 것

해답 ① 25 ② 1.5 ③ 40

해설 **옥내소화전 방수구**의 **설치기준**(NFPC 102 7조, NFTC 102 2.4.2)

(1) 특정소방대상물의 **층**마다 설치하되, 해당 특정소방대상물의 각 부분으로부터 하나의 옥내소화전 방수구까지의 **수평거리**가 **25m** 이하가 되도록 할 것
(2) 바닥으로부터의 높이가 **1.5m** 이하가 되도록 할 것
(3) 호스는 구경 **40mm**(호스릴은 **25mm**) 이상의 것으로서 특정소방대상물의 각 부분에 물이 유효하게 뿌려질 수 있는 길이로 설치할 것
(4) **호스릴** 옥내소화전설비의 경우 그 노즐에는 쉽게 **개폐**할 수 있는 장치를 부착할 것

중요

(1) **옥내소화전설비**와 **호스릴 옥내소화전설비**

구 분	옥내소화전설비	호스릴 옥내소화전설비
수평거리	25m 이하	25m 이하
호스구경	40mm 이상	25mm 이상

(2) **설치높이**

0.5~1m 이하	0.8~1.5m 이하	1.5m 이하
① **연**결송수관설비의 송수구·방수구 ② **연**결살수설비의 송수구 ③ **소**화**용**수설비의 채수구 기억법 **연소용 51(연소용 오일은 잘 탄다.)**	① **제**어밸브(수동식 개방밸브) ② **유**수검지장치 ③ **일**제개방밸브 기억법 **제유일85(제가 유일하게 팔았어요.)**	① **옥내**소화전설비의 방수구 ② **호**스릴함 ③ **소**화기 기억법 **옥내호소 5(옥내에서 호소하시오.)**

☆☆

문제 11

특수가연물이 저장된 건물에 물분무소화설비를 하려고 한다. 법정 수원의 용량[L]을 구하시오. (단, 건물의 바닥면적은 40m^{2}이다.)

(15.7.문17, 14.11.문3)

○ 계산과정 :
○ 답 :

득점	배점
	4

해답 ○ 계산과정 : $50 \times 10 \times 20 = 10000\text{L}$
○ 답 : 10000L

해설 **수원**의 **용량** Q는

$Q =$ 바닥면적(최소50m^2)$\times 10\text{L/min} \cdot \text{m}^2 \times 20\text{min} = 50\text{m}^2 \times 10\text{L/min} \cdot \text{m}^2 \times 20\text{min} = 10000\text{L}$

- 건물 바닥면적이 40m^2(최소 50m^2)이므로 바닥면적은 **50m^2** 가 된다.
- **20min**은 소방차가 화재현장에 출동하는 데 걸리는 시간이다.
- **물분무소화설비의 수원**

특정소방대상물	토출량	비 고
컨베이어벨트	10L/min·m^2	벨트부분의 바닥면적
절연유 봉입변압기	10L/min·m^2	표면적을 합한 면적(바닥면적 제외)
특수가연물	10L/min·m^2(최소 50m^2)	최대방수구역의 바닥면적 기준
케이블트레이·덕트	12L/min·m^2	투영된 바닥면적
차고·주차장	20L/min·m^2(최소 50m^2)	최대방수구역의 바닥면적 기준
위험물 저장탱크	37L/min·m	위험물탱크 둘레길이(원주길이) : 위험물규칙 [별표 6] Ⅱ

※ 모두 **20분**간 방수할 수 있는 양 이상으로 하여야 한다.

기억법 **컨 절 특 케 차 위**
0 0 0 2 0 37

☆☆☆
문제 12

지하구 연소방지설비에서 헤드의 설치기준에 관한 다음 (　　) 안을 완성하시오.

(17.11.문13, 13.4.문3, 06.4.문2)

득점	배점
	6

○ (①) 또는 (②)에 설치할 것
○ 헤드간의 수평거리는 연소방지설비 전용헤드의 경우에는 (③)m 이하, 스프링클러헤드의 경우에는 (④)m 이하로 할 것
○ 소방대원의 출입이 가능한 환기구·작업구마다 지하구의 양쪽 방향으로 살수헤드를 설치하되, 한쪽 방향의 살수구역의 길이는 (⑤)m 이상으로 할 것. 단, 환기구 사이의 간격이 (⑥)m를 초과할 경우에는 (⑥)m 이내마다 살수구역을 설정하되, 지하구의 구조를 고려하여 방화벽을 설치한 경우에는 그러하지 아니하다.

해답 ① 천장 ② 벽면 ③ 2 ④ 1.5 ⑤ 3 ⑥ 700

해설 **연소방지설비**의 **헤드**의 **설치기준**(NFPC 605 8조, NFTC 605 2.4.2)

(1) **천장** 또는 **벽면**에 설치할 것
(2) 헤드간의 수평거리는 **연소방지설비 전용헤드**의 경우에는 **2m 이하**, **스프링클러헤드**의 경우에는 **1.5m 이하**로 할 것
(3) 소방대원의 출입이 가능한 **환기구·작업구**마다 지하구의 양쪽 방향으로 살수헤드를 설치하되, 한쪽 방향의 살수구역의 길이는 **3m** 이상으로 할 것(단, 환기구 사이의 간격이 **700m**를 초과할 경우에는 **700m** 이내마다 살수구역을 설정하되, 지하구의 구조를 고려하여 방화벽을 설치한 경우는 제외)

• '**천정**'이라고 답하면 틀린다. 정확하게 **천장**이라고 답하자.

☆☆
문제 13

관 내에서 발생하는 캐비테이션(Cavitation)의 발생원인과 방지대책을 각각 3가지씩 쓰시오. (14.11.문5)

득점	배점
	6

(가) 발생원인
○
○
○

(나) 방지대책
○
○
○

해답 (가) 발생원인
① 펌프의 흡입수두가 클 때
② 펌프의 마찰손실이 클 때
③ 펌프의 임펠러속도가 클 때

(나) 방지대책
① 펌프의 흡입수두를 작게 한다.
② 펌프의 마찰손실을 작게 한다.
③ 펌프의 임펠러속도를 작게 한다.

해설 **관 내에서 발생하는 현상**

(1) **공동현상**(Cavitation)

개 념	펌프의 흡입측 배관 내의 물의 정압이 기존의 증기압보다 낮아져서 기포가 발생되어 물이 흡입되지 않는 현상
발생현상	① 소음과 진동발생 ② 관 부식 ③ **임펠러**의 **손상**(수차의 날개를 해친다.) ④ 펌프의 성능저하
발생원인	① 펌프의 흡입수두가 클 때(소화펌프의 흡입고가 클 때) ② 펌프의 마찰손실이 클 때 ③ 펌프의 임펠러속도가 클 때 ④ 펌프의 설치위치가 수원보다 높을 때 ⑤ 관 내의 수온이 높을 때(물의 온도가 높을 때) ⑥ 관 내의 물의 정압이 그때의 증기압보다 낮을 때 ⑦ 흡입관의 구경이 작을 때 ⑧ 흡입거리가 길 때 ⑨ 유량이 증가하여 펌프물이 과속으로 흐를 때
방지대책	① 펌프의 흡입수두를 **작게** 한다. ② 펌프의 마찰손실을 **작게** 한다. ③ 펌프의 **임펠러속도**(회전수)를 **작게** 한다. ④ 펌프의 설치위치를 수원보다 **낮게** 한다. ⑤ 양흡입펌프를 사용한다(펌프의 흡입측을 가압한다). ⑥ 관 내의 물의 정압을 그때의 증기압보다 **높게** 한다. ⑦ 흡입관의 구경을 **크게** 한다. ⑧ 펌프를 **2개** 이상 설치한다.

(2) **수격작용**(Water hammering)

개 념	① 배관 속의 물흐름을 급히 차단하였을 때 동압이 정압으로 전환되면서 일어나는 쇼크(Shock)현상 ② 배관 내를 흐르는 유체의 유속을 급격하게 변화시키므로 압력이 상승 또는 하강하여 **관로**의 **벽면**을 **치는 현상**
발생원인	① 펌프가 갑자기 정지할 때 ② 급히 밸브를 개폐할 때 ③ 정상운전시 유체의 압력변동이 생길 때
방지대책	① 관의 관경(직경)을 크게 한다. ② 관 내의 유속을 낮게 한다(관로에서 일부 고압수를 방출한다). ③ 조압수조(Surge tank)를 관선에 설치한다. ④ **플라이휠**(Fly wheel)을 설치한다. ⑤ 펌프 송출구(토출측) 가까이에 밸브를 설치한다. ⑥ 에어챔버(Air chamber)를 설치한다.

(3) **맥동현상**(Surging)

개 념	유량이 단속적으로 변하여 펌프 입출구에 설치된 **진공계 · 압력계**가 흔들리고 **진동**과 **소음**이 일어나며 펌프의 **토출유량**이 **변하는 현상**
발생원인	① 배관 중에 **수조**가 있을 때 ② 배관 중에 **기체상태**의 부분이 있을 때 ③ **유량조절밸브**가 배관 중 수조의 위치 **후방**에 있을 때 ④ 펌프의 특성곡선이 **산모양**이고 운전점이 그 **정상부**일 때
방지대책	① 배관 중에 불필요한 수조를 없앤다. ② 배관 내의 기체(공기)를 제거한다. ③ 유량조절밸브를 배관 중 수조의 전방에 설치한다. ④ 운전점을 고려하여 적합한 펌프를 선정한다. ⑤ **풍량** 또는 **토출량**을 줄인다.

(4) **에어 바인딩(Air binding)=에어 바운드(Air bound)**

개 념	펌프 내에 공기가 차있으면 공기의 밀도는 물의 밀도보다 작으므로 수두를 감소시켜 송액이 되지 않는 현상
발생원인	펌프 내에 공기가 차있을 때
방지대책	① 펌프 작동 전 **공기**를 **제거**한다. ② **자동공기제거펌프**(Self-priming pump)를 사용한다.

☆☆

문제 14

가로 20m, 세로 10m의 특수가연물을 저장하는 창고에 포소화설비를 설치하고자 한다. 주어진 조건을 참고하여 다음 각 물음에 답하시오.

득점	배점
	12

〔조건〕

① 포원액은 수성막포 3%를 사용하며, 헤드는 포헤드를 설치한다.
② 펌프의 전양정은 35m이다.
③ 펌프의 효율은 65%이며, 전동기 전달계수는 1.1이다.

(가) 헤드를 정방형으로 배치할 때 포헤드의 설치개수를 구하시오.
- 계산과정 :
- 답 :

(나) 수원의 저수량〔m^3〕을 구하시오. (단, 포원액의 저수량은 제외한다.)
- 계산과정 :
- 답 :

(다) 포원액의 최소소요량〔L〕을 구하시오.
- 계산과정 :
- 답 :

(라) 펌프의 토출량〔L/min〕을 구하시오.
- 계산과정 :
- 답 :

(마) 펌프의 최소소요동력〔kW〕을 구하시오.
- 계산과정 :
- 답 :

해답 (가) ○ 계산과정 : $S = 2 \times 2.1 \times \cos 45° = 2.969\text{m}$

가로 $= \dfrac{20}{2.969} = 6.7 ≒ 7$개

세로 $= \dfrac{10}{2.969} = 3.3 ≒ 4$개

헤드개수 $= 7 \times 4 = 28$개

○ 답 : 28개

(나) ○ 계산과정 : $(20 \times 10) \times 6.5 \times 10 \times 0.97 = 12610\text{L} = 12.61\text{m}^3$

○ 답 : 12.61m^3

(다) ○ 계산과정 : $(20 \times 10) \times 6.5 \times 10 \times 0.03 = 390\text{L}$

○ 답 : 390L

(라) ○ 계산과정 : $(20 \times 10) \times 6.5 = 1300\text{L/min}$

○ 답 : 1300L/min

(마) ○ 계산과정 : $\frac{0.163 \times 1.3 \times 35}{0.65} \times 1.1 = 12.551 ≒ 12.55\text{kW}$

○ 답 : 12.55kW

해설 **포헤드**의 **개수**

(가) **정방형**의 포헤드 상호간의 거리 S는

$S = 2R\cos45° = 2 \times 2.1\text{m} \times \cos45° = 2.969\text{m}$

- R : 유효반경(NFPC 105 제12조 ②항, NFTC 105 2.9.2.5에 의해 특정소방대상물의 종류에 관계없이 무조건 **2.1m** 적용)
- (가)의 문제에 의해 **정방형**으로 계산한다. **'정방형'**이라고 주어졌으므로 반드시 위의 식으로 계산해야 한다.

(1) **가로**의 **헤드 소요개수**

$\frac{\text{가로길이}}{\text{수평헤드간격}} = \frac{20\text{m}}{2.969\text{m}} = 6.7 ≒ 7\text{개}$

(2) **세로**의 **헤드 소요개수**

$\frac{\text{세로길이}}{\text{수평헤드간격}} = \frac{10\text{m}}{2.969\text{m}} = 3.3 ≒ 4\text{개}$

필요한 헤드의 소요개수=가로개수×세로개수=7개×4개=28개

중요

포헤드 상호간의 **거리기준**(NFPC 105 12조, NFTC 105 2.9.2.5)

정방형(정사각형)	**장방형**(직사각형)
$S = 2R\cos45°$ $L = S$ 여기서, S : 포헤드 상호간의 거리[m] R : 유효반경(**2.1m**) L : 배관간격[m]	$P_t = 2R$ 여기서, P_t : 대각선의 길이[m] R : 유효반경(**2.1m**)

비교

정방형, 장방형 등의 **배치방식**이 **주어지지 않은 경우** 다음 식으로 계산(NFPC 105 12조, NFTC 105 2.9.2)

구 분		설치개수
포워터 스프링클러헤드		$\frac{\text{바닥면적}}{8\text{m}^2}$
포헤드		$\frac{\text{바닥면적}}{9\text{m}^2}$
압축공기포 소화설비	특수가연물 저장소	$\frac{\text{바닥면적}}{9.3\text{m}^2}$
	유류탱크 주위	$\frac{\text{바닥면적}}{13.9\text{m}^2}$

$\text{포헤드개수} = \frac{\text{바닥면적}}{9\text{m}^2} = \frac{(20 \times 10)\text{m}^2}{9\text{m}^2} = 22.2 ≒ 23\text{개}$

(나) **수원**의 **저수량**

특정소방대상물	포소화약제의 종류	방사량
• 차고 · 주차장 • 항공기격납고	• 수성막포	3.7L/m² · 분
	• 단백포	6.5L/m² · 분
	• 합성계면활성제포	8.0L/m² · 분
• 특수가연물 저장 · 취급소	• 수성막포 • 단백포 • 합성계면활성제포	6.5L/m² · 분

문제에서 특정소방대상물은 **특수가연물 저장 · 취급소**이고 〔조건 ①〕에서 포소화약제의 종류는 **수성막포**이므로 방사량(단위 포소화수용액의 양) Q_1은 **6.5L/m² · 분**이다. 또한, 방출시간은 NFPC 105 8조, NFTC 105 2.5.2.3에 의해 **10분**이다.

〔조건 ①〕에서 **농도** S=3%이므로 | 수용액의 양(100%)=수원의 양(97%)+포원액(3%) | 에서 수원의 양 $S=0.97(97\%)$이다.

$$Q = A \times Q_1 \times T \times S$$

여기서, Q : 수원의 양〔L〕
A : 탱크의 액표면적〔m²〕
Q_1 : 단위 포소화수용액의 양〔L/m² · 분〕
T : 방출시간〔분〕
S : 사용농도

수원의 **저장량** Q는

$Q = A \times Q_1 \times T \times S = (20 \times 10)\text{m}^2 \times 6.5\text{L/m}^2 \cdot \text{분} \times 10\text{분} \times 0.97 = 12610\text{L} = 12.61\text{m}^3$

- $1000\text{L} = 1\text{m}^3$ 이므로 $12610\text{L} = 12.61\text{m}^3$

(다) **포원액**의 **소요량**

〔조건 ①〕에서 **농도** S=0.03(3%)이다.

포원액의 소요량 Q는

$Q = A \times Q_1 \times T \times S = (20 \times 10)\text{m}^2 \times 6.5\text{L/m}^2 \cdot \text{분} \times 10\text{분} \times 0.03 = 390\text{L}$

(라) **펌프**의 **토출량** Q는

$Q = (20 \times 10)\text{m}^2 \times 6.5\text{L/m}^2 \cdot \text{분} = 1300\text{L/분} = 1300\text{L/min}$

- (가)에서 특수가연물 저장 · 취급소의 수성막포의 방사량은 **6.5L/m² · 분**이다.

(마) **펌프**의 **동력**

$$P = \frac{0.163\,QH}{\eta} K$$

여기서, P : 펌프의 동력〔kW〕
Q : 펌프의 토출량〔m³/min〕
H : 전양정〔m〕
K : 전달계수
η : 효율

펌프의 **동력** P는

$$P = \frac{0.163\,QH}{\eta} K = \frac{0.163 \times 1300\text{L/min} \times 35\text{m}}{0.65} \times 1.1 = \frac{0.163 \times 1.3\text{m}^3\text{/min} \times 35\text{m}}{0.65} \times 1.1 = 12.551 ≒ 12.55\text{kW}$$

- Q : (라)에서 **1300L/min**이므로 1300L/min=1.3m³/min(1000L=1m³)
- H : 〔조건 ②〕에서 **35m**
- K : 〔조건 ③〕에서 **1.1**
- η : 〔조건 ③〕에서 **0.65(65%)**

" 어느 누구도 과거로 돌아가서 새롭게 시작할 수 없지만, 지금부터 시작해서 새로운 결실을 맺을 수는 있다. "

- 칼 바르트 -

과년도 기출문제

2017년 소방설비산업기사 실기(기계분야)

** 수험자 유의사항 **

– 일반사항

1. 시험문제를 받는 즉시 응시하고자 하는 종목의 문제지가 맞는지를 확인하여야 합니다.
2. 시험문제지 총면수 · 문제번호 순서 · 인쇄상태 등을 확인하고(**확인 이후 시험문제지 교체불가**), 수험번호 및 성명을 답안지에 기재하여야 합니다.
3. 부정 또는 불공정한 방법(시험문제 내용과 관련된 메모지 사용 등)으로 시험을 치른 자는 부정행위자로 처리되어 당해 시험을 중지 또는 무효로 하고, 3년간 국가기술자격검정의 응시자격이 정지됩니다.
4. 저장용량이 큰 전자계산기 및 유사 전자제품 사용 시에는 반드시 저장된 메모리를 초기화한 후 사용하여야 하며, 시험위원이 초기화 여부를 확인할 시 협조하여야 합니다. 초기화되지 않은 전자계산기 및 유사 전자제품을 사용하여 적발 시에는 부정행위로 간주합니다.
5. 시험 중에는 통신기기 및 전자기기(휴대용 전화기 및 **스마트워치** 등)를 지참하거나 사용할 수 없습니다.
6. **문제 및 답안(지), 채점기준은 공개하지 않습니다.**
7. 복합형 시험의 경우 시험의 전 과정(필답형, 작업형)을 응시하지 않은 경우 채점대상에서 제외합니다.
8. 국가기술자격 시험문제는 일부 또는 전부가 저작권법상 보호되는 저작물이고, 저작권자는 한국산업인력공단입니다. 문제의 일부 또는 전부를 무단 복제, 배포, 출판, 전자출판 하는 등 저작권을 침해하는 일체의 행위를 금합니다.

– 채점사항

1. 수험자 인적사항 및 계산식을 포함한 답안작성은 흑색 필기구만 사용해야 하며, 그 외 연필류, 빨간색, 청색 등 필기구로 작성한 답항은 0점 처리되오니 불이익을 당하지 않도록 유의해 주시기 바랍니다.
2. 답란에는 문제와 관련 없는 불필요한 낙서나 특이한 기록사항 등을 기재하여서는 안 되며, 답안지의 인적사항 기재란 외의 부분에 답안과 관련 없는 **특수한 표시를 하거나 특정인임을 암시하는 경우 답안지 전체를 0점 처리합니다.**
3. 계산문제는 반드시 「계산과정」과 「답」란에 기재하여야 하며, **계산과정이 틀리거나 없는 경우 0점 처리됩니다.**
4. 계산문제는 최종 결과 값(답)에서 소수 셋째자리에서 반올림하여 둘째자리까지 구하여야 하나 개별문제에서 소수 처리에 대한 요구사항이 있을 경우 그 요구사항에 따라야 합니다.
5. 답에 단위가 없으면 오답으로 처리됩니다. (단, 문제의 요구사항에 단위가 주어졌을 경우는 생략되어도 무방합니다.)
6. 문제에서 요구한 가지수(항수) 이상을 답란에 표기한 경우에는 답란기재 순으로 요구된 가지수(항수)만 채점하고 한 항에 여러 가지를 기재하더라도 한 가지로 보며 그중 정답과 오답이 함께 기재되어 있을 경우 오답으로 처리됩니다.
7. 답안 정정 시에는 정정하고자 하는 단어에 두 줄(=)을 긋고 다시 기재 가능하며, 수정테이프 등은 사용할 수 없으며, 수정테이프 사용 시 채점대상에서 제외됨을 알려드립니다.

※ 수험자 유의사항 미준수로 인한 채점상의 불이익은 수험자 본인에게 책임이 있습니다.

2017. 4. 16 시행

▌2017년 산업기사 제1회 필답형 실기시험▐

자격종목	시험시간	형별	수험번호	성명	감독위원 확인
소방설비산업기사(기계분야)	2시간 30분				

※ 다음 물음에 답을 해당 답란에 답하시오.(배점 : 100)

☆☆☆

문제 01

그림은 소화펌프의 계통도 중 성능시험배관 주위도면을 나타낸다. 도면을 보고 다음 각 물음에 답하시오.

(16.6.문5, 15.11.문4, 12.7.문6)

유사문제부터 풀어보세요. 실력이 팍!팍! 올라갑니다.

득점	배점
	8

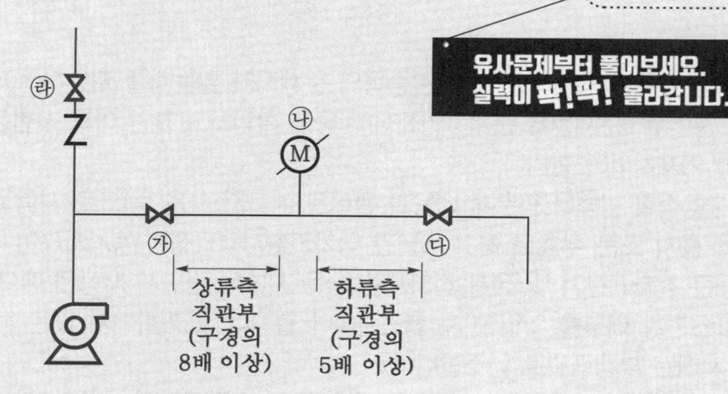

(가) ㉮~㉰의 명칭을 쓰시오.

㉮	㉯	㉰

(나) ㉱는 밸브의 개폐상태를 육안으로 용이하게 식별하기 위한 밸브이다. 이 밸브의 명칭을 쓰시오.

(다) ㉮와 ㉯ 사이 및 ㉯와 ㉰ 사이에 일정한 거리를 두는 이유를 쓰시오.

(라) ㉯는 펌프의 정격토출량의 몇 %까지 측정할 수 있는 성능이 있어야 하는지 쓰시오.

해답 (가)

㉮	㉯	㉰
개폐밸브	유량계	유량조절밸브

(나) 개폐표시형 밸브

(다) 정상적인 유량측정이 가능하도록 하기 위해

(라) 175%

해설 **펌프**의 **성능시험배관**

(가) **유량측정방법**

압력계에 따른 방법	유량계에 따른 방법
오리피스 전후에 설치한 압력계 P_1, P_2와 압력차를 이용한 유량측정법	유량계의 **상류측**은 **유량계 호칭구경**의 **8배** 이상, **하류측**은 **유량계 호칭구경**의 **5배** 이상되는 직관부를 설치하여야 하며 배관은 유량계의 호칭구경과 동일한 구경의 배관을 사용한다.

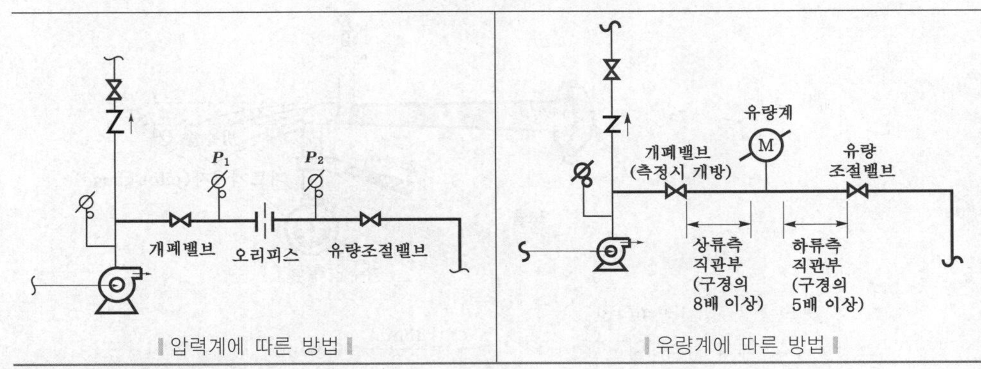

‖압력계에 따른 방법‖ ‖유량계에 따른 방법‖

(나) **개폐표시형 밸브**(OS & Y밸브)
밸브의 **개폐상태**를 용이하게 **육안 판별**하기 위한 밸브

- 개폐상태를 육안으로 식별이 용이한 밸브이므로 개폐표시형 밸브가 정답! '**게이트밸브**'라고 답하면 틀릴 수 있으므로 주의!
- '**개폐표시형 개폐밸브**'가 아님을 주의! **개폐표시형 밸브**가 정답!!

(다) **유량계**와 **개폐밸브** 또는 **유량조절밸브**

일정한 거리를 두는 이유	일정한 거리를 두지 않으면 나타나는 현상
유량계가 **정상**적인 **유량측정**이 **가능**하도록 하기 위해	밸브의 마찰 등에 의해 **정상**정인 **유량측정**이 **불가**함

(라) **유량측정장치**(유량계)
성능시험배관의 직관부에 설치하되, 펌프에 정격토출량의 **175%**까지 측정할 수 있는 성능이 있을 것

- 유량측정장치(유량계)의 최대측정유량=펌프의 정격토출량×1.75

☆☆

문제 02

옥내소화전설비의 노즐선단에서 방수압 측정방법을 설명하고 측정방법에 대한 간단한 그림을 도시하시오.
(15.7.문3, 10.10.문6, 07.11.문11, 06.4.문4, 05.5.문4)

○ 방수압 측정방법 :
○ 그림 :

득점	배점
	5

해답 ○ 방수압 측정방법 : 노즐선단에 노즐구경의 $\frac{1}{2}$ 떨어진 지점에서 노즐선단과 수평 되게 피토게이지를 설치하여 눈금을 읽는다.

○ 그림

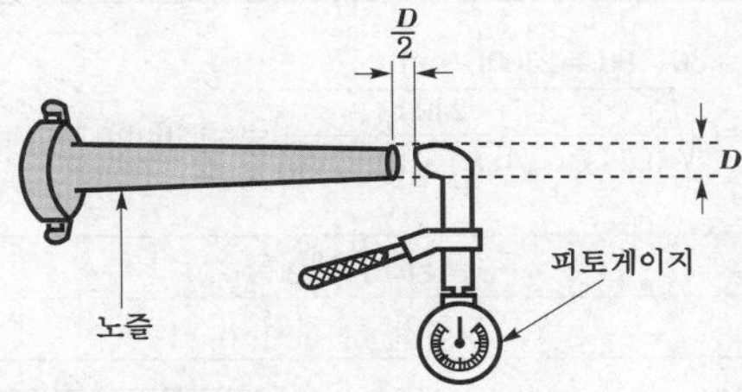

해설 **방수압 측정기구 및 측정방법**

(1) **측정기구**
피토게이지

(2) **측정방법**
노즐선단에 노즐구경의 $\frac{1}{2}$ 떨어진 지점에서 노즐선단과 수평 되게 피토게이지(pitot gauge)를 설치하여 눈금을 읽는다.

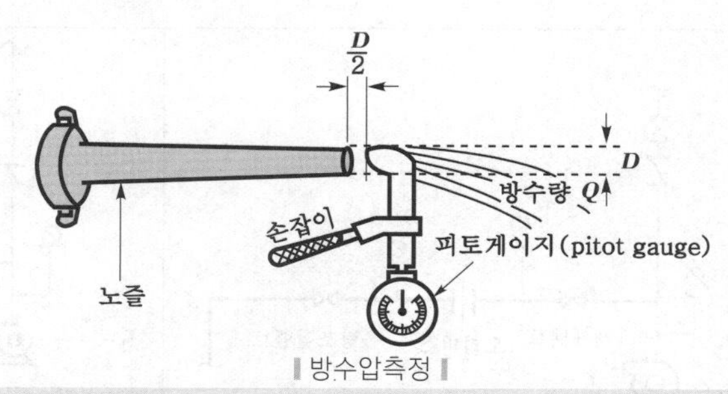

▮방수압측정▮

- 노즐구경이 13mm라면
  노즐에서 피토게이지의 이격거리$=\frac{D}{2}=\frac{13\text{mm}}{2}=6.5\text{mm}$

비교

방수량 측정기구 및 **측정방법**
(1) **측정기구** : 피토게이지
(2) **측정방법** : 노즐선단에 노즐구경의 $\frac{1}{2}$ 떨어진 지점에서 노즐선단과 수평 되게 피토게이지를 설치하여 눈금을 읽은 후 $Q=0.653D^2\sqrt{10P}$ 공식에 대입한다.

$$Q=0.653D^2\sqrt{10P} \text{ 또는 } Q=0.6597CD^2\sqrt{10P}$$

여기서, Q : 방수량[L/min]
C : 노즐의 흐름계수
D : 구경[mm]
P : 방수압[MPa]

☆☆☆

문제 03

지상 15층 아파트에 습식 스프링클러설비를 설치하였다. 펌프의 실양정이 30m일 때 펌프의 성능시험 배관의 관경[mm]을 구하시오. (단, 펌프의 정격토출압력은 0.8MPa이다.) (15.7.문1)

[조건]
① 배관관경 산정기준은 정격토출량의 150%로 운전시 정격토출압력의 65% 기준으로 계산한다.
② 배관은 25mm/32mm/40mm/50mm/65mm/80mm/90mm/100mm 중 하나를 선택한다.

득점	배점
	5

○ 계산과정 :
○ 답 :

해답 ○ 계산과정 : $Q=30\times80=2400\text{L/min}$

$$D=\sqrt{\frac{1.5\times2400}{0.653\times\sqrt{0.65\times10\times0.8}}}=49.16\text{mm}\fallingdotseq50\text{mm}$$

○ 답 : 50mm

해설

특정소방대상물		폐쇄형 헤드의 기준개수
지하가 · 지하역사		30
11층 이상 →		
10층 이하	공장(특수가연물)	
	판매시설(백화점 등), 복합건축물(판매시설이 설치된 복합건축물)	
	근린생활시설, 운수시설	20
	8m 이상	
	8m 미만	10

스프링클러설비 방수량

$$Q=N\times 80\text{L/min}$$

여기서, Q : 방수량[L/min]
N : 폐쇄형 헤드의 기준개수

방수량 $Q=N\times 80\text{L/min}=30\text{개}\times 80\text{L/min}=2400\text{L/min}$

- N : **11층 이상**이므로 앞의 표에서 **30개**

방수량 구하는 기본식	성능시험배관 방수량 구하는 식
$Q=0.653D^2\sqrt{10P}$ 또는 $Q=0.6597CD^2\sqrt{10P}$ 여기서, Q : 방수량[L/min] C : 노즐의 흐름계수 D : 내경[mm] P : 방수압력[MPa]	$1.5Q=0.653D^2\sqrt{0.65\times 10P}$ 여기서, Q : 방수량[L/min] D : 내경[mm] P : 방수압력[MPa]

$$1.5Q=0.653D^2\sqrt{0.65\times 10P}$$

$$\frac{1.5Q}{0.653\sqrt{0.65\times 10P}}=D^2$$

$$D^2=\frac{1.5Q}{0.653\sqrt{0.65\times 10P}}$$

$$\sqrt{D^2}=\sqrt{\frac{1.5Q}{0.653\sqrt{0.65\times 10P}}}$$

$$D=\sqrt{\frac{1.5Q}{0.653\times\sqrt{0.65\times 10P}}}=\sqrt{\frac{1.5\times 2400\text{L/min}}{0.653\times\sqrt{0.65\times 10\times 0.8\text{MPa}}}}=49.16\text{mm}\qquad \therefore \text{ 50mm 선택}$$

- [조건 ①]에서 **정격토출량**의 **150%**, **정격토출압력**의 **65%** 기준이므로 방수량 기본식 $Q=0.653D^2\sqrt{10P}$ 에서 변형하여 $1.5Q=0.653D^2\sqrt{0.65\times 10P}$ 식 적용
- 49.16mm이므로 [조건 ②]에서 **50mm** 선택
- 실양정 30m는 적용할 필요 없음
- 성능시험배관은 최소구경이 정해져 있지 않지만 다음의 배관은 최소구경이 정해져 있으므로 주의하자!

구 분	구 경
• 주배관 중 **수직배관** • 펌프토출측 **주배관**	**50mm 이상**
• **연결송수관**인 방수구가 연결된 경우(연결송수관설비의 배관과 겸용할 경우)	**100mm 이상**

☆☆☆

문제 04

그림과 같은 옥내소화전설비를 다음 조건과 화재안전기준에 따라 설치하려고 한다. 다음 각 물음에 답하시오.

(17.4.문2·9, 16.6.문9, 15.11.문7·9, 15.7.문1, 15.4.문4·11·16, 14.4.문5, 12.7.문1, 12.4.문1, 10.4.문14, 09.10.문10, 09.4.문10, 08.11.문6, 07.11.문11, 06.7.문7, 05.5.문5, 04.7.문8)

득점	배점
	10

[조건]

① P_1 : 옥내소화전펌프
② P_2 : 잡수용 양수펌프
③ 펌프의 후드밸브로부터 4층 옥내소화전함 호스접결구까지의 마찰손실 및 저항손실수두는 8.5m이다.
④ 펌프의 효율은 60%이다.
⑤ 옥내소화전의 개수는 1층 3개, 2~4층 2개씩이다.
⑥ 소방호스의 마찰손실수두는 무시한다.

⑦ 전달계수는 1.1이다.
⑧ 실양정은 지하 1층 바닥부터 지상 4층까지 산정한다.
⑨ 배관내경

호칭구경	15A	20A	25A	32A	40A	50A	65A	80A	100A
내경〔mm〕	16.4	21.9	27.5	36.2	42.1	53.2	69	81	105.3

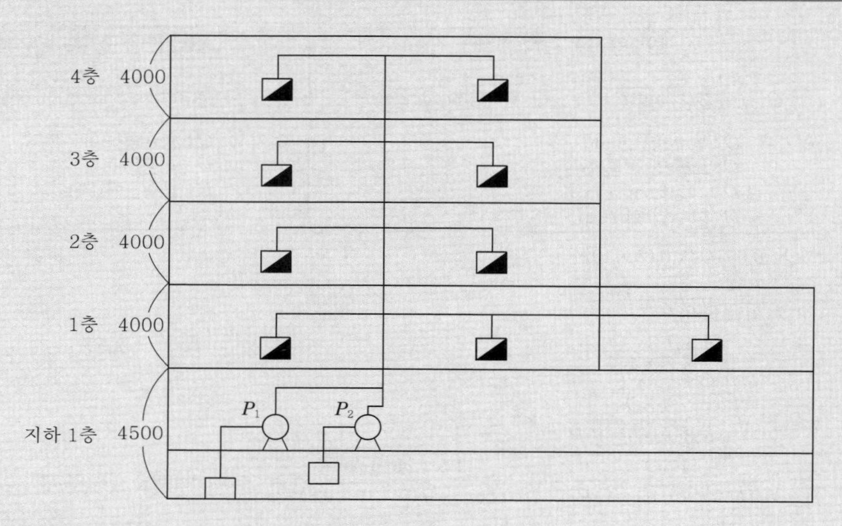

(가) 저수조의 저수량〔m^3〕을 구하시오.
○ 계산과정 :
○ 답 :

(나) 옥상수조의 저수량〔m^3〕을 구하시오.
○ 계산과정 :
○ 답 :

(다) 규정 방수량 및 규정 방사압을 구하시오.
○ 규정 방수량 :
○ 규정 방사압 :

(라) 펌프의 최소토출량〔L/min〕을 구하시오.
○ 계산과정 :
○ 답 :

(마) 펌프의 동력〔kW〕을 구하시오.
○ 계산과정 :
○ 답 :

(바) 펌프의 기동방식 2가지를 쓰시오.
○
○

(사) 소화펌프의 토출측 주배관의 최소구경(호칭구경)을 산정하시오.
○ 계산과정 :
○ 답 :

해답 (가) ○ 계산과정 : $2.6 \times 2 = 5.2\text{m}^3$

○ 답 : 5.2m³

(나) ○ 계산과정 : $2.6 \times 2 \times \frac{1}{3} = 1.733 \fallingdotseq 1.73\text{m}^3$

○ 답 : 1.73m³

(다) ○ 규정 방수량 : 130L/min

○ 규정 방사압 : 0.17MPa

(라) ○ 계산과정 : $2 \times 130 = 260\text{L/min}$

○ 답 : 260L/min

(마) ○ 계산과정 : $H = 8.5 + 4.5 + (4 \times 4) + 17 = 46\text{m}$

$$P = \frac{0.163 \times 0.26 \times 46}{0.6} \times 1.1 = 3.574 \fallingdotseq 3.57\text{kW}$$

○ 답 : 3.57kW

(바) ① 자동기동방식

② 수동기동방식

(사) ○ 계산과정 : $\sqrt{\dfrac{0.26/60}{\dfrac{\pi}{4} \times 4}} \fallingdotseq 0.037\text{m} = 37\text{mm}$

○ 답 : 50A

해설 (가) **저수조**의 **저수량**

> $Q = 2.6N$(30층 미만, N : 최대 2개)
> $Q = 5.2N$(30~49층 이하, N : 최대 5개)
> $Q = 7.8N$(50층 이상, N : 최대 5개)

여기서, Q : 수원의 저수량[m³]

N : 가장 많은 층의 소화전개수

저수조의 **저수량** Q는

$Q = 2.6N = 2.6 \times 2 = 5.2\text{m}^3$

- 소화전 최대개수 N=**2** : [조건 ⑤]에서 주어진 값

(나) **옥상수원**(옥상수조)의 **저수량**

> $Q' = 2.6N \times \frac{1}{3}$(30층 미만, N : 최대 2개)
> $Q' = 5.2N \times \frac{1}{3}$(30~49층 이하, N : 최대 5개)
> $Q' = 7.8N \times \frac{1}{3}$(50층 이상, N : 최대 5개)

여기서, Q' : 옥상수원(옥상수조)의 저수량[m³]

N : 가장 많은 층의 소화전개수

옥상수원의 **저수량** Q'는

$Q' = 2.6N \times \frac{1}{3} = 2.6 \times 2 \times \frac{1}{3} = 1.733 \fallingdotseq 1.73\text{m}^3$

- 소화전 최대개수 N=**2** : [조건 ⑤]에서 주어진 값
- 그림에서 **4층**이므로 **30층 미만** 식을 적용한다.

(다)

구 분	옥내소화전설비	옥외소화전설비
규정 방수압	**0.17MPa**	**0.25MPa**
규정 방수량	**130L/min**	**350L/min**

(라) **토출량**(유량)

> $Q = N \times 130\text{L/min}$

여기서, Q : 토출량(유량)[L/min]

N : 가장 많은 층의 소화전개수(30층 미만 : 최대 2개, 30층 이상 : 최대 5개)

펌프의 **최소토출량** Q는

$Q = N \times 130\text{L/min} = 2 \times 130\text{L/min} = 260\text{L/min}$

- 그림에서 4층이므로 소화전 최대개수 $N=2$: 〔조건 ⑤〕에서 주어진 값

(마) **전양정**

$$H \geq h_1 + h_2 + h_3 + 17$$

여기서, H : 전양정〔m〕

h_1 : 소방호스의 마찰손실수두〔m〕

h_2 : 배관 및 관부속품의 마찰손실수두〔m〕

h_3 : 실양정(흡입양정+토출양정)〔m〕

펌프의 **전양정** H는

$H = h_1 + h_2 + h_3 + 17 = 8.5\text{m} + 4.5\text{m} + (4\text{m} \times 4\text{층}) + 17 = 46\text{m}$

- h_1 : 〔조건 ⑥〕에 의해 무시
- h_2 (8.5m) : 〔조건 ③〕에서 주어진 값
- h_3 $[4.5\text{m} + (4\text{m} \times 4\text{층}) = 20.5\text{m}]$: 〔조건 ⑧〕에 의해 지하 1층~지상 4층까지 높이
- 수치가 주어지지 않은 단위는 mm이므로 4000mm=4m, 4500mm=4.5m

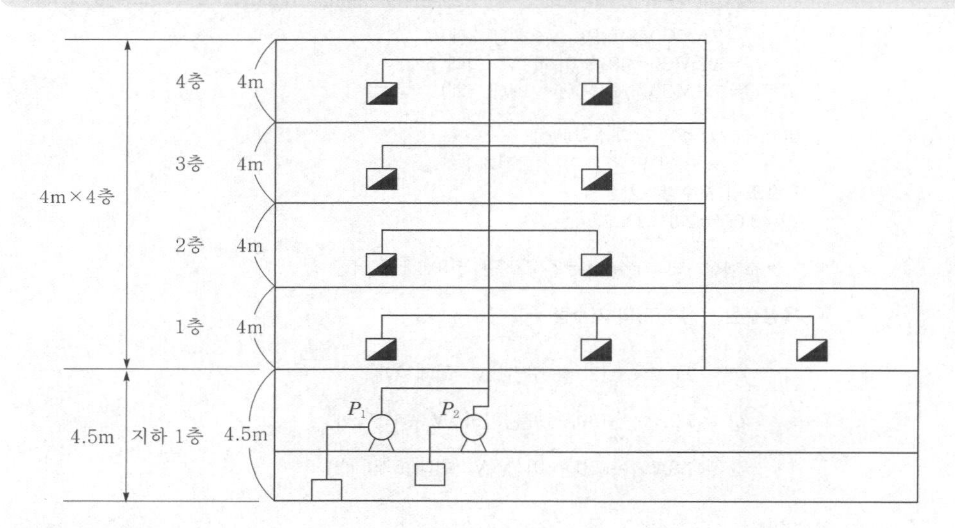

동력(모터동력)

$$P = \frac{0.163\,QH}{\eta}K$$

여기서, P : 동력〔kW〕

Q : 유량〔m^3/min〕

H : 전양정〔m〕

K : 전달계수

η : 효율

펌프의 **동력**(모터동력) P는

$$P = \frac{0.163QH}{\eta}K = \frac{0.163 \times 260\text{L/min} \times 46\text{m}}{0.6} \times 1.1 = \frac{0.163 \times 0.26\text{m}^3/\text{min} \times 46\text{m}}{0.6} \times 1.1 = 3.574 \fallingdotseq 3.57\text{kW}$$

- 1000L=1m³이므로 260L/min=0.26m³/min
- Q(**260L/min**) : (라)에서 구한 값
- H(**46m**) : 바로 위에서 구한 값
- η(0.6) : [조건 ④]에서 60%=0.6
- K(**1.1**) : [조건 ⑦]에서 주어진 값

(바) **펌프**의 **기동방식**

자동기동방식(기동용 수압개폐장치 이용방식)	수동기동방식(ON, OFF스위치 이용방식)
기동용 수압개폐장치를 이용하는 방식으로 소화를 위해 소화전함 내에 있는 방수구, 즉 앵글밸브를 개방하면 기동용 수압개폐장치 내의 **압력스위치**가 작동하여 제어반에 신호를 보내 펌프를 기동시킨다.	**ON, OFF스위치**를 이용하는 방식으로 소화를 위해 소화전함 내에 있는 방수구, 즉 앵글밸브를 개방한 후 **기동**(ON)**스위치**를 누르면 제어반에 신호를 보내 펌프를 기동시킨다. 수동기동방식은 과거에 사용되던 방식으로 요즘에는 이 방식이 거의 사용되지 않는다.

(사) **유량**

$$Q=AV=\left(\frac{\pi}{4}D^2\right)V$$

여기서, Q : 유량[m³/s]
A : 단면적[m²]
V : 유속[m/s]
D : 직경[m]

$$Q=\left(\frac{\pi}{4}D^2\right)V$$

$$\frac{Q}{\frac{\pi}{4}V}=D^2$$

$$D^2=\frac{Q}{\frac{\pi}{4}V}$$

$$\sqrt{D^2}=\sqrt{\frac{Q}{\frac{\pi}{4}V}}$$

$$D=\sqrt{\frac{Q}{\frac{\pi}{4}V}}=\sqrt{\frac{0.26\text{m}^3/60\text{s}}{\frac{\pi}{4}\times 4\text{m/s}}}\fallingdotseq 0.037\text{m}=37\text{mm}(\therefore \text{ 50A 선정})$$

- Q(**0.26m³/60s**) : 1000L=1m³이고 1min=60s이므로 (라)에서 구한 값 260L/min=0.26m³/min=0.26m³/60s
- V : **4m/s**

‖ 배관 내의 유속 ‖

설 비		유 속
옥내소화전설비	→	4m/s 이하
스프링클러설비	가지배관	6m/s 이하
	기타배관	10m/s 이하

- [조건 ⑨]에서 내경 37mm 이상인 호칭구경은 **40A**이지만 펌프 토출측 주배관의 최소구경이 50A이므로 50A이다.
- 호칭구경을 구하라고 했으므로 50mm라고 쓰면 틀린다. 50A라고 써야 확실한 답이다.

‖ 배관의 최소구경 ‖

구 분	구 경
• 주배관 중 **수직배관** • 펌프 토출측 **주배관** →	**50mm 이상**
• **연결송수관**인 방수구가 연결된 경우(연결송수관설비의 배관과 겸용할 경우)	**100mm 이상**

☆☆☆
문제 05

배관이 팽창 또는 수축을 하므로 배관 · 기구의 파손이나 굽힘을 방지하기 위해 배관 도중에 신축이음을 사용한다. 신축이음의 종류 5가지를 쓰시오. (12.4.문10, 03.4.문10)

○
○
○
○
○

득점	배점
	5

해답 ① 벨로즈형 이음 ② 슬리브형 이음 ③ 루프형 이음 ④ 스위블형 이음 ⑤ 볼조인트

해설 **신축이음**(expansion joint)
배관이 열응력 등에 의해 신축하는 것이 원인이 되어 파괴되는 것을 방지하기 위하여 사용하는 이음이다. 종류로는 **벨로즈형 이음**, **슬리브형 이음**, **루프형 이음**, **스위블형 이음**, **볼조인트**의 5종류가 있다.

‖ 신축이음 ‖

종 류	특 징
벨로즈형(bellows type) 벨로즈는 관의 신축에 따라 슬리브와 함께 신축하며, 슬라이드 사이에서 유체가 새는 것을 방지한다. 벨로즈가 관 내 유체의 누설을 방지한다.	① **자체 응력** 및 **누설**이 없다. ② 설치공간이 작아도 된다. ③ **고압배관**에는 **부적합**하다. 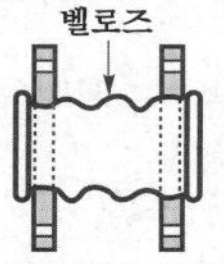 ‖ 벨로즈형 이음 ‖
슬리브형(sleeve type) 이음 본체와 슬리브 파이프로 되어 있으며, 관의 팽창이나 수축은 본체 속을 슬라이드하는 슬리브 파이프에 의해 흡수된다. 슬리브와 본체 사이에 **패킹**(packing)을 넣어 온수 또는 증기가 새는 것을 막는다.	① **신축성**이 크다. ② **설치공간**이 루프형에 비해 적다. ③ 장기간 사용시 패킹의 마모로 누수의 원인이 된다. 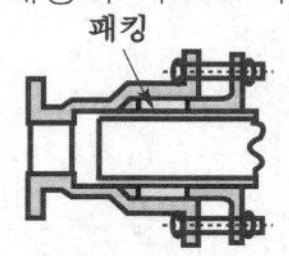 ‖ 슬리브형 이음 ‖
루프형(loop type) 관을 곡관으로 만들어 배관의 신축을 흡수한다.	① 고장이 적다. ② **내구성**이 좋고 **구조**가 **간단**하다. ③ **고온 · 고압**에 적합하다. ④ 신축에 따른 자체 응력이 발생한다.  ‖ 루프형 이음 ‖
스위블형(swivel type) 2개 이상의 엘보를 연결하여 한쪽이 팽창하면 비틀림이 일어나 팽창을 흡수한다. 주로 **증기** 및 **온수배관**에 사용된다.	① **설치비**가 저렴하고 **쉽게 조립**이 가능하다. ② 굴곡부분에서 압력강하를 일으킨다. ③ 신축성이 큰 배관에는 누설의 우려가 있다. 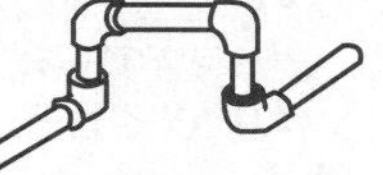 ‖ 스위블형 이음 ‖
볼조인트(ball joint) 축방향 휨과 굽힘부분에 작용하는 회전력을 동시에 처리할 수 있으므로 **고온**의 **온수배관** 등에 널리 사용된다.  기억법 루스슬벨볼	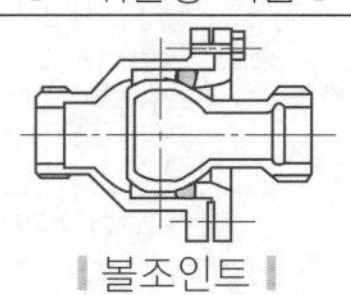 ‖ 볼조인트 ‖

☆☆☆
문제 06

어떤 사무소 건물의 지하층에 있는 발전기실 및 축전지실에 전역방출방식의 이산화탄소소화설비를 설치하려고 한다. 화재안전기준과 주어진 조건에 의하여 다음 각 물음에 답하시오.

(14.11.문13, 13.11.문6, 08.11.문15, 08.7.문2)

득점	배점
	10

〔조건〕
① 소화설비는 고압식으로 한다.
② 발전기실의 크기 : 가로 8m×세로 8m×높이 4m
③ 발전기실의 개구부크기 : 0.9m×3m×1개소(자동폐쇄장치 있음)
④ 축전지실의 크기 : 가로 4m×세로 5m×높이 4m
⑤ 축전지실의 개구부크기 : 0.9m×2m×1개소(자동폐쇄장치 없음)
⑥ 가스용기 1본당 충전량 : 45kg
⑦ 가스저장용기는 공용으로 한다.
⑧ 가스량은 다음 표를 이용하여 산출한다.

방호구역의 체적〔m^3〕	소화약제의 양〔kg/m^3〕	소화약제저장량의 최저한도〔kg〕
50 이상~150 미만	0.9	50
150 이상~1500 미만	0.8	135

※ 개구부가산량은 5kg/m^2 로 한다.

(가) 집합장치에 필요한 가스용기의 본수는 몇 본인지 구하시오.
○ 계산과정 :
○ 답 :

(나) 축전지실의 선택밸브 개폐 직후의 유량은 몇 kg/s인지 구하시오.
○ 계산과정 :
○ 답 :

(다) 저장용기의 내압시험압력은 몇 MPa인지 쓰시오.

(라) 안전장치의 작동압력〔MPa〕을 구하시오.
○ 계산과정 :
○ 답 :

(마) 분사헤드의 방출압력은 21℃에서 몇 MPa 이상이어야 하는지 쓰시오.

(바) 음향경보장치는 약제방사 개시 후 몇 분 동안 경보를 계속할 수 있어야 하는지 쓰시오.

(사) 가스용기의 개방밸브는 작동방식에 따라 3가지로 분류되는데 그 각각의 명칭은 무엇인지 쓰시오.

해답 (가) ○ 계산과정 : 발전기실 저장량 : $(8\times8\times4)\times0.8=204.8$kg

가스용기본수 : $\frac{204.8}{45}=4.5≒5$본

축전지실 저장량 : $(4\times5\times4)\times0.9+(0.9\times2\times1)\times5=81$kg

가스용기본수 : $\frac{81}{45}=1.8≒2$본

○ 답 : 5본

(나) ○ 계산과정 : $\frac{45\times2}{60}=1.5$kg/s

○ 답 : 1.5kg/s

(다) 25MPa 이상

(라) ○ 계산과정 : $25\times0.8=20$MPa

○ 답 : 20MPa

(마) 2.1MPa 이상
(바) 1분 이상
(사) ① 전기식
② 가스압력식
③ 기계식

해설 (가) **가스용기본수**의 **산정**

(1) **발전기실**

방호구역체적=8m×8m×4m=**256m³** 로서 〔조건 ⑧〕에서 방호구역체적이 150~1500m³ 미만에 해당되므로 소화약제의 양은 **0.8kg/m³**이다.

> CO_2 **저장량**〔kg〕= 방호구역체적〔m³〕× 약제량〔kg/m³〕+ 개구부면적〔m²〕× 개구부가산량

= 256m³×0.8kg/m³= **204.8kg**

〔조건 ⑧〕에서 최소저장량 135kg을 초과하므로 그대로 적용

$$\therefore \text{가스용기본수} = \frac{\text{약제저장량}}{\text{충전량}}$$

$$= \frac{204.8\text{kg}}{45\text{kg}} = 4.5 ≒ 5\text{본}$$

- 〔조건 ③〕에서 발전기실은 자동폐쇄장치가 있으므로 개구부면적 및 개구부가산량은 적용하지 않아도 된다.
- 충전량(**45kg**) : 〔조건 ⑥〕에서 주어진 값
- 가스용기본수 산정시 계산결과에서 **소수**가 발생하면 반드시 **절상**한다.

(2) **축전지실**

방호구역체적=4m×5m×4m=**80m³** 로서 〔조건 ⑧〕에서 방호구역체적이 50~150m³ 미만에 해당되므로 소화약제의 양은 **0.9kg/m³**이다.

> CO_2 **저장량**〔kg〕=방호구역체적〔m³〕× 약제량〔kg/m³〕+ 개구부면적〔m²〕× 개구부가산량

=80m³×0.9kg/m³+(0.9m×2m×1개소)×5kg/m²
=81kg

$$\therefore \text{가스용기본수} = \frac{\text{약제저장량}}{\text{충전량}}$$

$$= \frac{81\text{kg}}{45\text{kg}} = 1.8 ≒ 2\text{본}$$

- 〔조건 ⑤〕에서 축전지실은 자동폐쇄장치가 없으므로 개구부면적 및 개구부가산량을 적용하여야 한다.
- 개구부가산량(**5kg/m²**) : 〔조건 ⑧〕에서 주어진 값
- 충전량(**45kg**) : 〔조건 ⑥〕에서 주어진 값
- 가스용기본수 산정시 계산결과에서 **소수**가 발생하면 반드시 **절상**한다.

집합장치에 필요한 **가스용기**의 **본수**

각 방호구역의 가스용기본수 중 가장 많은 것을 기준으로 하므로 발전기실의 **5본**이 된다.

(나) **축전지실**

$$\text{선택밸브 직후의 유량} = \frac{\text{1본당 충전량〔kg〕} \times \text{가스용기본수}}{\text{약제방출시간〔s〕}}$$

$$= \frac{45\text{kg} \times 2\text{본}}{60\text{s}} = 1.5\text{kg/s}$$

비교

발전기실

$$\text{선택밸브 직후의 유량} = \frac{\text{1본당 충전량〔kg〕} \times \text{가스용기본수}}{\text{약제방출시간〔s〕}} = \frac{45\text{kg} \times 5\text{본}}{60\text{s}} = 3.75\text{kg/s}$$

‖ 약제방사시간 ‖

소화설비		전역방출방식		국소방출방식	
		일반건축물	위험물제조소	일반건축물	위험물제조소
할론소화설비		10초 이내	30초 이내	10초 이내	30초 이내
분말소화설비		30초 이내		30초 이내	
CO_2소화설비	표면화재 ⟶	1분 이내	60초 이내		
	심부화재	7분 이내			

- **표면화재** : 가연성 액체·가연성 가스
- **심부화재** : 종이·목재·석탄·섬유류·합성수지류
- 〔조건 ⑧〕이 전역방출방식(**표면화재**)에 대한 **표**이므로 표면화재로 보아 약제방출시간은 **1분**(60s)을 적용한다.
- 특별한 경우를 제외하고는 **일반건축물**이다.

(다), (라) **내압시험압력** 및 **안전장치**의 **작동압력**(NFPC 106 4·6·8조, NFTC 106 2.1.2, 2.3.2.3, 2.5.1)

(1) 기동용기의 내압시험압력 : **25MPa** 이상
(2) 저장용기의 내압시험압력 ┬ 고압식 : **25MPa** 이상
　　　　　　　　　　　　　└ 저압식 : **3.5MPa** 이상
(3) 기동용기의 안전장치 작동압력 : **내압시험압력의 0.8~내압시험압력 이하**
(4) 저장용기와 선택밸브 또는 개폐밸브의 안전장치 작동압력 : 내압시험압력의 **0.8배**
(5) 개폐밸브 또는 선택밸브의 배관부속시험압력 ┬ 고압식 ┬ 1차측 : **4MPa**
　　　　　　　　　　　　　　　　　　　　　│　　　　└ 2차측 : **2MPa**
　　　　　　　　　　　　　　　　　　　　　└ 저압식 ─ 1·2차측 : **2MPa**

- 문제에서 단지 안전장치의 작동압력범위라 함은 '**저장용기와 선택밸브 또는 개폐밸브의 안전장치 작동압력범위**'를 뜻함을 기억하라!
- 안전장치 작동압력=내압시험압력×0.8배=25MPa×0.8배=20MPa

(마) CO_2소화설비의 분사헤드의 방사압력 ┬ 고압식 : **2.1MPa** 이상
　　　　　　　　　　　　　　　　　└ 저압식 : **1.05MPa** 이상

- 〔조건 ①〕에서 소화설비는 **고압식**이므로 방사압력은 **2.1MPa** 이상이 된다.

(바) 약제방출 후 **경보장치**의 **작동시간**

(1) 분말소화설비 ┐
(2) 할론소화설비 ├ **1분** 이상
(3) CO_2소화설비 ┘

(사) CO_2소화약제 저장용기의 개방밸브는 **전기식**(전기개방식)·**가스압력식**(가스가압식) 또는 **기계식**에 의하여 자동으로 개방되고 수동으로도 개방되는 것으로서 안전장치가 부착된 것으로 하여야 한다. 이 중에서 **전기식**과 **가스압력식**이 일반적으로 사용된다.

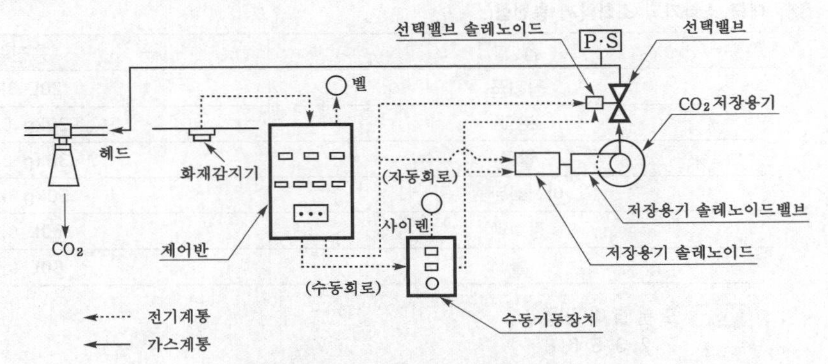

‖ 전기식(모터식 댐퍼릴리저 사용) ‖

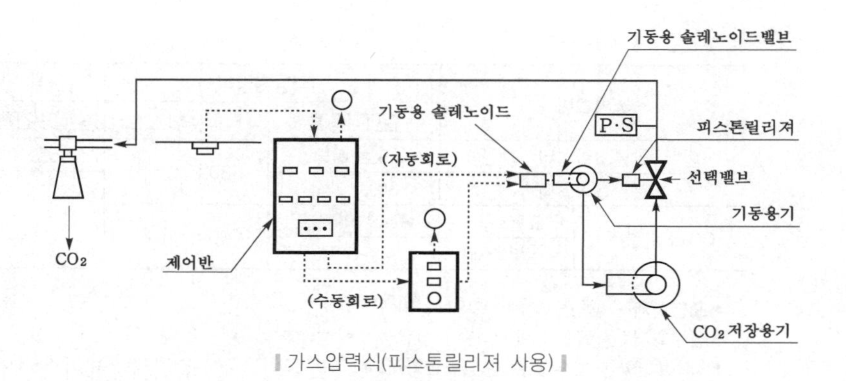

‖ 가스압력식(피스톤릴리저 사용) ‖

비교

(1) 선택밸브 직후의 유량 $= \dfrac{\text{1병당 충전량[kg]} \times \text{병수}}{\text{약제방출시간 [s]}}$

(2) 약제의 유량속도 $= \dfrac{\text{1병당 충전량[kg]} \times \text{병수}}{\text{약제방출시간 [s]}}$

(3) 분사헤드수 $= \dfrac{\text{1병당 저장량[kg]} \times \text{병수}}{\text{헤드 1개의 표준방사량[kg]}}$

(4) 개방밸브(용기밸브) 직후의 유량 $= \dfrac{\text{1병당 충전량[kg]}}{\text{약제방출시간 [s]}}$

☆

문제 07

소화기는 대형 및 소형 소화기로 구분하는데 이 중 대형 소화기에 충전하는 소화약제의 양을 각각 기재하시오. (11.11.문6)

(가) 강화액소화기
(나) 할론소화기
(다) 이산화탄소소화기
(라) 분말소화기
(마) 포소화기

득점	배점
	5

해답 (가) 60L 이상 (나) 30kg 이상
(다) 50kg 이상 (라) 20kg 이상
(마) 20L 이상

해설 **대형 소화기**의 **소화약제 충전량**(소화기형식 3)

종 별	충전량
공기**포**	**20L** 이상
분말	**20kg** 이상
할론	**30kg** 이상
이산화탄소	**50kg** 이상
강화액	**60L** 이상
물	**80L** 이상

기억법 포 분 할 이 강 물
2 2 3 5 6 8

☆☆☆

문제 08

그림은 어느 일제개방형 스프링클러설비 계통의 일부 도면이다. 주어진 조건을 참조하여 이 설비가 작동되었을 경우 다음 표를 완성하시오. (16.4.문1, 07.4.문4)

득점	배점
	10

〔조건〕

① 속도수두는 무시하고 표의 마찰손실만 고려할 것
② 방출유량은 방출계수 K값을 산출하여 적용하고 계산과정을 명기할 것
③ 배관부속 및 밸브류는 무시하며 관길이만 고려할 것
④ 입력항목은 계산된 압력수치를 명기하고 배관은 시작점의 압력을 명기할 것
⑤ 살수시 최저방수압이 걸리는 헤드에서의 방수압은 0.1MPa이다(각 헤드의 방수압이 같지 않음을 유의할 것).

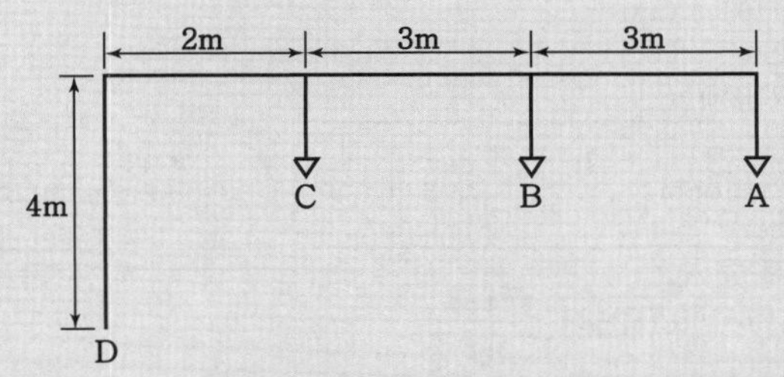

구 간	유량〔L/min〕	길이〔m〕	1m당 마찰손실〔MPa〕	구간손실〔MPa〕	낙차〔m〕	손실계〔MPa〕
헤드 A	80	–	–	–	–	0.1
A~B	80	3	0.01	①	0	②
헤드 B	③	–	–	–	–	–
B~C	④	3	0.02	⑤	0	⑥
헤드 C	⑦	–	–	–	–	–
C~D	⑧	6	0.01	⑨	4	⑩

해답

구 간	유량〔L/min〕	길이〔m〕	1m당 마찰손실〔MPa〕	구간손실〔MPa〕	낙차〔m〕	손실계〔MPa〕
헤드 A	80	–	–	–	–	0.1
A~B	80	3	0.01	3×0.01=0.03	0	0.1+0.03 =0.13
헤드 B	$K=\frac{80}{\sqrt{10\times0.1}}=80$ $Q_B=80\sqrt{10\times0.13}$ $=91.214$ $\fallingdotseq 91.21$	–	–	–	–	–
B~C	$80+91.21=171.21$	3	0.02	3×0.02=0.06	0	0.13+0.06 =0.19
헤드 C	$Q_C=80\sqrt{10\times0.19}$ $=110.272$ $\fallingdotseq 110.27$	–	–	–	–	–
C~D	$80+91.21+110.27$ $=281.48$	6	0.01	6×0.01=0.06	4	0.19+0.06+ 0.04=0.29

해설

구 간	유량[L/min]	길이 [m]	1m당 마찰 손실 [MPa]	구간손실[MPa]	낙차 [m]	손실계[MPa]
헤드 A	80	–	–	–	–	0.1
A~B	80	3	0.01	3m×0.01MPa/m=0.03MPa (0.01이 1m당 마찰손실[MPa]이므로 0.01MPa/m)	0	0.1MPa+0.03MPa=0.13MPa
헤드 B	$K=\frac{Q}{\sqrt{10P}}=\frac{80}{\sqrt{10\times 0.1}}=80$ ([조건 ⑤]에서 0.1MPa이므로 0.1 적용) $Q_B=K\sqrt{10P}$ $=80\sqrt{10\times 0.13}\,\text{MPa}$ $=91.214$ $≒91.21\text{L/min}$	–	–	–	–	–
B~C	$(80+91.21)\text{L/min}$ $=171.21\text{L/min}$	3	0.02	3m×0.02MPa/m=0.06MPa	0	0.13MPa+0.06MPa=0.19MPa
헤드 C	$Q_C=K\sqrt{10P}$ $=80\sqrt{10\times 0.19}\,\text{MPa}$ $=110.272$ $≒110.27\text{L/min}$	–	–	–	–	–
C~D	$(80+91.21+110.27)\text{L/min}$ $=281.48\text{L/min}$	4+2 =6	0.01	6m×0.01MPa/m=0.06MPa	4	0.19MPa+0.06MPa+0.04MPa =0.29MPa (1MPa=100m이므로 1m=0.01MPa ∴ 4m=0.04MPa)

☆☆☆

 문제 09

옥내소화전설비에서 소화호스 노즐의 방수압력이 0.7MPa 초과시 감압방법 3가지를 쓰시오.

(16.4.문15, 15.11.문9, 14.7.문3, 12.7.문1, 12.4.문1, 07.11.문11, 05.5.문5)

○
○
○

득점	배점
	6

해답 ① 고가수조에 따른 방법
② 배관계통에 따른 방법
③ 중계펌프를 설치하는 방법

해설 **옥내소화전설비 감압장치**의 **종류**

감압방법	설 명
고가수조에 따른 방법	**고가수조**를 저층용과 고층용으로 구분하여 설치하는 방법
배관계통에 따른 방법	**펌프**를 저층용과 고층용으로 구분하여 설치하는 방법
중계펌프를 설치하는 방법	**중계펌프**를 설치하여 방수압을 낮추는 방법
감압밸브 또는 오리피스를 설치하는 방법	방수구에 **감압밸브** 또는 **오리피스**를 설치하여 방수압을 낮추는 방법
감압기능이 있는 소화전 개폐밸브를 설치하는 방법	**소화전 개폐밸브**를 **감압기능**이 있는 것으로 설치하여 방수압을 낮추는 방법

- 중계펌프=부스터펌프(Booster Pump)
- 감압밸브=감압변

☆☆ 문제 10

바닥면적이 190m^{2}인 차고에 다음 그림과 같이 옥내포소화전이 설치되어 있다. 이 경우에 필요한 포소화약제량〔L〕을 구하시오. (단, 포소화약제 농도는 3%이다.) (15.11.문14, 11.11.문2, 06.7.문1)

득점	배점
	6

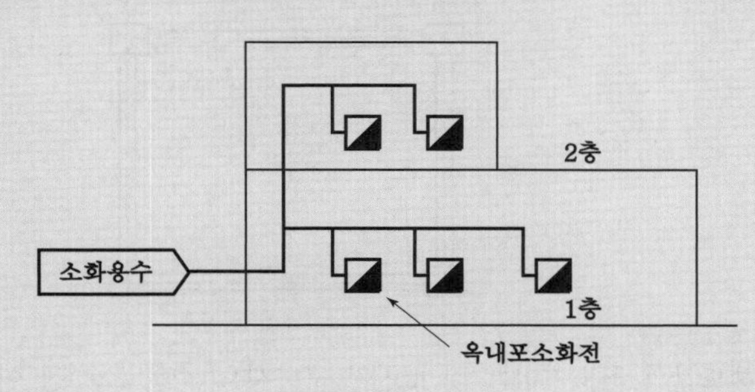

○ 계산과정 :

○ 답 :

해답 ○ 계산과정 : $3 \times 0.03 \times 6000 \times 0.75 = 405\text{L}$

○ 답 : 405L

해설 옥내포소화전 약제의 양 Q는

$Q = N \times S \times 6000$(바닥면적 200m^2 미만은 75%)

$= 3 \times 0.03 \times 6000 \times 0.75$

$= 405\text{L}$

- N(3개) : 호스접결구에 대한 특별한 언급이 없을 때에는 호스접결구수가 곧 옥내포소화전 개수임을 기억하라. 또, 옥내포소화전 개수를 산정할 때는 전체 층의 개수를 산정하는 것이 아니라 가장 많은 층의 개수를 적용하여 산정하는 것에 주의하라. 가장 많은 층의 옥내포소화전 개수가 3개이므로 N=**3개**가 된다.
- S(0.03) : 〔단서〕에서 포소화약제 농도가 3%=**0.03**
- **0.75** : 문제에서 바닥면적이 190m^{2}로서 200m^2 미만이므로 **75%=0.75**

참고

포소화약제의 저장량

보조포소화전(**옥외보조포소화전**)	옥내포소화전
$Q = N \times S \times 8000$ 여기서, Q : 포소화약제의 양〔L〕 N : 호스접결구수(**최대 3개**) S : 포소화약제의 사용농도	$Q = N \times S \times 6000$(바닥면적 200m^2 미만의 75%) 여기서, Q : 포소화약제의 양〔L〕 N : 호스접결구수(**최대 5개**) S : 포소화약제의 사용농도

☆☆☆

문제 11

다음 그림은 가로 18m, 세로 12m인 정사각형 형태의 지하가에 설치되어 있는 실의 평면도이다. 이 실의 내부에는 기둥이 없고 실내 상부는 반자로 고르게 마감되어 있다. 이 실내는 내화구조가 아니며 스프링클러헤드를 정사각형 형태로 설치하고자 할 때 다음 각 물음에 답하시오. (단, 반자 속에는 헤드를 설치하지 아니하며, 전등 또는 공조용 디퓨져 등의 모듈(module)은 무시하는 것으로 한다.)

(16.6.문14, 13.11.문2, 13.7.문12, 11.5.문2, 10.10.문1, 07.7.문12)

득점	배점
	10

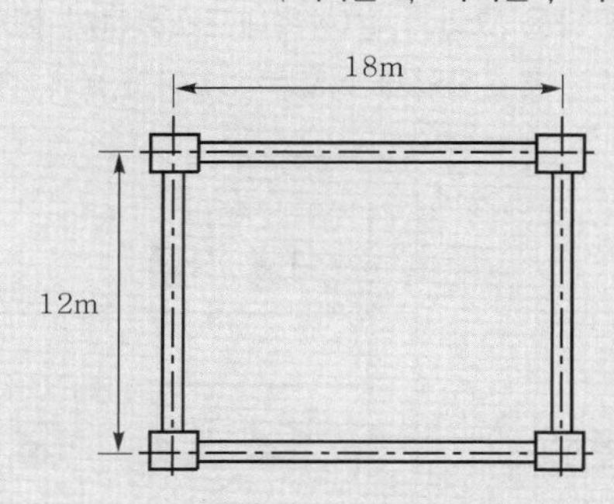

(가) 설치 가능한 헤드간의 최소거리는 몇 m인지 구하시오. (단, 소수점 이하는 절상할 것)
- ○ 계산과정 :
- ○ 답 :

(나) 실에 설치 가능한 헤드의 이론상 최소개수는 몇 개인지 구하시오.
- ○ 계산과정 :
- ○ 답 :

(다) 헤드를 도면에 알맞게 배치하시오.

(라) 스프링클러설비의 최소토출량[L/min]은 얼마인지 구하시오.
- ○ 계산과정 :
- ○ 답 :

(마) 필요한 스프링클러설비의 최소수원의 양[m^3]은 얼마인지 구하시오.
- ○ 계산과정 :
- ○ 답 :

(바) 하나의 헤드가 담당할 수 있는 최대방호면적은 몇 m^2인지 구하시오.
- ○ 계산과정 :
- ○ 답 :

 (가) ○ 계산과정 : $2 \times 2.1 \times \cos 45° = 2.969 ≒ 3\text{m}$

○ 답 : 3m

(나) ○ 계산과정 : $\frac{18}{3} = 6$개

$\frac{12}{3} = 4$개

$6 \times 4 = 24$개

○ 답 : 24개

(다)

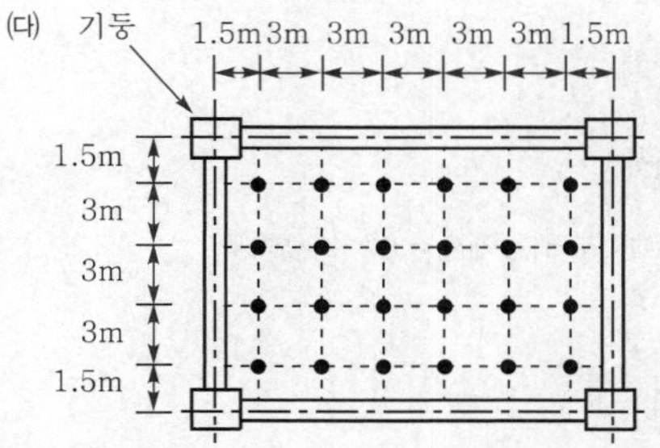

(라) ○ 계산과정 : $24 \times 80 = 1920\text{L/min}$
　○ 답 : 1920L/min

(마) ○ 계산과정 : $1.6 \times 24 = 38.4\text{m}^3$
　○ 답 : 38.4m^3

(바) ○ 계산과정 : $(3\text{m})^2 = 9\text{m}^2$
　○ 답 : 9m^2

해설 (가) **수평헤드간격** S는

$S = 2R\cos 45° = 2 \times 2.1 \times \cos 45° = 2.969 \fallingdotseq 3\text{m}$

• **스프링클러헤드**의 **배치기준**

설치장소	설치기준
무대부 · **특**수가연물	수평거리 **1.7m** 이하
기타구조(내화구조가 아닌 경우) →	수평거리 **2.1m** 이하
내화구조	수평거리 **2.3m** 이하
랙크식 창고	수평거리 **2.5m** 이하
공동주택(**아**파트) 세대 내의 거실	수평거리 **3.2m** 이하

기억법 **무 특 기 내 랙 아**
　7 　1 3 5 2

• 소수점 이하는 (가)의 조건에 의해 절상한다. 그러므로 3m가 된다.

참고

헤드의 **배치형태**

정방형(정사각형)	**장방형**(직사각형)
$S = 2R\cos 45°, \ L = S$	$S = \sqrt{4R^2 - L^2}, \ L = 2R\cos\theta, \ S' = 2R$
여기서, S : 수평헤드간격 R : 수평거리 L : 배관간격	여기서, S : 수평헤드간격, R : 수평거리, L : 배관간격, S' : 대각선 헤드간격, θ : 각도
‖정방형‖	‖장방형‖

(나) (1) 가로변의 최소개수$=\frac{\text{가로길이}}{S}=\frac{18\text{m}}{3\text{m}}=6$개

(2) 세로변의 최소개수$=\frac{\text{세로길이}}{S}=\frac{12\text{m}}{3\text{m}}=4$개

(3) 헤드의 최소개수=가로변의 최소개수×세로변의 최소개수$=6\times4=24$개

(다)

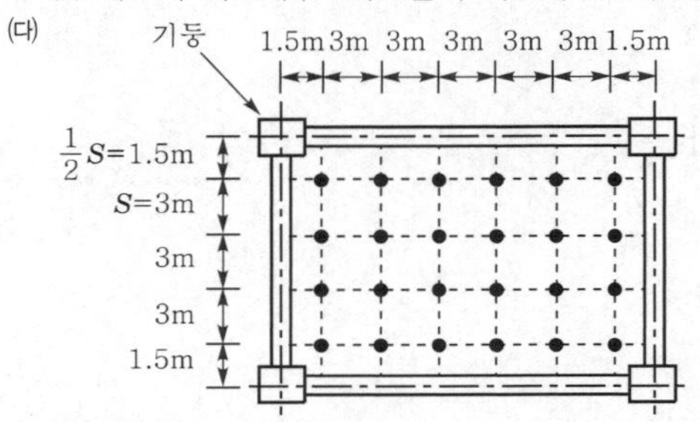

(라) **폐쇄형 헤드**의 **기준개수**

특정소방대상물		폐쇄형 헤드의 기준개수
지하가 · 지하역사 →		**30**
11층 이상		
10층 이하	공장(특수가연물)	
	판매시설(백화점 등), 복합건축물(판매시설이 설치된 복합건축물)	
	근린생활시설, 운수시설	20
	8m 이상	
	8m 미만	10

토출량

$$Q=N\times80\text{L/min}$$

여기서, Q : 토출량[L/min]

N : 헤드의 기준개수

$Q=N\times80\text{L/min}=24\times80\text{L/min}=1920\text{L/min}$

- (나)에서 24개로 **지하가** 기준개수 30개보다 작으므로 **24개** 적용

(마) **폐쇄형 헤드**

$Q=1.6N$(30층 미만)
$Q=3.2N$(30~49층 이하)
$Q=4.8N$(50층 이상)

여기서, Q : 수원의 저수량[m^3]

N : 폐쇄형 헤드의 기준개수(설치개수가 기준개수보다 적으면 그 설치개수)

$Q=1.6N=1.6\times24=38.4\text{m}^3$

- 문제에서 **층**이 제시되어 있지 않으므로 이때에는 **30층 미만**으로 판단!!
- (나)에서 24개로 **지하가** 기준개수 30개보다 작으므로 **24개** 적용

(바) **최대방호면적**

$$A=S^2$$

여기서, A : 최대방호면적[m^2]

S : 수평헤드간격[m]

(가)에서 헤드의 최소간격(S)은 **3m**이므로

$A=S^2=(3\text{m})^2=9\text{m}^2$

☆☆☆
문제 12

가로 8m×세로 7m×높이 4m인 면화류창고에 전역방출방식의 할론 1301 소화설비를 설치하려고 한다. 저장용기의 내용적〔L〕을 구하시오. (단, 개구부면적은 4m²이며, 자동폐쇄장치가 설치되어 있다. 충전비는 0.98이며 계산결과에서 소수점이 발생하면 소수점 1째자리에서 반올림하여 정수로 표시할 것)

(15.7.문8, 13.11.문8, 13.4.문4, 12.4.문3)

○ 계산과정 :

○ 답 :

득점	배점
	6

해답 ○ 계산과정 : 할론저장량 : $8\times7\times4\times0.52=116.48$kg

$V=0.98\times116.48=114.1\fallingdotseq114$L

○ 답 : 114L

해설 **할론 1301**의 **약제량** 및 **개구부가산량**

방호대상물	약제량	개구부가산량 (자동폐쇄장치 미설치시)
차고·주차장·전기실·전산실·통신기기실	0.32kg/m³	2.4kg/m²
사류·면화류 ⟶	0.52kg/m³	3.9kg/m²

(1) **할론저장량**〔kg〕

=방호구역체적〔m³〕×약제량〔kg/m³〕+개구부면적〔m²〕×개구부가산량〔kg/m²〕

=(8×7×4)m³×0.52kg/m³

=116.48kg

- 〔단서〕에서 자동폐쇄장치가 설치되어 있으므로 **개구부면적** 및 **개구부가산량** 제외

(2) **충전비**

$$C=\frac{V}{G}$$

여기서, C : 충전비〔L/kg〕

V : 내용적〔L〕

G : 저장량(충전량)〔kg〕

내용적 $V=CG$

$=0.98\times116.48$kg

$=114.1\fallingdotseq114$L

- 〔단서〕 조건에 의해 반드시 소수점 1째자리에서 반올림하여 **정수**로 표시

참고

저장용기의 **설치기준**

구 분		할론 1301	할론 1211	할론 2402
저장압력		2.5MPa 또는 4.2MPa	1.1MPa 또는 2.5MPa	–
방출압력		0.9MPa	0.2MPa	0.1MPa
충전비	가압식	0.9~1.6 이하	0.7~1.4 이하	0.51~0.67 미만
	축압식			0.67~2.75 이하

☆☆

문제 13

호스릴 이산화탄소소화설비의 설치기준이다. 다음 ( ) 안을 완성하시오. (12.4.문12)

득점	배점
	5

○ 방호대상물의 각 부분으로부터 하나의 호스접결구까지의 수평거리가 (㉮)m 이하가 되도록 할 것
○ 노즐은 20℃에서 하나의 노즐마다 (㉯)kg/min 이상의 소화약제를 방사할 수 있는 것으로 할 것
○ 소화약제 저장용기는 (㉰)을 설치하는 장소마다 설치할 것
○ 소화약제 저장용기의 개방밸브는 호스의 설치장소에서 (㉱)으로 개폐할 수 있는 것으로 할 것
○ 소화약제 저장용기의 가장 가까운 곳의 보기 쉬운 곳에 (㉲)을 설치하고, 호스릴 이산화탄소소화설비가 있다는 뜻을 표시한 표지를 할 것

해답 ㉮ 15 ㉯ 60 ㉰ 호스릴
㉱ 수동 ㉲ 표시등

해설 **호스릴 이산화탄소소화설비**의 **설치기준**(NFPC 106 10조, NFTC 106 2.7.4)
(1) 방호대상물의 각 부분으로부터 하나의 호스접결구까지의 **수평거리가 15m** 이하가 되도록 할 것
(2) 노즐은 **20℃**에서 하나의 노즐마다 **60kg/min** 이상의 소화약제를 방사할 수 있는 것으로 할 것
(3) 소화약제 저장용기는 **호스릴**을 설치하는 장소마다 설치할 것
(4) 소화약제 저장용기의 개방밸브는 호스의 설치장소에서 **수동**으로 **개폐**할 수 있는 것으로 할 것
(5) 소화약제 저장용기의 가장 가까운 곳의 보기 쉬운 곳에 **표시등**을 설치하고, 호스릴 이산화탄소소화설비가 있다는 뜻을 표시한 표지를 할 것

중요

(1) **수평거리**

수평거리 15m 이하	수평거리 20m 이하
• 호스릴 **분말**소화설비 • 호스릴 **포**소화설비 • 호스릴 **이산화탄소**소화설비	• 호스릴 **할론**소화설비

(2) **호스릴 이산화탄소소화설비**

분당방사량	저장량
하나의 노즐마다 **60kg/min** 이상	하나의 노즐에 대하여 **90kg** 이상

비교

호스릴 할론소화설비의 **설치기준**(NFPC 107 10조, NFTC 107 2.7.4)
(1) 방호대상물의 각 부분으로부터 하나의 호스접결구까지의 **수평거리**가 **20m** 이하가 되도록 할 것
(2) 소화약제의 저장용기의 개방밸브는 호스릴의 설치장소에서 **수동**으로 **개폐**할 수 있는 것으로 할 것
(3) 소화약제의 저장용기는 **호스릴**을 설치하는 장소마다 설치할 것
(4) 노즐은 **20℃**에서 하나의 노즐마다 다음 표에 따른 소화약제를 방사할 수 있는 것으로 할 것

소화약제의 종별	소화약제의 양
할론 2402	45kg/min
할론 1211	40kg/min
할론 1301	35kg/min

(5) 소화약제 저장용기의 가장 가까운 곳의 보기 쉬운 곳에 **적색**의 **표시등**을 설치하고, 호스릴 할론소화설비가 있다는 뜻을 표시한 표지를 할 것

☆

문제 14

준비작동식 스프링클러설비에서 준비작동식 밸브의 2차측을 대기압 또는 무기압상태로 두는 이유를 쓰시오.

(16.11.문4, 04.4.문1)

득점	배점
	5

해답 동결방지

해설 **스프링클러설비**의 **작동원리**

구 분	종 류	작동원리(설비특징)	사용헤드	2차측을 가압수, 공기, 대기압 상태로 두는 이유
유수 검지장치	습식	습식 밸브의 **1차측** 및 **2차측** 배관 내에 항상 **가압수**가 충수되어 있다가 화재발생시 열에 의해 헤드가 개방되어 소화하는 방식	폐쇄형	신속한 방사
	건식	건식 밸브의 **1차측**에는 **가압수**, **2차측**에는 **공기**가 압축되어 있다가 화재발생시 열에 의해 헤드가 개방되어 소화하는 방식	폐쇄형	동결방지
	준비 작동식	준비작동식 밸브의 **1차측**에는 **가압수**, **2차측**에는 **대기압** 또는 **무기압**상태로 있다가 화재발생시 감지기에 의하여 준비작동식 밸브(preaction valve)를 개방하여 헤드까지 가압수를 송수시켜 놓고 있다가 열에 의해 헤드가 개방되면 소화하는 방식	폐쇄형	동결방지
	부압식	준비작동밸브의 1차측에는 **가압수**, 2차측에는 **부압(진공)** 상태로 있다가 화재발생시 감지기에 의하여 **준비작동밸브**(pre-action valve)를 개방하여 헤드까지 가압수를 송수시켜 놓고 있다가 열에 의해 헤드가 개방되면 소화하는 방식	폐쇄형	• 2차측 배관 누수 및 절단감지 • 동결방지
일제 개방밸브	일제 살수식	일제개방밸브의 1차측에는 **가압수**, 2차측에는 **대기압**상태로 있다가 화재발생시 감지기에 의하여 **일제개방밸브**(deluge valve)가 개방되어 소화하는 방식	개방형	동결방지

☆☆

문제 15

건식 스프링클러설비의 밸브에서 클래퍼를 기준으로 밸브 1차측 수압이 0.4MPa이고, 1차측 단면 직경이 12cm, 2차측 단면 직경이 18cm일 때 밸브 2차측 최소공기압〔MPa〕이 얼마 이상일 때 밸브가 닫히겠는지 구하시오.

○ 계산과정 :

○ 답 :

득점	배점
	4

○ 계산과정 : $\dfrac{0.4 \times \dfrac{\pi \times 12^2}{4}}{\dfrac{\pi \times 18^2}{4}} = 0.177 ≒ 0.18\text{MPa}$

○ 답 : 0.18MPa

해설 (1) **기호**

- P_1 : 0.4MPa
- D_1 : 12cm
- D_2 : 18cm
- P_2 : ?

(2) **공기압**

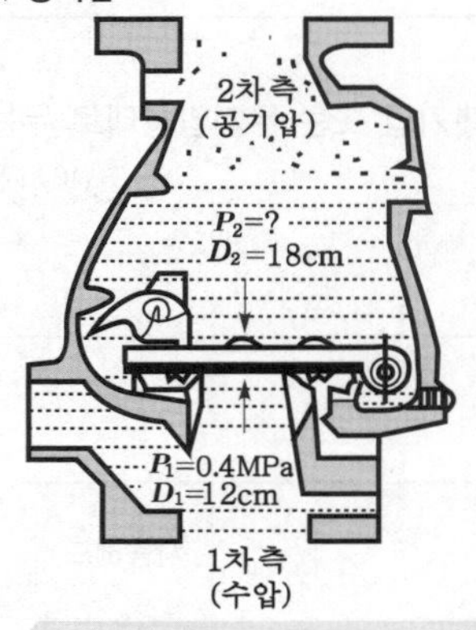

$$P_1 A_1 = P_2 A_2$$

여기서, P_1 : 1차측 압력(수압)〔MPa〕
P_2 : 2차측 압력(공기압)〔MPa〕
A_1 : 1차측 단면적〔cm^2〕
A_2 : 2차측 단면적〔cm^2〕

밸브 2차측 최소공기압 P_2는

$$P_2 = \frac{P_1 A_1}{A_2} = \frac{P_1 \frac{\pi D_1^{\,2}}{4}}{\frac{\pi D_2^{\,2}}{4}} = \frac{0.4\text{MPa} \times \frac{\pi \times (12\text{cm})^2}{4}}{\frac{\pi \times (18\text{cm})^2}{4}} = 0.177 \fallingdotseq \mathbf{0.18MPa}$$

" 밧줄을 던져라. 안전한 항구를 떠나 멀리 항해를 떠나라. 항해하며 바람과 맞서라. 탐험하라. 꿈을 꾸어라. 그리고 찾아내라. "

\- 마크 트웨인 -

17년

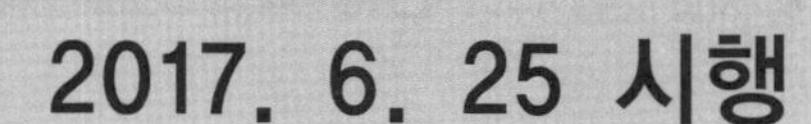

2017. 6. 25 시행

▌2017년 산업기사 제2회 필답형 실기시험▐

자격종목	시험시간	형별	수험번호	성명	감독위원 확인
소방설비산업기사(기계분야)	2시간 30분				

※ 다음 물음에 답을 해당 답란에 답하시오.(배점 : 100)

문제 01

다음의 그림은 폐쇄형 습식 스프링클러설비에 사용되는 습식 유수검지장치이다. 습식 유수검지장치를 구성하는 구성품 4가지를 쓰고, 각 구성품의 기능을 말하시오.

득점	배점
	8

① ┌ 명칭 :
 └ 기능 :

② ┌ 명칭 :
 └ 기능 :

③ ┌ 명칭 :
 └ 기능 :

④ ┌ 명칭 :
 └ 기능 :

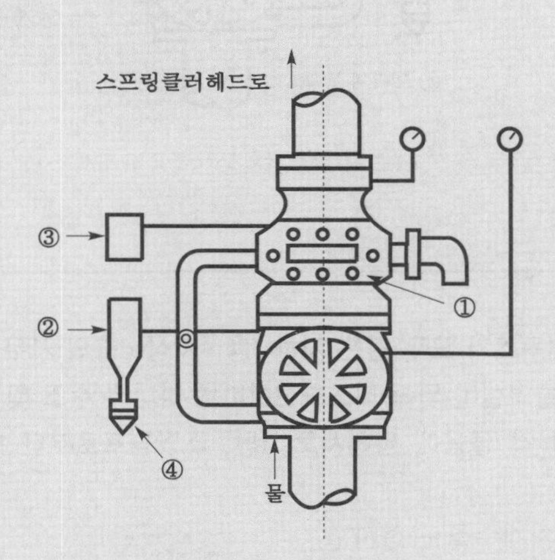

해답 ① ┌ 명칭 : 알람체크밸브
 └ 기능 : 헤드의 개방에 의해 개방되어 1차측의 가압수를 2차측으로 송수

② ┌ 명칭 : 리타딩챔버
 └ 기능 : 알람체크밸브의 오동작 방지

③ ┌ 명칭 : 압력스위치
 └ 기능 : 유수검지장치가 개방되면 작동하여 감시제어반에 신호

④ ┌ 명칭 : 오리피스
 └ 기능 : 리타딩챔버 내로 유입되는 적은 양의 물 배수

해설 그림의 번호에 따른 각 **명칭**과 **기능**은 다음과 같다.

번 호	명 칭	기 능
①	알람체크밸브	헤드의 개방에 의해 개방되어 1차측의 가압수를 2차측으로 송수
②	리타딩챔버	알람체크밸브의 오동작 방지
③	압력스위치	유수검지장치가 개방되면 작동하여 감시제어반에 신호
④	오리피스	리타딩챔버 내로 유입되는 적은 양의 물 배수
⑤	1차 압력계	유수검지장치(알람체크밸브)의 1차측 압력 측정
⑥	2차 압력계	유수검지장치(알람체크밸브)의 2차측 압력 측정
⑦	배수밸브	유수검지장치로부터 흘러나온 물을 배수시키고, 유수검지장치의 작동시험시에 사용
⑧	시험배관	유수검지장치의 기능시험을 하기 위한 배관
⑨	시험밸브	유수검지장치의 기능시험을 하기 위한 밸브
⑩	개폐표시형 밸브(게이트밸브)	2차측 배관의 물의 흐름을 제어하기 위한 밸브

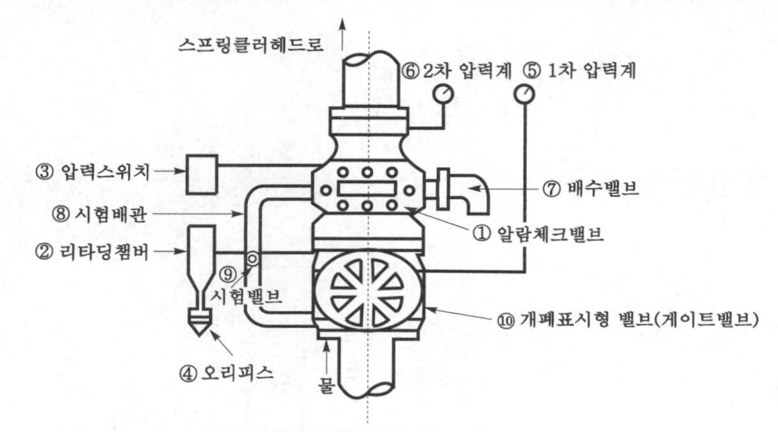

▮습식 유수검지장치의 주요구성▮

☆☆

문제 02

그림과 같이 각 층의 평면구조가 모두 같은 지하 1층~지상 4층의 사무실용도 건물이 있다. 이 건물의 전층에 걸쳐 습식 스프링클러설비 및 옥내소화전설비를 하나의 수조 및 소화펌프와 연결하여 적법하게 설치하고자 한다. 다음의 각 물음에 답하시오. (단, 소방펌프로부터 최고위 헤드까지의 수직거리는 18m라고 가정한다.)

(12.11.문12, 10.7.문7, 05.7.문2)

득점	배점
	12

(가) 옥내소화전의 최소설치개수를 구하시오.
- ○ 계산과정 :
- ○ 답 :

(나) 펌프의 정격송출량〔L/min〕을 구하시오.
- ○ 계산과정 :
- ○ 답 :

(다) 수조의 저수량〔m^3〕을 구하시오.
- ○ 계산과정 :
- ○ 답 :

(라) 충압펌프를 소화펌프 옆에 설치할 경우 충압펌프의 정격토출량과 정격토출압력을 구하시오.
○ 계산과정 :
○ 답 :

(마) 주수직배관의 안지름〔mm〕을 구하시오. 65mm, 80mm, 90mm, 100mm 중에서 택하시오. (단, 허용최대유속은 3m/s이다.)
○ 계산과정 :
○ 답 :

(바) 알람밸브의 설치개수를 구하시오.
○ 계산과정 :
○ 답 :

(사) 옥내소화전의 앵글밸브 인입측 배관의 호칭구경은 얼마 이상이어야 하는지 쓰시오.

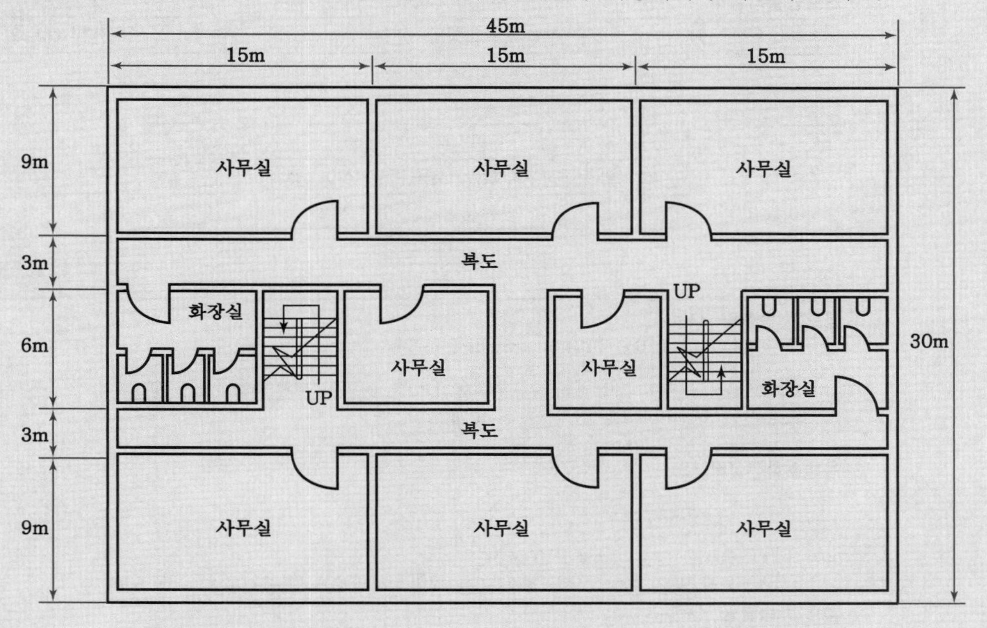

해답

(가) ○ 계산과정 : $\frac{\sqrt{45^2+30^2}}{50}=1.08 \fallingdotseq 2$개

$2\times5=10$개 ○ 답 : 10개

(나) ○ 계산과정 : $10\times80=800\text{L/min}$

$2\times130=260\text{L/min}$

$800+260=1060\text{L/min}$ ○ 답 : 1060L/min

(다) ○ 계산과정 : $1060\times20=21200\text{L}=21.2\text{m}^3$ ○ 답 : 21.2m^3

(라) ○ 계산과정 : 정격토출량 : 정상적인 누설량 이상

정격토출압력 : $0.18+0.2=0.38\text{MPa}$ ○ 답 : 0.38MPa

(마) ○ 계산과정 : $\sqrt{\frac{4\times1.06/60}{\pi\times3}} \fallingdotseq 0.0865\text{m}=86.5\text{mm}$ ○ 답 : 90mm

(바) ○ 계산과정 : $\frac{45\times30}{3000}=0.45 \fallingdotseq 1$개

$1\times5=5$개 ○ 답 : 5개

(사) 40mm

해설 (가) 옥내소화전은 특정소방대상물의 **층**마다 설치하되 **수평거리 25m**마다 설치하여야 한다. 수평거리는 반경을 의미하므로 직경은 **50m**가 된다.
그러므로 옥내소화전 설치개수는 건물의 대각선 길이를 구한 후 직경 50m로 나누어 **절상**하면 된다.

$$\text{옥내소화전 설치개수} = \frac{\text{건물의 대각선길이}}{50\text{m}} = \frac{\sqrt{45^2+30^2}}{50\text{m}} = 1.08 ≒ 2\text{개}$$

∴ 2개×5개층=10개

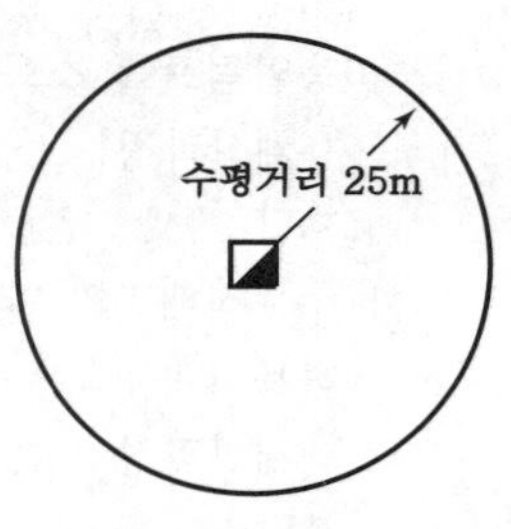

▮옥내소화전의 담당면적▮

- 건물의 대각선길이는 **피타고라스**의 **정리**에 의해 $\sqrt{\text{가로길이}^2+\text{세로길이}^2}$ 이므로 $\sqrt{45^2+30^2}$ 가 된다.
- 문제에서 지하 1층~지상 4층 건물이므로 전체 **5개층**이 된다.

(나) (1) **스프링클러설비**

특정소방대상물		폐쇄형 헤드의 기준개수
지하가 · 지하역사		30
11층 이상		
10층 이하	공장(특수가연물)	
	판매시설(백화점 등), 복합건축물(판매시설이 설치된 복합건축물)	
	근린생활시설, 운수시설	20
	8m 이상	
	8m 미만 →	**10**

펌프의 **송출량** Q는

$Q = N \times 80\text{L/min} = 10 \times 80\text{L/min} = 800\text{L/min}$

- N : 폐쇄형 헤드의 기준개수로서 문제에서 10층 이하이고, 일반적으로 사무실용도 건물은 헤드의 부착높이가 8m 미만이므로 기준개수 **10개**가 된다.

(2) **옥내소화전설비**

$$Q = N \times 130\text{L/min}$$

여기서, Q : 펌프의 토출량(송출량)〔L/min〕
N : 가장 많은 층의 소화전개수(30층 미만 : 최대 2개, 30층 이상 : 최대 5개)

펌프의 **송출량** Q는

$Q = N \times 130\text{L/min} = 2 \times 130\text{L/min} = 260\text{L/min}$

- N(**2개**) : (가)에서 구한 값

(3) 전체 펌프의 송출량=스프링클러설비용+옥내소화전설비용
=800L/min+260L/min=**1060L/min**

(다)

$$\text{수원의 저수량} = Q \times 20\text{min}$$

여기서, Q : 펌프의 토출량(송출량)〔L/min〕

수원의 **저수량** $= Q \times 20\text{min} = 1060\text{L/min} \times 20\text{min} = 21200\text{L} = 21.2\text{m}^3$

- 수원의 저수량은 최소 20분 이상 사용할 수 있는 양을 저장하여야 하므로 펌프의 토출량에 **20분**을 곱하여야 한다.
- 1000L=1m^3이므로 21200L=21.2m^3

(라) (1) **충압펌프**의 **정격토출량**

충압펌프의 정격토출량은 정상적인 누설량보다 적어서는 아니 되며, 옥내소화전설비가 자동적으로 작동할 수 있도록 충분한 토출량을 유지하여야 한다(NFPC 102 5조, NFTC 102 2.2.1.13.2). 정격토출량이 60L/분이라고 답한 책이 있다. 이것은 법이 개정되기 전의 내용을 그대로 답한 것으로 틀린 답이다.

(2) **충압펌프**의 **정격토출압력**
자연압+0.2MPa=18m+0.2MPa=0.18MPa+0.2MPa=0.38MPa

- 자연압은 〔단서〕에 있는 소방펌프로부터 최고위 헤드까지의 수직거리를 압력으로 환산하면 되므로 **0.18MPa**이 된다.
- 1MPa=100m

(마)

$$Q = AV = \frac{\pi D^2}{4} V$$

여기서, Q : 유량〔m³/s〕
A : 단면적〔m²〕
V : 유속〔m/s〕
D : 내경〔m〕

$Q = \frac{\pi D^2}{4} V$에서 **배관**의 **내경**(안지름) D는

$$D = \sqrt{\frac{4Q}{\pi V}} = \sqrt{\frac{4 \times 1060\text{L/min}}{\pi \times 3\text{m/s}}} = \sqrt{\frac{4 \times 1.06\text{m}^3/60\text{s}}{\pi \times 3\text{m/s}}} \fallingdotseq 0.0865\text{m} = 86.5\text{mm}$$

∴ 86.5mm 이상 되는 값인 **90mm**를 선정한다.

- Q(1060L/min) : (나)에서 구한 값
- V(3m/s) : 〔단서〕에서 주어진 값

(바) **습식**, **건식**, **준비작동식** 등 **폐쇄형 헤드**를 사용하는 스프링클러설비는 NFPC 103 6조, NFTC 103 2.3.1.1에 의해 유수검지장치(알람밸브)를 **3000m²** 이하마다 1개 이상 설치하여야 하므로

$$\text{알람밸브 설치개수} = \frac{45\text{m} \times 30\text{m}}{3000\text{m}^2} = 0.45 \fallingdotseq 1\text{개(절상)}$$

∴ 1개×5개층=5개

- 문제에서 지하 1층~지상 4층 건물이므로 전체 **5개층**이 된다.

(사) **옥내소화전함**과 **옥외소화전함**의 **비교**

옥내소화전함	옥외소화전함
수평거리 25m 이하	수평거리 40m 이하
호스(40mm×15m×2개)	호스(65mm×20m×2개)
앵글밸브**(40mm×1개)**	–
노즐(13mm×1개)	노즐(19mm×1개)

☆☆
문제 03

그림은 소방시설 도시기호이다. 보기를 참고하여 각각의 명칭을 쓰시오.

(16.11.문8, 15.11.문11, 15.4.문5, 13.4.문11, 10.10.문3, 06.7.문4, 03.10.문13, 02.4.문8)

〔보기〕
플랜지, 캡, 티, 90° 엘보, 45° 엘보, 유니온, 크로스, 플러그

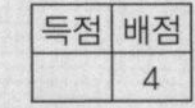

득점	배점
	4

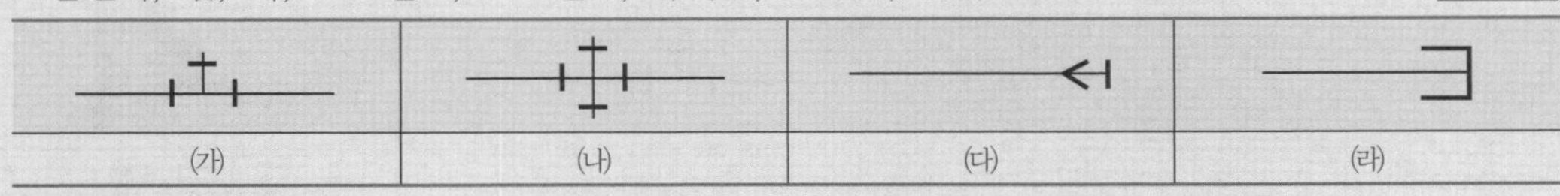

(가) (나) (다) (라)

해답 (가) 티
(나) 크로스
(다) 플러그
(라) 캡

해설 **소방시설 도시기호**

명 칭	도시기호	실 물
플랜지		
유니온		
오리피스	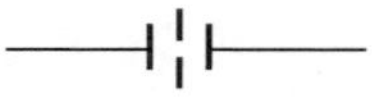	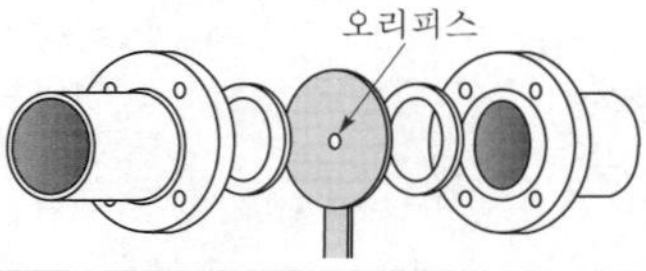 오리피스
원심리듀셔	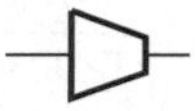	
편심리듀셔		
맹플랜지	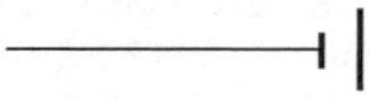	
캡	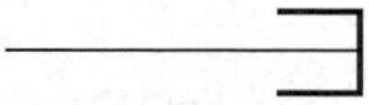	
플러그		
곡관	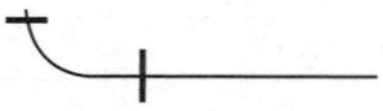	
90° 엘보		
45° 엘보	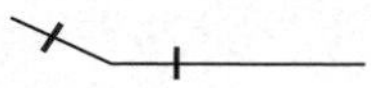	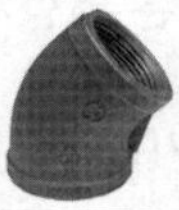
티	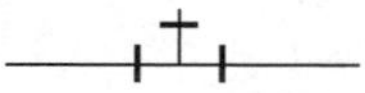	
크로스	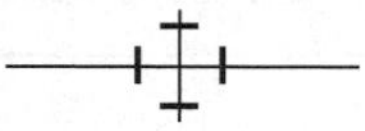	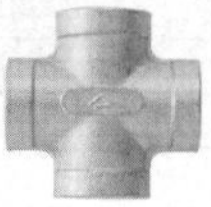

☆☆

문제 04

스프링클러설비의 배관 중 루프(loop)식 배관을 간단히 설명하고 이 배관을 사용하는 이유 2가지를 쓰시오. (16.6.문12, 16.4.문16, 14.7.문5, 12.4.문8, 09.7.문5)

○ 설명 :

○ 이유 :

득점	배점
	4

해답 ○ 설명 : 2개 이상의 배관에서 헤드에 물을 공급하는 방식

○ 이유 : ① 한쪽 배관에 이상발생시 다른 방향으로 소화수 공급

② 유수의 흐름을 분산시켜 압력손실 감소

해설 **스프링클러설비**의 **배관방식**

구 분	루프(loop)식 배관	그리드(grid)식 배관
뜻	2개 이상의 배관에서 헤드에 물을 공급하는 방식	평행한 교차배관에 많은 가지배관을 연결하는 방식
장점	① 한쪽 배관에 **이**상발생시 다른 방향으로 소화수를 공급하기 위해서 ② 유수의 흐름을 분산시켜 **압**력손실을 줄이기 위해서 ③ 고장수리시에도 소화수 공급 가능 ④ 배관 내 충격파 발생시에도 분산 가능 ⑤ 소화설비의 증설·이설시 용이 기억법 이압	① 유수의 흐름이 분산되어 **압력손실**이 적고 **공급압력 차이**를 줄일 수 있으며, **고른 압력분포** 가능 ② 고장수리시에도 소화수 공급 가능 ③ 배관 내 충격파 발생시에도 분산 가능 ④ 소화설비의 증설·이설시 용이 ⑤ 소화용수 및 가압송수장치의 분산배치 용이
구성	‖ 루프방식 ‖	‖ 그리드방식 ‖

☆

문제 05

할론소화설비의 저장용기에 저장되어 있는 할론소화약제의 양을 측정하는 방법 중 중량측정법과 액위측정법에 대하여 간단히 설명하시오. (10.7.문8)

○ 중량측정법 :

○ 액위측정법 :

득점	배점
	6

해답 ○ 중량측정법 : 약제가 들어있는 가스용기의 총 중량을 측정한 후 용기에 표시된 중량과 비교하여 기재중량과 계량중량의 차 측정

○ 액위측정법 : 저장용기의 내·외부에 설치하여 용기 내부 액면의 높이 측정

해설 **할론소화설비**의 **약제량 측정방법**

측정방법	설 명
중량측정법	약제가 들어있는 가스용기의 **총 중량**을 측정한 후 용기에 표시된 중량과 비교하여 **기재중량**과 **계량중량**의 차를 측정하는 방법
액위측정법	저장용기의 내·외부에 설치하여 용기 내부 **액면**의 **높이**를 측정함으로써 약제량을 확인하는 방법
비파괴검사법	제품을 **깨뜨리지 않고 결함**의 유무를 **검사** 또는 시험하는 방법
비중측정법	물질의 질량과 그 물질과의 동일 체적의 **표준물질**의 **질량**의 **비**를 측정하는 방법
압력측정법(검압법)	검압계를 사용해서 약제량을 측정하는 방법

☆☆

문제 06

소화설비배관의 밸브에 대한 다음 각 물음에 답하시오. (14.7.문7)

득점	배점
	6

(가) 개폐표시가 가능한 밸브의 종류 2가지를 쓰시오.

○

○

(나) 개폐표시가 가능한 밸브를 사용하는 이유는 무엇인지 쓰시오.

(다) 펌프흡입측에 사용하지 않는 밸브의 명칭과 이유를 쓰시오.

○ 명칭 :

○ 이유 :

해답 (가) ① OS & Y 밸브

② 버터플라이밸브

(나) 밸브의 개폐상태를 눈으로 쉽게 확인하기 위해서

(다) ○ 명칭 : 버터플라이밸브

○ 이유 : 밸브의 순간적인 개폐로 수격작용 발생 우려

해설 (가) 개폐표시가 가능한 밸브

OS & Y 밸브(Outside Screw & Yoke valve)	버터플라이밸브(butterfly valve)
• **대형 밸브**로서 유체의 흐름방향을 **180°**로 변환시킨다. • 주관로상에 사용하며 개폐가 천천히 이루어진다. 핸들 / 요크슬리브 / 볼베어링 / 탬퍼스위치 / 지지대 / 요크 / 밸브커버 / 몸체 / 디스크 / 디스크시트 ‖ OS & Y 밸브 ‖	• 대형 밸브로서 유체의 흐름방향을 180°로 변환시킨다. • 주관로상에 사용되며 개폐가 순간적으로 이루어진다.  ‖ 버터플라이밸브 ‖

• **'게이트밸브'**도 답이 될 수 있지만 OS & Y 밸브가 확실한 답

(나) **개폐표시형 밸브**(개폐표시가 가능한 밸브)

(1) **밸브**의 **개폐 여부**를 **외부**에서 **식별**이 **가능**한 밸브

(2) 밸브의 개폐상태를 **눈**으로 쉽게 **확인**하기 위해서 밸브에 **탬퍼스위치**(tamper switch)를 부착하여 밸브가 폐쇄상태로 되어 있을 경우 **감시제어반**에 **신호**를 보내 경보를 발하는 밸브

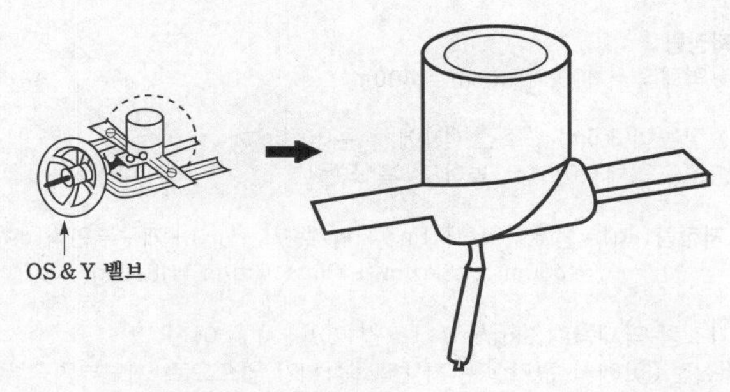

▌탬퍼스위치▐

(다) **펌프흡입측에 버터플라이밸브를 제한하는 이유**
(1) 물의 **유체저항**이 매우 커서 원활한 흡입이 되지 않는다.
(2) 유효흡입양정(NPSH)이 감소되어 **공동현상**(cavitation)이 발생할 우려가 있다.
(3) 개폐가 순간적으로 이루어지므로 **수격작용**(water hammering)이 발생할 우려가 있다.

☆☆☆
문제 07

어떤 사무소 건물의 지하층에 있는 전기실에 전역방출방식의 이산화탄소 소화설비를 설치하려고 한다. 화재안전기준과 주어진 조건에 의하여 다음 각 물음에 답하시오.

(17.4.문6, 14.11.문13, 13.11.문6, 11.7.문7, 09.4.문9, 08.11.문15, 08.7.문2, 06.11.문15)

득점	배점
	6

〔조건〕
① 소화설비는 고압식으로 천장높이는 3.5m이다.
② 전기실의 크기 : $400m^2$
③ 전기실의 개구부크기 : $10m^2$(자동폐쇄장치 없음)이며 심부화재이다.
④ 가스용기 1본당 충전량은 45kg이며, 내용적은 68L이다.
⑤ 가스저장용기는 공용으로 한다.
⑥ 가스량은 $1.3kg/m^3$이다.
⑦ 개구부가산량은 $5kg/m^2$ 로 한다.
⑧ 이산화탄소의 비체적은 $0.5463m^3/kg$이다.

(가) 필요한 약제저장량〔kg〕을 구하시오.
○ 계산과정 : ○ 답 :

(나) 필요한 가스용기의 본수는 몇 본인지 구하시오.
○ 계산과정 : ○ 답 :

(다) 심부화재의 국내표준 약제방사시간을 쓰시오.

(라) 선택밸브 직후의 유량은 몇 m^3/min인지 구하시오.
○ 계산과정 : ○ 답 :

해답
(가) ○ 계산과정 : $(400\times3.5)\times1.3+10\times5=1870kg$ ○ 답 : 1870kg

(나) ○ 계산과정 : $\frac{1870}{45}=41.5 ≒ 42$본 ○ 답 : 42본

(다) 7분 이내

(라) ○ 계산과정 : $45\times42=1890kg$

$1890\times0.5463=1032.5m^3$

$\frac{1032.5}{7}=147.5m^3/min$ ○ 답 : $147.5m^3/min$

해설 (가) **약제저장량**

방호구역체적 = 400m^2×3.5m=**1400m^3**

- 천장높이(**3.5m**) : [조건 ①]에서 주어진 값
- 방호구역체적이므로 **높이**도 꼭 적용!

CO_2 저장량[kg]=방호구역체적[m^3]×약제량[kg/m^3]+개구부면적[m^2]×개구부가산량
=1400m^3×1.3kg/m^3+10m^2×5kg/m^2=1870kg

- 가스량(약제량)(**1.3kg/m^3**) : [조건 ⑥]에서 주어진 값
- [조건 ③]에서 전기실은 자동폐쇄장치가 없으므로 개구부면적 및 개구부가산량도 적용할 것
- 개구부가산량(**5kg/m^2**) : [조건 ⑦]에서 주어진 값

(나) $\text{가스용기본수} = \frac{\text{약제저장량}}{\text{충전량}} = \frac{1870\text{kg}}{45\text{kg}} = 41.5 ≒ 42\text{본(절상)}$

- 충전량(**45kg**) : [조건 ④]에서 주어진 값
- 내용적 68L는 적용할 필요 없음
- **1870kg** : (가)에서 구한 값
- 가스용기본수 산정시 계산결과에서 **소수**가 발생하면 반드시 **절상**
- 심부화재는 최소저장량이 없으므로 신경 안 써도 됨

(다) **약제방사시간**

소화설비		전역방출방식		국소방출방식	
		일반건축물	위험물제조소	일반건축물	위험물제조소
할론소화설비		10초 이내	30초 이내	10초 이내	30초 이내
분말소화설비		30초 이내		30초 이내	
CO_2 소화설비	표면화재	1분 이내	60초 이내		
	심부화재 →	7분 이내			

- **표면화재** : 가연성 액체 · 가연성 가스
- **심부화재** : 종이 · 목재 · 석탄 · 섬유류 · 합성수지류
- 특별한 경우를 제외하고는 **일반건축물** 적용

(라) 소화약제량=1본당 충전량[kg]×가스용기본수=45kg×42본=1890kg

이산화탄소의 체적=1890kg×0.5463m^3/kg=1032.5m^3

$\text{선택밸브 직후의 유량} = \frac{\text{이산화탄소의 체적[m}^3\text{]}}{\text{약제방출시간[min]}} = \frac{1032.5\text{m}^3}{7\text{min}} = 147.5\text{m}^3/\text{min}$

- [조건 ③]에서 **심부화재**이므로 약제방출시간은 **7분**을 적용한다.

비교

(1) $\text{선택밸브 직후의 유량[kg/s]} = \frac{\text{1병당 충전량[kg]} \times \text{병수}}{\text{약제방출시간[s]}}$ 또는 $\text{선택밸브 직후의 유량[m}^3\text{/min]} = \frac{\text{이산화탄소의 체적[m}^3\text{]}}{\text{약제방출시간[min]}}$

(2) $\text{약제의 유량속도} = \frac{\text{1병당 충전량[kg]} \times \text{병수}}{\text{약제방출시간[s]}}$

(3) $\text{분사헤드수} = \frac{\text{1병당 저장량[kg]} \times \text{병수}}{\text{헤드 1개의 표준방사량[kg]}}$

(4) $\text{개방밸브(용기밸브) 직후의 유량} = \frac{\text{1병당 충전량[kg]}}{\text{약제방출시간[s]}}$

☆☆
문제 08

내경이 40mm, 길이가 50m인 배관에 유속이 0.2m/s로 흐르고 있다. 레이놀즈수가 1200일 때 달시방정식을 이용하여 마찰손실수두〔m〕를 구하시오. (단, 비중량은 9800N/m^{3}이다.) (16.6.문13, 06.4.문10)

○ 계산과정 :

○ 답 :

득점	배점
	4

해답 ○ 계산과정 : $f=\frac{64}{1200}=0.053 \fallingdotseq 0.05$

$$H=\frac{0.05\times 50\times 0.2^2}{2\times 9.8\times 0.04}=0.127 \fallingdotseq 0.13\text{m}$$

○ 답 : 0.13m

해설 (1) **관마찰계수**

$$f=\frac{64}{Re}$$

여기서, f : 관마찰계수

Re : 레이놀즈수

관마찰계수 f는

$$f=\frac{64}{Re}=\frac{64}{1200}=0.053 \fallingdotseq 0.05$$

- Re(1200) : 문제에서 주어진 값

(2) **달시-웨버**(Darcy-Weisbach)의 **식**

$$H=\frac{\Delta p}{\gamma}=\frac{f l V^2}{2gD}$$

여기서, H : 마찰손실(마찰손실수두)〔m〕

Δp : 압력차〔Pa〕 또는 〔N/m^2〕

γ : 비중량(물의 비중량 9800N/m^3)

f : 관마찰계수

l : 길이〔m〕

V : 유속〔m/s〕

g : 중력가속도(9.8m/s^2)

D : 내경〔m〕

마찰손실수두 H는

$$H=\frac{f l V^2}{2gD}=\frac{0.05\times 50\text{m}\times(0.2\text{m/s})^2}{2\times 9.8\text{m/s}^2\times 0.04\text{m}}=0.127 \fallingdotseq 0.13\text{m}$$

- **0.05** : 바로 위에서 구한 값
- **50m** : 문제에서 주어진 값
- **0.2m/s** : 문제에서 주어진 값
- **0.04m** : 문제에서 주어진 값, 40mm=0.04m
- 이 문제에서는 물의 비중량(γ) 9800N/m^{3}는 적용할 필요 없음

☆☆
문제 09

그림은 소화펌프로 사용하는 원심펌프 흡입측 배관의 도면 일부이다. 그림과 같이 연결할 경우 발생현상 및 개선사항을 쓰시오. (03.10.문8)

득점	배점
	4

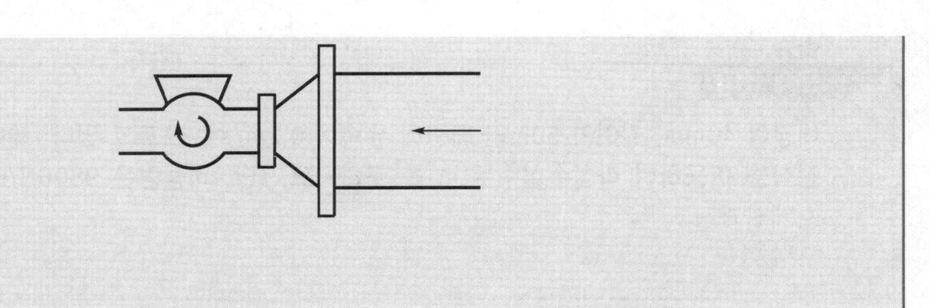

○ 발생현상 :
○ 개선사항 :

해답 ○ 발생현상 : 배관흡입측의 공기고임현상
○ 개선사항 : 배관흡입측에 편심리듀셔 사용

해설 **펌프흡입측에 원심리듀셔를 사용하는 경우의 발생현상**
펌프흡입측의 공기고임현상 발생

중요

편심리듀셔
(1) 사용장소 : 펌프흡입측과 토출측의 관경이 서로 다를 경우 펌프흡입측에 설치한다.
(2) 사용이유 : 배관흡입측의 **공기고임** 방지

‖ 리듀서 ‖

종 류	외 형	도시기호	설 치
원심리듀셔			
편심리듀셔			

☆☆
문제 10

제연설비에 대하여 다음 조건 및 도면을 보고 각 물음에 답하시오. (단, 경유거실이 없으며 각 실은 독립배연방식이다.) (15.7.문10, 14.4.문1, 13.11.문10, 11.7.문11, 08.4.문15)

득점	배점
	12

〔조건〕
① 여유율은 10%를 적용한다.
② 효율은 60%이다.
③ 전압은 40mmAq이다.
④ 각 실마다 제어댐퍼가 설치되어 있다.

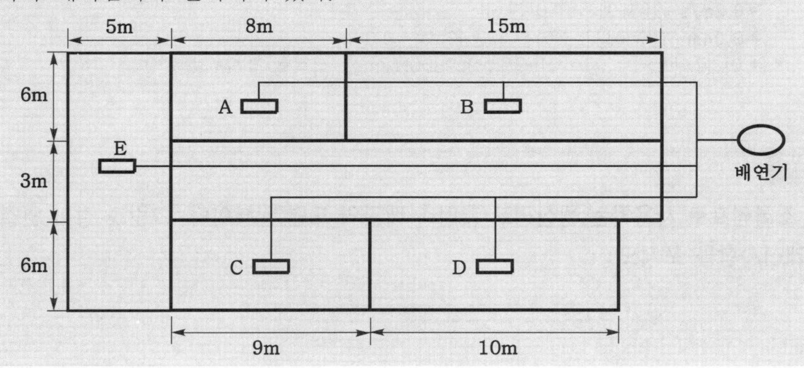

(가) 각 방호구역의 배출량[m^3/min]을 구하시오.

 ○ A실(계산과정 및 답) :

 ○ B실(계산과정 및 답) :

 ○ C실(계산과정 및 답) :

 ○ D실(계산과정 및 답) :

 ○ E실(계산과정 및 답) :

(나) 제연댐퍼의 설치위치를 도면에 기입하시오. (단, 댐퍼는 ⊘로 표시할 것)

(다) 배연기의 동력[kW]은 얼마인지 구하시오.

 ○ 계산과정 :

 ○ 답 :

해답 (가) ① A실

 ○ 계산과정 : $(8\times6)\times1\times60=2880m^3/h$(최저치 $5000m^3/h \fallingdotseq 83.33m^3/min$)

 ○ 답 : $83.33m^3/min$

② B실

 ○ 계산과정 : $(15\times6)\times1\times60=5400m^3/h=90m^3/min$

 ○ 답 : $90m^3/min$

③ C실

 ○ 계산과정 : $(9\times6)\times1\times60=3240m^3/h$(최저치 $5000m^3/h \fallingdotseq 83.33m^3/min$)

 ○ 답 : $83.33m^3/min$

④ D실

 ○ 계산과정 : $(10\times6)\times1\times60=3600m^3/h$(최저치 $5000m^3/h \fallingdotseq 83.33m^3/min$)

 ○ 답 : $83.33m^3/min$

⑤ E실

 ○ 계산과정 : $(5\times15)\times1\times60=4500m^3/h$(최저치 $5000m^3/h \fallingdotseq 83.33m^3/min$)

 ○ 답 : $83.33m^3/min$

(나)

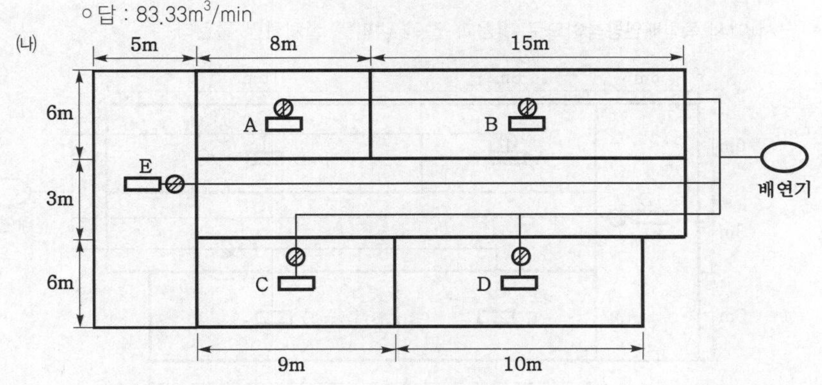

(다) ○ 계산과정 : $\dfrac{40\times90}{102\times60\times0.6}\times1.1=1.078 \fallingdotseq 1.08kW$

 ○ 답 : 1.08kW

해설 (가) 바닥면적 **400m^2** 미만이므로

배출량[m^3/min]=바닥면적[m^2]×1m^3/m^2·min 에서

배출량 m^3/min → m^3/h로 변환하면

배출량[m^3/h]=바닥면적[m^2]×1m^3/m^2·min×60min/h(최저치 5000m^3/h)

(1) **A실** : $(8\times6)\text{m}^2 \times 1\text{m}^3/\text{m}^2\cdot\text{min} \times 60\text{min/h} = 2880\text{m}^3/\text{h}$

(최저치 **$5000\text{m}^3/\text{h}$** $= 5000\text{m}^3/60\text{min} = 83.333 ≒ 83.33\text{m}^3/\text{min}$)

(2) **B실** : $(15\times6)\text{m}^2 \times 1\text{m}^3/\text{m}^2\cdot\text{min} \times 60\text{min/h} = 5400\text{m}^3/\text{h} = 5400\text{m}^3/60\text{min} = 90\text{m}^3/\text{min}$

(3) **C실** : $(9\times6)\text{m}^2 \times 1\text{m}^3/\text{m}^2\cdot\text{min} \times 60\text{min/h} = 3240\text{m}^3/\text{h}$

(최저치 **$5000\text{m}^3/\text{h}$** $= 5000\text{m}^3/60\text{min} = 83.333 ≒ 83.33\text{m}^3/\text{min}$)

(4) **D실** : $(10\times6)\text{m}^2 \times 1\text{m}^3/\text{m}^2\cdot\text{min} \times 60\text{min/h} = 3600\text{m}^3/\text{h}$

(최저치 **$5000\text{m}^3/\text{h}$** $= 5000\text{m}^3/60\text{min} = 83.333 ≒ 83.33\text{m}^3/\text{min}$)

(5) **E실** : $(5\times15)\text{m}^2 \times 1\text{m}^3/\text{m}^2\cdot\text{min} \times 60\text{min/h} = 4500\text{m}^3/\text{h}$

(최저치 **$5000\text{m}^3/\text{h}$** $= 5000\text{m}^3/60\text{min} = 83.333 ≒ 83.33\text{m}^3/\text{min}$)

- E실 15m : $(6+3+6)\text{m} = 15\text{m}$

중요

거실의 배출량(NFPC 501 6조, NFTC 501 2.3)

(1) **바닥면적 400m^2 미만**(최저치 **$5000\text{m}^3/\text{h}$** 이상)

배출량$[\text{m}^3/\text{min}]$ = 바닥면적$[\text{m}^2] \times 1\text{m}^3/\text{m}^2\cdot\text{min}$

(2) **바닥면적 400m^2 이상**

직경 40m 이하 : **$40000\text{m}^3/\text{h}$** 이상 (예상제연구역이 제연경계로 구획된 경우)		직경 40m 초과 : **$45000\text{m}^3/\text{h}$** 이상 (예상제연구역이 제연경계로 구획된 경우)	
수직거리	배출량	수직거리	배출량
2m 이하	$40000\text{m}^3/\text{h}$ 이상	2m 이하	$45000\text{m}^3/\text{h}$ 이상
2m 초과 2.5m 이하	$45000\text{m}^3/\text{h}$ 이상	2m 초과 2.5m 이하	$50000\text{m}^3/\text{h}$ 이상
2.5m 초과 3m 이하	$50000\text{m}^3/\text{h}$ 이상	2.5m 초과 3m 이하	$55000\text{m}^3/\text{h}$ 이상
3m 초과	$60000\text{m}^3/\text{h}$ 이상	3m 초과	$65000\text{m}^3/\text{h}$ 이상

기억법 **거예4045**

(나)

- [단서]에서 **독립배연방식**이므로 다음과 같이 댐퍼를 설치하면 틀린다.

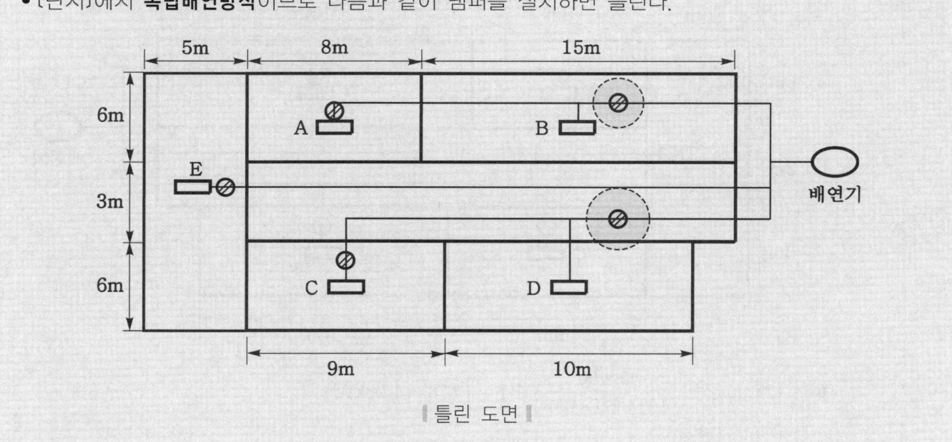

‖틀린 도면‖

(다)

$$P = \frac{P_T Q}{102 \times 60\eta} K$$

여기서, P : 배연기동력〔kW〕
P_T : 전압(풍압)〔mmAq〕 또는 〔mmH_2O〕
Q : 풍량〔m^3/min〕
K : 여유율
η : 효율

배출기의 **이론소요동력** P는

$$P = \frac{P_T Q}{102 \times 60\eta} K = \frac{40\text{mmAq} \times 90\text{m}^3/\text{min}}{102 \times 60 \times 0.6} \times 1.1 = 1.078 ≒ 1.08\text{kW}$$

- 배연설비(제연설비)에 대한 동력은 반드시 $P = \frac{P_T Q}{102 \times 60\eta} K$를 적용하여야 한다. 우리가 알고 있는 일반적인 식 $P = \frac{0.163QH}{\eta} K$를 적용하여 풀면 틀린다.
- K(**1.1**) : 〔조건 ①〕에서 10% 여유율은 100%+10%=110%=1.1
- P_T (**40mmAq**) : 〔조건 ③〕에서 주어진 값
- Q (**90m³/min**) : (가)에서 구한 값 중 가장 큰 값인 B실 값
- η (**0.6**) : 〔조건 ②〕에서 주어진 값

☆☆☆

문제 11

옥내소화전에 관한 설계시 다음 조건을 읽고 각 물음에 답하시오. (단, 소수점 이하는 반올림하여 정수로만 나타낼 것)
(14.11.문8, 10.4.문14, 04.10.문7)

득점	배점
	12

〔조건〕

① 건물규모 : 3층×각 층의 바닥면적 $1200m^2$
② 옥내소화전 수량 : 총 12개(각 층당 4개 설치)
③ 소화펌프에서 최상층 소화전 호스접결구까지의 수직거리 : 15m
④ 소방호스 : ϕ40mm×15m(고무내장)
⑤ 호스의 마찰손실수두값(호스 100m당)

구 분 / 유량〔L/min〕	호스의 호칭구경〔mm〕					
	40mm		50mm		65mm	
	마호스	고무내장호스	마호스	고무내장호스	마호스	고무내장호스
130	26m	12m	7m	3m	–	–
350	–	–	–	–	10m	4m

⑥ 배관 및 관부속의 마찰손실수두 합계 : 30m
⑦ 배관내경

호칭구경	15A	20A	25A	32A	40A	50A	65A	80A	100A
내경〔mm〕	16.4	21.9	27.5	36.2	42.1	53.2	69	81	105.3

⑧ 펌프의 동력전달계수

동력전달형식	전달계수
전동기	1.1
전동기 이외의 것	1.2

⑨ 펌프의 구경에 따른 효율(단, 펌프의 구경은 펌프의 토출측 주배관의 구경과 같다.)

펌프의 구경[mm]	펌프의 효율(η)
40	0.45
50~65	0.55
80	0.60
100	0.65
125~150	0.70

(가) 소방펌프의 정격유량[L/min]과 정격양정[m]을 구하시오. (단, 흡입양정은 고려하지 않는다.)
- ○ 정격유량[L/min](계산과정 및 답) :
- ○ 정격양정[m](계산과정 및 답) :

(나) 소화펌프의 토출측 주배관의 최소구경을 산정하시오.
- ○ 계산과정 :
- ○ 답 :

(다) 소화펌프의 모터동력[kW]을 구하시오.
- ○ 계산과정 :
- ○ 답 :

(라) 만일 펌프로부터 제일 먼 옥내소화전 노즐과 가장 가까운 곳의 옥내소화전 노즐의 방수압력 차이가 0.4MPa이며 펌프로부터 제일 먼 거리에 있는 옥내소화전 노즐의 방수압력이 0.17MPa, 방수유량이 130LPM일 경우 가장 가까운 소화전의 방수유량[LPM]을 구하시오.
- ○ 계산과정 :
- ○ 답 :

(마) 유량측정장치는 몇 LPM까지 측정이 가능하여야 하는지 구하시오.
- ○ 계산과정 :
- ○ 답 :

해답 (가) ○ 정격유량 : $2\times130=260\text{L/min}$ ○ 답 : 260L/min

○ 정격양정 : $\left(15\times\dfrac{12}{100}\right)+30+15+17=63.8\fallingdotseq 64\text{m}$ ○ 답 : 64m

(나) ○ 계산과정 : $\sqrt{\dfrac{4\times0.26/60}{\pi\times4}}\fallingdotseq 0.0371\text{m}=37.1\text{mm}$ ○ 답 : 50A

(다) ○ 계산과정 : $\dfrac{0.163\times0.26\times64}{0.55}\times1.1=5\text{kW}$ ○ 답 : 5kW

(라) ○ 계산과정 : $0.4+0.17=0.57\text{MPa}$

$K=\dfrac{130}{\sqrt{10\times0.17}}=99.7$

$Q=99.7\sqrt{10\times0.57}=238.03\fallingdotseq 238\text{LPM}$ ○ 답 : 238LPM

(마) ○ 계산과정 : $260\times1.75=455\text{LPM}$ ○ 답 : 455LPM

해설 (가) (1) **정격유량**

$$Q\geq N\times130\text{L/min}$$

여기서, Q: 펌프의 토출량(정격유량)[L/min]
N: 가장 많은 층의 소화전개수(30층 미만 : 최대 2개, 30층 이상 : 최대 5개)

펌프의 **정격유량** Q는

$Q \geq N \times 130\text{L/min} \geq 2 \times 130\text{L/min} \geq 260\text{L/min}$

- 〔조건 ①〕에서 3층이고 〔조건 ②〕에서 각 층에 4개씩 설치되어 있지만 최대 2개이므로 N=2이다.

(2) **정격양정**

$$H = h_1 + h_2 + h_3 + 17$$

여기서, H : 전양정(정격양정)〔m〕
h_1 : 소방호스의 마찰손실수두〔m〕
h_2 : 배관 및 관부속품의 마찰손실수두〔m〕
h_3 : 실양정(흡입양정+토출양정)〔m〕

펌프의 **정격양정** H는

$H = h_1 + h_2 + h_3 + 17 = \left(15\text{m} \times \dfrac{12}{100}\right) + 30\text{m} + 15\text{m} + 17 = 63.8 \fallingdotseq 64\text{m}$

- h_1 : 〔조건 ④〕에서 호스의 길이는 15m(고무내장호스)이고, 〔조건 ⑤〕에서 호스 100m당 마찰손실수두가 12m이므로 $15\text{m} \times \dfrac{12}{100}$를 적용한다. 만일 〔조건 ④〕에서 호스길이가 주어지지 않았다면 옥내소화전 규정에 의해 호스 15m×2개를 비치하여야 하므로 $15\text{m} \times 2\text{개} \times \dfrac{12}{100}$로 계산하여야 한다.
- h_2(**30m**) : 〔조건 ⑥〕에서 주어진 값
- h_3(**15m**) : 〔조건 ③〕에서 주어진 값
- 〔단서〕에서 소수점 이하는 반올림하여 정수로만 나타내라고 하였으므로 **64m**가 된다. 일반적으로 소수점 처리에 대한 조건이 없을 때에는 소수점 3째자리에서 반올림하면 된다.

(나) **유량**

$$Q = AV = \frac{\pi D^2}{4} V$$

여기서, Q : 유량〔m^3/s〕
A : 단면적〔m^2〕
V : 유속〔m/s〕
D : 내경〔m〕

$Q = \dfrac{\pi D^2}{4} V$에서 **주배관**의 **내경** D는

$D = \sqrt{\dfrac{4Q}{\pi V}} = \sqrt{\dfrac{4 \times 260\text{L/min}}{\pi \times 4\text{m/s}}} = \sqrt{\dfrac{4 \times 0.26\text{m}^3/60\text{s}}{\pi \times 4\text{m/s}}} \fallingdotseq 0.0371\text{m} = 37.1\text{mm}$

〔조건 ⑦〕에서 내경 37.1mm 이상 되는 값은 소화펌프 토출측 주배관의 최소구경이 50A이므로 50A가 정답

- 1000L는 1m^3이고 1min은 60s이므로 520L/min은 **0.26m^3/60s**가 된다.
- **배관 내**의 **유속**

설 비		유 속
옥내소화전설비		→ 4m/s 이하
스프링클러설비	가지배관	6m/s 이하
	기타배관	10m/s 이하

- 최소구경

구 분	구 경
주배관 중 수직배관, 펌프 토출측 주배관 →	50mm 이상
연결송수관인 방수구가 연결된 경우(연결송수관설비의 배관과 겸용할 경우)	100mm 이상

(다) **모터동력**(전동기의 용량)

$$P=\frac{0.163QH}{\eta}K$$

여기서, P: 전동력(모터동력)〔kW〕
Q: 유량〔m³/min〕
H: 전양정〔m〕
K: 전달계수
η: 효율

펌프의 **모터동력** P는

$$P=\frac{0.163QH}{\eta}K=\frac{0.163\times 260\text{L/min}\times 64\text{m}}{0.55}\times 1.1=\frac{0.163\times 0.26\text{m}^3/\text{min}\times 64\text{m}}{0.55}\times 1.1=5.424 \fallingdotseq 5\text{kW}$$

- 펌프의 효율(η)은 (나)에서 펌프의 구경이 50A이므로 〔조건 ⑨〕에서 **0.55**가 된다.

펌프의 구경〔mm〕	펌프의 효율(η)
40	0.45
50~65 →	0.55
80	0.60
100	0.65
125~150	0.70

- 전달계수(K)는 동력전달형식이 **전동기**(모터)이므로 〔조건 ⑧〕에서 **1.1**이다.
- 문제의 단서에서 소수점 이하는 반올림하여 정수로 표시하라고 하였으므로 5kW가 정답

(라) 펌프에서 가장 가까운 소화전의 방사압력=방수압력 차이+제일 먼 옥내소화전 노즐의 방수압력
=0.4MPa+0.17MPa=0.57MPa

- 0.4MPa, 0.17MPa : 문제에서 주어진 값

$$Q=K\sqrt{10P}$$

여기서, Q: 토출량(방수유량)〔L/min〕 또는 〔LPM〕
K: 방출계수
P: 방사압력〔MPa〕

방출계수 K는

$$K=\frac{Q}{\sqrt{10P}}=\frac{130\text{LPM}}{\sqrt{10\times 0.17\text{MPa}}}=\frac{130\text{L/min}}{\sqrt{10\times 0.17\text{MPa}}}=99.7$$

가장 가까운 소화전의 **방수유량** Q는

$$Q=K\sqrt{10P}=99.7\sqrt{10\times 0.57\text{MPa}}=238.03 \fallingdotseq 238\text{LPM}$$

- 130LPM, 0.17MPa : 문제에서 주어진 값
- 0.57MPa : 바로 위에서 구한 값
- 〔단서〕에 의해 답은 **정수**로만 나타낼 것

(마) 유량측정장치의 성능=펌프의 정격토출량(정격유량)×1.75=260LPM×1.75=455LPM

- 유량측정장치는 펌프의 정격토출량의 **175%** 이상 측정할 수 있어야 하므로 유량측정장치의 성능은 펌프의 **정격토출량×1.75**가 된다.
- **260LPM=260L/min** : (가)에서 구한 값을 적용
- (라)에서 구한 방수유량 238LPM을 적용하지 않도록 거듭 주의하라!!

중요

단위

(1) **GPM**=**G**allon **P**er **M**inute(gallon/min)
(2) **PSI**=**P**ound per **S**quare **I**nch(lb_f/in^2)
(3) **LPM**=**Li**ter **P**er **M**inute(L/min)
(4) **CMH**=**C**ubic **M**eter per **H**our(m^3/h)

☆☆
문제 12

주차장의 일부이다. 이곳에 포소화설비를 설치할 경우 조건을 참고하여 다음 물음에 답하시오.

(16.6.문14, 13.11.문2, 13.7.문12, 11.5.문2, 10.10.문1, 08.7.문13, 03.4.문16)

득점	배점
	10

〔조건〕
① 수성막포를 사용한다.
② 방호구역은 1개이다.
③ 포헤드를 사용하며, 정방형으로 배치한다.

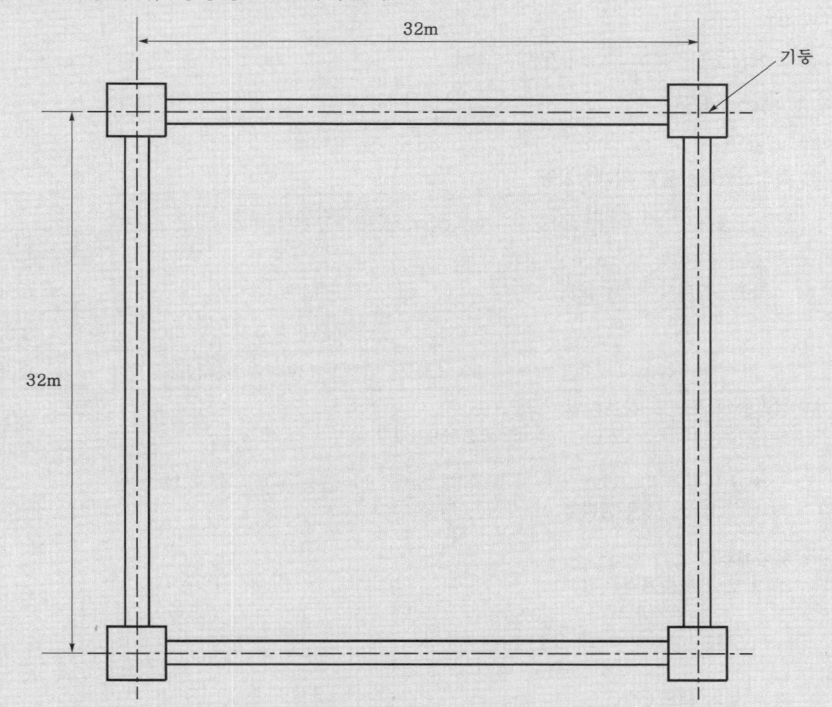

(가) 바닥면적 $1m^2$당 방사량은 몇 L 이상이어야 하는지 쓰시오.
(나) 포헤드 상호간의 거리〔m〕를 구하시오.
○ 계산과정 :
○ 답 :
(다) 상기 면적에 설치해야 할 포헤드의 수는 최소 몇 개인지 구하시오. (단, 정방형 배치방식으로 산출하시오.)
○ 계산과정 :
○ 답 :
(라) 포헤드는 바닥면적 몇 m^2마다 1개 이상으로 하여 화재를 유효하게 소화할 수 있도록 하여야 하는지 쓰시오.
(마) 포헤드 1개의 바닥면적을 기준으로 한 포헤드의 최소개수를 구하시오.
○ 계산과정 :
○ 답 :
(바) 상기 면적에 설치해야 하는 최종 포헤드개수를 구하시오.

해답 (가) 3.7L

(나) ○ 계산과정 : $2 \times 2.1 \times \cos 45° = 2.969 ≒ 2.97\text{m}$

○ 답 : 2.97m

(다) ○ 계산과정 : 가로헤드개수 : $\frac{32}{2.97} = 10.7 ≒ 11$개

세로헤드개수 : $\frac{32}{2.97} = 10.7 ≒ 11$개

총 헤드개수 : $11 \times 11 = 121$개

○ 답 : 121개

(라) 9m^2

(마) ○ 계산과정 : $\frac{32 \times 32}{9} = 113.7 ≒ 114$개

○ 답 : 114개

(바) 121개

해설 (가) **특정소방대상물별 약제방사량**

특정소방대상물	포소화약제의 종류	방사량
차고, 주차장, 항공기격납고	수성막포 →	3.7L/m^2 · min
	단백포	6.5L/m^2 · min
	합성계면활성제포	8.0L/m^2 · min
특수가연물 저장 · 취급소	수성막포, 단백포, 합성계면활성제포	6.5L/m^2 · min

(나) **정방형**의 포헤드 상호간의 거리 S는

$S = 2R\cos 45° = 2 \times 2.1\text{m} \times \cos 45° = 2.969 ≒ 2.97\text{m}$

- R(유효반경) : NFPC 105 12조 ②항, NFTC 105 2.9.2.5에 의해 **2.1m** 적용
- [단서]에 의해 **정방형**으로 계산한다.

(다) **헤드개수**(정방형 배치기준)

(1) **가로**의 **헤드개수**

$$\frac{\text{가로길이}}{\text{포헤드 상호간 거리}} = \frac{32\text{m}}{2.97\text{m}} = 10.7 ≒ 11\text{개}$$

(2) **세로**의 **헤드개수**

$$\frac{\text{세로길이}}{\text{포헤드 상호간 거리}} = \frac{32\text{m}}{2.97\text{m}} = 10.7 ≒ 11\text{개}$$

(3) 총 헤드개수=가로개수×세로개수=11개×11개=121개

- **32m** : 그림에서 주어진 값
- **2.97m** : (나)에서 구한 값

중요

포헤드 상호간의 **거리기준**(NFPC 105 12조, NFTC 105 2.9.2.5)

정방형(정사각형)	**장방형**(직사각형)
$S = 2R\cos 45°,\ L = S$ 여기서, S : 포헤드 상호간의 거리[m] R : 유효반경(2.1m) L : 배관간격[m]	$P_t = 2R$ 여기서, P_t : 대각선의 길이[m] R : 유효반경(2.1m)

(라) **포소화설비**의 **헤드 설치기준**

헤드 종류	바닥면적(경계면적)
포워터 스프링클러헤드	$8m^2$/개
포헤드 →	$9m^2$/개
폐쇄형 스프링클러헤드(감지용 스프링클러헤드)	$20m^2$/개

(마) **바닥면적 배치기준**

$$\text{헤드개수} = \frac{\text{바닥면적}}{\text{포헤드 1개의 바닥면적}} = \frac{(32\times32)\text{m}^2}{9\text{m}^2} = 113.7 ≒ 114\text{개}$$

(바)
- 〔조건 ③〕에서 포헤드를 **정방형**으로 배치하라고 하였으므로 최종 포헤드개수는 (다)의 **121개**를 선정
- 만약, 〔조건 ③〕의 정방형으로 배치하라는 내용이 없다면 (다) **정방형 배치기준**과 (마) **바닥면적 배치기준** 중 작은 것을 선택한다. 그러므로 이때에는 (마) **114개**를 선정해야 정답이다.

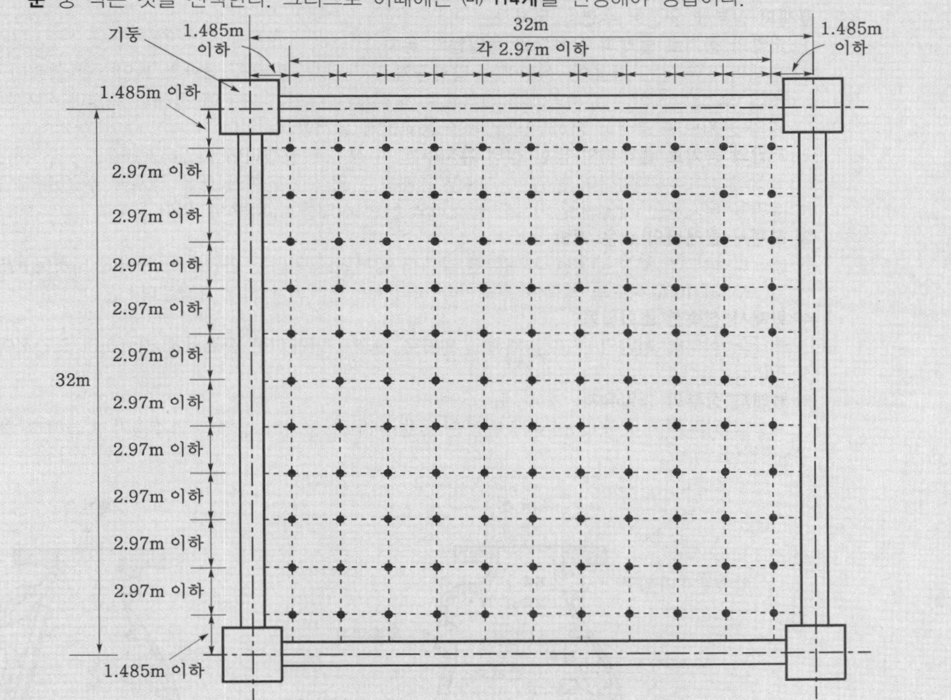

중요

포소화설비 포헤드개수의 **산정**

정방형 배치기준	바닥면적 배치기준
① 포헤드 상호간 거리 $S = 2R\cos45°$ 여기서, S : 포헤드 상호간의 거리〔m〕 R : 유효반경(**2.1m**) ② 헤드개수 ㉠ 가로 헤드개수 $= \frac{\text{가로길이}}{\text{포헤드 상호간 거리}}$ (절상) ㉡ 세로 헤드개수 $= \frac{\text{세로길이}}{\text{포헤드 상호간 거리}}$ (절상) ㉢ 총 헤드개수=가로 헤드개수×세로 헤드개수	헤드개수 $= \frac{\text{바닥면적}}{\text{포헤드 1개의 바닥면적}(9\text{m}^2)}$ (절상)

- 일반적으로 두 가지 배치기준 중 **작은 값** 선택

☆☆

문제 13

건식 스프링클러설비에서 건식 밸브의 클래퍼 상부에 일정한 수면(priming water level)을 유지하는 이유를 2가지만 쓰시오. (16.6.문8, 13.11.문16)

○

○

득점	배점
	6

해답 ① 저압의 공기로 클래퍼의 닫힌 상태 유지
② 화재시 클래퍼의 쉬운 개방

해설 **클래퍼 상부**에 일정한 **수면**을 **유지**하는 이유

(1) **저압의 공기로 클래퍼 상하부의 동일압력 유지**
클래퍼 하부에는 **가압수**, 상부에는 **압축공기**로 채워져 있는데, 일반적 가압수의 압력이 압축공기의 압력보다 훨씬 크므로 그만큼 압축공기를 고압으로 충전시켜야 되기 때문에 클래퍼 상부에 일정한 수면을 유지하면 저압의 공기로도 클래퍼 상하부의 압력을 동일하게 유지할 수 있다.

(2) **저압의 공기로 클래퍼의 닫힌 상태 유지**(저압의 공기로 클래퍼의 기밀유지)
클래퍼 상하부의 압력이 동일한 때에만 클래퍼는 평상시 닫힌 상태를 유지할 수 있는데 클래퍼 상부에 일정한 수면을 유지하면 저압의 공기로도 클래퍼의 닫힌 상태를 유지할 수 있다.

(3) **화재시 클래퍼의 쉬운 개방**
클래퍼 상부에 일정한 물을 채워두면 클래퍼 상부의 공기압은 가압수의 압력에 비하여 **1/5~1/6** 정도이면 되므로 화재시 **10%** 정도의 압력만 감소한다 하더라도 클래퍼가 쉽게 개방된다.

(4) **화재시 신속한 소화활동**
클래퍼 상부에 저압의 공기를 채워도 되므로 화재시 클래퍼를 신속하게 개방하여 즉각적인 소화활동을 하기 위함이다.

(5) **클래퍼 상부의 기밀유지**
물올림관을 통해 클래퍼 상부에 일정한 물을 채우면 클래퍼 상부의 압축공기가 클래퍼 하부로 새지 않도록 할 수 있다.

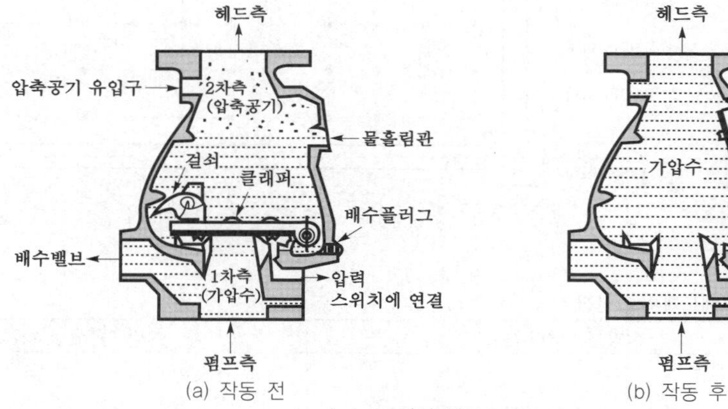

(a) 작동 전

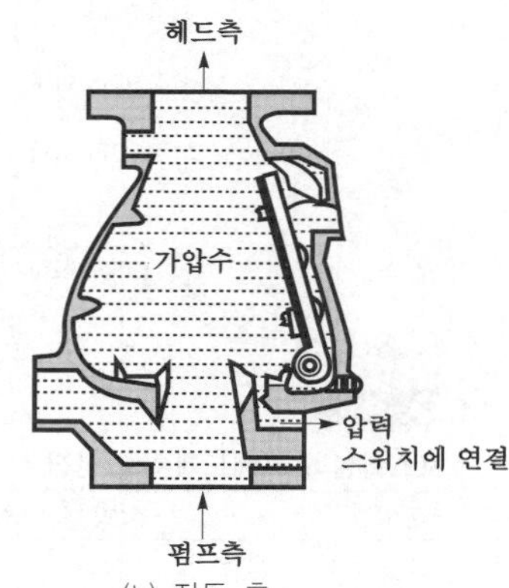

(b) 작동 후

| 건식 밸브 |

☆☆☆

문제 14

다음은 개방형 스프링클러설비의 일부분을 도식화한 그림이다. ①번 헤드의 유량은 1L/s이다. 조건을 참고하여 각 지점의 관경〔mm〕을 산정하시오. (17.4.문8, 16.4.문1, 12.7.문2, 07.4.문4)

득점	배점
	6

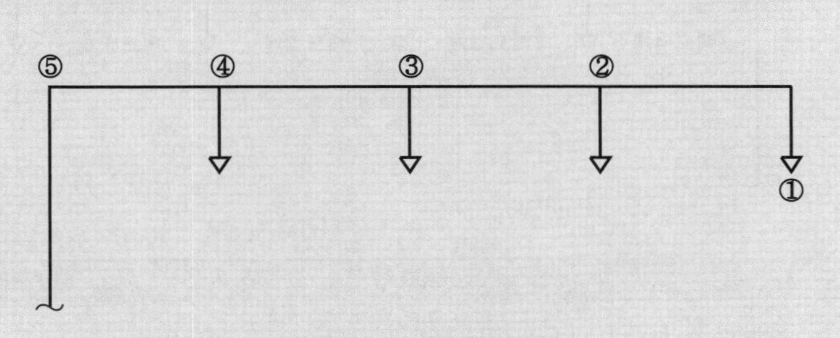

〔조건〕

① 속도수두는 계산과정에서 무시할 것
② 헤드부착관 및 관부속품, 관길이 등 주어지지 않은 사항은 고려하지 말 것
③ 배관의 유속은 3m/s로 할 것
④ 배관구경은 소수점 이하 1째자리까지만 구할 것
⑤ 배관의 호칭구경은 15mm, 20mm, 25mm, 32mm, 40mm, 50mm, 65mm, 80mm, 100mm로 한다.

구 분	계산과정	배관구경	호칭구경
①~②지점			
②~③지점			
③~④지점			
④~⑤지점			

해답

구 분	계산과정	배관구경	호칭구경
①~②지점	$\sqrt{\frac{4\times0.001}{\pi\times3}} \fallingdotseq 0.0206\text{m} = 20.6\text{mm}$	20.6mm	25mm
②~③지점	$\sqrt{\frac{4\times0.002}{\pi\times3}} \fallingdotseq 0.0291\text{m} = 29.1\text{mm}$	29.1mm	32mm
③~④지점	$\sqrt{\frac{4\times0.003}{\pi\times3}} \fallingdotseq 0.0356\text{m} = 35.6\text{mm}$	35.6mm	40mm
④~⑤지점	$\sqrt{\frac{4\times0.004}{\pi\times3}} \fallingdotseq 0.0412\text{m} = 41.2\text{mm}$	41.2mm	50mm

해설 **유량**

$$Q = AV = \left(\frac{\pi D^2}{4}\right)V$$

여기서, Q : 유량〔m^3/s〕
A : 단면적〔m^2〕
V : 유속〔m/s〕
D : 내경(구경)〔m〕

내경 $D=\sqrt{\frac{4Q}{\pi V}}$

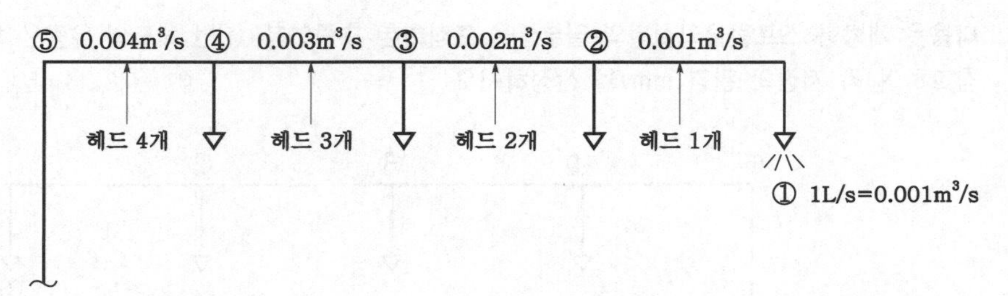

‖ 각 배관의 유량 ‖

구 분	계산과정	배관구경	호칭구경
①~② 지점	$D=\sqrt{\frac{4Q}{\pi V}}=\sqrt{\frac{4\times 0.001\text{m}^3/\text{s}}{\pi\times 3\text{m/s}}}\fallingdotseq 0.0206\text{m}=20.6\text{mm}$ ([조건 ④]에 의해 소수점 이하 1째자리까지만 적용)	20.6mm	**25mm** ([조건 ⑤]에 의해 20.6mm보다 같거나 큰 값 적용)
②~③ 지점	$D=\sqrt{\frac{4Q}{\pi V}}=\sqrt{\frac{4\times 0.002\text{m}^3/\text{s}}{\pi\times 3\text{m/s}}}\fallingdotseq 0.0291\text{m}=29.1\text{mm}$ ([조건 ④]에 의해 소수점 이하 1째자리까지만 적용)	29.1mm	**32mm** ([조건 ⑤]에 의해 29.1mm보다 같거나 큰 값 적용)
③~④ 지점	$D=\sqrt{\frac{4Q}{\pi V}}=\sqrt{\frac{4\times 0.003\text{m}^3/\text{s}}{\pi\times 3\text{m/s}}}\fallingdotseq 0.0356\text{m}=35.6\text{mm}$ ([조건 ④]에 의해 소수점 이하 1째자리까지만 적용)	35.6mm	**40mm** ([조건 ⑤]에 의해 35.6mm보다 같거나 큰 값 적용)
④~⑤ 지점	$D=\sqrt{\frac{4Q}{\pi V}}=\sqrt{\frac{4\times 0.004\text{m}^3/\text{s}}{\pi\times 3\text{m/s}}}\fallingdotseq 0.0412\text{m}=41.2\text{mm}$ ([조건 ④]에 의해 소수점 이하 1째자리까지만 적용)	41.2mm	**50mm** ([조건 ⑤]에 의해 41.2mm보다 같거나 큰 값 적용)

- V(3m/s) : [조건 ③]에서 주어진 값
- 1000L=1m³이므로 1L/s=0.001m³/s : 문제에서 주어진 값

" 갈 수 있는 한 최대한 멀리 가보지 않는다면 어떻게 나의 한계를 알 수 있겠는가?
최대한 멀리 나아가보자. 나의 한계가 어디까지인지. "

- A.E.하치너 -

2017. 11. 11 시행

2017년 산업기사 제4회 필답형 실기시험

자격종목	시험시간	형별	수험번호	성명	감독위원 확인
소방설비산업기사(기계분야)	2시간 30분				

※ 다음 물음에 답을 해당 답란에 답하시오.(배점 : 100)

☆☆
문제 01

옥내소화전 3개를 설치하고 어느 한 층에서 압력을 측정한 결과 0.2MPa이었다. 이때 노즐구경은 몇 mm인지 구하시오. (단, 하나의 노즐에서 방사하는 유량은 130L/min이다.) (11.11.문16, 08.11.문3)

○ 계산과정 :
○ 답 :

유사문제부터 풀어보세요. 실력이 팍!팍! 올라갑니다.

득점	배점
	6

해답
○ 계산과정 : $\sqrt{\dfrac{130}{0.653\times\sqrt{10\times0.2}}} = 11.864 \fallingdotseq 11.86\text{mm}$
○ 답 : 11.86mm

해설 **노즐**의 **방수량**에 대한 **식**

노즐의 흐름계수가 주어지지 않은 경우	노즐의 흐름계수가 주어진 경우
$Q=0.653D^2\sqrt{10P}$	$Q=0.6597CD^2\sqrt{10P}$
여기서, Q : 방수량〔L/min〕 D : 관의 내경(노즐구경)〔mm〕 P : 동압〔MPa〕	여기서, Q : 방수량〔L/min〕 C : 노즐의 흐름계수 D : 관의 내경(노즐구경)〔mm〕 P : 동압〔MPa〕

노즐의 흐름계수가 주어지지 않았으므로

$$Q=0.653D^2\sqrt{10P}$$

$$\frac{Q}{0.653\sqrt{10P}}=D^2$$

좌우를 이항하면

$$D^2=\frac{Q}{0.653\sqrt{10P}}$$

$$\sqrt{D^2}=\sqrt{\frac{Q}{0.653\sqrt{10P}}}$$

$$D=\sqrt{\frac{Q}{0.653\sqrt{10P}}}=\sqrt{\frac{130\text{L/min}}{0.653\times\sqrt{10\times0.2\text{MPa}}}}=11.864\fallingdotseq 11.86\text{mm}$$

- 노즐구경을 구하는 문제는 노즐 1개의 유량(방수량)을 기준으로 한다는 것을 기억하라! 옥내소화전 3개를 설치했다고 해서 N=최대 2개이므로 $Q=N\times130\text{L/min}=2\times130\text{L/min}=260\text{L/min}$을 적용하면 틀린다.

용어

흐름계수(flow coefficeint)	수축계수
① 이론유량은 실제유량보다 크게 나타나는데 이 차이를 보정해 주기 위한 계수 ② 흐름계수=유량계수=유출계수=방출계수=유동계수=송출계수	① 유체가 오리피스 등으로부터 흘러나올 때 단면이 어느 정도 수축되는데 그 수축되는 비율 ② 수축계수=축류계수

☆☆

문제 02

다음은 스프링클러헤드의 설치방향에 따른 그림이다. ( ) 안에 명칭을 쓰시오. (15.7.문2, 09.7.문1)

득점	배점
	6

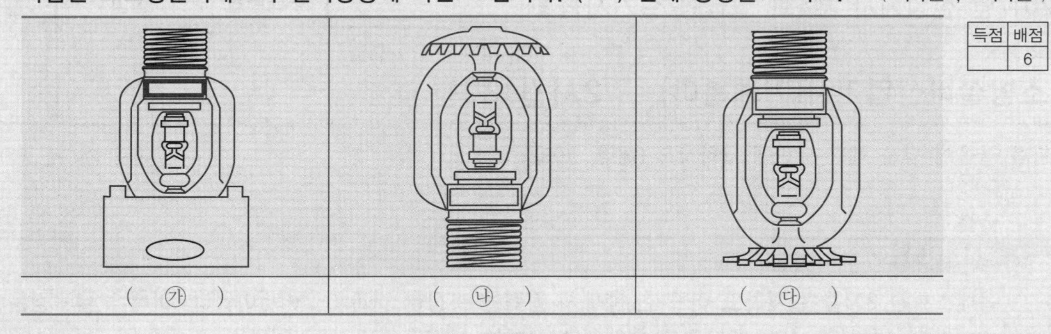

해답 ㉮ 측벽형 스프링클러헤드
㉯ 상향형 스프링클러헤드
㉰ 하향형 스프링클러헤드

해설 **스프링클러헤드**의 **설치방향**에 따른 **분류**

구 분	측벽형(sidewall type)	상향형(upright type)	하향형(pendent type)
설명	실내의 **벽상부**에 설치하며, 폭이 **9m** 이하인 경우에 사용한다.	**반자**가 **없는 곳**에 설치하며, 살수방향은 **상향**이다.	**반자**가 **있는 곳**에 설치하며, 살수방향은 **하향**이다.
도해	▮측벽형▮	▮상향형▮	▮하향형▮

비교

스프링클러헤드

(1) **설계** 및 **성능특성**에 따른 **분류**

분 류	설 명
화재조기진압형 스프링클러헤드 (early suppression fast-response sprinkler head)	화재를 **초기**에 **진압**할 수 있도록 정해진 면적에 충분한 물을 방사할 수 있는 빠른 작동능력의 스프링클러헤드
라지 드롭 스프링클러헤드 (large drop sprinkler head)	동일 조건의 수(水)압력에서 표준형 헤드보다 **큰 물방울**을 방출하여 저장창고 등에서 발생하는 **대형 화재**를 **진압**할 수 있는 헤드
주거형 스프링클러헤드 (residential sprinkler head)	폐쇄형 헤드의 일종으로 **주거지역**의 화재에 적합한 감도·방수량 및 살수분포를 갖는 헤드로서 **간이형 스프링클러헤드**를 포함
랙크형 스프링클러헤드 (rack sprinkler head)	**랙크식 창고**에 설치하는 헤드로서 상부에 설치된 헤드의 방출된 물에 의해 작동에 지장이 생기지 아니하도록 **보호판**이 **부착**된 헤드
플러시 스프링클러헤드 (flush sprinkler head)	부착나사를 포함한 몸체의 일부나 전부가 **천장면 위**에 설치되어 있는 스프링클러헤드
리세스드 스프링클러헤드 (recessed sprinkler head)	부착나사 이외의 몸체 일부나 전부가 **보호집 안**에 설치되어 있는 스프링클러헤드

컨실드 스프링클러헤드 (concealed sprinkler head)	리세스드 스프링클러헤드에 **덮개**가 **부착**된 스프링클러헤드
속동형 스프링클러헤드 (quick-response sprinkler head)	화재로 인한 **감응속도**가 일반 스프링클러보다 **빠른** 스프링클러로서 **사람**이 **밀집**한 **지역**이나 인명피해가 우려되는 장소에 가장 빨리 작동되도록 설계된 스프링클러헤드
드라이 펜던트 스프링클러헤드 (dry pendent sprinkler head)	**동파방지**를 위하여 롱니플 내에 **질소가스**가 충전되어 있는 헤드로 습식과 건식 시스템에 사용되며, 배관 내의 물이 스프링클러 몸체에 들어가지 않도록 설계되어 있다.

(2) **감열부**의 **구조** 및 **재질**에 따른 **분류**

퓨지블링크형(fusible link type)	**글라스벌브형**(glass bulb type)
화재감지속도가 빨라 신속히 작동하며, 파손시 **재생**이 **가능**하다.	유리관 내에 **액체**를 **밀봉**한 것으로 동작이 정확하며, 녹이 슬 염려가 없어 반영구적이다.
‖퓨지블링크형‖	‖글라스벌브형‖

☆☆
문제 03

옥내소화전설비의 수원은 산출된 유효수량의 $\frac{1}{3}$ 이상을 옥상에 설치하여야 한다. 설치 예외사항을 5가지만 쓰시오. (13.11.문11, 06.7.문3)

○
○
○
○
○

득점	배점
	5

해답 ① 지하층만 있는 건축물
② 고가수조를 가압송수장치로 설치한 옥내소화전설비
③ 수원이 건축물의 최상층에 설치된 방수구보다 높은 위치에 설치된 경우
④ 건축물의 높이가 지표면으로부터 10m 이하인 경우
⑤ 가압수조를 가압송수장치로 설치한 옥내소화전설비

해설 **유효수량**의 $\frac{1}{3}$ **이상**을 **옥상**에 설치하지 않아도 되는 경우(30층 이상은 제외)

(1) **지하층**만 있는 건축물
(2) **고가수조**를 가압송수장치로 설치한 옥내소화전설비
(3) 수원이 건축물의 최상층에 설치된 **방수구**보다 높은 위치에 설치된 경우
(4) 건축물의 높이가 지표면으로부터 **10m** 이하인 경우
(5) **주펌프**와 동등 이상의 성능이 있는 별도의 펌프로서 내연기관의 기동과 연동하여 작동되거나 **비상전원**을 연결하여 설치한 경우
(6) **학교 · 공장 · 창고시설**로서 동결의 우려가 있는 장소
(7) **가압수조**를 가압송수장치로 설치한 옥내소화전설비

용어

유효수량

일반 급수펌프의 후드밸브와 옥내소화전용 펌프의 후드밸브 사이의 수량

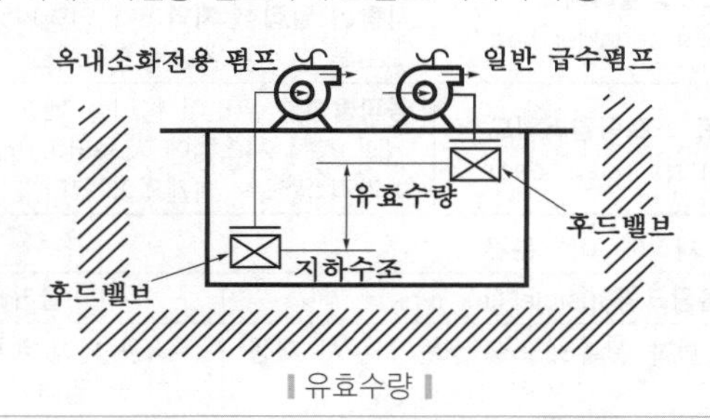

▌유효수량▐

☆☆

문제 04

옥내소화전 압력챔버에 설치되어 있는 압력스위치의 RANGE값이 2MPa이며 DIFF값이 0.3MPa이었다. 다음 물음에 답하시오. (10.7.문9)

(가) 펌프의 기동압력 :

(나) 펌프의 기동정지압력 :

득점	배점
	6

해답 (가) 1.7MPa

(나) 2MPa

해설 (가) **펌프**의 **기동압력** = RANGE − DIFF

= 2MPa − 0.3MPa = 1.7MPa

• 계산과정 쓰는 란이 없으므로 답만 써도 된다.

(나) **펌프**의 **기동정지압력** = RANGE = 2MPa

중요

RANGE와 **DIFF**

구 분	RANGE	DIFF(Difference)
정의	• 펌프의 작동정지점 • 펌프의 정지압력 • 펌프의 기동정지압력	• 펌프의 작동정지점에서 기동점과의 **압력 차이**
도해	MPa 2 — 정지압력(RANGE) 펌프 1.7 — 기동압력 DIFF 낙차압력 ▌압력스위치의 설정▐	

☆☆ 문제 05

옥내소화전설비에서 물올림장치의 감수경보장치가 작동하였다. 감수경보의 원인을 3가지만 쓰시오.

(10.10.문7)

득점	배점
	6

○

○

○

해답 ① 급수밸브의 차단
② 자동급수장치의 고장
③ 물올림장치의 배수밸브의 개방

해설 **물올림장치**의 **감수경보**의 **원인**
(1) 급수밸브의 차단
(2) 자동급수장치의 고장
(3) 물올림장치의 배수밸브의 개방
(4) 후드밸브의 고장

참고

물올림장치

물올림장치는 수원의 수위가 펌프보다 아래에 있을 때 설치하며, 주기능은 펌프와 후드밸브 사이의 흡입관 내에 항상 물을 충만시켜 펌프가 물을 흡입할 수 있도록 하는 설비이다.

※ 물올림수조=호수조=물마중장치=프라이밍탱크(priming tank)

(a) 물올림수조

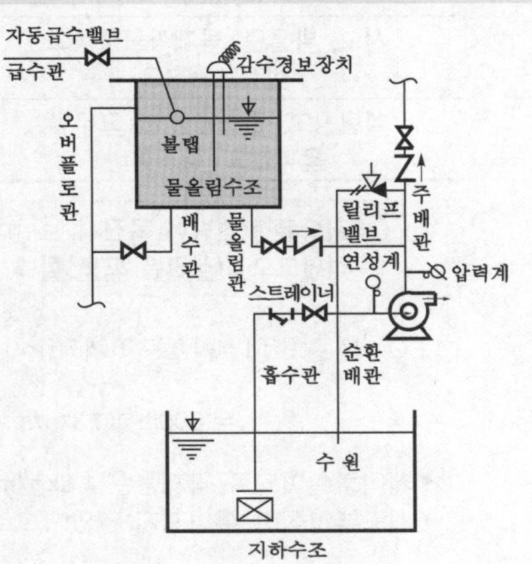

(b) 물올림장치 주위배관

▌물올림장치▐

☆☆☆

문제 06

케이블실의 체적이 $1000m^3$인 방호구역의 CO_2소화설비에서 CO_2 방출시 설계농도를 50%로 하려고 할 때 CO_2량 및 CO_2용기수를 구하시오. (단, 약제 1병당 충전량은 45kg이다.) (10.10.문13)

득점	배점
	6

(가) CO_2량을 구하시오.
 ○ 계산과정 :
 ○ 답 :

(나) CO_2용기수를 구하시오.
 ○ 계산과정 :
 ○ 답 :

해답 (가) ○ 계산과정 : $1000 \times 1.3 = 1300kg$
 ○ 답 : 1300kg

(나) ○ 계산과정 : $\frac{1300}{45} = 28.88 ≒ 29$병
 ○ 답 : 29병

해설 (가) **심부화재의 약제량 및 개구부가산량**

방호대상물	약제량	개구부가산량 (자동폐쇄장치 미설치시)	설계농도
전기설비, 케이블실 →	$1.3kg/m^3$	$10kg/m^2$	50%
전기설비($55m^3$ 미만)	$1.6kg/m^3$		
서고, **박**물관, **목**재가공품창고, **전**자제품창고	$2.0kg/m^3$		65%
석탄창고, **면**화류창고, **고**무류, **모**피창고, **집**진설비	$2.7kg/m^3$		75%

기억법 서박목전(**선박**이 **목전**에 보인다.)
석면고모집(**석면**은 **고모 집**에 있다.)

CO_2저장량[kg]=방호구역체적[m^3]×약제량[kg/m^3]+개구부면적[m^2]×개구부가산량($10kg/m^2$)

$=1000m^3 \times 1.3kg/m^3 = 1300kg$

- 케이블실이므로 약제량은 **$1.3kg/m^3$**이다.
- 개구부면적이 주어지지 않았으므로 **개구부면적** 및 **개구부가산량**은 적용하지 않는다.

(나)

$$C = \frac{V}{G}$$

여기서, C : 충전비[L/kg]
V : 내용적[L]
G : 저장량(충전량)[kg]

저장용기의 수 $= \frac{CO_2 \text{저장량}}{1\text{병당 저장량(충전량)}} = \frac{1300kg}{45kg} = 28.88 ≒ 29$병

- 저장용기의 수 산정시 계산결과에서 **소수**가 발생하면 반드시 **절상**한다.

☆ 문제 07

그림은 포소화설비에 사용되는 포헤드방식이다. 헤드의 종류와 방사방식을 쓰시오. (11.5.문13)

득점	배점
	8

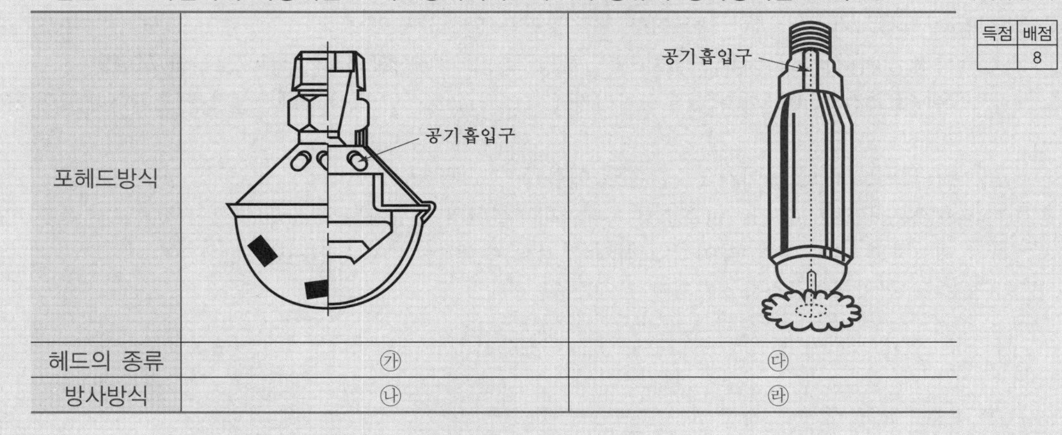

포헤드방식	공기흡입구	공기흡입구
헤드의 종류	㉮	㉰
방사방식	㉯	㉱

해답 ㉮ 포헤드 ㉯ 무상주수 ㉰ 포워터 스프링클러헤드 ㉱ 적상주수

해설 **포소화설비**

구 분	포헤드	포워터 스프링클러헤드
방사방식	무상주수	적상주수
특징	포디플렉터가 없다.	포디플렉터가 있다.
설명	배관 내에서는 포수용액상태로 이동하다가 헤드에서 방사시 공기흡입구에서 공기를 흡입하여 헤드 **그물망**(screen)에 부딪힌 후 포를 생성하게 된다. 공기흡입구 ‖포헤드‖	**항공기격납고** 등에서 사용하는 디플렉터의 구조가 있는 포헤드로서, 포수용액을 방사할 때 헤드 내 흡입된 공기에 의해 포를 형성하며 발생된 포를 **디플렉터**(deflector)로 방사시킨다. 물만을 방사할 경우는 스프링클러 개방형 헤드와 유사한 특성이 있다. 공기흡입구 ‖포워터 스프링클러헤드‖

중요

방사방식에 따른 **구분**

구 분	무상주수	적상주수	봉상주수
용도	화점이 가까이 있을 때 및 질식효과·유화효과를 필요로 할 때 사용	일반 고체가연물의 화재시 사용	화점이 멀리 있을 때 고체가연물의 대규모 화재시 사용
물방울의 평균직경	**0.1~1mm** 정도	**0.5~6mm** 정도	**6mm** 이상
적용	• 포헤드 • 물분무헤드	• 포워터 스프링클러헤드 • 스프링클러헤드	• 옥내소화전의 방수노즐 • 옥외소화전의 방수노즐

☆☆
문제 08

옥내소화전설비의 방수구에 관해 다음 각 물음에 답하시오. (12.7.문4)

득점	배점
	6

(가) 방수구 설치기준에 관한 내용이다. ( ) 안을 완성하시오.
- ○ 특정소방대상물의 층마다 설치하되, 해당 특정소방대상물의 각 부분으로부터 하나의 옥내소화전 방수구까지의 수평거리가 (①)m(호스릴 옥내소화전설비를 포함한다.) 이하가 되도록 할 것
- ○ 바닥으로부터의 높이가 (②)m 이하가 되도록 할 것
- ○ 호스는 구경 (③)mm(호스릴 옥내소화전설비의 경우에는 25mm) 이상의 것으로서 특정소방대상물의 각 부분에 물이 유효하게 뿌려질 수 있는 길이로 설치할 것

(나) 방수구 설치제외장소를 3가지만 쓰시오.
- ○
- ○
- ○

해답 (가) ① 25 ② 1.5 ③ 40
(나) ① 냉장창고 중 온도가 영하인 냉장실 또는 냉동창고의 냉동실
② 발전소·변전소 등으로서 전기시설이 설치된 장소
③ 야외음악당·야외극장 또는 그 밖의 이와 비슷한 장소

해설 (가) **옥내소화전 방수구의 설치기준**(NFPC 102 7조, NFTC 102 2.4.2)
(1) 특정소방대상물의 **층**마다 설치하되, 해당 특정소방대상물의 각 부분으로부터 하나의 옥내소화전 방수구까지의 **수평거리**가 **25m** 이하가 되도록 할 것
(2) 바닥으로부터의 높이가 **1.5m** 이하가 되도록 할 것
(3) 호스는 구경 **40mm**(호스릴은 **25mm**) 이상의 것으로서 특정소방대상물의 각 부분에 물이 유효하게 뿌려질 수 있는 길이로 설치할 것
(4) **호스릴** 옥내소화전설비의 경우 그 노즐에는 쉽게 **개폐**할 수 있는 장치를 부착할 것

중요

(1) **옥내소화전설비**와 **호스릴 옥내소화전설비**

구 분	옥내소화전설비	호스릴 옥내소화전설비
수평거리	25m 이하	25m 이하
호스구경	40mm 이상	25mm 이상

(2) **설치높이**

0.5~1m 이하	0.8~1.5m 이하	1.5m 이하
① **연**결송수관설비의 송수구·방수구 ② **연**결살수설비의 송수구 ③ **소**화**용**수설비의 채수구 기억법 연소용 51(연소용 오일은 잘 탄다.)	① **제**어밸브(수동식 개방밸브) ② **유**수검지장치 ③ **일**제개방밸브 기억법 제유일85(제가 유일하게 팔았어요.)	① **옥내**소화전설비의 방수구 ② **호**스릴함 ③ **소**화기 기억법 옥내호소 5(옥내에서 호소하시오.)

(나) **옥내소화전 방수구**의 **설치제외장소**(NFPC 102 11조, NFTC 102 2.8.1)
(1) **냉**장창고 중 온도가 영하인 **냉장실** 또는 냉동창고의 **냉동실**
(2) **고**온의 노가 설치된 장소 또는 물과 격렬하게 반응하는 물품의 저장 또는 취급장소
(3) **발전소·변전소** 등으로서 전기시설이 설치된 장소
(4) **식물원·수족관·목욕실·수영장**(관람석 제외) 또는 그 밖의 이와 비슷한 장소
(5) **야외음악당·야외극장** 또는 그 밖의 이와 비슷한 장소

기억법 내냉방 야식고발

☆☆☆
문제 09

경유를 저장하는 탱크의 내부 직경이 20m인 플루팅루프탱크(floating roof tank)에 포소화설비의 특형 방출구를 설치하여 방호하려고 할 때 다음 각 물음에 답하시오.

(16.11.문13, 16.6.문2, 15.4.문9, 14.7.문10, 14.4.문12, 13.11.문3, 13.7.문4, 09.10.문4, 05.10.문12, 02.4.문12)

〔조건〕

득점	배점
	12

① 소화약제는 6%용의 단백포를 사용하며, 포수용액의 분당방출량은 $10L/m^2$ · 분이고, 방사시간은 20분을 기준으로 한다.
② 탱크의 내면과 굽도리판의 간격은 2m로 한다.
③ 펌프의 효율은 65%, 전달계수는 1.1로 한다.

(가) 상기 탱크의 특형 고정포방출구에 의하여 소화하는 데 필요한 포수용액의 양, 수원의 양, 포소화약제 원액의 양은 각각 얼마인지 구하시오.
- ○ 포수용액의 양〔L〕(계산과정 및 답) :
- ○ 수원의 양〔L〕(계산과정 및 답) :
- ○ 포소화약제 원액의 양〔L〕(계산과정 및 답) :

(나) 수원을 공급하는 가압송수장치(펌프)의 분당토출량〔L/min〕을 구하시오.
- ○ 계산과정 :
- ○ 답 :

(다) 펌프의 전양정이 90m라고 할 때 전동기의 출력〔kW〕을 구하시오.
- ○ 계산과정 :
- ○ 답 :

(라) 고발포용 포소화약제의 팽창비범위를 쓰시오.

해답 (가) ① 포수용액의 양

○ 계산과정 : $\frac{\pi}{4}(20^2-16^2)\times 10\times 20\times 1 = 22619.467 \fallingdotseq 22619.47L$ ○ 답 : 22619.47L

② 수원의 양

○ 계산과정 : $\frac{\pi}{4}(20^2-16^2)\times 10\times 20\times 0.94 = 21262.299 \fallingdotseq 21262.3L$ ○ 답 : 21262.3L

③ 포소화약제 원액의 양

○ 계산과정 : $\frac{\pi}{4}(20^2-16^2)\times 10\times 20\times 0.06 = 1357.168 \fallingdotseq 1357.17L$ ○ 답 : 1357.17L

(나) ○ 계산과정 : $\frac{22619.47}{20} = 1130.973 \fallingdotseq 1130.97L/min$ ○ 답 : 1130.97L/min

(다) ○ 계산과정 : $\frac{0.163\times 1.13097\times 90}{0.65}\times 1.1 = 28.077 \fallingdotseq 28.08kW$ ○ 답 : 28.08kW

(라) 80~1000배 미만

해설 (가)

$$Q = A\times Q_1\times T\times S$$

여기서, Q : 포소화약제의 양〔L〕
A : 탱크의 액표면적〔m^2〕
Q_1 : 단위 포소화수용액의 양〔L/m^2 · 분〕
T : 방출시간〔분〕
S : 포소화약제의 사용농도

(1) **포수용액**의 **양** Q는

$$Q = A\times Q_1\times T\times S = \frac{\pi}{4}(20^2-16^2)m^2\times 10L/m^2\cdot 분\times 20분\times 1 = 22619.467 \fallingdotseq 22619.47L$$

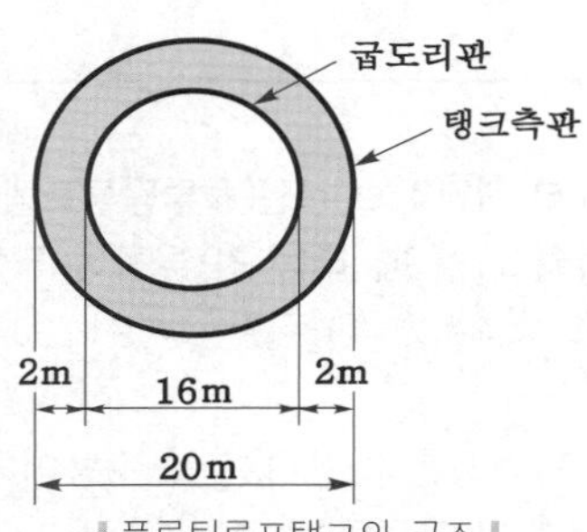

▌플루팅루프탱크의 구조▐

- 포수용액의 **농도** S는 항상 1이다.

(2) **수원**의 **양** Q는

$$Q = A \times Q_1 \times T \times S = \frac{\pi}{4}(20^2 - 16^2)\text{m}^2 \times 10\text{L/m}^2 \cdot \text{분} \times 20\text{분} \times 0.94 = 21262.299 ≒ 21262.3\text{L}$$

- 〔조건 ①〕에서 **6%**용 포이므로 수원(물)은 **94%**(100−6=94%)가 되어 농도 $S = 0.94$

(3) 포소화약제 **원액**의 **양** Q는

$$Q = A \times Q_1 \times T \times S = \frac{\pi}{4}(20^2 - 16^2)\text{m}^2 \times 10\text{L/m}^2 \cdot \text{분} \times 20\text{분} \times 0.06 = 1357.168 ≒ 1357.17\text{L}$$

- 〔조건 ①〕에서 **6%**용 포이므로 농도 $S = 0.06$

(나) 펌프의 토출량은 **포수용액**을 **기준**으로 하므로

$$\frac{22619.47\text{L}}{20\text{min}} = 1130.973 ≒ 1130.97\text{L/min}$$

- 22619.47L : (가)에서 구한 값
- 방사시간이 20분=**20min** : 〔조건 ①〕에서 주어진 값
- 토출량의 단위〔L/min〕를 보면 쉽게 계산할 수 있다.

(다)

$$P = \frac{0.163QH}{\eta}K$$

여기서, P : 전동력(전동기의 출력)〔kW〕, Q : 유량〔m^3/min〕
H : 전양정〔m〕, K : 전달계수, η : 효율

전동기의 **출력** P는

$$P = \frac{0.163QH}{\eta}K = \frac{0.163 \times 1130.97\text{L/min} \times 90\text{m}}{0.65} \times 1.1$$

$$= \frac{0.163 \times 1.13097\text{m}^3/\text{min} \times 90\text{m}}{0.65} \times 1.1 = 28.077 ≒ 28.08\text{kW}$$

◈ **고민상담** ◈

답안 작성시 **'이상'**이란 말은 꼭 붙이지 않아도 된다. 원칙적으로 여기서 구한 값은 **최소값**이므로 **'이상'**을 붙이는 것이 정확한 답이지만, **한국산업인력공단**의 공식답변에 의하면 **'이상'**이란 말까지는 붙이지 않아도 **옳은 답**으로 **채점**한다고 한다.

(라) **팽창비**

저발포	고발포
• **20배** 이하	• 제1종 기계포 : **80~250배** 미만 • 제2종 기계포 : **250~500배** 미만 • 제3종 기계포 : **500~1000배** 미만

※ **고발포** : 80~1000배 미만

기억법 저2, 고81

☆☆☆
문제 10

지하 1층 지상 12층의 사무실건물에 있어서 11층 이상에 화재안전기준과 다음 조건에 따라 스프링클러 설비를 설계하려고 한다. 다음 각 물음에 답하시오. (15.7.문16, 14.11.문4)

득점	배점
	10

〔조건〕

① 11층 및 12층에 설치하는 폐쇄형 스프링클러헤드의 수량은 각각 80개이다.
② 펌프의 후드밸브로부터 최상층 스프링클러헤드까지의 실고는 60m이다.
③ 수직배관의 마찰손실수두를 제외한 펌프의 후드밸브로부터 최상층 즉, 가장 먼 스프링클러헤드까지의 마찰 및 저항 손실수두는 20m이다.
④ 모든 규격치는 최소량을 적용한다.
⑤ 펌프의 효율은 65%이며, 전달계수는 1.1이다.

(가) 펌프의 최소유량〔L/min〕을 산정하시오.
- 계산과정 :
- 답 :

(나) 수원의 최소유효저수량〔m^3〕을 산정하시오.
- 계산과정 :
- 답 :

(다) 펌프의 최소토출압력〔MPa〕을 구하시오.
- 계산과정 :
- 답 :

(라) 펌프의 동력〔kW〕을 계산하시오.
- 계산과정 :
- 답 :

(마) 불연재료로 된 천장에 헤드를 다음 그림과 같이 정방형으로 배치하려고 한다. A의 최대길이를 계산하시오. (단, 건물은 내화구조이다.)
- 계산과정 :
- 답 :

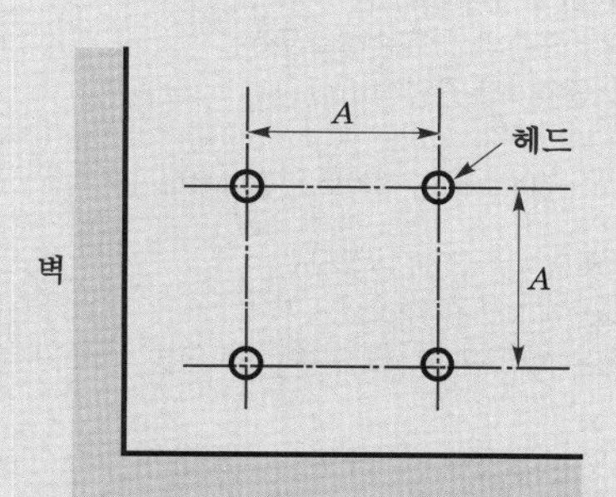

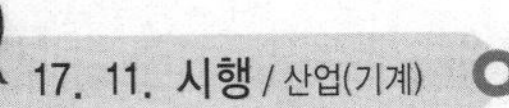

해답 (가) ○ 계산과정 : $30 \times 80 = 2400\text{L/min}$

○ 답 : 2400L/min

(나) ○ 계산과정 : $1.6 \times 30 = 48\text{m}^3$

○ 답 : 48m^3

(다) ○ 계산과정 : $20 + 60 + 10 = 90\text{m} = 0.9\text{MPa}$

○ 답 : 0.9MPa

(라) ○ 계산과정 : $\frac{0.163 \times 2.4 \times 90}{0.65} \times 1.1 = 59.582 \fallingdotseq 59.58\text{kW}$

○ 답 : 59.58kW

(마) ○ 계산과정 : $2 \times 2.3 \times \cos 45^\circ = 3.252 \fallingdotseq 3.25\text{m}$

○ 답 : 3.25m

해설 (가)

특정소방대상물		폐쇄형 헤드의 기준개수
지하가 · 지하역사		30
11층 이상 →		
10층 이하	공장(특수가연물)	
	판매시설(백화점 등), 복합건축물(판매시설이 설치된 복합건축물)	
	근린생활시설, 운수시설	20
	8m 이상	
	8m 미만	10

펌프의 **최소유량** Q는

$Q = N \times 80\text{L/min} = 30 \times 80\text{L/min} = 2400\text{L/min}$

- N : 폐쇄형 헤드의 기준개수로서 〔조건 ①〕에서 **11층** 이상이므로 위 표에서 **30개**

(나) **수원**의 **최소유효저수량** Q는

$Q = 1.6N$(30층 미만)
$Q = 3.2N$(30~49층 이하)
$Q = 4.8N$(50층 이상)

여기서, Q : 수원의 저수량〔m^3〕
N : 폐쇄형 헤드의 기준개수(설치개수가 기준개수보다 작으면 그 설치개수)

$Q = 1.6N = 1.6 \times 30 = 48\text{m}^3$

- **12층**으로서 **30층 미만**이므로 $Q = 1.6N$식 적용
- N : 폐쇄형 헤드의 기준개수로서 〔조건 ①〕에서 **11층** 이상이므로 위 표에서 **30개**

(다) **펌프**의 **최소양정**

$$H = h_1 + h_2 + 10$$

여기서, H : 전양정(펌프의 최소양정)〔m〕
h_1 : 배관 및 관부속품의 마찰손실수두〔m〕
h_2 : 실양정(흡입양정+토출양정)〔m〕

펌프의 **최소양정** H는

$H = h_1 + h_2 + 10 = 20\text{m} + 60\text{m} + 10 = 90\text{m} = 0.9\text{MPa}$

- h_1(20m) : 〔조건 ③〕에서 주어진 값
- h_2(60m) : 〔조건 ②〕에서 주어진 값
- 스프링클러설비의 화재안전기준에 의해 100m=1MPa이므로 90m=0.9MPa

(라) **펌프**의 **동력**

$$P = \frac{0.163\,QH}{\eta}K$$

여기서, P : 동력〔kW〕
Q : 유량〔m^3/min〕
H : 전양정〔m〕
K : 전달계수
η : 효율

펌프의 **동력** P는

$$P=\frac{0.163\,QH}{\eta}K=\frac{0.163\times2400\text{L/min}\times90\text{m}}{0.65}\times1.1=\frac{0.163\times2.4\text{m}^3\text{/min}\times90\text{m}}{0.65}\times1.1=59.582\fallingdotseq59.58\text{kW}$$

- Q(2400L/min) : (가)에서 구한 값
- H(90m) : (다)에서 구한 값
- K(1.1) : 〔조건 ⑤〕에서 주어진 값
- η(0.65) : 〔조건 ⑤〕에서 65%=**0.65**

(마) **정방형**(정사각형) **헤드간격** A는
$A=2R\cos45°=2\times2.3\text{m}\times\cos45°=3.252\fallingdotseq3.25\text{m}$

설치장소	설치기준(R)
무대부 · **특**수가연물	수평거리 **1.7m** 이하
기타구조(일반구조)	수평거리 **2.1m** 이하
내화구조 →	수평거리 **2.3m** 이하
랙크식 창고	수평거리 **2.5m** 이하
공동주택(**아**파트) 세대 내의 거실	수평거리 **3.2m** 이하

기억법 **무 특 기 내 랙 아**
7 1 3 5 2

- 〔단서〕에서 건물은 **내화구조**이므로 위 표에서 수평거리(R)는 **2.3m**

비교

***B*의 간격**
$B=\frac{A}{2}=\frac{3.25\text{m}}{2}=1.625\fallingdotseq1.63\text{m}$

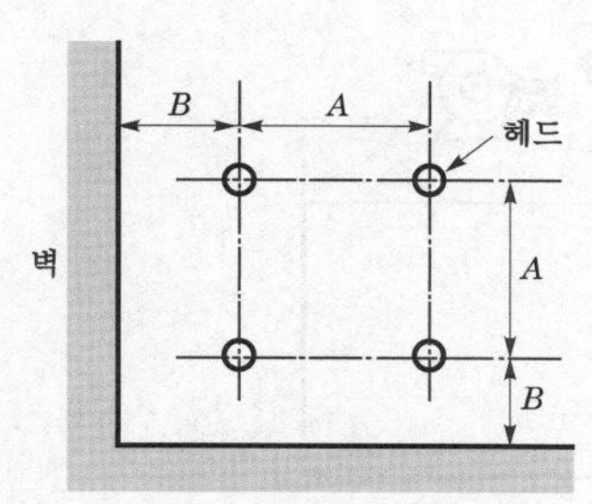

중요

헤드의 배치형태

정방형(정사각형)	장방형(직사각형)	지그재그형(나란히꼴형)
$S=2R\cos45°,\ L=S$ 여기서, S : 수평헤드간격〔m〕 R : 수평거리〔m〕 L : 배관간격〔m〕	$S=\sqrt{4R^2-L^2}$ $L=2R\cos\theta$ $S'=2R$ 여기서, S : 수평헤드간격〔m〕 R : 수평거리〔m〕 L : 배관간격〔m〕 S' : 대각선 헤드간격〔m〕 θ : 각도	$S=2R\cos30°$ $b=2R\cos30°$ $L=\frac{b}{2}$ 여기서, S : 수평헤드간격〔m〕 R : 수평거리〔m〕 b : 수직헤드간격〔m〕 L : 배관간격〔m〕

☆☆

문제 11

소화설비용 펌프의 흡입측 배관에 대하여 다음 각 물음에 답하시오. (15.4.문6, 기사 11.7.문15, 11.5.문11)

득점	배점
	10

(가) 미완성된 그림을 완성하시오.

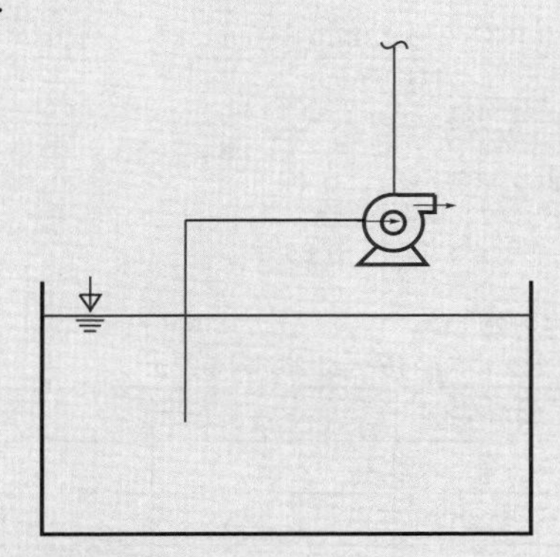

(나) 흡입관에 부착하는 밸브류 등의 관부속품 종류 5가지와 기능을 쓰시오.

○

○

○

○

○

해답 (가)

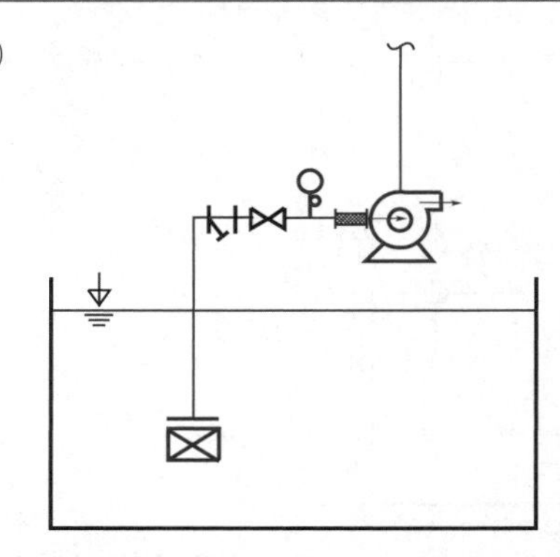

(나) ① 플렉시블 조인트 : 펌프의 진동흡수
② 진공계 : 대기압 이하의 압력측정
③ 개폐표시형 밸브 : 유체의 흐름 차단 또는 조정
④ Y형 스트레이너 : 배관 내 이물질 제거
⑤ 후드밸브 : 펌프흡입측 배관의 만수상태 유지

해설

- ② **'연성계 : 정 · 부의 압력측정'**이라고 써도 정답
- ③ **게이트밸브**라고 써도 정답

(1) **부착순서**

펌프흡입측 배관	펌프토출측 배관
플렉시블 조인트-연성계(또는 진공계)-개폐표시형 밸브(게이트밸브)-Y형 스트레이너-후드밸브	플렉시블 조인트-압력계-체크밸브-개폐표시형 밸브(게이트밸브)

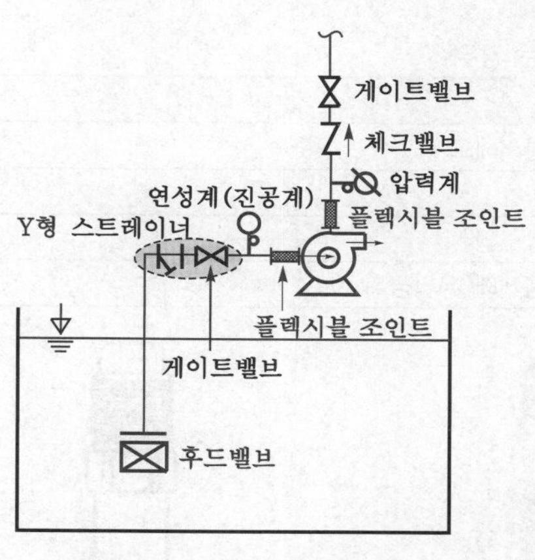

▌옳은 배관 ①▐

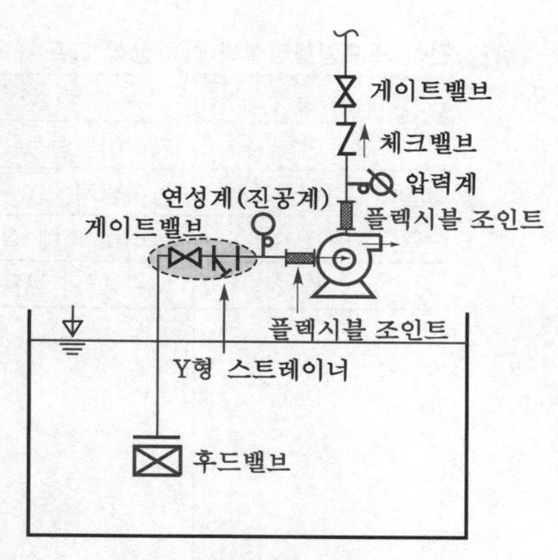

▌옳은 배관 ②▐

● 게이트밸브와 Y형 스트레이너의 위치는 서로 바뀌어도 된다.

(2) **흡입측 배관**

종 류	기 능
플렉시블 조인트	① **펌프**의 **진동흡수** ② 펌프 또는 **배관**의 **진동흡수**
진공계	대기압 이하의 압력측정
연성계	① **정 · 부**의 **압력측정** ② 대기압 이상의 압력과 이하의 압력측정
개폐표시형 밸브(게이트밸브)	① 유체의 **흐름 차단** 또는 **조정** ② 배관 도중에 설치하여 유체의 흐름을 완전히 차단 또는 조정
Y형 스트레이너	① 배관 내 **이물질 제거** ② 배관 내의 이물질을 제거하기 위한 기기로서 여과망이 달린 둥근통이 45° 경사지게 부착
후드밸브	① 펌프흡입측 배관의 만수상태 유지 ② **흡입관**을 **만수상태**로 만들어 주기 위한 기능 ③ 원심펌프의 흡입관 아래에 설치하여 펌프가 기동할 때 흡입관을 만수상태로 만들어 주기 위한 밸브

☆☆

문제 12

건식 스프링클러설비에 하향식 헤드를 사용할 때의 헤드의 이름과 설치이유를 쓰시오. (07.4.문13)

○ 헤드이름 :

○ 설치이유 :

득점	배점
	4

해답 ○ 헤드이름 : 드라이펜던트 스프링클러헤드

○ 설치이유 : 동파방지

해설 **건식 스프링클러설비**에 **하향식 헤드**를 **사용**하는 경우

구 분	설 명
헤드이름	드라이펜던트 스프링클러헤드
설치이유(사용목적)	동파방지
구조	롱니플 내에 질소가스 주입
기능	배관 내의 물을 헤드몸체에 유입금지
실물	질소가스 주입 / 천장면 / 헤드 나사받이(와셔) (a) (b) ▌드라이펜던트형 헤드 ▌

☆☆
문제 13

지하구 연소방지설비에서 헤드의 설치기준에 관한 다음 ( ) 안을 완성하시오. (13.4.문3, 06.4.문2)

득점	배점
	5

- 천장 또는 (①)에 설치할 것
- 헤드간의 수평거리는 연소방지설비 전용헤드의 경우에는 (②)m 이하, 스프링클러헤드의 경우에는 (③)m 이하로 할 것
- 소방대원의 출입이 가능한 환기구・작업구마다 지하구의 양쪽 방향으로 살수헤드를 설치하되, 한쪽 방향의 살수구역의 길이는 (④)m 이상으로 할 것. 단, 환기구 사이의 간격이 (⑤)m를 초과할 경우에는 (⑤)m 이내마다 살수구역을 설정하되, 지하구의 구조를 고려하여 방화벽을 설치한 경우에는 그러하지 아니하다.

해답 ① 벽면
② 2
③ 1.5
④ 3
⑤ 700

해설 **연소방지설비**의 **헤드**의 **설치기준**(NFPC 605 8조, NFTC 605 2.4.2)

(1) **천장** 또는 **벽면**에 설치할 것
(2) 헤드간의 수평거리는 **연소방지설비 전용헤드**의 경우에는 **2m 이하**, **스프링클러헤드**의 경우에는 **1.5m 이하**로 할 것

(3) 소방대원의 출입이 가능한 **환기구 · 작업구**마다 지하구의 양쪽 방향으로 살수헤드를 설치하되, 한쪽 방향의 살수구역의 길이는 **3m** 이상으로 할 것(단, 환기구 사이의 간격이 **700m**를 초과할 경우에는 **700m** 이내마다 살수구역을 설정하되, 지하구의 구조를 고려하여 방화벽을 설치한 경우는 제외)

중요

연소방지설비 살수구역수

$$\text{살수구역수} = \frac{\text{지하구의 길이[m]}}{700\text{m}} - 1(\text{절상})$$

☆☆☆

문제 14

다음 그림은 어느 습식 스프링클러설비에서 배관의 일부를 나타내는 평면도이다. 주어진 조건을 참조하여 점선 내의 배관에 관부속품을 산출하여 빈칸에 수치를 넣으시오.

(16.11.문2, 11.5.문14, 08.11.문13, 07.11.문7)

득점	배점
	10

〔조건〕

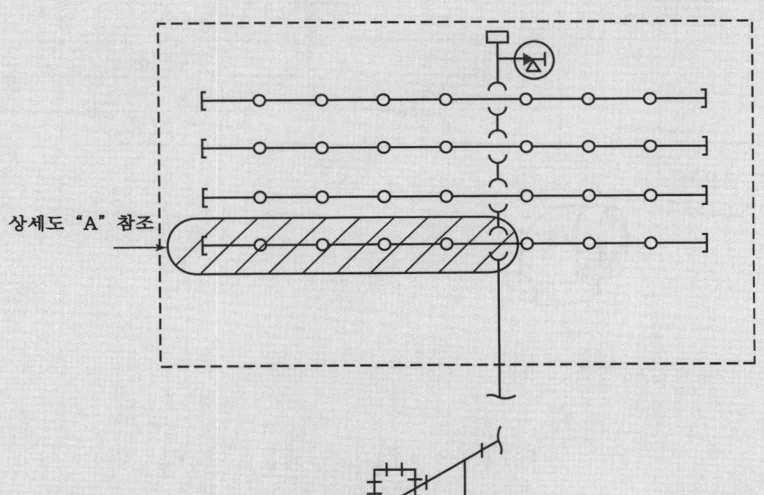

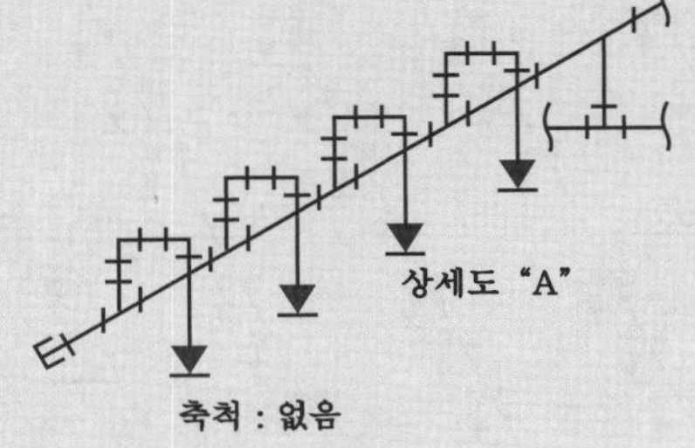

구 분 \ 급수관의 구경	25mm	32mm	40mm	50mm	65mm	80mm	90mm	100mm
폐쇄형 헤드수	2개	3개	5개	10개	30개	60개	80개	100개

관부속품	개 수	관부속품	개 수
90° 엘보		티 25×25×25A	
캡		리듀셔 65×50A	
티 65×65×50A		리듀셔 50×40A	
티 50×50×50A		리듀셔 50×32A	
티 40×40×40A		리듀셔 40×32A	
티 40×40×25A		리듀셔 32×25A	
티 32×32×25A		리듀셔 25×15A	

해답

관부속품	개 수	관부속품	개 수
90° 엘보	56개	티 25×25×25A	16개
캡	8개	리듀셔 65×50A	1개
티 65×65×50A	3개	리듀셔 50×40A	5개
티 50×50×50A	5개	리듀셔 50×32A	4개
티 40×40×40A	1개	리듀셔 40×32A	4개
티 40×40×25A	4개	리듀셔 32×25A	8개
티 32×32×25A	8개	리듀셔 25×15A	28개

해설 (1) **90° 엘보**

① 25A : **56개**

‖ 90° 엘보 ‖

② 90° 엘보 25A : □로 표시하면 다음과 같다.

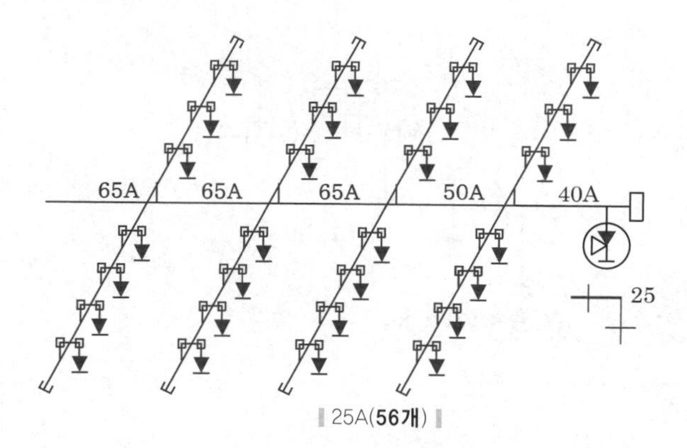

‖ 25A(**56개**) ‖

(2) **캡**

① 캡 : **8개**

‖ 캡 ‖

② 캡 : ◌로 표시하면 다음과 같다.

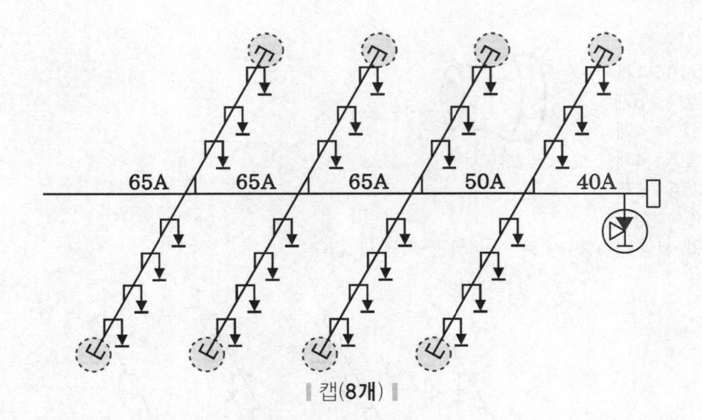

▌캡(8개)▌

(3) **티**

① 65×65×50A : **3개**
② 50×50×50A : **5개**
③ 40×40×40A : **1개**
④ 40×40×25A : **4개**
⑤ 32×32×25A : **8개**
⑥ 25×25×25A : **16개**

▌티▌

⑦ 각각의 사용위치를 65×65×50A : ●, 50×50×50A : ○, 40×40×40A : ■로 표시하면 다음과 같다.

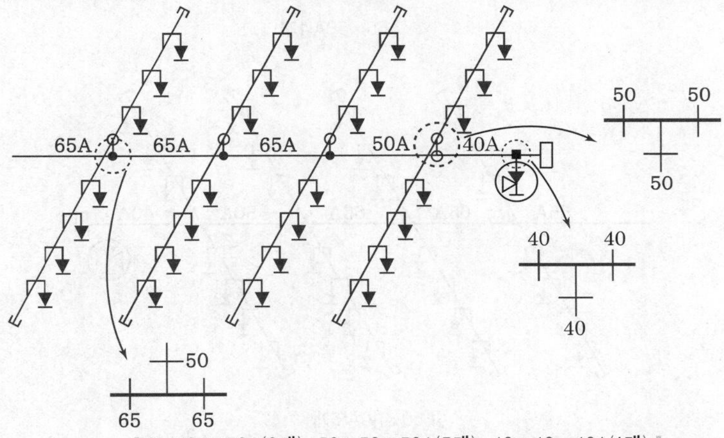

▌65×65×50A(**3개**), 50×50×50A(**5개**), 40×40×40A(**1개**)▌

⑧ 각각의 사용위치를 40×40×25A : ■, 32×32×25A : □, 25×25×25A : △로 표시하면 다음과 같다.

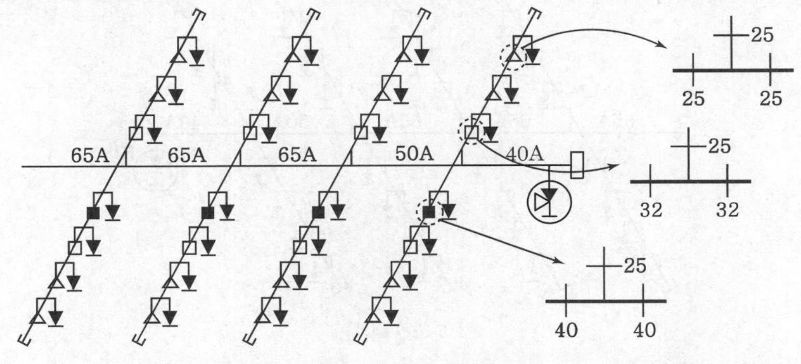

▌40×40×25A(**4개**), 32×32×25A(**8개**), 25×25×25A(**16개**)▌

(4) **리듀셔**

① 65×50A : **1개**
② 50×40A : **5개**
③ 50×32A : **4개**
④ 40×32A : **4개**
⑤ 32×25A : **8개**
⑥ 25×15A : **28개**
⑦ 각각의 사용위치를 ⇒로 표시하면 다음과 같다.

‖ 리듀셔 ‖

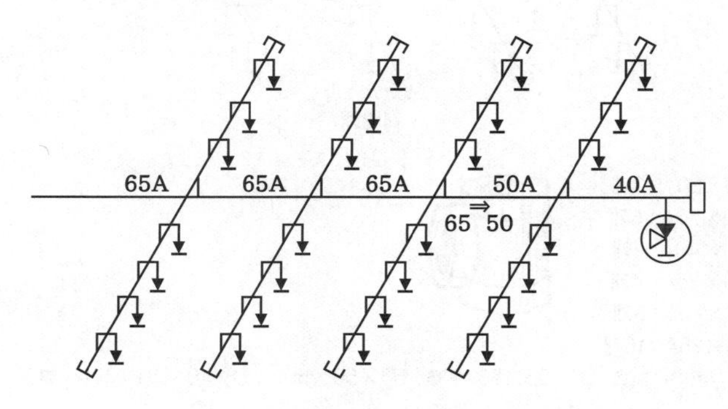

‖ 65×50A(**1개**) ‖

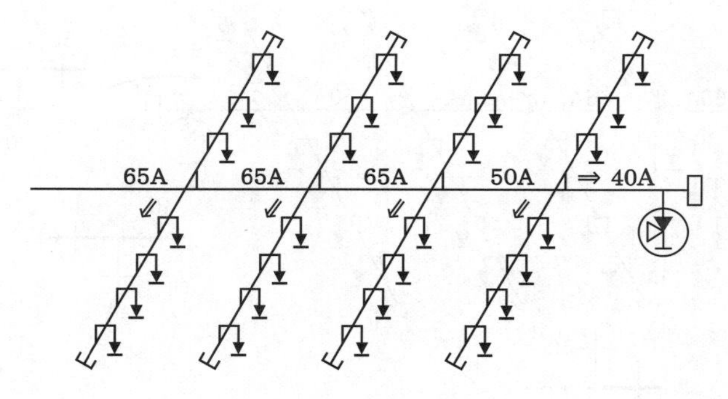

‖ 50×40A(**5개**) ‖

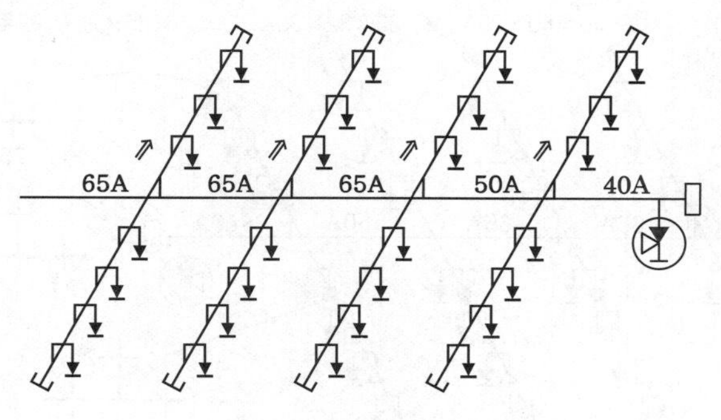

‖ 50×32A(**4개**) ‖

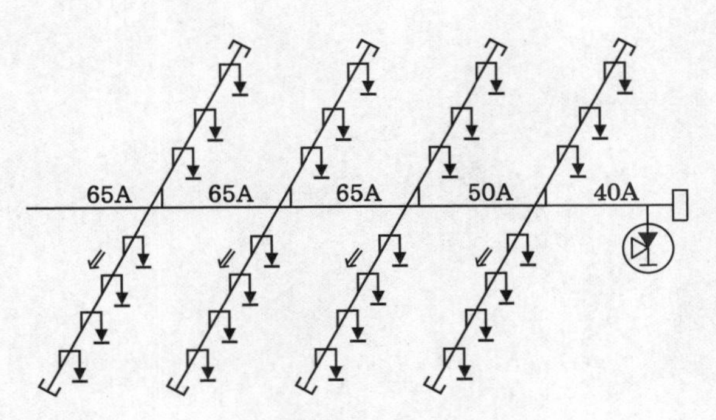

‖ 40×32A(**4개**) ‖

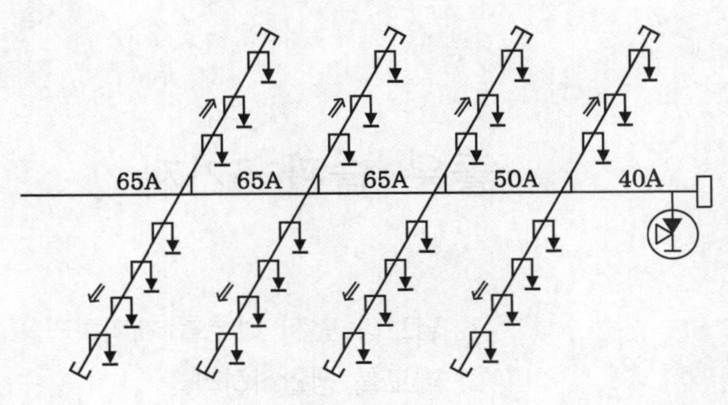

‖ 32×25A(**8개**) ‖

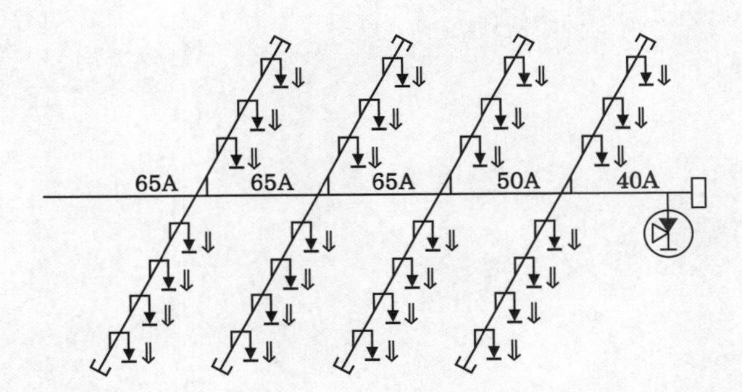

- 스프링클러헤드마다 **1개**씩 설치하여야 한다.

‖ 25×15A(**28개**) ‖

" 아는 것만으로는 충분하지 않다. 적용해야만 한다. 자발적 의지만으로는 충분하지 않다. 실행해야만 한다. "

– 괴테 –

좋은 습관 3가지

1. 남보다 먼저 하루를 계획하라.
2. 메모를 생활화하라.
3. 항상 웃고 남을 칭찬하라.

과년도 기출문제

2016년 소방설비산업기사 실기(기계분야)

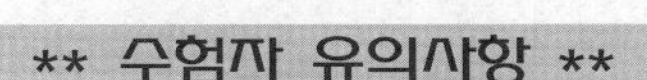

** 수험자 유의사항 **

– 일반사항

1. 시험문제를 받는 즉시 응시하고자 하는 종목의 문제지가 맞는지를 확인하여야 합니다.
2. 시험문제지 총면수 · 문제번호 순서 · 인쇄상태 등을 확인하고(**확인 이후 시험문제지 교체불가**), 수험번호 및 성명을 답안지에 기재하여야 합니다.
3. 부정 또는 불공정한 방법(시험문제 내용과 관련된 메모지 사용 등)으로 시험을 치른 자는 부정행위자로 처리되어 당해 시험을 중지 또는 무효로 하고, 3년간 국가기술자격검정의 응시자격이 정지됩니다.
4. 저장용량이 큰 전자계산기 및 유사 전자제품 사용 시에는 반드시 저장된 메모리를 초기화한 후 사용하여야 하며, 시험위원이 초기화 여부를 확인할 시 협조하여야 합니다. 초기화되지 않은 전자계산기 및 유사 전자제품을 사용하여 적발 시에는 부정행위로 간주합니다.
5. 시험 중에는 통신기기 및 전자기기(휴대용 전화기 및 **스마트워치** 등)를 지참하거나 사용할 수 없습니다.
6. **문제 및 답안(지), 채점기준은 공개하지 않습니다.**
7. 복합형 시험의 경우 시험의 전 과정(필답형, 작업형)을 응시하지 않은 경우 채점대상에서 제외합니다.
8. 국가기술자격 시험문제는 일부 또는 전부가 저작권법상 보호되는 저작물이고, 저작권자는 한국산업인력공단입니다. 문제의 일부 또는 전부를 무단 복제, 배포, 출판, 전자출판 하는 등 저작권을 침해하는 일체의 행위를 금합니다.

– 채점사항

1. 수험자 인적사항 및 계산식을 포함한 답안작성은 흑색 필기구만 사용해야 하며, 그 외 연필류, 빨간색, 청색 등 필기구로 작성한 답항은 0점 처리되오니 불이익을 당하지 않도록 유의해 주시기 바랍니다.
2. 답란에는 문제와 관련 없는 불필요한 낙서나 특이한 기록사항 등을 기재하여서는 안 되며, 답안지의 인적사항 기재란 외의 부분에 답안과 관련 없는 **특수한 표시를 하거나 특정인임을 암시하는 경우 답안지 전체를 0점 처리합니다.**
3. 계산문제는 반드시 「계산과정」과 「답」란에 기재하여야 하며, **계산과정이 틀리거나 없는 경우 0점 처리됩니다.**
4. 계산문제는 최종 결과 값(답)에서 소수 셋째자리에서 반올림하여 둘째자리까지 구하여야 하나 개별문제에서 소수 처리에 대한 요구사항이 있을 경우 그 요구사항에 따라야 합니다.
5. 답에 단위가 없으면 오답으로 처리됩니다. (단, 문제의 요구사항에 단위가 주어졌을 경우는 생략되어도 무방합니다.)
6. 문제에서 요구한 가지수(항수) 이상을 답란에 표기한 경우에는 답란기재 순으로 요구된 가지수(항수)만 채점하고 한 항에 여러 가지를 기재하더라도 한 가지로 보며 그중 정답과 오답이 함께 기재되어 있을 경우 오답으로 처리됩니다.
7. 답안 정정 시에는 정정하고자 하는 단어에 두 줄(=)을 긋고 다시 기재 가능하며, 수정테이프 등은 사용할 수 없으며, 수정테이프 사용 시 채점대상에서 제외됨을 알려드립니다.

※ 수험자 유의사항 미준수로 인한 채점상의 불이익은 수험자 본인에게 책임이 있습니다.

2016. 4. 17 시행

■ 2016년 산업기사 제1회 필답형 실기시험 ■			수험번호	성명	감독위원 확 인
자격종목 **소방설비산업기사(기계분야)**	시험시간 **2시간 30분**	형별			

※ 다음 물음에 답을 해당 답란에 답하시오.(배점 : 100)

☆☆☆

문제 01

다음은 개방형 스프링클러설비의 일부분을 도식화한 그림이다. ①번 헤드에서 법정 방사량(80L/min) 및 압력(0.1MPa)을 보장할 수 있는 ④지점까지 요구되는 송수량〔L/min〕 및 압력〔MPa〕을 구하고자 한다. 다음 표의 빈 곳(㈎~㈔)에 들어갈 값을 구하시오. (17.6.문14, 17.4.문8, 12.7.문2, 07.4.문4)

유사문제부터 풀어보세요.
실력이 팍!팍! 올라갑니다.

득점	배점
	10

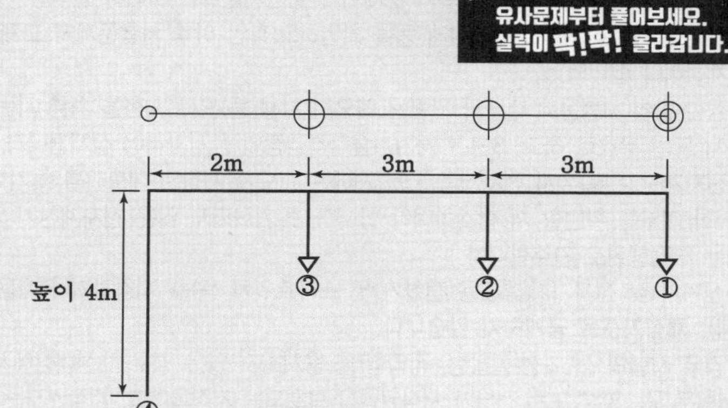

〔조건〕

① 속도수두는 계산과정에서 무시할 것
② 헤드부착관 및 관부속품은 무시하고, 표의 관길이만 고려할 것
③ 요구압력 항목은 계산압력수치를 명기하고 배관은 시작점의 압력을 명기할 것
④ 유량은 소수점 2째자리에서 반올림하여 1째자리까지 구하고, 낙차변화에 대해서는 낙차높이 1m에 대한 요구압력 변화량을 0.01MPa로 할 것

구 분	유 량〔L/min〕	관내경〔mm〕	관길이〔m〕	마찰손실압력〔MPa〕 m 당	마찰손실압력〔MPa〕 총 계	낙차변화〔m〕	요구압력〔MPa〕
① 헤드	80	–	–	–	–	0	0.1
①~②	80	25	3	0.01	㈎	0	㈏
② 헤드	㈐	–	–	–	–	0	㈏
②~③	㈑	25	3	0.02	㈒	0	㈓
③ 헤드	㈔	–	–	–	–	0	㈓
③~④	㈕	32	6	0.01	㈖	4	㈗

구 분	계산과정	답
(가)		
(나)		
(다)		
(라)		
(마)		
(바)		
(사)		
(아)		
(자)		
(차)		

해답

구 분	계산과정	답
(가)	3×0.01=0.03MPa	0.03MPa
(나)	0.1+0.03=0.13MPa	0.13MPa
(다)	$K=\frac{80}{\sqrt{10\times0.1}}=80$, $Q_3=80\sqrt{10\times0.13}=91.21 \fallingdotseq 91.2\text{L/min}$	91.2L/min
(라)	80+91.2=171.2L/min	171.2L/min
(마)	3×0.02=0.06MPa	0.06MPa
(바)	0.13+0.06=0.19MPa	0.19MPa
(사)	$80\sqrt{10\times0.19}=110.27 \fallingdotseq 110.3\text{L/min}$	110.3L/min
(아)	80+91.2+110.3=281.5L/min	281.5L/min
(자)	(4+2)×0.01=0.06MPa	0.06MPa
(차)	0.19+0.06+0.04=0.29MPa	0.29MPa

해설

번 호	유 량 [L/min]	관 경 [mm]	관길이 [m]	마찰손실 [MPa]		낙차변화 [m]	요구압력 [MPa]
				m 당	총 계		
① 헤드	80L/min	–	–	–	–	0	0.1MPa
①~②	80L/min	25	3	0.01	3×0.01 =0.03MPa	0	0.1+0.03 =0.13MPa
② 헤드	$K=\frac{80}{\sqrt{10\times0.1}}=80$ $Q_2=80\sqrt{10\times0.13}$ $=91.21$ $\fallingdotseq 91.2\text{L/min}$	–	–	–	–	0	0.1+0.03 =0.13MPa
②~③	$80+91.2$ $=171.2\text{L/min}$	25	3	0.02	3×0.02 =0.06MPa	0	0.13+0.06 =0.19MPa
③ 헤드	$Q_3=80\sqrt{10\times0.19}$ $=110.27$ $\fallingdotseq 110.3\text{L/min}$	–	–	–	–	0	0.13+0.06 =0.19MPa
③~④	$80+91.2+110.3$ $=281.5\text{L/min}$	32	6	0.01	(4+2)×0.01 =0.06MPa	4	0.19+0.06+0.04 =0.29MPa

① 헤드

(1) 유량

$Q_1 = K\sqrt{10P} = 80$ L/min

- 80L/min : 문제 및 표에서 주어진 값

(2) 요구압력 : 0.1MPa

- 0.1MPa : 문제 및 표에서 주어진 값

구간 ①~②

(1) 유량

$Q_{1\sim2} = K\sqrt{10P} = 80$L/min

- 80L/min : 문제 및 표에서 주어진 값

(2) 마찰손실

$\Delta P_{1\sim2} = 3\text{m} \times 0.01\text{MPa} = 0.03\text{MPa}$

- 3m : 구간 ①~②의 배관길이
- 0.01MPa : 표에서 주어진 m당 마찰손실

(3) 요구압력

$P_{1\sim2} = (0.1 + 0.03)\text{MPa} = 0.13\text{MPa}$

- 0.1MPa : 문제 및 표에서 주어진 값
- 0.03MPa : (가)에서 구한 값

② 헤드

유량

$$Q_1 = K\sqrt{10P}$$ 에서

$$K = \frac{Q_1}{\sqrt{10P}} = \frac{80}{\sqrt{10 \times 0.1}} = 80$$

$Q_2 = K\sqrt{10P} = 80\sqrt{10 \times 0.13} = 91.21 ≒ 91.2$L/min

- 0.13MPa : (나)에서 구한 값
- [조건 ④]에 의해 소수점 2째자리에서 반올림! 이하 모두 적용!!

구간 ②~③

(1) 유량

$Q_{2\sim3} = Q_1 + Q_2 = (80 + 91.2)\text{L/min} = 171.2\text{L/min}$

- 80L/min : 표에서 주어진 값
- 91.2L/min : (다)에서 구한 값

(2) 마찰손실

$\Delta P_{2\sim3} = 3\text{m} \times 0.02\text{MPa} = 0.06\text{MPa}$

- 3m : 구간 ②~③의 배관길이
- 0.02MPa : 표에서 주어진 m당 마찰손실

(3) 요구압력

$P_{2\sim3} = (0.13+0.06)\text{MPa} = 0.19\text{MPa}$

- 0.13MPa : (나)에서 구한 값
- 0.06MPa : (마)에서 구한 값

③ 헤드

유량

$Q_3 = K\sqrt{10P} = 80\sqrt{10\times0.19} = 110.27 \fallingdotseq 110.3\text{L/min}$

- 0.19MPa : (바)에서 구한 값

구간 ③~④

(1) 유량

$Q_{3\sim4} = Q_1 + Q_2 + Q_3 = (80+91.2+110.3)\text{L/min} = 281.5\text{L/min}$

- 80L/min : 표에서 주어진 값
- 91.2L/min : (다)에서 구한 값
- 110.3L/min : (사)에서 구한 값

(2) 마찰손실

$\Delta P_{3\sim4} = (4+2)\text{m}\times0.01\text{MPa/m} = 0.06\text{MPa}$

- (4+2)m : 구간 ③~④의 배관길이
- 0.01MPa/m : 표에서 주어진 m당 마찰손실

(3) 요구압력

$P_{3\sim4} = (0.19+0.06+0.04)\text{MPa} = 0.29\text{MPa}$

- 0.19MPa : (바)에서 구한 값
- 0.06MPa : (자)에서 구한 값
- 0.04MPa : 낙차변화 4m=0.04MPa
- [조건 ④]에서 1m=0.01MPa이므로 4m=0.04MPa

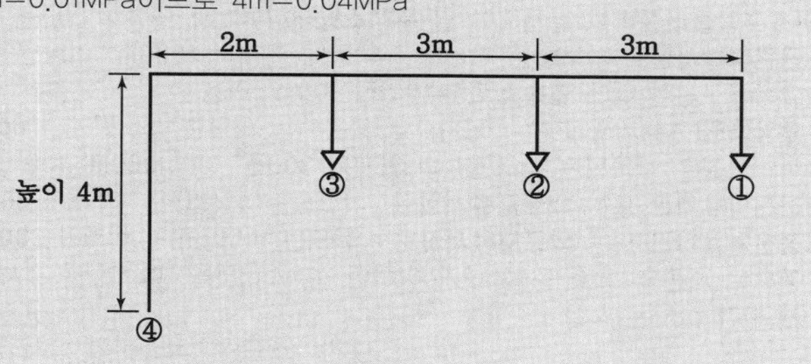

★★ 문제 02

원심펌프의 자동기동장치로 기동용 수압개폐장치를 사용한 설비에 있어서 충압펌프용 압력스위치의 Range점과 Diff점에 대하여 간략하게 쓰시오. (기사 15.7.문12)

(가) Range점 :

(나) Diff점 :

득점	배점
	5

해답 (가) Range점 : 펌프의 작동정지점

(나) Diff점 : 펌프의 작동정지점에서 기동점과의 압력차이

 **압력스위치**

Diff(Difference)	Range
펌프의 작동정지점에서 기동점과의 **압력차이**	펌프의 **작동정지점**

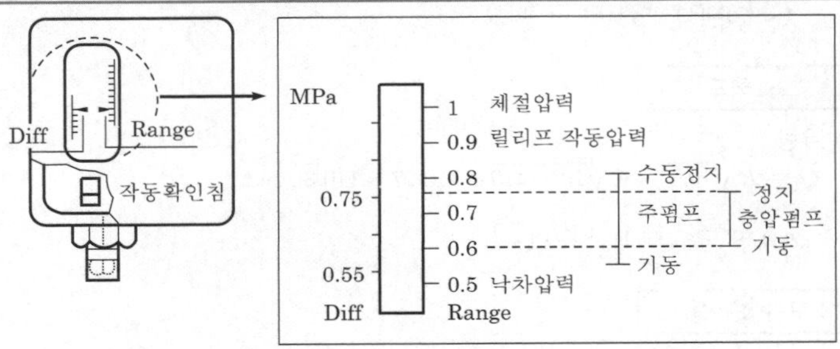

(a) 압력스위치 (b) Diff, Range의 설정 예

‖ 압력스위치 ‖

☆

문제 03

간이스프링클러설비를 설치해야 할 특정소방대상물에 있어서 ( ) 안에 알맞은 것을 쓰시오. (19.11.문5)

(가) 근린생활시설로 사용하는 부분의 바닥면적 합계가 ( )m^2 이상인 것은 모든 층

(나) 교육연구시설 내에 합숙소로서 연면적 ( )m^2 이상인 것

(다) 요양병원(의료재활시설은 제외)으로 사용되는 바닥면적의 합계가 ( )m^2 미만인 시설

(라) 숙박시설로서 해당 용도로 사용되는 바닥면적의 합계가 (①)m^2 이상 (②)m^2 미만인 것

득점	배점
	5

 해답

(가) 1000

(나) 100

(다) 600

(라) ① 300 ② 600

해설 **간이스프링클러설비**를 **설치**해야 할 **특정소방대상물**(소방시설법 시행령 [별표 4])

(1) **근린생활시설**로 사용하는 부분의 바닥면적 합계가 **1000m²** 이상인 것은 모든 층

(2) 교육연구시설 내에 **합숙소**로서 연면적 **100m²** 이상인 것

(3) **요양병원**(의료재활시설은 제외)으로 사용되는 바닥면적의 합계가 **600m²** 미만인 시설

(4) 숙박시설로 사용되는 바닥면적의 합계가 **300m²** 이상 **600m²** 미만인 것

(5) **정신의료기관** 또는 **의료재활시설**로 사용되는 바닥면적의 합계가 **300m²** 이상 **600m²** 미만인 시설

(6) **정신의료기관** 또는 **의료재활시설**로 사용되는 바닥면적의 합계가 **300m²** 미만이고, 창살(철재 · 플라스틱 또는 목재 등으로 사람의 탈출 등을 막기 위하여 설치한 것을 말하며, 화재시 자동으로 열리는 구조로 되어 있는 창살은 제외)이 설치된 시설

‖ 간이스프링클러설비의 설치대상 ‖

설치대상	조 건
교육연구시설 내 합숙소	• 연면적 **100m²** 이상
노유자시설 · 정신의료기관 · 의료재활시설	• 창살설치 : **300m²** 미만 • 기타 : **300m²** 이상 **600m²** 미만
숙박시설	• 바닥면적 합계 **300m²** 이상 **600m²** 미만
종합병원, 병원, 치과병원, 한방병원 및 요양병원(의료재활시설 제외)	• 바닥면적 합계 **600m²** 미만
근린생활시설	• 바닥면적 합계 **1000m²** 이상은 **전층** • **의원**, 치과의원 및 한의원으로서 **입원실**이 **있는 시설** • 조산원, 산후조리원으로서 연면적 **600m²** 미만
복합건축물	• 연면적 **1000m²** 이상은 전층
공동주택	• 연립주택 · 다세대주택(주택전용 간이스프링클러설비)

☆☆☆
문제 04

물분무소화설비의 화재안전기준상 물분무헤드를 설치하지 아니할 수 있는 장소를 3가지 쓰시오. (단, 화재안전기준의 각 호를 1가지로 본다.)

득점	배점
	5

○
○
○

해답 ① 물과 심하게 반응하는 물질 또는 물과 반응하여 위험한 물질을 생성하는 물질을 저장 또는 취급하는 장소
② 고온물질 및 증류범위가 넓어 끓어넘치는 위험이 있는 물질을 저장 또는 취급하는 장소
③ 운전시에 표면의 온도가 260℃ 이상으로 되는 등 직접 분무를 하는 경우 그 부분에 손상을 입힐 우려가 있는 기계장치 등이 있는 장소

해설 (1) **물**에 심하게 **반응**하는 **물질** 또는 물과 반응하여 위험한 물질을 생성하는 물질을 저장 또는 취급하는 장소
(2) **고온**의 **물질** 및 **증류범위**가 **넓어** 끓어 넘치는 위험이 있는 물질을 저장 또는 취급하는 장소
(3) 운전시에 표면의 온도가 **260℃ 이상**으로 되는 등 직접 분무를 하는 경우 그 부분에 손상을 입힐 우려가 있는 **기**계장치 등이 있는 장소

기억법 물고기 26(물고기 이륙)

중요

설치제외장소

(1) 이산화탄소소화설비의 분사헤드 설치제외장소(NFPC 106 11조, NFTC 106 2.8.1)
① **방재실, 제어실** 등 사람이 상시 근무하는 장소
② **니트로셀룰로오스, 셀룰로이드 제품** 등 자기연소성 물질을 저장, 취급하는 장소
③ **나트륨, 칼륨, 칼슘** 등 활성금속물질을 저장, 취급하는 장소
④ **전시장** 등의 관람을 위하여 다수인이 출입·통행하는 통로 및 전시실 등

(2) **할로겐화합물 및 불활성기체 소화설비**의 **설치제외장소**(NFPC 107A 5조, NFTC 107A 2.2.1)
① 사람이 상주하는 곳으로서 최대 허용설계농도를 초과하는 장소
② **제3류 위험물** 및 **제5류 위험물**을 사용하는 장소(단, 소화성능이 인정되는 위험물 제외)

(3) **물분무소화설비**의 **설치제외장소**(NFPC 104 15조, NFTC 104 2.12.1)
① **물**과 **심하게 반응하는 물질** 또는 물과 반응하여 위험한 물질을 생성하는 물질을 저장, 취급하는 장소
② **고온물질** 및 증류범위가 넓어 끓어넘치는 위험이 있는 물질을 저장, 취급하는 장소
③ 운전시에 표면의 온도가 **260℃** 이상으로 되는 등 직접 분무를 하는 경우 그 부분에 손상을 입힐 우려가 있는 기계장치 등이 있는 장소

(4) **스프링클러헤드**의 **설치제외장소**(NFPC 103 15조, NFTC 103 2.12.1)
① 계단실, 경사로, 승강기의 승강로, 파이프덕트, 목욕실, 수영장(관람석 제외), 화장실, 직접 외기에 개방되어 있는 복도, 기타 이와 유사한 장소
② **통신기기실·전자기기실**, 기타 이와 유사한 장소
③ **발전실·변전실·변압기**, 기타 이와 유사한 전기설비가 설치되어 있는 장소
④ 병원의 **수술실·응급처치실**, 기타 이와 유사한 장소
⑤ 천장과 반자 양쪽이 **불연재료**로 되어 있는 경우로서 그 사이의 거리 및 구조가 다음에 해당하는 부분
㉠ 천장과 반자 사이의 거리가 **2m** 미만인 부분
㉡ 천장과 반자 사이의 **벽**이 **불연재료**이고 천장과 반자 사이의 거리가 **2m** 이상으로서 그 사이에 **가연물**이 **존재**하지 **아니하는 부분**
⑥ 천장·반자 중 한쪽이 **불연재료**로 되어 있고, 천장과 반자 사이의 거리가 **1m** 미만인 부분
⑦ 천장 및 반자가 **불연재료 외**의 것으로 되어 있고, 천장과 반자 사이의 거리가 **0.5m** 미만인 경우
⑧ **펌프실·물탱크실**, 그 밖의 이와 비슷한 장소
⑨ 아파트의 세대별로 설치된 보일러실로서 환기구를 제외한 부분이 다른 부분과 방화구획되어 있는 보일러실
⑩ **현관·로비** 등으로서 바닥에서 높이가 **20m** 이상인 장소

☆☆☆

문제 05

특정소방대상물 각 부분으로부터와 다음 소방시설물과의 최대수평거리[m]를 쓰시오.

(13.7.문13, 12.11.문2)

득점	배점
	5

(가) 이산화탄소 소화설비 호스릴방식의 호스접결구
(나) 옥내소화전설비의 방수구
(다) 차고, 주차장 포소화설비의 포소화전 방수구
(라) 호스릴 분말소화설비의 호스접결구
(마) 연결송수관설비의 방수구(지상층, 바닥면적 합계 3000m^2 미만의 경우)

해답 (가) 15m
(나) 25m
(다) 25m
(라) 15m
(마) 50m

해설 (1) **수평거리**

거 리	구 분
• 수평거리 **10m** 이하	• 예상제연구역
• 수평거리 **15m** 이하	• 분말호스릴 • 포호스릴 • CO_2 호스릴(**이산화탄소 호스릴**)
• 수평거리 **20m** 이하	• 할론 호스릴
• 수평거리 **25m** 이하	• **옥내소화전 방수구** • 옥내소화전 호스릴 • **포소화전 방수구(차고 · 주차장)** • 연결송수관 방수구(지하가) • 연결송수관 방수구(지하층 바닥면적 합계 3000m^2 이상)
• 수평거리 **40m** 이하	• 옥외소화전 방수구
• 수평거리 **50m** 이하	• **연결송수관 방수구**(지상층, 바닥면적 합계 3000m^2 미만)

(2) **보행거리**

거 리	구 분
• 보행거리 **20m** 이내	• 소형소화기
• 보행거리 **30m** 이내	• 대형소화기

용어

수평거리와 **보행거리**

(1) 수평거리 : 직선거리로서 반경을 의미하기도 한다.
(2) 보행거리 : 걸어서 간 거리

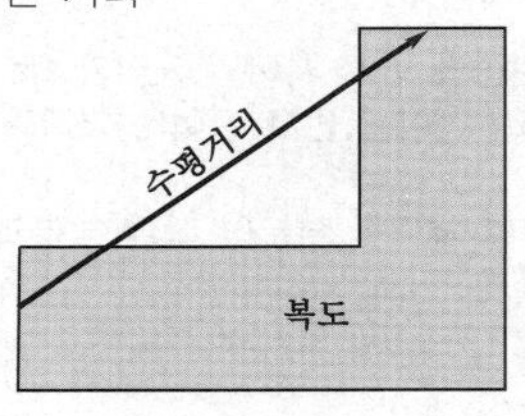

(a) 수평거리

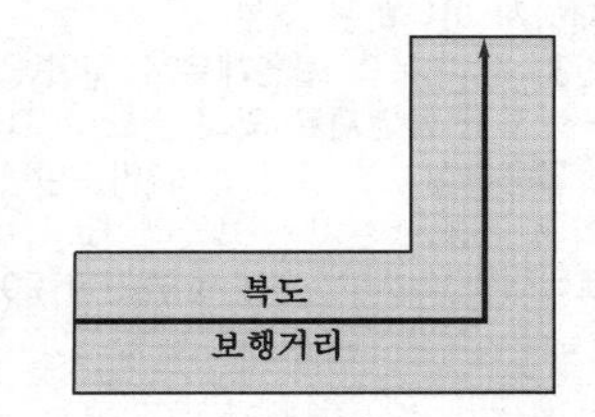

(b) 보행거리

‖ 수평거리와 보행거리 ‖

☆☆
문제 06

스프링클러설비 형식에 대한 분류표에서 해당되는 부분의 빈칸에 ○표를 하시오.

(기사 15.4.문8, 기사 07.11.문7)

득점	배점
	6

구 분		건 식	준비작동식	일제살수식
스프링클러헤드의 종류	폐쇄형			
	개방형			
감지기(감지장치) 설치유무	설치			
	미설치			
2차측 배관상태	압축공기			
	대기압공기			

해답

구 분		건식	준비작동식	일제살수식
스프링클러 헤드의 종류	폐쇄형	○	○	
	개방형			○
감지기(감지장치) 설치유무	설치		○	○
	미설치	○		
2차측 배관상태	압축공기	○		
	대기압공기		○	○

해설 **스프링클러설비**의 **구분**

구 분		습 식	건 식	준비작동식	일제살수식
스프링클러헤드 종류	폐쇄형(↓)	○	○	○	
	개방형(↓)				○
감지기(감지장치) 설치유무	설치			○	○
	미설치	○	○		
2차측 배관상태	대기압			○	○
	압축공기		○		
	가압수	○			
1차측 배관상태	대기압				
	압축공기				
	가압수	○	○	○	○

☆☆

문제 07

옥내소화전설비의 총 설치수량 15개(가장 많이 설치된 층 3개)를 설치할 경우, 펌프성능시험용 유량계 규격을 주어진 자료를 참고하여 선정하시오. (단, 유량중복시 호칭구경은 작은 것을 선정한다.)

(기사 17.11.문12, 기사 14.11.문15)

득점	배점
	5

‖유량계의 규격 및 표준유량범위‖

호칭 / 구경	24A	32A	40A	50A	65A	80A	100A	125A	150A
유량범위 [L/min]	35~180	70~360	110~550	220~1100	450~2200	700~3300	900~4500	1200~6000	2000~10000
1눈금 [L/min]	5	10	10	20	50	100	100	200	200

○ 선정과정 :

○ 답 :

해답 ○ 선정과정 : 2×130=260L/min

260×1.75=455L/min

○ 답 : 40A

해설 (1) **옥내소화전설비 가압송수장치**의 **토출량**

$$Q = N \times 130$$

여기서, Q : 가압송수장치의 토출량[L/min]

N : 가장 많은 층의 소화전개수(30층 미만 : 최대 2개, 30층 이상 : 최대 5개)

토출량 $Q = N \times 130 = 2 \times 130 = 260\text{L/min}$

중요

저수량 및 **토출량**

옥내소화전설비	옥외소화전설비
(1) 수원의 저수량 $Q = 2.6N$(30층 미만, N : 최대 2개) $Q = 5.2N$(30~49층 이하, N : 최대 5개) $Q = 7.8N$(50층 이상, N : 최대 5개) 여기서, Q : 수원의 저수량[m^3] N : 가장 많은 층의 소화전개수 (2) 가압송수장치의 토출량 $Q = N \times 130$ 여기서, Q : 가압송수장치의 토출량[L/min] N : 가장 많은 층의 소화전개수(30층 미만 : 최대 2개, 30층 이상 : 최대 5개)	(1) 수원의 저수량 $Q = 7N$ 여기서, Q : 수원의 저수량[m^3] N : 옥외소화전 설치개수(최대 **2개**) (2) 가압송수장치의 토출량 $Q = N \times 350$ 여기서, Q : 가압송수장치의 토출량[L/min] N : 옥외소화전 설치개수(최대 **2개**)

(2)

유량측정장치의 최대측정유량=펌프의 정격토출량×1.75

=260L/min×1.75=455L/min

∴ 40A

- 유량측정장치는 펌프의 정격토출량의 **175%** 이상 측정할 수 있어야 하므로 유량측정장치의 성능은 펌프의 **정격토출량×1.75**가 된다.
- **260L/min** : (1)에서 구한 값
- 455L/min이므로 40A, 50A 또는 65A를 선정할 수 있는데 조건에서 **'유량중복시 호칭구경은 작은 것을 선정'**하라고 하였으므로 40A 선정

호 칭 / 구 경	24A	32A	40A	50A	65A	80A	100A	125A	150A
유량범위 〔L/min〕	35~ 180	70~ 360	110~ 550	220~ 1100	450~ 2200	700~ 3300	900~ 4500	1200~ 6000	2000~ 10000
1눈금 〔L/min〕	5	10	10	20	50	100	100	200	200

문제 08

지상 80m 높이 고층건물의 1층 부분에 발생하는 압력차〔mmAq〕를 구하시오. (단, 겨울철 외기온도 0℃, 실내온도 21℃이다. 중성대는 건물의 높이 중앙에 있다. 또한, 대기는 표준대기압 상태이다.)

(기사 15.4.문11, 기사 08.7.문3)

득점	배점
	7

○ 계산과정 :

○ 답 :

해답 ○ 계산과정 : $\Delta P = 3460 \times \left(\frac{1}{273+0} - \frac{1}{273+21}\right) \times 40 = 36.211\text{Pa}$

$$\frac{36.211}{101325} \times 10332 = 3.692 \fallingdotseq 3.69\text{mmAq}$$

○ 답 : 3.69mmAq

해설 (1) **굴뚝효과**(stack effect)에 따른 **압력차**

$$\Delta P = k\left(\frac{1}{T_o} - \frac{1}{T_i}\right)h$$

여기서, ΔP : 굴뚝효과에 따른 압력차〔Pa〕

k : 계수(3460)

T_o : 외기 절대온도(273+℃)〔K〕

T_i : 실내 절대온도(273+℃)〔K〕

h : 중성대 위의 거리〔m〕

굴뚝효과에 따른 **압력차** ΔP는

$$\Delta P = k\left(\frac{1}{T_o} - \frac{1}{T_i}\right)h$$
$$= 3460 \times \left(\frac{1}{(273+0)\text{K}} - \frac{1}{(273+21)\text{K}}\right) \times 40\text{m}$$
$$= 36.211\text{Pa}$$

- $T_o \cdot T_i$: **절대온도**를 적용한다.
- h : 중성대가 중앙에 위치하므로 h는 $\frac{80\text{m}}{2}=40\text{m}$가 된다. 거듭 주의!

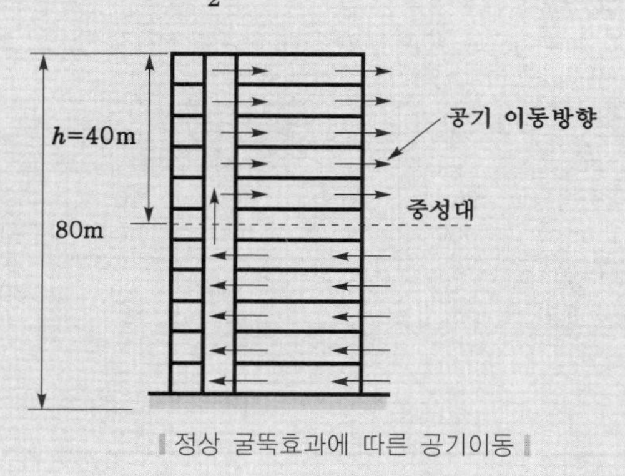

‖ 정상 굴뚝효과에 따른 공기이동 ‖

- 중성대=중성면

(2) **단위환산**

표준대기압

1atm=760mmHg=1.0332kg$_f$/cm^2
=10.332mH$_2$O[mAq]
=14.7PSI[lb$_f$/in^2]
=101.325kPa[kN/m^2]
=1013mbar

10.332mAq=101.325kPa
10332mmAq=101325Pa

36.211Pa$=\frac{36.211\text{Pa}}{101325\text{Pa}}\times 10332\text{mmAq}=3.692 \fallingdotseq 3.69\text{mmAq}$

용어

연돌(굴뚝)**효과**(stack effect)
① 건물 내의 연기가 압력차에 의하여 순식간에 이동하여 상층부로 상승하거나 외부로 배출되는 현상
② 실내 · 외 공기 사이의 **온도**와 **밀도**의 **차이**에 의해 공기가 건물의 수직방향으로 이동하는 현상

☆ 문제 09

피난기구를 설치하여야 할 소방대상물 중 피난기구의 2분의 1을 감소할 수 있는 경우 2가지를 쓰시오.

○
○

득점	배점
	5

해답 ① 주요구조부가 내화구조로 되어 있을 것
② 직통계단인 피난계단 또는 특별피난계단이 2 이상 설치되어 있을 것

해설

피난기구의 $\frac{1}{2}$ **감소**(NFPC 301 7조, NFTC 301 2.3.1)

(1) 주요구조부가 **내화구조**로 되어 있을 것
(2) 직통계단인 피난계단 또는 특별피난계단이 **2** 이상 설치되어 있을 것

- 피난기구수의 산정에 있어서 **소수점 이하**는 **절상**한다.

☆

문제 10

다음 계측기 및 운전상태 등을 간단히 설명하시오.

득점	배점
	5

(가) 진공계 :

(나) 연성계 :

(다) 체절운전 :

(라) 정격토출량 :

(마) 충압펌프 :

해답 (가) 진공계 : 대기압 이하의 압력 측정
(나) 연성계 : 대기압 이상의 압력과 대기압 이하의 압력 측정
(다) 체절운전 : 펌프의 성능시험을 목적으로 펌프 토출측의 개폐밸브를 닫은 상태에서 펌프를 운전하는 것
(라) 정격토출량 : 정격토출압력에서의 펌프의 토출량
(마) 충압펌프 : 배관 내 압력손실에 따른 주펌프의 빈번한 기동 방지

해설 **옥내소화전설비**의 **화재안전기준**(NFPC 102 3조, NFTC 102 1.7)

용 어	정 의
진공계	**대기압 이하**의 **압력**을 측정하는 계측기
연성계	**대기압 이상**의 **압력**과 **대기압 이하**의 **압력**을 측정할 수 있는 계측기
체절운전	**펌프**의 **성능시험**을 목적으로 펌프 토출측의 개폐밸브를 닫은 상태에서 펌프를 운전하는 것
정격토출량	**정격토출압력**에서의 펌프의 토출량
충압펌프	배관 내 압력손실에 따른 **주펌프**의 **빈번한 기동**을 **방지**하기 위하여 충압역할을 하는 펌프
고가수조	**구조물** 또는 **지형지물** 등에 설치하여 자연낙차의 압력으로 급수하는 수조
압력수조	소화용수와 공기를 채우고 **일정 압력 이상**으로 **가압**하여 그 압력으로 급수하는 수조
정격토출압력	**정격토출량**에서의 펌프의 토출측 압력
기동용 수압개폐장치	소화설비의 배관 내 **압력변동**을 **검지**하여 자동적으로 **펌프**를 **기동** 및 **정지**시키는 것
급수배관	수원 및 옥외송수구로부터 옥내소화전방수구에 급수하는 배관
개폐표시형 밸브	**밸브**의 **개폐여부**를 **외부**에서 **식별**이 **가능**한 밸브
가압수조	가압원인 **압축공기** 또는 **불연성 고압기체**에 따라 소방용수를 가압시키는 수조

☆☆☆

문제 11

그림과 같은 방호대상물에 국소방출방식으로 이산화탄소 소화설비를 설치하고자 한다. 다음 각 물음에 답하시오. (단, 고정벽은 없으며, 고압식으로 설치한다.)

(기사 08.7.문9)

득점	배점
	8

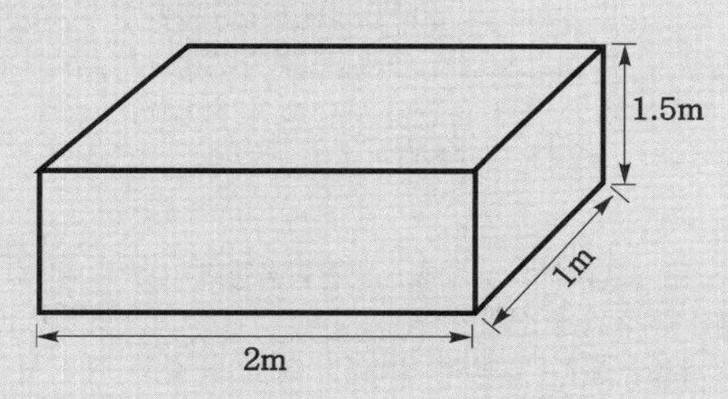

(가) 방호공간의 체적[m^3]을 구하시오.

○ 계산과정 :

○ 답 :

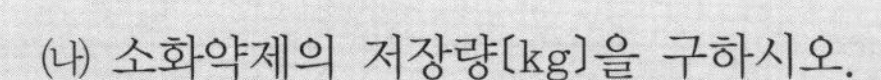

(나) 소화약제의 저장량[kg]을 구하시오.

○ 계산과정 :

○ 답 :

(다) 하나의 분사헤드에 대한 방사량[kg/s]을 구하시오. (단, 분사헤드는 4개이다.)

○ 계산과정 :

○ 답 :

해답 (가) ○ 계산과정 : 3.2×2.2×2.1=14.784≒14.78m³

○ 답 :14.78m³

(나) ○ 계산과정 : $A=(3.2\times2.1\times2)+(2.1\times2.2\times2)=22.68\text{m}^2$

$$\text{저장량}=14.78\times\left(8-6\times\frac{0}{22.68}\right)\times1.4=165.536\fallingdotseq165.54\text{kg}$$

○ 답 : 165.54kg

(다) ○ 계산과정 : $\frac{165.54}{30\times4}=1.379\fallingdotseq1.38\text{kg/s}$

○ 답 : 1.38kg/s

해설 (가)

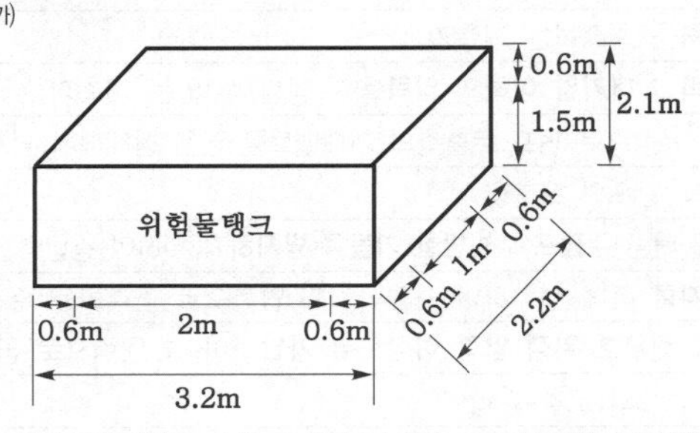

방호공간체적 $=3.2\text{m}\times2.2\text{m}\times2.1\text{m}=14.784\fallingdotseq14.78\text{m}^3$

- 방호공간체적 산정시 가로와 세로 부분은 각각 좌우 0.6m씩 늘어나지만 높이는 위쪽만 0.6m 늘어남을 기억하라.
- **방호공간** : 방호대상물의 각 부분으로부터 **0.6m**의 거리에 의하여 둘러싸인 공간

(나) **국소방출방식**의 CO_2 **저장량**

특정소방대상물	고압식	저압식
• 연소면 한정 및 비산우려가 없는 경우 • 윗면 개방용기	방호대상물 표면적×13kg/m²×1.4	방호대상물 표면적×13kg/m²×1.1
• 기타 →	방호공간체적×$\left(8-6\frac{a}{A}\right)$×1.4	방호공간체적×$\left(8-6\frac{a}{A}\right)$×1.1

여기서, a : 방호대상물 주위에 설치된 벽면적의 합계[m²]

A : 방호공간 벽면적의 합계[m²]

- **국소방출방식**으로 **고압식**을 설치하며, **위험물탱크**이므로 위 표에서 빗금친 부분의 식을 적용한다.
- a=0 : '**방호대상물 주위에 설치된 벽(고정벽)**'이 없거나 '**벽**'에 대한 조건이 없는 경우 a=0이다. 주의!
- 방호대상물 주위에 설치된 벽이 있다면 다음과 같이 계산하여야 한다.

방호대상물 주위에 설치된 **벽면적**의 **합계** a는

$$a=(\text{앞면}+\text{뒷면})+(\text{좌면}+\text{우면})$$

$$=(2\text{m}\times1.5\text{m}\times2\text{면})+(1.5\text{m}\times1\text{m}\times2\text{면})=9\text{m}^2$$

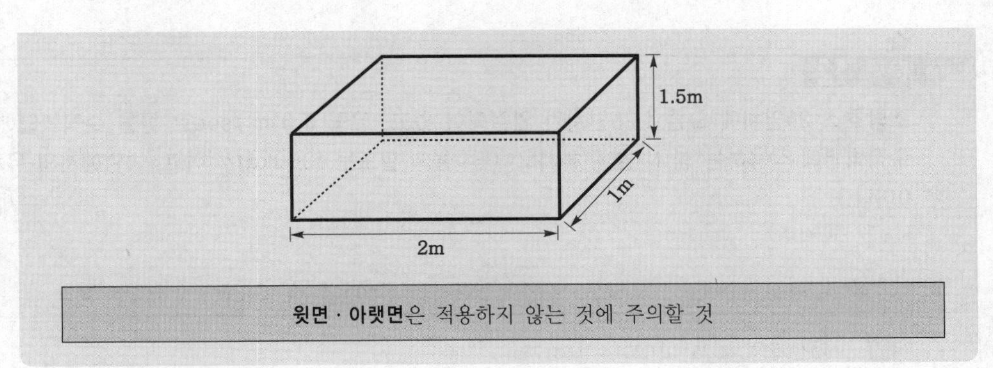

윗면 · 아랫면은 적용하지 않는 것에 주의할 것

방호공간 벽면적의 합계 A는

$$A = (\text{앞면} + \text{뒷면}) + (\text{좌면} + \text{우면})$$

$= (3.2\text{m} \times 2.1\text{m} \times 2\text{면}) + (2.1\text{m} \times 2.2\text{m} \times 2\text{면})$
$= \mathbf{22.68m^2}$

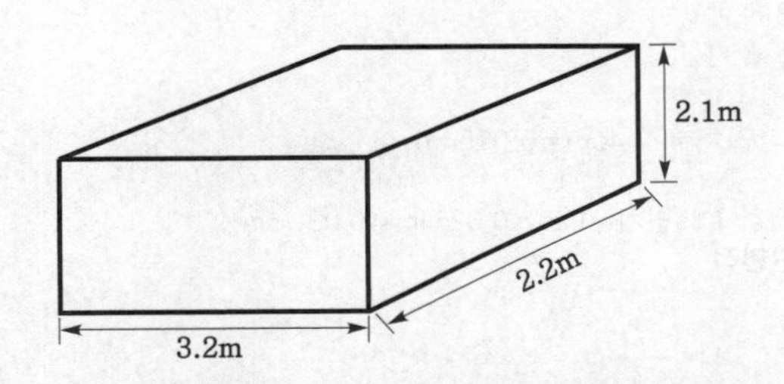

윗면 · 아랫면은 적용하지 않는 것에 주의할 것

소화약제저장량 $= \text{방호공간체적} \times \left(8 - 6\dfrac{a}{A}\right) \times 1.4$

$= 14.78\text{m}^3 \times \left(8 - 6 \times \dfrac{0}{22.68\text{m}^2}\right) \times 1.4$

$= 165.536 \fallingdotseq \mathbf{165.54kg}$

(다) 문제의 그림에서 분사헤드는 **4개**이며, CO_2 소화설비(국소방출방식)의 약제방사시간은 30초 이내이므로

하나의 분사헤드에 대한 **방사량**[kg/s] $= \dfrac{165.54\text{kg}}{30\text{s} \times 4\text{개}} = 1.379 \fallingdotseq 1.38\text{kg/s}$

단위를 보고 계산하면 쉽게 알 수 있다.

중요

약제방사시간

소화설비		전역방출방식		국소방출방식	
		일반건축물	위험물제조소	일반건축물	위험물제조소
할론소화설비		10초 이내	30초 이내	10초 이내	30초 이내
분말소화설비		30초 이내		30초 이내	
CO_2 소화설비	표면화재	1분 이내	60초 이내		
	심부화재	7분 이내			

- **표면화재** : 가연성 액체 · 가연성 가스
- **심부화재** : 종이 · 목재 · 석탄 · 섬유류 · 합성수지류

☆ 문제 12

소방호스 25인치에 노즐 1.25인치가 연결되어 있고, 유량 0.01m³/sec로 물을 수직벽면에 분사할 때 수직벽면에 작용하는 힘[N]을 구하시오. (단, 물의 밀도는 1000kg/m³이고, 벽면에서의 유체의 속도는 0이다.)

(기사 09.7.문10)

○ 계산과정 :

○ 답 :

득점	배점
	5

해답 ○ 계산과정 : $1.25 \times 0.0254 = 0.03175\text{m}$

$$A = \frac{\pi \times 0.03175^2}{4} = 7.917 \times 10^{-4}\text{m}^2$$

$$V = \frac{0.01}{7.917 \times 10^{-4}\text{m}^2} = 12.631\text{m/s}$$

$$F = 1000 \times 7.917 \times 10^{-4} \times (12.631 - 0)^2 = 126.309 \fallingdotseq 126.31\text{N}$$

○ 답 : 126.31N

해설 (1) **단위변환**

1인치=2.54cm=0.0254m

노즐의 직경 1.25인치=1.25×0.0254m=0.03175m

(2) **노즐**의 **단면적**

$$A = \frac{\pi D^2}{4}$$

여기서, A : 노즐의 단면적[m²]

D : 노즐의 직경[m]

노즐의 단면적 $A = \frac{\pi D^2}{4} = \frac{\pi \times (0.03175\text{m})^2}{4} = 7.917 \times 10^{-4}\text{m}^2$

(3) **유량**

$$Q = AV = \left(\frac{\pi D^2}{4}\right)V$$

여기서, Q : 유량[m³/s]

A : 단면적[m²]

V : 유속[m/s]

D : 내경[m]

노즐의 **유속** V는

$$V = \frac{Q}{A} = \frac{0.01\text{m}^3/\text{s}}{7.917 \times 10^{-4}\text{m}^2} \fallingdotseq 12.631\text{m/s}$$

(4) **수직벽면**에 **작용**하는 **힘**

$$F = \rho A (V - u)^2$$

여기서, F : 수직벽면에 작용하는 힘[N]

ρ : 밀도(물의 밀도 1000kg/m³)

A : 노즐의 단면적[m²]

V : 물의 속도[m/s]

u : 벽면에 유체속도[m/s]

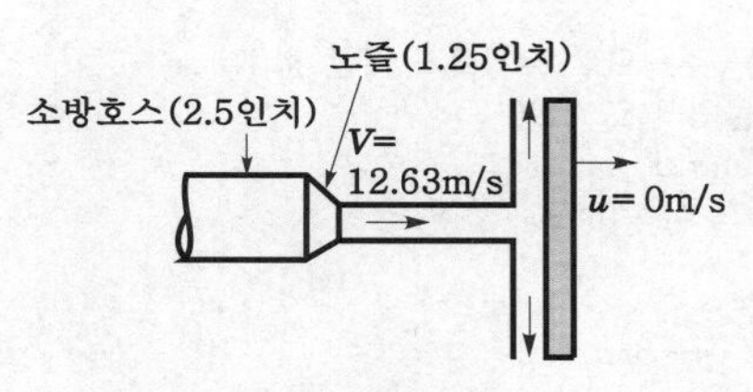

‖ 수직벽면에 작용하는 힘 ‖

수직벽면에 작용하는 힘 F는

$F=\rho A(V-u)^2$

$=1000\text{N}\cdot\text{s}^2/\text{m}^4\times7.917\times10^{-4}\text{m}^2\times(12.631\text{m/s}-0)^2$

$=126.309 ≒ 126.31\text{N}$

- $1000\text{N}\cdot\text{s}^2/\text{m}^4$: 〔단서〕에서 $1000\text{kg/m}^3=1000\text{N}\cdot\text{s}^2/\text{m}^4$
- $7.917\times10^{-4}\text{m}^2$: 바로 위에서 구함
- 12.631m/s : 바로 위에서 구함
- 0 : 〔단서〕에서 0으로 주어짐

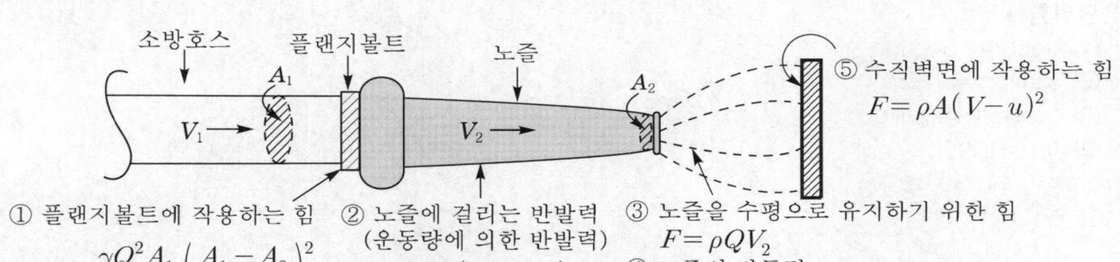

① 플랜지볼트에 작용하는 힘

$F=\dfrac{\gamma Q^2 A_1}{2g}\left(\dfrac{A_1-A_2}{A_1 A_2}\right)^2$

② 노즐에 걸리는 반발력 (운동량에 의한 반발력)

$F=\rho Q(V_2-V_1)$

③ 노즐을 수평으로 유지하기 위한 힘

$F=\rho QV_2$

④ 노즐의 반동력

$R=1.57PD^2$

(1) **플랜지볼트**에 **작용**하는 **힘**

$$F=\frac{\gamma Q^2 A_1}{2g}\left(\frac{A_1-A_2}{A_1 A_2}\right)^2$$

여기서, F : 플랜지볼트에 작용하는 힘〔N〕
γ : 비중량(물의 비중량 9800N/m^3)
Q : 유량〔m^3/s〕
A_1 : 소방호스의 단면적〔m^2〕
A_2 : 노즐단면적〔m^2〕
g : 중력가속도(9.8m/s^2)

(2) **노즐**에 걸리는 **반발력**(운동량에 의한 반발력)

$$F=\rho Q(V_2-V_1)$$

여기서, F : 노즐에 걸리는 반발력(운동량에 의한 반발력)〔N〕
ρ : 밀도(물의 밀도 $1000\text{N}\cdot\text{s}^2/\text{m}^4$)
Q : 유량〔m^3/s〕
V_2 : 노즐의 유속〔m/s〕
V_1 : 소방호스의 유속〔m/s〕

(3) **노즐**을 **수평**으로 **유지**하기 위한 **힘**

$$F=\rho QV_2$$

여기서, F : 노즐을 수평으로 유지하기 위한 힘[N]
ρ : 밀도(물의 밀도 1000N · s^2/m^4)
Q : 유량[m^3/s]
V_2 : 노즐의 유속[m/s]

(4) **노즐**의 **반동력**

$$R = 1.57PD^2$$

여기서, R : 반동력[N]
P : 방수압력[MPa]
D : 노즐구경[mm]

(5) **수직벽면**에 **작용**하는 **힘**

$$F = \rho A(V-u)^2$$

여기서, F : 수직벽면에 작용하는 힘[N]
ρ : 밀도(물의 밀도 1000N · s^2/m^4)
A : 노즐의 단면적[m^2]
V : 물의 속도[m/s]
u : 벽면의 유체속도[m/s]

참고

단위환산
(1) 1inch=2.54cm
(2) 1gallon=3.785L
(3) 1barrel=42gallon
(4) $1m^3$=1000L
(5) 1pound=0.453kg

☆☆

문제 13

습식 스프링클러설비 배관 내 사용압력이 1.2MPa 이상일 경우에 사용해야 하는 배관을 쓰시오.

(12.11.문14)

득점	배점
	5

해답 압력배관용 탄소강관

해설 **스프링클러설비**의 **배관**(NFPC 103 8조, NFTC 103 2.3.1)

1.2MPa 미만	1.2MPa 이상
① 배관용 탄소강관 ② 이음매 없는 구리 및 구리합금관(단, 습식의 배관에 한한다.) ③ 배관용 스테인리스강관 또는 일반배관용 스테인리스강관 ④ 덕타일 주철관	① 압력배관용 탄소강관 ② 배관용 아크용접 탄소강강관

중요

소방용 합성수지 배관을 **설치**할 수 있는 경우
(1) 배관을 **지하**에 **매설**하는 경우
(2) 다른 부분과 **내화구조**로 구획된 덕트 또는 피트의 내부에 설치하는 경우
(3) 천장(상층이 있는 경우 상층바닥의 하단 포함)과 반자를 **불연재료** 또는 **준불연재료**로 설치하고 소화배관 내부에 항상 소화수가 채워진 상태로 설치하는 경우

☆☆☆
문제 14

어느 옥내소화전에 개폐밸브(앵글밸브)를 열고 유량과 압력을 측정하였더니 보기와 같았다. 이 소화전에서 유량을 200LPM으로 하려면 압력(P_2)은 얼마가 되어야 하는지 구하시오. (06.11.문6)

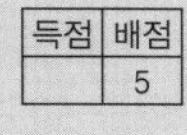

득점	배점
	5

〔보기〕
① 관창에서 압력(P_1) : 0.17MPa
② 관창에서 유량(Q_1) : 130LPM

○ 계산과정 :
○ 답 :

해답

○ 계산과정 : $K=\frac{130}{\sqrt{10\times0.17}}=99.705 \fallingdotseq 99.71$

$P=\frac{1}{10}\times\left(\frac{200}{99.71}\right)^2=0.402 \fallingdotseq 0.4\text{MPa}$

○ 답 : 0.4MPa

해설

$$Q=K\sqrt{10P}$$ 에서

$$K=\frac{Q}{\sqrt{10P}}=\frac{130\text{LPM}}{\sqrt{10\times0.17\text{MPa}}}=\frac{130\text{L/min}}{\sqrt{10\times0.17\text{MPa}}}=99.705 \fallingdotseq 99.71$$

$$Q=K\sqrt{10P}$$ 에서

$$\sqrt{10P}=\frac{Q}{K}$$

$$P=\frac{1}{10}\times\left(\frac{Q}{K}\right)^2=\frac{1}{10}\times\left(\frac{200\text{LPM}}{99.71}\right)^2=\frac{1}{10}\times\left(\frac{200\text{L/min}}{99.71}\right)^2=0.402 \fallingdotseq 0.4\text{MPa}$$

• LPM=L/min과 같은 단위이다.

중요

(1) **방수량**을 구하는 **식**

①
$$Q=0.653D^2\sqrt{10P} \quad \text{또는} \quad Q=0.6597CD^2\sqrt{10P}$$

여기서, Q : 방수량〔L/min〕
C : 노즐의 흐름계수
D : 내경〔mm〕
P : 방수압력〔MPa〕

②
$$Q=K\sqrt{10P}$$

여기서, Q : 방수량〔L/min〕
K : 방출계수
P : 방수압력〔MPa〕

※ 문제의 조건에 따라 편리한 식을 적용하면 된다.

(2) **단위**
① **GPM**=**G**allon **P**er **M**inute〔gallon/min〕
② **PSI**=**P**ound per **S**quare **I**nch〔lb/in^2〕
③ **LPM**=**L**iter **P**er **M**inute〔L/min〕
④ **CMH**=**C**ubic **M**eter per **H**our〔m^3/h〕

☆☆☆

문제 15

그림과 같은 옥내소화전설비를 조건에 따라 설치하려고 할 때 다음 물음에 답하시오.

(17.4.문4, 16.6.문9, 15.11.문9, 15.7.문1, 15.4.문16, 14.4.문5, 12.7.문1, 12.4.문1, 10.4.문14, 09.10.문10, 09.4.문10, 08.11.문16, 07.11.문11, 06.7.문7, 05.5.문5, 04.7.문8)

득점	배점
	14

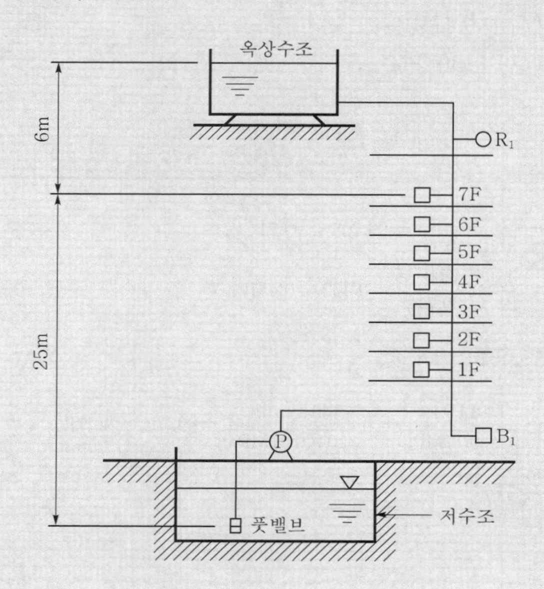

〔조건〕

① 풋밸브로부터 7층 옥내소화전함 호스접결구까지의 마찰손실 및 저항손실수두는 실양정의 40%로 한다.

② 펌프의 체적효율$(\eta_v)=0.95$, 기계효율$(\eta_m)=0.9$, 수력효율$(\eta_h)=0.85$이다.

③ 옥내소화전의 개수는 각 층에 4개씩이 있다.

④ 소방호스의 마찰손실수두는 10m이다.

⑤ 전동기 전달계수(K)는 1.1이다.

⑥ 그 외 사항은 국가화재안전기준에 준한다.

(가) 펌프의 최소토출량〔L/min〕을 구하시오.

○ 계산과정 :

○ 답 :

(나) 저수조의 최소수원량〔m^3〕을 구하시오.

○ 계산과정 :

○ 답 :

(다) 펌프의 최소양정〔m〕을 구하시오.

○ 계산과정 :

○ 답 :

(라) 펌프의 전효율〔%〕을 구하시오.

○ 계산과정 :

○ 답 :

(마) 노즐에서의 방수압력이 0.7MPa를 초과할 경우 감압하는 방법 3가지만 쓰시오.

○

○

○

(바) 노즐선단에서의 봉상방수의 경우 방수압 측정요령을 쓰시오.

○

(사) 펌프의 수동력(이론동력), 축동력, 전동기동력(소요동력)은 각각 몇 [kW]인지 구하시오.

1) 수동력(이론동력)

○ 계산과정 :

○ 답 :

2) 축동력

○ 계산과정 :

○ 답 :

3) 전동기동력(소요동력)

○ 계산과정 :

○ 답 :

해답 (가) ○ 계산과정 : $2 \times 130 = 260L/min$

○ 답 : 260L/min

(나) ○ 계산과정 : $2.6 \times 2 = 5.2m^3$

○ 답 : $5.2m^3$

(다) ○ 계산과정 : $h_1 = 10m$

$h_2 = 25 \times 0.4 = 10m$

$h_3 = 25m$

$H = 10 + 10 + 25 + 17 = 62m$

○ 답 : 62m

(라) ○ 계산과정 : $0.9 \times 0.85 \times 0.95 = 0.72675 = 72.675\% ≒ 72.68\%$

○ 답 : 72.68%

(마) ① 고가수조에 따른 방법

② 배관계통에 따른 방법

③ 중계펌프를 설치하는 방법

(바) 노즐선단에 노즐구경의 $\frac{1}{2}$ 떨어진 지점에서 노즐선단과 수평이 되도록 피토게이지를 설치하여 눈금을 읽는다.

(사) 1) ○ 계산과정 : $0.163 \times 0.26 \times 62 = 2.627 ≒ 2.63kW$

○ 답 : 2.63kW

2) ○ 계산과정 : $\frac{0.163 \times 0.26 \times 62}{0.72675} = 3.615 ≒ 3.62kW$

○ 답 : 3.62kW

3) ○ 계산과정 : $\frac{0.163 \times 0.26 \times 62}{0.72675} \times 1.1 = 3.977 ≒ 3.98kW$

○ 답 : 3.98kW

해설 (가)

$$Q = N \times 130L/min$$

여기서, Q : 토출량(유량)[L/min]

N : 가장 많은 층의 소화전개수(30층 미만 : 최대 2개, 30층 이상 : 최대 5개)

펌프의 **최소토출량** Q는

$Q = N \times 130\text{L/min} = 2 \times 130\text{L/min} = 260\text{L/min}$

- 그림에서 7층(7F)이다.
- 〔조건 ③〕에서 소화전개수 N=**2**이다.

(나)

$Q = 2.6N$(30층 미만, N=최대 2개)
$Q = 5.2N$(30~49층 이하, N=최대 5개)
$Q = 7.8N$(50층 이상, N=최대 5개)

여기서, Q : 수원의 저수량(수원량)〔m^3〕
N : 가장 많은 층의 소화전개수

수원의 **최소유효저수량** Q는

$Q = 2.6N = 2.6 \times 2 = 5.2\text{m}^3$

- 〔조건 ③〕에서 소화전개수 N=**2**이다.
- 그림에서 7층(7F)이므로 **30층 미만** 적용
- 문제에서 저수조의 수원량을 물어보았으므로 저수조의 수원량만 구하고 옥상수조 수원량은 구하지 않는 것이 맞다.

(다)

$$H \geq h_1 + h_2 + h_3 + 17$$

여기서, H : 전양정〔m〕
h_1 : 소방호스의 마찰손실수두〔m〕
h_2 : 배관 및 관부속품의 마찰손실수두〔m〕
h_3 : 실양정(흡입양정+토출양정)〔m〕

- $h_1 = 10\text{m}$(〔조건 ④〕에서 주어진 값)
- $h_2 = 25 \times 0.4 = 10\text{m}$(〔조건 ①〕에 의해 **실양정**($h_3$)의 **40%**를 적용한다.)
- $h_3 = 25\text{m}$(그림에 의해)
- **실양정**(h_3) : 옥내소화전펌프의 후드밸브(풋밸브)~최상층 옥내소화전의 앵글밸브까지의 수직거리
- 최고위 옥내소화전 앵글밸브에서 옥상수조까지의 수직거리는 6m를 적용하지 않는 것에 특히 주의하라!

펌프의 **양정** H는

$H = h_1 + h_2 + h_3 + 17 = 10 + 10 + 25 + 17 = 62\text{m}$

(라) **펌프**의 **전효율**

$$\eta_T = \eta_m \times \eta_h \times \eta_v$$

여기서, η_T : 펌프의 전효율, η_m : 기계효율
η_h : 수력효율, η_v : 체적효율

펌프의 **전효율** η_T는

$\eta_T = \eta_m \times \eta_h \times \eta_v = 0.9 \times 0.85 \times 0.95 = 0.72675 = 72.675\% \fallingdotseq 72.68\%$

- %로 답하라고 했으므로 0.72675로 답하면 틀린다.
- 1=100%이므로 0.72675=72.675%

(마) **감압장치**의 **종류**

(1) **고가수조**에 따른 **방법** : 고가수조를 구분하여 설치하는 방법
(2) **배관계통**에 따른 **방법** : 펌프를 구분하여 설치하는 방법
(3) **중계펌프**(boosting pump)를 설치하는 **방법**
(4) **감압밸브** 또는 **오리피스**(orifice)를 설치하는 **방법**
(5) **감압기능**이 있는 소화전 개폐밸브를 설치하는 방법

(바) **방수압 측정기구** 및 **측정방법**

(1) **측정기구** : 피토게이지

(2) **측정방법** : 노즐선단에 노즐구경(D)의 $\frac{1}{2}$ 떨어진 지점에서 노즐선단과 수평이 되도록 피토게이지(pitot gauge)를 설치하여 눈금을 읽는다.

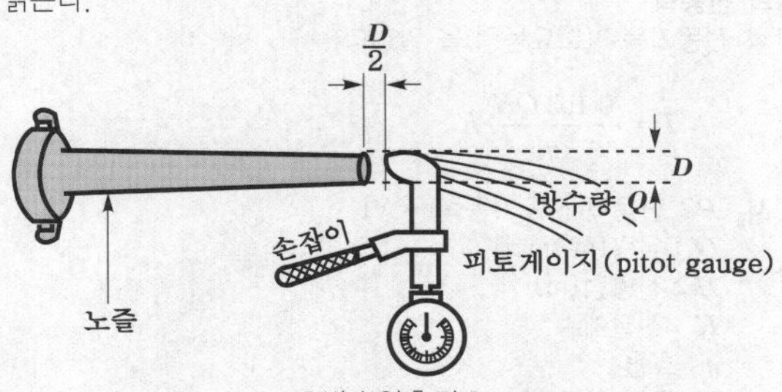

▮방수압측정▮

비교

방수량 측정기구 및 **측정방법**

(1) **측정기구** : 피토게이지

(2) **측정방법** : 노즐선단에 노즐구경(D)의 $\frac{1}{2}$ 떨어진 지점에서 노즐선단과 수평이 되도록 피토게이지를 설치하여 눈금을 읽은 후 $Q=0.653D^2\sqrt{10P}$ 공식에 대입한다.

$$Q=0.653D^2\sqrt{10P} \quad \text{또는} \quad Q=0.6597CD^2\sqrt{10P}$$

여기서, Q : 방수량[L/min]
C : 노즐의 흐름계수
D : 구경[mm]
P : 방수압[MPa]

(사) 1) **펌프**의 **수동력**

전달계수(K)와 **효율**(η)을 고려하지 않은 동력

$$P=0.163QH$$

여기서, P : 축동력[kW]
Q : 유량[m³/min]
H : 전양정[m]

펌프의 **수동력** P_1는

$P_1=0.163QH=0.163\times260\text{L/min}\times62\text{m}=0.163\times0.26\text{m}^3\text{/min}\times62\text{m}=2.627 \fallingdotseq 2.63\text{kW}$

- Q(유량) : **260L/min**((가)에서 구한 값으로 1000L=1m³이므로 0.26m³/min)
- H(전양정) : **62m**((다)에서 구한 값)

2) **펌프**의 **축동력**

전달계수(K)를 고려하지 않은 동력

$$P=\frac{0.163QH}{\eta}$$

여기서, P : 축동력[kW]
Q : 유량[m³/min]
H : 전양정[m]
η : 효율

펌프의 **축동력** P_2는

$$P_2=\frac{0.163QH}{\eta}=\frac{0.163\times260\text{L/min}\times62\text{m}}{0.726}=\frac{0.163\times0.26\text{m}^3\text{/min}\times62\text{m}}{0.726}=3.615 \fallingdotseq 3.62\text{kW}$$

- Q(유량) : **260L/min**((가)에서 구한 값으로 1000L=1m^{3}이므로 0.26m^3/min)
- H(전양정) : **62m**((다)에서 구한 값)
- η(효율) : **0.726**((라)에서 구한 값)

3) **펌프**의 **전동력**

일반적 전동기동력(소요동력)을 말한다.

$$P=\frac{0.163\,QH}{\eta}K$$

여기서, P : 전동력(전동기동력)〔kW〕
Q : 유량〔m^3/min〕
H : 전양정〔m〕
K : 전달계수
η : 효율

펌프의 **모터동력**(전동력) P_3는

$$P_3=\frac{0.163QH}{\eta}K=\frac{0.163\times 260\text{L/min}\times 62\text{m}}{0.72675}\times 1.1=\frac{0.163\times 0.26\text{m}^3/\text{min}\times 62\text{m}}{0.72675}\times 1.1=3.977 \fallingdotseq 3.98\text{kW}$$

- Q(유량) : **260L/min**((가)에서 구한 값으로 1000L=1m^{3}이므로 0.26m^3/min)
- H(전양정) : **62m**((다)에서 구한 값)
- η(효율) : **0.72675**((라)에서 구한 값)
- K(전달계수) : **1.1**(〔조건 ⑤〕에서 주어진 값)

☆☆

문제 16

소방배관에 있어서 Loop 또는 Grid 배관시 장점을 3가지 쓰시오. (14.7.문5)

○
○
○

득점	배점
	5

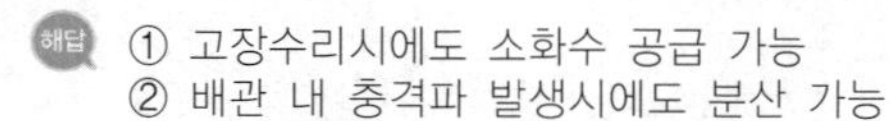

해답 ① 고장수리시에도 소화수 공급 가능
② 배관 내 충격파 발생시에도 분산 가능
③ 소화설비의 증설 · 이설시 용이

해설 **스프링클러설비**의 **배관방식**

구 분	루프(Loop)방식	그리드(Grid)방식
뜻	2개 이상의 배관에서 헤드에 물을 공급하도록 연결하는 방식	평행한 교차배관에 많은 가지배관을 연결하는 방식
장점	① 한쪽 배관에 **이**상발생시 다른 방향으로 소화수를 공급하기 위해서 ② 유수의 흐름을 분산시켜 **압**력손실을 줄이기 위해서 ③ 고장수리시에도 소화수 공급 가능 ④ 배관 내 충격파 발생시에도 분산 가능 ⑤ 소화설비의 증설 · 이설시 용이 기억법 이압	① 유수의 흐름이 분산되어 **압력손실**이 적고 **공급압력 차이**를 줄일 수 있으며, **고른 압력분포** 가능 ② 고장수리시에도 소화수 공급 가능 ③ 배관 내 충격파 발생시에도 분산 가능 ④ 소화설비의 증설 · 이설시 용이 ⑤ 소화용수 및 가압송수장치의 분산배치 용이
구성	‖ 루프방식 ‖	‖ 그리드방식 ‖

2016. 6. 26 시행

▌2016년 산업기사 제2회 필답형 실기시험▐

자격종목	시험시간	형별	수험번호	성명	감독위원 확인
소방설비산업기사(기계분야)	2시간 30분				

※ 다음 물음에 답을 해당 답란에 답하시오.(배점 : 100)

☆☆☆

문제 01

다음은 습식 스프링클러설비의 가지배관의 일부이다. ①~⑦까지의 배관 관경〔mm〕을 결정하시오. (단, 무대부, 특수가연물을 저장 또는 취급하는 장소는 제외한다.)

(10.10.문11)

득점	배점
	7

유사문제부터 풀어보세요. 실력이 팍!팍! 올라갑니다.

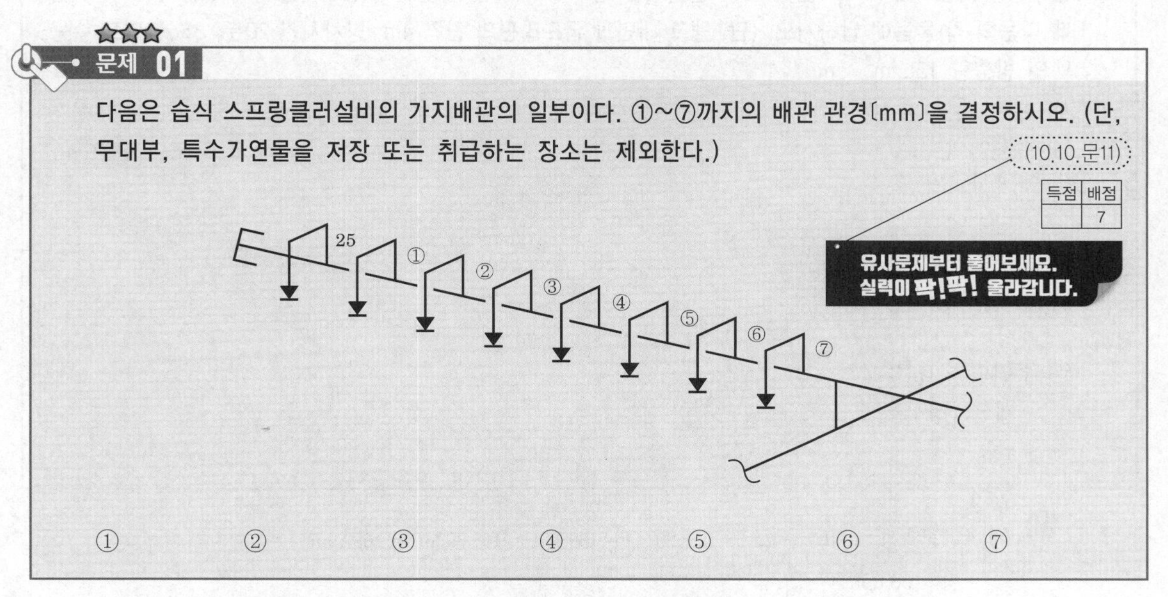

① ② ③ ④ ⑤ ⑥ ⑦

해답 ① 25mm ② 32mm ③ 40mm ④ 40mm ⑤ 50mm ⑥ 50mm ⑦ 50mm

해설 (1) **스프링클러설비**

구분 \ 급수관의 구경	25mm	32mm	40mm	50mm	65mm	80mm	90mm	100mm	125mm	150mm
폐쇄형 헤드 →	2개	3개	5개	10개	30개	60개	80개	100개	160개	161개 이상
폐쇄형 헤드(헤드를 동일급수관의 가지관상에 병설하는 경우)	2개	4개	7개	15개	30개	60개	65개	100개	160개	161개 이상
폐쇄형 헤드(무대부·특수가연물 저장 취급장소) 개방형 헤드(헤드개수 30개 이하)	1개	2개	5개	8개	15개	27개	40개	55개	90개	91개 이상

기억법

2 3 5 1 3 6 8 1 6
2 4 7 5 3 6 5 1 6
1 2 5 8 5 27 4 55 9

(2) **연결살수설비**

배관의 구경	32mm	40mm	50mm	65mm	80mm
살수헤드 개수	1개	2개	3개	4개 또는 5개	6~10개 이하

(3) **옥내소화전설비**

배관의 구경	40mm	50mm	65mm	80mm	100mm
방수량	130L/min	260L/min	390L/min	520L/min	650L/min
소화전수	1개	2개	3개	4개	5개

☆☆☆

문제 02

플루팅루프탱크에 포소화설비 특형 방출구를 설치하여 포를 방출하려 한다. 탱크의 직경이 60m라 할 때 다음의 각 물음에 답하시오. (단, 탱크 내면과 굽도리판의 간격 4m, 방사시간 20분, 3% 단백포 수용액의 방출량 12L/m^2 · min)

(17.11.문9, 16.11.문13, 15.4.문9, 14.7.문10, 13.11.문3, 13.7.문4, 09.10.문4, 05.10.문12, 02.4.문12)

득점	배점
	6

(가) 수용액 양[m^3]
- ○ 계산과정 :
- ○ 답 :

(나) 포소화약제 원액량[m^3]
- ○ 계산과정 :
- ○ 답 :

(다) 수원의 양[m^3]
- ○ 계산과정 :
- ○ 답 :

해답

(가) ○ 계산과정 : $\frac{\pi}{4}(60^2-52^2)\times 12\times 20\times 1=168892\text{L}=168.892\text{m}^3 ≒ 168.89\text{m}^3$

○ 답 : 168.89m^3

(나) ○ 계산과정 : $\frac{\pi}{4}(60^2-52^2)\times 12\times 20\times 0.03=5066\text{L}=5.066\text{m}^3 ≒ 5.07\text{m}^3$

○ 답 : 5.07m^3

(다) ○ 계산과정 : $\frac{\pi}{4}(60^2-52^2)\times 12\times 20\times 0.97=163825\text{L}=163.825\text{m}^3 ≒ 163.83\text{m}^3$

○ 답 : 163.83m^3

해설

$$Q=A\times Q_1\times T\times S$$

여기서, Q : 포소화약제의 양[L]
A : 탱크의 액표면적[m^2]
Q_1 : 단위 포소화수용액의 양[L/m^2 · 분]
T : 방출시간[분]
S : 포소화약제의 사용농도

(가) 수용액 양 Q는

$$Q=A\times Q_1\times T\times S$$
$$=\frac{\pi}{4}(60^2-52^2)\text{m}^2\times 12\text{L/m}^2\cdot\text{min}\times 20\text{분}\times 1$$
$$=168892\text{L}$$
$$=168.892\text{m}^3$$
$$≒ 168.89\text{m}^3$$

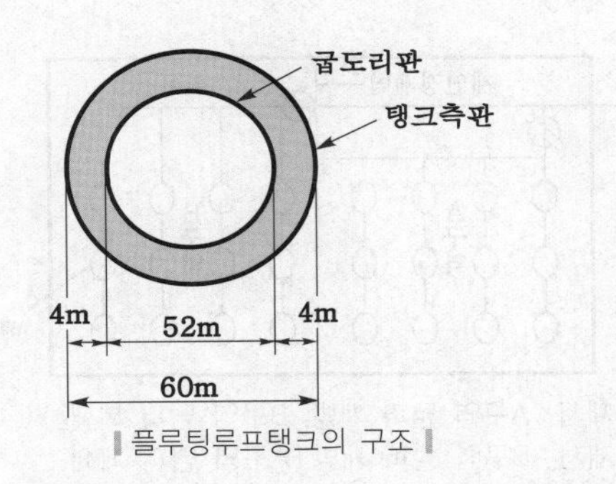

‖플루팅루프탱크의 구조‖

- 수용액의 **농도** S는 항상 1

(나) 포소화약제 원액량 Q는

$$Q = A \times Q_1 \times T \times S$$
$$= \frac{\pi}{4}(60^2 - 52^2)\text{m}^2 \times 12\text{L/m}^2 \cdot \text{min} \times 20\text{분} \times 0.03$$
$$= 5066\text{L}$$
$$= 5.066\text{m}^3$$
$$\fallingdotseq 5.07\text{m}^3$$

- [단서]에서 **3%**용 포이므로 농도 S=**0.03**

(다) 수원의 양 Q는

$$Q = A \times Q_1 \times T \times S$$
$$= \frac{\pi}{4}(60^2 - 52^2)\text{m}^2 \times 12\text{L/m}^2 \cdot \text{min} \times 20\text{분} \times 0.97$$
$$= 163825\text{L}$$
$$= 163.825\text{m}^3$$
$$\fallingdotseq 163.83\text{m}^3$$

- [단서]에서 **3%**용 포이므로 수원(물)은 **97%**(100−3=97%)가 되어 농도 S=**0.97**

☆☆☆

문제 03

다음 도면에 제연댐퍼 2개를 설치하고, A, B 두 구역 중 각각 화재시 댐퍼의 개방 등에 대하여 설명하시오. (단, 댐퍼는 ∅로 직접 도면에 표시할 것)

(07.11.문15)

득점	배점
	6

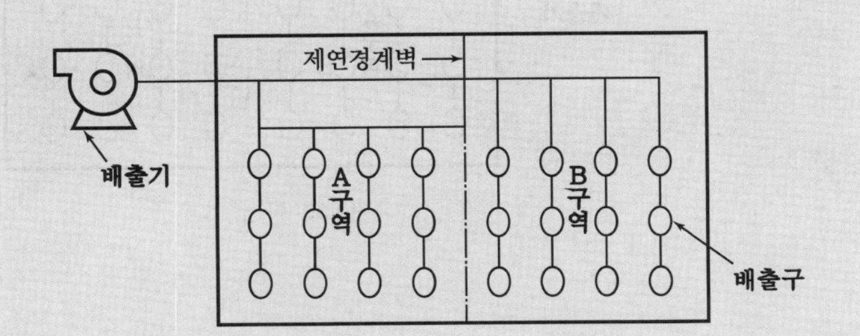

○화재시 댐퍼의 개방 등에 대한 설명 :

해답

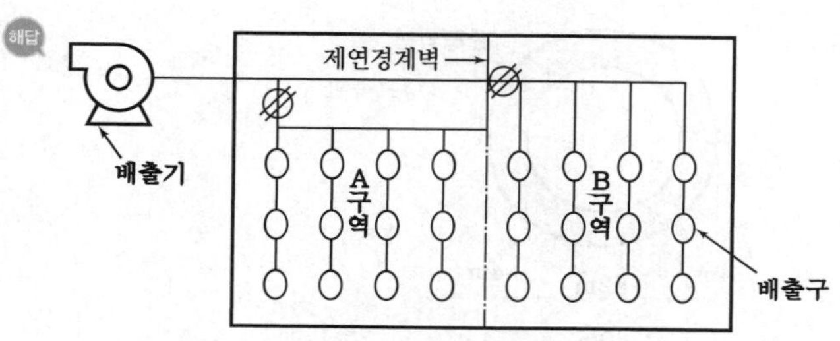

① A구역 화재시 : A구역 댐퍼 개방, B구역 댐퍼 폐쇄
② B구역 화재시 : B구역 댐퍼 개방, A구역 댐퍼 폐쇄

해설 (개) 실수하기 쉬운 도면을 제시하니 참고하기 바란다. 아래와 같이 댐퍼를 설치하면 **A구역 댐퍼 폐쇄**시 **B구역**까지 **모두 폐쇄**되어 효과적인 제어를 할 수 없다.

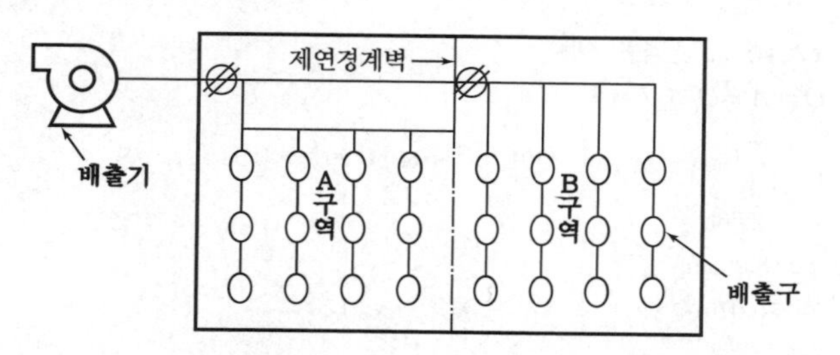

‖ 틀린 도면 ‖

(나) (1) **A구역 화재** : **A구역 댐퍼**를 **개방**하고, **B구역 댐퍼**를 **폐쇄**하여 A구역의 연기를 외부로 배출시킨다.

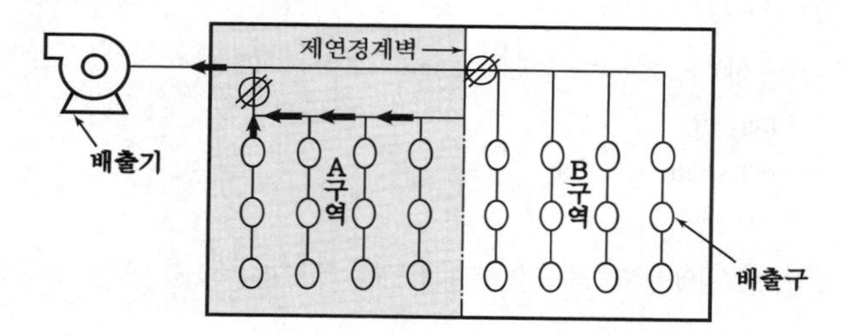

‖ A구역 화재 ‖

(2) **B구역 화재** : **B구역 댐퍼**를 **개방**하고, **A구역 댐퍼**를 **폐쇄**하여 B구역의 연기를 외부로 배출시킨다.

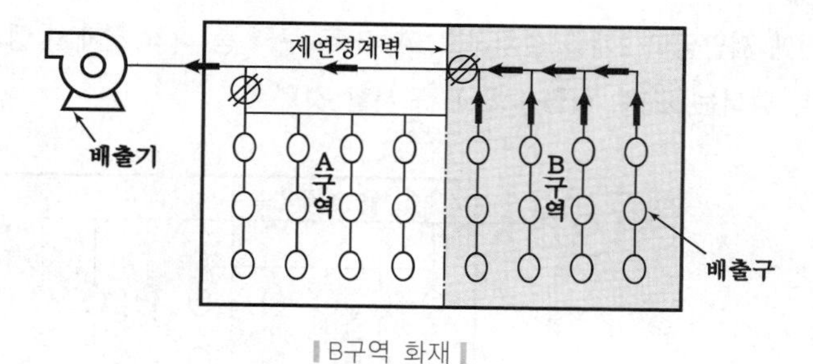

‖ B구역 화재 ‖

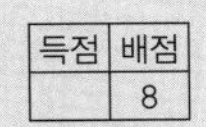

문제 04

옥내소화전설비의 계통도이다. 다음 각 물음에 답하시오.

득점	배점
	8

(가) 도면에서 표시한 번호의 부품 또는 설비의 명칭을 쓰시오.

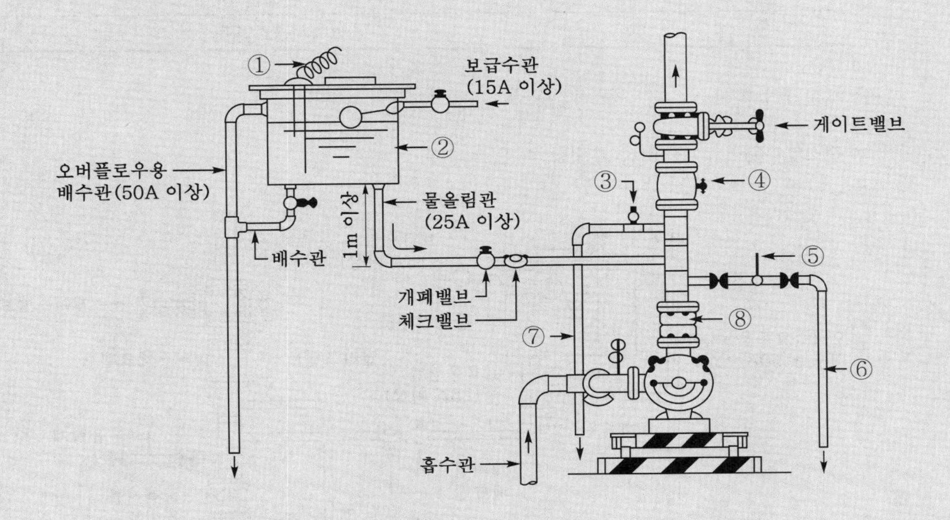

번 호	명 칭
①	
②	
③	
④	
⑤	
⑥	
⑦	
⑧	

(나) ②의 용량[L]은 얼마 이상으로 해야 하는가?

○

(다) ③ 부품의 작동압력은 어떻게 맞추어야 하는가?

○

(라) 펌프의 정격토출양정(전양정)이 100m인 경우 ③ 부품의 작동압력은 몇 MPa로 해야 하는가?

○

(마) ⑤의 크기(성능)는 얼마 이상으로 해야 하는가?

○

해답 (가)

번 호	명 칭
①	감수경보장치
②	물올림수조

③	릴리프밸브
④	체크밸브
⑤	유량계
⑥	성능시험배관
⑦	순환배관
⑧	플렉시블조인트

(나) 100L
(다) 체절압력 이하
(라) 1×1.4=1.4MPa
(마) 정격토출량의 175% 이상 측정할 수 있는 성능

 (가)

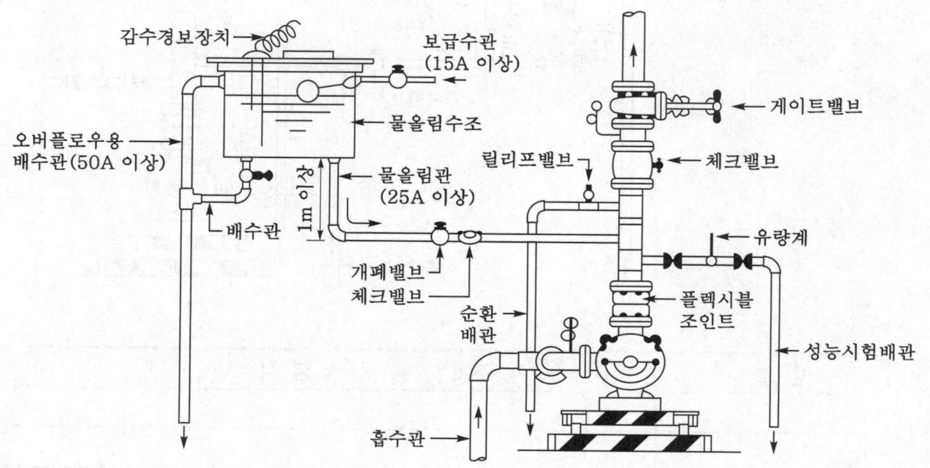

(나)

압력챔버의 용량	물올림수조의 용량
100L 이상	100L 이상

• 물올림수조=Priming tank=호수조

(다) 릴리프밸브의 작동압력은 **체절압력 이하**로 설정하여야 한다.
(라) 릴리프밸브의 작동압력
체절압력은 **정격토출압력**(정격압력)의 **140%** 이하이므로
체절압력=정격토출압력×1.4=$1\text{MPa} \times 1.4 = 1.4\text{MPa}$ 이하

• 옥내소화전**설비**이므로 1MPa=100m로 적용하면 된다.

100m=1MPa

 참고

체절압력과 **정격토출압력**
(1) 체절압력=정격토출압력×1.4
(2) 정격토출압력=전양정×$\frac{1}{10}$

(마) 유량측정장치는 성능시험배관의 직관부에 설치하되, 펌프의 정격토출량의 **175%** 이상 측정할 수 있는 성능이 있을 것

☆ 문제 05

압력계에 의하여 유량을 측정하기로 하였다. 1차측 압력계가 0.7MPa, 2차측 압력계가 0.4MPa이다. 성능시험배관구경은 65mm, 오리피스 구경 25mm, 오리피스 계수 0.65, 물의 비중량 9780N/m^{3}일 때 유량〔L/min〕을 구하시오.

(17.4.문1, 15.11.문4, 12.7.문6)

득점	배점
	5

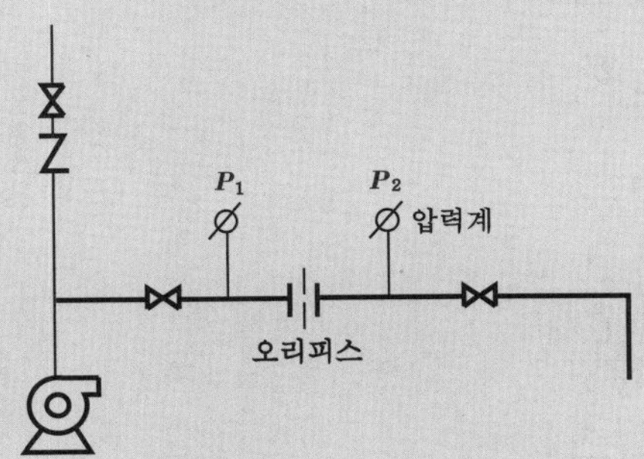

○ 계산과정 :

○ 답 :

해답

○ 계산과정 : $A_1 = \dfrac{\pi \times 0.065^2}{4} = 3.318 \times 10^{-3} \text{m}^2$

$$A_2 = \frac{\pi \times 0.025^2}{4} = 4.908 \times 10^{-4} \text{m}^2$$

$$Q = 0.65 \times \frac{4.908 \times 10^{-4}}{\sqrt{1 - \left(\dfrac{4.908 \times 10^{-4}}{3.318 \times 10^{-3}}\right)^2}} \times \sqrt{2 \times 9.8 \times \frac{7 \times 10^5 - 4 \times 10^5}{9780}}$$

$$= 7.9093 \times 10^{-3} \text{m}^3/\text{s}$$

$$= (7.9093 \times 60) \text{L/min}$$

$$= 474.558 \fallingdotseq 474.56 \text{L/min}$$

○ 답 : 474.56L/min

해설 (1) **베르누이 방정식**

$$\frac{{V_1}^2}{2g} + \frac{P_1}{\gamma} + Z_1 = \frac{{V_2}^2}{2g} + \frac{P_2}{\gamma} + Z_2$$

여기서, V_1, V_2 : 유속〔m/s〕

P_1, P_2 : 압력〔Pa〕

Z_1, Z_2 : 높이〔m〕

g : 중력가속도(9.8m/s^2)

γ : 비중량〔N/m^3〕

높이는 주어지지 않았으므로 $\boxed{Z_1 = Z_2}$ 로 가정

$$\frac{{V_1}^2}{2g} + \frac{P_1}{\gamma} + \cancel{Z_1} = \frac{{V_2}^2}{2g} + \frac{P_2}{\gamma} + \cancel{Z_2}$$

$$\frac{{V_1}^2}{2g} + \frac{P_1}{\gamma} = \frac{{V_2}^2}{2g} + \frac{P_2}{\gamma}$$

$$\frac{P_1}{\gamma} - \frac{P_2}{\gamma} = \frac{{V_2}^2}{2g} - \frac{{V_1}^2}{2g}$$ ← 분모 하나로 정리

$$\frac{P_1 - P_2}{\gamma} = \frac{{V_2}^2 - {V_1}^2}{2g} \quad \cdots\cdots\cdots ①$$

(2) **연속방정식**(유량)

$$Q = A_1 V_1 = A_2 V_2$$

여기서, Q : 유량[m³/s]
A_1, A_2 : 단면적[m²]
V_1, V_2 : 유속[m/s]

$$V_1 = \frac{A_2}{A_1} V_2 \cdots\cdots ②$$

(3) ①식에 ②식 대입

$$\frac{P_1 - P_2}{\gamma} = \frac{{V_2}^2 - {V_1}^2}{2g}$$

$$\frac{P_1 - P_2}{\gamma} = \frac{{V_2}^2 - \left(\frac{A_2}{A_1} V_2\right)^2}{2g}$$

$$2g\frac{P_1 - P_2}{\gamma} = {V_2}^2 - \left(\frac{A_2}{A_1} V_2\right)^2$$

$$2g\frac{P_1 - P_2}{\gamma} = {V_2}^2 - \left(\frac{A_2}{A_1}\right)^2 \times {V_2}^2$$

$$2g\frac{P_1 - P_2}{\gamma} = {V_2}^2\left\{1 - \left(\frac{A_2}{A_1}\right)^2\right\}$$

$${V_2}^2\left\{1 - \left(\frac{A_2}{A_1}\right)^2\right\} = 2g\frac{P_1 - P_2}{\gamma} \leftarrow \text{좌우 이항}$$

$${V_2}^2 = \frac{1}{1 - \left(\frac{A_2}{A_1}\right)^2} \times 2g\frac{P_1 - P_2}{\gamma}$$

$$\sqrt{{V_2}^2} = \sqrt{\frac{1}{1 - \left(\frac{A_2}{A_1}\right)^2}} \times \sqrt{2g\frac{P_1 - P_2}{\gamma}} \leftarrow \text{양변에 } \sqrt{\ } \text{ 곱함}$$

$$V_2 = \frac{1}{\sqrt{1 - \left(\frac{A_2}{A_1}\right)^2}} \times \sqrt{2g\frac{P_1 - P_2}{\gamma}} \cdots\cdots ③$$

(4) **단면적**

$$A = \frac{\pi D^2}{4}$$

여기서, A : 단면적[m²]
D : 구경(내경)[m]

성능시험배관 단면적 $A_1 = \frac{\pi {D_1}^2}{4}$

$$= \frac{\pi \times (0.065\text{m})^2}{4}$$

$$= 3.318 \times 10^{-3}\text{m}^2$$

- D_1 =65mm=0.065m(1000mm=1m)

오리피스 단면적 $A_2 = \frac{\pi {D_2}^2}{4}$

$$= \frac{\pi \times (0.025\text{m})^2}{4}$$

$$= 4.908 \times 10^{-4}\text{m}^2$$

- D_2 =25mm=0.025m(1000mm=1m)

(5) **연속방정식**(유량)

$$Q = A_2 V_2$$

여기서, Q : 유량[m³/s]

A_2 : 단면적[m²]

V_2 : 유속[m/s]

오리피스계수 C를 적용하면

$$Q = CA_2 V_2 \quad \cdots\cdots\cdots ④$$

(6) ④식에 ③식 대입

$$Q = CA_2 V_2$$

$$= C \times \frac{A_2}{\sqrt{1 - \left(\frac{A_2}{A_1}\right)^2}} \times \sqrt{2g\frac{P_1 - P_2}{\gamma}}$$

$$= 0.65 \times \frac{4.908 \times 10^{-4}\text{m}^2}{\sqrt{1 - \left(\frac{4.908 \times 10^{-4}\text{m}^2}{3.318 \times 10^{-3}\text{m}^2}\right)^2}} \times \sqrt{2 \times 9.8\text{m/s}^2 \times \frac{7 \times 10^5\text{N/m}^2 - 4 \times 10^5\text{N/m}^2}{9780\text{N/m}^3}}$$

$$= 7.9093 \times 10^{-3}\text{m}^3/\text{s}$$

$$= 7.9093\text{L/s}$$

$$= 7.9093\text{L} \Big/ \frac{1}{60}\text{min}$$

$$= (7.9093 \times 60)\text{L/min}$$

$$= 474.558$$

$$\fallingdotseq 474.56\text{L/min}$$

- 0.65 : 문제에서 주어짐
- $4.908 \times 10^{-4}\text{m}^2$: 바로 위에서 구한 값
- $3.318 \times 10^{-3}\text{m}^2$: 바로 위에서 구한 값
- $7 \times 10^5\text{N/m}^2$: 문제에서 1차측 압력계 0.7MPa=7×10^5Pa=7×10^5N/m²(1MPa=1×10^6Pa, 1Pa=1N/m²)
- $4 \times 10^5\text{N/m}^2$: 문제에서 2차측 압력계 0.4MPa=4×10^5Pa=4×10^5N/m²(1MPa=1×10^6Pa, 1Pa=1N/m²)
- 9780N/m³ : 문제에서 주어짐
- 1m³=1000L이므로 7.9093×10^{-3}m³/s=7.9093L/s
- 1min=60s, 1s=$\frac{1}{60}$min이므로 7.9093L/s=7.9093L$\Big/\frac{1}{60}$min

☆☆☆

문제 06

바닥면적 300m², 높이 4m 발전실에 할로겐화합물 및 불활성기체 소화약제를 설치하고자 한다. 다음의 조건을 이용하여 각 물음에 답하시오. (기사 16.11.문2, 기사 14.4.문2, 기사 13.11.문13)

득점	배점
	8

〔조건〕

① HCFC BLEND A의 설계농도는 8.6%로 한다.
② IG-541의 설계농도는 37.5%로 한다.
③ 방사시 온도는 20℃를 기준으로 한다.
④ 다음 선형상수표를 이용하도록 한다. (단, 상온에서 비체적은 선형상수와 같다.)

할로겐화합물 및 불활성기체 소화약제	K_1	K_2
HCFC BLEND A	0.2413	0.00088
IG-541	0.649	0.00237

⑤ HCFC BLEND A용기는 68L용 50kg으로 하며, IG-541 용기는 80L용 12.4m³로 적용한다.
⑥ 약제량 산정시 IG-541은 부피〔m³〕로, 기타 할로겐화합물 및 불활성기체 소화약제는 무게〔kg〕로 계산한다.

(가) 필요한 HCFC BLEND A의 최소 용기수(병)를 구하시오.
 ○ 계산과정 :
 ○ 답 :

(나) 필요한 IG-541의 최소 용기수(병)를 구하시오.
 ○ 계산과정 :
 ○ 답 :

해답 (가) ○ 계산과정 : $S=0.2413+0.00088\times20=0.2589$

$$W=\frac{(300\times4)}{0.2589}\times\left(\frac{8.6}{100-8.6}\right)=436.115 ≒ 436.12\text{kg}$$

$$\text{용기수}=\frac{436.12}{50}=8.7 ≒ 9\text{병}$$

○ 답 : 9병

(나) ○ 계산과정 : $X=2.303\times\log_{10}\left[\frac{100}{100-37.5}\right]\times(300\times4)=564.105 ≒ 564.11\text{m}^3$

$$\text{용기수}=\frac{564.11}{12.4}=45.4 ≒ 46\text{병}$$

○ 답 : 46병

해설 (가) **할로겐화합물 소화약제**

(1) 소화약제별 선형상수 S는

$$S=K_1+K_2t=0.2413+0.00088\times20℃=0.2589\text{m}^3/\text{kg}$$

- 〔조건 ④〕에서 HCFC BLEND A의 K_1과 K_2값을 적용
- 〔조건 ③〕에서 방호구역온도는 **20℃**

(2) **소화약제**의 **무게** W는

$$W=\frac{V}{S}\times\left(\frac{C}{100-C}\right)=\frac{(300\times4)\text{m}^3}{0.2589\text{m}^3/\text{kg}}\times\left(\frac{8.6}{100-8.6}\right)=436.115 ≒ 436.12\text{kg}$$

- C : 8.6%(〔조건 ①〕에서 주어짐)
- 설계농도가 직접 주어졌으므로 안전계수를 곱하지 않는 것을 주의!
- HCFC BLEND A는 할로겐화합물 소화약제이므로 위 식 적용

(3) $\text{용기수}=\frac{\text{소화약제량〔kg〕}}{\text{1병당 저장값〔kg〕}}=\frac{436.12\text{kg}}{50\text{kg}}=8.7=9\text{병(절상)}$

- 436.12kg : 위에서 구한 값
- 50kg : 〔조건 ⑤〕에서 주어짐

(나) **불활성기체 소화약제**

(1) 소화약제별 선형상수 S는

$$S = K_1 + K_2 t = 0.649 + 0.00237 \times 20℃ = 0.6964\text{m}^3/\text{kg}$$

- 〔조건 ④〕에서 IG-541의 K_1과 K_2값을 적용
- 〔조건 ③〕에서 방호구역온도는 **20℃**

(2) 소화약제의 부피 X는

$$X = 2.303\left(\frac{V_s}{S}\right) \times \log_{10}\left[\frac{100}{(100-C)}\right] \times V = 2.303\left(\frac{0.6964\text{m}^3/\text{kg}}{0.6964\text{m}^3/\text{kg}}\right) \times \log_{10}\left[\frac{100}{100-37.5}\right] \times (300 \times 4)\text{m}^3$$

$$= 564.105 ≒ 564.11\text{m}^3$$

- S : 0.6964m^3/kg(바로 위에서 구한 값)
- V_s : 0.6964m^3/kg(〔조건 ④〕 단서에서 비체적은 선형상수와 같으므로 0.6964m^3/kg)
- C : 37.5%(〔조건 ②〕에 주어짐)
- 설계농도가 직접 주어졌으므로 안전계수를 곱하지 않는 것을 주의!
- 〔조건 ④〕 단서에 의해 비체적 과선형 상수가 같으므로 생략되기 때문에 답란에는 아래와 같이 써도 된다.

  $$X = 2.303 \times \log_{10}\left[\frac{100}{100-37.5}\right] \times (300 \times 4) = 564.105 = 564.11\text{m}^3$$
- IG-541은 불활성기체 소화약제이므로 위 식 적용

(3) 용기수$= \dfrac{\text{소화약제 부피}[\text{m}^3]}{\text{1병당 저장량}[\text{m}^3]} = \dfrac{564.11[\text{m}^3]}{12.4[\text{m}^3]} = 45.4 ≒ 46$병(절상)

- 564.11m^3 : 바로 위에서 구한 값
- 12.4m^3 : 〔조건 ⑤〕에서 주어짐

소화약제량의 **산정**(NFPC 107A 7조, NFTC 107A 2.4.1)

구 분	할로겐화합물 소화약제	불활성기체 소화약제
종류	FC-3-1-10 HCFC BLEND A HCFC-124 HFC-125 HFC-227ea HFC-23 HFC-236fa FIC-13I1 FK-5-1-12	IG-01 IG-100 IG-541 IG-55
공식	$W = \dfrac{V}{S} \times \left(\dfrac{C}{100-C}\right)$ 여기서, W : 소화약제의 무게〔kg〕 V : 방호구역의 체적〔m^3〕 S : 소화약제별 선형상수$(K_1 + K_2 t)$〔m^3/kg〕 C : 체적에 따른 소화약제의 설계농도〔%〕 t : 방호구역의 최소예상온도〔℃〕	$X = 2.303\left(\dfrac{V_s}{S}\right) \times \log_{10}\left[\dfrac{100}{(100-C)}\right] \times V$ 여기서, X : 소화약제의 부피〔m^3〕 S : 소화약제별 선형상수$(K_1 + K_2 t)$〔m^3/kg〕 C : 체적에 따른 소화약제의 설계농도〔%〕 V_s : 20℃에서 소화약제의 비체적 $(K_1 + K_2 \times 20℃)$〔m^3/kg〕 t : 방호구역의 최소예상온도〔℃〕 V : 방호구역의 체적〔m^3〕

☆☆☆

문제 07

제연 배출기의 회전수 200rpm에서 풍량을 측정한 결과 풍량이 360m³/min으로 용량부족으로 판정되어 풍량을 600m³/min으로 줄이고자 한다. 이때 배출기의 회전수는 몇 rpm으로 하여야 하는지 구하시오.

(15.7.문15, 14.7.문1, 08.7.문10, 07.4.문9, 03.4.문9)

○ 계산과정 :

○ 답 :

득점	배점
	4

해답

○ 계산과정 : $200 \times \left(\dfrac{600}{360}\right) = 333.333$

$= 333.33\text{rpm}$

○ 답 : 333.33rpm

해설

$$Q_2 = Q_1 \left(\frac{N_2}{N_1}\right)$$ 에서

배출기 회전수 N_2는

$$N_2 = N_1 \left(\frac{Q_2}{Q_1}\right)$$
$$= 200\,\text{rpm} \times \left(\frac{600\,\text{m}^3/\text{min}}{360\,\text{m}^3/\text{min}}\right)$$
$$= 333.333$$
$$= 333.33\,\text{rpm}$$

참고

유량(풍량), 양정, 축동력

유량(풍량)	양정	축동력
$Q_2 = Q_1 \left(\dfrac{N_2}{N_1}\right)\left(\dfrac{D_2}{D_1}\right)^3$ 또는, $Q_2 = Q_1 \left(\dfrac{N_2}{N_1}\right)$	$H_2 = H_1 \left(\dfrac{N_2}{N_1}\right)^2\left(\dfrac{D_2}{D_1}\right)^2$ 또는, $H_2 = H_1 \left(\dfrac{N_2}{N_1}\right)^2$	$P_2 = P_1 \left(\dfrac{N_2}{N_1}\right)^3\left(\dfrac{D_2}{D_1}\right)^5$ 또는, $P_2 = P_1 \left(\dfrac{N_2}{N_1}\right)^3$

여기서, Q_2 : 변경 후 유량(풍량)〔m³/min〕

Q_1 : 변경 전 유량(풍량)〔m³/min〕

H_2 : 변경 후 양정〔m〕

H_1 : 변경 전 양정〔m〕

P_2 : 변경 후 축동력〔kW〕

P_1 : 변경 전 축동력〔kW〕

N_2 : 변경 후 회전수〔rpm〕

N_1 : 변경 전 회전수〔rpm〕

D_2 : 변경 후 관경〔mm〕

D_1 : 변경 전 관경〔mm〕

문제 08

건식 밸브에 Priming Water를 채워두는 이유를 2가지 쓰시오. (17.6.문13, 13.11.문16)

○

○

득점	배점
	5

해답 ① 저압의 공기로 클래퍼의 닫힌 상태 유지
② 화재시 클래퍼의 쉬운 개방

해설 **클래퍼 상부**에 일정한 **수면**(priming water)을 **유지**하는 이유

(1) **저압**의 **공기**로 **클래퍼 상·하부**의 **동일압력 유지**
클래퍼 하부에는 **가압수**, 상부에는 **압축공기**로 채워져 있는데, 일반적 가압수의 압력이 압축공기의 압력보다 훨씬 크므로 그만큼 압축공기를 고압으로 충전시켜야 되기 때문에 클래퍼 상부에 일정한 수면을 유지하면 저압의 공기로도 클래퍼 상·하부의 압력을 동일하게 유지할 수 있다.

(2) **저압**의 **공기**로 **클래퍼**의 **닫힌 상태 유지**(저압의 공기로 클래퍼의 기밀유지)
클래퍼 상·하부의 압력이 동일한 때에만 클래퍼는 평상시 닫힌 상태를 유지할 수 있는데 클래퍼 상부에 일정한 수면을 유지하면 저압의 공기로도 클래퍼의 닫힌 상태를 유지할 수 있다.

(3) **화재**시 **클래퍼**의 **쉬운 개방**
클래퍼 상부에 일정한 물을 채워두면 클래퍼 상부의 공기압은 가압수의 압력에 비하여 $\frac{1}{5} \sim \frac{1}{6}$ 정도이면 되므로 화재시 **10%** 정도의 압력만 감소한다 하더라도 클래퍼가 쉽게 개방된다.

(4) **화재**시 **신속한 소화활동**
클래퍼 상부에 저압의 공기를 채워도 되므로 화재시 클래퍼를 신속하게 개방하여 즉각적인 소화활동을 하기 위함이다.

(5) **클래퍼 상부**의 **기밀유지**
물올림관을 통해 클래퍼 상부에 일정한 물을 채우면 클래퍼 상부의 압축공기가 클래퍼 하부로 새지 않도록 할 수 있다.

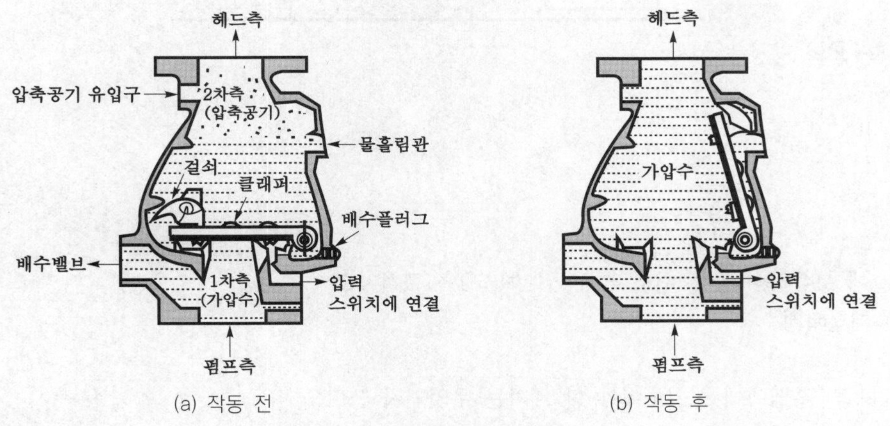

(a) 작동 전　　(b) 작동 후

‖ 건식 밸브 ‖

☆☆☆
문제 09

10층 건물에 설치한 옥내소화전설비의 계통도이다. 각 물음에 답하시오.

(17.4.문4, 16.4.문15, 15.11.문9, 15.7.문1, 15.4.문16, 14.4.문5, 12.7.문1, 12.4.문1, 10.4.문14, 09.10.문10, 09.4.문10, 08.11.문16, 07.11.문11, 06.7.문7, 05.5.문5, 04.7.문8)

득점	배점
	10

〔조건〕

① 배관의 마찰손실수두는 40m(소방용 호스, 관부속품의 마찰손실수두 포함)이다.
② 펌프의 효율은 65%이다.
③ 전달계수는 1.1로 한다.

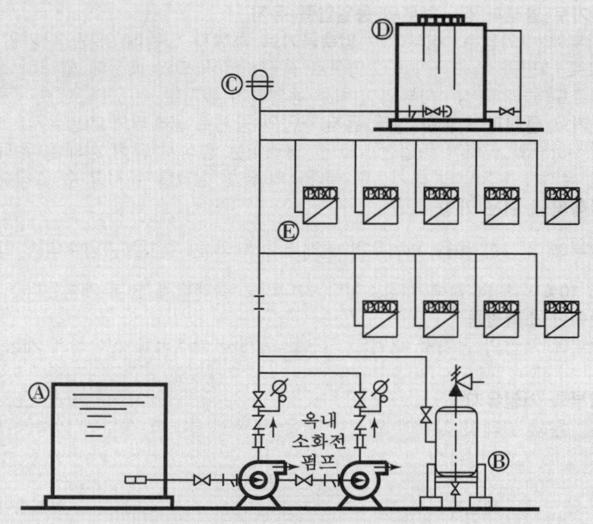

(가) Ⓐ~Ⓔ의 명칭을 쓰시오.
○ Ⓐ :
Ⓑ :
Ⓒ :
Ⓓ :
Ⓔ :

(나) Ⓓ에 보유하여야 할 최소 유효저수량〔m^3〕을 구하시오.
○ 계산과정 :
○ 답 :

(다) 펌프의 흡입측에 설치하여야 할 계기는 무엇인지 쓰시오.
○ 답 :

(라) Ⓒ의 설치목적을 쓰시오.
○ 답 :

(마) Ⓔ함 문짝의 면적은 몇 m^2 이상이어야 하는지 쓰시오.
○

(바) 펌프의 전동기 용량〔kW〕을 계산하시오.
○ 계산과정 :
○ 답 :

해답 (가) Ⓐ 소화수조
Ⓑ 압력챔버
Ⓒ 수격방지기
Ⓓ 옥상수조
Ⓔ 옥내소화전(발신기세트 옥내소화전 내장형)

(나) ○ 계산과정 : $2.6 \times 2 \times \frac{1}{3} = 1.733 = 1.73\text{m}^3$

○ 답 : 1.73m^3

(다) 진공계

(라) 배관 내의 수격작용방지

(마) 0.5m^2

(바) ○ 계산과정 : $Q = 2 \times 130 = 260\text{L/min} = 0.26\text{m}^3/\text{min}$

$H = 40 + 17 = 57\text{m}$

$P = \frac{0.163 \times 0.26 \times 57}{0.65} \times 1.1 = 4.088 \fallingdotseq 4.09\text{kW}$

○ 답 : 4.09kW

해설 (가) Ⓐ **소화수조** 또는 **저수조** : 수조를 설치하고 여기에 **소화**에 **필요한 물**을 항시 채워두는 것
Ⓑ **기동용 수압개폐장치** : 소화설비의 배관 내 **압력변동**을 **검지**하여 자동적으로 **펌프**를 **기동** 또는 **정지**시키는 것으로서 **압력챔버** 또는 **기동용 압력스위치** 등을 말한다.

- (가)항의 B의 명칭은 기동용 수압개폐장치로 답하면, 기동용 수압개폐장치 중의 "**기동용 압력스위치**"로 판단할 수도 있기 때문에 "**압력챔버**"로 답해야 정확한 답!

Ⓒ **수격방지기**(WHC ; Water Hammering Cushion) : 수직배관의 **최상부** 또는 **수평주행배관**과 **교차배관**이 **맞닿는 곳**에 설치하여 워터해머링(water hammering)에 따른 충격을 흡수한다(배관 내의 수격작용 방지).

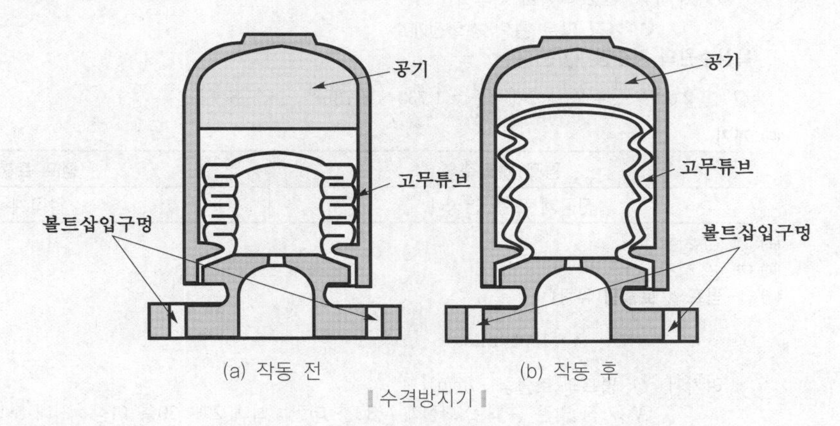

(a) 작동 전 (b) 작동 후

▌수격방지기▐

Ⓓ **옥상수조** 또는 **고가수조** : **구조물** 또는 **지형지물** 등에 설치하여 자연낙차의 압력으로 급수하는 수조
Ⓔ **옥내소화전**(발신기세트 옥내소화전 내장형)

(1) 함의 재질 ─ 두께 **1.5mm** 이상의 **강판** / 두께 **4 mm** 이상의 **합성수지재**

(2) 문짝의 면적 : $\mathbf{0.5\ m^2}$ 이상

- 소방시설 도시기호에는 '**발신기세트 옥내소화전 내장형**'이라고 되어 있으므로 2가지를 함께 답할 것을 권한다.

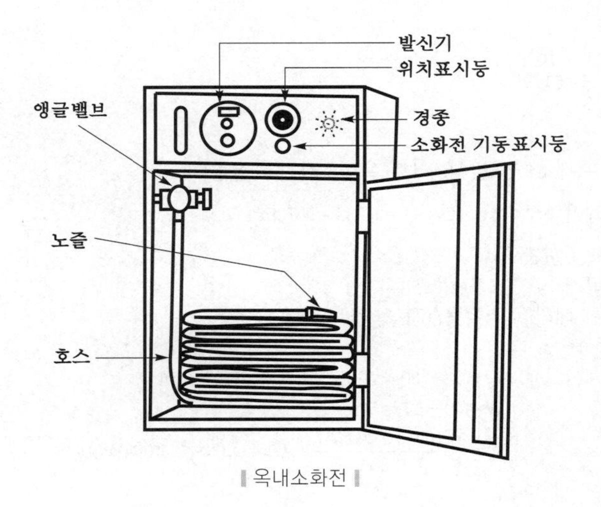

▮ 옥내소화전 ▮

(나) **옥상수원**의 **저수량**

$$Q' \geq 2.6N \times \frac{1}{3} \text{(30층 미만, } N\text{: 최대 2개)}$$

$$Q' \geq 5.2N \times \frac{1}{3} \text{(30～49층 이하, } N\text{: 최대 5개)}$$

$$Q' \geq 7.8N \times \frac{1}{3} \text{(50층 이상, } N\text{: 최대 5개)}$$

여기서, Q' : 옥상수원의 저수량[m^3]
N : 가장 많은 층의 소화전개수

옥상수원의 **저수량** Q'는

$$Q' \geq 2.6N \times \frac{1}{3} = 2.6 \times 2\text{개} \times \frac{1}{3} = 1.733 \fallingdotseq 1.73\text{m}^3$$

(다) **계기**

펌프 흡입측	펌프 토출측
진공계 또는 연성계	압력계

(라) (가) Ⓒ 참조
(마) (가) Ⓔ 참조
(바) (1) **펌프**의 **토출량**(유량)

$$Q = N \times 130\text{L/min}$$

여기서, Q :펌프의 토출량[L/min]
N :가장 많은 층의 소화전개수(30층 미만 : 최대 2개, 30층 이상 : 최대 5개)

펌프의 **토출량**(유량) Q는

$Q = N \times 130\text{L/min} = 2 \times 130\text{L/min} = 260\text{L/min} =$ **0.26m^3/min**

$$1000\text{L} = 1\text{m}^3$$

(2) **펌프**의 **전양정**

$$H \geq h_1 + h_2 + h_3 + 17$$

여기서, H: 전양정[m]
h_1 : 소방호스의 마찰손실수두[m]
h_2 : 배관 및 관부속품의 마찰손실수두[m]
h_3 : 실양정(흡입양정+토출양정)[m]

펌프의 **전양정** H는

$H=h_1+h_2+h_3+17=40+17=57\text{m}$

※ 〔조건 ①〕에서 $h_1+h_2+h_3=$**40m**이다.

(3) **전동기**의 **용량**

$$P=\frac{0.163QH}{\eta}K$$

여기서, P: 전동력〔kW〕
Q: 유량〔m^3/min〕
H: 전양정〔m〕
K: 전달계수
η: 효율

전동기의 **용량** P는

$$P=\frac{0.163QH}{\eta}K=\frac{0.163\times0.26\text{m}^3/\text{min}\times57\text{m}}{0.65}\times1.1=4.088\fallingdotseq4.09\text{kW}$$

- η(효율) : 〔조건 ②〕에서 65%=**0.65**
- K(전달계수) : 〔조건 ③〕에서 **1.1**

☆☆☆ **문제 10**

옥내소화전설비 펌프의 토출량이 390L/min이고, 정격양정이 0.6MPa이면, 이 펌프의 운전에 필요한 전동기의 소요동력〔kW〕을 구하시오. (단, 동력전달계수는 1.1, 펌프의 효율은 0.65이다.)

(05.7.문2)

○ 계산과정 :
○ 답 :

득점	배점
	3

해답

○ 계산과정 : $\frac{0.163\times0.39\times60}{0.65}\times1.1=6.454\fallingdotseq6.45\text{kW}$

○ 답 : 6.45kW

해설

$$P=\frac{0.163QH}{\eta}K$$

여기서, P: 전동기의 동력〔kW〕
Q: 유량〔m^3/min〕
H: 전양정〔m〕
K: 전달계수
η: 효율

전동기의 **동력** P는

$$P=\frac{0.163QH}{\eta}K=\frac{0.163\times390\text{L}/\text{min}\times60\text{m}}{0.65}\times1.1$$

$$=\frac{0.163\times0.39\text{m}^3/\text{min}\times60\text{m}}{0.65}\times1.1=6.454\fallingdotseq6.45\text{kW}$$

- 390L/min : 문제에서 주어짐(1000L=1m^{3}이므로 390L/min=0.39m^3/min)
- 0.6MPa : 옥내소화전설비처럼 **'설비'** 문제는 1MPa=100m로 계산하면 되므로 0.6MPa=60m
- 1.1 : 단서에서 주어짐
- 0.65 : 단서에서 주어짐

☆☆

문제 11

스프링클러설비의 종류별 특징 및 감열부 유무에 따른 사용헤드의 종류를 쓰시오.

(16.4.문6, 기사 15.4.문8, 기사 07.11.문7)

득점	배점
	10

설비종류	설비특징	사용헤드
습식		
건식		
준비작동식		

해답

설비종류	설비특징	사용헤드
습식	습식 밸브의 **1차측** 및 **2차측** 배관 내에 **가압수**가 충수	폐쇄형
건식	건식 밸브의 **1차측**에는 **가압수**, **2차측**에는 **공기**압축	폐쇄형
준비작동식	준비작동식 밸브의 **1차측**에는 **가압수**, **2차측**에는 **대기압**상태	폐쇄형

해설 **스프링클러설비**의 **작동원리**

구 분	종 류	작동원리(설비특징)	사용헤드
유수 검지장치	습식	습식 밸브의 **1차측** 및 **2차측** 배관 내에 항상 **가압수**가 충수되어 있다가 화재발생시 열에 의해 헤드가 개방되어 소화하는 방식	폐쇄형
	건식	건식 밸브의 **1차측**에는 **가압수**, **2차측**에는 **공기**가 압축되어 있다가 화재발생시 열에 의해 헤드가 개방되어 소화하는 방식	폐쇄형
	준비 작동식	준비작동식 밸브의 **1차측**에는 **가압수**, **2차측**에는 **대기압**상태로 있다가 화재발생시 감지기에 의하여 준비작동식 밸브(preaction valve)를 개방하여 헤드까지 가압수를 송수시켜 놓고 있다가 열에 의해 헤드가 개방되면 소화하는 방식	폐쇄형
	부압식	준비작동밸브의 1차측에는 **가압수**, 2차측에는 **부압(진공)** 상태로 있다가 화재발생시 감지기에 의하여 **준비작동밸브**(pre-action valve)를 개방하여 헤드까지 가압수를 송수시켜 놓고 있다가 열에 의해 헤드가 개방되면 소화하는 방식	폐쇄형
일제 개방밸브	일제 살수식	일제개방밸브의 1차측에는 **가압수**, 2차측에는 **대기압**상태로 있다가 화재발생시 감지기에 의하여 **일제개방밸브**(deluge valve)가 개방되어 소화하는 방식	개방형

☆☆☆

문제 12

소방배관을 Grid 배관으로 하는 이유를 3가지 쓰시오. (17.6.문4, 16.4.문16, 14.7.문5, 12.4.문8, 09.7.문5)

○
○
○

득점	배점
	6

해답 ① 고장수리시에도 소화수 공급 가능
② 배관 내 충격파 발생시에도 분산 가능
③ 소화설비의 증설 · 이설시 용이

해설 **스프링클러설비**의 **배관방식**

구 분	루프(Loop)방식	그리드(Grid)방식
뜻	2개 이상의 배관에서 헤드에 물을 공급하도록 연결하는 방식	평행한 교차배관에 많은 가지배관을 연결하는 방식
장점	① 한쪽 배관에 **이**상발생시 다른 방향으로 소화수를 공급하기 위해서 ② 유수의 흐름을 분산시켜 **압**력손실을 줄이기 위해서 ③ 고장수리시에도 소화수 공급 가능 ④ 배관 내 충격파 발생시에도 분산 가능 ⑤ 소화설비의 증설 · 이설시 용이 기억법 이압	① 유수의 흐름이 분산되어 **압력손실**이 적고 **공급압력 차이**를 줄일 수 있으며, **고른 압력분포** 가능 ② 고장수리시에도 소화수 공급 가능 ③ 배관 내 충격파 발생시에도 분산 가능 ④ 소화설비의 증설 · 이설시 용이 ⑤ 소화용수 및 가압송수장치의 분산배치 용이
구성	▮루프방식▮	▮그리드방식▮

☆ 문제 13

길이가 1km, 내경이 100mm인 배관 내에 물이 3m/s로 흐르고 있다. 레이놀즈수가 2000일 때 배관 내의 표면거칠기 C값을 구하시오. (단, 마찰손실 계산은 Darcy-Weisbach의 식과 하젠-윌리암의 공식을 적용한다.) (17.6.문8, 06.4.문10)

○ 계산과정 :

○ 답 :

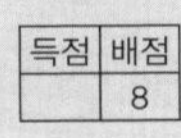

득점	배점
	8

해답 ○ 계산과정 : $Q=\frac{\pi\times 0.1^2}{4}\times 3=0.0235619\text{m}^3/\text{s}$

$$=23.5619\text{L}\Big/\frac{1}{60}\text{min}=1413.714\text{L/min}$$

$$f=\frac{64}{2000}=0.032$$

$$\Delta P=\frac{9800\times 0.032\times 1000\times 3^2}{2\times 9.8\times 0.1}=1440000\text{Pa}=1.44\text{MPa}$$

$$C=\left(6.053\times 10^4\times\frac{1413.714^{1.85}}{1.44\times 100^{4.87}}\times 1000\right)^{\frac{1}{1.85}}=101.476\fallingdotseq 101.48$$

○ 답 : 101.48

해설 (1) **유량**(flowrate)=체적유량

$$Q=AV=\left(\frac{\pi D^2}{4}\right)V$$

여기서, Q : 유량[m^3/s]

A : 단면적[m^2]

V : 유속[m/s]

D : 내경[m]

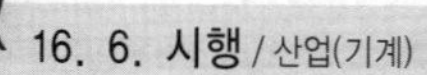

유량 $Q=\frac{\pi D^2}{4}V=\frac{\pi\times(0.1\text{m})^2}{4}\times 3\text{m/s}=0.0235619\text{m}^3/\text{s}=23.5619\text{L/s}$

$=23.5619\text{L}\Big/\frac{1}{60}\text{min}=(23.5619\times 60)\text{L/min}$

$=1413.714\text{L/min}$

- 100mm=0.1m(1000mm=1m)
- 3m/s : 문제에서 주어짐
- 1m^3=1000L이므로 $0.0235619\text{m}^3/\text{s}$=23.5619L/s
- 1min=60s, 1s=$\frac{1}{60}$min이므로 23.5619L/s=23.5619L$\Big/\frac{1}{60}$min

(2) **관마찰계수**

$$f=\frac{64}{R_e}$$

여기서, f : 관마찰계수
Re : 레이놀즈수

관마찰계수 f는

$f=\frac{64}{Re}=\frac{64}{2000}=0.032$

- 2000 : 문제에서 주어짐

(3) **달시-웨버**(Darcy-Weisbach)의 **식**

$$H=\frac{\Delta P}{\gamma}=\frac{flV^2}{2gD}$$

여기서, H : 마찰손실수두〔m〕
ΔP : 압력차(압력손실)〔Pa〕
γ : 비중량(물의 비중량 9800N/m^3)
f : 관마찰계수
l : 길이〔m〕
V : 유속〔m/s〕
g : 중력가속도(9.8m/s^2)
D : 내경〔m〕

압력손실 $\Delta P=\frac{\gamma flV^2}{2gD}=\frac{9800\text{N/m}^3\times 0.032\times 1000\text{m}\times(3\text{m/s})^2}{2\times 9.8\text{m/s}^2\times 0.1\text{m}}=1440000\text{Pa}=1.44\text{MPa}$

- 0.032 : 바로 위에서 구한 값
- 1000m : 문제에서 1km=1000m
- 3m/s : 문제에서 주어짐
- 0.1m : 문제에서 100mm=0.1m

(4) **하젠-윌리암**의 **식**(Hazen-William's formula)

$$\Delta P=6.053\times 10^4\times\frac{Q^{1.85}}{C^{1.85}\times D^{4.87}}\times L$$

여기서, ΔP: 압력손실〔MPa〕
C: 조도(배관 내의 표면거칠기)
D: 관의 내경〔mm〕
Q: 관의 유량〔L/min〕
L: 관의 길이〔m〕

$$\Delta P = 6.053 \times 10^4 \times \frac{Q^{1.85}}{C^{1.85} \times D^{4.87}} \times L$$

$$C^{1.85} = 6.053 \times 10^4 \times \frac{Q^{1.85}}{\Delta P \times D^{4.87}} \times L$$

$$C^{\cancel{1.85} \times \frac{1}{\cancel{1.85}}} = \left(6.053 \times 10^4 \times \frac{Q^{1.85}}{\Delta P \times D^{4.87}} \times L\right)^{\frac{1}{1.85}}$$ ← 양 변에 $\frac{1}{1.85}$ 승을 곱함

$$C = \left(6.053 \times 10^4 \times \frac{Q^{1.85}}{\Delta P \times D^{4.87}} \times L\right)^{\frac{1}{1.85}}$$

$$= \left(6.053 \times 10^4 \times \frac{(1413.714\text{L/min})^{1.85}}{1.44\text{MPa} \times (100\text{mm})^{4.87}} \times 1000\text{m}\right)^{\frac{1}{1.85}} = 101.476 \fallingdotseq 101.48$$

- 1413.714L/min : 위에서 구한 값
- 1.44MPa : 위에서 구한 값
- 100mm : 문제에서 주어진 값
- 1000m : 문제에서 1km=1000m
- 하젠-윌리암식 각각의 단위에 주의하라!
- C : 단위가 없으므로 단위를 쓰면 틀린다.
- 하젠-윌리암의 식은 아래 3가지 식 중 어느 식을 적용해도 맞다.

$$\Delta P = 6.053 \times 10^4 \times \frac{Q^{1.85}}{C^{1.85} \times D^{4.87}} \times L \fallingdotseq 6.05 \times 10^4 \times \frac{Q^{1.85}}{C^{1.85} \times D^{4.87}} \times L$$

$$\fallingdotseq 6.174 \times 10^4 \times \frac{Q^{1.85}}{C^{1.85} \times D^{4.87}} \times L$$

☆☆☆

문제 14

주차장의 일부이다. 이곳에 포소화설비를 설치할 경우 다음 물음에 답하시오. (단, 방호구역은 2개이며, 지시하지 않는 조건은 무시한다.)

(17.6.문12, 13.7.문12, 11.5.문2, 08.7.문13, 03.4.문16)

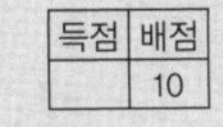

득점	배점
	10

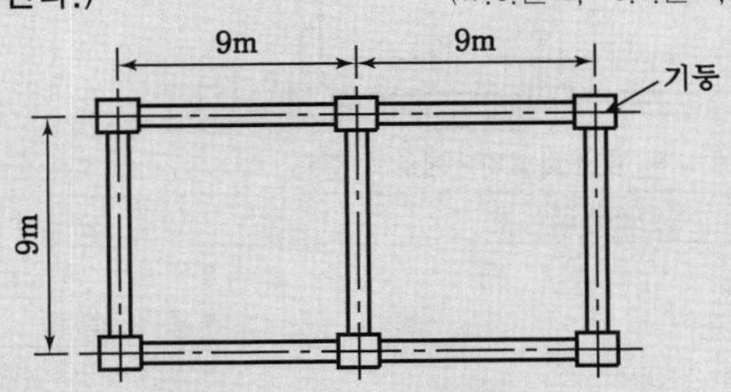

(가) 주차장에 설치할 수 있는 포소화설비의 종류를 2가지만 쓰시오.

○

○

(나) 상기 면적에 설치해야 할 포헤드의 수는 최소 몇 개인지 구하시오. (단, 헤드 간 거리 산출시 소수점은 반올림하고, 정방형 배치방식으로 산출하시오.)

○ 계산과정 :

○ 답 :

(다) 한 개의 방사구역에 대한 포소화약제 수용액의 분당 최저 방사량은 몇 L/min인지 구하시오.

① 단백포 소화약제의 경우

○ 계산과정 :

○ 답 :

② 합성계면활성제포 소화약제의 경우
○ 계산과정 :
○ 답 :
③ 수성막포 소화약제의 경우
○ 계산과정 :
○ 답 :

(라) (나)에서 구한 포헤드개수를 기준으로 포헤드를 도면에 정방형 배치방식으로 표시하시오. (단, 헤드간 거리, 기둥 중심선으로부터의 포헤드 설치간격을 반드시 표시해야 한다.)

해답 (가) ① 포워터스프링클러설비
② 포헤드설비

(나) ○ 계산과정 : $S=2\times2.1\times\cos45°=2.969 \fallingdotseq 3\text{m}$

가로헤드개수$=\frac{9}{3}=3$개

세로헤드개수$=\frac{9}{3}=3$개

헤드개수$=3\times3=9$개

총 헤드개수$=9\times2=18$개 ○ 답 : 18개

(다) ○ 계산과정 : ① $6.5\times(9\times9)=526.5\text{L/min}$ ○ 답 : 526.5L/min
○ 계산과정 : ② $8.0\times(9\times9)=648\text{L/min}$ ○ 답 : 648L/min
○ 계산과정 : ③ $3.7\times(9\times9)=299.7\text{L/min}$ ○ 답 : 299.7L/min

(라)

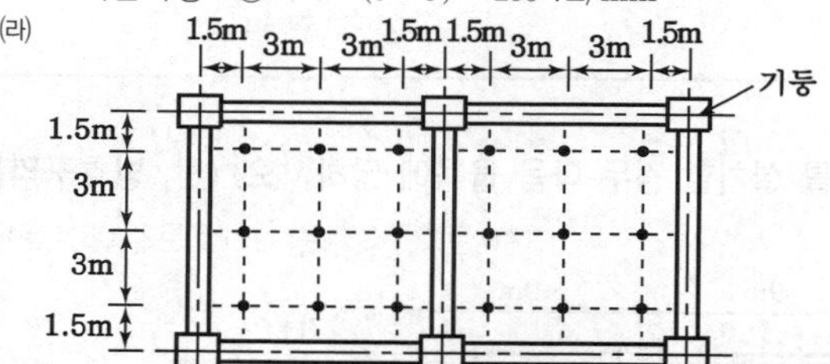

해설 (가) **특정소방대상물**에 따른 **포소화설비 · 헤드**의 **종류**(NFPC 105 5조, NFTC 105 2.1.1)

특정소방대상물	설비 종류	헤드 종류
• 차고 · 주차장 • 항공기격납고 • 공장 · 창고(특수가연물 저장 · 취급)	• 포워터스프링클러설비	• 포워터스프링클러헤드
	• 포헤드설비	• 포헤드
	• 고정포방출설비	• 고정포방출구
	• 압축공기포소화설비	• 압축공기포헤드
• 완전개방된 옥상 주차장(주된 벽이 없고 기둥뿐이거나 주위가 위해방지용 철주 등으로 둘러싸인 부분) • **지상 1층**으로서 지붕이 없는 차고 · 주차장 • 고가 밑의 주차장(주된 벽이 없고 기둥뿐이거나 주위가 위해방지용 철주 등으로 둘러싸인 부분)	• 호스릴포소화설비 • 포소화전설비	• 이동식 포노즐
• 발전기실 • 엔진펌프실 • 변압기 • 전기케이블실 • 유압설비	• 고정식 압축공기포소화설비(바닥면적 합계 **300m²** 미만)	• 압축공기포헤드

(나) **정방형**의 포헤드 상호간의 거리 S는
$S=2R\cos45° = 2\times2.1\text{m}\times\cos45° = 2.969 \fallingdotseq 3\text{m}$

- R : 유효반경(NFPC 105 12조 ②항, NFTC 105 2.9.2.5에 의해 **2.1m** 적용)
- 단서조건에 의해 **정방형**으로 계산한다.
- 단서 조건에 의해 소수점은 반올림하여야 하므로 2.97이 아니고 **3**이 되는 것이다. 주의하라!

(1) **가로**의 **헤드 소요개수**

$$\frac{\text{가로길이}}{\text{수평헤드간격}} = \frac{9\text{m}}{3\text{m}} = 3\text{개}$$

(2) **세로**의 **헤드 소요개수**

$$\frac{\text{세로길이}}{\text{수평헤드간격}} = \frac{9\text{m}}{3\text{m}} = 3\text{개}$$

필요한 헤드의 소요개수=가로개수×세로개수=3개×3개=9개
총 헤드개수=9개×2구역=18개

중요

포헤드 상호간의 **거리기준**(NFPC 105 12조, NFTC 105 2.9.2.5)

정방형(정사각형)	**장방형**(직사각형)
$S=2R\cos45°$ $L=S$	$P_t=2R$
여기서, S : 포헤드 상호간의 거리[m] R : 유효반경(2.1m) L : 배관간격[m]	여기서, P_t : 대각선의 길이[m] R : 유효반경(2.1m)

(다) **특정소방대상물별 약제방사량**

특정소방대상물	포소화약제의 종류	방사량
• 차고, 주차장 • 항공기격납고	수성막포	3.7L/m²·min
	단백포	6.5L/m²·min
	합성계면활성제포	8.0L/m²·min
• 특수가연물 저장·취급소	수성막포 단백포 합성계면활성제포	6.5L/m²·min

분당 방사량=방사량[L/m²·min]×단면적[m²]

(1) 단백포
분당 방사량=방사량[L/m²·min]×단면적[m²]=6.5L/m²·min×(9×9)m²=526.5L/min

(2) 합성계면활성제포 분당 방사량=방사량=[L/m²·min]×단면적[m²]
=8.0L/m²·min×(9×9)m²=648L/min

(3) 수성막포
분당 방사량=방사량[L/m²·min]×단면적[m²]=3.7L/m²·min×(9×9)m²=299.7L/min

- 분=min
- **단면적** : 그림에서 **가로 9m×세로 9m**이다.
- **분당 방사량** : 단위를 보면 계산식을 쉽게 만들 수 있다. 그러므로 분당 방사량식을 별도로 암기할 필요는 없는 것이다.
- 문제에서 한 개의 방사구역이라고 하였으므로 기존의 결과에서 추가로 2를 곱하지 않도록 주의하라! 단백포의 경우 **526.5L/min×2구역=1053L/min** 이렇게 답하면 정확하게 틀리는 것이다. 주의!

(라)

‖ 포헤드의 배치도 ‖

- 헤드 간 거리 $S=3$m : 위에서 구한 값
- 기둥 중심선에서 헤드 간 거리$=\frac{1}{2}S=\frac{1}{2}\times 3=$**1.5m**

☆☆☆
문제 15

수계소화설비의 가압송수용 펌프 흡입측 말단에 설치하는 풋밸브의 기능 2가지를 쓰시오.

(기사 11.5.문8)

○

○

득점	배점
	4

해답 ○ 여과기능
○ 체크밸브기능

해설

습식 유수검지장치의 기능	건식 유수검지장치의 기능	후드밸브의 기능
• 자동경보기능 • 오동작방지기능 • 체크밸브기능	• 자동경보기능 • 체크밸브기능	• 여과기능 • 체크밸브기능

풋밸브=후드밸브

중요

유수검지장치의 **종류**
(1) 습식 유수검지장치
(2) 건식 유수검지장치
(3) 준비작동식 유수검지장치

"우리 내부에는 승리와 패배의 씨앗이 있다. 당신은 어느 씨앗을 뿌릴 것인가? 승리의 씨앗!"

- 롬멜로 -

16년 2016. 11. 12 시행

▌2016년 산업기사 제4회 필답형 실기시험▐

자격종목	시험시간	형별	수험번호	성명	감독위원 확인
소방설비산업기사(기계분야)	2시간 30분				

※ 다음 물음에 답을 해당 답란에 답하시오.(배점 : 100)

☆☆

문제 01

옥내소화전용 가압송수장치로 펌프방식을 설치하려고 한다. 정격토출압력 2MPa, 정격토출량 520L/min일 때 다음 각 물음에 답하시오.

득점	배점
	4

(가) 체절운전시 허용최고압력[MPa]을 구하시오.
- ○ 계산과정 :
- ○ 답 :

(나) 토출량이 780L/min일 때 최소압력[MPa]을 구하시오.
- ○ 계산과정 :
- ○ 답 :

해답 (가) ○ 계산과정 : 2×1.4=2.8MPa
○ 답 : 2.8MPa

(나) ○ 계산과정 : 2×0.65=1.3MPa
○ 답 : 1.3MPa

해설 (가)

체절압력[MPa]=정격토출압력[MPa]×1.4

=2MPa×1.4
=2.8MPa

● 체절운전시 허용최고압력=체절압력

중요

체절운전, 체절압력, 체절양정

구 분	설 명
체절운전	펌프의 성능시험을 목적으로 펌프토출측의 개폐밸브를 닫은 상태에서 펌프를 운전하는 것
체절압력	체절운전시 릴리프밸브가 압력수를 방출할 때의 압력계상 압력으로 정격토출압력의 **140%** 이하
체절양정	펌프의 토출측 밸브가 모두 막힌 상태. 즉, 유량이 0인 상태에서의 양정

(나) 소방펌프는 정격토출량의 150%로 운전시 정격토출압력의 65% 이상이 되어야 한다.
정격토출량 520L/min의 150% 운전시=520L/min×1.5=780L/min
최소압력=정격토출압력×0.65
=2MPa×0.65=1.3MPa

☆☆☆ 문제 02

다음 그림은 어느 습식 스프링클러설비에서 배관의 일부를 나타내는 평면도이다. 주어진 조건을 보고 점선 내의 모든 배관에 소요되는 티의 최소개수와 그 규격을 빈칸에 작성하시오. (단, 엘보, 레듀셔 등은 제외한다.)

(17.11.문14, 11.5.문14, 08.11.문13, 07.11.문7)

득점	배점
	7

유사문제부터 풀어보세요. 실력이 팍!팍! 올라갑니다.

〔조건〕

① 티의 규격은 다음의 실 예와 같은 방식으로 표기한다.

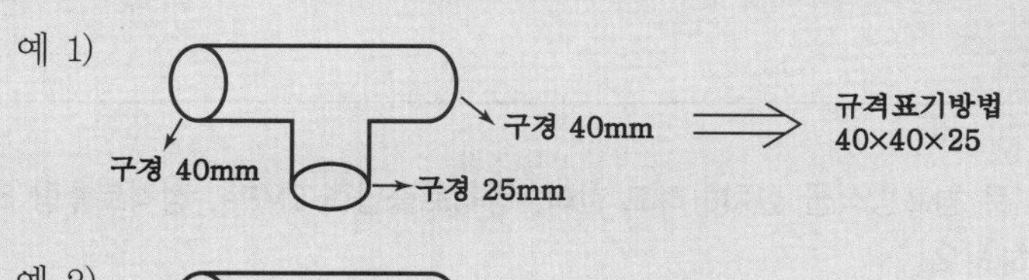

② 가지배관이 분류되는 곳(5개소)의 티는 소화수가 공급되는 배관의 구경과 모두 동일한 것으로 한다.

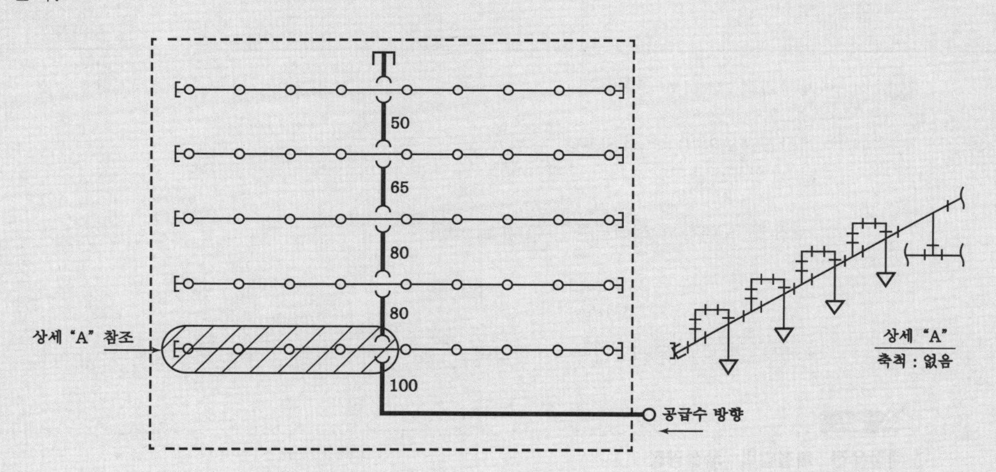

③ 스프링클러헤드별 급수관의 구경은 다음 표와 같이 적용한다.

구 분	스프링클러헤드수별 급수관의 구경								
관경〔mm〕	25	32	40	50	65	80	100	125	150
헤드숫자〔개〕	2	3	5	10	20	40	100	160	275

○ 답

티의 규격	개 수

해답

티의 규격	개 수
100×100×50	1개
80×80×50	2개
65×65×50	1개
50×50×50	6개
40×40×25	15개
32×32×25	10개
25×25×25	20개

해설 그림의 헤드수에 따라 표에 의해 **급수관**과 **구경**을 정하고 그에 따라 **티**(Tee)의 최소개수와 규격을 산출하면 다음과 같다.

(1) 100×100×50 1개
(2) 80×80×50 2개
(3) 65×65×50 1개
(4) 50×50×50 6개
(5) 40×40×25 15개
(6) 32×32×25 10개
(7) 25×25×25 20개

‖티‖

평면도를 입체도로 바꾸어 각각의 사용위치를 **100×100×50** : ●, **80×80×50** : ○, **65×65×50** : ■로 표시하면 다음과 같다.

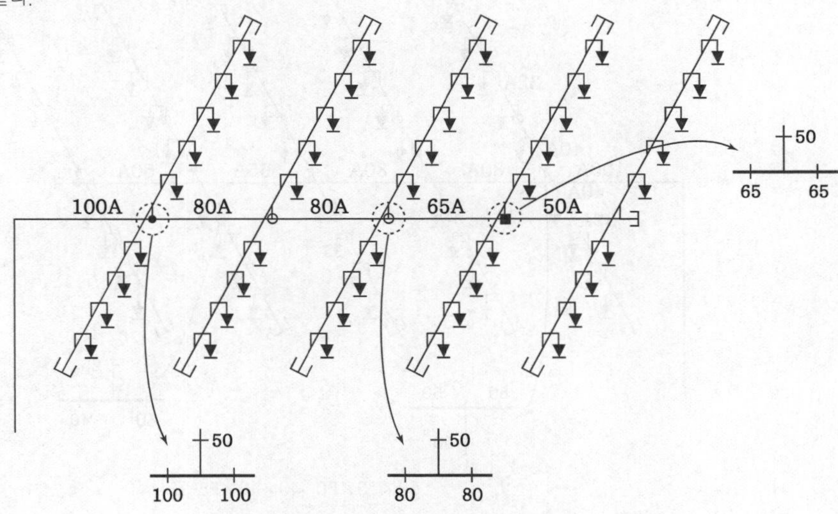

‖100×100×50, 80×80×50, 65×65×50 표시‖

• 배관 끝부분 모양 주의!

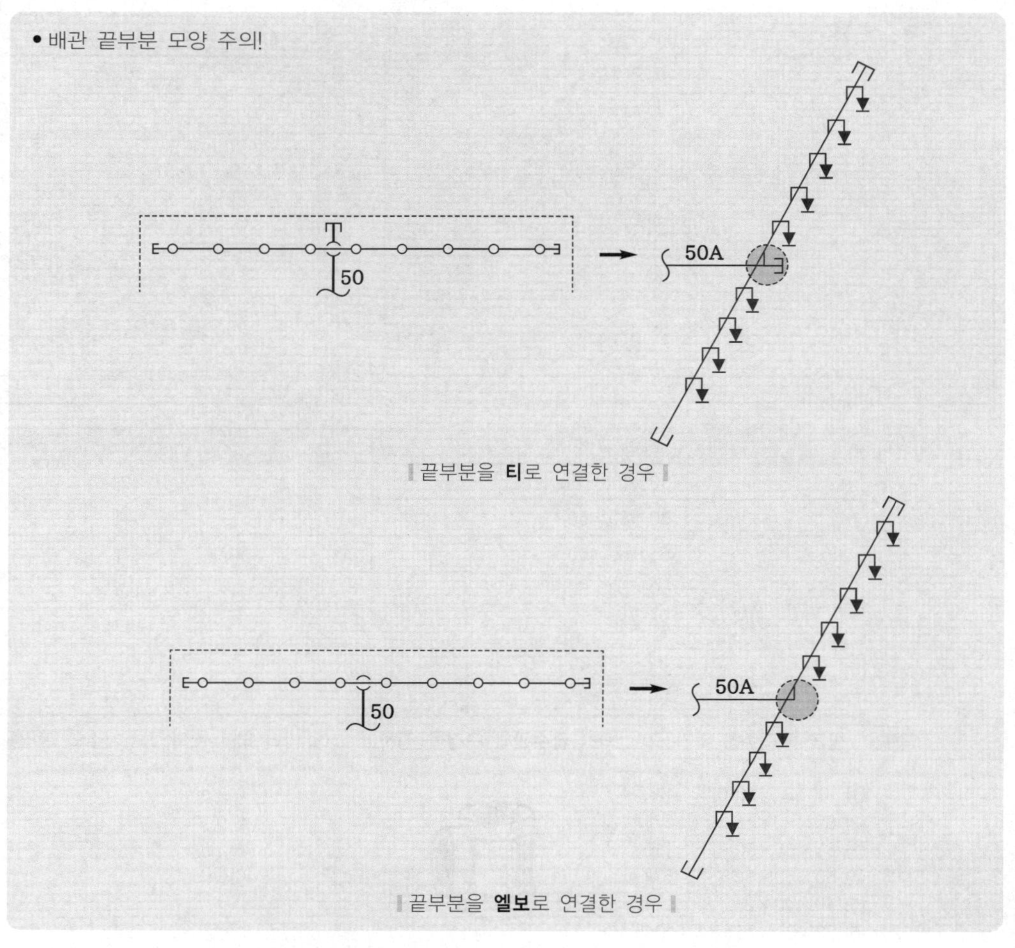

▌끝부분을 **티**로 연결한 경우 ▌

▌끝부분을 **엘보**로 연결한 경우 ▌

평면도를 입체도로 바꾸어 각각의 사용위치를 **50×50×50** : ●, **40×40×25** : ○로 표시하면 다음과 같다.

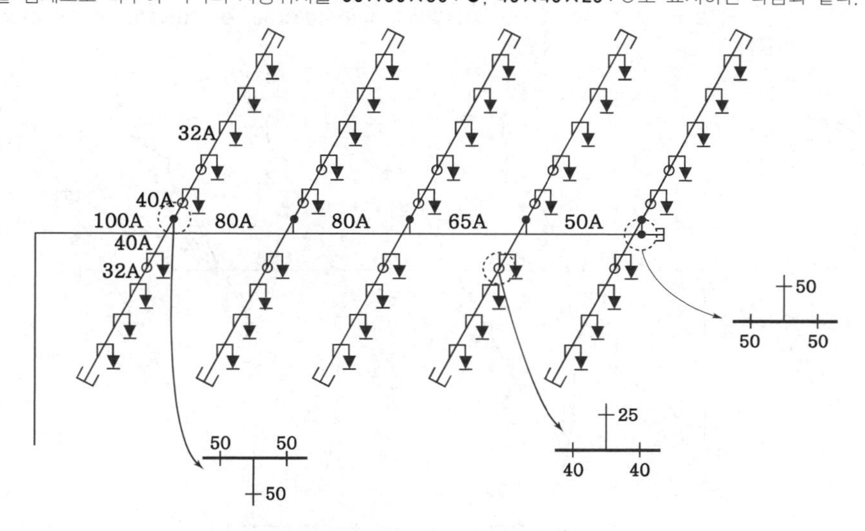

▌50×50×50, 40×40×25 표시 ▌

평면도를 입체도로 바꾸어 각각의 사용위치를 **32×32×25 : ■**, **25×25×25 : □**로 표시하면 다음과 같다.

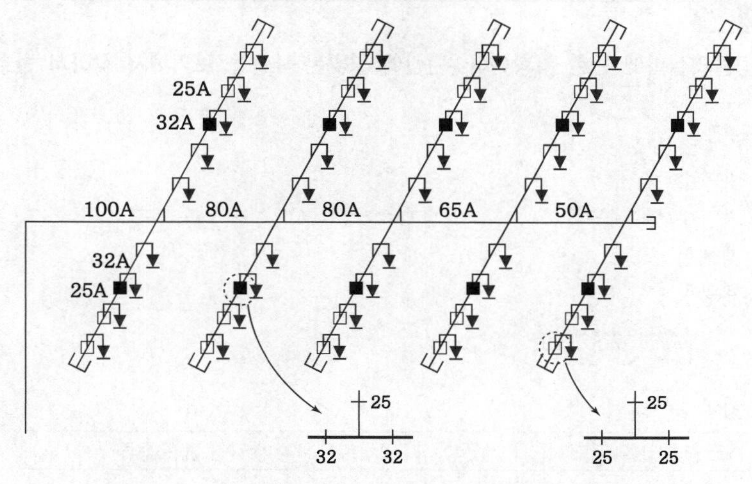

‖ 32×32×25, 25×25×25 표시 ‖

☆☆☆

문제 03

노즐구경이 15mm인 스프링클러헤드가 0.1MPa 압력에서 100L/min 유량을 방출할 수 있도록 적용되었다. 실제 공사완료 후 시운전 결과 동일한 스프링클러헤드에서의 방사압력이 0.25MPa로 측정되었다면 실제 방출량〔L/min〕을 계산하시오. (08.7.문5)

○ 계산과정 :

○ 답 :

득점	배점
	5

해답

○ 계산과정 : $K=\dfrac{100}{\sqrt{10\times0.1}}=100$

$Q=100\sqrt{10\times0.25}$

$=158.113$

$≒158.11\text{L/min}$

○ 답 : 158.11L/min

해설

$$Q=K\sqrt{10P}$$

여기서, Q : 토출량(방출량)〔L/min〕

K : 방출계수

P : 방사압력〔MPa〕

방출계수 K는

$K=\dfrac{Q}{\sqrt{10P}}=\dfrac{100\text{L/min}}{\sqrt{10\times0.1\text{MPa}}}=100$

방출량 Q는

$Q=K\sqrt{10P}=100\sqrt{10\times0.25}$

$=158.113$

$≒158.11\text{L/min}$

☆☆
문제 04

스프링클러설비에 관한 사항이다. 빈칸에 알맞은 내용을 보기에서 찾아서 번호로 적어 넣으시오.

(17.4.문14, 13.4.문10, 04.4.문1)

득점	배점
	9

〔보기〕
① 가압수/공기
② 가압수/압축공기
③ 폐쇄형
④ 개방형
⑤ ×
⑥ ○
⑦ 가압수/가압수

스프링클러설비	배관(1차측/2차측)	헤드종류	감지기 유무(○, ×)
습식 설비	( )	( )	( )
건식 설비	( )	( )	( )
일제살수식	( )	( )	( )

해답

스프링클러설비	배관(1차측/2차측)	헤드종류	감지기 유무(○, ×)
습식 설비	(⑦)	(③)	(⑤)
건식 설비	(②)	(③)	(⑤)
일제살수식	(①)	(④)	(⑥)

해설

스프링클러설비	배관(1차측/2차측)	헤드종류	감지기 유무(○, ×)
습식 설비	(가압수/가압수)	(폐쇄형)	(×)
건식 설비	(가압수/압축공기)	(폐쇄형)	(×)
준비작동식	(가압수/공기)	(폐쇄형)	(○)
일제살수식	(가압수/공기)	(개방형)	(○)

중요

스프링클러설비의 **작동원리**

종 류	설 명
습식	습식 밸브의 1차측 및 2차측 배관 내에 항상 **가압수**가 충수되어 있다가 화재발생시 열에 의해 헤드가 개방되어 소화하는 방식
건식	건식 밸브의 1차측에는 **가압수**, 2차측에는 **공기**가 압축되어 있다가 화재발생시 열에 의해 헤드가 개방되어 소화하는 방식
준비작동식	준비작동밸브의 1차측에는 **가압수**, 2차측에는 **대기압**상태로 있다가 화재발생시 감지기에 의하여 **준비작동밸브**(pre-action valve)를 개방하여 헤드까지 가압수를 송수시켜 놓고 있다가 열에 의해 헤드가 개방되면 소화하는 방식
부압식	준비작동밸브의 1차측에는 **가압수**, 2차측에는 **부압(진공)**상태로 있다가 화재발생시 감지기에 의하여 **준비작동밸브**(pre-action valve)를 개방하여 헤드까지 가압수를 송수시켜 놓고 있다가 열에 의해 헤드가 개방되면 소화하는 방식
일제살수식	일제개방밸브의 1차측에는 **가압수**, 2차측에는 **대기압**상태로 있다가 화재발생시 감지기에 의하여 **일제개방밸브**(deluge valve)가 개방되어 소화하는 방식

☆☆☆

문제 05

다음 그림은 수계소화설비에서 소화펌프의 계통을 나타내고 있다. 이 설비부분에서 잘못된 사항 5가지를 지적하고 올바른 수정방법을 설명하시오. (08.4.문1)

득점	배점
	10

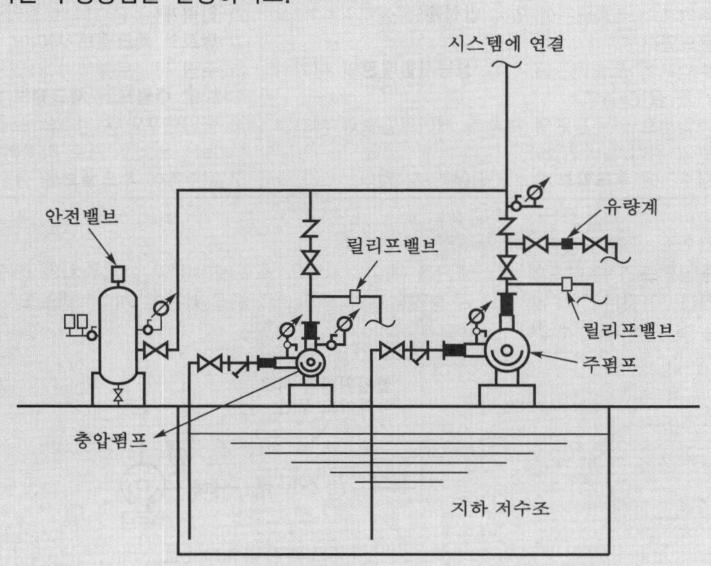

(가) ○ 잘못된 점 :
　○ 올바른 방법 :

(나) ○ 잘못된 점 :
　○ 올바른 방법 :

(다) ○ 잘못된 점 :
　○ 올바른 방법 :

(라) ○ 잘못된 점 :
　○ 올바른 방법 :

(마) ○ 잘못된 점 :
　○ 올바른 방법 :

해답 (가) ○ 잘못된 점 : 충압펌프와 주펌프의 흡입배관에 압력계 설치
　○ 올바른 방법 : 충압펌프와 주펌프의 흡입배관에 연성계(진공계) 설치

(나) ○ 잘못된 점 : 주펌프의 토출배관에 압력계의 설치위치
　○ 올바른 방법 : 압력계는 주펌프와 체크밸브 사이에 설치

(다) ○ 잘못된 점 : 주펌프의 토출배관에 성능시험배관의 분기위치 잘못
　○ 올바른 방법 : 성능시험배관은 주펌프와 체크밸브 사이에 설치

(라) ○ 잘못된 점 : 충압펌프와 주펌프의 토출측 게이트밸브와 체크밸브의 위치
　○ 올바른 방법 : 충압펌프와 주펌프의 토출측 게이트밸브와 체크밸브의 위치 서로 바꿈

(마) ○ 잘못된 점 : 저수조에 후드밸브 미설치
　○ 올바른 방법 : 저수조에 후드밸브를 설치

해설 문제의 그림에서 잘못된 점은 **5가지**이다. 이것을 지적하고 수정방법을 설명하면 다음과 같다.

잘못된 점	수정방법
① 충압펌프와 주펌프의 흡입배관에 **압력계**가 설치되어 있다.	① 충압펌프와 주펌프의 흡입배관에는 진공압을 측정하여야 하므로 **연성계**(진공계)를 설치하여야 한다.
② 주펌프의 토출배관에 있는 **압력계**의 설치위치가 잘못되었다.	② **압력계**는 펌프의 토출압력을 측정하기 위하여 **주펌프**와 **체크밸브** 사이에 설치하여야 한다.
③ 주펌프의 토출배관에 있는 **성능시험배관**의 분기위치가 잘못되었다.	③ 주펌프의 토출배관에 있는 **성능시험배관**은 일반적으로 **주펌프**와 **체크밸브** 사이에 설치한다.
④ 충압펌프와 주펌프의 토출측 게이트밸브와 체크밸브의 위치가 바뀌었다.	④ 충압펌프와 주펌프의 토출측 게이트밸브와 체크밸브의 위치를 서로 바꾸어야 한다.
⑤ 저수조에 **후드밸브**가 설치되어 있지 않다.	⑤ 저수조에 **후드밸브**를 설치하여야 한다.

- 저수조=지하수조=지하 저수조=소화수조
- 충압펌프와 주펌프의 흡입배관에 게이트밸브와 스트레이너의 설치위치가 바뀌었다고 답하는 책들이 있다. 이것은 잘못된 것으로 충압펌프와 주펌프의 흡입배관에 게이트밸브와 스트레이너의 설치위치는 바뀌어도 관계없다.

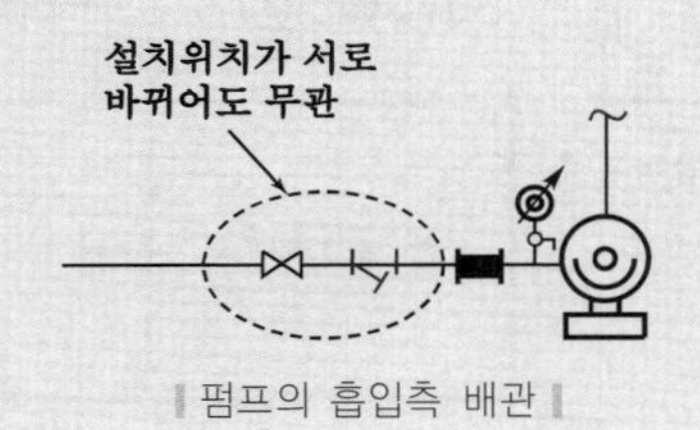

‖ 펌프의 흡입측 배관 ‖

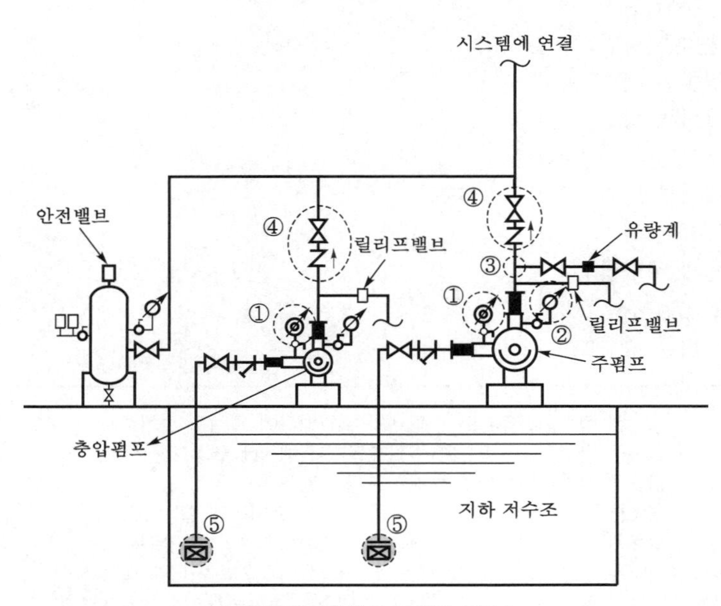

‖ 옥내소화전설비의 올바른 도면 ‖

☆☆☆
문제 06

연결송수관설비 송수구 부근에 설치하는 밸브의 종류를 습식 설비와 건식 설비로 구분하여 설치 순서대로 쓰시오. (단, 송수흐름방향 순서대로 쓴다.)

득점	배점
	4

○습식 설비 :
○건식 설비 :

해답 ○습식 설비 : 송수구 → 자동배수밸브 → 체크밸브
○건식 설비 : 송수구 → 자동배수밸브 → 체크밸브 → 자동배수밸브

해설 **연결송수관설비**의 **설치순서**
(1) **습**식 : **송**수구 → **자**동배수밸브 → **체**크밸브
(2) 건식 : 송수구 → 자동배수밸브 → 체크밸브 → 자동배수밸브

기억법 **송자체습**(**송자**는 **채식**주의자)

☆☆
문제 07

스프링클러설비와 유수검지장치에 대한 다음 각 물음에 답하시오. (10.4.문5)

득점	배점
	5

(가) 유수검지장치의 기능을 설명하시오.
(나) 유수검지장치의 표시사항 중 3가지만 쓰시오. (단, 종별 및 형식, 형식승인번호, 제조연월 및 제조번호, 제조업체명 또는 상호는 제외한다.)
○
○
○

해답 (가) 본체 내의 유수현상을 자동으로 검지하여 신호 또는 경보를 발하는 장치
(나) ○유수방향의 화살표시
○설치방향
○검지유량상수

해설 (1) **유수검지장치** 및 **일제개방밸브**

구분		기능	종류
유수제어밸브	유수검지장치	본체 내의 **유수현상**을 **자동**으로 **검지**하여 **신호** 또는 **경보**를 발하는 장치	① **습식 유수검지장치** ② **건식 유수검지장치** ③ **준비작동식 유수검지장치**
	일제개방밸브	자동 또는 수동식 기동장치에 따라 밸브가 열리는 것	**일제살수식** : 일제개방밸브(deluge valve)

용어

유수제어밸브
수계소화설비 펌프 토출측에 사용되는 유수검지장치와 일제개방밸브를 말함

(2) **유수검지장치**(유수제어밸브)의 **표시사항**

① 종별 및 형식
② 형식승인번호
③ 제조연월 및 제조번호
④ 제조업체명 또는 상호
⑤ 안지름, 호칭압력 및 사용압력범위
⑥ 유수방향의 화살표시
⑦ 설치방향
⑧ 2차측에 압력설정이 필요한 것에는 압력설정값
⑨ 검지유량상수
⑩ 설치방법 및 취급상의 주의사항
⑪ 품질보증에 관한 사항

비교

스프링클러설비의 **유수검지장치** 및 **일제개방밸브**의 **작동**상 **차이점**

스프링클러설비	작동상의 차이점
습식	습식 밸브(유수검지장치)의 **1차측** 및 **2차측** 배관 내에 항상 **가압수**가 충수되어 있다가 화재발생시 열에 의해 헤드가 개방되면 유수검지장치가 작동되어 소화한다. 헤드측 / 2차측(가압수) / 1차측(가압수) / 리타딩 챔버에 연결 / 펌프측 / 헤드측 / (가압수) / 리타딩 챔버에 연결 / 펌프측 (a) 작동 전 (b) 작동 후 ▌습식 밸브(유수검지장치)▐
건식	건식 밸브(유수검지장치)의 **1차측**에는 **가압수**, **2차측**에는 **공기**가 압축되어 있다가 화재발생시 열에 의해 헤드가 개방되면 유수검지장치가 작동되어 소화한다. 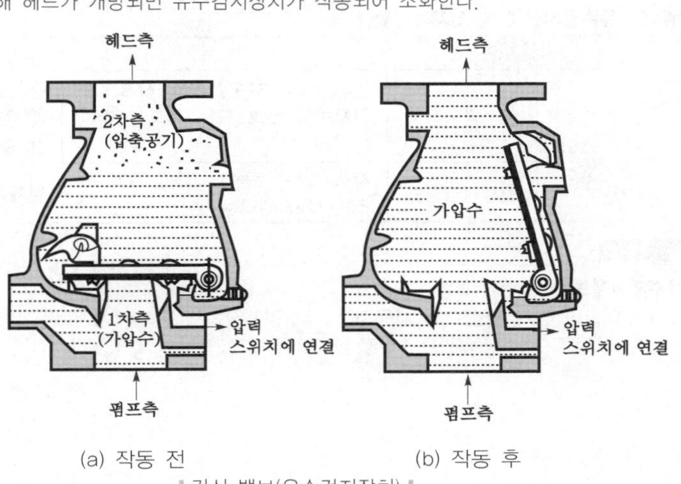 (a) 작동 전 (b) 작동 후 ▌건식 밸브(유수검지장치)▐

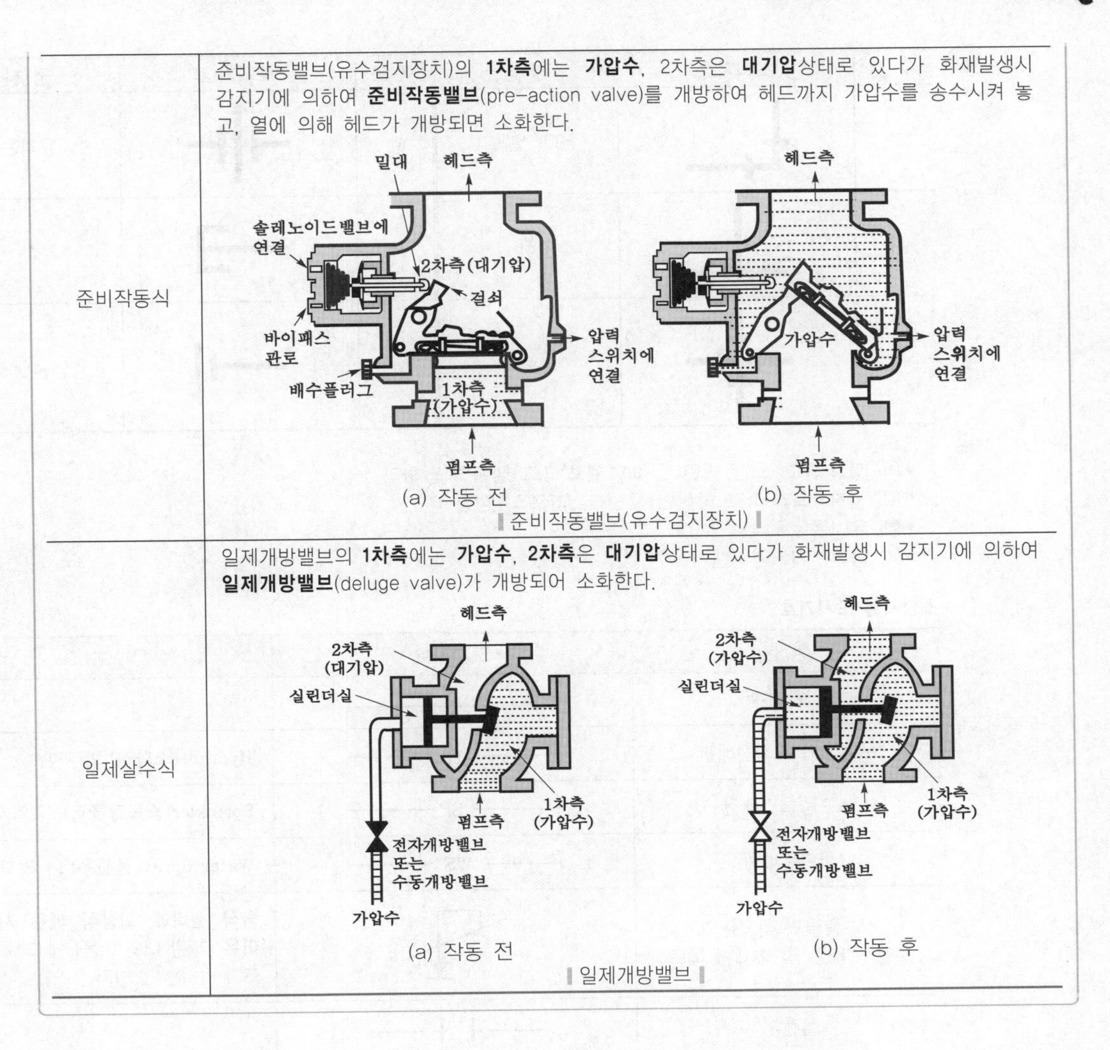

준비작동식	준비작동밸브(유수검지장치)의 **1차측**에는 **가압수**, 2차측은 **대기압**상태로 있다가 화재발생시 감지기에 의하여 **준비작동밸브**(pre-action valve)를 개방하여 헤드까지 가압수를 송수시켜 놓고, 열에 의해 헤드가 개방되면 소화한다.
일제살수식	일제개방밸브의 **1차측**에는 **가압수**, **2차측**은 **대기압**상태로 있다가 화재발생시 감지기에 의하여 **일제개방밸브**(deluge valve)가 개방되어 소화한다.

(a) 작동 전 (b) 작동 후

▮준비작동밸브(유수검지장치)▮

(a) 작동 전 (b) 작동 후

▮일제개방밸브▮

☆☆☆

문제 08

소방시설 도시기호 중 관 이음쇠의 도시기호이다. 각각의 명칭을 쓰시오.

(17.6.문3, 15.11.문11, 15.4.문5, 13.4.문11, 10.10.문3, 06.7.문4, 03.10.문13, 02.4.문8)

득점	배점
	6

구 분	도시기호	명 칭	구 분	도시기호	명 칭
(가)			(라)		
(나)			(마)		
(다)			(바)		

해답

구 분	도시기호	명 칭	구 분	도시기호	명 칭
(가)	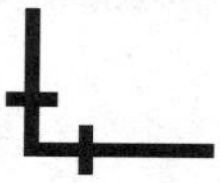	90° 엘보	(라)	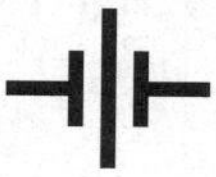	유니온
(나)	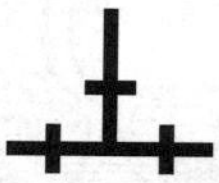	티	(마)		캡
(다)	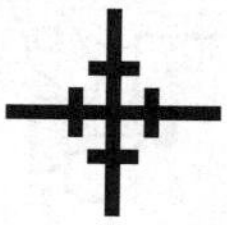	크로스	(바)		맹플랜지

해설

- (가) **'엘보'**라고 쓰면 틀린다. **'90° 엘보'**라고 정확히 답하라.
- (다) **'십자크로스'**라고 답하면 틀린다. **'크로스'** 정답
- (라) 유니온=유니언
- (바) 맹플랜지=맹후렌지

소방시설 도시기호

명 칭	도시기호	비 고
일반배관	————	–
옥내 · 외 소화전배관	—— H ——	'Hydrant(소화전)'의 약자
스프링클러배관	—— SP ——	'Sprinkler(스프링클러)'의 약자
물분무배관	—— WS ——	'Water Spray(물분무)'의 약자
스프링클러 가지관의 회향식 배관 및 폐쇄형 헤드	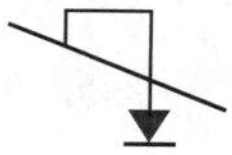	**습식 설비에 회향식 배관 사용 이유** : 배관 내의 이물질에 의해 헤드가 막히는 것 방지
플랜지		–
유니온		–
오리피스	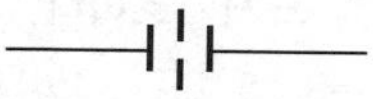	–
곡관	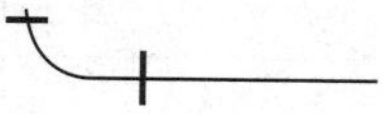	–
90° 엘보	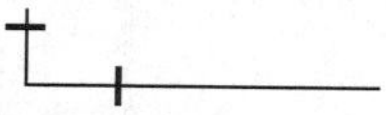	–
45° 엘보	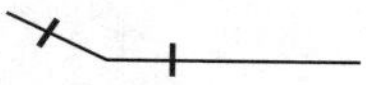	–
티	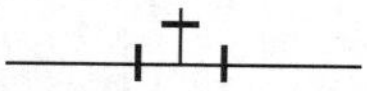	–

크로스	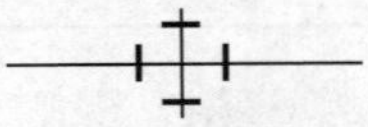	–
맹플랜지		–
캡	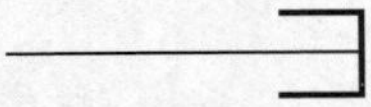	–
플러그		–
나사이음		–
루프이음		–
선택밸브		–
조작밸브(일반)		–
조작밸브(전자석)	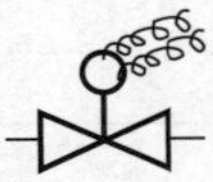	–
조작밸브(가스식)		–
추식 안전밸브	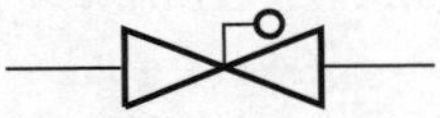	–
스프링식 안전밸브		–
솔레노이드밸브	 S	–
Y형 스트레이너		–
U형 스트레이너		–
분말 · 탄산가스 · 할론헤드(할로겐헤드)		–
연결살수헤드		–

☆☆
문제 09

지하상가에 제연설비가 조건과 같이 설치되어 있는 경우이다. 다음 각 물음에 답하시오. (07.4.문14)

득점	배점
	8

〔조건〕

① 제연송풍기 풍량 : $50000m^3/h$
② 제연덕트 길이 : 120m
③ 단위길이당 덕트 저항 : 0.2mmAq/m
④ 배기구 저항 : 8mmAq
⑤ 배기그릴 저항 : 3mmAq
⑥ 부속류 저항 : 덕트 저항의 40%
⑦ 전동기 효율 : 60%
⑧ 전동기 전달계수 : 1.1

(가) 제연송풍기의 최소전압〔mmAq〕을 구하시오.
○ 계산과정 :
○ 답 :

(나) 전동기 최소출력〔kW〕을 구하시오.
○ 계산과정 :
○ 답 :

해답 (가) ○ 계산과정 : $(120\times0.2)+8+3+(120\times0.2)\times0.4=44.6$mmAq
○ 답 : 44.6mmAq

(나) ○ 계산과정 : $\dfrac{44.6\times50000/60}{102\times60\times0.6}\times1.1=11.133$

$\fallingdotseq 11.13$kW

○ 답 : 11.13kW

해설 (가) **소요전압** P_T는

P_T =덕트 저항+배출구 저항+그릴 저항+관부속품 저항
=(120m×0.2mmAq/m)+8mmAq+3mmAq+(120m×0.2mmAq/m)×0.4
=44.6mmAq

- 덕트 저항 : **120m×0.2mmAq**(〔조건 ②·③〕에 의해)
- 관부속품 저항 : **(120m×0.2mmAq/m)×0.4**(〔조건 ⑥〕에 의해 관부속품의 저항은 덕트 저항의 40% 이므로 **0.4**를 곱함)

(나)

$$P=\frac{P_T Q}{102\times60\eta}K$$

여기서, P : 배연기 동력〔kW〕
P_T : 전압(풍압)〔mmAq, mmH_2O〕
Q : 풍량〔m^3/min〕
K : 여유율
η : 효율

배출기의 **이론소요동력** P는

$$P=\frac{P_T Q}{102\times 60\eta}K$$

$$=\frac{44.6\text{mmAq}\times 50000\text{m}^3/\text{h}}{102\times 60\times 0.6}\times 1.1$$

$$=\frac{44.6\text{mmAq}\times 50000\text{m}^3/60\text{min}}{102\times 60\times 0.6}\times 1.1$$

$=11.133$

$\fallingdotseq 11.13\text{kW}$

- 배연설비(제연설비)에 대한 동력은 반드시 $P=\frac{P_T Q}{102\times 60\eta}K$를 적용하여야 한다. 우리가 알고 있는 일반적인 식 $P=\frac{0.163QH}{\eta}K$를 적용하여 풀면 틀린다.
- K : **1.1**([조건 ⑧]에서 주어짐)
- P_T : **44.6mmAq**((개)에서 구한 값)
- Q: **50000m³/h**([조건 ①]에서 주어짐)
- η : **0.6** ([조건 ⑦]에서 60%=0.6)

중요

단위

(1) GPM=**G**allon **P**er **M**inute[gallon/min]
(2) PSI=**P**ound per **S**quare **I**nch[lb/in²]
(3) LPM=**L**iter **P**er **M**inute[L/min]
(4) CMH=**C**ubic **M**eter per **H**our[m³/h]

☆☆

문제 10

건식 스프링클러설비에서 유수검지장치의 시험장치에 대한 다음 각 물음에 답하시오. (10.4.문6)

득점	배점
	6

(개) 시험장치를 설치하는 배관의 위치에 대하여 설명하시오.
(내) 시험장치를 설치하는 주된 목적을 설명하시오.
(대) 시험장치에 필요한 부품 3가지를 쓰시오.
○
○
○

해답 (개) 설치위치 : 유수검지장치에서 가장 먼 가지배관의 끝으로부터 연결·설치
(내) 유수검지장치의 작동확인
(대) 구성요소
① 압력계
② 개폐밸브
③ 반사판 및 프레임이 제거된 개방형 헤드

해설 **습식 유수검지장치** 또는 **건식 유수검지장치**를 사용하는 **스프링클러설비**와 **부압식 스프링클러설비**에 **동장치**를 시험할 수 있는 시험장치 설치기준(NFPC 103 8조, NFTC 103 2.5.12)

(1) 습식 스프링클러설비 및 부압식 스프링클러설비에 있어서는 유수검지장치 2차측 배관에 연결하여 설치하고 건식 스프링클러설비인 경우 유수검지장치에서 가장 먼 거리에 위치한 가지배관의 끝으로부터 연결하여 설치할 것. 유수검지장치 2차측 설비의 내용적이 2840L를 초과하는 건식 스프링클러설비의 경우 시험장치 개폐밸브를 완전 개방 후 **1분** 이내에 물이 방사되어야 한다.

(2) 시험장치 배관의 구경은 25mm 이상으로 하고, 그 끝에 **개폐밸브** 및 개방형 헤드 또는 스프링클러헤드와 동등한 방수성능을 가진 오리피스를 설치할 것. 이 경우 개방형 헤드는 **반사판 및 프레임을 제거한 오리피스**만으로 설치할 수 있다.

(3) 시험배관의 끝에는 **물받이통** 및 **배수관**을 설치하여 시험 중 방사된 물이 바닥에 흘러내리지 아니하도록 할 것 (단, **목욕실 · 화장실** 또는 그 밖의 곳으로서 배수처리가 쉬운 장소에 시험배관을 설치한 경우는 제외)

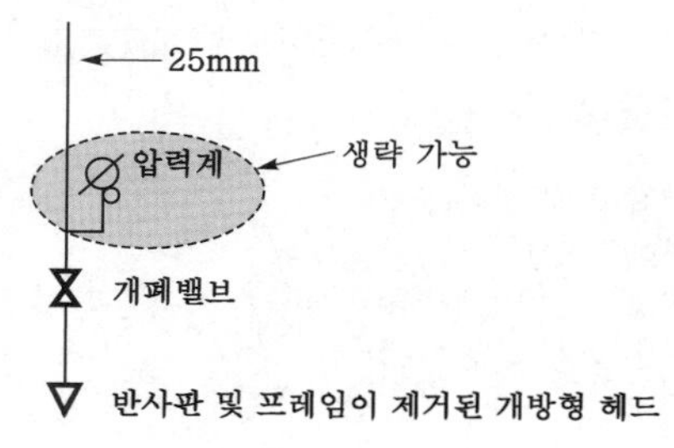

‖ 간략도면 ‖

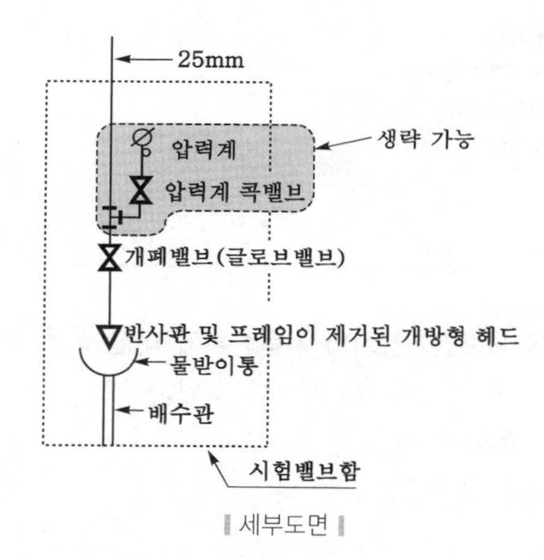

‖ 세부도면 ‖

- '**간략도면**'에 있는 구성요소만 답하면 되고 '**세부도면**'에 있는 '**배수관**', '**물받이통**', '**압력계 콕밸브**'까지는 답하지 않아도 된다.
- 원칙적으로 **압력계**는 **생략 가능**하다. 그러므로 시험장치에 필요한 부품 2가지를 쓰라고 하면 ① 개폐밸브 ② 반사판 및 프레임이 제거된 개방형 헤드라고 답해야 한다.

중요

시험장치의 **기능**(설치목적)

(1) 개폐밸브를 개방하여 **유수검지장치**의 작동확인

(2) 개폐밸브를 개방하여 **규정 방수압** 및 **규정 방수량** 확인

☆☆☆
문제 11

일반 업무용 11층 건물에 설치된 습식 연결송수관설비의 배관계통도이다. 이 계통도에서 잘못된 부분을 8개소 지적하고 설명하시오. (단, 옥내소화전설비와 스프링클러설비는 무시한다.) (06.7.문2, 05.7.문7)

득점	배점
	8

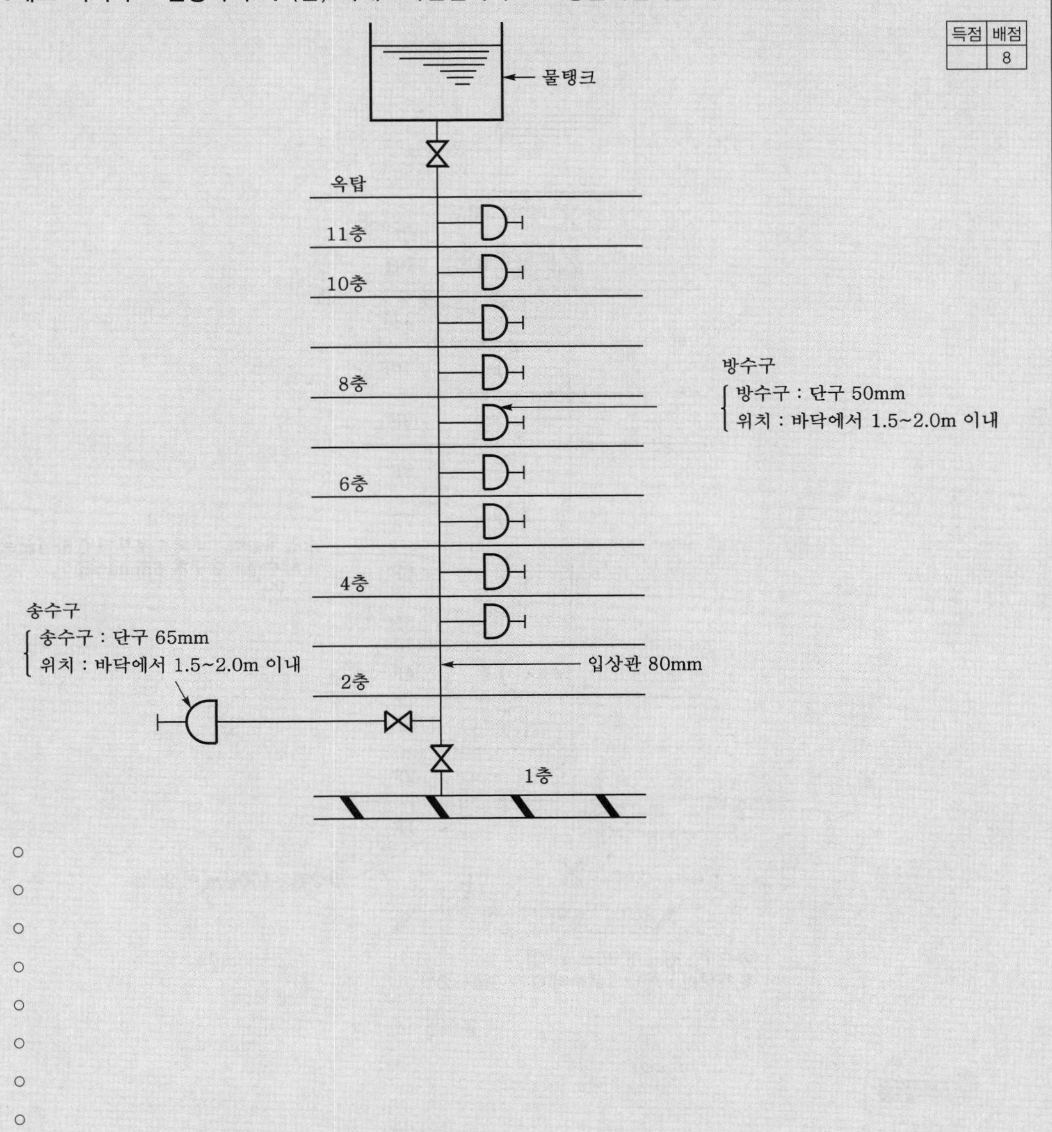

○
○
○
○
○
○
○
○

해답 ① 송수구 단구형 : 쌍구형으로 할 것
② 송수구 위치 1.5~2.0m : 0.5~1m로 할 것
③ 체크밸브 및 자동배수밸브 누락 : 체크밸브 및 자동배수밸브 설치
④ 입상관 80mm : 100mm 이상으로 할 것
⑤ 방수구 50mm : 65mm로 할 것
⑥ 방수구 위치 1.5~2.0m : 0.5~1m로 할 것
⑦ 11층 단구형 방수구 : 쌍구형 방수구로 할 것
⑧ 옥탑의 체크밸브 누락 : 체크밸브 설치

해설 틀린 곳을 수정하여 올바른 도면을 그려보면 다음과 같다.

또한, 원칙적으로 방수구 그림은 단구형 : , 쌍구형 : 으로 그려야 하지만 과년도 출제문제의 원본을 그대로 반영하고자 수정하지 않았으니 참고하기 바란다.

• 입상관=수직배관

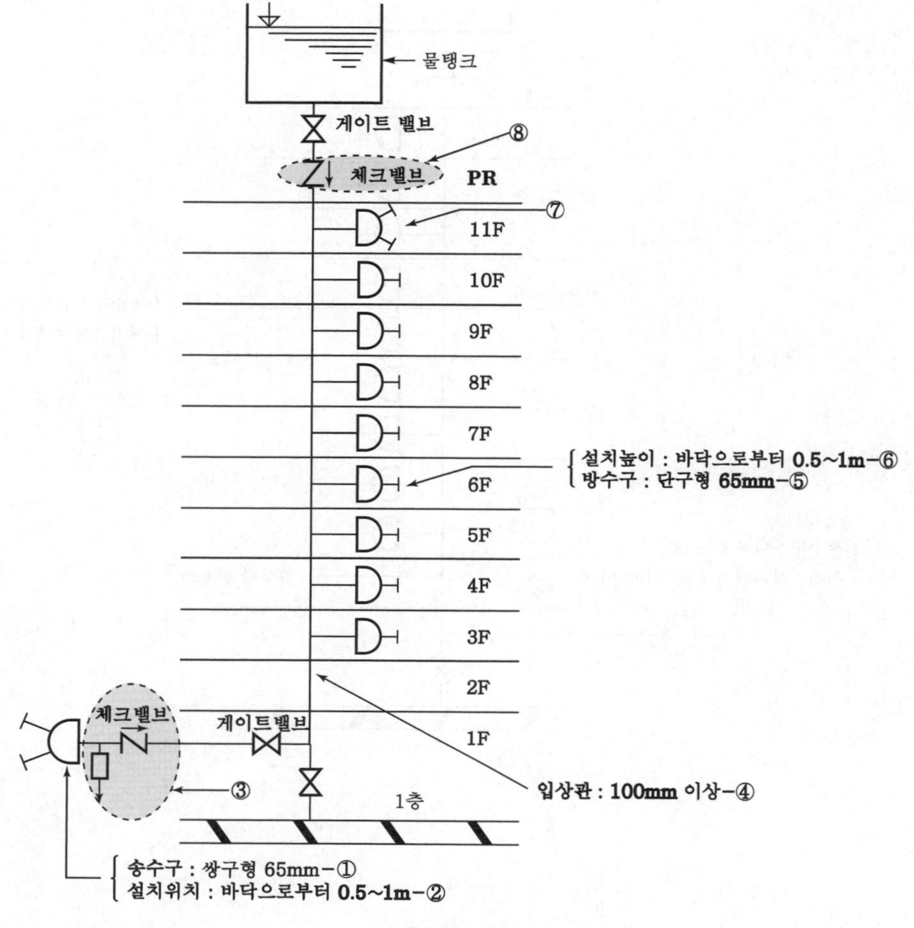

‖ 올바른 도면 ‖

참고

설치높이

0.5~1m 이하	0.8~1.5m 이하	1.5m 이하
① **연**결송수관설비의 송수구 · 방수구 ② **연**결살수설비의 송수구 ③ **소**화**용**수설비의 채수구 기억법 연소용 51(**연소용 오일**은 잘 탄다.)	① **제**어밸브(수동식 개방밸브) ② **유**수검지장치 ③ **일**제개방밸브 기억법 제유일 85(**제**가 **유일**하게 **팔**았어**요**.)	① **옥내**소화전설비의 방수구 ② **호**스릴함 ③ **소**화기 기억법 옥내호소 5(**옥내**에서 **호소**하시**오**.)

☆☆

문제 12

그림을 참고하여 소화용수로 유효한 수량[m^3]을 구하시오. (단, 수조의 단면적은 $30m^2$이다.)

(13.4.문5)

득점	배점
	5

[범례]

① P-1 : 옥내소화전펌프
② P-2 : 공업용수펌프
③ ■ : 풋밸브

옥내소화전으로 연결
생활용수로 연결
P-1 P-2
3m
4m
4.5m

○ 계산과정 :
○ 답 :

해답 ○ 계산과정 : $30\times(4-3)=30m^3$
○ 답 : $30m^3$

해설 **유효수량**=수조의 단면적[m^2]×옥내소화전과 공업용수의 풋밸브 높이차[m]
$=30m^2\times(4-3)m=30m^3$

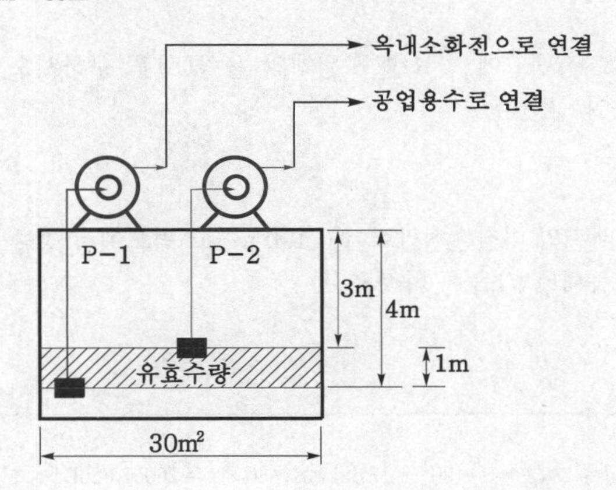

용어

유효수량
소화용수로 유용하게 사용할 수 있는 물의 양

☆☆☆

문제 13

인화점이 0℃ 이하인 원유를 저장하는 내부 지름 30m인 플루팅루프탱크(floating roof tank)에 아래 조건으로 탱크를 방호하기 위한 포소화설비를 설치하는 경우 다음을 구하시오.

(17.11.문9, 16.6.문2, 15.4.문9, 14.7.문10, 13.11.문3, 13.7.문4, 09.10.문4, 05.10.문12, 02.4.문12)

득점	배점
	6

〔조건〕

① 포소화약제의 적용
   ㉠ 약제종류 : 수성막포 3%
   ㉡ 방출량 : $8L/m^2 \cdot min$
   ㉢ 방사시간 : 30분
② 포방출구는 특형 방출구를 설치한다.
③ 탱크의 내면과 굽도리판의 간격은 1.2m로 한다.
④ 보조포소화전은 쌍구형 2개를 적용한다. (단, 호스접결구의 수는 4개)
⑤ 적용된 송액배관 : 안지름 150mm인 배관 50m 적용, 안지름 100mm인 배관 100m 적용, 안지름 60mm인 배관 100m 적용
⑥ 펌프의 효율은 60%이고 전동기의 전달계수는 1.2로 한다.
⑦ 포소화약제 혼합장치는 펌프 프로포셔너방식을 적용하며, 기타 사항은 화재안전기준에 따른다.

(가) 화재시 포수용액을 공급하기 위한 펌프의 정격유량〔L/min〕을 구하시오.
   ○ 계산과정 :
   ○ 답 :

(나) 포소화약제 저장탱크에 필요한 포원액의 용량〔L〕을 구하시오. (단, 테스트를 위하여 여유량을 20% 가산하여 구한다.)
   ○ 계산과정 :
   ○ 답 :

(다) 포소화설비 배관의 마찰손실압력이 0.1MPa이고 펌프에서 방출구의 높이차가 15m일 때 가압송수장치의 최소동력〔kW〕을 구하시오.
   ○ 계산과정 :
   ○ 답 :

해답

(가) ○ 계산과정 : $Q_1 = \frac{\pi}{4}(30^2 - 27.6^2) \times 8 \times 30 \times 1 = 26057.626L$

$Q_2 = 3 \times 1 \times 8000 = 24000L$

$\frac{26057.626}{30} + \frac{24000}{20} = 2068.587 \fallingdotseq 2068.59L/min$

○ 답 : 2068.59L/min

(나) ○ 계산과정 : $Q_1 = \frac{\pi}{4}(30^2 - 27.6^2) \times 8 \times 30 \times 0.03 = 781.728L$

$Q_2 = 3 \times 0.03 \times 8000 = 720L$

$Q_3 = \frac{\pi \times 0.15^2}{4} \times 50 \times 0.03 \times 1000 + \frac{\pi \times 0.1^2}{4} \times 100 \times 0.03 \times 1000 = 50.069L$

$Q = (781.728 + 720 + 50.069) \times 1.2 = 1862.156 \fallingdotseq 1862.16L$

○ 답 : 1862.16L

(다) ○ 계산과정 : $\frac{0.163 \times 2.06859 \times (10 + 15)}{0.6} \times 1.2 = 16.859 \fallingdotseq 16.86kW$

○ 답 : 16.86kW

해설 (가) (1) **고정포 방출구**

$$Q_1 = A \times Q \times T \times S$$

여기서, Q_1 : 포소화약제의 양〔L〕

A : 탱크의 액표면적〔m^2〕

Q : 단위 포소화수용액의 양〔$L/m^2 \cdot$ 분〕

T : 방출시간〔분〕

S : 포소화약제의 사용농도

고정포 방출구 수용액의 양 Q_1은

$Q_1 = A \times Q \times T \times S$

$= \frac{\pi}{4}(30^2 - 27.6^2)m^2 \times 8L/m^2 \cdot min \times 30\text{분} \times 1$

$= 26057.626L$

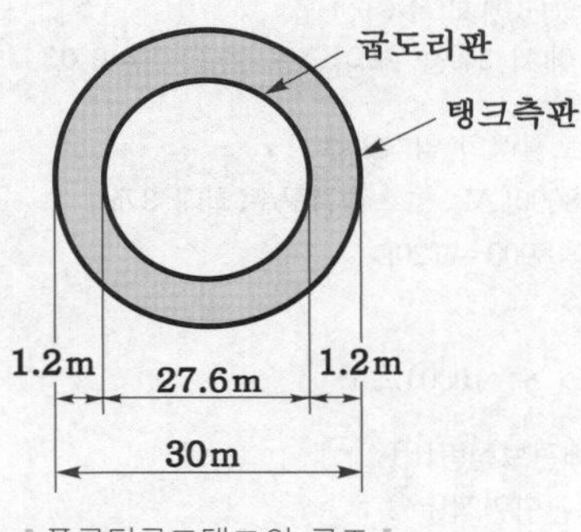

‖ 플루팅루프탱크의 구조 ‖

- Q : 문제에서 주어짐
- T : 〔조건 ①〕에서 주어짐
- 수용액의 **농도** S는 항상 1이다.

(2) **보조포소화전(옥외보조포소화전)**

$$Q_2 = N \times S \times 8000$$

여기서, Q_2 : 포소화약제의 양〔L〕

N : 호수접결구수(최대 **3개**)

S : 포소화약제의 사용농도

보조포소화전 수용액의 양 Q_2는

$Q_2 = N \times S \times 8000$[$N$: 호스접결구수(최대 **3개**)]

$= 3 \times 1 \times 8000 = \mathbf{24000L}$

- 〔조건 ④〕에서 보조포소화전의 호스접결구수는 4개이다. 그러나 위 식에서 적용 가능한 호스접결구의 최대개수는 3개이므로 $N = 3$개
- 수용액이므로 농도 $S = 1$

(3) **펌프토출량**(정격유량)

펌프의 토출량은 **수용액**을 기준으로 하고, 문제 (개)에서 **포수용액**이라고 정확히 명시하였으므로

$\frac{26057.626L}{30min} + \frac{24000L}{20min} = 2068.587 ≒ 2068.59L/min$

- 26057.626L : 바로 위에서 구한 값
- 24000L : 바로 위에서 구한 값
- 〔조건 ①〕에서 **고정포 방출구** 방사시간이 30분이므로 **30min** 적용
- **보조포소화전**의 방사시간은 화재안전기준(NFPC 105 8조, NFTC 105 2.5.2.1.2)에 의해 **20min** 적용
- 토출량의 단위만 L/min임을 기억하고 있으면 공식을 별도로 암기하지 않아도 된다.
- **가압송수장치**(펌프)의 **유량**에는 **배관보정량**을 **적용하지 않는다**. 왜냐하면 배관보정량은 배관 내에 저장되어 있는 것으로 소비되는 것이 아니기 때문이다.

(나) (1) 고정포 방출구 포원액의 양 Q_1은

$$Q_1 = A \times Q \times T \times S$$

$$= \frac{\pi}{4}(30^2 - 27.6^2)\text{m}^2 \times 8\text{L/m}^2 \cdot \text{min} \times 30\text{분} \times 0.03 = 781.728\text{L}$$

- Q : 문제에서 주어짐
- T : 〔조건 ①〕에서 주어진 값
- 〔조건 ①〕에서 **3%**용 포이므로 농도 S**=0.03**

(2) 보조포소화전 포원액의 양 Q_2는

$Q_2 = N \times S \times 8000$ [N : 호스접결구수(최대 **3개**)]

$= 3 \times 0.03 \times 8000 = 720\text{L}$

(3) 배관보정량

$$Q_3 = A \times L \times S \times 1000\text{L/m}^3$$

여기서, Q_3 : 배관보정량〔L〕

A : 배관단면적〔m^2〕

L : 배관길이〔m〕

S : 포소화약제의 농도

※ 내경 75mm 초과시에만 적용

포원액 배관보정량 Q_3는

$$Q_3 = A \times L \times S \times 1000\text{L/m}^3$$

$$= \frac{\pi D^2}{4} \times L \times S \times 1000\text{L/m}^3$$

$$= \frac{\pi \times (0.15\text{m})^2}{4} \times 50\text{m} \times 0.03 \times 1000\text{L/m}^3 + \frac{\pi \times (0.1\text{m})^2}{4} \times 100\text{m} \times 0.03 \times 1000\text{L/m}^3 = 50.069\text{L}$$

- $A = \frac{\pi D^2}{4}$ (여기서, A : 배관단면적〔m^2〕, D : 배관안지름〔m〕)
- 150mm=0.15m(1000mm=1m)〔조건 ⑤〕
- 100mm=0.1m(1000mm=1m)〔조건 ⑤〕
- 50m, 100m : 〔조건 ⑤〕 적용
- 내경 75mm 초과시에만 적용하므로 안지름 150mm와 안지름 100mm만 적용하고 안지름 60mm는 제외

(4) 포원액의 용량 Q는

$$Q = (Q_1 + Q_2 + Q_3) \times 1.2 = (781.728\text{L} + 720\text{L} + 50.069\text{L}) \times 1.2 = 1862.156 \fallingdotseq 1862.16\text{L}$$

- 1.2 : 〔단서 조건〕에 의해 20% 가산하라고 하였으므로 100%+20%=120%(1.2)

(다) **전동기**의 **출력**

$$P = \frac{0.163QH}{\eta}K$$

여기서, P: 전동력(전동기의 출력)〔kW〕
Q: 유량(토출량)〔m^3/min〕
H: 전양정〔m〕
K: 전달계수
η: 효율

전동기의 **출력** P는

$$P=\frac{0.163QH}{\eta}K=\frac{0.163\times 2.06859\text{m}^3/\text{min}\times(10+15)\text{m}}{0.6}\times 1.2=16.859 ≒ 16.86\text{kW}$$

- Q : 2.06859m^3/min((가)에서 구한 2068.59L/min=2.06859m^3/min)
- H : (10+15)m((다)에서 h_2 =0.1MPa=10m와 h_3 =15m의 합. 포소화**설비**이므로 1MPa=100m이므로 0.1MPa=10m)

포소화설비 펌프의 **양정**

$$H=h_1+h_2+h_3+h_4$$

여기서, H: 펌프의 양정〔m〕
h_1 : 방출구의 설계압력 환산수두 또는 노즐선단의 방사압력 환산수두〔m〕
h_2 : 배관의 마찰손실수두〔m〕
h_3 : 낙차(높이차)〔m〕
h_4 : 소방용 호스의 마찰손실수두〔m〕

- 주어지지 않은 h_1, h_4는 무시
- K : 1.2(〔조건 ⑥〕에서 주어진 값)
- η : 0.6(〔조건 ⑥〕에서 60%=0.6)

문제 14

충압펌프의 정격토출량은 정상적인 누설량보다 적어서는 안 되며, 스프링클러설비가 자동적으로 작동할 수 있도록 충분한 토출량 이상을 유지해야 하는 이유를 쓰시오. (12.11.문4, 05.10.문1)

○

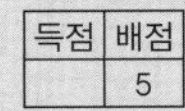

득점	배점
	5

해답 배관 내 압력손실에 따른 주펌프의 빈번한 기동을 방지하기 위해

해설 **충압펌프**의 **역할**

(1) 배관 내 압력손실에 따른 **주펌프**의 **빈번한 기동**을 방지하기 위해
(2) 배관 및 부속품의 연결부위 등에서 정상적인 **누수**가 발생했을 때 **기동**하여 배관 내 압력을 채우기 위해
(3) 배관 내의 압력변동에 따라 **주펌프**가 **빈번**하게 **운전**하는 것을 **방지**하고, **배관 내**의 **압력**을 항상 일정하게 **유지**시켜 스프링클러설비가 항상 정상적으로 동작할 수 있는 상태를 유지하기 위해
(4) 배관 누수시 압력강하로 인한 스프링클러설비 **펌프**의 **잦은 기동**을 **방지**하고, 배관 내 소화용수의 압력을 설비가 요구하는 압력으로 유지하여 설비의 작동시 **신속한 규정압 방사**를 하기 위해

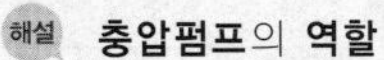

충압펌프의 정격토출압력 vs 정격토출량

정격토출압력	정격토출량
설비의 최고위 호스접결구의 자연압보다 적어도 **0.2MPa**이 더 크도록 하거나 가압송수장치의 정격토출압력과 같게 할 것	**정상**적인 **누설량**보다 적어서는 아니되며, 설비가 자동적으로 작동할 수 있도록 충분한 토출량을 유지할 것

☆☆☆

문제 15

어느 건물 소방시설에 대한 주요 부품표이다. 부품표를 참고하여 마찰손실을 계산하려고 한다. 답란에 ①~⑫를 구하시오. (단, 유량과 직경이 변화되지 않으면 100m당 마찰손실은 일정하다.)

득점	배점
	12

구경 및 부속물 〔mm〕	수량 〔EA〕	등가길이 〔m/EA〕	총 등가길이 〔m〕	100m당 마찰손실 〔m/100m〕	부속물별 마찰손실 〔m〕	유량 〔L/min〕
150 직류티	13	1.2	③	0.01	0.00156	200
150 90° 엘보	6	①	25.2	0.01	⑥	200
150 분류티	3	6.3	④	0.01	⑦	200
100 게이트밸브	2	②	1.62	0.39	⑧	200
100 체크밸브	1	7.6	7.6	0.39	⑨	200
100 플렉시블튜브	2	0.81	⑤	0.39	⑩	200
40 앵글밸브	1	6.5	6.5	13.32	⑪	130
총 마찰손실〔m〕	⑫					

번 호	계산과정	답
①		
②		
③		
④		
⑤		
⑥		
⑦		
⑧		
⑨		
⑩		
⑪		
⑫		

해답

번 호	계산과정	답
①	$\frac{25.2}{6}=4.2$	4.2
②	$\frac{1.62}{2}=0.81$	0.81
③	$13\times1.2=15.6$	15.6
④	$3\times6.3=18.9$	18.9
⑤	$2\times0.81=1.62$	1.62
⑥	$25.2\times\frac{0.01}{100}=0.00252$	0.00252
⑦	$18.9\times\frac{0.01}{100}=0.00189$	0.00189

⑧	$1.62 \times \frac{0.39}{100} = 0.006318$	0.006318
⑨	$7.6 \times \frac{0.39}{100} = 0.02964$	0.02964
⑩	$1.62 \times \frac{0.39}{100} = 0.006318$	0.006318
⑪	$6.5 \times \frac{13.32}{100} = 0.8658$	0.8658
⑫	$0.00156 + 0.00252 + 0.00189 + 0.006318 + 0.02964 + 0.006318 + 0.8658 = 0.914046$	0.914046

해설

구경 및 부속물 〔mm〕	수량 〔EA〕	등가길이 〔m/EA〕	총 등가길이 〔m〕	100m당 마찰손실 〔m/100m〕	부속물별 마찰손실 〔m〕	유량 〔L/min〕
150 직류티	13	1.2	$13 \times 1.2 = 15.6\text{m}$	0.01	$15.6\text{m} \times \frac{0.01\text{m}}{100\text{m}} = 0.00156\text{m}$	200
150 90° 엘보	6	$\frac{25.2\text{m}}{6\text{EA}} = 4.2\text{m/EA}$	$6 \times 4.2 = 25.2\text{m}$	0.01	$25.2\text{m} \times \frac{0.01\text{m}}{100\text{m}} = 0.00252\text{m}$	200
150 분류티	3	6.3	$3 \times 6.3 = 18.9\text{m}$	0.01	$18.9\text{m} \times \frac{0.01\text{m}}{100\text{m}} = 0.00189\text{m}$	200
100 게이트밸브	2	$\frac{1.62\text{m}}{2\text{EA}} = 0.81\text{m/EA}$	$2 \times 0.81 = 1.62\text{m}$	0.39	$1.62\text{m} \times \frac{0.39\text{m}}{100\text{m}} = 0.006318\text{m}$	200
100 체크밸브	1	7.6	$1 \times 7.6 = 7.6\text{m}$	0.39	$7.6\text{m} \times \frac{0.39\text{m}}{100\text{m}} = 0.02964\text{m}$	200
100 플렉시블튜브	2	0.81	$2 \times 0.81 = 1.62\text{m}$	0.39	$1.62\text{m} \times \frac{0.39\text{m}}{100\text{m}} = 0.006318\text{m}$	200
40 앵글밸브	1	6.5	$1 \times 6.5 = 6.5\text{m}$	13.32	$6.5\text{m} \times \frac{13.32\text{m}}{100\text{m}} = 0.8658\text{m}$	130
총 마찰손실〔m〕	$(0.00156 + 0.00252 + 0.00189 + 0.006318 + 0.02964 + 0.006318 + 0.8658)\text{m} = 0.914046\text{m}$					

“ 궁금증이 많으면 많이 나아가고, 궁금증이 적으면 적게 나아간다.
아무 궁금증이 없으면 전혀 나아가지 못한다. ”

- 주희 -

홍삼 잘 먹는 법

① 86도 이하로 달여야 건강성분인 사포닌이 잘 흡수된다.
② 두달 이상 장복해야 가시적인 효과가 나타난다.
③ 식사 여부와 관계없이 어느 때나 섭취할 수 있다.
④ 공복에 먹으면 흡수가 빠르다.
⑤ 공복에 먹은 뒤 위에 부담이 느껴지면 식후에 섭취한다.
⑥ 복용 초기 명현 반응(약을 이기지 못해 생기는 반응)이나 알레르기가 나타날 수 있으나 곧바로 회복되므로 크게 걱정하지 않아도 된다.
⑦ 복용 후 2주 이상 명현 반응이나 이상 증세가 지속되면 전문가와 상의한다.

자료＝경희의료원 한방병원 동서협진과 · 영동세브란스병원비뇨기과

과년도 기출문제

2015년 소방설비산업기사 실기(기계분야)

** 수험자 유의사항 **

- 일반사항

1. 시험문제를 받는 즉시 응시하고자 하는 종목의 문제지가 맞는지를 확인하여야 합니다.
2. 시험문제지 총면수 · 문제번호 순서 · 인쇄상태 등을 확인하고(**확인 이후 시험문제지 교체불가**), 수험번호 및 성명을 답안지에 기재하여야 합니다.
3. 부정 또는 불공정한 방법(시험문제 내용과 관련된 메모지 사용 등)으로 시험을 치른 자는 부정행위자로 처리되어 당해 시험을 중지 또는 무효로 하고, 3년간 국가기술자격검정의 응시자격이 정지됩니다.
4. 저장용량이 큰 전자계산기 및 유사 전자제품 사용 시에는 반드시 저장된 메모리를 초기화한 후 사용하여야 하며, 시험위원이 초기화 여부를 확인할 시 협조하여야 합니다. 초기화되지 않은 전자계산기 및 유사 전자제품을 사용하여 적발 시에는 부정행위로 간주합니다.
5. 시험 중에는 통신기기 및 전자기기(휴대용 전화기 및 **스마트워치** 등)를 지참하거나 사용할 수 없습니다.
6. **문제 및 답안(지), 채점기준은 공개하지 않습니다.**
7. 복합형 시험의 경우 시험의 전 과정(필답형, 작업형)을 응시하지 않은 경우 채점대상에서 제외합니다.
8. 국가기술자격 시험문제는 일부 또는 전부가 저작권법상 보호되는 저작물이고, 저작권자는 한국산업인력공단입니다. 문제의 일부 또는 전부를 무단 복제, 배포, 출판, 전자출판 하는 등 저작권을 침해하는 일체의 행위를 금합니다.

- 채점사항

1. 수험자 인적사항 및 계산식을 포함한 답안작성은 흑색 필기구만 사용해야 하며, 그 외 연필류, 빨간색, 청색 등 필기구로 작성한 답항은 0점 처리되오니 불이익을 당하지 않도록 유의해 주시기 바랍니다.
2. 답란에는 문제와 관련 없는 불필요한 낙서나 특이한 기록사항 등을 기재하여서는 안 되며, 답안지의 인적사항 기재란 외의 부분에 답안과 관련 없는 **특수한 표시를 하거나 특정인임을 암시하는 경우 답안지 전체를 0점 처리합니다.**
3. 계산문제는 반드시 「계산과정」과 「답」란에 기재하여야 하며, **계산과정이 틀리거나 없는 경우 0점 처리됩니다.**
4. 계산문제는 최종 결과 값(답)에서 소수 셋째자리에서 반올림하여 둘째자리까지 구하여야 하나 개별문제에서 소수 처리에 대한 요구사항이 있을 경우 그 요구사항에 따라야 합니다.
5. 답에 단위가 없으면 오답으로 처리됩니다. (단, 문제의 요구사항에 단위가 주어졌을 경우는 생략되어도 무방합니다.)
6. 문제에서 요구한 가지수(항수) 이상을 답란에 표기한 경우에는 답란기재 순으로 요구된 가지수(항수)만 채점하고 한 항에 여러 가지를 기재하더라도 한 가지로 보며 그중 정답과 오답이 함께 기재되어 있을 경우 오답으로 처리됩니다.
7. 답안 정정 시에는 정정하고자 하는 단어에 두 줄(=)을 긋고 다시 기재 가능하며, 수정테이프 등은 사용할 수 없으며, 수정테이프 사용 시 채점대상에서 제외됨을 알려드립니다.

※ 수험자 유의사항 미준수로 인한 채점상의 불이익은 수험자 본인에게 책임이 있습니다.

15년

2015. 4. 19 시행

▌2015년 산업기사 제1회 필답형 실기시험▌

자격종목	시험시간	형별	수험번호	성명	감독위원 확인
소방설비산업기사(기계분야)	2시간 30분				

※ 다음 물음에 답을 해당 답란에 답하시오.(배점 : 100)

☆☆☆

문제 01

특정소방대상물의 무대부에 스프링클러헤드를 설치하려고 한다. 가로 14.4m, 세로 12m일 때 다음 각 물음에 답하시오. (단, 헤드의 배치형태는 정방형이다.)

(08.4.문9, 07.11.문2)

유사문제부터 풀어보세요.
실력이 팍!팍! 올라갑니다.

득점	배점
	8

(가) 적용 가능한 스프링클러헤드의 종류를 쓰시오.

(나) 스프링클러헤드의 수평헤드간격〔m〕을 구하시오.
- ○계산과정 :
- ○답 :

(다) 스프링클러헤드의 설치개수를 구하시오.
1) 가로 스프링클러헤드 설치개수
   - ○계산과정 :
   - ○답 :
2) 세로 스프링클러헤드 설치개수
   - ○계산과정 :
   - ○답 :

해답 (가) 개방형 스프링클러헤드

(나) ○계산과정 : $S=2\times1.7\times\cos45°=2.404 ≒ 2.4\text{m}$ ○답 : 2.4m

(다) ○계산과정 : 가로헤드개수$=\frac{14.4}{2.4}=6$개 ○답 : 6개

○계산과정 : 세로헤드개수$=\frac{12}{2.4}=5$개 ○답 : 5개

○계산과정 : 소요개수$=6\times5=30$개 ○답 : 30개

해설 (가) 무대부 또는 연소할 우려가 있는 개구부에 설치하는 스프링클러헤드 : 개방형 스프링클러헤드

(나)

설치장소	설치기준
무대부 · 특수가연물 →	수평거리 **1.7m** 이하
기타구조(일반구조)	수평거리 **2.1m** 이하
내화구조	수평거리 **2.3m** 이하
랙크식 창고	수평거리 **2.5m** 이하
공동주택(아파트) 세대 내의 거실	수평거리 **3.2m** 이하

수평헤드간격 S는

$S=2R\cos45°=2\times1.7\text{m}\times\cos45°=2.404 ≒ 2.4\text{m}$

(다) ① **가로**의 **헤드 소요개수**

$$\frac{\text{가로길이}}{\text{수평헤드간격}}=\frac{14.4\text{m}}{2.4\text{m}}=6\text{개}$$

② **세로**의 **헤드 소요개수**

$$\frac{\text{세로길이}}{\text{수평헤드간격}}=\frac{12\text{m}}{2.4\text{m}}=5\text{개}$$

③ 필요한 헤드의 소요개수=가로개수×세로개수=6개×5개=30개

중요

스프링클러헤드의 **배치방식**

정방형(정사각형)	장방형(직사각형)	지그재그형(나란히꼴형)
$S=2R\cos 45°$ $L=S$ 여기서, S : 수평헤드간격 R : 수평거리 L : 배관간격	$S=\sqrt{4R^2-L^2}$ $L=2R\cos\theta$ $S'=2R$ 여기서, S : 수평헤드간격 R : 수평거리 L : 배관간격 S' : 대각선 헤드간격 θ : 각도	$S=2R\cos 30°$ $b=2S\cos 30°$ $L=\frac{b}{2}$ 여기서, S : 수평헤드간격 R : 수평거리 b : 수직헤드간격 L : 배관간격

☆☆☆

문제 02

12층 사무실 건물에 스프링클러설비를 설치하려고 할 때 조건을 보고 다음 각 물음에 답하시오.

(12.7.문11, 10.4.문13, 09.7.문3, 08.4.문14)

득점	배점
	8

[조건]

① 실양정 : 50m
② 배관, 관부속품의 총 마찰손실수두 : 30m
③ 효율 : 60%
④ 전달계수 : 1.2

(가) 이 설비의 펌프의 토출량[l/min]은?
○ 계산과정 :
○ 답 :

(나) 이 설비가 확보하여야 할 수원의 양[m^3]은?
○ 계산과정 :
○ 답 :

(다) 가압송수장치의 동력[kW]을 구하시오.
○ 계산과정 :
○ 답 :

(라) 옥상수조의 저수량[m^3]은?
○ 계산과정 :
○ 답 :

(가) ○ 계산과정 : $30\times 80=2400l/\text{min}$
○ 답 : 2400l/min

(나) ○ 계산과정 : $1.6\times 30=48\text{m}^3$
○ 답 : 48m^3

(다) ○ 계산과정 : $H=30+50+10=90\text{m}$

$$P=\frac{0.163\times 2.4\times 90}{0.6}\times 1.2=70.416 ≒ 70.42\text{kW}$$

○ 답 : 70.42kW

(라) ○ 계산과정 : $1.6 \times 30 \times \frac{1}{3} = 16\text{m}^3$

○ 답 : 16m³

해설 (가)

특정소방대상물		폐쇄형 헤드의 기준개수
지하가 · 지하역사		30
11층 이상 →		30
10층 이하	공장(특수가연물)	30
10층 이하	판매시설(백화점 등), 복합건축물(판매시설이 설치된 복합건축물)	30
10층 이하	근린생활시설, 운수시설	20
10층 이하	8m 이상	20
10층 이하	8m 미만	10

$$Q = N \times 80$$

여기서, Q : 토출량(유량)[l/min]

N : 폐쇄형 헤드의 기준개수(설치개수가 기준개수보다 작으면 그 설치개수)

펌프의 **토출량(유량)** Q는

$Q = N \times 80l/\text{min} = 30 \times 80l/\text{min} = 2400l/\text{min}$

- 문제에서 **11층 이상**이므로 위 표에서 **30개**

(나) 폐쇄형 헤드

$$Q = 1.6N(30\text{층 미만})$$
$$Q = 3.2N(30\sim49\text{층 이하})$$
$$Q = 4.8N(50\text{층 이상})$$

여기서, Q : 수원의 저수량[m³]

N : 폐쇄형 헤드의 기준개수(설치개수가 기준개수보다 작으면 그 설치개수)

수원의 **저수량** Q는

$Q = 1.6N = 1.6 \times 30\text{개} = 48\text{m}^3$

- 문제에서 **11층 이상**이므로 위 표에서 **30개**
- **폐쇄형 헤드** : **사무실** 등에 설치
- **개방형 헤드** : **천장고**가 **높은 곳**에 설치

(다)

$$H = h_1 + h_2 + 10$$

여기서, H : 전양정[m]

h_1 : 배관 및 관부속품의 마찰손실수두[m]

h_2 : 실양정(흡입양정+토출양정)[m]

전양정 H는

$H = h_1 + h_2 + 10 = 30 + 50 + 10 =$ **90m**

- h_1 : **30m**([조건 ②]에서 주어진 값)
- h_2 : **50m**([조건 ①]에서 주어진 값)

$$P = \frac{0.163QH}{\eta}K$$

여기서, P : 전동력[kW]

Q : 유량[m³/min]

H : 전양정[m]

K : 전달계수

η : 효율

가압송수장치의 동력 P는

$$P=\frac{0.163QH}{\eta}K=\frac{0.163\times 2.4\text{m}^3/\text{min}\times 90\text{m}}{0.6}\times 1.2=70.416 ≒ 70.42\text{kW}$$

- Q : **2400 l/min=2.4m³/min**((가)에서 구한 값)
- H : **90m**((다)에서 구한 값)
- K : **1.2**([조건 ④]에서 주어진 값)
- η : **0.6**([조건 ③]에서 60%=**0.6**)

(라) **옥상수조**의 **저수량**

$$Q=1.6N\times\frac{1}{3}\text{(30층 미만)}$$

$$Q=3.2N\times\frac{1}{3}\text{(30~49층 이하)}$$

$$Q=4.8N\times\frac{1}{3}\text{(50층 이상)}$$

여기서, Q : 옥상수원의 저수량[m³]

N : 폐쇄형 헤드의 기준개수(설치개수가 기준개수보다 작으면 그 설치개수)

옥상수조 저수량 $Q=1.6N\times\frac{1}{3}=1.6\times 30\text{개}\times\frac{1}{3}=16\text{m}^3$

- N : **30개**((가)에서 11층 이상은 30개)

문제 03

금속분 마그네슘화재가 발생했을 때 설치 가능한 소화설비에 대한 다음 각 물음에 답하시오.

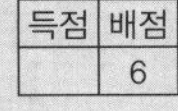

득점	배점
	6

(가) 이산화탄소 소화설비가 적응성이 있으면 있다, 없으면 없다고 글씨 위에 동그라미로 표시하고 그 이유를 쓰시오.
  ○ 있다. 없다.
  ○ 이유 :

(나) 물분무소화설비가 적응성이 있으면 있다, 없으면 없다고 글씨 위에 동그라미로 표시하고 그 이유를 쓰시오.
  ○ 있다. 없다.
  ○ 이유 :

(다) 적응성이 있는 소화약제를 말하고 주성분을 쓰시오.
  ○ 적응 소화약제 :
  ○ 주성분 :

해답 (가) ○ 없다.
  ○ 이유 : 마그네슘이 이산화탄소와 반응하여 탄소 발생

(나) ○ 없다.
  ○ 이유 : 마그네슘이 물과 반응하여 수소 발생

(다) ○ 적응 소화약제 : 금속화재용 분말소화약제
  ○ 주성분 : 탄산나트륨

해설 (가) **이산화탄소 소화설비**

① 적응성이 없는 이유 : 마그네슘이 이산화탄소와 반응하여 탄소(C)를 발생하므로 소화효과가 없고 오히려 화재 확대의 우려가 있다.

② 반응식

$$2Mg + CO_2 \rightarrow 2MgO + C$$

마그네슘 / 이산화탄소 / 산화마그네슘 / 탄소

(나) **물분무소화설비**

① 적응성이 없는 이유 : 마그네슘이 물과 반응하여 수소(H_2)를 발생하므로 오히려 화재 확대의 우려가 있다.

② 반응식

$$Mg + 2H_2O \rightarrow Mg(OH)_2 + H_2$$

마그네슘 / 물 / 수산화마그네슘 / 수소

(다) 금속화재용 분말소화약제 : **D급 화재**(가연성 금속, 가연성 금속의 합금)에 적합

종 류	주성분
Na-X	탄산나트륨($NaCO_3$)
Met-L-X	염화나트륨(NaCl)
Lith-X	흑연
G-1	흑연화된 주조용 코크스

☆☆☆

문제 04

소화설비의 가압송수장치의 송수방식 3가지를 쓰시오. (13.7.문14, 12.11.문3)

○

○

○

득점	배점
	3

해답 ① 고가수조방식 ② 압력수조방식 ③ 펌프방식

해설 **소화설비**의 **가압송수장치**의 **종류**

<table>
<tr><th>가압송수장치</th><th colspan="2">설 명</th></tr>
<tr><td>고가수조방식</td><td colspan="2">건물의 옥상이나 높은 지점에 수조를 설치하여 필요부분의 방수구에서 규정 방수압력 및 규정 방수량을 얻는 방식</td></tr>
<tr><td>압력수조방식</td><td colspan="2">압력탱크의 $\frac{1}{3}$은 자동식 공기압축기로 압축공기를, $\frac{2}{3}$는 급수펌프로 물을 가압시켜 필요부분의 방수구에서 규정 방수압력 및 규정 방수량을 얻는 방식</td></tr>
<tr><td rowspan="3">펌프방식</td><td colspan="2">펌프의 가압에 의하여 필요부분의 방수구에서 규정 방수압력 및 규정 방수량을 얻는 방식</td></tr>
<tr><td>자동기동방식</td><td>수동기동방식</td></tr>
<tr><td>기동용 수압개폐장치를 이용하는 방식으로 소화를 위해 소화전함 내에 있는 방수구, 즉 앵글밸브를 개방하면 기동용 수압개폐장치 내의 압력스위치가 작동하여 제어반에 신호를 보내 펌프를 기동시킨다.</td><td>ON, OFF스위치를 이용하는 방식으로 소화를 위해 소화전함 내에 있는 방수구, 즉 앵글밸브를 개방한 후 기동(ON)스위치를 누르면 제어반에 신호를 보내 펌프를 기동시킨다.
수동기동방식은 과거에 사용되던 방식으로 요즘에는 이 방식이 거의 사용되지 않는다.</td></tr>
<tr><td>가압수조방식</td><td colspan="2">수조에 있는 소화수를 고압의 공기 또는 불연성 기체로 가압시켜 송수하는 방식</td></tr>
</table>

☆☆☆

문제 05

소방용 배관설계도에서 다음 기호(심벌)의 명칭을 쓰시오.

(17.6.문3, 16.11.문8, 15.11.문11, 13.4.문11, 10.10.문3, 06.7.문4, 03.10.문13, 02.4.문8)

득점	배점
	4

(가)

(나)
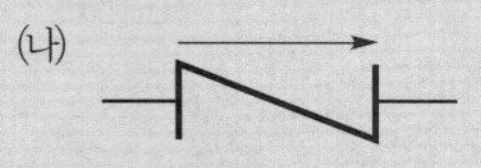

(다)

(라)

(가) 가스체크밸브
(나) 체크밸브
(다) 경보밸브(습식)
(라) 모터밸브

해설

명 칭	도시기호	비 고
가스체크밸브		(가), (나)
체크밸브		
동체크밸브		
경보밸브(습식)		(다)
경보밸브(건식)		
경보델류지밸브		
프리액션밸브		
추식 안전밸브		(라)
스프링식 안전밸브		
솔레노이드밸브		
모터밸브(전동밸브)		
볼밸브		

☆☆
문제 06

소화설비용 펌프의 흡입측 배관에 대하여 다음 각 물음에 답하시오. (기사 11.7.문15, 11.5.문11)

득점	배점
	10

(가) 미완성된 그림을 완성하시오.

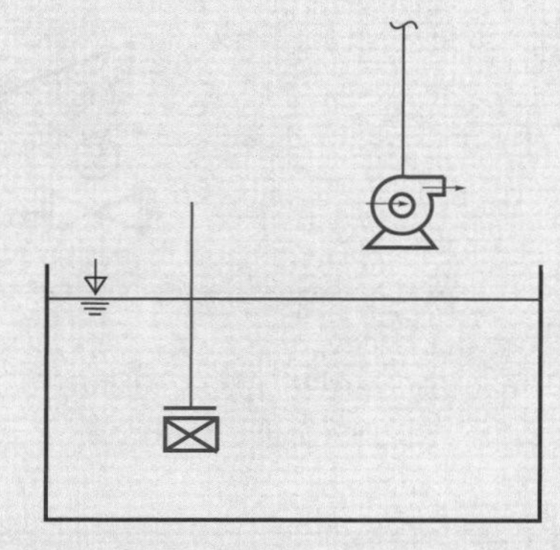

(나) 흡입관에 부착하는 밸브류 등의 관부속품 종류 5가지와 기능을 쓰시오.

○
○
○
○
○

해답 (가)

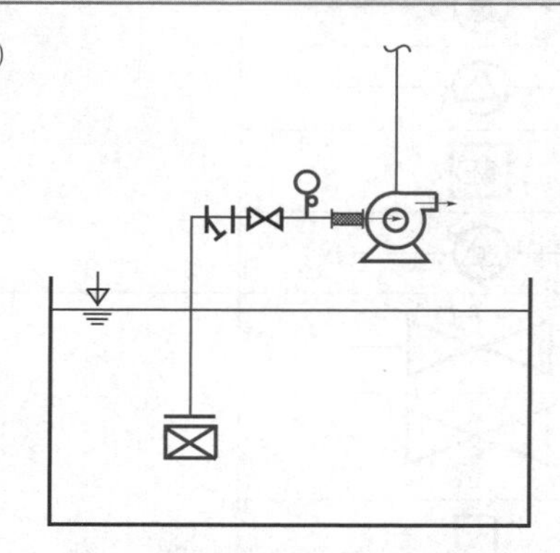

(나) ① 플렉시블 조인트 : 펌프의 진동흡수
② 연성계 : 정 · 부의 압력측정
③ 개폐표시형 밸브(게이트밸브) : 유체의 흐름 차단 또는 조정
④ Y형 스트레이너 : 배관 내 이물질 제거
⑤ 후드밸브 : 흡입관을 만수상태로 만들어 주기 위한 기능

해설 (1) **부착순서**

펌프 흡입측 배관	펌프 토출측 배관
플렉시블 조인트-연성계(진공계)-개폐표시형 밸브(게이트밸브)-Y형 스트레이너-후드밸브	플렉시블 조인트-압력계-체크밸브-개폐표시형 밸브(게이트밸브)

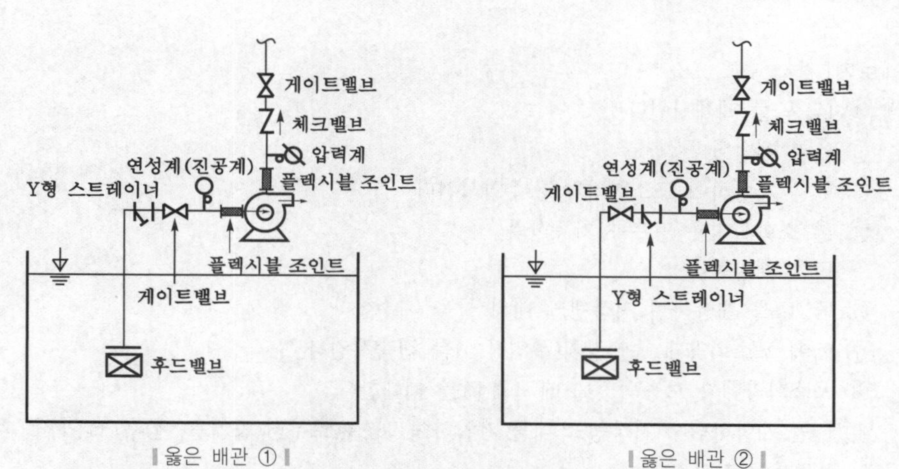

‖ 옳은 배관 ① ‖ ‖ 옳은 배관 ② ‖

- 게이트밸브와 Y형 스트레이너의 위치는 서로 바뀌어도 된다.

(2) **흡입측 배관**

종 류	기 능
플렉시블 조인트	① **펌프**의 **진동흡수** ② 펌프 또는 **배관**의 **진동흡수**
진공계	대기압 이하의 압력측정
연성계	① **정·부**의 **압력측정** ② 대기압 이상의 압력과 이하의 압력측정
개폐표시형 밸브(게이트밸브)	① 유체의 **흐름 차단** 또는 **조정** ② 배관 도중에 설치하여 유체의 흐름을 완전히 차단 또는 조정
Y형 스트레이너	① 배관 내 **이물질 제거** ② 배관 내의 이물질을 제거하기 위한 기기로서 여과망이 달린 둥근통이 45° 경사지게 부착
후드밸브	① **흡입관**을 **만수상태**로 만들어 주기 위한 기능 ② 원심펌프의 흡입관 아래에 설치하여 펌프가 기동할 때 흡입관을 만수상태로 만들어 주기 위한 밸브

☆☆☆

문제 07

포소화약제 저장조 내의 포소화약제를 보충하려고 한다. 그림을 보고 조작순서대로 보기에서 번호를 올바르게 나열하시오.

(07.7.문2)

득점	배점
	5

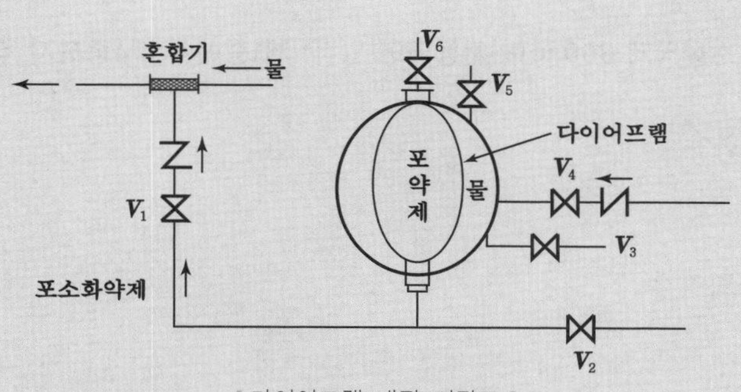

‖ 다이어프램 내장 저장조 ‖

〔보기〕

① V_1, V_4를 폐쇄시킨다.
② V_6를 개방한다.
③ V_2를 개방하여 포소화약제를 주입시킨다.
④ 본 소화설비용 펌프를 기동한다.
⑤ V_1을 개방한다.
⑥ V_3, V_5를 개방하여 저장탱크 내의 물을 배수한다.
⑦ V_2에 포소화약제 송액장치(주입장치)를 접속시킨다.
⑧ 포소화약제가 보충되었을 때 V_2, V_3를 폐쇄한다.
⑨ V_4를 개방하면서 저장탱크 내를 가압하여 V_5, V_6로부터 공기를 뺀 후 V_5, V_6를 폐쇄하여 소화펌프를 정지시킨다.

해답 ①-⑥-②-⑦-③-⑧-④-⑨-⑤

해설 ① V_1, V_4를 **폐쇄**시킨다.
⑥ V_3, V_5를 개방하여 저장탱크 내의 물을 **배수**한다.
② V_6를 **개방**한다.
⑦ V_2에 포소화약제 송액장치(주입장치)를 **접속**시킨다.
③ V_2를 개방하여 포소화약제를 **주입**(송액)시킨다.
⑧ 포소화약제가 보충되었을 때 V_2, V_3를 **폐쇄**한다.
④ 본 소화설비용 **펌프**를 **기동**한다.
⑨ V_4를 개방하면서 저장탱크 내를 가압하여 V_5, V_6로부터 공기를 뺀 후 V_5, V_6를 폐쇄하여 소화**펌프**를 **정지**시킨다.
⑤ V_1을 **개방**한다.

비교

압력챔버의 **공기교체 요령**
(1) 동력제어반(MCC)에서 주펌프 및 충압펌프의 **선택스위치**를 '수동' 또는 '**정지**' 위치로 한다.
(2) **압력챔버 개폐밸브**(V_1)를 잠근다.
(3) **배수밸브**(V_2) 및 **안전밸브**(V_3)를 **개방**하여 **물**을 **배수**한다.
(4) 안전밸브에 의해서 탱크 내에 **공기**가 **유입**되면, **안전밸브**를 **잠근 후 배수밸브**를 **폐쇄**한다.
(5) **압력챔버 개폐밸브**를 서서히 **개방**하고, 동력제어반에서 주펌프 및 충압펌프의 선택스위치를 '**자동**' 위치로 한다.

☆
문제 08

분말소화설비의 소화약제 300kg이 저장되어 있다. 제1종에서 제4종까지 각각의 내용적〔l〕을 구하시오.
(13.7.문9, 12.7.문14)

득점	배점
	4

1) 제1종 분말소화약제
 ○ 계산과정 :
 ○ 답 :
2) 제2종 분말소화약제
 ○ 계산과정 :
 ○ 답 :

3) 제3종 분말소화약제
 ○ 계산과정 :
 ○ 답 :
4) 제4종 분말소화약제
 ○ 계산과정 :
 ○ 답 :

해답 1) ○ 계산과정 : $0.8 \times 300 = 240l$
 ○ 답 : $240l$
2) ○ 계산과정 : $1 \times 300 = 300l$
 ○ 답 : $300l$
3) ○ 계산과정 : $1 \times 300 = 300l$
 ○ 답 : $300l$
4) ○ 계산과정 : $1.25 \times 300 = 375l$
 ○ 답 : $375l$

해설 (1) **충전비**

$$C = \frac{V}{G}$$

여기서, C : 충전비[l/kg]
V : 내용적[l]
G : 저장량[kg]

(2) **분말소화약제**

종 류	주성분	착 색	적응화재	충전비 [l/kg]	저장량	순도 (함량)
제1종	탄산수소나트륨 ($NaHCO_3$)	백색	BC급	0.8	50kg	90% 이상
제2종	탄산수소칼륨 ($KHCO_3$)	담자색 (담회색)	BC급	1	30kg	92% 이상
제3종	인산암모늄 ($NH_4H_2PO_4$)	담홍색	ABC급	1	30kg	75% 이상
제4종	탄산수소칼륨+요소 ($KHCO_3+(NH_2)_2CO$)	회(백)색	BC급	1.25	20kg	–

① **제1종 분말소화약제**

내용적 $V = CG = 0.8l/\text{kg} \times 300\text{kg} = 240l$

② **제2종 분말소화약제**

내용적 $V = CG = 1l/\text{kg} \times 300\text{kg} = 300l$

③ **제3종 분말소화약제**

내용적 $V = CG = 1l/\text{kg} \times 300\text{kg} = 300l$

④ **제4종 분말소화약제**

내용적 $V = CG = 1.25l/\text{kg} \times 300\text{kg} = 375l$

☆☆☆
문제 09

경유를 저장하는 탱크의 내부 직경이 50m인 플루팅루프탱크(floating roof tank)에 포소화설비의 특형 방출구를 설치하여 방호하려고 할 때 다음 각 물음에 답하시오.

(17.11.문9, 16.11.문13, 16.6.문2, 14.7.문10, 13.11.문3, 13.7.문4, 09.10.문4, 05.10.문12, 02.4.문12)

득점	배점
	7

〔조건〕

① 소화약제는 3%용의 단백포를 사용하며, 포수용액의 분당 방출량은 $10l/m^2 \cdot$분이고, 방사시간은 20분을 기준으로 한다.

② 탱크의 내면과 굽도리판의 간격은 2m로 한다.

③ 펌프의 효율은 65%, 전달계수는 1.2로 한다.

(가) 상기 탱크의 특형 고정포방출구에 의하여 소화하는 데 필요한 수용액의 양$[m^3]$, 포원액의 양$[m^3]$은 각각 얼마인가?

○ 수용액의 양$[m^3]$(계산과정 및 답) :

○ 포원액의 양$[m^3]$(계산과정 및 답) :

(나) 펌프의 전양정이 90m라고 할 때 전동기의 출력[kW]은?

○ 계산과정 :

○ 답 :

해답 (가) 수용액의 양

○ 계산과정 : $\frac{\pi}{4}(50^2-46^2)\times10\times20\times1=60318l=60.318m^3 ≒ 60.32m^3$

○ 답 : $60.32m^3$

포원액의 양

○ 계산과정 : $\frac{\pi}{4}(50^2-46^2)\times10\times20\times0.03=1809l=1.809m^3 ≒ 1.81m^3$

○ 답 : $1.81m^3$

(나) ○ 계산과정 : $\frac{60.32}{20}=3.016m^3/min$

$\frac{0.163\times3.016\times90}{0.65}\times1.2=81.682 ≒ 81.68kW$

○ 답 : 81.68kW

(가)

$$Q=A\times Q_1\times T\times S$$

여기서, Q : 포소화약제의 양$[l]$

A : 탱크의 액표면적$[m^2]$

Q_1 : 단위 포소화수용액의 양$[l/m^2 \cdot$분$]$

T : 방출시간[분]

S : 포소화약제의 사용농도

① 수용액의 양 Q는

$Q=A\times Q_1\times T\times S$

$=\frac{\pi}{4}(50^2-46^2)m^2\times10l/m^2\cdot$분$\times20$분$\times1$

$=60318l=60.318m^3 ≒ 60.32m^3$

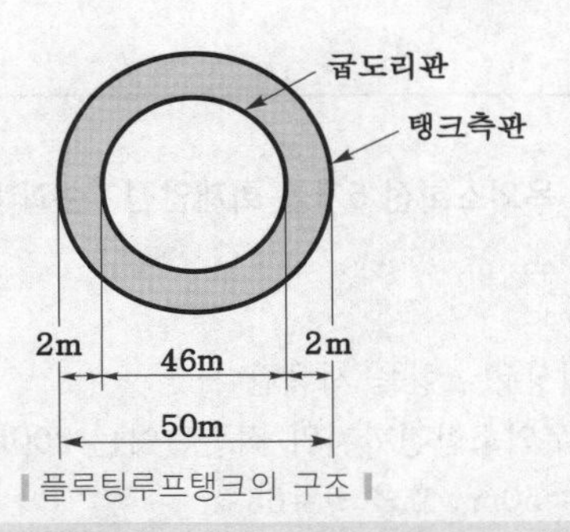

▌플루팅루프탱크의 구조▐

- Q_1, T : [조건 ①]에서 주어진 값
- 수용액의 **농도** S는 항상 **1**이다.
- $1000l=1m^3$이므로 $60318l=60.318m^3$

② 포원액의 양 Q는

$$Q=A\times Q_1\times T\times S$$

$$=\frac{\pi}{4}(50^2-46^2)m^2\times 10l/m^2\cdot 분\times 20분\times 0.03$$

$$=1809l=1.809m^3 \fallingdotseq 1.81m^3$$

- Q_1, T : [조건 ①]에서 주어진 값
- [조건 ①]에서 **3%**용 포이므로 농도 $S=$**0.03**이 된다.
- $1000l=1m^3$이므로 $1809l=1.809m^3$

(나) ① **펌프토출량**

펌프의 토출량은 **수용액**을 기준으로 하므로

$$\frac{60.32m^3}{20min}=3.016m^3/min$$

- $60.32m^3$: (가)에서 구한 값
- [조건 ①]에서 방사시간이 20분이므로 **20min** 적용
- 토출량의 단위만 [m^3/min]임을 기억하고 있으면 공식을 별도로 암기하지 않아도 된다.

② **전동기**의 **출력**

$$P=\frac{0.163QH}{\eta}K$$

여기서, P : 전동력(전동기의 출력)[kW]
Q : 유량[m^3/min]
H : 전양정[m]
K : 전달계수
η : 효율

전동기의 **출력** P는

$$P=\frac{0.163QH}{\eta}K=\frac{0.163\times 3.016m^3/min\times 90m}{0.65}\times 1.2=81.682 \fallingdotseq 81.68kW$$

- Q : $3.016m^3$/min(바로 위에서 구한 값)
- H : 90m((나)의 문제에서 주어진 값)
- K : 1.2([조건 ③]에서 주어진 값)
- η : 0.65([조건 ③]에서 65%=0.65)

☆☆

문제 10

어느 특정소방대상물에 옥외소화전 5개를 화재안전기준과 다음 조건에 따라 설치하려고 한다. 다음 각 물음에 답하시오.

(10.10.문2)

득점	배점
	8

〔조건〕

① 옥외소화전은 지상용 A형을 사용한다.

② 펌프에서 첫째 옥외소화전까지의 직관길이는 200m, 관의 내경은 150mm이다.

③ 펌프의 양정 $H=50\text{m}$, 효율 $\eta=65\%$

④ 모든 규격치는 최소량을 적용한다.

(가) 펌프의 최소유량〔m^3/min〕은 얼마인가?

○ 계산과정 :

○ 답 :

(나) 배관의 유속〔m/s〕은 얼마인가?

○ 계산과정 :

○ 답 :

(다) 직관부분에서의 마찰손실수두는 얼마인가? (단, Darcy Weisbach의 식을 사용하고 마찰손실계수는 0.02)

○ 계산과정 :

○ 답 :

(라) 펌프의 최소동력은 몇 kW인가?

○ 계산과정 :

○ 답 :

해답

(가) ○ 계산과정 : $2\times350 \geq 700l/\text{min} \geq 0.7\text{m}^3/\text{min}$ ○ 답 : $0.7\text{m}^3/\text{min}$

(나) ○ 계산과정 : $\dfrac{0.7/60}{\dfrac{\pi}{4}\times0.15^2} ≒ 0.66\text{m/s}$ ○ 답 : 0.66m/s

(다) ○ 계산과정 : $\dfrac{0.02\times200\times0.66^2}{2\times9.8\times0.15} = 0.592 ≒ 0.59\text{m}$ ○ 답 : 0.59m

(라) ○ 계산과정 : $\dfrac{0.163\times0.7\times50}{0.65} = 8.776 ≒ 8.78\text{kW}$ ○ 답 : 8.78kW

해설

(가)

$$Q \geq N\times350$$

여기서, Q : 가압송수장치의 토출량(유량)〔l/min〕

N : 가장 많은 층의 소화전개수(**최대 2개**)

펌프의 **유량** Q는

$Q \geq N\times350 \geq 2\times350 \geq 700l/\text{min} \geq 0.7\text{m}^3/\text{min}$

• 문제에서 옥외소화전이 5개 설치되어 있지만 최대 2개까지만 적용하므로 N=**2**가 된다.(속지 마라!)

(나) 유량(flowrate)=체적유량

$$Q = AV = \left(\frac{\pi}{4}D^2\right)V$$

여기서, Q : 유량[m³/s]
A : 단면적[m²]
V : 유속[m/s]
D : 내경[m]

유속 $V = \frac{Q}{\frac{\pi}{4}D^2} = \frac{0.7\text{m}^3/\text{min}}{\frac{\pi}{4}\times(150\text{mm})^2} = \frac{0.7\text{m}^3/60\text{s}}{\frac{\pi}{4}\times(0.15\text{m})^2} \fallingdotseq 0.66\text{m/s}$

- Q : 0.7m³/60s(1min=60s이므로 0.7m³/min=0.7m³/60s)
- D : 0.15m(1000mm=1m이므로 150mm=0.15m)

(다) Darcy Weisbach 식

$$H = \frac{flV^2}{2gD}$$

여기서, H : 마찰손실수두[m]
f : 관마찰계수(마찰손실계수)
l : 길이[m]
V : 유속[m/s]
g : 중력가속도(9.8m/s²)
D : 내경[m]

마찰손실수두 H는

$H = \frac{flV^2}{2gD} = \frac{0.02\times 200\text{m}\times(0.66\text{m/s})^2}{2\times 9.8\text{m/s}^2\times 0.15\text{m}} = 0.592 \fallingdotseq 0.59\text{m}$

- V : **0.66m/s**((나)에서 구한 값)
- D : **0.15m**(1000mm=1m이므로 [조건 ②]에서 150mm=0.15m)

(라)

$$P = \frac{0.163QH}{\eta}K$$

여기서, P : 전동력(전동기의 동력)[kW]
Q : 유량[m³/min]
H : 전양정[m]
K : 전달계수
η : 효율

전동기의 **동력** P는

$P = \frac{0.163QH}{\eta}K = \frac{0.163\times 0.7\text{m}^3/\text{min}\times 50\text{m}}{0.65} = 8.776 \fallingdotseq 8.78\text{kW}$

- Q : **0.7m³/min**((가)에서 구한 값)
- H : **50m**([조건 ③]에서 주어진 값이며, 양정(전양정)이 주어졌으므로 마찰손실수두를 고려할 필요 없이 이 값을 바로 적용하면 된다.)
- η : **0.65**([조건 ③]에서 65%이므로 0.65가 된다.)
- K : 주어지지 않았으므로 **생략**

다음 표와 같이 **'전동기 직결, 전동기 이외의 원동기'**라는 말이 있으면 그에 맞는 값을 적용한다.

‖ 전달계수 K의 값 ‖

동력형식	K의 수치
전동기 직결	1.1
전동기 이외의 원동기	1.15~1.2

☆☆
문제 11

포소화설비의 소화약제 중 공기포소화약제의 종류 5가지를 쓰시오. (기사 00.11.문5)

득점	배점
	5

○
○
○
○
○

해답 ① 단백포
② 불화단백포
③ 합성계면활성제포
④ 수성막포
⑤ 내알코올포

해설 **공기포소화약제**

공기포소화약제	설 명
단백포	동물성 단백질의 가수분해 생성물에 안정제를 첨가한 것
불화단백포	단백포에 불소계 계면활성제를 첨가한 것
합성계면활성제포	합성물질이므로 변질 우려가 없는 포소화약제
수성막포	**석유·벤젠** 등과 같은 유기용매에 흡착하여 유면 위에 수용성의 얇은 막(경막)을 일으켜서 소화하며, 불소계의 계면활성제를 주성분으로 한 포소화약제로서 **AFFF**(Aqueous Film Foaming Form)라고도 부른다.
내알코올포	**수용성 액체**의 화재에 적합한 포소화약제

기억법 단불내수합

중요

저발포용과 고발포용 공기포소화약제

저발포용 소화약제(3%, 6%형)	**고발포용 소화약제**(1%, 1.5%, 2%형)
① 단백포소화약제 ② 불화단백포소화약제 ③ 합성계면활성제포소화약제 ④ 수성막포소화약제 ⑤ 내알코올포소화약제	합성계면활성제포소화약제

☆☆
문제 12

옥내소화전설비에서 순환배관과 성능시험배관을 설치하는 목적은 무엇인가? (10.7.문10)

(가) 순환배관의 설치목적 :
(나) 성능시험배관의 설치목적 :

득점	배점
	4

해답 (가) 체절운전시 수온의 상승방지
(나) 체절운전시 정격토출압력의 140%를 초과하지 않고, 정격토출량의 150%로 운전시 정격토출압력의 65% 이상이 되는지를 확인하기 위하여

해설 (가)

• **'동파방지'**가 아님. 혼용하지 말 것

순환배관

순환배관은 펌프의 토출측 체크밸브 이전에서 분기시켜 **20mm** 이상의 배관으로 설치하며 배관상에는 개폐밸브를 설치하여서는 아니 되며, 체절운전시 체절압력 이하에서 개방되는 **릴리프밸브**(relief valve)를 설치하여야 한다. 이렇게 함으로써 체절운전에 따른 수온의 상승을 방지할 수 있다.

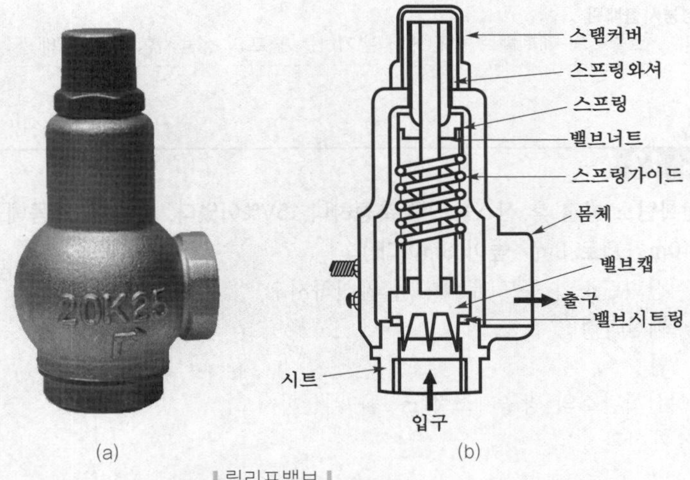

‖릴리프밸브‖

(나) **펌프**의 **성능시험배관**

(1) **펌프**의 **성능시험**

체절운전시 정격토출압력의 **140%**를 초과하지 않고, 정격토출량의 **150%**로 운전시 정격토출압력의 **65%** 이상이어야 한다.

(2) **유량측정방법**

압력계에 따른 방법	유량계에 따른 방법
오리피스 전후에 설치한 압력계 P_1, P_2와 압력차를 이용한 유량측정법 P_1 P_2 개폐밸브 오리피스 유량조절밸브 ‖압력계에 따른 방법‖	유량계의 **상류측**은 유량계 호칭구경의 **8배** 이상, **하류측**은 유량계 호칭구경의 **5배** 이상 되는 직관부를 설치하여야 하며 배관은 유량계의 호칭구경과 동일한 구경의 배관을 사용한다. 유량계 M 개폐밸브 (측정시 개방) 유량 조절밸브 상류측 직관부 (구경의 8배 이상) 하류측 직관부 (구경의 5배 이상) ‖유량계에 따른 방법‖

(3) **펌프**의 **성능시험방법**

① **주배관**의 **개폐밸브**를 **잠근다.**

② 제어반에서 **충압펌프**의 **기동**을 **중지**시킨다.

③ 압력챔버의 **배수밸브**를 열어 **주펌프**가 **기동**되면 잠근다.(제어반에서 수동으로 주펌프를 기동시킨다.)

④ **성능시험배관상**에 있는 **개폐밸브**를 **개방**한다.

⑤ 성능시험배관의 **유량조절밸브**를 **서서히 개방**하여 유량계를 통과하는 유량이 정격토출유량이 되도록 **조정**한다. 정격토출유량이 되었을 때 펌프 토출측 압력계를 읽어 정격토출압력 이상인지 확인한다.

⑥ 성능시험배관의 **유량조절밸브**를 **조금 더 개방**하여 유량계를 통과하는 유량이 **정격토출유량**의 **150%**가 되도록 조정한다. 이때 펌프 토출측 압력계의 확인된 압력은 정격토출압력의 **65%** 이상이어야 한다.

⑦ 성능시험배관상에 있는 **유량계**를 확인하여 **펌프**의 **성능**을 **측정**한다.
⑧ **성능시험** 측정 후 배관상 **개폐밸브**를 잠근 후 **주밸브**를 개방한다.
⑨ 제어반에서 **충압펌프 기동중지**를 **해제**한다.

용어

성능시험배관
펌프 토출측의 개폐밸브 이전에서 분기하는 펌프의 성능시험을 위한 배관

☆☆
문제 13

이산화탄소 방출 후 산소농도를 측정하니 15V%이었다. 다음 각 물음에 답하시오. (단, 방호구역은 가로 10m×세로 8m×높이 3m이다.)
(11.11.문15)

득점	배점
	4

(가) 이산화탄소의 농도[부피%]를 계산하시오.
○ 계산과정 :
○ 답 :

(나) 이산화탄소의 방출가스량[m^3]을 계산하시오.
○ 계산과정 :
○ 답 :

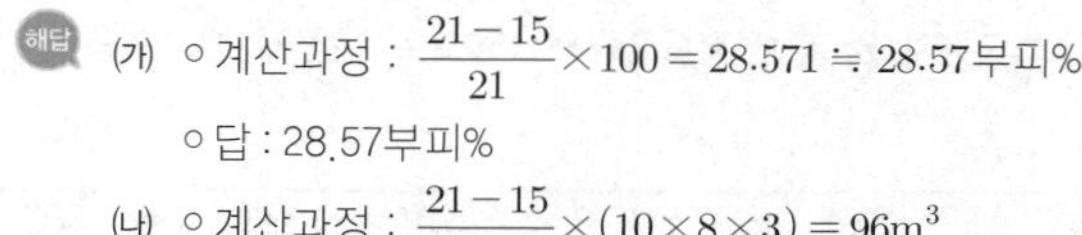

해답 (가) ○ 계산과정 : $\frac{21-15}{21}\times 100 = 28.571 \fallingdotseq 28.57$부피%
○ 답 : 28.57부피%

(나) ○ 계산과정 : $\frac{21-15}{15}\times(10\times 8\times 3) = 96m^3$
○ 답 : 96m^3

해설 (가)

$$CO_2 \text{ 농도}[\%] = \frac{21-O_2[\%]}{21}\times 100$$

$$= \frac{21-15}{21}\times 100$$
$$= 28.571 \fallingdotseq 28.57\text{부피\%}$$

- 위의 식은 원래 %가 아니고 부피%를 나타낸다. 단지 우리가 부피%를 간략화해서 %로 표현할 뿐이고 원칙적으로는 **'부피%'**로 써야 한다.

부피%=Volume%=Vol%=V%

- Vol% : 어떤 공간에 차지하는 부피를 백분율로 나타낸 것

(나)

$$\text{방출가스량}[m^3] = \frac{21-O_2}{O_2}\times\text{방호구역체적}[m^3]$$

여기서, O_2 : O_2의 농도[%]

$$\text{방출가스량} = \frac{21-O_2}{O_2}\times\text{방호구역체적}$$
$$= \frac{21-15}{15}\times(10\times 8\times 3)m^3$$
$$= 96m^3$$

중요

이산화탄소 소화설비와 관련된 식

(1)

$$CO_2 = \frac{\text{방출가스량}}{\text{방호구역체적}+\text{방출가스량}} \times 100 = \frac{21-O_2}{21} \times 100$$

여기서, CO_2 : CO_2의 농도[%]
O_2 : O_2의 농도[%]

(2)

$$\text{방출가스량} = \frac{21-O_2}{O_2} \times \text{방호구역체적}$$

여기서, O_2 : O_2의 농도[%]

(3)

$$PV = \frac{m}{M}RT$$

여기서, P : 기압[atm]
V : 방출가스량[m^3]
m : 질량[kg]
M : 분자량(CO_2=44)
R : 0.082atm · m^3/kmol · K
T : 절대온도(273+℃)[K]

(4)

$$Q = \frac{m_t\, C(t_1 - t_2)}{H}$$

여기서, Q : 액화 CO_2의 증발량[kg]
m_t : 배관의 질량[kg]
C : 배관의 비열[kcal/kg · ℃]
t_1 : 방출 전 배관의 온도[℃]
t_2 : 방출될 때 배관의 온도[℃]
H : 액화 CO_2의 증발잠열[kcal/kg]

☆☆

문제 14

배관에 설치하는 체크밸브의 종류 3가지를 쓰시오. (13.4.문14, 기사 12.11.문2, 05.10.문8)

득점	배점
	3

○

○

○

해답 ① 스모렌스키 체크밸브
② 웨이퍼 체크밸브
③ 스윙 체크밸브

해설 **체크밸브**(check valve)

구 분	설 명
종류	① **스모렌스키 체크밸브** : **제조회사명**을 밸브의 명칭으로 나타낸 것으로 **주배관용**으로서 바이패스밸브가 있다. ② **웨이퍼 체크밸브** : **주배관용**으로서 바이패스밸브가 없다. ③ **스윙 체크밸브** : **작은 배관용**이다.
표시사항	① 호칭구경 ② 사용압력 ③ 유수방향

- 체크밸브의 종류 2가지를 쓰라고 하면 **리프트형 체크밸브**, **스윙형 체크밸브**라고 답하는 것이 좋다.

비교

리프트형 체크밸브	스윙형 체크밸브
• **수평 설치용**이며 **주배관**상에 많이 사용한다.	• **수평·수직 설치용**이며 **작은 배관**상에 많이 사용한다.
덮개 / 밸브 / 케이스 / 열림방향 / 물흐름방향 ‖ 리프트형 체크밸브 ‖	덮개 / 밸브 / 케이스 / 열림방향 / 물흐름방향 ‖ 스윙형 체크밸브 ‖

중요

스모렌스키 체크밸브(Smolensky check valve)의 특징

(1) **수격**(water hammer)을 **방지**할 수 있도록 설계되어 있다. **제조회사명**을 밸브의 명칭으로 나타낸 것으로 주배관용으로서 **바이패스밸브**가 설치되어 있어서 스모렌스키 체크밸브 2차측의 물을 1차측으로 배수시킬 수 있다.

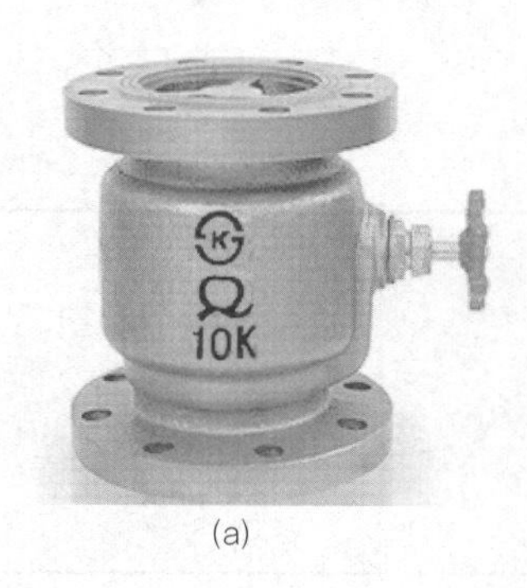

(a)

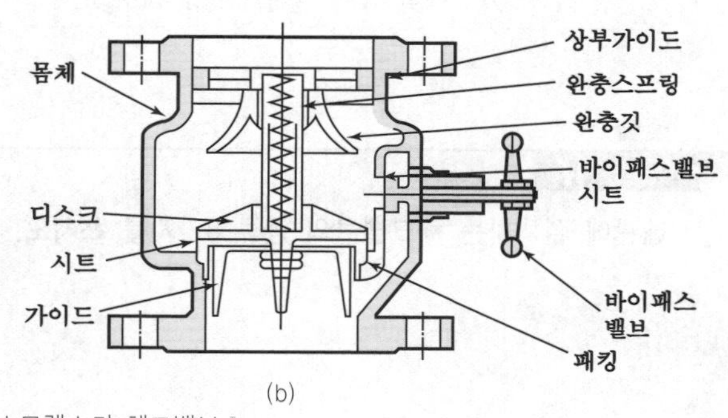

(b)

‖ 스모렌스키 체크밸브 ‖

(2)

습식 유수검지장치의 기능	건식 유수검지장치의 기능	후드밸브의 기능	스모렌스키 체크밸브의 기능
• 자동경보기능 • 오동작방지기능 • 체크밸브기능	• 자동경보기능 • 체크밸브기능	• 여과기능 • 체크밸브기능	• 역류방지기능 • 수격방지기능 • 바이패스기능

☆ 문제 15

다음 그림은 어느 15층 건물의 12층 계단전실에 연결송수관설비의 방수구가 설치되어 있는 모습을 나타내고 있다. 이 그림에서 잘못된 구조를 2가지만 지적하고 올바르게 고치는 방법을 설명하시오.

득점	배점
	8

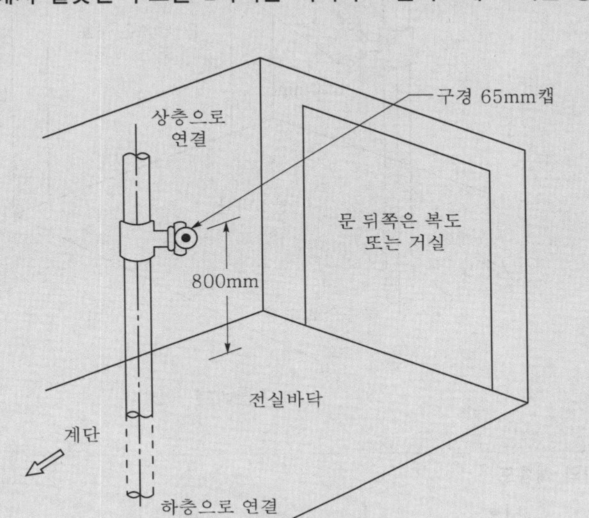

잘못된 구조	고치는 방법

해답

잘못된 구조	고치는 방법
단구형 방수구 설치	쌍구형 방수구 설치
방수구에 개폐기능이 없다.	방수구에 개폐기능이 있을 것

해설 **연결송수관설비**

잘못된 구조	고치는 방법
단구형 방수구가 설치되어 있다.	**11층 이상**이므로 방수구는 **쌍구형**으로 설치하여야 할 것
방수구에 개폐기능이 없다.	방수구는 개폐기능을 가진 것으로 설치하여야 하며, 평상시 **닫힌 상태**를 유지할 것

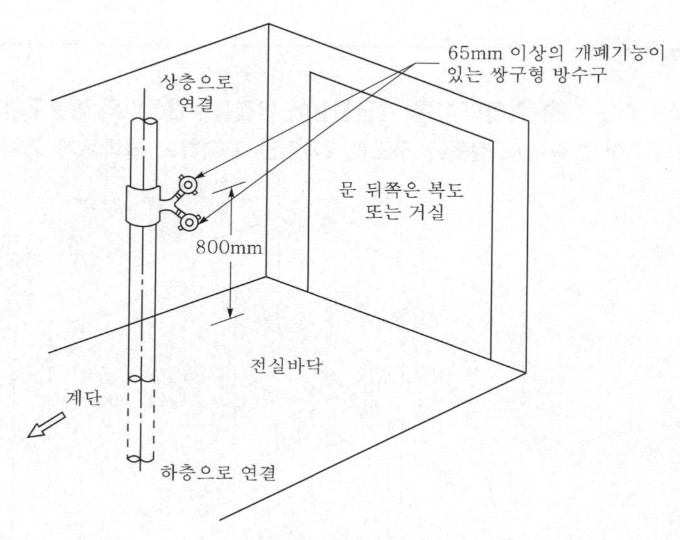

‖올바른 도면‖

중요

1. **연결송수관설비의 계통도**

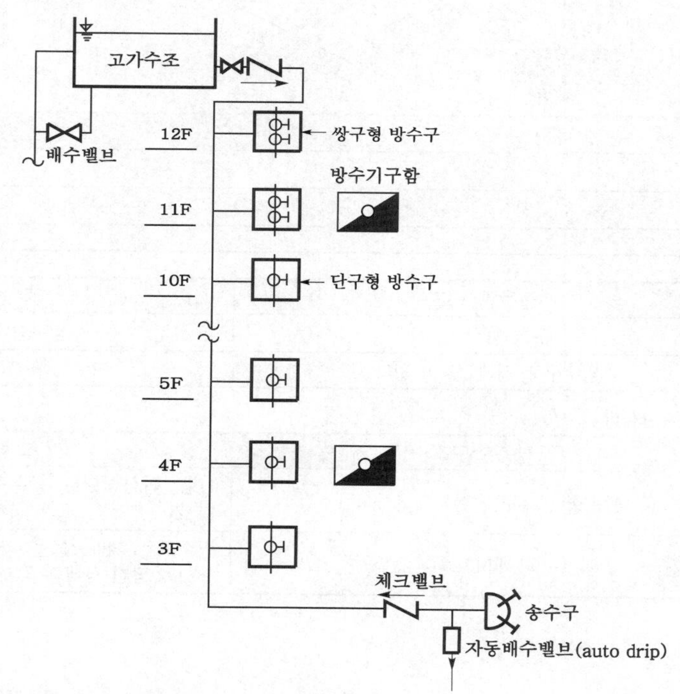

2. **연결송수관설비 방수구의 설치기준**(NFPC 502 6조, NFTC 502 2.3.1)
   (1) **11층 이상**의 부분에 설치하는 방수구는 **쌍구형**으로 할 것(단, 다음의 어느 하나에 해당하는 층에는 **단구형**으로 설치할 수 있다.)
      ① **아파트**의 용도로 사용되는 층
      ② **스프링클러설비**가 유효하게 설치되어 있고 방수구가 **2개소 이상** 설치된 층
   (2) 방수구의 **호스접결구**는 바닥으로부터 높이 **0.5~1m 이하**의 위치에 설치할 것
   (3) 방수구는 연결송수관설비의 전용 방수구 또는 옥내소화전 방수구로서 구경 **65mm**의 것으로 설치할 것
   (4) 방수구는 **개폐기능**을 가진 것으로 설치하여야 하며, **평상시 닫힌 상태**를 유지할 것

☆☆☆
문제 16

그림과 같은 옥내소화전설비를 다음 조건과 화재안전기준에 따라 설치하려고 한다. 다음 각 물음에 답하시오.
(17.4.문4, 16.6.문9, 15.11.문9, 14.4.문5, 12.4.문1, 09.10.문10, 06.7.문7)

득점	배점
	8

[조건]

① P_1 : 옥내소화전펌프
② P_2 : 잡수용 양수펌프
③ 펌프의 후드밸브로부터 4층 옥내소화전함 호스접결구까지의 마찰손실 및 저항손실수두는 30m이다.
④ 펌프의 효율은 60%이다.
⑤ 옥내소화전의 개수는 각 층 2개씩이다.
⑥ 소방호스의 마찰손실수두는 무시한다.
⑦ 전달계수는 1.2이다.
⑧ 실양정은 지하 1층 바닥부터 지상 4층까지 산정한다.

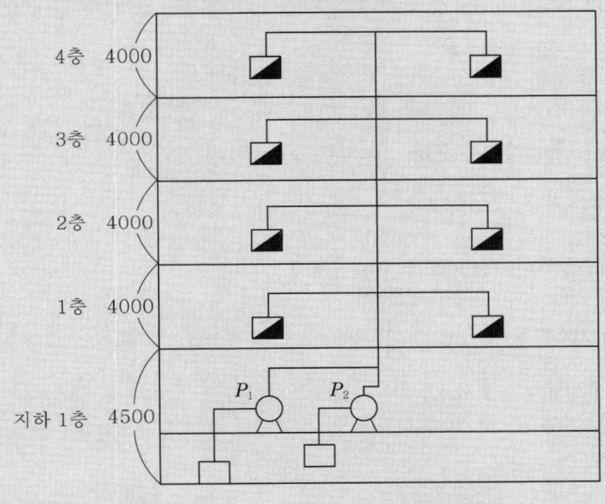

(가) 펌프의 최소토출량[l/min]을 구하시오.
○ 계산과정 :
○ 답 :

(나) 옥상수조의 저수량[m^3]을 구하시오.
○ 계산과정 :
○ 답 :

(다) 펌프의 전양정[m]을 구하시오.
○ 계산과정 :
○ 답 :

(라) 펌프의 전동력[kW]을 구하시오.
○ 계산과정 :
○ 답 :

해답 (가) ○ 계산과정 : $2\times130=260l/\text{min}$
○ 답 : 260l/min

(나) ○ 계산과정 : $2.6\times2\times\frac{1}{3}=1.733 \fallingdotseq 1.73\text{m}^3$
○ 답 : 1.73m^3

(다) ○ 계산과정 : $30+4.5+(4\times4)+17=67.5\text{m}$
○ 답 : 67.5m

(라) ○ 계산과정 : $\frac{0.163\times0.26\times67.5}{0.6}\times1.2=5.721 \fallingdotseq 5.72\text{kW}$
○ 답 : 5.72kW

해설 (가) **토출량**(유량)

$$Q=N\times130l/\text{min}$$

여기서, Q : 토출량(유량)〔l/min〕
N : 가장 많은 층의 소화전개수(30층 미만 : 최대 2개, 30층 이상 : 최대 5개)

펌프의 **최소토출량** Q는
$Q=N\times130l/\text{min}=2\times130l/\text{min}=260l/\text{min}$

- 그림에서 4층이고 〔조건 ⑤〕 및 그림에서 각 층마다 소화전은 2개 있으므로 N=**2**이다.

(나) **옥상수원**(옥상수조)의 **저수량**

$$Q'=2.6N\times\frac{1}{3}\text{(30층 미만, } N\text{ : 최대 2개)}$$
$$Q'=5.2N\times\frac{1}{3}\text{(30～49층 이하, } N\text{ : 최대 5개)}$$
$$Q'=7.8N\times\frac{1}{3}\text{(50층 이상, } N\text{ : 최대 5개)}$$

여기서, Q' : 옥상수원(옥상수조)의 저수량〔m^3〕
N : 가장 많은 층의 소화전개수

옥상수원의 저수량 $Q'=2.6N\times\frac{1}{3}=2.6\times2\times\frac{1}{3}=1.733 \fallingdotseq 1.73\text{m}^3$

- 〔조건 ⑤〕에서 소화전개수 N=**2**이다.
- 그림에서 **4층**이므로 **30층 미만** 식을 적용한다.

(다) **전양정**

$$H \geq h_1+h_2+h_3+17$$

여기서, H : 전양정〔m〕
h_1 : 소방호스의 마찰손실수두〔m〕
h_2 : 배관 및 관부속품의 마찰손실수두〔m〕
h_3 : 실양정(흡입양정+토출양정)〔m〕

펌프의 **양정** H는
$H=h_1+h_2+h_3+17=30\text{m}+4.5\text{m}+(4\text{m}\times4\text{층})+17=67.5\text{m}$

- h_1 : 〔조건 ⑥〕에 의해 무시
- h_2 : 30m(〔조건 ③〕에서 주어진 값)
- h_3 : $4.5\text{m}+(4\text{m}\times4\text{층})=20.5\text{m}$(〔조건 ⑧〕에 의해 지하 1층～4층까지 높이)
- 수치가 주어지지 않은 단위는 mm이므로 4000mm=4m, 4500mm=4.5m

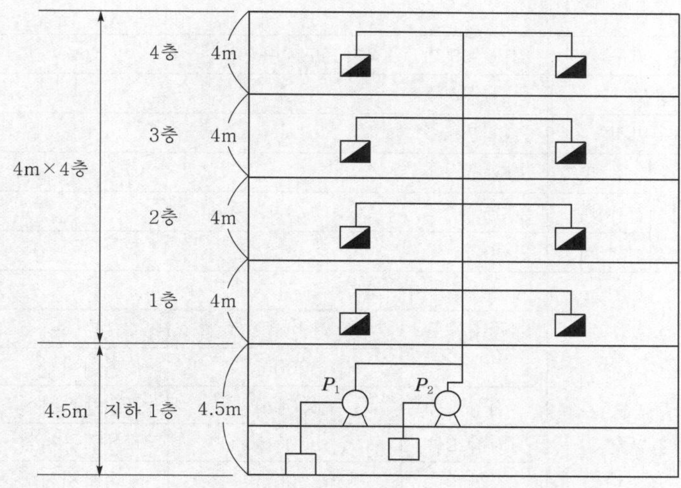

㈑ **전동력**(모터동력)

$$P=\frac{0.163\,QH}{\eta}K$$

여기서, P : 전동력〔kW〕
Q : 유량〔m^3/min〕
H : 전양정〔m〕
K : 전달계수
η : 효율

펌프의 **전동력**(모터동력) P는

$$P=\frac{0.163QH}{\eta}K=\frac{0.163\times 260l/\min\times 67.5\text{m}}{0.6}\times 1.2$$

$$=\frac{0.163\times 0.26\text{m}^3/\min\times 67.5\text{m}}{0.6}\times 1.2=5.721 ≒ 5.72\text{kW}$$

- Q(유량) : **260**l**/min**(㈎에서 구한 값)
- H(전양정) : **67.5m**(㈐에서 구한 값)
- η(효율) : 〔조건 ④〕에서 60%=0.6
- K(전달계수) : **1.2**(〔조건 ⑦〕에서 주어진 값)

☆ 문제 17

다음은 건축물 등의 신축 · 증축 · 개축 · 재축 · 이전 · 용도변경 또는 대수선의 허가 · 협의 및 사용승인에 따른 건축물의 동의를 받기 위한 양식이다. 건축개요 현황을 참고하여 건축물에 설치하여야 할 소방시설을 표 안에 작성하시오.

득점	배점
	5

〔설계 개요〕

구 분	내 용	비 고
사업명	○○건물 신축공사	
대지위치	서울특별시 ○○○	
대지면적	751255.00m^2	

지역지구		일반주거지역, 최저고도지구		
용도		복합건축물		
건축면적		$1904.79m^2$		
연면적	지하층	$5000m^2$		
	지상층	$20000m^2$		
	소계	$25000m^2$		
건축규모		지하 1층, 지상 4층		
건폐율		18.22%		
용적률		61.87%		
최고높이		25.6m		
주요구조		철근콘크리트조		
주차대수		신설 12대(장애인주차 2대 포함)	전체 주차대수 : 2590대	시설면적 : $200m^3$/1대
외부마감		THK30 화강석 잔다듬/THK3 AL쉬트/아연도철판거멀접기/THK8 고밀도목재패널/붉은벽돌치장물기/노출콘크리트제물치장/THK24 로이복층유리		
기타		신재생에너지－태양광		

건축규모	층별 구성	면 적
지하층	$5000m^2$	판매시설
지상 1층	$5000m^2$	근린생활시설
지상 2층	$5000m^2$	교육연구시설
지상 3층	$5000m^2$	숙박시설
지상 4층	$5000m^2$	판매시설
옥탑층	$100m^2$	
합계	$25100m^2$	

구 분	설 비	종 류
지하층	소화설비	(①), 스프링클러설비, 소화기구
지상 1층	경보설비	자동화재탐지설비, 비상경보설비
지상 2층	소화용수설비	(②)
지상 3층	피난구조설비	(③), (④)
지상 4층	소화활동설비	(⑤), 연결살수설비

①	②	③	④	⑤

해답

①	②	③	④	⑤
옥내소화전설비	상수도소화용수설비	피난기구	휴대용 비상조명등	제연설비

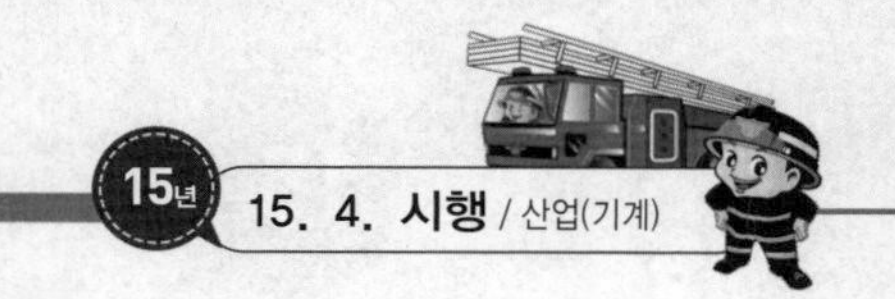

해설 **소방시설법 시행령 〔별표 5〕**

지하층 : 판매시설 $5000m^2$

▌판매시설 설치대상▐

옥내소화전설비	스프링클러설비	소화기구
연면적 $1500m^2$ 이상	바닥면적 합계 $5000m^2$ 이상	연면적 $33m^2$ 이상

지상 1층 : 근린생활시설 $5000m^2$

▌근린생활시설 설치대상▐

자동화재탐지설비	비상경보설비
연면적 $600m^2$ 이상	연면적 $400m^2$ 이상

지상 2층 : 교육연구시설 $5000m^2$

▌교육연구시설 설치대상▐

상수도소화용수설비
연면적 $5000m^2$ 이상

지상 3층 : 숙박시설 $5000m^2$

▌숙박시설 설치대상▐

피난기구	휴대용 비상조명등
피난층, 지상 1층, 지상 2층 및 11층 이상 이외의 장소	숙박시설 모두

지상 4층 : 판매시설 $5000m^2$

▌판매시설 설치대상▐

제연설비	연결살수설비
바닥면적 합계 $1000m^2$ 이상	바닥면적 합계 $1000m^2$ 이상

" 장벽이 서있는 것은 가로막기 위함이 아니라 그것을 우리가 얼마나 간절히 원하는지 보여줄 기회를 주기 위해 거기 서있는 것이다. "

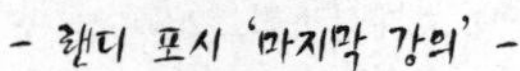

2015. 7. 12 시행

▌2015년 산업기사 제2회 필답형 실기시험▌

자격종목	시험시간	형별	수험번호	성명	감독위원 확인
소방설비산업기사(기계분야)	2시간 30분				

※ 다음 물음에 답을 해당 답란에 답하시오.(배점 : 100)

☆☆☆

문제 01

옥내소화전설비가 설치된 어느 건물이 있다. 옥내소화전이 2층에 3개, 3층에 4개, 4층에 5개일 때 조건을 참고하여 다음 각 물음에 답하시오.

(17.4.문4, 16.6.문9, 16.4.문15, 15.11.문9, 15.4.문16, 14.4.문5, 12.7.문1, 12.4.문1, 10.4.문14, 09.10.문10, 09.4.문10, 08.11.문16, 07.11.문11, 06.7.문7, 05.5.문5, 04.7.문8)

득점	배점
	10

유사문제부터 풀어보세요.
실력이 팍!팍! 올라갑니다.

〔조건〕

① 실양정은 20m, 배관의 손실수두는 실양정의 20%로 본다.
② 소방호스의 마찰손실수두는 7m이다.
③ 펌프효율은 60%, 전달계수는 1.1이다.
④ 고가수조는 옥상에 위치하고 있다.
⑤ 배관직경 산정기준은 정격토출량의 150%로 운전시 정격토출압력의 65% 기준으로 계산한다.
⑥ 배관은 25mm/32mm/40mm/50mm/65mm/80mm/90mm/100mm 중 하나를 선택한다.

(가) 수원의 저수량〔m^3〕은?
 ○ 계산과정 :
 ○ 답 :

(나) 옥상수원의 저수량〔m^3〕은?
 ○ 계산과정 :
 ○ 답 :

(다) 펌프의 토출량〔m^3/min〕은?
 ○ 계산과정 :
 ○ 답 :

(라) 전동기의 용량〔kW〕은?
 ○ 계산과정 :
 ○ 답 :

(마) 성능시험시 배관직경을 구하시오.
 ○ 계산과정 :
 ○ 답 :

해답 (가) ○ 계산과정 : $2.6 \times 2 = 5.2\text{m}^3$

$$2.6 \times 2 \times \frac{1}{3} = 1.733 ≒ 1.73\text{m}^3$$

$$5.2 + 1.73 = 6.93\text{m}^3$$

○ 답 : 6.93m^3

(나) ○ 계산과정 : $2.6 \times 2 \times \frac{1}{3} = 1.733 ≒ 1.73\text{m}^3$

○ 답 : 1.73m^3

(다) ○ 계산과정 : $2 \times 130 = 260l/\text{min} = 0.26\text{m}^3/\text{min}$

○ 답 : 0.26m³/min

(라) ○ 계산과정 : $H = 7 + (20 \times 0.2) + 20 + 17 = 48\text{m}$

$$P = \frac{0.163 \times 0.26 \times 48}{0.6} \times 1.1 = 3.729 \fallingdotseq 3.73\text{kW}$$

○ 답 : 3.73kW

(마) ○ 계산과정 : $D = \sqrt{\frac{1.5 \times 260}{0.653 \times \sqrt{0.65 \times 10 \times 0.48}}} = 18.38\text{mm}$

○ 답 : 25mm

해설 (가) **수원의 저수량**

$Q \geq 2.6N$(30층 미만, N : 최대 2개)
$Q \geq 5.2N$(30~49층 이하, N : 최대 5개)
$Q \geq 7.8N$(50층 이상, N : 최대 5개)

여기서, Q : 수원의 저수량[m³]
N : 가장 많은 층의 소화전개수

수원의 저수량 Q는

$Q = 2.6N = 2.6 \times 2 = 5.2\text{m}^3$

옥상수원의 **저수량**

$Q' = 2.6N \times \frac{1}{3}$(30층 미만, N : 최대 2개)

$Q' = 5.2N \times \frac{1}{3}$(30~49층 이하, N : 최대 5개)

$Q' = 7.8N \times \frac{1}{3}$(50층 이상, N : 최대 5개)

여기서, Q' : 옥상수원의 저수량[m³]
N : 가장 많은 층의 소화전개수

옥상수원의 **저수량** Q'는

$Q' = 2.6N \times \frac{1}{3} = 2.6 \times 2 \times \frac{1}{3} = 1.733 \fallingdotseq 1.73\text{m}^3$

$5.2\text{m}^3 + 1.73\text{m}^3 = 6.93\text{m}^3$

- N : 가장 많은 층의 소화전개수(최대 2개)
- 문제에서 층수가 명확히 주어지지 않으면 **30층 미만**으로 보면 된다.

(나) **옥상수원**의 **저수량**

$Q' \geq 2.6N \times \frac{1}{3}$(30층 미만, N : 최대 2개)

$Q' \geq 5.2N \times \frac{1}{3}$(30~49층 이하, N : 최대 5개)

$Q' \geq 7.8N \times \frac{1}{3}$(50층 이상, N : 최대 5개)

여기서, Q' : 옥상수원의 저수량[m³]
N : 가장 많은 층의 소화전개수

옥상수원의 저수량 Q'는

$Q' = 2.6N \times \frac{1}{3} = 2.6 \times 2 \times \frac{1}{3} = 1.733 \fallingdotseq 1.73\text{m}^3$

- N : 가장 많은 층의 소화전개수(최대 2개)
- 문제에서 층수가 명확히 주어지지 않으면 **30층 미만**으로 보면 된다.

(다) **옥내소화전설비**의 **토출량**

$Q \geq N \times 130$

여기서, Q : 가압송수장치의 토출량〔l/min〕
N : 가장 많은 층의 소화전개수(30층 미만 : 최대 2개, 30층 이상 : 최대 5개)
옥내소화전설비의 토출량(유량) Q는
$Q = N \times 130 l/\text{min} = 2 \times 130 l/\text{min} = 260 l/\text{min} = 0.26\text{m}^3/\text{min}$

- N : 가장 많은 층의 소화전개수(문제에서 4층이므로 N은 최대 2개)
- $1000 l = 1\text{m}^3$ 이므로 $260 l/\text{min} = 0.26\text{m}^3/\text{min}$
- 토출량공식은 층수 관계없이 $Q \geq N \times 130$ 임을 혼동하지 마라!

(라) **전양정**

$$H \geq h_1 + h_2 + h_3 + 17$$

여기서, H : 전양정〔m〕
h_1 : 소방호스의 마찰손실수두〔m〕
h_2 : 배관 및 관부속품의 마찰손실수두〔m〕
h_3 : 실양정(흡입양정+토출양정)〔m〕
옥내소화전설비의 **전양정** H는
$H = h_1 + h_2 + h_3 + 17 = 7\text{m} + (20\text{m} \times 0.2) + 20\text{m} + 17 = 48\text{m}$

- h_1 : 7m(〔조건 ②〕에서 주어진 값)
- h_2 : 20m×0.2(〔조건 ①〕에서 배관의 손실수두(h_2)는 **실양정**의 20%이므로 20×0.2가 된다.)
- h_3 : 20m(〔조건 ①〕에서 주어진 값)

전동기의 용량

$$P = \frac{0.163QH}{\eta}K$$

여기서, P : 전동력(전동기의 동력)〔kW〕
Q : 유량〔m³/min〕
H : 전양정〔m〕
K : 전달계수
η : 효율
전동기의 **용량** P는
$P = \frac{0.163QH}{\eta}K = \frac{0.163 \times 0.26\text{m}^3/\text{min} \times 48\text{m}}{0.6} \times 1.1 = 3.729 ≒ 3.73\text{kW}$

- Q(유량) : **0.26m³/min**((다)에서 구한 값)
- H(전양정) : **48m**(바로 위에서 구한 값)
- K(전달계수) : **1.1**(〔조건 ③〕에서 주어진 값)
- η(효율) : **0.6**(〔조건 ③〕에서 60%이므로 0.6)

(마)

방수량 구하는 기본식	성능시험배관 방수량 구하는 식
$Q = 0.653D^2\sqrt{10P}$ 또는 $Q = 0.6597CD^2\sqrt{10P}$	$1.5Q = 0.653D^2\sqrt{0.65 \times 10P}$
여기서, Q : 방수량〔l/min〕 C : 노즐의 흐름계수 D : 내경〔mm〕 P : 방수압력〔MPa〕	여기서, Q : 방수량〔l/min〕 D : 성능시험배관의 내경〔mm〕 P : 방수압력〔MPa〕

$1.5Q = 0.653D^2\sqrt{0.65 \times 10P}$

$\frac{1.5Q}{0.653\sqrt{0.65 \times 10P}} = D^2$

$D^2 = \frac{1.5Q}{0.653\sqrt{0.65 \times 10P}}$

$\sqrt{D^2} = \sqrt{\frac{1.5Q}{0.653\sqrt{0.65 \times 10P}}}$

$$D=\sqrt{\frac{1.5Q}{0.653\times\sqrt{0.65\times10P}}}=\sqrt{\frac{1.5\times260l/\text{min}}{0.653\times\sqrt{0.65\times10\times0.48\text{MPa}}}}=18.38\text{mm}$$ ∴ 25mm 선택

- [조건 ⑤]에 의해 **정격토출량**의 **150%**, **정격토출압력**의 **65%** 기준이므로 방수량 기본식 $Q=0.653D^2\sqrt{10P}$에서 변형하여 $1.5Q=0.653D^2\sqrt{0.65\times10P}$식 적용
- Q(방수량) : 260l/min((다)에서 구한 값), 단위가 l/min이다. 단위에 특히 주의!
- P(방수압력) : 0.48MPa은 1MPa≒100m이므로 (라)에서 48m=0.48MPa
- 18.38mm이므로 [조건 ⑥]에서 **25mm** 선택
- 성능시험배관은 최소구경이 정해져 있지 않지만 다음의 배관은 최소구경이 정해져 있으므로 주의하자!

구 분	구 경
주배관 중 **수직배관**, 펌프 토출측 **주배관**	**50mm 이상**
연결송수관인 방수구가 연결된 경우(연결송수관설비의 배관과 겸용할 경우)	**100mm 이상**

☆☆ 문제 02

다음은 스프링클러헤드의 종류를 나타낸다. 스프링클러헤드의 종류에 따른 용어의 정의를 쓰시오.

(09.7.문1)

득점	배점
	6

(가) Residential sprinkler :
(나) Flush sprinkler :
(다) ESFR sprinkler :

해답 (가) 폐쇄형 헤드의 일종으로 주거지역의 화재에 적합한 감도, 방수량 및 살수분포를 갖는 헤드(간이형 스프링클러헤드 포함)
(나) 부착나사를 포함한 몸체의 일부나 전부가 천장면 위에 설치되어 있는 스프링클러헤드
(다) 특정 높은 장소의 화재위험에 대하여 조기에 진화할 수 있도록 설계된 스프링클러헤드

해설 **스프링클러헤드의 설계 및 성능특성에 따른 분류**

분 류	설 명
화재조기진압용 스프링클러헤드 (ESFR sprinkler)	① 특정 높은 장소의 화재위험에 대하여 조기에 진화할 수 있도록 설계된 스프링클러헤드 ② 화재를 **초기**에 **진압**할 수 있도록 정해진 면적에 충분한 물을 방사할 수 있는 빠른 작동능력의 스프링클러헤드
라지 드롭 스프링클러헤드 (Large drop sprinkler)	① 동일 조건의 수(水)압력에서 표준형 헤드보다 **큰 물방울**을 방출하여 저장창고 등에서 발생하는 **대형 화재**를 **진압**할 수 있는 헤드 ② 동일 조건의 수압력에서 큰 물방울을 방출하여 화염의 전파속도가 빠르고 발열량이 큰 저장창고 등에서 발생하는 대형 화재를 진압할 수 있는 헤드
주거형 스프링클러헤드 (Residential sprinkler)	폐쇄형 헤드의 일종으로 **주거지역**의 화재에 적합한 감도, 방수량 및 살수분포를 갖는 헤드(**간이형 스프링클러헤드** 포함)
랙크형 스프링클러헤드 (Rack sprinkler)	**랙크식 창고**에 설치하는 헤드로서 상부에 설치된 헤드의 방출된 물에 의해 작동에 지장이 생기지 아니하도록 **보호판**이 **부착**된 헤드
플러쉬 스프링클러헤드 (Flush sprinkler)	부착나사를 포함한 몸체의 일부나 전부가 **천장면 위**에 설치되어 있는 스프링클러헤드
리세스드 스프링클러헤드 (Recessed sprinkler)	부착나사 이외의 몸체 일부나 전부가 **보호집 안**에 설치되어 있는 스프링클러헤드
컨실드 스프링클러헤드 (Concealed sprinkler)	리세스드 스프링클러헤드에 **덮개**가 **부착**된 스프링클러헤드
속동형 스프링클러헤드 (Quick-response sprinkler)	화재로 인한 **감응속도**가 일반 스프링클러보다 **빠른** 스프링클러로서 **사람**이 **밀집**한 **지역**이나 인명피해가 우려되는 장소에 가장 빨리 작동되도록 설계된 스프링클러헤드
드라이펜던트 스프링클러헤드 (Dry pendent sprinkler)	**동파방지**를 위하여 롱 니플 내에 **질소가스**가 충전되어 있는 헤드로 습식과 건식 시스템에 사용되며, 배관 내의 물이 스프링클러 몸체에 들어가지 않도록 설계되어 있는 헤드
건식 스프링클러헤드 (Dry sprinkler)	물과 오리피스가 배관에 의해 분리되어 동파를 방지할 수 있는 스프링클러헤드

☆☆
문제 03

옥내소화전설비에서 봉상주수시 방수압 측정방법을 설명하시오.

(17.4.문2, 16.4.문15, 15.11.문9, 12.7.문1, 10.10.문6, 07.11.문11, 06.4.문4, 05.5.문4·5)

득점	배점
	4

해답 노즐선단에 노즐구경의 $\frac{1}{2}$ 떨어진 지점에서 노즐선단과 수평 되게 피토게이지를 설치하여 눈금을 읽는다.

해설 **방수압 측정기구 및 측정방법**

(1) **측정기구** : 피토게이지

(2) **측정방법** : 노즐선단에 노즐구경(D)의 $\frac{1}{2}$ 떨어진 지점에서 노즐선단과 수평 되게 피토게이지(pitot gauge)를 설치하여 눈금을 읽는다.

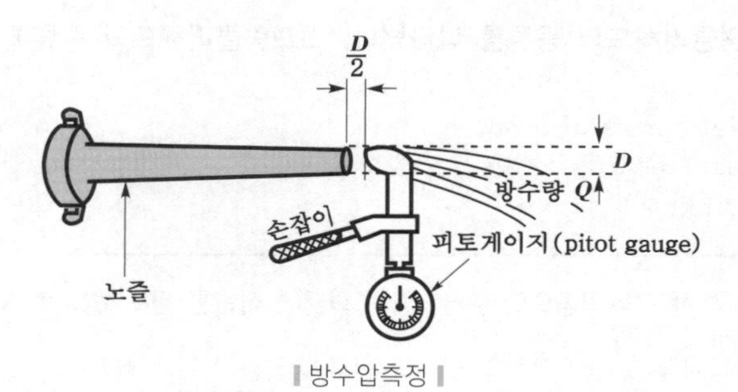

∥방수압측정∥

비교

방수량 측정기구 및 **측정방법**

(1) **측정기구** : 피토게이지

(2) **측정방법** : 노즐선단에 노즐구경(D)의 $\frac{1}{2}$ 떨어진 지점에서 노즐선단과 수평 되게 피토게이지를 설치하여 눈금을 읽은 후 $Q=0.653D^2\sqrt{10P}$ 공식에 대입한다.

$$Q=0.653D^2\sqrt{10P} \quad \text{또는} \quad Q=0.6597CD^2\sqrt{10P}$$

여기서, Q : 방수량〔l /min〕

C : 노즐의 흐름계수

D : 구경〔mm〕

P : 방수압〔MPa〕

☆☆
문제 04

스프링클러헤드의 Skipping 현상에 대하여 설명하시오.

(10.7.문6)

득점	배점
	5

해답 화재 초기에 개방된 헤드로부터 방사된 물이 주변 헤드를 적시거나 열기류에 의하여 동반 상승되어 헤드의 감열부를 냉각시킴으로써 주변 헤드를 개방지연 또는 미개방시키는 현상

해설 **Skipping 현상**

설 명	스프링클러설비의 헤드에서 발생되는 현상으로, 화재발생시 초기에 개방된 헤드로부터 방사된 물이 주변 헤드를 적시거나 화재시 발생되는 열기류에 의하여 동반 상승되어 주변 헤드에 부착하여 헤드의 감열부를 냉각시킴으로써 주변 헤드를 **개방지연** 또는 **미개방**되게 하는 현상
방지대책	① 하향식 헤드의 방출수를 차단할 수 있는 유효한 차폐판 설치 1.8m 이내 / 15.24cm / 차폐판(불연성 재료)을 중앙부에 설치 / 20cm / 차폐판 / 15cm ▌차폐판의 설치 예▐ ② 헤드간의 간격을 적절하게 유지 ③ 랙크식 창고의 경우는 헤드에 차폐판 설치 차폐판 / 반사판 ▌랙크식 창고의 헤드설치▐

☆ 문제 05

지하 5m 아래에 있는 소화수조의 소요수량이 40m^{3}일 때 가압송수장치의 분당 토출량〔l/min〕을 계산하시오.

(기사 13.4.문4)

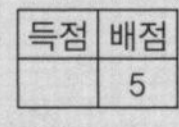

○ 계산과정 :

○ 답 :

○ 계산과정 : $\frac{40000}{20} = 2000l/\text{min}$(최소 $2200l/\text{min}$)

○ 답 : 2200l/min

소화수조 또는 **저수조**

$$\text{가압송수장치의 분당 토출량}[l/\text{min}] = \frac{\text{소요수량(저수량)}[l]}{20\text{min}}$$

$$\text{가압송수장치의 분당 토출량} = \frac{40\text{m}^3}{20\text{min}} = \frac{40000l}{20\text{min}} = 2000l/\text{min}(\text{최소 } 2200l/\text{min})$$

- 1m^3=1000l 이므로 40m^3=40000l
- 20min : 소화수조 또는 저수조의 방사시간
- 문제에서 소요수량의 40m^{3}이므로 최소토출량은 다음 표에서 2200l/min이므로 계산값은 2000l/min 이지만 답은 **2200l/min**이 된다.

▌가압송수장치의 양수량(토출량)▐

저수량	20~40m^3 미만	40~100m^3 미만	100m^3 이상
양수량(토출량)	1100l/min 이상	2200l/min 이상	3300l/min 이상

비교

(1) **흡수관 투입구의 수**(NFPC 402 4조, NFTC 402 2.1.3.1)

소요수량	$80m^3$ 미만	$80m^3$ 이상
흡수관 투입구의 수	**1개** 이상	**2개** 이상

(2) **채수구의 수**(NFPC 402 4조, NFTC 402 2.1.3.2.1)

소화수조 용량	20~$40m^3$ 미만	40~$100m^3$ 미만	$100m^3$ 이상
채수구의 수	**1개**	**2개**	**3개**

(3) **소화수조** 또는 **저수조**의 **저수량 산출**(NFPC 402 4조, NFTC 402 2.1.2)

특정소방대상물의 구분	기준면적(m^2)
지상 1층 및 2층의 바닥면적 합계 $15000m^2$ 이상	7500
기타	12500

☆☆☆

문제 06

가로 60m, 세로 20m 특정소방대상물의 무대부에 스프링클러헤드를 설치하려고 한다. 헤드를 정사각형으로 설치할 때 헤드 소요개수는? (11.5.문3)

득점	배점
	5

○ 계산과정 :
○ 답 :

해답 ○ 계산과정 : $S = 2 \times 1.7 \times \cos 45° = 2.404\text{m}$

$$가로 = \frac{60}{2.404} = 24.9 ≒ 25개$$

$$세로 = \frac{20}{2.404} = 8.3 ≒ 9개$$

$25 \times 9 = 225$개

○ 답 : 225개

해설 **수평헤드간격** S는

$S = 2R\cos 45° = 2 \times 1.7\text{m} \times \cos 45° ≒ 2.404\text{m}$

※ 무대부의 수평거리(R) : **1.7m**

(1) **가로**의 **헤드 소요개수**

$$\frac{가로길이}{수평헤드간격} = \frac{60\text{m}}{2.404\text{m}} = 24.9 ≒ 25개(절상한다.)$$

(2) **세로**의 **헤드 소요개수**

$$\frac{세로길이}{수평헤드간격} = \frac{20\text{m}}{2.404\text{m}} = 8.3 ≒ 9개(절상한다.)$$

필요한 헤드의 소요개수=가로개수×세로개수=25개×9개=225개

중요

설치장소	설치기준
무대부 · 특수가연물 →	수평거리 1.7m 이하
기타구조(일반구조)	수평거리 2.1m 이하
내화구조	수평거리 2.3m 이하
랙크식 창고	수평거리 2.5m 이하
공동주택(아파트) 세대 내의 거실	수평거리 3.2m 이하

문제 07

분말소화약제 중 제1종 분말소화약제의 식용유화재 적응성을 설명하시오. (11.7.문12)

득점	배점
	6

해답 나트륨이 기름을 둘러쌓아 외부공기를 차단시켜 질식소화와 재발화 억제효과를 나타낸다.

해설 **제1종 분말소화약제**의 **비누화현상**(saponification phenomenon)

구 분	설 명
정의	에스테르가 알칼리에 의해 가수분해되어 알코올과 산의 알칼리염이 되는 반응
식용유화재 적응성	주방의 식용유화재시에 나트륨이 기름을 둘러쌓아 외부공기를 차단시켜 **질식소화** 및 **재발화 억제효과**를 나타낸다. (그림: 기름, 나트륨) ▮비누화현상▮
반응식	RCOOR′+NaOH → RCOONa+R′OH

중요

화재적응성

제1종 분말	제3종 분말
식용유 및 **지방질유**의 화재에 적합	**차고**·**주차장**에 적합

문제 08

할론 1301을 사용하는 할론소화설비의 저장용기의 내용적은 68l이다. 저장용기 1병당 최대저장량〔kg〕을 구하시오. (17.4.문12, 13.11.문8, 13.4.문4, 12.4.문3, 10.7.문1)

○계산과정 :

○답 :

득점	배점
	6

해답 ○계산과정 : $\frac{68}{0.9}=75.555 \fallingdotseq 75.56\text{kg}$

○답 : 75.56kg

해설 (1) **저장용기**의 **설치기준**

구 분		할론 1301	할론 1211	할론 2402
저장압력		2.5MPa 또는 4.2MPa	1.1MPa 또는 2.5MPa	-
방출압력		0.9MPa	0.2MPa	0.1MPa
충전비	가압식	0.9~1.6 이하	0.7~1.4 이하	0.51~0.67 미만
	축압식			0.67~2.75 이하

(2) **충전비**

$$C=\frac{V}{G}$$

여기서, C : 충전비[l/kg]
V : 내용적[l]
G : 저장량(충전량)[kg]

최대저장량 G는

$$G=\frac{V}{C}=\frac{68}{0.9}=75.555 \fallingdotseq 75.56\text{kg}$$

• **최대저장량**을 구하라고 하였으므로 충전비는 **0.9** 적용

비교

최소저장량 구하기

최소저장량 $G=\frac{V}{C}=\frac{68}{1.6}=42.5\text{kg}$

☆☆

문제 09

준비작동식 개방밸브에서 압력스위치와 자동배수밸브의 기능을 설명하시오. (04.7.문6, 03.4.문4)

○ 압력스위치 :
○ 자동배수밸브 :

득점	배점
	4

해답 ① 압력스위치 : 유수검지 및 준비작동식 밸브의 개방확인
② 자동배수밸브 : 배관 내에 고인물을 자동으로 배수시켜 배관의 동파 및 부식 방지

해설

압력스위치(pressure switch)	자동배수밸브(auto drip)
준비작동식 밸브가 개방되면 준비작동식 밸브 2차측에 물이 흐르게 되는데 압력스위치는 이 유수를 검지하며 준비작동식 밸브가 개방되었다는 것을 **수신반**(감시제어반)에 알려준다.	준비작동식 스프링클러설비의 준비작동식 밸브(preaction valve) 2차측에는 자동배수장치가 설치되어 있어서 동작시험 또는 2차측 배관 내 공기 중에 있는 수분의 응축 등으로 인하여 배관 내에 고인물을 자동으로 배수시켜 **배관**의 **동파** 및 **부식**을 **방지**시켜 준다.

☆☆☆

문제 10

제연설비의 배연기풍량이 50000m³/h이고 소요전압이 50mmAq, 효율이 65%, 전달계수가 1.1일 때 배출기의 이론소요동력[kW]을 구하시오. (13.11.문10, 11.7.문11)

○ 계산과정 :
○ 답 :

득점	배점
	5

해답 ○ 계산과정 : $\frac{50\times(50000/60)}{102\times60\times0.65}\times1.1=11.521 \fallingdotseq 11.52\text{kW}$

○ 답 : 11.52kW

해설

$$P=\frac{P_T Q}{102\times60\eta}K$$

여기서, P : 배출기의 이론소요동력(배연기동력)[kW]
P_T : 전압(풍압)[mmAq, mmH_2O]
Q : 풍량[m^3/min]
K : 여유율(전달계수)
η : 효율

배출기의 **이론소요동력** P는

$$P=\frac{P_T Q}{102\times 60\eta}K=\frac{50\text{mmAq}\times 50000\text{m}^3/60\text{min}}{102\times 60\times 0.65}\times 1.1=11.521 \fallingdotseq 11.52\text{kW}$$

- 배연설비(제연설비)에 대한 동력은 반드시 $P=\frac{P_T Q}{102\times 60\eta}K$를 적용하여야 한다. 우리가 알고 있는 일반적인 식 $P=\frac{0.163QH}{\eta}K$를 적용하여 풀면 틀린다.
- K : 1.1
- P_T : 50mmAq
- Q : $50000\text{m}^3/60\text{min}$(1h=60min이므로 $50000\text{m}^3/\text{h}=50000\text{m}^3/60\text{min}$)
- η : **0.65**(65%=0.65)

☆☆

문제 11

펌프 성능시험을 하기 위하여 오리피스를 통하여 시험한 결과 수은주의 높이가 75cm이다. 이 오리피스가 통과하는 유량[l/s]을 구하시오. (단, 유량계수는 0.7이고, 수은의 비중은 13.5, 입구면적은 7.85cm², 출구면적은 1.96cm²이다.)
(13.4.문13, 08.11.문11)

○ 계산과정 :
○ 답 :

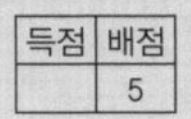

득점	배점
	5

해답 ○ 계산과정 : $\gamma_s=13.5\times 9.8=132.3\text{kN/m}^3$

$$Q=0.7\times 1.96\times 10^{-4}\sqrt{\frac{2\times 9.8\times(132.3-9.8)}{9.8}\times 0.75}$$
$$=1.859\times 10^{-3}\text{m}^3/\text{s}=1.86\times 10^{-3}\text{m}^3/\text{s}=1.86l/\text{s}$$

○ 답 : 1.86l/s

해설

$$Q=CA_2\sqrt{\frac{2g(\gamma_s-\gamma)}{\gamma}R}$$

(1) **비중**

$$s=\frac{\gamma_s}{\gamma_w}$$

여기서, s : 비중
γ_s : 어떤 물질의 비중량(수은의 비중량)[kN/m³]
γ_w : 물의 비중량(9.8kN/m³)

수은의 비중량 $\gamma_s=s\times\gamma_w=13.5\times 9.8\text{kN/m}^3=132.3\text{kN/m}^3$

(2) **유량**

$$Q=CA_2\sqrt{\frac{2g(\gamma_s-\gamma)}{\gamma}R}$$

여기서, Q : 유량[m³/s]
C : 유량계수$\left(C=\frac{C_v}{\sqrt{1-m^2}}\right)$
A_2 : 출구면적[m²]
g : 중력가속도(9.8m/s²)
γ_s : 수은의 비중량(132.3kN/m³)
γ : 물의 비중량(9.8kN/m³)
R : 마노미터 읽음(수은주의 높이)[m]
m : 개구비

유량 Q는

$$Q = CA_2\sqrt{\frac{2g(\gamma_s-\gamma)}{\gamma}R}$$

$$= 0.7\times1.96\text{cm}^2\sqrt{\frac{2\times9.8\text{m/s}^2\times(132.3-9.8)\text{kN/m}^3}{9.8\text{kN/m}^3}\times75\text{cm}}$$

$$= 0.7\times1.96\times10^{-4}\text{m}^2\sqrt{\frac{2\times9.8\text{m/s}^2\times(132.3-9.8)\text{kN/m}^3}{9.8\text{kN/m}^3}\times0.75\text{m}}$$

$$= 1.859\times10^{-3}\text{m}^3/\text{s} = 1.86\times10^{-3}\text{m}^3/\text{s} = 1.86l/\text{s}$$

- A_2 : **1.96×10^{-4}m²**(100cm=1m이므로 1cm=$\frac{1}{100}$m $=10^{-2}$m가 되어 1.96cm²=1.96×(10^{-2}m)²=1.96×10^{-4}m²
- R : **0.75m**(100cm=1m이므로 75cm=0.75m)
- Q : **1.86l/s**(1m³=1000l이므로 1.86×10^{-3}m³/s=1.92l/s)

중요

속도계수와 **유량계수**

속도계수	유량계수
$C_v = C\sqrt{1-m^2}$ 여기서, C_v : 속도계수 C : 유량계수 m : 개구비	$C = \frac{C_v}{\sqrt{1-m^2}}$ 여기서, C_v : 속도계수 C : 유량계수 m : 개구비

☆

문제 12

제연설비에서 제연방식의 기본원리 3가지를 쓰시오. (기사 10.4.문9)

ㅇ
ㅇ
ㅇ

득점	배점
	3

① 희석 ② 배기 ③ 차단

해설

제연방식의 기본원리	제연방식의 종류
① **희석(dilution)** 외부로부터 신선한 공기를 대량 불어 넣어 **연기**의 양을 **일정 농도 이하**로 낮추는 것으로서, 일반적으로 소화가 용이한 **소규모 건물**에 유효한 방법 ② **배기(exhaust)** 건물 내의 압력차에 의하여 연기를 외부로 배출시키는 것 ③ **차단(confinement)** 연기가 일정한 장소 내로 들어오지 못하도록 하는 것으로서, 2가지 방법이 있다. 첫째는 출입문, 벽 또는 댐퍼(damper)와 같은 차단물을 설치하는 것으로서 개구부의 크기를 가능한 한 작게 하여 연기의 유입을 방지하는 것이다. 둘째는 방호장소와 연기가 발생한 장소 사이의 압력차를 이용하는 방법이다. 일반적으로는 이 2가지를 조합하여 연기 제어	① **자연제연방식** 개구부를 통하여 연기를 자연적으로 배출하는 방식 ② **스모크타워제연방식** **루프모니터**를 설치하여 제연하는 방식으로 **고층빌딩**에 적당 ③ **기계제연방식** 송풍기, 배연기 등의 기계적 장치를 사용하여 급기, 배기를 하는 방식 ㉠ **제1종** 기계제연방식 : **송풍기**와 **배연기**(배풍기)를 설치하여 급기와 배기를 하는 방식으로 **장치**가 **복잡**하다. ㉡ **제2종** 기계제연방식 : **송풍기**만 설치하여 급기와 배기를 하는 방식으로 **역류**의 우려가 있다. ㉢ **제3종** 기계제연방식 : **배연기**(배풍기)만 설치하여 급기와 배기를 하는 방식으로 가장 많이 사용한다.

☆☆☆

문제 13

이산화탄소 소화설비에서의 소화약제 방출방식 3가지를 쓸시오.

득점	배점
	4

○

○

○

해답 ① 전역방출방식
② 국소방출방식
③ 호스릴방식

해설 **이산화탄소 소화설비**의 **소화약제 방출방식**

전역방출방식	국소방출방식	호스릴방식
고정식 이산화탄소 공급장치에 배관 및 분사헤드를 고정 설치하여 **밀폐 방호구역** 내에 이산화탄소를 방출하는 설비	고정식 이산화탄소 공급장치에 배관 및 분사헤드를 설치하여 **직접 화점**에 이산화탄소를 방출하는 설비로 화재발생부분에만 **집중적**으로 소화약제를 방출하도록 설치하는 방식	분사헤드가 배관에 고정되어 있지 않고 소화약제 저장용기에 호스를 연결하여 사람이 직접 화점에 소화약제를 방출하는 **이동식 소화설비**

• **소화약제 방출방식**과 **'가스용기의 개방밸브 작동방식'**을 혼동하지 마라!
〈가스용기의 개방밸브 작동방식〉
① 전기식
② 기계식
③ 가스압력식

☆☆

문제 14

할로겐화합물 및 불활성기체 소화설비에서 불활성기체 소화약제의 종류 4가지를 쓰시오.

득점	배점
	4

○

○

○

○

해답 ① IG-01
② IG-55
③ IG-100
④ IG-541

해설 **할로겐화합물 및 불활성기체 소화약제**의 **종류**(NFPC 107A 4조, NFTC 107A 2.1.1)

구 분	소화약제	상품명	화학식	방출시간	주된 소화원리
할로겐화합물 소화약제	HFC-23	FE-13	CHF_3	**10초** 이내	**부촉매 효과** (억제작용)
	HFC-**125** 기억법 125(**이리온**)	FE-25	CHF_2CF_3		
	HFC-**227e**a 기억법 227e (**둘둘치킨이** 맛있다.)	FM-200	CF_3CHFCF_3		
	HCFC-124	FE-241	$CHClFCF_3$		
	HCFC BLEND A	NAF S-Ⅲ	HCFC-123($CHCl_2CF_3$) : **4.75**% HCFC-22($CHClF_2$) : **82**% HCFC-124($CHClFCF_3$) : **9.5**% $C_{10}H_{16}$: **3.75**% 기억법 475 82 95 375 (**사시오**, **빨리** 그래서 **구어** **삼키시오**!)		
	FC-**3**-**1**-10 기억법 FC31 (**FC** 서울의 **3.1**절)	CEA-410	C_4F_{10}		
	FK-5-1-12	-	$CF_3CF_2C(O)CF(CF_3)_2$		
불활성기체 소화약제	IG-01	-	Ar	**60초** 이내	**질식 효과**
	IG-55	아르고나이트	N_2 : 50%, Ar : 50%		
	IG-100	NN-100	N_2		
	IG-541	Inergen	N_2 : **52**%, **Ar** : **40**%, CO_2 : **8**% 기억법 NACO(**내 코**) 52408		

용어

할로겐화합물 소화약제	불활성기체 소화약제
불소, **염소**, **브롬** 또는 **요오드** 중 하나 이상의 원소를 포함하고 있는 유기화합물을 기본성분으로 하는 소화약제	**헬륨**, **네온**, **아르곤** 또는 **질소가스** 중 하나 이상의 원소를 기본성분으로 하는 소화약제

☆☆☆

문제 15

소화설비용 펌프가 회전수 1000rpm, 양정 50m로 운전하고 있다. 이것을 회전수 1500rpm으로 운전하면 양정[m]은 얼마인가? (16.6.문7, 14.7.문1, 08.7.문10, 07.4.문9, 03.4.문9)

○ 계산과정 :

○ 답 :

득점	배점
	5

해답

○ 계산과정 : $50\times\left(\frac{1500}{1000}\right)^2=112.5\text{m}$

○ 답 : 112.5m

해설

$$H_2=H_1\left(\frac{N_2}{N_1}\right)^2$$

에서

양정 $H_2=H_1\left(\frac{N_2}{N_1}\right)^2=50\text{m}\times\left(\frac{1500\,\text{rpm}}{1000\,\text{rpm}}\right)^2=112.5\text{m}$

중요

유량(풍량), 양정, 축동력

유량(풍량)	양정	축동력
$Q_2=Q_1\left(\frac{N_2}{N_1}\right)\left(\frac{D_2}{D_1}\right)^3$ 또는, $Q_2=Q_1\left(\frac{N_2}{N_1}\right)$	$H_2=H_1\left(\frac{N_2}{N_1}\right)^2\left(\frac{D_2}{D_1}\right)^2$ 또는, $H_2=H_1\left(\frac{N_2}{N_1}\right)^2$	$P_2=P_1\left(\frac{N_2}{N_1}\right)^3\left(\frac{D_2}{D_1}\right)^5$ 또는, $P_2=P_1\left(\frac{N_2}{N_1}\right)^3$

여기서, Q_2 : 변경 후 유량(풍량)[m^3/min]
Q_1 : 변경 전 유량(풍량)[m^3/min]
H_2 : 변경 후 양정[m]
H_1 : 변경 전 양정[m]
P_2 : 변경 후 축동력[kW]
P_1 : 변경 전 축동력[kW]
N_2 : 변경 후 회전수[rpm]
N_1 : 변경 전 회전수[rpm]
D_2 : 변경 후 관경[mm]
D_1 : 변경 전 관경[mm]

☆☆☆

문제 16

지상 15층의 사무실 건물에 있어서 11층 이상에 화재안전기준과 다음 조건을 참고하여 습식 스프링클러 설비를 설치하고자 한다. 다음 각 물음에 답하시오. (14.11.문4)

득점	배점
	10

〔조건〕

① 각 층에 설치하는 폐쇄형 스프링클러헤드의 수량은 각각 35개이다.
② 각 층의 바닥면적은 500m^{2}이다.(단, 건물의 구조는 내화구조이다.)
③ 실양정 45m, 배관 및 관부속품의 마찰손실수두는 15m이다.
④ 펌프의 효율은 55%, 전달계수는 1.1이다.
⑤ 모든 규격치는 최소량을 적용한다.

(가) 펌프의 유량〔l /min〕을 산정하시오.
○ 계산과정 :
○ 답 :

(나) 수원의 유효저수량〔m^3〕을 산정하시오.
○ 계산과정 :
○ 답 :

(다) 전동기의 용량〔kW〕을 계산하시오.
○ 계산과정 :
○ 답 :

(라) 유수검지장치는 몇 개가 필요한가?

(마) 헤드를 정방형으로 배치할 때 수평헤드간격〔m〕을 구하시오.
○ 계산과정 :
○ 답 :

(바) 가지배관을 배관상부에서 분기하여 배관하는 방식을 무엇이라고 하는가?

해답

(가) ○ 계산과정 : $30 \times 80 = 2400l/\text{min}$ ○ 답 : 2400l /min

(나) ○ 계산과정 : $1.6 \times 30 = 48\text{m}^3$ ○ 답 : 48m^3

(다) ○ 계산과정 : $H = 15 + 45 + 10 = 70\text{m}$

$$P = \frac{0.163 \times 2.4 \times 70}{0.55} \times 1.1 = 54.768 \fallingdotseq 54.77\text{kW}$$

○ 답 : 54.77kW

(라) 5개

(마) ○ 계산과정 : $2 \times 2.3 \times \cos 45° = 3.252 \fallingdotseq 3.25\text{m}$ ○ 답 : 3.25m

(바) 회향식

해설

(가)

특정소방대상물		폐쇄형 헤드의 기준개수
지하가 · 지하역사		30
11층 이상 →		30
10층 이하	공장(특수가연물)	30
	판매시설(백화점 등), 복합건축물(판매시설이 설치된 복합건축물)	30
	근린생활시설, 운수시설	20
	8m 이상	20
	8m 미만	10

펌프의 **유량** Q는

$Q = N \times 80l/\text{min} = 30 \times 80l/\text{min} = 2400l/\text{min}$

- N : 폐쇄형 헤드의 기준개수로서 문제에서 **11층** 이상이므로 위 표에서 **30개**가 된다.

(나) **수원**의 **유효저수량** Q는
$Q = 1.6N = 1.6 \times 30 = 48\text{m}^3$

- N : 폐쇄형 헤드의 기준개수로서 문제에서 **11층 이상**이므로 위 표에서 **30개**가 된다.

(다)

$$H = h_1 + h_2 + 10$$

여기서, H : 전양정[m]
h_1 : 배관 및 관부속품의 마찰손실수두[m]
h_2 : 실양정(흡입양정+토출양정)[m]

전양정 H는
$H = h_1 + h_2 + 10 = 15\text{m} + 45\text{m} + 10 = 70\text{m}$

- h_1 : **15m**([조건 ③]에서 주어진 값)
- h_2 : **45m**([조건 ③]에서 주어진 값)

$$P = \frac{0.163\,QH}{\eta}K$$

여기서, P : 전동기의 용량[kW]
Q : 유량[m^3/min]
H : 전양정[m]
K : 전달계수
η : 효율

전동기의 **용량** P는

$$P = \frac{0.163\,QH}{\eta}K = \frac{0.163 \times 2400l/\text{min} \times 70\text{m}}{0.55} \times 1.1$$
$$= \frac{0.163 \times 2.4\text{m}^3/\text{min} \times 70\text{m}}{0.55} \times 1.1 = 54.768 \fallingdotseq 54.77\text{kW}$$

- Q : **2400l/min**((가)에서 구한 값)
- H : **70m**(바로 위에서 구한 값)
- K : **1.1**([조건 ④]에서 주어진 값)
- η : 55%=**0.55**([조건 ④]에서 주어진 값)

(라) 폐쇄형 설비의 유수검지장치수$= \dfrac{\text{바닥면적}}{3000\text{m}^2} = \dfrac{500\text{m}^2}{3000\text{m}^2} = 0.1 \fallingdotseq 1$개(절상)　1개×5개층=5개

- 500m^2 : [조건 ②]에서 주어진 값
- 문제에서 습식 스프링클러설비 지상 11층~15층까지 총 5개층에 설치하므로 **5개층** 곱함

중요

폐쇄형 설비의 방호구역 및 유수검지장치(NFPC 103 6조, NFTC 103 2.3.1)

(1) 하나의 방호구역의 바닥면적은 3000m^2를 초과하지 않을 것(단, 폐쇄형 스프링클러설비에 격자형 배관방식(2 이상의 수평주행배관 사이를 가지배관으로 연결하는 방식)을 채택하는 때에는 3700m^2 범위 내에서 펌프용량, 배관의 구경 등을 수리학적으로 계산한 결과 헤드의 방수압 및 방수량이 방호구역 범위 내에서 소화목적을 달성하는 데 충분하도록 해야 한다.)
(2) 하나의 방호구역에는 1개 이상의 유수검지장치를 설치하되, 화재시 접근이 쉽고 점검하기 편리한 장소에 설치할 것
(3) 하나의 방호구역은 2개층에 미치지 않도록 할 것(단, 1개층에 설치되는 스프링클러헤드의 수가 10개 이하인 경우와 복층형 구조의 공동주택에는 3개층 이내로 할 수 있다.)

※ **유수검지장치** : 본체 내의 **유수현상**을 **자동**적으로 **검지**하여 신호 또는 경보를 발하는 장치

(마) **정방형**(정사각형) **수평헤드간격**

수평헤드간격$= 2R\cos 45°$

여기서, R : 헤드의 수평거리(반경)[m]

수평헤드간격 $= 2R\cos 45° = 2 \times 2.3\text{m} \times \cos 45° = 3.252 ≒ 3.25\text{m}$

설치장소	설치기준(R)
무대부 · 특수가연물	수평거리 **1.7m** 이하
기타구조(일반구조)	수평거리 **2.1m** 이하
내화구조 →	수평거리 **2.3m** 이하
랙크식 창고	수평거리 **2.5m** 이하
공동주택(아파트) 세대 내의 거실	수평거리 **3.2m** 이하

- [조건 ②]에서 건물은 **내화구조**이므로 위 표에서 수평거리(R)는 **2.3m**

(바) **회향식 배관**(return bend)

① **정의** : 배관에 하향식 헤드를 설치할 경우 **상부분기 방식**으로 배관하는 방식

② **설치이유** : 배관 내의 **이물질**에 의해 헤드가 막히는 것 **방지**

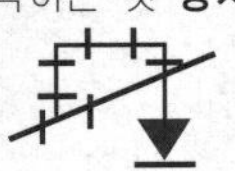

‖ 회향식 배관 ‖

☆☆

문제 17

LPG 탱크에 물분무소화설비를 설치하려고 한다. 탱크의 직경은 10m이고 펌프의 토출량은 10l/min · m^{2}이다. 다음 각 물음에 답하시오.

(14.11.문3, 12.4.문13, 09.7.문12)

득점	배점
	13

(가) 방수량[l/min]을 구하시오.

○ 계산과정 :

○ 답 :

(나) 수원의 용량[l]을 구하시오.

○ 계산과정 :

○ 답 :

(다) 제어밸브의 설치위치는?

(라) 자동식 기동장치의 기동방식 2가지는?

○

○

(마) 물분무소화설비의 소화효과 4가지를 쓰시오.

○

○

○

○

(가) ○ 계산과정 : $\frac{\pi}{4} \times 10^2 \times 10 = 785.398 ≒ 785.4l/\text{min}$

○ 답 : 785.4l/min

(나) ○ 계산과정 : $785.4 \times 20 = 15708l$

○ 답 : 15708l

(다) 바닥으로부터 0.8m 이상 1.5m 이하

(라) ① 폐쇄형 스프링클러헤드 개방방식

② 화재감지기 작동방식

(마) ① 냉각효과 ② 질식효과 ③ 유화효과 ④ 희석효과

해설 (가) **방수량** Q는

$$Q = \text{바닥면적} \times 10l/\text{min} \cdot \text{m}^2 = \frac{\pi}{4}D^2 \times 10l/\text{min} \cdot \text{m}^2 = \frac{\pi}{4} \times (10\text{m})^2 \times 10l/\text{min} \cdot \text{m}^2 = 785.398 \fallingdotseq 785.4l/\text{min}$$

- $\frac{\pi}{4}D^2$: 탱크가 원형이므로 **원형**에 대한 **단면적**을 구하면 **바닥면적**이 됨
- D : **10m**(문제에서 주어진 값)
- **10l/min · m²** : 문제에서 주어진 값

중요

물분무소화설비의 수원

특정소방대상물	토출량	비 고
컨베이어벨트	1**0**l/min · m²	벨트부분의 바닥면적
절연유 봉입변압기	1**0**l/min · m²	표면적을 합한 면적(바닥면적 제외)
특수가연물	1**0**l/min · m²(최소 50m²)	최대방수구역의 바닥면적 기준
케이블트레이 · 덕트	1**2**l/min · m²	투영된 바닥면적
차고 · 주차장	2**0**l/min · m²(최소 50m²)	최대방수구역의 바닥면적 기준
위험물 저장탱크	**37**l/min · m	위험물탱크 둘레길이(원주길이) : 위험물규칙 〔별표 6〕 Ⅱ

※ 모두 **20분**간 방수할 수 있는 양 이상으로 하여야 한다.

기억법 **컨 절 특 케 차 위**
0 0 0 2 0 37

(나) **물분무소화설비**

수원의 용량〔l〕=방수량〔l/min〕×20min=785.4l/min×20min=15708l

- 785.4l/min : (가)에서 구한 값
- 20min : **물분무소화설비**의 화재안전기준 제4조에 의해 **20분** 적용

〈물분무소화설비의 화재안전기준 제4조〉
물분무소화설비의 수원은 **20분**간 방수할 수 있는 양 이상으로 할 것

(다) **제어밸브**의 **설치위치**(NFPC 104 9조, NFTC 104 2.6.1.1) : 바닥으로부터 **0.8~1.5m** 이하의 위치에 설치한다.

(라) **물분무소화설비 · 포소화설비 자동식 기동장치**의 **기동방식**
① 폐쇄형 스프링클러헤드 개방방식
② 화재감지기 작동방식

(마) **물분무소화설비**의 **소화효과**

소화효과	설 명
질식효과	공기 중의 산소농도를 **16%**(10~15%) 이하로 희박하게 하는 방법
냉각효과	**점화원**을 **냉각**시키는 방법
유화효과	유류표면에 **유화층**의 막을 형성시켜 공기의 접촉을 막는 방법
희석효과	고체 · 기체 · 액체에서 나오는 **분해가스**나 **증기**의 **농도**를 낮추어 연소를 중지시키는 방법

중요

주된 소화효과

소화설비	소화효과
• 포소화설비 • 분말소화설비 • 이산화탄소 소화설비	질식소화
• 물분무소화설비	냉각소화
• 할론소화설비	화학소화 (부촉매효과)

2015. 11. 7 시행

▌2015년 산업기사 제4회 필답형 실기시험▐

자격종목	시험시간	형별	수험번호	성명	감독위원 확인
소방설비산업기사(기계분야)	2시간 30분				

※ 다음 물음에 답을 해당 답란에 답하시오.(배점 : 100)

☆

문제 01

다음은 분말소화설비의 주요 구성요소이다. 화재발생의 발견 후 설비가 수동으로 작동되는 구성요소를 순서대로 쓰시오. (단, 조건에 있는 내용으로만 답을 할 것)

득점	배점
	5

〔설비의 구성요소〕
① 수동기동장치
② 헤드
③ 제어부-음향경보장치 및 자동폐쇄장치 작동
④ 기동용 가스용기 개방-선택밸브 개방
⑤ 압력조정장치
⑥ 가압용 가스용기 개방
⑦ 약제저장탱크-주밸브 개방
⑧ 소화약제 방출표시등

○ 답 : (　　)→(　　)→(　　)→(　　)→(　　)→(　　)→(　　)→(　　)

해답 (①)→(③)→(④)→(⑥)→(⑤)→(⑦)→(②)→(⑧)

해설 **분말소화설비**의 **수동 작동순서**

① 수동기동장치 : 수동기동장치 작동
↓
③ 제어부-음향경보장치 및 자동폐쇄장치 작동 : 제어반에서 음향경보장치 및 자동폐쇄장치 작동
↓
④ 기동용 가스용기 개방-선택밸브 개방 : 제어반의 신호에 의해 기동용 가스용기 개방 및 기동용 가스용기의 압력에 의해 선택밸브 개방
↓
⑥ 가압용 가스용기 개방 : 기동용 가스용기의 압력에 의해 가압용 가스용기 개방
↓
⑤ 압력조정장치 : 가압용 가스용기의 가스가 압력조정장치(압력조정기)를 거쳐서 약제저장탱크에 전달
↓
⑦ 약제저장탱크-주밸브 개방 : 약제저장탱크에 연결된 배관의 주밸브 개방
↓
② 헤드 : 분말약제가 분사헤드에 전달되어 방사
↓
⑧ 소화약제 방출표시등 : 제어반에서 소화약제 방출표시등 점등

참고

분말소화설비 계통도

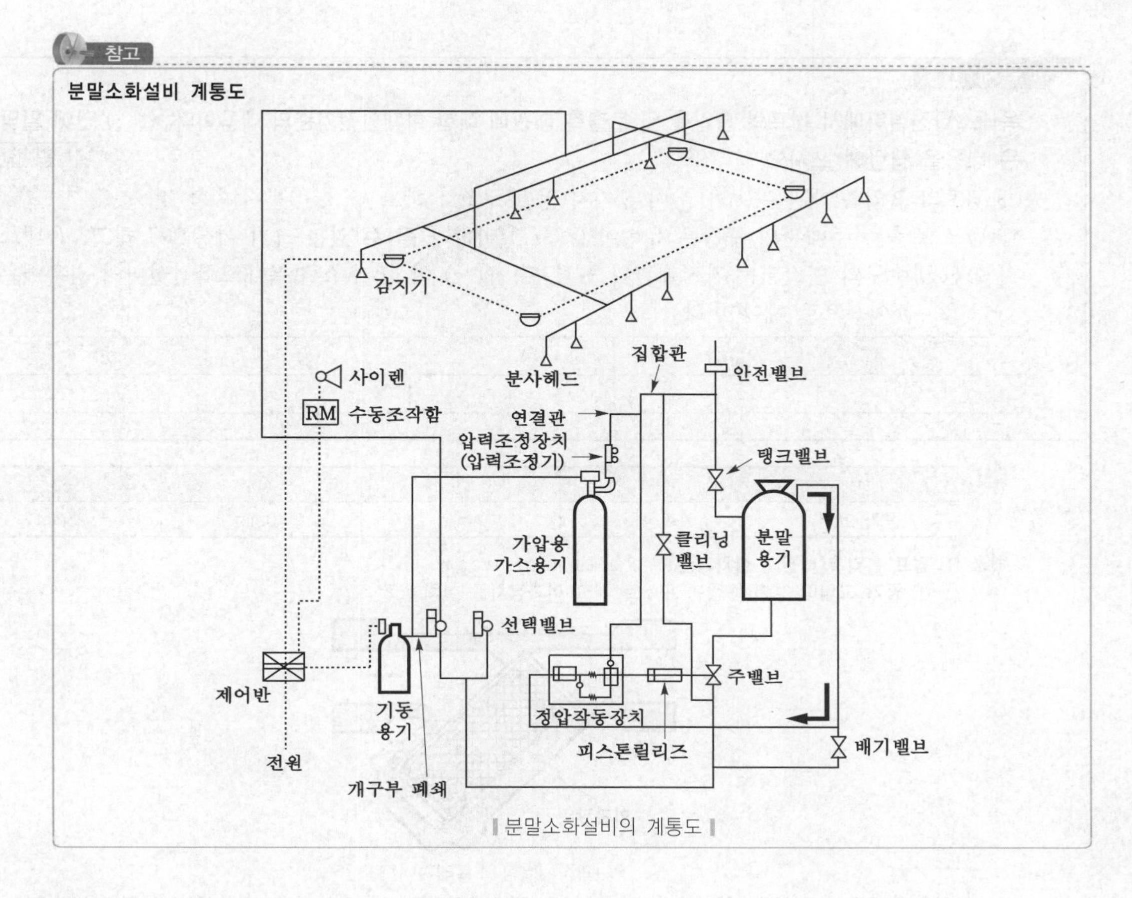

‖ 분말소화설비의 계통도 ‖

☆☆

문제 02

폐쇄형 헤드를 사용하는 연결살수설비의 주배관은 어디에 접속되어야 하는지 3가지를 쓰시오.

득점	배점
	5

○
○
○

해답 ① 옥내소화전설비의 주배관
② 수도배관
③ 옥상에 설치된 수조

해설 폐쇄형 헤드를 사용하는 **연결살수설비**의 **주배관**이 접속되는 곳(NFPC 503 5조, NFTC 503 2.2.4.1)
(1) **옥내소화전설비**의 **주배관**(옥내소화전설비가 설치된 경우에 한함)
(2) **수도배관**(연결살수설비가 설치된 건축물 안에 설치된 수도배관 중 구경이 가장 큰 배관)
(3) **옥상**에 설치된 **수조**(다른 설비의 수조 포함)

☆☆

문제 03

옥내소화전설비에서 펌프의 흡입측 및 토출측 배관에 대한 화재안전기준의 내용이다. (　) 안에 알맞은 내용을 답란에 쓰시오.

득점	배점
	5

(가) 펌프의 흡입측 배관은 (①)이 생기지 않는 구조로 하고 (②)를 설치할 것

(나) 펌프 토출측 주배관의 구경은 유속이 (③) 이하가 될 수 있는 크기 이상으로 하고, 옥내소화전 방수구와 연결되는 가지배관의 구경은 (④) 이상, 호스릴 옥내소화전설비의 경우에는 (⑤) 이상으로 해야 한다.

①	②	③	④	⑤

해답

①	②	③	④	⑤
공기 고임	여과장치	4m/s	40mm	25mm

해설 (1) **펌프 흡입측 배관**의 **설치기준**(NFPC 102 6조, NFTC 102 2.3.4)

① **공기 고임**이 생기지 않는 구조로 하고 **여과장치**를 설치할 것

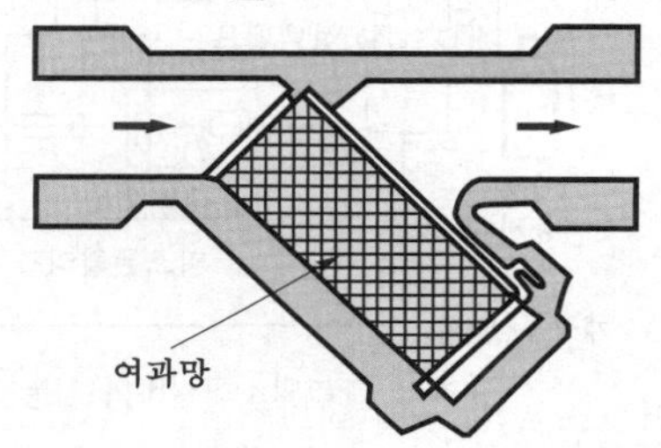

‖ 여과장치(Y형 스트레이너) ‖

② **수**조가 펌프보다 낮게 설치된 경우에는 각 펌프(**충압펌프** 포함)마다 수조로부터 **별**도로 설치할 것

기억법 **흡공여별수**

(2) **펌프 토출측 배관**의 **설치기준**(NFPC 102 6조, NFTC 102 2.3.5)

펌프 토출측 주배관의 구경은 유속이 **4m/s** 이하가 될 수 있는 크기 이상으로 해야 하고, 옥내소화전 방수구와 연결되는 **가지배관**의 구경은 **40mm**(**호스릴** 옥내소화전설비의 경우에는 **25mm**) 이상으로 해야 하며, 주배관 중 **수직배관**의 구경은 **50mm**(**호스릴** 옥내소화전설비의 경우에는 **32mm**) 이상으로 해야 한다.

중요

펌프 토출측 배관

구 분	가지배관	주배관 중 수직배관
호스릴	**25mm** 이상	**32mm** 이상
일반	**40mm** 이상	**50mm** 이상
연결송수관 겸용	**65mm** 이상	**100mm** 이상

☆ 문제 04

소화펌프의 성능을 측정하기 위하여 성능시험배관에 오리피스식의 유량측정장치를 설치하고 유량을 측정한 결과 유량은 240l/min이고 압력계에 표시된 토출측의 압력이 0.6MPa이었다면 인입측의 압력〔MPa〕을 구하시오. (단, K값은 100이다.)

(17.4.문1, 16.6.문5, 12.7.문6)

유사문제부터 풀어보세요. 실력이 팍!팍! 올라갑니다.

득점	배점
	5

○ 계산과정 :

○ 답 :

해답 ○ 계산과정 : $240 = 100\sqrt{10(P_1 - 0.6)}$

$\left(\frac{240}{100}\right)^2 = 10P_1 - 6$

$\left(\frac{240}{100}\right)^2 + 6 = 10P_1$

$11.76 = 10P_1$

$P_1 = 1.176 ≒ 1.18\text{MPa}$

○ 답 : 1.18MPa

방수량 구하는 식	성능시험배관 방수량 구하는 식(압력계에 따른 방법)
$Q = K\sqrt{10P}$	$Q = K\sqrt{10(P_1 - P_2)}$
여기서, Q : 방수량〔l/min〕 K : 방출계수 P : 방수압력〔MPa〕	여기서, Q : 성능시험배관 방수량〔l/min〕 K : 방출계수 P_1 : 인입측 압력〔MPa〕 P_2 : 토출측 압력〔MPa〕

성능시험배관 방수량 Q는

$Q = K\sqrt{10(P_1 - P_2)}$

$240l/\text{min} = 100\sqrt{10(P_1 - 0.6\text{MPa})}$

$240l/\text{min} = 100\sqrt{10P_1 - 6\text{MPa}}$

계산의 편리를 위해 단위를 생략하고 계산하면

$240 = 100\sqrt{10P_1 - 6}$

$\frac{240}{100} = \sqrt{10P_1 - 6}$

$\left(\frac{240}{100}\right)^2 = (\sqrt{10P_1 - 6})^2$

$\left(\frac{240}{100}\right)^2 = 10P_1 - 6$

$\left(\frac{240}{100}\right)^2 + 6 = 10P_1$

$11.76 = 10P_1$

$\frac{11.76}{10} = P_1$

$1.176 = P_1$

좌우변을 서로 바꾸면

$P_1 = 1.176 ≒ 1.18\text{MPa}$

중요

압력계에 따른 성능시험배관 유량측정방법
오리피스 전후에 설치한 압력계 P_1, P_2의 **압력차**를 이용한 유량측정법

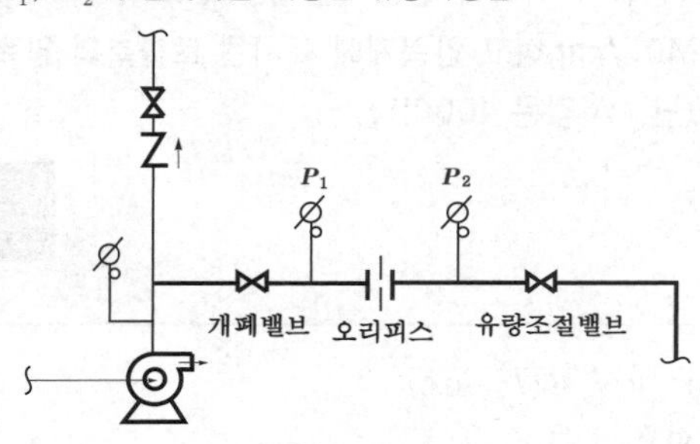

‖ 압력계에 따른 방법 ‖

☆☆
문제 05

스프링클러설비에 대한 다음 각 물음에 답하시오.

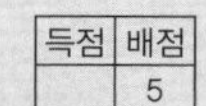

득점	배점
	5

(가) 스프링클러설비에서 가지배관을 토너먼트배관으로 하지 않는 이유를 설명하시오.
○

(나) 연소할 우려가 있는 개구부에는 개방형 스프링클러헤드를 설치하도록 하는데, 연소할 우려가 있는 개구부란 어떤 것인지 설명하시오.
○

해답 (가) 유체의 마찰손실이 너무 크므로
(나) 각 방화구획을 관통하는 컨베이어·에스컬레이터 또는 이와 유사한 시설의 주위로서 방화구획을 할 수 없는 부분

해설

- 이 문제와 같이 토너먼트배관으로 하지 않는 이유를 1가지만 설명하라고 하면 가장 큰 원인인 '**유체의 마찰손실이 크므로**'라고 쓰는 것이 좋다.

(가) **토너먼트**(tournament)**방식**이 아니어야 하는 이유
① **유체**의 **마찰손실**이 너무 크므로 압력손실을 최소화하기 위하여
② **수격작용**에 따른 배관의 파손을 방지하기 위하여

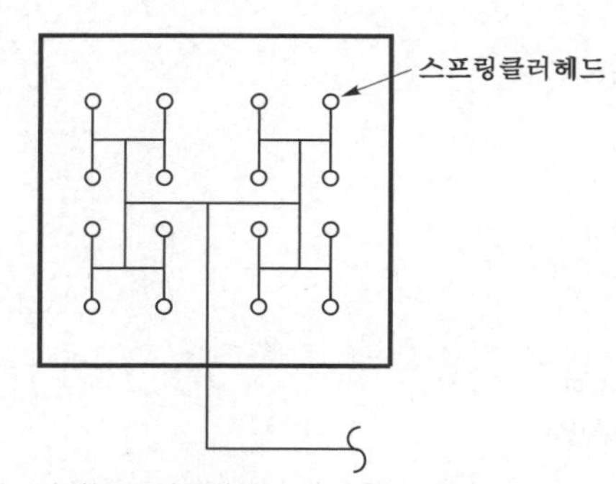

‖ 토너먼트방식(스프링클러설비에 사용할 수 없는 방식) ‖

 중요

(1) **토너먼트방식**
가스계 소화설비에 적용하는 방식으로 가스계 소화설비는 용기로부터 노즐까지의 마찰손실이 각각 일정하여야 하므로 헤드의 배관을 토너먼트방식으로 적용한다. 또한, 가스계 소화설비는 토너먼트방식으로 적용하여도 약제가 가스이므로 유체의 마찰손실 및 수격작용의 우려가 적다.

(2) **토너먼트방식 적용설비**
① 분말소화설비
② 이산화탄소소화설비
③ 할론소화설비
④ 할로겐화합물 및 불활성기체 소화설비

(나) **연소할 우려가 있는 개구부**
각 **방**화구획을 관통하는 **컨베이어 · 에스컬레이터** 또는 이와 유사한 시설의 주위로서 방화구획을 할 수 없는 부분

기억법 개방컨에(가방 큰 애)

☆
문제 06

직관의 길이가 100m이고, 내경이 100mm인 직관 말단에 설치된 19mm 노즐을 통하여 방사압력 0.55MPa로 대기 중으로 물이 방출되고 있다. 이때 직관의 손실수두[m]를 구하시오. (단, 직관의 마찰손실계수는 0.02이다.)

(15.4.문10, 10.10.문2)

○계산과정 :
○답 :

득점	배점
	5

○계산과정 : $Q = 0.653 \times 19^2 \times \sqrt{10 \times 0.55} \fallingdotseq 552.842 l/\text{min}$

$$V = \frac{0.552842/60}{\frac{\pi}{4} \times 0.1^2} \fallingdotseq 1.173\text{m/s}$$

$$H = \frac{0.02 \times 100 \times 1.173^2}{2 \times 9.8 \times 0.1} = 1.404 \fallingdotseq 1.4\text{m}$$

○답 : 1.4m

$$H = \frac{flV^2}{2gD}$$

(1) **토출량**(유량)

$$Q = 0.653D^2\sqrt{10P} \quad \text{또는} \quad Q = 0.6597CD^2\sqrt{10P}$$

여기서, Q : 토출량[l/min]
C : 노즐의 흐름계수
D : 구경[mm]
P : 방사압력[MPa]

유량 $Q = 0.653D^2\sqrt{10P} = 0.653 \times (19\text{mm})^2 \times \sqrt{10 \times 0.55\text{MPa}} \fallingdotseq 552.842 l/\text{min}$

(2) **유량**

$$Q = AV = \left(\frac{\pi}{4}D^2\right)V$$

여기서, Q : 유량[m^3/min]
A : 단면적[m^2]
V : 유속[m/s]
D : 직경[m]

$$Q=\left(\frac{\pi}{4}D^2\right)V$$

$$V=\frac{Q}{\frac{\pi}{4}D^2}=\frac{0.552842\text{m}^3/60\text{s}}{\frac{\pi}{4}\times(0.1\text{m})^2}\fallingdotseq 1.173\text{m/s}$$

- Q : **0.552842m³/60s**
  (1000l=1m³이고 1min=60s이므로 552.842l/min=0.552842m³/min=0.552842m³/60s)
- D : **0.1m**(1000mm=1m이므로 100mm=0.1m)

(3) **Darcy Weisbach식**

$$H=\frac{flV^2}{2gD}$$

여기서, H : 마찰손실수두〔m〕
f : 관마찰계수(마찰손실계수)
l : 길이〔m〕
V : 유속〔m/s〕
g : 중력가속도(9.8m/s²)
D : 내경〔m〕

마찰손실수두 $H=\frac{flV^2}{2gD}=\frac{0.02\times100\text{m}\times(1.173\text{m/s})^2}{2\times9.8\text{m/s}^2\times0.1\text{m}}=1.404\fallingdotseq 1.4\text{m}$

- D : **0.1m**(1000mm=1m이므로 100mm=0.1m)

☆☆

문제 07

어느 옥내소화전펌프의 토출측 주배관의 유량이 300l/min이었다. 이 소화펌프 주배관의 적합한 크기(호칭지름)를 다음 표에서 구하시오.
(17.4.문4, 15.11.문7)

득점	배점
	5

호칭지름	안지름〔mm〕	호칭지름	안지름〔mm〕	호칭지름	안지름〔mm〕
25A	25	50A	50	100A	100
32A	32	65A	65	125A	125
40A	40	80A	80	150A	150

○ 계산과정 :
○ 답 :

해답

○ 계산과정 : $\sqrt{\frac{0.3/60}{\frac{\pi}{4}\times4}}\fallingdotseq 0.039\text{m}=39\text{mm}$

○ 답 : 50A

해설 **유량**

$$Q=AV=\left(\frac{\pi}{4}D^2\right)V$$

여기서, Q : 유량〔m³/s〕
A : 단면적〔m²〕
V : 유속〔m/s〕
D : 직경〔m〕

$$Q=\left(\frac{\pi}{4}D^2\right)V$$

$$\frac{Q}{\frac{\pi}{4}V}=D^2$$

$$D^2=\frac{Q}{\frac{\pi}{4}V}$$

$$\sqrt{D^2}=\sqrt{\frac{Q}{\frac{\pi}{4}V}}$$

$$D=\sqrt{\frac{Q}{\frac{\pi}{4}V}}=\sqrt{\frac{0.3\text{m}^3/60\text{s}}{\frac{\pi}{4}\times 4\text{m/s}}}\fallingdotseq 0.039\text{m}=39\text{mm}(\therefore \text{ 50A 선정})$$

- Q : **0.3m³/60s**(1000l=1m³이고 1min=60s이므로 300l/min=0.3m³/min=0.3m³/60s)
- V : **4m/s**

‖ 배관 내의 유속 ‖

설 비		유 속
옥내소화전설비		4m/s 이하
스프링클러설비	가지배관	6m/s 이하
	기타배관	10m/s 이하

- 39mm가 나왔다고 해서 40A를 쓰면 틀린다. 펌프 토출측 주배관의 최소구경은 50mm이므로 50A라고 답해야 한다.
- 호칭지름을 구하라고 했으므로 50mm라고 쓰면 틀린다. 50A라고 써야 확실한 답이다.

‖ 배관의 최소구경 ‖

구 분	구 경
주배관 중 **수직배관**, 펌프 토출측 **주배관**	**50mm 이상**
연결송수관인 방수구가 연결된 경우(연결송수관설비의 배관과 겸용할 경우)	**100mm 이상**

☆☆☆

문제 08

그림과 같은 벤츄리미터(Venturi-meter)에서 관 속에 흐르는 물의 유량〔m³/s〕을 구하시오. (단, 유량계수 : 0.9, 입구지름 : 100mm, 목(Throat)지름 : 50mm, Δh : 46cm, 수은의 비중 : 13.6)

득점	배점
	5

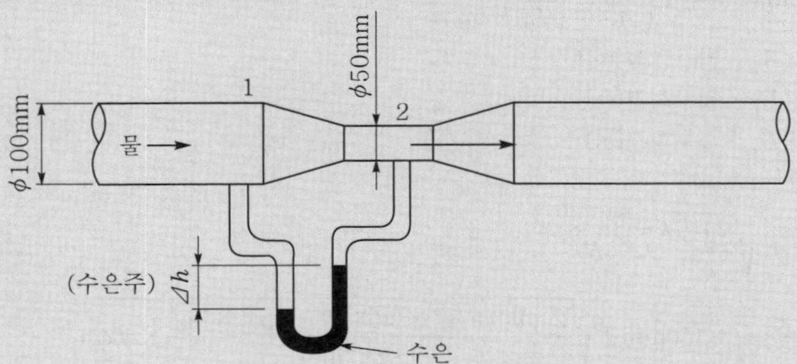

○ 계산과정 :

○ 답 :

○ 계산과정 : $m=\left(\frac{50}{100}\right)^2=0.25$

$\gamma_s=13.6\times9.8=133.28\text{kN/m}^3$

$Q=0.9\times\frac{\pi}{4}\times0.05^2\sqrt{\frac{2\times9.8\times(133.28-9.8)}{9.8}\times0.46}$

$=0.018$

$\fallingdotseq 0.02\text{m}^3/\text{s}$

○ 답 : $0.02\text{m}^3/\text{s}$

해설

$$Q=C\frac{A_2}{\sqrt{1-m^2}}\sqrt{\frac{2g(\gamma_s-\gamma)}{\gamma}R}$$

(1) **비중**

$$s=\frac{\gamma_s}{\gamma}$$

여기서, s : 비중
γ_s : 어떤 물질의 비중량(수은의 비중량)[kN/m³]
γ : 물의 비중량(9.8kN/m³)

수은의 비중량 $\gamma_s=s\times\gamma=13.6\times9.8\text{kN/m}^3=133.28\text{kN/m}^3$

(2) **유량**

$$Q=C_v\frac{A_2}{\sqrt{1-m^2}}\sqrt{\frac{2g(\gamma_s-\gamma)}{\gamma}R}=CA_2\sqrt{\frac{2g(\gamma_s-\gamma)}{\gamma}R}$$

여기서, Q : 유량[m³/s]
C_v : 속도계수
A_2 : 출구면적$\left(\frac{\pi D_2^{\ 2}}{4}\right)$[m²]
g : 중력가속도(9.8m/s²)
γ_s : 비중량(수은의 비중량 133.28kN/m³)
γ : 비중량(물의 비중량 9.8kN/m³)
R : 마노미터 읽음[m]
C : 유량계수$\left(\text{노즐의 흐름계수, } C=\frac{C_v}{\sqrt{1-m^2}}\right)$
m : 개구비$\left(\frac{A_2}{A_1}=\left(\frac{D_2}{D_1}\right)^2\right)$
A_1 : 입구면적[m²]
D_1 : 입구직경[m]
D_2 : 출구직경[m]

유량 Q는

$$Q=CA_2\sqrt{\frac{2g(\gamma_s-\gamma)}{\gamma}R}$$

$$=0.9\times\frac{\pi}{4}\times(50\text{mm})^2\sqrt{\frac{2\times9.8\text{m/s}^2\times(133.28-9.8)\text{kN/m}^3}{9.8\text{kN/m}^3}\times46\text{cm}}$$

$$=0.9\times\frac{\pi}{4}\times(0.05\text{m})^2\sqrt{\frac{2\times9.8\text{m/s}^2\times(133.28-9.8)\text{kN/m}^3}{9.8\text{kN/m}^3}\times0.46\text{m}}$$

$$=0.018\fallingdotseq0.02\text{m}^3/\text{s}$$

- A_2 : $\frac{\pi}{4}\times$**(0.05m)**^{2}(1000mm=1m이므로 50mm=0.05m가 되어 $\frac{\pi}{4}\times(50\text{mm})^2=\frac{\pi}{4}\times(0.05\text{m})^2$)
- $R(\Delta h)$: **0.46m**(100cm=1m이므로 46cm=0.46m)
- 유량계수가 주어졌으므로 $Q=CA_2\sqrt{\frac{2g(\gamma_s-\gamma)}{\gamma}R}$: 식 적용 거듭주의!

☆☆☆

문제 09

그림과 같은 옥내소화전설비를 조건에 따라 설치하려고 할 때 다음 물음에 답하시오.

(17.4.문9, 17.4.문2, 16.4.문15, 15.11.문9, 12.7.문1, 12.4.문1, 07.11.문11, 05.5.문5)

득점	배점
	14

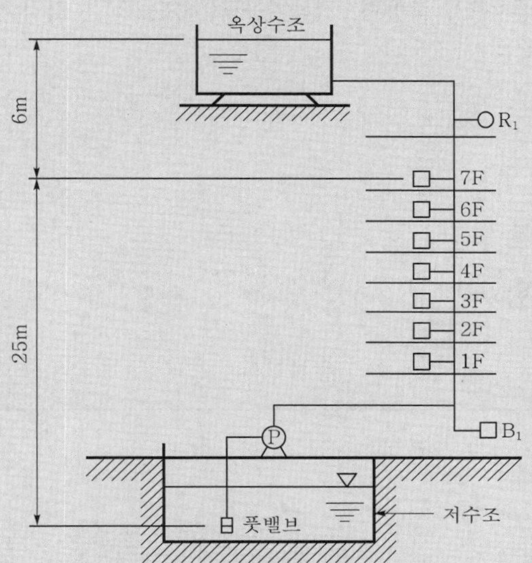

〔조건〕

① 풋밸브로부터 7층 옥내소화전함 호스접결구까지의 마찰손실 및 저항손실수두는 실양정의 40%로 한다.

② 펌프의 체적효율(η_v)=0.95, 기계효율(η_m)=0.9, 수력효율(η_h)=0.85이다.

③ 옥내소화전의 개수는 각 층에 4개씩이 있다.

④ 소방호스의 마찰손실수두는 10m이다.

⑤ 전동기 전달계수(K)는 1.1이다.

⑥ 그 외 사항은 국가화재안전기준에 준한다.

(가) 펌프의 최소토출량〔l/min〕을 구하시오.
- 계산과정 :
- 답 :

(나) 저수조의 최소수원량〔m^3〕을 구하시오.
- 계산과정 :
- 답 :

(다) 펌프의 최소양정〔m〕을 구하시오.
- 계산과정 :
- 답 :

(라) 펌프의 전효율〔%〕을 구하시오.

○ 계산과정 :

○ 답 :

(마) 노즐에서의 방수압력이 0.7MPa를 초과할 경우 감압하는 방법 3가지만 쓰시오.

○

○

○

(바) 노즐선단에서의 봉상방수의 경우 방수압 측정요령을 쓰시오.

○

(사) 펌프의 수동력(이론동력), 축동력, 전동기동력(소요동력)은 각각 몇 〔kW〕인지 구하시오.

1) 수동력(이론동력)

○ 계산과정 :

○ 답 :

2) 축동력

○ 계산과정 :

○ 답 :

3) 전동기동력(소요동력)

○ 계산과정 :

○ 답 :

해답

(가) ○ 계산과정 : $2 \times 130 = 260l/\text{min}$

○ 답 : 260l/min

(나) ○ 계산과정 : $2.6 \times 2 = 5.2\text{m}^3$

○ 답 : 5.2m^3

(다) ○ 계산과정 : $h_1 = 10\text{m}$

$h_2 = 25 \times 0.4 = 10\text{m}$

$h_3 = 25\text{m}$

$H = 10 + 10 + 25 + 17 = 62\text{m}$

○ 답 : 62m

(라) ○ 계산과정 : $0.9 \times 0.85 \times 0.95 = 0.726 = 72.6\%$

○ 답 : 72.6%

(마) ① 고가수조에 따른 방법

② 배관계통에 따른 방법

③ 중계펌프를 설치하는 방법

(바) 노즐선단에 노즐구경의 $\frac{1}{2}$ 떨어진 지점에서 노즐선단과 수평 되게 피토게이지를 설치하여 눈금을 읽는다.

(사) 1) ○ 계산과정 : $0.163 \times 0.26 \times 62 = 2.627 ≒ 2.63\text{kW}$

○ 답 : 2.63kW

2) ○ 계산과정 : $\frac{0.163 \times 0.26 \times 62}{0.726} = 3.619 ≒ 3.62\text{kW}$

○ 답 : 3.62kW

3) ○ 계산과정 : $\frac{0.163 \times 0.26 \times 62}{0.726} \times 1.1 = 3.981 ≒ 3.98\text{kW}$

○ 답 : 3.98kW

해설 (가)

$$Q = N \times 130 l/\text{min}$$

여기서, Q : 토출량(유량)〔l/min〕
N : 가장 많은 층의 소화전개수(30층 미만 : 최대 2개, 30층 이상 : 최대 5개)

펌프의 **최소토출량** Q는
$Q = N \times 130 l/\text{min} = 2 \times 130 l/\text{min} = 260 l/\text{min}$

- 문제에서 7층이고 〔조건 ③〕에서 소화전개수는 최대 2개이므로 $N=2$이다.

(나)

$Q = 2.6N$(30층 미만, N=최대 2개)
$Q = 5.2N$(30~49층 이하, N=최대 5개)
$Q = 7.8N$(50층 이상, N=최대 5개)

여기서, Q : 수원의 저수량(수원량)〔m^3〕
N : 가장 많은 층의 소화전개수

수원의 **최소유효저수량** Q는
$Q = 2.6N = 2.6 \times 2 = 5.2 m^3$

- 〔조건 ③〕에서 소화전개수 $N=2$이다.
- 그림에서 7층(7F)이므로 **30층 미만** 적용

(다)

$$H \geq h_1 + h_2 + h_3 + 17$$

여기서, H : 전양정〔m〕
h_1 : 소방호스의 마찰손실수두〔m〕
h_2 : 배관 및 관부속품의 마찰손실수두〔m〕
h_3 : 실양정(흡입양정+토출양정)〔m〕

- $h_1 = 10$m(〔조건 ④〕에서 주어진 값)
- $h_2 = 25 \times 0.4 = 10$m(〔조건 ①〕에 의해 **실양정**(h_3)의 **40%**를 적용한다.)
- $h_3 = 25$m(그림에 의해)
- **실양정**(h_3) : 옥내소화전펌프의 후드밸브~최상층 옥내소화전의 앵글밸브까지의 수직거리
- 최고위 옥내소화전 앵글밸브에서 옥상수조까지의 수직거리는 6m를 적용하지 않는 것에 특히 주의하라!

펌프의 **양정** H는
$H = h_1 + h_2 + h_3 + 17 = 10 + 10 + 25 + 17 = 62$m

(라) **펌프**의 **전효율**

$$\eta_T = \eta_m \times \eta_h \times \eta_v$$

여기서, η_T : 펌프의 전효율, η_m : 기계효율
η_h : 수력효율, η_v : 체적효율

펌프의 **전효율** η_T는
$\eta_T = \eta_m \times \eta_h \times \eta_v = 0.9 \times 0.85 \times 0.95 = 0.726 = 72.6\%$

- %로 답하라고 했으므로 0.726으로 답하면 틀린다.
- 1=100%이므로 0.726=72.6%

(마) **감압장치**의 **종류**
(1) **고가수조**에 따른 **방법** : 고가수조를 구분하여 설치하는 방법
(2) **배관계통**에 따른 **방법** : 펌프를 구분하여 설치하는 방법
(3) **중계펌프**(boosting pump)를 설치하는 **방법**
(4) **감압밸브** 또는 **오리피스**(orifice)를 설치하는 **방법**
(5) **감압기능**이 있는 소화전 개폐밸브를 설치하는 방법

(바) **방수압 측정기구 및 측정방법**

(1) **측정기구** : 피토게이지

(2) **측정방법** : 노즐선단에 노즐구경(D)의 $\frac{1}{2}$ 떨어진 지점에서 노즐선단과 수평 되게 피토게이지(pitot gauge)를 설치하여 눈금을 읽는다.

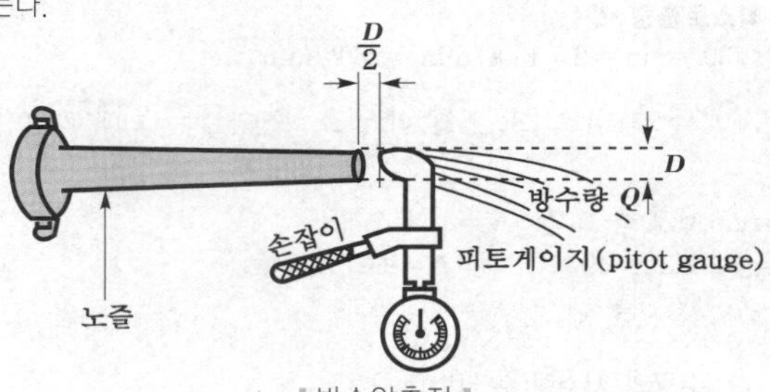

‖방수압측정‖

비교

방수량 측정기구 및 **측정방법**

(1) **측정기구** : 피토게이지

(2) **측정방법** : 노즐선단에 노즐구경(D)의 $\frac{1}{2}$ 떨어진 지점에서 노즐선단과 수평 되게 피토게이지를 설치하여 눈금을 읽은 후 $Q = 0.653\,D^2\sqrt{10P}$ 공식에 대입한다.

$$Q = 0.653D^2\sqrt{10P} \quad 또는 \quad Q = 0.6597CD^2\sqrt{10P}$$

여기서, Q : 방수량〔l/min〕
C : 노즐의 흐름계수
D : 구경〔mm〕
P : 방수압〔MPa〕

(사) 1) **펌프**의 **수동력**

전달계수(K)와 **효율**(η)을 고려하지 않은 동력

$$P = 0.163QH$$

여기서, P : 축동력〔kW〕
Q : 유량〔m^3/min〕
H : 전양정〔m〕

펌프의 **수동력** P_1는

$P_1 = 0.163QH = 0.163 \times 260l/\text{min} \times 62\text{m} = 0.163 \times 0.26\text{m}^3/\text{min} \times 62\text{m} = 2.627 ≒ 2.63\text{kW}$

- Q(유량) : **260l /min**((가)에서 구한 값으로 1000l =1m^3이므로 0.26m^3/min)
- H(전양정) : **62m**((다)에서 구한 값)

2) **펌프**의 **축동력**

전달계수(K)를 고려하지 않은 동력

$$P = \frac{0.163\,QH}{\eta}$$

여기서, P : 축동력〔kW〕
Q : 유량〔m^3/min〕
H : 전양정〔m〕
η : 효율

펌프의 **축동력** P_2는

$$P_2 = \frac{0.163QH}{\eta} = \frac{0.163 \times 260l/\text{min} \times 62\text{m}}{0.726} = \frac{0.163 \times 0.26\text{m}^3/\text{min} \times 62\text{m}}{0.726} = 3.619 ≒ 3.62\text{kW}$$

- Q(유량) : **260 l/min**((가)에서 구한 값으로 $1000l=1m^3$이므로 $0.26m^3/min$)
- H(전양정) : **62m**((다)에서 구한 값)
- η(효율) : **0.726**((라)에서 구한 값)

3) **펌프**의 **전동력**

일반적 전동기동력(소요동력)을 말한다.

$$P=\frac{0.163\,QH}{\eta}K$$

여기서, P : 전동력(전동기동력)〔kW〕

Q : 유량〔m^3/min〕

H : 전양정〔m〕

K : 전달계수

η : 효율

펌프의 **모터동력**(전동력) P_3는

$$P_3=\frac{0.163QH}{\eta}K=\frac{0.163\times 260l/\text{min}\times 62\text{m}}{0.726}\times 1.1$$

$$=\frac{0.163\times 0.26\text{m}^3/\text{min}\times 62\text{m}}{0.726}\times 1.1=3.981 ≒ 3.98\text{kW}$$

- Q(유량) : **260 l /min**((가)에서 구한 값으로 $1000l=1m^3$이므로 $0.26m^3/min$)
- H(전양정) : **62m**((다)에서 구한 값)
- η(효율) : **0.726**((라)에서 구한 값)
- K(전달계수) : **1.1**(〔조건 ⑤〕에서 주어진 값)

☆☆☆

문제 10

전산실을 방호하기 위하여 할론 1301을 소화제로 사용하였을 때 다음 물음에 답하시오. (단, 실면적은 5m×5m, 높이 4m, 자동폐쇄장치가 없으며 개구부면적은 $2m^2$이다.) (10.4.문12)

득점	배점
	5

(가) 최소약제소요량〔kg〕

○ 계산과정 :

○ 답 :

(나) 필요용기수(용기당 약제충진량 : 50kg)

○ 계산과정 :

○ 답 :

해답 (가) ○ 계산과정 : $(5\times5\times4)\times0.32+2\times2.4=36.8\text{kg}$

○ 답 : 36.8kg

(나) ○ 계산과정 : $\frac{36.8}{50}=0.736 ≒ 1$병

○ 답 : 1병

해설 **할론 1301의 약제량 및 개구부가산량**

방호대상물	약제량	개구부가산량 (자동폐쇄장치 미설치시)
차고 · 주차장 · 전기실 · 전산실 · 통신기기실 →	$0.32kg/m^3$	$2.4kg/m^2$
사류 · 면화류	$0.52kg/m^3$	$3.9kg/m^2$

위 표에서 **전산실**의 약제량은 **$0.32kg/m^3$**, 개구부가산량은 **$2.4kg/m^2$** 이다.

(가) **할론저장량**(최소약제소요량)〔kg〕

=방호구역체적〔m^3〕×약제량〔kg/m^3〕+개구부면적〔m^2〕×개구부가산량〔kg/m^2〕

=(5×5×4)m^3×0.32kg/m^3+2m^2×2.4kg/m^2=36.8kg

(나) 저장용기수$=\dfrac{\text{할론저장량}}{\text{약제충전량}}=\dfrac{36.8\text{kg}}{50\text{kg}}=0.736 \fallingdotseq 1$병

- 단서에서 자동폐쇄장치가 없으므로 **개구부면적** 및 **개구부가산량**을 적용할 것
- (나)의 단서에서 약제충진량 **50kg** 적용

  충진량=충전량

- 저장용기수를 산출할 때 소수점 이하는 절상한다.

☆☆☆

문제 11

소방시설 설계도에서 표시하는 기호(symbol)를 도시하시오.

(17.6.문3, 16.11.문8, 15.4.문5, 13.4.문11, 10.10.문3, 06.7.문4, 03.10.문13, 02.4.문8)

득점	배점
	6

(가) 옥내소화전배관　　(나) 맹후렌지

(다) Y형 스트레이너　　(라) 모터싸이렌

(마) 중계기　　(바) Foot밸브

해답

해설 **소방시설 도시기호**

명 칭	도시기호	비 고	해 설
일반배관	————	–	
옥내외 소화전배관	—— H ——	'Hydrant(소화전)'의 약자	(가)
스프링클러배관	—— SP ——	'Sprinkler(스프링클러)'의 약자	
물분무배관	—— WS ——	'Water Spray(물분무)'의 약자	
플랜지		–	(나)
맹플랜지		–	
Y형 스트레이너		–	(다)
U형 스트레이너		–	
사이렌		–	(라)
모터사이렌	M	'Moter'의 약자	
전자사이렌	S	'Sound'의 약자	

부수신기		–	(마)
중계기		–	
Foot밸브		–	(바)
앵글밸브		–	

- (나) 맹후렌지=맹플랜지
- (라) 모터싸이렌=모터사이렌

☆☆

문제 12

건축물의 주요구조부가 내화구조이고 벽 및 반자의 실내에 접하는 부분이 불연재료인 위락시설의 바닥 면적이 300m²인 곳의 소화기구의 능력단위를 구하시오. (단, 소화설비의 설치는 없다고 가정한다.)

(08.11.문12)

○ 계산과정 :

○ 답 :

득점	배점
	3

해답

○ 계산과정 : $\frac{300}{60}=5$단위

○ 답 : 5단위

해설 **특정소방대상물별 소화기구**의 **능력단위기준**(NFTC 101 2.1.1.2)

특정소방대상물	능력단위	내화구조이고, 불연재료 · 준불연재료 또는 난연재료
• **위**락시설 기억법 위3(**위상**)	**3**0m²마다 1단위 이상	**60m²**마다 1단위 이상
• **공연**장 · **집**회장 · **관람**장 · **문**화재 · **장**례시설(장례식장) 및 **의**료시설 기억법 5공연장 문의 집관람 (손**오공** **연장** **문의** **집관람**)	**5**0m²마다 1단위 이상	**100m²**마다 1단위 이상
• **근**린생활시설 · **판**매시설 · 운수시설 · **숙**박시설 · **노**유자시설 · **전**시장 · 공동**주**택 · **업**무시설 · **방**송통신시설 · 공장 · **창**고시설 · **항**공기 및 자동**차** 관련 시설 및 **관광**휴게시설 기억법 근판숙노전 주업방차창 1항 관광(**근판숙노전** **주업방차** **장** **일본항** **관광**)	**1**00m²마다 1단위 이상	**200m²**마다 1단위 이상
• 그 밖의 것	**200m²**마다 1단위 이상	**400m²**마다 1단위 이상

위락시설로서 **내화구조 · 불연재료**이므로 **60m²**마다 1단위 이상 $\therefore \frac{300\text{m}^2}{60\text{m}^2}=5$단위

☆ 문제 13

할론 1301, CO_2, HCFC BLEND A에 관하여 다음 비교표를 완성하시오. (단, 할론 1301, 이산화탄소는 고압식이며, 이산화탄소는 심부화재용, 배관은 압력배관용 탄소강관이다.)

득점	배점
	10

구 분	할론 1301	CO_2	HCFC BLEND A
주된 소화효과			
배관(Sch)			40 이상
방출시간	10초		
저장실온도(℃)			

해답

구 분	할론 1301	CO_2	HCFC BLEND A
주된 소화효과	부촉매	질식	부촉매
배관(Sch)	80 이상	80 이상	40 이상
방출시간	10초	7분	10초
저장실온도(℃)	40℃ 이하	40℃ 이하	55℃ 이하

해설

구 분	할론 1301, 할론 1211	CO_2	HCFC BLEND A HFC-23 HFC-125 HFC-227ea HFC-236fa FC-3-1-10 HCFC-124 FIC-1311 FK-5-1-12	IG-01 IG-55 IG-100 IG-541
주된 소화효과	부촉매	질식	부촉매	질식
배관(Sch)	저압식 : **40** 이상, 고압식 : **80** 이상	저압식 : **40** 이상, 고압식 : **80**(호칭구경 20mm 이하는 스케줄 40) 이상	Sch(스케줄)에 대한 규정이 없음 • 40 이상은 문제에 제시되어 있는 값으로 특별한 의미 없음	Sch(스케줄)에 대한 규정이 없음
방출시간	**10초** 이내	표면화재 : **1분** 이내, 심부화재 : **7분** 이내	**10초** 이내	A·C급 : **2분** 이내 B급 : **1분** 이내
저장실온도(℃)	**40℃** 이하	**40℃** 이하	**55℃** 이하	**55℃** 이하

• 방출시간 : 표의 예시에 할론 1301이 '**10초**'라고만 나와 있으므로 CO_2, HCFC BLEND A도 '**이내**'라는 말 없이 '**7분**', '**10초**'라고만 쓰면 된다.

중요

약제방사시간

소화설비		전역방출방식		국소방출방식	
		일반건축물	위험물제조소	일반건축물	위험물제조소
할론소화설비		10초 이내	30초 이내	10초 이내	30초 이내
분말소화설비		30초 이내		30초 이내	
CO_2 소화설비	표면화재	1분 이내	60초 이내		
	심부화재	7분 이내			

표면화재	심부화재
가연성 액체 · 가연성 가스	종이 · 목재 · 석탄 · 섬유류 · 합성수지류

☆☆☆
문제 14

바닥면적이 300m²인 3층 건물의 차고에 옥내포소화전이 층마다 6개씩 설치되어 있다. 3% 농도의 포소화약제를 사용할 때 필요한 약제저장량[l]을 구하시오. (11.11.문2, 06.7.문1)

득점	배점
	3

○ 계산과정 :

○ 답 :

해답 ○ 계산과정 : $5 \times 0.03 \times 6000 = 900l$

○ 답 : $900l$

해설 옥내포소화전의 약제량 Q는

$Q = N \times S \times 6000$(바닥면적 200m² 미만은 75%)

$= 5 \times 0.03 \times 6000 = 900l$

- 호스접결구에 대한 특별한 언급이 없을 때에는 호스접결구수가 곧 옥내포소화전 개수임을 기억하라. 또, 옥내포소화전 개수를 산정할 때는 전체 층의 개수를 산정하는 것이 아니라 가장 많은 층의 개수를 적용하여 산정하는 것에 주의하라. 옥내포소화전 개수가 6개이므로 N은 최대 **5개**가 된다.
- 문제에서 포소화약제 농도가 3%이므로 농도 $S =$ **0.03**이 된다.
- 문제에서 바닥면적이 **300m²**로서 **200m²** 이상이므로 **75%** 미적용

참고

포소화약제의 저장량

(1) 보조포소화전(**옥외보조포소화전**)

$$Q = N \times S \times 8000$$

여기서, Q : 포소화약제의 양[l]
N : 호스접결구수(**최대 3개**)
S : 포소화약제의 사용농도

(2) **옥내포소화전**

$$Q = N \times S \times 6000 \text{(바닥면적 200m}^2\text{ 미만의 75\%)}$$

여기서, Q : 포소화약제의 양[l]
N : 호스접결구수(**최대 5개**)
S : 포소화약제의 사용농도

☆
문제 15

건식 및 준비작동식 스프링클러설비에 하향식 헤드를 부착할 수 있는 경우 3가지를 쓰시오.

득점	배점
	6

○

○

○

해답 ① 드라이펜던트 스프링클러헤드를 사용하는 경우
② 스프링클러헤드의 설치장소가 동파의 우려가 없는 곳인 경우
③ 개방형 스프링클러헤드를 사용하는 경우

해설 **습식 스프링클러설비** 및 **부압식 스프링클러설비 외**의 **설비**에는 **상향식 스프링클러헤드**를 설치 제외할 수 있는 경우(NFPC 103 10조, NFTC 103 2.7.7.7)

〈**하**향식 스프링클러헤드를 설치할 수 있는 경우〉

(1) **드라이펜던트 스프링클러헤드**를 사용하는 경우

(2) 스프링클러헤드의 설치장소가 **동파**의 **우려**가 **없는 곳**인 경우

(3) **개방형 스프링클러헤드**를 사용하는 경우

기억법 하드동개

☆

문제 16

다음 도면은 분말소화설비(Dry Chemical System)의 기본설계 계통도이다. 도식에 표기된 항목 ①, ②, ③, ④의 장치 및 밸브류의 명칭과 주된 기능을 설명하시오.

득점	배점
	8

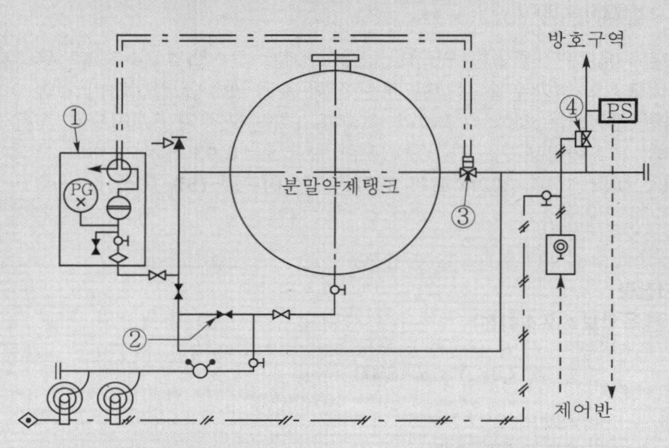

구 분	밸브류 명칭	주된 기능
①		
②		
③		
④		

해답

구 분	밸브류 명칭	주된 기능
①	정압작동장치	분말약제탱크의 압력이 일정 압력 이상일 때 주밸브 개방
②	클리닝밸브	소화약제 방출 후 배관청소
③	주밸브	분말약제탱크를 개방하여 약제 방출
④	선택밸브	소화약제 방출시 해당 방호구역으로 약제 방출

해설 **분말소화설비 계통도**

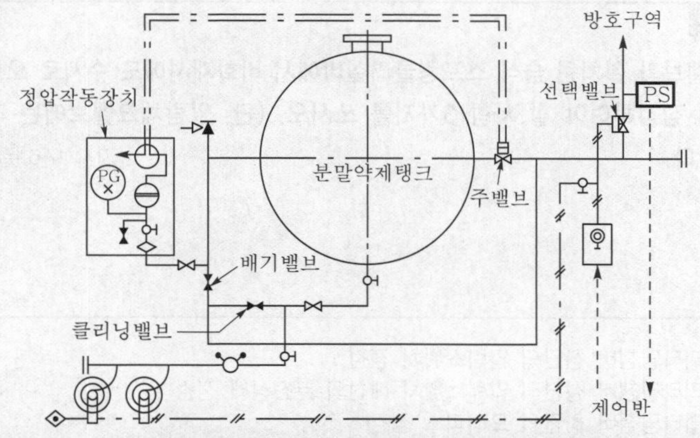

밸브류 명칭	주된 기능
정압작동장치	① 분말약제탱크의 압력이 **일정 압력** 이상일 때 **주밸브 개방** ② 분말은 자체의 증기압이 없기 때문에 감지기 작동시 가압용 가스가 약제탱크 내로 들어가서 혼합되어 일정 압력 이상이 되었을 경우 이를 정압작동장치가 검지하여 주밸브를 개방시켜 준다.
클리닝밸브	소화약제 방출 후 **배관청소**
주밸브	분말약제탱크를 개방하여 **약제 방출**
선택밸브	소화약제 방출시 **해당 방호구역**으로 **약제 방출**
배기밸브	소화약제 방출 후 **잔류가스** 또는 **약제 배출**

중요

다른 분말소화설비 계통도

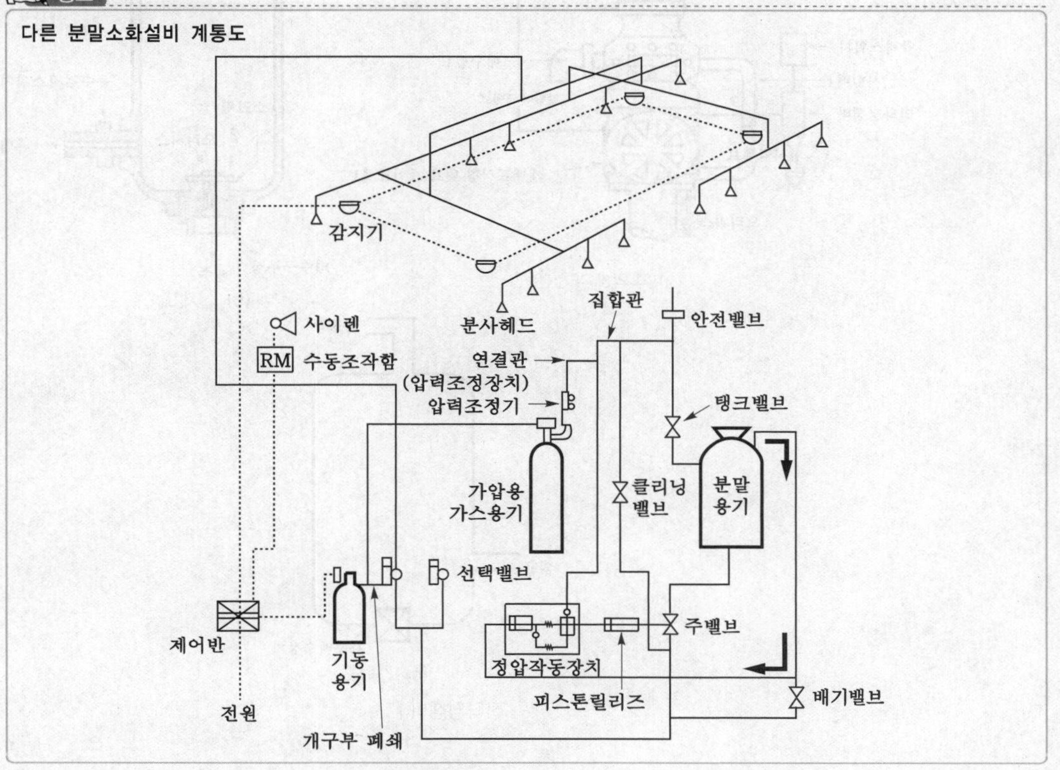

☆☆
문제 17

알람체크밸브가 설치된 습식 스프링클러설비에서 비화재시에도 수시로 오보가 울릴 경우 그 원인을 찾기 위하여 점검하여야 할 사항 3가지를 쓰시오. (단, 알람체크밸브에는 리타딩챔버가 설치되어 있는 것으로 한다.)

(기사 17.6.문8, 기사 11.5.문7, 기사 99.5.문5)

득점	배점
	5

○
○
○

해답 ① 리타딩챔버 상단의 압력스위치 점검
② 리타딩챔버 상단의 압력스위치 배선의 누전상태 점검
③ 리타딩챔버 하단의 오리피스 점검

해설 **비화재시**에도 **오보**가 울릴 경우의 **점검사항**
(1) 리타딩챔버 상단의 **압력스위치** 점검
(2) 리타딩챔버 상단의 압력스위치 배선의 **누전상태** 점검
(3) 리타딩챔버 상단의 압력스위치 배선의 **합선상태** 점검
(4) 리타딩챔버 하단의 **오리피스** 점검

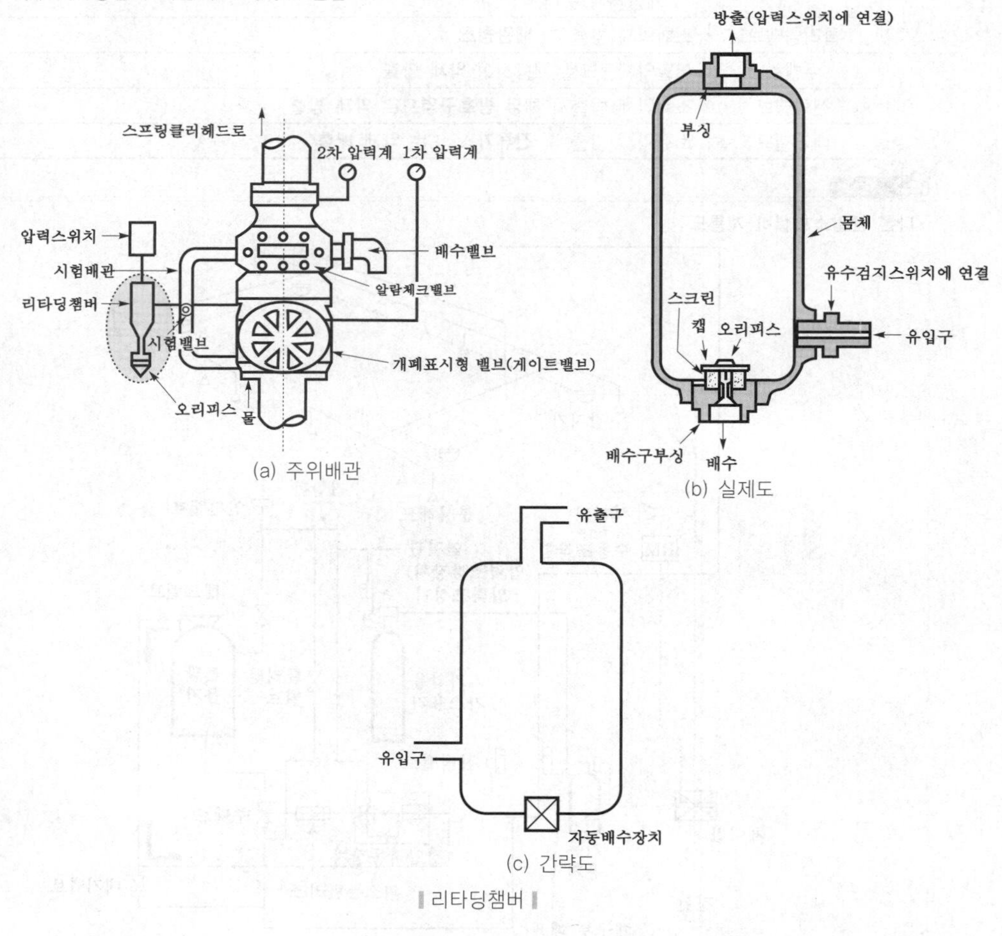

(a) 주위배관

(b) 실제도

(c) 간략도

▮리타딩챔버▮

과년도 기출문제

2014년 소방설비산업기사 실기(기계분야)

** 수험자 유의사항 **

- 일반사항

1. 시험문제를 받는 즉시 응시하고자 하는 종목의 문제지가 맞는지를 확인하여야 합니다.
2. 시험문제지 총면수 · 문제번호 순서 · 인쇄상태 등을 확인하고(**확인 이후 시험문제지 교체불가**), 수험번호 및 성명을 답안지에 기재하여야 합니다.
3. 부정 또는 불공정한 방법(시험문제 내용과 관련된 메모지 사용 등)으로 시험을 치른 자는 부정행위자로 처리되어 당해 시험을 중지 또는 무효로 하고, 3년간 국가기술자격검정의 응시자격이 정지됩니다.
4. 저장용량이 큰 전자계산기 및 유사 전자제품 사용 시에는 반드시 저장된 메모리를 초기화한 후 사용하여야 하며, 시험위원이 초기화 여부를 확인할 시 협조하여야 합니다. 초기화되지 않은 전자계산기 및 유사 전자제품을 사용하여 적발 시에는 부정행위로 간주합니다.
5. 시험 중에는 통신기기 및 전자기기(휴대용 전화기 및 **스마트워치** 등)를 지참하거나 사용할 수 없습니다.
6. **문제 및 답안(지), 채점기준은 공개하지 않습니다.**
7. 복합형 시험의 경우 시험의 전 과정(필답형, 작업형)을 응시하지 않은 경우 채점대상에서 제외합니다.
8. 국가기술자격 시험문제는 일부 또는 전부가 저작권법상 보호되는 저작물이고, 저작권자는 한국산업인력공단입니다. 문제의 일부 또는 전부를 무단 복제, 배포, 출판, 전자출판 하는 등 저작권을 침해하는 일체의 행위를 금합니다.

- 채점사항

1. 수험자 인적사항 및 계산식을 포함한 답안작성은 흑색 필기구만 사용해야 하며, 그 외 연필류, 빨간색, 청색 등 필기구로 작성한 답항은 0점 처리되오니 불이익을 당하지 않도록 유의해 주시기 바랍니다.
2. 답란에는 문제와 관련 없는 불필요한 낙서나 특이한 기록사항 등을 기재하여서는 안 되며, 답안지의 인적사항 기재란 외의 부분에 답안과 관련 없는 **특수한 표시를 하거나 특정인임을 암시하는 경우 답안지 전체를 0점 처리합니다.**
3. 계산문제는 반드시 「계산과정」과 「답」란에 기재하여야 하며, **계산과정이 틀리거나 없는 경우 0점 처리됩니다.**
4. 계산문제는 최종 결과 값(답)에서 소수 셋째자리에서 반올림하여 둘째자리까지 구하여야 하나 개별문제에서 소수 처리에 대한 요구사항이 있을 경우 그 요구사항에 따라야 합니다.
5. 답에 단위가 없으면 오답으로 처리됩니다. (단, 문제의 요구사항에 단위가 주어졌을 경우는 생략되어도 무방합니다.)
6. 문제에서 요구한 가지수(항수) 이상을 답란에 표기한 경우에는 답란기재 순으로 요구된 가지수(항수)만 채점하고 한 항에 여러 가지를 기재하더라도 한 가지로 보며 그중 정답과 오답이 함께 기재되어 있을 경우 오답으로 처리됩니다.
7. 답안 정정 시에는 정정하고자 하는 단어에 두 줄(=)을 긋고 다시 기재 가능하며, 수정테이프 등은 사용할 수 없으며, 수정테이프 사용 시 채점대상에서 제외됨을 알려드립니다.

※ 수험자 유의사항 미준수로 인한 채점상의 불이익은 수험자 본인에게 책임이 있습니다.

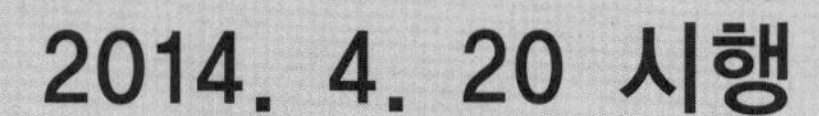

2014. 4. 20 시행

▌2014년 산업기사 제1회 필답형 실기시험▌

자격종목	시험시간	형별	수험번호	성명	감독위원 확인
소방설비산업기사(기계분야)	2시간 30분				

※ 다음 물음에 답을 해당 답란에 답하시오.(배점 : 100)

☆☆☆

문제 01

조건을 참조하여 제연설비에 대한 다음 각 물음에 답하시오.

(17.6.문10, 15.7.문10, 13.11.문10, 11.7.문11, 08.4.문15, 02.7.문7)

유사문제부터 풀어보세요.
실력이 팍!팍! 올라갑니다.

득점	배점
	9

[조건]

① 거실 바닥면적이 $350m^2$이다.
② Duct의 길이는 150m이고 Duct의 저항은 1m당 0.8mmAq이다.
③ 배출구 저항은 8mmAq, 그릴저항은 3mmAq, 관부속품의 저항은 Duct저항의 50%로 한다.
④ 효율은 60%로 하고 여유율은 10%로 한다.

(가) 배출량[m^3/hr]은?
○ 계산과정 :
○ 답 :

(나) 소요전압[mmAq]은?
○ 계산과정 :
○ 답 :

(다) 배출기의 이론소요동력[kW]은?
○ 계산과정 :
○ 답 :

해답 (가) ○ 계산과정 : $350\times1=350m^3/min$
$350\times60=21000m^3/hr$
○ 답 : $21000m^3/hr$

(나) ○ 계산과정 : $(150\times0.8)+8+3+(150\times0.8)\times0.5=191mmAq$
○ 답 : 191mmAq

(다) ○ 계산과정 : $\frac{191\times350}{102\times60\times0.6}\times1.1=20.025 ≒ 20.03kW$
○ 답 : 20.03kW

해설 (가) [조건 ①]에서 바닥면적 $400m^2$ 미만이므로

배출량$[m^3/min]$=바닥면적$[m^2]\times1m^3/m^2\cdot min$

$=350m^2\times1m^3/m^2\cdot min=350m^3/min=350m^3\Big/\frac{1}{60}hr$
$=(350\times60)m^3/hr$
$=21000m^3/hr$

• 1hr=60min이므로 $1min=\frac{1}{60}hr$

참고

거실의 배출량

(1) 바닥면적 **400m² 미만**(최저치 **5000m³/h** 이상)

배출량〔m³/min〕= 바닥면적〔m²〕× 1m³/m² · min

(2) 바닥면적 **400m² 이상**

① 직경 40m 이하 : **40000m³/h** 이상

▌예상제연구역이 제연경계로 구획된 경우▐

수직거리	배출량
2m 이하	40000m³/h 이상
2m 초과 2.5m 이하	45000m³/h 이상
2.5m 초과 3m 이하	50000m³/h 이상
3m 초과	60000m³/h 이상

② 직경 40m 초과 : **45000m³/h** 이상

▌예상제연구역이 제연경계로 구획된 경우▐

수직거리	배출량
2m 이하	45000m³/h 이상
2m 초과 2.5m 이하	50000m³/h 이상
2.5m 초과 3m 이하 →	55000m³/h 이상
3m 초과	65000m³/h 이상

※ **m³/h** = CMH(**C**ubic **M**eter per **H**our)

(나) **소요전압** P_T는

P_T = Duct 저항+배출구저항+그릴저항+관부속품 저항

= (150m × 0.8mmAq/m)+8mmAq+3mmAq+(150m × 0.8mmAq/m) × 0.5

= 191mmAq

- Duct 저항 : **150m × 0.8mmAq**(〔조건 ②〕에 의해)
- 관부속품 저항 : **(150m × 0.8mmAq/m) × 0.5**(〔조건 ③〕에 의해 관부속품의 저항은 Duct 저항의 50% 이므로 **0.5**를 곱함)

(다)

$$P=\frac{P_T Q}{102\times 60\eta}K$$

여기서, P : 배연기 동력〔kW〕

P_T : 전압(풍압)〔mmAq, mmH_2O〕

Q : 풍량〔m³/min〕

K : 여유율

η : 효율

배출기의 **이론소요동력**(배연기 동력) P는

$$P=\frac{P_T Q}{102\times 60\eta}K=\frac{191\text{mmAq}\times 350\text{m}^3/\text{min}}{102\times 60\times 0.6}\times 1.1=20.025 ≒ 20.03\text{kW}$$

- 배연설비(제연설비)에 대한 동력은 반드시 $P=\frac{P_T Q}{102 \times 60\eta}K$를 적용하여야 한다. 우리가 알고 있는 일반적인 식 $P=\frac{0.163QH}{\eta}K$을 적용하여 풀면 틀린다.
- 〔조건 ④〕에서 여유율이 10%이므로 여유율(K)은 **1.1**이 된다.
- P_T : **191mmAq**((나)에서 구한 값)
- Q: **350m³/min**((가)에서 구한 값) : 단위에 특히 주의!!
- η : **0.6** (〔조건 ④〕에 의해)

☆☆

문제 02

습식 스프링클러설비의 동절기 배관동파방지법을 4가지만 쓰시오.

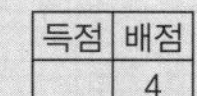

득점	배점
	4

○

○

○

○

해답 ① 보온재를 이용한 배관보온법
② 히팅코일을 이용한 가열법
③ 순환펌프를 이용한 물의 유동법
④ 부동액 주입법

해설 **배관**의 **동파방지법**
(1) **보온재**를 이용한 배관보온법
(2) **히팅코일**을 이용한 가열법
(3) **순환펌프**를 이용한 물의 유동법
(4) **부동액** 주입법

기억법 **보부순히**

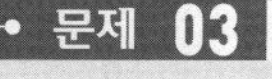
중요

보온재의 구비조건
(1) 보온능력이 우수할 것
(2) 단열효과가 뛰어날 것
(3) 시공이 용이할 것
(4) 가벼울 것
(5) 가격이 저렴할 것

☆☆

문제 03

7m×9m×6m의 경유를 연료로 사용하는 발전기실에 2가지의 할로겐화합물 및 불활성기체 소화설비를 설치하고자 한다. 다음 조건과 국가화재안전기준을 참고하여 다음 물음에 답하시오.

득점	배점
	8

〔조건〕
① 방호구역의 온도는 상온 20℃이다.
② IG-541 용기는 80l용 12.5m³를 적용한다.
③ 할로겐화합물 및 불활성기체 소화약제의 소화농도

약 제	상품명	소화농도〔%〕	
		A급 화재	B급 화재
IG-541	Inergen	31.25	31.25

④ K_1과 K_2값

약 제	K_1	K_2
IG-541	0.65799	0.00239

⑤ 식은 다음과 같다.

$$X=2.03\left(\frac{V_s}{S}\right)\times\log_{10}\left[\frac{100}{(100-C)}\right]$$

여기서, X : 공간체적당 더해진 소화약제의 부피[m^3/m^3]

S : 소화약제별 선형상수(K_1+K_2t)[m^3/kg]

C : 체적에 따른 소화약제의 설계농도[%]

V_s : 20℃에서 소화약제의 비체적[m^3/kg]

t : 방호구역의 최소예상온도[℃]

(가) IG-541의 최소 약제용기는 몇 병이 필요한가?

○ 계산과정 :

○ 답 :

(나) 할로겐화합물 및 불활성기체 소화약제의 구비조건 5가지를 쓰시오.

해답 (가) ○ 계산과정 : $X=2.03\times\log_{10}\left[\frac{100}{100-40.625}\right]\times(7\times9\times6)=173.722\,m^3$

용기수$=\frac{173.722}{12.5}=13.8\fallingdotseq14$병

○ 답 : 14병

(나) ① 소화성능이 우수할 것

② 인체에 독성이 낮을 것

③ 오존파괴지수가 낮을 것

④ 지구온난화지수가 낮을 것

⑤ 저장안정성이 좋을 것

해설 (가) **불활성기체 소화약제**

소화약제별 선형상수 S는

$S=K_1+K_2t=0.65799+0.00239\times20℃=0.70579m^3/kg$

- [조건 ④]에서 IG-541의 K_1과 K_2값을 적용하고, [조건 ①]에서 방호구역온도는 **20℃**이다.
- 20℃의 소화약제 비체적 $V_s=K_1+K_2\times20℃=0.65799+0.00239\times20℃=0.70579m^3/kg$

소화약제의 부피 X는

$$X=2.03\left(\frac{V_s}{S}\right)\times\log_{10}\left[\frac{100}{(100-C)}\right]\times V=2.03\left(\frac{0.70579m^3/kg}{0.70579m^3/kg}\right)\times\log_{10}\left[\frac{100}{100-40.625}\right]\times(7\times9\times6)m^3$$

$$=173.722m^3$$

- [조건 ⑤]의 공식적용
- [조건 ⑤]의 공식에서 X의 단위는 [m^3/m^3]으로 '**공간체적당 더해질 소화약제의 부피[m^3/m^3]**'이고 여기서, 구하고자 하는 것은 '**소화약제의 부피[m^3]**'이므로 방호구역의 체적[m^3]을 곱해주어야 한다. 거듭주의!!!
- 설계농도[%]=소화농도[%]×안전계수(AC급 : 1.2, B급 : 1.3)=31.25%×1.3=40.625%
- 경유는 **B급화재**
- **IG-541**은 **불활성기체 소화약제**이다.

용기수$=\frac{\text{소화약제 부피}[m^3]}{\text{1병당 저장량}[m^3]}=\frac{173.722[m^3]}{12.5[m^3]}=13.8\fallingdotseq14$병(절상한다.)

- 173.722m³ : (개)에서 구한 값
- 12.5m³ : 〔조건 ②〕

참고

소화약제량의 산정(NFPC 107A 7조, NFTC 107A 2.4.1)

구 분	할로겐화합물 소화약제	불활성기체 소화약제
종류	FC-3-1-10 HCFC BLEND A HCFC-124 HFC-125 HFC-227ea HFC-23 HFC-236fa FIC-13I1 FK-5-1-12	IG-01 IG-100 IG-541 IG-55
원칙적인 공식	$W = \frac{V}{S} \times \left(\frac{C}{100-C}\right)$ 여기서, W : 소화약제의 무게〔kg〕 V : 방호구역의 체적〔m³〕 S : 소화약제별 선형상수($K_1 + K_2 t$)〔m³/kg〕 C : 체적에 따른 소화약제의 설계농도〔%〕 t : 방호구역의 최소예상온도〔℃〕	$X = 2.303\left(\frac{V_s}{S}\right) \times \log_{10}\left[\frac{100}{(100-C)}\right] \times V$ 여기서, X : 소화약제의 부피〔m³〕 S : 소화약제별 선형상수($K_1 + K_2 t$)〔m³/kg〕 C : 체적에 따른 소화약제의 설계농도〔%〕 V_s : 20℃에서 소화약제의 비체적 ($K_1 + K_2 \times 20℃$)〔m³/kg〕 t : 방호구역의 최소예상온도〔℃〕 V : 방호구역의 체적〔m³〕

(나) **할로겐화합물 및 불활성기체 소화약제의 구비조건**

(1) **소화성능**이 우수할 것
(2) 인체에 **독성**이 낮을 것
(3) **오존파괴지수**(ODP ; Ozene Depletion Potential)가 낮을 것
(4) **지구온난화지수**(GWP ; Global Warming Potential)가 낮을 것
(5) **저장안정성**이 좋을 것
(6) **금속**을 부식시키지 않을 것
(7) **가격**이 **저렴**할 것
(8) **전기전도도**가 낮을 것
(9) 사용 후 **잔유물**이 없을 것
(10) **자체 증기압**으로 방사가 가능할 것

기억법 **할소독 오지저**

중요

ODP와 GWP

구분	오존파괴지수 (ODP ; Ozone Depletion Potential)	지구온난화지수 (GWP ; Global Warming Potential)
정의	어떤 물질의 오존파괴능력을 상대적으로 나타내는 지표로 기준물질인 **CFC 11**($CFCl_3$)의 **ODP**를 **1**로 하여 다음과 같이 구한다. $\text{ODP} = \frac{\text{어떤 물질 1kg이 파괴하는 오존량}}{\text{CFC 11의 1kg이 파괴하는 오존량}}$	지구온난화에 기여하는 정도를 나타내는 지표로 **CO_2**(이산화탄소)의 **GWP**를 **1**로 하여 다음과 같이 구한다. $\text{GWP} = \frac{\text{어떤 물질 1kg이 기여하는 온난화 정도}}{CO_2\text{의 1kg이 기여하는 온난화 정도}}$
비고	오존파괴지수가 **작을수록 좋은 소화약제**이다.	지구온난화지수가 **작을수록 좋은 소화약제**이다.

☆☆☆

문제 04

전역방출방식인 이산화탄소 소화설비에 대한 다음 각 물음에 답하시오.

득점	배점
	16

〔조건〕

① 모피창고의 규격은 8×6m이며, 개구부는 2×3m 2개소이며 자동폐쇄장치가 설치되어 있다.

② 서고의 규격은 5×6m이며, 개구부는 1×2m 1개소이며 자동폐쇄장치가 설치되어 있지 않다.

③ 각 층의 실고는 3m이다.

④ 약제방출시간은 7분이다.

(가) 모피창고와 서고의 약제저장량〔kg〕은?

모피창고	서 고
○ 계산과정 : ○ 답 :	○ 계산과정 : ○ 답 :

(나) 저장용기 1병당 약제충전량〔kg〕은? (단, 충전비는 1.511이고 내용적은 68l이며 소수점 이하는 버릴 것)

○ 계산과정 :

○ 답 :

(다) 집합관의 용기본수는?

○ 계산과정 :

○ 답 :

(라) 선택밸브수는 몇 개인가?

(마) 모피창고의 선택밸브 개폐 직후의 유량은 몇 kg/min인가? (단, 실제 저장병수로 계산할 것)

○ 계산과정 :

○ 답 :

(바) 서고의 선택밸브 개폐 직후의 유량은 몇 kg/min인가? (단, 실제 저장병수로 계산할 것)

○ 계산과정 :

○ 답 :

(사) 저장용기실의 설치기준을 4가지만 쓰시오.

○

○

○

○

해답 (가)

모피창고	서 고
○ 계산과정 : 144×2.7 = 388.8kg ○ 답 : 388.8kg	○ 계산과정 : 90×2.0+(1×2)×10=200kg ○ 답 : 200kg

(나) ○ 계산과정 : $\frac{68}{1.511} = 45.003 \fallingdotseq 45\text{kg}$

○ 답 : 45kg

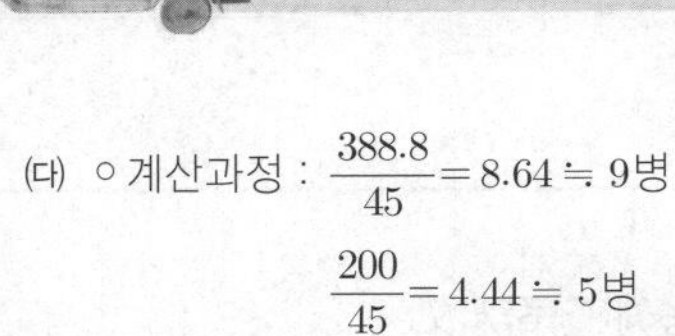

(다) ○ 계산과정 : $\frac{388.8}{45}=8.64 \fallingdotseq 9$병

$\frac{200}{45}=4.44 \fallingdotseq 5$병

○ 답 : 9병

(라) 2개

(마) ○ 계산과정 : $\frac{45\times9}{7}=57.857 \fallingdotseq 57.86\text{kg/min}$

○ 답 : 57.86kg/min

(바) ○ 계산과정 : $\frac{45\times5}{7}=32.142 \fallingdotseq 32.14\text{kg/min}$

○ 답 : 32.14kg/min

(사) ① 온도가 40℃ 이하이고, 온도변화가 작은 곳에 설치할 것
② 직사광선 및 빗물이 침투할 우려가 없는 곳에 설치할 것
③ 방화문으로 구획된 실에 설치할 것
④ 용기의 설치장소에는 해당 용기가 설치된 곳임을 표시하는 표지를 할 것

해설 (가) **심부화재**의 **약제량** 및 **개구부가산량**

방호대상물	약제량	개구부가산량 (자동폐쇄장치 미설치시)	설계농도
전기설비	1.3kg/m^3	10kg/m^2	50%
전기설비(55m^3 미만)	1.6kg/m^3		
서고, 박물관, 목재가공품창고, 전자제품창고 →	2.0kg/m^3 →		65%
석탄창고, 면화류창고, 고무류, **모피창고**, 집진설비 →	2.7kg/m^3 →		75%

모피 창고

CO_2저장량〔kg〕
= 방호구역체적〔m^3〕× 약제량〔kg/m^3〕+ 개구부면적〔m^2〕× 개구부가산량(10kg/m^2)
= $144\text{m}^3\times2.7\text{kg/m}^3$ = 388.8kg

- 방호구역체적은 〔조건 ①·③〕에서 8m×6m×3m=**144m^3**이다.
- 〔조건 ①〕에서 자동폐쇄장치가 설치되어 있으므로 **개구부면적** 및 **개구부가산량**은 적용하지 않는다.

서고

CO_2저장량〔kg〕
= 방호구역체적〔m^3〕× 약제량〔kg/m^3〕+ 개구부면적〔m^2〕× 개구부가산량(10kg/m^2)
= $90\text{m}^3\times2.0\text{kg/m}^3+(1\times2)\text{m}^2\times10\text{kg/m}^2=200\text{kg}$

- 방호구역체적은 〔조건 ②·③〕에서 5m×6m×3m = **90m^3**이다.
- 〔조건 ②〕에서 자동폐쇄장치가 설치되어있지 않으므로 **개구부면적** 및 **개구부가산량**도 **적용**하여야 한다.

(나)

$$C=\frac{V}{G}$$

여기서, C : 충전비〔l/kg〕
V : 내용적〔l〕
G : 저장량(충전량)〔kg〕

충전량 G는

$$G=\frac{V}{C}=\frac{68}{1.511}=45.003 \fallingdotseq 45\text{kg}$$

- [단서] 조건에 의해 소수점 이하는 버림

(다) 모피 창고

$$\text{저장용기본수}=\frac{\text{약제저장량}}{\text{충전량}}=\frac{388.8\text{kg}}{45\text{kg}}=8.64 \fallingdotseq 9\text{병}$$

서고

$$\text{저장용기본수}=\frac{\text{약제저장량}}{\text{충전량}}=\frac{200\text{kg}}{45\text{kg}}=4.44 \fallingdotseq 5\text{병}$$

집합관의 용기본수는 각 방호구역의 저장용기본수 중 가장 많은 것을 기준으로 하므로 **모피창고**의 **9병**이 된다.

- 388.8kg 및 200kg : (가)에서 구한 값
- 45kg : (나)에서 구한 값

(라)

※ 설치개수
① 기동용기
② 선택밸브
③ 음향경보장치
④ 일제개방밸브(델류지밸브)
(①~④ ─ 각 방호구역당 **1개**)
⑤ 집합관의 용기본수–각 방호구역 중 가장 많은 용기 기준

선택밸브는 각 방호구역당 1개이므로 **모피창고**, **서고** 각각 1개씩 **2개**가 된다.

(마) 선택밸브 개폐 직후의 유량

$$=\frac{\text{1병당 충전량[kg]}\times\text{저장용기본수}}{\text{약제방출시간[min]}}=\frac{45\text{kg}\times 9\text{병}}{7\text{min}}=57.857 \fallingdotseq 57.86\text{kg/min}$$

- (나)에서 1병당 약제충전량은 **45kg**이고, (다)에서 모피창고의 저장용기본수는 **9병**이다.
- [조건 ④]에서 약제방출시간은 **7분**이다.

(바) 선택밸브 개폐 직후의 유량

$$=\frac{\text{1병당 충전량[kg]}\times\text{저장용기본수}}{\text{약제방출시간[min]}}=\frac{45\text{kg}\times 5\text{병}}{7\text{min}}=32.142 \fallingdotseq 32.14\text{kg/min}$$

- (나)에서 1병당 약제충전량은 **45kg**이고, (다)에서 서고의 저장용기본수는 **5병**이다.
- [조건 ④]에서 약제방출시간은 **7분**이다.

(사) **이산화탄소 소화약제 저장용기**의 **적합장소 설치기준**

(1) **방호구역 외**의 장소에 설치할 것(단, 방호구역 내에 설치할 경우에는 피난 및 조작이 용이하도록 **피난구부근**에 설치할 것)
(2) 온도가 **40℃** 이하이고, 온도변화가 작은 곳에 설치할 것
(3) **직사광선** 및 **빗물**이 침투할 우려가 없는 곳에 설치할 것
(4) **방화문**으로 구획된 실에 설치할 것
(5) 용기의 설치장소에는 해당 용기가 설치된 곳임을 표시하는 표지를 할 것
(6) 용기간의 간격은 점검에 지장이 없도록 **3cm** 이상의 간격을 유지할 것
(7) 저장용기와 집합관을 연결하는 연결배관에는 **체크밸브**를 설치할 것(단, 저장용기가 **하나**의 **방호구역**만을 담당하는 경우는 제외)
(8) 저장용기의 외면에 **소화약제**의 **종류**와 **양**, **제조연도** 및 **제조자**를 표시할 것

☆☆ **문제 05**

그림과 같은 옥내소화전설비를 다음 조건과 화재안전기준에 따라 설치하려고 한다. 다음 각 물음에 답하시오.

(17.4.문4, 16.6.문9, 15.4.문16, 12.4.문1, 09.10.문10, 06.7.문7)

득점	배점
	12

〔조건〕

① P_1 : 옥내소화전펌프

② P_2 : 잡수용 양수펌프

③ 펌프의 후드밸브로부터 9층 옥내소화전함 호스접결구까지의 마찰손실 및 저항손실수두는 실양정의 25%로 한다.

④ 펌프의 효율은 70%이다.

⑤ 옥내소화전의 개수는 각층 2개씩이다.

⑥ 소화호스의 마찰손실수두는 7.8m이다.

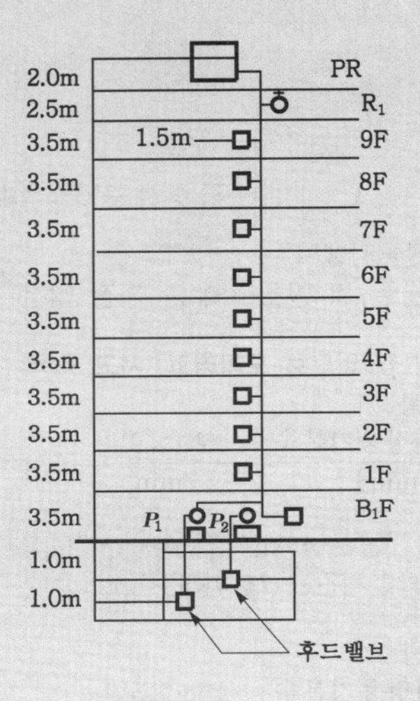

(단, P_1 후드밸브와 바닥면과의 간격은 0.2m이다.)

(가) 펌프의 최소유량은 몇 l/min인가?

○ 계산과정 :

○ 답 :

(나) 수원의 최소유효저수량은 몇 m^3인가?

○ 계산과정 :

○ 답 :

(다) 펌프의 양정은 몇 m인가?

○ 계산과정 :

○ 답 :

(라) 펌프의 축동력은 몇 kW인가?

○ 계산과정 :

○ 답 :

해답 (가) ○ 계산과정 : $2\times130=260l/\text{min}$

○ 답 : $260l/\text{min}$

(나) ○ 계산과정 : $Q=2.6\times2=5.2\text{m}^3$

$Q'=2.6\times2\times\frac{1}{3}\fallingdotseq1.73\text{m}^3$

$5.2+1.73=6.93\text{m}^3$

○ 답 : 6.93m^3

(다) ○ 계산과정 : $h_1=7.8\text{m}$

$h_2=34.8\times0.25=8.7\text{m}$

$h_3=(1.0-0.2)+1.0+(3.5\times9)+1.5=34.8\text{m}$

$H=7.8+8.7+34.8+17=68.3\text{m}$

○ 답 : 68.3m

(라) ○ 계산과정 : $\frac{0.163\times0.26\times68.3}{0.7}=4.135\fallingdotseq4.14\text{kW}$

○ 답 : 4.14kW

해설 (가) **펌프**의 **최소유량** Q는

$Q=N\times130l/\text{min}=2\times130l/\text{min}=260l/\text{min}$

※ [조건 ⑤]에서 소화전개수(N)는 2개이다.

(나) ① **지하수조**의 **최소유효저수량** Q는

$Q=2.6N=2.6\times2=5.2\text{m}^3$

※ [조건 ⑤]에서 소화전개수(N)는 2개이다.

② 옥상수조의 최소유효저수량 Q'는

$Q'=2.6N\times\frac{1}{3}=2.6\times2\times\frac{1}{3}\fallingdotseq1.73\text{m}^3$

수원의 최소유효저수량=지하수조의 최소유효저수량+옥상수조의 최소유효저수량

$=5.2\text{m}^3+1.73\text{m}^3=6.93\text{m}^3$

(다)

$$H\geq h_1+h_2+h_3+17$$

여기서, H : 전양정[m]

h_1 : 소방호스의 마찰손실수두[m]

h_2 : 배관 및 관부속품의 마찰손실수두[m]

h_3 : 실양정(흡입양정+토출양정)[m]

$h_1=7.8\text{m}$ [조건 ⑥]에 의해

$h_2=34.8\times0.25=8.7\text{m}$ [조건 ③]에 의해 실양정의 25%를 적용한다.

$h_3=(1.0-0.2)+1.0+(3.5\times9)+1.5=34.8\text{m}$

※ **실양정**(h_3)은 옥내소화전펌프(P_1)의 후드밸브~최상층 옥내소화전의 앵글밸브까지의 수직거리를 말한다.

펌프의 **양정** H는

$H=h_1+h_2+h_3+17=7.8+8.7+34.8+17=68.3\text{m}$

(라) **펌프**의 **축동력** P는

$$P=\frac{0.163\,QH}{\eta}=\frac{0.163\times 260l/\text{min}\times 68.3\text{m}}{0.7}$$

$$=\frac{0.163\times 0.26\text{m}^3/\text{min}\times 68.3\text{m}}{0.7}=4.135 \fallingdotseq 4.14\text{kW}$$

※ 축동력이므로 **전달계수**(K)는 적용하지 않는다.

문제 06

연결송수관설비에 가압송수장치를 높이 120m의 건물에 설치하였다. 다음 각 물음에 답하시오.

(가) 가압송수장치의 설치이유를 간단히 설명하시오.

(나) 방수구가 3개일 때 펌프의 최소토출량[l /min]은?

(다) 최상층에 설치된 노즐선단의 최소방수압력[MPa]은?

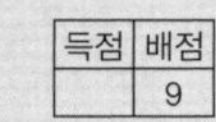

득점	배점
	9

해답 (가) 높이 70m 이상인 건물은 소방차의 수압만으로 규정 방수압을 유지하기 어려우므로

(나) 2400l/min

(다) 0.35MPa

해설 (가) 연결송수관설비는 지표면에서 최상층 방수구의 높이 **70m 이상**인 건물인 경우 소방차에서 공급되는 수압만으로는 규정 방수압(**0.35MPa**)을 유지하기 어려우므로 추가로 **가압송수장치**를 설치하여야 한다.

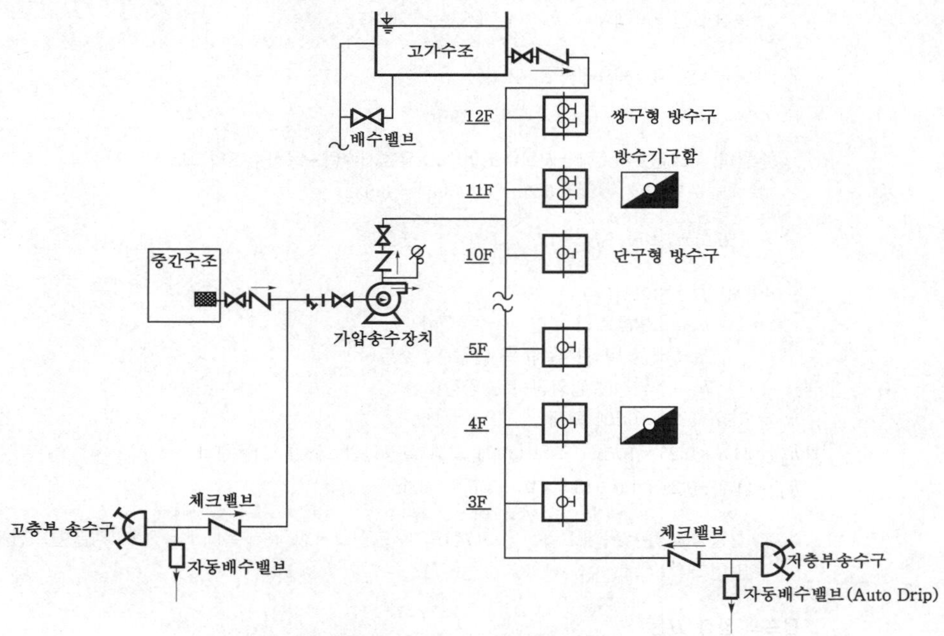

▮ 고층건물의 연결송수관설비의 계통도 ▮

(나) **연결송수관설비**의 **펌프토출량**

펌프의 토출량 **2400l/min**(계단식 아파트는 **1200l/min**) 이상이 되는 것으로 할 것(단, 해당층에 설치된 방수구가 3개 초과(방수구가 5개 이상은 5개)인 경우에는 1개마다 **800l/min**(계단식 아파트는 **400l/min**)을 가산한 양)

중요

연결송수관설비의 **펌프토출량**

일반적인 경우	계단식 아파트
(1) 방수구 **3개** 이하 $Q=2400l$/min 이상	(1) 방수구 **3개** 이하 $Q=1200l$/min 이상
(2) 방수구 **4개** 이상 $Q=2400+(N-3)\times 800$	(2) 방수구 **4개** 이상 $Q=1200+(N-3)\times 400$

여기서, Q : 펌프토출량[l/min], N : 가장 많은 층의 방수구 개수(**최대 5개**)

※ **방수구** : 가압수가 나오는 구멍

주의

방수구가 **3개 이하**이므로 **2400l/min**(계단식 아파트는 **1200l/min**)이 된다. 방수구가 3개라고 하여 3×2400l/min =7200l/min으로 답하지 않도록 거듭 주의하라!

(다) **각 설비의 주요사항**

구 분	드렌처설비	스프링클러설비	소화용수 설비	옥내소화전 설비	옥외소화전 설비	포소화설비 물분무소화설비 연결송수관설비
방수압	0.1 MPa 이상	0.1~1.2 MPa 이하	0.15 MPa 이상	0.17~0.7 MPa 이하	0.25~0.7 MPa 이하	0.35 MPa 이상
방수량	80l/min 이상	80l/min 이상	800l/min 이상 (가압송수 장치 설치)	130l/min 이상 (30층 미만 : 최대 2개, 30층 이상 : 최대 5개)	350l/min 이상 (최대 2개)	75l/min 이상 (포워터 스프링클러헤드)
방수 구경	–	–	–	40mm	65mm	–
노즐 구경	–	–	–	13mm	19mm	–

☆☆☆

문제 07

다음 그림은 어느 실들의 평면도이다. 이 실들 중 A실의 틈새면적[m^2]을 구하시오. (단, 각 실의 문(door)들의 틈새면적은 0.01m^{2}이며 소수점 이하 6째자리까지 계산할 것)

득점	배점
	5

○ 계산과정 :

○ 답 :

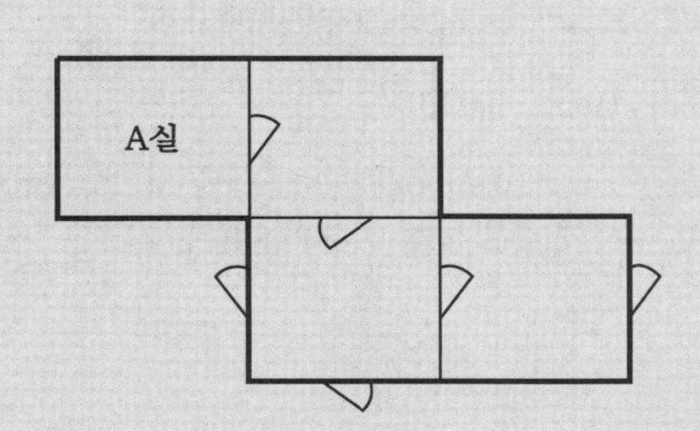

해답 ○ 계산과정 : $⑤\sim⑥ = \dfrac{1}{\sqrt{\dfrac{1}{0.01^2}+\dfrac{1}{0.01^2}}} = 0.00707\text{m}^2$

$③\sim⑥ = 0.01+0.01+0.00707 = 0.02707\text{m}^2$

$①\sim⑥ = \dfrac{1}{\sqrt{\dfrac{1}{0.01^2}+\dfrac{1}{0.01^2}+\dfrac{1}{0.02707^2}}} = 0.006841\text{m}^2$

○ 답 : 0.006841m^2

해설 〔단서〕에서 각 실의 틈새면적은 **0.01m^2**이다.

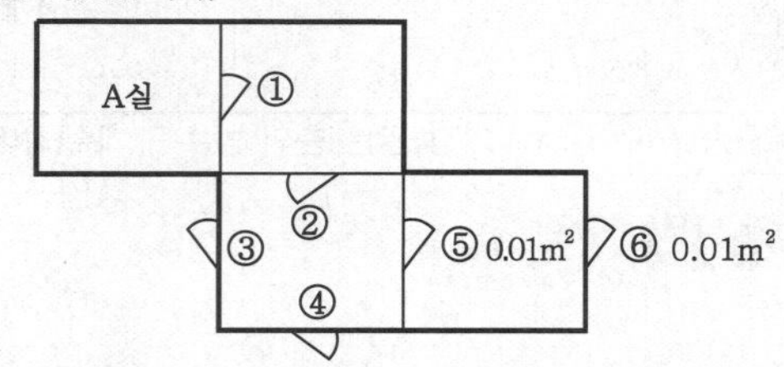

⑤~⑥은 **직렬상태**이므로

$⑤\sim⑥ = \dfrac{1}{\sqrt{\dfrac{1}{0.01^2}+\dfrac{1}{0.01^2}}} = 0.00707\text{m}^2$

위의 내용을 정리하면 다음과 같이 변환시킬 수 있다.

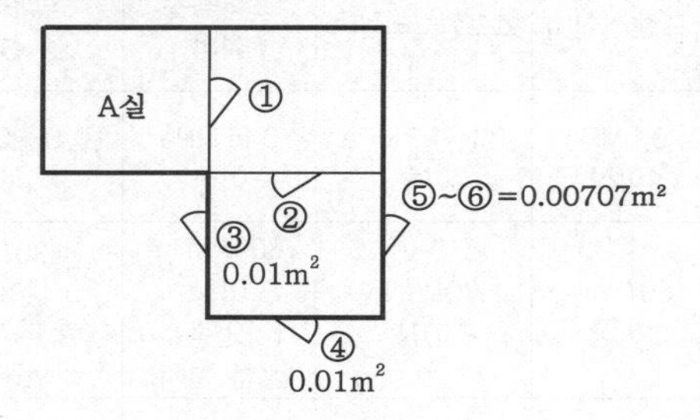

③~⑥은 **병렬상태**이므로

$③\sim⑥ = 0.01+0.01+0.00707 = 0.02707\text{m}^2$

위의 내용을 정리하면 다음과 같이 변환시킬 수 있다.

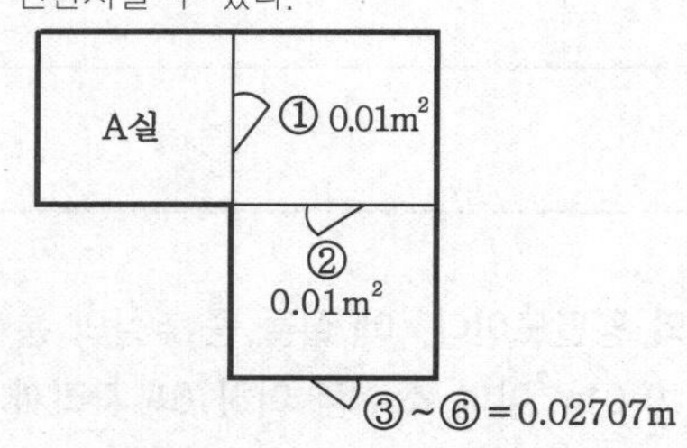

①~⑥은 **직렬상태**이므로

$①\sim⑥ = \dfrac{1}{\sqrt{\dfrac{1}{0.01^2}+\dfrac{1}{0.01^2}+\dfrac{1}{0.02707^2}}} = 0.006841\,\text{m}^2$

- 〔단서〕에 의해 소수점 이하 6째자리까지 구하라고 하였으므로 소수점 이하 6째자리 이하는 버리면 된다. 7째자리에서 반올림하는 것이 아니다!

참고

누설틈새면적

직렬상태	병렬상태
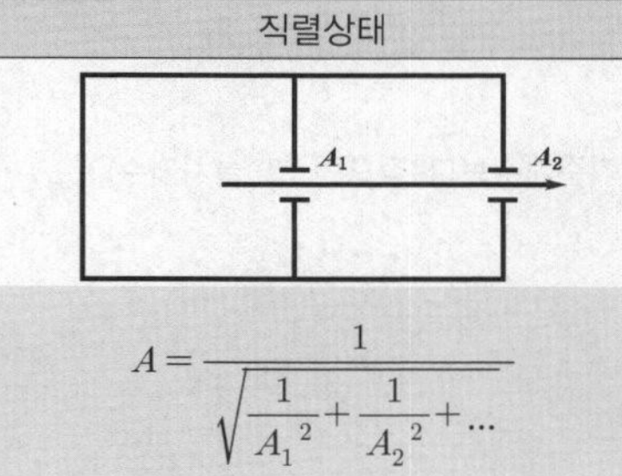	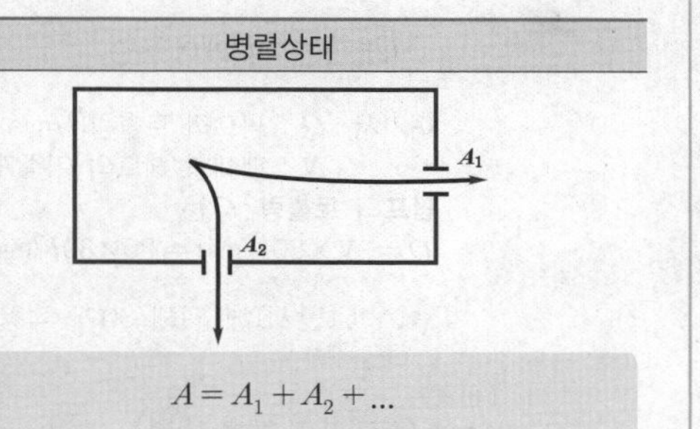
$A=\dfrac{1}{\sqrt{\dfrac{1}{{A_1}^2}+\dfrac{1}{{A_2}^2}+\dots}}$	$A=A_1+A_2+\dots$
여기서, A : 전체 누설틈새면적[m²] A_1, A_2 : 각 실의 누설틈새면적[m²]	여기서, A : 전체 누설틈새면적[m²] A_1, A_2 : 각 실의 누설틈새면적[m²]

☆ 문제 08

다음 물음에 답하시오.

득점	배점
	12

지상 13층의 백화점에 폐쇄형의 습식 스프링클러설비를 설치하려고 한다. 전양정은 89m이며, 이곳에 설치하는 소화펌프의 효율은 60%이고 기타 제한조건은 무시한다. (단, 스프링클러헤드의 동시방사개수는 30개를 기준으로 한다.)

(가) 펌프의 토출량[l/min]을 산출하시오.
- 계산과정 :
- 답 :

(나) 본 소화설비에 필요한 전용수원의 양은 몇 m^3인가?
- 계산과정 :
- 답 :

(다) 펌프의 동력[kW]을 구하시오.
- 계산과정 :
- 답 :

(라) 최상단에 설치한 스프링클러헤드의 방사압력이 0.15MPa이고, 방사량이 80l/min으로 살수할 경우의 유량계수는 얼마나 되는가?
- 계산과정 :
- 답 :

(마) 스프링클러헤드의 규정방사압력[MPa]과 방사량[l/min]은 얼마인가?
- 규정방사압력 :
- 규정방사량 :

 해답

(가) ○ 계산과정 : $Q=30\times80=2400l/\text{min}$ ○ 답 : 2400l/min

(나) ○ 계산과정 : $Q=1.6\times30=48\text{m}^3$ ○ 답 : 48m³

(다) ○ 계산과정 : $P=\dfrac{0.163\times2.4\times89}{0.6}=58.028 \fallingdotseq 58.03\text{kW}$ ○ 답 : 58.03kW

(라) ○ 계산과정 : $K=\dfrac{80}{\sqrt{10\times0.15}}=65.319 \fallingdotseq 65.32$ ○ 답 : 65.32

(마) ○ 규정방사압력 : 0.1MPa
○ 규정방사량 : 80l /min

해설 (가)

$$Q= N\times 80l/\text{min}$$

여기서, Q : 펌프의 토출량(l/min)
N : 폐쇄형 헤드의 기준개수(설치개수가 기준개수보다 작으면 그 설치개수)

펌프의 **토출량** Q는
$Q = N\times 80l/\text{min} = 30\times 80l/\text{min} = 2400l/\text{min}$

- N : [단서]에 의해 30개 적용

(나)

$Q= 1.6N$(30층 미만)
$Q= 3.2N$(30~49층 이하)
$Q= 4.8N$(50층 이상)

여기서, Q : 수원의 저수량[m^3]
N : 폐쇄형 헤드의 기준개수(설치개수가 기준개수보다 작으면 그 설치개수)

수원의 **저수량** Q는
$Q= 1.6N= 1.6\times 30 = 48\text{m}^3$

- N : [단서]에 의해 30개 적용
- 문제에서 **13층**으로 **30층 미만**이므로 $Q= 1.6N$식 적용

중요

- **[단서]에 30개가 주어지지 않은 경우 습식 스프링클러설비**는 **폐쇄형 헤드**를 사용하여야 하므로 아래 표 적용
- N : 폐쇄형 헤드의 기준개수로서 문제에서 **11층** 이상이므로 아래 표에서 **30개**가 된다. [단서]가 주어지지 않아도 N=30개 그대로!!

특정소방대상물		폐쇄형 헤드의 기준개수
지하가 · 지하역사		30
11층 이상 →		
10층 이하	공장(특수가연물)	
	판매시설(백화점 등), 복합건축물(판매시설이 설치된 복합건축물)	
	근린생활시설, 운수시설	20
	8m 이상	
	8m 미만	10

(다)

$$P= \frac{0.163QH}{\eta}K$$

여기서, P : 전동력(용량)[kW]
Q : 토출량(유량)[m^3/min]
H : 전양정[m]
K : 전달계수
η : 효율

펌프의 **동력** P는

$$P= \frac{0.163\,QH}{\eta}K= \frac{0.163\times 2400l/\text{min}\times 89\text{m}}{0.6} = \frac{0.163\times 2.4\text{m}^3/\text{min}\times 89\text{m}}{0.6} = 58.028 ≒ 58.03\text{kW}$$

- K(전달계수) : 문제에서 주어지지 않았으므로 무시
- 1000l =1m^{3}이므로 2400 l/min=2.4m^3/min

(라)

$$Q = K\sqrt{10P}$$

여기서, Q : 방수량[l/min]
K : 방출계수(유량계수)
P : 방수압[MPa]

방출계수 K는

$$K = \frac{Q}{\sqrt{10P}} = \frac{80l/\text{min}}{\sqrt{10\times0.15\text{MPa}}} = 65.319 ≒ 65.32$$

(마) **규정방수압** 및 **규정방수량**

구 분	드렌처설비	스프링클러설비	옥내소화전설비	옥외소화전설비
규정방수압	0.1MPa	0.1MPa	0.17MPa	0.25MPa
규정방수량	80l/min	80l/min	130l/min	350l/min

동일한 용어

(1) 규정방수압=규정방수압력=규정방사압=규정방사압력=규격방수압=규격방수압력=규격방사압=규격방사압력
(2) 규정방수량=규정방사량=규격방수량=규격방사량

☆☆
문제 09

분말소화설비의 약제 종류 및 주성분을 4가지 기술하시오.

득점	배점
	4

○
○
○
○

해답 ① 제1종 : 탄산수소나트륨
② 제2종 : 탄산수소칼륨
③ 제3종 : 인산암모늄
④ 제4종 : 탄산수소칼륨+요소

해설 **분말소화약제**

종 류	주성분	착 색	적응화재	충전비 [l/kg]	저장량	순 도 (함 량)
제1종	탄산수소나트륨 ($NaHCO_3$)	백색	BC급	0.8	50kg	90% 이상
제2종	탄산수소칼륨 ($KHCO_3$)	담자색 (담회색)	BC급	1.0	30kg	92% 이상
제3종	인산암모늄 ($NH_4H_2PO_4$)	담홍색	ABC급	1.0	30kg	75% 이상
제4종	탄산수소칼륨+요소 ($KHCO_3+(NH_2)_2CO$)	회(백)색	BC급	1.25	20kg	–

예전에는 제2종 분말이 **담자색**으로 착색되었으나 요즘에는 **담회색**으로 착색되니 참고하기 바라며, 착색을 물어볼 경우 답안 작성시에는 두 가지를 함께 답할 것을 권한다.

☆☆☆
문제 10

주차장의 바닥면적이 150m²인 곳에 물분무소화설비를 하였다. 송수펌프의 토출량[m³/min]과 수원의 저수량[m³]은 얼마인가?

득점	배점
	6

(가) 토출량(계산과정 및 답) :

(나) 저수량(계산과정 및 답) :

해답 (가) 토출량 : ○계산과정 : 150×20=3000l /min=3m³/min ○답 : 3m³/min

(나) 저수량 : ○계산과정 : 150×20×20=60000l=60m³ ○답 : 60m³

해설 (1) **송수펌프**의 **토출량** Q는

$Q=$ 바닥면적(최소 50m^2) $\times 20l/\text{min}\cdot\text{m}^2$

$=150\text{m}^2\times 20l/\text{min}\cdot\text{m}^2=3000l/\text{min}=3\text{m}^3/\text{min}$

- 주차장 면적이 150m²이므로 바닥면적은 **150m²**가 된다.
- 1000l=1m³

(2) **수원**의 **용량**(저수량) Q는

$Q=$ 바닥면적(최소 50m^2) $\times 20l/\text{min}\cdot\text{m}^2\times 20\text{min}$

$=150\text{m}^2\times 20l/\text{min}\cdot\text{m}^2\times 20\text{min}=60000l=60\text{m}^3$

- 주차장 면적이 150m²이므로 바닥면적은 **150m²**가 된다.
- 20min은 소방차가 화재현장에 출동하는 데 걸리는 시간이다.

참고

물분무소화설비의 수원

특정소방대상물	토출량	비 고
컨베이어벨트	1**0**l/min · m²	벨트부분의 바닥면적
절연유 봉입변압기	1**0**l/min · m²	표면적을 합한 면적(바닥면적 제외)
특수가연물	1**0**l/min · m²(최소 50m²)	최대방수구역의 바닥면적 기준
케이블트레이 · 덕트	1**2**l/min · m²	투영된 바닥면적
차고 · 주차장	2**0**l/min · m²(최소 50m²)	최대방수구역의 바닥면적 기준
위험물 저장탱크	**37**l/min · m	위험물탱크 둘레길이(원주길이) : 위험물규칙 [별표 6] Ⅱ

※ 모두 **20분**간 방수할 수 있는 양 이상으로 하여야 한다.

기억법 **컨 절 특 케 차 위**
0 0 0 2 0 37

☆
문제 11

내경이 25mm인 배관에 정상류가 분당 180l로 흐를 때 속도수두[m]는 얼마인가? (단, 중력가속도는 9.8m/s²이다.)

득점	배점
	5

○계산과정 :

○답 :

○계산과정 : $V=\dfrac{0.18/60}{\dfrac{\pi}{4}\times 0.025^2}=6.111 ≒ 6.11\text{m/s}$, $H=\dfrac{6.11^2}{2\times 9.8}=1.904 ≒ 1.9\text{m}$

○답 : 1.9m

해설 (1) **유량**

$$Q = AV = \left(\frac{\pi}{4}D^2\right)V$$

여기서, Q : 유량〔m³/s〕, A : 단면적〔m²〕
V : 유속〔m/s〕, D : 내경〔m〕

유량 V는

$$V = \frac{Q}{A} = \frac{Q}{\frac{\pi}{4}D^2} = \frac{180l/\text{min}}{\frac{\pi}{4}\times(25\text{mm})^2} = \frac{0.18\text{m}^3/\text{min}}{\frac{\pi}{4}\times(0.025\text{m})^2} = \frac{0.18\text{m}^3/60\text{s}}{\frac{\pi}{4}\times(0.025\text{m})^2} = 6.111 \fallingdotseq 6.11\text{m/s}$$

- 분당 180 l=180 l/min
- 1000 l=1m³이므로 180 l/min=0.18m³/min
- 1min=60s
- 1000mm=1m이므로 25mm=0.025m

(2) **속도수두**

$$H = \frac{V^2}{2g}$$

여기서, H : 속도수두〔m〕, V : 유속〔m/s〕
g : 중력가속도(9.8m/s²)

속도수두 H는

$$H = \frac{V^2}{2g} = \frac{(6.11\text{m/s})^2}{2\times9.8\text{m/s}^2} = 1.904 \fallingdotseq 1.9\text{m}$$

☆☆☆

문제 12

경유를 저장하는 탱크의 내부 직경 20m인 콘루프탱크(고정지붕구조)에 포소화설비의 Ⅰ형 방출구를 설치하여 방호하려고 할 때 다음 물음에 답하시오.

득점	배점
	10

〔조건〕

① 소화약제는 3%용의 단백포를 사용한다.
② 수용액의 분당방출량은 10l/m² · min이고, 방사시간은 20분으로 한다.
③ 펌프의 효율은 65%, 전동기 전달계수는 1.2로 한다.

(가) 탱크의 Ⅰ형 방출구에 의하여 소화하는 데 필요한 수용액량, 수원의 양, 포소화약제원액량은 각각 얼마 이상이어야 하는가? (단위는 l)
○ 수용액량(계산과정 및 답) :
○ 수원의 양(계산과정 및 답) :
○ 포소화약제원액량(계산과정 및 답) :

(나) 수원을 공급하는 가압송수장치의 분당토출량〔l/min〕은 얼마 이상이어야 하는가?
○ 계산과정 :
○ 답 :

(다) 펌프의 전양정이 120m라고 할 때 전동기의 출력〔kW〕은 얼마 이상이어야 하는가?
○ 계산과정 :
○ 답 :

해답 (가) ① 수용액량 : ○ 계산과정 : $Q=\frac{\pi}{4}\times 20^2\times 10\times 20\times 1=62831.853 \fallingdotseq 62831.85l$

○ 답 : 62831.85l

② 수원의 양 : ○ 계산과정 : $Q=\frac{\pi}{4}\times 20^2\times 10\times 20\times 0.97=60946.897 \fallingdotseq 60946.9l$

○ 답 : 60946.9l

③ 포소화약제 원액량 : ○ 계산과정 : $Q=\frac{\pi}{4}\times 20^2\times 10\times 20\times 0.03=1884.955 \fallingdotseq 1884.96l$

○ 답 : 1884.96l

(나) ○ 계산과정 : $Q=\frac{62831.85}{20}=3141.592 \fallingdotseq 3141.59l$ /min ○ 답 : 3141.59l /min

(다) ○ 계산과정 : $P=\frac{0.163\times 3.14159\times 120}{0.65}\times 1.2=113.445 \fallingdotseq 113.45\text{kW}$ ○ 답 : 113.45kW

해설 (가)

$$Q=A\times Q_1\times T\times S$$

여기서, Q : 수용액 · 수원 · 약제량[l]
A : 탱크의 액표면적[m²]
Q_1 : 수용액의 분당방출량[l /m² · min]
T : 방사시간[분]
S : 농도

① **수용액량** Q는

$Q=A\times Q_1\times T\times S$

$=\frac{\pi}{4}\times 20^2\text{m}^2\times 10l/\text{m}^2\cdot\text{min}\times 20\text{min}\times 1=62831.853 \fallingdotseq 62831.85l$

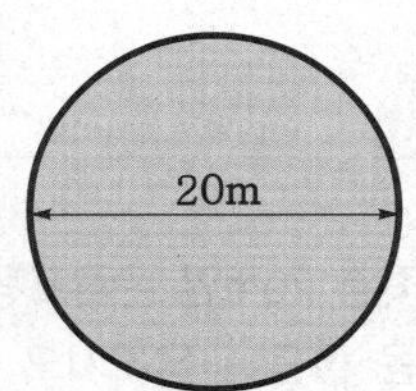

‖ 콘루프탱크의 구조 ‖

- **콘루프탱크**는 **플루팅루프탱크**와 달리 굽도리판이 없다.
- 수용액량에서 **농도**(S)는 항상 1이다.
- **포방출구**(위험물기준 133)

탱크의 종류	포방출구
고정지붕구조(콘루프 탱크)	• Ⅰ형 방출구 • Ⅱ형 방출구 • Ⅲ형 방출구(표면하 주입방식) • Ⅳ형 방출구(반표면하 주입방식)
부상덮개부착 고정지붕구조	• Ⅱ형 방출구
부상지붕구조(플루팅루프 탱크)	• 특형 방출구

② **수원의 양** Q는

$Q=A\times Q_1\times T\times S$

$=\frac{\pi}{4}\times 20^2\text{m}^2\times 10l/\text{m}^2\cdot\text{min}\times 20\text{min}\times 0.97=60946.897 \fallingdotseq 60946.9l$

- [조건 ①]에서 3%용이므로 수원의 농도(S)는 97%(100−3 = 97%)가 된다.

③ **포소화약제원액량** Q는

$$Q = A \times Q_1 \times T \times S$$

$$= \frac{\pi}{4} \times 20^2\mathrm{m}^2 \times 10l/\mathrm{m}^2 \cdot \mathrm{min} \times 20\mathrm{min} \times 0.03 = 1884.955 ≒ 1884.96l$$

- [조건 ①]에서 3%용이므로 약제 **농도**(S)는 **0.03** 이다.

(나) 분당토출량 $= \frac{\text{수용액량}[l]}{\text{방사시간}[\mathrm{min}]} = \frac{62831.85l}{20\mathrm{min}} = 3141.592 ≒ 3141.59l/\mathrm{min}$

※ 가압송수장치의 분당토출량은 **수용액량**을 기준으로 한다는 것을 기억하라!

(다)

$$P = \frac{0.163QH}{\eta}K$$

여기서, P : 전동기의 출력[kW]
Q : 토출량[m^3/min]
H : 전양정[m]
K : 전달계수
η : 펌프의 효율

전동기의 **출력** P는

$$P = \frac{0.163QH}{\eta}K$$

$$= \frac{0.163 \times 3141.59l/\mathrm{min} \times 120\mathrm{m}}{0.65} \times 1.2$$

$$= \frac{0.163 \times 3.14159\mathrm{m}^3/\mathrm{min} \times 120\mathrm{m}}{0.65} \times 1.2 = 113.445 ≒ 113.45\mathrm{kW}$$

- 3141.59 l/min : (나)에서 구한 값

“ 저 골짜기에 흐르는 물을 보라. 그의 앞에 있는 모든 장애물에 대해서 굽히고 적응함으로써 줄기차게 흘러 드디어는 바다에 이른다. 적응하는 힘이 자유자재로워야 사람도 그가 부딪친 환경에 굳센 것이다. ”

- 공자 -

14년

2014. 7. 6 시행

2014년 산업기사 제2회 필답형 실기시험

자격종목	시험시간	형별	수험번호	성명	감독위원 확 인
소방설비산업기사(기계분야)	2시간 30분				

※ 다음 물음에 답을 해당 답란에 답하시오.(배점 : 100)

☆☆☆

문제 01

어느 건물에 제연설비를 국가화재안전기준과 다음 조건을 참조하여 설치하려고 한다. 물음에 답하시오.

(16.6.문7, 15.7.문15, 08.7.문10, 07.4.문9, 03.4.문9)

유사문제부터 풀어보세요.
실력이 팍!팍! 올라갑니다.

득점	배점
	10

〔조건〕

① 주덕트의 높이 제한은 600mm이다. (단, 강판두께, 덕트플랜지 및 보온두께는 고려하지 않는다.)
② 배출기는 원심다익형이다.
③ 각종 효율은 무시한다.
④ 예상제연구역의 설계배출량은 45000m^3/H이다.

(가) 배출기의 흡입측 주덕트의 최소면적〔m^2〕을 계산하시오.
○ 계산과정 :
○ 답 :

(나) 배출기의 배출측 주덕트의 최소면적〔m^2〕을 계산하시오.
○ 계산과정 :
○ 답 :

(다) 풍량시험을 한 결과 풍량은 36000m^3/H, 회전수는 600rpm, 축동력은 7.5kW로 측정되었다. 배출량 45000m^3/H를 만족시키기 위한 배출기 회전수〔rpm〕를 계산하시오.
○ 계산과정 :
○ 답 :

(라) 회전수를 높여서 배출량을 만족시킬 경우의 축동력〔kW〕을 계산하시오.
○ 계산과정 :
○ 답 :

해답

(가) ○ 계산과정 : $Q=\dfrac{45000}{3600}=12.5\text{m}^3/\text{s}$

$$A=\frac{12.5}{15}=0.833 \fallingdotseq 0.83\text{m}^2$$

○ 답 : 0.83m^2

(나) ○ 계산과정 : $A=\dfrac{12.5}{20}=0.625 \fallingdotseq 0.63\text{m}^2$

○ 답 : 0.63m^2

(다) ○ 계산과정 : $600\times\left(\dfrac{45000}{36000}\right)=750\text{rpm}$

○ 답 : 750rpm

(라) ○ 계산과정 : $7.5\times\left(\frac{750}{600}\right)^3=14.648 ≒ 14.65\text{kW}$

○ 답 : 14.65kW

해설 (가), (나) 〔조건 ④〕에서 배출량 $Q=45000\text{m}^3/\text{H}=45000\text{m}^3/3600\text{s}=$**12.5m³/s**이다.

배출기 흡입측 풍도 안의 풍속은 **15m/s** 이하로 하고, 배출측 풍속은 **20m/s** 이하로 한다.

$$Q=AV$$

여기서, Q : 배출량〔m³/s〕

A : 단면적〔m²〕

V : 풍속〔m/s〕

흡입측 단면적 $A=\frac{Q}{V}=\frac{12.5\text{m}^3/\text{s}}{15\text{m/s}}=0.833 ≒ 0.83\text{m}^2$

배출측 단면적 $A=\frac{Q}{V}=\frac{12.5\text{m}^3/\text{s}}{20\text{m/s}}=0.625 ≒ 0.63\text{m}^2$

(다)

$$Q_2=Q_1\left(\frac{N_2}{N_1}\right)$$

에서

배출기 회전수 N_2는

$$N_2=N_1\left(\frac{Q_2}{Q_1}\right)=600\text{rpm}\times\left(\frac{45000\text{m}^3/\text{H}}{36000\text{m}^3/\text{H}}\right)=750\text{rpm}$$

(라) **축동력** P_2는

$$P_2=P_1\left(\frac{N_2}{N_1}\right)^3=7.5\text{kW}\times\left(\frac{750\text{rpm}}{600\text{rpm}}\right)^3=14.648 ≒ 14.65\text{kW}$$

※ **rpm**(revolution per minute) : 분당회전속도

참고

유량(풍량), 양정, 축동력

유량(풍량)	양정	축동력
$Q_2=Q_1\left(\frac{N_2}{N_1}\right)\left(\frac{D_2}{D_1}\right)^3$ 또는, $Q_2=Q_1\left(\frac{N_2}{N_1}\right)$	$H_2=H_1\left(\frac{N_2}{N_1}\right)^2\left(\frac{D_2}{D_1}\right)^2$ 또는, $H_2=H_1\left(\frac{N_2}{N_1}\right)^2$	$P_2=P_1\left(\frac{N_2}{N_1}\right)^3\left(\frac{D_2}{D_1}\right)^5$ 또는, $P_2=P_1\left(\frac{N_2}{N_1}\right)^3$

여기서, Q_2 : 변경 후 유량(풍량)〔m³/min〕

Q_1 : 변경 전 유량(풍량)〔m³/min〕

H_2 : 변경 후 양정〔m〕

H_1 : 변경 전 양정〔m〕

P_2 : 변경 후 축동력〔kW〕

P_1 : 변경 전 축동력〔kW〕

N_2 : 변경 후 회전수〔rpm〕

N_1 : 변경 전 회전수〔rpm〕

D_2 : 변경 후 관경〔mm〕

D_1 : 변경 전 관경〔mm〕

☆☆ 문제 02

압력계에 걸리는 압력 p[MPa]를 구하시오. (단, 중력가속도는 9.8m/s^{2}이다.) (02.7.문8)

득점	배점
	6

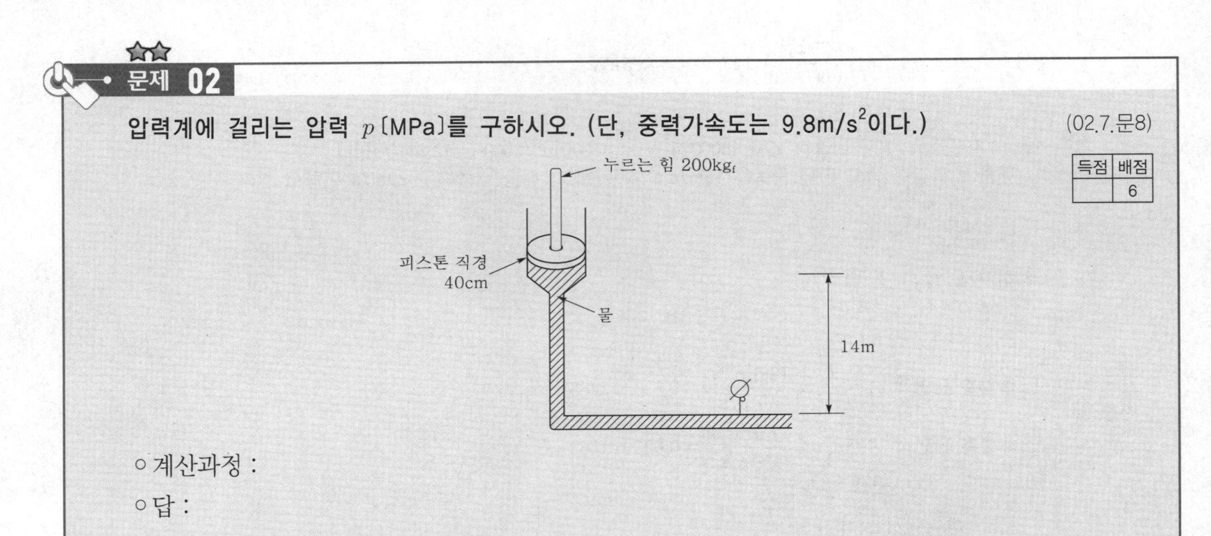

○ 계산과정 :

○ 답 :

해답

○ 계산과정 : $p = \dfrac{(200 \times 9.8)}{\frac{\pi}{4} \times 0.4^2} = 15.597 ≒ 15.6\text{kN/m}^2$

$p_T = 15.6 + (1 \times 9.8) \times 14 = 152.8\text{kPa} = 0.1528\text{MPa} ≒ 0.15\text{MPa}$

○ 답 : 0.15MPa

해설

$$p_T = p + \gamma h,\ \gamma = \rho g$$

여기서, p_T : 실제 걸리는 압력[kN/m^2]

p : 압력[kN/m^2]

γ : 물의 비중량(9.8kN/m^3)

h : 물의 높이[m]

ρ : 물의 밀도(1000kg/m^3 또는 1000N · s^2/m^4)

g : 중력가속도(9.8m/s^2)

• 위의 식은 '물 속의 압력'을 구하는 식의 변형식임을 기억하라.

$$p = \frac{F}{A} = \frac{F}{\frac{\pi}{4}D^2}$$

에서

$$p = \frac{F}{\frac{\pi}{4}D^2} = \frac{(200 \times 9.8)\text{N}}{\frac{\pi}{4} \times (40\text{cm})^2} = \frac{1.96\text{kN}}{\frac{\pi}{4} \times (0.4\text{m})^2} = 15.597 ≒ 15.6\text{kN/m}^2$$

• F : 1kg$_f$=9.8N이므로 200kg$_f$=(200×9.8)N

• D : 1m=100cm이므로 40cm=0.4m

실제 걸리는 압력(게이지압력) p_T는

$p_T = p + \gamma h = p + (\rho g)h$

$= 15.6\text{kN/m}^2 + (1\text{kN} \cdot \text{s}^2/\text{m}^4 \times 9.8\text{m/s}^2) \times 14\text{m} = 152.8\text{kN/m}^2 = 152.8\text{kPa} = 0.1528\text{MPa} ≒ 0.15\text{MPa}$

• ρ : 1000N · s^2/m^4=1kN · s^2/m^4

• g : 9.8m/s^2

• p : 15.6kN/m^2(바로 위에서 구한 값)

• $\gamma = \rho g$이므로 $\gamma h = (\rho g)h$

• 1kN/m^2=1kPa

• 1000kPa=1MPa

참고

(1) **압력**

$$p=\gamma h, \quad p=\frac{F}{A}=\frac{F}{\frac{\pi}{4}D^2}$$

여기서, p : 압력〔kPa 또는 kN/m^2〕
γ : 비중량(9.8kN/m^3)
h : 높이〔m〕
F : 힘〔N〕
A : 단면적〔m^2〕
D : 직경〔m〕

(2) **비중량**

$$\gamma=\rho g$$

여기서, γ : 비중량〔kN/m^3〕
ρ : 밀도(물의 밀도 1kN · s^2/m^4)
g : 중력가속도(9.8m/s^2)

(3) **물속**의 **압력**

$$p=p_0+\gamma h$$

여기서, p : 물속의 압력〔kPa 또는 kN/m^2〕
p_0 : 대기압(101.325kPa)
γ : 물의 비중량(9.8kN/m^3)
h : 물의 깊이〔m〕

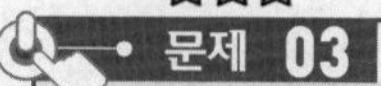

옥내소화전설비에서 소화호스노즐의 방수압력이 0.7MPa 초과시 감압방법 4가지를 쓰고 간단히 설명하시오. (17.4.문9, 16.4.문15, 15.11.문9, 12.7.문1, 12.4.문1, 07.11.문11, 05.5.문5)

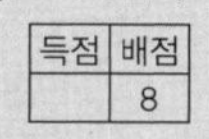

득점	배점
	8

○
○
○
○

해답 ① 고가수조에 따른 방법 : 고가수조를 저층용과 고층용으로 구분하여 설치하는 방법
② 배관계통에 따른 방법 : 펌프를 저층용과 고층용으로 구분하여 설치하는 방법
③ 중계펌프를 설치하는 방법 : 중계펌프를 설치하여 방수압을 낮추는 방법
④ 감압밸브 또는 오리피스를 설치하는 방법 : 방수구에 감압밸브 또는 오리피스를 설치하여 방수압을 낮추는 방법

해설 **감압장치**의 **종류**

감압방법	설 명
고가수조에 따른 방법	**고가수조**를 저층용과 고층용으로 구분하여 설치하는 방법
배관계통에 따른 방법	**펌프**를 저층용과 고층용으로 구분하여 설치하는 방법
중계펌프를 설치하는 방법	**중계펌프**를 설치하여 방수압을 낮추는 방법
감압밸브 또는 오리피스를 설치하는 방법	방수구에 **감압밸브** 또는 **오리피스**를 설치하여 방수압을 낮추는 방법
감압기능이 있는 소화전 개폐밸브를 설치하는 방법	**소화전 개폐밸브**를 **감압기능**이 있는 것으로 설치하여 방수압을 낮추는 방법

☆☆☆

문제 04

다음 도면을 참고로 하여 미완성된 부분을 완성하고 체절점, 설계점, 운전점에 대해 설명하시오.

(11.7.문10)

득점	배점
	10

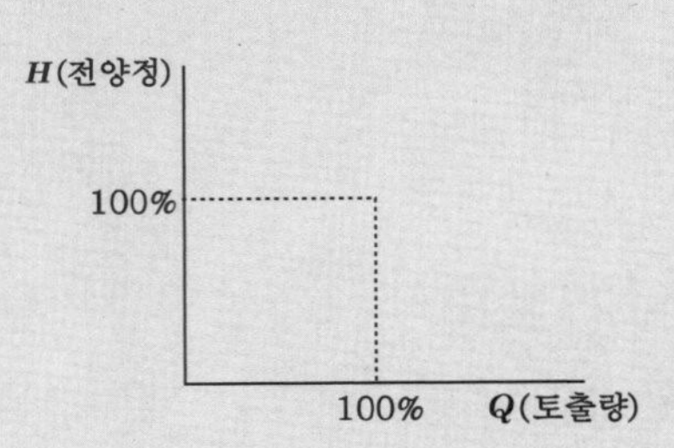

○ 체절점 :

○ 설계점 :

○ 운전점 :

해답

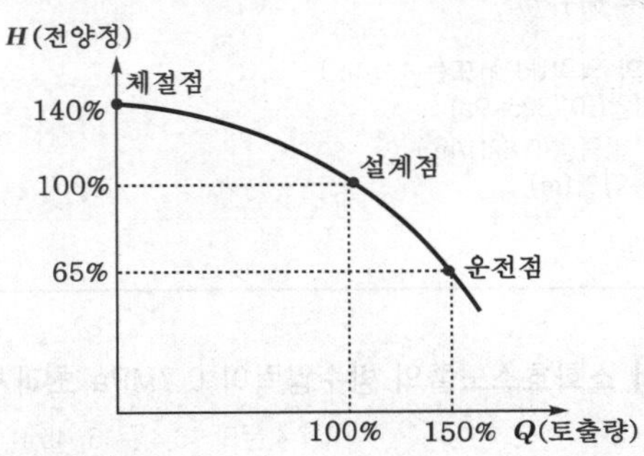

① 체절점 : 정격토출양정의 140% 이하

② 설계점 : 정격토출양정의 100%

③ 운전점 : 정격토출양정의 65% 이상

해설

(1) **체절점**[m]=정격토출양정[m]×1.4 이하

(2) **설계점**[m]=정격토출양정[m]×1.0

(3) **운전점(150% 유량점)**[m]=정격토출양정[m]×0.65 이상

※ **펌프**의 **성능**

체절운전시 정격토출압력의 **140%**를 초과하지 아니하고, 정격토출량의 **150%**로 운전시 정격토출압력의 **65%** 이상이어야 한다.

중요

체절운전, 체절압력, 체절양정

구 분	설 명
체절운전	펌프의 성능시험을 목적으로 펌프 토출측의 개폐밸브를 닫은 상태에서 펌프를 운전하는 것
체절압력	체절운전시 릴리프밸브가 압력수를 방출할 때의 압력계상 압력으로 정격토출압력의 140% 이하
체절양정	펌프의 토출측 밸브가 모두 막힌 상태. 즉, 유량이 0인 상태에서의 양정

※ **체절압력** 구하는 식
- **체절압력**〔MPa〕＝정격토출압력〔MPa〕×1.4
- **체절압력**〔MPa〕＝펌프의 명판에 표시된 양정〔m〕×1.4× $\frac{1}{100}$

스프링클러설비의 배관을 루프(Loop)방식으로 하는 이유 2가지를 쓰시오.

(17.6.문4, 16.6.문12, 16.4.문16, 12.4.문8, 09.7.문5)

○

○

득점	배점
	5

해답 ① 한쪽 배관에 이상발생시 다른 방향으로 소화수를 공급하기 위해서
② 유수의 흐름을 분산시켜 압력손실을 줄이기 위해서

해설 **스프링클러설비**의 **배관방식**

구 분	루프(Loop) 방식	그리드(Grid) 방식
뜻	2개 이상의 배관에서 헤드에 물을 공급하도록 연결하는 방식	평행한 교차배관에 많은 가지배관을 연결하는 방식
장점	① 한쪽 배관에 **이**상발생시 다른 방향으로 소화수를 공급하기 위해서 ② 유수의 흐름을 분산시켜 **압**력손실을 줄이기 위해서 ③ 고장수리시에도 소화수 공급 가능 ④ 배관내 충격파 발생시에도 분산 가능 ⑤ 소화설비의 증설·이설시 용이 기억법 이압	① 유수의 흐름이 분산되어 **압력손실**이 적고 **공급압력 차이**를 줄일 수 있으며, **고른 압력분포** 가능 ② 고장수리시에도 소화수 공급 가능 ③ 배관내 충격파 발생시에도 분산 가능 ④ 소화설비의 증설·이설시 용이 ⑤ 소화용수 및 가압송수장치의 분산배치 용이
구성	▮루프 방식▮	▮그리드 방식▮

문제 06

스프링클러헤드의 반응시간지수(RTI)에 대하여 식을 포함해서 설명하시오.

득점	배점
	5

해답 기류의 온도, 속도 및 작동시간에 대하여 스프링클러헤드의 반응시간을 예상한 지수

$$RTI = \tau\sqrt{u}$$

여기서, RTI : 반응시간지수〔m·s〕$^{0.5}$
τ : 감열체의 시간상수〔초〕
u : 기류속도〔m/s〕

해설 **반응시간지수**(RTI : Response Time Index)
기류의 **온도·속도** 및 **작동시간**에 대하여 스프링클러헤드의 반응을 예상한 지수(스프링클러헤드 형식 2)

$$RTI = \tau\sqrt{u}$$

여기서, RTI : 반응시간지수[m · s]$^{0.5}$
τ : 감열체의 시간상수[초]
u : 기류속도[m/s]

☆☆
문제 07

소화설비배관의 밸브에 대한 다음 각 물음에 답하시오. (17.6.문6)

득점	배점
	6

(가) 개폐표시가 가능한 밸브의 종류 2가지를 쓰시오.
○
○
(나) 개폐표시가 가능한 밸브를 사용하는 이유는 무엇인가?
(다) 펌프 흡입측에 사용하지 않는 밸브의 명칭과 이유를 쓰시오.

해답 (가) ① OS&Y 밸브
② 버터플라이 밸브
(나) 밸브의 개폐상태를 눈으로 쉽게 확인하기 위해서
(다) 버터플라이 밸브 : 밸브의 순간적인 개폐로 수격작용 발생우려

해설 (가) 개폐표시가 가능한 밸브

OS&Y 밸브(Outside Screw & Yoke valve)	버터플라이 밸브(Butterfly Valve)
• **대형밸브**로서 유체의 흐름방향을 **180°**로 변환시킨다. • 주관로상에 사용하며 개폐가 천천히 이루어진다.	• 대형밸브로서 유체의 흐름방향을 180°로 변환시킨다. • 주관로상에 사용되며 개폐가 순간적으로 이루어진다.
핸들 요크슬리브 볼베어링 탬퍼스위치 지지대 요크 밸브커버 몸체 디스크 디스크시트 ‖OS&Y 밸브‖	 ‖버터플라이 밸브‖

(나) **개폐표시형 밸브**(개폐표시가 가능한 밸브)
밸브의 개폐상태를 **눈**으로 쉽게 **확인**하기 위해서 밸브에 **탬퍼스위치**(Tamper Switch)를 부착하여 밸브가 폐쇄상태로 되어 있을 경우 **감시제어반**에 **신호**를 보내 경보를 발하는 밸브

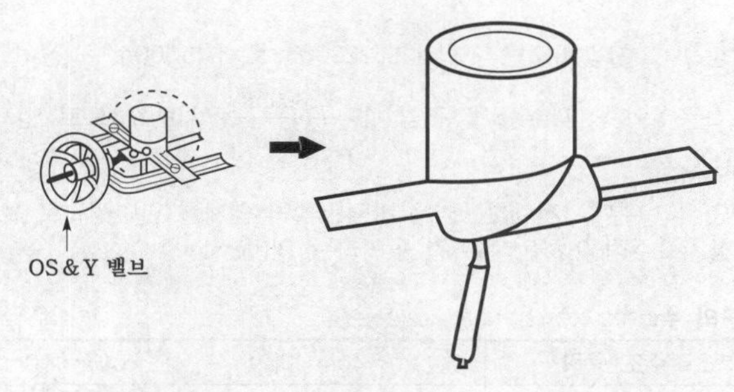

‖ 탬퍼스위치 ‖

(다) **펌프 흡입측에 버터플라이 밸브를 제한하는 이유**

① 물의 **유체저항**이 매우 커서 원활한 흡입이 되지 않는다.

② 유효흡입양정(NPSH)이 감소되어 **공동현상**(cavitation)이 발생할 우려가 있다.

③ 개폐가 순간적으로 이루어지므로 **수격작용**(water hammering)이 발생할 우려가 있다.

문제 08

지상 1층 및 2층의 바닥면적의 합계가 22300m² 인 공장에 소화수조 또는 저수조를 설치하고자 한다. 다음 각 물음에 답하시오. (13.11.문13)

(가) 소화수조 또는 저수조를 설치시 저수조에 확보하여야 할 저수량[m³]을 구하시오.

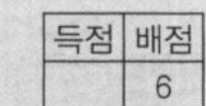

득점	배점
	6

○ 계산과정 :

○ 답 :

(나) 저수조에 설치하여야 할 채수구의 최소 설치수량은 몇 개인가?

해답

(가) ○ 계산과정 : $\frac{22300}{7500} = 2.97 \fallingdotseq 3$

$3 \times 20 = 60\text{m}^3$

○ 답 : 60m^3

(나) 2개

해설

(가) ① **소화수조** 또는 **저수조**의 **저수량 산출**(NFPC 402 4조, NFTC 402 2.1.2)

특정소방대상물의 구분	기준면적[m²]
지상 1층 및 2층의 바닥면적 합계 15000m² 이상 →	7500
기타	12500

지상 1·2층의 바닥면적 합계 = 22300m²

∴ 15000m² 이상이므로 기준면적은 7500m²이다.

소화용수의 양(저수량)

$$Q = \frac{\text{연면적}}{\text{기준면적}}(\text{절상}) \times 20\text{m}^3$$

$$= \frac{22300\text{m}^2}{7500\text{m}^2}(\text{절상}) \times 20\text{m}^3$$

$$= 60\text{m}^3$$

- 지상 1 · 2층의 바닥면적 합계가 22300m²로서 15000m² 이상이므로 기준면적은 **7500m²**이다.
- 소화용수의 양(저수량)을 구할 때 $\frac{22300\text{m}^2}{7500\text{m}^2}=2.97 ≒ 3$으로 먼저 **절상**한 후 **20m³**를 곱한다는 것을 기억하라!
- 연면적이 주어지지 않은 경우 바닥면적의 합계를 연면적으로 보면 된다. 그러므로 **22300m²** 적용
- **절상** : 소수점 이하는 무조건 올리라는 의미

(나) **채수구의 수**(NFPC 402 4조, NFTC 402 2.1.3.2.1)

소화수조 용량	20~40m³ 미만	40~100m³ 미만	100m³ 이상
채수구의 수	**1개**	**2개**	**3개**

- 소화용수의 양(저수량)이 **60m³**로서 **40~100m³** 미만이므로 **채수구**의 최소개수는 **2개**

비교

흡수관 투입구 수(NFPC 402 4조, NFTC 402 2.1.3.1)

소요 수량	80m³ 미만	80m³ 이상
흡수관 투입구 수	**1개** 이상	**2개** 이상

- 소화용수의 양(저수량)이 **60m³**로서 **80m³** 미만이므로 **흡수관 투입구**의 최소개수는 **1개**

☆☆☆

문제 09

스프링클러설비가 설치된 건물에서 최고층 건물높이가 70m이고 헤드가 최고층까지 설치되었다. 다음 조건을 참조하여 충압펌프의 전동기용량〔kW〕을 구하시오.

득점	배점
	5

〔조건〕

① 펌프의 토출량은 $150l/\text{min}$이다.

② 펌프의 효율은 55%이다.

③ 펌프와 전동기가 직결로 연결되어 있고 직결계수는 1.1이다.

○ 계산과정 :

○ 답 :

해답 ○ 계산과정 : 토출압력(전양정)=0.7+0.2=0.9MPa=90m

$$P=\frac{0.163\times0.15\times90}{0.55}\times1.1=4.401 ≒ 4.4\text{kW}$$

○ 답 : 4.4kW

해설 (1) **충압펌프**의 **토출압력**(전양정)

=자연압+0.2MPa 이상

=70m+0.2MPa 이상

=0.7MPa+0.2MPa 이상=0.9MPa 이상

=90m 이상

- **자연압** : **펌프중심**에서 **최고층 헤드**까지의 높이를 압력으로 환산한 값
- 10m=0.1MPa

(2) **모터동력**(전동력)

$$P=\frac{0.163QH}{\eta}K$$

여기서, P : 전동력(용량)〔kW〕
Q : 토출량(유량)〔m^3/min〕
H : 전양정〔m〕
K : 전달계수
η : 효율

전동력 P는

$$P=\frac{0.163\,QH}{\eta}K=\frac{0.163\times 150l/\text{min}\times 90\text{m}}{0.55}\times 1.1=\frac{0.163\times 0.15\text{m}^3/\text{min}\times 90\text{m}}{0.55}\times 1.1=4.401 \fallingdotseq 4.4\text{kW}$$

☆☆☆

문제 10

경유를 저장하는 탱크의 내부 직경이 50m인 플루팅루프탱크(Floating Roof Tank)에 포소화설비의 특형 방출구를 설치하여 방호하려고 할 때 다음 각 물음에 답하시오.

(17.11.문9, 16.11.문13, 16.6.문2, 15.4.문9, 13.11.문3, 13.7.문4, 09.10.문4, 05.10.문12, 02.4.문12)

득점	배점
	15

〔조건〕

① 소화약제는 3%용의 단백포를 사용하며, 포수용액의 분당 방출량은 $8l/m^2$·분이고, 방사시간은 30분을 기준으로 한다.

② 탱크의 내면과 굽도리판의 간격은 1m로 한다.

③ 펌프의 효율은 65%, 전달계수는 1.1로 한다.

(가) 탱크의 환상면적〔m^2〕은 얼마인가?

(나) 탱크의 특형 고정포방출구에 의하여 소화하는 데 필요한 수용액의 양, 수원의 양, 포원액의 양은 각각 얼마인가?

○ 수용액의 양(계산과정 및 답) :

○ 수원의 양(계산과정 및 답) :

○ 포원액의 양(계산과정 및 답) :

(다) 수원을 공급하는 가압송수장치(펌프)의 분당 토출량〔l/min〕은?

○ 계산과정 :

○ 답 :

(라) 펌프의 전양정이 90m라고 할 때 전동기의 출력〔kW〕은?

○ 계산과정 :

○ 답 :

(가) ○ 계산과정 : $\frac{\pi}{4}(50^2-48^2)=153.938 \fallingdotseq 153.94\text{m}^2$

○ 답 : 153.94m^2

(나) ○ 계산과정 : 포수용액의 양 : $153.94\times 8\times 30\times 1=36945.6l$

○ 답 : 36945.6l

○ 계산과정 : 수원의 양 : $153.94\times 8\times 30\times 0.97=35837.232 \fallingdotseq 35837.23l$

○ 답 : 35837.23l

○ 계산과정 : 포소화약제 원액의 양 : $153.94 \times 8 \times 30 \times 0.03 = 1108.368 ≒ 1108.37l$

○ 답 : 1108.37l

(다) ○ 계산과정 : $\frac{36945.6}{30} = 1231.52l/\text{min}$

○ 답 : 1231.52l/min

(라) ○ 계산과정 : $\frac{0.163 \times 1.23152 \times 90}{0.65} \times 1.1 = 30.573 ≒ 30.57\text{kW}$

○ 답 : 30.57kW

해설 (가) **탱크의 액표면적**(환상면적)

$A = \frac{\pi}{4}(50^2 - 48^2)\text{m}^2 = 153.938 ≒ 153.94\text{m}^2$

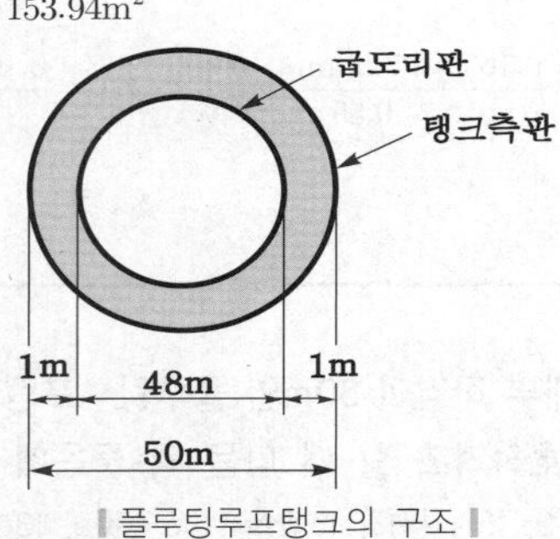

▮플루팅루프탱크의 구조▮

(나)

$$Q = A \times Q_1 \times T \times S$$

여기서, Q : 포소화약제의 양[l]
A : 탱크의 액표면적[m²]
Q_1 : 단위 포소화수용액의 양[l/m²·분]
T : 방출시간[분]
S : 포소화약제의 사용농도

① 포수용액의 양 Q는

$Q = A \times Q_1 \times T \times S = 153.94\text{m}^2 \times 8l/\text{m}^2 \cdot 분 \times 30분 \times 1 = 36945.6l$

- 포수용액의 **농도** S는 항상 1이다.
- A : (가)에서 구한 153.94m²를 적용하면 된다. 다시 $\frac{\pi}{4}(50^2 - 48^2)\text{m}^2$를 적용해서 계산할 필요는 없다.

② 수원의 양 Q는

$Q = A \times Q_1 \times T \times S = 153.94\text{m}^2 \times 8l/\text{m}^2 \cdot 분 \times 30분 \times 0.97 = 35837.232 ≒ 35837.23l$

- [조건 ①]에서 **3%**용 포이므로 수원(물)은 **97%**(100－3＝97%)가 되어 농도 S=**0.97**이다.

③ 포소화약제 원액의 양 Q는

$Q = A \times Q_1 \times T \times S = 153.94\text{m}^2 \times 8l/\text{m}^2 \cdot 분 \times 30분 \times 0.03 = 1108.368 ≒ 1108.37l$

- [조건 ①]에서 **3%**용 포이므로 농도 S=**0.03**이 된다.

(다) 펌프의 토출량은 **포수용액**을 기준으로 하므로

$\frac{36945.6l}{30\text{min}} = 1231.52l/\text{min}$

- 36945.6l는 (가)에서 구한 값이다.
- [조건 ①]에서 방사시간이 30분이므로 **30min**을 적용한다.
- 토출량의 단위 [l/min]를 보면 쉽게 답을 구할 수 있다.

(라)

$$P = \frac{0.163QH}{\eta}K$$

여기서, P: 전동력(전동기의 출력)[kW]

Q: 유량[m^3/min]

H: 전양정[m]

K: 전달계수

η: 효율

전동기의 **출력** P는

$$P = \frac{0.163QH}{\eta}K = \frac{0.163 \times 1231.52l/\text{min} \times 90\text{m}}{0.65} \times 1.1$$

$$= \frac{0.163 \times 1.23152\text{m}^3/\text{min} \times 90\text{m}}{0.65} \times 1.1 = 30.573 ≒ 30.57\text{kW}$$

☆☆☆

문제 11

지상 9층의 백화점 건물에 화재안전기준과 다음 조건과 같이 스프링클러설비를 설계하려고 한다. 각 물음에 답하시오.

(06.4.문15)

득점	배점
	20

[조건]

① 펌프는 지하층에 설치되어 있고 펌프로부터 최상층 스프링클러헤드까지 수직거리는 50m이다.

② 배관 및 관부속 마찰손실수두는 자연낙차의 20%로 한다.

③ 펌프의 흡입측 배관에 설치된 연성계는 300mmHg를 지시하고 있다.

④ 1, 2층에 설치하는 헤드수는 각 35개, 3~9층에는 각각 20개의 헤드가 설치되어 있다.

⑤ 모든 규격차는 최소량을 적용한다.

⑥ 펌프는 체적효율 95%, 기계효율 90%, 수력효율 80%이다.

⑦ 펌프의 전달계수 K=1.1이다.

(가) 수원의 저수량[m^3]은?

○ 계산과정 :

○ 답 :

(나) 펌프의 토출량[l /min]은?

○ 계산과정 :

○ 답 :

(다) 전양정[m]은?

○ 계산과정 :

○ 답 :

(라) 펌프의 전효율[%]은?

○ 계산과정 :

○ 답 :

(마) 펌프의 수동력, 축동력, 전동력을 구하시오.

○ 수동력(계산과정 및 답) :

○ 축동력(계산과정 및 답) :

○ 전동력(계산과정 및 답) :

(바) 토출측의 배관구경을 구하시오.
　○ 계산과정 :
　○ 답 :

해답

(가) ○ 계산과정 : $1.6 \times 30 = 48\text{m}^3$ ○ 답 : 48m^3

(나) ○ 계산과정 : $30 \times 80 = 2400 l/\text{min}$ ○ 답 : $2400 l/\text{min}$

(다) ○ 계산과정 : $h_1 : 50 \times 0.2 = 10\text{m}$

$h_2 : \frac{300}{760} \times 10.332 = 4.078 ≒ 4.08\text{m}$

$4.08 + 50 = 54.08\text{m}$

$H = 10 + 54.08 + 10 = 74.08\text{m}$ ○ 답 : 74.08m

(라) ○ 계산과정 : $0.9 \times 0.8 \times 0.95 = 0.684 = 68.4\%$ ○ 답 : 68.4%

(마) 수동력 ○ 계산과정 : $0.163 \times 2.4 \times 74.08 ≒ 28.98\text{kW}$ ○ 답 : 28.98kW

축동력 ○ 계산과정 : $\frac{0.163 \times 2.4 \times 74.08}{0.684} = 42.368 ≒ 42.37\text{kW}$ ○ 답 : 42.37kW

전동력 ○ 계산과정 : $\frac{0.163 \times 2.4 \times 74.08}{0.684} \times 1.1 = 46.605 ≒ 46.61\text{kW}$ ○ 답 : 46.61kW

(바) ○ 계산과정 : $\sqrt{\frac{4 \times 2.4/60}{\pi \times 10}} = 0.071\text{m} = 71\text{mm}$ ○ 답 : 80mm

해설

(가)

특정소방대상물		폐쇄형 헤드의 기준개수
지하가 · 지하역사		30
11층 이상		
10층 이하	공장(특수가연물)	
	판매시설(백화점 등), 복합건축물(판매시설이 설치된 복합건축물) →	
	근린생활시설, 운수시설	20
	8m 이상	
	8m 미만	10

$Q = 1.6N$(30층 미만), $Q = 3.2N$(30~49층 이하), $Q = 4.8N$(50층 이상)

여기서, Q : 수원의 저수량[m^3]
N : 폐쇄형 헤드의 기준개수(설치개수가 기준개수보다 작으면 그 설치개수)

수원의 **저수량** Q는

$Q = 1.6N = 1.6 \times 30 = 48\text{m}^3$

※ N : **백화점**이므로 위 표에서 **30개**가 된다.

(나)

$Q = N \times 80 l/\text{min}$

여기서, Q : 토출량[l/min]
N : 폐쇄형 헤드의 기준개수(설치개수가 기준개수보다 작으면 그 설치개수)

펌프의 **토출량** Q는

$Q = N \times 80 l/\text{min} = 30 \times 80 l/\text{min} = 2400 l/\text{min}$

※ N : **백화점**이므로 위 표에서 **30개**가 된다.

(다)

$H \geq h_1 + h_2 + 10$

여기서, H : 전양정[m]
h_1 : 배관 및 관부속품의 마찰손실수두[m]
h_2 : 실양정(흡입양정+토출양정)[m]

$h_1 : 50\text{m} \times 0.2 = 10\text{m}$

10.332m=760mmHg 이므로

$$300\text{mmHg} = \frac{300\text{mmHg}}{760\text{mmHg}} \times 10.332\text{m} = 4.078 = 4.08\text{m}$$

토출양정 : 50m

$4.08\text{m} + 50\text{m} = 54.08\text{m}$

전양정 H는

$H = h_1 + h_2 + 10 = 10 + 54.08 + 10 = 74.08\text{m}$

- h_1 (10m) : 〔조건 ②〕에서 자연낙차의 20%이다. 〔조건 ①〕에서 토출양정은 50m이다. 원칙적으로 자연낙차와 토출양정은 다르지만 여기서는 **?** 부분의 길이가 주어지지 않았으므로 토출양정을 자연낙차로 본다.
- h_2 : 흡입양정(〔조건 ③〕에서 주어진 값)
  토출압력(〔조건 ①〕에서 주어진 값)

중요

자연압(자연낙차)·실양정·토출양정·흡입양정

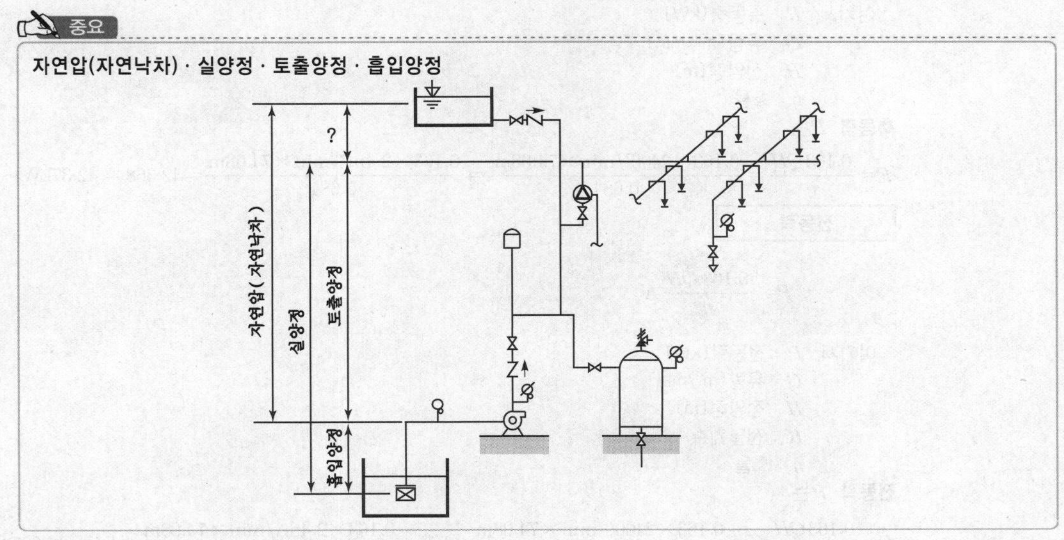

(라)

$$\eta_T = \eta_m \times \eta_h \times \eta_v$$

여기서, η_T : 펌프의 전효율
η_m : 기계효율
η_h : 수력효율
η_v : 체적효율

펌프의 **전효율** η_T는

$\eta_T = \eta_m \times \eta_h \times \eta_v = 0.9 \times 0.8 \times 0.95 = 0.684 = 68.4\%$

아하! 그렇구나 **펌프의 효율 및 손실**

(1) **펌프**의 **효율**(η)

$$\eta = \frac{\text{축동력} - \text{동력손실}}{\text{축동력}}$$

(2) **손실**의 **종류**

① **누**수손실
② **수**력손실
③ **기**계손실
④ **원**판마찰손실

기억법 **누수 기원손(누수를 기원하는 손)**

(마) **수동력**

$$P = 0.163QH$$

여기서, P : 축동력[kW]
Q : 유량[m³/min]
H : 전양정[m]

수동력 P는

$$P = 0.163QH = 0.163 \times 2400l/\text{min} \times 74.08\text{m} = 0.163 \times 2.4\text{m}^3/\text{min} \times 74.08\text{m} \fallingdotseq 28.98\text{kW}$$

축동력

$$P = \frac{0.163\,QH}{\eta}$$

여기서, P : 축동력[kW]
Q : 유량[m³/min]
H : 전양정[m]
η : 효율

축동력 P는

$$P = \frac{0.163QH}{\eta} = \frac{0.163 \times 2400l/\text{min} \times 74.08\text{m}}{0.684} = \frac{0.163 \times 2.4\text{m}^3/\text{min} \times 74.08\text{m}}{0.684} = 42.368 \fallingdotseq 42.37\text{kW}$$

전동력

$$P = \frac{0.163\,QH}{\eta}K$$

여기서, P : 전동력[kW]
Q : 유량[m³/min]
H : 전양정[m]
K : 전달계수
η : 효율

전동력 P는

$$P = \frac{0.163QH}{\eta}K = \frac{0.163 \times 2400l/\text{min} \times 74.08\text{m}}{0.684} \times 1.1 = \frac{0.163 \times 2.4\text{m}^3/\text{min} \times 74.08\text{m}}{0.684} \times 1.1 = 46.605 \fallingdotseq 46.61\text{kW}$$

- Q (**2400**l **/min**) : (나)에서 주어진 값
- H (**74.08m**) : (다)에서 주어진 값
- K (**1.1**) : [조건 ⑦]에서 주어진 값
- η (**0.684**) : (라)에서 주어진 값

(바)

$$Q = AV = \frac{\pi D^2}{4}V$$

여기서, Q: 유량[m³/s]
A : 단면적[m²]
V: 유속[m/s]
D: 내경[m]

$Q = \frac{\pi D^2}{4}V$에서

배관의 **내경** D는

$$D = \sqrt{\frac{4Q}{\pi V}} = \sqrt{\frac{4 \times 2400l/\text{min}}{\pi \times 10\text{m/s}}} = \sqrt{\frac{4 \times 2.4\text{m}^3/60\text{s}}{\pi \times 10\text{m/s}}} \fallingdotseq 0.071\text{m} = 71\text{mm}$$

내경 71mm 이상 되는 값은 80mm가 된다.

배관 내의 유속

설 비		유 속
옥내소화전설비		4m/s 이하
스프링클러설비	가지배관	6m/s 이하
	기타의 배관 →	10m/s 이하

- V : 토출측의 배관구경은 가지배관이 아니므로 **10m/s** 적용
- 1m=1000mm이므로 0.071m=71mm

중요

급수관 구경

25mm	32mm	40mm	50mm	65mm	80mm	90mm	100mm	125mm	150mm

- **90mm**는 급수관 표준구경이기는 하지만 한국에서는 실제 생산되지는 않는다.

문제 12

11층 건물의 어느 특정소방대상물에 고가수조를 가압송수장치로 설치한 옥내소화전설비를 설치하였다. 옥내소화전을 3개 설치할 때 수원의 양〔l〕은? (02.4.문6)

○ 계산과정 :

○ 답 :

득점	배점
	4

해답 ○ 계산과정 : $2.6\times2=5.2\text{m}^3=5200l$ ○ 답 : $5200l$

해설 **옥내소화전설비**

$Q=2.6N$(30층 미만, N : 최대 2개)
$Q=5.2N$(30~49층 이하, N : 최대 5개)
$Q=7.8N$(50층 이상, N : 최대 5개)

여기서, Q : 수원의 저수량〔m^3〕
N :가장 많은 층의 소화전개수

수원의 **양** Q는

$Q=2.6N=2.6\times2=5.2\text{m}^3=5200l$

- $1\text{m}^3=1000l$이므로 $5.2\text{m}^3=5200l$
- 문제에서 **11층** 건물이므로 **30층 미만 공식** 적용
- 옥상수원까지 계산하는 사람이 있는데 그것은 틀린 답이다. 특별히 고가수조를 가압송수장치로 설치한 옥내소화전설비는 옥상수원 자체를 설치하지 않는다.
- **유효수량**의 $\frac{1}{3}$ **이상**을 **옥상**에 설치하지 않아도 되는 경우(30층 이상은 제외)
  ① **지하층**만 있는 건축물
  ② **고가수조**를 가압송수장치로 설치한 옥내소화전설비
  ③ 수원이 건축물의 최상층에 설치된 **방수구**보다 높은 위치에 설치된 경우
  ④ 건축물의 높이가 지표면으로부터 **10m** 이하인 경우
  ⑤ **주펌프**와 동등 이상의 성능이 있는 별도의 펌프로서 내연기관의 기동과 연동하여 작동되거나 **비상전원**을 연결하여 설치한 경우
  ⑥ **학교 · 공장 · 창고시설**로서 동결의 우려가 있는 장소
  ⑦ **가압수조**를 가압송수장치로 설치한 옥내소화전설비

아하! 그렇구나 수원의 저수량(수량)

(1) **드렌처설비**

$$Q = 1.6N$$

여기서, Q : 수원의 저수량[m^3]

N : 드렌처헤드개수(드렌처헤드가 가장 많이 설치된 **제어밸브** 기준)

(2) **스프링클러설비**

$$Q = 1.6N \text{(30층 미만)}, \quad Q = 3.2N \text{(30~49층 이하)}, \quad Q = 4.8N \text{(50층 이상)}$$

여기서, Q : 수원의 저수량[m^3]

N : 폐쇄형 헤드의 기준개수(설치개수가 기준개수보다 작으면 그 설치개수)

(3) **스프링클러설비**(옥상수원)

$$Q = 1.6N \times \frac{1}{3} \text{(30층 미만)}, \quad Q = 3.2N \times \frac{1}{3} \text{(30~49층 이하)}, \quad Q = 4.8N \times \frac{1}{3} \text{(50층 이상)}$$

여기서, Q : 수원의 저수량[m^3]

N :폐쇄형 헤드의 기준개수(설치개수가 기준개수보다 작으면 그 설치개수)

(4) **옥내소화전설비**

$$Q = 2.6N \text{(30층 미만, } N\text{ : 최대 2개)}$$
$$Q = 5.2N \text{(30~49층 이하, } N\text{ : 최대 5개)}$$
$$Q = 7.8N \text{(50층 이상, } N\text{ : 최대 5개)}$$

여기서, Q : 수원의 저수량[m^3]

N :가장 많은 층의 소화전개수

(5) **옥내소화전설비**(옥상수원)

$$Q = 2.6N \times \frac{1}{3} \text{(30층 미만, } N\text{ : 최대 2개)}$$
$$Q = 5.2N \times \frac{1}{3} \text{(30~49층 이하, } N\text{ : 최대 5개)}$$
$$Q = 7.8N \times \frac{1}{3} \text{(50층 이상, } N\text{ : 최대 5개)}$$

여기서, Q : 수원의 저수량[m^3]

N :가장 많은 층의 소화전개수

(6) **옥외소화전설비**

$$Q = 7N$$

여기서, Q : 수원의 저수량[m^3]

N :옥외소화전 설치개수(**최대 2개**)

“ 실패한 자가 패배한 것이 아니라, 포기한 자가 패배한 것이다. ”

- 장 파울 -

2014. 11. 1 시행

2014년 산업기사 제4회 필답형 실기시험

자격종목	시험시간	형별	수험번호	성명	감독위원 확 인
소방설비산업기사(기계분야)	2시간 30분				

※ 다음 물음에 답을 해당 답란에 답하시오.(배점 : 100)

☆☆

문제 01

주어진 포소화설비의 소화약제에 대하여 간단히 설명하시오.

득점	배점
	5

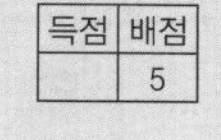

○ 단백포 :

○ 합성계면활성제포 :

○ 불화단백포

해답

○ 단백포 : 동물성 단백질의 가수분해 생성물에 안정제를 첨가한 것
○ 합성계면활성제포 : 합성물질로서 변질의 우려가 없다.
○ 불화단백포 : 단백포에 불소계 계면활성제를 첨가한 것

해설 **포소화약제**

구 분	설 명
단백포	동물성 단백질의 가수분해 생성물에 안정제를 첨가한 것
불화단백포	단백포에 불소계 계면활성제를 첨가한 것
합성계면활성제포	합성물질로서 변질 우려가 없다.
수성막포	① 액면상에 수용액의 박막을 만드는 특징이 있으며, **불소계**의 **계면활성제**를 주성분으로 한 것 ② **석유·벤젠** 등과 같은 유기용매에 흡착하여 유면 위에 수용성의 얇은 막(경막)을 일으켜서 소화하며, 불소계의 계면활성제를 주성분으로 한다. **AFFF** (Aqueous Film Foaming Form)라고도 부름
내알코올포	**수용성 액체**의 화재에 적합

참고

저발포용과 고발포용 소화약제

저발포용 소화약제(3%, 6%형)	**고발포용 소화약제**(1%, 1.5%, 2%형)
① 단백포 소화약제 ② 불화단백포 소화약제 ③ 합성계면활성제포 소화약제 ④ 수성막포 소화약제 ⑤ 내알코올포 소화약제	합성계면활성제포 소화약제

☆☆☆
문제 02

다음은 옥내소화전설비 화재안전기준에 관한 사항이다. ( ) 안에 알맞은 답을 쓰시오. (12.11.문8)

득점	배점
	5

유사문제부터 풀어보세요. 실력이 팍!팍! 올라갑니다.

○ 옥내소화전의 방수구는 바닥으로부터 높이가 (①) 이하가 되도록 할 것
○ 함의 재질은 두께 (②) 이상의 강판으로 하고, 문짝의 면적은 (③) 이상으로 할 것
○ 특정소방대상물의 어느 층에 있어서도 해당 층의 옥내소화전(2개 이상 설치된 경우에는 2개의 옥내소화전)을 동시에 사용할 경우 각 소화전의 노즐선단에서의 방수량이 (④) l/min 이상, 호스릴옥내소화전설비는 (⑤) l/min 이상이 되는 성능의 것으로 할 것

해답 ① 1.5m ② 1.5mm ③ 0.5m² ④ 130 ⑤ 130

해설 (1) **옥내소화전설비**의 **설치기준**
옥내소화전의 방수구는 특정소방대상물의 **층**마다 설치하되, 해당 **특정소방대상물**의 각 부분으로부터 하나의 **옥내소화전방수구**까지의 **수평거리**가 **25m** 이내이고, 바닥으로부터의 높이가 **1.5m** 이하가 되도록 할 것

▌설치높이▐

0.5~1m 이하	0.8~1.5m 이하	1.5m 이하
① **연**결송수관설비의 송수구 · 방수구 ② **연**결살수설비의 송수구 ③ **소**화용수설비의 채수구 기억법 연소용 51(**연소용 오일**은 잘 탄다.)	① **제**어밸브(수동식 개방밸브) ② **유**수검지장치 ③ **일**제개방밸브 기억법 제유일 85(**제**가 **유일**하게 **팔**았어**요**.)	① **옥내**소화전설비의 방수구 ② **호**스릴함 ③ **소**화기 기억법 옥내호소 5(**옥내**에서 **호소**하시**오**.)

(2) **옥내소화전설비**의 **함**의 **설치기준**(NFPC 102 7조, NFTC 102 2.4.1.1)(소화전함 성능인증 및 제품검사의 기술기준)
함의 재질은 두께 **1.5mm** 이상의 **강판** 또는 두께 **4mm** 이상의 **합성수지재**로 하고, 문짝의 면적은 **0.5m²** 이상으로 하여 밸브의 조작, 호스의 수납 등에 충분한 여유를 가질 수 있도록 할 것. 연결송수관의 방수구를 같이 설치하는 경우에도 또한 같다.

• ①, ②, ③은 답란에 단위까지 반드시 써야 한다.

참고

옥내소화전함

(1) 함의 재질 ─ 두께 **1.5mm** 이상의 **강판** / 두께 **4mm** 이상의 **합성수지재**

(2) 문짝의 면적 : **0.5m²** 이상

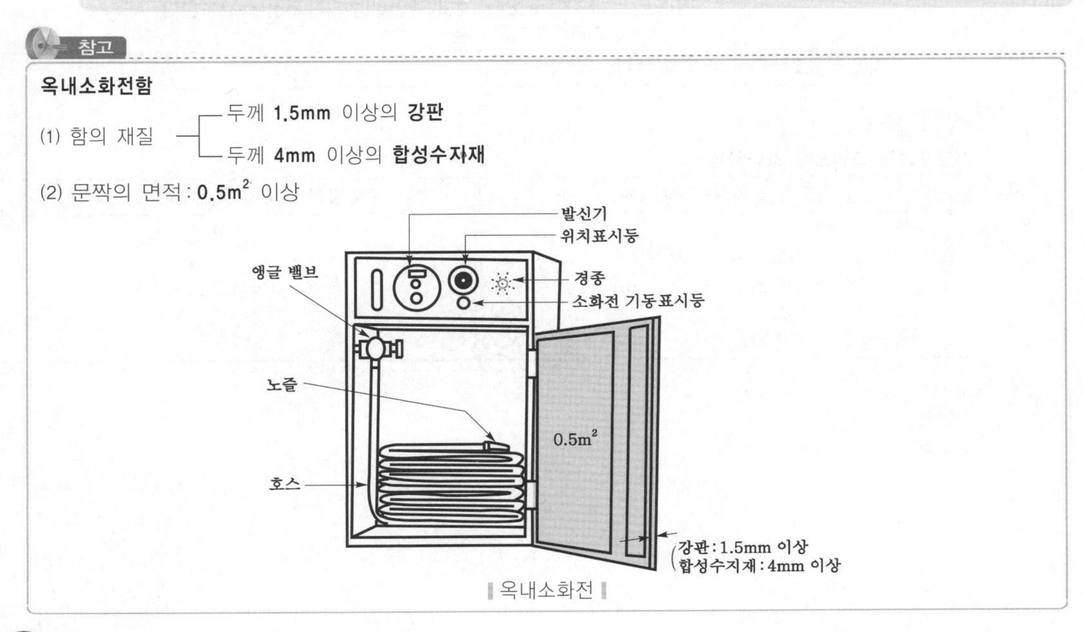

▌옥내소화전▐

(3) 특정소방대상물의 어느 층에 있어서도 해당 층의 옥내소화전(2개 이상 설치된 경우에는 **2개**의 옥내소화전)을 동시에 사용할 경우 각 소화전의 노즐선단에서의 방수압력이 **0.17MPa**(**호스릴**옥내소화전설비 포함) 이상이고, 방수량이 **130l/min**(**호스릴**옥내소화전설비 포함) 이상이 되는 성능의 것으로 할 것. (단, 하나의 옥내소화전을 사용하는 노즐선단에서의 방수압력이 **0.7MPa**을 초과할 경우에는 호스접결구의 **인입측**에 **감압장치**를 설치하여야 한다.)

‖ 방수압 · 방수량 ‖

구 분	옥내소화전설비(호스릴옥내소화전설비 포함)	옥외소화전설비
방수압	0.17MPa 이상	0.25MPa 이상
방수량	130l/min 이상	350l/min 이상

☆☆☆

문제 03

특수가연물이 저장된 건물에 물분무소화설비를 하려고 한다. 법정 수원의 용량〔l〕을 구하시오. (단, 건물의 바닥면적은 80m^{2}이다.) (12.4.문13)

○ 계산과정 :

○ 답 :

득점	배점
	4

해답 ○ 계산과정 : $80 \times 10 \times 20 = 16000l$

○ 답 : 16000l

해설 **수원**의 **용량** Q는

$Q = \text{바닥면적}(\text{최소}\,50\text{m}^2) \times 10l/\text{min}\cdot\text{m}^2 \times 20\text{min}$

$= 80\text{m}^2 \times 10l/\text{min}\cdot\text{m}^2 \times 20\text{min} = 16000l$

- 건물 바닥면적이 80m^2(최소 50m^2)이므로 바닥면적은 **80m^2** 가 된다.
- **20min**은 소방차가 화재현장에 출동하는 데 걸리는 시간이다.
- **물분무소화설비의 수원**

특정소방대상물	토출량	비 고
컨베이어벨트	10l/min · m^2	벨트부분의 바닥면적
절연유 봉입변압기	10l/min · m^2	표면적을 합한 면적(바닥면적 제외)
특수가연물	10l/min · m^2(최소 50m^2)	최대방수구역의 바닥면적 기준
케이블트레이 · 덕트	12l/min · m^2	투영된 바닥면적
차고 · 주차장	20l/min · m^2(최소 50m^2)	최대방수구역의 바닥면적 기준
위험물 저장탱크	**37**l/min · m	위험물탱크 둘레길이(원주길이) : 위험물규칙 〔별표 6〕 Ⅱ

※ 모두 **20분**간 방수할 수 있는 양 이상으로 하여야 한다.

기억법 **컨 절 특 케 차 위**
0 0 0 2 0 37

☆☆☆

문제 04

지하 2층 지상 12층의 사무실건물에 있어서 11층 이상에 화재안전기준과 아래 조건에 따라 스프링클러설비를 설계하려고 한다. 다음 각 물음에 답하시오. (17.11.문10, 15.7.문16)

〔조건〕

① 11층 및 12층에 설치하는 폐쇄형 스프링클러헤드의 수량은 각각 80개이다.

득점	배점
	12

② 수직배관의 내경은 150mm이고, 높이는 40m이다.

③ 펌프의 후드밸브로부터 최상층 스프링클러헤드까지의 실고는 50m이다.

④ 수직배관의 마찰손실수두를 제외한 펌프의 후드밸브로부터 최상층 즉, 가장 먼 스프링클러헤드까지의 마찰 및 저항 손실수두는 15m이다.

⑤ 모든 규격치는 최소량을 적용한다.

⑥ 펌프의 효율은 65%이다.

(가) 펌프의 최소유량[l/min]을 산정하시오.

○ 계산과정 :

○ 답 :

(나) 수원의 최소유효저수량[m^3]을 산정하시오.

○ 계산과정 :

○ 답 :

(다) 수직배관에서의 마찰손실수두[m]를 계산하시오. (단, 수직배관은 직관으로 간주, Darcy-Weisbach의 식을 사용, 마찰손실계수는 0.02이다.)

○ 계산과정 :

○ 답 :

(라) 펌프의 최소양정[m]을 계산하시오.

○ 계산과정 :

○ 답 :

(마) 펌프의 축동력[kW]을 계산하시오.

○ 계산과정 :

○ 답 :

(바) 불연재료로 된 천장에 헤드를 아래 그림과 같이 정방형으로 배치하려고 한다. A의 최대길이를 계산하시오. (단, 건물은 내화구조이다.)

○ 계산과정 :

○ 답 :

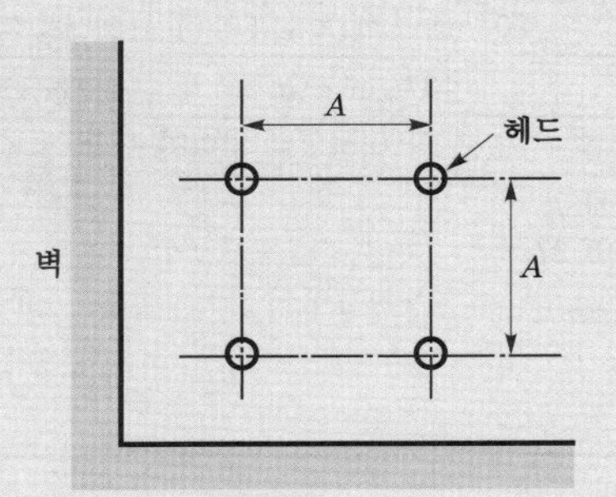

해답 (가) ○ 계산과정 : 30×80=2400l/min ○ 답 : 2400l/min

(나) ○ 계산과정 : 1.6×30=48m^3 ○ 답 : 48m^3

(다) ○ 계산과정 : $V=\frac{2.4/60}{\frac{\pi}{4}\times 0.15^2}=2.263 ≒ 2.26\text{m/s}$

$H=\frac{0.02\times 40\times 2.26^2}{2\times 9.8\times 0.15}=1.389 ≒ 1.39\text{m}$ ○ 답 : 1.39m

(라) ○ 계산과정 : (1.39+15)+50+10=76.39m ○ 답 : 76.39m

(마) ○ 계산과정 : $\frac{0.163\times 2.4\times 76.39}{0.65}=45.975 ≒ 45.98\text{kW}$ ○ 답 : 45.98kW 이상

(바) ○ 계산과정 : 2×2.3×cos45°=3.252 ≒ 3.25m ○ 답 : 3.25m

해설 (가)

특정소방대상물		폐쇄형 헤드의 기준개수
지하가 · 지하역사		30
11층 이상 →		30
10층 이하	공장(특수가연물)	30
	판매시설(백화점 등), 복합건축물(판매시설이 설치된 복합건축물)	30
	근린생활시설, 운수시설	20
	8m 이상	20
	8m 미만	10

펌프의 **최소유량** Q는

$Q=N\times 80l/\text{min}=30\times 80l/\text{min}=2400l/\text{min}$

※ N : 폐쇄형 헤드의 기준개수로서 [조건 ①]에서 **11층** 이상이므로 위 표에서 **30개**가 된다.

(나) **수원**의 **최소유효저수량** Q는

$Q=1.6N=1.6\times 30=48\text{m}^3$

※ N : 폐쇄형 헤드의 기준개수로서 [조건 ①]에서 **11층** 이상이므로 위 표에서 **30개**가 된다.

(다)

$Q=AV$ 에서

유속 V는

$$V=\frac{Q}{A}=\frac{Q}{\frac{\pi}{4}D^2}=\frac{2400l/\text{min}}{\frac{\pi}{4}\times(150\text{mm})^2}=\frac{2.4\text{m}^3/60\text{s}}{\frac{\pi}{4}\times(0.15\text{m})^2}=2.263 ≒ 2.26\text{m/s}$$

※ 유량(Q)은 (가)에서 **2400l/min**, 수직배관의 내경(D)은 [조건 ②]에서 **150mm**이다.

$$H=\frac{\Delta P}{\gamma}=\frac{f\,l\,V^2}{2gD}$$

여기서, H : 마찰손실수두[m]

ΔP : 압력차[MPa]

γ : 비중량(물의 비중량 9800N/m^3)

f : 관마찰계수

l : 배관길이[m]

V : 유속[m/s]

g : 중력가속도(9.8m/s^2)

D : 내경[m]

수직배관의 **마찰손실수두** H는

$$H=\frac{f\,l\,V^2}{2gD}=\frac{0.02\times 40\text{m}\times(2.26\text{m/s})^2}{2\times 9.8\text{m/s}^2\times 0.15\text{m}}=1.389 ≒ 1.39\text{m}$$

※ 배관길이(l)는 〔조건 ②〕에서 수직배관의 높이 **40m**가 곧 배관길이이며, 수직배관의 내경(D)은 〔조건 ②〕에서 **150mm**(0.15m)이다.

(라)

$$H \geq h_1 + h_2 + 10$$

여기서, H : 전양정〔m〕
h_1 : 배관 및 관부속품의 마찰손실수두〔m〕
h_2 : 실양정(흡입양정+토출양정)〔m〕

펌프의 **최소양정** H는

$H = h_1 + h_2 + 10 = (1.39 + 15) + 50 + 10 = 76.39\text{m}$

※ 배관 및 관부속품의 마찰손실수두(h_1)는 (다)의 마찰손실수두(**1.39m**)+〔조건 ④〕의 마찰손실수두(**15m**)이고, 실양정(h_2)은 〔조건 ③〕에서 **50m**이다.

(마)

$$P = \frac{0.163\,QH}{\eta}$$

여기서, P : 축동력〔kW〕
Q : 유량〔m^3/min〕
H : 전양정〔m〕
η : 효율

펌프의 **축동력** P는

$$P = \frac{0.163\,QH}{\eta} = \frac{0.163 \times 2400l/\text{min} \times 76.39\text{m}}{0.65} = \frac{0.163 \times 2.4\text{m}^3/\text{min} \times 76.39\text{m}}{0.65} = 45.975 ≒ 45.98\text{kW}$$

※ **축동력** : 전달계수(K)를 고려하지 않은 동력으로서 계산식에서 K를 적용하지 않는 것에 주의하라.

(바) **정방형**(정사각형) **헤드간격** A는

$A = 2R\cos 45° = 2 \times 2.3\text{m} \times \cos 45° = 3.252 ≒ 3.25\text{m}$

설치장소	설치기준
무대부 · 특수가연물	수평거리 **1.7m** 이하
기타구조(일반구조)	수평거리 **2.1m** 이하
내화구조	수평거리 **2.3m** 이하
랙크식 창고	수평거리 **2.5m** 이하
공동주택(아파트) 세대 내의 거실	수평거리 **3.2m** 이하

- 단서에서 건물은 **내화구조**이므로 위 표에서 수평거리(R)는 **2.3m** 이다.

비교

B의 **간격**

$$B = \frac{A}{2} = \frac{3.25\,\text{m}}{2} = 1.625 ≒ 1.63\,\text{m}$$

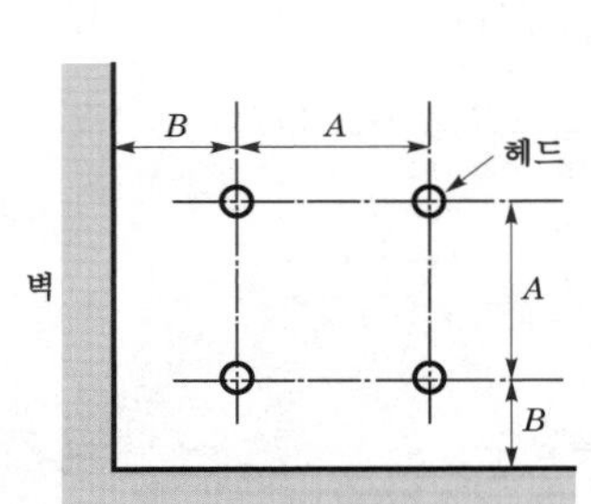

참고

헤드의 배치형태

정방형(정사각형)	장방형(직사각형)	지그재그형(나란히꼴형)
$S=2R\cos 45°$, $L=S$ 여기서, S : 수평헤드간격 R : 수평거리 L : 배관간격	$S=\sqrt{4R^2-L^2}$ $L=2R\cos\theta$ $S'=2R$ 여기서, S: 수평헤드간격 R: 수평거리 L: 배관간격 S': 대각선 헤드간격 θ: 각도	$S=2R\cos 30°$ $b=2R\cos 30°$ $L=\frac{b}{2}$ 여기서, S : 수평헤드간격 R : 수평거리 b : 수직헤드간격 L : 배관간격

☆☆

문제 05

다음은 소화용 펌프의 공동현상 방지대책이다. 옳은 것을 골라 동그라미를 하시오. (06.11.문11 · 12)

득점	배점
	5

(가) 펌프의 흡입수두를 (크게, 작게)한다.
(나) 펌프의 마찰손실을 (크게, 작게)한다.
(다) 펌프의 임펠러속도(회전수)를 (크게, 작게)한다.
(라) 펌프의 설치위치를 수원보다 (높게, 낮게)한다.
(마) 흡입관의 구경을 (크게, 작게) 한다.

해답 (가) 작게 (나) 작게 (다) 작게 (라) 낮게 (마) 크게

해설 **관내에서 발생하는 현상**

(1) **공동현상**(cavitation)

개 념	펌프의 흡입측 배관 내의 물의 정압이 기존의 증기압보다 낮아져서 기포가 발생되어 물이 흡입되지 않는 현상
발생현상	① 소음과 진동발생 ② 관 부식 ③ **임펠러**의 **손상**(수차의 날개를 해친다.) ④ 펌프의 성능저하
발생원인	① 펌프의 흡입수두가 클 때(소화펌프의 흡입고가 클 때) ② 펌프의 마찰손실이 클 때 ③ 펌프의 임펠러속도가 클 때 ④ 펌프의 설치위치가 수원보다 높을 때 ⑤ 관 내의 수온이 높을 때(물의 온도가 높을 때) ⑥ 관 내 물의 정압이 그때의 증기압보다 낮을 때 ⑦ 흡입관의 구경이 작을 때 ⑧ 흡입거리가 길 때 ⑨ 유량이 증가하여 펌프물이 과속으로 흐를 때
방지대책	① 펌프의 흡입수두를 **작게**한다. ② 펌프의 마찰손실을 **작게**한다. ③ 펌프의 **임펠러속도**(회전수)를 **작게**한다. ④ 펌프의 설치위치를 수원보다 **낮게**한다. ⑤ 양흡입펌프를 사용한다(펌프의 흡입측을 가압한다). ⑥ 관 내의 물의 정압을 그때의 증기압보다 **높게**한다. ⑦ 흡입관의 구경을 **크게**한다. ⑧ 펌프를 **2개** 이상 설치한다.

(2) **수격작용(water hammering)**

개 념	① 배관 속의 물흐름을 급히 차단하였을 때 동압이 정압으로 전환되면서 일어나는 쇼크(shock)현상 ② 배관 내를 흐르는 유체의 유속을 급격하게 변화시키므로 압력이 상승 또는 하강하여 **관로**의 **벽면**을 **치는 현상**
발생원인	① 펌프가 갑자기 정지할 때 ② 급히 밸브를 개폐할 때 ③ 정상운전시 유체의 압력변동이 생길 때
방지대책	① 관의 관경(직경)을 **크게** 한다. ② 관 내의 유속을 **낮게** 한다(관로에서 일부 **고압수**를 방출한다). ③ **조압수조**(surge tank)를 관선에 설치한다. ④ **플라이휠**(fly wheel)을 설치한다. ⑤ 펌프 **송출구**(토출측) 가까이에 밸브를 설치한다. ⑥ 에어챔버(air chamber)를 설치한다.

(3) **맥동현상(surging)**

개 념	유량이 단속적으로 변하여 펌프 입출구에 설치된 **진공계·압력계**가 흔들리고 **진동**과 **소음**이 일어나며 펌프의 **토출유량**이 **변하는 현상**
발생원인	① 배관중에 **수조**가 있을 때 ② 배관중에 **기체상태**의 부분이 있을 때 ③ **유량조절밸브**가 배관중 수조의 위치 **후방**에 있을 때 ④ 펌프의 특성곡선이 **산모양**이고 운전점이 그 **정상부**일 때
방지대책	① 배관중에 불필요한 수조를 없앤다. ② 배관 내의 기체(공기)를 제거한다. ③ 유량조절밸브를 배관중 수조의 전방에 설치한다. ④ 운전점을 고려하여 적합한 펌프를 선정한다. ⑤ **풍량** 또는 **토출량**을 줄인다.

(4) **에어 바인딩(air binding)=에어 바운드(air bound)**

개 념	펌프 내에 공기가 차있으면 공기의 밀도는 물의 밀도보다 작으므로 수두를 감소시켜 송액이 되지 않는 현상
발생원인	펌프 내에 공기가 차있을 때
방지대책	① 펌프 작동 전 **공기**를 **제거**한다. ② **자동공기제거펌프**(self-priming pump)를 사용한다.

☆☆
문제 06

물분무소화설비의 소화효과를 4가지만 쓰시오. (09.7.문6)

득점	배점
	4

○
○
○
○

해답 ① 질식효과
② 냉각효과
③ 유화효과
④ 희석효과

해설 **물분무소화설비**의 **소화효과**

소화효과	설 명
질식효과	공기 중의 산소농도를 **16%**(10~15%) 이하로 희박하게 하는 방법
냉각효과	**점화원**을 **냉각**시키는 방법
유화효과	유류표면에 **유화층**의 막을 형성시켜 공기의 접촉을 막는 방법
희석효과	고체 · 기체 · 액체에서 나오는 **분해가스**나 **증기**의 **농도**를 낮추어 연소를 중지시키는 방법

중요

(1) **주된 소화효과**

소화약제	소화효과
• 포 • 분말 • 이산화탄소	질식소화
• 물	냉각소화
• 할론	화학소화 (부촉매효과)

(2) **소화효과**에 따른 **소화약제**

소화효과	적응소화약제
냉각소화	• 물 • 물분무 • 분말
질식소화	• 포 • 분말 • 이산화탄소 • 물분무
제거소화	• 물
화학소화(부촉매효과)	• 할론 • 분말
희석소화	• 물 • 물분무
유화소화	• 물분무
피복소화	• 이산화탄소

☆☆☆

문제 07

노즐을 통하여 옥내소화전설비를 방수하였더니 143l/min가 되었다. 이 노즐의 방수압〔MPa〕을 구하시오. (단, 노즐의 구경은 20mm이다.)

(11.7.문14)

○ 계산과정 :

○ 답 :

득점	배점
	5

○ 계산과정 : $\left(\dfrac{143}{0.653\times20^2}\right)^2\times\dfrac{1}{10}=0.029 \fallingdotseq 0.03\text{MPa}$

○ 답 : 0.03MPa

해설

$$Q=0.653D^2\sqrt{10P} \quad \text{또는} \quad Q=0.6597CD^2\sqrt{10P}$$

$$0.653D^2\sqrt{10P}=Q$$

$$\sqrt{10P}=\frac{Q}{0.653D^2}$$

$$(\sqrt{10P})^2=\left(\frac{Q}{0.653D^2}\right)^2$$

$$10P=\left(\frac{Q}{0.653D^2}\right)^2$$

$$P=\left(\frac{Q}{0.653D^2}\right)^2\times\frac{1}{10}=\left(\frac{143l/\text{min}}{0.653\times(20\text{mm})^2}\right)^2\times\frac{1}{10}=0.029 \fallingdotseq 0.03\text{MPa}$$

- $143l$/min : 문제에서 $143l$/min
- 20mm=단서에서 주어진 값

중요

방수량 구하는 식

$Q=0.653D^2\sqrt{10P}$ 또는 $Q=0.6597CD^2\sqrt{10P}$	$Q=10.99CD^2\sqrt{10P}$	$Q=K\sqrt{10P}$
여기서, Q : 방수량[l/min] C : 노즐의 흐름계수 D : 내경(구경)[mm] P : 방수압력[MPa]	여기서, Q : 토출량[m^3/s] C : 노즐의 흐름계수 D : 내경(구경)[m] P : 방사압력[MPa]	여기서, Q : 방수량[l/min] D : 내경(구경)[mm] P : 방수압력[MPa]

※ 문제의 조건에 따라 편리한 식을 적용하면 된다. 일반적으로는 아래의 표와 같이 설비에 따라 적용한다.

일반적인 적용설비	옥내소화전설비	스프링클러설비
적용공식	$Q=0.653D^2\sqrt{10P}$ 또는 $Q=0.6597CD^2\sqrt{10P}$ $Q=10.99CD^2\sqrt{10P}$	$Q=K\sqrt{10P}$

☆☆☆

문제 08

옥내소화전에 관한 설계시 다음 조건을 읽고 각 물음에 답하시오. (단, 소수점 이하는 반올림하여 정수로만 나타낼 것) (17.6.문11, 10.4.문14, 04.10.문7)

득점	배점
	25

[조건]

① 건물규모 : 3층×각 층의 바닥면적 1200m^2
② 옥내소화전 수량 : 총 12개(각 층당 4개 설치)
③ 소화펌프에서 최상층 소화전 호스접결구까지의 수직거리 : 15m
④ 소방호스 : ϕ40mm×15m(고무내장)
⑤ 호스의 마찰손실수두값(호스 100m당)

구 분 유량 [l /min]	호스의 호칭구경[mm]					
	40		50		65	
	마호스	고무내장호스	마호스	고무내장호스	마호스	고무내장호스
130	26m	12m	7m	3m	–	–
350	–	–	–	–	10m	4m

⑥ 배관 및 관부속의 마찰손실수두 합계 : 30m

⑦ 배관내경

호칭구경	15A	20A	25A	32A	40A	50A	65A	80A	100A
내경[mm]	16.4	21.9	27.5	36.2	42.1	53.2	69	81	105.3

⑧ 펌프의 동력전달계수

동력전달형식	전달계수
전동기	1.1
전동기 이외의 것	1.2

⑨ 펌프의 구경에 따른 효율 (단, 펌프의 구경은 펌프의 토출측 주배관의 구경과 같다.)

펌프의 구경[mm]	펌프의 효율(η)
40	0.45
50～65	0.55
80	0.60
100	0.65
125～150	0.70

(가) 소방펌프의 정격유량[l/min]과 정격양정[m]을 구하시오. (단, 흡입양정은 고려하지 않는다.)

○ 정격유량[l/min](계산과정 및 답) :

○ 정격양정[m](계산과정 및 답) :

(나) 소화펌프의 토출측 주배관의 최소구경을 산정하시오.

○ 계산과정 :

○ 답 :

(다) 소화펌프의 전동력[kW]을 구하시오.

○ 계산과정 :

○ 답 :

(라) 펌프의 최대체절압력을 구하시오.

○ 계산과정 :

○ 답 :

(마) 만일 펌프로부터 제일 먼 옥내소화전 노즐과 가장 가까운 곳의 옥내소화전 노즐의 방수압력 차이가 0.2MPa이며 펌프로부터 제일 먼 거리에 있는 옥내소화전 노즐의 방수압력이 0.17MPa, 방수유량이 130LPM일 경우 가장 가까운 소화전의 방수유량[LPM]은?

○ 계산과정 :

○ 답 :

(바) 유량측정장치는 몇 lPM까지 측정이 가능하여야 하는가?

○ 계산과정 :

○ 답 :

(사) 옥상에 저장하여야 할 소화용수[m^3]의 양은?

○ 계산과정 :

○ 답 :

해답 (가) ○ 정격유량 : $2\times130=260l/\text{min}$ ○ 답 : $260l$ /min

○ 정격양정 : $\left(15\times\frac{12}{100}\right)+30+15+17=63.8\fallingdotseq64\text{m}$ ○ 답 : 64m

(나) ○ 계산과정 : $\sqrt{\frac{4\times0.26/60}{\pi\times4}}\fallingdotseq0.0371\text{m}=37.1\text{mm}$ ○ 답 : 50A

(다) ○ 계산과정 : $\frac{0.163\times0.26\times64}{0.55}\times1.1=5.4\fallingdotseq5\text{kW}$ ○ 답 : 5kW

(라) ○ 계산과정 : $0.64\times1.4=0.8\fallingdotseq1\text{MPa}$ ○ 답 : 1MPa

(마) ○ 계산과정 : $0.2+0.17=0.37\text{MPa}$

$K=\frac{130}{\sqrt{10\times0.17}}=99.7$

$Q=99.7\sqrt{10\times0.37}=191.776\fallingdotseq192\text{LPM}$ ○ 답 : 192LPM

(바) ○ 계산과정 : $260\times1.75=455\text{LPM}$ ○ 답 : 455LPM

(사) ○ 계산과정 : $2.6\times2\times\frac{1}{3}=1.7\fallingdotseq2\text{m}^3$ ○ 답 : $2m^3$

해설 (가) (1) **정격유량**

$$Q\geqq N\times130l/\text{min}$$

여기서, Q : 펌프의 토출량(정격유량)[l /min]

N : 가장 많은 층의 소화전개수(30층 미만 : 최대 2개, 30층 이상 : 최대 5개)

펌프의 **정격유량** Q는

$Q\geqq N\times130l/\text{min}\geqq2\times130l/\text{min}\geqq260l/\text{min}$

• [조건 ①]에서 3층이고 [조건 ②]에서 각 층에 4개씩 설치되어 있지만 최대 2개이므로 N**=2**이다.

(2) **정격양정**

$$H=h_1+h_2+h_3+17$$

여기서, H : 전양정(정격양정)[m]

h_1 : 소방호스의 마찰손실수두[m]

h_2 : 배관 및 관부속품의 마찰손실수두[m]

h_3 : 실양정(흡입양정+토출양정)[m]

펌프의 **정격양정** H는

$H=h_1+h_2+h_3+17=\left(15\text{m}\times\frac{12}{100}\right)+30\text{m}+15\text{m}+17\text{m}=63.8\fallingdotseq64\text{m}$

(나)

• h_1 : [조건 ④]에서 호스의 길이는 15m(고무내장호스)이고, [조건 ⑤]에서 호스 100m당 마찰손실수두가 12m이므로 $15\text{m}\times\frac{12}{100}$를 적용한다. 만일 [조건 ④]에서 호스길이가 주어지지 않았다면 옥내

소화전 규정에 의해 호스 15m×2개를 비치하여야 하므로 $15\text{m}\times 2\text{개}\times\frac{12}{100}$로 계산하여야 한다.

- h_2 : 〔조건 ⑥〕에서 **30m**이다.
- h_3 : 〔조건 ③〕에서 **15m**이다.
- 〔단서〕에서 소수점 이하는 반올림하여 정수로만 나타내라고 하였으므로 **64m**가 된다. 일반적으로 소수점 처리에 대한 조건이 없을 때에는 소수점 3째자리에서 반올림하면 된다.

$$Q=AV=\frac{\pi D^2}{4}V$$

여기서, Q : 유량〔m^3/s〕
A : 단면적〔m^2〕
V : 유속〔m/s〕
D : 내경〔m〕

$Q=\frac{\pi D^2}{4}V$에서

주배관의 **내경** D는

$$D=\sqrt{\frac{4Q}{\pi V}}=\sqrt{\frac{4\times 260l/\text{min}}{\pi\times 4\text{m/s}}}=\sqrt{\frac{4\times 0.26\text{m}^3/60\text{s}}{\pi\times 4\text{m/s}}}\fallingdotseq 0.0371\text{m}=37.1\text{mm}$$

〔조건 ⑦〕에서 내경 37.1mm 이상 되는 값은 **50A**가 된다.

- $1000l$ 는 $1m^3$이고 1min은 60s이므로 $260l$ /min은 **$0.26m^3/60s$**가 된다.
- **배관 내**의 **유속**

설 비		유 속
옥내소화전설비		4m/s 이하
스프링클러설비	가지배관	6m/s 이하
	기타의 배관	10m/s 이하

(다)

$$P=\frac{0.163QH}{\eta}K$$

여기서, P : 전동력(모터의 동력)〔kW〕
Q : 유량〔m^3/min〕
H : 전양정〔m〕
K : 전달계수
η : 효율

펌프의 **동력** P는

$$P=\frac{0.163QH}{\eta}K=\frac{0.163\times 260l/\text{min}\times 64\text{m}}{0.55}\times 1.1=\frac{0.163\times 0.26\text{m}^3/\text{min}\times 64\text{m}}{0.55}\times 1.1=5.4\fallingdotseq 5\text{kW}$$

- 펌프의 효율(η)은 (나)에서 펌프의 구경이 50A이므로 〔조건 ⑨〕에서 **0.55**가 된다.

펌프의 구경〔mm〕	펌프의 효율(η)
40	0.45
50~65 →	0.55
80	0.60
100	0.65
125~150	0.70

- 전달계수(K)는 동력전달형식이 **전동기**(전동력=모터동력)이므로 〔조건 ⑧〕에서 **1.1**이 된다.
- 〔단서〕 조건에 의해 소수점 이하는 반올림하여 **정수** 표시

(라)

1MPa=100m

(가)에서 정격양정이 **64m**이므로 정격토출압력은 **0.64MPa**이 된다.
최대체절압력=정격토출압력×1.4=0.64MPa×1.4=0.8≒1MPa

- 펌프의 성능은 체절운전시 정격토출압력의 140% 이하이어야 하므로 체절압력은 **정격토출압력×1.4**가 되어야 한다.
- 문제의 〔단서〕에 의해 소수점 이하는 반올림하여 **정수**로 표시

(마) 펌프에서 가장 가까운 소화전의 방사압력
=방수압력 차이+제일 먼 옥내소화전 노즐의 방수압력=0.2MPa+0.17MPa=0.37MPa

$$Q=K\sqrt{10P}$$

여기서, Q : 토출량(방수유량)〔l/min〕
K : 방출계수
P : 방사압력〔MPa〕

방출계수 K는

$$K=\frac{Q}{\sqrt{10P}}=\frac{130\text{LPM}}{\sqrt{10\times0.17\text{MPa}}}=\frac{130l/\text{min}}{\sqrt{10\times0.17\text{MPa}}}=99.7$$

가장 가까운 소화전의 **방수유량** Q는

$$Q=K\sqrt{10P}=99.7\sqrt{10\times0.37\text{MPa}}=191.776\fallingdotseq192\text{LPM}$$

- 〔단서〕에 의해 답은 반올림하여 **정수**로만 나타낼 것

(바) 유량측정장치의 성능=펌프의 정격토출량(정격유량)×1.75=260LPM×1.75=455LPM

- 유량측정장치는 펌프의 정격토출량의 **175%** 이상 측정할 수 있어야 하므로 유량측정장치의 성능은 펌프의 **정격토출량×1.75**가 된다.
- **260LPM=260l/min**((가)에서 구한 값을 적용)
- (마)에서 구한 방수유량 192LPM을 적용하지 않도록 거듭 주의하라!!

(사)

$Q=2.6N\times\frac{1}{3}$(30층 미만, N : 최대 2개)

$Q=5.2N\times\frac{1}{3}$(30~49층 이하, N : 최대 5개)

$Q=7.8N\times\frac{1}{3}$(50층 이상, N : 최대 5개)

여기서, Q' : 옥상수원의 저수량〔m^3〕
N : 가장 많은 층의 소화전개수

옥상수원의 **저수량** Q'는

$$Q'\geqq2.6N\times\frac{1}{3}\geqq2.6\times2\times\frac{1}{3}=1.7\fallingdotseq2\text{m}^3$$

- 〔조건 ②〕에서 각 층에 4개씩 설치되어 있지만 최대 2개이므로 N=2이다.
- 〔단서〕에 의해 답은 **정수**로만 나타낼 것

중요

단위

(1) **GPM** = **G**allon **P**er **M**inute〔gallon/min〕
(2) **PSI** = **P**ound per **S**quare **I**nch〔lb/in^2〕
(3) **LPM** = **Li**ter **P**er **M**inute〔l/min〕
(4) **CMH** = **C**ubic **M**eter per **H**our〔m^3/h〕

☆☆
문제 09

소화펌프의 수두는 10m이고 방수량은 520l/min일 때 배관의 호칭구경을 구하시오. (단, 중력가속도는 10m/s², π는 3으로 계산한다.)

○ 계산과정 :

○ 답 :

득점	배점
	4

해답 ○ 계산과정 : $V=\sqrt{2\times10\times10} \fallingdotseq 14.142\text{m/s}$

$$D=\sqrt{\frac{4\times0.52/60}{3\times14.142}} \fallingdotseq 0.0285\text{m}=28.5\text{mm}$$

○ 답 : 32A

해설 (1) **토리첼리**의 **식**

$$V=C\sqrt{2gH}$$

여기서, V : 유속〔m/s〕
C : 보정계수
g : 중력가속도
H : 수두〔m〕

유속 $V=C\sqrt{2gH}=\sqrt{2\times10\text{m/s}^2\times10\text{m}} \fallingdotseq 14.142\text{m/s}$

- C : 주어지지 않았으므로 무시
- g : 〔단서〕에 의해 10m/s² 적용(무의식적으로 9.8m/s²을 적용하지 않도록 주의하라! 9.8m/s²을 적용하면 틀린다.)

(2)

$$Q=AV=\left(\frac{\pi D^2}{4}\right)V$$

여기서, Q : 유량〔m³/s〕
A : 단면적〔m²〕
V : 유속〔m/s〕
d : 내경〔m〕

$$Q=\frac{\pi D^2}{4}V$$

$$4Q=\pi D^2 V$$

$$\pi D^2 V=4Q$$

$$D^2=\frac{4Q}{\pi V}$$

$$D=\sqrt{\frac{4Q}{\pi V}}=\sqrt{\frac{4\times0.52\text{m}^3/60\text{s}}{3\times14.142\text{m/s}}}=0.0285\text{m}=28.5\text{mm}$$ ∴ 32A 선정

- Q : 520l/min=0.52m³/60s(1000l=1m³, 1min=60s)
- π : 〔단서〕에 의해 3 적용(π를 그대로 적용하면 틀림)
- 호칭구경

호칭구경	15A	20A	25A	32A	35A	40A	50A	65A	80A	100A

☆

문제 10

어떤 물질의 압력이 1atm일 때 부피가 350 l 이고 온도가 27℃이었다. 압력이 같고 온도가 13℃로 변했을 때의 부피〔l〕 및 부피에 대한 팽창은 처음의 몇배로 되는지 구하시오. (단, 샤를의 법칙을 적용할 것)

○ 부피 :

○ 팽창비 :

득점	배점
	6

해답

○ 부피 : ○ 계산과정 : $\frac{350}{273+27}=\frac{V_2}{273+13}$

$V_2 = 333.666 \fallingdotseq 333.67l$

○ 답 : 333.67 l

○ 팽창비 : ○ 계산과정 : $\frac{333.67}{350}=0.953 \fallingdotseq 0.95$배

○ 답 : 0.95배

해설 (1) **샤를**의 **법칙**(Charl's law)

$$\frac{V_1}{T_1}=\frac{V_2}{T_2}$$

여기서, V_1, V_2 : 부피〔m³〕 또는 〔l〕

T_1, T_2 : 절대온도(273+℃)〔K〕

$$\frac{350l}{(273+27℃)}=\frac{V_2}{(273+13℃)}$$

$$\frac{V_2}{(273+13℃)}=\frac{350l}{(273+27℃)}$$

$$V_2=\frac{350l}{(273+27℃)}\times(273+13℃)=333.666 \fallingdotseq 333.67l$$

(2) **팽창비**

$$\frac{V_2}{V_1}=\frac{333.67l}{350l}=0.953 \fallingdotseq 0.95\text{배}$$

비교

보일-샤를의 법칙(Boyle-Charl's law)

기체가 차지하는 부피는 압력에 반비례하며, 절대온도에 비례한다.

$$\frac{P_1V_1}{T_1}=\frac{P_2V_2}{T_2}$$

여기서, P_1, P_2 : 기압〔atm〕

V_1, V_2 : 부피〔m³〕

T_1, T_2 : 절대온도(273+℃)〔K〕

☆☆

문제 11

무대부에 스프링클러설비를 설치할 때 저장하여야 할 수원의 양〔m³〕을 구하시오. (단, 배관의 구경은 40mm, 방수압은 0.25MPa이다.)

○ 계산과정 :

○ 답 :

득점	배점
	5

해답 ○ 계산과정 : $Q=0.653\times40^2\times\sqrt{10\times0.25}=1651.973l/\text{min}$

$1651.973\times20=33039l$

$=33.039\text{m}^3$

$≒33.04\text{m}^3$

○ 답 : 33.04m^3

해설 (1) **방수량**

$$Q=0.653D^2\sqrt{10P} \quad \text{또는} \quad Q=0.6597CD^2\sqrt{10P}$$

여기서, Q : 방수량〔l/min〕
C : 노즐의 흐름계수
D : 구경〔mm〕
P : 방수압〔MPa〕

방수량 $Q=0.653D^2\sqrt{10P}=0.653\times(40\text{mm})^2\times\sqrt{10\times0.25\text{MPa}}=1651.973l/\text{min}$

• **방수량**(토출량)

$Q=10.99CD^2\sqrt{10P}$	$Q=0.653D^2\sqrt{10P}$ 또는 $Q=0.6597CD^2\sqrt{10P}$	$Q=K\sqrt{10P}$
여기서, Q : 방수량〔m^3/s〕 C : 노즐의 흐름계수 D : 구경〔m〕 P : 방사압력〔MPa〕	여기서, Q : 방수량〔l/min〕 C : 노즐의 흐름계수 D : 구경〔mm〕 P : 방사압력〔MPa〕	여기서, Q : 방수량〔l/min〕 K : 방출계수 P : 방사압력〔MPa〕

※ 위 식은 모두 같은 식으로 공식마다 각각 **단위**가 다르므로 주의할 것

(2) **수원의 양**

수원의 양〔l〕=방수량〔l/min〕×방사시간〔min〕=1651.973 l/min×20min=33039 l

=33.039m³

=33.04m³

• **'수원의 양〔l〕'** 공식은 단위를 보면 **'방수량〔l/min〕'×방사시간〔min〕'**이란 것을 금방 알 수 있다.
• 스프링클러설비의 방사시간은 최소 **20min 이상**이므로 층수가 주어지지 않은 경우 최소값인 **20min**을 적용하면 된다.

‖ 옥내소화전설비 · 스프링클러설비의 방사시간 ‖

30층 미만	30층~49층 이하	50층 이상
20min	40min	60min

• 1000 l =1m³이므로 33039 l =33.039m³

☆☆ 문제 12

다음 그림은 기계포 소화약제의 혼합장치이다. (　　) 안의 명칭을 쓰시오. (10.10.문14, 06.4.문16)

득점	배점
	5

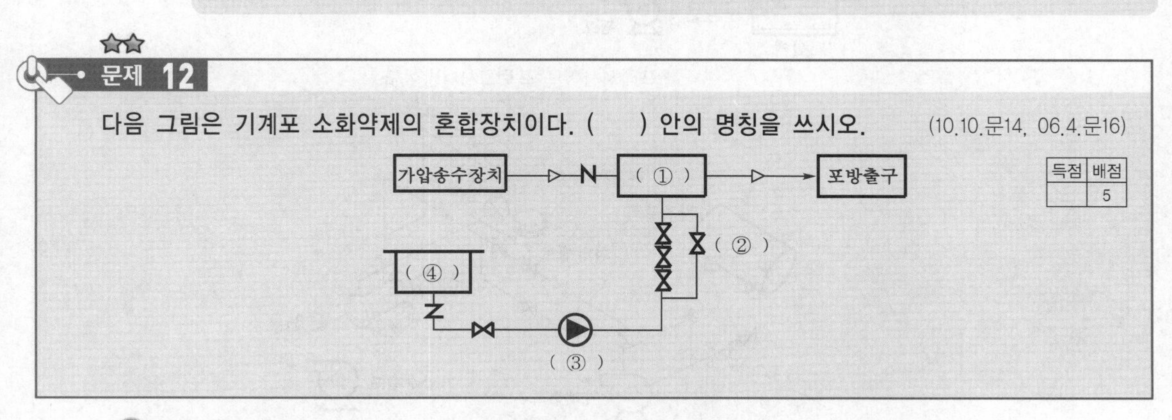

해답 ① 혼합기 ② 차압밸브 ③ 가압송액장치 ④ 포원액탱크

해설 **프레져사이드 프로포셔너방식**

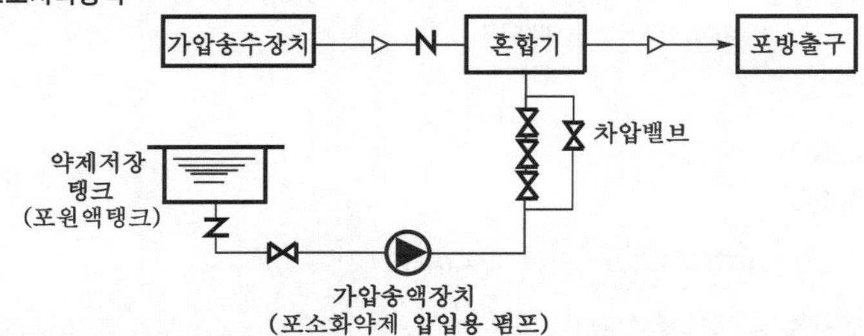

- **가압장치**(가압송수장치, 가압송액장치)가 **2개** 있으므로 **프레져사이드 프로포셔너방식**이다.
- 가압송수장치=가압수펌프
- **혼합기**(eductor)=흡입기
- 가압송액장치=포소화약제 압입용 펌프=약제펌프
- 약제저장탱크=약제탱크=포원액탱크

중요

프레져사이드 프로포셔너방식(압입혼합방식)

펌프의 토출관에 **압입기**를 설치하여 **포소화약제 압입용 펌프**로 포소화약제를 압입시켜 혼합하는 방식

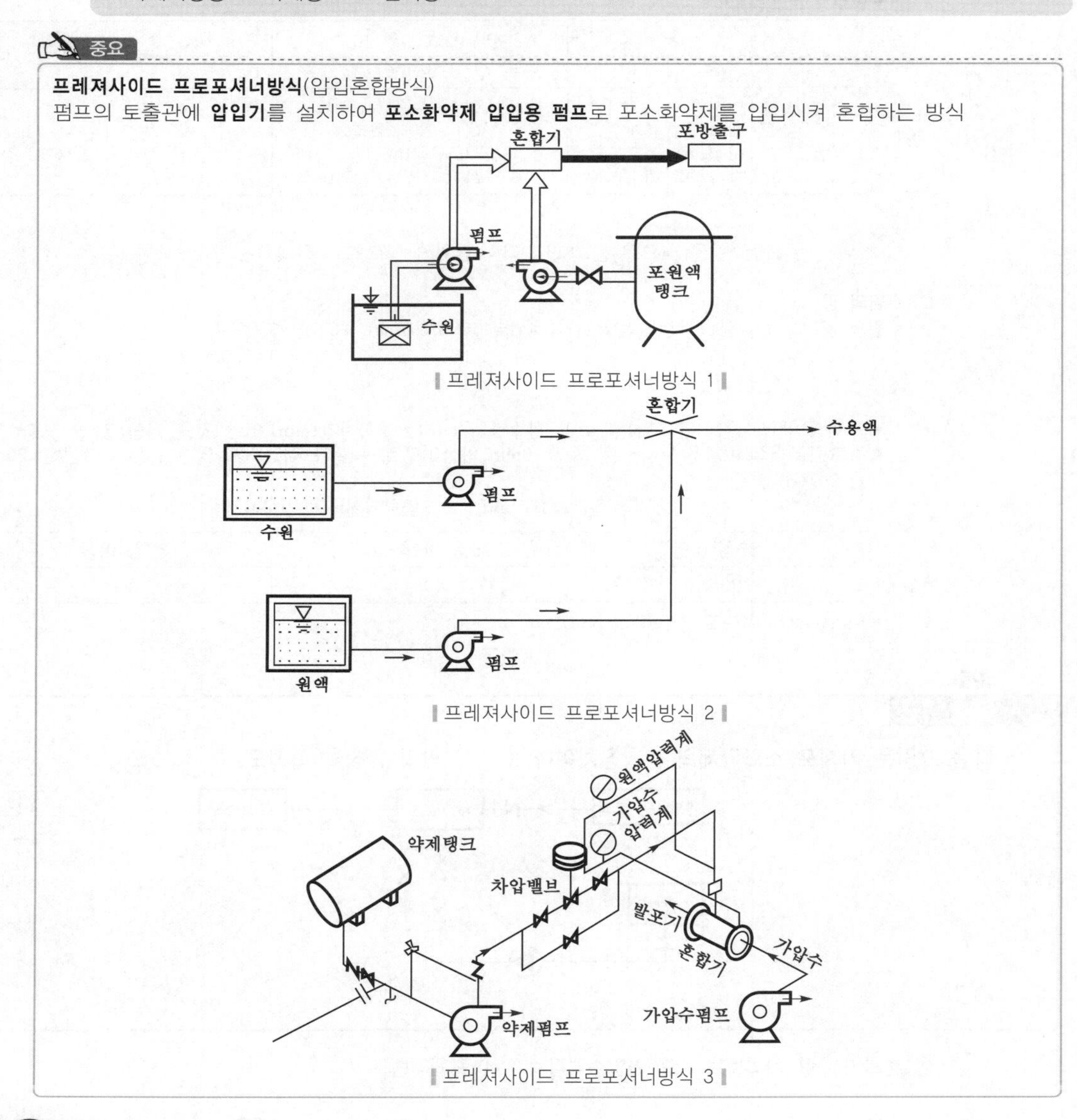

▌프레져사이드 프로포셔너방식 1▐

▌프레져사이드 프로포셔너방식 2▐

▌프레져사이드 프로포셔너방식 3▐

☆☆☆
문제 13

어떤 사무소 건물의 지하층에 있는 발전기실 및 전기실에 전역방출방식의 이산화탄소 소화설비를 설치하려고 한다. 화재안전기준과 주어진 조건에 의하여 다음 각 물음에 답하시오.

(17.6.문7, 17.4.문6, 13.11.문6, 11.7.문7, 09.4.문9, 08.11.문15, 08.7.문2, 06.11.문15)

득점	배점
	15

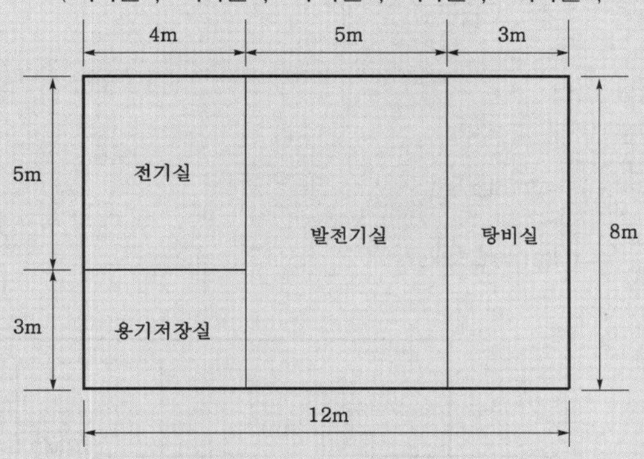

〔조건〕

① 소화설비는 고압식으로 천장높이는 4m이다.
② 발전기실의 크기 : 가로 5m×세로 8m
③ 발전기실의 개구부 크기 : 1.8m×3m×2개소(자동폐쇄장치 없음)이며 표면화재이다.
④ 전기실의 크기 : 가로 4m×세로 5m
⑤ 전기실의 개구부 크기 : 0.9m×2m×1개소(자동폐쇄장치 없음)이며 심부화재이다.
⑥ 가스용기 1본당 충전량 : 45kg
⑦ 가스저장용기는 공용으로 한다.
⑧ 가스량은 발전기실은 0.8kg/m^3이며 전기실은 1.3kg/m^3이다.
⑨ 개구부가산량은 5kg/m^2 로 한다.

㈎ 각 방호구역별로 필요한 가스용기의 본수는 몇 본인가?
○ 발전기실(계산과정 및 답) :
○ 전기실(계산과정 및 답) :

㈏ 집합장치에 필요한 가스용기의 본수는 몇 본인가?

㈐ 표면화재와 심부화재의 국내표준 약제방사시간을 쓰시오.
○ 표면화재 :
○ 심부화재 :

㈑ 각 방호구역별 선택밸브 개폐직후의 유량은 몇 kg/s인가?
○ 발전기실(계산과정 및 답) :
○ 전기실(계산과정 및 답) :

㈒ 다음 기호를 참고하여 계통도를 그리시오.

〔보기〕

기호	명칭	기호	명칭	기호	명칭	기호	명칭	기호	명칭
⊠	선택밸브	▷○	사이렌	⊠	제어반		기동용기		감지기
	저장용기	──	배관	- - -	전기배선	RM	수동조작함		헤드
PS	압력스위치	⊗	방출표시등	▯	안전밸브	─◁─	체크밸브		

해답 (가) ○ 발전기실 : 저장량 $=(5\times8\times4)\times0.8=128\text{kg}$(최저 135kg)

$=135+(1.8\times3\times2)\times5=189\text{kg}$

가스용기본수 $=\frac{189}{45}=4.2 ≒ 5$본 ○ 답 : 5본

○ 전기실 : 저장량 $=(4\times5\times4)\times1.3+(0.9\times2\times1)\times5=113\text{kg}$

가스용기본수 $=\frac{113}{45}=2.5 ≒ 3$본 ○ 답 : 3본

(나) 5본

(다) ○ 표면화재 : 1분 이내
○ 심부화재 : 7분 이내

(라) ○ 발전기실 $=\frac{45\times5}{60}=3.75\text{kg/s}$ ○ 답 : 3.75kg/s

○ 전기실 : $\frac{45\times3}{420}=0.321 ≒ 0.32\text{kg/s}$ ○ 답 : 0.32kg/s

(마)

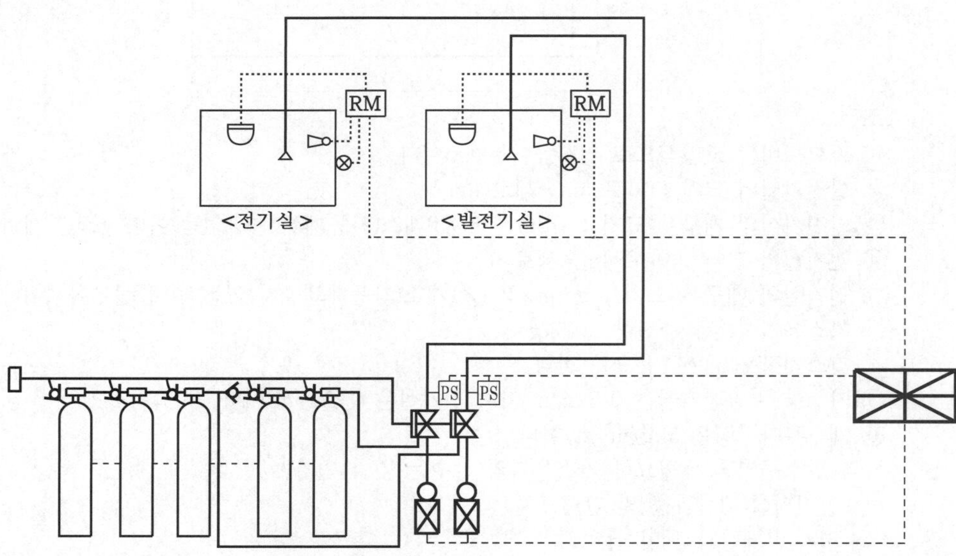

해설 (가) 가스용기 본수의 산정

(1) **발전기실**

방호구역체적=5m×8m×4m=**160m³**

- 〔조건 ①〕에서 천장높이는 **4m**
- 〔조건 ⑧〕에서 발전기실의 가스량(약제량)은 **0.8kg/m³**

CO_2 **저장량**〔kg〕

=방호구역체적〔m³〕×약제량〔kg/m³〕

=160m³×0.8kg/m³=128kg

(표면화재의 가스량 0.8kg/m³에 대한 최소저장량은 135kg이다. 이것은 암기하라!)

=135kg+개구부면적〔m²〕×개구부가산량=135kg+(1.8m×3m×2개소)×5kg/m²=189kg

가스용기본수 $=\frac{\text{약제저장량}}{\text{충전량}}=\frac{189\text{kg}}{45\text{kg}}=4.2 ≒ 5$본(절상)

- 〔조건 ③〕에서 발전기실은 자동폐쇄장치가 없으므로 개구부면적 및 개구부가산량도 적용할 것
- 개구부가산량은 〔조건 ⑨〕에서 5kg/m²이다.
- 충전량은 〔조건 ⑥〕에서 **45kg**이다.
- 가스용기본수 산정시 계산결과에서 **소수**가 발생하면 반드시 **절상**한다.
- **표면화재**는 **최소저장량**이 있다는 것을 꼭 기억하라!

(2) **전기실**

방호구역체적 = 4m×5m×4m=**$80m^3$**

- 〔조건 ①〕에서 천장높이는 **4m**
- 〔조건 ⑧〕에서 전기실의 가스량(약제량)은 **$1.3kg/m^3$**이다.

CO_2 저장량〔kg〕

=방호구역체적〔m^3〕×약제량〔kg/m^3〕+개구부면적〔m^2〕×개구부가산량

=$80m^3 \times 1.3kg/m^3 + (0.9m \times 2m \times 1\text{개소}) \times 5kg/m^2 = 113kg$

$$\text{가스용기본수} = \frac{\text{약제저장량}}{\text{충전량}} = \frac{113\,\text{kg}}{45\,\text{kg}} = 2.5 ≒ 3\text{본(절상)}$$

- 〔조건 ⑤〕에서 전기실은 자동폐쇄장치가 없으므로 개구부면적 및 개구부가산량도 적용할 것
- 개구부가산량은 〔조건 ⑨〕에서 **$5kg/m^2$**이다.
- 충전량은 〔조건 ⑥〕에서 **45kg**이다.
- 가스용기본수 산정시 계산결과에서 **소수**가 발생하면 반드시 **절상**한다.
- 심부화재는 최소저장량이 없음

(나) 집합장치에 필요한 가스용기의 본수는 각 방호구역의 가스용기본수 중 가장 많은 것을 기준으로 하므로 발전기실의 **5본**이 된다.

(다) **약제방사시간**

소화설비		전역방출방식		국소방출방식	
		일반건축물	위험물 제조소	일반건축물	위험물제조소
할론소화설비		10초 이내	30초 이내	10초 이내	30초 이내
분말소화설비		30초 이내		30초 이내	
CO_2 소화설비	표면화재	1분 이내	60초 이내		
	심부화재	7분 이내			

- **표면화재** : 가연성 액체 · 가연성 가스
- **심부화재** : 종이 · 목재 · 석탄 · 섬유류 · 합성수지류

(라) (1) 발전기실

$$\text{선택밸브 직후의 유량} = \frac{\text{1본당 충전량〔kg〕} \times \text{가스용기본수}}{\text{약제방출시간〔s〕}} = \frac{45\text{kg} \times 5\text{본}}{60\text{s}} = 3.75\text{kg/s}$$

(2) 전기실

$$\text{선택밸브 직후의 유량} = \frac{\text{1본당 충전량〔kg〕} \times \text{가스용기본수}}{\text{약제방출시간〔s〕}} = \frac{45\text{kg} \times 3\text{본}}{420\text{s}} = 0.321 ≒ 0.32\text{kg/s}$$

- 〔조건 ③〕에서 **발전기실**은 **표면화재**이므로 약제방출시간은 **1분(60s)**을 적용한다.
- 〔조건 ⑤〕에서 **전기실**은 **심부화재**이므로 약제방출시간은 **7분(420s)**을 적용한다.
- 특별한 경우를 제외하고는 **일반건축물**이다.

비교

(1) $\text{선택밸브 직후의 유량} = \frac{\text{1병당 충전량〔kg〕} \times \text{병수}}{\text{약제방출시간〔s〕}}$

(2) $\text{약제의 유량속도} = \frac{\text{1병당 충전량〔kg〕} \times \text{병수}}{\text{약제방출시간〔s〕}}$

(3) $\text{개방밸브(용기밸브) 직후의 유량} = \frac{\text{1병당충전량〔kg〕}}{\text{약제방출시간〔s〕}}$

(마)

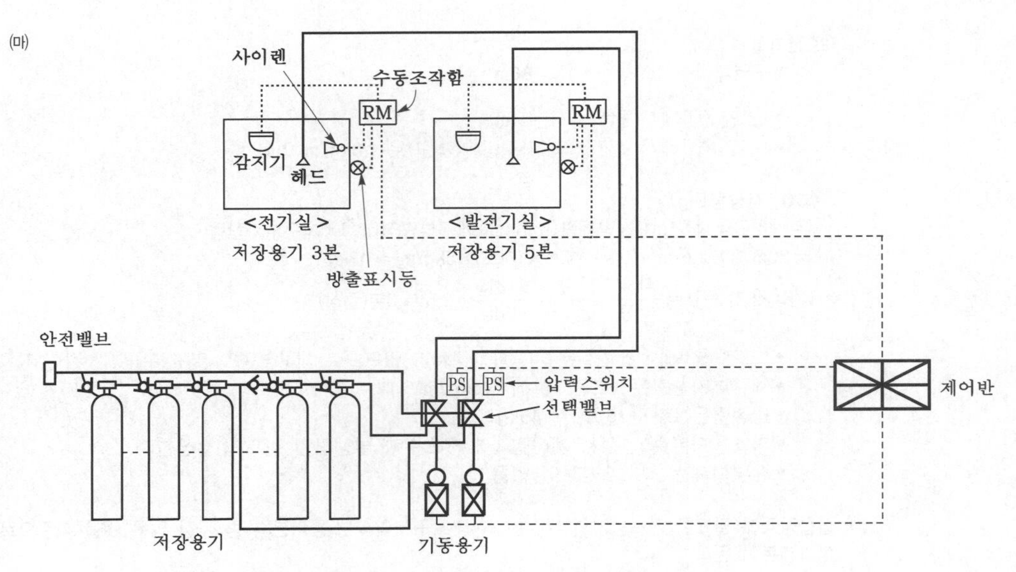

▌방호구역이 2개인 이산화탄소 소화설비 계통도▐

늘 행복하고 지혜로운 사람이 되려면 자주 변해야 한다.

– 공자 –

찾아보기

ㄱ

ㅈ

ㅋ

ㅌ

ㅍ

MY
WORK
MEMO

VISION 연속 판매1위

교재 및 인강을 통한 합격 수기

소방설비산업기사 한번에 합격했습니다!

공하성 교수님의 강의를 추천하시는 분들이 많아 올해 3월에 바로 결제하고 하루에 2시간씩 남는 시간을 투자하여 공부하였습니다. 처음에는 분량이 엄청 많아보였지만 공하성 교수님이 중요한 부분들을 쉽게 외울 수 있는 암기방법들도 알려주시고 요점노트와 초스피드 기억법도 정말 필요한 부분들만 딱딱 집어 주셔서 금방 익히게 되었습니다. 문제도 풀어 본 뒤 교수님의 문제풀이 강의를 들으며 문제에 숨겨져 있는 함정들이나 간편하게 풀 수 있는 방법들을 익히게 되었고 강의교재에 나오는 문제들 그대로 실전시험에 나오는 문제들이 많아 아무런 문제없이 술술 풀어 나갔습니다. 이해하기 쉽고 재미있는 강의였습니다. 감사합니다.

_ 이○현님의 글

소방설비기사 최종 합격이네요!

비전공이고 해서 실기 때 가닥수 때문에 막막했는데 강의를 듣기 잘한 것 같습니다. 강의를 듣고 가닥수는 완벽하게 이해했거든요. ㅎㅎ 전기분야의 경우 2회차에는 단답 비중이 높아졌긴 했어도 가닥수 배점이 큰 건 사실이니까요. 가닥수 때문에 고민이시라면 공하성 교수님 강의를 수강하시면 도움이 많이 될 것입니다.

_ 진○희님의 글

소방설비기사 합격!

4번씩이나 낙방하여 그만 포기할까 하다가 공하성 교수님 인강과 교재로 공부하면 분명히 합격할 거라고 친구의 추천을 받아 수강하게 되었습니다. 이번 4회 때의 문제를 받고 한참 동안 당황하였습니다. 지금까지의 문제와는 많이 다른 유형으로 출제되어 당황했지만 차근차근 풀이를 하다 보니 몇 문제를 제외하고는 막힘없이 풀었던 것 같습니다. 공하성 교수님의 교재와 강의를 듣지 않았다면 불가능한 일이었겠지요. 시험을 치르고 나올 때 고득점으로 합격하리라 확신하게 되었습니다. 합격자 발표일이 너무 기다려졌는데 합격이라고 쓰여 있어서 정말 희열을 느꼈습니다. 62세의 나이에 결코 쉬운 도전은 아니었으나 합격하고 보니 노력하면 분명히 결실을 보게 된다는 결론이었습니다. 이 모든 결과는 공하성 교수님의 덕분이라고 생각됩니다. 정말 감사합니다. 전기도 기출문제풀이를 공하성 교수님의 강의를 신청하여 공부하고자 합니다. 지금 소방설비기사 기계나 전기를 준비하고 계시는 수험생들은 여기저기 교재와 인강이 많은데 저처럼 헤매지 마시고 처음부터 공하성 교수님의 강의를 선택해서 공부하시면 후회하지 않으실 겁니다. 꼭 추천해드리고 싶습니다. 감사합니다.

_ 채○수님의 글

VISION 연속 판매1위

교재 및 인강을 통한 합격 수기

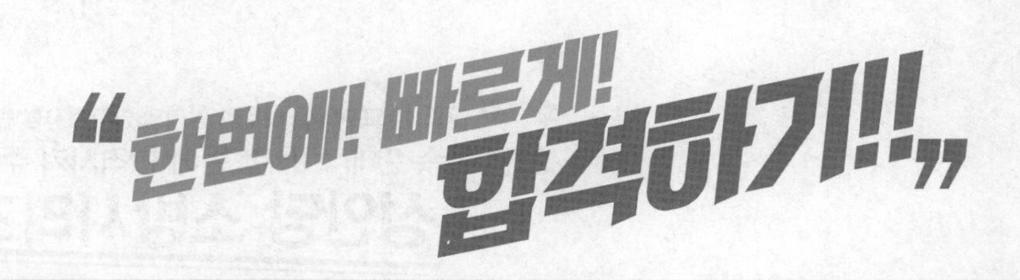

소방설비기사 합격!

저는 직장인으로 4회차 필기시험 합격 후 소방설비기사 실기시험을 봐야겠다고 결심을 하고 어떻게 하면 단시간에 합격을 할 수 있을까 고민하다가 여러 관련 카페의 추천 글을 보고 소방하면 공하성이라는 것을 알게 되었습니다. 샘플강의를 들어보고 결정을 해서 수강을 했는데 너무나도 쉽게 설명을 해주셨습니다. 공하성 교수님이 설명해 주시는 것을 여러 번 반복해서 들으니 점점 용어 및 설명이 이해가 되기 시작했습니다. 특히 전기분야의 경우 감지기나 가닥수 관련 내용이 독학하기에는 어려웠는데 공하성 교수님의 강의를 들어 이해하는 데 큰 도움이 되었던 것 같습니다. 저의 공부기간은 두 달로 필기는 보름 정도, 실기는 1달 반을 준비했습니다. 필기는 독학으로 5년치 정도 반복 학습으로 무난히 합격을 했고, 실기는 동영상 강의 3번을 듣고 기출은 7년치 정도 보고, 마지막 1주 남기고는 요약집을 들고 다니며 암기를 했습니다. 실기는 시험의 특성상 외웠던 것을 직접 써보며 확인하는 게 꼭 필요합니다. 조금 아쉬운 점은 10년치 정도는 공부를 못한 게 마음에 남습니다. 이제 소방설비기사 기계분야도 열공준비 중입니다. 모든 분들에게 이 글이 도움이 되셨으면 하는 바람입니다.

_ 이○훈님의 글

소방설비기사 4개월 공부로 합격!

7월 초부터 공부를 시작하여 11월 초 실기시험을 볼 때까지 약 4개월 동안 하루에 3시간 정도 공부를 했던 것 같습니다. 직장인이라 공부할 시간이 많지 않아 꾸준히 매일 3시간씩만 공부하자 생각을 했습니다. 공하성 교수님 기사 과년도 기출 포함 동영상강의를 신청하여 1회 완료하였고, 그 이후는 기출문제 위주로만 공부했습니다. 기사 시험을 보기 전에 위험물기능사와 소방설비산업기사 기계를 합격했는데 성안당 공하성 교수님 강의를 보고 공부했고, 그 기억이 남아 있어 기사를 공부하는 데 크게 어려움이 없었습니다. 인강을 보면 쉽게 설명해주는 면도 있지만, 시험에 나올 부분만 설명해 주는 것이 좋았습니다. 불필요하게 외워라 하는 부분 없이 넘어가는 것이 공부 진도를 빨리 진행할 수 있게 해주었습니다. 필기는 인강 1회, 기출문제 2회독 했고, 실기는 인강 1회, 기출문제 1회독을 했습니다. 기계분야의 경우 필기는 유체역학을 중점으로 한 덕분인지 유체역학 점수가 잘 나와서 여유있게 합격했고, 실기는 스프링클러, 옥내소화전 부분 계산문제를 중점으로 하여 계산문제만 다 맞자 하는 생각으로 공부했습니다. 암기 부분은 범위가 너무 넓어 어느 정도 선까지 암기를 해야 할지도 모르겠고, 시간이 부족하여 기출문제를 1회독도 못한 상태여서 과감히 포기했습니다. 그 대신 계산하는 문제들은 확실히 다 맞고 넘어가자 생각했습니다. 그렇게 생각하고 공부를 했고, 시험당일에도 다행히 계산 부분은 제가 풀 수 있는 문제들로 출제되어 풀고 넘어갔습니다. 제가 포기했던 암기 부분에서는 공부를 안 했기에 어렵게 느껴졌고 제가 아는 선에서 그냥 풀고, 찍고 넘어갔습니다. 최대한 답란을 공란으로 두지 않으려 했고 시간도 끝까지 활용했습니다. 시험이 끝난 후 제 생각으로 가채점을 해봤을 때 50점 후반대에서 떨어질 것으로 생각했습니다. 내년 초에 다시 준비하려고 생각했는데 합격 문자를 통보받고 무척 기뻤습니다. 산업인력공단 홈페이지 접속해서 합격임을 다시 한 번 확인했고, 점수를 확인해 본 결과 암기 부분에서도 일정 부분 맞아 합격선에 들 수 있었습니다. 모르는 문제가 있었음에도 끝까지 풀었던 것이 당락을 가른 것 같습니다. 이번 기계 기사를 합격했으니 내년에는 전기 기사에 도전할 것입니다. 다들 파이팅하세요!

_ 현○원님의 글

2024 최신개정판

소방설비산업기사 기계⑥ 실기

2007. 3. 28. 초 판 1쇄 발행
2017. 2. 15. 5차 개정증보 10판 1쇄(통산 22쇄) 발행
2017. 7. 18. 5차 개정증보 10판 2쇄(통산 23쇄) 발행
2018. 2. 8. 6차 개정증보 11판 1쇄(통산 24쇄) 발행
2019. 2. 28. 7차 개정증보 12판 1쇄(통산 25쇄) 발행
2019. 9. 10. 7차 개정증보 12판 2쇄(통산 26쇄) 발행
2020. 2. 21. 8차 개정증보 13판 1쇄(통산 27쇄) 발행
2020. 7. 3. 8차 개정증보 13판 2쇄(통산 28쇄) 발행
2021. 2. 26. 9차 개정증보 14판 1쇄(통산 29쇄) 발행
2021. 3. 5. 9차 개정증보 14판 2쇄(통산 30쇄) 발행
2022. 3. 2. 10차 개정증보 15판 1쇄(통산 31쇄) 발행
2023. 3. 8. 11차 개정증보 16판 1쇄(통산 32쇄) 발행
2024. 3. 6. 12차 개정증보 17판 1쇄(통산 33쇄) 발행

지은이 | 공하성
펴낸이 | 이종춘
펴낸곳 | BM (주)도서출판 성안당
주소 | 04032 서울시 마포구 양화로 127 첨단빌딩 3층(출판기획 R&D 센터)
10881 경기도 파주시 문발로 112 파주 출판 문화도시(제작 및 물류)
전화 | 02) 3142-0036
031) 950-6300
팩스 | 031) 955-0510
등록 | 1973. 2. 1. 제406-2005-000046호
출판사 홈페이지 | www.cyber.co.kr
ISBN | 978-89-315-2886-2(13530)
정가 | **46,000원**(별책부록, 해설가리개 포함)

이 책을 만든 사람들
기획 | 최옥현
진행 | 박경희
교정·교열 | 김혜린, 최주연
전산편집 | 전채영
표지 디자인 | 박현정
홍보 | 김계향, 유미나, 정단비, 김주승
국제부 | 이선민, 조혜란
마케팅 | 구본철, 차정욱, 오영일, 나진호, 강호묵
마케팅 지원 | 장상범
제작 | 김유석